ST/ESA/STAT/SER.S/42

Department of Economic and Social Affairs
Statistics Division

Département des affaires économiques et sociales
Division de statistique

Statistical Yearbook 2023 edition

Sixty-sixth issue

Annuaire statistique 2023 édition

Soixante-sixième édition

United Nations | Nations Unies
New York, 2023

Department of Economic and Social Affairs

The Department of Economic and Social Affairs of the United Nations Secretariat is a vital interface between global policies in the economic, social and environmental spheres and national action. The Department works in three main interlinked areas: (i) it compiles, generates and analyses a wide range of economic, social and environmental data and information on which Member States of the United Nations draw to review common problems and to take stock of policy options; (ii) it facilitates the negotiations of Member States in many intergovernmental bodies on joint courses of action to address ongoing or emerging global challenges; and (iii) it advises interested Governments on the ways and means of translating policy frameworks developed in United Nations conferences and summits into programmes at the country level and, through technical assistance, helps build national capacities.

Note

The designations employed and the presentation of material in this publication do not imply the expression of any opinion whatsoever on the part of the Secretariat of the United Nations concerning the legal status of any country, territory, city or area; or of its authorities, or concerning the delimitation of its frontiers or boundaries.

In general, statistics contained in the present publication cover a period up to 2023 and as available to the United Nations Secretariat as of 31 July 2023. They reflect the country nomenclature currently in use.

The term "country" as used in the text of this publication also refers, as appropriate, to territories or areas.

The designations "developed" and "developing" when used in this publication are intended for statistical convenience and do not necessarily express a judgement about the stage reached by a particular country or area in the development process.

Symbols of the United Nations documents are composed of capital letters combined with figures.

ST/ESA/STAT/SER.S/42

UNITED NATIONS PUBLICATION
Sales No. B.23.XVII.2

ISBN 978-92-1-259225-1
e-ISBN 978-92-1-002512-6
ISSN 0082-8459

Département des affaires économiques et sociales

Le Département des affaires économiques et sociales du Secrétariat de l'Organisation des Nations Unies assure le lien essentiel entre les politiques adoptées au plan international dans les domaines économique, social et écologique et les mesures prises au plan national. Il mène ses activités dans trois grands domaines interdépendants : i) il compile, produit et analyse une grand variété de données et d'informations économiques, sociales et écologiques dont les États Membres de l'ONU tirent parti pour examiner les problèmes communs et faire le point sur les possibilités d'action; (ii) il facilite les négociations que les États Membres mènent dans un grand nombre d'organes intergouvernementaux sur les moyens d'action à employer conjointement pour faire face aux problèmes mondiaux existants ou naissants; et (iii) il aide les gouvernements intéressés à traduire les orientations politiques établies lors des conférences et sommets de l'ONU en programmes nationaux et contribue à renforcer les capacités des pays en leur apportant une assistance technique.

Note

Les appellations employées dans la présente publication et la présentation de données qui y figurent n'impliquent, de la part du Secrétariat de l'Organisation des Nations Unies, aucune prise de position quant au statut juridique des pays, territoires, villes ou zones, ou de leurs autorités, ni quant au tracé de leurs frontières ou limites.

En règle générale, les statistiques contenues dans la présente publication couvrent pour la période jusqu'en 2023 et sont celles dont disposait le Secrétariat de l'Organisation des Nations Unies au 31 juillet 2023. Elles reflètent donc la nomenclature de pays en vigueur à l'époque.

Le terme « pays », tel qu'il est utilisé dans la présente publication peut également désigner des territoires ou des zones.

Les désignations « développé » et « en développement » lorsqu'elles sont utilisées dans cette publication sont destinées à des fins statistiques et n'expriment pas nécessairement un jugement sur le stade atteint par un pays ou une zone particulière dans le processus de développement.

Les cotes des documents de l'Organisation des Nations Unies se composent de lettres majuscules et de chiffres.

ST/ESA/STAT/SER.S/42

PUBLICATION DES NATIONS UNIES
Numéro de vente: B.23.XVII.2

ISBN 978-92-1-259225-1
e-ISBN 978-92-1-002512-6
ISSN 0082-8459

Preface

The 2023 edition of the United Nations *Statistical Yearbook* is the sixty-sixth issue of the publication, prepared by the Statistics Division of the Department of Economic and Social Affairs. Ever since the compilation of data for the *Statistical Yearbook* series was initiated in 1948, it has consistently provided a wide range of internationally available statistics on social, economic and environmental conditions and activities at the national, regional and world levels.

The contents of the Yearbook continue to be under review and additional tables are expected to be introduced in future editions. Please send any comments or views to our email address, statistics@un.org. The tables include series covering an appropriate historical period, depending upon data availability and space constraints, for as many countries, territories and statistical areas of the world as available. The tables cover a period up to 2023, with some of the data being estimated.

The *Yearbook* tables are based on data which have been compiled by the Statistics Division mainly from official national and international sources as these are more authoritative and comprehensive, more generally available as time series and more comparable among countries than other sources. These sources include the United Nations Statistics Division in the fields of national accounts, energy and international trade, the United Nations Statistics Division and the Population Division in the field of demographic statistics, and over 20 offices of the United Nations system and international organizations in other specialized fields. In some cases, official sources have been supplemented by other sources and estimates, where these have been subjected to professional scrutiny and debate and are consistent with other independent sources.

The United Nations agencies and other international, national, and specialized organizations which furnished data are listed under "Source" at the end of each table. Acknowledgement is gratefully made for their generous and valuable cooperation in continually providing data.

After the first table, which presents key world aggregates and totals, the *Yearbook* is organized in three parts as follows; part one, relating to population and social topics; part two, relating to economic activity; and part three relating to energy, environment and infrastructure. The tables in the three parts are presented mainly by countries or areas, and world and regional aggregates are shown where available.

The four annexes contain information on country and area nomenclature (annex I), summary technical notes on statistical definitions, methods and sources for all tables of the *Yearbook* (annex II), the conversion coefficients and factors used in certain tables (annex III), and a list of those tables which were added, omitted or discontinued since the last issue of the *Yearbook* (annex IV).

The *Statistical Yearbook* is prepared by the Data Dissemination Section, Development Data and Outreach Branch of the Statistics Division, Department of Economic and Social Affairs of the United Nations Secretariat. The programme manager is Matthias Reister and the chief editor is Anuradha Chimata and David Carter, Mohamed Nabassoua, and Kebebush Welkema provided production assistance. Joshua Kneidl provided IT support.

Comments on the present *Yearbook* and its future evolution are welcome. They may be sent via e-mail to statistics@un.org or to the United Nations Statistics Division, Data Dissemination Section, New York, NY 10017, USA.

Préface

L'Annuaire statistique des Nations Unies 2023 est la soixante-sixième édition de cette publication, préparée par la Division de statistique du Département des affaires économiques et sociales. Depuis son instauration en 1948 comme outil de compilation des données statistiques internationales, l'*Annuaire statistique* s'efforce de constamment diffuser un large éventail de statistiques disponibles sur les activités et conditions économiques et sociales, aux niveaux national, régional et mondial.

Le contenu de l'Annuaire est actuellement en cours de révision et des tableaux seront inclus dans les prochaines éditions. Pour tout commentaire, veuillez envoyer un courriel à notre adresse électronique : statistics@un.org. Les tableaux présentent des séries qui couvrent une période historique appropriée, en fonction de la disponibilité des données et des contraintes d'espace, pour autant de pays, territoires et zones statistiques du monde comme disponibles. Les tableaux couvrent généralement la période allant jusqu'en 2023.

Les tableaux de l'*Annuaire* sont construits essentiellement à partir des données compilées par la Division de statistique et provenant de sources officielles, nationales et internationales ; c'est en effet la meilleure source si l'on veut des données fiables, complètes et comparables, et si l'on a besoin de séries chronologiques. Ces sources sont: la Division de statistique du Secrétariat de l'Organisation des Nations Unies pour ce qui concerne la comptabilité nationale et le commerce extérieur, la Division de statistique et la Division de la population du Secrétariat de l'Organisation des Nations Unies pour les statistiques démographiques; et plus de 20 bureaux du système des Nations Unies et d'organisations internationales pour les autres domaines spécialisés. Dans quelques cas, les données officielles sont complétées par des informations et des estimations provenant d'autres sources qui ont été examinées par des spécialistes et confirmées par des sources indépendantes.

Les institutions spécialisées des Nations Unies et les autres organisations internationales, nationales et spécialisées qui ont fourni des données sont énumérées dans la “Source” sur chaque tableau. Les auteurs de l'*Annuaire statistique* les remercient de leur précieuse et généreuse collaboration.

Après le premier tableau qui fournit les principaux agrégats et totaux au niveau mondial, l'*Annuaire* est groupés en trois parties. La première partie est consacrée à la population et aux questions sociales, la deuxième est consacrée à l'activité économique, et la dernière est consacrée à l'énergie, environnement et infrastructures. Dans ces trois parties, les tableaux sont généralement présentés par pays ou régions, mais les agrégats mondiaux ou régionaux sont indiqués si disponibles.

Les quatre annexes donnent des renseignements sur la nomenclature des pays et des zones (annexe I), des notes récapitulatives sur les définitions, méthodes statistiques et techniques utilisées dans les sources de chaque tableau de *l'Annuaire* (annexe II), ainsi que sur les coefficients et facteurs de conversion employés dans les différents tableaux (annexe III), enfin une liste de nouveaux tableaux, de tableaux omis ou supprimés depuis la dernière édition est disponible (annexe IV).

L'Annuaire statistique est préparé par la Section de la diffusion statistique, Service des statistiques de services de la Division de statistique, Département des affaires économiques et sociales du Secrétariat de l'Organisation des Nations Unies. Les responsables du programme sont Matthias Reister, le rédacteur en chef est Anuradha Chimata et David Carter, Mohamed Nabassoua, et Kebebush Welkema fournissent une assistance à la production. Joshua Kneidl est responsable du support en informatique.

Les observations sur la présente édition de l'*Annuaire* et les suggestions de modification pour l'avenir seront reçues avec intérêt. Elles peuvent être envoyées par message électronique à statistics@un.org, ou adressées à la Division de statistique des Nations Unies, Section de la diffusion statistique, New York, NY 10017 (États-Unis d'Amérique).

Explanatory notes

Symbols and conventions used in the tables

.	A point is used to indicate decimals.
-	A hyphen between years, for example, 2010-2015, indicates the full period involved, including the beginning and end
/	A slash indicates a financial year, school year or crop year, for example 2014/15.
...	Data are not available or not applicable.
*	Data are provisional, estimated or include a major revision.
#	Marked break in the time series.
~0	Not zero, but less than half of the unit employed.
-~0	Not zero, but negative and less than half of the unit employed.

A space is used as a thousands separator, for example 1 000 is one thousand. Subtotals and percentages in the tables do not necessarily add to totals because of rounding.

Country notes and nomenclature

As a general rule, the data presented in the *Yearbook* relate to a given country or area as described in the complete list of countries and territories, see annex I.

References to statistical sources and methods in tables

For brevity the *Yearbook* omits specific information on the source or methodology for individual data points, and when a data point is estimated no distinction is made between whether the estimation was done by the international or national organization. See the technical notes to the tables in annex II for the primary source which may provide this information.

Units of measurement

The metric system of weights and measures has been employed throughout the *Yearbook*. For conversion coefficients and factors, see annex III.

Notes explicatives

Signes et conventions employés dans les tableaux

.	Les décimales sont précédées d'un point.
-	Un tiret entre des années, par exemple "2013-2014", indique que la période est embrassée dans sa totalité, y compris la première et la dernière année.
/	Une barre oblique renvoie à un exercice financier, à une année scolaire ou à une campagne agricole, par exemple 2014/15.
...	Données non disponibles ou non applicables.
*	Données provisoire, estimatif ou avec une révision majeure.
#	Discontinuité notable dans la série chronologique.
~0	Non nul mais inférieur à la moitié de l'unité employée
-~0	Non nul mais négatif et inférieur à la moitié de l'unité employée

Le séparateur utilisé pour les milliers est l'espace : par exemple, 1 000 correspond à un millier. Les chiffres étant arrondis, les sous-totaux ou pourcentages ne correspondent pas toujours à la somme exacte des éléments figurant dans les tableaux.

Notes sur les pays et nomenclature

En règle générale, les données renvoient au pays ou zone en question que décrite dans la liste complète des pays et territoires figure à l'annexe I.

Références à des sources et des méthodes statistiques dans les tableaux

Par souci de brièveté, l'*Annuaire* omet les informations relatives aux sources et méthodologies employées pour les pointsde données individuels. De plus, quand un point de données est estimé aucune distinction n'est faite entre une estimation provenant d'une organisation internationale ou d'une organisation nationale. Voir les notes techniques relatives aux tableaux dans l'annexe II ou se trouvent les références aux différentes sources contentant ces informations.

Unités de mesure

Le système métrique de poids et mesures a été utilisé dans tout l'*Annuaire*. On trouvera à l'annexe III les coefficients et facteurs de conversion.

Contents

Note: See **Annex IV** for table names presented in previous issues of the *Statistical Yearbook* which are not contained in the present issue.

Table des matières

Voir Annexe IV pour les tableaux publiés dans les éditions précédentes de l'Annuaire statistique mais qui n'ont pas été repris dans la présente edition.

Introduction

The 2023 edition of the United Nations *Statistical Yearbook* is the sixty-sixth issue of this publication, prepared by the Statistics Division, Department of Economic and Social Affairs of the United Nations Secretariat. The contents of the *Yearbook* continue to be under review. Please send any comments or views to our email address, statistics@un.org. The tables include series covering an appropriate historical period, depending upon data availability (as of 31 July 2023) and space constraints, for as many countries, territories and statistical areas of the world as available. The tables cover a period up to 2023, with some of the data being estimated.

Objective and content of the Statistical Yearbook

The main purpose of the *Statistical Yearbook* is to provide in a single volume a comprehensive compilation of internationally available statistics on social, economic and environmental conditions and activities, at world, regional and national levels, for an appropriate historical period.

Most of the statistics presented in the *Yearbook* are extracted from more detailed, specialized databases prepared by the Statistics Division and by many other international statistical services. Thus, while the specialized databases concentrate on monitoring topics and trends in particular social, economic and environmental fields, the *Statistical Yearbook* tables aim to provide data for a comprehensive, overall description of social, economic and environmental structures, conditions, changes and activities. The objective has been to collect, systematize, coordinate and present in a consistent way the most essential components of comparable statistical information which can give a broad picture of social, economic and environmental processes.

The content of the *Statistical Yearbook* is planned to serve a general readership. The *Yearbook* endeavours to provide information for various bodies of the United Nations system as well as for other international organizations, governments and non-governmental organizations, national statistical, economic and social policy bodies, scientific and educational institutions, libraries and the public. Data published in the *Statistical Yearbook* may also be of interest to companies and enterprises and to agencies engaged in market research. The *Statistical Yearbook* thus provides information on a wide range of social, economic and environmental issues which are of concern in the United Nations system and among the governments and peoples of the world. A particular value of the *Yearbook* is that it facilitates meaningful analysis of issues by systematizing and coordinating the data across many fields and shedding light on such interrelated issues as:

- General economic growth and related economic conditions;
- Gender equality;
- Population by sex and rate of increase, surface area and density;
- Unemployment, inflation and prices;
- Energy production and consumption;
- Expansion of trade;
- The financial situation of countries;
- Education;
- Improvement in general living conditions;
- Pollution and protection of the environment;
- Assistance provided to developing countries for social, economic and environmental development purposes.

Organization of the Yearbook

After the first table which presents key world aggregates and totals, the tables of the *Yearbook* are grouped into three parts as follows:

- Part One: Population and Social Statistics (chapters II-VI: tables 2-12);
- Part Two: Economic Activity (chapters VII-XI: tables 13-22);
- Part Three: Energy, Environment and Infrastructure (chapters XII-XVII: tables 23-33).

The first table provides a summary picture of development at the global level. More specific and detailed information for analysis concerning regions, individual countries or areas are presented in the three thematic parts.

Part One, Population and Social Statistics, comprises 11 tables which contain more detailed statistical series on population and migration, gender, education, health and crime.

Part Two, Economic Activity, comprises 10 tables on national accounts, finance, labour market, price and production indices and international merchandise trade.

Part Three, Energy, environment and infrastructure, comprises 11 tables on energy, environment, science and technology, international tourism and transport, communication and development assistance.

Annexes and regional groupings of countries or areas

The annexes to the *Statistical Yearbook*, and the section "Explanatory notes" preceding the Introduction, provide additional essential information on the *Yearbook*'s contents and presentation of data.

Annex I provides information on countries or areas covered in the *Yearbook* tables and on their arrangement in geographical regions and economic or other groupings. The geographical groupings shown in the *Yearbook* are generally based on continental regions unless otherwise indicated. However, strict consistency in this regard is impossible. A wide range of classifications is used for different purposes in the various international agencies and other sources of statistics for the *Yearbook*. These classifications vary in response to administrative and analytical requirements.

Annex II provides brief descriptions of major statistical concepts, definitions and classifications required for interpretation and analysis of the data.

Annex III provides detailed information on conversion coefficients and factors used in various tables, and Annex IV provides a list of tables added and omitted in the present edition of the *Yearbook*. Some Tables do not feature in this edition of the *Yearbook* due to space limitations or an insufficient amount of new data being available. Their titles nevertheless are still listed in this Annex since it is planned that they will be published in a later issue as new data are compiled by the collecting agency and where space permits.

Data comparability, quality and relevance

The major challenge continuously facing the *Statistical Yearbook* is to present series which are as comparable across countries as the available statistics permit. Considerable efforts have already been made among the international suppliers of data and by the staff of the *Statistical Yearbook* to ensure the compatibility of various series by aligning time periods, base years, prices chosen for valuation, and so on. This is indispensable in relating various bodies of data to each other and in facilitating analysis across different sectors. In general, the data presented reflect the methodological recommendations of the United Nations Statistical Commission issued in various United Nations publications, and of other international bodies concerned with statistics. The use of international recommendations promotes international comparability of the data and ensures a degree of compatibility regarding the underlying concepts, definitions and classifications relating to different series. However, much work remains to be done in this area and, for this reason, some tables serve only as a first source of data and require further adjustment before being used for more in-depth analytical studies. While on the whole, a significant degree of comparability has been achieved in international statistics, there will remain some limitations, for a variety of reasons.

One common cause of non-comparability of economic data is different valuations of statistical aggregates such as national income, wages and salaries, output of industries and so forth. Conversion of these and similar series originally expressed in national prices into a common currency, for example into United States dollars, through the use of exchange rates, is not always satisfactory owing to frequent wide fluctuations in market rates and differences between official rates and rates which would be indicated by unofficial markets or purchasing power parities. The use of different kinds of sources for obtaining data is another cause of incomparability. This is true, for example, in the case of employment and unemployment, where data are obtained from different sources, namely household and labour force sample surveys, establishment censuses or surveys, official estimates, social insurance statistics and employment office statistics, which are not fully comparable in many cases. Non-comparability of data may also result from differences in the institutional patterns of countries. Certain variations in social, economic and environmental organization and institutions may have an impact on the comparability of the data even if the underlying concepts and definitions are identical. These and other causes of non-comparability of the data are briefly explained in the technical note associated with each table (see Annex II).

A further set of challenges relate to timeliness, quality and relevance of the data contained in the *Yearbook.* Users generally demand the most up-to-date statistics. However, due to the different development stages of statistical capacity in different countries, data for the most recent years may only be available for a small number of countries. For a global print publication, therefore, a balance has to be struck between presenting the most updated information and satisfactory country coverage. Of course, the United Nations Statistics Division's website offers greater flexibility in presenting continuously updated information and is therefore a useful complement to the annual print publication. Furthermore, as most of the information presented in this *Yearbook* is collected through specialized United Nations agencies and partners, the timeliness is continuously enhanced by improving the communication and data flow between countries and the specialized agencies on the one hand, and between the United Nations Statistics Division and the specialized agencies on the other. The development of new data transfer protocols will address this issue and is expected to make international data flows more efficient in the future.

Data quality at the international level is a function of the data quality at the national level. The United Nations Statistics Division in close cooperation with its partners among the UN agencies and the international statistical system continues to support countries' efforts to improve both the coverage and the quality of their data. Metadata, as for example reflected in the footnotes and technical notes of this publication, are an important service to the user to allow an informed assessment of the quality of the data. Given the wide variety of sources for the *Yearbook*, there is of course an equally wide variety of data formats and accompanying metadata. An important challenge for the United Nations Statistics Division and its partners for the future is to work further towards the standardization, or at least harmonization, of metadata.

A crucial challenge is to maintain the relevance of the series included in the *Yearbook.* As new policy concerns enter the developmental debate, the United Nations Statistics Division will need to introduce new series that describe concerns that have gained prominence as well as to prune data as they become outdated and continue to update the recurrent *Yearbook* series that still address those issues which are most pertinent. Often choosing the appropriate moment when the statistical information on new topics has matured sufficiently so as to be able to disseminate meaningful global data can be challenging. Furthermore, a balance has to continuously be found between the ever-increasing amount of information available for dissemination and the space limitations of the print version of the *Statistical Yearbook.* International comparability, data availability, data quality and relevance will remain the key criteria to guide the United Nations Statistics Division in its selection.

Needless to say, more can always be done to improve the *Statistical Yearbook*'s scope, coverage, design, metadata and timeliness. The *Yearbook* team continually strives to improve upon each of these aspects and to make its publication as responsive as possible to its users' needs and expectations, while at the same time focusing on a manageable body of data and metadata. Since data disseminated in digital form have clear advantages over those in print, as much of the *Yearbook* information as possible will continue to be included in the Statistics Division's online databases. Please feel welcome to provide feedback and suggestions to statistics@un.org.

Introduction

L'édition 2023 de l'*Annuaire statistique* des Nations Unies est la soixante-sixième édition de cette publication, établi par la Division de statistique du Département des affaires économiques et sociales du Secrétariat de l'Organisation des Nations Unies. Le contenu de l'*Annuaire* continue d'être à l'étude. Pour tout commentaire, veuillez envoyer un courriel à notre adresse électronique : statistics@un.org. Les tableaux présentent des séries qui couvrent une période historique appropriée, en fonction de la disponibilité des données (à la date du 31 juillet 2023) et des contraintes d'espace, pour autant de pays, territoires et zones statistiques du monde comme disponibles. Les tableaux couvrent généralement pour la période jusqu'à 2023, avec certaines des données étant estimées.

Objectif et contenu de l'Annuaire statistique

Le principal objectif de *l'Annuaire statistique* est de fournir en un seul volume un inventaire complet de statistiques internationales concernant la situation et les activités sociales, économiques et environnementales aux niveaux mondial, régional et national, sur une période adéquate.

La plupart des données qui figurent dans l'*Annuaire statistique* proviennent de bases de données spécialisées davantage détaillées, préparées par la Division de statistique et par bien d'autres services statistiques internationaux. Tandis que les bases de données spécialisées se concentrent sur le suivi de domaines socioéconomiques et environnementaux particuliers, les données de l'*Annuaire* sont présentées de telle sorte qu'elles fournissent une description globale et exhaustive des structures, conditions, transformations et activités socioéconomiques et environnementaux. On a cherché à recueillir, systématiser, coordonner et présenter de manière cohérente les principales informations statistiques comparables, de manière à dresser un tableau général des processus socioéconomiques et environnementaux.

Le contenu de l'*Annuaire statistique* a été élaboré en vue d'un lectorat large. Les renseignements fournis devraient ainsi pouvoir être utilisés par les divers organismes du système des Nations Unies, mais aussi par d'autres organisations internationales, les gouvernements et les organisations non gouvernementales, les organismes nationaux de statistique et de politique économique et sociale, les institutions scientifiques et les établissements d'enseignement, les bibliothèques et les particuliers. Les données publiées dans l'*Annuaire* peuvent également intéresser les sociétés et entreprises, et les organismes spécialisés dans les études de marché. L'*Annuaire* présente des informations sur un large éventail de questions socioéconomiques et environnementales liées aux préoccupations actuelles du système des Nations Unies, des gouvernements et des peuples du monde entier. Une qualité particulière de l'*Annuaire* est de faciliter une analyse approfondie de ces questions en systématisant et en articulant les données d'un domaine/secteur à l'autre, et en apportant un éclairage sur des sujets interdépendants, tels que :

- La croissance économique générale, et les conditions économiques qui leurs sont liées ;
- La situation de femmes ;
- La population par sexe et taux de croissance, taux d'accroissement, superficie et densité ;
- Le chômage, l'inflation et les prix ;
- La production et la consommation d'énergie ;
- L'expansion des échanges ;
- La situation financière des pays ;
- L'éducation ;
- L'amélioration des conditions de vie ;
- La pollution et la protection de l'environnement ;
- L'assistance aux pays en développement à des fins socioéconomiques et environnementaux.

Présentation de l'Annuaire

Après le premier tableau qui fournit les principaux agrégats et totaux au niveau mondial, l'Annuaire est groupé en trois parties comme suit :

- Première partie : Statistiques démographiques et sociales (chapitres II à VI, tableaux 2 à 12)
- Deuxième partie : Activité économique (chapitres VII à XI, tableaux 13 à 22)
- Troisième partie : Énergie, environnement et infrastructures (chapitres XII à XVII, tableaux 23 à 33)

Le premier tableau donne un aperçu du développement à l'échelon mondial, tandis que les trois autres parties contiennent des renseignements plus précis et détaillés qui se prêtent mieux à une analyse par régions, pays ou par zones. Chacune de ces trois parties est subdivisée en unités thématiques.

La première partie, intitulée "Population et statistiques sociales", comporte 11 tableaux où figurent des séries plus détaillées concernant la population et la migration, la situation des femmes, l'éducation, la santé et la criminalité.

La deuxième partie, intitulée "Activité économique", comporte 10 tableaux sur les comptes nationaux, les finances, le marché du travail, les indices des prix et de la production, et le commence international des marchandises.

La troisième partie, intitulée "Energie, environnement et infrastructures", comprend 11 tableaux sur l'énergie, l'environnement, la science et technologie, le tourisme international et le transport, la communication et à l'aide au développement.

Annexes et groupements régionaux des pays et zones

Les annexes à l'*Annuaire statistique*, et la section intitulée "Notes explicatives" qui précède l'introduction, offrent d'importantes informations complémentaires quant à la teneur et à la présentation des données figurant dans le présent ouvrage.

L'annexe I donne des renseignements sur les pays ou zones couverts par les tableaux de l'*Annuaire* et sur leur regroupement en régions géographiques et groupements économiques ou autres. Sauf indication contraire, les groupements géographiques figurant dans l'*Annuaire* sont généralement fondés sur les régions continentales, mais une présentation absolument systématique est impossible à cet égard car les diverses institutions internationales et autres sources de statistiques employées pour la confection de l'*Annuaire* emploient, selon l'objet de l'exercice, des classifications fort différentes en réponse à diverses exigences d'ordre administratif ou analytique.

L'annexe II contient les notes techniques de chaque chapitre apportent une brève description des principales notions, définitions et classifications statistiques nécessaires pour interpréter et analyser les données.

L'annexe III fournit des renseignements sur les coefficients et facteurs de conversion employés dans les différents tableaux, et l'annexe IV contient la liste de tableaux qui ont été ajoutés omis ou supprimés dans la présente édition de l'*Annuaire*. Certains tableaux ne figurent pas dans cet *Annuaire* en raison du manque d'espace ou de données nouvelles. Comme ils seront repris dans une prochaine édition à mesure que des données nouvelles seront dépouillées par l'office statistique d'origine, ses titres figurent toujours dans la table des matières.

Comparabilité, qualité et pertinence des statistiques

Le défi majeur auquel l'*Annuaire Statistique* fait continuellement face est de présenter des séries aussi comparables d'un pays à l'autre que le permettent les statistiques disponibles. Les sources internationales de données et les auteurs de l'*Annuaire* ont réalisé des efforts considérables pour faire en sorte que diverses séries soient compatibles, en harmonisant les périodes de référence, les années de base, les prix utilisés pour les évaluations, etc. Cette démarche est indispensable si l'on veut rapprocher divers ensembles de données, et faciliter l'analyse intersectorielle de l'économie. De façon générale, les données sont présentées selon les recommandations méthodologiques formulées par la Commission de statistique des Nations Unies, et par les autres entités internationales impliquées dans les statistiques. Le respect des recommandations internationales tend non seulement à promouvoir la comparabilité internationale des données, mais elle assure également une certaine comparabilité entre les concepts, les définitions et classifications utilisés. Mais comme il reste encore beaucoup à faire dans ce domaine, les données présentées dans certains tableaux n'ont qu'une valeur indicative, et nécessiteront des ajustements plus poussés avant de pouvoir servir à des analyses approfondies. Bien que l'on soit parvenu, dans l'ensemble, à un degré de comparabilité appréciable en matière de statistiques internationales, diverses raisons expliquent que subsistent encore de nombreuses limitations.

Une cause commune de non-comparabilité des données économiques réside dans la diversité des méthodes d'évaluation employées pour comptabiliser des agrégats tels que le revenu national, les salaires et traitements, la production des différentes branches d'activité industrielle, etc. Il n'est pas toujours satisfaisant de ramener la valeur des séries de ce type—exprimée à l'origine en prix nationaux—à une monnaie commune (par exemple le dollar des États-Unis) car les taux de change du marché connaissent fréquemment de fortes fluctuations, et parce que les taux officiels ne coïncident pas avec ceux des marchés officieux ni avec les parités réelles de pouvoir d'achat. Le recours à des sources diverses pour la collecte des données est un autre facteur qui limite la comparabilité. C'est le cas, par exemple, des données d'emploi et de chômage, obtenues par des moyens aussi peu comparables que les sondages, le dépouillement des registres d'assurances sociales et les enquêtes auprès des entreprises. Dans certains cas, les données ne sont pas comparables en raison de différences entre les structures institutionnelles des pays. Des changements dans l'organisation et les institutions sociales, économiques et environnementales peuvent affecter la comparabilité des données, même si les concepts et définitions sont fondamentalement identiques. Ces causes, et d'autres, de non comparabilité des données sont brièvement expliquées dans les notes techniques associée à chaque tableau (voir annexe II).

Un autre ensemble de défis à relever concerne la fraîcheur, la qualité et la pertinence des données présentées dans l'*Annuaire*. Les utilisateurs exigent généralement des données les plus récentes possibles. Toutefois, selon le niveau de développement de la capacité statistique des pays, les données pour les dernières années peuvent n'être disponibles que pour un nombre limité de pays. Dans le cadre d'une publication mondiale, un équilibre doit être trouvé entre la présentation de l'information la plus récente et une couverture géographique satisfaisante. Bien entendu, le site Internet de la Division de statistique des Nations Unies offre une plus grande flexibilité, puisqu'il propose une information actualisée au fil de l'eau, et constitue ainsi un complément utile à la publication papier annuelle. Par ailleurs, étant donné que la plupart des informations présentées dans cet *Annuaire* sont collectées parmi les agences spécialisées des Nations Unies et autres partenaires, la fraîcheur des données est continuellement améliorée, grâce à une meilleure communication et un meilleur échange de données entre les pays et les agences spécialisées d'une part, et entre la Division de statistique des Nations Unies et les agences spécialisées d'autre part. Le développement de nouveaux protocoles de transfert de données basés sur le langage XML devrait contribuer à rendre, à l'avenir, les échanges de données internationales encore plus efficaces.

La qualité des données au niveau international est fonction de la qualité des données au niveau national. La Division de statistique des Nations Unies, en étroite collaboration avec ses partenaires dans les agences de l'ONU et dans le système statistique international, continue de soutenir les efforts des pays pour améliorer à la fois la couverture et la qualité de leurs données. Des métadonnées, comme l'illustrent les notes de bas de page et les notes techniques de cette publication, constituent un important service fourni à l'utilisateur pour lui permettre d'évaluer de manière avisée la qualité des données. Etant donné la grande variété des sources de l'*Annuaire*, il y a bien entendu une non moins grande variété de formats de données et de métadonnées associées. Un important défi que la Division de statistique des Nations Unies et ses partenaires doivent relever dans le futur est d'aboutir à la standardisation, ou au moins l'harmonisation, des métadonnées.

Le défi majeur reste la constance de la pertinence des séries présentées dans l'*Annuaire*. Au fur et à mesure que de nouvelles préoccupations politiques pénètrent le débat lié au développement, la Division de statistique des Nations Unies doit introduire dans l'*Annuaire* de nouvelles séries qui leur sont liées, et, ce faisant, effectuer une coupe sombre parmi les données qui lui semblent dépassées, tout en s'assurant de continuer à actualiser les séries récurrentes de qui paraissent encore pertinentes. Souvent, choisir le moment idoine auquel les données statistiques sur de nouveaux thèmes sont suffisamment matures pour qu'elles puissent, au niveau mondial, être diffusées sans hésitation, est un défi en soi. Par ailleurs, un équilibre doit continuellement être trouvé entre le volume toujours croissant d'informations disponibles à la diffusion, et les contraintes d'espace de la version papier de l'*Annuaire* statistique. La comparabilité internationale, la disponibilité, la qualité et la pertinence des données devront rester les principaux critères à considérer par la Division de statistique des Nations Unies dans sa sélection.

Inutile de dire qu'il est toujours possible d'améliorer l'*Annuaire* statistique en ce qui concerne son champ, sa couverture, sa conception générale, ses métadonnées et sa mise à jour. L'équipe en charge de l'*Annuaire* s'évertue en permanence à améliorer chacun de ces aspects, et de faire en sorte que cette publication réponde au plus près aux besoins et aux attentes de ses utilisateurs, sans toutefois oublier de mettre l'accent sur un corpus gérable de données et de métadonnées. Puisqu'il est avéré que les données diffusées de manière digitale ont des avantages comparés à celles diffusées sur papier, autant d'informations de l'*Annuaire* que possible continueront d'être inclues dans les bases de données électroniques de la Division de statistique. L'*Annuaire* statistique garde toujours une place de choix parmi les produits de la Division de statistique comme une ressource utile pour une compréhension général de la situation sociale, économique et environnementale globale. N'hésitez pas à nous faire part de vos commentaires et suggestions à statistics@un.org

1 World statistics: selected series

Population and social statistics, economic activity and energy, environment and infrastructure

Statistiques mondiales : séries principales

Population et statistiques sociales, activité économique et énergie, environnement et infrastructures

Population and Migration • Population et migration

Series Séries	Unit or base Unité ou base	2005	2010	2015	2019	2020	2021	2022
Population [1]	million	6558.2	6985.6	7426.6	7765.0	7840.9	7909.3	7975.1
Population density [1] Densité de population [1]	per km² pour km²	50.3	53.6	57.0	59.5	60.1	60.7	61.2
Population, male [1] Population, hommes [1]	million	3 298.0	3 514.4	3 737.4	3 906.4	3 943.6	3 976.6	4 008.6
Population, female [1] Population, femmes [1]	million	3 260.2	3 471.2	3 689.2	3 858.5	3 897.3	3 932.6	3 966.5
Sex ratio [1] Rapport des sexes [1]	males per 100 females hom. p. 100 fem.	101.2	101.2	101.3	101.2	101.2	101.1	101.1
Population age distribution, 0-14 [1] Répartition par âge de la population, 0-14 [1]	percentage of pop. pourcentage de la pop.	28.3	27.1	26.4	25.9	25.7	25.5	25.3
Population age distribution, 60+ [1] Répartition par âge de la population, 60+ [1]	percentage of pop. Pourcentage de la pop.	10.3	11.1	12.3	13.3	13.5	13.7	13.9

Series Séries	Unit or base Unité ou base	2005	2010	2015	2017	2018	2019	2020
Urban population Population urbaine	percentage of pop. pourcentage de la pop.	49.2	51.7	53.9	...	55.3	55.7	...
Total annual urban growth rate [2] Taux d'accroissement urbaine annuel [2]	percentage of pop. pourcentage de la pop.	2.3	2.2	2.0	...	...	...	...
Total annual rural growth rate [2] Taux d'accroissement rurale annuel [2]	percentage of pop. pourcentage de la pop.	0.3	0.2	0.2	...	...	...	...

Series Séries	Unit or base Unité ou base	2005	2010	2015	2019	2020	2021	2022
International migrant stock: total Stock de migrants internationaux : total	thousand millier	191 447	220 983	247 959	271 642	280 598	...	...
International migrant stock: total Stock de migrants internationaux : total	percentage of pop. pourcentage de la pop.	2.9	3.2	3.4	3.5	3.6	...	...
International migrant stock: male Stock de migrants internationaux : hommes	percentage of pop. pourcentage de la pop.	3.0	3.2	3.4	3.6	3.7	...	...
International migrant stock : female Stock de migrants internationaux : fémmes	percentage of pop. pourcentage de la pop.	2.9	3.1	3.3	3.4	3.5	...	...
Refugees Réfugiés	thousand millier	...	...	15 098	20 232	20 677	20 835	26 665
Asylum seekers Demandeurs d'asile	thousand millier	...	...	2 344	3 727	4 178	4 410	4 911
Other of concern to UNHCR Autres personnes relevant de la comp. du HCR	thousand millier	...	...	40 518	55 432	58 976	68 572	74 168
Total population of concern to UNHCR Population totale de préoccupation pour le HCR	thousand millier	...	...	57 960	79 391	83 831	92 583	104 454

Gender • Le genre

Series Séries	Unit or base Unité ou base	2005	2010	2015	2020	2021	2022	2023
Seats held by women in national parliament Pro. de sièges occupés par les fem. au par. nat.	percentage of seats pourcentage du sièges	15.9	19.0	22.3	24.9	25.6	26.2	26.5
Girls to boys in primary education Filles/garçons dans l'enseigne. primaire	ratio rapport	0.95	0.97	1.00	0.98	...	...	...
Girls to boys in lower secondary education Filles/garçons dans le premier cycle l'enseig. secon.	ratio rapport	0.95	0.97	1.00	0.99	...	...	...
Girls to boys in upper secondary education Filles/garçons dans l'enseigne. secon. supérieur	ratio rapport	0.94	0.96	0.98	0.98	...	...	...

Education • Enseignement

Series Séries	Unit or base Unité ou base	2005	2010	2015	2017	2018	2019	2020
Students enrolled in primary education Les étudiants inscrits dans l'enseignement primaire	thousand millier	678 907	697 252	719 714	741 940	730 759	737 712	744 871

Series Séries	Unit or base Unité ou base	2005	2010	2015	2017	2018	2019	2020
Gross enrollment ratio - primary, male Taux brut de scolarisation - primaire, hommes	percentage pourcentage	104.5	104.0	102.4	103.4	102.1	102.2	102.7
Gross enrollment ratio - primary, female Taux brut de scolarisation - primaire, fémmes	percentage pourcentage	99.7	101.3	102.3	103.9	100.3	100.6	100.9
Students enrolled in lower secondary education Les étudiants inscrits dans l'enseignement second.	thousand millier	309 665	315 613	324 873	330 542	334 783	338 136	343 278
Gross enrollment ratio – lower secondary, male Taux brut de scolar.-premier cycle du sec., hommes	percentage pourcentage	80.7	83.6	84.3	84.5	84.8	84.8	84.9
Gross enrollment ratio – lower secondary, female Taux brut de scolar.–premier cycle du sec. fémmes	percentage pourcentage	76.7	81.3	84.1	83.9	84.2	84.3	84.3
Students enrolled in upper secondary education Les étudiants inscrits dans l'enseigne. supérieur	thousand millier	199 767	230 863	258 284	257 992	262 953	264 799	270 410
Gross enrollment ratio – upper secondary, male Taux brut de scolar.-deux. cycle du second, hommes	percentage pourcentage	51.2	61.0	67.4	67.1	67.7	68.0	69.3
Gross enrollment ratio – upper secondary, female Taux brut de scolar.– deux cicle du second. féminin	percentage pourcentage	48.3	58.5	66.0	66.0	67.1	67.4	68.1
Teaching staff at the primary level Personnel enseignant au niveau primaire	thousand millier	26 920.7	28 681.6	31 312.2	31 949.3	32 034.7	32 613.3	33 050.1
Teaching staff at the lower secondary level Personnel enseignant au niveau secondaire	thousand millier	16 659.2	17 821.2	18 875.6	19 655.5	19 841.8	20 684.4	20 835.7
Teaching staff at upper secondary level Personnel enseignant au niveau second supérieur	thousand millier	11 831.2	14 342.6	14 704.1	15 198.2	15 367.7	16 312.9	16 731.4

Crime • La criminalité

Series Séries	Unit or base Unité ou base	2005	2010	2015	2018	2019	2020	2021
Intentional homicide rate [3] Homicides volontaires [3]	per 100,000 population pour 100,000 pop.	6.3	6.1	5.9	5.7	5.5	5.5	5.8

National Accounts • Comptes nationaux

Series Séries	Unit or base Unité ou base	2005	2010	2015	2018	2019	2020	2021
GDP in current prices PIB aux prix courants	billion US $ milliard $ E.-U.	47 775	66 578	75 284	86 602	87 729	85 311	96 698
GDP per capita PIB par habitant	US $ $ E.-U.	7 286.8	9 533.3	10 139.8	11 273.7	11 301.1	10 883.1	12 229.1
GDP in constant 2015 prices PIB aux prix constants	billion US $ milliard $ E.-U.	56 456	64 908	75 284	82 454	84 505	81 845	86 676
GDP real rates of growth Taux de croissance	percentage pourcentage	4.1	4.5	3.1	3.2	2.5	-3.2	5.9

Labour market • Marché du travail

Series Séries	Unit or base Unité ou base	2005	2010	2015	2020	2021	2022	2023
Labour force - total Force de travail - total	percentage of pop. pourcentage de la pop.	62.9	62.0	60.7	58.6	59.4	59.8	59.7
Labour force - male Force de travail - hommes	percentage of pop. pourcentage de la pop.	76.1	75.3	73.9	71.2	72.1	72.5	72.4
Labour force - female Force de travail - femmes	percentage of pop. pourcentage de la pop.	49.8	48.9	47.6	46.0	46.8	47.3	47.2
Unemployment rate - total Chômage - total	percent. of active pop. pour. de la pop. active	6.3	6.3	6.0	6.9	6.2	5.8	5.8
Unemployment rate - male Chômage - mâle	percent. of active pop. pour. de la pop. active	6.2	6.3	6.0	7.0	6.2	5.7	5.7
Unemployment rate - female Chômage - femmes	percent. of active pop. pour. de la pop. active	6.5	6.4	6.1	6.7	6.2	5.8	5.8

Series Séries	Unit or base Unité ou base	2005	2010	2015	2018	2019	2020	2021
Employment in agriculture - total L'emploi dans agriculture - total	percent. of employees pourcent. des employ.	36.9	32.9	28.7	27.1	26.5	26.9	26.6
Employment in agriculture - male L'emploi dans agriculture - hommes	percent. of employees pourcent. des employ.	37.3	33.6	29.5	28.0	27.3	27.9	27.5
Employment in agriculture - female L'emploi dans agriculture - femmes	percent. of employees pourcent. des employ.	36.3	31.9	27.4	25.7	25.3	25.4	25.2
Employment in industry - total L'emploi dans industrie - total	percent. of employees pourcent. des employ.	21.2	22.6	23.2	22.9	22.8	22.7	23.1
Employment in industry - male L'emploi dans industrie - hommes	percent. of employees pourcent. des employ.	24.1	26.1	27.4	27.2	27.3	27.1	27.7
Employment in industry - female L'emploi in industrie - femmes	percent. of employees pourcent. des employ.	16.9	17.1	16.8	16.1	16.0	16.0	15.9
Employment in services - total L'emploi dans services - total	percent. of employees pourcent. des employ.	41.9	44.5	48.1	50.1	50.6	50.3	50.3
Employment in services - male L'emploi dans services - hommes	percent. of employees pourcent. des employ.	38.7	40.3	43.1	44.7	45.4	45.1	44.8
Employment in services - female L'emploi dans services - femmes	percent. of employees pourcent. des employ.	46.8	51.0	55.8	58.2	58.8	58.6	58.8

Price and production indices • Indices de la production

Series Séries	Unit or base Unité ou base	2005	2010	2015	2018	2019	2020	2021
Agriculture (gross) Agriculture (brut)	2014-2016 = 100	78.7	88.5	100.1	105.2	106.3	107.8	109.9
Food (gross) Alimentaires (brut)	2014-2016 = 100	78.5	88.4	100.1	105.1	105.9	107.8	109.9

International merchandise trade • Commerce international des marchandises

Series Séries	Unit or base Unité ou base	2005	2010	2015	2019	2020	2021	2022
Exports FOB Exportations FOB	billion US $ milliard $ E.-U.	10 373	15 102	16 384	18 633	17 352	21 933	24 553
Imports CIF Importations CIF	billion US $ milliard $ E.-U.	10 577	15 275	16 482	18 954	17 598	22 227	25 244
Balance Balance	billion US $ milliard $ E.-U.	-204	-173	-98	-321	-246	-294	-691

Energy • Ènergie

Series Séries	Unit or base Unité ou base	2005	2010	2015	2017	2018	2019	2020
Primary energy production Production d'énergie primaire	petajoules pétajoules	477 281	530 045	569 897	581 479	600 772	612 730	586 995
Net imports Importations nettes	petajoules pétajoules	-14 264	-13 411	-19 089	-20 378	-21 771	-21 790	-18 485
Changes in stocks Variations des stocks	petajoules pétajoules	-221	14	2 480	-3 278	631	4 941	2 458
Total supply Approvisionnement total	petajoules pétajoules	463 238	516 619	548 328	564 380	578 370	585 999	566 503
Supply per capita Approvisionnement par habitant	gigajoules gigajoules	71	74	74	74	75	75	72

Environment • Environnement

Series Séries	Unit or base Unité ou base	2005	2010	2015	2017	2018	2019	2020
Land area Terres superficie	1,000 hectares	13 020 101	13 018 354	13 030 936	13 031 187	13 031 258	13 031 252	13 031 196
Arable land Terres arables	000 hectares	1 365 371	1 363 504	1 383 972	1 391 178	1 389 750	1 387 062	1 387 173
Arable land Terres arables	percentage of land pourcent. de la superf.	10.5	10.5	10.6	10.7	10.7	10.6	10.6
Forest cover Superficie forestière	1,000 hectares	4 132 183	4 106 317	4 083 867	4 073 757	4 068 923	4 063 843	4 058 931
Forest cover Superficie forestière	percentage of land pourcent. de la superf.	31.7	31.5	31.3	31.3	31.2	31.2	31.1

Series Séries	Unit or base Unité ou base	2005	2010	2015	2017	2018	2019	2020
Permanent crops Cultures permanentes	1,000 hectares	144 872	157 815	166 336	171 415	172 543	173 792	174 493
Permanent crops Cultures permanentes	percentage of land pourcent. de la superf.	1.1	1.2	1.3	1.3	1.3	1.3	1.3

Series Séries	Unit or base Unité ou base	2005	2010	2015	2019	2020	2021	2022
Sites protected for terrestrial biodiversity Sites pour la bio. terre. dans aires protég	percentage of sites pourcentage du sites	33.1	39.1	42.2	44.0	43.2	44.3	44.3

Science and technology • Science et technologie

Series Séries	Unit or base Unité ou base	2005	2010	2015	2018	2019	2020	2021
Grant of patents Brevets délivrés	per million population par million d'habitants	632 400	914 200	1 239 600	1 428 300	1 506 900	1 596 500	1 756 500
Gross domestic expenditure on R & D Dépenses intérieures brutes de R-D	percentage of GDP pourcentage du PIB	1.5	1.6	1.7	1.8	1.8	1.9	...

Communication • Internet users

Series Séries	Unit or base Unité ou base	2005	2010	2015	2018	2019	2020	2021
Internet usage Utilisation d'internet	% of individuals % de personnes	15.6	28.5	40.0	49.0	53.7	59.6	62.6

Development assistance • Aide au developpement

Series Séries	Unit or base Unité ou base	2005	2010	2015	2018	2019	2020	2021
Net ODA received: bilateral APD nette reçue : bilatérale	million US $ million $ E.-U.	81 833	92 131	111 378	123 216	122 666	150 534	151 655
Net ODA received: multilateral APD nette reçue : multilatérale	million US $ million $ E.-U.	25 620	37 133	35 368	44 346	40 826	44 675	52 038
Net ODA received: total APD nette reçue : total	million US $ million $ E.-U.	107 452	129 264	146 745	167 562	163 492	195 209	203 692
Net ODA received: total APD nette reçue : total	% of recipients' GNI % du RNB des bénéfic.	1.1	0.7	0.6	0.6	0.6	0.7	0.6

Source:
These data are presented in other tables of this Yearbook; please refer to the relevant table for source notes and last access data.

1 Mid-year estimates and projections (medium fertility variant).

2 Data refers to a 5-year period preceding the reference year.

3 Data is for 2021, or latest available data from 2005 onwards.

Source:
Ces données sont présentées dans d'autres tableaux du présent Annuaire, veuillez donc vous reporter au tableau correspondant pour les notes de source et la date du dernier accès.

1 Les estimations et projections approximative (variante moyenne fécondité) au milieu de l'année.

2 Les données se réfèrent a période de 5 ans précédant l'année de référence.

3 Données pour 2021, ou dernières données disponibles à partir de 2005.

Part One

Population and social statistics

Chapter II Population and migration (tables 2 - 4)

Chapter III Gender (tables 5 and 6)

Chapter IV Education (tables 7 - 9)

Chapter V Health (tables 10 and 11)

Chapter VI Crime (table 12)

Première partie

Population et statistiques sociales

Chapitre II Population et migration (tableaux 2 - 4)

Chapitre III La situation des femmes (tableaux 5 et 6)

Chapitre IV Éducation (tableaux 7 - 9)

Chapitre V Santé (tableaux 10 et 11)

Chapitre VI Criminalité (tableau 12)

2 Population, surface area and density

Population, superficie et densité

Country or area Pays ou zone	Year Année	Mid-year population estimates and projections (millions) Estimations et projections de population au milieu de l'année (millions) Total	Male Hommes	Females Femmes	Sex Ratio (males per 100 females) Rapport des sexes (hommes pour 100 femmes)	Population age distribution (percentage) Répartition par âge de la population (pourcentage) Aged 0 to 14 years old âgée de 0 à 14 ans	Aged 60+ years old âgée de 60 ans ou plus	Population density (per km^2) Densité de population (pour km^2)	Surface area Superficie (000 km^2)
Total, all countries or areas	**2010**	**6 985.60**	**3 514.41**	**3 471.20**	**101.2**	**27.1**	**11.1**	**53.6**	**...**
Total, tous pays ou zones	**2015**	**7 426.60**	**3 737.40**	**3 689.19**	**101.3**	**26.4**	**12.3**	**57.0**	**...**
	2021	**7 909.30**	**3 976.65**	**3 932.65**	**101.1**	**25.5**	**13.7**	**60.7**	**130 094**
	2022[1]	**7 975.11**	**4 008.58**	**3 966.53**	**101.1**	**25.3**	**13.9**	**61.2**	**...**
Africa Afrique	2010	1 055.23	525.87	529.37	99.3	41.5	5.0	35.7	...
	2015	1 201.11	599.30	601.81	99.6	41.3	5.2	40.6	...
	2021	1 393.68	695.88	697.79	99.7	40.3	5.4	47.2	29 648
	2022[1]	1 426.74	712.43	714.31	99.7	40.1	5.5	48.3	...
Northern Africa Afrique septentrionale	2010	207.11	104.59	102.52	102.0	32.4	6.6	26.9	...
	2015	228.36	115.31	113.05	102.0	32.8	7.3	29.7	...
	2021	255.74	129.02	126.72	101.8	32.7	8.4	33.3	7 769
	2022[1]	259.97	131.12	128.85	101.8	32.5	8.5	33.8	...
Sub-Saharan Africa Afrique subsaharienne	2010	848.12	421.27	426.85	98.7	43.7	4.6	38.8	...
	2015	972.75	483.99	488.76	99.0	43.2	4.7	44.5	...
	2021	1 137.94	566.87	571.07	99.3	42.1	4.8	52.0	21 879[2]
	2022[1]	1 166.77	581.31	585.46	99.3	41.8	4.8	53.4	...
Eastern Africa Afrique orientale	2010	342.74	169.60	173.15	97.9	45.0	4.1	51.5	...
	2015	393.35	194.84	198.51	98.2	43.8	4.3	59.1	...
	2021	461.14	228.64	232.50	98.3	41.7	4.5	69.3	6 667
	2022[1]	473.00	234.54	238.47	98.4	41.4	4.5	71.1	...
Middle Africa Afrique centrale	2010	133.61	66.32	67.29	98.6	45.6	4.5	20.6	...
	2015	157.40	78.22	79.18	98.8	45.7	4.4	24.3	...
	2021	190.27	94.62	95.64	98.9	45.5	4.4	29.3	6 497
	2022[1]	196.08	97.51	98.57	98.9	45.4	4.4	30.2	...
Southern Africa Afrique australe	2010	59.10	28.50	30.60	93.1	29.7	7.3	22.2	...
	2015	63.72	30.99	32.72	94.7	29.2	7.8	24.0	...
	2021	67.98	33.11	34.87	94.9	29.4	8.4	25.6	2 651
	2022[1]	68.60	33.44	35.16	95.1	29.3	8.4	25.8	...
Western Africa Afrique occidentale	2010	312.67	156.86[3]	155.80[3]	100.7[3]	44.1[3]	4.7[3]	51.6	...
	2015	358.28	179.94[3]	178.35[3]	100.9[3]	44.1[3]	4.6[3]	59.1	...
	2021	418.54	210.49[3]	208.06[3]	101.2[3]	43.0[3]	4.7[3]	69.0	6 064
	2022[1]	429.08	215.82[3]	213.26[3]	101.2[3]	42.7[3]	4.7[3]	70.8	...
Americas [2] Amériques [2]	2010	935.82	461.93	473.89	97.5	24.7	13.1	24.1	...
	2015	983.54	485.81	497.73	97.6	23.2	14.7	25.4	...
	2021	1 031.38	509.19	522.19	97.5	21.5	16.8	26.6	38 791
	2022[1]	1 037.14	511.80	525.34	97.4	21.2	17.2	26.7	...
Northern America Amérique septentrionale	2010	345.27	170.17[4]	175.10[4]	97.2[4]	19.5[4]	18.4[4]	18.5	...
	2015	360.46	178.29[4]	182.18[4]	97.9[4]	19.0[4]	20.5[4]	19.3	...
	2021	375.28	185.97[4]	189.31[4]	98.2[4]	18.0[4]	23.2[4]	20.1	18 652
	2022[1]	376.87	186.67[4]	190.20[4]	98.1[4]	17.7[4]	23.7[4]	20.2	...
Latin America & the Caribbean Amérique latine et Caraïbes	2010	590.55	291.77	298.78	97.7	27.7	10.0	29.1	...
	2015	623.08	307.53	315.55	97.5	25.6	11.3	30.7	...
	2021	656.10	323.22	332.87	97.1	23.6	13.1	32.4	20 139
	2022[1]	660.27	325.13	335.14	97.0	23.2	13.4	32.6	...
Caribbean Caraïbes	2010	41.40	20.57[5]	20.84[5]	98.7[5]	26.3[5]	11.9[5]	186.9	...
	2015	42.75	21.21[5]	21.55[5]	98.4[5]	24.8[5]	13.1[5]	193.0	...
	2021	44.18	21.85[5]	22.33[5]	97.9[5]	23.4[5]	14.8[5]	199.5	226
	2022[1]	44.39	21.94[5]	22.45[5]	97.8[5]	23.2[5]	15.1[5]	200.4	...
Central America Amérique centrale	2010	156.06	76.68	79.39	96.6	31.3	8.4	63.3	...
	2015	167.19	82.15	85.04	96.6	28.9	9.5	67.8	...
	2021	177.66	87.10	90.56	96.2	26.2	11.0	72.1	2 452
	2022[1]	179.06	87.73	91.33	96.1	25.8	11.3	72.7	...

Country or area Pays ou zone	Year Année	Mid-year population estimates and projections (millions) Estimations et projections de population au milieu de l'année (millions) Total	 Male Hommes	 Females Femmes	Sex Ratio (males per 100 females) Rapport des sexes (hommes pour 100 femmes)	Population age distribution (percentage) Répartition par âge de la population (pourcentage) Aged 0 to 14 years old âgée de 0 à 14 ans	 Aged 60+ years old âgée de 60 ans ou plus	Population density (per km²) Densité de population (pour km²)	Surface area Superficie (000 km²)
South America Amérique du Sud	2010	393.08	194.52[6]	198.56[6]	98.0[6]	26.4[6]	10.5[6]	22.4	...
	2015	413.13	204.17[6]	208.96[6]	97.7[6]	24.4[6]	11.9[6]	23.5	...
	2021	434.25	214.27[6]	219.99[6]	97.4[6]	22.5[6]	13.8[6]	24.7	17 461
	2022[1]	436.82	215.45[6]	221.37[6]	97.3[6]	22.2[6]	14.1[6]	24.8	...
Asia Asie	2010	4 221.17	2 153.89	2 067.28	104.2	26.0	10.2	134.6	...
	2015	4 459.44	2 274.43	2 185.01	104.1	25.0	11.7	142.2	...
	2021	4 694.58	2 389.59	2 304.99	103.7	23.5	13.5	149.7	31 033
	2022[1]	4 722.63	2 402.86	2 319.78	103.6	23.2	13.7	150.6	...
Central Asia Asie centrale	2010	63.62	31.30	32.32	96.8	29.1	7.1	16.2	...
	2015	68.99	34.04	34.95	97.4	29.6	7.8	17.6	...
	2022[1]	77.04	38.11	38.93	97.9	31.3	9.3	19.6	...
Eastern Asia Asie orientale	2010	1 583.27	805.43	777.85	103.5	18.0	14.4	134.3	...
	2015	1 631.71	830.03	801.68	103.5	17.7	17.1	138.4	...
	2021	1 663.70	844.61	819.09	103.1	17.0	19.7	141.1	11 560
	2022[1]	1 663.20	843.94	819.26	103.0	16.6	20.1	141.1	...
South-central Asia Asie centrale et du Sud	2010	1 799.54	923.50	876.04	105.4	31.9	7.4	174.2	...
	2015	1 926.33	986.76	939.57	105.0	30.0	8.4	186.5	...
	2021	2 065.35	1 055.11	1 010.24	104.4	27.5	9.7	199.9	10 327
	2022[1]	2 084.59	1 064.47	1 020.12	104.3	27.2	9.9	201.8	...
South-eastern Asia Asie du Sud-Est	2010	599.78	300.46	299.32	100.4	27.5	8.8	134.8	...
	2015	636.64	319.01	317.63	100.4	26.2	9.9	143.1	...
	2021	675.80	338.52	337.28	100.4	24.8	11.8	151.9	4 341
	2022[1]	681.13	341.13	340.00	100.3	24.5	12.1	153.1	...
Southern Asia Asie méridionale	2010	1 735.92	892.20	843.72	105.7	32.0	7.4	271.2	...
	2015	1 857.34	952.72	904.62	105.3	30.0	8.4	290.2	...
	2022[1]	2 007.55	1 026.36	981.19	104.6	27.0	9.9	313.6	...
Western Asia Asie occidentale	2010	238.59	124.50	114.08	109.1	31.2	6.7	49.8	...
	2015	264.76	138.62	126.13	109.9	30.3	7.4	55.2	...
	2021	289.73	151.36	138.38	109.4	29.0	8.4	60.5	4 805
	2022[1]	293.72	153.31	140.41	109.2	28.7	8.6	61.3	...
Europe Europe	2010	736.28	354.08	382.20	92.6	15.5	22.0	33.3	...
	2015	742.11	357.60	384.51	93.0	15.8	23.8	33.6	...
	2021	745.17	359.68	385.49	93.3	15.8	26.0	33.7	22 135
	2022[1]	743.56	358.91	384.65	93.3	15.7	26.3	33.7	...
Eastern Europe Europe orientale	2010	294.71	138.27	156.44	88.4	15.0	19.4	16.3	...
	2015	294.19	138.30	155.89	88.7	16.0	21.4	16.3	...
	2021	291.46	137.11	154.36	88.8	16.6	23.9	16.1	18 053
	2022[1]	289.63	136.19	153.43	88.8	16.6	24.1	16.0	...
Northern Europe Europe septentrionale	2010	99.65	48.87[1,7]	50.78[7]	96.3[7]	17.5[7]	22.5[7]	60.8	...
	2015	102.98	50.71[1,7]	52.27[7]	97.0[7]	17.6[7]	23.5[7]	62.9	...
	2021	106.20	52.51[1,7]	53.69[7]	97.8[7]	17.4[7]	25.1[7]	64.8	1 702
	2022[1]	106.55	52.70[7]	53.85[7]	97.9[7]	17.2[7]	25.4[7]	65.0	...
Southern Europe Europe méridionale	2010	153.89	75.12[8]	78.77[8]	95.4[8]	14.9[8]	24.0[8]	118.1	...
	2015	153.19	74.65[8]	78.54[8]	95.0[8]	14.6[8]	25.8[8]	117.6	...
	2021	152.13	74.22[8]	77.91[8]	95.3[8]	13.7[8]	28.1[8]	116.8	1 295
	2022[1]	151.76	74.05[8]	77.71[8]	95.3[8]	13.5[8]	28.6[8]	116.5	...
Western Europe Europe occidentale	2010	188.03	91.81[9]	96.22[9]	95.4[9]	15.8[9]	24.2[9]	172.6	...
	2015	191.74	93.94[9]	97.80[9]	96.0[9]	15.5[9]	25.8[9]	176.0	...
	2021	195.38	95.84[9]	99.54[9]	96.3[9]	15.4[9]	27.9[9]	179.4	1 085
	2022[1]	195.62	95.96[9]	99.66[9]	96.3[9]	15.4[9]	28.3[9]	179.6	...
Oceania Océanie	2010	37.10	18.64	18.46	100.9	24.3	14.9	4.4	...
	2015	40.40	20.26	20.14	100.6	23.9	15.9	4.8	...
	2021	44.49	22.31	22.18	100.6	23.1	17.4	5.2	8 486
	2022[1]	45.04	22.58	22.46	100.6	22.9	17.7	5.3	...

Country or area Pays ou zone	Year Année	Mid-year population estimates and projections (millions) Estimations et projections de population au milieu de l'année (millions) Total	 Male Hommes	 Females Femmes	Sex Ratio (males per 100 females) Rapport des sexes (hommes pour 100 femmes)	Population age distribution (percentage) Répartition par âge de la population (pourcentage) Aged 0 to 14 years old âgée de 0 à 14 ans	 Aged 60+ years old âgée de 60 ans ou plus	Population density (per km²) Densité de population (pour km²)	Surface area Superficie (000 km²)
Australia and New Zealand Australie et Nouvelle-Zélande	2010	26.37	13.09	13.28	98.6	19.4	18.9	3.3	...
	2015	28.41	14.08	14.33	98.3	19.1	20.3	3.6	...
	2021	31.05	15.41	15.64	98.5	18.5	22.1	3.9	7 946
	2022[1]	31.36	15.57	15.79	98.6	18.3	22.5	3.9	...
Melanesia Mélanésie	2010	9.54	4.94	4.59	107.6	37.1	4.8	18.0	...
	2015	10.77	5.56	5.21	106.9	36.0	5.1	20.3	...
	2021	12.19	6.27	5.92	105.8	34.3	5.9	23.0	530
	2022[1]	12.41	6.38	6.04	105.6	34.0	6.1	23.4	...
Micronesia Micronésie	2010	0.52	0.26[10]	0.26[10]	102.3[10]	32.1[10]	7.1[10]	167.6	...
	2015	0.52	0.26[10]	0.26[10]	102.1[10]	30.9[10]	8.9[10]	169.9	...
	2021	0.53	0.27[10]	0.27[10]	101.5[10]	29.8[10]	11.6[10]	173.3	3
	2022[1]	0.54	0.27[10]	0.27[10]	101.4[10]	29.6[10]	12.0[10]	174.8	...
Polynesia Polynésie	2010	0.68[11]	0.35[11]	0.34[11]	104.0[11]	32.3[11]	8.5[11]	85.1	...
	2015	0.70[11]	0.35[11]	0.34[11]	102.7[11]	31.0[11]	9.6[11]	86.6	...
	2021	0.72[11]	0.36[11]	0.36[11]	101.5[11]	29.1[11]	11.6[11]	89.2	8
	2022[1]	0.72[11]	0.36[11]	0.36[11]	101.4[11]	28.8[11]	12.0[11]	89.9	...
Afghanistan Afghanistan	2010	28.19	14.24	13.95	102.1	49.0	3.8	43.4	...
	2015	33.75	17.07	16.68	102.3	45.8	3.8	52.0	...
	2021	40.10	20.25	19.84	102.1	43.4	3.8	61.8	653
	2022[1]	41.13	20.77	20.36	102.0	43.1	3.8	63.3	...
Albania Albanie	2010	2.91	1.46	1.45	100.3	21.0	16.2	106.3	...
	2015	2.88	1.45	1.44	100.6	18.2	19.0	105.2	...
	2021	2.85	1.43	1.43	99.8	16.3	22.9	104.2	29
	2022[1]	2.84	1.42	1.42	99.5	16.1	23.5	103.7	...
Algeria Algérie	2010	35.86	18.28	17.57	104.0	27.6	7.1	15.1	...
	2015	39.54	20.15	19.39	103.9	29.0	8.1	16.6	...
	2021	44.18	22.50	21.68	103.8	30.7	9.4	18.5	2 382
	2022[1]	44.90	22.86	22.04	103.7	30.6	9.7	18.9	...
American Samoa Samoa américaines	2010[12]	0.05	0.03	0.03	101.7	34.6	6.7	274.2	...
	2015[12]	0.05	0.03	0.03	100.4	31.5	8.3	256.8	...
	2021	0.05[12]	0.02[12]	0.02[12]	98.0[12]	27.5[12]	11.4[12]	225.2[12]	~0
	2022[1,12]	0.04	0.02	0.02	97.6	27.1	12.1	221.4	...
Andorra Andorre	2010	0.07	0.04	0.04	103.1	16.3	15.3	152.2	...
	2015	0.07	0.04	0.04	101.8	15.5	17.6	152.7	...
	2021	0.08	0.04	0.04	104.4	13.1	20.9	168.2	~0
	2022[1]	0.08	0.04	0.04	104.5	12.8	21.6	169.8	...
Angola Angola	2010	23.36	11.51	11.85	97.1	45.7	4.1	18.7	...
	2015	28.13	13.88	14.25	97.4	45.8	4.1	22.6	...
	2021	34.50	17.05	17.45	97.7	45.2	4.3	27.7	1 247
	2022[1]	35.59	17.59	18.00	97.7	45.0	4.3	28.5	...
Anguilla Anguilla	2010[13]	0.01	0.01	0.01	96.5	23.6	10.3	149.7	...
	2015[13]	0.01	0.01	0.01	96.9	20.3	12.2	165.1	...
	2021	0.02[13]	0.01[13]	0.01[13]	96.0[13]	17.6[13]	15.4[13]	179.0[13]	~0
	2022[1,13]	0.02	0.01	0.01	95.8	17.3	16.0	180.2	...
Antigua and Barbuda Antigua-et-Barbuda	2010	0.09	0.04	0.05	90.0	23.8	10.4	194.8	...
	2015	0.09	0.04	0.05	91.0	21.2	12.2	204.4	...
	2021	0.09	0.04	0.05	91.4	18.8	15.5	211.9	~0
	2022[1]	0.09	0.04	0.05	91.4	18.5	16.1	213.1	...
Argentina Argentine	2010	41.10	20.31	20.79	97.7	25.6	14.6	14.7	...
	2015	43.26	21.40	21.85	97.9	24.7	15.3	15.5	...
	2021	45.28	22.41	22.86	98.0	23.4	16.1	16.2	2 796[14]
	2022[1]	45.51	22.53	22.98	98.0	23.1	16.2	16.3	...

2 Population, surface area and density *(continued)*

Population, superficie et densité *(suite)*

Country or area Pays ou zone	Year Année	Mid-year population estimates and projections (millions) Estimations et projections de population au milieu de l'année (millions) Total	Male Hommes	Females Femmes	Sex Ratio (males per 100 females) Rapport des sexes (hommes pour 100 femmes)	Population age distribution (percentage) Répartition par âge de la population (pourcentage) Aged 0 to 14 years old âgée de 0 à 14 ans	Aged 60+ years old âgée de 60 ans ou plus	Population density (per km²) Densité de population (pour km²)	Surface area Superficie (000 km²)
Armenia	2010	2.95	1.36	1.59	85.6	19.3	14.0	103.5	...
Arménie	2015	2.88	1.31	1.57	83.9	19.6	15.8	101.1	...
	2021	2.79	1.26	1.53	81.9	20.4	19.8	98.1	30
	2022[1]	2.78	1.25	1.53	81.7	20.5	20.3	97.7	...
Aruba	2010	0.10	0.05	0.05	91.2	20.7	14.7	557.5	...
Aruba	2015	0.10	0.05	0.05	90.2	18.8	18.2	579.2	...
	2021	0.11	0.05	0.06	89.1	16.8	23.2	591.9	~0
	2022[1]	0.11	0.05	0.06	89.2	16.2	23.9	591.4	...
Australia	2010[15]	22.02	10.96	11.06	99.1	19.1	19.0	2.9	...
Australie	2015[15]	23.82	11.83	11.99	98.7	18.9	20.3	3.1	...
	2021	25.92[15]	12.87[15]	13.05[15]	98.6[15]	18.4[15]	22.2[15]	3.4[15]	7 692[16]
	2022[1,15]	26.18	13.00	13.18	98.6	18.2	22.6	3.4	...
Austria	2010	8.36	4.07	4.29	94.9	14.8	23.2	101.3	...
Autriche	2015	8.64	4.24	4.41	96.2	14.3	24.0	104.7	...
	2021	8.92	4.39	4.53	96.9	14.4	26.1	108.1	84
	2022[1]	8.94	4.40	4.54	97.0	14.4	26.7	108.3	...
Azerbaijan	2010[17]	9.24	4.53	4.71	96.1	23.9	7.9	111.8	...
Azerbaïdjan	2015[17]	9.86	4.86	5.01	97.0	24.4	8.8	119.3	...
	2021	10.31[17]	5.09[17]	5.22[17]	97.4[17]	23.9[17]	11.9[17]	124.8[17]	87
	2022[1,17]	10.36	5.11	5.25	97.4	23.5	12.5	125.3	...
Bahamas	2010	0.37	0.18	0.19	93.6	26.4	9.1	69.7	...
Bahamas	2015	0.39	0.19	0.20	92.6	23.3	10.5	73.3	...
	2021	0.41	0.20	0.21	91.6	19.6	13.3	76.1	14
	2022[1]	0.41	0.20	0.21	91.4	19.1	13.9	76.5	...
Bahrain	2010	1.21	0.75	0.46	164.0	20.5	3.5	1 550.0	...
Bahreïn	2015	1.36	0.84	0.52	161.7	20.4	5.0	1 739.6	...
	2021	1.46	0.91	0.55	163.8	20.4	6.4	1 868.8	1
	2022[1]	1.47	0.91	0.56	162.9	20.2	6.9	1 880.2	...
Bangladesh	2010	148.39	74.21	74.18	100.0	33.4	6.7	1 140.0	...
Bangladesh	2015	157.83	78.54	79.29	99.0	30.2	7.5	1 212.5	...
	2021	169.36	84.00	85.36	98.4	26.5	9.0	1 301.0	148
	2022[1]	171.19	84.86	86.33	98.3	26.0	9.3	1 315.1	...
Barbados	2010	0.27	0.13	0.14	91.2	20.1	16.6	638.9	...
Barbade	2015	0.28	0.13	0.15	91.7	18.8	18.7	646.7	...
	2021	0.28	0.13	0.15	92.1	17.2	22.4	654.0	~0
	2022[1]	0.28	0.14	0.15	92.2	16.9	23.1	655.0	...
Belarus	2010	9.73	4.51	5.22	86.3	14.9	19.7	48.0	...
Bélarus	2015	9.70	4.48	5.22	86.0	16.3	21.4	47.8	...
	2021	9.58	4.42	5.16	85.5	16.8	24.2	47.2	208
	2022[1]	9.54	4.39	5.14	85.3	16.8	24.5	47.0	...
Belgium	2010	10.88	5.33	5.55	96.2	16.9	23.1	359.3	...
Belgique	2015	11.25	5.53	5.72	96.8	17.0	24.1	371.5	...
	2021	11.61	5.73	5.88	97.6	16.7	25.8	383.5	31
	2022[1]	11.66	5.76	5.90	97.7	16.5	26.2	385.0	...
Belize	2010	0.32	0.16	0.16	100.2	35.5	5.9	14.1	...
Belize	2015	0.36	0.18	0.18	101.2	31.8	6.6	15.8	...
	2021	0.40	0.20	0.20	101.2	28.2	7.7	17.5	23
	2022[1]	0.41	0.20	0.20	101.1	27.7	8.0	17.8	...
Benin	2010	9.45	4.71	4.74	99.3	43.7	4.8	83.8	...
Bénin	2015	10.93	5.46	5.47	99.9	43.2	4.8	97.0	...
	2021	13.00	6.51	6.49	100.3	42.6	4.9	115.3	115
	2022[1]	13.35	6.69	6.66	100.4	42.4	4.9	118.4	...

Country or area Pays ou zone	Year Année	Mid-year population estimates and projections (millions) Estimations et projections de population au milieu de l'année (millions) Total	 Male Hommes	 Females Femmes	Sex Ratio (males per 100 females) Rapport des sexes (hommes pour 100 femmes)	Population age distribution (percentage) Répartition par âge de la population (pourcentage) Aged 0 to 14 years old âgée de 0 à 14 ans	 Aged 60+ years old âgée de 60 ans ou plus	Population density (per km²) Densité de population (pour km²)	Surface area Superficie (000 km²)
Bermuda Bermudes	2010	0.06	0.03	0.03	94.7	16.2	19.0	1 174.9	...
	2015	0.06	0.03	0.03	94.7	15.1	22.6	1 169.3	...
	2021	0.06	0.03	0.03	93.2	14.9	27.7	1 188.6	~0
	2022[1]	0.06	0.03	0.03	93.0	14.7	28.6	1 188.6	...
Bhutan Bhoutan	2010	0.71	0.38	0.33	113.8	29.6	7.5	18.4	...
	2015	0.74	0.40	0.35	113.5	27.0	8.3	19.4	...
	2021	0.78	0.41	0.37	112.5	22.8	9.1	20.3	38
	2022[1]	0.78	0.41	0.37	112.3	22.1	9.3	20.4	...
Bolivia (Plurin. State of) Bolivie (État plurin. de)	2010	10.22	5.15	5.07	101.6	34.8	7.2	9.4	...
	2015	11.09	5.58	5.51	101.2	33.1	7.3	10.2	...
	2021	12.08	6.06	6.02	100.6	31.1	7.6	11.2	1 099[18]
	2022[1]	12.22	6.13	6.10	100.5	30.8	7.6	11.3	...
Bonaire, St. Eustatius & Saba [19] Bonaire, St-Eustache et Saba [19]	2010	0.02	0.01	0.01	113.0	18.9	13.9	61.7	...
	2015	0.02	0.01	0.01	110.1	17.5	16.4	70.6	...
	2022[1]	0.03	0.01	0.01	104.8	16.8	21.1	82.4	...
Bosnia and Herzegovina Bosnie-Herzégovine	2010	3.81	1.86	1.95	95.3	15.9	19.5	74.4	...
	2015	3.52	1.72	1.80	95.9	15.1	21.9	68.8	...
	2021	3.27	1.61	1.66	97.0	14.9	25.4	63.9	51
	2022[1]	3.23	1.59	1.64	97.0	14.9	25.8	63.2	...
Botswana Botswana	2010	2.09	1.03	1.06	96.6	34.8	4.8	3.7	...
	2015	2.31	1.13	1.17	97.0	34.2	5.1	4.1	...
	2021	2.59	1.28	1.31	97.5	32.9	5.8	4.6	582
	2022[1]	2.63	1.30	1.33	97.5	32.6	5.9	4.6	...
Brazil Brésil	2010	196.35	96.81	99.55	97.2	24.8	10.3	23.5	...
	2015	205.19	101.01	104.18	97.0	22.5	11.9	24.6	...
	2021	214.33	105.29	109.03	96.6	20.5	14.2	25.6	8 516
	2022[1]	215.31	105.73	109.58	96.5	20.3	14.6	25.8	...
British Virgin Islands Îles Vierges britanniques	2010[13]	0.03	0.01	0.01	96.8	22.1	9.5	178.9	...
	2015[13]	0.03	0.01	0.02	95.0	19.1	11.6	190.7	...
	2021	0.03[13]	0.02[13]	0.02[13]	92.7[13]	15.2[13]	15.3[13]	202.1[13]	~0
	2022[1,13]	0.03	0.02	0.02	92.7	14.5	16.1	203.3	...
Brunei Darussalam Brunéi Darussalam	2010	0.40	0.21	0.19	108.4	26.0	5.5	68.7	...
	2015	0.42	0.22	0.20	107.8	24.2	7.0	73.1	...
	2021	0.45	0.23	0.21	107.2	22.3	9.9	77.3	6
	2022[1]	0.45	0.23	0.22	107.1	22.1	10.4	77.9	...
Bulgaria Bulgarie	2010	7.59	3.67	3.92	93.6	13.7	25.4	70.0	...
	2015	7.31	3.54	3.77	94.0	14.1	27.4	67.4	...
	2021	6.89	3.34	3.55	94.2	14.0	29.3	63.5	110
	2022[1]	6.78	3.29	3.49	94.1	14.0	29.2	62.6	...
Burkina Faso Burkina Faso	2010	16.12	8.00	8.12	98.5	45.6	4.2	58.9	...
	2015	18.72	9.31	9.41	98.9	45.6	4.1	68.4	...
	2021	22.10	11.01	11.09	99.3	44.1	4.1	80.8	274
	2022[1]	22.67	11.30	11.37	99.3	43.7	4.1	82.9	...
Burundi Burundi	2010	9.13	4.52	4.61	97.9	44.9	3.7	351.7	...
	2015	10.73	5.32	5.41	98.4	46.8	3.8	413.4	...
	2021	12.55	6.23	6.32	98.6	46.3	3.9	483.7	28
	2022[1]	12.89	6.40	6.49	98.6	45.8	3.8	496.7	...
Cabo Verde Cabo Verde	2010	0.52	0.26	0.26	99.2	32.0	7.6	129.3	...
	2015	0.55	0.27	0.28	99.0	29.1	7.4	137.0	...
	2021	0.59	0.29	0.30	98.9	26.6	8.5	145.9	4
	2022[1]	0.59	0.29	0.30	98.9	26.2	8.7	147.2	...

Country or area Pays ou zone	Year Année	Mid-year population estimates and projections (millions) Estimations et projections de population au milieu de l'année (millions) Total	 Male Hommes	 Females Femmes	Sex Ratio (males per 100 females) Rapport des sexes (hommes pour 100 femmes)	Population age distribution (percentage) Répartition par âge de la population (pourcentage) Aged 0 to 14 years old âgée de 0 à 14 ans	 Aged 60+ years old âgée de 60 ans ou plus	Population density (per km²) Densité de population (pour km²)	Surface area Superficie (000 km²)
Cambodia Cambodge	2010	14.36	7.10	7.26	97.9	32.1	5.7	79.3	...
	2015	15.42	7.63	7.79	98.0	30.9	7.0	85.2	...
	2021	16.59	8.21	8.38	98.0	29.3	9.3	91.6	181
	2022[1]	16.77	8.30	8.47	98.0	28.9	9.7	92.6	...
Cameroon Cameroun	2010	19.88	9.89	9.99	99.0	43.8	4.5	42.7	...
	2015	23.01	11.46	11.55	99.3	43.3	4.3	49.4	...
	2021	27.20	13.56	13.63	99.5	42.4	4.2	58.4	476
	2022[1]	27.91	13.92	13.99	99.5	42.2	4.2	59.9	...
Canada Canada	2010	33.96	16.83	17.13	98.3	16.6	19.9	3.7	...
	2015	35.73	17.73	18.00	98.5	16.2	22.3	3.9	...
	2021	38.16	18.96	19.20	98.8	15.7	25.3	4.2	9 985
	2022[1]	38.45	19.11	19.34	98.8	15.6	25.9	4.2	...
Cayman Islands Îles Caïmanes	2010[13]	0.05	0.03	0.03	98.2	18.3	8.5	224.4	...
	2015[13]	0.06	0.03	0.03	100.8	17.5	10.0	252.7	...
	2021	0.07[13]	0.03[13]	0.03[13]	102.0[13]	16.8[13]	12.5[13]	282.7[13]	~0
	2022[1,13]	0.07	0.03	0.03	101.9	16.8	13.1	285.1	...
Central African Republic République centrafricaine	2010	4.66	2.34	2.32	100.6	46.0	3.5	7.5	...
	2015	4.82	2.41	2.41	100.3	48.8	3.9	7.7	...
	2021	5.46	2.73	2.73	100.0	48.2	4.1	8.8	623
	2022[1]	5.58	2.79	2.79	99.9	48.1	4.1	9.0	...
Chad Tchad	2010	11.89	5.96	5.94	100.4	48.6	3.4	9.4	...
	2015	14.14	7.09	7.05	100.7	48.4	3.3	11.2	...
	2021	17.18	8.62	8.56	100.8	47.7	3.4	13.6	1 284
	2022[1]	17.72	8.90	8.83	100.8	47.5	3.4	14.1	...
Chile Chili	2010	17.00	8.44	8.57	98.5	21.5	13.9	22.6	...
	2015	17.87	8.87	9.00	98.5	20.0	15.8	23.7	...
	2021	19.49	9.68	9.82	98.5	18.5	17.8	25.9	756
	2022[1]	19.60	9.73	9.87	98.5	18.3	18.3	26.0	...
China Chine	2010[20]	1 348.19	690.08	658.11	104.9	18.5	12.8	140.4	...
	2015[20]	1 393.72	713.26	680.46	104.8	18.4	15.6	145.2	...
	2021	1 425.89[20]	728.05[20]	697.84[20]	104.3[20]	17.7[20]	18.1[20]	148.5[20]	9 600
	2022[1,20]	1 425.89	727.64	698.24	104.2	17.2	18.6	148.5	...
China, Hong Kong SAR Chine, RAS de Hong Kong	2010	7.13	3.36	3.78	88.9	12.3	18.5	6 489.9	...
	2015	7.40	3.43	3.97	86.2	11.6	21.9	6 733.2	...
	2021	7.49	3.46	4.04	85.6	12.2	27.7	6 819.5	1
	2022[1]	7.49	3.45	4.04	85.4	12.0	28.7	6 814.3	...
China, Macao SAR Chine, RAS de Macao	2010	0.56	0.27	0.29	92.2	12.9	11.3	17 415.5	...
	2015	0.62	0.29	0.32	90.4	12.9	14.5	19 226.2	...
	2021	0.69	0.32	0.36	88.5	14.6	18.6	21 456.5	~0[21]
	2022[1]	0.70	0.33	0.37	88.4	14.8	19.5	21 724.0	...
Colombia Colombie	2010	44.82	22.17	22.65	97.9	27.1	9.0	39.9	...
	2015	47.12	23.27	23.85	97.6	24.4	10.8	41.9	...
	2021	51.52	25.42	26.10	97.4	21.6	13.1	45.8	1 142
	2022[1]	51.87	25.58	26.30	97.3	21.3	13.5	46.2	...
Comoros Comores	2010	0.66	0.33	0.33	100.0	42.0	6.0	352.5	...
	2015	0.73	0.37	0.36	100.5	39.8	6.2	392.4	...
	2021	0.82	0.41	0.41	100.9	38.3	6.5	441.5	2
	2022[1]	0.84	0.42	0.42	100.9	38.0	6.5	449.6	...
Congo Congo	2010	4.44	2.21	2.23	99.3	40.6	4.1	13.0	...
	2015	5.06	2.53	2.54	99.6	42.0	4.1	14.8	...
	2021	5.84	2.91	2.92	99.8	41.4	4.5	17.1	342
	2022[1]	5.97	2.98	2.99	99.8	41.1	4.6	17.5	...

Country or area Pays ou zone	Year Année	Mid-year population estimates and projections (millions) Estimations et projections de population au milieu de l'année (millions)			Sex Ratio (males per 100 females) Rapport des sexes (hommes pour 100 femmes)	Population age distribution (percentage) Répartition par âge de la population (pourcentage)		Population density (per km²) Densité de population (pour km²)	Surface area Superficie (000 km²)
		Total	Male Hommes	Females Femmes		Aged 0 to 14 years old âgée de 0 à 14 ans	Aged 60+ years old âgée de 60 ans ou plus		
Cook Islands Îles Cook	2010[22]	0.02	0.01	0.01	98.8	28.1	12.1	71.7	...
	2015[22]	0.02	0.01	0.01	95.2	26.2	14.0	73.7	...
	2021	0.02[22]	0.01[22]	0.01[22]	91.2[22]	23.7[22]	16.8[22]	70.8[22]	~0[23]
	2022[1,22]	0.02	0.01	0.01	90.8	23.6	17.5	70.9	...
Costa Rica Costa Rica	2010	4.62	2.32	2.30	100.9	24.7	10.9	90.5	...
	2015	4.90	2.46	2.44	100.6	22.6	12.7	95.9	...
	2021	5.15	2.58	2.58	100.1	20.5	15.4	100.9	51
	2022[1]	5.18	2.59	2.59	100.0	20.2	15.8	101.5	...
Côte d'Ivoire Côte d'Ivoire	2010	21.12	10.72	10.40	103.0	44.0	3.8	66.4	...
	2015	23.60	11.95	11.65	102.6	43.6	3.8	74.2	...
	2021	27.48	13.88	13.60	102.0	41.8	3.8	86.4	322
	2022[1]	28.16	14.22	13.95	101.9	41.5	3.8	88.6	...
Croatia Croatie	2010	4.37	2.10	2.27	92.8	15.3	23.8	78.2	...
	2015	4.25	2.06	2.20	93.7	14.4	26.3	76.1	...
	2021	4.06	1.98	2.08	94.9	14.1	29.2	72.6	57
	2022[1]	4.03	1.96	2.07	95.0	14.1	29.6	72.1	...
Cuba Cuba	2010	11.29	5.64	5.65	99.7	17.7	17.6	105.8	...
	2015	11.34	5.65	5.69	99.4	16.7	19.3	106.2	...
	2021	11.26	5.59	5.67	98.6	15.8	21.4	105.4	110
	2022[1]	11.21	5.56	5.65	98.5	15.7	22.0	105.0	...
Curaçao Curaçao	2010[19]	0.16	0.07	0.09	84.6	22.1	17.3	375.9	...
	2015[19]	0.17	0.08	0.09	85.7	20.8	19.5	399.9	...
	2021	0.19[19]	0.09[19]	0.10[19]	92.0[19]	17.4[19]	21.0[19]	448.9[19]	~0
	2022[1,19]	0.19	0.09	0.10	92.1	17.2	21.4	450.9	...
Cyprus Chypre	2010[24]	1.13	0.57	0.56	100.6	17.0	15.9	122.3	...
	2015[24]	1.19	0.59	0.59	100.4	16.1	17.6	128.5	...
	2021	1.24[24]	0.62[24]	0.62[24]	100.3[24]	16.0[24]	20.0[24]	134.7[24]	9
	2022[1,24]	1.25	0.63	0.62	100.3	15.9	20.4	135.4	...
Czechia Tchéquie	2010	10.46	5.13	5.33	96.3	14.4	22.5	135.5	...
	2015	10.52	5.17	5.35	96.6	15.3	25.0	136.3	...
	2021	10.51	5.18	5.33	97.0	16.0	26.3	136.1	79
	2022[1]	10.49	5.17	5.32	97.1	16.0	26.3	135.9	...
Dem. People's Rep. Korea Rép. pop. dém. de Corée	2010	24.69	12.07	12.62	95.7	21.7	13.9	205.0	...
	2015	25.26	12.40	12.86	96.5	19.8	14.2	209.8	...
	2021	25.97	12.84	13.13	97.8	18.9	16.9	215.7	121
	2022[1]	26.07	12.91	13.16	98.0	18.9	17.3	216.5	...
Dem. Rep. of the Congo Rép. dém. du Congo	2010	66.39	32.89	33.51	98.1	46.2	4.9	29.3	...
	2015	78.66	39.00	39.66	98.3	46.3	4.7	34.7	...
	2021	95.89	47.57	48.32	98.5	46.5	4.6	42.3	2 345
	2022[1]	99.01	49.12	49.89	98.4	46.5	4.6	43.7	...
Denmark Danemark	2010[25]	5.55	2.75	2.80	98.3	18.0	23.2	130.9	...
	2015[25]	5.68	2.82	2.86	98.6	16.9	24.7	133.9	...
	2021	5.85[25]	2.91[25]	2.94[25]	99.0[25]	16.2[25]	26.2[25]	138.1[25]	43[26]
	2022[1,25]	5.88	2.93	2.96	99.0	16.1	26.5	138.8	...
Djibouti Djibouti	2010	0.92	0.46	0.46	99.1	36.1	5.9	39.7	...
	2015	1.01	0.50	0.51	99.0	33.9	6.3	43.4	...
	2021	1.11	0.55	0.56	98.6	30.8	7.0	47.7	23
	2022[1]	1.12	0.56	0.56	98.5	30.4	7.1	48.4	...
Dominica Dominique	2010	0.07	0.03	0.03	102.0	23.6	14.8	91.7	...
	2015	0.07	0.04	0.03	100.8	21.7	13.4	93.3	...
	2021	0.07	0.04	0.04	99.1	19.9	14.1	96.6	1
	2022[1]	0.07	0.04	0.04	98.9	19.6	14.5	97.0	...

Country or area Pays ou zone	Year Année	Mid-year population estimates and projections (millions) Estimations et projections de population au milieu de l'année (millions) Total	 Male Hommes	 Females Femmes	Sex Ratio (males per 100 females) Rapport des sexes (hommes pour 100 femmes)	Population age distribution (percentage) Répartition par âge de la population (pourcentage) Aged 0 to 14 years old âgée de 0 à 14 ans	 Aged 60+ years old âgée de 60 ans ou plus	Population density (per km²) Densité de population (pour km²)	Surface area Superficie (000 km²)
Dominican Republic	2010	9.78	4.94	4.83	102.3	30.7	8.1	202.4	...
République	2015	10.41	5.24	5.16	101.6	29.0	9.1	215.4	...
dominicaine	2021	11.12	5.58	5.54	100.8	27.4	10.8	230.1	49
	2022[1]	11.23	5.63	5.59	100.7	27.1	11.2	232.4	...
Ecuador	2010	14.99	7.50	7.49	100.1	31.2	8.6	60.4	...
Équateur	2015	16.20	8.10	8.10	100.1	29.0	9.8	65.2	...
	2021	17.80	8.89	8.91	99.7	26.1	11.1	71.7	257
	2022[1]	18.00	8.98	9.02	99.6	25.7	11.3	72.5	...
Egypt	2010	87.25	44.18	43.08	102.6	33.3	6.6	87.7	...
Égypte	2015	97.72	49.47	48.25	102.5	33.5	6.9	98.2	...
	2021	109.26	55.26	54.00	102.3	33.1	7.6	109.8	1 002
	2022[1]	110.99	56.12	54.87	102.3	32.9	7.7	111.5	...
El Salvador	2010	6.11	2.92	3.19	91.6	31.8	9.7	295.1	...
El Salvador	2015	6.23	2.98	3.26	91.4	28.4	10.4	300.7	...
	2021	6.31	3.01	3.31	90.9	25.8	11.5	304.7	21
	2022[1]	6.34	3.02	3.32	90.9	25.4	11.6	305.8	...
Equatorial Guinea	2010	1.09	0.57	0.52	108.6	38.9	5.0	39.0	...
Guinée équatoriale	2015	1.35	0.71	0.64	111.3	38.7	5.0	48.0	...
	2021	1.63	0.86	0.77	112.0	38.8	5.0	58.3	28
	2022[1]	1.67	0.88	0.79	111.8	38.5	5.1	59.7	...
Eritrea	2010	3.15	1.55	1.60	96.7	42.7	5.5	26.0	...
Érythrée	2015	3.34	1.64	1.70	97.0	42.2	5.7	27.6	...
	2021	3.62	1.79	1.83	97.3	39.8	6.0	29.9	121
	2022[1]	3.68	1.82	1.87	97.4	39.2	6.1	30.4	...
Estonia	2010	1.33	0.62	0.71	87.2	15.2	23.3	30.6	...
Estonie	2015	1.31	0.62	0.70	88.0	16.0	25.2	30.2	...
	2021	1.33	0.63	0.70	90.2	16.5	26.8	30.6	45
	2022[1]	1.33	0.63	0.70	90.4	16.4	27.0	30.5	...
Eswatini	2010	1.10	0.53	0.57	94.2	38.8	4.7	63.3	...
Eswatini	2015	1.13	0.56	0.58	96.8	37.5	5.3	65.3	...
	2021	1.19	0.59	0.60	98.6	35.0	6.2	68.7	17
	2022[1]	1.20	0.60	0.61	98.5	34.7	6.2	69.2	...
Ethiopia	2010	89.24	44.92	44.32	101.3	45.1	4.4	89.2	...
Éthiopie	2015	102.47	51.56	50.91	101.3	42.5	4.6	102.5	...
	2021	120.28	60.44	59.84	101.0	40.0	4.9	120.3	1 104
	2022[1]	123.38	61.98	61.40	100.9	39.6	4.9	123.4	...
Falkland Islands (Malvinas)	2010[27]	~0.00	~0.00	~0.00	99.7	17.6	15.9	0.3	...
	2015[27]	~0.00	~0.00	~0.00	99.2	17.9	14.8	0.3	...
Îles Falkland (Malvinas)	2021	~0.00[27]	~0.00[27]	~0.00[27]	100.7[27]	17.8[27]	16.6[27]	0.3[27]	12[28]
	2022[1,27]	~0.00	~0.00	~0.00	100.7	17.7	17.4	0.3	...
Faroe Islands	2010[29]	0.05	0.03	0.02	108.0	21.8	20.5	35.0	...
Îles Féroé	2015[29]	0.05	0.03	0.02	106.8	21.0	22.8	35.2	...
	2021	0.05[29]	0.03[29]	0.03[29]	107.3[29]	20.7[29]	23.6[29]	38.2[29]	1
	2022[1,29]	0.05	0.03	0.03	107.3	20.7	23.6	38.3	...
Fiji	2010	0.91	0.46	0.44	103.5	31.1	6.9	49.5	...
Fidji	2015	0.92	0.46	0.45	102.1	30.2	7.8	50.2	...
	2021	0.92	0.46	0.46	100.6	28.9	9.5	50.6	18
	2022[1]	0.93	0.47	0.46	100.5	28.6	9.7	50.9	...
Finland	2010[30]	5.36	2.63	2.73	96.3	16.6	24.7	17.7	...
Finlande	2015[30]	5.48	2.70	2.78	96.9	16.4	27.0	18.1	...
	2021	5.54[30]	2.74[30]	2.80[30]	97.6[30]	15.4[30]	29.3[30]	18.3[30]	337[31]
	2022[1,30]	5.54	2.74	2.80	97.7	15.2	29.7	18.3	...

Country or area Pays ou zone	Year Année	Mid-year population estimates and projections (millions) Estimations et projections de population au milieu de l'année (millions) Total	 Male Hommes	 Females Femmes	Sex Ratio (males per 100 females) Rapport des sexes (hommes pour 100 femmes)	Population age distribution (percentage) Répartition par âge de la population (pourcentage) Aged 0 to 14 years old âgée de 0 à 14 ans	 Aged 60+ years old âgée de 60 ans ou plus	Population density (per km²) Densité de population (pour km²)	Surface area Superficie (000 km²)
France France	2010[32]	62.44	30.23	32.22	93.8	18.3	23.2	113.3	...
	2015[32]	63.81	30.86	32.95	93.7	18.2	25.3	115.7	...
	2021	64.53[32]	31.20[32]	33.34[32]	93.6[32]	17.4[32]	27.5[32]	117.0[32]	552
	2022[1,32]	64.63	31.23	33.40	93.5	17.2	27.8	117.2	...
French Guiana Guyane française	2010[33]	0.23	0.11	0.12	98.7	35.2	6.2	2.8	...
	2015[33]	0.26	0.13	0.13	99.0	33.7	7.6	3.1	...
	2021	0.30[33]	0.15[33]	0.15[33]	98.8[33]	32.3[33]	9.1[33]	3.6[33]	84
	2022[1,33]	0.30	0.15	0.15	98.8	32.1	9.4	3.7	...
French Polynesia Polynésie française	2010[33]	0.28	0.15	0.14	104.8	25.7	9.5	77.0	...
	2015[33]	0.29	0.15	0.14	103.6	24.1	11.3	79.2	...
	2021	0.30[33]	0.15[33]	0.15[33]	102.3[33]	21.7[33]	14.5[33]	82.5[33]	4[34]
	2022[1,33]	0.31	0.15	0.15	102.2	21.3	15.2	83.1	...
Gabon Gabon	2010	1.71	0.87	0.85	102.4	37.4	6.1	6.6	...
	2015	2.03	1.04	0.99	104.4	36.7	5.9	7.9	...
	2021	2.34	1.19	1.15	103.8	36.4	6.0	9.1	268
	2022[1]	2.39	1.22	1.17	103.6	36.3	6.0	9.3	...
Gambia Gambie	2010	1.94	0.96	0.98	97.9	45.7	4.2	191.4	...
	2015	2.25	1.12	1.13	98.6	45.4	3.8	222.6	...
	2021	2.64	1.31	1.33	99.0	43.5	4.0	260.9	11
	2022[1]	2.71	1.35	1.36	99.0	43.1	4.0	267.4	...
Georgia Géorgie	2010[35]	3.84	1.80	2.03	88.6	18.7	17.8	55.2	...
	2015[35]	3.77	1.78	1.99	89.2	19.4	19.5	54.3	...
	2021	3.76[35]	1.77[35]	1.99[35]	88.7[35]	21.1[35]	20.8[35]	54.1[35]	70
	2022[1,35]	3.74	1.76	1.98	88.7	21.3	21.0	53.9	...
Germany Allemagne	2010	81.33	39.82	41.51	95.9	13.6	25.9	233.3	...
	2015	82.07	40.44	41.64	97.1	13.2	27.3	235.5	...
	2021	83.41	41.15	42.25	97.4	13.9	29.3	239.3	358
	2022[1]	83.37	41.14	42.23	97.4	14.0	29.7	239.2	...
Ghana Ghana	2010	25.57	12.74	12.83	99.3	39.2	4.8	112.4	...
	2015	28.87	14.40	14.47	99.5	38.9	5.0	126.9	...
	2021	32.83	16.38	16.46	99.5	37.3	5.8	144.3	239
	2022[1]	33.48	16.70	16.78	99.5	36.9	5.9	147.1	...
Gibraltar Gibraltar	2010[13]	0.03	0.02	0.02	99.6	18.1	22.0	3 126.2	...
	2015[13]	0.03	0.02	0.02	99.5	17.8	23.7	3 252.0	...
	2021	0.03[13]	0.02[13]	0.02[13]	99.8[13]	17.1[13]	26.7[13]	3 267.0[13]	~0
	2022[1,13]	0.03	0.02	0.02	99.8	17.0	27.2	3 264.9	...
Greece Grèce	2010	11.03	5.45	5.58	97.6	14.6	25.0	84.3	...
	2015	10.81	5.31	5.50	96.4	14.6	26.7	82.6	...
	2021	10.45	5.12	5.33	96.0	14.1	29.0	79.8	132
	2022[1]	10.39	5.08	5.30	95.8	13.9	29.4	79.4	...
Greenland Groenland	2010[29]	0.06	0.03	0.03	113.0	22.4	10.9	0.1	...
	2015[29]	0.06	0.03	0.03	111.9	21.1	12.8	0.1	...
	2021	0.06[29]	0.03[29]	0.03[29]	111.0[29]	20.9[29]	16.0[29]	0.1[29]	2 166
	2022[1,29]	0.06	0.03	0.03	110.6	20.9	16.9	0.1	...
Grenada Grenade	2010	0.11	0.06	0.06	101.9	24.7	12.1	335.4	...
	2015	0.12	0.06	0.06	101.1	24.0	12.9	349.9	...
	2021	0.12	0.06	0.06	100.2	24.1	14.6	366.5	~0
	2022[1]	0.13	0.06	0.06	100.0	24.0	14.9	368.9	...
Guadeloupe Guadeloupe	2010[33]	0.40	0.19	0.22	87.1	22.0	18.8	247.6	...
	2015[33]	0.40	0.18	0.22	84.5	20.5	22.2	245.1	...
	2021	0.40[33]	0.18[33]	0.22[33]	82.7[33]	18.4[33]	26.4[33]	243.3[33]	2
	2022[1,33]	0.40	0.18	0.22	82.6	18.1	27.0	243.1	...

Country or area Pays ou zone	Year Année	Mid-year population estimates and projections (millions) Estimations et projections de population au milieu de l'année (millions) Total	 Male Hommes	 Females Femmes	Sex Ratio (males per 100 females) Rapport des sexes (hommes pour 100 femmes)	Population age distribution (percentage) Répartition par âge de la population (pourcentage) Aged 0 to 14 years old âgée de 0 à 14 ans	 Aged 60+ years old âgée de 60 ans ou plus	Population density (per km²) Densité de population (pour km²)	Surface area Superficie (000 km²)
Guam	2010[12]	0.16	0.08	0.08	103.1	27.1	10.6	304.8	...
Guam	2015[12]	0.17	0.09	0.08	102.4	26.9	13.2	310.5	...
	2021	0.17[12]	0.09[12]	0.08[12]	101.4[12]	26.3[12]	16.5[12]	315.2[12]	1
	2022[1,12]	0.17	0.09	0.09	101.3	26.1	17.0	317.5	...
Guatemala	2010	14.54	7.21	7.33	98.3	39.1	6.0	135.7	...
Guatemala	2015	16.00	7.93	8.07	98.2	36.2	6.5	149.3	...
	2021	17.61	8.72	8.89	98.0	32.9	7.1	164.3	109
	2022[1]	17.84	8.83	9.01	98.0	32.4	7.1	166.5	...
Guinea	2010	10.27	5.04	5.24	96.2	44.5	5.4	41.8	...
Guinée	2015	11.63	5.71	5.91	96.6	43.3	5.2	47.3	...
	2021	13.53	6.69	6.85	97.7	41.8	5.2	55.1	246
	2022[1]	13.86	6.85	7.01	97.8	41.5	5.1	56.4	...
Guinea-Bissau	2010	1.57	0.77	0.80	96.2	43.6	4.2	55.7	...
Guinée-Bissau	2015	1.79	0.88	0.91	96.9	42.8	4.3	63.6	...
	2021	2.06	1.02	1.04	97.5	40.6	4.5	73.3	36
	2022[1]	2.11	1.04	1.07	97.6	40.1	4.5	74.9	...
Guyana	2010	0.75	0.37	0.38	98.9	32.3	7.1	3.8	...
Guyana	2015	0.76	0.37	0.38	96.9	30.1	8.3	3.8	...
	2021	0.80	0.39	0.41	95.8	28.7	9.8	4.1	215
	2022[1]	0.81	0.40	0.41	95.9	28.6	9.9	4.1	...
Haiti	2010	9.84	4.89	4.95	98.8	36.0	6.1	357.0	...
Haïti	2015	10.56	5.25	5.32	98.7	34.2	6.5	383.2	...
	2021	11.45	5.67	5.77	98.2	32.4	7.1	415.2	28
	2022[1]	11.59	5.74	5.85	98.2	32.1	7.1	420.2	...
Holy See	2010[36]	...	...	...	...	...	...	1 353.4	...
Saint-Siège	2015[36]	...	...	...	...	...	...	1 281.8	...
	2021	...	...	...	...	...	...	1 162.5[36]	~0[37]
	2022[1,36]	...	...	...	...	...	...	1 160.2	...
Honduras	2010	8.45	4.27	4.18	102.4	37.7	5.0	77.5	...
Honduras	2015	9.29	4.70	4.60	102.3	34.2	5.7	85.2	...
	2021	10.28	5.19	5.09	102.0	30.6	6.6	94.2	112
	2022[1]	10.43	5.27	5.17	102.0	30.1	6.6	95.6	...
Hungary	2010	9.99	4.74	5.24	90.5	14.7	22.6	110.3	...
Hongrie	2015	9.84	4.69	5.15	91.1	14.5	25.4	108.7	...
	2021	9.71	4.65	5.06	92.1	14.6	26.6	107.3	93
	2022[1]	9.97	4.79	5.18	92.3	14.4	25.8	110.1	...
Iceland	2010	0.32	0.16	0.16	101.2	20.9	17.0	3.2	...
Islande	2015	0.33	0.17	0.16	101.0	20.2	19.1	3.3	...
	2021	0.37	0.19	0.18	105.2	18.6	20.6	3.7	103
	2022[1]	0.37	0.19	0.18	105.2	18.5	21.0	3.7	...
India	2010	1 240.61	641.57	599.05	107.1	31.0	7.8	417.3	...
Inde	2015	1 322.87	683.54	639.32	106.9	28.6	8.9	444.9	...
	2021	1 407.56	726.50	681.06	106.7	25.7	10.4	473.4	3 287
	2022[1]	1 417.17	731.18	685.99	106.6	25.3	10.5	476.7	...
Indonesia	2010	244.02	122.88	121.13	101.4	27.9	8.7	127.7	...
Indonésie	2015	259.09	130.52	128.57	101.5	26.9	9.3	135.6	...
	2021	273.75	137.85	135.90	101.4	25.5	10.7	143.3	1 911
	2022[1]	275.50	138.70	136.80	101.4	25.2	10.9	144.2	...
Iran (Islamic Republic of)	2010	75.37	38.30	37.07	103.3	22.3	7.8	46.3	...
	2015	81.79	41.45	40.34	102.8	23.5	9.2	50.2	...
Iran (Rép. islamique d')	2021	87.92	44.43	43.50	102.1	23.8	11.3	54.0	1 631
	2022[1]	88.55	44.71	43.84	102.0	23.6	11.6	54.4	...

Country or area Pays ou zone	Year Année	Mid-year population estimates and projections (millions) Estimations et projections de population au milieu de l'année (millions) Total	 Male Hommes	 Females Femmes	Sex Ratio (males per 100 females) Rapport des sexes (hommes pour 100 femmes)	Population age distribution (percentage) Répartition par âge de la population (pourcentage) Aged 0 to 14 years old âgée de 0 à 14 ans	 Aged 60+ years old âgée de 60 ans ou plus	Population density (per km²) Densité de population (pour km²)	Surface area Superficie (000 km²)
Iraq	2010	31.26	15.56	15.71	99.0	41.2	4.7	72.0	...
Iraq	2015	37.76	18.85	18.91	99.7	40.3	5.0	87.0	...
	2021	43.53	21.80	21.74	100.3	38.1	5.0	100.3	435
	2022[1]	44.50	22.29	22.21	100.4	37.7	5.1	102.5	...
Ireland	2010	4.52	2.25	2.28	98.7	21.1	16.1	66.2	...
Irlande	2015	4.67	2.31	2.36	97.9	21.4	18.1	68.2	...
	2021	4.99	2.47	2.52	98.2	19.9	20.1	72.9	70
	2022[1]	5.02	2.49	2.53	98.3	19.6	20.5	73.5	...
Isle of Man	2010[13]	0.08	0.04	0.04	98.6	16.7	24.4	146.6	...
Île de Man	2015[13]	0.08	0.04	0.04	98.2	16.1	26.5	146.1	...
	2021	0.08[13]	0.04[13]	0.04[13]	98.1[13]	14.9[13]	28.9[13]	147.3[13]	1
	2022[1,13]	0.08	0.04	0.04	98.1	14.7	29.4	147.8	...
Israel	2010	7.33	3.63	3.70	98.0	27.8	14.3	338.6	...
Israël	2015	8.01	3.98	4.03	98.7	28.1	15.2	370.0	...
	2021	8.90	4.44	4.46	99.4	28.2	16.0	411.2	22
	2022[1]	9.04	4.51	4.53	99.5	28.1	16.1	417.6	...
Italy	2010	59.82	28.96	30.87	93.8	14.1	26.7	202.1	...
Italie	2015	60.23	29.21	31.02	94.2	13.7	28.0	203.5	...
	2021	59.24	28.87	30.37	95.1	12.7	30.5	200.2	302
	2022[1]	59.04	28.79	30.25	95.2	12.4	31.0	199.5	...
Jamaica	2010	2.73	1.36	1.38	98.3	26.6	8.4	252.4	...
Jamaïque	2015	2.79	1.39	1.41	98.6	23.3	9.4	258.0	...
	2021	2.83	1.40	1.42	98.5	20.3	11.6	261.1	11
	2022[1]	2.83	1.40	1.43	98.4	19.8	11.9	261.1	...
Japan	2010	128.11	62.42	65.69	95.0	13.2	31.5	340.0	...
Japon	2015	127.25	61.93	65.32	94.8	12.7	33.9	337.7	...
	2021	124.61	60.57	64.05	94.6	11.8	35.6	330.7	378[38]
	2022[1]	123.95	60.24	63.71	94.6	11.6	35.8	328.9	...
Jordan	2010	6.93	3.56	3.37	105.9	36.6	5.3	78.1	...
Jordanie	2015	9.49	4.94	4.55	108.7	35.1	4.9	106.9	...
	2021	11.15	5.78	5.37	107.7	32.6	6.1	125.6	89
	2022[1]	11.29	5.85	5.44	107.5	32.1	6.3	127.1	...
Kazakhstan	2010	16.63	7.92	8.71	90.9	24.6	10.1	6.2	...
Kazakhstan	2015	17.84	8.53	9.31	91.6	27.0	11.0	6.6	...
	2021	19.20	9.23	9.97	92.6	29.5	12.6	7.1	2 725
	2022[1]	19.40	9.34	10.06	92.8	29.7	12.8	7.2	...
Kenya	2010	41.52	20.64	20.88	98.9	43.3	3.3	71.5	...
Kenya	2015	46.85	23.27	23.58	98.7	41.6	3.8	80.7	...
	2021	53.01	26.28	26.73	98.3	38.4	4.5	91.3	592
	2022[1]	54.03	26.78	27.25	98.3	37.8	4.6	93.0	...
Kiribati	2010	0.11	0.05	0.06	95.8	36.4	5.2	148.8	...
Kiribati	2015	0.12	0.06	0.06	94.9	35.6	5.5	160.8	...
	2021	0.13	0.06	0.07	94.8	36.2	6.1	177.5	1[39]
	2022[1]	0.13	0.06	0.07	95.0	36.1	6.3	180.8	...
Kuwait	2010	2.94	1.68	1.27	132.2	23.0	3.2	165.2	...
Koweït	2015	3.91	2.34	1.57	149.0	21.7	4.6	219.4	...
	2021	4.25	2.59	1.66	156.1	21.1	8.5	238.5	18
	2022[1]	4.27	2.60	1.67	155.2	20.7	9.3	239.6	...
Kyrgyzstan	2010	5.48	2.68	2.80	95.6	30.7	6.1	28.6	...
Kirghizistan	2015	5.92	2.90	3.02	96.2	32.5	6.4	30.8	...
	2021	6.53	3.21	3.32	96.5	34.5	7.7	34.0	200
	2022[1]	6.63	3.26	3.38	96.5	34.4	7.9	34.6	...

Country or area Pays ou zone	Year Année	Mid-year population estimates and projections (millions) Estimations et projections de population au milieu de l'année (millions) Total	 Male Hommes	 Females Femmes	Sex Ratio (males per 100 females) Rapport des sexes (hommes pour 100 femmes)	Population age distribution (percentage) Répartition par âge de la population (pourcentage) Aged 0 to 14 years old âgée de 0 à 14 ans	 Aged 60+ years old âgée de 60 ans ou plus	Population density (per km²) Densité de population (pour km²)	Surface area Superficie (000 km²)
Lao People's Dem. Rep.	2010	6.32	3.18	3.14	101.3	35.9	5.8	27.4	...
Rép. dém. populaire lao	2015	6.79	3.42	3.36	101.8	33.1	6.4	29.4	...
	2021	7.43	3.74	3.68	101.6	31.0	7.0	32.2	237
	2022[1]	7.53	3.79	3.73	101.6	30.6	7.2	32.6	...
Latvia	2010	2.10	0.96	1.14	83.7	14.2	24.3	33.8	...
Lettonie	2015	1.99	0.91	1.08	84.6	15.0	26.2	32.0	...
	2021	1.87	0.87	1.01	86.3	15.6	28.8	30.1	65
	2022[1]	1.85	0.86	0.99	86.5	15.6	29.1	29.7	...
Lebanon	2010	5.00	2.48	2.52	98.4	25.8	9.0	488.3	...
Liban	2015	6.40	3.17	3.23	98.4	24.8	10.9	625.5	...
	2021	5.59	2.71	2.88	94.2	27.6	14.0	546.7	10
	2022[1]	5.49	2.66	2.83	94.2	27.4	14.4	536.6	...
Lesotho	2010	2.02	0.99	1.03	96.2	36.1	6.3	66.6	...
Lesotho	2015	2.12	1.04	1.08	97.0	35.1	6.3	69.8	...
	2021	2.28	1.13	1.16	97.4	34.1	6.6	75.1	30
	2022[1]	2.31	1.14	1.17	97.4	34.0	6.6	75.9	...
Liberia	2010	4.02	1.99	2.03	97.9	43.3	5.4	41.7	...
Libéria	2015	4.61	2.29	2.32	98.5	42.6	5.2	47.9	...
	2021	5.19	2.59	2.61	99.1	41.0	5.1	53.9	111
	2022[1]	5.30	2.64	2.66	99.2	40.5	5.1	55.1	...
Libya	2010	6.49	3.30	3.19	103.4	29.9	5.9	3.9	...
Libye	2015	6.19	3.15	3.05	103.2	31.6	6.7	3.7	...
	2021	6.74	3.41	3.33	102.5	28.9	7.5	4.0	1 676
	2022[1]	6.81	3.45	3.37	102.4	28.3	7.7	4.1	...
Liechtenstein	2010	0.04	0.02	0.02	97.8	16.3	19.7	224.5	...
Liechtenstein	2015	0.04	0.02	0.02	98.3	15.0	22.5	233.5	...
	2021	0.04	0.02	0.02	98.3	14.5	26.0	244.0	~0
	2022[1]	0.04	0.02	0.02	98.4	14.5	26.6	245.8	...
Lithuania	2010	3.14	1.44	1.70	85.0	14.9	23.3	50.1	...
Lituanie	2015	2.96	1.37	1.59	86.2	14.5	25.1	47.3	...
	2021	2.79	1.31	1.48	88.4	15.2	28.1	44.5	65
	2022[1]	2.75	1.29	1.46	88.6	15.3	28.5	43.9	...
Luxembourg	2010	0.51	0.25	0.25	99.0	17.7	18.9	195.8	...
Luxembourg	2015	0.57	0.29	0.28	100.6	16.6	19.3	219.8	...
	2021	0.64	0.32	0.32	101.3	15.9	20.4	246.8	3
	2022[1]	0.65	0.33	0.32	101.3	15.8	20.8	250.0	...
Madagascar	2010	21.73	10.91	10.82	100.8	43.2	4.3	37.4	...
Madagascar	2015	24.85	12.47	12.38	100.7	41.3	4.7	42.7	...
	2021	28.92	14.49	14.42	100.5	39.4	5.3	49.7	587
	2022[1]	29.61	14.84	14.78	100.4	39.1	5.3	50.9	...
Malawi	2010	14.72	7.12	7.60	93.8	46.5	5.4	155.7	...
Malawi	2015	16.94	8.22	8.72	94.3	46.0	4.4	179.1	...
	2021	19.89	9.67	10.22	94.6	43.2	3.9	210.4	118
	2022[1]	20.41	9.92	10.48	94.7	42.6	3.8	215.8	...
Malaysia	2010[40]	28.72	14.79	13.93	106.2	27.8	7.9	87.4	...
Malaisie	2015[40]	31.07	15.95	15.12	105.5	25.2	9.2	94.6	...
	2021	33.57[40]	17.17[40]	16.41[40]	104.6[40]	23.0[40]	11.1[40]	102.2[40]	331
	2022[1,40]	33.94	17.34	16.60	104.5	22.7	11.4	103.3	...
Maldives	2010	0.36	0.20	0.16	122.6	25.7	6.1	1 205.2	...
Maldives	2015	0.44	0.25	0.19	135.3	22.9	5.9	1 451.9	...
	2021	0.52	0.30	0.22	136.3	21.7	7.4	1 738.2	~0
	2022[1]	0.52	0.30	0.22	135.4	21.7	7.8	1 746.0	...

2 Population, surface area and density *(continued)*

Population, superficie et densité *(suite)*

Country or area Pays ou zone	Year Année	Mid-year population estimates and projections (millions) Estimations et projections de population au milieu de l'année (millions) Total	 Male Hommes	 Females Femmes	Sex Ratio (males per 100 females) Rapport des sexes (hommes pour 100 femmes)	Population age distribution (percentage) Répartition par âge de la population (pourcentage) Aged 0 to 14 years old âgée de 0 à 14 ans	 Aged 60+ years old âgée de 60 ans ou plus	Population density (per km²) Densité de population (pour km²)	Surface area Superficie (000 km²)
Mali	2010	15.53	7.84	7.68	102.1	47.2	4.4	12.7	...
Mali	2015	18.11	9.15	8.96	102.1	48.1	4.1	14.8	...
	2021	21.91	11.06	10.84	102.0	47.4	3.8	18.0	1 240
	2022[1]	22.59	11.41	11.19	102.0	47.2	3.7	18.5	...
Malta	2010	0.42	0.21	0.21	98.7	14.8	23.5	1 329.4	...
Malte	2015	0.46	0.23	0.23	102.1	13.7	24.7	1 449.5	...
	2021	0.53	0.27	0.25	108.4	13.1	24.8	1 672.2	~0
	2022[1]	0.53	0.28	0.26	108.9	13.1	25.0	1 693.0	...
Marshall Islands	2010	0.05	0.03	0.03	105.0	39.6	3.9	296.8	...
Îles Marshall	2015	0.05	0.03	0.02	104.9	37.4	5.1	274.5	...
	2021	0.04	0.02	0.02	104.4	33.2	7.3	233.6	~0
	2022[1]	0.04	0.02	0.02	104.3	32.5	7.6	230.9	...
Martinique	2010[33]	0.39	0.18	0.21	85.9	19.7	20.3	370.0	...
Martinique	2015[33]	0.38	0.18	0.21	86.0	18.1	24.3	361.8	...
	2021	0.37[33]	0.17[33]	0.20[33]	85.4[33]	16.2[33]	29.8[33]	347.9[33]	1
	2022[1,33]	0.37	0.17	0.20	85.3	15.9	30.6	346.7	...
Mauritania	2010	3.42	1.68	1.74	96.3	43.3	5.3	3.3	...
Mauritanie	2015	3.95	1.93	2.02	95.4	43.7	5.3	3.8	...
	2021	4.62	2.26	2.35	96.0	42.0	5.1	4.5	1 031
	2022[1]	4.74	2.32	2.41	96.1	41.6	5.1	4.6	...
Mauritius	2010[41]	1.28	0.64	0.65	98.6	21.9	11.6	632.2	...
Maurice	2015[41]	1.29	0.64	0.65	98.1	19.5	14.6	637.0	...
	2021	1.30[41]	0.64[41]	0.66[41]	97.4[41]	16.6[41]	18.4[41]	639.9[41]	2[42]
	2022[1,41]	1.30	0.64	0.66	97.3	16.3	19.0	640.1	...
Mayotte [33]	2010	0.21	0.10	0.11	94.6	44.7	3.9	564.8	...
Mayotte [33]	2015	0.25	0.12	0.13	92.7	43.9	4.4	665.5	...
	2022[1]	0.33	0.15	0.17	90.0	44.2	4.6	869.6	...
Mexico	2010	112.53	55.09	57.45	95.9	29.9	8.9	57.4	...
Mexique	2015	120.15	58.82	61.33	95.9	27.6	10.2	61.3	...
	2021	126.71	61.86	64.85	95.4	25.0	11.9	64.7	1 964
	2022[1]	127.50	62.20	65.31	95.2	24.5	12.2	65.1	...
Micronesia (Fed.	2010	0.11	0.05	0.05	101.7	35.5	5.5	153.7	...
States of)	2015	0.11	0.06	0.05	101.6	33.1	7.2	156.4	...
Micronésie (États	2021	0.11	0.06	0.06	101.2	30.7	9.5	161.6	1
féd. de)	2022[1]	0.11	0.06	0.06	101.1	30.3	9.8	163.1	...
Monaco	2010	0.03	0.02	0.02	95.5	13.0	34.6	22 267.5	...
Monaco	2015	0.04	0.02	0.02	96.4	12.1	41.0	24 671.1	...
	2021	0.04	0.02	0.02	96.1	12.8	43.6	24 621.5	~0
	2022[1]	0.04	0.02	0.02	96.1	13.0	43.7	24 475.8	...
Mongolia	2010	2.70	1.35	1.36	99.3	28.1	5.6	1.7	...
Mongolie	2015	2.96	1.47	1.49	98.8	29.3	6.1	1.9	...
	2021	3.35	1.66	1.69	98.5	32.4	7.7	2.2	1 564
	2022[1]	3.40	1.69	1.71	98.4	32.5	8.0	2.2	...
Montenegro	2010	0.63	0.31	0.32	94.9	19.3	18.0	45.7	...
Monténégro	2015	0.63	0.31	0.32	95.2	18.5	20.2	45.9	...
	2021	0.63	0.31	0.32	95.0	18.2	22.6	45.5	14
	2022[1]	0.63	0.31	0.32	94.9	18.1	22.9	45.4	...
Montserrat	2010[13]	~0.00	~0.00	~0.00	107.4	19.8	18.5	47.9	...
Montserrat	2015[13]	0.01	~0.00	~0.00	103.9	18.2	20.0	49.1	...
	2021	~0.00[13]	~0.00[13]	~0.00[13]	111.8[13]	13.4[13]	23.7[13]	42.9[13]	~0
	2022[1,13]	~0.00	~0.00	~0.00	111.7	12.8	24.4	42.6	...
Morocco	2010	32.46	16.30	16.17	100.8	28.9	7.9	72.7	...
Maroc	2015	34.68	17.44	17.24	101.2	28.0	9.3	77.7	...
	2021	37.08	18.67	18.41	101.4	26.9	11.5	83.1	447
	2022[1]	37.46	18.85	18.61	101.3	26.6	11.9	83.9	...

Country or area Pays ou zone	Year Année	Mid-year population estimates and projections (millions) Estimations et projections de population au milieu de l'année (millions): Total	Male Hommes	Females Femmes	Sex Ratio (males per 100 females) Rapport des sexes (hommes pour 100 femmes)	Population age distribution (percentage) / Répartition par âge de la population (pourcentage): Aged 0 to 14 years old âgée de 0 à 14 ans	Aged 60+ years old âgée de 60 ans ou plus	Population density (per km²) Densité de population (pour km²)	Surface area Superficie (000 km²)
Mozambique Mozambique	2010	23.07	11.24	11.84	94.9	45.4	4.3	29.3	...
	2015	26.84	13.13	13.71	95.7	45.0	4.2	34.1	...
	2021	32.08	15.74	16.34	96.3	43.7	4.2	40.8	799
	2022[1]	32.97	16.18	16.79	96.3	43.5	4.2	41.9	...
Myanmar Myanmar	2010	49.39	24.66	24.73	99.7	28.3	7.9	75.6	...
	2015	51.48	25.68	25.81	99.5	26.6	9.0	78.8	...
	2021	53.80	26.78	27.02	99.1	24.9	10.5	82.3	677
	2022[1]	54.18	26.96	27.22	99.1	24.6	10.8	82.9	...
Namibia Namibie	2010	2.10	1.02	1.08	93.8	37.0	5.3	2.6	...
	2015	2.28	1.10	1.18	93.5	36.3	5.7	2.8	...
	2021	2.53	1.22	1.31	93.3	36.2	6.2	3.1	825
	2022[1]	2.57	1.24	1.33	93.2	36.2	6.1	3.1	...
Nauru Nauru	2010	0.01	0.01	0.01	104.0	36.5	2.9	512.0	...
	2015	0.01	0.01	0.01	104.1	38.5	3.4	559.3	...
	2021	0.01	0.01	0.01	103.4	38.8	4.4	625.6	~0
	2022[1]	0.01	0.01	0.01	103.2	38.8	4.6	633.4	...
Nepal Népal	2010	27.16	13.26	13.90	95.4	36.2	7.4	184.5	...
	2015	27.61	13.16	14.45	91.1	33.4	8.5	187.6	...
	2021	30.04	14.37	15.66	91.7	29.4	9.0	204.1	147
	2022[1]	30.55	14.65	15.90	92.1	28.9	9.0	207.6	...
Netherlands (Kingdom of the) Pays-Bas (Royaume des)	2010[43]	16.62	8.23	8.39	98.0	17.5	22.0	493.5	...
	2015[43]	17.04	8.45	8.59	98.3	16.6	24.1	506.1	...
	2021	17.50[43]	8.70[43]	8.81[43]	98.8[43]	15.5[43]	26.5[43]	519.8[43]	42
	2022[1,43]	17.56	8.73	8.83	98.8	15.4	27.0	521.6	...
New Caledonia Nouvelle-Calédonie	2010[33]	0.26	0.13	0.13	102.3	25.8	11.3	14.3	...
	2015[33]	0.28	0.14	0.14	101.1	24.1	12.6	15.5	...
	2021	0.29[33]	0.14[33]	0.14[33]	99.1[33]	22.5[33]	15.3[33]	15.7[33]	19
	2022[1,33]	0.29	0.14	0.15	98.9	22.2	15.8	15.9	...
New Zealand Nouvelle-Zélande	2010[44]	4.35	2.13	2.22	95.7	20.9	18.3	16.4	...
	2015[44]	4.59	2.25	2.34	96.3	20.0	20.0	17.3	...
	2021	5.13[44]	2.54[44]	2.59[44]	98.3[44]	18.9[44]	21.7[44]	19.4[44]	268
	2022[1,44]	5.19	2.57	2.62	98.3	18.7	22.2	19.6	...
Nicaragua Nicaragua	2010	5.86	2.89	2.97	97.1	34.4	5.9	48.7	...
	2015	6.30	3.10	3.20	97.1	32.1	6.8	52.3	...
	2021	6.85	3.38	3.47	97.1	30.1	7.7	56.9	130
	2022[1]	6.95	3.42	3.52	97.1	29.7	7.9	57.7	...
Niger Niger	2010	16.65	8.43	8.22	102.5	49.1	3.8	13.1	...
	2015	20.13	10.20	9.93	102.8	49.1	3.9	15.9	...
	2021	25.25	12.81	12.44	102.9	48.9	4.0	19.9	1 267
	2022[1]	26.21	13.29	12.91	102.9	48.8	3.9	20.7	...
Nigeria Nigéria	2010	160.95	81.07	79.89	101.5	44.3	4.9	176.7	...
	2015	184.00	92.80	91.19	101.8	44.3	4.8	202.0	...
	2021	213.40	107.83	105.57	102.1	43.3	4.8	234.3	924
	2022[1]	218.54	110.45	108.09	102.2	43.0	4.7	240.0	...
Niue Nioué	2010[22]	~0.00	~0.00	~0.00	100.7	26.2	16.6	7.0	...
	2015[22]	~0.00	~0.00	~0.00	97.4	27.0	18.6	7.1	...
	2021	~0.00[22]	~0.00[22]	~0.00[22]	88.8[22]	26.4[22]	21.3[22]	7.5[22]	~0
	2022[1,22]	~0.00	~0.00	~0.00	88.4	26.1	21.0	7.4	...
North Macedonia Macédoine du Nord	2010	2.09	1.05	1.05	99.9	18.5	16.5	84.0	...
	2015	2.11	1.05	1.06	99.7	17.1	18.6	84.6	...
	2021	2.10	1.05	1.05	99.4	16.1	21.1	84.4	26
	2022[1]	2.09	1.04	1.05	99.4	16.0	21.3	84.0	...

Country or area Pays ou zone	Year Année	Mid-year population estimates and projections (millions) Estimations et projections de population au milieu de l'année (millions) Total	 Male Hommes	 Females Femmes	Sex Ratio (males per 100 females) Rapport des sexes (hommes pour 100 femmes)	Population age distribution (percentage) Répartition par âge de la population (pourcentage) Aged 0 to 14 years old âgée de 0 à 14 ans	 Aged 60+ years old âgée de 60 ans ou plus	Population density (per km²) Densité de population (pour km²)	Surface area Superficie (000 km²)
Northern Mariana	2010[12]	0.05	0.03	0.03	108.2	27.3	6.0	118.4	...
Islands	2015[12]	0.05	0.03	0.02	113.0	24.2	9.9	112.7	...
Îles Mariannes du	2021	0.05[12]	0.03[12]	0.02[12]	116.2[12]	21.7[12]	17.5[12]	108.3[12]	~0
Nord	2022[1,12]	0.05	0.03	0.02	116.2	21.2	18.8	108.4	...
Norway	2010[45]	4.89	2.44	2.45	99.9	18.8	21.0	16.1	...
Norvège	2015[45]	5.19	2.61	2.58	101.3	18.0	21.9	17.1	...
	2021	5.40[45]	2.73[45]	2.68[45]	101.8[45]	17.0[45]	23.8[45]	17.8[45]	324
	2022[1,45]	5.43	2.74	2.69	101.9	16.7	24.2	17.9	...
Oman	2010	2.88	1.71	1.17	145.7	26.9	3.9	9.3	...
Oman	2015	4.19	2.71	1.48	183.7	22.3	3.9	13.5	...
	2021	4.52	2.76	1.76	157.0	26.8	4.5	14.6	310
	2022[1]	4.58	2.79	1.79	155.5	27.0	4.5	14.8	...
Other non-specified	2010	23.08	11.56	11.53	100.3	16.0	14.6	651.9	...
areas [46]	2015	23.51	11.71	11.80	99.3	13.7	18.1	664.0	...
Autres zones non-									
spécifiées [46]	2022[1]	23.89	11.83	12.07	98.0	12.6	23.7	674.8	...
Pakistan	2010	194.45	99.99	94.47	105.8	39.2	5.7	252.3	...
Pakistan	2015	210.97	107.98	102.99	104.9	38.4	6.0	273.7	...
	2021	231.40	116.82	114.59	101.9	36.9	6.7	300.2	796
	2022[1]	235.82	118.96	116.86	101.8	36.6	6.8	305.9	...
Palau	2010	0.02	0.01	0.01	112.9	21.3	9.8	40.3	...
Palaos	2015	0.02	0.01	0.01	113.4	20.6	12.2	38.7	...
	2021	0.02	0.01	0.01	108.5	21.0	15.1	39.2	~0
	2022[1]	0.02	0.01	0.01	108.0	21.0	15.6	39.2	...
Panama	2010	3.62	1.82	1.81	100.6	29.2	9.4	48.9	...
Panama	2015	3.96	1.98	1.98	100.3	28.0	10.6	53.3	...
	2021	4.35	2.18	2.17	100.1	26.4	12.4	58.7	75
	2022[1]	4.41	2.20	2.20	100.0	26.1	12.7	59.4	...
Papua New Guinea	2010	7.58	3.95	3.64	108.6	37.9	4.3	16.7	...
Papouasie-Nvl-	2015	8.68	4.51	4.18	107.9	36.5	4.6	19.2	...
Guinée	2021	9.95	5.14	4.81	106.8	34.6	5.3	22.0	463
	2022[1]	10.14	5.23	4.91	106.6	34.2	5.5	22.4	...
Paraguay	2010	5.77	2.90	2.86	101.4	33.0	7.5	14.3	...
Paraguay	2015	6.18	3.11	3.07	101.2	30.5	8.2	15.3	...
	2021	6.70	3.37	3.34	100.8	29.0	9.3	16.6	407
	2022[1]	6.78	3.40	3.38	100.7	28.9	9.4	16.8	...
Peru	2010	29.23	14.55	14.68	99.1	29.8	10.1	22.8	...
Pérou	2015	30.71	15.22	15.50	98.2	28.4	11.2	24.0	...
	2021	33.72	16.70	17.02	98.1	26.3	11.9	26.3	1 285
	2022[1]	34.05	16.86	17.19	98.0	26.0	12.0	26.6	...
Philippines	2010	94.64	47.83	46.80	102.2	34.5	6.6	315.5	...
Philippines	2015	103.03	52.19	50.84	102.6	32.6	7.4	343.4	...
	2021	113.88	57.82	56.06	103.1	30.6	8.4	379.6	300
	2022[1]	115.56	58.68	56.88	103.2	30.3	8.6	385.2	...
Poland	2010	38.60	18.69	19.90	93.9	15.2	19.3	126.1	...
Pologne	2015	38.55	18.66	19.89	93.8	15.0	22.6	125.9	...
	2021	38.31	18.52	19.78	93.6	15.4	25.7	125.1	313
	2022[1]	39.86	19.30	20.56	93.8	15.2	25.0	130.2	...
Portugal	2010	10.59	5.06	5.52	91.7	15.2	24.4	115.1	...
Portugal	2015	10.37	4.92	5.45	90.2	14.2	26.8	112.7	...
	2021	10.29	4.85	5.44	89.3	13.3	29.3	111.9	92
	2022[1]	10.27	4.85	5.42	89.3	13.2	29.7	111.7	...

Country or area Pays ou zone	Year Année	Mid-year population estimates and projections (millions) Estimations et projections de population au milieu de l'année (millions) Total	 Male Hommes	 Females Femmes	Sex Ratio (males per 100 females) Rapport des sexes (hommes pour 100 femmes)	Population age distribution (percentage) Répartition par âge de la population (pourcentage) Aged 0 to 14 years old âgée de 0 à 14 ans	 Aged 60+ years old âgée de 60 ans ou plus	Population density (per km²) Densité de population (pour km²)	Surface area Superficie (000 km²)
Puerto Rico	2010	3.72	1.78	1.94	92.0	19.6	20.5	427.7	...
Porto Rico	2015	3.50	1.67	1.83	91.2	16.7	24.3	402.4	...
	2021	3.26	1.54	1.72	89.5	13.7	29.4	374.6	9
	2022[1]	3.25	1.53	1.72	89.3	13.4	30.0	374.2	...
Qatar	2010	1.71	1.30	0.42	312.4	13.8	1.8	147.9	...
Qatar	2015	2.41	1.82	0.60	304.2	13.9	2.2	208.4	...
	2021	2.69	1.95	0.73	266.0	15.8	3.1	232.0	12
	2022[1]	2.70	1.95	0.74	263.8	15.8	3.3	232.6	...
Republic of Korea	2010	48.81	24.33	24.48	99.4	16.4	15.5	493.3	...
République de	2015	50.99	25.54	25.46	100.3	13.8	18.3	515.4	...
Corée	2021	51.83	25.89	25.95	99.8	11.9	24.4	523.8	100
	2022[1]	51.82	25.87	25.95	99.7	11.6	25.5	523.7	...
Republic of Moldova	2010[47]	3.68	1.75	1.93	90.5	18.0	15.1	111.9	...
République de	2015[47]	3.28	1.56	1.72	90.7	18.2	17.7	99.7	...
Moldova	2021	3.06[47]	1.45[47]	1.61[47]	90.4[47]	19.8[47]	20.5[47]	93.1[47]	34
	2022[1,47]	3.27	1.56	1.71	90.9	19.3	19.4	99.5	...
Réunion	2010[33]	0.89	0.43	0.46	93.5	26.4	12.2	356.1	...
Réunion	2015[33]	0.92	0.45	0.48	93.5	25.0	14.8	369.0	...
	2021	0.97[33]	0.47[33]	0.50[33]	93.2[33]	23.1[33]	18.2[33]	386.5[33]	3
	2022[1,33]	0.97	0.47	0.50	93.2	22.8	18.8	389.6	...
Romania	2010	20.34	9.85	10.49	93.9	15.8	21.3	88.4	...
Roumanie	2015	19.91	9.64	10.27	93.9	15.7	23.5	86.5	...
	2021	19.33	9.35	9.98	93.6	16.0	25.2	84.0	238
	2022[1]	19.66	9.51	10.15	93.7	15.9	24.5	85.4	...
Russian Federation	2010	143.24	66.23	77.01	86.0	15.2	18.1	8.7	...
Fédération de	2015	144.67	67.09	77.58	86.5	16.9	20.0	8.8	...
Russie	2021	145.10	67.39	77.71	86.7	17.7	22.6	8.9	17 098
	2022[1]	144.71	67.21	77.50	86.7	17.7	22.8	8.8	...
Rwanda	2010	10.31	4.99	5.32	93.8	42.2	4.6	425.8	...
Rwanda	2015	11.64	5.66	5.98	94.7	41.2	4.8	480.9	...
	2021	13.46	6.58	6.88	95.7	38.9	5.1	556.0	26
	2022[1]	13.78	6.74	7.04	95.8	38.5	5.2	569.1	...
Saint Barthélemy [33]	2010	0.01	~0.00	~0.00	113.9	16.2	12.6	408.5	...
Saint-Barthélemy [33]	2015	0.01	0.01	~0.00	113.1	16.0	13.5	438.3	...
	2022[1]	0.01	0.01	0.01	110.5	13.3	16.8	498.5	...
Saint Helena	2010[48]	0.01	~0.00	~0.00	107.2	14.3	26.8	13.6	...
Sainte-Hélène	2015[48]	0.01	~0.00	~0.00	112.1	13.6	27.9	14.1	...
	2021	0.01[48]	~0.00[48]	~0.00[48]	97.9[48]	14.0[48]	35.9[48]	13.9[48]	~0[49,50]
	2022[1,48]	0.01	~0.00	~0.00	93.4	14.1	38.2	13.8	...
Saint Kitts and Nevis	2010	0.05	0.02	0.02	96.8	23.7	10.3	182.3	...
Saint-Kitts-et-Nevis	2015	0.05	0.02	0.02	95.6	21.4	11.8	183.8	...
	2021	0.05	0.02	0.02	93.6	19.8	15.6	183.1	~0
	2022[1]	0.05	0.02	0.02	93.4	19.5	16.0	183.3	...
Saint Lucia	2010	0.17	0.09	0.09	99.4	24.1	11.1	277.5	...
Sainte-Lucie	2015	0.18	0.09	0.09	99.1	20.6	11.9	285.1	...
	2021	0.18	0.09	0.09	98.0	18.3	13.8	291.6	1
	2022[1]	0.18	0.09	0.09	97.8	18.0	14.2	292.0	...
Saint Martin (French part) [33]	2010	0.04	0.02	0.02	90.1	27.5	8.7	687.9	...
St-Martin (partie française) [33]	2015	0.04	0.02	0.02	90.7	26.3	11.8	660.8	...
	2022[1]	0.03	0.02	0.02	90.6	21.7	17.7	599.8	...
Saint Pierre and Miquelon	2010[33]	0.01	~0.00	~0.00	101.2	17.9	20.2	26.3	...
Saint-Pierre-et-	2015[33]	0.01	~0.00	~0.00	98.8	17.6	23.1	26.0	...
Miquelon	2021	0.01[33]	~0.00[33]	~0.00[33]	99.0[33]	17.2[33]	23.5[33]	25.6[33]	~0
	2022[1,33]	0.01	~0.00	~0.00	98.9	16.9	23.8	25.5	...

Country or area Pays ou zone	Year Année	Mid-year population estimates and projections (millions) Estimations et projections de population au milieu de l'année (millions) Total	 Male Hommes	 Females Femmes	Sex Ratio (males per 100 females) Rapport des sexes (hommes pour 100 femmes)	Population age distribution (percentage) Répartition par âge de la population (pourcentage) Aged 0 to 14 years old âgée de 0 à 14 ans	 Aged 60+ years old âgée de 60 ans ou plus	Population density (per km²) Densité de population (pour km²)	Surface area Superficie (000 km²)
Saint Vincent &	2010	0.11	0.06	0.05	104.9	25.7	11.6	280.3	...
Grenadines	2015	0.11	0.05	0.05	105.0	23.6	13.5	273.0	...
Saint-Vincent-	2021	0.10	0.05	0.05	104.1	22.1	16.0	267.5	~0
Grenadines	2022[1]	0.10	0.05	0.05	103.7	21.9	16.2	266.5	...
Samoa	2010	0.19	0.10	0.09	105.8	39.0	6.8	68.8	...
Samoa	2015	0.20	0.10	0.10	104.9	38.4	7.2	71.9	...
	2021	0.22	0.11	0.11	104.0	37.7	8.0	77.3	3
	2022[1]	0.22	0.11	0.11	104.0	37.6	8.1	78.6	...
San Marino	2010	0.03	0.02	0.02	95.9	15.4	23.0	518.2	...
Saint-Marin	2015	0.03	0.02	0.02	94.7	14.9	24.1	550.3	...
	2021	0.03	0.02	0.02	94.8	13.1	27.1	553.2	~0
	2022[1]	0.03	0.02	0.02	94.8	12.7	27.8	551.8	...
Sao Tome and	2010	0.18	0.09	0.09	99.5	42.1	5.1	189.7	...
Principe	2015	0.20	0.10	0.10	99.7	42.3	5.2	209.5	...
Sao Tomé-et-	2021	0.22	0.11	0.11	99.6	40.0	5.8	232.4	1
Principe	2022[1]	0.23	0.11	0.11	99.5	39.5	5.9	236.9	...
Saudi Arabia	2010	29.41	16.87	12.55	134.4	29.5	3.2	13.7	...
Arabie saoudite	2015	32.75	18.77	13.98	134.3	27.5	4.1	15.2	...
	2021	35.95	20.77	15.18	136.8	26.2	4.9	16.7	2 207
	2022[1]	36.41	20.98	15.43	136.0	25.9	5.3	16.9	...
Senegal	2010	12.53	6.16	6.37	96.7	43.2	4.9	65.1	...
Sénégal	2015	14.36	7.05	7.31	96.4	43.1	4.8	74.6	...
	2021	16.88	8.30	8.58	96.7	41.8	4.9	87.7	197
	2022[1]	17.32	8.52	8.80	96.8	41.5	4.9	89.9	...
Serbia	2010[51]	7.65	3.68	3.97	92.6	14.3	24.5	99.7	...
Serbie	2015[51]	7.52	3.61	3.91	92.2	14.3	26.4	98.0	...
	2021	7.30[51]	3.50[51]	3.80[51]	92.0[51]	14.3[51]	27.2[51]	95.1[51]	88
	2022[1,51]	7.22	3.46	3.76	92.1	14.4	27.1	94.1	...
Seychelles	2010	0.09	0.05	0.04	106.4	24.3	9.2	202.2	...
Seychelles	2015	0.10	0.05	0.05	109.6	23.3	10.2	217.2	...
	2021	0.11	0.06	0.05	111.4	23.2	12.7	233.0	~0
	2022[1]	0.11	0.06	0.05	111.2	23.1	13.1	234.4	...
Sierra Leone	2010	6.44	3.22	3.22	99.8	43.2	5.0	89.7	...
Sierra Leone	2015	7.31	3.66	3.65	100.2	41.8	4.9	102.0	...
	2021	8.42	4.22	4.20	100.4	39.4	5.0	117.4	72
	2022[1]	8.61	4.31	4.29	100.4	39.0	5.1	120.0	...
Singapore	2010	5.16	2.68	2.48	108.2	14.3	12.4	7 560.2	...
Singapour	2015	5.65	2.95	2.70	109.4	12.7	15.5	8 272.4	...
	2021	5.94	3.11	2.83	109.7	12.0	21.9	8 698.5	1[52]
	2022[1]	5.98	3.13	2.85	109.6	11.8	23.0	8 749.2	...
Sint Maarten (Dutch	2010[19]	0.03	0.02	0.02	89.9	22.6	9.2	971.6	...
part)	2015[19]	0.04	0.02	0.02	111.1	19.2	11.3	1 182.5	...
St-Martin (partie	2021	0.04[19]	0.02[19]	0.02[19]	115.2[19]	11.7[19]	18.1[19]	1 295.4[19]	~0
néerland.)	2022[1,19]	0.04	0.02	0.02	115.2	11.0	19.7	1 299.3	...
Slovakia	2010	5.40	2.63	2.77	94.8	15.4	18.0	110.1	...
Slovaquie	2015	5.42	2.64	2.78	95.1	15.3	20.9	110.6	...
	2021	5.45	2.66	2.79	95.4	15.9	23.7	111.1	49
	2022[1]	5.64	2.76	2.89	95.6	15.7	23.1	115.1	...
Slovenia	2010	2.06	1.02	1.04	97.6	14.2	21.9	102.2	...
Slovénie	2015	2.08	1.03	1.05	98.4	14.9	24.7	103.3	...
	2021	2.12	1.07	1.05	101.0	15.2	27.3	105.2	20
	2022[1]	2.12	1.07	1.05	101.1	15.1	27.7	105.3	...

2 Population, surface area and density *(continued)*

Population, superficie et densité *(suite)*

Country or area Pays ou zone	Year Année	Mid-year population estimates and projections (millions) Estimations et projections de population au milieu de l'année (millions) Total	 Male Hommes	 Females Femmes	Sex Ratio (males per 100 females) Rapport des sexes (hommes pour 100 femmes)	Population age distribution (percentage) Répartition par âge de la population (pourcentage) Aged 0 to 14 years old âgée de 0 à 14 ans	 Aged 60+ years old âgée de 60 ans ou plus	Population density (per km^2) Densité de population (pour km^2)	Surface area Superficie (000 km^2)
Solomon Islands Îles Salomon	2010	0.54	0.28	0.26	105.2	41.2	5.2	18.8	...
	2015	0.61	0.31	0.30	104.8	40.5	5.2	21.3	...
	2021	0.71	0.36	0.35	104.5	39.3	5.4	24.6	29
	2022[1]	0.72	0.37	0.35	104.4	39.1	5.5	25.2	...
Somalia Somalie	2010	12.03	6.03	6.00	100.4	48.3	4.0	19.2	...
	2015	13.76	6.90	6.86	100.5	47.8	4.1	21.9	...
	2021	17.07	8.56	8.51	100.5	47.3	4.2	27.2	638
	2022[1]	17.60	8.82	8.78	100.5	47.2	4.1	28.1	...
South Africa Afrique du Sud	2010	51.78	24.93	26.86	92.8	28.7	7.6	42.4	...
	2015	55.88	27.16	28.72	94.5	28.3	8.1	45.8	...
	2021	59.39	28.89	30.50	94.7	28.7	8.7	48.7	1 221
	2022[1]	59.89	29.17	30.73	94.9	28.6	8.7	49.1	...
South Sudan Soudan du sud	2010	9.71	4.79	4.92	97.3	43.0	4.0	17.2	...
	2015	11.19	5.54	5.66	97.8	43.5	4.1	19.8	...
	2022[1]	10.91	5.40	5.51	98.1	43.9	4.8	19.3	...
Spain Espagne	2010[53]	46.57	23.01	23.56	97.7	15.0	22.2	92.7	...
	2015[53]	46.43	22.81	23.62	96.6	15.2	24.1	92.4	...
	2021	47.49[53]	23.27[53]	24.22[53]	96.1[53]	14.1[53]	26.3[53]	94.5[53]	506
	2022[1,53]	47.56	23.31	24.25	96.1	13.8	26.8	94.7	...
Sri Lanka Sri Lanka	2010	20.67	10.06	10.61	94.8	25.5	11.8	329.6	...
	2015	21.34	10.32	11.02	93.7	25.0	13.6	340.3	...
	2021	21.77	10.49	11.28	93.0	23.2	16.3	347.2	66
	2022[1]	21.83	10.51	11.32	92.9	22.8	16.7	348.2	...
State of Palestine État de Palestine	2010[54]	3.99	1.99	2.00	99.5	42.4	4.3	663.2	...
	2015[54]	4.48	2.23	2.25	99.1	40.6	4.8	745.0	...
	2021	5.13[54]	2.56[54]	2.57[54]	99.5[54]	39.1[54]	5.4[54]	852.7[54]	6
	2022[1,54]	5.25	2.62	2.63	99.6	38.8	5.5	872.1	...
Sudan Soudan	2010	33.74	16.89	16.85	100.2	42.1	4.1	19.1	...
	2015	38.17	19.09	19.08	100.0	42.0	4.9	21.6	...
	2022[1]	46.87	23.42	23.45	99.9	40.9	5.5	26.6	...
Suriname Suriname	2010	0.55	0.27	0.27	100.9	29.9	8.6	3.5	...
	2015	0.58	0.29	0.29	100.2	28.5	9.5	3.7	...
	2021	0.61	0.31	0.31	99.3	26.5	11.1	3.9	164
	2022[1]	0.62	0.31	0.31	99.1	26.2	11.4	4.0	...
Sweden Suède	2010	9.38	4.67	4.71	99.2	16.6	24.9	23.0	...
	2015	9.85	4.93	4.92	100.3	17.4	25.3	24.2	...
	2021	10.47	5.27	5.19	101.5	17.7	25.5	25.7	439
	2022[1]	10.55	5.32	5.23	101.6	17.6	25.7	25.9	...
Switzerland Suisse	2010	7.82	3.85	3.97	97.0	15.2	22.7	195.6	...
	2015	8.28	4.10	4.18	97.9	14.9	23.5	207.1	...
	2021	8.69	4.31	4.38	98.6	15.1	25.2	217.3	41
	2022[1]	8.74	4.34	4.40	98.6	15.0	25.7	218.6	...
Syrian Arab Republic République arabe syrienne	2010	22.34	11.28	11.06	102.0	36.4	5.2	121.6	...
	2015	19.21	9.66	9.54	101.3	41.1	6.3	104.5	...
	2021	21.32	10.68	10.64	100.4	33.0	7.2	116.1	185
	2022[1]	22.13	11.08	11.05	100.3	31.4	7.2	120.4	...
Tajikistan Tadjikistan	2010	7.62	3.81	3.82	99.7	36.8	4.6	53.3	...
	2015	8.52	4.28	4.24	100.8	36.6	4.9	59.6	...
	2021	9.75	4.91	4.84	101.3	36.4	5.9	68.1	141
	2022[1]	9.95	5.01	4.94	101.3	36.3	6.2	69.6	...
Thailand Thaïlande	2010	68.27	33.51	34.76	96.4	19.3	13.2	133.6	...
	2015	70.29	34.37	35.93	95.6	17.4	16.3	137.6	...
	2021	71.60	34.79	36.81	94.5	15.8	21.2	140.2	513
	2022[1]	71.70	34.81	36.89	94.3	15.5	22.0	140.3	...

Country or area Pays ou zone	Year Année	Mid-year population estimates and projections (millions) Estimations et projections de population au milieu de l'année (millions) Total	 Male Hommes	 Females Femmes	Sex Ratio (males per 100 females) Rapport des sexes (hommes pour 100 femmes)	Population age distribution (percentage) Répartition par âge de la population (pourcentage) Aged 0 to 14 years old âgée de 0 à 14 ans	 Aged 60+ years old âgée de 60 ans ou plus	Population density (per km²) Densité de population (pour km²)	Surface area Superficie (000 km²)
Timor-Leste Timor-Leste	2010	1.09	0.56	0.53	105.3	41.4	7.6	73.2	...
	2015	1.21	0.62	0.59	104.1	39.0	7.9	81.1	...
	2021	1.32	0.67	0.65	104.1	35.3	7.4	88.8	15
	2022[1]	1.34	0.68	0.66	104.0	34.7	7.3	90.2	...
Togo Togo	2010	6.57	3.29	3.28	100.2	41.8	4.6	120.8	...
	2015	7.47	3.75	3.72	100.7	41.4	4.7	137.4	...
	2021	8.64	4.35	4.30	101.1	40.2	5.0	158.9	57
	2022[1]	8.85	4.45	4.40	101.1	40.0	5.1	162.7	...
Tokelau Tokélaou	2010[22]	~0.00	~0.00	~0.00	105.1	30.4	14.6	113.9	...
	2015[22]	~0.00	~0.00	~0.00	104.1	30.1	14.6	121.2	...
	2021	~0.00[22]	~0.00[22]	~0.00[22]	99.8[22]	29.3[22]	12.6[22]	154.1[22]	~0
	2022[1,22]	~0.00	~0.00	~0.00	99.8	28.5	12.9	155.9	...
Tonga Tonga	2010	0.11	0.05	0.05	101.4	37.6	8.2	165.2	...
	2015	0.11	0.05	0.05	99.5	36.8	8.6	163.3	...
	2021	0.11	0.05	0.05	97.9	34.6	9.0	163.1	1
	2022[1]	0.11	0.05	0.05	97.8	34.3	9.0	164.4	...
Trinidad and Tobago Trinité-et-Tobago	2010	1.41	0.70	0.71	97.5	20.8	10.7	274.9	...
	2015	1.46	0.72	0.74	97.2	20.4	13.4	284.6	...
	2021	1.53	0.75	0.77	97.4	19.3	16.6	297.4	5
	2022[1]	1.53	0.76	0.78	97.3	19.0	17.2	298.4	...
Tunisia Tunisie	2010	10.90	5.42	5.47	99.1	23.8	9.8	70.1	...
	2015	11.56	5.74	5.82	98.5	24.2	11.2	74.4	...
	2021	12.26	6.06	6.21	97.6	24.9	13.4	78.9	164
	2022[1]	12.36	6.10	6.26	97.5	24.8	13.7	79.5	...
Türkiye Türkiye	2010	73.20	36.76	36.44	100.9	26.7	9.5	95.1	...
	2015	79.65	39.97	39.67	100.8	24.6	10.6	103.5	...
	2021	84.78	42.49	42.29	100.5	23.5	12.3	110.2	784
	2022[1]	85.34	42.76	42.58	100.4	23.2	12.7	110.9	...
Turkmenistan Turkménistan	2010	5.27	2.60	2.67	97.5	30.2	6.0	11.2	...
	2015	5.77	2.85	2.91	97.9	30.4	6.8	12.3	...
	2021	6.34	3.14	3.20	98.2	31.2	8.5	13.5	488
	2022[1]	6.43	3.19	3.24	98.2	31.1	8.8	13.7	...
Turks and Caicos Islands Îles Turques-et-Caïques	2010[13]	0.03	0.02	0.01	103.2	22.9	9.5	31.3	...
	2015[13]	0.04	0.02	0.02	102.5	18.8	12.5	38.5	...
	2021	0.05[13]	0.02[13]	0.02[13]	101.5[13]	16.7[13]	15.2[13]	47.5[13]	1[55]
	2022[1,13]	0.05	0.02	0.02	101.4	16.7	15.6	48.1	...
Tuvalu Tuvalu	2010	0.01	0.01	0.01	105.0	32.5	8.4	351.7	...
	2015	0.01	0.01	0.01	106.8	31.6	8.9	362.6	...
	2021	0.01	0.01	0.01	105.6	31.6	10.8	373.5	~0
	2022[1]	0.01	0.01	0.01	105.2	31.7	11.1	377.1	...
Uganda Ouganda	2010	32.34	15.92	16.42	96.9	49.9	2.6	161.9	...
	2015	37.48	18.49	18.98	97.4	48.5	2.7	187.6	...
	2021	45.85	22.70	23.15	98.0	45.2	2.9	229.5	242
	2022[1]	47.25	23.40	23.85	98.1	44.8	2.9	236.5	...
Ukraine Ukraine	2010[56]	45.68	21.06	24.62	85.6	14.2	20.8	78.9	...
	2015[56]	44.98	20.82	24.16	86.2	15.2	22.0	77.6	...
	2021	43.53[56]	20.15[56]	23.38[56]	86.2[56]	15.2[56]	24.5[56]	75.1[56]	604
	2022[1,56]	39.70	18.23	21.47	84.9	15.4	26.5	68.5	...
United Arab Emirates Émirats arabes unis	2010	8.48	6.18	2.31	267.7	13.7	0.3	119.4	...
	2015	8.92	6.34	2.58	245.7	14.3	1.1	125.5	...
	2021	9.37	6.51	2.85	228.2	15.1	3.3	131.9	71[57]
	2022[1]	9.44	6.55	2.89	226.3	15.2	3.5	132.9	...

Country or area Pays ou zone	Year Année	Mid-year population estimates and projections (millions) Estimations et projections de population au milieu de l'année (millions): Total	Male Hommes	Females Femmes	Sex Ratio (males per 100 females) Rapport des sexes (hommes pour 100 femmes)	Population age distribution (percentage) / Répartition par âge de la population (pourcentage): Aged 0 to 14 years old âgée de 0 à 14 ans	Aged 60+ years old âgée de 60 ans ou plus	Population density (per km²) Densité de population (pour km²)	Surface area Superficie (000 km²)
United Kingdom Royaume-Uni	2010[58]	62.76	30.80	31.96	96.4	17.6	22.3	258.5	...
	2015[58]	65.22	32.13	33.10	97.1	17.7	23.2	268.7	...
	2021	67.28[58]	33.24[58]	34.04[58]	97.6[58]	17.7[58]	24.8[58]	277.2[58]	242[59]
	2022[1,58]	67.51	33.36	34.15	97.7	17.5	25.2	278.1	...
United Rep. of Tanzania Rép.-Unie de Tanzanie	2010[60]	45.11	22.18	22.93	96.7	45.1	4.7	50.9	...
	2015[60]	52.54	25.86	26.68	96.9	44.8	4.8	59.3	...
	2021	63.59[60]	31.42[60]	32.17[60]	97.7[60]	43.6[60]	4.7[60]	71.8[60]	947
	2022[1,60]	65.50	32.37	33.13	97.7	43.4	4.7	73.9	...
United States of America États-Unis d'Amérique	2010[61]	311.18	153.27	157.91	97.1	19.9	18.3	34.0	...
	2015[61]	324.61	160.49	164.11	97.8	19.3	20.3	35.5	...
	2021	337.00[61]	166.94[61]	170.06[61]	98.2[61]	18.2[61]	23.0[61]	36.8[61]	9 834
	2022[1,61]	338.29	167.50	170.79	98.1	18.0	23.4	37.0	...
United States Virgin Islands Îles Vierges américaines	2010[12]	0.11	0.05	0.06	91.6	20.7	20.6	303.3	...
	2015[12]	0.10	0.05	0.05	90.6	19.5	23.9	293.7	...
	2021	0.10[12]	0.05[12]	0.05[12]	87.8[12]	19.2[12]	27.3[12]	286.0[12]	~0
	2022[1,12]	0.10	0.05	0.05	87.3	19.2	27.7	284.2	...
Uruguay Uruguay	2010	3.35	1.62	1.74	93.2	22.3	18.8	19.4	...
	2015	3.40	1.64	1.76	93.4	21.1	19.4	19.6	...
	2021	3.43	1.66	1.77	93.9	19.4	20.6	19.8	174
	2022[1]	3.42	1.66	1.76	94.0	19.1	20.8	19.8	...
Uzbekistan Ouzbékistan	2010	28.61	14.29	14.32	99.8	29.2	6.5	67.3	...
	2015	30.95	15.48	15.47	100.1	28.5	7.1	72.8	...
	2021	34.08	17.05	17.03	100.1	30.1	8.4	80.1	449
	2022[1]	34.63	17.33	17.30	100.2	30.2	8.6	81.4	...
Vanuatu Vanuatu	2010	0.25	0.12	0.12	102.1	38.9	5.5	20.1	...
	2015	0.28	0.14	0.14	101.5	39.6	5.6	22.7	...
	2021	0.32	0.16	0.16	101.2	39.6	5.8	26.2	12
	2022[1]	0.33	0.16	0.16	101.2	39.4	5.8	26.8	...
Venezuela (Boliv. Rep. of) Venezuela (Rép. boliv. du)	2010	28.72	14.32	14.39	99.5	30.0	8.5	31.3	...
	2015	30.53	15.19	15.34	99.0	28.5	9.7	33.3	...
	2021	28.20	13.96	14.24	98.0	28.2	12.6	30.8	930
	2022[1]	28.30	14.00	14.30	97.8	27.6	12.9	30.9	...
Viet Nam Viet Nam	2010	87.41	43.05	44.36	97.0	24.3	9.3	278.9	...
	2015	92.19	45.48	46.71	97.4	23.4	10.9	294.2	...
	2021	97.47	48.14	49.33	97.6	22.5	13.5	311.0	331
	2022[1]	98.19	48.50	49.69	97.6	22.4	13.8	313.3	...
Wallis and Futuna Islands Îles Wallis-et-Futuna	2010[33]	0.01	0.01	0.01	96.9	28.9	12.7	93.9	...
	2015[33]	0.01	0.01	0.01	94.0	26.7	15.4	87.0	...
	2021	0.01[33]	0.01[33]	0.01[33]	92.7[33]	23.3[33]	18.5[33]	83.1[33]	~0
	2022[1,33]	0.01	0.01	0.01	92.2	22.7	19.1	82.7	...
Western Sahara Sahara occidental	2010	0.41	0.23	0.19	120.1	27.0	6.3	1.6	...
	2015	0.49	0.27	0.22	122.8	26.0	7.5	1.8	...
	2021	0.57	0.31	0.25	123.3	24.6	9.1	2.1	266[62]
	2022[1]	0.58	0.32	0.26	123.2	24.3	9.4	2.2	...
Yemen Yémen	2010	24.74	12.52	12.23	102.4	43.6	4.2	46.9	...
	2015	28.52	14.44	14.08	102.6	41.7	4.1	54.0	...
	2021	32.98	16.67	16.31	102.2	39.9	4.1	62.5	528
	2022[1]	33.70	17.02	16.67	102.1	39.5	4.1	63.8	...
Zambia Zambie	2010	13.79	6.77	7.03	96.3	46.6	2.7	18.6	...
	2015	16.25	8.00	8.25	97.0	45.5	2.7	21.9	...
	2021	19.47	9.61	9.86	97.4	43.3	3.0	26.2	753
	2022[1]	20.02	9.88	10.14	97.4	42.9	3.0	26.9	...

2

Population, surface area and density *(continued)*

Population, superficie et densité *(suite)*

Country or area Pays ou zone	Year Année	Mid-year population estimates and projections (millions) Estimations et projections de population au milieu de l'année (millions) Total	 Male Hommes	 Females Femmes	Sex Ratio (males per 100 females) Rapport des sexes (hommes pour 100 femmes)	Population age distribution (percentage) Répartition par âge de la population (pourcentage) Aged 0 to 14 years old âgée de 0 à 14 ans	 Aged 60+ years old âgée de 60 ans ou plus	Population density (per km²) Densité de population (pour km²)	Surface area Superficie (000 km²)
Zimbabwe Zimbabwe	2010	12.84	6.03	6.81	88.7	43.2	4.6	33.2	...
	2015	14.15	6.65	7.50	88.7	42.9	4.9	36.6	...
	2021	15.99	7.54	8.45	89.3	40.9	4.9	41.3	391
	2022[1]	16.32	7.71	8.61	89.4	40.6	4.8	42.2	...
LLDCs PDSL	2010	424.79	210.61	214.18	98.3	41.2	5.2	25.7	...
	2015	478.58	237.38	241.20	98.4	40.5	5.3	29.0	...
	2022[1]	563.80	280.06	283.74	98.7	39.1	5.7	34.2	...
LDCs PMA	2010	843.51	419.77	423.74	99.1	41.6	5.1	42.0	...
	2015	951.93	473.35	478.58	98.9	40.5	5.3	47.3	...
	2022[1]	1 125.18	559.59	565.59	98.9	38.7	5.7	56.0	...
SIDS PEID	2010	65.87	33.24	32.63	101.9	27.9	10.1	55.2	...
	2015	69.74	35.19	34.54	101.9	26.5	11.2	58.5	...
	2022[1]	74.36	37.44	36.92	101.4	25.0	13.3	62.4	...

Source:

United Nations Population Division, New York, World Population Prospects: The 2022 Revision, last accessed July 2022.

United Nations Population Division, New York, World Population Prospects: The 2022 Revision; supplemented by data from the United Nations Statistics Division, New York, Demographic Yearbook 2021 and Secretariat for the Pacific Community (SPC) for small countries or areas, last accessed July 2022.
United Nations Statistics Division, New York, "Demographic Yearbook 2021" and the demographic statistics database, last accessed June 2022.

1 Projected estimate (medium fertility variant).
2 Calculated by the UN Statistics Division.
3 Including Saint Helena.
4 Including Bermuda, Greenland, and Saint Pierre and Miquelon.
5 Including Anguilla, Bonaire, Sint Eustatius and Saba, British Virgin Islands, Cayman Islands, Dominica, Montserrat, Saint Kitts and Nevis, Sint Maarten (Dutch part) and Turks and Caicos Islands.
6 Including Falkland Islands (Malvinas).
7 Including the Faroe Islands and the Isle of Man.
8 Including Andorra, Gibraltar, Holy See, and San Marino.
9 Including Liechtenstein and Monaco.
10 Including Marshall Islands, Nauru, Northern Mariana Islands and Palau.
11 Including Pitcairn.
12 For statistical purposes, the data for United States of America do not include this area.
13 For statistical purposes, the data for United Kingdom do not include this area.
14 The total area includes continental areas and islands, and excludes Antarctic area.
15 Including Christmas Island, Cocos (Keeling) Islands and Norfolk Island.
16 Including Norfolk Island.

Source:

Organisation des Nations Unies, Division de la population, New York, « World Population Prospects: The 2022 Revision », denier accès juillet 2022.
Organisation des Nations Unies, Division de la population, New York, « World Population Prospects: The 2022 Revision »; complétées par des données de l'Organisation des Nations Unies, Division de statistique, New York, Annuaire démographique 2021 et Secrétariat de la Communauté du Pacifique (SCP) pour petits pays ou zones, denier accès juillet 2022.
Organisation des Nations Unies, Division de statistique, New York, Annuaire démographique 2021 et recueil de statistiques démographiques, denier accès juin 2022.

1 Projection approximative (variante moyenne fécondité).
2 Calculés par la Division de statistique des Nations Unies.
3 Y compris Sainte-Hélène.
4 Y compris les Bermudes, le Groenland et Saint-Pierre-et-Miquelon.
5 Y compris Anguilla, les îles Bonaire, Saint-Eustache et Saba, les îles Caïmans, la Dominique, Montserrat, Saint-Kitts-et-Nevis, Saint-Martin (partie néerlandaise), les îles Turques-et-Caïques et les îles Vierges britanniques.
6 Y compris les îles Falkland (Malvinas)
7 Y compris les îles Féroé et l'île de Man.
8 Y compris Andorre, Gibraltar, Saint-Siège, et Saint-Marin.
9 Y compris le Liechtenstein et Monaco.
10 Y compris les îles Mariannes du Nord, les îles Marshall, Nauru et Palaos.
11 Y compris Pitcairn.
12 À des fins statistiques, les données pour les États-Unis d'Amérique n'incluent pas cette zone.
13 À des fins statistiques, les données pour le Royaume-Uni n'incluent pas cette zone.
14 La superficie totale comprend les zones continentales et les îles, mais n'inclut pas la région de l'Antarctique.
15 Y compris l'île Christmas, les îles des Cocos (Keeling) et l'île Norfolk.
16 Y compris l'île Norfolk.

17 Including Nagorno-Karabakh.
18 Data updated according to "Superintendencia Agraria". Interior waters correspond to natural or artificial bodies of water or snow.
19 For statistical purposes, the data for Netherlands do not include this area.
20 For statistical purposes, the data for China do not include those for the Hong Kong Special Administrative Region (Hong Kong SAR), Macao Special Administrative Region (Macao SAR) and Taiwan Province of China.
21 Inland waters include the reservoirs.
22 For statistical purposes, the data for New Zealand do not include this area.
23 Excluding Niue, shown separately, which is part of Cook Islands, but because of remoteness is administered separately.
24 Refers to the whole country.
25 For statistical purposes, the data for Denmark do not include Faroe Islands, and Greenland.
26 Excluding Faeroe Islands and Greenland shown separately, if available.
27 A dispute exists between the Governments of Argentina and the United Kingdom of Great Britain and Northern Ireland concerning sovereignty over the Falkland Islands (Malvinas). For statistical purposes, the data for United Kingdom do not include this area.
28 A dispute exists between the Governments of Argentina and the United Kingdom of Great Britain and Northern Ireland concerning sovereignty over the Falkland Islands (Malvinas).
29 For statistical purposes, the data for Denmark do not include this area.
30 Including Åland Islands.
31 Excluding Åland Islands.
32 For statistical purposes, the data for France do not include French Guiana, French Polynesia, Guadeloupe, Martinique, Mayotte, New Caledonia, Réunion, Saint Pierre and Miquelon, Saint Barthélemy, Saint Martin (French part), Wallis and Futuna Islands.
33 For statistical purposes, the data for France do not include this area.
34 Including water bodies of lake Vaihiria, lake Temae and the Maiao lagoons, but not lake Maeva and the lagoons of Raiatea and Tahaa from the upper islands. No lagoons from lower islands are included.
35 Including Abkhazia and South Ossetia.
36 Data refer to the Vatican City State.
37 Surface area is 0.44 Km2.
38 Data refer to 1 October 2007.
39 Land area only. Excluding 84 square km of uninhabited islands.
40 Including Sabah and Sarawak.
41 Including Agalega, Rodrigues and Saint Brandon.
42 Excluding the islands of Saint Brandon and Agalega.
43 For statistical purposes, the data for Netherlands do not include Aruba, Bonaire, Sint Eustatius and Saba, Curaçao, and Sint Maarten (Dutch part).
44 For statistical purposes, the data for New Zealand do not include Cook Islands, Niue, and Tokelau.
45 Including Svalbard and Jan Mayen Islands.
46 For statistical purposes, the data for China do not include this area.
47 Including the Transnistria region.
48 Including Ascension and Tristan da Cunha. For statistical purposes, the data for United Kingdom do not include this area.
49 Including Ascension and Tristan da Cunha.
50 St. Helena Island has no substantial natural inland waters however there are 15 reservoirs and similar open water storage features on island.

17 Y compris le Haut-Karabakh.
18 Données actualisées d'après la « Superintendencia Agraria ». Les eaux intérieures correspondent aux étendues d'eau naturelles ou artificielles et aux étendues neigeuses.
19 À des fins statistiques, les données pour les Pays-Bas n'incluent pas cette zone.
20 Pour la présentation des statistiques, les données pour la Chine ne comprennent pas la région administrative spéciale de Hong Kong (RAS de Hong Kong), la région administrative spéciale de Macao (RAS de Macao) et la province chinoise de Taïwan.
21 Les eaux intérieures comprennent les réservoirs.
22 À des fins statistiques, les données pour la Nouvelle-Zélande n'incluent pas cette zone.
23 Non compris Nioué, qui fait l'objet d'une rubrique distincte et qui fait partie des îles Cook, mais qui, en raison de son éloignement, est administrée séparément.
24 Ensemble du pays.
25 À des fins statistiques, les données pour le Danemark n'incluent pas les îles Féroé et le Groenland.
26 Non compris les Iles Féroé et le Groenland, qui font l'objet de rubriques distinctes, si disponible.
27 Un différend existe entre les gouvernements de l'Argentine et du Royaume-Uni de Grande-Bretagne et d'Irlande du Nord concernant la souveraineté sur les îles Falkland (Malvinas). À des fins statistiques, les données pour le Royaume-Uni n'incluent pas cette zone.
28 La souveraineté sur les îles Falkland (Malvinas) fait l'objet d'un différend entre le Gouvernement argentin et le Gouvernement du Royaume-Uni de Grande-Bretagne et d'Irlande du Nord.
29 À des fins statistiques, les données pour le Danemark n'incluent pas cette zone.
30 Y compris les Îles d'Åland.
31 Non compris les Îles d'Åland.
32 À des fins statistiques, les données pour la France n'incluent pas la Guyane française, la Polynésie française, la Guadeloupe, la Martinique, Mayotte, la Nouvelle-Calédonie, la Réunion, Saint Pierre et Miquelon, Saint Barthélemy, Saint Martin (partie française), Wallis et Futuna.
33 À des fins statistiques, les données pour la France n'incluent pas cette zone.
34 Y compris les étendues d'eau des îles haute : le lac Vaihiria, le lac de Temae et les lagunes de Maiao. Le lac de Maeva et les lagunes de Raiatea et de Tahaa ne sont pas inclus. Concernant les îles basses, les lagons ne sont pas inclus dans le calcul de la superficie.
35 Y compris l'Abkhazie et l'Ossétie du Sud.
36 Les données se réfèrent à la cité du Vatican.
37 Superficie: 0,44 Km2.
38 Les données se réfèrent au 1er octobre 2007.
39 La superficie des terres seulement. Exclut des îles inhabitées d'une superficie de 84 kilomètres carrés.
40 Y compris Sabah et Sarawak.
41 Y compris Agalega, Rodrigues et Saint-Brandon.
42 Non compris les îles Saint-Brandon et Agalega.
43 À des fins statistiques, les données pour les Pays-Bas n'incluent pas Aruba, Bonaire, Saint-Eustache et Saba, Curaçao et Sint Maarten (partie néerlandaise).
44 À des fins statistiques, les données pour la Nouvelle-Zélande n'incluent pas les Îles Cook, Niue et Tokelau.
45 Y compris les îles Svalbard-et-Jan Mayen.
46 À des fins statistiques, les données pour la Chine n'incluent pas cette zone.
47 Y compris la région de Transnistrie.
48 Y compris Ascension et Tristan da Cunha. À des fins statistiques, les données pour le Royaume-Uni n'incluent pas cette zone.
49 Y compris Ascension et Tristan da Cunha.
50 L'île de Sainte-Hélène ne dispose d'aucune grande étendue d'eau intérieure naturelle, mais on y trouve 15 réservoirs et autres installations similaires.

2 Population, surface area and density *(continued)*

Population, superficie et densité *(suite)*

51 Excluding Kosovo.
52 The land area of Singapore comprises the mainland and other islands.
53 Including Canary Islands, Ceuta and Melilla.
54 Including East Jerusalem.
55 Including low water level for all islands (area to shoreline).
56 Including Crimea.
57 Land area only.
58 Refers to the United Kingdom of Great Britain and Northern Ireland. For statistical purposes, the data for United Kingdom do not include Anguilla, Bermuda, British Virgin Islands, Cayman Islands, Channel Islands, Falkland Islands (Malvinas), Gibraltar, Isle of Man, Montserrat, Saint Helena, Turks and Caicos Islands.
59 Excluding Channel Islands (Guernsey and Jersey) and Isle of Man, shown separately, if available.
60 Including Zanzibar.
61 For statistical purposes, the data for United States of America do not include American Samoa, Guam, Northern Mariana Islands, Puerto Rico, and United States Virgin Islands.
62 Comprising the Northern Region (former Saguia el Hamra) and Southern Region (former Rio de Oro).

51 Non compris Kosovo.
52 La superficie terrestre de Singapour comprend l'île principale et les autres îles.
53 Y compris les îles Canaries, Ceuta et Melilla.
54 Y compris Jérusalem-Est.
55 Y compris le niveau de basses eaux pour toutes les îles.
56 Y compris Crimea.
57 La superficie des terres seulement.
58 Désigne le Royaume-Uni de Grande-Bretagne et d'Irlande du Nord. À des fins statistiques, les données pour le Royaume-Uni n'incluent pas Anguilla, les Bermudes, les îles Vierges britanniques, les îles Caïman, les îles anglo-normandes, les îles Falkland (Malvinas), Gibraltar, l'île de Man, Montserrat, Sainte-Hélène, les îles Turques et Caïques.
59 Non compris les îles Anglo-Normandes (Guernsey and Jersey) et l'île de Man, qui font l'objet de rubriques distinctes, si disponible.
60 Y compris Zanzibar.
61 À des fins statistiques, les données pour les États-Unis d'Amérique ne comprennent pas les Samoa américaines, Guam, les îles Mariannes du Nord, Porto Rico et les îles Vierges américaines.
62 Comprend la région septentrionale (ancien Saguia el Hamra) et la région méridionale (ancien Rio de Oro).

3 Population growth and indicators of fertility and mortality

Croissance démographique et indicateurs de fécondité et mortalité

Country or area Pays ou zone	Year Année	Population rate of increase (annual %) Population taux d'accroissement (% annuel)	Fertility rate, total (live births per woman) Taux de fécondité (naissances vivantes par femme)	Mortality rates (per live births) Taux de mortalite (pour naissances vivantes) Infant Infantile p. 1 000	 Maternal Maternale p. 100 000	Life expectancy at birth (years) Espérance de vie à la naissance (en années) Total Totale	 Male Hommes	 Females Femmes
Total, all countries or areas	**2010**	**1.3**	**2.6**	**37.1**	**254**	**70.1**	**67.6**	**72.7**
Total, tous pays ou zones	**2015**	**1.2**	**2.5**	**31.5**	**227**	**71.8**	**69.3**	**74.4**
	2020	**0.9**	**2.3**	**28.3**	**223**	**72.0**	**69.4**	**74.8**
	2022[1]	**0.8**	**2.3**	**27.5**	**...**	**71.7**	**69.1**	**74.4**
Africa Afrique	2010	2.6	4.9	60.9	593	58.6	57.0	60.2
	2015	2.6	4.6	52.5	526	61.1	59.3	62.9
	2020	2.4	4.4	46.4	487	62.2	60.3	64.2
	2022[1]	2.3	4.2	44.2	...	62.2	60.2	64.1
Northern Africa Afrique septentrionale	2010	1.9	3.2	29.5	144	69.6	67.5	71.8
	2015	2.1	3.4	25.3	109	70.9	68.7	73.2
	2020	1.8	3.1	22.6	103	71.2	69.0	73.6
	2022[1]	1.6	3.0	21.4	...	71.3	69.1	73.6
Sub-Saharan Africa Afrique subsaharienne	2010	2.8	5.3	66.2	668	56.3	54.8	57.7
	2015	2.7	4.9	57.2	598	59.0	57.3	60.7
	2020	2.6	4.7	50.0	545	60.3	58.4	62.2
	2022[1]	2.5	4.5	47.5	...	60.2	58.3	62.1
Eastern Africa Afrique orientale	2010	2.9	5.2	55.2	542	58.5	56.7	60.3
	2015	2.7	4.7	45.0	429	62.1	59.8	64.5
	2020	2.6	4.3	38.3	351	63.7	61.2	66.3
	2022[1]	2.5	4.2	35.5	...	63.6	61.0	66.2
Middle Africa Afrique centrale	2010	3.3	6.2	74.6	632	55.8	54.2	57.5
	2015	3.2	6.0	62.9	573	58.4	56.6	60.2
	2020	3.1	5.7	54.0	539	59.7	57.7	61.7
	2022[1]	3.0	5.6	50.7	...	59.6	57.5	61.8
Southern Africa Afrique australe	2010	1.2	2.5	37.5	277	58.1	55.3	60.5
	2015	2.2	2.5	30.7	183	63.2	59.9	66.0
	2020	1.2	2.5	24.3	157	64.7	61.6	67.4
	2022[1]	0.9	2.4	30.4	...	61.1	58.1	63.8
Western Africa Afrique occidentale	2010	2.8[2]	5.7[2]	76.7[2]	850	54.2[2]	53.5[2]	55.0[2]
	2015	2.6[2]	5.4[2]	69.6[2]	808	55.7[2]	54.9[2]	56.5[2]
	2020	2.6[2]	5.0[2]	62.5[2]	754	56.8[2]	55.8[2]	57.7[2]
	2022[1,2]	2.5	4.9	59.7	...	57.3	56.4	58.2
Americas Amériques	2010	...	...	...	60	...	...	...
	2015	...	...	...	58	...	...	...
	2020	...	...	...	68	...	...	...
Northern America Amérique septentrionale	2010	0.9[3]	1.9[3]	6.1[3]	14	79.0[3]	76.6[3]	81.4[3]
	2015	0.8[3]	1.8[3]	5.8[3]	17	79.2[3]	76.8[3]	81.6[3]
	2020	0.4[3]	1.6[3]	5.4[3]	20	77.9[3]	75.2[3]	80.7[3]
	2022[1,3]	0.5	1.6	4.9	...	78.7	76.0	81.4
Latin America & the Caribbean Amérique latine et Caraïbes	2010	1.1	2.2	18.3	79	73.2	70.1	76.4
	2015	1.0	2.1	15.5	75	74.6	71.5	77.8
	2020	0.7	1.9	13.9	88	73.1	69.7	76.7
	2022[1]	0.7	1.8	13.1	...	73.8	70.6	77.0
Caribbean Caraïbes	2010	0.5[4]	2.3[4]	38.5[4]	191	65.7[4]	63.8[4]	67.7[4]
	2015	0.6[4]	2.2[4]	30.4[4]	192	72.4[4]	69.5[4]	75.4[4]
	2020	0.6[4]	2.1[4]	28.8[4]	188	72.4[4]	69.2[4]	75.8[4]
	2022[1,4]	0.5	2.0	26.6	...	72.7	69.6	75.9
Central America Amérique centrale	2010	1.5	2.5	17.9	63	73.8	70.8	76.8
	2015	1.2	2.3	15.1	60	74.4	71.4	77.4
	2020	0.8	2.0	12.8	64	70.7	67.1	74.7
	2022[1]	0.9	1.9	12.2	...	74.1	70.9	77.4
South America Amérique du Sud	2010	1.0[5]	2.1[5]	16.3[5]	74	73.8[5]	70.5[5]	77.2[5]
	2015	1.0[5]	2.0[5]	14.1[5]	70	75.0[5]	71.8[5]	78.2[5]
	2020	0.7[5]	1.8[5]	12.7[5]	86	74.0[5]	70.7[5]	77.5[5]
	2022[1,5]	0.6	1.8	12.0	...	73.8	70.6	77.0

Country or area Pays ou zone	Year Année	Population rate of increase (annual %) Population taux d'accroissement (% annuel)	Fertility rate, total (live births per woman) Taux de fécondité (naissances vivantes par femme)	Mortality rates (per live births) / Taux de mortalite (pour naissances vivantes): Infant / Infantile p. 1 000	Mortality rates (per live births) / Taux de mortalite (pour naissances vivantes): Maternal / Maternale p. 100 000	Life expectancy at birth (years) / Espérance de vie à la naissance (en années): Total / Totale	Life expectancy at birth (years) / Espérance de vie à la naissance (en années): Male / Hommes	Life expectancy at birth (years) / Espérance de vie à la naissance (en années): Females / Femmes
Asia Asie	2010	1.1	2.3	33.2	148	71.3	69.0	73.8
	2015	1.0	2.2	26.6	117	73.1	70.8	75.6
	2020	0.7	2.0	22.6	104	73.7	71.3	76.4
	2022[1]	0.6	1.9	22.2	…	73.2	70.8	75.8
Central Asia Asie centrale	2010	1.6	2.7	26.2	34	68.5	65.2	71.8
	2015	1.7	2.8	19.9	26	70.2	66.8	73.5
	2020	1.6	3.0	15.9	25	69.8	66.6	72.9
	2022[1]	1.5	2.9	14.8	…	70.6	67.5	73.6
Eastern Asia Asie orientale	2010	0.6	1.7	12.3	33	76.6	73.8	79.6
	2015	0.5	1.6	8.5	26	78.0	75.2	80.9
	2020	0.1	1.3	5.9	24	79.0	76.1	82.1
	2022[1]	-~0.0	1.2	5.7	…	79.5	76.7	82.4
South-central Asia Asie centrale et du Sud	2010	1.5	2.7	47.0	210	66.9	65.1	68.9
	2015	1.2	2.5	37.6	160	69.3	67.6	71.1
	2020	1.1	2.3	30.4	129	69.8	68.0	71.8
	2022[1]	0.9	2.2	29.4	…	68.3	66.5	70.2
South-eastern Asia Asie du Sud-Est	2010	1.2	2.4	26.4	168	70.3	67.7	72.9
	2015	1.1	2.3	22.6	148	71.4	68.7	74.1
	2020	0.9	2.2	19.8	134	71.7	68.9	74.5
	2022[1]	0.8	2.1	18.6	…	71.4	68.7	74.3
Southern Asia Asie méridionale	2010	1.5	2.7	47.8	217	66.9	65.1	68.8
	2015	1.2	2.5	38.4	166	69.3	67.6	71.0
	2020	1.1	2.3	31.2	134	69.8	68.1	71.8
	2022[1]	0.9	2.2	30.1	…	68.2	66.4	70.1
Western Asia Asie occidentale	2010	2.2	3.0	21.9	61	73.2	70.5	75.9
	2015	1.9	2.9	20.3	62	73.6	70.9	76.4
	2020	0.9	2.6	18.3	63	73.1	70.5	76.0
	2022[1]	1.5	2.6	17.6	…	74.6	72.0	77.4
Europe Europe	2010	0.2	1.6	5.3	10	76.5	72.8	80.2
	2015	0.2	1.6	4.5	8	78.0	74.6	81.3
	2020	-0.1	1.5	3.6	8	77.7	74.4	81.1
	2022[1]	-0.3	1.5	3.5	…	77.4	74.0	80.8
Eastern Europe Europe orientale	2010	-0.1	1.5	7.5	14	71.4	66.3	76.5
	2015	~0.0	1.7	5.8	9	73.6	68.8	78.3
	2020	-0.4	1.5	4.2	11	73.0	68.4	77.6
	2022[1]	-0.7	1.5	4.4	…	71.5	66.7	76.5
Northern Europe Europe septentrionale	2010	0.7[6]	1.9[6]	4.0[6]	9	79.9[6]	77.6[6]	82.2[6]
	2015	0.6[6]	1.8[6]	3.5[6]	8	80.7[6]	78.6[6]	82.8[6]
	2020	0.4[6]	1.6[6]	3.2[6]	8	80.7[6]	78.5[6]	82.8[6]
	2022[1,6]	0.3	1.6	2.8	…	81.9	80.0	83.8
Southern Europe Europe méridionale	2010	0.2[7]	1.5[7]	3.8[7]	6	80.8[7]	78.0[7]	83.5[7]
	2015	-0.2[7]	1.4[7]	3.3[7]	6	81.4[7]	78.8[7]	83.9[7]
	2020	-0.3[7]	1.3[7]	3.0[7]	6	81.2[7]	78.6[7]	83.7[7]
	2022[1,7]	-0.3	1.3	2.7	…	82.2	79.8	84.6
Western Europe Europe occidentale	2010	0.4[8]	1.7[8]	3.6[8]	8	80.7[8]	77.8[8]	83.3[8]
	2015	0.4[8]	1.7[8]	3.4[8]	6	81.3[8]	78.7[8]	83.8[8]
	2020	0.2[8]	1.6[8]	3.4[8]	6	81.6[8]	79.0[8]	84.1[8]
	2022[1,8]	0.1	1.6	3.1	…	82.1	79.6	84.5
Oceania Océanie	2010	1.7	2.5	20.0	114	77.4	75.0	79.8
	2015	1.7	2.4	18.1	88	78.2	75.7	80.7
	2020	1.3	2.2	16.4	83	79.5	77.4	81.6
	2022[1]	1.2	2.1	15.7	…	79.2	76.8	81.6
Australia and New Zealand Australie et Nouvelle-Zélande	2010	1.4	2.0	4.3	6	81.9	79.7	84.0
	2015	1.5	1.8	3.3	6	82.5	80.5	84.5
	2020	1.0	1.6	3.1	4	84.1	82.6	85.5
	2022[1]	1.0	1.6	2.9	…	83.5	81.6	85.3

Country or area Pays ou zone	Year Année	Population rate of increase (annual %) Population taux d'accroissement (% annuel)	Fertility rate, total (live births per woman) Taux de fécondité (naissances vivantes par femme)	Mortality rates (per live births) / Taux de mortalite (pour naissances vivantes) Infant Infantile p. 1 000	 Maternal Maternale p. 100 000	Life expectancy at birth (years) / Espérance de vie à la naissance (en années) Total Totale	 Male Hommes	 Females Femmes
Melanesia Mélanésie	2010	2.7	3.8	40.5	256	64.3	62.5	66.6
	2015	2.2	3.5	36.4	190	65.6	63.2	68.6
	2020	1.9	3.2	32.2	176	66.7	64.4	69.6
	2022[1]	1.8	3.1	30.9	...	66.9	64.4	70.0
Micronesia Micronésie	2010	-0.1[9]	3.2[9]	27.1[9]	92	71.0[9]	68.6[9]	73.7[9]
	2015	0.3[9]	3.0[9]	25.9[9]	103	71.4[9]	68.7[9]	74.2[9]
	2020	0.7[9]	2.8[9]	23.5[9]	80	71.9[9]	68.6[9]	75.4[9]
	2022[1,9]	1.0	2.8	22.0	...	72.7	69.8	75.7
Polynesia [10] Polynésie [10]	2010	0.5	3.2	11.9	77	75.3	72.9	77.9
	2015	0.3	2.9	11.3	73	76.2	73.9	78.7
	2020	0.8	2.7	10.6	82	76.5	74.0	79.4
	2022[1]	0.9	2.6	10.7	...	77.1	74.8	79.7
Afghanistan Afghanistan	2010	2.7	6.1	64.8	899	60.9	59.3	62.4
	2015	2.3	5.4	54.5	776	62.7	60.8	64.6
	2020	3.3	4.8	45.8	620	62.6	59.9	65.4
	2022[1]	2.7	4.5	40.8	...	62.9	59.8	66.2
Albania Albanie	2010	-0.5	1.7	11.9	9	77.9	75.5	80.7
	2015	-~0.0	1.6	8.6	7	78.6	76.4	81.2
	2020	-0.4	1.4	8.8	8	77.0	74.6	79.7
	2022[1]	-0.4	1.4	8.2	...	76.8	74.5	79.5
Algeria Algérie	2010	1.9	2.8	23.0	112	73.8	72.8	74.9
	2015	2.0	3.0	21.2	89	75.6	74.5	76.8
	2020	1.7	2.9	19.2	78	74.5	73.1	75.9
	2022[1]	1.6	2.8	16.6	...	77.1	75.9	78.5
American Samoa [11] Samoa américaines [11]	2010	-0.9	3.3	8.0	...	72.1	70.0	74.3
	2015	-1.7	2.7	7.4	...	72.5	70.3	74.8
	2022[1]	-0.8	2.3	7.0	...	72.7	70.0	75.5
Andorra Andorre	2010	-3.3	1.4	6.0	...	82.8	80.5	85.4
	2015	0.1	1.4	6.0	...	83.0	80.6	85.4
	2022[1]	0.3	1.1	5.4	...	83.6	81.4	85.8
Angola Angola	2010	3.8	6.2	77.2	367	56.7	54.4	59.0
	2015	3.6	5.8	59.4	274	60.7	58.2	63.1
	2020	3.2	5.4	49.6	222	62.3	59.6	65.0
	2022[1]	3.0	5.2	48.2	...	61.9	59.4	64.5
Anguilla [12] Anguilla [12]	2010	1.8	1.7	7.6	...	77.7	74.5	81.2
	2015	2.3	1.4	7.3	...	77.1	73.7	80.8
	2022[1]	0.3	1.3	6.1	...	77.4	74.1	81.2
Antigua and Barbuda Antigua-et-Barbuda	2010	1.2	1.8	8.2	31	76.8	74.0	79.4
	2015	0.8	1.6	6.3	27	77.9	75.1	80.4
	2020	0.6	1.6	5.2	21	78.8	76.1	81.3
	2022[1]	0.6	1.6	5.0	...	79.2	76.5	81.6
Argentina Argentine	2010	1.0	2.3	13.1	55	75.7	72.5	78.8
	2015	1.0	2.3	11.1	39	76.8	73.3	80.2
	2020	0.6	1.9	9.5	45	75.9	72.5	79.3
	2022[1]	0.5	1.9	8.8	...	76.1	72.9	79.3
Armenia Arménie	2010	-0.6	1.5	16.3	33	73.2	68.6	77.4
	2015	-0.4	1.6	12.6	25	74.4	69.6	78.8
	2020	-0.5	1.6	9.8	27	72.2	67.1	77.0
	2022[1]	-0.2	1.6	8.1	...	73.4	67.9	78.4
Aruba Aruba	2010	1.0	1.9	15.5	...	75.4	72.1	78.6
	2015	0.6	2.0	14.2	...	75.7	72.6	78.6
	2022[1]	-0.2	1.2	12.6	...	75.0	72.1	77.7
Australia Australie	2010	1.5[13]	2.0[13]	4.1[13]	5	82.1[13]	79.8[13]	84.2[13]
	2015	1.5[13]	1.8[13]	3.1[13]	5	82.7[13]	80.6[13]	84.7[13]
	2020	1.0[13]	1.6[13]	2.9[13]	3	84.3[13]	82.9[13]	85.7[13]
	2022[1,13]	1.0	1.6	2.8	...	83.6	81.7	85.5

Country or area Pays ou zone	Year Année	Population rate of increase (annual %) Population taux d'accroissement (% annuel)	Fertility rate, total (live births per woman) Taux de fécondité (naissances vivantes par femme)	Mortality rates (per live births) Taux de mortalite (pour naissances vivantes): Infant Infantile p. 1 000	Maternal Maternale p. 100 000	Life expectancy at birth (years) Espérance de vie à la naissance (en années): Total Totale	Male Hommes	Females Femmes
Austria Autriche	2010	0.3	1.4	4.0	6	80.5	77.7	83.1
	2015	1.3	1.5	3.1	6	81.2	78.6	83.6
	2020	0.2	1.4	2.9	5	81.5	79.1	83.9
	2022[1]	0.2	1.5	2.5	...	82.4	80.2	84.6
Azerbaijan Azerbaïdjan	2010	1.3[14]	2.1[14]	32.3[14]	33	69.5[14]	66.3[14]	72.8[14]
	2015	1.2[14]	2.1[14]	23.1[14]	29	71.5[14]	68.1[14]	74.8[14]
	2020	0.2[14]	1.7[14]	17.4[14]	41	66.9[14]	63.0[14]	71.0[14]
	2022[1,14]	0.6	1.7	16.4	...	73.5	70.6	76.2
Bahamas Bahamas	2010	1.4	1.8	13.4	79	72.7	69.3	76.1
	2015	0.9	1.6	12.4	84	73.1	69.8	76.4
	2020	0.3	1.4	10.6	77	72.7	69.1	76.3
	2022[1]	0.7	1.4	10.1	...	74.4	70.8	77.8
Bahrain Bahreïn	2010	0.0	2.1	7.3	20	78.7	77.7	80.0
	2015	3.5	2.1	6.5	16	79.4	78.3	80.8
	2020	-2.2	1.8	5.8	16	79.2	78.2	80.4
	2022[1]	0.9	1.8	5.4	...	79.2	78.2	80.5
Bangladesh Bangladesh	2010	1.2	2.3	39.0	301	68.6	67.2	70.3
	2015	1.2	2.1	30.9	212	70.5	68.5	72.7
	2020	1.2	2.0	24.0	123	72.0	70.2	74.0
	2022[1]	1.0	2.0	20.4	...	73.7	71.5	76.0
Barbados Barbade	2010	0.3	1.7	13.5	53	75.7	73.6	77.7
	2015	0.2	1.6	12.7	49	76.7	74.5	78.6
	2020	0.2	1.6	11.1	39	77.4	75.4	79.2
	2022[1]	0.1	1.6	10.4	...	77.7	75.7	79.6
Belarus Bélarus	2010	-0.3	1.5	4.4	3	71.1	65.5	77.0
	2015	0.1	1.7	3.1	1	74.0	68.9	78.8
	2020	-0.6	1.5	2.1	1	72.5	67.3	77.9
	2022[1]	-0.3	1.5	1.9	...	73.2	68.1	78.4
Belgium Belgique	2010	0.7	1.9	3.6	6	80.0	77.4	82.6
	2015	0.6	1.7	3.2	5	80.9	78.6	83.1
	2020	0.4	1.6	3.2	5	80.8	78.5	83.1
	2022[1]	0.3	1.6	2.9	...	82.3	80.2	84.4
Belize Belize	2010	2.3	2.6	16.0	33	72.3	69.6	75.4
	2015	2.1	2.4	13.0	49	73.2	70.4	76.5
	2020	1.3	2.0	10.0	130	72.9	69.6	76.6
	2022[1]	1.3	2.0	10.1	...	71.0	67.7	74.7
Benin Bénin	2010	2.9	5.4	69.6	598	58.4	57.0	59.7
	2015	2.9	5.3	63.1	591	59.4	58.1	60.7
	2020	2.8	5.0	56.5	523	60.1	58.7	61.5
	2022[1]	2.7	4.9	54.4	...	60.0	58.3	61.7
Bermuda Bermudes	2010	0.2	1.7	1.9	...	80.5	75.9	85.3
	2015	-0.4	1.4	3.1	...	80.9	76.4	85.8
	2022[1]	-0.2	1.4	2.1	...	81.6	78.4	84.5
Bhutan Bhoutan	2010	1.1	2.3	34.2	117	68.4	67.0	70.1
	2015	0.9	2.0	27.3	74	70.3	68.9	72.1
	2020	0.6	1.4	23.2	60	71.6	70.0	73.5
	2022[1]	0.6	1.4	20.7	...	72.2	70.6	74.2
Bolivia (Plurin. State of) Bolivie (État plurin. de)	2010	1.7	3.2	36.7	184	66.2	63.8	68.7
	2015	1.6	2.9	30.6	165	67.3	64.9	69.9
	2020	1.2	2.7	27.6	161	64.5	61.6	67.8
	2022[1]	1.2	2.6	24.9	...	64.9	62.3	67.9
Bonaire, St. Eustatius & Saba [15] Bonaire, St-Eustache et Saba [15]	2010	3.5	1.7	14.5	...	75.3	72.8	78.3
	2015	2.6	1.7	10.9	...	77.5	75.5	79.8
	2022[1]	0.4	1.6	12.8	...	75.4	73.2	78.2
Bosnia and Herzegovina Bosnie-Herzégovine	2010	-1.8	1.3	6.3	8	77.1	74.3	79.7
	2015	-1.3	1.3	5.5	7	76.2	74.2	78.1
	2020	-1.4	1.4	5.0	6	76.2	74.0	78.4
	2022[1]	-0.8	1.3	4.9	...	75.3	73.1	77.5

3 Population growth and indicators of fertility and mortality *(continued)*

Croissance démographique et indicateurs de fécondité et mortalité *(suite)*

Country or area Pays ou zone	Year Année	Population rate of increase (annual %) Population taux d'accroissement (% annuel)	Fertility rate, total (live births per woman) Taux de fécondité (naissances vivantes par femme)	Mortality rates (per live births) Taux de mortalite (pour naissances vivantes): Infant Infantile p. 1 000	Maternal Maternale p. 100 000	Life expectancy at birth (years) Espérance de vie à la naissance (en années): Total Totale	Male Hommes	Females Femmes
Botswana Botswana	2010	2.1	3.0	38.6	156	60.0	58.1	61.8
	2015	2.0	2.9	37.4	184	63.8	61.3	66.3
	2020	1.8	2.8	34.2	186	65.6	63.1	68.1
	2022[1]	1.7	2.8	33.1	...	65.9	63.3	68.4
Brazil Brésil	2010	0.9	1.8	16.5	64	73.2	69.8	76.6
	2015	0.8	1.8	14.1	62	74.3	71.1	77.6
	2020	0.6	1.6	13.1	72	74.0	70.7	77.4
	2022[1]	0.5	1.6	12.3	...	73.4	70.3	76.6
British Virgin Islands [12] Îles Vierges britanniques [12]	2010	0.4	1.2	17.9	...	75.4	72.9	78.2
	2015	1.4	1.2	16.4	...	75.7	73.0	78.6
	2022[1]	0.8	1.0	13.7	...	76.4	73.6	79.3
Brunei Darussalam Brunéi Darussalam	2010	1.5	1.9	7.8	42	74.8	72.8	77.1
	2015	1.1	1.9	8.5	45	74.8	72.7	77.0
	2020	0.8	1.8	9.2	44	74.8	72.7	77.0
	2022[1]	0.8	1.8	9.3	...	74.6	72.5	76.8
Bulgaria Bulgarie	2010	-0.6	1.6	9.1	10	73.8	70.4	77.4
	2015	-0.9	1.5	6.5	8	74.6	71.2	78.1
	2020	-1.2	1.6	5.3	7	73.6	70.1	77.5
	2022[1]	-1.5	1.6	5.3	...	71.5	68.3	75.1
Burkina Faso Burkina Faso	2010	2.9	5.9	67.8	357	56.5	55.0	57.9
	2015	2.9	5.5	58.3	295	58.8	57.2	60.4
	2020	2.7	4.9	50.8	264	59.7	57.8	61.6
	2022[1]	2.5	4.7	47.4	...	59.8	58.0	61.5
Burundi Burundi	2010	3.7	6.3	59.4	608	57.1	55.7	58.4
	2015	1.1	5.7	46.3	514	60.2	58.2	62.2
	2020	2.7	5.2	38.6	494	61.6	59.5	63.7
	2022[1]	2.7	5.0	36.3	...	62.0	60.1	63.9
Cabo Verde Cabo Verde	2010	1.2	2.5	21.7	54	73.5	69.0	78.1
	2015	1.1	2.1	16.4	47	74.6	70.1	79.0
	2020	0.9	1.9	12.0	42	74.8	70.3	79.2
	2022[1]	0.9	1.9	11.4	...	74.7	70.3	79.0
Cambodia Cambodge	2010	1.5	2.8	35.7	276	67.7	65.4	69.8
	2015	1.3	2.6	26.4	209	69.9	67.6	72.0
	2020	1.2	2.4	21.6	218	70.4	68.0	72.7
	2022[1]	1.0	2.3	20.6	...	69.9	67.1	72.6
Cameroon Cameroun	2010	2.9	5.2	71.4	527	56.6	55.2	58.0
	2015	3.0	4.8	59.1	447	59.7	58.1	61.2
	2020	2.7	4.5	49.9	438	60.8	59.1	62.6
	2022[1]	2.6	4.4	45.8	...	61.0	59.4	62.6
Canada Canada	2010	1.1	1.6	5.0	12	81.3	79.1	83.5
	2015	1.0	1.6	4.5	12	81.9	79.9	83.9
	2020	0.7	1.5	4.3	11	82.0	80.0	84.1
	2022[1]	0.9	1.5	3.9	...	82.8	80.9	84.8
Cayman Islands [12] Îles Caïmanes [12]	2010	2.7	1.8	7.2	...	75.8	73.0	78.8
	2015	2.2	1.2	8.7	...	74.8	72.5	77.3
	2022[1]	0.9	1.2	7.3	...	75.6	73.2	78.1
Central African Republic République centrafricaine	2010	2.0	5.9	97.3	1 052	49.3	48.1	50.5
	2015	1.6	6.0	84.7	909	52.8	51.2	54.5
	2020	2.7	6.0	72.4	835	54.6	52.6	56.8
	2022[1]	2.8	5.9	67.7	...	54.5	52.3	56.8
Chad Tchad	2010	3.4	7.0	91.1	1 303	49.6	48.4	50.8
	2015	2.9	6.7	80.6	1 125	51.6	50.1	53.1
	2020	3.2	6.3	70.2	1 063	52.8	51.2	54.4
	2022[1]	3.1	6.2	65.5	...	53.0	51.3	54.8
Chile Chili	2010	1.0	1.8	7.3	23	78.5	75.7	81.2
	2015	1.0	1.7	6.8	16	79.7	77.0	82.4
	2020	1.0	1.5	5.0	15	79.4	76.7	82.0
	2022[1]	0.1	1.5	4.9	...	79.5	77.2	81.9

3

Population growth and indicators of fertility and mortality *(continued)*

Croissance démographique et indicateurs de fécondité et mortalité *(suite)*

Country or area Pays ou zone	Year Année	Population rate of increase (annual %) Population taux d'accroissement (% annuel)	Fertility rate, total (live births per woman) Taux de fécondité (naissances vivantes par femme)	Mortality rates (per live births) Taux de mortalite (pour naissances vivantes): Infant Infantile p. 1 000	Maternal Maternale p. 100 000	Life expectancy at birth (years) Espérance de vie à la naissance (en années): Total Totale	Male Hommes	Females Femmes
China	2010	0.7[16]	1.7[16]	13.0[16]	33	75.6[16]	73.1[16]	78.3[16]
Chine	2015	0.6[16]	1.7[16]	8.9[16]	26	77.0[16]	74.4[16]	79.8[16]
	2020	0.1[16]	1.3[16]	6.1[16]	23	78.1[16]	75.3[16]	81.1[16]
	2022[1,16]	-~0.0	1.2	5.9	…	78.6	76.0	81.3
China, Hong Kong SAR	2010	0.5	1.1	1.7	…	83.0	80.2	85.9
Chine, RAS de Hong	2015	0.6	1.2	1.4	…	84.3	81.5	87.2
Kong	2022[1]	-~0.0	0.8	1.4	…	84.3	81.8	86.9
China, Macao SAR	2010	2.6	1.0	3.4	…	83.1	80.0	86.2
Chine, RAS de Macao	2015	1.8	1.2	2.8	…	84.0	81.1	86.8
	2022[1]	1.3	1.1	2.2	…	85.4	82.8	88.0
Colombia	2010	1.1	2.0	15.5	71	75.0	71.8	78.3
Colombie	2015	1.0	1.9	13.2	70	76.3	73.3	79.3
	2020	1.2	1.7	11.2	75	74.8	71.5	78.1
	2022[1]	0.3	1.7	10.9	…	73.7	70.3	77.1
Comoros	2010	2.1	4.8	62.4	316	61.1	59.3	63.1
Comores	2015	2.2	4.4	54.4	261	62.9	60.8	65.2
	2020	1.9	4.1	46.9	217	64.2	62.0	66.6
	2022[1]	1.8	3.9	45.5	…	63.7	61.5	66.1
Congo	2010	3.3	4.8	43.6	389	61.7	60.6	62.8
Congo	2015	2.4	4.6	37.6	360	63.2	62.1	64.3
	2020	2.3	4.2	32.6	282	63.8	62.2	65.4
	2022[1]	2.3	4.1	36.7	…	63.1	61.5	64.6
Cook Islands	2010	3.4	2.6	9.2	…	73.5	69.9	77.8
Îles Cook	2015	-0.8	2.4	7.5	…	74.2	70.6	78.3
	2022[1]	0.3	2.2	5.7	…	75.1	71.4	79.0
Costa Rica	2010	1.3	1.9	9.1	27	78.7	76.3	81.1
Costa Rica	2015	1.0	1.8	7.8	20	79.1	76.7	81.6
	2020	0.7	1.6	6.8	22	79.3	76.8	81.9
	2022[1]	0.5	1.5	6.8	…	77.3	74.8	80.0
Côte d'Ivoire	2010	2.1	5.1	76.6	604	55.0	53.9	56.2
Côte d'Ivoire	2015	2.6	4.8	66.6	530	57.8	56.7	58.9
	2020	2.5	4.5	58.2	480	59.0	57.9	60.4
	2022[1]	2.5	4.3	56.8	…	58.9	57.7	60.3
Croatia	2010	-0.3	1.5	3.9	7	76.8	73.6	80.0
Croatie	2015	-0.8	1.4	3.8	6	77.6	74.5	80.5
	2020	-0.9	1.5	3.7	5	78.0	75.1	80.9
	2022[1]	-0.5	1.4	3.0	…	79.2	76.4	82.0
Cuba	2010	0.1	1.7	5.2	41	77.7	75.5	80.0
Cuba	2015	0.1	1.7	4.6	39	77.8	75.5	80.1
	2020	-0.2	1.5	4.1	39	77.6	75.0	80.2
	2022[1]	-0.2	1.4	4.0	…	78.2	75.8	80.6
Curaçao [15]	2010	1.5	2.2	11.6	…	74.8	71.4	78.0
Curaçao [15]	2015	0.8	1.9	9.5	…	76.1	72.1	79.8
	2022[1]	0.5	1.6	7.9	…	76.7	72.7	80.3
Cyprus	2010	1.7[17]	1.4[17]	2.9[17]	27	79.7[17]	77.4[17]	82.0[17]
Chypre	2015	0.9[17]	1.3[17]	2.5[17]	42	81.0[17]	79.1[17]	82.9[17]
	2020	0.6[17]	1.3[17]	2.4[17]	68	81.4[17]	79.3[17]	83.4[17]
	2022[1,17]	0.7	1.3	2.1	…	81.9	80.1	83.7
Czechia	2010	0.4	1.5	2.6	4	77.6	74.4	80.7
Tchéquie	2015	~0.0	1.6	2.5	4	78.6	75.6	81.5
	2020	-0.1	1.7	2.5	3	78.6	75.6	81.5
	2022[1]	-0.1	1.7	2.4	…	78.1	75.1	81.2
Dem. People's Rep.	2010	0.4	1.8	23.1	130	70.4	66.5	73.5
Korea	2015	0.5	1.9	16.8	108	72.8	69.7	75.5
Rép. pop. dém. de	2020	0.4	1.8	13.3	107	73.3	70.8	75.7
Corée	2022[1]	0.4	1.8	13.6	…	73.6	71.0	76.1

Country or area Pays ou zone	Year Année	Population rate of increase (annual %) Population taux d'accroissement (% annuel)	Fertility rate, total (live births per woman) Taux de fécondité (naissances vivantes par femme)	Mortality rates (per live births) Taux de mortalite (pour naissances vivantes) Infant Infantile p. 1 000	 Maternal Maternale p. 100 000	Life expectancy at birth (years) Espérance de vie à la naissance (en années) Total Totale	 Male Hommes	 Females Femmes
Dem. Rep. of the Congo Rép. dém. du Congo	2010	3.3	6.6	72.2	601	56.4	54.8	58.0
	2015	3.4	6.4	62.2	578	58.5	56.7	60.3
	2020	3.3	6.2	53.9	547	59.7	57.8	61.7
	2022[1]	3.2	6.1	50.0	...	59.7	57.5	62.1
Denmark Danemark	2010	0.5[18]	1.9[18]	3.4[18]	7	79.2[18]	77.1[18]	81.3[18]
	2015	0.5[18]	1.7[18]	3.7[18]	6	80.7[18]	78.8[18]	82.7[18]
	2020	0.5[18]	1.7[18]	3.1[18]	5	81.5[18]	79.6[18]	83.5[18]
	2022[1,18]	0.5	1.7	2.9	...	81.9	80.0	83.8
Djibouti Djibouti	2010	1.9	3.4	51.3	274	60.3	58.3	62.3
	2015	1.7	3.1	45.2	244	62.0	59.7	64.3
	2020	1.4	2.8	39.6	234	62.7	60.1	65.5
	2022[1]	1.4	2.8	36.5	...	62.9	60.3	65.5
Dominica Dominique	2010	-0.1	1.9	21.2	...	71.6	68.7	74.9
	2015	-0.3	1.7	33.9	...	68.7	66.6	71.1
	2022[1]	0.4	1.6	11.4	...	73.0	69.9	76.5
Dominican Republic République dominicaine	2010	1.3	2.5	28.5	92	72.1	68.9	75.7
	2015	1.2	2.4	28.3	99	73.0	69.8	76.4
	2020	1.1	2.3	27.4	107	72.9	69.4	76.9
	2022[1]	0.9	2.2	24.4	...	74.2	71.0	77.5
Ecuador Équateur	2010	1.6	2.6	16.0	76	75.4	72.5	78.5
	2015	1.5	2.3	13.0	66	76.8	74.4	79.2
	2020	1.2	2.1	11.0	66	72.2	68.8	76.1
	2022[1]	1.1	2.0	10.7	...	77.9	75.3	80.5
Egypt Égypte	2010	2.1	3.2	23.8	38	69.7	67.1	72.3
	2015	2.1	3.4	19.6	24	70.5	68.0	73.1
	2020	1.7	3.0	16.4	17	71.0	68.7	73.4
	2022[1]	1.5	2.9	16.0	...	70.2	67.9	72.6
El Salvador El Salvador	2010	0.4	2.2	16.3	36	71.8	67.2	76.2
	2015	0.3	2.1	13.1	44	71.8	66.8	76.6
	2020	0.4	1.8	11.0	43	71.1	66.4	75.4
	2022[1]	0.4	1.8	9.9	...	71.5	66.8	75.8
Equatorial Guinea Guinée équatoriale	2010	4.7	5.2	79.6	211	57.9	56.3	59.6
	2015	3.9	4.8	68.1	201	60.1	58.3	62.1
	2020	2.2	4.3	58.5	212	60.7	58.8	62.9
	2022[1]	2.4	4.2	53.8	...	61.2	59.4	63.3
Eritrea Érythrée	2010	2.2	4.6	39.0	480	63.8	62.0	65.5
	2015	0.8	4.2	33.9	399	66.0	64.0	68.0
	2020	1.8	3.9	29.7	322	67.1	64.9	69.3
	2022[1]	1.7	3.8	28.6	...	66.6	64.5	68.7
Estonia Estonie	2010	-0.3	1.7	4.1	8	75.7	70.7	80.4
	2015	0.2	1.6	2.8	6	77.7	73.1	81.7
	2020	0.1	1.7	1.5	5	78.3	74.1	82.3
	2022[1]	-0.2	1.7	1.8	...	79.2	75.0	83.0
Eswatini Eswatini	2010	0.5	3.4	61.3	672	46.6	44.9	48.3
	2015	0.7	3.1	43.0	338	55.0	52.1	58.1
	2020	1.1	2.9	35.8	240	59.7	56.0	63.7
	2022[1]	0.7	2.8	39.2	...	56.4	52.6	60.6
Ethiopia Éthiopie	2010	2.8	5.2	54.4	635	59.7	57.7	61.8
	2015	2.7	4.5	43.2	399	63.6	61.1	66.3
	2020	2.7	4.2	35.4	267	65.4	62.5	68.4
	2022[1]	2.5	4.1	31.9	...	65.6	62.6	68.9
Falkland Islands (Malvinas) [19] Îles Falkland (Malvinas) [19]	2010	-0.3	1.5	10.7	...	77.7	75.9	79.8
	2015	2.3	1.6	10.1	...	78.2	76.6	80.1
	2022[1]	0.5	1.6	9.0	...	79.2	77.4	81.2
Faroe Islands [20] Îles Féroé [20]	2010	-0.1	2.5	6.1	...	77.2	75.7	78.9
	2015	1.3	2.4	5.3	...	79.7	77.7	82.0
	2022[1]	0.4	2.7	5.3	...	78.9	77.3	80.7

Country or area Pays ou zone	Year Année	Population rate of increase (annual %) Population taux d'accroissement (% annuel)	Fertility rate, total (live births per woman) Taux de fécondité (naissances vivantes par femme)	Mortality rates (per live births) Taux de mortalite (pour naissances vivantes) Infant Infantile p. 1 000	 Maternal Maternale p. 100 000	Life expectancy at birth (years) Espérance de vie à la naissance (en années) Total Totale	 Male Hommes	 Females Femmes
Fiji Fidji	2010	0.4	2.7	19.8	42	67.3	65.5	69.3
	2015	0.1	2.6	20.3	39	66.8	64.9	68.9
	2020	0.5	2.5	22.8	38	67.9	66.2	69.7
	2022[1]	0.7	2.5	17.9	...	68.3	66.5	70.2
Finland Finlande	2010	0.4[21]	1.9[21]	2.3[21]	7	80.0[21]	76.7[21]	83.2[21]
	2015	0.3[21]	1.6[21]	1.7[21]	7	81.4[21]	78.6[21]	84.2[21]
	2020	0.2[21]	1.4[21]	1.8[21]	8	81.9[21]	79.1[21]	84.7[21]
	2022[1,21]	0.1	1.4	1.6	...	82.4	79.8	84.9
France France	2010	0.6[22]	2.0[22]	3.6[22]	9	81.4[22]	78.0[22]	84.7[22]
	2015	0.3[22]	1.9[22]	3.6[22]	8	82.2[22]	79.0[22]	85.2[22]
	2020	0.1[22]	1.8[22]	3.7[22]	8	82.2[22]	79.2[22]	85.2[22]
	2022[1,22]	0.2	1.8	3.3	...	83.2	80.4	86.0
French Guiana [23] Guyane française [23]	2010	2.2	3.5	9.7	...	75.8	72.8	79.1
	2015	2.2	3.5	8.9	...	76.7	74.1	79.6
	2022[1]	2.5	3.5	7.6	...	77.5	74.8	80.3
French Polynesia [23] Polynésie française [23]	2010	0.5	2.2	7.4	...	81.0	78.6	83.8
	2015	0.6	1.9	6.3	...	82.4	80.0	85.1
	2022[1]	0.9	1.7	5.4	...	83.6	81.3	86.0
Gabon Gabon	2010	3.5	4.2	42.4	193	63.9	62.1	65.8
	2015	2.9	3.9	35.6	212	65.5	63.4	67.8
	2020	2.1	3.5	30.1	227	66.5	64.3	69.1
	2022[1]	2.0	3.5	29.5	...	65.7	63.4	68.4
Gambia Gambie	2010	3.1	5.7	43.9	620	60.7	59.8	61.6
	2015	2.8	5.3	36.9	535	62.5	61.4	63.6
	2020	2.6	4.8	31.4	458	62.6	61.0	64.2
	2022[1]	2.4	4.6	28.0	...	62.9	61.5	64.3
Georgia Géorgie	2010	-0.4[24]	1.9[24]	12.7[24]	41	72.1[24]	67.6[24]	76.6[24]
	2015	-~0.0[24]	2.2[24]	9.5[24]	30	73.3[24]	68.5[24]	78.1[24]
	2020	-0.2[24]	2.0[24]	8.3[24]	28	72.8[24]	67.7[24]	77.9[24]
	2022[1,24]	-0.5	2.1	8.2	...	71.6	66.8	76.5
Germany Allemagne	2010	0.1	1.4	3.5	6	80.1	77.4	82.6
	2015	0.3	1.5	3.3	5	80.6	78.1	83.0
	2020	0.1	1.5	3.1	4	81.1	78.7	83.6
	2022[1]	-0.1	1.5	3.0	...	81.0	78.5	83.5
Ghana Ghana	2010	2.4	4.2	47.0	337	61.2	59.8	62.5
	2015	2.3	4.1	38.7	286	63.2	61.4	65.0
	2020	2.1	3.6	33.0	263	64.1	61.9	66.4
	2022[1]	1.9	3.5	31.6	...	63.9	61.8	66.1
Gibraltar [12] Gibraltar [12]	2010	1.4	1.8	10.9	...	81.0	77.8	84.1
	2015	0.2	2.2	11.4	...	80.4	76.9	84.2
	2022[1]	0.1	1.8	8.9	...	82.8	80.9	84.7
Greece Grèce	2010	-0.2	1.4	3.4	3	80.5	77.7	83.4
	2015	-0.6	1.3	3.8	5	80.7	77.9	83.6
	2020	-0.6	1.4	3.6	8	80.9	78.4	83.5
	2022[1]	-0.5	1.4	3.4	...	80.6	78.0	83.3
Greenland [20] Groenland [20]	2010	-0.1	2.2	9.3	...	70.3	67.8	73.8
	2015	0.1	2.1	9.6	...	72.1	69.5	75.7
	2022[1]	0.4	2.0	8.6	...	72.6	70.1	76.0
Grenada Grenade	2010	0.7	2.2	12.4	27	75.0	72.5	77.6
	2015	0.8	2.1	13.3	23	75.0	72.2	78.1
	2020	0.8	2.0	13.4	21	74.9	72.2	77.9
	2022[1]	0.6	2.0	12.3	...	75.3	72.6	78.3
Guadeloupe [23] Guadeloupe [23]	2010	0.1	2.2	6.3	...	80.5	76.9	83.9
	2015	-0.4	2.2	5.2	...	81.9	78.1	85.3
	2022[1]	-0.1	2.0	4.4	...	80.8	77.3	83.9
Guam [11] Guam [11]	2010	0.5	3.0	11.6	...	76.9	73.6	80.5
	2015	0.2	2.9	11.7	...	76.6	73.1	80.5
	2022[1]	0.7	2.6	9.7	...	78.3	74.8	82.0

3

Population growth and indicators of fertility and mortality *(continued)*

Croissance démographique et indicateurs de fécondité et mortalité *(suite)*

Country or area Pays ou zone	Year Année	Population rate of increase (annual %) Population taux d'accroissement (% annuel)	Fertility rate, total (live births per woman) Taux de fécondité (naissances vivantes par femme)	Mortality rates (per live births) Taux de mortalite (pour naissances vivantes): Infant Infantile p. 1 000	Maternal Maternale p. 100 000	Life expectancy at birth (years) Espérance de vie à la naissance (en années): Total Totale	Male Hommes	Females Femmes
Guatemala Guatemala	2010	2.0	3.4	28.3	123	70.9	67.6	74.3
	2015	1.8	3.0	23.3	107	72.1	69.1	75.2
	2020	1.5	2.5	19.6	96	71.8	68.3	75.5
	2022[1]	1.4	2.4	19.8	...	68.7	65.7	71.8
Guinea Guinée	2010	2.5	5.4	78.8	741	56.7	55.5	57.8
	2015	2.6	5.0	72.7	649	58.1	56.9	59.3
	2020	2.5	4.5	66.0	553	59.3	58.1	60.4
	2022[1]	2.4	4.3	63.9	...	59.0	57.6	60.2
Guinea-Bissau Guinée-Bissau	2010	2.6	5.1	73.6	795	56.2	53.9	58.4
	2015	2.6	4.7	61.2	713	59.1	56.9	61.2
	2020	2.2	4.1	52.5	725	60.0	57.6	62.3
	2022[1]	2.1	3.9	50.1	...	59.9	57.7	61.9
Guyana Guyana	2010	-0.5	2.7	30.1	148	66.7	63.6	70.2
	2015	0.5	2.5	26.9	128	68.2	65.0	71.6
	2020	1.3	2.4	23.3	112	68.5	65.1	72.1
	2022[1]	0.5	2.4	23.6	...	66.0	62.8	69.4
Haiti Haïti	2010	0.7	3.5	75.9	403	46.0	45.8	46.3
	2015	1.4	3.1	52.8	391	63.2	60.6	66.0
	2020	1.3	2.9	46.7	350	64.1	61.1	67.1
	2022[1]	1.2	2.8	43.4	...	63.7	60.9	66.7
Holy See [25] Saint-Siège [25]	2010	-0.5	...	...	...	...	...	...
	2015	-1.1	...	...	...	...	...	...
	2022[1]	1.0	...	...	...	...	...	...
Honduras Honduras	2010	2.0	3.0	19.7	73	71.1	69.0	73.3
	2015	1.8	2.6	16.2	67	72.5	70.2	75.0
	2020	1.6	2.4	13.8	72	71.5	69.1	74.0
	2022[1]	1.5	2.3	12.8	...	70.7	68.5	73.2
Hungary Hongrie	2010	-0.3	1.3	5.2	15	74.5	70.6	78.3
	2015	-0.3	1.4	4.1	15	75.7	72.2	78.9
	2020	-0.4	1.6	3.4	15	75.7	72.3	79.0
	2022[1]	5.6	1.6	3.3	...	75.0	71.6	78.3
Iceland Islande	2010	0.3	2.2	2.1	3	81.7	79.6	83.8
	2015	1.0	1.8	2.0	3	82.4	81.1	83.6
	2020	1.3	1.7	1.2	3	82.6	81.1	84.1
	2022[1]	0.7	1.7	1.4	...	82.8	81.4	84.3
India Inde	2010	1.4	2.6	45.2	179	66.9	65.3	68.6
	2015	1.2	2.3	34.7	128	69.6	68.3	71.1
	2020	0.9	2.1	26.6	103	70.2	68.6	71.8
	2022[1]	0.7	2.0	26.3	...	67.7	66.3	69.4
Indonesia Indonésie	2010	1.2	2.5	27.6	219	68.7	66.9	70.4
	2015	1.1	2.3	22.8	194	69.7	67.8	71.6
	2020	0.8	2.2	19.2	173	68.8	66.7	71.0
	2022[1]	0.6	2.2	17.7	...	68.3	66.2	70.4
Iran (Islamic Republic of) Iran (Rép. islamique d')	2010	1.4	1.8	16.3	32	73.1	70.6	75.7
	2015	2.2	2.1	13.1	20	75.1	72.7	77.8
	2020	0.7	1.7	11.0	22	74.8	72.1	77.8
	2022[1]	0.7	1.7	10.3	...	74.6	71.9	77.5
Iraq Iraq	2010	3.2	4.4	28.6	115	67.1	63.9	70.1
	2015	2.6	4.1	24.5	102	69.4	67.5	71.2
	2020	2.4	3.6	21.0	76	69.1	67.0	71.2
	2022[1]	2.2	3.4	17.6	...	71.3	69.2	73.4
Ireland Irlande	2010	0.5	2.1	3.7	7	80.5	78.3	82.7
	2015	1.0	1.9	3.5	6	81.4	79.5	83.3
	2020	0.9	1.8	2.6	5	82.5	80.8	84.1
	2022[1]	0.7	1.8	2.5	...	82.7	81.0	84.4
Isle of Man [12] Île de Man [12]	2010	1.1	2.2	13.0	...	79.0	76.6	81.4
	2015	-0.4	1.7	13.1	...	78.9	77.1	80.8
	2022[1]	0.2	1.6	10.4	...	80.8	78.8	82.7

Country or area Pays ou zone	Year Année	Population rate of increase (annual %) Population taux d'accroissement (% annuel)	Fertility rate, total (live births per woman) Taux de fécondité (naissances vivantes par femme)	Mortality rates (per live births) Taux de mortalite (pour naissances vivantes): Infant Infantile p. 1 000	Maternal Maternale p. 100 000	Life expectancy at birth (years) Espérance de vie à la naissance (en années): Total Totale	Male Hommes	Females Femmes
Israel Israël	2010	1.8	3.0	3.8	3	81.7	79.8	83.6
	2015	1.9	3.2	3.3	3	82.1	80.1	84.0
	2020	1.6	3.0	3.2	3	82.4	80.2	84.5
	2022[1]	1.5	2.9	2.9	...	82.6	80.6	84.5
Italy Italie	2010	0.4	1.5	3.2	7	82.1	79.5	84.5
	2015	-0.2	1.3	2.9	7	82.5	80.2	84.7
	2020	-0.5	1.3	2.3	5	82.4	80.0	84.7
	2022[1]	-0.3	1.3	2.1	...	84.1	82.0	86.0
Jamaica Jamaïque	2010	0.4	1.7	15.2	88	72.6	70.6	74.7
	2015	0.3	1.6	13.2	97	72.4	70.8	74.0
	2020	0.4	1.4	11.4	99	71.9	69.8	73.9
	2022[1]	-0.1	1.3	11.3	...	70.6	68.5	72.7
Japan Japon	2010	-~0.0	1.4	2.3	6	82.9	79.5	86.2
	2015	-0.2	1.4	2.0	5	83.9	80.7	87.0
	2020	-0.5	1.3	1.8	4	84.7	81.6	87.7
	2022[1]	-0.5	1.3	1.7	...	84.8	81.8	87.8
Jordan Jordanie	2010	2.6	3.8	17.0	47	74.0	72.1	76.1
	2015	7.2	3.2	14.9	46	75.0	73.0	77.3
	2020	2.0	2.9	12.8	41	75.2	73.0	77.8
	2022[1]	0.5	2.8	12.4	...	74.2	72.1	76.7
Kazakhstan Kazakhstan	2010	1.4	2.6	18.1	20	68.1	63.6	72.5
	2015	1.3	2.7	10.6	13	70.7	66.4	74.8
	2020	1.2	3.1	9.0	13	70.0	65.7	74.2
	2022[1]	1.1	3.0	8.5	...	69.5	65.8	73.0
Kenya Kenya	2010	2.7	4.4	40.2	476	60.6	58.9	62.4
	2015	2.2	3.8	34.9	483	61.9	59.7	64.1
	2020	2.0	3.4	30.4	530	62.7	60.4	65.1
	2022[1]	2.0	3.3	28.0	...	62.1	59.6	64.7
Kiribati Kiribati	2010	1.8	3.9	49.2	131	65.0	63.2	66.6
	2015	1.5	3.5	44.9	121	66.1	64.3	67.6
	2020	1.9	3.3	39.3	76	67.3	65.3	68.9
	2022[1]	1.8	3.3	37.4	...	67.7	65.7	69.4
Kuwait Koweït	2010	5.1	2.3	8.9	9	78.0	76.4	80.1
	2015	8.1	2.2	7.5	7	79.6	77.9	82.0
	2020	-5.0	2.1	7.6	7	76.9	75.4	80.0
	2022[1]	1.0	2.1	6.7	...	80.3	78.9	82.8
Kyrgyzstan Kirghizistan	2010	1.1	3.1	25.8	72	68.3	64.3	72.2
	2015	1.7	3.2	19.7	61	70.0	66.6	73.4
	2020	1.6	3.0	15.6	50	69.6	65.6	73.8
	2022[1]	1.6	2.9	13.1	...	70.5	66.2	74.9
Lao People's Dem. Rep. Rép. dém. populaire lao	2010	1.5	3.1	51.8	284	64.0	61.9	66.2
	2015	1.5	2.8	42.3	184	66.7	64.7	68.7
	2020	1.5	2.5	35.5	126	68.5	66.5	70.6
	2022[1]	1.4	2.4	30.6	...	69.0	66.9	71.2
Latvia Lettonie	2010	-1.2	1.4	5.2	25	73.0	67.8	77.9
	2015	-0.9	1.7	4.0	22	74.7	69.9	79.2
	2020	-1.1	1.6	3.2	18	75.5	71.0	79.5
	2022[1]	-1.1	1.6	2.8	...	75.9	71.5	80.1
Lebanon Liban	2010	0.5	2.1	8.7	18	78.2	76.1	79.9
	2015	-2.1	2.2	7.2	19	79.2	77.2	81.0
	2020	-1.1	2.1	6.0	21	77.8	75.6	79.9
	2022[1]	-2.3	2.1	6.2	...	74.4	72.2	76.6
Lesotho Lesotho	2010	0.7	3.2	73.9	1 040	45.6	43.2	48.2
	2015	1.2	3.3	72.6	728	51.1	48.5	53.9
	2020	1.3	3.0	69.1	566	54.7	52.0	57.5
	2022[1]	1.0	3.0	69.0	...	53.0	50.3	55.9

3 Population growth and indicators of fertility and mortality *(continued)*

Croissance démographique et indicateurs de fécondité et mortalité *(suite)*

Country or area Pays ou zone	Year Année	Population rate of increase (annual %) Population taux d'accroissement (% annuel)	Fertility rate, total (live births per woman) Taux de fécondité (naissances vivantes par femme)	Mortality rates (per live births) Taux de mortalite (pour naissances vivantes): Infant Infantile p. 1 000	Maternal Maternale p. 100 000	Life expectancy at birth (years) Espérance de vie à la naissance (en années): Total Totale	Male Hommes	Females Femmes
Liberia Libéria	2010	2.9	5.1	74.0	634	59.4	58.2	60.6
	2015	2.1	4.5	67.7	686	59.1	57.9	60.4
	2020	2.1	4.2	59.6	652	60.9	59.5	62.4
	2022[1]	2.1	4.0	57.3	...	61.1	59.8	62.4
Libya Libye	2010	2.1	2.6	14.2	57	72.4	70.2	74.9
	2015	1.5	2.7	11.9	71	71.7	68.5	75.4
	2020	1.3	2.5	9.9	72	72.5	69.9	75.3
	2022[1]	1.1	2.4	9.1	...	72.2	69.7	74.8
Liechtenstein Liechtenstein	2010	0.6	1.4	6.8	...	82.0	79.5	84.3
	2015	0.6	1.4	6.2	...	82.8	80.9	84.5
	2022[1]	0.7	1.5	5.0	...	84.7	83.0	86.1
Lithuania Lituanie	2010	-1.3	1.5	4.9	10	73.4	67.9	78.8
	2015	-1.0	1.7	4.0	8	74.6	69.6	79.5
	2020	-1.1	1.6	2.7	9	75.1	70.1	80.0
	2022[1]	-1.4	1.6	2.8	...	74.3	69.5	79.1
Luxembourg Luxembourg	2010	1.9	1.6	3.8	8	80.6	77.9	83.2
	2015	2.3	1.5	2.5	7	81.8	79.7	83.9
	2020	1.4	1.4	4.4	6	81.4	79.2	83.7
	2022[1]	1.1	1.4	3.1	...	82.6	80.4	84.8
Madagascar Madagascar	2010	2.8	4.8	47.1	497	62.9	61.2	64.6
	2015	2.6	4.2	41.3	482	64.3	62.4	66.3
	2020	2.5	3.9	36.3	392	65.2	62.9	67.6
	2022[1]	2.4	3.8	32.6	...	65.2	63.0	67.6
Malawi Malawi	2010	2.9	5.3	56.9	513	56.4	54.3	58.4
	2015	2.7	4.5	38.5	445	61.4	58.2	64.7
	2020	2.6	4.0	28.7	381	63.7	60.0	67.6
	2022[1]	2.5	3.8	27.5	...	62.9	59.6	66.3
Malaysia Malaisie	2010	1.6[26]	2.1[26]	6.9[26]	25	74.4[26]	72.1[26]	77.1[26]
	2015	1.5[26]	2.0[26]	6.9[26]	22	75.1[26]	72.8[26]	77.7[26]
	2020	1.2[26]	1.8[26]	7.4[26]	21	75.9[26]	73.6[26]	78.5[26]
	2022[1,26]	1.1	1.8	5.9	...	76.3	74.0	78.8
Maldives Maldives	2010	3.5	2.3	11.8	60	77.7	76.8	78.8
	2015	4.3	2.0	8.3	57	79.7	78.9	80.7
	2020	1.4	1.7	5.5	57	79.9	78.9	81.3
	2022[1]	-0.4	1.7	6.0	...	80.8	80.1	81.8
Mali Mali	2010	3.3	6.6	76.5	547	56.4	55.5	57.3
	2015	3.1	6.4	65.8	494	58.4	57.3	59.5
	2020	3.2	6.0	57.1	440	58.6	57.4	59.9
	2022[1]	3.1	5.9	53.3	...	59.4	58.1	60.8
Malta Malte	2010	0.9	1.4	6.0	5	81.8	79.6	83.7
	2015	2.3	1.4	6.1	4	83.0	80.4	85.3
	2020	2.2	1.2	3.3	3	83.4	80.6	86.2
	2022[1]	0.3	1.2	5.3	...	83.7	81.6	85.7
Marshall Islands Îles Marshall	2010	-0.3	3.6	31.4	...	63.2	61.7	65.1
	2015	-2.1	3.1	28.7	...	63.8	62.3	65.7
	2022[1]	1.0	2.7	24.5	...	65.1	63.5	67.1
Martinique [23] Martinique [23]	2010	-0.6	2.0	7.3	...	81.6	78.1	84.7
	2015	-0.8	2.0	7.1	...	82.2	79.2	84.9
	2022[1]	-0.1	1.9	6.2	...	83.3	80.3	86.0
Mauritania Mauritanie	2010	2.9	5.0	59.8	586	63.1	61.5	64.7
	2015	2.6	4.8	53.0	510	64.5	62.8	66.3
	2020	2.6	4.5	46.5	464	64.5	62.8	66.3
	2022[1]	2.6	4.3	43.6	...	64.7	63.0	66.4
Mauritius Maurice	2010	0.3[27]	1.6[27]	12.3[27]	55	74.0[27]	70.6[27]	77.6[27]
	2015	0.1[27]	1.4[27]	12.3[27]	57	75.0[27]	71.9[27]	78.2[27]
	2020	0.1[27]	1.4[27]	14.0[27]	84	74.3[27]	71.1[27]	77.7[27]
	2022[1,27]	0.1	1.4	13.4	...	74.0	71.0	77.1

Country or area Pays ou zone	Year Année	Population rate of increase (annual %) Population taux d'accroissement (% annuel)	Fertility rate, total (live births per woman) Taux de fécondité (naissances vivantes par femme)	Mortality rates (per live births) Taux de mortalite (pour naissances vivantes): Infant Infantile p. 1 000	Maternal Maternale p. 100 000	Life expectancy at birth (years) Espérance de vie à la naissance (en années): Total Totale	Male Hommes	Females Femmes
Mayotte [23] Mayotte [23]	2010	2.6	4.4	4.8	…	77.3	74.6	80.4
	2015	4.1	4.9	4.1	…	77.4	74.3	80.9
	2022[1]	3.0	4.4	3.7	…	75.0	71.9	78.5
Mexico Mexique	2010	1.4	2.3	16.1	51	74.2	71.3	77.1
	2015	1.1	2.1	13.7	52	74.7	71.7	77.7
	2020	0.6	1.9	11.6	59	70.1	66.3	74.3
	2022[1]	0.8	1.8	10.9	…	74.8	71.5	78.2
Micronesia (Fed. States of) Micronésie (États féd. de)	2010	0.3	3.2	27.0	46	71.2	68.2	74.4
	2015	0.4	3.0	24.0	64	71.4	68.2	74.8
	2020	0.9	2.8	20.5	74	70.7	67.1	74.5
	2022[1]	0.9	2.7	18.9	…	70.9	67.3	74.8
Monaco Monaco	2010	2.3	2.2	5.0	…	84.6	82.5	86.7
	2015	1.7	2.2	4.5	…	85.3	82.7	88.2
	2022[1]	-0.5	2.1	3.6	…	86.9	85.1	88.9
Mongolia Mongolie	2010	1.3	2.5	21.7	65	67.2	63.0	71.8
	2015	2.2	3.0	16.3	47	69.5	65.5	73.7
	2020	1.7	2.9	13.0	39	72.1	67.5	77.0
	2022[1]	1.5	2.8	8.8	…	72.7	68.1	77.4
Montenegro Monténégro	2010	~0.0	1.7	5.7	7	76.1	73.3	78.9
	2015	-0.1	1.7	2.6	6	76.8	74.0	79.4
	2020	-0.3	1.7	2.2	6	76.3	73.1	79.5
	2022[1]	-0.1	1.7	1.2	…	76.8	73.5	80.3
Montserrat [12] Montserrat [12]	2010	1.4	1.4	15.7	…	74.3	73.3	75.5
	2015	-0.9	1.5	13.1	…	75.0	73.9	76.3
	2022[1]	~0.0	1.6	10.3	…	75.8	74.5	77.5
Morocco Maroc	2010	1.3	2.6	25.9	134	70.8	69.2	72.5
	2015	1.2	2.5	19.8	97	72.9	71.2	74.8
	2020	1.1	2.4	16.0	72	73.9	71.8	76.3
	2022[1]	1.0	2.3	14.4	…	75.0	72.9	77.2
Mozambique Mozambique	2010	2.9	5.6	75.8	322	54.2	52.4	55.8
	2015	3.0	5.1	62.3	226	58.2	55.7	60.4
	2020	2.9	4.7	53.4	127	61.2	58.1	64.2
	2022[1]	2.7	4.6	52.8	…	59.6	56.5	62.7
Myanmar Myanmar	2010	0.8	2.3	48.7	293	63.3	60.6	66.2
	2015	0.8	2.2	40.7	243	65.6	62.5	68.7
	2020	0.7	2.2	34.6	179	66.8	63.8	70.0
	2022[1]	0.7	2.1	32.7	…	67.3	64.2	70.5
Namibia Namibie	2010	1.5	3.6	34.3	482	56.0	53.3	58.7
	2015	1.8	3.6	33.4	299	60.7	57.3	64.0
	2020	1.8	3.3	28.7	215	62.8	59.1	66.6
	2022[1]	1.4	3.2	29.8	…	58.1	54.6	61.7
Nauru Nauru	2010	0.2	3.9	26.1	…	59.6	56.5	63.5
	2015	2.2	3.8	19.8	…	62.3	59.0	66.0
	2022[1]	0.9	3.5	15.3	…	64.0	60.5	67.8
Nepal Népal	2010	0.5	2.5	36.7	349	66.8	65.1	68.6
	2015	0.7	2.3	29.6	252	67.5	65.8	69.1
	2020	2.4	2.1	23.8	174	69.2	67.3	71.2
	2022[1]	1.2	2.0	20.3	…	70.5	68.6	72.4
Netherlands (Kingdom of the) Pays-Bas (Royaume des)	2010	0.5[28]	1.8[28]	3.8[28]	6	80.8[28]	78.8[28]	82.7[28]
	2015	0.5[28]	1.7[28]	3.2[28]	5	81.5[28]	79.7[28]	83.1[28]
	2020	0.4[28]	1.6[28]	3.6[28]	4	81.6[28]	79.9[28]	83.3[28]
	2022[1,28]	0.3	1.6	3.0	…	82.5	80.9	83.9
New Caledonia [23] Nouvelle-Calédonie [23]	2010	1.8	2.2	14.0	…	78.2	74.3	82.6
	2015	0.3	2.1	12.2	…	78.6	74.9	82.7
	2022[1]	1.1	2.0	9.4	…	81.0	77.5	84.6
New Zealand Nouvelle-Zélande	2010	0.9[29]	2.2[29]	5.0[29]	10	81.1[29]	79.2[29]	83.0[29]
	2015	1.7[29]	2.0[29]	4.5[29]	9	82.0[29]	80.1[29]	83.7[29]
	2020	1.4[29]	1.8[29]	3.8[29]	7	82.7[29]	80.9[29]	84.6[29]
	2022[1,29]	0.8	1.8	3.5	…	83.0	81.3	84.7

Country or area Pays ou zone	Year Année	Population rate of increase (annual %) Population taux d'accroissement (% annuel)	Fertility rate, total (live births per woman) Taux de fécondité (naissances vivantes par femme)	Mortality rates (per live births) / Taux de mortalite (pour naissances vivantes) Infant Infantile p. 1 000	Maternal Maternale p. 100 000	Life expectancy at birth (years) / Espérance de vie à la naissance (en années) Total Totale	Male Hommes	Females Femmes
Nicaragua Nicaragua	2010	1.5	2.6	20.0	98	72.0	68.9	75.1
	2015	1.4	2.5	16.3	79	73.0	70.0	75.9
	2020	1.4	2.3	13.5	78	71.8	68.6	75.0
	2022[1]	1.4	2.3	12.3	...	74.6	71.6	77.6
Niger Niger	2010	3.7	7.5	61.8	594	58.4	57.7	59.0
	2015	3.9	7.2	50.4	491	61.1	60.1	62.1
	2020	3.7	6.9	43.3	441	61.5	60.5	62.5
	2022[1]	3.7	6.7	40.1	...	62.1	60.8	63.4
Nigeria Nigéria	2010	2.8	6.0	86.4	1 123	50.9	50.5	51.4
	2015	2.5	5.6	81.6	1 113	51.8	51.5	52.2
	2020	2.4	5.3	74.7	1 047	52.9	52.5	53.3
	2022[1]	2.4	5.1	71.9	...	53.6	53.3	54.0
Niue [30] Nioué [30]	2010	0.2	2.9	27.4	...	68.4	66.6	70.5
	2015	1.2	2.7	23.9	...	70.1	68.7	71.6
	2022[1]	0.3	2.4	19.4	...	71.2	69.5	72.9
North Macedonia Macédoine du Nord	2010	0.2	1.5	6.8	6	75.1	72.8	77.5
	2015	0.1	1.5	6.9	5	76.0	73.8	78.2
	2020	-0.3	1.4	4.8	3	75.2	72.9	77.5
	2022[1]	-0.5	1.4	4.9	...	73.9	71.7	76.2
Northern Mariana Islands [11] Îles Mariannes du Nord [11]	2010	-5.5	2.9	5.7	...	77.4	75.8	79.4
	2015	-0.7	2.5	7.3	...	76.8	75.3	78.8
	2022[1]	0.5	2.1	5.9	...	77.5	75.9	79.5
Norway Norvège	2010	1.3[31]	1.9[31]	2.8[31]	4	81.0[31]	78.8[31]	83.2[31]
	2015	0.9[31]	1.7[31]	2.3[31]	2	82.3[31]	80.4[31]	84.1[31]
	2020	0.4[31]	1.5[31]	1.7[31]	2	83.2[31]	81.5[31]	84.9[31]
	2022[1,31]	0.7	1.5	1.9	...	83.4	81.7	85.1
Oman Oman	2010	11.2	2.9	10.0	18	76.3	74.6	78.5
	2015	5.1	3.0	9.6	15	77.7	76.3	79.5
	2020	-2.0	2.7	9.4	17	74.8	73.3	76.8
	2022[1]	1.4	2.6	8.6	...	73.9	72.4	76.0
Other non-specified areas [32] Autres zones non-spécifiées [32]	2010	0.2	0.9	3.9	...	79.2	76.1	82.6
	2015	0.4	1.2	4.0	...	79.9	76.7	83.4
	2022[1]	0.1	1.1	3.1	...	81.3	78.1	84.5
Pakistan Pakistan	2010	2.2	4.3	70.5	230	64.4	62.3	66.9
	2015	1.2	3.9	62.1	187	65.7	63.5	68.2
	2020	1.8	3.6	53.9	154	66.3	63.9	68.8
	2022[1]	2.0	3.4	51.8	...	66.4	64.1	68.9
Palau Palaos	2010	-1.6	2.0	20.8	...	65.6	63.0	68.7
	2015	0.1	2.1	17.9	...	63.7	61.3	66.7
	2022[1]	~0.0	2.4	14.6	...	65.4	62.2	69.3
Panama Panama	2010	1.8	2.6	16.9	55	76.4	73.3	79.7
	2015	1.7	2.6	15.1	49	77.5	74.5	80.5
	2020	1.3	2.3	13.4	50	76.7	73.5	80.0
	2022[1]	1.3	2.3	12.7	...	76.8	73.7	80.1
Papua New Guinea Papouasie-Nvl-Guinée	2010	3.0	3.9	44.9	289	63.0	61.3	65.3
	2015	2.5	3.6	40.0	208	64.7	62.3	67.8
	2020	2.1	3.3	34.9	192	65.8	63.4	68.8
	2022[1]	1.9	3.2	33.8	...	66.0	63.4	69.2
Paraguay Paraguay	2010	1.3	2.7	21.7	100	71.9	69.2	74.8
	2015	1.4	2.6	18.6	80	73.2	70.5	76.0
	2020	1.4	2.5	15.9	71	73.2	70.4	76.2
	2022[1]	1.1	2.4	16.4	...	70.5	67.6	73.6
Peru Pérou	2010	0.8	2.6	15.7	76	73.7	71.6	75.9
	2015	1.2	2.3	12.6	65	75.6	73.6	77.7
	2020	1.3	2.2	10.3	69	73.7	70.8	76.8
	2022[1]	0.8	2.2	9.7	...	73.4	71.3	75.5

Country or area Pays ou zone	Year Année	Population rate of increase (annual %) Population taux d'accroissement (% annuel)	Fertility rate, total (live births per woman) Taux de fécondité (naissances vivantes par femme)	Mortality rates (per live births) / Taux de mortalite (pour naissances vivantes): Infant Infantile p. 1 000	Maternal Maternale p. 100 000	Life expectancy at birth (years) / Espérance de vie à la naissance (en années): Total Totale	Male Hommes	Females Femmes
Philippines Philippines	2010	1.8	3.3	26.3	105	70.8	69.1	72.4
	2015	1.8	3.0	24.7	88	71.3	69.5	73.0
	2020	1.6	2.8	22.2	78	72.1	70.2	74.0
	2022[1]	1.5	2.7	21.6	...	72.2	70.2	74.2
Poland Pologne	2010	0.1	1.4	4.9	3	76.3	72.2	80.5
	2015	-0.1	1.3	4.0	2	77.4	73.5	81.3
	2020	-0.3	1.5	3.6	2	76.9	73.0	81.0
	2022[1]	8.1	1.5	3.4	...	77.0	73.2	80.8
Portugal Portugal	2010	-0.2	1.4	2.6	10	80.0	76.8	83.1
	2015	-0.3	1.3	3.0	10	81.2	78.1	84.1
	2020	-~0.0	1.4	2.4	12	81.1	78.0	84.0
	2022[1]	-0.2	1.4	2.4	...	82.2	79.3	84.9
Puerto Rico Porto Rico	2010	-0.6	1.6	7.2	21	78.0	74.0	82.1
	2015	-1.8	1.4	6.8	18	79.7	75.7	83.8
	2020	-0.5	1.3	11.0	34	78.0	73.6	82.6
	2022[1]	0.2	1.3	6.8	...	79.7	75.6	83.9
Qatar Qatar	2010	4.7	2.1	7.8	10	78.4	77.4	80.5
	2015	8.3	1.9	6.7	7	80.1	79.2	81.7
	2020	-4.9	1.8	4.9	8	79.1	78.2	80.7
	2022[1]	0.8	1.8	5.0	...	81.6	80.6	83.1
Republic of Korea République de Corée	2010	0.5	1.2	3.5	8	80.8	77.1	84.2
	2015	0.8	1.2	2.9	6	82.6	79.0	85.8
	2020	-0.1	0.9	2.5	8	83.6	80.2	86.7
	2022[1]	-0.1	0.9	2.3	...	84.0	80.7	87.1
Republic of Moldova République de Moldova	2010	-2.2[33]	1.7[33]	14.6[33]	18	69.4[33]	65.0[33]	73.8[33]
	2015	-1.7[33]	1.9[33]	13.4[33]	17	69.2[33]	64.8[33]	73.8[33]
	2020	-0.7[33]	1.8[33]	12.4[33]	12	70.2[33]	65.7[33]	74.9[33]
	2022[1,33]	13.7	1.8	12.4	...	68.6	64.2	73.3
Réunion [23] Réunion [23]	2010	0.7	2.4	6.5	...	79.9	76.3	83.4
	2015	0.5	2.5	5.6	...	81.2	78.1	84.3
	2022[1]	0.8	2.2	4.7	...	82.6	79.7	85.4
Romania Roumanie	2010	-0.7	1.6	10.3	22	74.0	70.4	77.7
	2015	-0.5	1.6	7.9	15	74.8	71.4	78.2
	2020	-0.5	1.7	5.6	10	75.3	71.5	79.4
	2022[1]	4.0	1.7	5.4	...	74.1	70.7	77.6
Russian Federation Fédération de Russie	2010	~0.0	1.6	7.9	17	69.4	63.5	75.3
	2015	0.3	1.8	6.0	10	72.1	66.6	77.4
	2020	-0.2	1.5	3.9	14	71.3	66.2	76.4
	2022[1]	-~0.0	1.5	4.0	...	70.1	64.7	75.7
Rwanda Rwanda	2010	2.6	4.5	44.9	386	62.5	60.7	64.2
	2015	2.4	4.1	34.8	312	65.3	63.2	67.2
	2020	2.4	3.9	30.1	259	66.8	64.4	69.0
	2022[1]	2.3	3.7	28.3	...	67.1	64.8	69.2
Saint Barthélemy [23] Saint-Barthélemy [23]	2010	1.6	1.3	10.1	...	78.5	75.4	81.8
	2015	2.1	1.1	9.2	...	79.5	76.3	82.6
	2022[1]	0.2	1.0	7.6	...	80.6	77.6	83.7
Saint Helena [34] Sainte-Hélène [34]	2010	0.7	1.6	12.8	...	76.5	73.4	80.3
	2015	0.7	1.6	14.6	...	75.2	72.6	78.6
	2022[1]	-1.0	1.6	11.1	...	77.2	74.4	80.9
Saint Kitts and Nevis Saint-Kitts-et-Nevis	2010	0.2	1.8	12.8	...	71.3	68.4	74.4
	2015	-~0.0	1.6	14.6	...	70.8	67.1	74.9
	2022[1]	0.2	1.5	7.8	...	72.0	68.7	75.7
Saint Lucia Sainte-Lucie	2010	0.8	1.5	16.5	73	72.7	69.9	75.7
	2015	0.5	1.5	14.6	80	73.1	70.1	76.4
	2020	0.4	1.4	11.8	73	73.4	70.0	77.1
	2022[1]	0.1	1.4	11.9	...	71.3	68.0	74.9

Country or area Pays ou zone	Year Année	Population rate of increase (annual %) Population taux d'accroissement (% annuel)	Fertility rate, total (live births per woman) Taux de fécondité (naissances vivantes par femme)	Mortality rates (per live births) Taux de mortalite (pour naissances vivantes) Infant Infantile p. 1 000	 Maternal Maternale p. 100 000	Life expectancy at birth (years) Espérance de vie à la naissance (en années) Total Totale	 Male Hommes	 Females Femmes
Saint Martin (French part) [23]	2010	0.3	2.4	10.1	...	78.4	75.4	81.8
	2015	-0.5	2.6	9.2	...	79.3	76.3	82.6
St-Martin (partie française) [23]	2022[1]	1.0	2.4	7.7	...	80.6	77.5	83.7
Saint Pierre and Miquelon [23]	2010	0.0	1.8	9.2	...	76.8	72.9	81.0
	2015	-0.2	1.6	8.8	...	76.9	73.1	81.2
Saint-Pierre-et-Miquelon [23]	2022[1]	-0.3	1.6	7.8	...	77.6	74.0	81.7
Saint Vincent & Grenadines	2010	-0.5	2.1	16.8	45	74.7	72.2	77.6
	2015	-0.4	2.1	14.3	36	74.4	72.0	77.3
Saint-Vincent-Grenadines	2020	-0.2	1.8	12.1	62	72.1	69.8	74.9
	2022[1]	-0.3	1.8	12.5	...	69.0	66.7	71.7
Samoa	2010	0.8	4.6	16.3	62	72.2	69.7	75.0
Samoa	2015	0.9	4.4	15.7	58	72.5	70.1	75.2
	2020	1.7	4.0	14.4	59	72.8	70.3	75.5
	2022[1]	1.5	3.9	15.1	...	72.6	70.1	75.3
San Marino	2010	2.2	1.5	3.0	...	82.7	80.9	84.3
Saint-Marin	2015	0.8	1.2	2.8	...	82.9	81.4	84.3
	2022[1]	-0.1	1.1	2.4	...	83.4	82.0	84.7
Sao Tome and Principe	2010	2.2	4.7	26.8	160	65.2	62.9	67.8
Sao Tomé-et-Principe	2015	1.8	4.4	17.8	139	67.2	64.6	70.2
	2020	2.2	3.9	12.6	146	67.8	65.2	70.9
	2022[1]	2.0	3.8	12.6	...	68.8	66.1	71.9
Saudi Arabia	2010	2.7	2.9	10.5	15	75.8	74.5	77.6
Arabie saoudite	2015	1.9	2.6	7.8	16	76.9	75.8	78.6
	2020	-1.3	2.5	6.0	16	76.2	75.0	78.0
	2022[1]	1.5	2.4	5.5	...	77.9	76.7	79.5
Senegal	2010	2.7	5.1	40.0	450	64.6	62.8	66.3
Sénégal	2015	2.7	4.8	31.5	321	66.9	64.5	69.1
	2020	2.7	4.5	25.2	261	68.0	65.6	70.3
	2022[1]	2.5	4.3	21.0	...	67.9	65.5	70.2
Serbia	2010	-0.4[35]	1.4[35]	5.9[35]	14	74.4[35]	71.4[35]	77.3[35]
Serbie	2015	-0.3[35]	1.5[35]	4.6[35]	13	75.8[35]	72.8[35]	78.7[35]
	2020	-0.7[35]	1.5[35]	4.4[35]	10	75.4[35]	72.2[35]	78.6[35]
	2022[1,35]	-1.1	1.5	4.4	...	74.1	71.3	77.0
Seychelles	2010	1.5	2.2	12.0	8	73.0	68.8	77.6
Seychelles	2015	1.2	2.3	12.6	5	73.7	69.7	78.3
	2020	1.0	2.4	11.9	3	73.5	69.7	78.1
	2022[1]	0.4	2.3	11.4	...	71.7	68.2	76.0
Sierra Leone	2010	2.7	5.3	104.4	837	53.7	52.9	54.5
Sierra Leone	2015	2.4	4.5	88.1	588	57.2	56.2	58.2
	2020	2.3	4.1	74.3	443	59.8	58.4	61.1
	2022[1]	2.1	3.9	70.0	...	60.4	59.1	61.7
Singapore	2010	2.6	1.2	2.2	8	81.7	79.3	84.0
Singapour	2015	1.2	1.2	2.1	8	82.8	80.6	85.0
	2020	0.6	1.0	1.6	7	82.9	80.5	85.3
	2022[1]	0.7	1.0	1.7	...	84.1	82.0	86.3
Sint Maarten (Dutch part) [15]	2010	0.7	1.8	15.1	...	75.1	72.5	78.0
	2015	2.9	1.7	11.9	...	77.0	74.0	80.6
St-Martin (partie néerland.) [15]	2022[1]	~0.0	1.6	13.9	...	74.4	72.0	77.1
Slovakia	2010	0.1	1.4	5.7	5	75.5	71.7	79.2
Slovaquie	2015	0.1	1.4	5.1	5	76.6	73.1	80.1
	2020	-~0.0	1.6	4.9	5	77.0	73.6	80.4
	2022[1]	7.2	1.6	4.7	...	75.3	71.9	78.8
Slovenia	2010	0.6	1.6	2.5	6	79.7	76.5	82.7
Slovénie	2015	0.5	1.6	1.7	5	80.8	78.0	83.6
	2020	0.1	1.6	2.0	5	80.4	77.6	83.3
	2022[1]	~0.0	1.6	1.4	...	82.1	79.6	84.6

3 Population growth and indicators of fertility and mortality *(continued)*

Croissance démographique et indicateurs de fécondité et mortalité *(suite)*

Country or area Pays ou zone	Year Année	Population rate of increase (annual %) Population taux d'accroissement (% annuel)	Fertility rate, total (live births per woman) Taux de fécondité (naissances vivantes par femme)	Mortality rates (per live births) Taux de mortalite (pour naissances vivantes): Infant Infantile p. 1 000	Maternal Maternale p. 100 000	Life expectancy at birth (years) Espérance de vie à la naissance (en années): Total Totale	Male Hommes	Females Femmes
Solomon Islands Îles Salomon	2010	2.4	4.4	22.0	147	68.7	67.1	70.6
	2015	2.5	4.4	19.1	141	69.6	68.1	71.2
	2020	2.4	4.0	16.5	122	70.2	68.8	71.8
	2022[1]	2.2	3.9	15.6	...	70.7	69.3	72.4
Somalia Somalie	2010	2.5	7.3	102.5	963	50.6	48.7	52.5
	2015	3.3	7.0	83.9	761	54.9	52.9	56.9
	2020	3.2	6.4	72.9	621	56.0	54.0	58.1
	2022[1]	3.0	6.2	66.2	...	56.1	54.1	58.2
South Africa Afrique du Sud	2010	1.2	2.4	35.1	219	58.9	56.1	61.3
	2015	2.4	2.4	27.8	141	64.0	60.7	66.8
	2020	1.1	2.4	21.1	127	65.3	62.2	68.0
	2022[1]	0.8	2.3	28.1	...	61.5	58.6	64.2
South Sudan Soudan du sud	2010	5.9	5.4	69.4	1 060	54.8	53.7	55.8
	2015	1.1	4.9	63.8	1 225	55.6	53.9	57.2
	2020	1.1	4.5	63.8	1 223	55.5	53.9	57.0
	2022[1]	1.5	4.3	60.7	...	55.6	54.0	57.0
Spain Espagne	2010	0.4[36]	1.4[36]	3.2[36]	4	82.0[36]	79.0[36]	85.0[36]
	2015	-~0.0[36]	1.3[36]	2.6[36]	4	82.6[36]	79.9[36]	85.4[36]
	2020	0.1[36]	1.2[36]	2.5[36]	3	82.3[36]	79.6[36]	85.0[36]
	2022[1,36]	-0.1	1.3	2.2	...	83.9	81.2	86.5
Sri Lanka Sri Lanka	2010	0.9	2.2	9.7	37	73.2	69.2	77.6
	2015	0.4	2.1	7.5	30	74.9	71.0	79.0
	2020	0.3	2.0	5.9	29	76.4	72.6	80.1
	2022[1]	0.3	2.0	5.5	...	76.6	72.9	80.2
State of Palestine État de Palestine	2010	2.4[37]	4.4[37]	18.6[37]	43	73.0[37]	70.9[37]	75.1[37]
	2015	2.4[37]	4.0[37]	16.4[37]	26	74.4[37]	72.4[37]	76.4[37]
	2020	2.3[37]	3.6[37]	14.1[37]	20	74.4[37]	72.2[37]	76.7[37]
	2022[1,37]	2.3	3.4	13.9	...	73.4	71.0	75.9
Sudan Soudan	2010	2.0	5.0	50.7	383	63.0	60.7	65.5
	2015	3.1	4.9	45.3	298	64.7	62.1	67.3
	2020	2.8	4.5	39.9	270	65.6	63.1	68.2
	2022[1]	2.6	4.4	37.5	...	65.6	63.0	68.2
Suriname Suriname	2010	1.1	2.6	20.5	138	69.9	66.5	73.6
	2015	1.0	2.5	18.1	125	70.8	67.6	74.2
	2020	1.1	2.4	15.7	96	72.6	69.3	76.0
	2022[1]	0.8	2.3	16.1	...	70.3	67.2	73.6
Sweden Suède	2010	0.9	2.0	2.6	5	81.5	79.5	83.5
	2015	1.0	1.8	2.4	4	82.2	80.3	84.0
	2020	0.9	1.7	2.3	5	82.4	80.6	84.3
	2022[1]	0.6	1.7	1.8	...	83.5	81.9	85.1
Switzerland Suisse	2010	1.2	1.5	3.9	8	82.3	80.0	84.4
	2015	1.1	1.5	4.0	6	82.8	80.7	84.9
	2020	0.7	1.5	3.7	7	83.1	81.0	85.1
	2022[1]	0.7	1.5	3.1	...	84.3	82.5	85.9
Syrian Arab Republic République arabe syrienne	2010	2.3	3.4	15.9	21	73.9	71.4	76.7
	2015	-3.0	3.0	25.1	30	65.1	60.6	70.4
	2020	2.8	2.8	18.1	30	72.1	68.9	75.6
	2022[1]	4.8	2.7	16.3	...	72.3	68.7	76.1
Tajikistan Tadjikistan	2010	2.1	3.5	36.5	32	67.7	65.4	70.4
	2015	2.4	3.5	32.1	20	69.3	67.0	71.9
	2020	2.1	3.2	27.9	17	68.0	66.0	70.2
	2022[1]	1.9	3.1	23.4	...	71.3	69.2	73.5
Thailand Thaïlande	2010	0.6	1.6	11.6	35	76.1	72.1	80.4
	2015	0.4	1.5	9.2	30	77.7	73.5	82.0
	2020	0.2	1.3	7.4	29	79.3	75.0	83.7
	2022[1]	0.2	1.3	7.1	...	79.7	75.5	83.9

Country or area Pays ou zone	Year Année	Population rate of increase (annual %) Population taux d'accroissement (% annuel)	Fertility rate, total (live births per woman) Taux de fécondité (naissances vivantes par femme)	Mortality rates (per live births) Taux de mortalite (pour naissances vivantes) Infant Infantile p. 1 000	Maternal Maternale p. 100 000	Life expectancy at birth (years) Espérance de vie à la naissance (en années) Total Totale	Male Hommes	Females Femmes
Timor-Leste	2010	2.2	4.8	47.3	376	65.3	63.8	67.0
Timor-Leste	2015	1.6	3.9	39.8	285	67.1	65.5	68.9
	2020	1.6	3.2	34.2	204	68.5	66.8	70.3
	2022[1]	1.4	3.0	30.9	...	69.1	67.4	70.8
Togo	2010	2.7	5.0	60.2	530	57.3	57.2	57.4
Togo	2015	2.5	4.6	52.4	441	59.4	59.2	59.6
	2020	2.4	4.3	45.5	399	61.0	60.5	61.6
	2022[1]	2.3	4.2	43.9	...	61.6	60.9	62.2
Tokelau [30]	2010	0.9	3.3	7.8	...	73.9	72.8	74.6
Tokélaou [30]	2015	-2.7	3.0	6.0	...	74.7	73.8	75.3
	2022[1]	1.1	2.7	4.7	...	75.4	74.4	76.2
Tonga	2010	0.3	3.9	11.3	93	70.3	67.6	73.4
Tonga	2015	-0.5	3.6	10.7	86	70.6	67.9	73.5
	2020	0.7	3.3	9.8	126	70.9	68.3	73.7
	2022[1]	0.9	3.2	9.2	...	71.3	68.6	74.1
Trinidad and Tobago	2010	0.7	1.7	19.9	47	72.7	69.3	76.1
Trinité-et-Tobago	2015	0.6	1.7	17.2	31	74.5	71.1	77.9
	2020	0.6	1.6	15.0	27	74.4	71.0	77.9
	2022[1]	0.3	1.6	15.0	...	74.7	71.3	78.2
Tunisia	2010	1.1	2.1	15.6	44	75.4	72.6	78.6
Tunisie	2015	1.1	2.3	14.6	40	75.7	72.8	78.9
	2020	0.9	2.1	14.1	37	75.3	71.8	79.3
	2022[1]	0.8	2.1	13.5	...	74.3	71.4	77.4
Türkiye	2010	1.3	2.1	15.3	22	75.1	71.9	78.2
Türkiye	2015	1.7	2.2	11.0	19	76.6	73.5	79.8
	2020	0.8	1.9	8.1	17	75.9	72.8	79.1
	2022[1]	0.6	1.9	7.7	...	78.5	75.4	81.5
Turkmenistan	2010	1.7	2.8	36.8	9	68.3	64.9	71.6
Turkménistan	2015	1.8	2.9	36.1	6	68.8	65.4	72.2
	2020	1.5	2.7	35.7	5	68.7	65.4	72.0
	2022[1]	1.4	2.6	32.9	...	69.4	65.9	72.9
Turks and Caicos Islands [12]	2010	3.8	1.7	10.5	...	76.2	73.7	79.1
	2015	5.1	1.7	7.2	...	76.9	74.5	79.6
Îles Turques-et-Caïques [12]	2022[1]	0.8	1.7	11.4	...	74.9	72.2	78.0
Tuvalu	2010	1.3	3.5	25.6	...	64.0	60.6	67.7
Tuvalu	2015	-0.2	3.2	21.5	...	64.1	60.5	68.3
	2022[1]	0.8	3.1	17.6	...	64.9	61.1	69.4
Uganda	2010	2.9	6.1	51.8	372	57.1	55.2	58.8
Ouganda	2015	3.1	5.3	39.4	319	61.1	59.1	63.0
	2020	3.2	4.7	31.6	284	62.9	60.7	64.9
	2022[1]	2.8	4.5	30.4	...	63.6	61.5	65.7
Ukraine	2010	-0.4[38]	1.4[38]	8.4[38]	17	70.6[38]	65.7[38]	75.4[38]
Ukraine	2015	-0.3[38]	1.5[38]	6.7[38]	11	73.5[38]	68.2[38]	78.4[38]
	2020	-0.8[38]	1.2[38]	5.3[38]	17	72.6[38]	67.6[38]	77.4[38]
	2022[1,38]	-18.4	1.3	7.1	...	68.6	63.5	73.9
United Arab Emirates	2010	1.1	1.8	7.4	9	78.3	76.5	80.2
Émirats arabes unis	2015	0.9	1.5	6.5	9	79.2	77.6	81.2
	2020	0.9	1.5	5.6	9	78.9	77.5	81.1
	2022[1]	0.8	1.4	5.2	...	79.2	77.7	81.4
United Kingdom	2010	0.8[39]	1.9[39]	4.4[39]	10	80.4[39]	78.4[39]	82.3[39]
Royaume-Uni	2015	0.7[39]	1.8[39]	3.9[39]	8	80.9[39]	79.1[39]	82.7[39]
	2020	0.3[39]	1.6[39]	3.7[39]	10	80.4[39]	78.4[39]	82.4[39]
	2022[1,39]	0.3	1.6	3.2	...	82.2	80.4	83.8
United Rep. of Tanzania	2010	2.8[40]	5.3[40]	49.5[40]	486	60.1[40]	58.4[40]	61.9[40]
Rép.-Unie de Tanzanie	2015	3.6[40]	5.1[40]	41.1[40]	330	64.7[40]	62.4[40]	67.0[40]
	2020	3.0[40]	4.8[40]	35.3[40]	238	66.4[40]	64.4[40]	68.5[40]
	2022[1,40]	2.9	4.7	31.8	...	66.8	64.7	68.9

Country or area Pays ou zone	Year Année	Population rate of increase (annual %) Population taux d'accroissement (% annuel)	Fertility rate, total (live births per woman) Taux de fécondité (naissances vivantes par femme)	Mortality rates (per live births) Taux de mortalite (pour naissances vivantes) Infant Infantile p. 1 000	Maternal Maternale p. 100 000	Life expectancy at birth (years) Espérance de vie à la naissance (en années) Total Totale	Male Hommes	Females Femmes
United States of America	2010	0.8[41]	1.9[41]	6.2[41]	14	78.8[41]	76.3[41]	81.2[41]
États-Unis d'Amérique	2015	0.8[41]	1.8[41]	5.9[41]	17	78.9[41]	76.4[41]	81.3[41]
	2020	0.3[41]	1.6[41]	5.5[41]	21	77.4[41]	74.6[41]	80.3[41]
	2022[1,41]	0.5	1.7	5.0	...	78.2	75.5	81.0
United States Virgin Islands [11]	2010	-0.6	2.5	7.6	...	73.3	69.2	77.8
Îles Vierges américaines [11]	2015	-0.5	2.2	6.4	...	74.7	69.9	80.3
	2022[1]	-0.8	2.1	5.3	...	75.1	69.8	80.9
Uruguay	2010	0.3	2.0	9.3	18	76.9	72.6	80.9
Uruguay	2015	0.3	2.0	7.6	17	77.5	73.4	81.4
	2020	~0.0	1.5	4.7	19	78.4	74.7	81.9
	2022[1]	~0.0	1.5	5.8	...	78.0	74.1	81.7
Uzbekistan	2010	1.6	2.4	25.1	38	69.2	66.7	71.8
Ouzbékistan	2015	1.6	2.5	17.1	31	70.5	67.7	73.3
	2020	1.7	2.9	12.5	30	70.3	67.9	72.8
	2022[1]	1.6	2.8	12.4	...	71.7	69.0	74.3
Vanuatu	2010	2.3	4.2	24.1	93	69.6	67.6	72.1
Vanuatu	2015	2.4	4.0	23.5	92	69.5	67.6	71.9
	2020	2.4	3.8	20.8	94	70.3	68.5	72.4
	2022[1]	2.4	3.7	18.8	...	70.5	68.3	73.1
Venezuela (Boliv. Rep. of)	2010	1.3	2.5	14.5	112	72.9	68.9	77.1
Venezuela (Rép. boliv. du)	2015	1.1	2.3	15.5	126	73.0	69.0	77.2
	2020	-1.0	2.2	15.7	259	71.1	66.7	75.8
	2022[1]	1.8	2.2	14.8	...	71.1	66.9	75.7
Viet Nam	2010	1.1	1.9	18.0	88	73.5	68.8	78.3
Viet Nam	2015	1.0	2.0	17.2	109	73.9	69.1	78.7
	2020	0.9	2.0	16.5	124	75.4	70.8	79.9
	2022[1]	0.7	1.9	15.0	...	74.6	69.9	79.3
Wallis and Futuna Islands [23]	2010	-1.9	2.1	14.7	...	75.5	72.8	78.7
Îles Wallis-et-Futuna [23]	2015	-1.0	2.1	11.9	...	78.0	77.4	78.5
	2022[1]	-0.7	1.9	9.8	...	80.0	79.0	81.0
Western Sahara	2010	3.8	2.9	37.9	...	67.5	66.0	69.4
Sahara occidental	2015	2.8	2.5	30.8	...	69.3	67.7	71.3
	2022[1]	2.0	2.3	23.7	...	71.0	69.3	73.1
Yemen	2010	2.9	4.9	45.7	157	67.3	65.2	69.4
Yémen	2015	2.6	4.3	46.3	164	65.9	63.0	68.9
	2020	2.2	3.9	45.9	183	64.7	61.6	67.9
	2022[1]	2.2	3.7	46.8	...	63.7	60.5	67.2
Zambia	2010	3.4	5.4	52.9	268	56.8	54.9	58.5
Zambie	2015	3.2	4.8	46.3	166	61.2	58.8	63.5
	2020	2.9	4.4	42.6	135	62.4	59.6	65.0
	2022[1]	2.7	4.2	38.2	...	61.8	59.1	64.5
Zimbabwe	2010	1.4	4.0	55.0	618	50.7	48.9	52.2
Zimbabwe	2015	2.1	3.8	41.1	408	59.6	57.3	61.6
	2020	2.1	3.5	36.8	357	61.1	58.1	63.9
	2022[1]	2.1	3.4	37.4	...	59.4	56.4	62.1
LLDCs	2010	2.4	4.5	54.4	530	60.4	58.3	62.6
PDSL	2015	2.3	4.2	44.4	431	63.4	60.9	65.8
	2020	2.5	4.0	37.7	368	64.1	61.4	66.8
	2022[1]	2.3	3.9	35.1	...	64.5	61.8	67.3
LDCs	2010	2.4	4.5	58.8	524	60.5	58.8	62.3
PMA	2015	2.4	4.2	49.5	439	63.2	61.1	65.4
	2020	2.4	4.0	42.6	377	64.5	62.3	66.8
	2022[1]	2.3	3.9	39.6	...	64.9	62.5	67.3
SIDS	2010	1.1	2.6	37.9	231	67.2	65.2	69.3
PEID	2015	1.1	2.5	31.4	212	71.9	69.2	74.8
	2020	0.9	2.3	29.0	208	72.2	69.3	75.4
	2022[1]	0.8	2.3	27.3	...	72.5	69.6	75.5

Source:

United Nations Population Division, New York, World Population Prospects: The 2022 Revision, last accessed July 2022.

United Nations Population Division, New York, World Population Prospects: The 2022 Revision; supplemented by data from the United Nations Statistics Division, New York, Demographic Yearbook 2021 and Secretariat for the Pacific Community (SPC) for small countries or areas, last accessed July 2022.
United Nations Statistics Division, New York, "Demographic Yearbook 2021" and the demographic statistics database, last accessed June 2022.

World Health Organization (WHO), the United Nations Children's Fund (UNICEF), the United Nations Population Fund (UNFPA), the World Bank and the United Nations Population Division, "Trends in Maternal Mortality 2000 - 2020."

1 Projected estimate (medium fertility variant).
2 Including Saint Helena.
3 Including Bermuda, Greenland, and Saint Pierre and Miquelon.
4 Including Anguilla, Bonaire, Sint Eustatius and Saba, British Virgin Islands, Cayman Islands, Dominica, Montserrat, Saint Kitts and Nevis, Sint Maarten (Dutch part) and Turks and Caicos Islands.
5 Including Falkland Islands (Malvinas).
6 Including the Faroe Islands and the Isle of Man.
7 Including Andorra, Gibraltar, Holy See, and San Marino.
8 Including Liechtenstein and Monaco.
9 Including Marshall Islands, Nauru, Northern Mariana Islands and Palau.
10 Including Pitcairn.
11 For statistical purposes, the data for United States of America do not include this area.
12 For statistical purposes, the data for United Kingdom do not include this area.
13 Including Christmas Island, Cocos (Keeling) Islands and Norfolk Island.
14 Including Nagorno-Karabakh.
15 For statistical purposes, the data for Netherlands do not include this area.
16 For statistical purposes, the data for China do not include those for the Hong Kong Special Administrative Region (Hong Kong SAR), Macao Special Administrative Region (Macao SAR) and Taiwan Province of China.
17 Refers to the whole country.
18 For statistical purposes, the data for Denmark do not include Faroe Islands, and Greenland.
19 A dispute exists between the Governments of Argentina and the United Kingdom of Great Britain and Northern Ireland concerning sovereignty over the Falkland Islands (Malvinas). For statistical purposes, the data for United Kingdom do not include this area.
20 For statistical purposes, the data for Denmark do not include this area.
21 Including Åland Islands.
22 For statistical purposes, the data for France do not include French Guiana, French Polynesia, Guadeloupe, Martinique, Mayotte, New Caledonia, Réunion, Saint Pierre and Miquelon, Saint Barthélemy, Saint Martin (French part), Wallis and Futuna Islands.
23 For statistical purposes, the data for France do not include this area.
24 Including Abkhazia and South Ossetia.

Source:

Organisation des Nations Unies, Division de la population, New York, « World Population Prospects: The 2022 Revision », denier accès juillet 2022.
Organisation des Nations Unies, Division de la population, New York, « World Population Prospects: The 2022 Revision »; complétées par des données de l'Organisation des Nations Unies, Division de statistique, New York, Annuaire démographique 2021 et Secrétariat de la Communauté du Pacifique (SCP) pour petits pays ou zones, denier accès juillet 2022.
Organisation des Nations Unies, Division de statistique, New York, Annuaire démographique 2021 et recueil de statistiques démographiques, denier accès juin 2022.
Organisation mondiale de la santé (OMS), le Fonds des Nations Unies pour l'enfance (UNICEF), le Fonds des Nations Unies pour la population (UNFPA), la Banque mondiale et la Division des Nations Unies pour la population, « Les tendances de la mortalité maternelle 2000-2020 ».

1 Projection approximative (variante moyenne fécondité).
2 Y compris Sainte-Hélène.
3 Y compris les Bermudes, le Groenland et Saint-Pierre-et-Miquelon.
4 Y compris Anguilla, les îles Bonaire, Saint-Eustache et Saba, les îles Caïmans, la Dominique, Montserrat, Saint-Kitts-et-Nevis, Saint-Martin (partie néerlandaise), les îles Turques-et-Caïques et les îles Vierges britanniques.
5 Y compris les îles Falkland (Malvinas)
6 Y compris les îles Féroé et l'île de Man.
7 Y compris Andorre, Gibraltar, Saint-Siège, et Saint-Marin.
8 Y compris le Liechtenstein et Monaco.
9 Y compris les îles Mariannes du Nord, les îles Marshall, Nauru et Palaos.
10 Y compris Pitcairn.
11 À des fins statistiques, les données pour les États-Unis d'Amérique n'incluent pas cette zone.
12 À des fins statistiques, les données pour le Royaume-Uni n'incluent pas cette zone.
13 Y compris l'île Christmas, les îles des Cocos (Keeling) et l'île Norfolk.
14 Y compris le Haut-Karabakh.
15 À des fins statistiques, les données pour les Pays-Bas n'incluent pas cette zone.
16 Pour la présentation des statistiques, les données pour la Chine ne comprennent pas la région administrative spéciale de Hong Kong (RAS de Hong Kong), la région administrative spéciale de Macao (RAS de Macao) et la province chinoise de Taïwan.
17 Ensemble du pays.
18 À des fins statistiques, les données pour le Danemark n'incluent pas les îles Féroé et le Groenland.
19 Un différend existe entre les gouvernements de l'Argentine et du Royaume-Uni de Grande-Bretagne et d'Irlande du Nord concernant la souveraineté sur les îles Falkland (Malvinas). À des fins statistiques, les données pour le Royaume-Uni n'incluent pas cette zone.
20 À des fins statistiques, les données pour le Danemark n'incluent pas cette zone.
21 Y compris les Îles d'Åland.
22 À des fins statistiques, les données pour la France n'incluent pas la Guyane française, la Polynésie française, la Guadeloupe, la Martinique, Mayotte, la Nouvelle-Calédonie, la Réunion, Saint Pierre et Miquelon, Saint Barthélemy, Saint Martin (partie française), Wallis et Futuna.
23 À des fins statistiques, les données pour la France n'incluent pas cette zone.
24 Y compris l'Abkhazie et l'Ossétie du Sud.

25 Data refer to the Vatican City State.
26 Including Sabah and Sarawak.
27 Including Agalega, Rodrigues and Saint Brandon.
28 For statistical purposes, the data for Netherlands do not include Aruba, Bonaire, Sint Eustatius and Saba, Curaçao, and Sint Maarten (Dutch part).
29 For statistical purposes, the data for New Zealand do not include Cook Islands, Niue, and Tokelau.
30 For statistical purposes, the data for New Zealand do not include this area.
31 Including Svalbard and Jan Mayen Islands.
32 For statistical purposes, the data for China do not include this area.
33 Including the Transnistria region.
34 Including Ascension and Tristan da Cunha. For statistical purposes, the data for United Kingdom do not include this area.
35 Excluding Kosovo.
36 Including Canary Islands, Ceuta and Melilla.
37 Including East Jerusalem.
38 Including Crimea.
39 Refers to the United Kingdom of Great Britain and Northern Ireland. For statistical purposes, the data for United Kingdom do not include Anguilla, Bermuda, British Virgin Islands, Cayman Islands, Channel Islands, Falkland Islands (Malvinas), Gibraltar, Isle of Man, Montserrat, Saint Helena, Turks and Caicos Islands.
40 Including Zanzibar.
41 For statistical purposes, the data for United States of America do not include American Samoa, Guam, Northern Mariana Islands, Puerto Rico, and United States Virgin Islands.

25 Les données se réfèrent à la cité du Vatican.
26 Y compris Sabah et Sarawak.
27 Y compris Agalega, Rodrigues et Saint-Brandon.
28 À des fins statistiques, les données pour les Pays-Bas n'incluent pas Aruba, Bonaire, Saint-Eustache et Saba, Curaçao et Sint Maarten (partie néerlandaise).
29 À des fins statistiques, les données pour la Nouvelle-Zélande n'incluent pas les îles Cook, Niue et Tokelau.
30 À des fins statistiques, les données pour la Nouvelle-Zélande n'incluent pas cette zone.
31 Y compris les îles Svalbard-et-Jan Mayen.
32 À des fins statistiques, les données pour la Chine n'incluent pas cette zone.
33 Y compris la région de Transnistrie.
34 Y compris Ascension et Tristan da Cunha. À des fins statistiques, les données pour le Royaume-Uni n'incluent pas cette zone.
35 Non compris Kosovo.
36 Y compris les îles Canaries, Ceuta et Melilla.
37 Y compris Jérusalem-Est.
38 Y compris Crimea.
39 Désigne le Royaume-Uni de Grande-Bretagne et d'Irlande du Nord. À des fins statistiques, les données pour le Royaume-Uni n'incluent pas Anguilla, les Bermudes, les îles Vierges britanniques, les îles Caïman, les îles anglo-normandes, les îles Falkland (Malvinas), Gibraltar, l'île de Man, Montserrat, Sainte-Hélène, les îles Turques et Caïques.
40 Y compris Zanzibar.
41 À des fins statistiques, les données pour les États-Unis d'Amérique ne comprennent pas les Samoa américaines, Guam, les îles Mariannes du Nord, Porto Rico et les îles Vierges américaines.

4 International migrants and refugees

International migrant stock (number and percentage) and refugees and others of concern to UNHCR

Migrants internationaux et réfugiés

Stock de migrants internationaux (nombre et pourcentage) et réfugiés et autres personnes relevant de la compétence du HCR

Region, country or area Région, pays ou zone	Year Année	International Migrant Stock (mid-year) Stock de migrants internationaux (milieu de l'année) Total Total	% of total pop. % de la pop. totale MF HF	M H	F	Refugees and others of concern to UNHCR (mid-year) Réfugiés et autres personnes relevant de la compétence du HCR (milieu de l'année) Refugees[&] Réfugiés[&]	Asylum seekers Demandeurs d'asile	Other[&&] Autres[&&]	Total pop. Pop. totale
Total, all countries	**2005**	**191 446 828**	**2.9**	**3.0**	**2.9**	**...**	**...**	**...**	**...**
or areas	**2010**	**220 983 187**	**3.2**	**3.2**	**3.1**	**...**	**...**	**...**	**...**
Total, tous pays ou	**2015**	**247 958 644**	**3.4**	**3.4**	**3.3**	**15 097 633**	**2 343 919**	**40 518 150**	**57 959 702**
zones	**2020**	**280 598 105**	**3.6**	**3.7**	**3.5**	**20 677 233**	**4 177 842**	**58 976 407[1,2]**	**83 831 482**
	2022	**...**	**...**	**...**	**...**	**26 664 700**	**4 910 889**	**74 167 712**	**104 454 259**
Africa	2005	16 040 087	1.8	1.9	1.6	...	...	...	...
Afrique	2010	17 806 677	1.7	1.8	1.6	...	...	...	...
	2015	22 860 792	1.9	2.1	1.8	4 493 139	1 044 031	11 530 138	17 067 308
	2020	25 389 464	1.9	2.0	1.8	6 999 300	617 584	24 919 267	32 536 151
	2022	...	...	...	...	7 583 303	681 702	29 072 940	37 337 940
Northern Africa	2005	1 749 718	0.9	...	...	...	...	...	...
Afrique	2010	1 952 040	1.0	...	...	...	...	...	...
septentrionale	2015	2 138 918	1.0	...	...	...	...	...	...
	2020	3 167 926	1.3	...	...	...	...	...	...
Sub-Saharan Africa	2005	14 290 369	2.0	2.1	1.8	...	...	...	...
Afrique	2010	15 854 637	1.9	2.0	1.8	...	...	...	...
subsaharienne	2015	20 721 874	2.2	2.3	2.1	...	...	...	...
	2020	22 221 538	2.0	2.1	1.9	...	...	...	...
Eastern Africa	2005	4 788 649	1.6	1.7	1.5	...	...	...	...
Afrique orientale	2010	4 743 657	1.4	1.4	1.4	...	...	...	...
	2015	6 696 922	1.7	1.7	1.7	...	...	...	...
	2020	7 682 801	1.7	1.7	1.7	...	...	...	...
Middle Africa	2005	1 961 951	1.8	1.8	1.7	...	...	...	...
Afrique centrale	2010	2 436 802	1.9	1.9	1.8	...	...	...	...
	2015	3 479 911	2.3	2.4	2.1	...	...	...	...
	2020	3 861 568	2.2	2.3	2.0	...	...	...	...
Southern Africa	2005	1 582 721	2.9	3.4	2.4	...	...	...	...
Afrique australe	2010	2 352 541	4.0	4.7	3.4	...	...	...	...
	2015	3 477 903	5.5	6.1	4.9	...	...	...	...
	2020	3 125 072	4.6	5.3	3.9	...	...	...	...
Western Africa	2005	5 957 048	2.2	2.4	2.1	...	...	...	...
Afrique occidentale	2010	6 321 637	2.1	2.2	1.9	...	...	...	...
	2015	7 067 138	2.0	2.1	1.9	...	...	...	...
	2020	7 552 097	1.9	2.0	1.8	...	...	...	...
Northern America	2005	45 363 089	13.9	14.0	13.8	...	...	...	...
Amérique	2010	50 970 524	14.8	14.7	15.0	...	...	...	...
septentrionale	2015	55 633 741	15.6	15.3	15.9	416 385	238 989	...	655 374
	2019	...	...	...	...	420 131	809 134	3 790	1 233 055
	2020	58 708 795	15.9	15.5	16.3	...	...	...	...
Latin America & the	2005	7 184 113	1.3	1.3	1.3	...	...	...	...
Caribbean	2010	8 326 588	1.4	1.4	1.4	...	...	...	...
Amérique latine et	2015	9 441 503	1.5	1.5	1.5	336 552	37 378	6 697 290	7 071 220
Caraïbes	2019	...	...	...	...	220 962	759 306	12 450 136[1]	13 430 404
	2020	14 794 623	2.3	2.3	2.2	...	...	...	...
Caribbean	2005	1 275 731	3.2	3.3	3.1	...	...	...	...
Caraïbes	2010	1 338 893	3.2	3.4	3.1	...	...	...	...
	2015	1 501 081	3.5	3.8	3.3	...	...	...	...
	2020	1 605 148	3.7	4.0	3.4	...	...	...	...
Latin America									
Amérique latine	2022	...	...	...	...	281 732	1 217 491	16 296 511	17 795 729
Central America	2005	1 378 041	0.9	1.0	0.9	...	...	...	...
Amérique centrale	2010	1 751 028	1.1	1.1	1.1	...	...	...	...
	2015	1 860 215	1.1	1.1	1.1	...	...	...	...
	2020	2 302 001	1.3	1.3	1.2	...	...	...	...

International migrants and refugees *(continued)*
International migrant stock (number and percentage) and refugees and others of concern to UNHCR

Migrants internationaux et réfugiés *(suite)*
Stock de migrants internationaux (nombre et pourcentage) et réfugiés et autres personnes relevant de la compétence du HCR

Region, country or area Région, pays ou zone	Year Année	International Migrant Stock (mid-year) Stock de migrants internationaux (milieu de l'année) Total Total	% of total pop. % de la pop. totale MF HF	M H	F	Refugees and others of concern to UNHCR (mid-year) Réfugiés et autres personnes relevant de la compétence du HCR (milieu de l'année) Refugees& Réfugiés&	Asylum seekers Demandeurs d'asile	Other&& Autres&&	Total pop. Pop. totale
South America Amérique du Sud	2005	4 530 341	1.2	1.2	1.2	…	…	…	…
	2010	5 236 667	1.3	1.3	1.3	…	…	…	…
	2015	6 080 207	1.5	1.5	1.5	…	…	…	…
	2020	10 887 474	2.5	2.6	2.5	…	…	…	…
Asia Asie	2005	53 249 787	1.3	1.4	1.2	…	…	…	…
	2010	66 123 640	1.6	1.7	1.4	…	…	…	…
	2015	77 191 249	1.7	2.0	1.5	8 178 380	320 437	19 921 907	28 420 724
	2020	85 618 502	1.8	2.1	1.6	9 904 753	624 623	18 096 139[2]	28 625 515
	2022	…	…	…	…	9 604 975	596 791	21 455 690	30 447 566
Central Asia Asie centrale	2005	5 235 877	9.0	8.4	9.5	…	…	…	…
	2010	5 264 938	8.4	8.0	8.7	…	…	…	…
	2015	5 392 792	7.9	7.7	8.1	…	…	…	…
	2020	5 564 042	7.5	7.3	7.7	…	…	…	…
Eastern Asia Asie orientale	2005	6 228 684	0.4	0.4	0.4	…	…	…	…
	2010	7 062 527	0.4	0.4	0.5	…	…	…	…
	2015	7 866 663	0.5	0.4	0.5	…	…	…	…
	2020	8 975 729	0.5	0.5	0.6	…	…	…	…
South-central Asia Asie centrale et du Sud	2005	18 854 544	1.1	1.1	1.2	…	…	…	…
	2010	19 676 783	1.1	1.1	1.1	…	…	…	…
	2015	19 266 265	1.0	1.0	1.1	…	…	…	…
	2020	19 427 576	1.0	0.9	1.0	…	…	…	…
South-eastern Asia Asie du Sud-Est	2005	6 750 473	1.2	1.3	1.2	…	…	…	…
	2010	8 697 936	1.5	1.5	1.4	…	…	…	…
	2015	10 161 147	1.6	1.7	1.5	…	…	…	…
	2020	10 615 377	1.6	1.7	1.5	…	…	…	…
Southern Asia Asie méridionale	2005	13 618 667	0.9	0.8	0.9	…	…	…	…
	2010	14 411 845	0.8	0.8	0.9	…	…	…	…
	2015	13 873 473	0.8	0.7	0.8	…	…	…	…
	2020	13 863 534	0.7	0.7	0.7	…	…	…	…
Western Asia Asie occidentale	2005	21 416 086	10.4	12.6	8.2	…	…	…	…
	2010	30 686 394	13.2	16.6	9.6	…	…	…	…
	2015	39 897 174	15.5	19.2	11.4	…	…	…	…
	2020	46 599 820	16.7	20.6	12.4	…	…	…	…
Europe Europe	2005	63 585 731	8.7	8.8	8.7	…	…	…	…
	2010	70 627 160	9.6	9.6	9.6	…	…	…	…
	2015	74 759 083	10.1	10.0	10.1	1 626 214	678 737	2 368 815	4 673 766
	2020	86 706 068	11.6	11.6	11.6	2 961 347	839 310	3 334 420	7 135 077
	2022	…	…	…	…	8 718 456	796 906	7 117 796	16 562 405
Eastern Europe Europe orientale	2005	19 744 557	6.6	6.7	6.6	…	…	…	…
	2010	19 110 686	6.5	6.5	6.4	…	…	…	…
	2015	19 833 989	6.7	6.8	6.7	…	…	…	…
	2020	20 835 402	7.1	7.2	7.0	…	…	…	…
Northern Europe Europe septentrionale	2005	9 588 814	10.0	9.7	10.2	…	…	…	…
	2010	11 294 937	11.3	11.1	11.4	…	…	…	…
	2015	13 191 086	12.7	12.5	13.0	…	…	…	…
	2020	14 973 861	14.1	13.8	14.4	…	…	…	…
Southern Europe Europe méridionale	2005	12 004 024	8.0	8.0	8.0	…	…	…	…
	2010	16 206 273	10.6	10.5	10.6	…	…	…	…
	2015	15 815 457	10.3	9.9	10.7	…	…	…	…
	2020	17 665 688	11.6	11.2	12.0	…	…	…	…
Western Europe Europe occidentale	2005	22 248 336	12.0	12.1	11.8	…	…	…	…
	2010	24 015 264	12.8	12.8	12.8	…	…	…	…
	2015	25 918 551	13.5	13.4	13.6	…	…	…	…
	2020	33 231 117	16.9	17.0	16.9	…	…	…	…
Oceania Océanie	2005	6 024 021	17.9	17.7	18.0	…	…	…	…
	2010	7 128 598	19.3	19.1	19.5	…	…	…	…
	2015	8 072 276	20.3	20.1	20.4	46 963	24 347	…	71 310
	2020	9 380 653	22.0	21.7	22.2	71 148	79 595	…	150 743
	2022	…	…	…	…	67 960	86 078	41 418	187 647

4 International migrants and refugees *(continued)*

International migrant stock (number and percentage) and refugees and others of concern to UNHCR

Migrants internationaux et réfugiés *(suite)*

Stock de migrants internationaux (nombre et pourcentage) et réfugiés et autres personnes relevant de la compétence du HCR

Region, country or area Région, pays ou zone	Year Année	International Migrant Stock (mid-year) Stock de migrants internationaux (milieu de l'année) Total Total	% of total pop. % de la pop. totale MF HF	M H	F	Refugees and others of concern to UNHCR (mid-year) Réfugiés et autres personnes relevant de la compétence du HCR (milieu de l'année) Refugees& Réfugiés&	Asylum seekers Demandeurs d'asile	Other&& Autres&&	Total pop. Pop. totale
Australia and New Zealand	2005	5 717 982	23.5	23.4	23.7	...	...	...	...
Australie et Nouvelle-Zélande	2010	6 830 423	25.8	25.6	25.9	...	...	...	...
	2015	7 769 466	27.2	27.1	27.3	...	...	...	...
	2020	9 067 584	29.9	29.7	30.1	...	...	...	...
Melanesia Mélanésie	2005	103 881	1.3	1.4	1.1	...	...	...	...
	2010	110 691	1.2	1.3	1.1	...	...	...	...
	2015	119 343	1.2	1.3	1.1	...	...	...	...
	2020	124 073	1.1	1.2	1.0	...	...	...	...
Micronesia Micronésie	2005	128 390	25.8	25.3	26.2	...	...	...	...
	2010	114 743	22.8	22.6	22.9	...	...	...	...
	2015	113 466	21.7	21.7	21.7	...	...	...	...
	2020	118 860	21.7	21.7	21.6	...	...	...	...
Polynesia [3] Polynésie [3]	2005	73 768	11.4	12.1	10.7	...	...	...	...
	2010	72 741	11.1	11.7	10.4	...	...	...	...
	2015	70 001	10.5	11.1	9.9	...	...	...	...
	2020	70 136	10.3	10.9	9.6	...	...	...	...
Afghanistan Afghanistan	2005	87 314[4]	0.3[4]	0.4[4]	0.3[4]	32	14	159 551	159 597
	2010	102 276[4]	0.4[4]	0.4[4]	0.3[4]	6 434	30	1 193 523	1 199 987
	2015	339 432[4]	1.0[4]	1.0[4]	1.0[4]	225 714	101	1 195 604	1 421 419
	2020	144 098[4]	0.4[4]	0.3[4]	0.4[4]	72 290	178	2 730 389	2 802 857
	2022	...	...	...	...	59 524	257	3 552 514	3 612 295
Albania Albanie	2005	64 739	2.1	2.1	2.1	56[5]	35[5]	1[5]	92[5]
	2010	52 784	1.8	1.8	1.8	76[5]	23[5]	...	99[5]
	2015	52 031	1.8	1.8	1.8	154	501	7 443	8 098
	2020	48 810	1.7	1.7	1.7	129	2	3 492	3 623
	2022	...	...	...	...	2 306	6	3 981[6]	6 293[6]
Algeria Algérie	2005	197 728[4]	0.6[4]	0.6[4]	0.5[4]	94 101[5]	306[5]	...	94 407[5]
	2010	217 268[4]	0.6[4]	0.6[4]	0.6[4]	94 144[5]	304[5]	...	94 448[5]
	2015	239 473[4]	0.6[4]	0.6[4]	0.6[4]	94 144[7]	5 892	...	100 036
	2020	250 378[4]	0.6[4]	0.6[4]	0.5[4]	97 391[8]	1 859	...	99 250
	2022[8]	...	...	...	...	98 679	3 141	...	101 820
American Samoa Samoa américaines	2005	24 233	40.7	...	...	...	...	...	...
	2010	23 555	42.0	...	...	...	...	...	...
	2015	23 513	42.1	...	...	...	...	...	...
	2020	23 608	42.8	...	...	...	...	...	...
Andorra [9] Andorre [9]	2005	50 298	63.8	...	...	...	...	...	...
	2010	52 053	61.6	...	...	...	...	...	...
	2015	42 264	54.2	...	...	...	...	...	...
	2020	45 574	59.0	...	...	...	...	...	...
Angola Angola	2005	62 331[4]	0.3[4]	0.3[4]	0.3[4]	13 984[5]	885[5]	45[5]	14 914[5]
	2010	336 367[4]	1.4[4]	1.4[4]	1.5[4]	15 155[5]	4 241[5]	...	19 396[5]
	2015	632 178[4]	2.3[4]	2.2[4]	2.3[4]	15 555[5]	30 143[5]	2 887	45 698[5]
	2020	656 434[4]	2.0[4]	2.0[4]	2.0[4]	25 562	30 288	62	55 912
	2022	...	...	...	...	26 151	30 275	199	56 625
Anguilla Anguilla	2005[4]	4 684	37.6	...	...	...	...	...	...
	2010[4]	5 103	38.0	...	...	...	...	...	...
	2015[4]	5 471	38.3	...	...	...	...	...	...
	2018	...	...	...	...	1	...	...	1
	2020	5 715[4]	38.1[4]	...	...	...	...	17[1]	17
	2022	...	...	...	...	...	...	42	42
Antigua and Barbuda Antigua-et-Barbuda	2005[4]	24 741	30.4	28.6	32.0	...	...	...	...
	2010[4]	26 412	30.0	28.0	31.9	...	...	...	...
	2015	28 082[4]	30.0[4]	27.8[4]	32.0[4]	...	10	...	10
	2020	29 386[4]	30.0[4]	27.8[4]	32.1[4]	1	1	...	2
	2022	...	...	...	...	...	...	95	95

4 International migrants and refugees *(continued)*

International migrant stock (number and percentage) and refugees and others of concern to UNHCR

Migrants internationaux et réfugiés *(suite)*

Stock de migrants internationaux (nombre et pourcentage) et réfugiés et autres personnes relevant de la compétence du HCR

Region, country or area Région, pays ou zone	Year Année	International Migrant Stock (mid-year) Stock de migrants internationaux (milieu de l'année) Total Total	% of total pop. % de la pop. totale MF HF	 M H	 F	Refugees and others of concern to UNHCR (mid-year) Réfugiés et autres personnes relevant de la compétence du HCR (milieu de l'année) Refugees& Réfugiés&	 Asylum seekers Demandeurs d'asile	 Other&& Autres&&	 Total pop. Pop. totale
Argentina Argentine	2005	1 674 163[4]	4.3[4]	4.1[4]	4.5[4]	3 074[5]	825[5]	2[5]	3 901[5]
	2010	1 805 957[4]	4.4[4]	4.2[4]	4.6[4]	3 276[5]	947[5]	...	4 223[5]
	2015	2 086 301[4]	4.8[4]	4.6[4]	5.1[4]	3 523	897	...	4 420
	2020	2 281 728[4]	5.0[4]	4.8[4]	5.3[4]	3 953	9 034	175 783[1]	188 770
	2022	...	...	...	...	4 073	11 313	165 550	180 936
Armenia Arménie	2005	469 189[4]	15.7[4]	13.7[4]	17.6[4]	219 550[5]	70[5]	...	219 620[5]
	2010	211 147[4]	7.3[4]	6.4[4]	8.2[4]	3 296[5]	23[5]	82 525[5]	85 844[5]
	2015	191 199[4]	6.5[4]	5.6[4]	7.3[4]	15 690	114	238	16 042
	2020	190 349[4]	6.4[4]	5.6[4]	7.2[4]	17 985	164	976	19 125
	2022	...	...	...	...	34 274	395	816	35 485
Aruba Aruba	2005[4]	32 540	32.5	30.6	34.3	...	...	...	...
	2010	34 328[4]	33.8[4]	31.6[4]	35.7[4]	...	1[5]	...	1[5]
	2015	36 114[4]	34.6[4]	32.5[4]	36.5[4]	...	2	...	2
	2018	...	...	...	...	1	292	...	293
	2019	...	...	...	...	...	411	15 598[1]	16 009
	2020	53 593[4]	50.2[4]	48.0[4]	52.2[4]	...	...	17 000[1]	17 000
	2022	...	...	...	...	...	...	17 000	17 000
Australia Australie	2005	4 878 030[10]	24.2[10]	24.0[10]	24.3[10]	64 964[5]	1 822[5]	8[5]	66 794[5]
	2010	5 882 980[10]	26.6[10]	26.4[10]	26.7[10]	21 805[5]	3 760[5]	15[5]	25 580[5]
	2015	6 729 730[10]	28.1[10]	28.0[10]	28.2[10]	35 582	22 837[11,12]	...	58 419
	2020	7 685 860[10]	30.1[10]	30.0[10]	30.3[10]	58 607[13]	78 800[13]	...	137 407
	2022[13]	...	...	...	...	53 523	84 950	17 252	148 076
Austria Autriche	2005	1 127 164	13.7	13.4	13.9	21 230[5]	40 710[5]	830[5]	62 770[5]
	2010	1 274 901	15.2	14.8	15.5	42 630[5]	25 625[5]	470[5]	68 725[5]
	2015	1 483 123	17.1	16.8	17.3	60 747[12]	30 900[12]	570[12]	92 217[12]
	2020	1 738 183	19.3	19.1	19.5	137 936	23 005	1 128	162 069
	2022	...	...	...	...	233 524	34 457	3 219	269 228
Azerbaijan Azerbaïdjan	2005	301 834[4,14]	3.5[4,14]	3.2[4,14]	3.8[4,14]	3 004[5]	115[5]	581 194[5]	584 313[5]
	2010	276 901[4,14]	3.1[4,14]	2.9[4,14]	3.2[4,14]	1 891[5]	17[5]	594 969[5]	596 877[5]
	2015	264 359[4,14]	2.7[4,14]	2.6[4,14]	2.8[4,14]	1 357	262	626 477	628 096
	2020	252 228[4,14]	2.5[4,14]	2.4[4,14]	2.6[4,14]	1 120	63	655 911	657 094
	2022	...	...	...	...	6 466	121	658 424	665 011
Bahamas Bahamas	2005[4]	45 531	14.0	15.0	13.1	...	...	...	...
	2010	54 745[4]	15.4[4]	16.2[4]	14.7[4]	28[5]	9[5]	...	37[5]
	2015	59 241[4]	15.8[4]	16.5[4]	15.2[4]	7	19	30	56
	2016	...	...	...	...	11	17	97	125
	2020	63 583[4]	16.2[4]	16.8[4]	15.5[4]	13	13	...	26
	2021	...	...	...	...	20	8	...	28
	2022	...	...	...	...	10	...	...	10
Bahrain Bahreïn	2005	404 018[4,9]	45.4[4,9]	54.0[4,9]	32.5[4,9]	...	15[5]	...	15[5]
	2010	666 406[4,9]	53.7[4,9]	62.2[4,9]	39.6[4,9]	165[5]	69[5]	...	234[5]
	2015	722 487[4,9]	52.7[4,9]	62.5[4,9]	36.7[4,9]	277	78	...	355
	2020	936 094[4,9]	55.0[4,9]	63.1[4,9]	40.2[4,9]	255	57	...	312
	2022	...	...	...	...	255	194	...	449
Bangladesh Bangladesh	2005	1 062 270[4]	0.8[4]	0.8[4]	0.7[4]	21 098[5]	58[5]	250 094[5]	271 250[5]
	2010	1 345 546[4]	0.9[4]	0.9[4]	0.9[4]	229 253[5]	...	...	229 253[5]
	2015	1 422 179[4]	0.9[4]	0.9[4]	0.9[4]	232 975[15]	11	...	232 986
	2020	2 115 408[4]	1.3[4]	1.3[4]	1.3[4]	860 435	28	...	860 463
	2022	...	...	...	...	929 681	27	929 606	929 708
Barbados Barbade	2005[4]	30 624	11.1	10.2	11.9	...	...	...	...
	2010[4]	32 825	11.6	10.9	12.3	...	...	...	...
	2015	34 475[4]	12.1[4]	11.3[4]	12.8[4]	1	...	...	1
	2019	...	...	...	...	1	8	...	9
	2020	34 869[4]	12.1[4]	11.3[4]	12.9[4]	...	8	...	8
	2021	...	...	...	...	...	5	...	5

4

International migrants and refugees *(continued)*

International migrant stock (number and percentage) and refugees and others of concern to UNHCR

Migrants internationaux et réfugiés *(suite)*

Stock de migrants internationaux (nombre et pourcentage) et réfugiés et autres personnes relevant de la compétence du HCR

Region, country or area Région, pays ou zone	Year Année	International Migrant Stock (mid-year) Stock de migrants internationaux (milieu de l'année) Total Total	% of total pop. % de la pop. totale MF HF	M H	F	Refugees and others of concern to UNHCR (mid-year) Réfugiés et autres personnes relevant de la compétence du HCR (milieu de l'année) Refugees& Réfugiés&	Asylum seekers Demandeurs d'asile	Other&& Autres&&	Total pop. Pop. totale
Belarus Bélarus	2005	1 106 982	11.6	11.4	11.8	725[5]	56[5]	12 421[5]	13 202[5]
	2010	1 090 378	11.6	11.4	11.7	589[5]	66[5]	7 734[5]	8 389[5]
	2015	1 082 905	11.5	11.3	11.6	1 369	257	6 302	7 928
	2020	1 067 090	11.3	11.1	11.5	2 828	105	6 296	9 229
	2022	…	…	…	…	12 547	780	5 626	18 953
Belgium Belgique	2005	1 248 733	11.8	12.0	11.7	15 282[5]	18 913[5]	398[5]	34 593[5]
	2010	1 503 806	13.7	13.5	14.0	17 892[5]	18 288[5]	696[5]	36 876[5]
	2015	1 783 488	15.8	15.7	15.9	31 115	9 396	5 267	45 778
	2020	2 005 479	17.3	17.1	17.5	61 193	26 110	10 933	98 236
	2022	…	…	…	…	127 831	20 368	2 044	149 053
Belize Belize	2005	41 438[4]	14.6[4]	14.8[4]	14.4[4]	624[5]	14[5]	…	638[5]
	2010	46 390[4]	14.4[4]	14.6[4]	14.2[4]	134[5]	30[5]	2[5]	166[5]
	2015	54 615[4]	15.1[4]	15.3[4]	15.0[4]	…	146	…	146
	2020	62 043[4]	15.6[4]	15.8[4]	15.4[4]	28	2 174	3 430	5 632
	2022	…	…	…	…	89	2 071	3 452	5 612
Benin Bénin	2005	248 320[4,9]	3.1[4,9]	3.1[4,9]	3.1[4,9]	30 294[5]	1 695[5]	77[5]	32 066[5]
	2010	309 225[4,9]	3.4[4,9]	3.1[4,9]	3.6[4,9]	7 139[5]	101[5]	47[5]	7 287[5]
	2015	366 284[4,9]	3.5[4,9]	3.3[4,9]	3.7[4,9]	488	84	…	572
	2020	394 276[4,9]	3.3[4,9]	3.1[4,9]	3.4[4,9]	1 307	451	…	1 758
	2022	…	…	…	…	1 771	571	…	2 342
Bermuda Bermudes	2005	18 108	27.3	…	…	…	…	…	…
	2010	18 547	28.4	…	…	…	…	…	…
	2015	19 212	30.2	…	…	…	…	…	…
	2020	19 739	31.7	…	…	…	…	…	…
Bhutan Bhoutan	2005	40 279	6.2	9.6	2.4	…	…	…	…
	2010	48 420	7.1	10.9	2.8	…	…	…	…
	2015	51 106	7.0	11.3	2.2	…	…	…	…
	2020	53 612	6.9	11.1	2.2	…	…	…	…
Bolivia (Plurin. State of) Bolivie (État plurin. de)	2005	107 745[4]	1.2[4]	1.2[4]	1.1[4]	535[5]	3[5]	2[5]	540[5]
	2010	122 846[4]	1.2[4]	1.3[4]	1.2[4]	695[5]	41[5]	3[5]	739[5]
	2015	143 008[4]	1.3[4]	1.4[4]	1.3[4]	767	8	…	775
	2020	164 121[4]	1.4[4]	1.5[4]	1.3[4]	1 061	345	5 322[1]	6 728
	2022[16]	…	…	…	…	1 116	27	13 531	14 674
Bonaire, St. Eustatius & Saba Bonaire, St-Eustache et Saba	2005	14 399	100.0	…	…	…	…	…	…
	2010	20 941	100.0	…	…	…	1[5,17]	…	1[5,17]
	2015	24 571	100.0	…	…	…	…	…	…
	2020	26 221	100.0	…	…	…	…	…	…
Bosnia and Herzegovina Bosnie-Herzégovine	2005	* 47 287[4]	* 1.3[4]	* 1.2[4]	* 1.3[4]	10 568[5]	215[5]	188 735[5]	199 518[5]
	2010	* 38 945[4]	* 1.1[4]	* 1.0[4]	* 1.1[4]	7 016[5]	153[5]	171 790[5]	178 959[5]
	2015	* 38 597[4]	* 1.1[4]	* 1.1[4]	* 1.2[4]	6 805	11	137 035	143 851
	2020	* 36 042[4]	* 1.1[4]	* 1.1[4]	* 1.1[4]	5 244	444	150 480	156 168
	2022	…	…	…	…	349	134	98 015	98 473
Botswana Botswana	2005	84 661[4]	4.7[4]	5.6[4]	3.8[4]	3 109[5]	47[5]	592[5]	3 748[5]
	2010	94 863[4]	4.8[4]	5.6[4]	4.0[4]	2 986[5]	249[5]	111[5]	3 346[5]
	2015	103 053[4]	4.9[4]	5.7[4]	4.0[4]	2 164	248	…	2 412
	2020	110 268[4]	4.7[4]	5.5[4]	3.9[4]	892	131	7	1 030
	2022	…	…	…	…	723	89	68	880
Brazil Brésil	2005	638 582[4]	0.3[4]	0.4[4]	0.3[4]	3 458[5]	195[5]	4 093[5]	7 746[5]
	2010	592 640[4]	0.3[4]	0.3[4]	0.3[4]	4 357[5]	872[5]	8[5]	5 237[5]
	2015	710 304[4]	0.3[4]	0.4[4]	0.3[4]	7 762	17 902	40 338	66 002
	2020	1 079 708[4]	0.5[4]	0.6[4]	0.5[4]	50 485	209 333	148 024[1]	407 842
	2022	…	…	…	…	63 641	204 029	294 919	562 589
British Virgin Islands Îles Vierges britanniques	2005[4]	15 016	65.0	…	…	…	…	…	…
	2010	17 076[4]	61.4[4]	…	…	2[5]	…	…	2[5]
	2015[4]	19 535	67.0	…	…	…	…	…	…
	2017	…	…	…	…	…	1	…	1
	2019	…	…	…	…	1	…	…	1
	2020	22 164[4]	73.3[4]	…	…	…	…	38[1]	38
	2021	…	…	…	…	…	…	20[1]	20

4 International migrants and refugees *(continued)*

International migrant stock (number and percentage) and refugees and others of concern to UNHCR

Migrants internationaux et réfugiés *(suite)*

Stock de migrants internationaux (nombre et pourcentage) et réfugiés et autres personnes relevant de la compétence du HCR

Region, country or area Région, pays ou zone	Year Année	International Migrant Stock (mid-year) Stock de migrants internationaux (milieu de l'année) Total Total	% of total pop. % de la pop. totale MF HF	M H	F	Refugees and others of concern to UNHCR (mid-year) Réfugiés et autres personnes relevant de la compétence du HCR (milieu de l'année) Refugees& Réfugiés&	Asylum seekers Demandeurs d'asile	Other&& Autres&&	Total pop. Pop. totale
Brunei Darussalam Brunéi Darussalam	2005	98 441	27.0	29.6	24.2	…	…	…	…
	2010	100 587	25.9	28.3	23.3	…	…	20 992[5]	20 992[5]
	2015	102 733	24.8	27.0	22.4	…	…	20 524	20 524
	2020	111 959	25.6	27.9	23.1	…	…	20 863	20 863
	2022	…	…	…	…	…	…	20 863	20 863
Bulgaria Bulgarie	2005	61 074	0.8	0.7	0.9	4 413[5]	805[5]	…	5 218[5]
	2010	76 287	1.0	0.9	1.1	5 530[5]	1 412[5]	…	6 942[5]
	2015	123 803	1.7	1.7	1.7	11 046[12]	7 840	67	18 953
	2020	184 363	2.7	2.7	2.6	20 688	760	12	21 460
	2022	…	…	…	…	144 921	10 132	1 129	155 135[18]
Burkina Faso Burkina Faso	2005	597 658[4]	4.5[4]	4.3[4]	4.6[4]	511[5]	784[5]	7[5]	1 302[5]
	2010	674 438[4]	4.3[4]	4.1[4]	4.5[4]	531[5]	534[5]	9[5]	1 074[5]
	2015	704 676[4]	3.9[4]	3.7[4]	4.1[4]	34 027	180	…	34 207
	2020	723 989[4]	3.5[4]	3.3[4]	3.6[4]	19 837	33	921 471	941 341
	2022	…	…	…	…	27 044	7 525	1 902 150	1 936 719
Burundi Burundi	2005	192 774[4]	2.6[4]	2.6[4]	2.6[4]	20 681[5]	19 900[5]	12 988[5]	53 569[5]
	2010	247 321[4]	2.9[4]	2.8[4]	2.9[4]	29 365[5]	12 062[5]	159 338[5]	200 765[5]
	2015	298 299[4]	2.9[4]	2.9[4]	3.0[4]	54 126	2 733	80 851	137 710
	2020	344 767[4]	2.9[4]	2.9[4]	2.9[4]	76 887	9 080	31 172	117 139
	2022	…	…	…	…	82 196	3 662	22 255	108 113
Cabo Verde Cabo Verde	2005	12 700[4]	2.7[4]	2.9[4]	2.6[4]	…	…	1[5]	1[5]
	2010[4]	14 373	2.9	3.0	2.9	…	…	…	…
	2015	14 924[4]	2.8[4]	2.9[4]	2.8[4]	…	…	115	115
	2020	15 788[4]	2.8[4]	2.9[4]	2.8[4]	…	…	115	115
	2022	…	…	…	…	…	…	115	115
Cambodia Cambodge	2005	114 096[4]	0.9[4]	0.9[4]	0.8[4]	127[5]	68[5]	207[5]	402[5]
	2010	82 028[4]	0.6[4]	0.6[4]	0.5[4]	129[5]	51[5]	…	180[5]
	2015	73 962[4]	0.5[4]	0.5[4]	0.4[4]	80	33	131	244
	2020	79 341[4]	0.5[4]	0.5[4]	0.4[4]	…	27	57 444	57 471
	2022	…	…	…	…	24	12	75 000	75 036
Cameroon Cameroun	2005	265 503[4]	1.5[4]	1.7[4]	1.3[4]	52 042[5]	6 766[5]	7 444[5]	66 252[5]
	2010	291 474[4]	1.4[4]	1.6[4]	1.3[4]	104 275[5]	2 383[5]	66[5]	106 724[5]
	2015	508 346[4]	2.2[4]	2.2[4]	2.2[4]	302 293	7 835	81 693	391 821
	2020	579 209[4]	2.2[4]	2.2[4]	2.2[4]	414 855	9 886	1 362 138	1 786 879
	2022	…	…	…	…	475 392	8 582	935 982	1 419 956
Canada Canada	2005	6 078 985	18.9	18.3	19.5	147 171[5]	20 552[5]	12[5]	167 735[5]
	2010	6 761 226	19.8	19.1	20.5	165 549[5]	51 025[5]	7[5]	216 581[5]
	2015	7 428 657	20.6	19.8	21.4	135 888[5]	19 951[5]	…	155 839[5]
	2020	8 049 323	21.3	20.4	22.2	106 047	99 520	3 790	209 357
	2022	…	…	…	…	56 596	69 903	4 323	130 289[19]
Cayman Islands Îles Caïmanes	2005[4,9]	20 679	42.0	…	…	…	…	…	…
	2010	24 062[4,9]	42.5[4,9]	…	…	1[5]	4[5]	…	5[5]
	2015	26 193[4,9]	42.4[4,9]	…	…	6	1	100	107
	2020	29 242[4,9]	44.5[4,9]	…	…	40	9	57[1]	106
	2022	…	…	…	…	59	166	165	390
Central African Republic République centrafricaine	2005	96 409[4,9]	2.4[4,9]	2.6[4,9]	2.2[4,9]	24 569[5]	1 960[5]	2 167[5]	28 696[5]
	2010	94 685[4,9]	2.2[4,9]	2.3[4,9]	2.0[4,9]	21 574[5]	1 219[5]	192 531[5]	215 324[5]
	2015	81 568[4,9]	1.8[4,9]	1.9[4,9]	1.7[4,9]	7 906	394	508 904	517 204
	2020	88 546[4,9]	1.8[4,9]	1.9[4,9]	1.7[4,9]	8 664	288	734 486	743 438
	2022	…	…	…	…	10 959	367	887 852	899 178
Chad Tchad	2005	352 130[4]	3.5[4]	3.2[4]	3.8[4]	275 412[5]	68[5]	…	275 480[5]
	2010	417 034[4]	3.5[4]	3.1[4]	3.8[4]	347 939[5]	110[5]	185 000[5]	533 049[5]
	2015	466 968[4]	3.3[4]	3.1[4]	3.6[4]	420 774	2 749	50 000	473 523
	2020	547 494[4]	3.3[4]	3.0[4]	3.6[4]	472 110	3 905	344 537	820 552
	2022	…	…	…	…	580 295	4 766	508 124	1 093 185
Channel Islands [20] Îles Anglo-Normandes [20]	2005	70 941	46.8	45.2	48.3	…	…	…	…
	2010	77 581	48.6	47.0	50.1	…	…	…	…
	2015	82 307	49.8	48.1	51.4	…	…	…	…
	2020	84 087	48.4	46.7	50.0	…	…	…	…

Region, country or area Région, pays ou zone	Year Année	International Migrant Stock (mid-year) Stock de migrants internationaux (milieu de l'année) Total Total	% of total pop. % de la pop. totale MF HF	M H	F	Refugees and others of concern to UNHCR (mid-year) Réfugiés et autres personnes relevant de la compétence du HCR (milieu de l'année) Refugees& Réfugiés&	Asylum seekers Demandeurs d'asile	Other&& Autres&&	Total pop. Pop. totale
Chile	2005	276 360	1.7	1.7	1.8	806[5]	107[5]	...	913[5]
Chili	2010	375 388	2.2	2.1	2.3	1 621[5]	274[5]	...	1 895[5]
	2015	639 724	3.6	3.6	3.5	1 798	719	...	2 517
	2020	1 645 015	8.6	8.8	8.4	2 060	8 970	456 522[1]	467 552
	2022[21]	...	...	...	...	2 086	10 757	500 316	513 159
China	2005[9,22]	678 947	0.1	0.1	~0.0	301 041	84	1	301 126
Chine	2010[9,22]	849 861	0.1	0.1	0.1	300 986	122	...	301 108
	2015[22]	978 046[9]	0.1[9]	0.1[9]	0.1[9]	301 057[23]	564	...	301 621
	2020[22]	1 039 675[9]	0.1[9]	0.1[9]	0.1[9]	303 396[24]	723	...	304 119
	2022[25]	...	...	...	...	331	795	...	1 126
China, Hong Kong SAR	2005	2 721 235[4]	40.2[4]	36.4[4]	43.7[4]	1 934[5]	1 097[5]	...	3 031[5]
Chine, RAS de Hong Kong	2010	2 779 950[4]	39.9[4]	35.0[4]	44.2[4]	154[5]	486[5]	3[5]	643[5]
	2015	2 841 113[4]	39.5[4]	33.6[4]	44.6[4]	151	9 940	1	10 092
	2016	...	...	...	...	140	2 315	1	2 456
	2017	...	...	...	...	93	...	1	94
	2020	2 962 492[4]	39.5[4]	32.2[4]	45.7[4]	220	...	...	220
	2022	...	...	...	...	278	...	...	278
China, Macao SAR	2005	279 308	57.8	56.8	58.8	...	...	...	...
Chine, RAS de Macao	2010	318 506	59.2	56.7	61.5	...	9[5]	1[5]	10[5]
	2015	376 066	62.5	60.4	64.3	...	6	...	6
	2020	403 490	62.1	60.0	64.1	...	2	...	2
Colombia	2005	106 523	0.2	0.3	0.2	155[5]	41[5]	2 000 009[5]	2 000 205[5]
Colombie	2010	130 309	0.3	0.3	0.3	212[5]	167[5]	3 672 065[5]	3 672 444[5]
	2015	159 407	0.3	0.4	0.3	219	56	6 520 304	6 520 579
	2020	1 905 393	3.7	3.8	3.7	665	14 951	9 806 596[1,26]	9 822 212
	2022	...	...	...	...	1 522	26 919	9 724 432	9 752 873[27]
Comoros	2005	13 209	2.2	2.0	2.3	1[5]	...	...	1[5]
Comores	2010	12 618	1.8	1.7	1.9	...	...	...	...
	2015	12 555	1.6	1.5	1.7	...	...	...	...
	2020	12 496	1.4	1.4	1.5	...	...	...	...
	2022	...	...	...	...	19	...	...	19
Congo	2005	318 724[4]	8.8[4]	9.6[4]	8.0[4]	66 075[5]	3 486[5]	8 079[5]	77 640[5]
Congo	2010	425 173[4]	9.9[4]	10.9[4]	9.0[4]	133 112[5]	5 524[5]	59[5]	138 695[5]
	2015	390 142[4]	8.0[4]	8.8[4]	7.2[4]	61 492	3 248	1 070	65 810
	2020	387 606[4]	7.0[4]	7.7[4]	6.4[4]	26 708	13 698	146 247	186 653
	2022	...	...	...	...	41 039	13 712	144 662	199 413
Cook Islands [4]	2005	3 277	17.2	...	...	...	...	...	...
Îles Cook [4]	2010	3 769	20.5	...	...	...	...	...	...
	2015	4 168	23.7	...	...	...	...	...	...
	2020	4 579	26.1	...	...	...	...	...	...
Costa Rica	2005	358 398[4]	8.4[4]	8.2[4]	8.5[4]	11 253[5]	223[5]	...	11 476[5]
Costa Rica	2010	405 779[4]	8.9[4]	8.6[4]	9.2[4]	19 505[5]	375[5]	40[5]	19 920[5]
	2015	411 697[4]	8.5[4]	8.1[4]	8.8[4]	3 475	1 819	2 613	7 907
	2020	520 729[4]	10.2[4]	10.4[4]	10.1[4]	8 738	90 614	22 517[1]	121 869
	2022	...	...	...	...	11 187	204 730	20 519	236 436[28]
Côte d'Ivoire	2005	2 265 090[4,9]	12.3[4,9]	13.4[4,9]	11.3[4,9]	41 627[5]	2 443[5]	71 050[5]	115 120[5]
Côte d'Ivoire	2010	2 366 537[4,9]	11.5[4,9]	12.6[4,9]	10.4[4,9]	26 218[5]	256[5]	538 068[5]	564 542[5]
	2015	2 470 613[4,9]	10.6[4,9]	11.6[4,9]	9.6[4,9]	1 972	667	724 131	726 770
	2020	2 564 857[4,9]	9.7[4,9]	10.7[4,9]	8.8[4,9]	2 071	244	955 415[29]	957 730
	2022	...	...	...	...	5 605	156	946 250	952 011[30]
Croatia	2005	579 273	13.2	12.9	13.6	2 927[5]	8[5]	7 932[5]	10 867[5]
Croatie	2010	573 248	13.2	12.9	13.6	936[5]	81[5]	24 463[5]	25 480[5]
	2015	561 093	13.3	12.8	13.7	710	90	16 684	17 484
	2020	528 056	12.9	12.4	13.3	936	263	6 884	8 083
	2022	...	...	...	...	16 415	1 077	3 933	21 408

International migrants and refugees *(continued)*

International migrant stock (number and percentage) and refugees and others of concern to UNHCR

Migrants internationaux et réfugiés *(suite)*

Stock de migrants internationaux (nombre et pourcentage) et réfugiés et autres personnes relevant de la compétence du HCR

Region, country or area Région, pays ou zone	Year Année	International Migrant Stock (mid-year) Stock de migrants internationaux (milieu de l'année) Total Total	% of total pop. % de la pop. totale MF HF	M H	F	Refugees and others of concern to UNHCR (mid-year) Réfugiés et autres personnes relevant de la compétence du HCR (milieu de l'année) Refugees& Réfugiés&	Asylum seekers Demandeurs d'asile	Other&& Autres&&	Total pop. Pop. totale
Cuba Cuba	2005	11 693	0.1	0.1	0.1	706[5]	32[5]	…	738[5]
	2010	7 373	0.1	0.1	0.1	411[5]	11[5]	1[5]	423[5]
	2015	4 649	~0.0	~0.0	~0.0	313	12	…	325
	2020	3 024	~0.0	~0.0	~0.0	239	27	…	266
	2022	…	…	…	…	81	13	7	101
Curaçao Curaçao	2010	34 630[4]	23.2[4]	20.7[4]	25.3[4]	7[5]	2[5]	…	9[5]
	2015	37 611[4]	23.5[4]	21.1[4]	25.6[4]	44	41	…	85
	2020	57 210[4]	34.9[4]	33.1[4]	36.4[4]	63	321	16 691[1]	17 075
	2021	…	…	…	…	67	318	16 692[1]	17 077
	2022	…	…	…	…	…	…	17 000	17 000
Cyprus Chypre	2005	122 849[31]	12.0[31]	10.3[31]	13.7[31]	701[5]	13 067[5]	1[5]	13 769[5]
	2010	188 472[31]	16.9[31]	14.8[31]	19.0[31]	3 394[5]	5 396[5]	…	8 790[5]
	2015	176 693[31]	15.2[31]	13.3[31]	17.1[31]	5 763	2 339	6 000	14 102
	2020	190 366[31]	15.8[31]	14.2[31]	17.3[31]	12 981	19 638	4 000	36 619
	2022	…	…	…	…	30 277	33 391	74	63 668
Czechia Tchéquie	2005	322 540[9]	3.1[9]	3.6[9]	2.7[9]	1 802[5]	924[5]	…	2 726[5]
	2010	398 493[9]	3.8[9]	4.6[9]	3.0[9]	2 449[5]	1 065[5]	1[5]	3 515[5]
	2015	416 454[9]	3.9[9]	4.6[9]	3.3[9]	3 137[12]	409	1 502	5 048
	2020	540 921[9]	5.1[9]	5.9[9]	4.2[9]	2 130	1 364	1 810	5 304
	2022	…	…	…	…	388 274	914	2 192	390 709
Dem. People's Rep. Korea Rép. pop. dém. de Corée	*2005	40 097	0.2	0.2	0.2	…	…	…	…
	*2010	44 010	0.2	0.2	0.2	…	…	…	…
	*2015	48 458	0.2	0.2	0.2	…	…	…	…
	*2020	49 549	0.2	0.2	0.2	…	…	…	…
Dem. Rep. of the Congo Rép. dém. du Congo	2005	623 009[4]	1.1[4]	1.1[4]	1.2[4]	204 341[5]	140[5]	47 435[5]	251 916[5]
	2010	589 882[4]	0.9[4]	0.9[4]	0.9[4]	166 336[5]	932[5]	2 196 591[5]	2 363 859[5]
	2015	810 018[4]	1.1[4]	1.0[4]	1.1[4]	* 160 271	1 124	1 839 611	2 001 006
	2020	952 871[4]	1.1[4]	1.0[4]	1.1[4]	525 586	2 781	5 701 305	6 229 672
	2022[32]	…	…	…	…	515 800	2 701	5 864 144	6 382 645
Denmark Danemark	2005	440 383[33]	8.1[33]	7.9[33]	8.3[33]	44 374[5]	510[5]	573[5]	45 457[5]
	2010	500 772[33]	9.0[33]	8.8[33]	9.2[33]	17 922[5]	3 363[5]	3 238[5]	24 523[5]
	2015	595 876[33]	10.5[33]	10.3[33]	10.6[33]	17 785[12]	4 566	4 984	27 335
	2020	717 574[33]	12.4[33]	12.3[33]	12.5[33]	37 084	1 852	8 672	47 608
	2022	…	…	…	…	63 213	2 928	11 644	74 795
Djibouti Djibouti	2005	92 110[4]	11.8[4]	13.0[4]	10.5[4]	10 456[5]	19[5]	7 668[5]	18 143[5]
	2010	102 307[4]	12.2[4]	12.0[4]	12.4[4]	15 104[5]	732[5]	7[5]	15 843[5]
	2015	112 351[4]	12.3[4]	12.2[4]	12.4[4]	14 787	2 586	…	17 373
	2020	119 738[4]	12.1[4]	12.1[4]	12.1[4]	19 869	11 197	…	31 066
	2021	…	…	…	…	22 123	11 441	1 301	34 865
	2022	…	…	…	…	24 349	11 183	…	35 532
Dominica Dominique	2005	4 744	6.7	…	…	…	…	…	…
	2010	8 110	11.4	…	…	…	…	…	…
	2015	8 093	11.4	…	…	…	…	…	…
	2020	8 284	11.5	…	…	…	3	1	4
Dominican Republic République dominicaine	2005[4]	375 417	4.1	5.0	3.3	…	…	…	…
	2010	395 479[4]	4.1[4]	4.9[4]	3.2[4]	599[5]	1 759[5]	…	2 358[5]
	2015	549 289[4]	5.3[4]	6.9[4]	3.8[4]	609[34]	752[34]	133 770[34]	135 131[34]
	2020	603 794[4]	5.6[4]	7.1[4]	4.1[4]	168[35]	605[35]	30 333[1,35]	31 106
	2022	…	…	…	…	190	1 017	115 283	116 490
Ecuador Équateur	2005	189 893[4]	1.4[4]	1.4[4]	1.3[4]	10 063[5]	2 489[5]	250 001[5]	262 553[5]
	2010	375 253[4]	2.5[4]	2.6[4]	2.4[4]	121 249[5]	49 887[5]	…	171 136[5]
	2015	387 513[4]	2.4[4]	2.5[4]	2.3[4]	121 535[5]	11 583[5]	…	133 118[5]
	2020	784 787[4]	4.4[4]	4.6[4]	4.3[4]	105 193	27 837	365 841[1]	498 871
	2022	…	…	…	…	58 848	11 640	494 398	564 886
Egypt Égypte	2005	285 006[4]	0.4[4]	0.4[4]	0.3[4]	88 946[5]	11 005[5]	203[5]	100 154[5]
	2010	310 017[4]	0.4[4]	0.4[4]	0.3[4]	95 056[5]	14 303[5]	570[5]	109 929[5]
	2015	353 641[4]	0.4[4]	0.4[4]	0.3[4]	226 344	30 019	21	256 384
	2020	543 937[4]	0.5[4]	0.6[4]	0.5[4]	269 312	59 524	…	328 836
	2022	…	…	…	…	290 241	69 238	10	359 484

4

International migrants and refugees *(continued)*

International migrant stock (number and percentage) and refugees and others of concern to UNHCR

Migrants internationaux et réfugiés *(suite)*

Stock de migrants internationaux (nombre et pourcentage) et réfugiés et autres personnes relevant de la compétence du HCR

Region, country or area Région, pays ou zone	Year Année	International Migrant Stock (mid-year) Stock de migrants internationaux (milieu de l'année) Total Total	% of total pop. % de la pop. totale MF HF	 M H	 F F	Refugees and others of concern to UNHCR (mid-year) Réfugiés et autres personnes relevant de la compétence du HCR (milieu de l'année) Refugees& Réfugiés&	Asylum seekers Demandeurs d'asile	Other&& Autres&&	Total pop. Pop. totale
El Salvador	2005	36 029[4]	0.6[4]	0.6[4]	0.6[4]	49[5]	1[5]	44[5]	94[5]
El Salvador	2010	40 342[4]	0.7[4]	0.7[4]	0.7[4]	38[5]	18[5]	...	56[5]
	2015	42 059[4]	0.7[4]	0.7[4]	0.7[4]	48	...	...	48
	2020	42 767[4]	0.7[4]	0.7[4]	0.7[4]	52	47	72 710	72 809
	2022	...	...	...	...	84	54	75 813	75 951
Equatorial Guinea [9]	2005	6 588	0.9	0.9	0.9	...	...	...	...
Guinée équatoriale [9]	2010	8 658	0.9	0.9	0.9	...	...	...	...
	2015	209 611	17.9	25.0	9.2	...	...	...	...
	2020	230 618	16.4	22.8	8.5	...	...	...	...
Eritrea	2005	* 15 905[4]	* 0.6[4]	* 0.6[4]	* 0.5[4]	4 418[5]	1 591[5]	31[5]	6 040[5]
Érythrée	2010	* 15 813[4]	* 0.5[4]	* 0.5[4]	* 0.4[4]	4 809[5]	137[5]	13[5]	4 959[5]
	2015	* 15 941[4]	* 0.5[4]	* 0.5[4]	* 0.4[4]	2 944	1	22	2 967
	2016	...	...	...	...	2 293	5	6	2 304
	2020	* 13 934[4]	* 0.4[4]	* 0.4[4]	* 0.3[4]	199	...	18	217
	2022	...	...	...	...	121	...	5	126
Estonia	2005	233 701	17.2	15.0	19.2	7[5]	8[5]	136 000[5]	136 015[5]
Estonie	2010	217 890	16.4	14.1	18.3	39[5]	10[5]	100 983[5]	101 032[5]
	2015	194 664	14.8	13.0	16.4	117	117	86 522[36]	86 756
	2020	199 277	15.0	13.8	16.1	296	18	74 288[36]	74 602
	2022[36]	...	...	...	...	28 600	174	70 604	99 368
Eswatini	2005	33 392[4]	3.2[4]	3.6[4]	3.0[4]	760[5]	256[5]	...	1 016[5]
Eswatini	2010	32 637[4]	3.1[4]	3.3[4]	2.8[4]	759[5]	...	...	759[5]
	2015	32 352[4]	2.9[4]	3.1[4]	2.8[4]	539	321	4	864
	2020	32 858[4]	2.8[4]	3.0[4]	2.7[4]	953	1 049	...	2 002
	2022	...	...	...	...	1 035	774	12	1 821
Ethiopia	2005	514 451[4]	0.7[4]	0.7[4]	0.6[4]	100 817[5]	209[5]	4 110[5]	105 136[5]
Éthiopie	2010	568 748[4]	0.6[4]	0.7[4]	0.6[4]	154 295[5]	1 028[5]	47[5]	155 370[5]
	2015	1 161 642[4]	1.2[4]	1.2[4]	1.1[4]	702 467	2 871	348	705 686
	2020	1 085 517[4]	0.9[4]	0.9[4]	1.0[4]	770 755	1 853	1 746 657	2 519 265
	2022	...	...	...	...	867 799	2 247	4 500 477	5 370 523
Falkland Islands (Malvinas) [37]	2005	1 166	39.5	...	...	...	...	...	...
Îles Falkland (Malvinas) [37]	2010	1 436	49.5	...	...	...	...	...	...
	2015	1 571	55.4	...	...	...	...	...	...
	2020	1 957	56.2	...	...	...	...	...	...
Faroe Islands	2005	4 583	9.6	...	...	...	...	...	...
Îles Féroé	2010	5 096	10.7	...	...	...	...	...	...
	2015	5 485	11.4	...	...	...	...	...	...
	2020	6 812	13.9	...	...	...	...	...	...
Fiji	2005[4]	12 434	1.5	1.6	1.5	...	...	...	...
Fidji	2010	13 357[4]	1.6[4]	1.6[4]	1.5[4]	1[5]	6[5]	...	7[5]
	2015	13 751[4]	1.6[4]	1.7[4]	1.5[4]	12	8	...	20
	2020	14 087[4]	1.6[4]	1.7[4]	1.5[4]	16	5	...	21
	2021	...	...	...	...	13	5	...	18
	2022	...	...	...	...	12	...	...	12
Finland	2005	192 169[38]	3.7[38]	3.7[38]	3.6[38]	11 809[5]	...	849[5]	12 658[5]
Finlande	2010	228 481[38]	4.3[38]	4.4[38]	4.1[38]	8 724[5]	2 097[5]	3 133[5]	13 954[5]
	2015	314 856[38]	5.7[38]	5.9[38]	5.6[38]	11 798[12]	2 622	1 928	16 348
	2020	386 052[38]	7.0[38]	7.3[38]	6.7[38]	23 626	6 878	2 801	33 305
	2022	...	...	...	...	53 327	5 405	3 546	61 841
France	2005	6 737 600	11.0	11.2	10.9	137 316[5]	41 279[5]	946[5]	179 541[5]
France	2010	7 309 986	11.6	11.7	11.6	200 687[5]	48 576[5]	1 171[5]	250 434[5]
	2015	7 878 338	12.2	12.2	12.3	264 972	53 827	1 290	320 089
	2020	8 524 876	13.1	13.1	13.0	419 603	103 771	1 531	524 905
	2022	...	...	...	...	613 272	64 034	5 387	679 060
French Guiana [4]	2005	86 468	42.6	42.5	42.7	...	...	...	...
Guyane française [4]	2010	96 288	41.3	40.0	42.7	...	...	...	...
	2015	106 108	40.7	39.1	42.2	...	...	...	...
	2020	119 249	39.9	38.3	41.5	...	...	...	...

International migrants and refugees *(continued)*

International migrant stock (number and percentage) and refugees and others of concern to UNHCR

Migrants internationaux et réfugiés *(suite)*

Stock de migrants internationaux (nombre et pourcentage) et réfugiés et autres personnes relevant de la compétence du HCR

Region, country or area Région, pays ou zone	Year Année	International Migrant Stock (mid-year) Stock de migrants internationaux (milieu de l'année) Total Total	% of total pop. % de la pop. totale MF HF	M H	F	Refugees and others of concern to UNHCR (mid-year) Réfugiés et autres personnes relevant de la compétence du HCR (milieu de l'année) Refugees[&] Réfugiés[&]	Asylum seekers Demandeurs d'asile	Other[&&] Autres[&&]	Total pop. Pop. totale
French Polynesia [4] Polynésie française [4]	2005	32 286	12.5	13.9	11.0	...	...	...	...
	2010	31 640	11.9	13.2	10.5	...	...	...	...
	2015	30 058	11.0	12.4	9.6	...	...	...	...
	2020	30 081	10.7	12.1	9.3	...	...	...	...
Gabon Gabon	2005	233 824[4,9]	16.8[4,9]	19.4[4,9]	14.2[4,9]	8 545[5]	4 843[5]	291[5]	13 679[5]
	2010	270 829[4,9]	16.7[4,9]	19.3[4,9]	14.0[4,9]	9 015[5]	4 132[5]	84[5]	13 231[5]
	2015	378 686[4,9]	19.4[4,9]	24.6[4,9]	14.1[4,9]	1 008	1 886	...	2 894
	2017	...	...	...	...	957	105	3	1 065
	2020	416 651[4,9]	18.7[4,9]	23.7[4,9]	13.6[4,9]	475	82	...	557
	2022	...	...	...	...	251	53	...	304
Gambia Gambie	2005	181 839[4]	11.8[4]	12.5[4]	11.0[4]	7 330[5]	602[5]	42[5]	7 974[5]
	2010	185 837[4]	10.4[4]	11.0[4]	9.7[4]	8 378[5]	74[5]	31[5]	8 483[5]
	2015	192 540[4]	9.2[4]	9.8[4]	8.7[4]	11 773	2	...	11 775
	2018	...	...	...	...	8 487	301	38	8 826
	2020	215 659[4]	8.9[4]	9.5[4]	8.4[4]	4 399	212	...	4 611
	2022	...	...	...	...	4 433	1 018	...	5 451
Georgia Géorgie	2005	71 296[4,39]	1.7[4,39]	1.6[4,39]	1.8[4,39]	2 497[5]	8[5]	236 097[5]	238 602[5]
	2010	73 078[4,39]	1.8[4,39]	1.6[4,39]	1.9[4,39]	639[5]	44[5]	361 547[5]	362 230[5]
	2015	76 685[4,39]	1.9[4,39]	1.7[4,39]	2.1[4,39]	1 659	587	266 060	268 306
	2020	79 368[4,39]	2.0[4,39]	1.8[4,39]	2.1[4,39]	1 355	1 344	288 284	290 983
	2022	...	...	...	...	24 024	1 160	291 888	317 072
Germany Allemagne	2005	9 402 447	11.5	11.7	11.3	700 016[5]	71 624[5]	12 340[5]	783 980[5]
	2010	9 812 263	12.1	12.2	12.0	594 269[5]	51 991[5]	24 378[5]	670 638[5]
	2015	10 220 418	12.5	12.5	12.5	250 299	311 551	11 978	573 828
	2020	15 762 457	18.8	19.1	18.6	1 111 344	295 205	15 320	1 421 869
	2022	...	...	...	...	2 234 932	237 691	23 941	2 487 819
Ghana Ghana	2005	309 932[4]	1.4[4]	1.4[4]	1.4[4]	53 537[5]	5 496[5]	1 212[5]	60 245[5]
	2010	337 766[4]	1.4[4]	1.4[4]	1.3[4]	13 828[5]	749[5]	184[5]	14 761[5]
	2015	414 744[4]	1.5[4]	1.6[4]	1.4[4]	18 476	2 855	...	21 331
	2016	...	...	...	...	16 409	2 048	8 871	27 328
	2020	476 412[4]	1.5[4]	1.6[4]	1.4[4]	12 050	1 259	...	13 309
	2022	...	...	...	...	6 965	1 559	...	8 524
Gibraltar Gibraltar	2005	9 211	27.7	...	...	...	...	...	...
	2010	10 369	30.9	...	...	...	...	...	...
	2015	11 065	32.8	...	...	...	...	...	...
	2020	11 190	33.2	...	...	...	...	...	...
Greece Grèce	2005	1 190 707	10.6	10.6	10.6	2 390[5]	8 867[5]	3 000[5]	14 257[5]
	2010	1 321 149	12.1	12.0	12.3	1 444[5]	55 724[5]	260[5]	57 428[5]
	2015	1 242 924	11.7	10.9	12.4	8 231	29 157	214	37 602
	2020	1 340 456	12.9	12.6	13.1	91 952	80 802	4 734	177 488
	2022	...	...	...	...	147 420	22 117	8 133	173 182
Greenland Groenland	2005	6 556	11.5	...	...	...	...	...	...
	2010	6 091	10.8	...	...	...	...	...	...
	2015	6 009	10.7	...	...	...	...	...	...
	2020	5 899	10.4	...	...	...	...	...	...
Grenada Grenade	2005	6 902	6.6	6.5	6.7	...	...	...	...
	2010	6 980	6.6	6.5	6.7	...	3[5]	...	3[5]
	2015	7 057	6.4	6.3	6.5	...	...	...	...
	2018	...	...	...	...	2	3	...	5
	2020	7 213	6.4	5.8	7.0	3	...	...	3
	2022	...	...	...	...	...	...	234	234
Guadeloupe Guadeloupe	2005	89 065	22.1	21.7	22.5	...	...	...	...
	2010	94 942	23.4	22.7	24.0	...	...	...	...
	2015	90 956	22.7	20.9	24.3	...	...	...	...
	2020	90 206	22.5	20.5	24.3	...	...	...	...
Guam Guam	2005	74 743	47.2	47.8	46.5	...	...	...	...
	2010	75 416	47.3	48.0	46.5	...	...	...	...
	2015	76 089	47.0	47.9	46.1	...	...	...	...
	2020	80 472	47.7	48.8	46.6	...	...	...	...

Region, country or area Région, pays ou zone	Year Année	International Migrant Stock (mid-year) Stock de migrants internationaux (milieu de l'année) Total Total	% of total pop. % de la pop. totale MF HF	M H	F	Refugees and others of concern to UNHCR (mid-year) Réfugiés et autres personnes relevant de la compétence du HCR (milieu de l'année) Refugees& Réfugiés&	Asylum seekers Demandeurs d'asile	Other&& Autres&&	Total pop. Pop. totale
Guatemala Guatemala	2005	57 214[4]	0.4[4]	0.4[4]	0.5[4]	391[5]	3[5]	...	394[5]
	2010	66 386[4]	0.5[4]	0.4[4]	0.5[4]	138[5]	2[5]	...	140[5]
	2015	74 852[4]	0.5[4]	0.4[4]	0.5[4]	202	73	...	275
	2020	84 311[4]	0.5[4]	0.5[4]	0.5[4]	467	733	27 650	28 850
	2022	...	...	...	...	611	1 472	142 230	144 313
Guinea Guinée	2005	233 419[4,9]	2.6[4,9]	2.6[4,9]	2.5[4,9]	63 525[5]	3 808[5]	29 645[5]	96 978[5]
	2010	178 762[4,9]	1.8[4,9]	1.9[4,9]	1.6[4,9]	14 113[5]	764[5]	117[5]	14 994[5]
	2015	126 657[4,9]	1.1[4,9]	1.4[4,9]	0.9[4,9]	8 704	293	...	8 997
	2017	...	...	...	...	5 105	105	1	5 211
	2020	121 437[4,9]	0.9[4,9]	1.1[4,9]	0.7[4,9]	5 249	3 435	...	8 684
	2022	...	...	...	...	4 344	53	...	4 397
Guinea-Bissau Guinée-Bissau	2005	20 902[4]	1.6[4]	1.6[4]	1.5[4]	7 616[5]	166[5]	...	7 782[5]
	2010	21 391[4]	1.4[4]	1.4[4]	1.4[4]	7 679[5]	330[5]	5[5]	8 014[5]
	2015	22 333[4]	1.3[4]	1.3[4]	1.3[4]	8 684	123	...	8 807
	2020	17 945[4]	0.9[4]	0.9[4]	0.9[4]	1 605	36	...	1 641
	2022	...	...	...	...	29	30	...	59
Guyana Guyana	2005[4]	10 868	1.5	1.6	1.4	...	...	...	...
	2010	8 182[4]	1.1[4]	1.2[4]	1.0[4]	7[5]	...	...	7[5]
	2015	8 661[4]	1.1[4]	1.2[4]	1.0[4]	11	1	...	12
	2020	31 169[4]	4.0[4]	3.7[4]	4.3[4]	26	62	23 330[1]	23 418
	2022	...	...	...	...	23	135	19 388	19 546
Haiti Haïti	2005[4]	16 360	0.2	0.2	0.2	...	...	...	...
	2010	17 182[4]	0.2[4]	0.2[4]	0.2[4]	...	4[5]	...	4[5]
	2015	18 047[4]	0.2[4]	0.2[4]	0.1[4]	5	5	...	10
	2019[40]	...	...	...	...	4	9	2 992	3 005
	2020	18 884[4]	0.2[4]	0.2[4]	0.1[4]	2	6	...	8
	2021	...	...	...	...	...	5	...	5
Holy See [41] Saint-Siège [41]	*2005	798	100.0	...	...	...	...	...	...
	*2010	783	100.0	...	...	...	...	...	...
	*2015	790	100.0	...	...	...	...	...	...
	*2020	809	100.0	...	...	...	...	...	...
Honduras Honduras	2005	27 934[4]	0.4[4]	0.4[4]	0.4[4]	22[5]	50[5]	...	72[5]
	2010	27 288[4]	0.3[4]	0.3[4]	0.3[4]	14[5]	...	1[5]	15[5]
	2015	38 330[4]	0.4[4]	0.4[4]	0.4[4]	23	19	...	42
	2020	39 195[4]	0.4[4]	0.4[4]	0.4[4]	76	110	248 972	249 158
	2022	...	...	...	...	164	111	303 792	304 067
Hungary Hongrie	2005	366 787	3.6	3.6	3.6	8 046[5]	684[5]	192[5]	8 922[5]
	2010	436 616	4.4	4.5	4.3	5 414[5]	367[5]	62[5]	5 843[5]
	2015	475 508	4.9	5.1	4.7	4 192	24 431	128	28 751
	2020	584 567	6.1	6.6	5.6	5 860	66	77	6 003
	2022	...	...	...	...	31 510	20	130	31 598
Iceland Islande	2005	25 492	8.6	8.4	8.9	293[5]	29[5]	53[5]	375[5]
	2010	35 091	11.0	10.9	11.0	83[5]	39[5]	113[5]	235[5]
	2015	39 072	11.8	11.5	12.2	104	225	119	448
	2020	65 424	19.2	20.8	17.5	924	280	48	1 252
	2022	...	...	...	...	3 290	670	68	4 008
India Inde	2005	5 936 740[4]	0.5[4]	0.5[4]	0.5[4]	139 283[5]	303[5]	2 792[5]	142 378[5]
	2010	5 574 018[4]	0.5[4]	0.4[4]	0.5[4]	184 821[5]	3 746[5]	5 109[5]	193 676[5]
	2015	5 210 847[4]	0.4[4]	0.4[4]	0.4[4]	200 383	5 381	...	205 764
	2020	4 878 704[4]	0.4[4]	0.3[4]	0.4[4]	229 370	11 974	...	241 344
	2022	...	...	...	...	233 353	16 113	20 330	249 466
Indonesia Indonésie	2005	289 310[4]	0.1[4]	0.1[4]	0.1[4]	89[5]	58[5]	263[5]	410[5]
	2010	307 487[4]	0.1[4]	0.1[4]	0.1[4]	811[5]	2 071[5]	12[5]	2 894[5]
	2015	338 124[4]	0.1[4]	0.2[4]	0.1[4]	5 277	7 911	...	13 188
	2020	355 505[4]	0.1[4]	0.2[4]	0.1[4]	10 255	3 286	...	13 541
	2022	...	...	...	...	9 736	3 323	1 043	13 236[42]

4

International migrants and refugees *(continued)*

International migrant stock (number and percentage) and refugees and others of concern to UNHCR

Migrants internationaux et réfugiés *(suite)*

Stock de migrants internationaux (nombre et pourcentage) et réfugiés et autres personnes relevant de la compétence du HCR

Region, country or area Région, pays ou zone	Year Année	International Migrant Stock (mid-year) Stock de migrants internationaux (milieu de l'année) Total Total	% of total pop. % de la pop. totale MF HF	M H	F F	Refugees and others of concern to UNHCR (mid-year) Réfugiés et autres personnes relevant de la compétence du HCR (milieu de l'année) Refugees& Réfugiés&	Asylum seekers Demandeurs d'asile	Other&& Autres&&	Total pop. Pop. totale
Iran (Islamic Republic of) Iran (Rép. islamique d')	2005	2 552 206[4,9]	3.7[4,9]	3.9[4,9]	3.4[4,9]	974 302[5]	140[5]	344 914[5]	1 319 356[5]
	2010	2 722 397[4,9]	3.7[4,9]	4.0[4,9]	3.4[4,9]	1 073 366[5]	1 775[5]	10 168[5]	1 085 309[5]
	2015	2 729 939[4,9]	3.5[4,9]	3.7[4,9]	3.2[4,9]	979 441	42	8	979 491
	2020	2 797 235[4,9]	3.3[4,9]	3.6[4,9]	3.1[4,9]	979 435	33	1	979 469
	2022	...	...	...	...	840 739	34	7 322	848 095[43]
Iraq Iraq	2005	134 863[4,9]	0.5[4,9]	0.6[4,9]	0.4[4,9]	50 177[5]	1 948[5]	1 526 104[5]	1 578 229[5]
	2010	120 466[4,9]	0.4[4,9]	0.5[4,9]	0.3[4,9]	34 655[5]	3 073[5]	1 758 603[5]	1 796 331[5]
	2015	359 352[4,9]	1.0[4,9]	1.2[4,9]	0.9[4,9]	288 035	7 420	4 016 205[44]	4 311 660
	2020	365 766[4,9]	0.9[4,9]	1.0[4,9]	0.8[4,9]	273 581	12 885	1 550 283	1 836 749
	2022	...	...	...	...	288 204	12 945	1 243 564	1 544 713
Ireland Irlande	2005	589 046	14.2	15.0	13.5	7 113[5]	2 414[5]	4[5]	9 531[5]
	2010	730 542	16.0	15.9	16.2	9 107[5]	5 129[5]	1[5]	14 237[5]
	2015	759 256	16.3	16.3	16.3	6 125[5]	4 267[5]	100[5]	10 492[5]
	2020	871 256	17.6	17.7	17.6	8 195	7 502	99	15 796
	2022	...	...	...	...	51 647	9 774	7	61 421
Isle of Man Île de Man	2005	41 475	51.7	...	...	...	...	...	...
	2010	43 447	51.2	...	...	...	...	...	...
	2015	42 238	50.7	...	...	...	...	...	...
	2020	43 040	50.6	...	...	...	...	...	...
Israel Israël	2005	1 889 503[4]	28.9[4]	26.9[4]	30.9[4]	609[5]	939[5]	...	1 548[5]
	2010	1 956 190[4]	26.6[4]	24.6[4]	28.6[4]	25 471[5]	5 575[5]	9[5]	31 055[5]
	2015	2 011 727[4]	25.2[4]	23.1[4]	27.3[4]	38 500	6 591	88	45 179
	2020	1 953 575[4]	22.6[4]	20.6[4]	24.5[4]	2 835	36 823	16 819	56 477
	2022	...	...	...	...	1 298	25 162	47 204	73 664
Italy Italie	2005	3 954 790	6.8	6.4	7.1	20 675[5]	...	940[5]	21 615[5]
	2010	5 787 893	9.8	9.3	10.2	56 397[5]	4 076[5]	858[5]	61 331[5]
	2015	5 805 328	9.6	9.0	10.2	93 715[12]	48 307	606	142 628
	2020	6 386 998	10.6	10.1	11.0	211 457	57 121	15 726	284 304
	2022	...	...	...	...	295 506	58 908	3 000	357 409
Jamaica Jamaïque	2005[4]	24 284	0.9	0.9	0.9	...	...	...	...
	2010	23 677[4]	0.8[4]	0.9[4]	0.8[4]	21[5]	...	...	21[5]
	2015	23 165[4]	0.8[4]	0.8[4]	0.8[4]	15	3	...	18
	2020	23 629[4]	0.8[4]	0.8[4]	0.8[4]	33	4	67[1]	104
	2022	...	...	...	...	31	5	67	103
Japan Japon	2005	2 011 555[9]	1.6[9]	1.5[9]	1.7[9]	1 941[5]	533[5]	1 770[5]	4 244[5]
	2010	2 134 151[9]	1.7[9]	1.5[9]	1.8[9]	2 586[5]	3 047[5]	1 397[5]	7 030[5]
	2015	2 232 189[9]	1.7[9]	1.7[9]	1.8[9]	* 2 419	* 10 705	* 631	* 13 755
	2020	2 770 996[9]	2.2[9]	2.2[9]	2.2[9]	* 1 238	* 28 695	* 696	* 30 629
	2022[16,45]	...	...	...	...	1 508	16 709	531	18 739
Jordan Jordanie	2005	2 198 740[4,9]	38.1[4,9]	37.6[4,9]	38.7[4,9]	965[5]	16 570[5]	329[5]	17 864[5]
	2010	2 786 853[4,9]	38.4[4,9]	38.3[4,9]	38.5[4,9]	450 915[5]	2 159[5]	107[5]	453 181[5]
	2015	3 166 961[4,9]	34.2[4,9]	34.0[4,9]	34.4[4,9]	664 102[46]	20 693	...	684 795
	2020	3 457 691[4,9]	33.9[4,9]	34.0[4,9]	33.8[4,9]	697 248[46]	50 079	977	748 304
	2022	...	...	...	...	715 440	46 364	1 425	763 165[47]
Kazakhstan Kazakhstan	2005	3 103 027[4]	20.1[4]	19.9[4]	20.4[4]	7 265[5]	65[5]	50 598[5]	57 928[5]
	2010	3 334 937[4]	20.5[4]	20.7[4]	20.4[4]	4 406[5]	314[5]	7 969[5]	12 689[5]
	2015	3 546 060[4]	20.2[4]	20.7[4]	19.7[4]	662	149	7 038	7 849
	2020	3 732 073[4]	19.9[4]	20.3[4]	19.5[4]	510	262	7 758	8 530
	2022	...	...	...	...	350	642	7 558	8 550
Kenya Kenya	2005	773 354[4]	2.1[4]	2.2[4]	2.0[4]	251 271[5]	16 460[5]	481[5]	268 212[5]
	2010	954 925[4]	2.3[4]	2.3[4]	2.3[4]	402 905[5]	27 966[5]	320 083[5]	750 954[5]
	2015	1 126 886[4]	2.4[4]	2.4[4]	2.3[4]	552 272	40 341	21 231	613 844
	2020	1 050 147[4]	2.0[4]	2.0[4]	1.9[4]	443 338	51 583	18 500	513 421
	2022	...	...	...	...	491 662	63 500	16 779	571 941
Kiribati Kiribati	2005	2 487	2.7	2.9	2.5	...	...	...	...
	2010	2 868	2.8	3.0	2.6	...	...	...	...
	2015	2 919	2.6	2.8	2.4	...	...	...	...
	2020	3 126	2.6	2.8	2.4	...	...	...	...

International migrants and refugees *(continued)*

International migrant stock (number and percentage) and refugees and others of concern to UNHCR

Migrants internationaux et réfugiés *(suite)*

Stock de migrants internationaux (nombre et pourcentage) et réfugiés et autres personnes relevant de la compétence du HCR

Region, country or area / Région, pays ou zone	Year / Année	International Migrant Stock (mid-year) / Stock de migrants internationaux (milieu de l'année): Total / Total	% of total pop. / % de la pop. totale: MF / HF	M / H	F	Refugees and others of concern to UNHCR (mid-year) / Réfugiés et autres personnes relevant de la compétence du HCR (milieu de l'année): Refugees& / Réfugiés&	Asylum seekers / Demandeurs d'asile	Other&& / Autres&&	Total pop. / Pop. totale
Kuwait	2005	1 333 530[4,9]	58.7[4,9]	68.5[4,9]	44.6[4,9]	1 523[5]	203[5]	101 000[5]	102 726[5]
Koweït	2010	1 874 812[4,9]	62.7[4,9]	75.9[4,9]	44.6[4,9]	184[5]	3 275[5]	93 000[5]	96 459[5]
	2015	2 866 136[4,9]	74.7[4,9]	84.3[4,9]	61.0[4,9]	593	1 040	93 000	94 633
	2020	3 110 159[4,9]	72.8[4,9]	78.9[4,9]	63.2[4,9]	713	1 048	92 016	93 777
	2022	…	…	…	…	704	1 088	92 018	93 810
Kyrgyzstan	2005	309 399[4]	6.1[4]	5.1[4]	7.1[4]	2 598[5]	498[5]	100 004[5]	103 100[5]
Kirghizistan	2010	232 065[4]	4.3[4]	3.5[4]	5.0[4]	2 458[5]	554[5]	301 164[5]	304 176[5]
	2015	204 382[4]	3.4[4]	2.8[4]	4.0[4]	433	168	13 678	14 279
	2020	199 011[4]	3.1[4]	2.5[4]	3.6[4]	349	255	33	637
	2022	…	…	…	…	304	809	482	1 595
Lao People's Dem. Rep.	2005[4,9]	20 371	0.4	0.4	0.3	…	…	…	…
Rép. dém. populaire lao	2010[4,9]	32 955	0.5	0.6	0.4	…	…	…	…
	2015[4,9]	45 538	0.7	0.9	0.5	…	…	…	…
	2020	48 731[4,9]	0.7[4,9]	0.9[4,9]	0.5[4,9]	1	1	…	2
Latvia	2005	376 725	16.7	15.0	18.2	11[5]	9[5]	418 638[5]	418 658[5]
Lettonie	2010	313 786	14.8	12.8	16.5	68[5]	53[5]	326 906[5]	327 027[5]
	2015	265 418	13.3	11.4	14.9	195	171	262 802[48]	263 168
	2020	239 422	12.7	11.2	14.0	627	33	216 851[49]	217 511
	2022	…	…	…	…	35 081[50]	170[50]	195 354[50]	230 605
Lebanon	2005	742 243[4]	15.8[4]	16.0[4]	15.6[4]	1 078[5]	1 450[5]	451[5]	2 979[5]
Liban	2010	793 191[4]	16.0[4]	16.4[4]	15.6[4]	8 063[5]	1 417[5]	40[5]	9 520[5]
	2015	1 916 259[4]	29.3[4]	28.0[4]	30.7[4]	1 172 388	10 851	5 813	1 189 052
	2020	1 712 762[4]	25.1[4]	24.4[4]	25.8[4]	889 708	11 525	7 531	908 764
	2022	…	…	…	…	835 714	8 675	18 437	862 826
Lesotho	2005[4,9]	6 290	0.3	0.4	0.3	…	…	…	…
Lesotho	2010[4,9]	6 414	0.3	0.4	0.3	…	…	…	…
	2015	9 152[4,9]	0.4[4,9]	0.5[4,9]	0.4[4,9]	44	1	…	45
	2020	12 060[4,9]	0.6[4,9]	0.6[4,9]	0.5[4,9]	225	111	…	336
	2022	…	…	…	…	234	278	6	518
Liberia	2005	87 217[4]	2.7[4]	3.2[4]	2.2[4]	10 168[5]	29[5]	498 604[5]	508 801[5]
Libéria	2010	99 165[4]	2.5[4]	2.9[4]	2.2[4]	24 743[5]	28[5]	1 855[5]	26 626[5]
	2015	112 111[4]	2.5[4]	2.9[4]	2.2[4]	38 904	18	1 486	40 408
	2020	87 947[4]	1.7[4]	2.0[4]	1.5[4]	8 200	31	1	8 232
	2022	…	…	…	…	3 258	1 369	…	4 627
Libya	2005	625 412[4,9]	10.8[4,9]	14.9[4,9]	6.4[4,9]	12 166[5]	200[5]	35[5]	12 401[5]
Libye	2010	687 192[4,9]	11.1[4,9]	15.5[4,9]	6.5[4,9]	7 923[5]	3 194[5]	37[5]	11 154[5]
	2015	771 146[4,9]	12.0[4,9]	16.9[4,9]	7.0[4,9]	27 948	8 904	434 869	471 721
	2020	826 537[4,9]	12.0[4,9]	17.1[4,9]	6.8[4,9]	5 170	44 290	411 453	460 913
	2022	…	…	…	…	2 705	37 184	179 047	218 936
Liechtenstein	2005	18 898	54.4	…	…	150[5]	60[5]	…	210[5]
Liechtenstein	2010	22 342	62.1	…	…	92[5]	44[5]	6[5]	142[5]
	2015	23 799	63.5	…	…	107	75	2	184
	2020	25 877	67.9	…	…	136	30	…	166
	2022	…	…	…	…	504	58	…	562
Lithuania	2005	201 209	6.0	6.1	6.0	531[5]	55[5]	8 709[5]	9 295[5]
Lituanie	2010	160 772	5.1	4.8	5.4	803[5]	71[5]	3 679[5]	4 553[5]
	2015	136 021	4.6	4.3	5.0	1 055	54	3 583	4 692
	2020	145 184	5.3	5.8	4.9	1 872	275	2 904	5 051
	2022	…	…	…	…	49 535	381	2 720	52 599
Luxembourg	2005	150 618	32.9	33.2	32.6	1 822[5]	…	74[5]	1 896[5]
Luxembourg	2010	163 142	32.1	32.3	32.0	3 254[5]	697[5]	173[5]	4 124[5]
	2015	248 888	43.9	44.3	43.5	1 192	831	81	2 104
	2020	298 062	47.6	47.9	47.3	2 652	1 800	83	4 535
	2022	…	…	…	…	9 868	1 795	254	11 743
Madagascar	2005[4,9]	26 058	0.1	0.2	0.1	…	…	…	…
Madagascar	2010	28 905[4,9]	0.1[4,9]	0.2[4,9]	0.1[4,9]	…	…	1[5]	1[5]
	2015	32 075[4,9]	0.1[4,9]	0.2[4,9]	0.1[4,9]	10	9	…	19
	2020	35 563[4,9]	0.1[4,9]	0.1[4,9]	0.1[4,9]	114	195	…	309
	2022	…	…	…	…	185	104	12	301

4 International migrants and refugees *(continued)*

International migrant stock (number and percentage) and refugees and others of concern to UNHCR

Migrants internationaux et réfugiés *(suite)*

Stock de migrants internationaux (nombre et pourcentage) et réfugiés et autres personnes relevant de la compétence du HCR

Region, country or area Région, pays ou zone	Year Année	International Migrant Stock (mid-year) Stock de migrants internationaux (milieu de l'année) Total Total	% of total pop. % de la pop. totale MF HF	M H	F	Refugees and others of concern to UNHCR (mid-year) Réfugiés et autres personnes relevant de la compétence du HCR (milieu de l'année) Refugees[&] Réfugiés[&]	Asylum seekers Demandeurs d'asile	Other[&&] Autres[&&]	Total pop. Pop. totale
Malawi Malawi	2005	221 661[4]	1.8[4]	1.7[4]	1.8[4]	4 240[5]	5 331[5]	49[5]	9 620[5]
	2010	217 722[4]	1.5[4]	1.5[4]	1.5[4]	5 740[5]	9 362[5]	131[5]	15 233[5]
	2015	197 328[4]	1.2[4]	1.1[4]	1.2[4]	8 963	13 669	…	22 632
	2020	191 362[4]	1.0[4]	1.0[4]	1.0[4]	14 317	33 169	243	47 729
	2022	…	…	…	…	32 216	22 584	243	55 043
Malaysia Malaisie	2005	1 918 504[4,9,51]	7.5[4,9,51]	8.6[4,9,51]	6.3[4,9,51]	33 693[5]	10 838[5]	61 555[5]	106 086[5]
	2010	2 417 395[4,9,51]	8.6[4,9,51]	10.1[4,9,51]	6.9[4,9,51]	81 516[5]	11 339[5]	120 015[5]	212 870[5]
	2015	3 280 681[4,9,51]	10.8[4,9,51]	12.8[4,9,51]	8.7[4,9,51]	97 573	54 400	120 000	271 973
	2020	3 476 560[4,9,51]	10.7[4,9,51]	13.0[4,9,51]	8.4[4,9,51]	129 396	49 691	9 040	188 127
	2022	…	…	…	…	135 593	51 393	165 584	247 680
Maldives [9] Maldives [9]	2005	45 045	14.1	16.2	11.8	…	…	…	…
	2010	54 659	14.9	21.0	7.8	…	…	…	…
	2015	64 273	14.1	20.8	4.3	…	…	…	…
	2020	70 079	13.0	17.9	4.4	…	…	…	…
Mali Mali	2005	258 630[4]	2.0[4]	2.1[4]	2.0[4]	11 233[5]	1 833[5]	…	13 066[5]
	2010	341 078[4]	2.3[4]	2.3[4]	2.2[4]	13 558[5]	1 703[5]	…	15 261[5]
	2015	420 504[4]	2.4[4]	2.4[4]	2.4[4]	14 970	386	132 953	148 309
	2020	485 829[4]	2.4[4]	2.4[4]	2.4[4]	44 814	972	277 578	323 364
	2022	…	…	…	…	52 680	816	400 127	453 623
Malta Malte	2005	24 560	6.1	5.9	6.2	1 939[5]	149[5]	…	2 088[5]
	2010	33 008	8.0	8.3	7.6	6 136[5]	1 295[5]	…	7 431[5]
	2015	52 642	12.1	13.1	11.2	6 095	425	…	6 520
	2020	114 760	26.0	29.8	22.1	9 091	3 735	…	12 826
	2022	…	…	…	…	10 568	3 262	11	13 830
Marshall Islands Îles Marshall	2005	2 417	4.4	…	…	…	…	…	…
	2010	3 089	5.5	…	…	…	…	…	…
	2015	3 284	5.7	…	…	…	…	…	…
	2020	3 298	5.6	…	…	…	…	…	…
Martinique [4] Martinique [4]	2005	57 034	14.4	14.0	14.7	…	…	…	…
	2010	59 575	15.1	14.4	15.6	…	…	…	…
	2015	69 174	18.3	16.8	19.5	…	…	…	…
	2020	68 624	18.3	16.9	19.5	…	…	…	…
Mauritania Mauritanie	2005	58 211[4,9]	1.9[4,9]	2.2[4,9]	1.7[4,9]	632[5]	92[5]	29 500[5]	30 224[5]
	2010	84 920[4,9]	2.4[4,9]	2.8[4,9]	2.1[4,9]	26 717[5]	241[5]	9[5]	26 967[5]
	2015	166 552[4,9]	4.1[4,9]	4.6[4,9]	3.6[4,9]	76 851	407	…	77 258
	2020	182 286[4,9]	3.9[4,9]	4.4[4,9]	3.4[4,9]	90 404	1 395	…	91 799
	2022	…	…	…	…	114 074	4 592	…	118 666
Mauritius Maurice	2005[9,52]	19 647	1.6	1.5	1.7	…	…	…	…
	2010[9,52]	24 836	2.0	2.1	1.9	…	…	…	…
	2015[9,52]	28 585	2.3	2.5	2.0	…	…	…	…
	2020	28 893[9,52]	2.3[9,52]	2.6[9,52]	2.0[9,52]	20	7	…	27
	2022	…	…	…	…	10	…	…	10
Mayotte [4] Mayotte [4]	2005	63 176	35.5	35.7	35.2	…	…	…	…
	2010	72 757	34.9	33.8	35.9	…	…	…	…
	2015	81 386	33.9	31.9	35.8	…	…	…	…
	2020	111 540	40.9	38.5	43.2	…	…	…	…
Mexico Mexique	2005	712 648[4]	0.7[4]	0.7[4]	0.7[4]	3 229[5]	161[5]	…	3 390[5]
	2010	969 710[4]	0.8[4]	0.9[4]	0.8[4]	1 395[5]	172[5]	6[5]	1 573[5]
	2015	1 013 691[4]	0.8[4]	0.9[4]	0.8[4]	2 158	…	68	2 226
	2020	1 197 624[4]	0.9[4]	1.0[4]	0.9[4]	34 965	78 642	91 259[1]	204 866
	2022	…	…	…	…	84 594	180 264	233 368	498 226
Micronesia (Fed. States of) Micronésie (États féd. de)	2005	2 905	2.7	2.9	2.6	…	…	…	…
	2010	2 806	2.7	2.9	2.6	…	…	…	…
	2015	2 756	2.5	2.7	2.4	…	34	…	34
	2016	…	…	…	…	3	1	…	4
	2017	…	…	…	…	4	…	…	4
	2020	2 832	2.5	2.6	2.3	…	…	…	…

4 International migrants and refugees *(continued)*

International migrant stock (number and percentage) and refugees and others of concern to UNHCR

Migrants internationaux et réfugiés *(suite)*

Stock de migrants internationaux (nombre et pourcentage) et réfugiés et autres personnes relevant de la compétence du HCR

Region, country or area Région, pays ou zone	Year Année	International Migrant Stock (mid-year) Stock de migrants internationaux (milieu de l'année) Total Total	% of total pop. % de la pop. totale MF HF	M H	F	Refugees and others of concern to UNHCR (mid-year) Réfugiés et autres personnes relevant de la compétence du HCR (milieu de l'année) Refugees& Réfugiés&	Asylum seekers Demandeurs d'asile	Other&& Autres&&	Total pop. Pop. totale
Monaco	2005	21 312	63.0	...	...	...	...	...	...
Monaco	2010	21 132	59.3	...	...	...	1[5]	...	1[5]
	2015	25 983	68.9	...	...	33	...	...	33
	2020	26 601	67.8	...	...	25	...	...	25
	2022[16]	...	...	...	...	17	...	...	17
Mongolia	2005	11 477[4,9]	0.5[4,9]	0.6[4,9]	0.3[4,9]	...	2[5]	581[5]	583[5]
Mongolie	2010	16 062[4,9]	0.6[4,9]	0.9[4,9]	0.3[4,9]	12[5]	1[5]	260[5]	273[5]
	2015	19 886[4,9]	0.7[4,9]	0.9[4,9]	0.4[4,9]	11	5	16	32
	2020	21 345[4,9]	0.7[4,9]	0.9[4,9]	0.4[4,9]	6	6	27	39
	2022	...	...	...	...	5	5	22	32
Montenegro	2010	78 512	12.6	10.3	14.8	16 364[5]	5[5]	1 886[5]	18 255[5]
Monténégro	2015	71 719	11.4	9.1	13.7	6 203	7	13 602	19 812
	2020	70 999	11.3	9.0	13.5	196	210	12 393	12 799
	2022	...	...	...	...	9 236	121	3 070	12 427
Montserrat	2005	1 244	25.7	...	...	...	...	...	...
Montserrat	2010	1 291	26.4	...	...	...	14[5]	...	14[5]
	2015	1 351	27.2	...	...	...	...	...	...
	2020	1 379	27.6	...	...	...	...	...	...
Morocco	2005	56 222[4,9]	0.2[4,9]	0.2[4,9]	0.2[4,9]	219[5]	1 843[5]	4[5]	2 066[5]
Maroc	2010	71 189[4,9]	0.2[4,9]	0.2[4,9]	0.2[4,9]	792[5]	280[5]	...	1 072[5]
	2015	92 424[4,9]	0.3[4,9]	0.3[4,9]	0.3[4,9]	2 144	2 216	...	4 360
	2020	102 358[4,9]	0.3[4,9]	0.3[4,9]	0.3[4,9]	7 400	3 631	...	11 031
	2022	...	...	...	...	7 579	11 095	...	18 674
Mozambique	2005	268 694[4]	1.3[4]	1.3[4]	1.3[4]	1 954[5]	4 015[5]	40[5]	6 009[5]
Mozambique	2010	306 471[4]	1.3[4]	1.3[4]	1.3[4]	4 077[5]	5 914[5]	1[5]	9 992[5]
	2015	321 794[4]	1.2[4]	1.2[4]	1.2[4]	4 552	14 257	7	18 816
	2020	338 850[4]	1.1[4]	1.1[4]	1.1[4]	4 741	21 570	305 845	332 156
	2022	...	...	...	...	4 793	23 901	872 681	901 375
Myanmar	2005	83 025[9]	0.2[9]	0.2[9]	0.2[9]	...	...	236 495[5]	236 495[5]
Myanmar	2010	76 414[9]	0.2[9]	0.2[9]	0.1[9]	...	...	859 403[5]	859 403[5]
	2015	73 309[9]	0.1[9]	0.2[9]	0.1[9]	...	...	1 466 501[53]	1 466 501
	2016	...	...	...	...	...	1	1 392 096[53]	1 392 097
	2020	76 446[9]	0.1[9]	0.2[9]	0.1[9]	...	...	800 378[54]	800 378
	2022	...	...	...	...	...	...	1 824 419	1 671 160
Namibia	2005	107 347[4]	5.5[4]	6.2[4]	5.0[4]	5 307[5]	1 073[5]	2 752[5]	9 132[5]
Namibie	2010	103 826[4]	4.9[4]	5.4[4]	4.4[4]	7 254[5]	1 421[5]	93[5]	8 768[5]
	2015	101 618[4]	4.4[4]	4.9[4]	3.9[4]	1 659	1 100	1 684	4 443
	2020	109 391[4]	4.3[4]	4.8[4]	3.8[4]	3 304	2 212	9	5 525
	2022	...	...	...	...	4 044	2 782	66	6 892
Nauru	2005[4,9]	2 253	22.9	...	...	...	...	...	...
Nauru	2010[4,9]	906	9.1	...	...	...	...	...	...
	2015	1 833[4,9]	17.7[4,9]	...	...	506[5]	290	...	796
	2020	2 201[4,9]	20.3[4,9]	...	...	1 060	90	...	1 150
	2022	...	...	...	...	956	98	146	1 060
Nepal	2005	680 729[4]	2.6[4]	1.8[4]	3.4[4]	126 436[5]	1 272[5]	410 929[5]	538 637[5]
Népal	2010	581 889[4]	2.2[4]	1.4[4]	2.8[4]	89 808[5]	938[5]	800 571[5]	891 317[5]
	2015	509 471[4]	1.9[4]	1.3[4]	2.4[4]	36 287	57	409[55]	36 753
	2020	487 564[4]	1.7[4]	1.1[4]	2.2[4]	19 532	69	534[56]	20 135
	2022	...	...	...	...	19 573	156	1 038	20 282
Netherlands (Kingdom of the)	2005	1 736 127	10.6	10.4	10.8	118 189[5]	14 664[5]	6 872[5]	139 725[5]
Pays-Bas (Royaume des)	2010	1 832 510	11.0	10.6	11.3	74 961[5]	13 053[5]	2 095[5]	90 109[5]
	2015	1 996 318	11.8	11.3	12.3	82 494[12]	8 097	1 951	92 542
	2020	2 358 333	13.8	13.3	14.2	92 740	13 348	1 951	108 039
	2022[57]	...	...	...	...	198 407	21 070	4 570	221 428
New Caledonia	2005	55 405	23.4	25.1	21.8	...	...	...	...
Nouvelle-Calédonie	2010	61 158	24.1	25.7	22.5	...	...	...	...
	2015	68 881	25.4	26.5	24.3	...	...	...	...
	2020	73 141	25.6	26.7	24.5	...	...	...	...

4

International migrants and refugees *(continued)*

International migrant stock (number and percentage) and refugees and others of concern to UNHCR

Migrants internationaux et réfugiés *(suite)*

Stock de migrants internationaux (nombre et pourcentage) et réfugiés et autres personnes relevant de la compétence du HCR

Region, country or area Région, pays ou zone	Year Année	International Migrant Stock (mid-year) Stock de migrants internationaux (milieu de l'année) Total Total	% of total pop. % de la pop. totale MF HF	M H	F	Refugees and others of concern to UNHCR (mid-year) Réfugiés et autres personnes relevant de la compétence du HCR (milieu de l'année) Refugees[&] Réfugiés[&]	Asylum seekers Demandeurs d'asile	Other[&&] Autres[&&]	Total pop. Pop. totale
New Zealand Nouvelle-Zélande	2005	839 952	20.3	20.1	20.5	5 307[5]	396[5]	6[5]	5 709[5]
	2010	947 443	21.7	21.4	22.0	2 307[5]	216[5]	1[5]	2 524[5]
	2015	1 039 736	22.5	22.2	22.9	1 349[12]	251	…	1 600
	2020	1 381 724	28.7	28.2	29.1	1 769	569	…	2 338
	2022	…	…	…	…	1 798	583	5	2 381
Nicaragua Nicaragua	2005	34 919[4]	0.6[4]	0.7[4]	0.6[4]	227[5]	1[5]	…	228[5]
	2010	37 345[4]	0.6[4]	0.7[4]	0.6[4]	64[5]	12[5]	…	76[5]
	2015	40 261[4]	0.6[4]	0.7[4]	0.6[4]	361	25	5	391
	2020	42 167[4]	0.6[4]	0.7[4]	0.6[4]	327	131	549[1]	1 007
	2022	…	…	…	…	311	126	603	1 040
Niger Niger	2005	124 509[4]	0.9[4]	0.9[4]	1.0[4]	301[5]	48[5]	37[5]	386[5]
	2010	126 482[4]	0.8[4]	0.7[4]	0.8[4]	314[5]	18[5]	5[5]	337[5]
	2015	252 998[4]	1.3[4]	1.2[4]	1.3[4]	82 064	122	120 000	202 186
	2020	348 056[4]	1.4[4]	1.3[4]	1.5[4]	225 746	3 870	312 248	541 864
	2022	…	…	…	…	251 472	40 349	303 213	595 034
Nigeria Nigéria	2005	969 714[4,9]	0.7[4,9]	0.8[4,9]	0.6[4,9]	9 019[5]	420[5]	3 290[5]	12 729[5]
	2010	990 494[4,9]	0.6[4,9]	0.7[4,9]	0.5[4,9]	8 747[5]	1 815[5]	34[5]	10 596[5]
	2015	1 199 115[4,9]	0.7[4,9]	0.7[4,9]	0.6[4,9]	1 279	909	1 508 017	1 510 205
	2020	1 308 568[4,9]	0.6[4,9]	0.7[4,9]	0.6[4,9]	60 845	1 165	2 627 523	2 689 533
	2022	…	…	…	…	82 773	1 529	3 132 506	3 216 808
Niue Nioué	2005	522	30.9	…	…	…	…	…	…
	2010	589	36.3	…	…	…	…	…	…
	2015	588	36.5	…	…	…	…	…	…
	2020	588	36.3	…	…	…	…	…	…
North Macedonia Macédoine du Nord	2005	127 667	6.2	5.2	7.2	1 274[5]	723[5]	2 451[5]	4 448[5]
	2010	129 701	6.3	5.2	7.3	1 398[5]	161[5]	1 731[5]	3 290[5]
	2015	130 730	6.3	5.2	7.3	828	43	717	1 588
	2020	131 311	6.3	5.3	7.4	308	61	17 115	17 484
	2022	…	…	…	…	1 430	15	578	2 023
Northern Mariana Islands Îles Mariannes du Nord	2005	37 542	66.4	…	…	…	…	…	…
	2010	24 168	44.8	…	…	…	…	…	…
	2015	21 648	38.8	…	…	…	…	…	…
	2020	21 843	38.0	…	…	…	…	…	…
Norway Norvège	2005	361 144[58]	7.8[58]	7.7[58]	7.9[58]	43 034[5]	…	1 143[5]	44 177[5]
	2010	524 601[58]	10.7[58]	10.9[58]	10.5[58]	40 260[5]	12 473[5]	3 150[5]	55 883[5]
	2015	746 375[58]	14.4[58]	14.9[58]	13.8[58]	47 043[12]	5 885	1 997	54 925
	2020	852 238[58]	15.7[58]	16.0[58]	15.4[58]	51 586	1 177	2 272	55 035
	2022	…	…	…	…	63 839	4 075	3 901	69 505
Oman Oman	2005	666 164[4,9]	26.5[4,9]	37.2[4,9]	12.7[4,9]	7[5]	4[5]	…	11[5]
	2010	816 234[4,9]	26.8[4,9]	35.9[4,9]	13.0[4,9]	78[5]	13[5]	…	91[5]
	2015	1 856 226[4,9]	43.5[4,9]	55.8[4,9]	20.5[4,9]	122	268	…	390
	2020	2 372 836[4,9]	46.5[4,9]	58.9[4,9]	22.4[4,9]	308	256	…	564
	2022	…	…	…	…	295	493	…	788
Pakistan Pakistan	2005	3 174 558[4]	2.0[4]	2.1[4]	1.9[4]	1 084 694[5]	3 426[5]	461 123[5]	1 549 243[5]
	2010	3 943 681[4]	2.2[4]	2.2[4]	2.1[4]	1 900 621[5]	2 095[5]	2 248 308[5]	4 151 024[5]
	2015	3 506 520[4]	1.8[4]	1.8[4]	1.7[4]	1 540 854	6 103	1 893 008	3 439 965
	2020	3 276 580[4]	1.5[4]	1.6[4]	1.4[4]	1 425 483	9 713	100 752[59]	1 535 948
	2022	…	…	…	…	1 539 554	24 729	126 694	1 690 929
Palau Palaos	2005	6 043	30.5	…	…	…	…	…	…
	2010	5 490	30.6	…	…	…	…	…	…
	2015	4 937	27.9	…	…	1	…	…	1
	2016	…	…	…	…	…	1	…	1
	2017	…	…	…	…	5	…	…	5
	2020	5 088	28.1	…	…	…	…	…	…
Panama Panama	2005	109 461[4]	3.3[4]	3.3[4]	3.3[4]	1 730[5]	433[5]	10 273[5]	12 436[5]
	2010	157 788[4]	4.3[4]	4.4[4]	4.2[4]	17 073[5]	479[5]	6[5]	17 558[5]
	2015	184 710[4]	4.7[4]	4.8[4]	4.5[4]	17 303	2 038	2	19 343
	2020	313 165[4]	7.3[4]	7.7[4]	6.8[4]	2 552	15 243	117 465[1]	135 260
	2022	…	…	…	…	2 568	11 253	142 031	155 852

4

International migrants and refugees *(continued)*

International migrant stock (number and percentage) and refugees and others of concern to UNHCR

Migrants internationaux et réfugiés *(suite)*

Stock de migrants internationaux (nombre et pourcentage) et réfugiés et autres personnes relevant de la compétence du HCR

Region, country or area Région, pays ou zone	Year Année	International Migrant Stock (mid-year) Stock de migrants internationaux (milieu de l'année) Total Total	% of total pop. % de la pop. totale MF HF	M H	F	Refugees and others of concern to UNHCR (mid-year) Réfugiés et autres personnes relevant de la compétence du HCR (milieu de l'année) Refugees[&] Réfugiés[&]	Asylum seekers Demandeurs d'asile	Other[&&] Autres[&&]	Total pop. Pop. totale
Papua New Guinea Papouasie-Nvl-Guinée	2005	29 971[4,9]	0.5[4,9]	0.5[4,9]	0.4[4,9]	9 999[5]	4[5]	135[5]	10 138[5]
	2010	30 425[4,9]	0.4[4,9]	0.5[4,9]	0.3[4,9]	9 698[5]	1[5]	...	9 699[5]
	2015	30 940[4,9]	0.4[4,9]	0.5[4,9]	0.3[4,9]	9 510	400	...	9 910
	2020	31 068[4,9]	0.3[4,9]	0.4[4,9]	0.3[4,9]	9 696	129	...	9 825
	2022	...	...	...	...	11 671	447	24 015	36 118
Paraguay Paraguay	2005	168 243[4]	2.9[4]	3.0[4]	2.8[4]	50[5]	8[5]	...	58[5]
	2010	160 299[4]	2.6[4]	2.6[4]	2.5[4]	107[5]	8[5]	...	115[5]
	2015	156 462[4]	2.3[4]	2.4[4]	2.3[4]	161	39	...	200
	2020	169 567[4]	2.4[4]	2.4[4]	2.3[4]	1 016	1 514	3 349[1]	5 879
	2022	...	...	...	...	4 473	1 594	1 415	7 482
Peru Pérou	2005	77 877[4]	0.3[4]	0.3[4]	0.3[4]	848[5]	336[5]	1[5]	1 185[5]
	2010	104 706[4]	0.4[4]	0.4[4]	0.3[4]	1 146[5]	264[5]	1[5]	1 411[5]
	2015	154 774[4]	0.5[4]	0.6[4]	0.4[4]	1 407	366	...	1 773
	2020	1 224 519[4]	3.7[4]	3.9[4]	3.5[4]	2 935	500 678	607 140[1]	1 110 753
	2022	...	...	...	...	5 956	536 965	954 791	1 497 712
Philippines Philippines	2005	257 468[4,9]	0.3[4,9]	0.3[4,9]	0.3[4,9]	96[5]	42[5]	775[5]	913[5]
	2010	208 599[4,9]	0.2[4,9]	0.2[4,9]	0.2[4,9]	243[5]	73[5]	139 577[5]	139 893[5]
	2015	211 862[4,9]	0.2[4,9]	0.2[4,9]	0.2[4,9]	254	163	385 746	386 163
	2020	225 525[4,9]	0.2[4,9]	0.2[4,9]	0.2[4,9]	728[60]	338[60]	375 464[60]	376 530
	2022[60]	...	...	...	...	817	678	305 765	307 255
Poland Pologne	2005	722 509	1.9	1.6	2.1	4 604[5]	1 627[5]	75[5]	6 306[5]
	2010	642 417	1.7	1.4	1.9	15 555[5]	2 126[5]	763[5]	18 444[5]
	2015	611 855	1.6	1.4	1.8	15 741[12]	2 470	10 825	29 036
	2020	817 254	2.2	2.1	2.2	12 792	3 316	1 328	17 436
	2022	...	...	...	...	1 210 582	3 507	1 435	1 215 417
Portugal Portugal	2005	771 184	7.3	7.4	7.3	363[5]	...	...	363[5]
	2010	762 825	7.2	7.3	7.1	384[5]	72[5]	31[5]	487[5]
	2015	864 814	8.3	8.1	8.5	699[12]	641	14	1 354
	2020	1 001 963	9.8	9.9	9.7	2 353	479	14	2 846
	2022	...	...	...	...	48 670	2 858	79	51 552
Puerto Rico Porto Rico	2005	352 144	9.7	9.6	9.8	...	...	...	...
	2010	304 969	8.5	8.3	8.7	...	...	...	...
	2015	280 494	8.3	8.1	8.5	...	...	...	...
	2020	247 132	8.6	8.5	8.8	...	...	...	...
Qatar Qatar	2005	646 026[9]	74.6[9]	85.3[9]	52.6[9]	46[5]	28[5]	...	74[5]
	2010	1 456 413[9]	78.5[9]	85.0[9]	57.2[9]	51[5]	16[5]	1 200[5]	1 267[5]
	2015	1 687 640[9]	65.8[9]	72.6[9]	44.1[9]	133	100	1 200	1 433
	2020	2 226 192[9]	77.3[9]	85.1[9]	53.6[9]	203	100	1 200	1 503
	2022	...	...	...	...	197	311	1 200	1 708
Republic of Korea République de Corée	2005	486 065[4,9]	1.0[4,9]	1.2[4,9]	0.8[4,9]	69[5]	519[5]	...	588[5]
	2010	919 987[4,9]	1.9[4,9]	2.1[4,9]	1.6[4,9]	358[5]	712[5]	179[5]	1 249[5]
	2015	1 370 905[4,9]	2.7[4,9]	3.0[4,9]	2.4[4,9]	1 313	5 102	200	6 615
	2020	1 728 182[4,9]	3.4[4,9]	3.7[4,9]	3.0[4,9]	3 356	25 370	197	28 923
	2022[16]	...	...	...	...	3 559	12 146	202	15 902
Republic of Moldova République de Moldova	2005	171 122[61]	4.1[61]	3.4[61]	4.8[61]	84[5]	148[5]	1 543[5]	1 775[5]
	2010	129 488[61]	3.2[61]	2.7[61]	3.6[61]	148[5]	81[5]	2 032[5]	2 261[5]
	2015	106 374[61]	2.6[61]	2.2[61]	3.0[61]	389	164	6 233	6 786
	2020	104 438[61]	2.6[61]	2.2[61]	2.9[61]	431	80	3 433	3 944
	2022	...	...	...	...	79 477	8 117	1 701	89 295
Réunion Réunion	2005	115 076	14.5	15.2	13.9	...	...	...	...
	2010	123 029	14.8	15.6	14.1	...	...	...	...
	2015	127 209	14.7	15.4	14.1	...	...	...	...
	2020	131 769	14.7	15.4	14.1	...	...	...	...
Romania Roumanie	2005	145 162	0.7	0.7	0.7	2 056[5]	264[5]	400[5]	2 720[5]
	2010	177 211	0.9	0.9	0.9	1 021[5]	388[5]	321[5]	1 730[5]
	2015	281 048	1.4	1.5	1.3	2 426	138	294	2 858
	2020	705 310	3.7	4.1	3.2	3 655	453	186	4 294
	2022	...	...	...	...	88 137	875	467	89 182

4

International migrants and refugees *(continued)*

International migrant stock (number and percentage) and refugees and others of concern to UNHCR

Migrants internationaux et réfugiés *(suite)*

Stock de migrants internationaux (nombre et pourcentage) et réfugiés et autres personnes relevant de la compétence du HCR

Region, country or area Région, pays ou zone	Year Année	International Migrant Stock (mid-year) Stock de migrants internationaux (milieu de l'année) Total Total	% of total pop. % de la pop. totale MF HF	M H	F	Refugees and others of concern to UNHCR (mid-year) Réfugiés et autres personnes relevant de la compétence du HCR (milieu de l'année) Refugees[&] Réfugiés[&]	Asylum seekers Demandeurs d'asile	Other[&&] Autres[&&]	Total pop. Pop. totale
Russian Federation Fédération de Russie	2005	11 667 588	8.1	8.7	7.6	1 523[5]	292[5]	481 282[5]	483 097[5]
	2010	11 194 710	7.8	8.3	7.4	4 922[5]	1 463[5]	126 170[5]	132 555[5]
	2015	11 643 276	8.0	8.5	7.6	315 313	2 423	113 474[62]	431 210
	2020	11 636 911	8.0	8.4	7.6	28 909	661	63 966	93 536
	2022	...	...	...	...	1 458 388	4 662	52 150	1 515 172
Rwanda Rwanda	2005	423 187[4]	4.8[4]	4.9[4]	4.6[4]	45 206[5]	4 301[5]	14 849[5]	64 356[5]
	2010	426 901[4]	4.3[4]	4.3[4]	4.2[4]	55 398[5]	290[5]	2[5]	55 690[5]
	2015	514 647[4]	4.5[4]	4.6[4]	4.5[4]	132 743	253	2 557	135 553
	2020	513 907[4]	4.0[4]	4.1[4]	3.9[4]	144 194	338	5 969	150 501
	2022	...	...	...	...	121 874	356	16 405	138 635
Saint Helena[9,63] Sainte-Hélène[9,63]	2005	163	3.0	...	...	...	...	...	...
	2010	248	4.8	...	...	...	...	...	...
	2015	377	6.4	...	...	...	...	...	...
	2020	437	7.2	...	...	...	...	...	...
Saint Kitts and Nevis Saint-Kitts-et-Nevis	2005[4]	6 682	14.3	...	...	...	...	...	...
	2010[4]	7 245	14.8	...	...	...	...	...	...
	2015	7 443[4]	14.5[4]	...	...	1	...	...	1
	2020	7 725[4]	14.5[4]	...	...	4	...	...	4
	2022	...	...	...	...	...	...	60	60
Saint Lucia Sainte-Lucie	2005[4]	9 839	6.0	6.0	6.0	...	...	...	...
	2010	9 050[4]	5.2[4]	5.1[4]	5.3[4]	...	6[5]	1[5]	7[5]
	2015	8 673[4]	4.8[4]	4.7[4]	4.9[4]	2	2	60	64
	2020	8 338[4]	4.5[4]	4.4[4]	4.6[4]	2	1	...	3
Saint Pierre and Miquelon Saint-Pierre-et-Miquelon	2005	1 147	18.8	...	...	...	...	...	...
	2010	1 017	16.0	...	...	...	...	...	...
	2015	986	16.5	...	...	...	...	...	...
	2020	998	17.2	...	...	...	...	...	...
Saint Vincent & Grenadines Saint-Vincent-Grenadines	2005[4]	4 436	4.1	4.0	4.2	...	...	...	...
	2010[4]	4 569	4.2	4.2	4.3	...	...	...	...
	2015[4]	4 637	4.2	4.2	4.3	...	...	...	...
	2020	4 738[4]	4.3[4]	4.3[4]	4.2[4]	...	...	38[1]	38
	2022	...	...	...	...	...	...	5	5
Samoa Samoa	2005[4]	5 746	3.2	3.2	3.2	...	...	...	...
	2010[4]	5 122	2.8	2.7	2.8	...	...	...	...
	2015[4]	4 255	2.2	2.2	2.3	...	...	...	...
	2018	...	...	...	...	3	...	...	3
	2020	4 021[4]	2.0[4]	2.0[4]	2.1[4]	...	1	...	1
San Marino[9] Saint-Marin[9]	2005	4 218	14.4	...	...	...	...	...	...
	2010	4 880	15.6	...	...	...	...	...	...
	2015	5 195	15.6	...	...	...	...	...	...
	2020	5 543	16.3	...	...	...	...	...	...
Sao Tome and Principe[9] Sao Tomé-et-Principe[9]	2005	3 433	2.2	2.2	2.1	...	...	...	...
	2010	2 700	1.5	1.5	1.5	...	...	...	...
	2015	2 394	1.2	1.2	1.2	...	...	...	...
	2020	2 139	1.0	1.0	1.0	...	...	...	...
Saudi Arabia Arabie saoudite	2005	6 501 819[64]	27.3[64]	33.7[64]	19.3[64]	240 701[5]	212[5]	70 084[5]	310 997[5]
	2010	8 429 956[64]	30.7[64]	38.5[64]	20.8[64]	582[5]	87[5]	70 000[5]	70 669
	2015	10 771 366[64]	34.0[64]	41.4[64]	24.2[64]	211	93	70 000	70 304
	2020	13 454 842[64]	38.6[64]	45.9[64]	28.7[64]	331	2 604	70 000[65]	72 935
	2022	...	...	...	...	335	13 483	70 000	83 818
Senegal Sénégal	2005	238 298[4]	2.1[4]	2.3[4]	2.0[4]	20 712[5]	2 629[5]	12[5]	23 353[5]
	2010	256 092[4]	2.0[4]	2.2[4]	1.8[4]	20 672[5]	2 177[5]	1 401[5]	24 250[5]
	2015	266 496[4]	1.8[4]	2.0[4]	1.7[4]	14 304	2 956	...	17 260
	2020	274 929[4]	1.6[4]	1.8[4]	1.5[4]	14 345	1 862	...	16 207
	2021	...	...	...	...	14 505	2 005	5	16 515
	2022	...	...	...	...	11 779	267	...	12 046

International migrants and refugees *(continued)*

International migrant stock (number and percentage) and refugees and others of concern to UNHCR

Migrants internationaux et réfugiés *(suite)*

Stock de migrants internationaux (nombre et pourcentage) et réfugiés et autres personnes relevant de la compétence du HCR

Region, country or area Région, pays ou zone	Year Année	International Migrant Stock (mid-year) Stock de migrants internationaux (milieu de l'année) Total Total	% of total pop. % de la pop. totale MF HF	M H	F	Refugees and others of concern to UNHCR (mid-year) Réfugiés et autres personnes relevant de la compétence du HCR (milieu de l'année) Refugees[&] Réfugiés[&]	Asylum seekers Demandeurs d'asile	Other[&&] Autres[&&]	Total pop. Pop. totale
Serbia Serbie	2005[66]	854 848	9.3	8.5	10.1	148 264[5]	33[5]	338 641[5]	486 938[5]
	2010[66]	826 275	9.2	8.3	10.1	73 608[5]	209[5]	238 810[5]	312 627[5]
	2015[66]	807 441	9.1	8.2	10.0	35 309	464	223 949	259 722
	2020[66]	823 011	9.4	8.5	10.3	26 084	237	221 053	247 374
	2022	...	...	...	...	26 417	282	219 257	245 946
Seychelles Seychelles	2005	8 997	10.1	13.1	7.2	...	...	...	...
	2010	11 420	12.5	16.6	8.2	...	...	...	...
	2015	12 791	13.5	18.3	8.3	...	...	...	...
	2018	...	...	...	...	...	1	...	1
	2020	13 050	13.3	18.1	8.2	...	...	...	...
Sierra Leone Sierra Leone	2005	146 227[4]	2.6[4]	2.7[4]	2.4[4]	59 965[5]	177[5]	6 202[5]	66 344[5]
	2010	79 265[4]	1.2[4]	1.4[4]	1.1[4]	8 363[5]	210[5]	38[5]	8 611[5]
	2015	58 830[4]	0.8[4]	0.9[4]	0.7[4]	1 371	16	...	1 387
	2017	...	...	...	...	693	1	...	694
	2020	53 746[4]	0.7[4]	0.8[4]	0.6[4]	371	...	1	372
	2022	...	...	...	...	10	...	...	10
Singapore Singapour	2005	1 710 594	40.1	35.2	45.1	3[5]	1[5]	...	4[5]
	2010	2 164 794	42.2	35.8	49.2	7[5]	...	...	7[5]
	2015	2 483 405	44.4	37.5	52.0	...	...	1	1
	2020	2 523 648	43.1	36.3	50.6	2	...	1 304	1 306
	2022	...	...	...	...	...	...	1 109	1 109
Sint Maarten (Dutch part) St-Martin (partie néerland.)	2005[4]	13 099	39.2	...	...	...	...	...	...
	2010	26 203[4]	76.7[4]	...	...	1[5]	3[5]	...	4[5]
	2015	27 295[4]	68.3[4]	...	...	3	5	...	8
	2020	28 845[4]	67.3[4]	...	...	8	2	1	11
	2022	...	...	...	...	...	92	...	92
Slovakia Slovaquie	2005	130 491	2.4	2.2	2.6	368[5]	2 707[5]	...	3 075[5]
	2010	146 319	2.7	2.6	2.9	461[5]	267[5]	911[5]	1 639[5]
	2015	177 624	3.3	3.4	3.2	799[12]	61	1 671	2 531
	2020	197 161	3.6	3.8	3.4	991	41	1 523	2 555
	2022	...	...	...	...	84 885	50	2 940	87 866
Slovenia Slovénie	2005	217 218	10.9	12.0	9.9	251[5]	185[5]	715[5]	1 151[5]
	2010	253 786	12.4	14.3	10.5	314[5]	121[5]	4 119[5]	4 554[5]
	2015	237 616	11.5	13.1	9.9	283	43	4	330
	2020	277 964	13.4	15.7	11.0	818	469	1	1 288
	2021	...	...	...	...	833	254	57	1 144
	2022	...	...	...	...	7 570	990	...	8 560
Solomon Islands Îles Salomon	2005[4]	3 271	0.7	0.8	0.6	...	...	...	...
	2010[4]	2 760	0.5	0.6	0.5	...	...	...	...
	2015	2 585[4]	0.4[4]	0.5[4]	0.4[4]	3	...	...	3
	2016	...	...	...	...	3	...	...	3
	2019	...	...	...	...	...	4	...	4
	2020[4]	2 520	0.4	0.4	0.3	...	...	...	...
Somalia Somalie	2005	* 20 768[4]	* 0.2[4]	* 0.2[4]	* 0.2[4]	493[5]	98[5]	400 000[5]	400 591[5]
	2010	* 48 106[4]	* 0.4[4]	* 0.4[4]	* 0.4[4]	1 937[5]	24 111[5]	1 463 780[5]	1 489 828[5]
	2015	* 40 990[4]	* 0.3[4]	* 0.3[4]	* 0.3[4]	3 582	9 320	1 152 073	1 164 975
	2020	* 58 590[4]	* 0.4[4]	* 0.4[4]	* 0.3[4]	14 732	15 263	2 671 806	2 701 801
	2022	...	...	...	...	15 118	18 175	2 968 986	3 002 279
South Africa Afrique du Sud	2005	1 351 031[4]	2.8[4]	3.3[4]	2.3[4]	29 714[5]	140 095[5]	100[5]	169 909[5]
	2010	2 114 801[4]	4.1[4]	4.8[4]	3.4[4]	57 899[5]	171 702[5]	134[5]	229 735[5]
	2015	3 231 728[4]	5.8[4]	6.5[4]	5.2[4]	114 512	798 080	...	912 592
	2020	2 860 495[4]	4.8[4]	5.6[4]	4.1[4]	78 398[67]	188 296[67]	...	266 694
	2022	...	...	...	...	75 030	165 047	...	240 077
South Sudan Soudan du sud	2010[4]	230 732	2.4	2.5	2.3	...	...	...	...
	2015	844 112[4]	7.9[4]	8.0[4]	7.7[4]	265 887	632	1 792 014[68]	2 058 533
	2020	882 252[4]	7.9[4]	7.9[4]	7.8[4]	302 137	3 787	1 785 030	2 090 954
	2022	...	...	...	...	337 120	4 256	2 326 305	2 667 681

4

International migrants and refugees *(continued)*

International migrant stock (number and percentage) and refugees and others of concern to UNHCR

Migrants internationaux et réfugiés *(suite)*

Stock de migrants internationaux (nombre et pourcentage) et réfugiés et autres personnes relevant de la compétence du HCR

Region, country or area / Région, pays ou zone	Year / Année	International Migrant Stock (mid-year) / Stock de migrants internationaux (milieu de l'année): Total / Total	% of total pop. / % de la pop. totale: MF / HF	M / H	F	Refugees and others of concern to UNHCR (mid-year) / Réfugiés et autres personnes relevant de la compétence du HCR (milieu de l'année): Refugees& / Réfugiés&	Asylum seekers / Demandeurs d'asile	Other&& / Autres&&	Total pop. / Pop. totale
Spain / Espagne	2005	4 107 226[69]	9.3[69]	9.9[69]	8.8[69]	5 374[5]	...	27[5]	5 401[5]
	2010	6 280 062[69]	13.4[69]	14.0[69]	12.8[69]	3 820[5]	2 712[5]	31[5]	6 563[5]
	2015	5 891 208[69]	12.6[69]	12.6[69]	12.7[69]	5 798[12]	11 020	440	17 258
	2020	6 842 202[69]	14.6[69]	14.2[69]	15.0[69]	81 222	117 975	4 885	204 082
	2022	...	...	...	...	263 803	124 030	12 962	394 306
Sri Lanka / Sri Lanka	2005	39 526[4]	0.2[4]	0.2[4]	0.2[4]	106[5]	121[5]	351 884[5]	352 111[5]
	2010	38 959[4]	0.2[4]	0.2[4]	0.2[4]	223[5]	138[5]	434 903[5]	435 264[5]
	2015	39 706[4]	0.2[4]	0.2[4]	0.2[4]	848	461	50 499[70]	51 808
	2020	40 254[4]	0.2[4]	0.2[4]	0.2[4]	980	285	25 320[71]	26 585
	2022	...	...	...	...	736	169	9 017	9 887
State of Palestine / État de Palestine	2005[72]	274 520	7.7	6.9	8.5	...	...	...	...
	2010[72]	273 840	6.8	6.1	7.5	...	...	...	...
	2015	273 163[72]	6.0[72]	5.4[72]	6.7[72]	...	...	3	3
	2020[72]	272 784	5.3	4.8	5.9	...	...	...	...
Sudan / Soudan	2005	546 419[4]	1.8[4]	1.8[4]	1.7[4]	147 256[5]	4 425[5]	878 067[5]	1 029 748[5]
	2010	618 709[4]	1.8[4]	1.8[4]	1.8[4]	178 308[5]	6 046[5]	1 767 167[5]	1 951 521[5]
	2015	620 523[4]	1.6[4]	1.6[4]	1.6[4]	356 191	11 448	2 400 270[73]	2 767 909
	2020	1 379 147[4]	3.1[4]	3.1[4]	3.2[4]	1 058 771	15 290	1 889 519	2 963 580
	2022	...	...	...	...	1 112 303	28 738	3 040 300	4 181 341
Suriname / Suriname	2005[4,9]	33 662	6.7	7.3	6.2	...	...	...	...
	2010	39 713[4,9]	7.5[4,9]	8.1[4,9]	6.9[4,9]	1[5]	7[5]	...	8[5]
	2015	43 127[4,9]	7.7[4,9]	8.4[4,9]	7.0[4,9]	1	...	...	1
	2018	...	...	...	...	47	70	2	119
	2020	47 801[4,9]	8.1[4,9]	8.9[4,9]	7.4[4,9]	54	1 854	...	1 908
	2022	...	...	...	...	30	2 456	...	2 486
Sweden / Suède	2005	1 125 790	12.5	12.0	12.9	74 915[5]	15 702[5]	5 785[5]	96 402[5]
	2010	1 337 214	14.2	13.9	14.6	82 629[5]	18 635[5]	9 545[5]	110 809[5]
	2015	1 602 522	16.4	16.1	16.7	142 207[12]	56 135	27 167	225 509
	2020	2 003 908	19.8	19.9	19.8	251 076	22 916	30 305	304 297
	2022	...	...	...	...	276 381	14 131	46 515	315 123
Switzerland / Suisse	2005	1 805 437	24.4	25.5	23.4	48 030[5]	14 428[5]	990[5]	63 448[5]
	2010	2 075 182	26.6	26.1	27.0	48 813[5]	12 916[5]	127[5]	61 856[5]
	2015	2 258 196	27.2	26.9	27.6	69 390	17 085	76	86 551
	2020	2 491 249	28.8	28.5	29.1	115 204	7 719	...	122 923
	2022	...	...	...	...	112 835	8 122	998	121 064
Syrian Arab Republic / République arabe syrienne	2005	882 398[4,9]	4.8[4,9]	4.8[4,9]	4.8[4,9]	26 089[5]	1 898[5]	300 001[5]	327 988[5]
	2010	1 783 595[4,9]	8.3[4,9]	8.4[4,9]	8.2[4,9]	1 005 472[5]	2 446[5]	300 194[5]	1 308 112[5]
	2015	835 716[4,9]	4.6[4,9]	4.7[4,9]	4.6[4,9]	149 200[74]	4 839	7 792 500	7 946 539
	2020	868 711[4,9]	5.0[4,9]	4.9[4,9]	5.0[4,9]	15 321	8 767	6 943 081[75]	6 967 169
	2022	...	...	...	...	14 115	7 662	7 048 873	7 070 650
Tajikistan / Tadjikistan	2005	280 466[4]	4.1[4]	3.6[4]	4.7[4]	1 018[5]	22[5]	25[5]	1 065[5]
	2010	279 808[4]	3.7[4]	3.2[4]	4.2[4]	3 131[5]	1 656[5]	2 338[5]	7 125[5]
	2015	275 101[4]	3.3[4]	2.8[4]	3.7[4]	1 782	79	10 082[76]	11 943
	2020	276 031[4]	2.9[4]	2.5[4]	3.3[4]	5 208	623	6 017	11 848
	2022	...	...	...	...	9 629	1 638	4 898	16 165
Thailand / Thaïlande	2005	2 195 610[4]	3.4[4]	3.4[4]	3.3[4]	117 053[5]	32 163[5]	136[5]	149 352[5]
	2010	3 234 381[4]	4.8[4]	4.9[4]	4.7[4]	96 675[5]	10 250[5]	542 505[5]	649 430[5]
	2015	3 470 220[4]	5.1[4]	5.2[4]	4.9[4]	110 372	8 166	506 718[77]	625 256
	2020	3 632 496[4]	5.2[4]	5.4[4]	5.1[4]	97 706	846	474 996[78]	573 548
	2022	...	...	...	...	96 309	680	567 114	663 889
Timor-Leste / Timor-Leste	2005	11 286[4]	1.1[4]	1.1[4]	1.2[4]	3[5]	10[5]	...	13[5]
	2010	11 540[4]	1.1[4]	1.1[4]	1.1[4]	1[5]	4[5]	...	5[5]
	2015	8 520[4]	0.7[4]	0.9[4]	0.6[4]	...	...	5	5
	2019	...	...	...	...	...	...	2	2
	2020[4]	8 399	0.6	0.8	0.5	...	...	...	...

4 International migrants and refugees *(continued)*

International migrant stock (number and percentage) and refugees and others of concern to UNHCR

Migrants internationaux et réfugiés *(suite)*

Stock de migrants internationaux (nombre et pourcentage) et réfugiés et autres personnes relevant de la compétence du HCR

Region, country or area Région, pays ou zone	Year Année	International Migrant Stock (mid-year) Stock de migrants internationaux (milieu de l'année) Total Total	% of total pop. % de la pop. totale MF HF	M H	F	Refugees and others of concern to UNHCR (mid-year) Réfugiés et autres personnes relevant de la compétence du HCR (milieu de l'année) Refugees& Réfugiés&	Asylum seekers Demandeurs d'asile	Other&& Autres&&	Total pop. Pop. totale
Togo Togo	2005	204 219[4,9]	3.6[4,9]	3.7[4,9]	3.6[4,9]	9 287[5]	420[5]	9 012[5]	18 719[5]
	2010	255 564[4,9]	4.0[4,9]	4.1[4,9]	3.9[4,9]	14 051[5]	151[5]	5[5]	14 207[5]
	2015	277 384[4,9]	3.8[4,9]	3.8[4,9]	3.7[4,9]	21 877	687	...	22 564
	2019	...	...	...	...	12 333	677	15	13 025
	2020	279 936[4,9]	3.4[4,9]	3.4[4,9]	3.3[4,9]	12 015	675	...	12 690
	2022	...	...	...	...	10 544	661	...	11 205
Tokelau [4] Tokélaou [4]	2005	1 003	82.7	...	...	...	...	...	...
	2010	1 128	99.9	...	...	...	...	...	...
	2015	1 185	95.0	...	...	...	...	...	...
	2020	1 238	91.7	...	...	...	...	...	...
Tonga Tonga	2005[4]	4 301	4.3	4.6	3.9	...	...	...	...
	2010	4 607[4]	4.4[4]	4.8[4]	4.1[4]	...	3[5]	...	3[5]
	2015[4]	3 954	3.9	4.3	3.6	...	...	...	...
	2020	3 742[4]	3.5[4]	3.9[4]	3.2[4]	...	1	...	1
Trinidad and Tobago Trinité-et-Tobago	2005[4]	44 812	3.5	3.2	3.7	...	...	...	...
	2010	48 226[4]	3.6[4]	3.5[4]	3.7[4]	29[5]	102[5]	...	131[5]
	2015	50 021[4]	3.7[4]	3.6[4]	3.7[4]	121	59	...	180
	2020	78 849[4]	5.6[4]	5.7[4]	5.6[4]	2 646	15 879	8 358[1]	26 883
	2022	...	...	...	...	3 477	18 494	9 648	31 619
Tunisia Tunisie	2005	35 040[4,9]	0.3[4,9]	0.4[4,9]	0.3[4,9]	87[5]	26[5]	...	113[5]
	2010	43 172[4,9]	0.4[4,9]	0.4[4,9]	0.4[4,9]	89[5]	23[5]	3[5]	115[5]
	2015	56 532[4,9]	0.5[4,9]	0.5[4,9]	0.5[4,9]	824	156	3	983
	2020	60 145[4,9]	0.5[4,9]	0.5[4,9]	0.5[4,9]	2 184	2 508	42	4 734
	2022	...	...	...	...	3 322	6 178	45	9 545
Türkiye Türkiye	2005	1 324 108[4]	2.0[4]	1.9[4]	2.0[4]	2 399[5]	4 872[5]	1 434[5]	8 705[5]
	2010	1 373 749[4]	1.9[4]	1.8[4]	2.0[4]	10 032[5]	6 715[5]	1 086[5]	17 833[5]
	2015	4 346 197[4]	5.5[4]	6.2[4]	4.9[4]	1 838 848[79]	145 335	1 086	1 985 269
	2020	6 052 652[4]	7.2[4]	7.5[4]	6.9[4]	3 577 477[80]	328 257	1	3 905 735
	2022	...	...	...	...	3 673 808	294 078	5	3 967 891
Turkmenistan Turkménistan	2005	213 053[4]	4.5[4]	4.3[4]	4.6[4]	11 963[5]	2[5]	45[5]	12 010[5]
	2010	197 979[4]	3.9[4]	3.6[4]	4.2[4]	62[5]	...	20 000[5]	20 062[5]
	2015	196 376[4]	3.5[4]	3.3[4]	3.7[4]	27	...	7 144	7 171
	2020	194 920[4]	3.2[4]	3.1[4]	3.3[4]	21	...	3 790[81]	3 811
	2022	...	...	...	...	14	...	4 463	4 477[82]
Turks and Caicos Islands Îles Turques-et-Caïques	2005[4]	13 115	46.5	...	...	...	...	...	...
	2010[4]	17 216	52.7	...	...	...	...	...	...
	2015	22 723[4]	63.2[4]	...	...	4	4	...	8
	2020	25 748[4]	66.5[4]	...	...	4	3	...	7
	2021	...	...	...	...	8	5	...	13
	2022	...	...	...	...	7	...	...	7
Tuvalu [9] Tuvalu [9]	2005	209	2.1	...	...	...	...	...	...
	2010	220	2.1	...	...	...	...	...	...
	2015	230	2.1	...	...	...	...	...	...
	2020	239	2.0	...	...	...	...	...	...
Uganda Ouganda	2005	593 308[4]	2.1[4]	2.1[4]	2.1[4]	257 256[5]	1 809[5]	1 636[5]	260 701[5]
	2010	492 930[4]	1.5[4]	1.5[4]	1.5[4]	135 801[5]	20 804[5]	437 775[5]	594 380[5]
	2015	851 175[4]	2.2[4]	2.2[4]	2.2[4]	428 397	38 068	180 000	646 465
	2020	1 720 313[4]	3.8[4]	3.7[4]	3.8[4]	1 396 780	28 260	2 351 314	3 776 354
	2022	...	...	...	...	1 489 559	39 713	67 000	1 596 272[83]
Ukraine Ukraine	2005	5 050 302[84]	10.8[84]	10.0[84]	11.5[84]	2 346[5]	1 618[5]	72 896[5]	76 860[5]
	2010	4 818 767[84]	10.5[84]	9.8[84]	11.1[84]	3 022[5]	2 981[5]	40 357[5]	46 360[5]
	2015	4 915 142[84]	10.9[84]	10.2[84]	11.6[84]	3 232	6 169	1 417 179	1 426 580
	2020	4 997 387[84]	11.4[84]	10.6[84]	12.1[84]	2 218	2 271	2 449 642[85]	2 454 131
	2022	...	...	...	...	2 345[86]	1 325[86]	6 311 459[86]	6 315 119
United Arab Emirates Émirats arabes unis	2005	3 281 115[4,9]	71.5[4,9]	74.0[4,9]	65.7[4,9]	104[5]	79[5]	...	183[5]
	2010	7 316 697[4,9]	85.6[4,9]	85.4[4,9]	86.0[4,9]	538[5]	86[5]	...	624[5]
	2015	7 995 126[4,9]	86.3[4,9]	90.3[4,9]	76.8[4,9]	424	378	...	802
	2020	8 716 332[4,9]	88.1[4,9]	93.9[4,9]	75.2[4,9]	1 288	7 231	135	8 654
	2022	...	...	...	...	1 405	7 152	123	8 680

4 International migrants and refugees *(continued)*

International migrant stock (number and percentage) and refugees and others of concern to UNHCR

Migrants internationaux et réfugiés *(suite)*

Stock de migrants internationaux (nombre et pourcentage) et réfugiés et autres personnes relevant de la compétence du HCR

Region, country or area Région, pays ou zone	Year Année	International Migrant Stock (mid-year) Stock de migrants internationaux (milieu de l'année) Total Total	% of total pop. % de la pop. totale MF HF	M H	F	Refugees and others of concern to UNHCR (mid-year) Réfugiés et autres personnes relevant de la compétence du HCR (milieu de l'année) Refugees& Réfugiés&	Asylum seekers Demandeurs d'asile	Other&& Autres&&	Total pop. Pop. totale
United Kingdom Royaume-Uni	2005	5 926 156	9.8	9.5	10.1	303 181[5]	12 500[5]	909[5]	316 590[5]
	2010	7 119 664	11.2	11.1	11.4	238 150[5]	14 880[5]	229[5]	253 259[5]
	2015	8 406 996	12.8	12.4	13.1	117 234[12]	37 829	16	155 079
	2020	9 359 587	13.8	13.3	14.3	134 936	56 476	184	191 596
	2022	…	…	…	…	231 597	127 421	5 776	359 311
United Rep. of Tanzania Rép.-Unie de Tanzanie	2005	771 153[4,87]	2.0[4,87]	2.5[4,87]	1.5[4,87]	548 824[5]	307[5]	81 519[5]	630 650[5]
	2010	309 847[4,87]	0.7[4,87]	0.7[4,87]	0.7[4,87]	109 286[5]	1 247[5]	163 269[5]	273 802[5]
	2015	384 567[4,87]	0.7[4,87]	0.7[4,87]	0.8[4,87]	159 014	1 150	168 019	328 183
	2020	426 017[4,87]	0.7[4,87]	0.7[4,87]	0.7[4,87]	239 744	29 599	23 866	293 209
	2022	…	…	…	…	208 272	28 294	12 046	248 612
United States of America États-Unis d'Amérique	2005	39 258 293	13.3	13.5	13.1	379 340[5]	169 743[5]	76	…
	2010	44 183 643	14.3	14.2	14.4	264 569[5]	6 285[5]	89	…
	2015	48 178 877	15.0	14.8	15.3	* 267 222[12]	224 508	…	491 730
	2020	50 632 836	15.3	14.9	15.6	348 360	925 659	…	1 274 019
	2022	…	…	…	…	347 851	1 439 653	47	1 787 504
United States Virgin Islands Îles Vierges américaines	2005	56 647	52.5	51.3	53.7	…	…	…	…
	2010	56 684	53.4	52.6	54.2	…	…	…	…
	2015	56 721	54.0	53.4	54.6	…	…	…	…
	2020	56 753	54.3	53.9	54.7	…	…	…	…
Uruguay Uruguay	2005	82 317[4]	2.5[4]	2.4[4]	2.6[4]	121[5]	9[5]	…	130[5]
	2010	76 303[4]	2.3[4]	2.1[4]	2.4[4]	189[5]	40[5]	…	229[5]
	2015	78 799[4]	2.3[4]	2.2[4]	2.4[4]	289	68	…	357
	2020	108 267[4]	3.1[4]	3.0[4]	3.2[4]	563	12 391	14 238[1]	27 192
	2022	…	…	…	…	983	13 108	18 767	32 853
Uzbekistan Ouzbékistan	2005	1 329 932[4]	5.0[4]	4.5[4]	5.6[4]	43 950[5]	587[5]	5[5]	44 542[5]
	2010	1 220 149[4]	4.3[4]	3.9[4]	4.6[4]	311[5]	…	2[5]	313[5]
	2015	1 170 873[4]	3.8[4]	3.5[4]	4.0[4]	118	…	86 703	86 821
	2020	1 162 007[4]	3.5[4]	3.3[4]	3.7[4]	14	…	92 808	92 822
	2022	…	…	…	…	13 031	…	31 829	44 860
Vanuatu Vanuatu	2005[4]	2 800	1.3	1.3	1.4	…	…	…	…
	2010	2 991[4]	1.3[4]	1.2[4]	1.3[4]	4[5]	…	…	4[5]
	2015	3 186[4]	1.2[4]	1.2[4]	1.2[4]	…	1	…	1
	2020[4]	3 257	1.1	1.0	1.1	…	…	…	…
	2021	…	…	…	…	…	5	…	5
Venezuela (Boliv. Rep. of) Venezuela (Rép. boliv. du)	2005	1 076 474[4]	4.1[4]	4.1[4]	4.1[4]	408[5]	5 912[5]	200 001[5]	206 321[5]
	2010	1 347 347[4]	4.7[4]	4.8[4]	4.7[4]	201 547[5]	15 859[5]	…	217 406[5]
	2015	1 404 448[4]	4.7[4]	4.7[4]	4.6[4]	174 191	704	…	174 895
	2020	1 324 193[4]	4.7[4]	4.7[4]	4.6[4]	67 836	6	359 493	427 335
	2022	…	…	…	…	39 345	1 045	3 206 577	3 246 967
Viet Nam Viet Nam	2005	51 768[4,9]	0.1[4,9]	0.1[4,9]	~0.0[4,9]	2 357[5]	…	15 000[5]	17 357[5]
	2010	61 756[4,9]	0.1[4,9]	0.1[4,9]	0.1[4,9]	1 928[5]	…	10 200[5]	12 128[5]
	2015	72 793[4,9]	0.1[4,9]	0.1[4,9]	0.1[4,9]	…	…	11 000	11 000
	2020	76 767[4,9]	0.1[4,9]	0.1[4,9]	0.1[4,9]	1	…	30 581	30 582
	2022	…	…	…	…	…	…	35 475	35 475
Wallis and Futuna Islands [4] Îles Wallis-et-Futuna [4]	2005	2 191	14.7	…	…	…	…	…	…
	2010	2 111	16.6	…	…	…	…	…	…
	2015	2 050	16.7	…	…	…	…	…	…
	2020	2 040	18.1	…	…	…	…	…	…
Western Sahara Sahara occidental	*2005	3 891	0.9	1.0	0.8	…	…	…	…
	*2010	4 493	0.9	1.0	0.8	…	…	…	…
	*2015	5 179	1.0	1.1	0.8	…	…	…	…
	*2020	5 424	0.9	1.0	0.8	…	…	…	…
Yemen Yémen	2005	171 871[4,9]	0.9[4,9]	1.0[4,9]	0.7[4,9]	81 937[5]	798[5]	48[5]	82 783[5]
	2010	288 394[4,9]	1.2[4,9]	1.3[4,9]	1.2[4,9]	190 092[5]	2 557[5]	315 929[5]	508 578[5]
	2015	379 882[4,9]	1.4[4,9]	1.5[4,9]	1.4[4,9]	263 047	9 902	1 267 590	1 540 539
	2020	387 113[4,9]	1.3[4,9]	1.5[4,9]	1.1[4,9]	272 112	11 377	3 726 533	4 010 022
	2022	…	…	…	…	83 516	13 802	4 288 761	4 386 079

4

International migrants and refugees *(continued)*

International migrant stock (number and percentage) and refugees and others of concern to UNHCR

Migrants internationaux et réfugiés *(suite)*

Stock de migrants internationaux (nombre et pourcentage) et réfugiés et autres personnes relevant de la compétence du HCR

Region, country or area / Région, pays ou zone	Year / Année	International Migrant Stock (mid-year) / Stock de migrants internationaux (milieu de l'année): Total / Total	% of total pop. / % de la pop. totale: MF / HF	M / H	F	Refugees and others of concern to UNHCR (mid-year) / Réfugiés et autres personnes relevant de la compétence du HCR (milieu de l'année): Refugees& / Réfugiés&	Asylum seekers / Demandeurs d'asile	Other&& / Autres&&	Total pop. / Pop. totale
Zambia / Zambie	2005	252 895[4]	2.1[4]	2.2[4]	2.1[4]	155 718[5]	146[5]	29 833[5]	185 697[5]
	2010	149 962[4]	1.1[4]	1.1[4]	1.1[4]	47 857[5]	325[5]	9 687[5]	57 869[5]
	2015	132 107[4]	0.8[4]	0.8[4]	0.8[4]	25 737	2 606	23 415	51 758
	2020	187 955[4]	1.0[4]	1.1[4]	1.0[4]	61 137	4 448	23 427	89 012
	2022	...	...	...	...	75 508	6 392	23 964	105 864
Zimbabwe / Zimbabwe	2005	402 226[4]	3.3[4]	4.0[4]	2.7[4]	13 850[5]	118[5]	7[5]	13 975[5]
	2010	398 307[4]	3.1[4]	3.8[4]	2.6[4]	4 435[5]	416[5]	...	4 851[5]
	2015	400 482[4]	2.9[4]	3.4[4]	2.4[4]	6 085	123	* 301 883	308 091
	2020	416 141[4]	2.8[4]	3.3[4]	2.3[4]	9 118	11 766	271 263[88]	292 147
	2022[88]	...	...	...	...	9 939	11 840	904	22 683

Source:

United Nations Population Division, New York, International migrant stock: The 2020 Revision, last accessed January 2022.

United Nations High Commissioner for Refugees (UNHCR), Geneva, UNHCR Population Statistics Database, last accessed May 2023.

Source:

Organisation des Nations Unies, Division de la population, New York, « International migrant stock: The 2020 Revision », derniér accéss janvier 2022.

Haut-Commissariat des Nations Unies pour les réfugiés (HCR), Genève, base de données statistique du HCR, dernier accès mai 2023.

& Number of refugees or persons in refugee-like situations as reported by the Office of the United Nations High Commissioner for Refugees (UNHCR). && Figure includes sum of returned refugees, internally displaced persons (IDPs) protected/assisted by UNHCR, including people in IDP like situations, returned IDPs, Persons under UNHCR's stateless mandate, and others of concern to UNHCR categories.

&Nombre de réfugiés ou de personnes en situation analogue à celle de réfugiés, tel que donné par le Bureau des Nations Unies. && Les chiffres correspondent au total des réfugiés rapatriés, des personnes déplacées protégées ou assistées par le HCR, notamment celles se trouvant dans une situation analogue à celle des personnes déplacées, des personnes déplacées de retour, des apatrides relevant du mandat du HCR et d'autres catégories de personnes relevant de la compétence du HCR.

1 Including Venezuelans displaced abroad.
2 Exclude 1122390 Stateless persons of Rohingya ethnicity in Bangladesh, India, Indonesia, Malaysia, Myanmar, Nepal, Pakistan, Sri Lanka, and Thailand.
3 Including Pitcairn.
4 Including refugees.
5 Data as at the end of December.
6 UNHCR estimates the number of people with undetermined nationality (at risk of statelessness) from various sources.
7 According to the Government of Algeria, there are an estimated 165,000 Sahrawi refugees in the Tindouf camps.
8 The Government estimates 165,000 Sahrawi refugees. Persons in need of humanitarian assistance services is estimated to be higher.
9 Refers to foreign citizens.
10 Including Christmas Island, Cocos (Keeling) Islands and Norfolk Island.
11 Asylum-seekers are based on the number of applications lodged for protection visas.
12 Data relates to the end of 2014.
13 Refugee estimate methodology under review.
14 Including Nagorno-Karabakh.
15 The refugee population includes 200,000 persons originating from Myanmar in a refugee-like situation. The Government of Bangladesh estimates the population to be between 300,000 and 500,000.

1 Y compris les Vénézuéliens déplacés à l'étranger.
2 Exclut 1122390 apatrides de l'ethnie Rohingya au Bangladesh, en Inde, en Indonésie, en Malaisie, au Myanmar, au Népal, au Pakistan, au Sri Lanka et en Thaïlande.
3 Y compris Pitcairn.
4 Y compris les réfugiés.
5 Données à la fin de décembre.
6 Le HCR estime le nombre de personnes de nationalité indéterminée (à risque d'apatridie) à partir de diverses sources.
7 Selon le Gouvernement algérien, les camps de Tindouf accueillent environ 165 000 réfugiés sahraouis.
8 Le gouvernement estime à 165 000 le nombre de réfugiés sahraouis. On estime que le nombre de personnes ayant besoin de services d'assistance humanitaire est plus élevé.
9 Se rapportent aux citoyens étrangers.
10 Y compris l'île Christmas, les îles des Cocos (Keeling) et l'île Norfolk.
11 Les chiffres de l'Australie concernant les demandeurs d'asile sont établis sur la base du nombre de demandes de visa de protection présentées.
12 Le nombre se rapporte à fin 2014.
13 Méthodologie d'estimation des réfugiés en cours de révision.
14 Y compris le Haut-Karabakh.
15 Au nombre des réfugiés figurent 200 000 personnes originaires du Myanmar se trouvant dans une situation analogue à celle des réfugiés. Le Gouvernement bangladais estime que le nombre de réfugiés se situe entre 300 000 et 500 000.

16 Data is as of end-2021.
17 Bonaire only.
18 No official number of refugees residing in Bulgaria is available. It is estimated that between 1,000 and 2,000 refugees and humanitarian status holders remain in the country.
19 The statistics on asylum-seekers (new applications, re-opened/repeat applications and/or appeal application) and refugees individually recognized in Canada include persons who had their claim assessed before the Refugee Protection Division and the Refugee Appeal Division of the Immigration Refugee Board as well as by the Department of Immigration, Refugees and Citizenship Canada through a Pre-Removal Risk Assessment.
20 Refers to Guernsey, and Jersey. For statistical purposes, the data for United Kingdom do not include this area.
21 The number of other people in need of international protection is estimated from the Refugee and Migrant Response Plan.
22 For statistical purposes, the data for China do not include those for the Hong Kong Special Administrative Region (Hong Kong SAR), Macao Special Administrative Region (Macao SAR) and Taiwan Province of China.
23 The 300,000 Vietnamese refugees are well integrated and in practice receive protection from the Government of China.
24 The 303,100 Vietnamese refugees are well integrated and in practice receive protection from the Government of China.
25 Indo-Chinese population is no longer considered as refugees since June 2022.
26 With regard to the statelessness figures, in 2020, Colombia granted nationality by birth to 7,700 children with undetermined nationality born in Colombia to Venezuelan parents displaced abroad. As these children were both identified as persons with undetermined nationality and granted Colombian nationality in 2020, there was no impact on the figures reported.
27 The National Victims Registry contains the historical accumulated figure of the number of victims of displacement (exceeding 8.2 million) which includes the number of IDPs who are subject to attention and/or reparation established in Colombian Law 1448 (6.7 million).
28 Includes 65,200 applications by Nicaraguans during the first half of the year to formalize their asylum claim. Of these, 38,800 claims were formalized, 12,700 remained to be formalized and 13,700 were closed.
29 The new statelessness figure is based on a 2019 mapping study jointly conducted by the Government and UNHCR.
30 On 30 June 2022, the cessation clause for Ivorian refugees recommended by UNHCR came into effect.
31 Refers to the whole country.
32 All refugees are assessed on an individual basis by the National Commission for Refugees.
33 For statistical purposes, the data for Denmark do not include Faroe Islands, and Greenland.
34 Revised estimate includes only individuals born in the country where both parents were born abroad. This estimate does not include subsequent generations of individuals of foreign descent as such it does not include all persons without nationality.

16 Les données sont à fin 2021.
17 Bonaire seulement.
18 Aucun nombre officiel de réfugiés résidant en Bulgarie n'est disponible. On estime qu'entre 1 000 et 2 000 réfugiés et titulaires du statut humanitaire restent dans le pays.
19 Les statistiques sur les demandeurs d'asile (nouvelles demandes, demandes rouvertes/réitérées et/ou demandes d'appel) et les réfugiés reconnus individuellement au Canada incluent les personnes dont la demande a été évaluée devant la Section de la protection des réfugiés et la Section d'appel des réfugiés de la Commission de l'immigration et du statut de réfugié. ainsi que par le ministère de l'Immigration, des Réfugiés et de la Citoyenneté Canada au moyen d'un examen des risques avant renvoi.
20 Fait référence à Guernesey et à Jersey. À des fins statistiques, les données pour le Royaume-Uni n'incluent pas cette zone.
21 Le nombre d'autres personnes ayant besoin d'une protection internationale est estimé à partir du plan de réponse pour les réfugiés et les migrants.
22 Pour la présentation des statistiques, les données pour la Chine ne comprennent pas la région administrative spéciale de Hong Kong (RAS de Hong Kong), la région administrative spéciale de Macao (RAS de Macao) et la province chinoise de Taïwan.
23 Les 300 000 réfugiés vietnamiens sont bien intégrés et, dans la pratique, recoivent la protection du Gouvernement chinois.
24 Les 303 100 réfugiés vietnamiens sont bien intégrés et bénéficient en pratique de la protection du gouvernement chinois.
25 La population indochinoise en Chine n'est plus considérée comme réfugiée sous mandat du HCR.
26 En ce qui concerne les chiffres d'apatridie, en 2020, la Colombie a accordé la nationalité à la naissance à 7700 enfants de nationalité indéterminée nés en Colombie de parents vénézuéliens déplacés à l'étranger. Ces enfants étant tous deux identifiés comme des personnes de nationalité indéterminée et ayant obtenu la nationalité colombienne en 2020, il n'y a eu aucun impact sur les chiffres rapportés.
27 Le registre national des victimes contient le chiffre cumulé historique du nombre de victimes de déplacement (plus de 8,2 millions) qui comprend le nombre de personnes déplacées faisant l'objet d'une attention et/ou d'une réparation établie dans la loi colombienne 1448 (6,7 millions).
28 Comprend 65 200 demandes de Nicaraguayens au cours du premier semestre de l'année pour formaliser leur demande d'asile. Parmi celles-ci, 38 800 réclamations ont été formalisées, 12 700 restaient à formaliser et 13 700 ont été clôturées.
29 Le nouveau chiffre d'apatridie est basé sur une étude cartographique de 2019 menée conjointement par le gouvernement et le HCR.
30 Le 30 juin 2022, la clause de cessation pour les réfugiés ivoiriens recommandée par le HCR est entrée en vigueur.
31 Ensemble du pays.
32 Tous les réfugiés sont évalués individuellement par la Commission nationale pour les réfugiés.
33 À des fins statistiques, les données pour le Danemark n'incluent pas les îles Féroé et le Groenland.
34 Cette réestimation concerne uniquement les personnes nées dans le pays dont les deux parents sont nés à l'étranger. Cette estimation ne comprend pas les générations futures de personnes d'origine étrangère tels que les apatrides.

35 UNHCR is currently working with the authorities and other actors to determine the size of the population that found an effective nationality solution under Law 169-14. Since the adoption of Law 169-14 in May 2014, important steps have been taken by the Dominican Republic to confirm Dominican nationality through the validation of birth certificates of individuals born in the country to two migrant parents before 2007. According to information shared by the Dominican delegation during the 2019 High-Level Segment on Statelessness, approximately 48 per cent of the total Group A population of 61,049 persons had been authorized by the National Electoral Board (JCE) to request their nationality documentation. Additionally, as of December 2019, over 1,700 Group B persons (900 of which were children) had submitted applications for naturalization to the Ministry of Interior and of the Police (MIP). However, no naturalization decisions concerning this population had been issued by June 2020.

36 Almost all people recorded as being stateless have permanent residence and enjoy more rights than foreseen in the 1954 Convention relating to the Status of Stateless Persons.

37 A dispute exists between the Governments of Argentina and the United Kingdom of Great Britain and Northern Ireland concerning sovereignty over the Falkland Islands (Malvinas). For statistical purposes, the data for United Kingdom do not include this area.

38 Including Åland Islands.

39 Including Abkhazia and South Ossetia.

40 Figure refers to individuals without a nationality who were born in the Dominican Republic prior to January 2010 and who were identified by UNHCR in Haiti since June 2015.

41 Data refer to the Vatican City State.

42 There are indications that a potentially sizable population of non-displaced stateless persons exists for whom no data is available.

43 This includes around 800,000 refugees and 40,700 UNHCR pre-registered new arrivals, reported as refugee-like. Based on information received from the Government in October 2020, the Islamic Republic of Iran hosts 800,000 refugees, of which 780,000 are Afghan Amayesh cardholders and 20,000 are Iraqi Hoviat cardholders. These cards effectively offer refugee status to their holders.

44 Including an estimate for stateless persons populations in line with Law 26 of 2006, which allows stateless persons to apply for nationality in certain circumstances.

45 UNHCR estimates.

46 Includes Iraqi refugees registered with UNHCR.

47 The refugee population includes 34,000 Iraqis registered with UNHCR. Government estimated the number of Iraqis at 400,000 individuals at the end of March 2015 including refugees and other categories.

48 The figure of stateless persons includes persons covered by two separate Laws; Law on Stateless Persons dated 17 February 2004 and the Law on the Status of Those Former USSR Citizens who are not Citizens of Latvia or of Any Other State.

49 With respect to persons under UNHCR's statelessness mandate, this figure includes persons of concern covered by two separate Latvian laws. 169 persons fall under the Republic of Latvia's Law on Stateless Persons of 17 February 2004. 216,682 of the persons fall under Latvia's 25 April 1995 Law on the Status of those Former USSR Citizens who are not Citizens of Latvia or Any Other State ("Non-citizens"). In the specific context of Latvia, the "Non-citizens" enjoy the right to reside in Latvia ex lege and a set of rights and obligations generally beyond the rights prescribed by the 1954 Convention relating to the Status of Stateless Persons, including protection from removal, and as such the "Non-citizens" may currently be considered persons to whom the Convention does not apply in accordance with Article 1.2(ii).

35 Le HCR travaille actuellement avec les autorités et d'autres acteurs pour déterminer la taille de la population qui a trouvé une solution de nationalité efficace en vertu de la loi 169-14. Depuis l'adoption de la loi 169-14 en mai 2014, des mesures importantes ont été prises par la République dominicaine pour confirmer la nationalité dominicaine par la validation des actes de naissance des personnes nées dans le pays de deux parents migrants avant 2007. Selon les informations partagées par le Délégation dominicaine lors du Segment de haut niveau de 2019 sur l'apatridie, environ 48% de la population totale du groupe A de 61049 personnes avait été autorisée par le Conseil électoral national (JCE) à demander leurs documents de nationalité. De plus, en décembre 2019, plus de 1700 personnes du groupe B (dont 900 enfants) avaient soumis des demandes de naturalisation au ministère de l'Intérieur et de la Police (MIP). Cependant, aucune décision de naturalisation concernant cette population n'avait été rendue en juin 2020.

36 La quasi totalité des personnes enregistrées comme apatrides ont une résidence permanente et jouissent de davantage de droits que ceux prévus par la Convention de 1954 relative au statut des apatrides.

37 Un différend existe entre les gouvernements de l'Argentine et du Royaume-Uni de Grande-Bretagne et d'Irlande du Nord concernant la souveraineté sur les îles Falkland (Malvinas). À des fins statistiques, les données pour le Royaume-Uni n'incluent pas cette zone.

38 Y compris les Îles d'Åland.

39 Y compris l'Abkhazie et l'Ossétie du Sud.

40 Chiffre correspond aux individus sans nationalité qui sont nés en République Dominicaine avant Janvier 2010 et qui ont été identifiés par le HCR en Haïti depuis Juin 2015.

41 Les données se réfèrent à la cité du Vatican.

42 Il y a des indications qu'il existe une population potentiellement importante d'apatrides non déplacés pour lesquels aucune donnée n'est disponible.

43 Cela comprend environ 800 000 réfugiés et 40 700 nouveaux arrivants préenregistrés par le HCR, signalés comme assimilables à des réfugiés. D'après les informations reçues du gouvernement en octobre 2020, la République islamique d'Iran accueille 800 000 réfugiés, dont 780 000 sont titulaires d'une carte Amayesh afghane et 20 000 sont titulaires d'une carte Hoviat irakienne. Ces cartes offrent effectivement le statut de réfugié à leurs titulaires.

44 Y compris une estimation des populations apatrides conforme à la loi 26 de 2006,qui permet aux apatrides de demander la nationalité dans certaines circonstances.

45 Estimations du HCR.

46 Y compris réfugiés iraquiens enregistrés par le HCR.

47 La population réfugiée comprend 34 000 Irakiens enregistrés auprès du HCR. Le gouvernement a estimé le nombre d'Irakiens à 400 000 personnes fin mars 2015, y compris les réfugiés et d'autres catégories.

48 Le nombres d'apatrides comprend les personnes couvertes par deux lois distinctes: La loi sur les apatrides du 17 février 2004 et la loi relative au Statut des citoyens de l'ex-URSS qui ne sont pas citoyens de la Lettonie ou d'un autre État.

49 En ce qui concerne les personnes relevant du mandat d'apatridie du HCR, ce chiffre comprend les personnes relevant de la compétence de deux lois lettones distinctes. 169 personnes relèvent de la loi de la République de Lettonie sur les apatrides du 17 février 2004. 216 682 d'entre elles relèvent de la loi du 25 avril 1995 sur le statut des citoyens de l'ex-URSS qui ne sont pas citoyens de Lettonie ou de tout autre État («Non- citoyens"). Dans le contexte spécifique de la Lettonie, les «non-ressortissants» jouissent du droit de résider en Lettonie ex lege et d'un ensemble de droits et d'obligations allant généralement au-delà des droits prescrits par la Convention de 1954 relative au statut des apatrides, y compris la protection contre l'éloignement. , et en tant que tels, les «non-ressortissants» peuvent actuellement être considérés comme des personnes auxquelles la Convention ne s'applique pas conformément à l'article 1.2 ii).

50 With respect to persons under UNHCR's statelessness mandate, this figure includes persons of concern covered by two separate Latvian laws.

51 Including Sabah and Sarawak.

52 Including Agalega, Rodrigues and Saint Brandon.

53 Stateless persons population refers to persons without citizeship in Rakhine State only.

54 The estimated figure of persons of concern under the statelessness mandate relates to stateless persons of Rohingya ethnicity in Rakhine State and also includes stateless IDPs in Myanmar. The number of persons of undetermined nationality residing in other states or regions in Myanmar is not currently available. The number of stateless persons remaining in Rakhine State following violence in 2016 and 2017 and large scale departures to Bangladesh is based on detailed estimates for each village tract made by UNHCR, other UN agencies and NGOs in early 2018, which concluded that between 532,000 to 600,000 Rohingya remained in Rakhine State (Excludes an estimated 141907 of those Rohingya who have been internally displaced). For the purposes of this report, the higher range of this estimate has been used.

55 Various studies estimate that a large number of individuals lack citizenship certificates in Nepal. While these individuals are not all necessarily stateless, UNHCR has been working closely with the Government of Nepal and partners to address this situation.

56 Excludes 351 stateless Rohingya refugees from Myanmar. Separately, various studies estimate that a significant number of individuals originally from Nepal lack citizenship certificates. While these individuals originally from Nepal are not all necessarily stateless, UNHCR has been working closely with the Government of Nepal and partners to address this situation.

57 Number of refugees is based on the data received from the government as of start 2022.

58 Including Svalbard and Jan Mayen Islands.

59 Excludes 47 stateless persons of Rohingya ethnicity who are also counted as refugees or asylum-seekers from Myanmar, mainly from Rakhine State. UNHCR's statistical reporting generally follows a methodology that reports only one legal status for each person of concern. However, due to the size of the stateless Rohingya population displaced from Myanmar, UNHCR considers it important to reflect the dual status of this population group as both displaced and stateless. This approach is being used for Pakistan for the first time in 2020.

60 The updated figure is based on improved information concerning persons of Indonesian descent who have acquired nationality.

61 Including the Transnistria region.

62 Stateless persons refers to census figure from 2010 adjusted to reflect the number of people who acquired nationality since 2011.

63 Including Ascension and Tristan da Cunha. For statistical purposes, the data for United Kingdom do not include this area.

64 Including refugees. Refers to foreign citizens.

65 UNHCR is verifying the number of stateless persons with the Government of Saudi Arabia.

66 Including Kosovo.

67 All data refer to end-2019.

68 Internally displaced persons (IDP) figure in South Sudan includes 105,000 people who are in an IDP-like situation.

69 Including Canary Islands, Ceuta and Melilla.

70 The statistics of the remaining IDPs, while provided by the Government authorities at the district level, are being reviewed by the central authorities. Once this review has been concluded, the statistics will be changed accordingly.

50 En ce qui concerne les personnes relevant du mandat du HCR en matière d'apatridie, ce chiffre comprend les personnes relevant de sa compétence couvertes par deux lois lettones distinctes.

51 Y compris Sabah et Sarawak.

52 Y compris Agalega, Rodrigues et Saint-Brandon.

53 Les apatrides s'entendent des personnes dépourvues de nationalité, dans l'État de Rakhine uniquement.

54 Le nombre estimé de personnes relevant de la compétence du mandat d'apatridie concerne les apatrides d'origine Rohingya dans l'État de Rakhine et comprend également les PDI apatrides au Myanmar. Le nombre de personnes de nationalité indéterminée résidant dans d'autres États ou régions du Myanmar n'est actuellement pas disponible. Le nombre d'apatrides restant dans l'État de Rakhine à la suite des violences en 2016 et 2017 et des départs à grande échelle vers le Bangladesh est basé sur des estimations détaillées pour chaque parcelle villageoise faites par le HCR, d'autres agences des Nations Unies et des ONG au début de 2018, qui ont conclu qu'entre 532000 et 600000 Les Rohingyas sont restés dans l'État de Rakhine (Exclude 141907 de ces Rohingyas qui ont été déplacés à l'intérieur du pays). Aux fins du présent rapport, la fourchette la plus élevée de cette estimation a été utilisée.

55 Selon différentes études, un grand nombre de personnes ne disposeraient pas de certificat de nationalité au Népal. Elles ne sont pas nécessairement toutes apatrides, mais le HCR travaille en coopération étroite avec les autorités népalaises et des partenaires pour régler la situation.

56 Exclut 351 réfugiés rohingyas apatrides du Myanmar. Par ailleurs, diverses études estiment qu'un nombre important de personnes originaires du Népal n'ont pas de certificat de citoyenneté. Bien que ces personnes originaires du Népal ne soient pas nécessairement toutes apatrides, le HCR a travaillé en étroite collaboration avec le Gouvernement népalais et ses partenaires pour remédier à cette situation.

57 Le nombre de réfugiés est basé sur les données reçues du gouvernement au début de 2022.

58 Y compris les îles Svalbard-et-Jan Mayen.

59 Exclut 47 apatrides d'origine Rohingya qui sont également comptabilisés comme des réfugiés ou des demandeurs d'asile du Myanmar, principalement de l'État de Rakhine. Les rapports statistiques du HCR suivent généralement une méthodologie qui ne rapporte qu'un seul statut juridique pour chaque personne relevant de la compétence du HCR. Cependant, en raison de la taille de la population apatride Rohingya déplacée du Myanmar, le HCR considère qu'il est important de refléter le double statut de ce groupe de population en tant que déplacé et apatride. Cette approche est utilisée pour le Pakistan pour la première fois en 2020.

60 Le chiffre mis à jour est basé sur des informations améliorées concernant les personnes d'origine indonésienne qui ont acquis la nationalité.

61 Y compris la région de Transnistrie.

62 Le nombre d'apatrides se rapporte aux données du recensement effectué en 2010, ajustées pour tenir compte du nombre de personnes ayant acquis la nationalité depuis 2011.

63 Y compris Ascension et Tristan da Cunha. À des fins statistiques, les données pour le Royaume-Uni n'incluent pas cette zone.

64 Y compris les réfugiés. Désigne les citoyens étrangers.

65 Le HCR vérifie le nombre d'apatrides auprès du Gouvernement saoudien.

66 Y compris Kosovo.

67 Toutes les données se réfèrent à fin 2019.

68 Au nombre des déplacés au Soudan du Sud figurent 105 000 personnes dans une situation analogue à celle des déplacés.

69 Y compris les îles Canaries, Ceuta et Melilla.

70 Les statistiques relatives au reste des déplacés ont été fournies par les autorités locales au niveau des districts, mais examinées par les autorités centrales, et seront ajustées en fonction des résultats de l'examen.

71 The total statelessness figure excludes 35 stateless persons of Rohingya ethnicity who are also counted as refugees or asylum-seekers from Myanmar, mainly from Rakhine State. UNHCR's statistical reporting generally follows a methodology that reports only one legal status for each person of concern. However, due to the size of the stateless Rohingya population displaced from Myanmar, UNHCR considers it important to reflect the dual status of this population group as both displaced and stateless. This approach is being used for Sri Lanka for the first time in 2020.

72 Including East Jerusalem.

73 Internally displaced persons (IDP) figure in Sudan includes 77,300 people who are in an IDP-like situation.

74 The figure for Iraqi refugees is a Government estimate.

75 According to some reports many stateless persons have been naturalized since 2011, but no official figures are yet confirmed.

76 Figure refers to a registration exercise in three regions and 637 persons registered as stateless by the Ministry of Internal Affairs of Tajikistan.

77 Figure of stateless persons in Thailand refers to 2011.

78 The total statelessness figure includes 474,996 stateless persons reported by the Royal Thai Government and registered with the national civil registration system as of June 2020. This figure excludes 108 stateless persons of Rohingya ethnicity from Myanmar who are also counted as others of concern to UNHCR. UNHCR's statistical reporting generally follows a methodology that reports only one status for each person of concern. However, due to the size of the stateless Rohingya population displaced from Myanmar, UNHCR considers it important to reflect the dual status of this population group as others of concern to UNHCR and stateless. This approach is being used for Thailand for the first time in 2019.

79 Refugee figure for Syrians in Turkey is a Government estimate.

80 Refugee figure is a Government estimate.

81 In the absence of official data, the figure reported refers to stateless persons and persons with undetermined nationality identified by UNHCR partner organizations in Turkmenistan. The decrease in the reporting figure is due to naturalization in Turkmenistan and confirmation of nationality by a third country.

82 In the absence of official data, the figure reported refers to stateless persons and persons with undetermined nationality identified by UNHCR partner organizations.

83 The estimates represent a rudimentary and unverified/unconfirmed estimate of in situ stateless persons provided by representatives from these unrecognized communities.

84 Including Crimea.

85 The IDP figure has been aligned to the inter-agency methodology as defined in the 2020 Humanitarian Needs Overview. Figure of others of concern relates to persons who have specific protection needs and live in non-government-controlled areas or within 20km of the contact line in government-controlled areas.

71 Le chiffre total d'apatridie exclut 35 apatrides d'origine Rohingya qui sont également considérés comme des réfugiés ou des demandeurs d'asile du Myanmar, principalement de l'État de Rakhine. Les rapports statistiques du HCR suivent généralement une méthodologie qui ne rapporte qu'un seul statut juridique pour chaque personne relevant de la compétence du HCR. Cependant, en raison de la taille de la population apatride Rohingya déplacée du Myanmar, le HCR considère qu'il est important de refléter le double statut de ce groupe de population en tant que déplacé et apatride. Cette approche est utilisée pour le Sri Lanka pour la première fois en 2020.

72 Y compris Jérusalem-Est.

73 Au nombre des déplacés au Soudan figurent 77 300 personnes dans une situation analogue à celles des déplacés.

74 Le nombre de réfugiés iraquiens est une estimation du Gouvernement.

75 Selon certains rapports, de nombreux apatrides ont été naturalisés depuis 2011, mais aucun chiffre officiel n'est encore confirmé.

76 Les chiffres se rapportent aux enregistrements effectués dans trois régions; 637 personnes ont été enregistrées comme apatrides par le Ministère de l'intérieur tadjik.

77 Les chiffres relatifs au nombre d'apatrides en Thaïlande remontent à 2011.

78 Le chiffre total d'apatridie comprend 474 996 apatrides signalés par le Gouvernement royal thaïlandais et enregistrés auprès du système national d'enregistrement de l'état civil en juin 2020. Ce chiffre excludes 108 apatrides d'origine Rohingya du Myanmar qui sont également comptabilisés parmi les autres sujets de préoccupation du HCR. Les rapports statistiques du HCR suivent généralement une méthodologie qui ne rapporte qu'un seul statut pour chaque personne relevant de la compétence du HCR. Cependant, en raison de la taille de la population rohingya apatride déplacée du Myanmar, le HCR considère qu'il est important de refléter le double statut de ce groupe de population comme d'autres qui préoccupent le HCR et des apatrides. Cette approche est utilisée pour la Thaïlande pour la première fois en 2019.

79 Le nombre de réfugiés syriens en Turquie est une estimation du Gouvernement.

80 Le chiffre des réfugiés est une estimation du gouvernement.

81 En l'absence de données officielles, le chiffre indiqué se réfère aux apatrides et aux personnes de nationalité indéterminée identifiées par les organisations partenaires du HCR au Turkménistan. La diminution du chiffre déclaré est due à la naturalisation au Turkménistan et à la confirmation de la nationalité par un pays tiers.

82 En l'absence de données officielles, le chiffre indiqué se réfère aux apatrides et aux personnes de nationalité indéterminée identifiés par les organisations partenaires du HCR.

83 Les estimations représentent une estimation rudimentaire et non vérifiée/non confirmée des apatrides in situ fournies par des représentants de ces communautés non reconnues.

84 Y compris Crimea.

85 Le chiffre des déplacés internes a été aligné sur la méthodologie interinstitutions telle que définie dans l'aperçu des besoins humanitaires 2020. La figure des autres sujets de préoccupation concerne les personnes qui ont des besoins de protection spécifiques et vivent dans des zones non contrôlées par le gouvernement ou à moins de 20 km de la ligne de contact dans les zones contrôlées par le gouvernement.

86 UNHCR continues to report on the 2,345 refugees,1,325 asylum-seekers, and 36,459 stateless people until their status and whereabouts can be ascertained. The IDP and others of concern figures do not include affected communities, who are not displaced, some of whom were targeted for assistance by UNHCR and partners. While some data on refugees' and IDPs' movements back to their country/place of origin is available, with the fluid security situation in Ukraine it is not possible to determine if people who have returned have remained.

87 Including Zanzibar.

88 A study is being pursued to provide a revised estimate of statelessness figure.

86 Le HCR continue de faire rapport sur les 2 345 réfugiés, 1 325 demandeurs d'asile et 36 459 apatrides jusqu'à ce que leur statut et le lieu où ils se trouvent puissent être déterminés. Les chiffres sur les déplacés internes et les autres personnes relevant de sa compétence n'incluent pas les communautés affectées, qui ne sont pas déplacées, dont certaines ont été ciblées par l'assistance du HCR et de ses partenaires. Bien que certaines données sur les mouvements des réfugiés et des déplacés internes vers leur pays/lieu d'origine soient disponibles, avec la situation sécuritaire instable en Ukraine, il n'est pas possible de déterminer si les personnes qui sont revenues sont restées.

87 Y compris Zanzibar.

88 Une étude est en cours pour fournir une estimation révisée du chiffre d'apatridie.

5 Proportion of seats held by women in national parliament

Percentage, as of January each year

Proportion de sièges occupés par les femmes au parlement national

Pourcentage, données disponibles en janvier de chaque année

Region, country or area[&]	Last Election date Dernière date de l'élection	2000	2005	2010	2015	2018	2020	2021	2022	2023	Région, pays ou zone[&]
Total, all countries or areas		**13.3**	**15.9**	**19.0**	**22.3**	**23.4**	**24.9[1]**	**25.6[1]**	**26.2[1]**	**26.5[1]**	**Total, tous pays ou zones**
Northern Africa		5.4	10.8	13.2	24.6	22.6	20.1[1]	24.3[1]	21.2[1]	20.4[1]	Afrique septentrionale
Sub-Saharan Africa		11.5	14.4	18.4	22.6	23.6	24.3[1]	24.9[1]	26.0[1]	26.5[1]	Afrique subsaharienne
Eastern Africa		11.9	16.6	21.6	27.2	30.0	30.9[1]	31.2[1]	31.7[1]	31.5[1]	Afrique orientale
Middle Africa		8.6	11.2	13.5	18.1	16.4	17.6[1]	18.4[1]	19.7[1]	20.8[1]	Afrique centrale
Southern Africa		22.5	24.6	33.4	33.4	33.7	35.6[1]	35.6[1]	36.6[1]	36.9[1]	Afrique australe
Western Africa		8.2	10.2	11.6	14.5	14.8	14.8[1]	15.9[1]	17.0[1]	18.5[1]	Afrique occidentale
Northern America		16.3	17.5	19.0	21.8	22.8	25.9[1]	28.3[1]	28.9[1]	30.0[1]	Amérique septentrionale
Latin America & the Caribbean		15.2	19.0	22.7	27.4	29.5	32.1[1]	33.0[1]	34.9[1]	35.8[1]	Amérique latine et Caraïbes
Caribbean		20.6	26.0	29.4	33.1	33.7	36.7[1]	40.8[1]	40.9[1]	41.1[1]	Caraïbes
Central America		14.3	17.4	21.6	30.1	32.5	36.9[1]	37.1[1]	38.4[1]	38.7[1]	Amérique centrale
South America		12.5	15.8	19.2	22.2	24.8	26.5[1]	26.3[1]	29.1[1]	31.0[1]	Amérique du Sud
Asia		12.1	13.3	16.8	17.8	17.9	19.5[1]	19.8[1]	20.2[1]	20.2[1]	Asie
Central Asia		7.0	11.6	20.0	21.8	21.3	25.4[1]	25.6[1]	27.5[1]	27.4[1]	Asie centrale
Eastern Asia		18.2	18.1	18.7	20.4	20.9	21.6[1]	21.8[1]	21.7[1]	21.8[1]	Asie orientale
South-eastern Asia		12.3	15.5	19.3	17.8	19.1	20.4[1]	21.4[1]	21.9[1]	23.0[1]	Asie du Sud-Est
Southern Asia		6.8	8.8	18.2	17.6	13.9	17.3[1]	17.4[1]	17.6[1]	16.5[1]	Asie méridionale
Western Asia		5.2	5.7	9.3	12.8	14.3	15.6[1]	15.7[1]	16.6[1]	16.6[1]	Asie occidentale
Caucasus and Central Asia		7.0	9.9	15.1	17.9	19.5	...	23.5[1]	25.7[1]	...	Caucase et Asie centrale
Europe		16.8	20.5	23.2	26.7	28.9	31.4[1]	31.8[1]	32.6[1]	32.4[1]	Europe
Eastern Europe		9.7	14.1	15.2	16.9	20.0	22.4[1]	22.1[1]	22.5[1]	22.7[1]	Europe orientale
Northern Europe		27.0	28.0	29.6	30.4	33.8	36.4[1]	36.9[1]	37.0[1]	37.8[1]	Europe septentrionale
Southern Europe		11.0	17.1	23.0	30.0	29.9	33.3[1]	34.2[1]	34.8[1]	33.5[1]	Europe méridionale
Western Europe		23.0	25.8	28.4	32.0	34.0	35.8[1]	36.1[1]	38.2[1]	37.8[1]	Europe occidentale
Oceania		11.3	11.2	13.2	13.2	15.5	16.6[1]	18.0[1]	17.9[1]	19.5[1]	Océanie
Australia and New Zealand		25.5	26.3	30.1	28.8	33.0	35.1[1]	38.8[1]	39.1[1]	43.5[1]	Australie et Nouvelle-Zélande
Melanesia		3.9	3.2	1.4	4.2	3.5	4.9[1]	5.7[1]	5.3[1]	4.8[1]	Mélanésie
Micronesia		2.5	2.4	2.4	4.7	7.8	7.0[1]	6.3[1]	7.1[1]	7.1[1]	Micronésie
Polynesia		4.4	3.2	5.2	4.4	8.7	8.6[1]	8.6[1]	6.4[1]	10.2[1]	Polynésie
Afghanistan	2018-10	...	...	27.3	27.7	27.7	27.0[1]	27.0[1]	27.0[1,2]	...	Afghanistan
Albania	2021-04	5.2	6.4	16.4	20.7	27.9	29.5[1]	29.5[1]	35.7[1]	35.7[1]	Albanie
Algeria	2021-06	3.2	6.2	7.7	31.6	25.8	25.8[1]	26.0[1]	8.1[1]	7.9[1]	Algérie
Andorra	2019-04	7.1	14.3	35.7	50.0	32.1	46.4[1]	46.4[1]	46.4[1]	46.4[1]	Andorre
Angola	2022-08	15.5	15.0	38.6	36.8	30.5	30.0[1]	29.6[1]	29.6[1]	33.6[1]	Angola
Antigua and Barbuda	2018-03	5.3	10.5	10.5	11.1	11.1	11.1[1]	11.1[1]	11.1[1]	11.1[1]	Antigua-et-Barbuda
Argentina	2021-11	28.0	33.7	38.5	36.2	38.9	40.9[1]	42.4[1]	44.8[1]	44.8[1]	Argentine
Armenia	2021-06	3.1	5.3	9.2	10.7	18.1	23.5[1]	22.7[1]	34.6[1]	35.5[1]	Arménie
Australia	2022-05	22.4	24.7	27.3	26.7	28.7	30.5[1]	31.1[1]	31.1[1]	38.4[1]	Australie
Austria	2019-09	26.8	33.9	27.9	30.6	34.4	39.3[1]	39.9[1]	41.5[1]	40.4[1]	Autriche
Azerbaijan	2020-02	10.4	10.5	11.4	15.6	16.8	16.8[1]	18.2[1]	18.3[1]	18.6[1]	Azerbaïdjan
Bahamas	2021-09	15.0	20.0	12.2	13.2	12.8	12.8[1]	12.8[1]	18.0[1]	18.0[1]	Bahamas
Bahrain	2022-11	...	0.0	2.5	7.5	7.5	15.0[1]	15.0[1]	15.0[1]	20.0[1]	Bahreïn
Bangladesh	2018-12	9.1	2.0	18.6	20.0	20.3	20.9[1]	20.9[1]	20.9[1]	20.9[1]	Bangladesh
Barbados	2022-01	10.7	13.3	10.0	16.7	16.7	20.0[1]	20.0[1]	20.0[1]	26.7[1]	Barbade
Belarus	2019-11	9.1	29.4	31.8	27.3	34.5	40.0[1]	40.0[1]	40.0[1]	40.0[1]	Bélarus
Belgium	2019-05	23.3	34.7	38.0	39.3	38.0	40.7[1]	42.0[1]	42.0[1]	42.7[1]	Belgique
Belize	2020-11	6.9	6.7	0.0	3.1	9.4	9.4[1]	12.5[1]	12.5[1]	15.6[1]	Belize
Benin	2019-04	6.0	7.2	10.8	8.4	7.2	7.2[1]	8.4[1]	7.4[1]	7.4[1]	Bénin
Bhutan	2018-10	2.0	9.3	8.5	8.5	8.5	14.9[1]	14.9[1]	17.4[1]	17.4[1]	Bhoutan
Bolivia (Plurin. State of)	2020-10	11.5	19.2	22.3	53.1	53.1	53.1[1,3]	46.2[1]	46.2[1]	46.2[1]	Bolivie (État plurin. de)
Bosnia and Herzegovina	2022-10	7.1	16.7	19.0	21.4	21.4	21.4[1]	26.2[1]	26.2[1]	19.1[1]	Bosnie-Herzégovine
Botswana	2019-10	17.0	11.1	7.9	9.5	9.5	10.8[1]	10.8[1]	11.1[1]	11.1[1]	Botswana
Brazil	2022-10	5.7	8.6	8.8	9.0	10.7	14.6[1]	15.2[1]	14.8[1]	17.7[1]	Brésil
Brunei Darussalam	2023-01	...	...	...	...	9.1	9.1[1]	9.1[1]	9.1[1]	9.1[1]	Brunéi Darussalam

5 Proportion of seats held by women in national parliament *(continued)*
Percentage, as of January each year

Proportion de sièges occupés par les femmes au parlement national *(suite)*
Pourcentage, données disponibles en janvier de chaque année

Region, country or area&	Last Election date Dernière date de l'élection	2000	2005	2010	2015	2018	2020	2021	2022	2023	Région, pays ou zone&
Bulgaria	2022-10	10.8	26.3	20.8	20.4	23.8	26.7[1]	27.1[1]	22.5[1]	24.2[1]	Bulgarie
Burkina Faso	2022-11	8.1	11.7	15.3	13.3	11.0	13.4[1]	6.3[1]	6.3[1,4]	16.9[1]	Burkina Faso
Burundi	2020-05	6.0	18.4	31.4	30.5	36.4	36.4[1]	38.2[1]	38.2[1]	38.2[1]	Burundi
Cabo Verde	2021-04	11.1	11.1	18.1	20.8	23.6	25.0[1]	26.4[1]	38.9[1]	41.7[1]	Cabo Verde
Cambodia	2018-07	8.2	9.8	21.1	20.3	20.3	20.0[1]	21.6[1]	20.8[1]	20.8[1]	Cambodge
Cameroon	2020-02	5.6	8.9	13.9	31.1	31.1	31.1[1]	33.9[1]	33.9[1]	33.9[1]	Cameroun
Canada	2021-09	20.6	21.1	22.1	25.2	27.0	29.0[1]	29.6[1]	30.5[1]	30.7[1]	Canada
Central African Republic	2020-12	7.3	...	9.6	...	8.6	8.6[1]	8.6[1,5]	12.9[1]	12.9[1]	République centrafricaine
Chad	2021-09	2.4	6.5	5.2	14.9	12.8	15.4[1]	15.4[1]	31.2[1]	25.9[1]	Tchad
Chile	2021-11	10.8	12.5	14.2	15.8	...	22.6[1]	22.6[1]	35.5[1]	35.5[1]	Chili
China	2018-03	21.8	20.2	21.3	23.6	24.2	24.9[1]	24.9[1]	24.9[1]	24.9[1]	Chine
Colombia	2022-03	11.8	12.0	8.4	19.9	18.7	18.3[1]	18.8[1]	18.6[1]	28.9[1]	Colombie
Comoros	2020-01	...	3.0	3.0	...	6.1	6.1[1]	16.7[1]	16.7[1]	16.7[1]	Comores
Congo	2022-07	12.0	8.5	7.3	7.4	11.3	11.3[1]	11.3[1]	11.3[1]	14.6[1]	Congo
Costa Rica	2022-02	19.3	35.1	36.8	33.3	35.1	45.6[1]	45.6[1]	45.6[1]	47.4[1]	Costa Rica
Côte d'Ivoire	2021-03	8.5	8.5	8.9	9.2	10.6	12.0[1]	11.4[1]	14.2[1]	13.7[1]	Côte d'Ivoire
Croatia	2020-07	0.0	21.7	23.5	25.8	18.5	19.2[1]	31.1[1]	31.8[1]	31.8[1]	Croatie
Cuba	2018-03	27.6	36.0	43.2	48.9	48.9	53.2[1]	53.4[1]	53.4[1]	53.4[1]	Cuba
Cyprus	2021-05	5.4	16.1	12.5	12.5	17.9	19.6[1]	21.4[1]	14.3[1]	14.3[1]	Chypre
Czechia	2021-10	15.0	17.0	15.5	19.0	22.0	22.5[1]	23.0[1]	25.5[1]	26.0[1]	Tchéquie
Dem. People's Rep. Korea	2019-03	20.1	20.1	15.6	16.3	16.3	17.6[1]	17.6[1]	17.6[1]	17.6[1]	Rép. pop. dém. de Corée
Dem. Rep. of the Congo	2019-03	...	12.0	8.4	8.9	8.9	12.8[1]	12.8[1]	12.8[1]	12.8[1]	Rép. dém. du Congo
Denmark	2022-11	37.4	38.0	38.0	38.0	37.4	39.7[1]	39.7[1]	39.7[1]	43.6[1]	Danemark
Djibouti	2018-02	0.0	10.8	13.8	12.7	10.8	26.2[1]	26.2[1]	26.2[1]	26.2[1]	Djibouti
Dominica	2022-12	18.8	19.4	14.3	21.9	25.0	38.1[1,6]	34.4[1]	34.4[1]	37.5[1]	Dominique
Dominican Republic	2020-07	16.1	17.3	19.7	20.8	26.8	27.9[1]	27.9[1]	27.9[1]	27.9[1]	République dominicaine
Ecuador	2021-02	17.4	16.0	32.3	41.6	38.0	39.4[1]	39.4[1]	38.7[1]	38.7[1]	Équateur
Egypt	2020-10	...	...	...	...	14.9	15.1[1]	27.4[1]	27.7[1]	27.5[1]	Égypte
El Salvador	2021-02	16.7	10.7	19.0	27.4	32.1	33.3[1]	33.3[1]	27.4[1]	27.4[1]	El Salvador
Equatorial Guinea	2022-11	5.0	18.0	10.0	24.0	20.0	21.0[1]	23.0[1]	22.0[1]	31.0[1]	Guinée équatoriale
Eritrea	1994-02	14.7	22.0	22.0	22.0	22.0	...	...	...	...	Érythrée
Estonia	2019-03	17.8	18.8	22.8	19.8	26.7	28.7[1]	27.7[1]	25.7[1]	27.7[1]	Estonie
Eswatini	2018-09	3.1	10.8	13.6	6.2	6.2	9.6[1]	9.6[1]	12.2[1]	14.9[1]	Eswatini
Ethiopia	2021-06	2.0	7.7	21.9	27.8	38.8	38.8[1]	38.8[1]	41.5[1]	41.3[1]	Éthiopie
Fiji	2022-12	11.3	8.5	...	14.0	16.0	19.6[1]	21.6[1]	19.6[1]	10.9[1]	Fidji
Finland	2019-04	37.0	37.5	40.0	42.5	42.0	46.0[1]	46.0[1]	45.5[1]	45.5[1]	Finlande
France	2022-06	10.9	12.2	18.9	26.2	39.0	39.5[1]	39.5[1]	39.5[1]	37.8[1]	France
Gabon	2018-10	8.3	9.2	14.7	14.2	17.1	14.8[1]	16.2[1]	15.4[1]	14.7[1]	Gabon
Gambia	2022-04	2.0	13.2	7.5	9.4	10.3	8.6[1]	8.6[1]	10.3[1]	8.6[1]	Gambie
Georgia	2020-10	7.2	9.4	5.1	11.3	16.0	14.1[1]	20.7[1]	19.1[1]	18.4[1]	Géorgie
Germany	2021-09	30.9	32.8	32.8	36.5	30.7	31.2[1]	31.5[1]	34.9[1]	35.1[1]	Allemagne
Ghana	2020-12	9.0	10.9	8.3	10.9	12.7	13.1[1]	14.6[1]	14.6[1]	14.6[1]	Ghana
Greece	2019-07	6.3	14.0	17.3	23.0	18.3	20.7[1]	21.7[1]	21.0[1]	21.0[1]	Grèce
Grenada	2022-06	26.7	26.7	13.3	33.3	33.3	46.7[1]	46.7[1]	46.7[1]	31.3[1]	Grenade
Guatemala	2019-06	7.1	8.2	12.0	13.3	12.7	19.0[1]	19.4[1]	19.4[1]	19.4[1]	Guatemala
Guinea	2022-01	8.8	19.3	...	21.9	21.9	22.8[1]	16.7[1]	29.6[1]	29.6[1]	Guinée
Guinea-Bissau	2019-03	7.8	14.0	10.0	13.7	13.7	13.7[1]	13.7[1]	13.7[1]	13.7[1]	Guinée-Bissau
Guyana	2020-03	18.5	30.8	30.0	31.3	31.9	34.8[1]	35.7[1]	35.7[1]	36.6[1]	Guyana
Haiti	2015-10	3.6	3.6	4.1	4.2	2.5	2.5[1,7]	...	...	...	Haïti
Honduras	2021-11	9.4	5.5	18.0	25.8	21.1	21.1[1]	21.1[1]	27.3[1]	27.3[1]	Honduras
Hungary	2022-04	8.3	9.1	11.1	10.1	10.1	12.1[1]	12.6[1]	13.1[1]	13.1[1]	Hongrie
Iceland	2021-09	34.9	30.2	42.9	41.3	38.1	38.1[1]	39.7[1]	47.6[1]	47.6[1]	Islande
India	2019-04	9.0	8.3	10.8	12.0	11.8	14.4[1]	14.4[1]	14.9[1]	15.1[1]	Inde
Indonesia	2019-04	8.0	11.3	18.0	17.1	19.8	20.4[1]	21.0[1]	21.9[1]	21.6[1]	Indonésie
Iran (Islamic Republic of)	2020-02	4.9	4.1	2.8	3.1	5.9	5.9[1]	5.6[1]	5.6[1]	5.6[1]	Iran (Rép. islamique d')
Iraq	2021-10	6.4	...	25.5	26.5	25.3	26.4[1]	26.4[1]	28.9[1]	28.9[1]	Iraq
Ireland	2020-02	12.0	13.3	13.9	16.3	22.2	20.9[1]	22.5[1]	23.1[1]	23.1[1]	Irlande
Israel	2022-11	11.7	15.0	19.2	22.5	27.5	23.3[1]	26.7[1,8]	30.0[1]	24.2[1]	Israël

5

Proportion of seats held by women in national parliament *(continued)*
Percentage, as of January each year

Proportion de sièges occupés par les femmes au parlement national *(suite)*
Pourcentage, données disponibles en janvier de chaque année

Region, country or area&	Last Election date Dernière date de l'élection	2000	2005	2010	2015	2018	2020	2021	2022	2023	Région, pays ou zone&
Italy	2022-09	11.1	11.5	21.3	31.0	31.0	35.7[1]	35.7[1]	36.3[1]	32.3[1]	Italie
Jamaica	2020-09	13.3	11.7	13.3	12.7	17.5	17.5[1]	28.6[1]	28.6[1]	28.6[1]	Jamaïque
Japan	2021-10	4.6	7.1	11.3	9.5	10.1	9.9[1]	9.9[1]	9.7[1]	10.0[1]	Japon
Jordan	2020-11	0.0	5.5	6.4	12.0	15.4	15.4[1]	11.5[1]	12.3[1]	12.3[1]	Jordanie
Kazakhstan	2021-01	10.4	10.4	17.8	26.2	27.1	27.1[1]	27.1[1]	27.4[1]	27.4[1]	Kazakhstan
Kenya	2022-08	3.6	7.1	9.8	19.7	21.8	21.8[1]	21.6[1]	21.4[1]	23.3[1]	Kenya
Kiribati	2020-04	4.9	4.8	4.3	8.7	6.5	6.5[1]	6.7[1]	6.7[1]	6.7[1]	Kiribati
Kuwait	2022-09	0.0	0.0	7.7	1.5	3.1	6.4[1]	1.5[1]	1.6[1]	6.3[1]	Koweït
Kyrgyzstan	2021-11	1.4	10.0	25.6	23.3	19.2	19.2[1]	17.1[1,9]	20.5[1]	20.0[1]	Kirghizistan
Lao People's Dem. Rep.	2021-02	21.2	22.9	25.2	25.0	27.5	27.5[1]	27.5[1]	22.0[1]	22.0[1]	Rép. dém. populaire lao
Latvia	2022-10	17.0	21.0	22.0	18.0	16.0	30.0[1]	29.0[1]	27.0[1]	29.0[1]	Lettonie
Lebanon	2022-05	2.3	2.3	3.1	3.1	3.1	4.7[1]	4.7[1]	4.7[1]	6.3[1]	Liban
Lesotho	2022-10	3.8	11.7	24.2	26.7	22.1	23.3[1]	23.3[1]	24.4[1]	26.5[1]	Lesotho
Liberia	2017-10	7.8	5.3	12.5	11.0	9.9	12.3[1]	11.0[1]	11.0[1]	11.0[1]	Libéria
Libya	2014-06	...	...	7.7	16.0	16.0	16.0[1]	16.0[1]	16.5[1]	16.5[1]	Libye
Liechtenstein	2021-02	4.0	12.0	24.0	20.0	12.0	12.0[1]	12.0[1]	28.0[1]	28.0[1]	Liechtenstein
Lithuania	2020-10	17.5	22.0	19.1	23.4	21.3	24.1[1]	27.7[1]	28.4[1]	28.4[1]	Lituanie
Luxembourg	2018-10	16.7	23.3	20.0	28.3	28.3	30.0[1]	31.7[1]	33.3[1]	35.0[1]	Luxembourg
Madagascar	2019-05	8.0	6.9	...	20.5	19.2	15.9[1]	17.9[1]	18.5[1]	18.5[1]	Madagascar
Malawi	2019-05	8.3	14.0	20.8	16.7	16.7	22.9[1]	22.9[1]	22.9[1]	20.7[1]	Malawi
Malaysia	2022-11	7.3	9.1	9.9	10.4	10.4	14.4[1]	14.9[1]	15.0[1]	13.5[1]	Malaisie
Maldives	2019-04	6.0	12.0	6.5	5.9	5.9	4.6[1]	4.6[1]	4.6[1]	4.6[1]	Maldives
Mali	2020-12	12.2	10.2	10.2	9.5	8.8	9.5[1]	27.3[1]	26.5[1]	28.6[1]	Mali
Malta	2022-03	9.2	9.2	8.7	12.9	11.9	13.4[1]	13.4[1]	13.4[1]	27.9[1]	Malte
Marshall Islands	2019-11	3.0	3.0	3.0	3.0	9.1	6.1[1]	6.1[1]	6.1[1]	6.1[1]	Îles Marshall
Mauritania	2018-09	3.8	3.7	22.1	25.2	25.2	20.3[1]	20.3[1]	20.3[1]	20.3[1]	Mauritanie
Mauritius	2019-11	7.6	5.7	17.1	11.6	11.6	20.0[1]	20.0[1]	20.0[1]	20.0[1]	Maurice
Mexico	2021-06	18.2	22.6	27.6	38.0	42.6	48.2[1]	48.2[1]	50.0[1]	50.0[1]	Mexique
Micronesia (Fed. States of)	2021-03	0.0	0.0	0.0	0.0	0.0	0.0[1]	0.0[1]	7.1[1]	7.1[1]	Micronésie (États féd. de)
Monaco	2018-02	22.2	20.8	26.1	20.8	20.8	33.3[1]	33.3[1]	33.3[1]	36.4[1]	Monaco
Mongolia	2020-06	7.9	6.8	3.9	14.9	17.1	17.3[1]	17.3[1]	17.1[1]	17.1[1]	Mongolie
Montenegro	2020-08	...	...	11.1	17.3	23.5	29.6[1]	24.7[1]	27.2[1]	28.4[1]	Monténégro
Morocco	2021-09	0.6	10.8	10.5	17.0	20.5	20.5[1]	20.5[1]	24.1[1]	24.3[1]	Maroc
Mozambique	2019-10	30.0	34.8	39.2	39.6	39.6	41.2[1]	42.4[1]	42.4[1]	43.2[1]	Mozambique
Myanmar	2020-11	...	...	...	6.2	10.2	11.1[1]	15.3[1,10]	15.3[1,10]	...	Myanmar
Namibia	2019-11	22.2	25.0	26.9	41.3	46.2	42.7[1,11]	44.2[1]	44.2[1]	44.2[1]	Namibie
Nauru	2022-09	0.0	0.0	0.0	5.3	10.5	10.5[1]	10.5[1]	10.5[1]	10.5[1]	Nauru
Nepal	2022-11	5.9	...	33.2	29.5	32.7[12]	32.7[1]	32.7[1]	33.6[1]	33.1[1]	Népal
Netherlands (Kingdom of the)	2021-03	36.0	36.7	42.0	37.3	36.0	33.3[1]	33.3[1]	40.7[1]	40.7[1]	Pays-Bas (Royaume des)
New Zealand	2020-10	29.2	28.3	33.6	31.4	38.3	40.8[1]	48.3[1]	49.2[1]	50.0[1]	Nouvelle-Zélande
Nicaragua	2021-11	9.7	20.7	20.7	39.1	45.7	47.3[1]	48.4[1]	50.6[1]	51.7[1]	Nicaragua
Niger	2020-12	1.2	12.4	9.7	13.3	17.0	17.0[1]	25.9[1]	25.9[1]	30.7[1]	Niger
Nigeria	2019-02	...	4.7	7.0	6.7	5.6	3.4[1]	3.6[1]	3.6[1]	3.6[1]	Nigéria
North Macedonia	2020-07	7.5	19.2	32.5	33.3	37.5	40.0[1]	39.2[1]	41.7[1]	41.7[1]	Macédoine du Nord
Norway	2021-09	36.4	38.2	39.6	39.6	41.4	41.4[1]	44.4[1]	45.0[1]	46.2[1]	Norvège
Oman	2019-10	...	2.4	0.0	1.2	1.2	2.3[1]	2.3[1]	2.3[1]	2.3[1]	Oman
Pakistan	2018-07	...	21.3	22.2	20.7	20.6	20.2[1]	20.2[1]	20.5[1]	20.5[1]	Pakistan
Palau	2020-11	0.0	0.0	0.0	0.0	12.5	12.5[1]	6.3[1]	6.3[1]	6.3[1]	Palaos
Panama	2019-05	9.7	16.7	8.5	19.3	18.3	22.5[1]	22.5[1]	22.5[1]	22.5[1]	Panama
Papua New Guinea	2022-07	1.8	0.9	0.9	2.7	0.0	0.0[1]	0.0[1]	0.0[1]	1.7[1]	Papouasie-Nvl-Guinée
Paraguay	2018-04	2.5	10.0	12.5	15.0	13.8	16.3[1]	15.0[1]	17.5[1]	18.8[1]	Paraguay
Peru	2021-04	10.8	18.3	27.5	22.3	27.7	30.0[1,13]	26.2[1]	40.0[1]	38.8[1]	Pérou
Philippines	2022-05	12.4	15.3	21.0	27.2	29.5	28.0[1]	28.0[1]	27.7[1]	27.3[1]	Philippines
Poland	2019-10	13.0	20.2	20.0	24.1	28.0	28.7[1]	28.3[1]	28.3[1]	28.3[1]	Pologne
Portugal	2022-01	18.7	19.1	27.4	31.3	34.8	40.0[1]	40.0[1]	40.0[1]	36.1[1]	Portugal
Qatar	2021-10	...	...	0.0	0.0	9.8	9.8[1]	9.8[1]	4.4[1]	4.4[1]	Qatar
Republic of Korea	2020-04	3.7	13.0	14.7	16.3	17.0	17.3[1]	19.0[1]	18.6[1]	19.1[1]	République de Corée

5

Proportion of seats held by women in national parliament *(continued)*
Percentage, as of January each year

Proportion de sièges occupés par les femmes au parlement national *(suite)*
Pourcentage, données disponibles en janvier de chaque année

Region, country or area&	Last Election date Dernière date de l'élection	2000	2005	2010	2015	2018	2020	2021	2022	2023	Région, pays ou zone&
Republic of Moldova	2021-07	8.9	15.8	23.8	20.8	22.8	24.8[1]	24.8[1]	40.6[1]	38.6[1]	République de Moldova
Romania	2020-12	7.3	11.4	11.4	13.7	20.7	21.9[1]	18.5[1]	19.1[1]	19.1[1]	Roumanie
Russian Federation	2021-09	7.7	9.8	14.0	13.6	15.8	15.8[1]	15.8[1]	16.2[1]	16.4[1]	Fédération de Russie
Rwanda	2018-09	17.1	48.8	56.3	63.8	61.3	61.3[1]	61.3[1]	61.3[1]	61.3[1]	Rwanda
Saint Kitts and Nevis	2022-08	13.3	0.0	6.7	6.7	13.3	20.0[1]	25.0[1]	25.0[1]	31.3[1]	Saint-Kitts-et-Nevis
Saint Lucia	2021-07	11.1	11.1	11.1	16.7	16.7	16.7[1]	16.7[1]	11.1[1]	11.1[1]	Sainte-Lucie
Saint Vincent & Grenadines	2020-11	4.8	22.7	21.7	13.0	13.0	13.0[1]	18.2[1]	18.2[1]	18.2[1]	Saint-Vincent-Grenadines
Samoa	2021-04	8.2	6.1	8.2	6.1	10.0	10.0[1]	10.0[1]	7.8[1]	13.0[1]	Samoa
San Marino	2019-12	13.3	16.7	16.7	16.7	26.7	31.7[1]	33.3[1]	33.3[1]	33.3[1]	Saint-Marin
Sao Tome and Principe	2022-09	9.1	9.1	7.3	18.2	18.2	14.6[1]	23.6[1]	23.6[1]	14.6[1]	Sao Tomé-et-Principe
Saudi Arabia	2020-10	...	0.0	0.0	19.9	19.9	19.9[1]	19.9[1]	19.9[1]	19.9[1]	Arabie saoudite
Senegal	2022-07	12.1	19.2	22.7	42.7	41.8	43.0[1]	43.0[1]	42.7[1]	46.1[1]	Sénégal
Serbia	2022-04	...	...	21.6	34.0	34.4	37.7[1]	39.2[1]	40.0[1]	34.8[1]	Serbie
Serbia and Monten. [former]		5.1	7.9	...	...	...	...	...	...	...	Serbie-et-Monténégro [anc.]
Seychelles	2020-10	23.5	29.4	23.5	43.8	21.2	21.2[1]	22.9[1]	22.9[1]	22.9[1]	Seychelles
Sierra Leone	2018-03	8.8	14.5	13.2	12.4	12.4	12.3[1]	12.3[1]	12.3[1]	13.0[1]	Sierra Leone
Singapore	2020-07	4.3	16.0	23.4	25.3	23.0	24.0[1]	29.5[1]	29.1[1]	29.1[1]	Singapour
Slovakia	2020-02	12.7	16.7	18.0	18.7	20.0	20.7[1]	22.7[1]	21.3[1]	22.0[1]	Slovaquie
Slovenia	2022-04	7.8	12.2	14.4	36.7	36.7	27.8[1]	26.7[1]	28.9[1]	37.8[1]	Slovénie
Solomon Islands	2019-04	2.0	0.0	0.0	2.0	2.0	6.1[1]	8.0[1]	8.0[1]	8.0[1]	Îles Salomon
Somalia	2021-11	...	...	6.9	13.8	24.4	24.4[1]	24.4[1]	24.4[1,14]	19.7[1]	Somalie
South Africa	2019-05	30.0	32.8	44.5	41.5	42.4	46.4[1]	45.8[1]	46.7[1]	46.3[1]	Afrique du Sud
South Sudan	2021-05	...	...	...	26.5	28.5	28.5[1]	28.5[1]	32.4[1]	32.4[1]	Soudan du sud
Spain	2019-11	21.6	36.0	36.6	41.1	39.1	44.0[1]	44.0[1]	43.0[1]	42.4[1]	Espagne
Sri Lanka	2020-08	4.9	4.9	5.8	5.8	5.8	5.3[1]	5.4[1]	5.3[1]	5.3[1]	Sri Lanka
Sudan	2015-04	...	...	...	24.3	30.5	...	...	...	...	Soudan
Sudan [former]		8.8	9.7	18.9	...	...	...	...	...	...	Soudan [anc.]
Suriname	2020-05	15.7	19.6	25.5	11.8	25.5	31.4[1]	29.4[1]	29.4[1]	29.4[1]	Suriname
Sweden	2022-09	42.7	45.3	46.4	43.6	43.6	47.0[1]	47.0[1]	46.1[1]	46.4[1]	Suède
Switzerland	2019-10	22.5	25.0	29.0	30.5	32.5	41.5[1]	42.0[1]	42.5[1]	41.7[1]	Suisse
Syrian Arab Republic	2020-07	10.4	12.0	12.4	12.4	13.2	12.4[1]	11.2[1]	11.2[1]	10.8[1]	République arabe syrienne
Tajikistan	2020-03	2.8	12.7	17.5	16.9	19.0	19.1[1]	23.8[1]	27.0[1]	27.0[1]	Tadjikistan
Thailand	2019-03	5.6	8.8	13.3	6.1	4.8	16.2[1]	15.8[1]	15.8[1]	16.6[1]	Thaïlande
Timor-Leste	2018-05	...	25.3	29.2	38.5	32.3	38.5[1]	38.5[1]	40.0[1]	40.0[1]	Timor-Leste
Togo	2018-12	4.9	6.2	11.1	17.6	17.6	18.7[1]	18.7[1]	18.7[1]	19.8[1]	Togo
Tonga	2021-11	0.0	0.0	3.1	0.0	7.4	7.4[1]	7.4[1]	3.7[1]	7.1[1]	Tonga
Trinidad and Tobago	2020-08	11.1	19.4	26.8	28.6	31.0	31.0[1]	26.2[1]	26.2[1]	28.6[1]	Trinité-et-Tobago
Tunisia	2022-12	11.5	22.8	27.6	31.3	31.3	24.9[1]	26.3[1]	26.3[1]	...	Tunisie
Türkiye	2018-06	4.2	4.4	9.1	14.4	14.6	17.3[1]	17.3[1]	17.4[1]	17.4[1]	Türkiye
Turkmenistan	2018-03	26.0	...	16.8	25.8	25.8	25.0[1]	25.0[1]	25.9[1]	25.9[1]	Turkménistan
Tuvalu	2019-09	0.0	0.0	0.0	6.7	6.7	6.3[1]	6.3[1]	6.3[1]	6.3[1]	Tuvalu
Uganda	2021-01	17.9	23.9	31.5	35.0	34.3	34.9[1]	34.9[1]	33.8[1]	33.8[1]	Ouganda
Ukraine	2019-07	7.8	5.3	8.0	11.8	12.3	20.8[1]	20.8[1]	20.3[1]	20.4[1]	Ukraine
United Arab Emirates	2019-10	0.0	0.0	22.5	17.5	22.5	50.0[1]	50.0[1]	50.0[1]	50.0[1]	Émirats arabes unis
United Kingdom	2019-12	18.4	18.1	19.5	22.8	32.0	33.9[1]	33.9[1]	34.4[1]	34.5[1]	Royaume-Uni
United Rep. of Tanzania	2020-10	22.2	21.4	30.7	36.0	37.2	36.9[1]	36.7[1]	36.9[1]	37.4[1]	Rép.-Unie de Tanzanie
United States of America	2022-11	13.3	14.9	16.8	19.4	19.5	23.4[1,15]	27.3[1]	27.7[1]	29.4[1]	États-Unis d'Amérique
Uruguay	2019-10	12.1	12.1	14.1	13.1	20.2	21.2[1]	24.2[1]	25.3[1]	26.3[1]	Uruguay
Uzbekistan	2019-12	6.8	17.5	22.0	16.0	16.0	32.0[1]	32.7[1]	33.3[1]	33.6[1]	Ouzbékistan
Vanuatu	2022-10	0.0	3.8	3.8	0.0	0.0	0.0[1]	0.0[1]	0.0[1]	1.9[1]	Vanuatu
Venezuela (Boliv. Rep. of)	2015-12	12.1	9.7	17.5	17.0	22.2	22.2[1]	22.2[1,16]	...	...	Venezuela (Rép. boliv. du)
Viet Nam	2021-05	26.0	27.3	25.8	24.3	26.7	26.7[1]	26.7[1]	30.3[1]	30.3[1]	Viet Nam
Yemen	2003-04	0.7	0.3	0.3	0.3	0.0	0.3[1,17]	0.3[1,18]	0.0[1,19]	0.0[1,19]	Yémen
Zambia	2021-08	10.1	12.0	14.0	12.7	18.0	16.8[1]	16.8[1]	15.1[1]	15.0[1]	Zambie
Zimbabwe	2018-07	14.0	10.0	15.0	31.5	33.2	31.9[1]	31.9[1]	30.6[1]	30.6[1]	Zimbabwe

5 Proportion of seats held by women in national parliament *(continued)*

Percentage, as of January each year

Proportion de sièges occupés par les femmes au parlement national *(suite)*

Pourcentage, données disponibles en janvier de chaque année

Region, country or area&	Last Election date Dernière date de l'élection	2000	2005	2010	2015	2018	2020	2021	2022	2023	Région, pays ou zone&
LDCs		9.3	13.1	19.3	21.7	22.1	23.1[1]	24.3[1]	25.4[1]	26.2[1]	PMA

Source:

Inter-Parliamentary Union (IPU), Geneva, the database on "Women in National Parliament", last accessed March 2023.

& Data up to 2019 is reported as of February 1st of the reported year.

1 Data are as at 1 January of reporting year.
2 Data corresponds to the composition of the House of the People elected in 2018.
3 The statistics refer to the situation before the 2019 election, which itself was invalidated. Fresh elections are expected in May 2020.
4 Data corresponds to the National Assembly that was dissolved by a coup d'état on 24 January 2022.
5 Elections that started in December 2020 were still underway at the time of reporting, thus figures correspond to the outgoing legislature.
6 The figures correspond to the results of the December 2019 elections. They do not include 9 members to be appointed by the President and 2 ex officio members (the Speaker and the Attorney General).
7 The term of all members in the 119-member Chamber of Deputies and 20 of 30 senators expired on 13 January 2020. There are currently only 10 sitting senators.
8 Parliament was dissolved in December 2020, and new elections had not taken place at time of reporting, thus data corresponds to the outgoing legislature.
9 Elections held in October 2020 were invalidated, thus figures correspond to the outgoing legislature, pending new elections due to take place in 2021.
10 Figures correspond to members elected at or appointed following the 2020 elections. The new parliament was unable to hold its first sitting in February 2021 due to a military take over.
11 The figures on the National Assembly correspond to the provisional results of the November 2019 elections, excluding members yet to be appointed. Newly elected members are due to be sworn in March 2020.
12 Data as of 7 Feb 2018. Only the partial results (http://archive.ipu.org/wmn-e/arc/classif010118.htm) of most recent Napali elections were available on Feb 1. Complete results were released on 7 Feb 2018.
13 The figures correspond to the situation prior to the dissolution of Parliament in September 2019. New elections were held in January 2020 (final results are still pending).
14 The figures correspond to the lower house prior to the elections that began in November 2021. As at February 2022, elections were still ongoing for the lower house.
15 Total refers to all voting members of the House of Representatives.
16 Figures correspond to the legislature elected in 2015 as data for the 2020 election had not been confirmed by the time of reporting.

Source:

Union interparlementaire, Genève, base des données des « Les femmes dans les parlements nationaux », dernier accès mars 2023.

& Les données jusqu'en 2019 sont publiées au 1er février de l'année considérée.

1 Les données sont au 1er janvier de l'année de référence.
2 Les données correspondent à la composition de la Chambre du peuple élue en 2018.
3 Les statistiques se réfèrent à la situation avant les élections de 2019, elle-même invalidée. De nouvelles élections sont attendues en mai 2020.
4 Les données correspondent à l'Assemblée nationale qui a été dissoute par un coup d'État le 24 janvier 2022.
5 Les élections qui ont débuté en décembre 2020 étaient toujours en cours au moment du rapport, les chiffres correspondent donc à la législature sortante.
6 Les chiffres correspondent aux résultats des élections de décembre 2019. Ils ne comprennent pas 9 membres nommés par le président et 2 membres d'office (le président et le procureur général).
7 Le mandat de tous les membres de la Chambre des députés de 119 membres et de 20 des 30 sénateurs a expiré le 13 janvier 2020. Il n'y a actuellement que 10 sénateurs en fonction.
8 Le Parlement a été dissous en décembre 2020 et de nouvelles élections n'avaient pas eu lieu au moment du rapport, les données correspondent donc à la législature sortante.
9 Les élections tenues en octobre 2020 ont été invalidées, les chiffres correspondent donc à la législature sortante, dans l'attente de nouvelles élections qui doivent avoir lieu en 2021.
10 Les chiffres correspondent aux membres élus ou nommés à l'issue des élections de 2020. Le nouveau parlement n'a pas pu tenir sa première séance en février 2021 en raison d'une prise de pouvoir militaire.
11 Les chiffres sur l'Assemblée nationale correspondent aux résultats provisoires des élections de novembre 2019, à l'exclusion des membres non encore nommés. Les membres nouvellement élus doivent prêter serment en mars 2020.
12 Données au 7 février 2018. Seuls les résultats partiels (http://archive.ipu.org/wmn-e/arc/classif010118.htm) des dernières élections napalaises étaient disponibles le 1er février. Les résultats complets ont été publiés le 7 février. 2018.
13 The figures correspond to the situation prior to the dissolution of Parliament in September 2019. New elections were held in January 2020 (final results are still pending).
14 Les chiffres correspondent à la chambre basse avant les élections qui ont commencé en novembre 2021. En février 2022, les élections étaient toujours en cours pour la chambre basse.
15 Total fait référence à tous les membres votants de la Chambre des représentants.
16 Les chiffres correspondent à la législature élue en 2015, car les données pour l'élection de 2020 n'avaient pas été confirmées au moment du rapport.

17 Data corresponds to the composition of the House of Representatives elected in 2003, and of the Consultative Council appointed in 2001.
18 Corresponds to the composition of the House of Representatives elected in 2003.
19 Data corresponds to the composition of the House of Representatives elected in 2003.

17 Les données correspondent à la composition de la Chambre des représentants élue en 2003 et du Conseil consultatif nommé en 2001.
18 Correspond à la composition de la Chambre des représentants élue en 2003.
19 Les données correspondent à la composition de la Chambre des représentants élue en 2003.

6 Ratio of girls to boys in primary, lower secondary and upper secondary education

Rapport filles/garçons dans l'enseignement primaire, secondaire inférieur et secondaire supérieur

Region, country or area	1995	2005	2010	2015	2019	2020	2021	Région, pays ou zone
Total, all countries or areas								**Total, tous pays ou zones**
Primary	**0.91**	*** 0.95**	**0.97**	**1.00**	**0.98**	**0.98**	**...**	**Primaire**
Lower secondary	**...**	**0.95**	**0.97**	**1.00**	**0.99**	**0.99**	**...**	**Secondaire inférieur**
Upper secondary	*** 0.85**	**0.94**	**0.96**	**0.98**	**0.99**	**0.98**	**...**	**Secondaire supérieur**
Northern Africa								**Afrique septentrionale**
Primary	0.86	0.93	0.95	0.97	0.98	0.98	...	Primaire
Lower secondary	...	* 0.93	0.93	* 0.95	* 0.96	* 0.96	...	Secondaire inférieur
Upper secondary	0.92	1.07	1.07	1.06	1.09	1.10	...	Secondaire supérieur
Sub-Saharan Africa								**Afrique subsaharienne**
Primary	0.84	0.88	0.93	0.96	* 0.96	* 0.96	...	Primaire
Lower secondary	...	0.79	0.84	0.89	* 0.91	* 0.91	...	Secondaire inférieur
Upper secondary	...	* 0.78	* 0.78	* 0.81	* 0.86	* 0.87	...	Secondaire supérieur
Northern America								**Amérique septentrionale**
Primary	0.99	0.99	1.00	1.00	1.01	1.00	...	Primaire
Lower secondary	...	0.98	* 0.99	1.00	1.00	0.98	...	Secondaire inférieur
Upper secondary	1.04	1.05	1.02	1.02	0.98	0.98	...	Secondaire supérieur
Latin America & the Caribbean								**Amérique latine et Caraïbes**
Primary	* 0.97	0.97	0.97	0.98	0.99	0.98	...	Primaire
Lower secondary	...	1.05	1.04	1.02	1.02	1.03	...	Secondaire inférieur
Upper secondary	...	1.12	1.16	1.11	1.09	1.09	...	Secondaire supérieur
Central Asia								**Asie centrale**
Primary	0.98	0.99	0.99	0.99	0.99	0.99	...	Primaire
Lower secondary	...	0.98	0.98	0.99	0.99	* 0.99	...	Secondaire inférieur
Upper secondary	...	0.98	1.00	1.01	1.00	* 0.99	...	Secondaire supérieur
Eastern Asia								**Asie orientale**
Primary	0.95	1.00	0.98	1.00	1.01	1.01	...	Primaire
Lower secondary	...	* 0.99	1.01	1.00	1.01	1.01	...	Secondaire inférieur
Upper secondary	0.88	0.99	0.99	1.04	1.03	1.03	...	Secondaire supérieur
South-central Asia								**Asie centrale et du Sud**
Lower secondary	...	0.90	0.97	1.04	1.03	1.03	...	Secondaire inférieur
South-eastern Asia								**Asie du Sud-Est**
Primary	0.97	0.97	1.00	0.97	0.98	0.98	...	Primaire
Lower secondary	...	1.00	1.03	1.03	* 1.02	* 1.02	...	Secondaire inférieur
Upper secondary	0.93	0.98	0.98	0.97	1.05	1.05	...	Secondaire supérieur
Southern Asia								**Asie méridionale**
Primary	0.82	0.96	1.00	1.06	0.99	0.99	...	Primaire
Lower secondary	...	0.90	0.96	1.05	1.03	1.03	...	Secondaire inférieur
Upper secondary	0.49	0.81	0.90	0.95	0.98	0.95	...	Secondaire supérieur
Western Asia								**Asie occidentale**
Primary	0.88	0.91	0.93	0.94	0.94	0.94	...	Primaire
Lower secondary	...	0.88	0.91	* 0.94	0.94	0.95	...	Secondaire inférieur
Upper secondary	0.68	0.84	0.90	0.93	0.90	0.91	...	Secondaire supérieur
Europe								**Europe**
Primary	0.99	0.99	0.99	1.00	1.00	1.00	...	Primaire
Lower secondary	...	0.99	0.99	0.99	0.99	1.00	...	Secondaire inférieur
Upper secondary	1.04	1.01	0.99	1.00	1.00	1.00	...	Secondaire supérieur
Oceania								**Océanie**
Primary	0.97	0.98	0.97	0.97	0.98	0.98	...	Primaire
Lower secondary	...	* 0.99	* 0.95	0.90	0.93	0.94	...	Secondaire inférieur
Upper secondary	0.97	0.95	0.92	0.88	0.96	0.99	...	Secondaire supérieur
Australia and New Zealand								**Australie et Nouvelle-Zélande**
Primary	1.00	1.01	1.00	1.00	1.00	1.00	...	Primaire
Lower secondary	...	* 1.02	* 0.96	0.90	0.95	0.96	...	Secondaire inférieur
Upper secondary	0.97	0.96	0.94	0.89	0.96	0.99	...	Secondaire supérieur
Afghanistan								**Afghanistan**
Primary	0.52	0.58	0.68	0.68	0.67	...	...	Primaire
Lower secondary	...	0.35	0.53	0.58	0.60	...	...	Secondaire inférieur
Upper secondary	...	0.28	0.42	0.52	...	...	...	Secondaire supérieur
Albania								**Albanie**
Primary	0.97	1.01	1.01	1.03	1.03	1.03	1.02	Primaire
Lower secondary	...	1.01	1.03	1.01	1.04	1.03	1.04	Secondaire inférieur
Upper secondary	...	0.91	0.97	0.90	0.98	1.01	1.02	Secondaire supérieur

6 Ratio of girls to boys in primary, lower secondary and upper secondary education *(continued)*

Rapport filles/garçons dans l'enseignement primaire, secondaire inférieur et secondaire supérieur *(suite)*

Region, country or area	1995	2005	2010	2015	2019	2020	2021	Région, pays ou zone
Algeria								**Algérie**
Primary	0.88	0.93	0.94	0.95	0.96	0.97	0.97	Primaire
Lower secondary	...	0.95	0.92	...	...	...	...	Secondaire inférieur
Upper secondary	1.03	1.48	1.42	...	...	...	...	Secondaire supérieur
Angola								**Angola**
Primary	...	...	0.80	0.87	...	...	...	Primaire
Lower secondary	...	...	0.75	...	...	...	...	Secondaire inférieur
Upper secondary	...	...	0.56	...	...	...	...	Secondaire supérieur
Anguilla								**Anguilla**
Primary	...	1.02	0.96	1.00	0.99	...	...	Primaire
Lower secondary	...	0.97	0.92	...	0.98	...	...	Secondaire inférieur
Upper secondary	...	1.02	1.10	...	0.95	...	...	Secondaire supérieur
Antigua and Barbuda								**Antigua-et-Barbuda**
Primary	...	...	0.92	0.97	0.98	...	...	Primaire
Lower secondary	...	...	0.90	0.96	...	...	...	Secondaire inférieur
Upper secondary	...	...	1.53	1.15	...	...	...	Secondaire supérieur
Argentina								**Argentine**
Primary	...	0.99	0.99	1.00	1.00	1.01	...	Primaire
Lower secondary	...	1.05	1.04	1.01	1.00	1.00	...	Secondaire inférieur
Upper secondary	...	1.16	1.20	1.15	1.10	1.10	...	Secondaire supérieur
Armenia								**Arménie**
Primary	1.02	1.02	1.03	1.02	1.01	1.01	1.01	Primaire
Lower secondary	...	0.98	0.99	...	1.02	1.02	1.02	Secondaire inférieur
Upper secondary	...	...	0.96	1.11	1.12	1.10	1.06	Secondaire supérieur
Aruba								**Aruba**
Primary	...	0.94	0.99	0.96	...	...	...	Primaire
Lower secondary	...	0.89	0.94	...	...	...	...	Secondaire inférieur
Upper secondary	...	1.13	1.16	...	...	...	...	Secondaire supérieur
Australia								**Australie**
Primary	1.00	1.02	1.00	1.00	1.00	1.00	...	Primaire
Lower secondary	...	...	...	0.89	0.94	0.96	...	Secondaire inférieur
Upper secondary	0.97	...	...	0.85	0.93	0.97	...	Secondaire supérieur
Austria								**Autriche**
Primary	0.99	1.00	0.99	0.99	0.99	0.99	...	Primaire
Lower secondary	...	0.99	1.00	0.99	1.00	1.00	...	Secondaire inférieur
Upper secondary	0.88	0.91	0.93	0.94	0.95	0.96	...	Secondaire supérieur
Azerbaijan								**Azerbaïdjan**
Primary	1.12	0.95	0.99	0.98	1.03	1.04	1.01	Primaire
Lower secondary	...	*0.96	*0.97	*0.97	*0.99	*1.00	*1.00	Secondaire inférieur
Upper secondary	0.88	...	...	...	1.01	0.95	0.96	Secondaire supérieur
Bahamas								**Bahamas**
Primary	1.00	0.97	...	...	...	...	...	Primaire
Lower secondary	...	0.95	1.01	...	...	...	...	Secondaire inférieur
Upper secondary	...	1.05	1.07	...	...	...	...	Secondaire supérieur
Bahrain								**Bahreïn**
Primary	1.01	1.04	...	1.01	0.99	...	...	Primaire
Lower secondary	...	1.05	0.98	0.96	1.06	...	...	Secondaire inférieur
Upper secondary	...	1.19	1.05	1.03	1.12	...	...	Secondaire supérieur
Bangladesh								**Bangladesh**
Primary	...	1.05	1.06	...	...	1.09	1.02	Primaire
Lower secondary	...	1.12	1.19	1.20	1.21	1.23	1.26	Secondaire inférieur
Upper secondary	...	0.97	1.00	0.99	1.05	1.11	1.23	Secondaire supérieur
Barbados								**Barbade**
Primary	...	1.00	1.02	0.99	0.96	0.97	0.97	Primaire
Lower secondary	...	0.96	*0.96	1.02	1.01	0.97	0.98	Secondaire inférieur
Upper secondary	...	1.03	1.08	1.05	1.08	1.13	1.09	Secondaire supérieur
Belarus								**Bélarus**
Primary	0.96	0.97	1.00	1.00	1.00	1.00	1.00	Primaire
Lower secondary	...	0.97	0.99	1.00	1.01	1.00	1.00	Secondaire inférieur
Upper secondary	...	...	0.93	0.95	0.95	0.95	0.95	Secondaire supérieur
Belgium								**Belgique**
Primary	0.99	1.00	1.00	1.00	1.01	1.01	...	Primaire
Lower secondary	...	1.15	1.04	1.06	1.06	1.06	...	Secondaire inférieur
Upper secondary	1.05	1.10	1.18	1.18	1.17	1.18	...	Secondaire supérieur

6

Ratio of girls to boys in primary, lower secondary and upper secondary education *(continued)*

Rapport filles/garçons dans l'enseignement primaire, secondaire inférieur et secondaire supérieur *(suite)*

Region, country or area	1995	2005	2010	2015	2019	2020	2021	Région, pays ou zone
Belize								**Belize**
Primary	0.96	0.96	0.96	0.95	0.97	0.95	0.96	Primaire
Lower secondary	...	1.00	1.05	1.00	0.98	1.00	0.99	Secondaire inférieur
Upper secondary	...	1.16	1.20	1.13	1.17	1.17	1.17	Secondaire supérieur
Benin								**Bénin**
Primary	0.57	0.79	0.89	0.93	0.93	0.93	0.93	Primaire
Lower secondary	...	* 0.58	...	0.81	...	0.88	0.90	Secondaire inférieur
Upper secondary	...	0.51	...	0.50	...	0.65	0.69	Secondaire supérieur
Bermuda								**Bermudes**
Primary	0.99	1.05	...	0.98	1.07	1.04	...	Primaire
Lower secondary	...	1.08	1.15	1.02	...	...	...	Secondaire inférieur
Upper secondary	...	1.18	1.20	1.22	...	...	...	Secondaire supérieur
Bhutan								**Bhoutan**
Primary	0.78	0.97	1.02	1.01	1.01	1.02	1.04	Primaire
Lower secondary	...	0.99	1.07	1.10	1.13	1.12	1.15	Secondaire inférieur
Upper secondary	...	0.69	0.91	0.98	...	...	...	Secondaire supérieur
Bolivia (Plurin. State of)								**Bolivie (État plurin. de)**
Primary	0.97	1.00	0.99	0.98	0.99	1.00	1.00	Primaire
Lower secondary	...	0.96	0.97	0.96	0.94	0.95	0.98	Secondaire inférieur
Upper secondary	...	0.95	1.01	1.00	1.01	1.02	1.01	Secondaire supérieur
Bosnia and Herzegovina								**Bosnie-Herzégovine**
Upper secondary	...	...	...	...	1.04	1.04	1.04	Secondaire supérieur
Botswana								**Botswana**
Primary	1.02	0.99	0.97	0.98	...	...	0.98	Primaire
Lower secondary	...	1.06	...	1.03	1.04	...	1.04	Secondaire inférieur
Upper secondary	0.93	0.97	...	...	...	...	1.31	Secondaire supérieur
Brazil								**Brésil**
Primary	...	0.94	...	0.96	0.97	0.95	...	Primaire
Lower secondary	...	* 1.06	...	* 0.99	* 0.99	* 1.00	...	Secondaire inférieur
Upper secondary	...	1.17	...	1.17	1.11	1.11	...	Secondaire supérieur
British Virgin Islands								**Îles Vierges britanniques**
Primary	1.00	0.96	0.98	0.94	1.00	1.01	0.99	Primaire
Lower secondary	...	1.16	0.94	1.03	...	0.95	0.94	Secondaire inférieur
Upper secondary	...	1.04	1.20	1.21	...	...	...	Secondaire supérieur
Brunei Darussalam								**Brunéi Darussalam**
Primary	0.95	0.96	1.00	1.00	1.01	1.00	...	Primaire
Lower secondary	...	0.93	1.00	0.98	0.99	1.00	...	Secondaire inférieur
Upper secondary	...	1.07	1.01	1.01	1.05	1.05	...	Secondaire supérieur
Bulgaria								**Bulgarie**
Primary	0.99	0.99	1.00	0.99	0.99	0.99	...	Primaire
Lower secondary	...	0.94	0.94	0.95	0.99	0.99	...	Secondaire inférieur
Upper secondary	1.07	0.98	0.97	0.98	0.98	0.97	...	Secondaire supérieur
Burkina Faso								**Burkina Faso**
Primary	0.66	0.80	0.91	0.97	0.99	1.01	1.02	Primaire
Lower secondary	...	0.74	0.80	0.98	1.11	1.14	1.20	Secondaire inférieur
Upper secondary	...	0.60	0.61	0.66	0.79	0.83	0.90	Secondaire supérieur
Burundi								**Burundi**
Primary	0.80	0.86	0.99	1.03	1.01	1.01	...	Primaire
Lower secondary	...	* 0.76	0.76	1.01	1.26	1.27	...	Secondaire inférieur
Upper secondary	...	0.66	0.59	0.74	1.02	1.16	...	Secondaire supérieur
Cabo Verde								**Cabo Verde**
Primary	...	0.96	0.93	0.93	0.94	...	...	Primaire
Lower secondary	...	1.12	1.11	1.02	1.00	...	...	Secondaire inférieur
Upper secondary	...	1.14	1.32	1.28	1.24	...	...	Secondaire supérieur
Cambodia								**Cambodge**
Primary	0.82	0.93	0.94	0.96	0.97	0.97	0.98	Primaire
Lower secondary	...	0.80	0.97	1.03	1.12	1.14	1.15	Secondaire inférieur
Upper secondary	...	...	...	...	1.12	0.99	1.15	Secondaire supérieur
Cameroon								**Cameroun**
Primary	0.90	0.84	0.86	0.90	0.90	...	0.91	Primaire
Lower secondary	...	0.80	0.81	0.88	0.87	0.87	0.88	Secondaire inférieur
Upper secondary	...	0.77	0.81	0.81	0.87	0.87	0.90	Secondaire supérieur
Canada								**Canada**
Primary	0.99	0.99	1.01	1.01	0.99	0.99	...	Primaire
Lower secondary	...	0.98	0.99	1.00	1.01	1.01	...	Secondaire inférieur
Upper secondary	1.01	0.98	0.97	1.01	1.01	1.02	...	Secondaire supérieur

Region, country or area	1995	2005	2010	2015	2019	2020	2021	Région, pays ou zone
Cayman Islands								**Îles Caïmanes**
Primary	...	0.96	...	0.97	...	...	1.01	Primaire
Lower secondary	...	0.89	...	...	...	...	...	Secondaire inférieur
Upper secondary	...	1.00	...	...	...	1.08	...	Secondaire supérieur
Central African Republic								**République centrafricaine**
Primary	...	0.70	0.73	...	...	...	...	Primaire
Chad								**Tchad**
Primary	0.49	0.68	0.73	0.77	0.78	...	0.80	Primaire
Lower secondary	...	* 0.37	0.45	0.49	0.58	...	0.63	Secondaire inférieur
Upper secondary	0.19	0.28	0.36	0.35	0.44	...	0.49	Secondaire supérieur
Chile								**Chili**
Primary	...	0.96	0.97	0.97	0.97	0.97	...	Primaire
Lower secondary	...	0.98	1.00	0.98	0.97	0.97	...	Secondaire inférieur
Upper secondary	...	1.03	1.05	1.02	1.00	1.00	...	Secondaire supérieur
China [1]								**Chine** [1]
Primary	0.95	...	0.98	1.00	1.01	1.01	1.01	Primaire
Lower secondary	...	...	1.01	...	...	...	...	Secondaire inférieur
Upper secondary	...	...	0.98	1.05	1.04	1.03	1.02	Secondaire supérieur
China, Hong Kong SAR								**Chine, RAS de Hong Kong**
Primary	1.01	...	...	1.02	1.05	1.04	1.04	Primaire
Lower secondary	...	0.99	0.99	0.98	0.99	1.01	1.02	Secondaire inférieur
Upper secondary	...	1.03	1.02	0.99	0.96	0.96	0.97	Secondaire supérieur
China, Macao SAR								**Chine, RAS de Macao**
Primary	...	0.94	0.98	0.98	0.98	0.98	0.98	Primaire
Lower secondary	...	0.91	0.93	0.96	0.98	1.00	0.99	Secondaire inférieur
Upper secondary	...	0.98	1.03	1.01	1.02	1.00	1.00	Secondaire supérieur
Colombia								**Colombie**
Primary	0.99	0.98	0.98	0.97	0.97	0.97	0.97	Primaire
Lower secondary	...	1.08	1.06	1.03	1.02	1.01	1.01	Secondaire inférieur
Upper secondary	...	1.19	1.20	1.18	1.14	1.12	1.13	Secondaire supérieur
Congo								**Congo**
Primary	0.85	0.93	0.95	1.01	...	...	...	Primaire
Lower secondary	...	* 0.88	...	...	...	...	...	Secondaire inférieur
Upper secondary	...	...	0.59	...	...	...	...	Secondaire supérieur
Cook Islands								**Îles Cook**
Primary	...	0.99	0.95	0.96	0.96	0.98	0.94	Primaire
Lower secondary	...	...	1.02	1.00	1.02	0.92	0.96	Secondaire inférieur
Upper secondary	...	...	1.26	1.16	1.07	1.16	1.20	Secondaire supérieur
Costa Rica								**Costa Rica**
Primary	0.99	0.97	0.98	0.99	1.01	1.02	0.99	Primaire
Lower secondary	...	1.01	0.99	0.97	1.01	1.02	...	Secondaire inférieur
Upper secondary	1.13	1.14	1.16	1.18	1.17	1.18	...	Secondaire supérieur
Côte d'Ivoire								**Côte d'Ivoire**
Primary	0.73	...	...	0.88	0.94	0.94	0.95	Primaire
Lower secondary	...	...	...	0.72	0.82	0.86	0.89	Secondaire inférieur
Upper secondary	...	...	...	0.66	0.71	0.75	0.78	Secondaire supérieur
Croatia								**Croatie**
Primary	1.00	1.00	1.00	1.00	1.01	1.00	...	Primaire
Lower secondary	...	1.02	1.03	1.04	1.06	1.06	...	Secondaire inférieur
Upper secondary	...	1.05	1.12	1.05	1.05	1.06	...	Secondaire supérieur
Cuba								**Cuba**
Primary	0.99	0.97	0.98	0.94	0.97	0.97	0.98	Primaire
Lower secondary	...	0.98	0.98	0.95	0.93	0.93	1.00	Secondaire inférieur
Upper secondary	...	1.06	1.03	1.11	1.08	1.07	1.01	Secondaire supérieur
Curaçao								**Curaçao**
Primary	...	...	...	...	...	0.95	...	Primaire
Lower secondary	...	...	...	...	...	1.03	...	Secondaire inférieur
Upper secondary	...	...	...	...	...	1.55	...	Secondaire supérieur
Cyprus								**Chypre**
Primary	1.00	1.00	1.00	1.00	0.99	0.99	...	Primaire
Lower secondary	...	* 1.00	* 1.00	* 0.99	* 0.98	* 0.98	...	Secondaire inférieur
Upper secondary	...	1.03	1.02	0.99	0.96	0.96	...	Secondaire supérieur
Czechia								**Tchéquie**
Primary	1.00	0.99	1.00	1.00	1.00	1.00	...	Primaire
Lower secondary	...	1.01	1.00	1.00	1.00	1.01	...	Secondaire inférieur
Upper secondary	1.06	1.03	1.01	1.02	1.02	1.01	...	Secondaire supérieur

6

Ratio of girls to boys in primary, lower secondary and upper secondary education *(continued)*

Rapport filles/garçons dans l'enseignement primaire, secondaire inférieur et secondaire supérieur *(suite)*

Region, country or area	1995	2005	2010	2015	2019	2020	2021	Région, pays ou zone
Dem. People's Rep. Korea								**Rép. pop. dém. de Corée**
Lower secondary	...	...	...	1.01	...	...	...	Secondaire inférieur
Upper secondary	...	...	...	1.02	...	...	...	Secondaire supérieur
Dem. Rep. of the Congo								**Rép. dém. du Congo**
Primary	0.69	...	0.87	0.99	...	0.95	...	Primaire
Lower secondary	...	...	0.65	0.66	...	...	...	Secondaire inférieur
Upper secondary	...	...	0.52	0.62	...	...	...	Secondaire supérieur
Denmark								**Danemark**
Primary	1.00	1.00	1.00	0.99	1.00	1.00	...	Primaire
Lower secondary	...	1.03	1.02	1.01	0.98	0.99	...	Secondaire inférieur
Upper secondary	1.05	1.05	1.00	1.08	1.01	1.00	...	Secondaire supérieur
Djibouti								**Djibouti**
Primary	0.78	0.82	...	1.07	1.00	0.96	0.92	Primaire
Lower secondary	...	0.67	...	0.98	1.06	1.05	1.01	Secondaire inférieur
Upper secondary	...	0.63	...	0.89	0.99	1.01	1.02	Secondaire supérieur
Dominica								**Dominique**
Primary	1.15	1.00	0.98	0.98	0.97	0.93	0.95	Primaire
Lower secondary	...	0.98	0.95	0.93	0.94	0.96	0.89	Secondaire inférieur
Upper secondary	...	1.36	1.38	1.12	1.20	1.15	1.18	Secondaire supérieur
Dominican Republic								**République dominicaine**
Primary	...	0.95	0.88	0.91	0.95	0.96	0.97	Primaire
Lower secondary	...	* 1.13	* 1.03	* 1.02	* 1.01	* 1.02	* 1.03	Secondaire inférieur
Upper secondary	...	1.24	1.19	1.15	1.19	1.18	1.19	Secondaire supérieur
Ecuador								**Équateur**
Primary	1.00	1.00	1.00	1.00	1.02	1.02	1.02	Primaire
Lower secondary	...	0.97	1.02	1.03	1.01	1.01	1.00	Secondaire inférieur
Upper secondary	...	1.07	1.08	1.06	1.04	1.04	1.04	Secondaire supérieur
Egypt								**Égypte**
Primary	0.89	0.95	0.97	...	1.01	...	...	Primaire
Lower secondary	...	...	0.99	...	1.00	...	...	Secondaire inférieur
Upper secondary	0.89	...	0.94	...	0.98	...	...	Secondaire supérieur
El Salvador								**El Salvador**
Primary	0.98	0.97	0.95	...	...	...	...	Primaire
Lower secondary	...	0.99	0.99	...	...	...	...	Secondaire inférieur
Upper secondary	...	1.04	1.02	1.05	1.04	1.03	1.09	Secondaire supérieur
Equatorial Guinea								**Guinée équatoriale**
Primary	...	0.97	0.99	0.99	0.99	...	...	Primaire
Lower secondary	...	0.80	...	1.03	...	...	...	Secondaire inférieur
Upper secondary	...	0.42	...	...	...	...	...	Secondaire supérieur
Eritrea								**Érythrée**
Primary	0.81	0.81	0.85	0.86	0.86	...	...	Primaire
Lower secondary	...	0.64	0.81	0.85	0.89	...	...	Secondaire inférieur
Upper secondary	...	0.53	0.71	0.85	0.97	...	...	Secondaire supérieur
Estonia								**Estonie**
Primary	0.97	0.97	0.99	1.00	1.01	1.00	...	Primaire
Lower secondary	...	0.96	0.96	0.96	0.99	0.99	...	Secondaire inférieur
Upper secondary	...	1.12	1.03	1.03	1.08	1.11	...	Secondaire supérieur
Eswatini								**Eswatini**
Primary	0.98	0.93	0.91	0.91	0.92	...	...	Primaire
Lower secondary	...	1.00	0.96	1.00	...	...	...	Secondaire inférieur
Upper secondary	...	0.88	0.92	0.99	...	...	...	Secondaire supérieur
Ethiopia								**Éthiopie**
Primary	0.60	0.84	0.92	0.91	0.90	0.91	0.91	Primaire
Lower secondary	...	0.60	0.86	0.96	...	...	...	Secondaire inférieur
Upper secondary	0.79	0.67	0.70	0.98	...	...	...	Secondaire supérieur
Fiji								**Fidji**
Primary	1.00	...	...	0.98	0.96	0.97	0.96	Primaire
Lower secondary	...	...	1.04	1.01	0.50	0.98	0.98	Secondaire inférieur
Upper secondary	...	...	...	1.15	1.21	1.22	1.21	Secondaire supérieur
Finland								**Finlande**
Primary	1.00	0.99	0.99	0.99	0.99	1.00	...	Primaire
Lower secondary	...	1.00	0.99	1.00	0.99	0.99	...	Secondaire inférieur
Upper secondary	1.27	1.09	1.09	1.16	1.16	1.17	...	Secondaire supérieur

6 Ratio of girls to boys in primary, lower secondary and upper secondary education *(continued)*

Rapport filles/garçons dans l'enseignement primaire, secondaire inférieur et secondaire supérieur *(suite)*

Region, country or area	1995	2005	2010	2015	2019	2020	2021	Région, pays ou zone
France								**France**
Primary	0.98	0.99	0.99	0.99	0.99	0.99	...	Primaire
Lower secondary	...	* 0.99	* 1.00	* 1.00	* 0.99	* 0.99	...	Secondaire inférieur
Upper secondary	0.99	1.02	1.03	1.03	1.01	1.01	...	Secondaire supérieur
French Guiana								**Guyane française**
Primary	0.97	...	...	...	...	...	...	Primaire
French Polynesia								**Polynésie française**
Primary	0.96	...	...	...	...	...	...	Primaire
Gabon								**Gabon**
Primary	1.00	...	...	...	0.97	...	...	Primaire
Lower secondary	...	...	...	...	1.08	...	...	Secondaire inférieur
Upper secondary	...	...	...	...	1.07	...	...	Secondaire supérieur
Gambia								**Gambie**
Primary	0.75	1.03	1.03	1.07	1.11	1.12	1.13	Primaire
Lower secondary	...	0.89	1.03	1.03	1.14	1.18	1.20	Secondaire inférieur
Upper secondary	...	...	0.87	...	...	...	1.16	Secondaire supérieur
Georgia								**Géorgie**
Primary	0.99	1.04	1.01	1.00	1.01	1.01	1.01	Primaire
Lower secondary	...	1.03	1.02	1.01	1.00	1.01	1.01	Secondaire inférieur
Upper secondary	...	1.05	...	1.05	1.01	1.01	1.00	Secondaire supérieur
Germany								**Allemagne**
Primary	0.99	1.00	0.99	1.00	1.01	1.01	...	Primaire
Lower secondary	...	0.99	0.99	0.99	0.99	1.00	...	Secondaire inférieur
Upper secondary	0.89	0.94	0.89	0.90	0.88	0.88	...	Secondaire supérieur
Ghana								**Ghana**
Primary	0.90	0.96	...	1.00	1.01	1.02	1.02	Primaire
Lower secondary	...	0.88	...	0.98	1.02	1.03	1.03	Secondaire inférieur
Upper secondary	...	0.73	...	0.90	0.96	0.97	0.98	Secondaire supérieur
Gibraltar								**Gibraltar**
Primary	...	...	...	...	1.02	1.09	1.07	Primaire
Lower secondary	...	...	...	...	0.96	0.98	0.91	Secondaire inférieur
Upper secondary	...	...	...	...	0.94	0.98	0.94	Secondaire supérieur
Greece								**Grèce**
Primary	1.02	0.98	0.98	0.99	1.01	1.01	...	Primaire
Lower secondary	...	0.95	0.94	0.95	0.96	0.97	...	Secondaire inférieur
Upper secondary	1.01	0.96	0.99	0.91	0.94	0.94	...	Secondaire supérieur
Grenada								**Grenade**
Primary	0.92	0.97	0.96	0.96	...	...	...	Primaire
Lower secondary	...	0.96	0.93	0.91	...	0.97	...	Secondaire inférieur
Upper secondary	...	1.15	1.26	1.10	...	1.15	...	Secondaire supérieur
Guatemala								**Guatemala**
Primary	0.87	0.94	0.98	0.97	0.98	0.98	0.98	Primaire
Lower secondary	...	0.88	0.91	0.90	0.91	0.93	0.96	Secondaire inférieur
Upper secondary	...	1.02	1.01	1.03	1.07	1.08	1.13	Secondaire supérieur
Guinea								**Guinée**
Primary	0.51	0.80	0.82	0.81	0.84	0.85	...	Primaire
Lower secondary	...	0.51	...	0.67	0.72	0.72	...	Secondaire inférieur
Upper secondary	...	0.44	...	0.62	0.71	0.73	...	Secondaire supérieur
Guinea-Bissau								**Guinée-Bissau**
Primary	0.57	...	0.93	...	...	...	...	Primaire
Guyana								**Guyana**
Primary	0.97	1.00	0.97	...	...	...	...	Primaire
Lower secondary	...	1.02	1.03	...	...	...	...	Secondaire inférieur
Upper secondary	...	1.05	1.06	...	...	...	...	Secondaire supérieur
Haiti								**Haïti**
Primary	0.95	...	...	...	...	...	...	Primaire
Honduras								**Honduras**
Primary	1.01	1.00	1.00	...	...	...	1.02	Primaire
Lower secondary	...	1.19	1.14	...	...	...	...	Secondaire inférieur
Upper secondary	...	...	1.39	...	...	...	...	Secondaire supérieur
Hungary								**Hongrie**
Primary	0.99	0.98	0.99	1.00	0.99	0.98	...	Primaire
Lower secondary	...	0.98	0.97	0.99	1.00	1.00	...	Secondaire inférieur
Upper secondary	1.09	1.00	1.00	1.02	1.00	0.99	...	Secondaire supérieur

6

Ratio of girls to boys in primary, lower secondary and upper secondary education *(continued)*

Rapport filles/garçons dans l'enseignement primaire, secondaire inférieur et secondaire supérieur *(suite)*

Region, country or area	1995	2005	2010	2015	2019	2020	2021	Région, pays ou zone
Iceland								**Islande**
Primary	1.00	0.98	1.01	1.00	1.00	1.01	…	Primaire
Lower secondary	…	1.00	0.99	1.01	0.99	0.98	…	Secondaire inférieur
Upper secondary	0.96	1.03	1.03	1.01	0.96	0.95	…	Secondaire supérieur
India								**Inde**
Primary	0.83	…	1.03	1.04	1.02	1.02	1.02	Primaire
Lower secondary	…	0.89	0.97	1.06	1.04	1.04	1.04	Secondaire inférieur
Upper secondary	0.56	0.77	0.90	0.98	0.99	0.95	0.91	Secondaire supérieur
Indonesia								**Indonésie**
Primary	0.97	0.97	1.03	0.97	…	…	…	Primaire
Lower secondary	…	* 1.02	1.03	1.04	…	…	…	Secondaire inférieur
Upper secondary	0.84	0.95	0.98	0.96	…	…	…	Secondaire supérieur
Iran (Islamic Republic of)								**Iran (Rép. islamique d')**
Primary	0.92	0.97	0.98	1.06	1.06	1.06	…	Primaire
Lower secondary	…	0.90	0.93	…	0.97	0.98	…	Secondaire inférieur
Upper secondary	…	1.03	0.94	…	…	1.00	…	Secondaire supérieur
Ireland								**Irlande**
Primary	1.00	1.00	1.00	1.00	1.00	1.00	…	Primaire
Lower secondary	…	* 1.04	* 1.02	* 1.00	* 1.02	* 1.03	…	Secondaire inférieur
Upper secondary	1.11	1.15	1.12	1.06	1.16	1.17	…	Secondaire supérieur
Israel								**Israël**
Primary	…	1.01	1.00	1.01	1.01	1.01	…	Primaire
Lower secondary	…	1.01	1.03	1.00	1.01	1.01	…	Secondaire inférieur
Upper secondary	…	0.98	1.02	1.02	1.02	1.02	…	Secondaire supérieur
Italy								**Italie**
Primary	0.99	0.99	0.99	1.00	0.98	1.00	…	Primaire
Lower secondary	…	0.97	0.97	0.98	0.97	0.98	…	Secondaire inférieur
Upper secondary	1.02	1.01	1.00	1.01	1.00	0.99	…	Secondaire supérieur
Jamaica								**Jamaïque**
Primary	…	1.00	…	…	…	…	…	Primaire
Lower secondary	…	1.01	…	…	…	…	…	Secondaire inférieur
Upper secondary	…	1.16	1.20	1.06	1.03	1.03	1.05	Secondaire supérieur
Japan								**Japon**
Primary	1.00	…	…	1.00	1.00	1.00	…	Primaire
Lower secondary	…	…	…	1.00	1.00	1.00	…	Secondaire inférieur
Upper secondary	1.03	…	…	1.01	1.00	1.00	…	Secondaire supérieur
Jordan								**Jordanie**
Primary	1.01	1.01	0.98	…	0.98	0.99	0.99	Primaire
Lower secondary	…	1.02	1.00	…	1.00	1.00	1.00	Secondaire inférieur
Upper secondary	…	1.06	1.14	…	1.11	1.11	1.08	Secondaire supérieur
Kazakhstan								**Kazakhstan**
Primary	1.01	1.00	1.01	1.00	1.02	1.00	…	Primaire
Lower secondary	…	0.98	0.99	1.01	1.01	1.00	…	Secondaire inférieur
Upper secondary	…	…	1.03	1.09	1.01	1.00	…	Secondaire supérieur
Kenya								**Kenya**
Primary	0.98	0.96	…	1.00	0.97	…	…	Primaire
Lower secondary	…	0.98	…	1.01	…	…	…	Secondaire inférieur
Upper secondary	…	0.89	…	…	…	…	…	Secondaire supérieur
Kiribati								**Kiribati**
Primary	1.03	1.01	1.08	1.02	…	1.06	…	Primaire
Lower secondary	…	1.09	…	1.16	…	1.06	…	Secondaire inférieur
Upper secondary	…	1.26	…	…	…	…	…	Secondaire supérieur
Kuwait								**Koweït**
Primary	1.01	1.04	0.98	1.03	1.15	1.13	1.15	Primaire
Lower secondary	…	* 1.08	0.98	…	…	…	…	Secondaire inférieur
Upper secondary	…	1.10	1.08	…	…	…	…	Secondaire supérieur
Kyrgyzstan								**Kirghizistan**
Primary	1.02	0.98	0.99	0.99	0.99	1.00	1.00	Primaire
Lower secondary	…	1.00	0.99	1.00	0.99	0.99	1.00	Secondaire inférieur
Upper secondary	…	1.03	1.01	1.06	1.03	1.03	1.02	Secondaire supérieur
Lao People's Dem. Rep.								**Rép. dém. populaire lao**
Primary	0.81	0.87	0.91	0.95	0.97	0.97	0.97	Primaire
Lower secondary	…	0.78	0.83	0.93	0.96	0.97	0.98	Secondaire inférieur
Upper secondary	…	0.71	0.81	0.89	0.89	0.89	0.89	Secondaire supérieur

6 Ratio of girls to boys in primary, lower secondary and upper secondary education *(continued)*

Rapport filles/garçons dans l'enseignement primaire, secondaire inférieur et secondaire supérieur *(suite)*

Region, country or area	1995	2005	2010	2015	2019	2020	2021	Région, pays ou zone
Latvia								**Lettonie**
Primary	0.97	0.98	0.98	1.00	1.00	1.00	…	Primaire
Lower secondary	…	* 0.96	* 0.96	* 0.97	* 0.99	* 0.99	…	Secondaire inférieur
Upper secondary	1.21	1.04	1.01	0.99	1.01	1.02	…	Secondaire supérieur
Lesotho								**Lesotho**
Primary	1.11	0.99	0.96	0.95	0.95	…	…	Primaire
Lower secondary	…	1.30	1.40	1.34	…	…	…	Secondaire inférieur
Upper secondary	…	1.16	1.35	1.34	…	…	…	Secondaire supérieur
Liberia								**Libéria**
Primary	…	…	…	0.90	…	1.00	…	Primaire
Lower secondary	…	…	…	0.79	…	0.98	…	Secondaire inférieur
Upper secondary	…	…	…	0.74	…	0.97	…	Secondaire supérieur
Libya								**Libye**
Primary	…	0.99	…	…	…	…	…	Primaire
Lower secondary	…	1.01	…	…	…	…	…	Secondaire inférieur
Upper secondary	…	1.44	…	…	…	…	…	Secondaire supérieur
Liechtenstein								**Liechtenstein**
Primary	…	0.92	0.94	0.98	1.00	0.97	0.98	Primaire
Lower secondary	…	1.01	* 1.00	* 0.92	* 0.98	* 0.97	* 0.97	Secondaire inférieur
Upper secondary	…	0.74	0.70	0.66	0.77	0.76	0.75	Secondaire supérieur
Lithuania								**Lituanie**
Primary	0.97	0.99	0.99	1.00	1.00	1.00	…	Primaire
Lower secondary	…	* 0.98	* 0.97	* 0.96	* 0.98	* 0.98	…	Secondaire inférieur
Upper secondary	…	1.05	1.01	0.95	0.95	0.96	…	Secondaire supérieur
Luxembourg								**Luxembourg**
Primary	…	1.00	1.01	1.00	0.99	0.99	…	Primaire
Lower secondary	…	1.02	1.02	1.02	0.93	0.93	…	Secondaire inférieur
Upper secondary	0.94	1.09	1.04	1.06	1.06	1.05	…	Secondaire supérieur
Madagascar								**Madagascar**
Primary	1.04	0.96	0.98	1.00	1.02	…	…	Primaire
Lower secondary	…	* 0.98	…	* 1.01	1.06	…	…	Secondaire inférieur
Upper secondary	…	0.89	…	0.93	0.99	…	…	Secondaire supérieur
Malawi								**Malawi**
Primary	0.90	1.01	1.02	1.02	1.03	…	1.06	Primaire
Lower secondary	…	0.81	0.92	* 0.93	0.82	…	1.06	Secondaire inférieur
Upper secondary	…	0.67	0.72	0.83	0.90	…	0.93	Secondaire supérieur
Malaysia								**Malaisie**
Primary	1.00	1.00	1.01	1.01	1.01	1.01	1.01	Primaire
Lower secondary	…	1.02	1.02	1.04	1.02	1.02	1.01	Secondaire inférieur
Upper secondary	…	1.22	1.16	1.14	1.14	1.13	1.10	Secondaire supérieur
Maldives								**Maldives**
Primary	0.97	0.98	0.97	0.97	1.03	1.00	…	Primaire
Lower secondary	…	1.18	1.12	1.03	0.85	0.93	…	Secondaire inférieur
Upper secondary	…	…	…	…	1.26	…	…	Secondaire supérieur
Mali								**Mali**
Primary	0.69	0.79	0.86	0.90	…	0.91	…	Primaire
Lower secondary	…	0.63	0.73	0.85	…	0.91	…	Secondaire inférieur
Upper secondary	…	0.58	0.61	0.69	…	0.81	…	Secondaire supérieur
Malta								**Malte**
Primary	0.97	0.98	1.00	1.01	1.01	1.00	…	Primaire
Lower secondary	…	1.02	0.95	0.99	0.96	0.95	…	Secondaire inférieur
Upper secondary	…	0.83	0.76	1.12	1.03	1.06	…	Secondaire supérieur
Marshall Islands								**Îles Marshall**
Primary	…	1.25	…	0.98	0.96	0.96	0.94	Primaire
Lower secondary	…	0.97	…	1.05	1.05	1.09	1.03	Secondaire inférieur
Upper secondary	…	1.05	…	1.14	1.11	1.12	1.15	Secondaire supérieur
Martinique								**Martinique**
Primary	0.98	…	…	…	…	…	…	Primaire
Mauritania								**Mauritanie**
Primary	0.84	1.03	1.05	1.05	1.06	1.07	…	Primaire
Lower secondary	…	0.89	0.89	0.95	1.05	1.07	…	Secondaire inférieur
Upper secondary	0.52	0.86	0.78	0.87	1.05	1.06	…	Secondaire supérieur
Mauritius								**Maurice**
Primary	1.00	1.00	1.01	1.02	1.03	1.02	1.02	Primaire
Lower secondary	…	1.01	1.02	0.98	0.97	…	0.98	Secondaire inférieur
Upper secondary	…	0.94	1.07	1.11	1.08	1.04	1.12	Secondaire supérieur

6

Ratio of girls to boys in primary, lower secondary and upper secondary education *(continued)*

Rapport filles/garçons dans l'enseignement primaire, secondaire inférieur et secondaire supérieur *(suite)*

Region, country or area	1995	2005	2010	2015	2019	2020	2021	Région, pays ou zone
Mexico								**Mexique**
Primary	0.97	0.98	0.99	1.00	1.01	1.01	...	Primaire
Lower secondary	...	1.06	1.09	1.10	1.12	1.12	...	Secondaire inférieur
Upper secondary	0.96	1.03	1.06	1.02	1.07	1.08	...	Secondaire supérieur
Micronesia (Fed. States of)								**Micronésie (États féd. de)**
Primary	...	0.97	...	0.98	0.96	1.00	1.00	Primaire
Lower secondary	...	1.10	...	1.02	1.11	1.09	1.05	Secondaire inférieur
Upper secondary	...	1.07	...	...	...	...	...	Secondaire supérieur
Monaco								**Monaco**
Primary	...	...	...	...	1.01	1.07	1.05	Primaire
Lower secondary	...	...	...	...	* 1.09	* 1.07	* 1.06	Secondaire inférieur
Upper secondary	...	...	...	...	1.00	0.97	0.99	Secondaire supérieur
Mongolia								**Mongolie**
Primary	1.03	1.00	0.98	0.98	0.98	0.98	0.98	Primaire
Lower secondary	...	1.06	1.04	...	1.01	1.00	1.00	Secondaire inférieur
Upper secondary	1.74	1.22	1.13	1.06	1.00	1.05	1.05	Secondaire supérieur
Montenegro								**Monténégro**
Primary	...	1.02	1.00	1.00	1.00	1.00	1.00	Primaire
Lower secondary	...	1.00	1.01	1.02	1.02	1.00	1.00	Secondaire inférieur
Upper secondary	...	1.07	1.06	1.01	1.02	1.04	1.04	Secondaire supérieur
Montserrat								**Montserrat**
Primary	0.97	0.93	0.99	0.99	1.14	...	...	Primaire
Lower secondary	...	0.97	...	...	1.14	...	...	Secondaire inférieur
Upper secondary	...	1.20	...	...	0.99	...	...	Secondaire supérieur
Morocco								**Maroc**
Primary	0.74	0.91	0.94	0.95	0.97	0.97	0.97	Primaire
Lower secondary	...	0.84	0.82	* 0.86	0.89	0.90	0.91	Secondaire inférieur
Upper secondary	...	0.88	0.95	...	1.00	1.04	1.06	Secondaire supérieur
Mozambique								**Mozambique**
Primary	0.71	0.83	0.89	0.91	0.93	0.94	...	Primaire
Lower secondary	...	0.69	0.82	* 0.91	0.95	0.90	...	Secondaire inférieur
Upper secondary	0.53	0.62	0.74	0.91	1.04	0.99	...	Secondaire supérieur
Myanmar								**Myanmar**
Primary	0.94	1.00	0.99	...	...	...	...	Primaire
Lower secondary	...	0.96	1.03	...	...	...	...	Secondaire inférieur
Upper secondary	...	0.99	1.10	...	...	...	...	Secondaire supérieur
Namibia								**Namibie**
Primary	0.98	0.98	0.96	0.96	0.97	0.97	0.97	Primaire
Lower secondary	...	1.13	1.11	1.08	1.07	1.07	1.05	Secondaire inférieur
Upper secondary	0.97	1.03	...	...	...	...	...	Secondaire supérieur
Nauru								**Nauru**
Primary	...	0.94	...	0.93	0.99	1.03	...	Primaire
Lower secondary	...	...	...	...	1.14	1.03	...	Secondaire inférieur
Upper secondary	...	...	...	...	0.86	...	...	Secondaire supérieur
Nepal								**Népal**
Primary	0.69	0.91	0.99	1.07	1.02	0.99	0.96	Primaire
Lower secondary	...	0.85	1.01	1.09	1.03	1.00	0.98	Secondaire inférieur
Upper secondary	0.56	0.76	0.95	1.02	1.13	1.06	1.07	Secondaire supérieur
Netherlands (Kingdom of the)								**Pays-Bas (Royaume des)**
Primary	0.98	0.98	1.00	1.00	1.00	1.00	...	Primaire
Lower secondary	...	0.96	0.95	0.97	0.95	0.96	...	Secondaire inférieur
Upper secondary	0.91	1.01	1.03	1.06	1.07	1.07	...	Secondaire supérieur
New Zealand								**Nouvelle-Zélande**
Primary	1.00	0.99	1.00	1.01	1.00	1.00	...	Primaire
Lower secondary	...	0.99	0.99	1.00	1.00	1.00	...	Secondaire inférieur
Upper secondary	0.97	1.12	1.11	1.13	1.11	1.11	...	Secondaire supérieur
Nicaragua								**Nicaragua**
Primary	1.04	0.99	0.99	1.00	0.99	0.99	...	Primaire
Lower secondary	...	1.10	1.07	...	...	...	...	Secondaire inférieur
Upper secondary	...	1.33	1.27	...	...	...	...	Secondaire supérieur
Niger								**Niger**
Primary	0.62	0.72	0.81	0.85	0.88	0.90	0.91	Primaire
Lower secondary	...	0.66	0.72	0.72	...	...	...	Secondaire inférieur
Upper secondary	...	0.55	0.57	0.79	...	...	...	Secondaire supérieur

6 Ratio of girls to boys in primary, lower secondary and upper secondary education *(continued)*

Rapport filles/garçons dans l'enseignement primaire, secondaire inférieur et secondaire supérieur *(suite)*

Region, country or area	1995	2005	2010	2015	2019	2020	2021	Région, pays ou zone
Nigeria								**Nigéria**
Primary	0.83	0.84	0.91	0.94	1.01	...	...	Primaire
Lower secondary	...	0.85	0.88	0.93	...	...	...	Secondaire inférieur
Upper secondary	...	0.80	0.86	0.90	...	...	...	Secondaire supérieur
Niue								**Nioué**
Primary	...	0.97	...	1.00	1.16	1.00	0.98	Primaire
Lower secondary	...	...	...	1.45	0.99	0.98	1.11	Secondaire inférieur
Upper secondary	...	...	...	0.90	1.02	0.99	0.99	Secondaire supérieur
North Macedonia								**Macédoine du Nord**
Primary	0.99	0.98	0.99	1.00	1.01	1.00	...	Primaire
Lower secondary	...	0.99	0.98	0.98	1.00	1.00	...	Secondaire inférieur
Upper secondary	...	0.94	0.97	0.98	0.96	0.98	...	Secondaire supérieur
Norway								**Norvège**
Primary	1.00	1.00	1.00	1.00	1.00	1.00	...	Primaire
Lower secondary	...	1.01	1.00	1.02	1.00	1.02	...	Secondaire inférieur
Upper secondary	0.91	1.01	0.97	0.94	0.92	0.90	...	Secondaire supérieur
Oman								**Oman**
Primary	0.99	0.99	...	1.04	1.09	1.06	1.00	Primaire
Lower secondary	...	0.92	...	0.97	0.93	0.97	1.02	Secondaire inférieur
Upper secondary	1.08	1.02	...	1.00	0.85	0.74	0.65	Secondaire supérieur
Pakistan								**Pakistan**
Primary	...	0.77	0.85	0.86	0.88	...	...	Primaire
Lower secondary	...	0.73	0.79	0.83	0.88	...	...	Secondaire inférieur
Upper secondary	...	...	0.75	0.76	0.86	...	...	Secondaire supérieur
Palau								**Palaos**
Primary	...	...	...	...	...	1.07	0.97	Primaire
Lower secondary	...	...	...	...	...	1.04	1.26	Secondaire inférieur
Upper secondary	...	1.20	...	...	...	0.99	1.00	Secondaire supérieur
Panama								**Panama**
Primary	...	0.97	0.96	0.98	1.00	0.99	0.99	Primaire
Lower secondary	...	1.02	1.01	1.01	1.01	1.02	1.00	Secondaire inférieur
Upper secondary	...	1.15	1.17	1.13	...	...	1.09	Secondaire supérieur
Papua New Guinea								**Papouasie-Nvl-Guinée**
Primary	0.87	0.85	...	...	...	...	...	Primaire
Paraguay								**Paraguay**
Primary	0.98	0.98	0.97	0.97	...	...	...	Primaire
Lower secondary	...	1.02	1.05	...	...	...	...	Secondaire inférieur
Upper secondary	...	1.06	1.09	1.09	...	1.13	1.19	Secondaire supérieur
Peru								**Pérou**
Primary	0.98	1.00	1.00	1.00	0.96	0.96	0.97	Primaire
Lower secondary	...	0.99	0.99	0.99	0.93	0.93	0.95	Secondaire inférieur
Upper secondary	...	0.98	1.09	1.01	0.95	0.95	0.95	Secondaire supérieur
Philippines								**Philippines**
Primary	0.99	0.99	...	0.97	0.97	0.98	0.98	Primaire
Lower secondary	...	1.09	...	1.07	1.06	1.05	1.04	Secondaire inférieur
Upper secondary	...	1.22	1.15	1.12	1.15	1.14	1.16	Secondaire supérieur
Poland								**Pologne**
Primary	0.99	0.99	0.99	...	0.99	0.96	...	Primaire
Lower secondary	...	0.98	0.98	0.96	0.99	1.00	...	Secondaire inférieur
Upper secondary	...	1.01	1.01	0.96	0.96	0.97	...	Secondaire supérieur
Portugal								**Portugal**
Primary	0.95	0.95	0.97	0.96	0.98	0.99	...	Primaire
Lower secondary	...	1.03	0.98	0.96	0.98	0.97	...	Secondaire inférieur
Upper secondary	1.14	1.19	1.09	0.98	1.03	1.03	...	Secondaire supérieur
Puerto Rico								**Porto Rico**
Primary	...	...	1.04	...	...	...	...	Primaire
Lower secondary	...	...	1.04	...	...	...	...	Secondaire inférieur
Upper secondary	...	...	1.08	...	...	...	...	Secondaire supérieur
Qatar								**Qatar**
Primary	0.99	0.96	1.03	1.01	1.03	1.03	1.02	Primaire
Lower secondary	...	* 0.90	0.90	1.03	0.92	0.93	0.98	Secondaire inférieur
Upper secondary	...	0.95	1.01	...	...	...	...	Secondaire supérieur
Republic of Korea								**République de Corée**
Primary	1.03	0.99	1.00	1.00	1.00	1.00	...	Primaire
Lower secondary	...	1.02	1.00	0.99	1.00	1.00	...	Secondaire inférieur
Upper secondary	1.00	1.03	0.99	1.00	0.99	0.99	...	Secondaire supérieur

6

Ratio of girls to boys in primary, lower secondary and upper secondary education *(continued)*

Rapport filles/garçons dans l'enseignement primaire, secondaire inférieur et secondaire supérieur *(suite)*

Region, country or area	1995	2005	2010	2015	2019	2020	2021	Région, pays ou zone
Republic of Moldova								**République de Moldova**
Primary	...	...	...	0.99	0.95	0.98	0.99	Primaire
Lower secondary	...	...	...	* 1.00	* 0.98	* 0.98	* 0.99	Secondaire inférieur
Upper secondary	...	...	...	1.04	1.00	1.03	1.00	Secondaire supérieur
Romania								**Roumanie**
Primary	1.00	0.99	0.98	0.99	0.99	0.99	...	Primaire
Lower secondary	...	0.99	0.99	0.98	0.98	0.98	...	Secondaire inférieur
Upper secondary	...	1.05	0.99	1.02	1.03	1.03	...	Secondaire supérieur
Russian Federation								**Fédération de Russie**
Primary	0.99	1.00	...	1.01	0.99	...	...	Primaire
Lower secondary	...	1.01	...	1.01	0.99	...	...	Secondaire inférieur
Upper secondary	...	0.96	...	0.90	0.93	...	...	Secondaire supérieur
Rwanda								**Rwanda**
Primary	...	1.01	1.03	1.01	0.98	...	0.99	Primaire
Lower secondary	...	* 0.89	1.05	1.14	1.18	...	1.17	Secondaire inférieur
Upper secondary	...	0.92	0.89	1.01	1.05	...	1.10	Secondaire supérieur
Saint Kitts and Nevis								**Saint-Kitts-et-Nevis**
Primary	1.03	0.99	0.95	0.99	0.92	...	0.95	Primaire
Lower secondary	...	* 0.98	* 0.93	0.99	...	...	1.00	Secondaire inférieur
Upper secondary	...	1.35	1.08	1.00	...	...	0.97	Secondaire supérieur
Saint Lucia								**Sainte-Lucie**
Primary	...	0.96	...	0.97	1.02	1.03	...	Primaire
Lower secondary	...	1.16	0.95	0.97	0.96	1.01	...	Secondaire inférieur
Upper secondary	...	1.20	1.05	1.02	0.99	0.94	...	Secondaire supérieur
Saint Vincent & Grenadines								**Saint-Vincent-Grenadines**
Primary	...	0.90	0.95	0.99	0.97	0.98	...	Primaire
Lower secondary	...	1.17	0.96	0.94	...	...	...	Secondaire inférieur
Upper secondary	...	1.47	1.26	1.16	...	...	...	Secondaire supérieur
Samoa								**Samoa**
Primary	1.03	1.01	0.99	1.00	1.01	0.99	1.00	Primaire
Lower secondary	...	1.04	0.98	0.96	1.04	1.03	1.03	Secondaire inférieur
Upper secondary	1.17	1.18	1.24	1.20	...	...	...	Secondaire supérieur
San Marino								**Saint-Marin**
Primary	...	...	...	...	1.08	0.98	0.99	Primaire
Lower secondary	...	...	...	...	* 0.87	* 1.00	* 1.08	Secondaire inférieur
Upper secondary	...	...	...	...	0.96	0.81	0.74	Secondaire supérieur
Sao Tome and Principe								**Sao Tomé-et-Principe**
Primary	...	0.96	0.99	0.96	...	...	...	Primaire
Lower secondary	...	1.12	1.07	1.10	...	...	...	Secondaire inférieur
Upper secondary	...	0.96	0.78	1.14	...	...	...	Secondaire supérieur
Saudi Arabia								**Arabie saoudite**
Primary	...	0.98	0.99	1.03	1.02	1.02	1.01	Primaire
Lower secondary	...	* 0.97	...	1.00	0.98	0.99	0.99	Secondaire inférieur
Upper secondary	...	0.91	...	0.95	0.84	0.87	0.93	Secondaire supérieur
Senegal								**Sénégal**
Primary	0.77	0.96	1.06	1.12	1.14	1.15	1.16	Primaire
Lower secondary	...	0.78	...	...	1.18	1.20	1.23	Secondaire inférieur
Upper secondary	...	0.66	...	...	1.04	1.07	1.14	Secondaire supérieur
Serbia								**Serbie**
Primary	...	1.01	1.00	1.00	1.00	1.00	1.00	Primaire
Lower secondary	...	* 0.99	* 1.00	* 0.99	* 1.00	* 1.00	* 1.00	Secondaire inférieur
Upper secondary	...	1.08	1.05	1.04	1.03	1.03	1.04	Secondaire supérieur
Seychelles								**Seychelles**
Primary	1.02	0.98	1.03	1.03	1.05	1.04	1.03	Primaire
Lower secondary	...	1.01	0.98	1.03	1.01	1.04	1.09	Secondaire inférieur
Upper secondary	0.91	1.16	1.18	1.13	1.15	1.16	1.09	Secondaire supérieur
Sierra Leone								**Sierra Leone**
Primary	...	...	...	1.01	1.03	1.03	1.04	Primaire
Lower secondary	...	...	...	0.94	1.01	1.02	1.04	Secondaire inférieur
Upper secondary	...	...	...	0.78	...	...	...	Secondaire supérieur
Singapore								**Singapour**
Primary	...	...	...	...	1.00	1.00	...	Primaire
Lower secondary	...	...	...	...	* 1.00	* 1.00	...	Secondaire inférieur
Upper secondary	...	...	...	...	0.98	0.99	...	Secondaire supérieur

6 Ratio of girls to boys in primary, lower secondary and upper secondary education *(continued)*

Rapport filles/garçons dans l'enseignement primaire, secondaire inférieur et secondaire supérieur *(suite)*

Region, country or area	1995	2005	2010	2015	2019	2020	2021	Région, pays ou zone
Slovakia								**Slovaquie**
Primary	1.00	0.99	0.99	0.99	1.00	1.00	...	Primaire
Lower secondary	...	0.99	0.99	0.99	0.99	0.99	...	Secondaire inférieur
Upper secondary	...	1.03	1.04	1.04	1.04	1.05	...	Secondaire supérieur
Slovenia								**Slovénie**
Primary	1.00	0.99	1.00	1.01	1.00	1.00	...	Primaire
Lower secondary	...	0.99	1.00	1.00	1.01	1.00	...	Secondaire inférieur
Upper secondary	...	1.00	0.99	1.02	1.03	1.03	...	Secondaire supérieur
Solomon Islands								**Îles Salomon**
Primary	...	0.95	0.98	0.99	0.99	...	...	Primaire
Lower secondary	...	0.88	0.96	1.02	1.05	...	...	Secondaire inférieur
Upper secondary	...	0.72	0.72	...	...	...	...	Secondaire supérieur
South Africa								**Afrique du Sud**
Primary	0.99	0.97	0.96	0.93	0.97	0.96	...	Primaire
Lower secondary	...	1.04	1.01	1.01	1.01	1.01	...	Secondaire inférieur
Upper secondary	...	1.10	1.10	0.97	1.10	1.15	...	Secondaire supérieur
South Sudan								**Soudan du sud**
Primary	...	...	...	0.71	...	...	...	Primaire
Lower secondary	...	...	...	0.59	...	...	...	Secondaire inférieur
Upper secondary	...	...	...	0.45	...	...	...	Secondaire supérieur
Spain								**Espagne**
Primary	0.98	0.99	0.99	1.02	1.01	1.01	...	Primaire
Lower secondary	...	1.01	0.99	0.96	0.99	0.99	...	Secondaire inférieur
Upper secondary	1.17	1.18	1.09	1.03	1.07	1.07	...	Secondaire supérieur
Sri Lanka								**Sri Lanka**
Primary	0.97	0.99	0.98	0.98	1.00	1.00	...	Primaire
Lower secondary	...	1.01	0.96	0.99	1.00	1.00	...	Secondaire inférieur
Upper secondary	1.36	...	1.07	...	...	...	...	Secondaire supérieur
State of Palestine								**État de Palestine**
Primary	0.99	0.99	0.98	1.00	1.00	1.00	1.00	Primaire
Lower secondary	...	1.03	1.04	1.05	1.03	1.04	1.03	Secondaire inférieur
Upper secondary	0.87	1.12	1.22	1.31	1.26	1.27	1.25	Secondaire supérieur
Sudan								**Soudan**
Primary	...	0.88	0.90	0.91	...	...	...	Primaire
Lower secondary	...	0.88	0.82	0.92	...	...	...	Secondaire inférieur
Upper secondary	...	0.99	0.93	1.06	...	...	...	Secondaire supérieur
Suriname								**Suriname**
Primary	...	0.98	1.00	1.01	1.00	1.00	0.99	Primaire
Lower secondary	...	1.20	1.12	1.17	1.14	1.12	1.15	Secondaire inférieur
Upper secondary	...	1.75	1.79	1.82	...	...	1.43	Secondaire supérieur
Sweden								**Suède**
Primary	1.01	1.00	0.99	1.04	1.04	1.05	...	Primaire
Lower secondary	...	0.99	0.99	1.05	1.02	1.04	...	Secondaire inférieur
Upper secondary	1.22	1.00	0.99	1.20	1.10	1.12	...	Secondaire supérieur
Switzerland								**Suisse**
Primary	1.00	1.00	1.00	1.00	1.00	0.99	...	Primaire
Lower secondary	...	1.02	1.03	0.99	0.99	0.99	...	Secondaire inférieur
Upper secondary	0.86	0.86	0.92	0.94	0.91	0.91	...	Secondaire supérieur
Syrian Arab Republic								**République arabe syrienne**
Primary	0.91	0.97	0.97	...	...	0.98	0.99	Primaire
Lower secondary	...	0.95	0.99	...	...	1.07	1.06	Secondaire inférieur
Upper secondary	...	* 0.99	* 1.08	...	...	* 1.15	* 1.15	Secondaire supérieur
Tajikistan								**Tadjikistan**
Primary	0.97	0.97	0.98	0.99	...	...	...	Primaire
Lower secondary	...	0.90	0.93	0.96	...	...	...	Secondaire inférieur
Upper secondary	...	0.62	0.67	...	...	...	...	Secondaire supérieur
Thailand								**Thaïlande**
Primary	...	0.97	0.99	0.94	0.99	0.99	0.99	Primaire
Lower secondary	...	1.01	1.00	0.92	0.93	0.93	0.98	Secondaire inférieur
Upper secondary	...	1.12	1.18	1.00	1.09	1.08	1.09	Secondaire supérieur
Timor-Leste								**Timor-Leste**
Primary	...	0.91	0.95	0.98	0.98	0.98	...	Primaire
Lower secondary	...	...	1.01	1.05	1.06	1.07	...	Secondaire inférieur
Upper secondary	...	...	0.96	1.05	1.12	1.12	...	Secondaire supérieur

Ratio of girls to boys in primary, lower secondary and upper secondary education *(continued)*

Rapport filles/garçons dans l'enseignement primaire, secondaire inférieur et secondaire supérieur *(suite)*

Region, country or area	1995	2005	2010	2015	2019	2020	2021	Région, pays ou zone
Togo								**Togo**
Primary	0.68	0.85	0.90	0.95	0.97	0.97	0.97	Primaire
Lower secondary	...	0.57	...	...	...	...	0.84	Secondaire inférieur
Upper secondary	0.20	0.41	...	...	...	0.70	0.74	Secondaire supérieur
Tokelau								**Tokélaou**
Primary	...	...	...	...	1.03	1.00	1.05	Primaire
Lower secondary	...	...	...	...	0.86	0.81	0.72	Secondaire inférieur
Upper secondary	...	...	...	...	2.38	2.06	2.12	Secondaire supérieur
Tonga								**Tonga**
Primary	0.99	0.97	0.98	0.99	0.97	0.95	...	Primaire
Lower secondary	...	...	...	1.00	1.12	1.17	...	Secondaire inférieur
Upper secondary	...	...	...	1.19	1.25	1.21	...	Secondaire supérieur
Trinidad and Tobago								**Trinité-et-Tobago**
Primary	1.00	0.97	0.97	...	...	...	...	Primaire
Lower secondary	...	* 1.02	...	...	...	...	...	Secondaire inférieur
Upper secondary	...	...	...	...	...	1.11	1.12	Secondaire supérieur
Tunisia								**Tunisie**
Primary	0.93	0.99	1.00	1.00	...	0.98	0.98	Primaire
Lower secondary	...	1.01	0.97	1.02	...	1.04	1.04	Secondaire inférieur
Upper secondary	...	1.22	1.25	...	...	...	...	Secondaire supérieur
Türkiye								**Türkiye**
Primary	0.92	0.95	0.99	0.99	0.99	0.99	...	Primaire
Lower secondary	...	0.87	0.96	1.02	1.01	1.02	...	Secondaire inférieur
Upper secondary	0.64	0.78	0.87	0.94	0.91	0.93	...	Secondaire supérieur
Turkmenistan								**Turkménistan**
Primary	...	...	...	...	0.98	0.98	0.98	Primaire
Lower secondary	...	...	...	...	0.98	0.98	...	Secondaire inférieur
Upper secondary	...	...	...	...	0.99	0.98	...	Secondaire supérieur
Turks and Caicos Islands								**Îles Turques-et-Caïques**
Primary	...	1.08	...	0.99	1.04	1.05	1.05	Primaire
Lower secondary	...	0.95	...	1.00	...	0.96	0.92	Secondaire inférieur
Upper secondary	...	...	...	1.29	...	1.05	1.14	Secondaire supérieur
Tuvalu								**Tuvalu**
Primary	...	0.97	...	0.96	0.96	1.01	0.96	Primaire
Lower secondary	...	...	...	...	0.92	0.94	0.97	Secondaire inférieur
Upper secondary	...	...	...	...	1.43	1.18	1.29	Secondaire supérieur
Uganda								**Ouganda**
Primary	0.84	0.99	1.01	1.02	...	...	...	Primaire
Ukraine								**Ukraine**
Primary	...	1.00	1.01	...	...	...	...	Primaire
Lower secondary	...	* 0.91	* 1.00	...	...	...	...	Secondaire inférieur
Upper secondary	...	0.96	0.91	...	...	...	...	Secondaire supérieur
United Arab Emirates								**Émirats arabes unis**
Primary	0.98	...	...	1.00	1.00	1.01	...	Primaire
Lower secondary	...	0.93	1.00	0.97	0.99	1.00	...	Secondaire inférieur
Upper secondary	1.14	...	...	...	0.98	1.02	...	Secondaire supérieur
United Kingdom								**Royaume-Uni**
Primary	...	1.00	0.99	1.00	1.00	1.00	...	Primaire
Lower secondary	...	1.00	0.96	0.97	0.99	0.99	...	Secondaire inférieur
Upper secondary	0.99	1.05	1.04	1.06	1.05	1.05	...	Secondaire supérieur
United Rep. of Tanzania								**Rép.-Unie de Tanzanie**
Primary	0.99	0.97	1.02	1.05	1.02	1.03	1.04	Primaire
Lower secondary	...	...	0.83	1.02	1.11	1.12	1.11	Secondaire inférieur
Upper secondary	0.74	...	0.76	0.67	0.76	0.78	0.76	Secondaire supérieur
United States of America								**États-Unis d'Amérique**
Primary	0.99	0.99	...	1.00	1.01	1.00	...	Primaire
Lower secondary	...	* 0.99	...	* 1.00	* 0.99	* 0.98	...	Secondaire inférieur
Upper secondary	1.04	1.06	...	1.02	0.97	0.98	...	Secondaire supérieur
Uruguay								**Uruguay**
Primary	0.99	0.97	0.97	0.98	0.99	0.99	...	Primaire
Lower secondary	...	1.09	1.07	...	1.02	1.01	...	Secondaire inférieur
Upper secondary	1.33	1.22	1.32	...	1.22	1.21	...	Secondaire supérieur
Uzbekistan								**Ouzbékistan**
Primary	0.96	1.00	0.98	0.99	0.99	0.98	0.98	Primaire
Lower secondary	...	0.99	1.00	0.99	0.98	...	...	Secondaire inférieur
Upper secondary	...	0.92	1.01	0.99	1.03	...	...	Secondaire supérieur

6

Ratio of girls to boys in primary, lower secondary and upper secondary education *(continued)*

Rapport filles/garçons dans l'enseignement primaire, secondaire inférieur et secondaire supérieur *(suite)*

Region, country or area	1995	2005	2010	2015	2019	2020	2021	Région, pays ou zone
Vanuatu								**Vanuatu**
Primary	...	0.97	0.99	0.97	0.96	0.98	0.98	Primaire
Lower secondary	...	...	1.09	1.03	...	1.10	1.09	Secondaire inférieur
Upper secondary	...	...	0.84	1.05	...	1.30	1.03	Secondaire supérieur
Venezuela (Boliv. Rep. of)								**Venezuela (Rép. boliv. du)**
Primary	...	0.98	0.97	0.98	...	...	...	Primaire
Lower secondary	...	1.08	1.06	1.04	...	...	...	Secondaire inférieur
Upper secondary	...	1.25	1.18	1.15	...	...	...	Secondaire supérieur
Viet Nam								**Viet Nam**
Primary	1.00	0.95	0.95	1.00	1.02	1.02	1.02	Primaire
Lower secondary	...	0.96	1.05	1.02	1.03	1.04	1.04	Secondaire inférieur
Yemen								**Yémen**
Primary	...	0.74	0.82	...	...	...	...	Primaire
Lower secondary	...	0.51	0.64	...	...	...	...	Secondaire inférieur
Upper secondary	...	0.45	0.59	...	...	...	...	Secondaire supérieur
Zambia								**Zambie**
Primary	0.93	0.94	1.01	1.00	...	...	...	Primaire
Lower secondary	...	0.85	0.88	0.94	...	...	...	Secondaire inférieur
Zimbabwe								**Zimbabwe**
Primary	0.98	...	...	0.98	1.00	1.01	1.01	Primaire
LLDCs								**PDSL**
Primary	...	95.44	103.51	103.26	* 102.70	* 101.84	...	Primaire
Lower secondary	...	0.83	0.87	0.92	* 0.91	* 0.91	...	Secondaire inférieur
Upper secondary	...	29.23	34.90	36.42	* 37.07	* 37.73	...	Secondaire supérieur
LDCs								**PMA**
Primary	...	94.17	101.88	103.41	* 105.62	* 105.87	...	Primaire
Lower secondary	...	0.81	0.88	0.94	* 0.95	* 0.95	...	Secondaire inférieur
Upper secondary	...	21.75	27.93	33.35	* 35.86	* 36.79	...	Secondaire supérieur
SIDS								**PEID**
Primary	...	99.78	* 107.02	* 119.76	* 120.92	* 119.47	...	Primaire
Lower secondary	...	* 0.99	* 0.99	* 0.99	* 0.98	* 0.98	...	Secondaire inférieur
Upper secondary	...	* 54.80	* 55.71	* 58.79	* 58.29	* 57.68	...	Secondaire supérieur

Source:

United Nations Educational, Scientific and Cultural Organization (UNESCO), Montreal, the UNESCO Institute for Statistics (UIS) statistics database, last accessed April 2023.

1 For statistical purposes, the data for China do not include those for the Hong Kong Special Administrative Region (Hong Kong SAR), Macao Special Administrative Region (Macao SAR) and Taiwan Province of China.

Source:

Organisation des Nations Unies pour l'éducation, la science et la culture (UNESCO), Montréal, base de données statistiques de l'Institut de statistique (ISU) de l'UNESCO, dernier accès avril 2023.

1 Pour la présentation des statistiques, les données pour la Chine ne comprennent pas la région administrative spéciale de Hong Kong (RAS de Hong Kong), la région administrative spéciale de Macao (RAS de Macao) et la province chinoise de Taïwan.

7 Enrollment in primary, lower secondary and upper secondary education levels

Number of students enrolled (thousands) and gross enrollment ratio by sex

Inscriptions aux niveaux primaire, secondaire inférieur et secondaire supérieur

Nombre d'élèves inscrits (milliers) et taux brut de scolarisation par sexe

Region, country or area Région, pays ou zone	Year & Année &	Primary education Enseignement primaire Total ('000)	Gross enrollment ratio Taux brut de scolarisation M/H	F	Lower Secondary education Enseignement secondaire inférieur Total ('000)	Gross enrollment ratio Taux brut de scolarisation M/H	F	Upper secondary education Enseignement secondaire supérieur Total ('000)	Gross enrollment ratio Taux brut de scolarisation M/H	F
Total, all countries or areas	**2005**	*** 678 907**	*** 104.5**	**99.7**	**309 665**	**80.7**	**76.7**	**199 767**	**51.2**	**48.3**
Total, tous pays ou zones	**2010**	**697 253**	**104.0**	**101.3**	**315 613**	**83.6**	**81.3**	**230 863**	**61.0**	**58.5**
	2015	**719 714**	**102.4**	**102.3**	**324 873**	**84.3**	**84.1**	**258 284**	**67.4**	**66.0**
	2020	**744 871**	**102.7**	**100.9**	**343 278**	**84.9**	**84.3**	**270 410**	**69.3**	**68.1**
Northern Africa	2005	23 023	96.9	89.9	* 9 899	* 87.4	* 81.3	* 6 998	* 53.5	* 57.4
Afrique septentrionale	2010	23 598	100.8	95.5	11 127	96.4	89.6	6 272	48.6	52.0
	*2015	25 786	101.5	98.0	11 448	98.7	94.0	7 486	59.2	62.9
	*2020	30 768	103.5	101.4	13 686	99.7	95.6	7 795	59.0	65.1
Sub-Saharan Africa	2005	113 380	100.8	88.9	20 713	42.9	33.7	11 269	27.3	21.2
Afrique subsaharienne	2010	135 894	102.2	94.6	28 675	50.8	42.8	16 124	34.8	27.2
	2015	156 599	101.0	96.7	36 586	54.2	48.5	20 196	38.1	30.9
	*2020	178 061	101.6	97.3	41 446	53.1	48.4	23 956	37.9	33.0
Northern America	2005	26 759	102.0	100.9	14 006	101.4	99.9	13 028	* 88.7	92.9
Amérique septentrionale	*2010	26 855	101.2	101.4	13 380	101.2	100.6	13 586	90.7	92.9
	2015	27 094	100.5	100.5	13 702	100.5	100.7	13 361	96.1	97.8
	2020	26 897	100.7	100.2	14 219	104.5	102.4	13 650	100.7	99.2
Latin America & the Caribbean	2005	69 078	117.8	114.3	36 553	97.2	102.0	22 344	67.7	75.9
Amérique latine et Caraïbes	2010	67 230	110.6	107.2	37 898	100.5	104.2	23 409	68.8	79.8
	2015	64 612	109.2	107.0	38 564	106.6	108.8	25 561	76.4	84.7
	2020	62 399	107.2	105.3	37 128	105.9	108.6	25 789	81.9	89.4
Central Asia	2005	4 902	100.5	99.7	8 020	96.3	94.1	2 582	81.2	76.0
Asie centrale	2010	4 335	100.8	99.5	7 114	96.6	95.1	2 738	81.9	80.6
	2015	4 947	104.8	103.8	6 479	98.4	97.3	2 571	88.5	87.3
	2020	6 063	102.5	101.3	* 7 282	* 97.5	* 96.0	* 2 435	* 91.9	* 91.0
Eastern Asia	*2005	126 248	103.4	103.1	72 844	96.5	95.1	42 521	48.1	47.4
Asie orientale	2010	113 462	99.8	98.3	61 670	99.7	100.6	51 892	79.6	78.5
	2015	107 609	96.4	96.6	50 969	89.7	89.9	48 631	79.8	83.3
	2020	117 686	102.2	103.0	54 424	96.8	97.6	46 227	82.2	84.3
South-eastern Asia	2005	68 253	106.8	103.8	28 347	77.0	77.3	12 468	43.9	43.3
Asie du Sud-Est	2010	68 327	106.8	107.1	29 999	82.6	84.9	15 572	55.3	54.4
	2015	68 713	108.9	106.1	32 797	90.9	93.2	18 707	67.8	65.9
	*2020	68 193	107.0	104.6	36 236	95.3	97.3	20 239	66.3	69.5
Southern Asia	2005	* 181 481	* 104.8	* 100.1	70 160	71.6	64.1	50 578	41.8	33.9
Asie méridionale	2010	191 840	105.9	* 105.8	79 060	75.9	73.2	64 314	49.6	44.6
	2015	196 155	103.4	* 109.8	88 796	81.2	84.8	81 646	59.6	56.7
	2020	184 129	102.3	101.7	89 556	80.8	83.3	90 597	65.5	62.5
Western Asia	2005	24 173	105.0	95.6	12 404	89.9	78.7	7 309	67.1	56.2
Asie occidentale	2010	25 404	105.5	98.1	13 497	91.4	83.1	8 856	66.7	60.3
	*2015	25 733	103.0	96.9	13 730	88.2	83.3	11 453	82.1	76.7
	2020	* 26 678	* 100.0	* 94.1	14 903	90.6	85.9	11 709	82.1	75.0
Europe	2005	38 467	102.0	101.2	36 286	97.3	96.3	28 990	98.0	98.9
Europe	2010	36 752	102.1	101.5	32 320	101.2	100.4	26 315	101.0	100.2
	2015	38 365	100.6	100.7	30 636	102.3	101.5	26 829	112.0	112.2
	2020	39 541	100.4	100.2	33 112	102.1	101.6	26 451	110.7	110.7
Oceania	2005	3 142	91.0	89.1	* 1 887	* 104.4	* 103.3	* 1 679	* 121.1	* 115.0
Océanie	2010	3 556	* 99.4	* 96.4	* 1 986	* 109.5	* 103.6	* 1 784	* 121.0	* 111.3
	2015	4 101	* 104.8	* 101.8	2 040	112.8	101.6	1 845	120.9	106.5
	2020	4 455	106.3	103.7	2 274	94.7	89.0	1 561	118.7	117.2
Australia and New Zealand	2005	2 288	101.7	102.9	* 1 588	* 114.3	* 116.2	* 1 537	* 212.6	* 203.7
Australie et Nouvelle-Zélande	2010	2 364	105.0	104.9	* 1 622	* 120.1	* 115.8	* 1 579	* 208.8	* 195.8
	2015	2 509	101.0	101.1	1 651	126.0	114.0	1 546	211.3	187.2
	2020	2 656	99.5	99.4	1 653	110.4	106.3	1 392	177.8	176.4
Afghanistan	2005	4 319	123.1	71.8	461	36.9	12.7	190	17.5	4.9
Afghanistan	2010	5 279	118.6	80.6	1 477	87.4	46.4	567	42.7	17.8
	2015	6 199	122.7	83.5	1 669	77.9	45.5	982	52.6	27.1
	2018	6 545	124.2	82.9	1 983	86.3	50.6	1 081	52.4	28.5
	2019	6 778	127.1	85.4	2 067	87.6	52.2	...	...	...

7

Enrollment in primary, lower secondary and upper secondary education levels *(continued)*

Number of students enrolled (thousands) and gross enrollment ratio by sex

Inscriptions aux niveaux primaire, secondaire inférieur et secondaire supérieur *(suite)*

Nombre d'élèves inscrits (milliers) et taux brut de scolarisation par sexe

Region, country or area Région, pays ou zone	Year & Année &	Primary education Enseignement primaire Total ('000)	Gross enrollment ratio Taux brut de scolarisation M/H	F	Lower Secondary education Enseignement secondaire inférieur Total ('000)	Gross enrollment ratio Taux brut de scolarisation M/H	F	Upper secondary education Enseignement secondaire supérieur Total ('000)	Gross enrollment ratio Taux brut de scolarisation M/H	F
Albania Albanie	2005	238	100.4	101.0	251	96.2	96.8	156	62.1	56.8
	2010	225	93.2	93.8	215	93.1	95.5	141	81.1	79.0
	2015	188	104.0	107.3	175	99.4	99.9	140	99.6	89.6
	2021	159	95.1	96.8	128	96.6	100.3	108	92.6	94.8
Algeria Algérie	2005	4 362	111.7	103.3	2 438	109.2	103.3	1 216	42.3	62.4
	2010	3 312	119.0	111.5	3 310	134.8	123.7	1 306	49.2	69.7
	2011	3 363	120.2	112.8	3 240	136.8	126.5	1 333	52.6	72.8
	2015	3 925	118.7	113.0	...	...	...	...	...	...
	2022	5 051	110.5	107.5	...	...	...	...	...	...
Andorra Andorre	2005	4	...	...	3	...	...	1	...	...
	2010	4	...	...	3	...	...	1	...	...
	2015	4	...	...	3	...	...	1	...	...
	2021	4	...	...	3	...	...	2	...	...
Angola Angola	*2002	...	...	...	349	20.3	17.5	...	...	...
	2010	4 273	117.7	94.1	567	38.3	28.6	283	23.7	13.2
	2011	5 027	146.9	92.5	581	39.3	27.0	304	24.6	13.7
	2015	5 621	121.1	105.9	...	...	...	...	...	...
	2016	5 259	107.3	97.0	1 526	90.0	53.6	508	29.9	24.1
	2018	4 697	87.8	82.2	...	...	...	...	...	...
Anguilla Anguilla	2005	1	112.5	114.5	1	99.0	95.5	~0	92.0	93.5
	2010	2	124.4	118.9	1	118.2	108.9	~0	103.2	113.9
	2011	2	124.2	119.0	1	109.9	121.2	~0	120.5	104.2
	2015	2	108.4	108.9	...	...	...	...	...	...
	2019	2	106.8	105.8	1	104.2	102.0	~0	99.5	94.9
Antigua and Barbuda Antigua-et-Barbuda	2000	...	...	...	3	* 86.0	* 75.9	...	...	...
	2010	11	117.2	107.3	6	137.0	123.1	3	68.1	104.2
	2015	10	106.8	103.2	5	126.9	122.4	3	79.0	90.7
	2018	10	105.4	104.6	5	124.2	108.3	3	97.5	110.2
	2019	10	103.4	101.0	...	...	...	...	...	...
Argentina Argentine	2005	4 873	115.8	114.7	2 437	111.6	117.4	1 448	65.2	75.6
	2010	4 947	117.7	116.2	2 693	125.9	131.1	1 520	64.7	77.8
	2015	4 784	111.4	111.2	2 723	128.0	128.9	1 779	79.4	91.1
	2020	4 804	108.6	109.2	2 722	126.6	127.1	1 990	88.9	97.9
Armenia Arménie	2005	125	94.6	96.3	267	97.2	95.7	102	...	...
	2010	102	97.7	100.7	209	107.5	106.9	97	101.7	97.7
	2015	145	94.3	95.8	...	...	...	97	85.3	95.0
	2021	156	90.9	91.4	181	90.4	91.9	88	82.5	87.2
Aruba Aruba	2005	10	114.9	107.8	3	118.3	105.0	4	79.6	89.8
	2010	10	114.5	113.0	3	116.5	109.0	4	78.5	91.2
	2012	9	102.8	105.4	4	117.3	119.9	5	105.6	107.0
	2015	10	117.0	112.9	...	...	...	...	...	...
	2016	9	...	...	...	...	...	...	...	...
Australia Australie	2005	1 935	102.0	103.6	...	...	...	...	...	...
	2010	2 015	105.7	105.5	...	...	...	...	...	...
	2015	2 141	101.6	101.6	1 408	130.9	116.5	1 301	239.8	202.7
	2020	2 269	99.1	98.9	1 382	111.4	106.6	1 135	190.6	184.6
Austria Autriche	2005	363	100.9	100.8	399	102.4	101.3	382	103.1	94.3
	2010	328	100.4	99.1	361	102.0	101.8	383	99.6	92.3
	2015	328	102.4	101.5	334	100.5	99.7	358	103.6	97.3
	2020	344	102.8	102.2	342	101.3	101.5	352	101.3	97.4
Azerbaijan Azerbaïdjan	2005	568	* 98.2	* 92.8	813	* 92.7	* 89.1	...	...	...
	2010	482	* 94.2	* 93.2	666	* 92.9	* 90.5	...	...	...
	2015	551	* 107.4	* 105.6	574	* 91.7	* 89.2	...	...	...
	2021	646	* 93.9	* 94.8	728	* 103.0	* 102.5	286	* 78.0	* 74.7
Bahamas Bahamas	2005	37	101.9	98.8	18	99.0	93.5	15	78.6	82.6
	2006	36	97.6	94.5	18	99.1	96.1	15	80.9	82.8
	2010	34	...	...	18	91.1	92.5	17	84.0	89.8
	2013	32	...	...	15	77.2	79.3	15	72.6	78.5
	2015	33	...	...	13	...	...	13	...	...
	2019	30	...	...	14	...	...	13	...	...

7

Enrollment in primary, lower secondary and upper secondary education levels *(continued)*

Number of students enrolled (thousands) and gross enrollment ratio by sex

Inscriptions aux niveaux primaire, secondaire inférieur et secondaire supérieur *(suite)*

Nombre d'élèves inscrits (milliers) et taux brut de scolarisation par sexe

Region, country or area Région, pays ou zone	Year & Année &	Primary education Enseignement primaire Total ('000)	Gross enrollment ratio Taux brut de scolarisation M/H	F	Lower Secondary education Enseignement secondaire inférieur Total ('000)	Gross enrollment ratio Taux brut de scolarisation M/H	F	Upper secondary education Enseignement secondaire supérieur Total ('000)	Gross enrollment ratio Taux brut de scolarisation M/H	F
Bahrain	2005	83	94.1	97.5	39	100.8	105.4	33	82.0	97.3
Bahreïn	2006	90	96.1	101.0	40	98.1	104.1	34	85.9	98.0
	2010	...	...	...	42	95.7	94.1	38	88.5	92.9
	2015	108	100.7	101.7	47	103.4	99.5	45	101.5	104.2
	2019	116	98.3	97.7	53	95.5	101.2	49	90.9	101.9
Bangladesh	2005	16 219	99.4	104.0	6 233	62.8	70.6	3 877	32.3	31.5
Bangladesh	2010	16 987	102.8	109.3	6 377	59.8	73.6	4 957	40.2	40.0
	2011	16 965	105.5	107.2	6 533	60.3	76.4	5 010	40.0	40.6
	2015	...	...	...	8 247	77.0	95.9	6 320	50.3	49.8
	2021	16 965	114.9	117.1	7 853	74.8	101.2	8 170	58.2	75.4
Barbados	2005	22	96.3	95.9	12	106.6	102.3	9	113.0	116.7
Barbade	*2010	23	98.8	100.4	11	101.7	97.2	8	101.7	109.4
	2015	21	96.2	95.6	12	104.3	106.8	8	107.8	113.5
	2021	19	99.7	96.9	11	102.9	101.1	8	106.0	115.2
Belarus	2005	380	100.0	96.7	706	113.9	110.7	...	...	...
Bélarus	2010	358	104.5	104.3	468	99.1	98.4	294	132.3	123.0
	2015	387	99.1	99.2	445	102.3	102.4	200	115.9	110.1
	2021	445	94.0	94.4	508	104.7	104.5	191	107.3	102.2
Belgium	2005	739	100.7	100.2	431	158.8	182.3	770	147.2	162.4
Belgique	2010	732	102.0	101.8	339	134.7	139.5	864	152.6	180.6
	2015	783	103.2	103.1	445	175.6	186.7	773	142.8	168.7
	2020	824	101.5	102.9	440	162.1	171.4	734	132.4	155.8
Belize	2005	50	115.7	110.8	23	86.2	85.9	7	51.5	59.8
Belize	2010	53	114.8	110.3	26	84.3	88.4	7	47.3	56.6
	2015	52	115.5	110.2	29	91.0	90.8	9	56.1	63.3
	2021	47	104.9	100.2	30	100.0	98.5	11	61.7	72.4
	2022	45	...	...	29	...	...	...	...	...
Benin	2005	1 318	112.4	89.0	* 325	* 55.5	* 31.9	* 111	* 29.6	* 15.2
Bénin	2010	1 788	126.9	113.2	...	...	...	...	...	...
	2015	2 238	137.2	127.6	707	80.0	64.6	257	51.5	25.8
	2021	2 280	121.2	112.1	658	60.7	54.4	260	39.7	27.4
Bermuda	2005	5	95.1	100.0	2	84.6	91.0	3	66.0	78.1
Bermudes	2006	5	93.8	101.2	2	85.1	83.4	2	62.5	74.7
	2010	4	...	...	2	81.1	93.6	2	63.9	76.6
	2015	4	102.1	100.2	2	84.4	86.0	2	64.1	78.2
	2020	4	96.5	100.5	...	...	...	...	...	...
Bhutan	2005	99	92.2	89.9	34	53.5	52.7	8	31.7	21.8
Bhoutan	2010	110	107.0	109.4	47	72.1	77.3	13	43.7	39.8
	2015	99	103.7	104.8	54	87.6	96.9	21	69.1	67.4
	2018	92	100.7	100.7	55	92.2	106.7	* 21	* 71.0	* 75.0
	2021	80	103.8	107.7	51	88.0	103.6	...	...	...
Bolivia (Plurin. State of)	2005	1 513	114.7	114.9	413	102.3	97.7	625	82.0	78.2
Bolivie (État plurin. de)	2010	1 444	104.8	104.2	435	100.3	97.7	701	82.9	83.7
	2015	1 345	96.9	94.9	453	100.4	95.9	781	87.7	88.0
	2021	1 394	98.8	98.9	452	98.5	96.2	821	89.0	89.6
Bosnia and Herzegovina	2005	...	...	...	...	...	...	165	...	...
Bosnie-Herzégovine	2010	175	...	...	176	...	...	147	...	...
	2015	163	...	...	134	...	...	144	...	...
	2021	148	...	...	120	...	...	110	84.3	87.8
Botswana	2005	329	111.9	110.4	118	91.8	97.0	55	68.0	66.1
Botswana	2008	327	109.7	107.3	119	90.7	97.1	49	54.5	62.9
	2009	331	109.8	106.6	120	92.5	97.3	...	...	...
	2010	331	108.4	105.2	...	...	...	...	...	...
	2015	345	104.4	102.1	124	94.8	97.8	...	...	...
	2021	365	99.9	98.1	121	81.5	84.5	55	51.2	66.8
Brazil	2005	18 661	* 137.2	* 129.2	15 069	* 106.7	* 112.8	9 794	* 83.4	* 98.0
Brésil	2009	17 452	* 133.9	* 128.2	14 416	* 100.1	* 104.0	9 201	* 79.5	* 99.5
	2010	16 893	...	...	14 255	...	...	9 284	...	...
	2015	16 299	* 111.5	* 106.7	13 815	* 108.6	* 107.0	9 687	* 85.5	* 99.8
	2020	15 367	* 108.1	* 102.9	13 102	* 110.0	* 110.2	9 060	* 91.5	* 101.9

7

Enrollment in primary, lower secondary and upper secondary education levels *(continued)*

Number of students enrolled (thousands) and gross enrollment ratio by sex

Inscriptions aux niveaux primaire, secondaire inférieur et secondaire supérieur *(suite)*

Nombre d'élèves inscrits (milliers) et taux brut de scolarisation par sexe

Region, country or area / Région, pays ou zone	Year & / Année &	Primary education / Enseignement primaire: Total ('000)	Primary: Gross enrollment ratio / Taux brut de scolarisation M/H	Primary: F	Lower Secondary education / Enseignement secondaire inférieur: Total ('000)	Lower secondary: Gross enrollment ratio / Taux brut de scolarisation M/H	Lower secondary: F	Upper secondary education / Enseignement secondaire supérieur: Total ('000)	Upper secondary: Gross enrollment ratio / Taux brut de scolarisation M/H	Upper secondary: F
British Virgin Islands	2005	3	114.8	109.8	1	116.0	135.0	1	101.7	105.9
Îles Vierges britanniques	2010	3	110.0	107.2	1	121.8	114.9	1	83.1	99.7
	2015	3	122.3	114.5	1	102.2	105.7	1	69.1	83.4
	2018	3	102.6	102.5	1	…	…	1	47.4	61.5
	2021	3	131.5	130.2	1	111.6	104.8	1	…	…
Brunei Darussalam	2005	46	112.7	108.4	23	119.8	111.2	21	78.7	83.9
Brunéi Darussalam	2010	44	106.8	106.3	15	104.3	103.9	34	96.6	97.7
	2015	40	105.7	105.3	14	105.5	103.5	38	108.4	109.3
	2020	40	98.1	98.5	13	106.5	106.8	28	83.7	87.8
Bulgaria	2005	290	103.9	102.8	312	91.2	85.4	373	90.9	89.0
Bulgarie	2010	260	108.5	108.2	225	89.1	83.8	307	94.5	91.7
	2015	262	94.7	93.7	224	93.6	89.3	278	114.1	111.8
	2020	248	85.4	85.0	199	68.8	68.4	274	112.3	108.8
Burkina Faso	2005	1 271	64.6	51.8	237	22.0	16.2	59	8.8	5.3
Burkina Faso	2010	2 048	81.6	74.3	440	33.0	26.5	98	12.4	7.6
	2015	2 707	89.5	87.2	812	47.6	46.8	153	16.1	10.6
	2021	3 290	91.4	93.0	1 042	45.6	54.6	329	25.0	22.5
Burundi	2005	1 037	87.3	74.7	* 132	* 18.9	* 14.4	* 39	* 9.0	* 5.9
Burundi	2010	1 850	138.0	136.4	263	35.5	26.9	75	15.5	9.2
	2015	2 072	129.0	132.8	500	56.7	57.3	164	30.4	22.6
	2020	2 302	114.4	115.9	392	41.7	52.8	350	44.5	51.6
Cabo Verde	2005	83	116.7	111.7	36	88.2	98.8	17	44.3	50.4
Cabo Verde	2010	71	115.2	107.0	38	103.9	115.0	24	56.5	74.8
	2015	66	109.2	101.7	35	111.4	113.2	24	67.7	86.5
	2019	63	103.9	97.9	32	105.6	105.2	22	64.7	79.9
Cambodia	2005	2 695	135.6	126.0	531	55.9	44.8	…	…	…
Cambodge	2008	2 341	127.6	119.7	644	63.2	57.9	* 286	* 33.0	* 24.3
	2010	2 273	127.4	120.2	594	60.5	58.5	…	…	…
	2015	2 012	110.2	106.0	547	59.9	61.9	…	…	…
	2021	2 133	103.9	101.9	670	64.0	75.4	392	40.9	48.2
Cameroon	2005	2 978	* 112.5	* 94.3	556	36.0	28.7	228	21.8	16.8
Cameroun	2010	3 510	116.0	100.2	970	56.9	46.0	420	35.2	28.7
	2015	4 370	122.4	109.9	1 470	73.5	64.3	638	49.0	39.7
	2021	4 732	114.5	103.8	1 190	49.6	43.8	729	44.9	40.2
Canada	2005	2 321	97.8	96.9	844	99.6	97.9	1 758	103.9	101.4
Canada	2010	2 168	98.4	98.9	799	100.5	99.2	1 812	105.0	102.0
	2015	2 304	102.1	102.9	1 152	100.8	101.0	1 490	118.2	119.9
	2020	2 428	102.2	101.5	1 282	109.1	109.8	1 400	119.4	121.3
Cayman Islands	2005	3	87.1	83.2	2	94.2	83.8	1	71.7	71.4
Îles Caïmanes	2008	4	98.9	92.8	2	81.8	86.9	2	71.2	81.4
	2013	4	86.7	88.4	2	91.7	94.6	2	73.9	74.3
	2015	4	91.9	89.1	…	…	…	2	…	…
	2018	4	89.1	86.1	2	80.2	83.7	2	72.6	71.2
	2020	5	…	…	2	…	…	2	66.1	71.2
	2021	5	93.7	94.3	…	…	…	3	…	…
Central African Republic	*2002	…	…	…	53	19.1	10.5	…	…	…
République centrafricaine	2005	412	75.1	52.6	…	…	…	…	…	…
	2009	608	98.7	71.4	72	22.4	12.7	22	10.0	5.6
	2010	637	101.2	73.4	…	…	…	…	…	…
	2012	662	99.8	75.7	99	30.3	15.3	27	11.7	6.9
	2017	1 029	145.0	111.0	108	26.3	18.3	30	11.8	7.0
Chad	2005	1 262	85.3	57.8	* 182	* 27.8	* 10.4	* 63	* 16.0	* 4.4
Tchad	2010	1 727	94.6	69.1	307	36.6	16.4	124	24.2	8.7
	2015	2 270	103.7	79.4	357	34.6	17.1	156	25.3	9.0
	2021	2 719	104.1	83.3	443	32.5	20.6	221	26.6	13.0
Chile	2005	1 721	106.9	102.1	601	102.9	100.6	1 029	87.8	90.8
Chili	2010	1 547	105.2	102.2	527	98.4	98.1	992	84.1	88.3
	2015	1 478	102.2	99.1	514	106.4	104.4	1 032	99.1	101.0
	2020	1 542	103.1	99.8	524	106.9	103.2	1 012	102.7	103.1

7

Enrollment in primary, lower secondary and upper secondary education levels *(continued)*

Number of students enrolled (thousands) and gross enrollment ratio by sex

Inscriptions aux niveaux primaire, secondaire inférieur et secondaire supérieur *(suite)*

Nombre d'élèves inscrits (milliers) et taux brut de scolarisation par sexe

Region, country or area Région, pays ou zone	Year & Année &	Primary education Enseignement primaire Total ('000)	Gross enrollment ratio Taux brut de scolarisation M/H	F	Lower Secondary education Enseignement secondaire inférieur Total ('000)	Gross enrollment ratio Taux brut de scolarisation M/H	F	Upper secondary education Enseignement secondaire supérieur Total ('000)	Gross enrollment ratio Taux brut de scolarisation M/H	F
China	2003	...	...	...	67 153	86.2	83.3	...	...	...
Chine	2010	101 019	99.8	98.0	54 525	99.8	100.8	44 693	77.5	76.1
	2015	95 958	96.2	96.4	44 411	...	...	41 716	77.4	81.1
	2021	107 730	103.7	104.6	49 277	...	...	41 642	83.8	85.5
China, Hong Kong SAR	2005	451	...	...	257	99.8	99.3	241	68.5	70.5
Chine, RAS de Hong Kong	2010	349	...	...	241	105.1	104.1	267	76.4	77.7
	2015	333	109.3	111.2	183	107.9	105.6	211	99.2	97.9
	2021	368	101.6	106.0	180	105.7	107.4	163	107.9	104.7
China, Macao SAR	2005	37	103.0	96.8	27	109.8	100.1	20	70.4	68.8
Chine, RAS de Macao	2010	25	95.8	94.0	20	108.7	100.6	18	73.3	75.3
	2015	24	100.1	98.5	14	106.9	102.7	16	86.7	87.4
	2021	35	98.5	96.4	15	109.4	108.7	13	100.4	100.4
Colombia	2005	5 298	122.6	120.4	3 192	87.4	94.6	1 105	60.4	71.8
Colombie	2010	5 085	121.3	119.3	3 681	103.4	110.0	1 398	72.6	87.0
	2015	4 479	117.0	113.4	3 458	101.3	104.7	1 335	72.0	85.2
	2021	4 192	114.9	111.4	3 486	113.0	114.3	1 441	83.6	94.4
Comoros	2004	...	...	...	29	57.2	43.1	...	...	...
Comores	2008	111	113.0	104.1	...	...	...	...	...	...
	2014	120	108.6	101.2	45	65.4	68.7	25	50.0	55.1
	2018	124	99.6	99.4	51	67.7	70.8	23	42.9	47.8
Congo	2005	597	112.4	104.6	* 197	* 66.1	* 58.0	...	...	...
Congo	2010	705	112.2	106.1	...	...	...	84	42.6	25.1
	2012	734	102.8	110.5	244	62.7	63.6	95	46.9	26.7
	2014	787	107.6	106.0	...	...	...	115	47.6	36.8
	2015	842	109.9	111.2	...	...	...	140	...	...
	2018	783	95.0	92.4	346	75.4	72.4	171	59.5	50.8
Cook Islands	2003	...	...	...	1	79.0	75.6	...	...	...
Îles Cook	2005	2	84.4	83.3	...	...	...	...	...	...
	2010	2	89.8	85.4	1	90.5	92.5	1	61.7	77.8
	2015	2	104.2	99.8	1	95.5	95.8	1	71.5	82.7
	2021	2	113.5	106.9	1	120.3	116.0	1	75.4	90.5
Costa Rica	2005	542	113.3	110.4	246	96.5	97.1	102	55.4	63.0
Costa Rica	2010	521	118.0	115.7	287	118.6	117.7	127	70.6	82.2
	2015	473	111.6	111.0	291	134.9	130.2	169	99.9	118.2
	2020	493	114.1	116.0	292	135.7	138.6	213	137.1	162.2
	2021	458	107.1	106.2	...	...	...	...	...	...
Côte d'Ivoire	2009	2 383	79.5	64.1	...	...	...	...	...	...
Côte d'Ivoire	2015	3 371	96.4	84.9	1 179	61.7	44.3	408	32.4	21.6
	2021	4 103	100.6	95.8	1 908	81.4	72.3	656	42.1	32.9
	2022	4 253	101.6	97.1	...	...	...	...	...	...
Croatia	2005	196	103.4	103.3	208	103.3	105.4	192	81.5	85.6
Croatie	2010	167	91.9	92.0	208	104.7	107.9	181	88.3	98.9
	2015	162	100.6	100.6	179	104.3	108.6	182	89.8	94.4
	2020	157	92.8	93.0	176	103.6	109.6	148	91.4	96.7
Cuba	2005	895	102.6	99.6	490	103.1	100.7	448	82.4	87.6
Cuba	2010	853	102.6	100.2	415	95.5	93.6	394	88.8	91.1
	2015	746	102.3	96.5	408	102.4	96.9	418	91.4	101.2
	2021	756	102.4	100.5	323	89.3	89.5	396	104.1	105.1
Curaçao	2010	19	...	...	...	...	...	..	...	...
Curaçao	2013	21	164.2	157.7	4	97.6	100.2	7	76.8	86.1
	2015	18	...	...	...	...	...	...	...	...
	2020	13	106.6	100.9	9	97.1	99.7	6	107.6	167.2
	2021	16	...	...	...	...	...	...	...	...
Cyprus	2005	61	* 100.9	* 100.8	32	* 96.9	* 97.3	32	* 94.4	* 97.6
Chypre	2010	55	* 101.6	* 101.6	31	* 96.6	* 96.6	33	* 86.0	* 88.1
	2015	54	* 99.3	* 99.3	27	* 100.0	* 99.2	30	* 100.3	* 99.6
	2020	59	* 101.0	* 100.4	28	* 106.1	* 103.5	28	* 100.0	* 96.4
Czechia	2005	503	99.9	98.5	495	99.1	99.8	481	90.7	93.5
Tchéquie	2010	463	104.0	103.6	379	98.0	97.5	453	91.6	92.9
	2015	535	99.3	99.7	370	101.2	101.0	400	108.0	110.2
	2020	572	99.8	100.1	439	98.6	99.3	394	102.6	104.0

7 Enrollment in primary, lower secondary and upper secondary education levels *(continued)*

Number of students enrolled (thousands) and gross enrollment ratio by sex

Inscriptions aux niveaux primaire, secondaire inférieur et secondaire supérieur *(suite)*

Nombre d'élèves inscrits (milliers) et taux brut de scolarisation par sexe

Region, country or area Région, pays ou zone	Year & Année &	Primary education Enseignement primaire Total ('000)	Gross enrollment ratio Taux brut de scolarisation M/H	 F	Lower Secondary education Enseignement secondaire inférieur Total ('000)	Gross enrollment ratio Taux brut de scolarisation M/H	 F	Upper secondary education Enseignement secondaire supérieur Total ('000)	Gross enrollment ratio Taux brut de scolarisation M/H	 F
Dem. People's Rep. Korea	2009	1 547	99.4	99.4	...	...	...	...	...	...
Rép. pop. dém. de Corée	2015	...	...	...	1 048	90.3	90.8	1 100	93.1	94.9
	2018	1 508	89.3	89.3	...	...	...	1 090	93.4	95.4
Dem. Rep. of the Congo	2010	10 572	106.9	93.0	1 561	62.7	40.9	1 923	46.4	24.2
Rép. dém. du Congo	2015	13 763	108.4	107.6	2 152	71.7	47.6	2 467	47.6	29.5
	2020	18 789	127.2	120.5	...	...	...	...	...	...
Denmark	2005	414	98.8	98.7	234	118.6	121.9	231	125.4	131.4
Danemark	2010	403	99.5	99.7	248	116.5	118.3	256	121.5	121.8
	2015	469	102.1	100.8	242	116.4	117.8	312	137.6	148.1
	2020	452	100.1	100.1	243	121.4	120.0	287	141.2	140.6
Djibouti	2005	51	48.0	39.2	22	33.6	22.7	9	19.1	12.1
Djibouti	2009	56	58.9	58.5	32	47.0	39.5	13	26.8	19.8
	2015	63	67.9	72.8	38	52.4	51.4	22	41.9	37.2
	2022	72	77.4	69.4	47	65.9	67.4	24	43.4	44.8
Dominica	2005	9	91.4	91.5	5	113.8	111.7	2	74.1	100.5
Dominique	2010	8	103.6	101.8	4	100.9	96.2	2	63.9	88.5
	2015	8	117.1	115.2	4	112.2	104.3	2	71.7	80.1
	2021	6	104.8	100.1	3	115.0	102.9	2	85.6	100.8
Dominican Republic	2005	1 290	* 111.1	* 105.5	316	* 76.6	* 86.3	492	* 58.8	* 73.0
République dominicaine	2010	1 318	* 117.3	* 103.4	355	* 89.7	* 92.3	550	* 65.4	* 78.0
	2015	1 307	* 116.4	* 106.2	351	* 88.2	* 90.3	579	* 70.0	* 80.5
	2021	1 117	* 98.1	* 95.2	484	* 83.8	* 86.1	380	* 60.4	* 71.9
Ecuador	2005	1 998	109.9	109.9	605	71.0	69.1	448	51.8	55.6
Équateur	2010	2 114	112.9	113.2	955	103.4	105.6	700	76.5	82.9
	2015	1 998	107.4	107.9	1 043	110.6	113.8	889	93.3	98.5
	2021	1 850	95.1	97.1	969	103.9	104.3	909	95.7	99.6
Egypt	*2004	...	...	...	4 636	95.0	88.9	...	...	...
Égypte	2005	9 564	98.2	93.1	...	...	...	...	...	...
	2010	10 542	103.7	100.7	4 474	89.5	88.9	2 372	49.7	46.6
	2014	11 128	104.0	103.7	4 814	93.7	94.6	3 394	68.0	66.5
	2019	13 265	106.0	106.9	5 407	101.2	100.7	4 006	78.2	76.9
El Salvador	2005	1 045	120.2	116.1	338	83.1	81.9	187	50.2	52.2
El Salvador	2010	940	117.6	112.3	386	90.6	89.7	191	46.6	47.3
	2014	777	108.5	103.9	386	97.0	95.9	239	56.7	59.1
	2015	741	...	...	366	...	...	234	55.9	58.6
	2021	603	...	...	271	...	...	186	51.9	56.6
Equatorial Guinea	2005	76	91.5	88.5	22	42.2	33.8	4	13.3	5.6
Guinée équatoriale	2010	85	69.8	68.9	...	...	...	...	...	...
	2015	93	62.0	61.6	27	33.0	34.0	...	...	...
	2019	118	66.9	66.2	...	...	...	...	...	...
Eritrea	2005	378	124.0	100.8	139	74.9	48.2	78	32.6	17.2
Érythrée	2010	286	90.2	76.9	152	87.3	70.3	96	39.5	28.1
	2015	362	81.7	70.4	147	70.4	59.7	99	42.8	36.5
	2019	347	73.6	63.4	177	67.4	60.3	89	30.6	29.6
Estonia	2005	86	100.2	97.6	64	112.1	108.2	61	91.0	101.5
Estonie	2010	73	103.8	102.2	42	104.8	100.8	53	105.6	109.1
	2015	80	97.1	97.1	37	109.4	105.3	41	113.1	116.1
	2020	90	97.5	97.7	43	105.1	103.5	46	120.7	133.6
Eswatini	2005	222	116.0	107.5	51	61.5	61.5	20	41.3	36.3
Eswatini	2010	241	131.0	118.8	61	76.0	73.1	28	53.9	49.5
	2015	241	124.9	113.5	68	85.1	85.2	32	62.1	61.7
	2016	239	121.8	111.8	71	88.9	89.1	37	73.0	71.4
	2019	236	119.0	109.8	...	...	...	...	...	...
Ethiopia	2005	10 020	86.1	71.9	2 290	41.8	24.9	199	7.8	5.2
Éthiopie	2010	13 635	95.2	88.0	3 610	46.2	39.5	597	19.1	13.4
	2015	16 198	105.8	96.1	4 233	43.9	42.0	796	17.7	17.4
	2017	16 845	107.9	97.4	4 423	45.8	40.9	559	12.2	11.0
	2018	16 998	107.7	97.0	...	...	...	544	11.7	10.5
	2021	18 447	110.8	101.1	...	...	...	...	...	...

7

Enrollment in primary, lower secondary and upper secondary education levels *(continued)*

Number of students enrolled (thousands) and gross enrollment ratio by sex

Inscriptions aux niveaux primaire, secondaire inférieur et secondaire supérieur *(suite)*

Nombre d'élèves inscrits (milliers) et taux brut de scolarisation par sexe

Region, country or area / Région, pays ou zone	Year & / Année &	Primary education / Enseignement primaire: Total ('000)	Primary: Gross enrollment ratio / Taux brut de scolarisation: M/H	Primary: F	Lower Secondary education / Enseignement secondaire inférieur: Total ('000)	Lower Secondary: Gross enrollment ratio / Taux brut de scolarisation: M/H	Lower Secondary: F	Upper secondary education / Enseignement secondaire supérieur: Total ('000)	Upper secondary: Gross enrollment ratio / Taux brut de scolarisation: M/H	Upper secondary: F
Fiji / Fidji	2004	...	...	...	68	102.2	106.9	...	...	...
	2009	101	105.6	104.0	64	97.3	102.4	34	63.8	75.3
	2010	...	...	...	62	96.6	100.4	...	...	...
	2015	109	107.9	105.8	63	106.4	107.4	37	77.9	91.4
	2021	119	115.7	111.7	68	105.0	103.3	39	75.5	95.6
Finland / Finlande	2005	382	98.8	98.0	199	102.6	102.5	232	116.2	126.3
	2010	347	99.8	99.1	193	99.9	99.2	234	110.2	120.5
	2015	355	100.8	100.3	178	102.0	101.7	362	181.8	210.2
	2020	373	100.2	99.9	187	104.3	103.4	327	171.3	200.1
France / France	2005	4 015	* 105.1	* 104.1	3 352	* 106.6	* 105.4	2 684	* 106.5	* 108.9
	2010	4 159	* 103.4	* 102.1	3 249	* 103.1	* 102.7	2 624	* 109.6	* 112.7
	2015	4 256	* 102.3	* 101.7	3 376	* 101.0	* 100.5	2 607	* 105.4	* 108.6
	2020	4 279	* 103.2	* 102.4	3 446	* 102.2	* 101.6	2 711	* 107.9	* 108.8
Gabon / Gabon	*2002	...	...	...	79	...	...	...	...	...
	2011	318	142.1	137.7	...	...	...	...	...	...
	2019	270	109.6	106.0	146	83.4	91.1	59	50.3	53.8
Gambia / Gambie	2005	205	78.4	80.9	66	63.3	56.4	...	...	...
	2010	229	78.8	80.8	75	57.7	59.2	* 49	* 44.1	* 38.2
	2015	294	87.1	93.0	90	62.0	64.0	...	...	...
	2021	401	96.5	109.1	119	64.4	77.4	250	150.4	175.2
	2022	414	96.3	109.7	123	63.0	78.7	...	...	...
Georgia / Géorgie	2005	338	98.9	102.9	213	106.9	110.3	103	72.6	76.3
	2008	311	103.6	104.6	174	96.0	98.2	132	100.4	104.6
	2009	299	103.3	104.1	167	97.3	99.0	174	...	...
	2010	289	102.7	104.1	167	101.8	103.6	...	...	...
	2015	289	102.7	102.8	139	103.7	104.3	138	92.9	97.6
	2021	336	100.4	101.1	138	93.4	94.5	144	109.8	109.5
Germany / Allemagne	2005	3 306	103.3	102.9	5 431	104.4	103.7	2 837	102.1	95.9
	2010	3 068	103.3	102.7	4 917	102.8	101.3	2 747	113.9	100.8
	2015	2 879	101.7	101.6	4 543	98.1	96.6	2 570	106.7	96.0
	2020	3 015	100.7	101.5	4 478	97.6	97.4	2 399	102.5	89.8
Ghana / Ghana	2005	2 930	88.3	84.7	1 010	70.0	61.6	* 360	* 22.0	* 16.0
	2009	3 659	101.1	99.5	1 272	79.9	73.1	540	29.0	23.6
	2015	4 342	108.4	108.3	1 591	87.5	85.4	848	50.9	45.8
	2021	4 730	103.8	105.5	1 819	87.9	90.5	1 344	70.7	69.5
Gibraltar / Gibraltar	2001	...	...	...	1	108.4	109.1	...	...	...
	2009	3	110.9	112.8	1	86.8	86.5	1	83.7	79.8
	2021	3	109.2	116.5	1	107.2	97.0	1	96.8	91.0
Greece / Grèce	2005	650	98.9	96.8	335	99.4	94.6	381	106.6	102.0
	2010	643	99.6	97.4	353	108.6	102.6	364	107.6	106.2
	2015	644	100.0	99.1	321	102.5	97.4	342	109.1	99.4
	2020	626	100.7	101.5	333	103.7	100.2	344	112.3	106.0
Grenada / Grenade	2005	14	104.7	101.7	8	119.6	115.0	* 5	* 92.5	* 106.5
	2010	14	119.1	113.9	8	135.7	126.7	4	85.2	107.1
	2015	13	120.6	116.3	5	119.8	108.7	4	103.3	113.4
	2018	13	107.7	106.0	6	123.6	124.1	4	110.3	119.2
	2020	...	...	...	6	117.9	114.1	3	101.6	117.0
Guatemala / Guatemala	2005	2 345	113.3	106.3	508	56.6	49.6	247	28.3	29.0
	2010	2 653	116.6	114.3	731	71.6	65.3	351	34.9	35.3
	2015	2 382	103.1	99.9	819	74.4	67.2	401	36.1	37.2
	2021	2 397	102.8	101.2	712	63.0	60.6	333	30.7	34.7
Guinea / Guinée	2005	1 207	86.6	69.4	311	46.8	24.0	* 109	* 26.7	* 11.8
	2008	1 364	90.0	75.4	380	49.9	30.3	150	32.5	16.0
	2010	1 453	92.3	76.0	...	...	...	...	...	...
	2015	1 649	95.5	77.7	448	47.9	32.1	219	36.2	22.4
	2020	2 108	109.0	92.4	507	47.1	33.7	256	34.2	25.2
Guinea-Bissau / Guinée-Bissau	2000	...	...	...	20	29.3	15.9	...	...	...
	2005	252	...	...	...	...	...	12	...	...
	2010	279	122.9	114.5	...	...	...	...	...	...

7

Enrollment in primary, lower secondary and upper secondary education levels *(continued)*

Number of students enrolled (thousands) and gross enrollment ratio by sex

Inscriptions aux niveaux primaire, secondaire inférieur et secondaire supérieur *(suite)*

Nombre d'élèves inscrits (milliers) et taux brut de scolarisation par sexe

Region, country or area Région, pays ou zone	Year & Année &	Primary education Enseignement primaire Total ('000)	Gross enrollment ratio Taux brut de scolarisation M/H	F	Lower Secondary education Enseignement secondaire inférieur Total ('000)	Gross enrollment ratio Taux brut de scolarisation M/H	F	Upper secondary education Enseignement secondaire supérieur Total ('000)	Gross enrollment ratio Taux brut de scolarisation M/H	F
Guyana Guyana	2005	117	101.1	100.6	53	101.9	103.6	18	62.9	66.0
	2010	99	97.9	95.0	55	100.5	103.7	25	69.6	74.0
	2012	94	99.6	96.0	56	104.5	105.3	30	83.8	90.0
Honduras Honduras	2005	1 232	101.8	101.7	336	56.9	67.9	...	...	...
	2010	1 275	100.6	100.7	404	61.7	70.3	251	55.0	76.7
	2012	1 217	96.7	96.3	406	60.5	68.7	253	53.3	72.7
	2015	1 154	...	...	399	...	...	239	...	...
	2021	1 046	87.1	88.6	364	...	...	217	...	...
Hungary Hongrie	2005	431	99.2	97.1	489	100.3	98.7	472	93.3	92.9
	2010	388	101.2	100.5	419	98.7	96.1	486	96.8	96.7
	2015	396	102.5	102.2	385	99.9	98.8	441	105.4	107.6
	2020	359	96.9	94.9	394	101.3	100.9	408	105.3	104.6
Iceland Islande	2005	31	98.0	95.7	14	104.5	104.3	20	115.1	118.2
	2010	30	99.0	99.6	13	96.0	94.6	22	114.2	118.1
	2015	30	98.7	98.6	13	99.7	100.6	24	131.7	132.9
	2020	33	100.6	101.4	13	102.3	100.5	21	127.7	121.1
India Inde	2005	...	...	...	51 644	75.5	67.4	37 818	* 45.3	* 34.9
	2010	138 414	* 107.7	* 110.7	59 421	81.0	78.9	48 266	52.5	47.4
	2015	127 828	98.3	102.2	66 460	84.9	90.5	63 083	64.2	62.6
	2022	131 348	111.0	112.0	66 914	87.7	90.7	72 184	72.2	69.9
Indonesia Indonésie	2005	29 150	* 109.6	* 106.2	9 682	* 71.6	* 73.0	6 311	* 49.1	* 46.6
	2010	30 342	107.4	111.0	11 797	87.4	89.8	8 179	64.5	63.1
	2015	29 700	107.4	104.4	13 400	93.9	97.8	10 356	77.8	74.4
	2018	29 426	108.1	104.6	13 720	96.9	98.1	11 174	78.7	81.9
	2020	25 203	...	...	...	...	...	...	...	...
Iran (Islamic Republic of) Iran (Rép. islamique d')	2005	6 207	100.9	97.5	4 424	101.6	91.5	4 642	63.9	65.8
	2010	5 630	101.7	99.6	3 322	96.5	89.8	4 025	74.5	70.4
	2014	7 441	105.0	110.3	2 103	98.6	92.5	3 692	83.3	77.3
	2015	7 670	105.7	112.3	...	...	...	...	...	...
	2020	8 670	106.6	113.0	3 432	97.9	95.9	2 690	81.2	81.4
Iraq Iraq	2004	...	...	...	1 131	73.5	48.0	...	...	...
	2007	4 864	117.8	99.1	1 307	76.7	55.9	731	44.8	35.3
Ireland Irlande	2005	454	* 103.3	* 102.9	175	* 100.0	* 103.9	142	* 113.0	* 130.2
	2010	506	* 103.2	* 103.3	183	* 106.6	* 108.3	154	* 126.9	* 141.6
	2015	545	* 101.4	* 101.0	190	* 103.4	* 103.8	165	* 133.7	* 141.5
	2020	570	* 101.5	* 101.2	215	* 107.7	* 111.1	228	* 161.1	* 187.8
Israel Israël	2005	722	104.5	105.0	317	99.0	100.0	356	113.7	111.3
	2010	807	105.2	105.7	367	102.5	105.1	341	101.5	103.9
	2015	884	105.3	106.0	407	105.2	105.7	378	101.0	102.6
	2020	980	103.9	105.1	439	103.4	104.3	424	105.0	107.3
Italy Italie	2005	2 771	103.0	101.6	1 792	108.9	105.7	2 715	94.2	95.0
	2010	2 822	103.5	102.5	1 778	109.6	106.6	2 849	99.9	99.9
	2015	2 856	100.6	100.2	1 773	106.0	104.2	2 833	100.2	100.9
	2020	2 763	99.8	99.8	1 778	104.2	101.8	2 859	100.1	99.1
Jamaica Jamaïque	2005	326	95.0	94.5	162	96.3	97.4	85	72.9	84.6
	2007	310	90.4	90.8	166	97.7	98.6	* 91	* 76.7	* 90.4
	2010	294	...	...	154	...	...	106	86.0	102.8
	2015	259	...	...	131	...	...	84	74.0	78.6
	2021	217	...	...	119	...	...	76	79.9	83.5
Japan Japon	2015	6 638	98.7	99.0	3 551	102.3	102.4	3 670	101.5	102.5
	2020	6 440	97.3	97.6	3 278	97.2	97.6	3 508	102.6	103.0
Jordan Jordanie	2005	805	96.4	97.4	449	88.6	90.1	176	71.8	76.3
	2010	820	82.7	81.1	518	85.9	86.2	192	63.1	71.9
	2014	980	79.9	79.1	534	72.4	72.5	215	58.5	65.7
	2021	1 112	80.5	79.5	684	76.7	76.5	261	59.7	64.7
Kazakhstan Kazakhstan	2005	1 024	102.6	102.5	1 477	98.9	97.1	...	...	...
	2010	958	108.5	109.1	1 255	101.2	100.5	563	92.1	95.2
	2015	1 196	111.5	111.7	1 209	112.1	113.6	470	99.8	109.0
	2020	1 513	100.4	100.2	1 520	101.0	101.3	504	112.6	112.4

7

Enrollment in primary, lower secondary and upper secondary education levels *(continued)*

Number of students enrolled (thousands) and gross enrollment ratio by sex

Inscriptions aux niveaux primaire, secondaire inférieur et secondaire supérieur *(suite)*

Nombre d'élèves inscrits (milliers) et taux brut de scolarisation par sexe

Region, country or area Région, pays ou zone	Year & Année &	Primary education / Enseignement primaire Total ('000)	Gross enrollment ratio / Taux brut de scolarisation M/H	F	Lower Secondary education / Enseignement secondaire inférieur Total ('000)	Gross enrollment ratio / Taux brut de scolarisation M/H	F	Upper secondary education / Enseignement secondaire supérieur Total ('000)	Gross enrollment ratio / Taux brut de scolarisation M/H	F
Kenya Kenya	2005	6 076	101.5	97.1	1 522	86.7	85.0	* 947	* 28.8	* 25.6
	2009	7 150	105.1	102.7	1 681	86.2	79.8	1 523	45.1	39.1
	2015	8 169	103.7	103.6	2 168	90.7	91.3	...	...	...
	2016	8 290	103.0	103.4	2 262	92.2	93.0	...	...	...
	2019	6 413	78.4	76.2	...	...	...	...	...	...
Kiribati Kiribati	2005	16	111.1	112.8	7	106.8	116.0	5	60.3	75.9
	2008	16	107.6	112.7	7	96.8	100.7	5	67.5	81.4
	2009	16	107.2	113.2	7	92.9	92.1	...	...	...
	2010	16	110.9	120.4	...	...	...	...	...	...
	2015	16	104.5	106.6	7	98.7	114.7	...	...	...
	2020	18	105.1	111.1	8	96.6	102.2	...	...	...
Kuwait Koweït	2005	203	103.0	106.9	* 138	* 101.1	* 109.5	107	110.5	121.8
	2010	214	103.2	101.2	164	104.6	102.8	100	86.4	92.9
	2012	230	104.4	105.6	166	98.8	98.3	109	86.5	100.8
	2015	264	101.0	104.3	...	...	...	...	...	...
	2021	265	77.1	89.0	...	...	...	...	...	...
Kyrgyzstan Kirghizistan	2005	434	99.6	98.0	539	90.5	90.1	183	76.2	78.3
	2010	391	99.8	99.1	516	94.3	93.5	177	72.8	73.7
	2015	451	105.8	105.0	472	95.2	94.8	171	79.2	84.4
	2021	577	99.4	98.9	591	103.5	103.4	182	90.1	92.4
Lao People's Dem. Rep. Rép. dém. populaire lao	2005	891	120.2	104.4	244	58.0	45.2	150	40.8	28.8
	2010	916	128.9	117.9	335	59.8	49.4	99	35.2	28.4
	2015	850	116.6	111.3	444	79.8	74.4	196	47.8	42.6
	2021	756	99.8	97.0	420	70.1	68.9	198	48.6	43.5
Latvia Lettonie	2005	84	* 106.1	* 103.5	162	* 107.2	* 103.2	110	* 97.1	* 101.4
	2010	114	* 103.9	* 101.9	64	* 108.2	* 104.0	83	* 100.0	* 100.7
	2015	117	* 99.4	* 99.4	55	* 104.4	* 101.5	62	* 122.9	* 121.4
	2020	120	* 99.8	* 99.9	58	* 101.8	* 100.9	59	* 109.9	* 111.8
Lebanon Liban	*2005	476	...	...	218	...	...	160	...	...
	2010	462	...	...	215	...	...	168	...	...
	2015	491	...	...	205	...	...	177	...	...
	2021	510	...	...	227	...	...	197	...	...
Lesotho Lesotho	2005	422	127.8	126.3	70	41.4	53.9	25	23.1	26.8
	2010	389	127.4	122.1	95	59.4	83.1	31	29.2	39.5
	2015	362	119.6	113.7	93	59.6	80.0	40	39.9	53.6
	2017	368	124.1	117.8	99	63.9	84.3	38	35.7	51.1
	2019	330	111.1	105.7	...	...	...	...	...	...
Liberia Libéria	2000	...	...	...	77	48.1	31.0	...	...	...
	2009	605	108.0	96.5	118	53.4	41.9	...	...	...
	2015	684	100.3	90.2	142	50.2	39.7	85	34.5	25.3
	2020	608	77.6	77.3	168	47.4	46.4	106	32.3	31.5
Libya Libye	2005	714	102.7	101.5	368	98.6	99.6	333	* 70.9	* 101.9
	2006	755	111.3	106.6	378	103.6	103.0	355	77.3	108.8
Liechtenstein Liechtenstein	2005	2	111.5	102.5	2	97.1	98.0	2	* 138.9	102.9
	2010	2	* 108.6	* 102.3	2	* 103.1	* 103.0	2	* 137.6	* 96.2
	2015	2	* 106.5	* 104.8	2	* 101.9	* 94.1	2	* 167.5	* 110.9
	2021	2	* 103.3	* 100.8	2	* 103.1	* 99.7	2	* 160.7	* 121.0
Lithuania Lituanie	2005	158	* 103.2	* 102.4	318	* 107.7	* 105.0	106	* 96.9	* 101.9
	2010	122	* 101.0	* 99.8	238	* 105.6	* 102.3	105	* 106.8	* 108.3
	2015	108	* 102.2	* 101.9	183	* 106.0	* 102.0	81	* 119.6	* 114.0
	2020	119	* 102.7	* 102.8	165	* 107.5	* 105.5	60	* 117.8	* 112.6
Luxembourg Luxembourg	2005	35	100.7	100.9	18	105.2	107.1	18	83.1	90.6
	2010	35	97.1	98.1	21	114.7	116.6	21	88.5	92.3
	2015	36	99.0	98.9	22	112.4	114.0	25	92.0	97.3
	2020	40	106.4	104.9	23	125.9	117.7	27	94.5	99.6
Madagascar Madagascar	2005	3 598	142.0	135.8	* 496	* 28.7	* 28.0	* 126	* 11.6	* 10.3
	2009	4 324	151.0	147.6	830	42.1	40.2	* 193	* 15.6	13.6
	2010	4 242	145.0	142.4	...	...	...	...	...	...
	2015	4 764	147.3	147.3	* 1 163	* 49.0	* 49.6	* 374	* 23.8	* 22.1
	2019	4 649	132.9	135.2	1 102	42.1	44.5	393	22.2	22.1

7 Enrollment in primary, lower secondary and upper secondary education levels *(continued)*

Number of students enrolled (thousands) and gross enrollment ratio by sex

Inscriptions aux niveaux primaire, secondaire inférieur et secondaire supérieur *(suite)*

Nombre d'élèves inscrits (milliers) et taux brut de scolarisation par sexe

Region, country or area Région, pays ou zone	Year & Année &	Primary education / Enseignement primaire Total ('000)	Primary: Gross enrollment ratio / Taux brut de scolarisation M/H	Primary: Gross enrollment ratio / Taux brut de scolarisation F	Lower Secondary education / Enseignement secondaire inférieur Total ('000)	Lower secondary: Gross enrollment ratio / Taux brut de scolarisation M/H	Lower secondary: Gross enrollment ratio / Taux brut de scolarisation F	Upper secondary education / Enseignement secondaire supérieur Total ('000)	Upper secondary: Gross enrollment ratio / Taux brut de scolarisation M/H	Upper secondary: Gross enrollment ratio / Taux brut de scolarisation F
Malawi Malawi	2005	2 868	129.9	131.0	442	38.7	31.5	74	15.3	10.3
	2010	3 417	137.3	140.2	589	43.9	40.3	103	18.8	13.5
	2015	4 205	144.9	147.9	* 795	* 50.8	* 47.3	167	24.7	20.6
	2022	4 288	126.5	133.6	893	41.6	44.6	204	22.2	20.6
Malaysia Malaisie	2005	3 202	100.0	100.0	1 423	91.7	93.9	1 066	62.0	75.7
	2010	3 234	99.3	100.2	1 517	88.8	90.5	1 099	60.2	70.0
	2015	3 108	103.5	104.1	1 433	86.8	90.6	1 369	76.2	86.9
	2021	3 088	102.3	103.7	1 351	92.0	93.1	1 184	72.6	81.1
Maldives Maldives	2005	58	118.0	116.1	29	105.0	123.6	...	...	...
	2010	42	108.2	104.6	25	111.4	125.3	...	...	...
	2015	42	103.0	100.0	18	110.9	114.0	...	...	...
	2019	49	96.9	99.3	17	117.4	99.3	4	34.5	43.5
	2020	51	101.0	100.6	17	102.3	94.8	...	...	...
Mali Mali	2005	1 506	82.7	65.0	317	44.5	28.1	113	* 17.9	* 10.4
	2010	2 019	89.7	77.0	511	58.2	42.2	248	33.4	20.5
	2015	2 227	79.7	71.5	632	56.6	48.0	314	35.0	24.1
	2020	2 734	82.4	74.8	719	50.9	46.3	314	26.9	21.7
Malta Malte	2005	30	101.5	99.0	28	100.2	102.6	12	112.7	93.5
	2010	25	101.6	101.9	26	108.6	103.2	11	113.2	86.6
	2015	25	102.8	104.3	13	103.1	102.2	17	85.1	95.0
	2020	27	106.8	106.4	13	112.5	107.2	18	106.5	112.6
Marshall Islands Îles Marshall	2005	8	101.0	126.5	2	92.4	89.4	3	48.6	50.9
	2009	8	98.8	97.4	2	92.0	94.3	3	66.8	71.4
	2015	8	88.5	86.5	4	69.4	73.0	1	51.9	59.1
	2021	6	74.9	70.7	3	83.9	86.6	3	48.2	55.4
Mauritania Mauritanie	2005	444	92.2	95.2	55	27.2	24.1	38	20.1	17.3
	2010	531	97.5	102.0	78	26.5	23.4	* 32	* 16.5	* 12.8
	2015	633	102.0	107.0	135	39.1	37.3	52	23.0	20.0
	2020	654	91.1	97.6	172	41.4	44.2	87	30.6	32.4
Mauritius Maurice	2005	124	103.3	103.1	65	97.9	99.0	* 64	* 82.8	* 78.1
	2010	117	102.5	103.1	58	98.6	100.7	* 69	* 79.3	* 84.8
	2015	102	102.0	103.8	64	111.6	109.4	65	82.8	91.9
	2021	83	97.3	99.6	55	115.3	113.1	59	76.0	84.8
	2022	84	101.5	104.3	53	115.1	112.6	...	...	...
Mexico Mexique	2005	14 700	109.6	107.6	7 016	103.6	109.8	3 548	56.0	57.4
	2010	14 906	111.4	109.8	7 627	108.9	118.3	4 055	58.6	62.4
	2015	14 398	106.7	106.5	8 660	122.8	134.5	4 813	72.0	73.3
	2020	13 903	103.2	104.2	8 165	115.1	128.5	5 545	78.9	85.4
Micronesia (Fed. States of) Micronésie (États féd. de)	2005	19	112.5	109.6	6	94.2	103.8	8	72.7	77.5
	2007	19	112.4	113.8	5	99.6	99.0	...	...	...
	2015	14	98.3	95.8	4	85.5	87.7	...	...	...
	2021	13	90.4	90.0	4	75.6	79.6	...	...	...
Monaco Monaco	2004	...	...	...	2	...	...	...	...	...
	2010	2	...	...	2	...	...	1	...	...
	2015	2	...	...	2	...	...	1	...	...
	2022	2	* 116.6	* 119.5	2	* 125.6	* 132.8	2	* 143.9	* 136.7
Mongolia Mongolie	2005	251	98.0	98.0	235	92.8	98.7	104	72.1	88.1
	2010	274	127.2	124.3	179	90.3	94.1	97	84.8	96.0
	2015	251	101.3	99.4	...	...	...	123	87.1	92.2
	2021	357	103.5	101.2	225	103.2	102.9	139	100.9	106.4
Montenegro Monténégro	2005	38	111.8	113.7	36	103.0	103.4	32	83.5	89.2
	2010	35	110.3	110.6	38	113.0	113.6	32	85.8	90.9
	2015	38	95.3	95.5	31	97.0	99.0	29	87.2	88.3
	2021	38	102.0	102.5	30	95.6	95.7	27	84.8	88.1
Montserrat Montserrat	2005	1	161.2	150.6	~0	94.4	92.0	~0	65.3	78.6
	2009	~0	154.0	163.4	~0	156.3	156.8	~0	87.1	86.2
	2010	1	145.0	144.0	...	...	...	...	...	...
	2014	~0	92.9	96.0	~0	155.9	190.3	~0	208.8	160.0
	2015	~0	102.1	101.4	...	...	...	...	...	...
	2019	~0	99.1	112.4	~0	97.1	110.4	~0	89.6	88.9

7 Enrollment in primary, lower secondary and upper secondary education levels *(continued)*

Number of students enrolled (thousands) and gross enrollment ratio by sex

Inscriptions aux niveaux primaire, secondaire inférieur et secondaire supérieur *(suite)*

Nombre d'élèves inscrits (milliers) et taux brut de scolarisation par sexe

Region, country or area Région, pays ou zone	Year & Année &	Primary education / Enseignement primaire Total ('000)	Primary: Gross enrollment ratio / Taux brut de scolarisation M/H	Primary: Gross enrollment ratio / Taux brut de scolarisation F	Lower Secondary education / Enseignement secondaire inférieur Total ('000)	Lower secondary: Gross enrollment ratio / Taux brut de scolarisation M/H	Lower secondary: Gross enrollment ratio / Taux brut de scolarisation F	Upper secondary education / Enseignement secondaire supérieur Total ('000)	Upper secondary: Gross enrollment ratio / Taux brut de scolarisation M/H	Upper secondary: Gross enrollment ratio / Taux brut de scolarisation F
Morocco Maroc	2005	4 023	110.9	100.7	1 265	69.9	58.9	683	38.1	33.4
	2010	3 945	113.0	106.3	1 467	86.7	71.5	926	49.2	46.8
	2012	4 017	113.3	108.0	1 525	93.5	76.4	1 029	57.5	52.5
	2015	4 039	112.3	106.6	* 1 667	* 100.1	* 86.0	...	...	...
	2021	4 553	114.9	111.8	1 823	103.3	94.5	1 225	66.2	70.1
Mozambique Mozambique	2005	3 943	109.5	91.3	269	22.6	15.7	37	5.3	3.2
	2010	5 278	119.2	105.9	556	36.9	30.3	116	13.3	9.8
	*2015	5 902	113.8	103.4	805	42.3	38.4	268	23.5	21.3
	2020	7 220	121.9	114.9	1 027	46.6	42.2	440	30.5	30.3
Myanmar Myanmar	2005	4 948	98.1	98.2	1 938	51.1	48.8	651	33.4	33.2
	2010	5 126	98.6	97.6	2 179	53.7	55.2	674	33.2	36.7
	2014	5 177	103.3	100.3	2 503	60.3	60.2	689	32.4	36.1
	2018	5 300	114.8	109.7	3 059	73.7	77.5	1 128	49.7	59.2
Namibia Namibie	2005	404	114.6	112.0	120	78.5	88.4	28	31.3	32.1
	2007	410	116.0	112.6	124	78.9	90.0	34	34.0	38.3
	2010	407	117.5	112.9	133	83.4	93.0	...	...	...
	2015	447	125.4	120.2	153	98.7	106.7	...	...	...
	2021	536	127.9	123.5	167	102.8	108.2	...	...	...
Nauru Nauru	2002	...	...	...	1	59.8	68.9	...	...	...
	2005	2	135.9	127.2	...	...	...	...	...	...
	2007	1	93.7	89.0	~0	56.4	58.3	~0	50.3	55.7
	2008	1	93.8	93.4	...	...	...	...	...	...
	2014	2	121.3	111.6	1	82.6	79.5	~0	93.1	90.5
	2015	2	112.1	104.3	...	...	...	...	...	...
	2019	2	122.4	121.0	1	87.4	99.3	~0	111.9	96.4
	2020	1	94.2	97.1	1	88.3	90.7	...	...	...
Nepal Népal	2005	4 030	119.6	109.2	1 445	80.1	67.8	609	* 29.9	* 22.8
	2010	4 901	145.1	143.7	1 604	75.3	75.7	* 1 090	* 43.9	* 41.5
	2015	4 335	139.3	149.2	1 835	89.8	98.4	* 1 341	* 48.7	* 49.6
	2022	3 485	132.4	122.3	1 777	106.3	102.0	1 736	71.7	72.9
Netherlands (Kingdom of the) Pays-Bas (Royaume des)	2005	1 278	107.9	105.5	783	133.3	127.4	627	105.6	106.7
	2010	1 294	108.5	108.1	762	130.5	124.1	713	115.4	118.4
	2015	1 208	102.7	102.7	816	102.7	99.4	797	127.7	136.0
	2020	1 162	106.4	106.2	772	100.5	96.2	840	131.9	141.5
New Zealand Nouvelle-Zélande	2005	353	100.1	99.3	260	103.7	102.3	266	135.5	152.3
	2010	348	101.0	101.3	249	105.0	103.6	263	130.7	144.6
	2015	368	97.7	98.2	242	102.4	102.0	245	122.9	138.6
	2020	387	102.2	102.4	271	105.4	105.1	257	134.8	149.0
Nicaragua Nicaragua	2005	945	120.3	118.6	301	73.6	80.8	137	46.9	62.1
	2010	924	121.1	120.1	320	81.5	87.1	146	50.6	64.4
	2015	854	110.6	110.5	...	...	...	...	...	...
	2020	881	112.5	111.8	...	...	...	...	...	...
Niger Niger	2005	1 064	56.2	40.2	152	15.9	10.4	30	5.3	2.9
	2010	1 726	69.2	55.9	267	21.5	15.5	39	5.5	3.1
	2015	2 445	77.4	65.6	482	30.8	22.2	114	11.0	8.7
	2017	2 768	80.1	69.2	642	36.6	28.1	144	13.6	9.1
	2021	2 806	67.7	61.8	...	...	...	...	...	...
Nigeria Nigéria	2005	22 115	109.8	92.6	3 624	41.2	35.1	2 773	34.8	28.0
	2010	* 21 558	* 89.1	* 81.0	5 010	49.6	43.7	4 047	44.5	38.4
	2015	25 443	89.2	83.6	6 180	51.0	47.4	4 936	46.3	41.6
	2018	27 889	88.4	86.5	6 842	50.4	48.9	4 532	38.1	35.2
	2019	28 078	85.3	86.2	...	...	...	...	...	...
Niue Nioué	2004	...	...	...	~0	85.3	65.2	...	...	...
	2005	~0	103.5	100.0	...	...	...	...	...	...
	2015	~0	127.7	127.8	~0	90.2	130.4	~0	88.6	80.0
	2021	~0	134.1	131.6	~0	137.7	153.1	~0	124.3	123.1
North Macedonia Macédoine du Nord	2005	110	94.5	92.5	118	91.7	91.1	96	74.1	69.6
	2010	111	88.0	86.7	101	90.4	88.2	95	77.1	74.6
	2015	109	93.7	94.0	85	85.9	84.5	84	79.5	78.1
	2020	108	95.5	95.5	80	88.0	87.8	70	72.8	71.0

7 Enrollment in primary, lower secondary and upper secondary education levels *(continued)*

Number of students enrolled (thousands) and gross enrollment ratio by sex

Inscriptions aux niveaux primaire, secondaire inférieur et secondaire supérieur *(suite)*

Nombre d'élèves inscrits (milliers) et taux brut de scolarisation par sexe

Region, country or area Région, pays ou zone	Year & Année &	Primary education Enseignement primaire Total ('000)	Gross enrollment ratio Taux brut de scolarisation M/H	F	Lower Secondary education Enseignement secondaire inférieur Total ('000)	Gross enrollment ratio Taux brut de scolarisation M/H	F	Upper secondary education Enseignement secondaire supérieur Total ('000)	Gross enrollment ratio Taux brut de scolarisation M/H	F
Norway Norvège	2005	430	98.4	98.7	186	102.1	102.7	217	125.0	126.5
	2010	424	98.9	99.2	192	99.3	99.2	243	127.8	124.1
	2015	431	100.0	99.8	195	102.0	103.9	249	129.4	122.1
	2020	446	99.8	100.1	201	104.7	106.3	255	138.8	125.5
Oman Oman	2005	312	93.2	92.1	168	100.1	92.0	134	78.2	79.8
	2009	302	105.4	100.8	166	112.8	101.7	156	93.1	92.8
	2015	351	106.0	110.7	149	109.9	106.5	138	98.6	98.3
	2021	310	104.2	103.9	371	101.3	103.1	102	153.8	100.5
Pakistan Pakistan	2005	17 258	91.5	70.3	4 550	43.6	32.0	2 302	...	...
	2010	18 756	91.0	77.6	5 501	47.8	37.8	4 154	29.0	21.8
	2015	19 847	91.4	78.3	6 582	53.9	44.6	5 496	36.2	27.4
	2019	23 588	101.3	89.2	7 634	58.4	51.2	6 555	39.7	34.0
Palau Palaos	2004	...	...	...	1	103.3	94.9	...	...	...
	2005	2	...	...	1	...	...	1	76.4	91.8
	2007	2	...	...	1	...	...	1	86.0	89.4
	2014	2	119.6	105.2	~0	106.4	109.3	1	112.9	129.8
	2021	2	106.0	102.7	1	96.8	121.6	1	97.5	97.4
Panama Panama	2005	430	109.1	105.3	155	80.9	82.8	101	50.3	57.7
	2010	440	107.0	103.1	182	89.3	90.0	102	48.3	56.3
	2015	418	97.2	94.9	195	92.2	93.2	122	55.3	62.5
	2021	466	101.9	100.4	209	94.2	94.2	152	66.7	73.4
Papua New Guinea Papouasie-Nvl-Guinée	2005	532	60.1	50.9	...	...	...	...	...	...
	2008	601	61.4	54.3	...	...	...	...	...	...
	2012	1 132	107.7	95.7	243	78.0	62.0	136	25.4	17.2
	2018	1 394	119.9	111.8	449	65.8	54.0	69	23.1	15.6
Paraguay Paraguay	2005	934	112.1	109.7	321	78.3	79.7	208	51.2	54.5
	2010	839	104.3	100.9	331	77.0	80.5	230	53.9	58.7
	2012	838	105.7	103.0	348	81.6	85.5	283	64.9	71.8
	2015	727	91.1	88.3	...	...	...	253	58.1	63.9
	2021	701	...	...	305	...	...	306	70.6	84.3
Peru Pérou	2005	4 077	113.6	113.9	1 640	90.2	89.4	829	71.2	69.5
	2010	3 763	109.8	110.0	1 779	103.3	102.2	896	73.5	80.2
	2015	3 513	100.2	100.3	1 686	102.4	101.4	996	90.9	91.4
	2021	3 835	123.8	120.1	1 807	113.3	107.6	1 132	113.8	107.8
Philippines Philippines	2005	13 084	106.5	105.4	4 917	81.3	88.8	1 435	69.1	84.2
	2009	13 687	108.3	107.1	5 287	84.9	89.3	1 480	68.6	81.8
	2010	...	...	...	...	...	...	1 462	68.1	78.2
	2015	14 453	113.9	110.5	5 696	87.8	94.3	1 624	74.3	83.1
	2021	12 529	93.5	91.3	8 332	94.9	99.1	3 235	70.6	84.1
Poland Pologne	2005	2 724	94.8	94.3	1 652	100.6	98.5	1 793	99.2	100.0
	2010	2 235	96.9	96.1	1 332	96.4	94.4	1 510	96.1	96.8
	2014	2 153	100.0	100.3	1 150	101.4	97.4	1 492	115.5	111.2
	2015	...	...	...	1 117	102.0	98.4	1 432	116.6	112.1
	2020	1 334	85.6	82.5	1 744	113.7	113.4	1 615	118.6	115.6
Portugal Portugal	2005	753	120.9	115.1	363	108.1	111.1	306	79.5	94.8
	2010	734	113.2	109.9	379	114.1	111.4	341	96.6	105.2
	2015	657	109.0	104.9	385	121.1	116.1	394	120.1	117.7
	2020	602	108.4	107.1	349	116.3	113.1	393	122.5	126.7
Puerto Rico Porto Rico	2010	300	95.7	99.3	156	92.3	95.9	135	75.0	81.1
	2013	264	90.2	91.6	143	90.9	96.1	126	76.2	83.8
	2015	251	...	...	145	...	...	134	...	...
	2018	209	...	...	110	...	...	109	...	...
Qatar Qatar	2005	70	108.6	103.7	* 29	* 105.7	* 94.9	* 26	* 101.9	* 97.3
	2010	89	100.9	104.4	37	116.3	104.4	32	100.3	100.9
	2015	130	102.2	103.0	52	99.8	102.5	44	...	...
	2021	163	101.0	103.4	68	97.6	95.8	61	...	...
Republic of Korea République de Corée	2005	4 032	101.5	100.7	2 021	96.4	98.1	1 775	95.7	98.3
	2010	3 306	101.7	101.8	1 986	100.6	100.2	1 974	93.0	92.2
	2015	2 722	98.9	98.7	1 598	104.2	103.3	1 799	97.1	96.6
	2020	2 703	99.3	99.1	1 327	97.1	97.0	1 347	95.6	94.6

7

Enrollment in primary, lower secondary and upper secondary education levels *(continued)*

Number of students enrolled (thousands) and gross enrollment ratio by sex

Inscriptions aux niveaux primaire, secondaire inférieur et secondaire supérieur *(suite)*

Nombre d'élèves inscrits (milliers) et taux brut de scolarisation par sexe

Region, country or area Région, pays ou zone	Year & Année &	Primary education Enseignement primaire Total ('000)	Gross enrollment ratio Taux brut de scolarisation M/H	F	Lower Secondary education Enseignement secondaire inférieur Total ('000)	Gross enrollment ratio Taux brut de scolarisation M/H	F	Upper secondary education Enseignement secondaire supérieur Total ('000)	Gross enrollment ratio Taux brut de scolarisation M/H	F
Republic of Moldova République de Moldova	2005	184	...	...	280	...	...	114	...	...
	2010	141	...	...	208	...	...	100	...	...
	2015	139	* 106.2	* 105.1	162	* 105.8	* 105.9	71	* 101.2	* 105.7
	2021	137	* 108.4	* 107.2	160	* 105.8	* 104.6	67	* 82.3	* 82.6
Romania Roumanie	2005	970	110.5	109.0	1 026	93.4	92.2	1 063	72.6	76.4
	2010	842	100.8	99.1	869	98.5	97.4	953	97.7	97.1
	2015	947	89.8	88.5	785	97.0	95.0	778	89.1	91.0
	2020	904	88.2	87.4	719	84.4	82.9	719	89.6	92.1
Russian Federation Fédération de Russie	2005	5 309	95.1	95.3	7 730	77.6	78.2	4 703	94.6	90.8
	2009	5 015	99.1	99.6	6 404	85.2	87.1	3 210	85.9	78.3
	2015	5 983	98.7	99.5	6 549	98.7	99.7	2 836	115.3	104.2
	2019	7 123	104.7	103.7	7 553	101.4	100.6	2 990	114.9	106.5
Rwanda Rwanda	2005	1 858	132.6	134.6	142	* 22.9	* 20.4	76	* 12.2	* 11.2
	2010	2 299	146.4	150.1	299	41.8	44.1	127	20.6	18.4
	2015	2 451	138.7	140.6	336	40.4	46.2	231	31.9	32.1
	2021	2 729	141.1	140.3	522	54.1	63.3	261	30.7	33.7
Saint Kitts and Nevis Saint-Kitts-et-Nevis	2005	6	110.1	109.2	* 2	* 99.9	* 98.0	* 1	* 75.9	* 102.7
	2010	6	116.5	110.6	* 3	* 117.1	* 108.4	* 2	* 92.8	* 100.0
	2015	5	108.7	107.9	3	114.0	112.9	2	100.1	99.9
	2021	5	113.8	107.9	2	112.1	112.6	2	105.5	102.2
Saint Lucia Sainte-Lucie	2005	24	105.2	100.6	9	76.6	89.1	5	63.9	76.8
	2007	22	103.2	98.0	10	95.5	99.2	5	64.8	82.8
	2010	19	...	...	10	98.0	93.0	6	89.1	93.6
	2015	17	102.8	99.5	8	94.3	91.7	5	81.5	83.3
	2020	15	99.9	102.4	7	93.4	94.2	5	92.0	86.7
Saint Vincent & Grenadines Saint-Vincent-Grenadines	2005	18	124.0	112.1	7	96.3	112.6	3	54.1	79.4
	2010	14	111.9	106.2	8	121.3	116.1	4	81.6	102.5
	2015	13	110.7	109.7	7	125.2	117.3	3	80.9	94.0
	2018	13	114.1	112.7	6	120.1	112.7	4	85.3	102.8
	2020	13	114.0	111.6	...	...	...	...	...	...
Samoa Samoa	2005	31	109.0	109.8	9	97.7	101.8	15	69.3	81.8
	2010	31	111.5	109.9	10	110.4	108.3	16	70.3	87.3
	2015	32	106.4	106.4	9	114.0	109.9	17	79.0	94.5
	2016	33	106.6	107.9	9	109.7	110.7	17	79.6	92.3
	2021	35	121.8	122.3	10	107.9	111.1	...	...	...
San Marino Saint-Marin	2004	...	...	...	1	...	...	...	...	...
	2010	2	...	...	1	...	...	1	...	...
	2012	2	...	...	1	...	...	1	...	...
	2021	2	* 97.8	* 96.9	1	* 88.7	* 96.0	1	* 45.4	* 33.6
Sao Tome and Principe Sao Tomé-et-Principe	2005	30	128.1	123.1	5	63.6	71.3	3	26.7	25.7
	2010	34	117.0	116.2	9	68.8	73.5	1	22.6	17.8
	2015	36	107.3	103.2	15	96.8	106.2	7	56.4	64.3
	2017	37	108.5	105.0	16	100.1	111.1	9	63.0	78.2
Saudi Arabia Arabie saoudite	*2005	3 098	96.4	95.0	1 382	90.0	87.0	1 228	90.2	82.3
	2009	3 255	106.0	103.3	* 1 609	* 108.0	94.8	1 388	92.8	83.1
	2010	3 321	107.1	106.2	...	...	...	...	...	...
	2015	3 494	108.7	112.1	1 637	113.2	113.5	1 683	122.7	116.5
	2021	3 551	101.3	102.8	1 627	106.7	105.9	1 578	120.8	112.3
Senegal Sénégal	2005	1 444	81.4	78.5	312	32.7	25.4	94	* 15.3	* 10.2
	2008	1 618	83.0	85.2	451	43.3	36.0	131	19.9	13.4
	2010	1 695	81.7	86.4	...	...	...	...	...	...
	2014	1 927	80.8	90.5	* 786	* 59.2	* 62.3	* 308	* 37.3	* 32.4
	2015	1 977	80.2	89.8	* 806	...	...	* 330	...	...
	2021	2 270	75.2	87.5	860	48.5	59.5	383	33.9	38.8
Serbia Serbie	2005	325	* 102.5	* 103.0	335	* 98.7	* 97.9	298	* 76.9	* 82.7
	2010	283	* 96.1	* 95.6	304	* 98.7	* 98.3	287	* 83.1	* 86.9
	2015	279	* 101.5	* 101.2	290	* 102.4	* 101.7	263	* 89.7	* 93.1
	2021	255	* 96.7	* 97.0	260	* 97.0	* 97.0	251	* 86.5	* 89.6

7

Enrollment in primary, lower secondary and upper secondary education levels *(continued)*

Number of students enrolled (thousands) and gross enrollment ratio by sex

Inscriptions aux niveaux primaire, secondaire inférieur et secondaire supérieur *(suite)*

Nombre d'élèves inscrits (milliers) et taux brut de scolarisation par sexe

Region, country or area Région, pays ou zone	Year & Année &	Primary education / Enseignement primaire Total ('000)	Gross enrollment ratio / Taux brut de scolarisation M/H	F	Lower Secondary education / Enseignement secondaire inférieur Total ('000)	Gross enrollment ratio / Taux brut de scolarisation M/H	F	Upper secondary education / Enseignement secondaire supérieur Total ('000)	Gross enrollment ratio / Taux brut de scolarisation M/H	F
Seychelles	2005	9	110.1	108.1	5	110.4	111.5	4	55.8	64.4
Seychelles	2010	9	108.8	112.1	4	109.7	107.3	3	* 47.5	* 56.0
	2015	9	102.8	106.0	4	109.7	112.7	3	55.9	63.3
	2021	9	97.8	100.9	5	97.0	106.0	3	56.2	61.1
Sierra Leone	2001	...	...	...	84	30.3	20.0	...	...	...
Sierra Leone	2015	1 360	115.3	116.9	289	57.4	53.7	160	28.5	22.3
	2017	1 487	123.3	125.6	313	58.6	58.8	179	29.2	26.4
	2021	1 964	153.5	159.4	537	90.2	93.5	...	...	...
Singapore	2009	295	...	...	110	...	...	122	...	...
Singapour	2010	264	...	...	...	...	...	...	...	...
	2015	239	...	...	...	...	...	...	...	...
	2020	233	* 100.6	* 100.5	81	* 100.1	* 99.8	84	* 107.3	* 105.7
Sint Maarten (Dutch part)										
St-Martin (partie néerland.)	2014	4	127.5	128.9	1	105.4	109.2	2	84.9	76.4
Slovakia	2005	242	98.8	97.6	360	96.3	95.4	303	88.9	91.9
Slovaquie	2010	212	101.9	101.0	280	94.0	92.6	269	89.5	93.0
	2015	216	98.9	98.1	254	96.8	95.7	200	83.5	86.8
	2020	233	102.3	101.9	263	94.8	93.7	180	83.8	87.7
Slovenia	2005	93	101.0	100.0	81	95.6	94.6	100	98.9	98.9
Slovénie	2010	107	99.5	99.5	55	96.8	96.8	83	101.0	99.8
	2015	116	99.6	100.3	55	101.2	101.6	89	115.7	117.7
	2020	134	103.4	103.2	59	98.9	99.0	89	121.2	124.2
Solomon Islands	2005	75	103.2	97.8	16	49.1	43.2	7	19.7	14.1
Îles Salomon	2010	95	116.0	113.2	26	70.0	67.0	14	36.6	26.4
	2012	98	113.9	111.6	28	72.0	71.6	13	30.7	26.5
	2015	104	114.2	113.0	32	76.4	78.0	...	...	...
	2019	107	104.7	103.9	33	72.9	76.4	...	...	...
Somalia	2007	457	30.1	16.6	40	10.2	4.7	47	6.9	3.2
Somalie	2021	250	...	...	...	...	...	...	...	...
South Africa	2005	7 314	107.8	104.1	1 983	92.5	96.3	2 674	79.0	86.8
Afrique du Sud	2010	7 024	106.8	102.7	2 011	101.9	103.2	2 679	83.9	92.3
	2015	7 556	109.2	101.9	2 032	105.4	106.5	3 248	113.2	110.2
	2020	7 716	99.4	95.4	2 153	103.7	104.3	2 948	93.6	108.1
South Sudan	2015	1 274	85.3	60.4	108	26.0	15.4	56	8.0	3.6
Soudan du sud	2018	...	...	...	...	...	...	88	11.6	6.5
Spain	2005	2 485	103.7	102.3	1 983	114.6	115.3	1 125	112.1	132.1
Espagne	2010	2 721	104.4	103.6	2 011	114.7	113.7	1 174	123.1	134.3
	2015	3 010	105.6	107.2	1 625	126.0	121.1	1 688	124.7	128.0
	2020	3 007	102.9	103.9	1 702	117.4	116.4	1 770	129.3	137.9
Sri Lanka	2005	1 611	99.8	99.3	1 340	102.1	103.2	...	...	...
Sri Lanka	2010	1 721	100.7	98.2	1 285	100.8	96.8	1 239	91.7	98.2
	2013	1 767	101.9	99.4	1 345	100.4	99.7	1 260	94.0	103.9
	2015	1 778	102.7	100.6	1 348	99.0	97.7	...	...	...
	2018	1 725	100.7	99.6	1 388	100.7	100.0	1 340	95.2	105.3
	2020	1 695	100.3	100.3	1 401	101.5	101.7	...	...	...
State of Palestine	2005	387	88.5	88.0	544	93.0	96.1	113	67.8	75.9
État de Palestine	2010	403	92.2	90.4	559	86.3	90.1	152	70.2	85.9
	2015	450	97.5	97.5	581	89.4	94.0	140	59.0	77.4
	2021	501	94.2	93.7	577	96.1	98.8	260	73.5	92.0
Sudan	2005	3 177	67.4	59.1	729	52.8	46.6	616	30.9	30.6
Soudan	2010	4 024	75.6	67.8	933	61.5	50.5	754	34.0	31.5
	2015	4 518	76.4	69.8	1 027	56.9	52.3	1 033	38.2	40.3
	2018	5 118	81.7	76.1	1 108	56.4	54.4	1 108	37.6	40.6
Sudan [former]	2005	3 278	...	...	761	...	...	* 609	...	...
Soudan [anc.]	2009	4 744	...	...	1 056	...	...	781	...	...
Suriname	2005	66	105.8	104.2	32	75.3	90.3	13	35.5	62.2
Suriname	2010	71	114.2	113.8	35	80.5	90.2	15	37.8	67.7
	2015	72	115.2	116.4	39	89.2	104.7	15	36.8	66.9
	2021	63	101.2	100.2	37	83.9	96.2	14	37.1	53.1

7 Enrollment in primary, lower secondary and upper secondary education levels *(continued)*

Number of students enrolled (thousands) and gross enrollment ratio by sex

Inscriptions aux niveaux primaire, secondaire inférieur et secondaire supérieur *(suite)*

Nombre d'élèves inscrits (milliers) et taux brut de scolarisation par sexe

Region, country or area Région, pays ou zone	Year & Année &	Primary education / Enseignement primaire Total ('000)	Gross enrollment ratio / Taux brut de scolarisation M/H	F	Lower Secondary education / Enseignement secondaire inférieur Total ('000)	Gross enrollment ratio / Taux brut de scolarisation M/H	F	Upper secondary education / Enseignement secondaire supérieur Total ('000)	Gross enrollment ratio / Taux brut de scolarisation M/H	F
Sweden Suède	2005	658	95.9	95.7	387	106.5	105.9	349	102.0	101.6
	2010	576	101.7	101.2	337	96.4	95.9	394	100.5	99.1
	2015	792	120.5	125.5	334	112.4	118.6	510	149.2	179.1
	2020	892	122.5	129.0	398	117.2	121.4	549	163.7	183.6
Switzerland Suisse	2005	524	102.5	102.1	297	113.4	115.8	278	86.8	74.9
	2010	493	103.1	102.6	290	108.6	111.5	316	89.5	82.6
	2015	490	104.3	104.0	262	106.7	106.0	353	100.8	95.3
	2020	528	106.5	105.8	259	105.7	105.1	347	105.0	95.9
Syrian Arab Republic République arabe syrienne	2005	2 252	122.1	118.6	1 955	93.1	88.4	434	34.2	34.0
	2010	2 429	118.8	114.7	2 232	92.0	90.6	499	35.8	38.8
	2013	1 547	83.1	80.2	1 446	65.3	63.0	411	30.5	33.7
	2022	2 170	103.2	101.9	866	78.5	85.1	455	42.9	50.8
Tajikistan Tadjikistan	2005	693	101.9	98.3	802	95.7	85.7	182	65.8	40.5
	2010	682	102.7	100.2	826	98.0	91.3	206	71.0	47.8
	2013	665	101.6	99.9	827	99.1	94.1	236	77.7	58.5
	2015	683	98.1	97.1	822	101.3	97.6	...	...	...
	2017	771	101.4	100.3	810	100.0	97.3	...	...	...
Thailand Thaïlande	2005	5 975	103.3	100.5	2 753	89.2	90.0	1 780	* 54.6	* 60.9
	2010	5 147	97.4	96.3	2 798	97.3	97.7	2 009	62.4	73.5
	2015	5 081	103.5	97.6	3 290	125.7	116.1	3 467	120.3	120.2
	2022	4 725	102.1	101.3	2 596	99.4	111.1	2 439	95.3	96.0
Timor-Leste Timor-Leste	2003	...	...	...	38	...	...	...	...	...
	2005	178	110.1	100.2	...	...	...	...	...	...
	2010	230	126.1	119.2	61	72.3	73.1	41	52.5	50.6
	2015	244	129.8	126.6	78	80.6	85.0	51	59.2	62.5
	2020	203	111.8	109.6	89	92.1	99.2	73	73.0	83.1
Togo Togo	2005	997	124.0	105.3	316	78.4	44.6	89	34.8	14.1
	2007	1 022	119.1	103.1	* 300	* 72.3	* 41.5	* 109	* 41.1	* 17.2
	2010	1 287	133.9	120.8	...	...	...	...	...	...
	2011	1 300	130.6	118.8	400	...	...	146	...	...
	2015	1 498	131.2	124.9	...	...	...	...	...	...
	2021	1 629	126.4	122.0	630	86.6	72.8	222	47.6	35.3
Tokelau Tokélaou	2003	...	...	...	~0	120.0	127.0	...	...	...
	2021	~0	142.4	150.0	~0	244.2	176.2	~0	54.3	115.2
Tonga Tonga	2001	...	...	...	10	108.4	116.6	...	...	...
	2005	17	113.4	110.1	...	...	...	...	...	...
	2006	17	113.3	109.2	10	106.5	103.0	4	84.8	93.4
	2010	17	109.4	107.3	...	...	...	...	...	...
	2015	17	116.7	116.0	13	112.1	111.6	3	64.5	76.9
	2020	17	117.4	112.1	12	90.9	106.5	3	55.7	67.6
Trinidad and Tobago Trinité-et-Tobago	*2005	130	100.7	97.8	57	82.6	84.6	...	...	...
	*2009	131	108.6	104.5	55	97.7	97.5	...	...	...
	2010	131	108.0	104.4	...	...	...	...	...	...
	2021	130	...	...	53	...	...	33	84.8	94.7
Tunisia Tunisie	2005	1 184	112.4	110.8	650	107.2	108.2	589	61.7	75.6
	2010	1 030	107.4	107.0	583	113.5	109.6	580	67.6	84.2
	2011	1 028	107.9	107.7	579	117.3	110.5	573	69.1	84.9
	2015	1 115	114.5	114.6	488	101.9	103.5	520	...	...
	2016	1 139	114.8	115.1	530	111.9	112.5	517	68.9	89.8
	2021	1 304	113.2	111.2	564	112.0	116.6	...	...	...
Türkiye Türkiye	2005	6 678	105.8	100.5	3 620	102.5	89.5	2 725	80.7	62.8
	2010	6 635	102.0	100.6	3 892	101.4	97.3	3 639	77.4	67.5
	2015	5 434	103.4	102.7	5 278	98.5	100.0	5 691	109.8	102.9
	2020	5 280	97.2	95.8	5 702	104.4	106.5	5 631	107.1	99.4
Turkmenistan Turkménistan	2020	589	118.0	115.9	590	98.1	96.4	157	81.4	80.0
	2021	609	116.0	114.1	...	...	...	...	...	...
Turks and Caicos Islands Îles Turques-et-Caïques	2005	2	77.7	84.2	1	85.6	81.0	...	...	...
	2009	3	...	...	2	106.4	122.4	~0	54.6	53.7
	2015	3	74.7	74.3	1	69.9	69.7	1	67.4	87.1
	2021	3	108.7	113.8	2	99.4	91.3	1	68.4	78.1

7

Enrollment in primary, lower secondary and upper secondary education levels *(continued)*

Number of students enrolled (thousands) and gross enrollment ratio by sex

Inscriptions aux niveaux primaire, secondaire inférieur et secondaire supérieur *(suite)*

Nombre d'élèves inscrits (milliers) et taux brut de scolarisation par sexe

Region, country or area Région, pays ou zone	Year & Année &	Primary education / Enseignement primaire Total ('000)	Gross enrollment ratio / Taux brut de scolarisation M/H	F	Lower Secondary education / Enseignement secondaire inférieur Total ('000)	Gross enrollment ratio / Taux brut de scolarisation M/H	F	Upper secondary education / Enseignement secondaire supérieur Total ('000)	Gross enrollment ratio / Taux brut de scolarisation M/H	F
Tuvalu	2002	...	...	...	1	83.5	70.3	...	...	...
Tuvalu	2005	1	113.1	109.9	...	...	...	...	...	...
	2006	1	112.6	108.4	...	...	...	...	...	...
	2014	1	98.0	94.1	1	93.3	94.8	~0	42.1	71.6
	2015	1	101.7	97.8	...	...	...	...	...	...
	2021	1	93.3	89.8	1	85.3	82.6	~0	51.7	66.7
Uganda	2004	...	...	...	609	25.7	20.8	...	...	...
Ouganda	2005	7 224	123.9	122.0	...	...	...	...	...	...
	2008	7 964	123.7	123.3	...	...	...	189	16.5	12.0
	2010	8 375	121.5	122.4	...	...	...	...	...	...
	2015	8 264	101.6	103.7	...	...	...	...	...	...
	2017	8 841	101.3	104.1	1 254	31.3	29.8	181	12.2	7.7
Ukraine	2005	1 946	106.6	106.2	2 698	* 98.3	* 89.5	1 345	* 101.0	* 96.7
Ukraine	2010	1 540	98.5	99.1	2 289	* 103.0	* 102.9	844	* 83.6	* 76.4
	2014	1 685	98.0	100.1	1 909	97.1	97.7	804	96.6	89.0
	2015	1 537	...	...	1 714	...	...	656	...	...
	2021	1 722	...	...	1 985	...	...	632	...	...
United Arab Emirates	2005	263	...	...	178	90.4	83.9	...	...	...
Émirats arabes unis	2007	284	101.1	102.1	194	89.3	87.3	...	...	...
	2010	327	...	...	211	85.2	85.1	...	...	...
	2015	461	111.4	111.6	260	97.8	95.2	...	...	...
	2022	468	111.5	113.2	385	100.6	99.0	380	112.6	110.5
United Kingdom	2005	4 635	106.4	106.3	2 347	101.2	101.5	3 414	105.9	111.1
Royaume-Uni	2010	4 422	104.8	104.3	2 458	112.2	108.1	3 081	96.0	99.6
	2015	4 621	102.0	101.9	2 335	112.2	109.0	4 040	130.2	138.5
	2020	4 904	99.8	99.5	2 689	115.5	114.8	3 446	115.5	121.1
United Rep. of Tanzania	2005	7 541	107.0	103.8	...	...	...	...	...	...
Rép.-Unie de Tanzanie	2010	8 419	101.9	103.8	1 669	46.3	38.3	157	9.8	7.4
	2015	8 298	82.5	87.0	1 648	36.2	37.0	126	7.4	5.0
	2021	11 197	95.4	99.0	2 185	36.7	40.8	153	6.9	5.3
United States of America	*2005	...	102.4	101.3	...	101.6	100.0	...	86.6	91.7
États-Unis d'Amérique	2015	24 786	* 100.3	* 100.3	12 549	* 100.4	* 100.7	11 868	* 93.9	* 95.6
	2020	24 466	* 100.5	* 100.1	12 935	* 104.1	* 101.7	12 248	* 99.0	* 97.1
Uruguay	2005	366	115.6	112.7	173	102.1	111.7	150	86.1	105.3
Uruguay	2010	342	114.6	110.9	174	107.4	114.4	147	79.4	104.6
	2015	317	112.2	109.8	180	...	...	160	...	...
	2020	294	104.7	103.6	163	115.6	116.6	181	112.2	135.6
Uzbekistan	2005	2 383	97.1	97.0	3 143	97.0	96.5	1 373	78.0	71.9
Ouzbékistan	2010	1 971	94.7	93.1	2 850	95.3	94.9	1 599	81.4	82.3
	2015	2 135	100.6	99.2	2 405	93.7	92.4	1 559	90.4	89.6
	2019	2 506	102.8	101.6	2 608	99.8	97.5	1 465	94.0	96.6
	2021	2 504	99.0	97.0	...	...	...	...	...	...
Vanuatu	2004	...	...	...	9	45.8	47.9	...	...	...
Vanuatu	2005	39	119.2	116.1	...	...	...	...	...	...
	2010	42	123.0	121.9	14	64.4	70.3	6	51.3	43.3
	2015	46	110.7	107.8	15	66.9	68.6	5	33.7	35.4
	2021	57	124.1	121.9	20	64.5	70.2	7	34.9	35.9
Venezuela (Boliv. Rep. of)	2005	3 449	105.1	103.2	1 408	82.8	89.5	620	51.0	63.8
Venezuela (Rép. boliv. du)	2010	3 458	104.2	101.3	1 478	87.6	92.5	777	66.0	77.6
	2015	3 476	102.0	99.8	1 646	96.2	100.2	877	74.7	85.7
	2017	3 285	98.3	96.0	1 534	90.8	95.2	857	75.2	86.0
Viet Nam	2005	7 773	100.1	95.2	6 671	92.5	89.2	...	...	...
Viet Nam	2010	6 923	108.1	103.2	5 214	84.9	89.1	...	...	...
	2015	7 544	109.7	110.1	5 099	97.0	98.7	...	...	...
	2021	8 885	117.4	119.6	5 910	103.1	106.9	...	...	...
Yemen	2005	3 220	102.2	75.5	853	67.3	34.5	602	56.2	25.5
Yémen	2010	3 427	100.9	82.3	976	66.4	42.5	586	41.8	24.6
	2013	3 875	106.6	89.4	1 066	69.1	48.2	702	47.2	31.6
	2016	3 900	99.9	87.1	1 156	69.2	51.5	760	49.5	34.5

7 Enrollment in primary, lower secondary and upper secondary education levels *(continued)*

Number of students enrolled (thousands) and gross enrollment ratio by sex

Inscriptions aux niveaux primaire, secondaire inférieur et secondaire supérieur *(suite)*

Nombre d'élèves inscrits (milliers) et taux brut de scolarisation par sexe

Region, country or area Région, pays ou zone	Year & Année &	Primary education Enseignement primaire Total ('000)	Gross enrollment ratio Taux brut de scolarisation M/H	F	Lower Secondary education Enseignement secondaire inférieur Total ('000)	Gross enrollment ratio Taux brut de scolarisation M/H	F	Upper secondary education Enseignement secondaire supérieur Total ('000)	Gross enrollment ratio Taux brut de scolarisation M/H	F
Zambia Zambie	2005	2 573	115.4	108.8	264	50.3	42.6	...	...	...
	2010	2 899	106.6	107.3	442	71.9	63.4	...	...	...
	2015	3 216	101.3	101.6	471	62.0	58.3	...	...	...
	2017	3 285	97.5	99.9	511	61.7	59.8	...	...	...
Zimbabwe Zimbabwe	2003	...	...	...	387	61.4	57.3	...	...	...
	2013	2 663	111.1	108.7	467	72.8	75.2	491	43.2	38.9
	2015	2 658	104.9	102.8	...	...	...	...	...	...
	2021	2 899	95.9	96.4	...	...	...	...	...	...
LLDCs PDSL	2005	53 483	101.7	89.0	16 676	55.6	46.4	6 437	31.8	26.6
	2010	64 450	107.4	99.5	19 834	59.5	51.8	8 432	37.9	31.9
	2015	71 528	107.1	99.3	22 299	59.1	54.2	9 569	39.0	33.8
	*2020	78 723	105.5	98.1	25 092	59.9	54.4	10 825	40.0	35.4
LDCs PMAs	2005	106 782	99.6	88.7	23 337	45.2	36.8	10 589	24.9	18.6
	2010	130 428	105.4	98.3	30 611	51.4	45.2	15 051	31.5	24.3
	2015	146 582	105.9	100.9	38 509	56.3	52.8	20 204	36.2	30.4
	*2020	164 430	108.3	103.4	43 557	57.0	54.0	24 516	38.6	35.0
SIDS PEID	2005	6 947	102.1	97.4	* 2 460	* 81.4	* 80.3	* 2 020	* 53.1	* 56.6
	*2010	7 513	109.6	104.3	2 375	77.7	77.0	2 094	54.2	57.3
	*2015	8 367	122.1	117.4	2 438	79.7	79.1	2 270	57.3	60.3
	*2020	8 377	121.0	117.8	2 734	76.5	74.8	1 890	56.1	59.4

Source:

United Nations Educational, Scientific and Cultural Organization (UNESCO), Montreal, the UNESCO Institute for Statistics (UIS) statistics database, last accessed April 2023.

& Data relate to the calendar year in which the academic year ends.

Source:

Organisation des Nations Unies pour l'éducation, la science et la culture (UNESCO), Montréal, base de données statistiques de l'Institut de statistique (ISU) de l'UNESCO, dernier accès avril 2023.

& Les données se réfèrent à l'année civile durant laquelle l'année scolaire se termine.

8 Teaching staff at the primary, lower secondary and upper secondary levels

Proportion of teachers with minimum required qualifications (%)

Personnel enseignant au niveau primaire, secondaire inférieur et secondaire supérieur

Proportion d'enseignants avec les qualifications minimales requises (%)

		Primary education Enseignement primaire		Lower Secondary education Enseignement secondaire		Upper secondary education Enseignement secondaire de deuxième cycle	
	Year Année	Total Totale	Teachers with min. required qualifications(%) Enseignants avec les qualifications minimales requises (%)	Total Totale	Teachers with min. required qualifications(%) Enseignants avec les qualifications minimales requises (%)	Total Totale	Teachers with minimum required qualifications(%) Enseignants avec les qualifications minimales requises (%)
Total, all countries or areas	***2005**	**26 920 685**	**...**	**16 659 222**	**...**	**11 831 218**	**...**
	2010	**28 681 559**	**...**	**17 821 205**	**...**	**14 342 572**	**...**
Total, tous pays ou zones	**2015**	**31 312 238**	**85.8**	**18 875 596**	**...**	**14 704 107**	**...**
	2020	**33 050 131**	**86.2**	**20 835 682**	**83.8**	**16 731 426**	**85.0**
Northern Africa	2005	944 313	97.4	* 498 215	...	* 494 824	...
Afrique septentrionale	2007	951 857	97.1	* 526 849	...	* 510 482	...
	2010	971 574	...	* 624 332	...	* 537 440	...
	2015	* 1 176 461	86.0	* 630 397	82.3	* 574 895	79.4
	2020	* 1 318 230	86.4	* 729 554	90.4	* 576 732	87.3
Sub-Saharan Africa	2005	2 576 058	71.4	* 712 251	...	* 458 797	...
Afrique subsaharienne	2010	3 167 724	69.9	* 1 127 506	65.5	* 739 696	52.1
	2015	4 116 226	65.7	* 1 586 167	56.0	* 1 139 520	58.7
	2019	* 4 610 293	68.5	* 1 679 982	58.4	* 1 380 363	64.9
	*2020	4 718 846	...	1 698 412	...	1 460 495	...
Northern America	*2005	1 896 719	...	952 748	...	837 141	...
Amérique septentrionale	*2010	1 926 810	...	932 879	...	928 474	...
	2015	1 925 142	...	890 500	...	912 037	...
	2020	1 946 268	98.3	933 338	98.8	942 736	97.8
Latin America & the Caribbean	2005	2 944 728	...	2 038 637	...	1 435 221	...
	2007	2 876 259	84.4	1 861 562	82.3	1 385 268	90.8
Amérique latine et Caraïbes	2010	2 923 345	83.4	1 999 121	79.7	1 553 554	...
	2012	2 956 746	83.3	2 052 799	79.8	1 617 843	85.0
	2015	3 018 945	81.4	* 2 136 186	...	* 1 748 343	...
	2020	3 000 683	83.1	2 047 960	80.9	1 896 796	77.1
Central Asia	2005	243 301	94.2	...	...	...	...
Asie centrale	2010	226 079	96.9	...	...	...	...
	2015	252 629	99.5	* 557 908	...	* 236 284	...
	2018	264 952	96.9	* 601 070	92.6	* 242 666	99.1
	2020	296 441	93.4	...	...	...	...
Eastern Asia	*2005	6 672 366	...	4 011 522	...	2 477 292	...
Asie orientale	2010	6 653 782	...	4 110 273	...	3 312 742	...
	2015	6 579 398	...	4 034 335	...	3 246 554	...
	2020	7 240 460	...	4 281 636	...	3 342 527	...
South-central Asia	*2005	4 826 754	...	2 805 122	...	2 166 111	...
Asie centrale et du Sud	2010	* 5 501 387	...	3 181 804	...	3 191 583	...
	2015	6 307 699	76.0	3 651 666	84.2	2 882 629	...
	2020	6 655 863	77.4	5 120 095	78.3	4 150 233	85.5
South-eastern Asia	2005	2 938 563	...	1 470 490	...	732 232	...
Asie du Sud-Est	2010	3 244 525	...	1 712 382	...	* 920 155	...
	2015	* 3 709 956	97.4	* 1 819 224	97.9	* 924 255	92.4
	2020	* 3 643 195	98.5	* 1 882 658	97.7	* 1 139 000	91.9
Southern Asia	*2005	4 583 454	...	2 215 682	...	1 940 924	...
Asie méridionale	2010	* 5 275 307	...	2 645 413	...	2 965 978	...
	2015	6 055 070	75.1	3 093 758	82.4	2 646 346	...
	2020	6 359 421	76.7	4 514 232	76.7	3 918 658	84.7
Western Asia	2003	* 1 202 092	93.0	* 795 811	...	* 500 142	...
Asie occidentale	*2005	1 289 416	...	813 097	...	526 755	...
	*2010	1 443 708	...	924 513	...	664 275	...
	2015	* 1 550 848	85.9	960 854	86.3	843 890	...
	2020	* 1 565 313	83.1	1 070 134	84.2	933 263	86.0
Europe	2005	2 673 046	...	3 253 135	...	2 583 296	...
Europe	2010	2 673 646	97.0	* 3 107 212	...	* 2 376 320	...
	2015	2 733 208	93.8	* 3 057 665	...	* 2 311 090	...
	2019	2 867 129	93.4	3 204 767	...	2 307 112	...
	2020	2 757 758	...	* 2 969 005	...	* 2 197 695	...

8

Teaching staff at the primary, lower secondary and upper secondary levels *(continued)*
Proportion of teachers with minimum required qualifications (%)

Personnel enseignant au niveau primaire, secondaire inférieur et secondaire supérieur *(suite)*
Proportion d'enseignants avec les qualifications minimales requises (%)

		Primary education Enseignement primaire		Lower Secondary education Enseignement secondaire		Upper secondary education Enseignement secondaire de deuxième cycle	
	Year Année	Total Totale	Teachers with min. required qualifications(%) Enseignants avec les qualifications minimales requises (%)	Total Totale	Teachers with min. required qualifications(%) Enseignants avec les qualifications minimales requises (%)	Total Totale	Teachers with minimum required qualifications(%) Enseignants avec les qualifications minimales requises (%)
Oceania Océanie	*2005	158 720	...	...	...	...	...
	*2010	175 059	...	...	...	...	...
	*2015	194 355	...	...	...	...	...
	*2017	199 295	...	...	...	...	...
Oceania Océanie	*2005	28 795	...	12 767	...	7 441	...
	*2010	38 283	...	13 763	...	10 023	...
	2013	* 47 461	...	* 14 715	89.1	* 12 249	89.6
	*2015	49 201	...	15 042	...	13 323	...
	*2017	49 523	...	15 513	...	13 394	...
Afghanistan Afghanistan	2007	110 312	...	23 539	...	9 278	...
	2010	118 858	...	33 856	...	...	...
	2015	142 880	...	52 359	...	30 567	...
	2019	135 751	...	60 007	...	34 365	...
Albania Albanie	2003	11 762	...	16 028	...	6 396	...
	2005	...	...	...	...	7 384	...
	2010	11 409	...	15 832	...	8 250	...
	2015	10 119	...	14 658	...	8 671	...
	2021	9 738	61.8	14 705	70.6	8 584	60.9
Algeria Algérie	2005	171 471	98.5	...	...	...	...
	2007	170 775	98.9	...	...	...	...
	2010	141 994	...	...	...	...	...
	2015	164 684	100.0	...	...	...	...
	2022	206 998	95.6	...	...	...	...
Andorra Andorre	2005	356	...	414	...	68	...
	2010	453	100.0	417	100.0	...	...
	2012	431	100.0	417	100.0	...	...
	2015	419	100.0	...	...	...	...
	2021	410	100.0	...	...	...	...
Angola Angola	2010	93 734	...	15 383	...	...	...
	2011	118 158	47.5	17 475	...	14 804	...
	2015	112 352	...	51 159	53.5	21 700	46.7
	2016	95 827	...	53 242	...	22 755	...
	2018	88 563	...	...	...	...	...
Anguilla Anguilla	2005	94	68.1	...	...	...	...
	2010	112	52.7	...	...	...	...
	2015	80	2.5	...	...	...	...
	2019	154	...	...	...	...	...
Antigua and Barbuda Antigua-et-Barbuda	2000	695	46.9	273	40.7	121	62.0
	2010	747	54.8	369	38.2	325	48.3
	2012	755	60.1	499	...	224	...
	2015	703	65.3	...	...	...	...
	2018	816	52.8	...	...	...	...
Argentina Argentine	2005	279 349	...	119 954	...	136 930	...
	2008	288 776	...	153 249	...	170 708	...
	2010	258 025	...	...	...	...	...
	2015	275 833	...	...	...	...	...
	2019	289 504	...	...	...	...	...
Armenia Arménie	2005	5 904	77.5	...	...	...	...
	2007	6 606	...	...	...	...	...
	2021	8 093	73.9	11 208	73.8	12 923	76.0
Aruba Aruba	2005	567	100.0	...	...	...	...
	2010	586	100.0	...	...	...	...
	2012	601	99.5	...	...	...	...
	2015	615	...	...	...	...	...
	2016	628	...	...	...	...	...
Austria Autriche	2005	29 239	...	42 402	...	28 733	...
	2010	29 743	...	42 450	...	32 126	...
	2015	30 972	...	42 227	...	29 936	...
	2020	32 150	...	43 843	...	30 082	...

8 Teaching staff at the primary, lower secondary and upper secondary levels *(continued)*
Proportion of teachers with minimum required qualifications (%)

Personnel enseignant au niveau primaire, secondaire et secondaire de deuxième cycle *(suite)*
Proportion d'enseignants avec les qualifications minimales requises (%)

		Primary education Enseignement primaire		Lower Secondary education Enseignement secondaire		Upper secondary education Enseignement secondaire de deuxième cycle	
	Year Année	Total Totale	Teachers with min. required qualifications(%) Enseignants avec les qualifications minimales requises (%)	Total Totale	Teachers with min. required qualifications(%) Enseignants avec les qualifications minimales requises (%)	Total Totale	Teachers with minimum required qualifications(%) Enseignants avec les qualifications minimales requises (%)
Azerbaijan Azerbaïdjan	2005	42 243	100.0	...	...	...	...
	2010	43 610	100.0	...	...	...	...
	2015	40 830	99.3	...	...	...	...
	2021	40 270	99.7	90 802	99.6	28 825	96.7
Bahamas Bahamas	2004	* 2 150	91.5	* 977	...	* 1 200	...
	2005	...	...	1 030	89.5	1 335	91.5
	2010	2 402	91.5	1 473	89.0	1 364	89.0
	2015	1 555	89.6	940	82.6	1 245	86.3
	2019	1 482	92.8	1 073	85.2	1 283	84.3
Bahrain Bahreïn	2015	9 219	82.5	4 413	82.7	4 961	83.7
	2020	9 112	100.0	4 976	100.0	4 938	100.0
Bangladesh Bangladesh	2004	...	...	186 247	37.6	192 029	25.6
	2005	344 806	53.4	220 464	...	202 114	...
	2009	361 450	58.4	207 897	57.4	179 376	41.7
	2010	395 281	...	205 384	58.5	194 668	40.7
	2013	...	...	204 188	59.6	174 021	56.2
	2015	527 798	47.6	...	...	...	...
	2017	574 001	50.4	229 350	...	221 316	...
	2021	359 095	...	228 839	62.7	254 696	61.9
Barbados Barbade	2005	1 469	73.2	...	...	...	...
	2010	* 1 742	58.5	...	...	...	...
	2015	1 560	65.8	586	52.2	586	52.4
	2021	1 537	75.8	608	51.3	608	51.3
Belarus Bélarus	2005	23 671	99.8	...	...	...	...
	2010	23 907	99.8	...	...	...	...
	2015	22 029	99.4	53 875	98.0	23 153	91.5
	2021	22 500	99.3	51 544	98.8	22 646	94.3
Belgium Belgique	2005	64 278	...	42 469	...	...	...
	2010	66 317	...	42 533	...	...	...
	2015	69 681	...	47 829	...	81 393	...
	2020	75 367	...	51 092	...	83 552	...
Belize Belize	2004	* 2 109	51.4	* 1 138	43.1	* 390	43.1
	2005	2 127	...	* 1 148	...	* 410	...
	2010	2 367	45.2	1 436	39.0	511	34.4
	2015	2 548	67.5	1 706	49.9	616	39.6
	2021	2 501	87.0	1 827	71.0	681	70.5
	2022	3 369	88.2	...	...	...	...
Benin Bénin	2000	17 710	65.0	6 768	39.2	3 035	33.2
	2004	25 583	72.2	* 10 068	...	* 4 342	...
	2005	28 148	...	...	...	...	...
	2010	38 540	42.6	...	...	...	...
	2014	46 454	67.6	60 400	...	30 039	...
	2015	49 688	69.1	...	...	...	...
	2021	58 524	75.1	...	...	...	...
Bermuda Bermudes	2005	571	100.0	323	100.0	359	100.0
	2006	567	100.0	367	100.0	380	100.0
	2010	608	...	402	...	423	...
	2014	610	100.0	416	100.0	406	100.0
	2015	398	...	311	...	327	...
	2016	420	100.0	338	100.0	334	100.0
Bhutan Bhoutan	2005	3 203	93.8	1 073	93.5	426	...
	2008	3 551	91.5	1 350	90.2	844	72.2
	2010	2 405	...	3 332	...	1 330	...
	2015	2 482	100.0	4 037	100.0	1 946	100.0
	2018	2 511	100.0	4 368	100.0	2 554	100.0
	2020	2 793	100.0	4 116	100.0	3 117	...
	2021	2 787	100.0	3 747	...	3 252	...

8 Teaching staff at the primary, lower secondary and upper secondary levels *(continued)*
Proportion of teachers with minimum required qualifications (%)

Personnel enseignant au niveau primaire, secondaire inférieur et secondaire supérieur *(suite)*
Proportion d'enseignants avec les qualifications minimales requises (%)

		Primary education Enseignement primaire		Lower Secondary education Enseignement secondaire		Upper secondary education Enseignement secondaire de deuxième cycle	
	Year Année	Total Totale	Teachers with min. required qualifications(%) Enseignants avec les qualifications minimales requises (%)	Total Totale	Teachers with min. required qualifications(%) Enseignants avec les qualifications minimales requises (%)	Total Totale	Teachers with minimum required qualifications(%) Enseignants avec les qualifications minimales requises (%)
Bolivia (Plurin. State of) Bolivie (État plurin. de)	2010	98 085	...	...	...	...	...
	2015	79 139	86.6	...	...	...	...
	2021	76 564	88.5	...	...	...	...
Bosnia and Herzegovina Bosnie-Herzégovine	2005	...	...	...	...	11 184	...
	2010	...	...	...	...	11 657	...
	2015	9 475	...	14 631	...	12 774	...
	2021	9 457	...	15 091	...	12 735	...
Botswana Botswana	2005	12 884	92.6	...	...	...	...
	2010	12 749	99.6	...	...	...	...
	2015	14 533	98.7	...	...	...	...
	2017	13 969	99.8	...	...	...	...
	2021	14 313	...	10 341	...	4 943	...
Brazil Brésil	2005	886 781	...	965 613	...	645 969	...
	2010	762 132	...	793 669	...	618 913	...
	2015	791 787	...	789 074	...	639 485	...
	2020	774 646	92.2	753 044	76.6	605 297	84.5
British Virgin Islands Îles Vierges britanniques	2003	201	78.6	102	71.6	68	72.1
	2005	194	...	121	...	82	...
	2007	215	71.6	127	...	96	...
	2010	242	...	140	...	93	...
	2011	263	...	145	...	94	...
	2015	286	91.6	...	...	...	...
	2021	300	85.0	...	...	...	...
Brunei Darussalam Brunéi Darussalam	2005	4 548	84.5	* 2 233	...	* 2 117	...
	2010	3 896	87.1	...	...	...	...
	2015	4 033	81.7	1 406	84.0	3 941	85.6
	2019	4 014	86.6	1 422	89.5	3 800	90.6
	2020	4 258	85.2	...	...	4 898	90.5
Bulgaria Bulgarie	2005	17 873	...	25 203	...	32 050	...
	2010	14 885	...	18 139	...	25 895	...
	2014	14 596	...	17 278	...	21 946	...
	2020	22 340	...	18 227	...	22 187	...
Burkina Faso Burkina Faso	2005	26 938	88.3	...	...	...	...
	2009	38 983	86.1	12 504	49.9	5 747	50.4
	2010	39 077	...	...	...	...	...
	2015	64 177	85.4	...	...	...	...
	2021	92 911	91.0	51 834	66.6	16 359	66.6
Burundi Burundi	2005	21 289	87.5	...	...	...	...
	2009	33 867	91.2	9 258	...	1 637	...
	2010	36 557	...	...	...	...	...
	2015	47 949	100.0	12 179	100.0	6 379	100.0
	2018	51 051	100.0	10 702	100.0	14 670	100.0
	2019	51 545	100.0	11 041	70.4	14 669	...
	2020	51 921	...	...	...	14 049	...
Cabo Verde Cabo Verde	2005	3 190	77.8	1 451	...	790	100.0
	2010	3 009	90.0	2 033	67.5	1 489	100.0
	2014	2 965	96.0	2 149	77.2	1 579	100.0
	2015	2 988	...	...	...	...	...
	2019	3 093	98.9	2 094	95.6	1 404	95.6
Cambodia Cambodge	2002	48 476	96.0	16 511	99.7	5 486	97.0
	2003	49 293	94.7	17 471	...	6 278	...
	2005	50 654	97.7	19 223	99.9	...	...
	2007	48 736	98.4	20 630	99.2	9 628	99.8
	2010	46 905	99.1	24 850	99.8	...	...
	2015	44 292	100.0	28 326	100.0	...	...
	2021	163 311	100.0	17 442	100.0	89 870	100.0

8

Teaching staff at the primary, lower secondary and upper secondary levels *(continued)*
Proportion of teachers with minimum required qualifications (%)

Personnel enseignant au niveau primaire, secondaire et secondaire de deuxième cycle *(suite)*
Proportion d'enseignants avec les qualifications minimales requises (%)

		Primary education Enseignement primaire		Lower Secondary education Enseignement secondaire		Upper secondary education Enseignement secondaire de deuxième cycle	
	Year Année	Total Totale	Teachers with min. required qualifications(%) Enseignants avec les qualifications minimales requises (%)	Total Totale	Teachers with min. required qualifications(%) Enseignants avec les qualifications minimales requises (%)	Total Totale	Teachers with minimum required qualifications(%) Enseignants avec les qualifications minimales requises (%)
Cameroon Cameroun	2005	* 62 280	62.7	...	...	...	...
	2010	76 655	57.4	...	...	...	...
	2012	84 467	78.8	...	...	...	...
	2015	105 388	...	58 775	50.0	47 344	57.0
	2016	104 860	...	63 785	...	50 816	...
	2021	105 989	81.7	...	...	...	...
Canada Canada	2000	141 045	...	...	...	...	...
	2010	...	...	...	...	147 177	...
	2015	...	...	...	...	169 282	...
	2020	...	...	...	...	146 004	...
Cayman Islands Îles Caïmanes	2005	253	98.8	140	99.3	* 135	100.0
	2006	286	97.2	141	100.0	175	99.4
	2008	309	95.8	...	...	...	...
	2012	303	97.0	300	99.0	326	99.1
	2013	303	88.1	...	...	...	...
	2020	347	100.0	176	100.0	169	99.9
Central African Republic République centrafricaine	2005	4 653	...	...	...	...	...
	2010	7 553	...	...	...	...	...
	2012	8 267	...	...	...	...	...
	2017	11 334	...	...	...	...	...
Chad Tchad	2000	13 313	...	2 703	...	1 557	...
	2005	19 989	...	...	...	...	...
	2010	27 764	70.2	7 174	...	6 079	...
	2013	37 336	65.0	...	...	...	...
	2015	40 872	...	10 197	37.6	8 499	...
	2016	38 905	...	10 673	39.5	9 048	49.3
	2018	43 805	...	10 366	...	9 772	...
	2021	48 394	63.1	...	...	...	...
Chile Chili	2005	66 060	...	23 241	...	42 572	...
	2010	66 059	...	22 600	...	46 834	...
	2015	80 398	...	26 769	...	52 767	...
	2020	90 424	...	28 537	...	58 017	...
China Chine	2003	5 778 853	...	3 430 307	...	1 707 729	...
	2010	5 997 393	...	3 657 744	...	2 759 294	...
	2015	5 889 014	...	3 565 616	...	2 668 508	...
	2021	6 683 229	...	3 937 921	...	2 901 312	...
China, Hong Kong SAR Chine, RAS de Hong Kong	2005	24 591	93.2	* 14 496	...	...	...
	2010	22 984	95.6	...	...	...	...
	2015	24 339	96.2	...	...	...	...
	2021	29 450	96.1	...	...	...	...
China, Macao SAR Chine, RAS de Macao	2005	1 609	90.8	1 136	67.0	941	66.1
	2010	1 577	84.7	1 217	69.8	1 138	72.7
	2015	1 722	96.2	1 204	87.3	1 425	87.4
	2021	2 642	99.1	1 353	93.6	1 415	92.9
Colombia Colombie	2004	188 147	...	* 121 849	...	* 42 491	...
	2005	186 898	...	...	...	...	...
	2010	180 760	100.0	122 289	96.3	64 835	96.6
	2015	184 791	94.0	129 554	97.3	51 487	98.1
	2021	179 887	94.4	123 398	97.1	64 624	98.1
Comoros Comores	2003	2 908	...	1 996	55.7	1 403	44.8
	2004	2 967	...	1 801	...	1 310	...
	2008	3 685	57.4	...	...	...	...
	2011	4 201	55.2	2 279	77.9	...	...
	2013	4 322	...	4 119	...	3 665	...
	2014	...	...	4 304	...	3 846	...
	2017	6 429	71.9	7 412	...	5 240	...
	2018	4 428	...	5 538	...	3 332	...

8

Teaching staff at the primary, lower secondary and upper secondary levels *(continued)*
Proportion of teachers with minimum required qualifications (%)

Personnel enseignant au niveau primaire, secondaire inférieur et secondaire supérieur *(suite)*
Proportion d'enseignants avec les qualifications minimales requises (%)

	Year Année	Primary education Enseignement primaire Total Totale	Primary education Enseignement primaire Teachers with min. required qualifications(%) Enseignants avec les qualifications minimales requises (%)	Lower Secondary education Enseignement secondaire Total Totale	Lower Secondary education Enseignement secondaire Teachers with min. required qualifications(%) Enseignants avec les qualifications minimales requises (%)	Upper secondary education Enseignement secondaire de deuxième cycle Total Totale	Upper secondary education Enseignement secondaire de deuxième cycle Teachers with minimum required qualifications(%) Enseignants avec les qualifications minimales requises (%)
Congo Congo	2004	7 058	62.2	4 057	...	* 2 809	...
	2010	14 347	86.8	...	...	...	...
	2012	16 527	80.3	12 507	47.9	5 658	84.2
	2015	17 759	...	...	...	...	...
	2018	27 845	84.7	19 320	56.6	6 527	...
Cook Islands Îles Cook	2005	137	...	...	...	...	...
	2007	125	79.2	...	...	...	...
	2010	123	...	...	...	...	...
	2015	104	99.0	...	...	...	...
	2021	115	97.4	...	...	...	...
Costa Rica Costa Rica	2002	24 142	88.2	10 722	83.7	4 688	86.2
	2005	25 399	96.8	...	...	...	...
	2010	29 163	89.5	18 276	88.0	8 400	87.7
	2015	37 349	93.9	20 799	96.7	12 189	95.6
	2020	43 093	94.3	22 768	96.8	16 841	96.6
	2021	24 900	...	...	...	...	...
Côte d'Ivoire Côte d'Ivoire	2003	* 48 308	100.0	...	...	...	...
	2009	56 575	100.0	...	...	...	...
	2015	80 155	100.0	...	...	...	...
	2022	101 670	71.8	...	...	...	...
Croatia Croatie	2003	10 832	100.0	17 073	100.0	19 733	100.0
	2005	11 198	...	17 547	...	21 925	...
	2010	11 746	...	22 058	...	25 615	...
	2015	11 849	...	22 996	...	28 218	...
	2020	12 632	...	25 089	...	28 016	...
Cuba Cuba	2005	86 827	100.0	46 352	100.0	38 475	100.0
	2010	93 414	100.0	40 821	100.0	44 655	100.0
	2015	83 798	100.0	43 203	100.0	48 086	100.0
	2021	88 326	100.0	39 495	100.0	46 876	100.0
Cyprus Chypre	2005	3 455	...	2 789	...	2 905	...
	2010	3 985	...	3 167	...	3 359	...
	2015	4 513	...	2 580	...	2 941	...
	2020	5 117	...	3 535	...	3 742	...
Czechia Tchéquie	2005	30 952	...	40 088	...	53 242	...
	2010	24 769	...	33 660	...	42 581	...
	2013	25 979	...	32 403	...	36 984	...
Dem. People's Rep. Korea Rép. pop. dém. de Corée	2009	70 298	...	...	...	...	...
	2015	...	...	54 780	...	68 191	...
	2018	74 274	...	54 533	...	69 006	...
Dem. Rep. of the Congo Rép. dém. du Congo	2002	158 887	...	...	...	...	...
	2010	285 640	91.7	...	...	...	...
	2014	383 207	94.6	...	...	...	...
	2015	414 580	...	...	...	...	...
	2020	446 205	97.0	...	...	...	...
Denmark Danemark	2001	39 854	...	20 491	...	23 430	...
	2014	43 538	...	23 895	...	25 155	...
	2020	44 763	...	27 361	...	25 346	...
Djibouti Djibouti	2004	1 410	...	...	...	...	...
	2009	1 627	100.0	959	...	* 538	...
	2015	1 906	100.0	1 355	100.0	1 257	100.0
	2018	2 144	100.0	1 418	...	1 145	...
	2022	2 569	...	1 783	...	1 680	...
Dominica Dominique	2005	519	59.9	355	31.0	141	31.9
	2010	508	60.8	291	33.7	220	45.5
	2014	540	64.8	260	46.2	256	46.5
	2015	538	64.5	...	...	...	...
	2016	560	65.7	277	48.4	279	48.7
	2021	535	61.9	...	...	...	...

8 Teaching staff at the primary, lower secondary and upper secondary levels *(continued)*

Proportion of teachers with minimum required qualifications (%)

Personnel enseignant au niveau primaire, secondaire et secondaire de deuxième cycle *(suite)*

Proportion d'enseignants avec les qualifications minimales requises (%)

		Primary education Enseignement primaire		Lower Secondary education Enseignement secondaire		Upper secondary education Enseignement secondaire de deuxième cycle	
	Year Année	Total Totale	Teachers with min. required qualifications(%) Enseignants avec les qualifications minimales requises (%)	Total Totale	Teachers with min. required qualifications(%) Enseignants avec les qualifications minimales requises (%)	Total Totale	Teachers with minimum required qualifications(%) Enseignants avec les qualifications minimales requises (%)
Dominican Republic République dominicaine	2005	53 015	88.3	12 394	88.3	18 189	82.4
	2010	51 615	84.9	11 876	85.0	20 208	93.3
	2015	71 463	87.3	16 641	88.1	25 430	79.4
	2021	59 969	100.0	13 838	100.0	50 148	100.0
Ecuador Équateur	2005	87 247	71.1	* 43 476	70.0	* 32 267	69.7
	2007	90 366	71.6	44 563	70.6	33 341	70.4
	2010	96 170	...	42 951	...	40 038	...
	2015	79 581	...	43 860	...	42 595	...
	2021	76 140	88.8	40 786	78.3	48 823	72.6
Egypt Égypte	*2004	362 679	...	230 889	...	256 820	...
	*2005	373 104	...	...	...	...	...
	2009	382 488	...	272 359	...	276 985	...
	2010	380 111	...	...	...	268 831	...
	2019	530 666	84.6	305 385	84.5	288 660	81.2
El Salvador El Salvador	2005	24 179	94.9	11 022	92.8	7 104	83.2
	2009	31 077	92.7	14 777	93.0	8 030	92.5
	2015	24 967	95.6	11 269	93.5	8 180	90.1
	2018	24 642	95.5	11 101	93.2	7 827	91.5
Equatorial Guinea Guinée équatoriale	2000	1 691	...	761	...	* 133	...
	*2001	1 810	...	700	...	...	...
	2003	2 307	...	...	...	...	...
	2010	3 131	45.3	...	...	...	...
	2015	4 021	37.2	1 654	11.2	...	...
	2019	5 222	...	...	...		...
Eritrea Érythrée	2005	7 942	83.6	2 449	28.9	1 776	81.7
	2010	7 535	93.8	3 680	60.6	2 733	75.2
	2013	8 680	79.9	3 905	85.7	3 076	80.0
	2014	* 8 515	70.7	* 3 735	...	* 2 919	...
	2015	8 346	...	3 563	...	2 759	...
	2018	9 028	84.5	4 322	...	3 114	...
	2019	9 375	...	4 307	...	2 898	...
Estonia Estonie	2001	8 315	...	6 117	...	5 716	...
	2010	6 223	...	5 003	...	5 878	...
	2013	6 578	...	4 669	...	5 314	...
	2018	7 662	...	4 449	...	4 235	...
	2020	8 185	...	4 817	...	...	...
Eswatini Eswatini	2003	6 680	90.6	* 2 359	...	* 1 325	...
	2005	6 741	90.8	...	...	...	...
	2010	7 463	79.3	...	...	...	...
	2015	8 752	82.1	...	...	...	...
	2017	8 928	87.7	...	...	...	...
	2019	9 139	...	...	...	...	...
Ethiopia Éthiopie	2000	86 833	...	35 521	...	...	...
	2009	234 215	84.6	67 355	73.4	14 532	74.5
	2010	252 232	...	79 330	53.5	18 330	...
	2011	259 636	...	88 409	65.8	24 199	...
	2015	...	...	...	...	18 220	100.0
	2020	537 596	...	87 157	...	36 166	...
	2021	516 403	...	...	...	...	...
Fiji Fidji	2004	4 029	...	3 022	...	* 1 536	...
	2008	3 939	97.8	3 428	...	1 837	94.8
	2012	3 671	100.0	2 324	100.0	2 717	100.0
	2021	6 199	50.1	...	...	...	...
Finland Finlande	2005	24 577	...	20 861	...	21 121	...
	2010	24 736	...	20 002	...	23 074	...
	2014	26 385	...	20 074	...	22 011	...
	2020	28 460	...	21 811	...	18 887	...

Teaching staff at the primary, lower secondary and upper secondary levels *(continued)*
Proportion of teachers with minimum required qualifications (%)

Personnel enseignant au niveau primaire, secondaire inférieur et secondaire supérieur *(suite)*
Proportion d'enseignants avec les qualifications minimales requises (%)

		Primary education Enseignement primaire		Lower Secondary education Enseignement secondaire		Upper secondary education Enseignement secondaire de deuxième cycle	
	Year Année	Total Totale	Teachers with min. required qualifications(%) Enseignants avec les qualifications minimales requises (%)	Total Totale	Teachers with min. required qualifications(%) Enseignants avec les qualifications minimales requises (%)	Total Totale	Teachers with minimum required qualifications(%) Enseignants avec les qualifications minimales requises (%)
France	2005	216 411	...	253 032	...	275 030	...
France	2010	234 098	...	229 530	...	233 642	...
	2013	229 471	...	227 044	...	230 005	...
	2019	246 897	...	242 203	...	215 753	...
Gabon	2003	7 764	100.0	...	...	...	...
Gabon	2011	12 961	...	...	...	...	...
	2019	10 060	52.0	...	...	...	...
Gambia	2000	4 664	74.7	1 726	...	...	...
Gambie	2005	5 616	...	3 022	...	...	...
	2010	* 6 110	...	1 301	...	...	...
	2015	7 902	85.8	3 838	90.5	2 098	94.0
	2021	12 116	87.6	8 446	68.5	4 006	80.2
	2022	12 786	...	6 212	...	...	...
Georgia	2000	17 714	94.7	40 590	76.8	18 876	93.0
Géorgie	2003	16 500	97.4	...	...	...	...
	2009	* 33 511	94.6	* 22 108	94.6	* 23 039	94.8
	2015	32 001	...	19 408	...	18 935	...
	2020	32 616	...	17 455	...	25 294	...
	2021	32 677	...	17 334	...	...	...
Germany	2005	234 107	...	418 898	...	176 737	...
Allemagne	2010	241 845	...	410 129	...	183 685	...
	2015	235 571	...	411 404	...	174 810	...
	2020	256 762	...	421 125	...	174 954	...
Ghana	2005	89 278	57.9	55 958	70.7	* 16 921	92.2
Ghana	2010	* 121 304	50.6	* 81 288	65.8	* 30 964	82.6
	2015	138 928	54.7	103 358	69.8	43 489	82.9
	2021	172 817	65.5	131 461	77.0	64 438	80.6
Gibraltar	2001	115	100.0	88	100.0	44	100.0
Gibraltar	2009	203	99.5	140	90.7	142	100.0
	2017	200	100.0	87	100.0	60	96.7
	2020	228	100.0	...	...	...	...
	2021	226	...	...	...	...	...
Greece	2005	58 777	...	43 391	...	42 974	...
Grèce	2007	62 114	...	42 244	...	44 269	...
	2015	66 755	...	39 428	...	37 045	...
	2020	75 601	...	42 701	...	37 639	...
Grenada	2003	888	68.0	* 500	30.4	* 240	31.3
Grenade	2005	791	75.3	611	33.4	...	...
	2010	851	65.3	...	...	...	...
	2015	791	63.6	460	42.0	324	41.7
	2018	807	62.9	438	46.1	275	46.5
	2020	725	...	...	...	...	...
Guatemala	2005	75 519	...	29 828	...	18 076	...
Guatemala	2010	98 763	...	47 463	...	29 937	...
	2014	105 188	...	53 976	...	38 063	...
	2015	98 210	...	...	...	...	...
	2021	114 476	...	61 715	...	52 091	...
Guinea	2003	23 859	...	* 6 868	...	* 2 889	...
Guinée	2005	26 897	68.1	...	...	...	...
	2008	30 933	82.1	10 379	88.9	5 562	94.5
	2010	34 451	66.1	...	...	...	...
	2011	34 861	80.4	12 043	...	7 279	...
	2015	35 940	75.7	...	...	...	...
	2020	43 914	76.7	...	...	...	...
Guinea-Bissau	2000	3 405	35.1	1 160	...	* 557	...
Guinée-Bissau	2010	5 371	38.9	...	...	...	...

8 Teaching staff at the primary, lower secondary and upper secondary levels *(continued)*
Proportion of teachers with minimum required qualifications (%)

Personnel enseignant au niveau primaire, secondaire et secondaire de deuxième cycle *(suite)*
Proportion d'enseignants avec les qualifications minimales requises (%)

		Primary education Enseignement primaire		Lower Secondary education Enseignement secondaire		Upper secondary education Enseignement secondaire de deuxième cycle	
	Year Année	Total Totale	Teachers with min. required qualifications(%) Enseignants avec les qualifications minimales requises (%)	Total Totale	Teachers with min. required qualifications(%) Enseignants avec les qualifications minimales requises (%)	Total Totale	Teachers with minimum required qualifications(%) Enseignants avec les qualifications minimales requises (%)
Guyana Guyana	2005	4 164	57.2	* 2 901	51.6	* 1 014	64.4
	2009	3 942	63.7	2 766	56.6	793	49.9
	2010	4 031	66.1	2 570	...	1 196	...
	2012	4 079	69.6	2 840	...	1 395	...
Holy See Saint-Siège	2005	...	...	...	0.0	...	...
	2010	...	...	...	0.0	...	...
	2015	...	...	...	0.0	...	...
	2022	...	...	...	0.0	...	...
Honduras Honduras	2004	38 212	87.2	11 284	65.4	5 383	62.4
	*2005	42 260	...	...	...	...	...
	2008	38 283	...	...	...	18 155	61.6
	2009	37 370	...	...	...	...	...
	2015	39 599	...	21 569	...	18 044	...
	2021	44 392	...	26 065	...	23 826	...
Hungary Hongrie	2005	41 230	...	49 533	...	47 055	...
	2010	36 675	...	41 110	...	47 639	...
	2015	36 029	...	38 939	...	41 383	...
	2020	37 552	...	37 696	...	39 162	...
Iceland Islande	2005	...	...	...	...	1 639	...
	2010	...	...	...	...	1 836	...
	2012	2 960	...	...	...	1 859	...
	2015	2 999	...	1 287	...	...	...
	2020	3 377	...	1 448	...	...	...
India Inde	2003	3 038 204	...	...	...	...	...
	2004	...	...	1 312 384	...	1 273 827	...
	2010	...	...	1 912 585	...	2 339 072	...
	2015	4 398 590	...	2 182 475	...	1 910 458	...
	2022	4 656 045	88.7	3 434 511	88.6	3 244 404	92.1
Indonesia Indonésie	2005	1 427 974	...	751 093	...	530 584	...
	2010	1 595 955	...	915 165	...	725 368	...
	2015	1 695 349	...	759 442	...	696 858	...
	2020	1 580 207	...	675 733	...	637 467	...
Iran (Islamic Republic of) Iran (Rép. islamique d')	2003	297 711	100.0	...	...	...	...
	2005	285 460	...	236 425	100.0	...	...
	2008	* 268 430	98.4	172 725	...	...	...
	2009	277 991	...	...	...	...	...
	2014	287 096	100.0	130 961	100.0	199 911	100.0
	2015	286 477	100.0	131 478	100.0	...	...
	2017	286 476	100.0	147 508	100.0	151 523	95.1
Iraq Iraq	2004	211 136	100.0	60 018	100.0	30 807	100.0
	2007	286 890	...	...	...	...	...
Ireland Irlande	2005	25 416	...	...	...	...	...
	2010	32 043	...	...	...	...	...
	2012	32 267	...	...	...	...	...
Israel Israël	2005	* 55 458	...	* 29 302	...	38 777	...
	2009	* 60 155	...	* 28 934	...	42 128	...
	2010	61 830	...	...	...	...	...
	2015	73 104	...	26 324	...	...	...
	2020	81 753	...	31 267	...	...	...
Italy Italie	2005	264 061	...	182 940	...	244 706	...
	2007	273 113	...	190 740	...	260 017	...
	2015	237 483	...	165 705	...	242 161	...
	2019	251 885	...	173 749	...	290 169	...
	2020	251 650	...	175 385	...	...	...
Jamaica Jamaïque	*2002	...	...	7 674	...	4 127	...
	2004	12 032	...	...	...	...	...
	2015	11 806	93.4	...	...	...	...
	2021	10 421	100.0	...	...	...	...

8 Teaching staff at the primary, lower secondary and upper secondary levels *(continued)*
Proportion of teachers with minimum required qualifications (%)

Personnel enseignant au niveau primaire, secondaire inférieur et secondaire supérieur *(suite)*
Proportion d'enseignants avec les qualifications minimales requises (%)

		Primary education Enseignement primaire		Lower Secondary education Enseignement secondaire		Upper secondary education Enseignement secondaire de deuxième cycle	
	Year Année	Total Totale	Teachers with min. required qualifications(%) Enseignants avec les qualifications minimales requises (%)	Total Totale	Teachers with min. required qualifications(%) Enseignants avec les qualifications minimales requises (%)	Total Totale	Teachers with minimum required qualifications(%) Enseignants avec les qualifications minimales requises (%)
Japan	2015	410 355	...	280 977	...	353 140	...
Japon	2020	436 232	...	279 418	...	354 404	...
Jordan	2003	* 39 441	...	* 21 835	...	12 459	...
Jordanie	2004	...	...	...	...	9 915	...
	2008	...	...	...	...	16 021	...
	2014	57 946	100.0	28 319	100.0	22 994	100.0
	2021	60 951	100.0	38 954	100.0	22 519	100.0
Kazakhstan	2005	59 293	...	...	...	...	...
Kazakhstan	2010	58 957	...	...	...	...	...
	2015	73 827	100.0	...	...	...	...
	2020	90 047	100.0	...	...	...	...
Kenya	2005	* 144 744	98.9	* 36 249	98.9	* 54 479	...
Kenya	2009	* 165 002	96.8	* 38 795	96.8	* 57 021	89.3
	2012	* 142 345	...	* 33 898	...	59 273	99.6
	2015	* 266 511	...	* 70 741	...	128 011	...
	2016	...	...	...	...	144 009	...
Kiribati	2005	654	93.9	396	83.6	281	43.1
Kiribati	2008	645	85.4	414	79.2	250	33.6
	2010	639	94.1	...	...	...	...
	2015	628	78.8	336	69.0	129	31.0
	2016	656	72.7	405	69.7	132	47.0
	2020	704	90.5	410	85.9	...	...
Kuwait	2004	12 321	100.0	12 167	100.0	13 123	100.0
Koweït	2005	16 815	100.0	...	...	11 762	100.0
	2008	22 895	100.0	15 353	100.0	12 143	100.0
	2009	24 605	100.0	17 374	...	* 13 832	...
	2010	25 520	...	...	...	...	...
	2012	26 775	77.7	20 498	79.1	...	...
	2015	29 810	78.9	22 688	...	17 116	...
	2021	32 782	100.0	27 615	100.0	19 828	100.0
Kyrgyzstan	2005	17 729	58.0	...	...	...	...
Kirghizistan	2010	16 089	68.4	...	...	...	...
	2015	17 226	92.8	...	...	...	...
	2017	20 110	95.4	...	...	...	...
	2021	23 012	...	...	...	...	...
Lao People's Dem. Rep.	2005	28 299	83.4	* 10 580	91.0	* 5 311	89.8
Rép. dém. populaire	2010	31 782	95.4	16 849	99.3	4 649	99.4
lao	2015	35 206	98.4	24 018	99.5	10 182	99.0
	2021	33 892	99.1	23 901	99.7	12 870	99.7
Latvia	2005	6 915	...	15 286	...	9 838	...
Lettonie	2010	9 566	100.0	7 710	100.0	8 665	100.0
	2015	10 537	100.0	7 623	100.0	7 038	100.0
	2019	10 563	100.0	7 156	100.0	6 280	100.0
	2020	10 457	...	7 089	...	6 032	...
Lebanon	*2005	32 646	...	19 599	...	22 202	...
Liban	2010	32 649	...	19 764	...	23 094	...
	2014	39 017	...	27 880	...	19 953	...
	2016	39 967	...	28 801	...	21 248	...
	2021	36 960	22.6	...	...	...	...
Lesotho	2005	10 154	63.7	...	...	...	...
Lesotho	2010	11 508	63.4	...	...	...	...
	2015	10 930	79.2	...	...	...	...
	2016	10 687	86.5	...	...	...	...
	2019	10 193	...	...	...	...	...
Liberia	2000	12 966	...	4 055	...	...	...
Libéria	2009	22 120	47.8	8 574	63.4	...	...
	2014	25 812	56.4	10 163	60.4	4 811	...
	2015	22 479	...	8 710	62.5	3 624	59.9
	2020	29 288	66.5	11 550	...	6 307	...

8 Teaching staff at the primary, lower secondary and upper secondary levels *(continued)*

Proportion of teachers with minimum required qualifications (%)

Personnel enseignant au niveau primaire, secondaire et secondaire de deuxième cycle *(suite)*

Proportion d'enseignants avec les qualifications minimales requises (%)

		Primary education Enseignement primaire		Lower Secondary education Enseignement secondaire		Upper secondary education Enseignement secondaire de deuxième cycle	
	Year Année	Total Totale	Teachers with min. required qualifications(%) Enseignants avec les qualifications minimales requises (%)	Total Totale	Teachers with min. required qualifications(%) Enseignants avec les qualifications minimales requises (%)	Total Totale	Teachers with minimum required qualifications(%) Enseignants avec les qualifications minimales requises (%)
Libya Libye	2005	...	...	...	...	67 042	...
	2006	...	...	...	...	74 332	...
Liechtenstein Liechtenstein	2005	260	...	274	...	54	...
	2009	328	...	285	...	54	...
	2010	337	...	317	...	...	...
	2015	252	...	254	...	84	...
	2021	283	...	264	...	60	...
Lithuania Lituanie	2005	11 237	...	...	...	...	...
	2010	9 531	94.8	...	...	...	...
	2015	8 401	94.5	24 365	...	9 000	...
	2020	8 547	91.3	20 849	...	7 107	...
Luxembourg Luxembourg	2005	3 091	...	...	...	...	...
	2010	3 786	...	1 883	...	3 124	...
	2015	4 247	...	2 069	...	2 909	...
	2018	4 718	...	2 222	...	3 263	...
	2020	5 009	...	...	...	...	...
Madagascar Madagascar	2005	67 137	...	...	...	...	...
	2009	90 265	...	32 706	...	10 833	...
	2010	105 673	...	...	...	...	...
	2014	110 528	16.7	46 858	21.9	17 764	17.4
	2015	115 640	15.1	...	...	...	...
	2019	126 649	15.3	58 153	21.9	19 995	15.9
Malawi Malawi	2010	* 43 110	95.9	...	...	...	...
	2013	* 57 148	90.8	...	...	...	...
	*2015	60 488	...	...	...	...	...
	2019	83 431	...	...	...	...	...
Malaysia Malaisie	2004	180 682	91.0	* 86 906	...	* 61 918	...
	2005	189 521	91.9	...	...	...	...
	2010	256 615	95.4	...	...	...	...
	2015	269 757	99.9	...	...	...	...
	2021	266 743	97.1	...	...	...	...
Maldives Maldives	2003	3 644	60.8	1 781	...	307	...
	2005	2 882	64.3	2 067	84.7	...	...
	2010	3 602	77.0	3 085	97.6	401	94.5
	2015	4 075	82.8	2 769	93.3	582	94.0
	2019	5 084	88.8	3 188	94.1	744	91.3
Mali Mali	2000	15 567	...	5 158	...	* 3 741	...
	2005	27 688	...	8 350	80.0	...	...
	2008	35 442	50.1	11 444	76.7	14 546	83.8
	2009	38 413	50.0	12 155	73.7	* 17 153	...
	2010	40 052	...	13 774	...	...	...
	2011	43 629	52.4	15 214	72.5	18 006	...
	2015	52 148	...	22 021	...	27 241	...
	2018	65 485	...	23 636	55.4	...	...
	2020	63 784	...	34 268	...	21 487	...
Malta Malte	2005	1 608	...	...	...	...	...
	2006	1 611	...	2 911	...	557	...
	2010	1 748	...	3 292	...	...	...
	2015	1 825	84.7	1 845	...	1 930	...
	2020	2 144	80.3	1 960	...	2 571	...
Marshall Islands Îles Marshall	2002	517	...	180	...	201	...
	*2003	...	...	183	...	204	...
	2009	...	...	...	...	244	...
	2020	...	...	503	46.9	369	66.9
	2021	504	51.4	195	...	227	85.5

8

Teaching staff at the primary, lower secondary and upper secondary levels *(continued)*
Proportion of teachers with minimum required qualifications (%)

Personnel enseignant au niveau primaire, secondaire inférieur et secondaire supérieur *(suite)*
Proportion d'enseignants avec les qualifications minimales requises (%)

		Primary education Enseignement primaire		Lower Secondary education Enseignement secondaire		Upper secondary education Enseignement secondaire de deuxième cycle	
	Year Année	Total Totale	Teachers with min. required qualifications(%) Enseignants avec les qualifications minimales requises (%)	Total Totale	Teachers with min. required qualifications(%) Enseignants avec les qualifications minimales requises (%)	Total Totale	Teachers with minimum required qualifications(%) Enseignants avec les qualifications minimales requises (%)
Mauritania Mauritanie	2003	9 606	...	* 1 896	63.3	* 1 341	...
	2005	11 001	100.0	...	...	...	...
	2006	11 252	100.0	2 033	100.0	* 1 744	100.0
	2009	13 131	100.0	1 856	100.0	...	...
	2010	14 303	100.0	...	...	...	...
	2014	17 227	91.2	2 467	100.0	2 941	75.9
	2015	17 669	...	2 540	100.0	3 051	...
	2019	16 630	96.9	4 538	93.0	4 491	92.1
Mauritius Maurice	2005	5 531	100.0	...	...	...	...
	2010	5 472	100.0	...	...	...	...
	2015	5 400	100.0	...	...	...	...
	2022	5 936	100.0	...	...	...	...
Mexico Mexique	2005	519 112	94.9	356 540	88.1	236 911	91.2
	2010	529 599	95.6	394 955	89.8	257 185	92.8
	2012	533 866	96.0	410 704	90.6	273 545	93.5
	2015	574 276	84.4	...	...	...	...
	2020	572 961	90.3	444 371	...	412 353	...
Micronesia (Fed. States of) Micronésie (États féd. de)	2015	46	...	1 259	6.3	662	2.3
	2021	640	38.0	489	31.7	402	30.3
Monaco Monaco	2001	89	...	110	...	166	...
	2015	155	...	...	...	...	...
	2022	171	71.9	240	75.0	234	84.6
Mongolia Mongolie	2005	7 338	100.0	10 171	100.0	4 970	100.0
	2006	7 562	100.0	10 795	100.0	5 412	100.0
	2007	7 572	100.0	10 287	100.0	...	...
	2010	9 060	97.6	...	...	...	...
	2014	8 795	100.0	...	...	...	...
	2015	8 901	...	...	...	...	...
	2019	10 736	88.9	...	...	...	...
	2021	11 260	...	...	...	...	...
Montenegro Monténégro	2015	...	...	...	...	2 388	...
	2021	...	...	...	...	2 084	...
Montserrat Montserrat	2005	25	80.0	* 16	50.0	* 10	50.0
	2009	37	59.5	* 16	43.8	* 11	45.5
	2014	40	72.5	...	...	...	...
	2019	29	75.9	...	...	...	...
Morocco Maroc	2004	147 730	...	* 60 010	...	* 40 357	...
	2005	148 438	100.0	...	...	...	...
	2008	146 187	100.0	...	...	43 049	100.0
	2009	144 722	100.0	...	...	* 47 350	...
	2010	150 367	100.0	...	...	...	...
	2015	156 072	100.0	...	...	...	...
	2021	171 569	100.0	78 532	100.0	69 436	100.0
Mozambique Mozambique	2005	59 434	59.8	* 7 416	...	* 2 093	...
	2008	76 558	67.0	10 935	61.7	* 3 017	77.0
	2009	82 753	71.2	* 12 281	...	* 3 772	...
	2010	90 236	75.9	...	...	...	...
	2013	101 372	87.3	18 215	85.2	5 888	95.1
	2015	107 976	93.2	16 016	...	7 899	...
	2020	124 777	98.4	17 355	...	15 107	...
Myanmar Myanmar	2004	154 151	76.4	57 395	79.7	19 609	97.8
	2005	160 110	...	58 488	...	19 656	98.0
	2010	181 666	99.9	59 897	98.3	23 806	100.0
	2014	187 828	99.5	70 063	93.2	30 283	95.2
	2018	217 561	95.3	106 459	89.5	47 201	87.7

8 Teaching staff at the primary, lower secondary and upper secondary levels *(continued)*
Proportion of teachers with minimum required qualifications (%)

Personnel enseignant au niveau primaire, secondaire et secondaire de deuxième cycle *(suite)*
Proportion d'enseignants avec les qualifications minimales requises (%)

		Primary education Enseignement primaire		Lower Secondary education Enseignement secondaire		Upper secondary education Enseignement secondaire de deuxième cycle	
	Year Année	Total Totale	Teachers with min. required qualifications(%) Enseignants avec les qualifications minimales requises (%)	Total Totale	Teachers with min. required qualifications(%) Enseignants avec les qualifications minimales requises (%)	Total Totale	Teachers with minimum required qualifications(%) Enseignants avec les qualifications minimales requises (%)
Namibia Namibie	2005	13 113	92.4	...	...	...	...
	2010	13 652	96.4	...	...	...	...
	2015	16 803	87.4	...	...	...	...
	2017	18 070	86.6	5 994	...	5 349	...
	2021	19 201	95.1	...	...	...	...
Nauru Nauru	2005	65	...	...	...	...	...
	2007	62	74.2	...	...	...	...
	2008	56	...	...	...	...	...
	2014	40	...	23	...	22	...
	2016	45	100.0	23	100.0	17	100.0
	2020	63	...	8	...	10	...
Nepal Népal	2003	110 173	16.2	28 160	25.8	24 368	...
	2004	112 360	17.4	29 895	...	...	...
	2005	101 483	30.5	...	...	...	...
	2010	153 536	73.7	40 259	57.2	43 371	72.3
	2015	185 562	97.4	52 349	84.9	58 040	85.6
	2021	201 296	97.2	55 881	86.0	119 280	43.1
	2022	153 457	...	53 351	...	24 792	...
Netherlands (Kingdom of the) Pays-Bas (Royaume des)	2015	103 930	...	58 900	...	52 662	...
	2020	101 724	...	57 628	...	57 938	...
Netherlands Antilles [former] Antilles néerlandaises [anc.]	2002	1 145	...	...	...	...	...
New Zealand Nouvelle-Zélande	2005	21 681	...	16 957	...	18 809	...
	2010	24 053	...	16 777	...	18 545	...
	2015	25 407	...	16 421	...	18 856	...
	2020	26 685	...	18 046	...	18 192	...
Nicaragua Nicaragua	2005	28 163	76.9	8 668	49.4	4 312	58.7
	2008	32 349	72.7	10 696	57.2	5 468	62.5
	2010	30 571	74.9	10 893	...	4 196	...
	2015	28 337	...	...	...	...	...
	2016	30 791	...	...	...	...	...
Niger Niger	2004	22 429	75.8	3 003	30.8	2 128	28.9
	2005	24 362	85.0	3 145	...	3 488	...
	2009	40 021	98.0	...	...	...	...
	2010	44 710	...	7 738	13.7	2 207	26.7
	2015	66 750	55.5	14 433	...	6 863	15.0
	2021	69 272	96.0	19 833	20.4	8 144	12.6
Nigeria Nigéria	2005	599 172	50.0	* 96 769	...	* 62 514	...
	2010	574 078	66.1	160 941	85.0	229 486	18.5
	2015	523 429	...	...	...	...	...
	2018	913 579	62.2	382 346	76.3	393 702	57.5
	2019	1 001 336	...	...	...	...	...
Niue Nioué	2004	16	...	...	...	...	...
	2015	12	100.0	5	100.0	18	100.0
	2020	17	...	5	...	21	...
	2021	12	100.0	8	100.0	...	...
North Macedonia Macédoine du Nord	2005	5 684	...	8 580	...	5 970	...
	2010	6 949	...	9 513	...	7 024	...
	2015	7 554	...	10 401	...	7 523	...
	2020	7 435	...	11 126	...	7 464	...
Norway Norvège	2015	48 583	...	22 863	...	28 474	...
	2020	51 256	...	25 443	...	26 755	...

8 Teaching staff at the primary, lower secondary and upper secondary levels *(continued)*
Proportion of teachers with minimum required qualifications (%)

Personnel enseignant au niveau primaire, secondaire inférieur et secondaire supérieur *(suite)*
Proportion d'enseignants avec les qualifications minimales requises (%)

		Primary education Enseignement primaire		Lower Secondary education Enseignement secondaire		Upper secondary education Enseignement secondaire de deuxième cycle	
	Year Année	Total Totale	Teachers with min. required qualifications(%) Enseignants avec les qualifications minimales requises (%)	Total Totale	Teachers with min. required qualifications(%) Enseignants avec les qualifications minimales requises (%)	Total Totale	Teachers with minimum required qualifications(%) Enseignants avec les qualifications minimales requises (%)
Oman	2001	13 394	99.8	8 210	100.0	6 212	100.0
Oman	*2003	15 775	...	9 745	...	6 332	...
	2009	...	...	...	...	7 735	100.0
	2019	28 044	100.0	31 801	100.0	9 231	100.0
	2021	25 232	100.0	...	...	...	...
Pakistan	2005	450 136	85.5	* 192 217	...	* 102 499	...
Pakistan	2010	463 674	84.2	...	...	...	...
	2015	428 281	82.5	380 785	61.2	* 190 900	96.0
	2017	484 267	83.7	455 445	54.5	* 190 873	84.7
	2018	520 252	78.0	448 074	58.2	* 206 821	...
	2019	492 753	77.3	448 667	58.6	...	...
Palau	2000	124	...	60	...	66	...
Palaos	2021	...	100.0	...	...	90	100.0
Panama	2005	17 751	89.6	9 522	82.5	6 870	83.6
Panama	2010	18 746	91.6	10 795	86.5	7 706	90.9
	2014	19 404	83.2	12 639	93.8	10 307	98.1
	2015	19 072	99.2	13 706	94.0	10 071	...
	2017	19 072	99.2	13 706	94.0	10 071	...
	2021	22 102	...	...	...	...	...
Papua New Guinea	*2001	14 390	...	...	...	...	...
Papouasie-Nvl-Guinée	2012	...	...	8 101	100.0	5 703	100.0
	2016	35 896	...	11 938	...	2 853	...
Paraguay	2003	33 607	...	20 335	...	22 828	...
Paraguay	*2004	33 434	...	...	...	...	...
	2012	34 694	92.1	18 227	85.9	16 059	75.4
Peru	2005	177 060	...	...	...	...	...
Pérou	2010	191 177	...	...	...	...	...
	2015	195 444	...	...	...	...	...
	2021	212 859	...	...	...	...	...
Philippines	2005	373 035	...	117 097	...	50 652	...
Philippines	2009	435 385	...	135 681	...	58 692	...
	2015	477 530	100.0	...	...	...	...
	2020	524 646	100.0	356 526	100.0	118 079	100.0
Poland	2005	235 950	...	131 477	...	164 552	...
Pologne	2010	239 888	99.3	111 978	98.7	161 390	98.4
	2015	219 826	99.6	127 126	99.2	146 355	98.4
	2019	253 077	100.0	119 879	100.0	138 302	100.0
	2020	135 357	...	186 449	...	136 451	...
Portugal	2004	65 548	100.0	36 800	...	49 058	...
Portugal	2005	71 519	100.0	...	...	...	...
	2010	67 734	100.0	48 129	...	49 960	...
	2015	49 355	100.0	39 679	...	38 739	...
	2020	51 105	100.0	40 857	...	...	...
Puerto Rico	2010	25 708	...	8 699	...	17 462	...
Porto Rico	2015	18 028	94.7	6 576	95.0	8 173	94.8
	2016	16 810	92.6	6 132	84.0	7 621	84.0
	2018	14 453	...	6 551	...	5 274	...
Qatar	2005	6 298	...	2 742	...	2 072	...
Qatar	2008	6 248	52.3	3 340	54.7	3 478	50.9
	2009	7 544	48.9	3 149	...	3 774	...
	2010	7 374	...	3 404	...	3 534	...
	2015	11 221	100.0	4 560	100.0	4 381	100.0
	2021	13 077	100.0	4 988	100.0	5 327	100.0
Republic of Korea	2005	144 338	100.0	97 562	100.0	112 114	100.0
République de Corée	2010	158 056	100.0	103 000	100.0	121 503	100.0
	2015	164 415	100.0	105 940	100.0	129 828	100.0
	2020	166 424	100.0	102 682	100.0	124 453	100.0

8

Teaching staff at the primary, lower secondary and upper secondary levels *(continued)*

Proportion of teachers with minimum required qualifications (%)

Personnel enseignant au niveau primaire, secondaire et secondaire de deuxième cycle *(suite)*

Proportion d'enseignants avec les qualifications minimales requises (%)

	Year Année	Primary education Enseignement primaire Total Totale	Teachers with min. required qualifications(%) Enseignants avec les qualifications minimales requises (%)	Lower Secondary education Enseignement secondaire Total Totale	Teachers with min. required qualifications(%) Enseignants avec les qualifications minimales requises (%)	Upper secondary education Enseignement secondaire de deuxième cycle Total Totale	Teachers with minimum required qualifications(%) Enseignants avec les qualifications minimales requises (%)
Republic of Moldova	2005	10 259	...	23 102	...	7 818	...
République de	2010	9 160	...	20 590	...	8 451	...
Moldova	2015	7 936	...	17 593	...	7 375	...
	2021	7 579	100.0	15 041	100.0	5 826	100.0
Romania	2005	57 099	...	93 069	...	68 482	...
Roumanie	2010	52 272	...	82 959	...	63 058	...
	2015	50 098	...	73 046	...	56 164	...
	2020	47 414	...	68 347	...	54 963	...
Russian Federation	2005	* 317 023	96.3	...	...	...	...
Fédération de Russie	2008	284 789	96.7	...	...	...	...
	2009	277 657	...	...	...	...	...
	2015	296 994	98.9	...	...	...	...
	2018	321 587	98.6	...	...	...	...
	2020	322 970	...	...	...	...	...
Rwanda	2005	26 944	93.7	...	...	...	...
Rwanda	2009	33 158	93.9	10 422	...	4 907	...
	2010	35 583	91.5	...	...	...	...
	2015	42 005	93.9	...	...	...	...
	2021	60 666	76.1	11 709	84.5	16 853	74.8
Saint Kitts and Nevis	2005	360	58.3	* 246	39.0	* 151	39.1
Saint-Kitts-et-Nevis	2010	443	61.6	295	49.2	170	43.5
	2012	385	64.7	240	53.3	208	52.9
	2015	362	71.8	...	...	...	...
	2021	428	67.8	...	...	...	...
Saint Lucia	2000	1 091	...	* 400	...	* 305	...
Sainte-Lucie	2005	1 073	80.0	...	...	...	...
	2010	1 051	86.8	* 619	...	* 401	...
	2012	1 054	87.8	* 605	65.5	* 422	64.5
	2015	1 088	...	693	...	433	...
	2020	1 077	86.0	628	...	434	...
Saint Vincent &	2004	* 1 018	72.2	* 420	53.8	* 155	54.2
Grenadines	2010	887	84.1	423	64.3	257	60.7
Saint-Vincent-	2015	897	84.3	...	...	...	...
Grenadines	2020	931	82.9	...	...	...	...
Samoa	2002	1 121	...	325	...	749	...
Samoa	2005	...	...	...	...	799	...
	2009	936	...	360	...	846	71.9
	2010	1 021	...	412	...	799	...
	2014	1 374	93.9	...	...	984	100.0
	2015	1 393	...	...	...	976	78.7
	2019	1 427	...	...	...	1 035	...
	2020	...	...	...	...	1 029	54.7
San Marino	2004	228	...	125	...	...	...
Saint-Marin	2010	244	...	...	...	...	...
	2012	251	...	...	...	...	...
	2021	244	38.5	151	0.0	118	11.9
Sao Tome and Principe	2004	929	...	195	...	...	...
Sao Tomé-et-Principe	2005	990	...	...	...	...	...
	2010	668	49.4	...	...	...	...
	2011	1 183	...	516	37.6	85	87.1
	2012	1 183	32.8	522	34.5	...	...
	2015	917	34.4	...	...	...	...
	2016	1 132	31.1	* 648	20.2	* 288	...
	2017	1 193	27.4	856	...	...	...

8

Teaching staff at the primary, lower secondary and upper secondary levels *(continued)*
Proportion of teachers with minimum required qualifications (%)

Personnel enseignant au niveau primaire, secondaire inférieur et secondaire supérieur *(suite)*
Proportion d'enseignants avec les qualifications minimales requises (%)

		Primary education Enseignement primaire		Lower Secondary education Enseignement secondaire		Upper secondary education Enseignement secondaire de deuxième cycle	
	Year Année	Total Totale	Teachers with min. required qualifications(%) Enseignants avec les qualifications minimales requises (%)	Total Totale	Teachers with min. required qualifications(%) Enseignants avec les qualifications minimales requises (%)	Total Totale	Teachers with minimum required qualifications(%) Enseignants avec les qualifications minimales requises (%)
Saudi Arabia Arabie saoudite	*2005	273 288	...	133 011	...	101 347	...
	2007	* 282 697	91.5	...	...	...	...
	*2009	284 750	...	145 198	...	118 943	...
	2010	297 737	...	...	...	...	...
	2015	320 731	100.0	159 260	100.0	164 146	100.0
	2021	239 942	100.0	120 421	100.0	117 895	100.0
Senegal Sénégal	2004	32 005	50.8	10 357	...	3 297	...
	2005	34 656	45.7	...	...	...	...
	2008	44 416	46.2	12 979	...	...	...
	2010	50 369	47.9	...	...	...	...
	2015	61 620	68.3	...	...	...	...
	2021	67 548	75.6	23 126	79.2	27 614	75.1
Serbia Serbie	2005	...	...	...	...	26 776	...
	2007	17 477	100.0	29 524	100.0	27 365	100.0
	2009	17 449	94.2	31 691	92.7	28 511	...
	2010	17 314	...	32 467	...	29 074	...
	2011	18 648	70.4	31 952	53.1	29 750	...
	2012	18 511	55.7	32 553	...	29 821	...
	2015	18 318	...	34 754	...	30 740	...
	2021	18 501	...	36 126	...	31 024	...
Seychelles Seychelles	2003	675	77.9	...	...	...	...
	2005	671	...	...	...	...	...
	2010	691	85.2	...	...	...	...
	2015	654	83.6	...	...	...	...
	2021	589	75.2	...	...	...	...
Sierra Leone Sierra Leone	2001	14 875	...	3 732	...	2 108	...
	2015	40 303	53.8	14 368	68.7	7 506	73.5
	2019	47 738	63.6	19 888	72.0	9 841	75.1
	2021	43 747	73.1	19 986	81.4	...	...
Singapore Singapour	2009	16 171	98.6	...	...	...	...
	2015	14 914	...	...	...	...	...
	2020	16 725	98.2	...	...	...	...
Sint Maarten (Dutch part) St-Martin (partie néerland.)	2012	318	...	...	...	...	...
Slovakia Slovaquie	2005	13 849	...	26 872	...	23 654	...
	2010	13 938	...	23 519	...	22 170	...
	2014	14 030	95.9	23 527	96.4	18 312	95.2
	2015	14 182	...	23 105	...	17 607	...
	2020	14 949	...	23 681	...	16 244	...
Slovenia Slovénie	2005	6 156	...	7 867	...	8 306	...
	2010	6 281	...	7 662	...	7 589	...
	2015	6 836	...	7 239	...	6 797	...
	2016	8 663	...	9 060	...	6 291	...
	2020	...	...	...	...	6 292	...
Solomon Islands Îles Salomon	2010	4 789	58.0	780	70.8	635	70.9
	2015	4 051	59.2	1 713	80.3	489	63.0
	2019	4 348	82.4	1 794	93.9	...	...
Somalia Somalie	2007	12 870	...	2 231	...	2 273	54.2
South Africa Afrique du Sud	2002	* 211 600	77.9	...	...	...	...
	*2005	232 999	...	...	...	...	...
	*2009	212 296	...	...	...	...	...
	2015	249 103	...	...	...	...	...
	2020	...	...	78 846	...	109 008	...
South Sudan Soudan du sud	2011	* 29 073	44.0	* 1 861	44.3	3 176	...
	2015	* 27 248	...	* 2 303	...	3 671	...

8 Teaching staff at the primary, lower secondary and upper secondary levels *(continued)*

Proportion of teachers with minimum required qualifications (%)

Personnel enseignant au niveau primaire, secondaire et secondaire de deuxième cycle *(suite)*

Proportion d'enseignants avec les qualifications minimales requises (%)

		Primary education Enseignement primaire		Lower Secondary education Enseignement secondaire		Upper secondary education Enseignement secondaire de deuxième cycle	
	Year Année	Total Totale	Teachers with min. required qualifications(%) Enseignants avec les qualifications minimales requises (%)	Total Totale	Teachers with min. required qualifications(%) Enseignants avec les qualifications minimales requises (%)	Total Totale	Teachers with minimum required qualifications(%) Enseignants avec les qualifications minimales requises (%)
Spain Espagne	2005	180 710	100.0	160 172	100.0	119 858	100.0
	2010	219 409	100.0	188 540	100.0	106 235	100.0
	2015	228 299	100.0	132 097	100.0	144 390	100.0
	2020	234 884	100.0	148 661	100.0	162 016	100.0
Sri Lanka Sri Lanka	2005	73 471	...	65 956	...	...	...
	2010	71 957	82.1	77 050	...	...	...
	2012	71 721	...	79 845	...	70 041	...
	2015	76 803	86.2	78 079	86.1	...	...
	2020	77 927	82.6	79 096	83.7	74 559	78.9
State of Palestine État de Palestine	2005	15 789	100.0	20 439	...	4 229	100.0
	2010	14 491	100.0	24 126	100.0	7 460	100.0
	2015	18 759	100.0	27 270	100.0	8 898	100.0
	2021	23 601	100.0	31 424	100.0	16 600	100.0
Sudan Soudan	2015	...	...	...	...	65 529	66.2
	2018	...	...	...	...	71 881	65.8
Sudan [former] Soudan [anc.]	2005	113 094	...	29 622	...	34 060	...
	2009	* 123 633	...	* 37 712	...	44 953	...
Suriname Suriname	2005	3 520	...	1 962	...	1 334	...
	2010	4 749	95.7	2 368	79.1	1 254	41.6
	2015	5 395	98.0	2 839	84.1	1 730	50.2
	2021	5 068	99.8	3 346	81.9	969	...
Sweden Suède	2005	65 516	...	38 262	...	37 863	...
	2010	60 396	...	35 155	...	40 150	...
	2015	65 459	...	29 745	...	35 825	...
	2020	70 956	...	37 348	...	38 341	...
Switzerland Suisse	2014	47 889	...	33 289	...	31 114	...
	2018	51 655	...	30 577	...	31 969	...
	2020	53 554	...	30 795	...	...	...
Syrian Arab Republic République arabe syrienne	2002	114 676	88.4	...	...	...	...
	2004	...	...	...	...	37 046	85.0
	2010	...	...	...	...	69 015	84.2
	2013	...	...	...	...	48 572	91.7
	2022	...	...	...	...	50 389	43.3
Tajikistan Tadjikistan	2003	31 080	82.0	36 938	94.0	17 755	94.3
	2004	32 078	84.1	...	...	...	...
	2005	32 498	...	...	...	...	...
	2010	27 087	92.9	...	...	...	...
	2015	30 649	100.0	...	...	...	...
	2017	34 575	100.0	...	...	...	...
Thailand Thaïlande	2002	326 272	...	* 104 575	...	* 68 373	...
	2008	347 959	...	136 553	...	86 246	...
	2010	316 552	...	128 582	...	...	...
	2015	300 968	100.0	129 012	100.0	110 993	100.0
	2022	338 545	100.0	120 377	100.0	108 704	100.0
Timor-Leste Timor-Leste	2003	3 926	...	1 121	...	579	...
	2004	3 618	...	...	...	...	...
	2010	7 622	...	2 343	...	2 072	...
	2011	7 714	...	2 501	...	1 940	...
	2015	...	...	...	...	2 087	...
	2020	7 899	...	3 471	...	2 711	...
Togo Togo	2005	29 668	...	...	...	...	...
	2010	31 712	76.7	...	...	...	...
	2011	31 743	70.8	11 778	...	9 020	...
	2015	33 891	73.3	...	...	...	...
	2021	42 250	75.8	21 794	37.9	11 117	27.7
Tokelau Tokélaou	2003	39	...	...	...	...	...
	2021	21	57.1	15	33.3	13	7.7

8 Teaching staff at the primary, lower secondary and upper secondary levels *(continued)*
Proportion of teachers with minimum required qualifications (%)

Personnel enseignant au niveau primaire, secondaire inférieur et secondaire supérieur *(suite)*
Proportion d'enseignants avec les qualifications minimales requises (%)

		Primary education Enseignement primaire		Lower Secondary education Enseignement secondaire		Upper secondary education Enseignement secondaire de deuxième cycle	
	Year Année	Total Totale	Teachers with min. required qualifications(%) Enseignants avec les qualifications minimales requises (%)	Total Totale	Teachers with min. required qualifications(%) Enseignants avec les qualifications minimales requises (%)	Total Totale	Teachers with minimum required qualifications(%) Enseignants avec les qualifications minimales requises (%)
Tonga	2005	839	...	...	...	...	...
Tonga	2010	677	...	...	...	...	...
	2015	785	92.5	886	...	200	...
	2020	779	94.1	...	...	...	...
Trinidad and Tobago	2003	7 623	83.3	* 3 505	58.0	...	...
Trinité-et-Tobago	2004	* 7 839	81.0	...	...	...	...
	*2005	7 839	...	3 441	...	...	...
	2009	* 7 447	88.0	* 4 079	40.4	...	...
	2020	7 532	81.7	...	...	...	...
	2021	7 889	...	...	...	...	...
Tunisia	2004	59 610	...	34 579	...	34 255	...
Tunisie	2005	59 252	...	...	...	...	...
	2010	60 186	...	38 515	...	49 070	...
	2015	70 577	100.0	...	...	...	...
	2020	75 548	100.0	37 999	100.0	50 260	100.0
	2021	78 774	...	42 547	...	45 324	...
Türkiye	2005	...	...	...	...	167 949	...
Türkiye	2010	...	...	...	...	206 862	...
	2015	295 252	...	296 065	...	298 378	...
	2020	309 247	...	371 590	...	380 631	...
Turkmenistan Turkménistan	2021	23 350	99.6	...	...	...	...
Turks and Caicos Islands	2002	119	84.0	* 90	100.0	...	...
Îles Turques-et-Caïques	2003	119	84.0	...	...	...	...
	2014	285	89.1	...	...	...	...
	2021	230	91.7	...	...	...	...
Tuvalu	2001	78	...	31	...	...	...
Tuvalu	2004	73	...	...	...	...	...
	2015	117	...	64	...	145	...
	2018	85	80.0	76	67.1	50	62.0
	2021	137	62.0	...	...	...	...
Uganda	2005	139 641	...	* 31 682	...	* 8 495	...
Ouganda	2006	150 135	...	* 37 431	...	* 8 111	...
	2010	172 403	...	...	...	...	...
	2015	192 566	71.5	...	...	...	...
	2017	207 238	79.6	...	...	...	...
Ukraine	2005	104 028	99.7	...	...	...	...
Ukraine	2010	98 371	99.9	...	...	...	...
	2012	98 491	99.9	...	...	...	...
	2015	124 073	...	...	...	...	...
	2021	116 084	90.0	...	...	...	...
United Arab Emirates	2005	17 255	60.0	11 832	49.2	...	...
Émirats arabes unis	2010	19 401	...	14 928	...	...	...
	2015	19 518	100.0	15 691	100.0	...	...
	2022	24 380	100.0	32 315	100.0	58 138	100.0
United Kingdom	2005	265 257	...	152 541	...	234 991	...
Royaume-Uni	2008	244 391	...	152 096	...	* 223 289	...
	2010	252 290	...	...	...	...	...
	2014	272 430	...	154 724	...	259 503	...
	2018	279 097	...	150 037	...	219 103	...
	2020	281 266	...	148 947	...	...	...
United Rep. of Tanzania	2005	135 013	100.0	...	...	...	...
Rép.-Unie de Tanzanie	2010	165 856	94.5	...	...	...	...
	2013	189 487	99.0	...	...	...	...
	2015	197 420	...	...	...	...	...
	2016	206 829	99.2	...	...	...	...
	2021	197 919	...	...	...	...	...
United States of America	2015	1 714 415	100.0	853 176	100.0	808 199	100.0
États-Unis d'Amérique	2020	1 694 633	100.0	888 007	100.0	844 816	100.0

8 Teaching staff at the primary, lower secondary and upper secondary levels *(continued)*
Proportion of teachers with minimum required qualifications (%)

Personnel enseignant au niveau primaire, secondaire et secondaire de deuxième cycle *(suite)*
Proportion d'enseignants avec les qualifications minimales requises (%)

		Primary education Enseignement primaire		Lower Secondary education Enseignement secondaire		Upper secondary education Enseignement secondaire de deuxième cycle	
	Year Année	Total Totale	Teachers with min. required qualifications(%) Enseignants avec les qualifications minimales requises (%)	Total Totale	Teachers with min. required qualifications(%) Enseignants avec les qualifications minimales requises (%)	Total Totale	Teachers with minimum required qualifications(%) Enseignants avec les qualifications minimales requises (%)
Uruguay Uruguay	2005	18 139	...	14 348	...	7 774	...
	2010	24 785	...	17 159	...	8 231	...
	2015	26 943	100.0	16 458	58.1	8 006	69.7
	2020	26 181	100.0	12 363	66.3	10 375	74.3
Uzbekistan Ouzbékistan	2005	119 473	...	...	...	...	...
	2010	110 962	100.0	...	...	...	...
	2011	124 685	100.0	...	...	...	...
	2015	112 159	...	270 022	...	100 485	...
	2017	113 072	98.9	277 541	99.0	99 320	93.4
	2021	122 682	100.0	372 191	...	17 637	...
Vanuatu Vanuatu	2000	1 582	...	261	...	162	...
	2004	1 947	...	...	...	...	...
	2010	1 931	55.1	...	...	...	...
	2015	1 729	63.0	829	21.5	171	...
	2021	2 080	100.0	...	...	...	...
Viet Nam Viet Nam	2005	360 624	93.4	295 056	94.6	...	...
	2010	347 840	98.3	313 911	99.1	...	...
	2015	392 403	99.5	312 587	99.6	...	...
	2021	384 737	69.6	286 668	83.3	...	...
Yemen Yémen	2010	111 227	...	83 446	...	...	...
	2011	120 339	...	91 591	...	...	...
	*2012	121 805	...	...	...	...	...
	2013	...	...	...	...	29 040	94.6
	2016	144 824	...	43 182	...	...	...
Zambia Zambie	*2005	45 554	...	4 670	...	...	...
	2010	* 54 716	89.7	* 8 336	...	...	...
	2012	* 63 697	92.7	* 9 270	92.7	...	...
	2014	78 395	85.1	22 418	...	...	...
	2015	75 236	85.6	...	...	...	...
	2017	78 099	98.8	...	...	...	...
Zimbabwe Zimbabwe	2003	61 251	...	...	...	...	...
	2015	75 072	93.9	...	...	...	...
	2021	80 175	97.6	...	...	...	...
LDCs PMAs	2005	2 383 357	73.5	* 827 707	67.3	* 530 023	51.8
	2010	3 114 798	72.0	1 090 151	67.6	714 456	48.0
	2015	3 910 753	69.3	* 1 395 625	62.6	* 961 535	58.1
	2019	* 4 375 763	72.2	* 1 481 290	63.0	* 1 161 360	63.3
	2020	* 4 474 805	...	* 1 544 372	63.8	* 1 199 301	58.1
LLDCs PDSL	2005	* 1 296 164	77.3	* 1 011 408	...	* 433 721	...
	2010	1 621 227	74.7	* 1 050 653	...	* 540 759	...
	2015	1 939 391	71.2	* 1 207 983	...	* 595 805	...
	2018	* 2 105 376	74.5	* 1 290 224	81.1	* 657 012	83.6
	2020	* 2 308 583	70.1	* 1 311 806	...	* 663 737	...
SIDS PEID	2005	* 321 800	81.4	* 136 559	83.8	* 126 416	76.8
	2010	* 360 203	78.1	* 130 904	81.7	* 151 410	76.6
	2015	* 399 585	77.8	* 140 247	83.1	* 163 668	75.7
	2020	* 391 442	79.2	* 145 604	75.5	* 178 848	90.0

Source:

United Nations Educational, Scientific and Cultural Organization (UNESCO), Montreal, the UNESCO Institute for Statistics (UIS) statistics database, last accessed April 2023.

& Data relate to the calendar year in which the academic year ends.

Source:

Organisation des Nations Unies pour l'éducation, la science et la culture (UNESCO), Montréal, base de données statistiques de l'Institut de statistique (ISU) de l'UNESCO, dernier accès avril 2023.

& Les données se réfèrent à l'année civile durant laquelle l'année scolaire se termine.

9 Public expenditure on education and access to computers

By expenditure type, total government expenditure and GDP, access to computers by level of education (percent)

Dépenses publiques d'éducation et accès aux ordinateurs

Par type de dépenses, PIB, accès aux ordinateurs par niveau d'éducation (pourcentage)

Country or area Pays ou zone	Year Année	Percentage of total expenditure in public institutions / Pourcentage des dépenses publiques totales en faveur de l'éducation Current expenditure Dépenses courantes	Staff Compensation Rémunération du personnel	Capital expenditure Dépenses en Capital	Access to computers by schools for pedagogical purposes by education level / L'accès aux ordinateurs par les écoles à des fins pédagogiques par niveau d'éducation Primary Primaire	Lower Secondary premier cycle du secondaire	Upper Secondary deuxième cycle du secondaire	As % of GDP En % du PIB
Afghanistan Afghanistan	2010	9.3	72.4	18.3	...	...	...	3.5
	2015	9.0	71.4	19.6	...	...	...	3.3
	2019	...	...	...	9.0	10	23	3.2
	2020	...	...	...	...	...	...	2.9
Albania Albanie	2005	...	...	...	...	...	...	3.3
	2010	...	...	...	...	...	...	3.4
	2015	12.5	79.5	8.1	...	...	...	3.4
	2020	12.7	75.9	11.4	54.3	100	100	3.3
	2021	...	...	...	83.0	83	67	...
Algeria Algérie	2008	...	...	...	...	...	...	4.3
	2022	...	...	...	57.0	92	87	...
American Samoa Samoa américaines	2006	...	...	6.2	...	...	...	14.7
Andorra Andorre	2005	...	...	...	...	...	...	1.6
	2010	30.9	36.7	1.7	...	...	...	3.0
	2013	59.4	40.0	0.6	...	...	...	2.5
	2015	63.6	...	1.3	...	...	...	3.3
	2019	62.7	36.5	0.8	100.0	100	100	3.2
	2021	...	...	...	100.0	100	100	...
Angola Angola	2005	...	...	...	...	...	...	2.1
	2006	...	...	24.3	...	...	...	2.3
	2010	...	...	...	...	...	...	3.4
	2015	...	...	...	...	...	...	3.1
	2016	...	...	...	7.0	25	49	2.8
	2021	...	...	...	...	...	...	2.1
Anguilla Anguilla	2005	6.7	80.9	...	...	...	...	3.0
	2008	* 9.8	* 69.4	* 20.8	...	...	...	2.8
	2010	...	...	...	...	100	100	...
	2015	...	...	...	...	...	...	3.0
	2019	...	...	...	100.0	100	100	2.8
	2020	...	...	...	...	...	...	4.0
Antigua and Barbuda Antigua-et-Barbuda	2002	...	...	...	...	...	...	3.4
	2009	21.6	73.2	5.2	...	...	...	2.5
	2015	...	...	...	...	...	...	2.8
	2018	...	...	...	90.0	100	100	3.5
	2022	...	...	...	...	...	...	4.3
Argentina Argentine	2005	...	...	...	...	...	...	3.9
	2009	9.4	86.6	4.0	37.8	54	77	5.5
	2010	9.9	85.9	4.2	...	...	...	5.0
	2015	7.2	82.0	10.8	58.7	72	75	5.8
	2020	5.5	92.4	2.1	64.6	57	60	5.1
Armenia Arménie	2005	...	...	...	...	...	...	2.7
	2010	...	...	...	...	...	...	3.2
	2014	8.5	65.5	26.0	...	...	...	2.2
	2015	11.6	88.5	...	...	...	...	2.8
	2021	26.2	69.2	4.6	100.0	100	100	2.8
Aruba Aruba	2005	6.1	90.7	3.2	...	...	...	4.6
	2009	5.7	87.0	...	...	...	...	5.8
	2010	...	...	...	100.0	100	100	6.8
	2015	6.9	93.1	...	...	...	...	5.9
	2016	7.0	93.0	...	...	...	...	5.5

9 Public expenditure on education and access to computers *(continued)*

By expenditure type, total government expenditure and GDP, access to computers by level of education (percent)

Dépenses publiques d'éducation et accès aux ordinateurs *(suite)*

Par type de dépenses, PIB, accès aux ordinateurs par niveau d'éducation (pourcentage)

		Percentage of total expenditure in public institutions Pourcentage des dépenses publiques totales en faveur de l'éducation			Access to computers by schools for pedagogical purposes by education level L'accès aux ordinateurs par les écoles à des fins pédagogiques par niveau d'éducation			
Country or area Pays ou zone	Year Année	Current expenditure Dépenses courantes	Staff Compensation Rémunération du personnel	Capital expenditure Dépenses en Capital	Primary Primaire	Lower Secondary premier cycle du secondaire	Upper Secondary deuxième cycle du secondaire	As % of GDP En % du PIB
Australia Australie	2005	...	...	...	100.0	100	100	4.9
	2010	...	...	...	100.0	100	100	5.5
	2015	27.1	65.2	7.7	100.0	100	100	5.3
	2016	...	...	...	100.0	100	100	5.3
	2019	...	...	...	...	...	...	5.1
Austria Autriche	2005	23.2	72.1	4.7	...	...	...	5.2
	2010	24.9	70.2	4.9	...	...	...	5.7
	2015	26.2	68.3	5.5	...	...	...	5.5
	2019	25.1	68.0	6.9	68.7	...	...	5.2
Azerbaijan Azerbaïdjan	2005	31.6	66.8	1.6	...	...	...	3.0
	2010	32.6	64.8	2.5	...	...	...	2.8
	2015	45.9	52.0	2.2	...	...	...	3.0
	2020	* 19.4	* 70.0	* 10.6	96.5	98	99	* 4.3
	2021	...	...	...	97.8	99	99	3.5
Bahamas Bahamas	*2000	...	...	...	...	...	...	2.2
	2015	...	...	...	...	...	...	2.2
	2022	...	...	...	...	...	...	2.8
Bahrain Bahreïn	2008	...	...	...	...	...	...	2.5
	2012	13.8	82.3	3.8	...	...	...	2.6
	2015	...	...	...	100.0	...	...	2.7
	2017	...	...	...	100.0	100	100	2.3
	2020	...	...	...	100.0	100	100	...
Bangladesh Bangladesh	2004	...	...	...	...	...	...	1.9
	2009	21.2	59.8	19.0	...	...	...	1.9
	2012	4.3	95.2	0.5	...	...	...	2.0
	2015	...	...	...	...	...	...	1.9
	2019	16.0	55.0	29.0	...	...	...	1.7
	2021	...	...	...	41.7	75	77	1.8
Barbados Barbade	2005	16.2	79.9	4.0	...	...	...	5.7
	2010	10.4	83.4	6.2	...	...	...	6.1
	2014	47.8	48.6	3.6	...	...	...	6.1
	2015	...	...	...	...	...	...	5.4
	2021	43.1	53.7	3.2	...	...	...	5.0
	2022	...	...	...	...	...	...	5.9
Belarus Bélarus	2005	30.1	65.2	4.8	...	...	...	5.9
	2010	26.5	62.6	10.9	...	...	...	5.2
	2015	26.4	68.9	4.8	...	...	...	4.8
	2021	22.0	68.8	9.2	100.0	100	100	4.7
Belgium Belgique	2005	11.7	85.5	2.8	...	...	...	5.8
	2010	11.9	84.3	3.8	100.0	100	100	6.4
	2015	13.9	81.0	5.0	100.0	100	100	6.5
	2018	12.8	81.7	5.4	100.0	100	100	6.4
	2019	11.6	83.0	5.4	96.8	...	...	6.3
Belize Belize	2004	...	...	...	...	...	...	4.0
	2010	...	...	...	...	...	...	5.3
	2015	...	...	...	...	...	...	5.4
	2020	...	...	...	...	...	...	7.7
Benin Bénin	2005	13.3	73.0	13.7	...	...	...	2.7
	2010	6.2	85.7	8.2	...	...	...	3.7
	2015	22.2	69.5	8.3	...	...	...	3.2
	2020	...	...	...	...	29	...	2.9
	2021	...	...	...	...	...	...	3.2
Bermuda Bermudes	2005	...	...	...	...	...	...	2.0
	2010	...	...	...	...	...	...	2.3
	2015	18.6	79.9	1.5	...	...	...	1.5
	2016	...	...	...	100.0	100	100	1.9
	2022	...	...	...	...	...	...	1.9

9 Public expenditure on education and access to computers *(continued)*

By expenditure type, total government expenditure and GDP, access to computers by level of education (percent)

Dépenses publiques d'éducation et accès aux ordinateurs *(suite)*

Par type de dépenses, PIB, accès aux ordinateurs par niveau d'éducation (pourcentage)

		Percentage of total expenditure in public institutions Pourcentage des dépenses publiques totales en faveur de l'éducation			Access to computers by schools for pedagogical purposes by education level L'accès aux ordinateurs par les écoles à des fins pédagogiques par niveau d'éducation			
Country or area Pays ou zone	Year Année	Current expenditure Dépenses courantes	Staff Compensation Rémunération du personnel	Capital expenditure Dépenses en Capital	Primary Primaire	Lower Secondary premier cycle du secondaire	Upper Secondary deuxième cycle du secondaire	As % of GDP En % du PIB
Bhutan Bhoutan	2005	...	...	...	...	...	...	7.3
	2010	...	...	...	...	...	...	4.1
	2015	50.1	35.9	14.0	14.5	...	86	6.3
	2018	...	...	...	...	98	98	6.8
	2021	...	...	...	7.7	81	...	7.0
Bolivia (Plurin. State of) Bolivie (État plurin. de)	2005	...	...	...	...	...	...	6.7
	2010	23.1	66.8	10.0	...	...	...	7.0
	2013	18.3	67.3	14.4	14.4	23	28	6.8
	2015	17.5	69.1	13.4	...	...	...	8.1
	2020	11.4	85.2	3.4	...	...	...	8.4
Bosnia and Herzegovina Bosnie-Herzégovine	2019	...	...	...	27.9	...	...	...
Botswana Botswana	2005	...	...	...	...	...	...	10.7
	2009	...	...	9.8	...	...	...	9.8
	2012	...	...	...	...	100	100	9.1
	2015	...	...	...	...	...	...	8.3
	2020	...	...	...	...	...	...	8.1
Brazil Brésil	2005	23.6	70.3	6.1	...	...	...	4.5
	2010	24.3	68.5	7.2	40.5	72	90	5.6
	2013	24.0	69.7	6.2	79.5	...	...	5.8
	2015	21.3	74.7	3.9	...	...	...	6.2
	2017	22.9	74.6	2.5	53.5	73	86	6.3
	2019	23.5	73.6	3.0	...	...	...	6.0
British Virgin Islands Îles Vierges britanniques	2005	0.7	99.3	...	...	...	...	3.0
	2007	15.1	77.8	7.1	...	...	...	3.0
	2010	...	...	...	100.0	100	100	3.5
	2015	...	...	...	...	...	...	4.7
	2020	...	...	...	100.0	86	88	2.6
	2021	...	...	...	100.0	100	100	...
Brunei Darussalam Brunéi Darussalam	2000	...	...	...	...	...	...	3.7
	2010	...	...	...	...	...	...	2.0
	2014	...	...	...	...	...	...	3.4
	2016	30.6	66.2	3.2	...	100	100	4.4
	2020	...	...	...	...	100	100	...
Bulgaria Bulgarie	2005	26.7	63.2	10.1	...	...	...	4.1
	2010	28.4	66.6	5.1	...	...	...	3.9
	2013	20.9	71.8	7.3	...	...	...	4.1
	2015	...	...	...	43.3	...	...	3.9
	2019	20.4	73.6	5.9	36.1	...	...	4.2
Burkina Faso Burkina Faso	2005	...	...	...	...	...	...	3.9
	2007	8.0	56.7	35.3	...	...	...	4.1
	2010	...	...	...	...	...	...	3.5
	2015	...	...	...	...	...	...	3.7
	2021	...	...	...	0.6	4	3	5.2
Burundi Burundi	2005	...	...	...	...	...	...	3.6
	2010	23.7	68.5	7.9	...	...	...	6.8
	2012	20.5	77.6	1.9	...	...	...	6.2
	*2015	...	...	...	...	...	...	6.4
	2018	...	...	...	0.0	...	17	5.1
	2019	...	...	...	0.0	0	...	5.3
	2020	...	...	...	...	...	...	5.1

9 Public expenditure on education and access to computers *(continued)*

By expenditure type, total government expenditure and GDP, access to computers by level of education (percent)

Dépenses publiques d'éducation et accès aux ordinateurs *(suite)*

Par type de dépenses, PIB, accès aux ordinateurs par niveau d'éducation (pourcentage)

		Percentage of total expenditure in public institutions Pourcentage des dépenses publiques totales en faveur de l'éducation			Access to computers by schools for pedagogical purposes by education level L'accès aux ordinateurs par les écoles à des fins pédagogiques par niveau d'éducation			
Country or area Pays ou zone	Year Année	Current expenditure Dépenses courantes	Staff Compensation Rémunération du personnel	Capital expenditure Dépenses en Capital	Primary Primaire	Lower Secondary premier cycle du secondaire	Upper Secondary deuxième cycle du secondaire	As % of GDP En % du PIB
Cabo Verde	2004	...	...	...	...	...	...	7.5
Cabo Verde	*2005	2.1	82.4	16.7	...	...	...	...
	2010	15.6	77.1	7.3	...	...	...	5.6
	2015	14.3	82.0	3.6	...	...	...	5.3
	2016	12.2	82.8	4.9	...	100	100	5.3
	2019	...	...	...	44.4	100	100	4.7
	2021	...	...	...	...	...	...	6.5
Cambodia	2004	...	...	...	...	...	...	1.7
Cambodge	2010	...	...	...	...	...	...	1.5
	2012	57.3	42.7	...	...	...	...	1.4
	2014	...	...	0.5	...	...	...	1.6
	2015	...	...	...	...	...	...	1.7
	2021	...	...	...	8.8	17	70	1.7
Cameroon	2005	...	...	...	...	...	...	2.7
Cameroun	2010	6.5	80.2	13.4	...	...	...	2.8
	2013	10.7	75.7	13.6	...	...	...	2.7
	*2015	...	...	...	...	...	...	2.7
	2016	...	...	...	...	72	84	*2.6
	2021	...	...	...	...	...	...	2.8
Canada	2005	25.4	70.0	4.6	...	...	...	4.8
Canada	2010	24.5	65.8	9.7	...	...	...	5.4
	2015	22.8	69.4	7.8	78.1	...	...	4.7
	2019	22.7	69.9	7.4	85.8	...	...	4.8
Cayman Islands	2006	2.4	97.6	...	...	...	...	...
Îles Caïmanes	2010	...	...	...	76.9	...	...	...
	2019	...	...	...	...	...	...	2.1
	2020	...	...	...	100.0	100	100	...
Central African Republic	2005	...	79.2	2.2	...	...	...	1.7
	2008	13.5	84.2	2.3	...	...	...	1.3
République centrafricaine	2010	...	...	1.1	...	...	...	1.1
	2015	...	...	...	...	...	...	1.9
	2021	...	...	...	...	...	...	1.9
Chad	2005	...	...	...	...	...	...	1.7
Tchad	2010	...	...	31.3	...	...	...	2.0
	2012	2.6	75.5	21.9	...	...	...	2.2
	2015	...	...	...	...	...	...	2.3
	2021	...	...	...	0.0	8	12	2.9
Chile	2005	17.5	78.1	4.4	...	...	...	3.3
Chili	2009	18.1	78.9	3.0	...	...	...	4.3
	2010	...	...	...	...	...	...	4.2
	2015	...	...	...	63.9	...	...	4.9
	2019	26.7	68.0	5.3	51.6	...	...	5.6
China	2010	...	...	...	...	...	...	3.8
Chine	2015	...	...	...	...	...	...	3.8
	2018	...	...	...	97.1	99	96	3.5
	2021	...	...	...	98.6	99	96	...
China, Hong Kong SAR	2005	...	...	...	...	...	...	4.1
	2010	...	...	12.7	...	...	...	3.5
Chine, RAS de Hong Kong	2012	...	...	18.2	...	...	...	3.5
	2015	...	...	...	90.9	...	...	3.3
	2021	...	...	...	100.0	100	100	4.0
China, Macao SAR	2005	...	...	...	...	...	...	2.3
	2010	19.5	39.0	41.5	...	...	...	2.6
Chine, RAS de Macao	2015	31.7	59.1	9.2	...	...	...	3.0
	2020	19.5	63.4	17.0	100.0	100	100	6.4
	2021	...	...	...	100.0	100	100	...

9 Public expenditure on education and access to computers *(continued)*

By expenditure type, total government expenditure and GDP, access to computers by level of education (percent)

Dépenses publiques d'éducation et accès aux ordinateurs *(suite)*

Par type de dépenses, PIB, accès aux ordinateurs par niveau d'éducation (pourcentage)

		Percentage of total expenditure in public institutions Pourcentage des dépenses publiques totales en faveur de l'éducation			Access to computers by schools for pedagogical purposes by education level L'accès aux ordinateurs par les écoles à des fins pédagogiques par niveau d'éducation			
Country or area Pays ou zone	Year Année	Current expenditure Dépenses courantes	Staff Compensation Rémunération du personnel	Capital expenditure Dépenses en Capital	Primary Primaire	Lower Secondary premier cycle du secondaire	Upper Secondary deuxième cycle du secondaire	As % of GDP En % du PIB
Colombia Colombie	2005	...	...	...	...	...	...	4.0
	2010	6.8	71.0	22.3	...	...	...	4.8
	2013	6.2	66.4	27.4	93.8	...	...	4.9
	2015	5.8	69.0	25.2	...	...	...	4.5
	2020	3.7	83.1	13.1	81.2	93	95	5.2
	2021	...	...	...	91.5	96	96	...
Comoros Comores	2002	...	...	...	...	...	...	2.3
	2008	...	...	...	...	...	...	4.4
	2015	4.8	95.2	...	...	...	...	2.5
	2017	...	...	...	30.8	41	52	...
Congo Congo	2005	...	...	...	...	...	...	1.7
	2010	...	...	...	...	...	...	5.7
	*2015	...	...	...	...	...	...	3.3
	2018	...	...	...	12.2	20	61	*3.0
	2021	...	...	...	...	...	...	3.9
Cook Islands Îles Cook	2000	...	...	...	...	...	...	1.9
	2015	16.3	82.4	1.3	...	...	...	3.9
	2016	34.0	63.3	2.6	100.0	100	100	4.4
	2021	...	...	...	100.0	100	100	4.6
Costa Rica Costa Rica	2004	...	...	...	...	...	...	4.9
	2010	...	...	...	...	...	...	6.6
	2013	...	...	...	72.9	...	...	6.7
	2015	...	...	...	...	...	...	6.9
	2020	24.7	71.7	3.6	96.8	87	86	6.7
Côte d'Ivoire Côte d'Ivoire	2005	...	...	...	...	...	...	2.9
	2010	21.8	71.2	7.0	...	...	...	3.2
	*2015	21.4	72.7	5.9	...	...	...	3.5
	2019	13.4	82.6	4.0	...	...	86	3.5
	2020	14.0	77.7	8.4	7.3	47	...	3.9
	2021	13.6	81.5	4.9	...	...	...	3.5
Croatia Croatie	2005	...	...	...	...	...	...	5.1
	2010	23.0	70.6	6.4	...	...	...	4.2
	2015	26.3	69.3	4.4	13.5	...	...	4.9
	2019	21.1	71.9	6.9	22.1	...	...	3.9
Cuba Cuba	2005	34.3	52.6	13.2	...	...	...	10.6
	2010	40.5	58.6	0.9	100.0	100	100	12.8
	2020	...	...	...	100.0	100	100	0.0
	2021	...	...	...	100.0	100	100	...
Curaçao Curaçao	2013	13.9	86.1	...	...	...	...	5.1
	2015	...	...	...	...	...	...	7.4
	2020	...	...	...	...	...	...	7.7
Cyprus Chypre	2005	9.8	76.9	13.4	...	...	...	6.3
	2010	11.5	77.5	11.0	...	...	...	6.5
	2015	13.0	82.9	4.1	87.9	...	...	6.3
	2019	13.6	83.0	3.4	78.9	...	...	5.2
Czechia Tchéquie	2005	34.4	56.0	9.7	...	...	...	3.9
	2010	38.4	51.5	10.1	...	...	...	4.0
	2015	56.6	35.5	7.9	67.8	...	...	5.8
	2019	33.6	55.4	11.0	61.2	...	...	4.5
Dem. Rep. of the Congo Rép. dém. du Congo	2010	2.6	87.8	9.6	...	...	...	1.5
	2013	1.7	81.4	16.9	...	...	...	2.1
	2015	...	...	...	0.0	0	0	2.2
	2021	...	...	...	...	...	...	2.7

9 Public expenditure on education and access to computers *(continued)*

By expenditure type, total government expenditure and GDP, access to computers by level of education (percent)

Dépenses publiques d'éducation et accès aux ordinateurs *(suite)*

Par type de dépenses, PIB, accès aux ordinateurs par niveau d'éducation (pourcentage)

Country or area Pays ou zone	Year Année	Percentage of total expenditure in public institutions / Pourcentage des dépenses publiques totales en faveur de l'éducation: Current expenditure Dépenses courantes	Staff Compensation Rémunération du personnel	Capital expenditure Dépenses en Capital	Access to computers by schools for pedagogical purposes by education level / L'accès aux ordinateurs par les écoles à des fins pédagogiques par niveau d'éducation: Primary Primaire	Lower Secondary premier cycle du secondaire	Upper Secondary deuxième cycle du secondaire	As % of GDP En % du PIB
Denmark Danemark	2005	20.7	74.1	5.3	100.0	100	...	8.1
	2010	18.0	74.9	7.1	100.0	100	...	8.6
	2014	19.9	73.7	6.4	100.0	100	...	7.6
	2015	...	...	...	100.0	100	100	7.0
	2016	20.0	71.2	8.8	100.0	100	...	7.5
	2019	20.6	72.6	6.8	...	...	...	6.9
Djibouti Djibouti	2005	...	42.2	2.7	...	...	...	8.4
	2007	...	38.8	4.6	...	...	...	8.4
	2010	...	...	...	...	...	...	4.5
	*2015	...	...	...	...	...	...	3.6
	*2018	...	...	...	...	...	...	3.8
Dominica Dominique	2010	...	...	...	71.0	93	...	...
	2012	...	100.0	...	...	...	...	4.4
	2015	...	...	...	...	...	...	3.4
	2021	...	...	...	100.0	100	100	5.5
	2022	...	...	...	...	...	...	5.2
Dominican Republic République dominicaine	*2003	...	...	...	...	...	...	1.8
	2007	15.5	66.9	17.6	...	...	...	2.0
	2013	...	...	...	46.5	...	...	3.6
	2015	...	...	...	...	...	...	3.6
	2021	...	...	...	...	...	...	3.7
Ecuador Équateur	2000	...	...	...	...	...	...	1.2
	2009	...	...	...	52.0	87	94	4.3
	2010	...	...	...	...	...	...	4.5
	2013	...	...	...	72.6	...	...	5.0
	2015	...	...	...	...	...	...	5.0
	2021	12.2	84.5	3.3	72.8	87	89	3.7
Egypt Égypte	2005	...	...	...	...	...	...	4.8
	2010	...	...	...	86.3	98	91	3.5
	2015	...	...	...	...	...	...	3.9
	2017	...	...	...	78.3	95	91	...
	2019	...	...	...	94.7	...	...	...
El Salvador El Salvador	2005	27.3	66.9	5.8	...	...	...	* 3.2
	2008	37.8	51.7	10.5	...	...	...	4.5
	2010	...	...	...	59.0	81	97	4.0
	2015	19.0	67.1	6.2	...	...	...	3.9
	2016	25.0	68.0	7.0	48.3	68	...	3.8
	2018	...	...	6.7	61.0	79	96	3.6
	2019	...	94.1	5.9	...	...	...	3.4
	2021	...	...	...	...	...	...	4.6
Equatorial Guinea Guinée équatoriale	2021	...	...	...	...	...	...	0.3
Eritrea Érythrée	2004	...	...	...	...	...	...	3.1
	2006	22.7	57.7	19.6	...	...	...	2.1
Estonia Estonie	2005	...	...	...	99.3	...	...	4.8
	2010	...	...	...	100.0	...	...	5.5
	2013	28.9	57.7	13.4	99.2	...	...	4.8
	2015	26.9	64.8	8.4	...	...	...	5.1
	2019	24.2	63.9	11.9	...	...	...	5.3
Eswatini Eswatini	2005	...	...	...	...	...	...	6.5
	2010	...	...	...	...	...	...	6.1
	2014	36.2	59.3	4.5	...	...	...	7.1
	2015	...	...	...	...	...	...	5.4
	2019	...	...	...	69.7	59	59	5.7
	2022	...	...	...	...	...	...	5.5

9 Public expenditure on education and access to computers *(continued)*

By expenditure type, total government expenditure and GDP, access to computers by level of education (percent)

Dépenses publiques d'éducation et accès aux ordinateurs *(suite)*

Par type de dépenses, PIB, accès aux ordinateurs par niveau d'éducation (pourcentage)

Country or area Pays ou zone	Year Année	Percentage of total expenditure in public institutions / Pourcentage des dépenses publiques totales en faveur de l'éducation: Current expenditure Dépenses courantes	Staff Compensation Rémunération du personnel	Capital expenditure Dépenses en Capital	Access to computers by schools for pedagogical purposes by education level / L'accès aux ordinateurs par les écoles à des fins pédagogiques par niveau d'éducation: Primary Primaire	Lower Secondary premier cycle du secondaire	Upper Secondary deuxième cycle du secondaire	As % of GDP En % du PIB
Ethiopia Éthiopie	*2002	...	...	...	...	...	...	3.6
	2010	21.0	44.8	34.1	...	...	...	4.5
	2015	19.4	45.2	35.4	...	...	...	4.7
	2021	...	...	...	...	79	79	4.1
	2022	...	...	...	...	...	...	3.7
Faroe Islands Îles Féroé	2015	...	...	...	...	...	...	7.6
	2020	...	...	...	...	...	...	8.0
Fiji Fidji	2005	...	...	...	...	...	...	5.2
	2009	...	...	...	...	...	...	4.5
	2013	1.2	98.7	0.1	...	...	...	3.9
	2015	...	...	...	...	...	...	4.8
	2021	...	...	...	...	...	...	5.6
Finland Finlande	2005	32.1	60.9	7.0	100.0	100	100	6.0
	2010	33.6	60.3	6.1	100.0	100	100	6.5
	2015	34.7	56.5	8.8	100.0	100	100	7.0
	2019	35.8	53.7	10.5	100.0	100	100	6.4
France France	2005	...	...	...	96.0	100	100	5.5
	2010	...	...	...	...	...	...	5.6
	2015	...	...	...	99.0	100	100	5.4
	2019	16.7	74.9	8.5	99.0	100	100	5.4
Gabon Gabon	*2000	...	...	...	...	...	...	3.8
	2010	...	...	...	...	...	...	3.1
	2014	...	45.5	...	...	...	...	2.7
	2015	...	...	...	...	...	...	2.8
	2021	...	...	...	...	...	...	3.0
Gambia Gambie	2005	...	...	...	...	...	...	0.7
	2010	10.8	46.4	42.8	...	...	...	2.6
	2012	7.4	50.4	42.2	...	...	...	2.6
	2015	...	...	...	16.9	37	61	2.2
	2021	...	...	...	22.5	41	57	2.9
Georgia Géorgie	2005	...	...	...	...	...	...	2.5
	2010	...	...	...	...	...	...	2.8
	2015	...	...	...	90.3	...	...	3.2
	2021	...	...	...	100.0	100	100	3.6
Germany Allemagne	2005	...	...	...	...	...	...	4.1
	2010	...	...	...	...	...	...	5.1
	2015	20.1	73.1	6.8	78.1	...	...	4.9
	2019	19.7	71.9	8.4	73.5	...	...	5.1
Ghana Ghana	2005	22.3	63.0	14.7	...	...	...	7.4
	2010	14.3	68.8	16.9	...	...	...	5.5
	2014	18.2	73.3	8.6	...	...	...	4.4
	*2015	...	...	...	...	...	...	4.4
	2018	...	...	...	...	13	35	* 3.9
Gibraltar Gibraltar	2017	42.3	54.2	3.5	100.0	100	100	...
	2021	...	...	...	100.0	100	100	...
Greece Grèce	2005	11.0	67.3	21.7	...	...	...	4.0
	2010	...	...	...	...	...	...	4.1
	2015	6.5	79.2	14.3	...	...	...	3.7
	2019	6.5	80.0	13.5	...	...	...	3.6
Greenland Groenland	2015	...	...	...	...	...	...	12.0
	2020	...	...	...	...	...	...	10.2
Grenada Grenade	2003	...	...	...	...	...	...	3.9
	2010	...	...	...	...	100	100	...
	2015	...	...	...	...	...	...	4.2
	2018	...	...	...	72.2	100	100	3.6
	2020	...	...	...	...	100	100	...
	2021	...	...	...	...	...	...	4.1

Public expenditure on education and access to computers *(continued)*
By expenditure type, total government expenditure and GDP, access to computers by level of education (percent)

Dépenses publiques d'éducation et accès aux ordinateurs *(suite)*
Par type de dépenses, PIB, accès aux ordinateurs par niveau d'éducation (pourcentage)

		Percentage of total expenditure in public institutions Pourcentage des dépenses publiques totales en faveur de l'éducation			Access to computers by schools for pedagogical purposes by education level L'accès aux ordinateurs par les écoles à des fins pédagogiques par niveau d'éducation			
Country or area Pays ou zone	**Year Année**	**Current expenditure Dépenses courantes**	**Staff Compensation Rémunération du personnel**	**Capital expenditure Dépenses en Capital**	**Primary Primaire**	**Lower Secondary premier cycle du secondaire**	**Upper Secondary deuxième cycle du secondaire**	**As % of GDP En % du PIB**
Guatemala Guatemala	2008	9.9	65.2	11.5	...	...	...	3.2
	2010	...	...	0.1	...	...	...	2.8
	2013	...	...	3.3	32.4	...	...	2.9
	2015	20.9	75.3	3.8	...	...	...	3.0
	2016	25.0	72.4	2.6	12.5	44	66	2.9
	2021	28.1	68.4	3.5	...	...	...	3.1
Guinea Guinée	2005	...	...	...	...	...	...	1.8
	2010	...	...	7.7	...	...	...	2.6
	2015	12.6	75.1	12.3	...	...	...	2.5
	2016	12.6	75.1	12.3	0.0	0	0	2.5
	2020	6.3	92.3	1.4	...	...	...	2.4
	2021	...	...	...	...	...	...	2.1
Guinea-Bissau Guinée-Bissau	2010	12.5	61.5	26.0	...	...	...	1.9
	2013	0.9	48.3	50.8	...	...	...	2.1
	2015	...	...	...	...	...	...	2.4
	2021	...	...	...	...	...	...	2.6
Guyana Guyana	2005	23.1	62.3	14.6	...	...	...	8.1
	2010	22.8	68.4	8.7	...	...	...	2.4
	2012	22.5	62.9	14.6	...	...	...	2.2
	2015	...	...	...	...	...	...	3.9
	*2018	...	...	...	...	...	...	4.5
Haiti Haïti	2015	...	...	...	...	...	...	1.9
	2021	...	...	...	...	...	...	1.8
Honduras Honduras	2013	15.6	79.7	4.7	33.5	...	...	5.9
	2015	...	...	...	...	...	...	6.4
	2016	...	...	...	15.7	...	...	...
	2018	...	...	...	...	...	...	6.1
Hungary Hongrie	2005	21.0	71.6	7.4	100.0	100	100	5.3
	2010	27.1	62.5	10.4	100.0	100	100	4.7
	2015	26.3	67.4	6.3	100.0	100	100	4.5
	2016	22.1	70.5	7.4	100.0	100	100	4.6
	2019	23.8	65.5	10.7	...	...	...	4.2
Iceland Islande	2005	23.6	67.9	8.5	...	...	...	7.3
	2010	20.8	72.6	6.6	...	...	...	6.9
	2015	29.7	64.8	5.5	...	...	...	7.5
	2019	29.9	64.4	5.7	...	...	...	7.6
India Inde	2005	9.0	86.2	4.8	...	...	...	3.2
	2010	...	...	...	...	...	...	3.4
	2015	...	...	...	...	...	...	4.1
	2021	...	...	...	22.1	45	79	4.6
	2022	...	...	...	28.1	54	88	...
Indonesia Indonésie	*2005	...	...	...	...	...	...	2.9
	2010	33.6	54.5	11.9	...	...	...	2.8
	2015	24.1	64.1	11.9	15.0	...	...	3.6
	2017	...	...	...	32.0	42	67	2.7
	2018	...	...	...	40.1	48	...	2.8
	2019	...	...	...	...	...	...	2.8
Iran (Islamic Republic of) Iran (Rép. islamique d')	2005	...	...	...	...	...	...	4.1
	2010	...	...	...	...	...	...	3.7
	2012	...	...	...	45.5	60	90	2.9
	2014	25.9	67.6	6.5	...	...	...	2.6
	2015	...	...	4.2	30.9	...	...	2.6
	2019	12.5	81.6	5.9	27.1	...	...	3.3
	2020	8.0	84.9	7.1	...	...	...	3.2

9

Public expenditure on education and access to computers *(continued)*

By expenditure type, total government expenditure and GDP, access to computers by level of education (percent)

Dépenses publiques d'éducation et accès aux ordinateurs *(suite)*

Par type de dépenses, PIB, accès aux ordinateurs par niveau d'éducation (pourcentage)

Country or area Pays ou zone	Year Année	Percentage of total expenditure in public institutions / Pourcentage des dépenses publiques totales en faveur de l'éducation: Current expenditure Dépenses courantes	Staff Compensation Rémunération du personnel	Capital expenditure Dépenses en Capital	Access to computers by schools for pedagogical purposes by education level / L'accès aux ordinateurs par les écoles à des fins pédagogiques par niveau d'éducation: Primary Primaire	Lower Secondary premier cycle du secondaire	Upper Secondary deuxième cycle du secondaire	As % of GDP En % du PIB
Ireland Irlande	2005	17.3	74.2	8.4	...	...	...	4.5
	2010	19.7	71.6	8.7	...	...	...	6.1
	2015	15.1	78.1	6.9	55.6	...	...	3.8
	2019	39.0	54.8	6.2	67.2	...	...	3.3
Israel Israël	2005	25.1	68.8	6.1	...	...	...	5.6
	2010	18.7	72.9	8.4	...	...	...	5.4
	2015	15.5	75.3	9.2	85.0	85	85	5.8
	2016	15.2	75.4	9.4	85.0	85	85	5.8
	2019	17.0	73.2	9.8	...	...	...	6.1
Italy Italie	2005	20.9	71.9	7.2	...	...	...	4.2
	2010	20.5	74.7	4.8	...	...	...	4.3
	2015	18.9	76.1	5.0	59.1	...	...	4.1
	2019	24.2	70.7	5.1	42.8	...	...	4.1
Jamaica Jamaïque	2005	...	...	...	...	...	...	4.6
	2008	4.9	85.6	9.4	...	...	...	6.2
	2009	7.0	93.0	...	...	...	...	6.2
	2010	...	...	...	...	...	...	6.4
	2015	18.7	78.9	2.3	...	...	...	5.5
	2017	19.6	77.6	2.8	33.1	47	100	5.3
	2019	21.2	77.2	1.6	85.2	...	100	5.2
Japan Japon	2005	20.2	70.8	9.1	...	...	...	3.3
	2010	20.3	66.4	13.3	...	...	...	3.6
	2014	21.3	64.8	13.9	...	...	...	3.6
	2015	...	...	...	81.4	...	...	3.3
	2019	20.0	67.2	12.8	86.4	...	...	3.2
Jordan Jordanie	2011	...	...	...	88.2	96	98	...
	2020	...	...	...	33.6	100	100	...
	2021	8.4	79.7	12.0	...	100	100	3.2
Kazakhstan Kazakhstan	2005	40.6	53.2	6.2	...	...	...	2.3
	2010	32.8	57.8	9.4	...	...	...	3.5
	2015	36.6	59.9	3.5	59.0	...	...	2.8
	2018	26.8	68.7	4.5	...	...	...	2.6
	2019	25.0	75.0	...	70.1	...	...	2.9
	2021	...	...	...	...	...	...	4.5
Kenya Kenya	2005	...	...	...	...	...	...	7.3
	2010	...	...	...	...	...	...	4.8
	2015	31.6	60.9	7.5	...	...	...	4.7
	*2018	...	...	...	...	...	...	5.1
Kiribati Kiribati	2001	...	...	...	...	...	...	12.0
	2015	...	...	...	...	...	...	12.1
	2017	...	...	...	...	...	...	13.6
	2020	...	...	...	19.6	46	100	...
Kuwait Koweït	2005	17.4	74.9	7.7	...	...	...	4.7
	*2006	...	...	...	...	...	...	3.8
	2015	...	...	...	100.0	...	...	...
	2021	...	...	...	100.0	100	100	...
Kyrgyzstan Kirghizistan	2005	28.4	66.2	5.4	...	...	...	4.9
	2010	29.1	64.5	6.5	...	...	...	5.8
	2015	16.2	68.1	15.7	...	...	...	6.0
	2017	14.4	70.7	14.9	88.8	89	86	6.0
	2019	14.1	75.7	10.1	...	...	...	5.4
	2020	...	...	...	...	...	94	6.6
	2021	...	...	...	...	...	95	...

9 Public expenditure on education and access to computers *(continued)*

By expenditure type, total government expenditure and GDP, access to computers by level of education (percent)

Dépenses publiques d'éducation et accès aux ordinateurs *(suite)*

Par type de dépenses, PIB, accès aux ordinateurs par niveau d'éducation (pourcentage)

		Percentage of total expenditure in public institutions Pourcentage des dépenses publiques totales en faveur de l'éducation			Access to computers by schools for pedagogical purposes by education level L'accès aux ordinateurs par les écoles à des fins pédagogiques par niveau d'éducation			
Country or area Pays ou zone	Year Année	Current expenditure Dépenses courantes	Staff Compensation Rémunération du personnel	Capital expenditure Dépenses en Capital	Primary Primaire	Lower Secondary premier cycle du secondaire	Upper Secondary deuxième cycle du secondaire	As % of GDP En % du PIB
Lao People's Dem. Rep. Rép. dém. populaire lao	2005	...	...	...	...	...	...	2.4
	2010	16.7	65.0	18.3	...	...	...	1.7
	2014	12.4	72.6	15.0	...	...	...	2.9
	2015	...	...	...	...	...	...	2.7
	2021	...	...	...	...	...	...	1.9
Latvia Lettonie	2005	...	...	...	...	...	...	5.3
	2010	21.6	65.7	12.7	...	...	...	5.0
	2015	23.8	60.5	15.6	...	...	...	5.3
	2016	25.3	65.3	9.3	100.0	100	100	4.7
	2019	20.5	64.4	15.1	68.6	...	...	4.4
Lebanon Liban	2005	1.6	94.7	3.7	...	...	...	2.6
	2010	0.1	88.0	11.9	...	...	...	1.6
	2011	0.1	86.8	13.1	...	...	...	1.7
	2013	2.4	97.6	...	...	...	...	2.4
	2021	...	...	...	69.6	82	91	...
Lesotho Lesotho	2005	...	...	...	...	...	...	12.1
	2008	...	...	* 1.7	...	...	...	12.3
	2015	...	...	...	...	...	...	7.1
	2018	3.6	92.9	3.5	...	...	...	7.3
	2022	...	...	...	...	...	...	6.1
Liberia Libéria	2008	47.4	41.4	11.2	...	...	...	1.7
	2015	...	...	...	...	...	...	2.1
	2020	...	...	...	8.2	17	30	2.1
	2022	...	...	...	...	...	...	2.6
Liechtenstein Liechtenstein	2004	...	...	...	...	...	...	2.4
	2008	30.2	69.8	...	...	...	...	2.0
	2010	18.9	68.4	12.6	...	...	...	...
	2011	20.7	73.9	5.4	...	...	...	2.6
Lithuania Lituanie	2005	20.1	73.0	6.8	...	...	...	4.9
	2010	19.5	72.9	7.6	...	...	...	5.3
	2015	20.1	67.5	12.4	55.0	...	...	4.2
	2019	20.6	73.8	5.7	69.1	...	...	4.0
	2020	...	...	...	97.6	100	100	...
Luxembourg Luxembourg	2005	...	...	...	...	...	...	4.9
	2010	...	...	...	...	...	...	5.3
	2015	14.1	76.1	9.8	...	...	...	3.8
	2019	17.2	71.5	11.2	...	...	...	3.7
Madagascar Madagascar	2005	* 24.4	* 43.8	31.8	...	...	...	3.3
	2008	31.3	58.7	10.0	...	...	...	2.6
	2010	...	...	...	...	...	...	2.6
	2013	29.5	67.4	3.1	...	...	...	1.8
	*2015	...	...	...	...	...	...	2.2
	2019	...	...	...	0.5	16	21	3.0
	2021	...	...	...	...	...	...	3.2
Malawi Malawi	2003	...	...	...	...	...	...	3.2
	2010	...	...	4.9	...	...	...	3.5
	2013	14.5	71.7	13.8	...	...	...	5.4
	2015	...	...	1.2	...	...	...	5.6
	2016	...	...	3.1	...	...	44	4.7
	*2018	...	...	...	...	...	...	3.3
	2019	...	...	...	8.5	...	...	...
Malaysia Malaisie	2004	...	...	...	...	...	...	5.9
	2009	15.7	68.8	15.5	...	...	...	6.0
	2010	...	...	...	...	...	...	5.0
	2015	28.7	65.7	5.6	...	...	...	4.9
	2021	11.6	82.8	5.6	99.6	100	97	4.3

9

Public expenditure on education and access to computers *(continued)*
By expenditure type, total government expenditure and GDP, access to computers by level of education (percent)

Dépenses publiques d'éducation et accès aux ordinateurs *(suite)*
Par type de dépenses, PIB, accès aux ordinateurs par niveau d'éducation (pourcentage)

Country or area Pays ou zone	Year Année	Percentage of total expenditure in public institutions / Pourcentage des dépenses publiques totales en faveur de l'éducation: Current expenditure Dépenses courantes	Staff Compensation Rémunération du personnel	Capital expenditure Dépenses en Capital	Access to computers by schools for pedagogical purposes by education level / L'accès aux ordinateurs par les écoles à des fins pédagogiques par niveau d'éducation: Primary Primaire	Lower Secondary premier cycle du secondaire	Upper Secondary deuxième cycle du secondaire	As % of GDP En % du PIB
Maldives	2005	...	...	...	...	...	...	5.0
Maldives	2010	20.9	77.8	1.3	...	...	...	3.6
	2015	44.6	54.4	0.9	...	...	...	4.6
	2016	39.7	59.6	0.7	...	...	...	4.5
	2019	...	...	...	73.0	81	68	4.2
	2021	...	...	...	...	...	...	5.0
Mali	2005	...	...	...	...	...	...	3.5
Mali	2010	40.9	54.1	5.0	...	...	...	3.3
	2015	34.4	61.8	3.8	...	...	...	3.8
	2021	24.8	73.2	2.0	...	...	...	4.4
Malta	2005	...	...	...	...	...	...	5.4
Malte	2010	17.5	72.4	10.1	...	...	...	6.3
	2015	13.7	72.7	13.6	...	...	...	5.0
	2019	15.5	71.7	12.8	99.0	...	...	5.0
Marshall Islands	2003	...	...	...	...	...	...	11.8
Îles Marshall	2006	42.8	35.8	21.4	...	...	...	...
	2019	9.2	90.8	...	92.6	...	94	9.9
	2020	...	...	...	92.6	...	89	...
	2021	...	...	...	...	26	61	15.7
Mauritania	*2004	...	...	...	...	...	...	2.0
Mauritanie	2006	...	...	...	...	...	...	2.0
	2013	...	...	...	...	...	...	2.3
	2016	...	...	...	13.4	100	100	* 1.9
	2017	...	...	...	14.0	...	100	...
	2021	...	...	...	...	...	...	1.7
Mauritius	2005	...	...	...	...	...	...	4.1
Maurice	2010	...	...	13.5	...	...	...	3.6
	2015	...	...	...	100.0	100	100	4.8
	2021	...	...	...	96.5	100	100	4.7
	2022	...	...	...	97.8	100	100	...
Mexico	2005	11.2	85.7	3.1	...	...	...	4.8
Mexique	2009	11.1	84.8	4.1	63.8	90	...	5.2
	2010	10.3	85.7	3.9	...	...	...	5.2
	2013	11.8	83.8	4.4	48.0	...	...	4.7
	2015	11.9	85.1	3.1	...	...	...	5.2
	2016	13.3	83.4	3.3	...	...	67	4.9
	2018	13.0	84.8	2.1	...	...	...	4.3
	2019	12.8	85.1	2.1	...	...	...	...
Micronesia (Fed. States of)	*2000	...	...	...	...	...	...	6.7
	2015	...	...	...	...	...	...	12.4
Micronésie (États féd. de)	2019	...	...	...	21.4	33	...	10.2
	2021	...	...	...	32.2	33	80	...
Monaco	2004	...	...	...	...	...	...	1.2
Monaco	2010	8.4	90.7	0.9	...	...	...	1.3
	2014	4.3	87.3	8.4	...	...	...	1.0
	2015	8.5	83.7	7.8	...	...	...	...
	2021	3.5	54.3	42.2	100.0	100	100	1.4
	2022	...	...	...	100.0	100	100	...
Mongolia	2004	...	...	...	...	...	...	4.3
Mongolie	2010	...	...	...	...	...	...	4.6
	2013	98.3	1.7	~0.0	...	...	...	5.2
	2015	98.1	1.9	...	...	...	...	4.4
	2016	26.8	59.2	14.0	...	92	91	5.2
	2017	21.8	69.3	8.9	...	...	...	4.3
	2021	...	...	...	...	...	...	6.5
Montenegro Monténégro	2019	...	...	...	38.4	...	...	...

9

Public expenditure on education and access to computers *(continued)*
By expenditure type, total government expenditure and GDP, access to computers by level of education (percent)

Dépenses publiques d'éducation et accès aux ordinateurs *(suite)*
Par type de dépenses, PIB, accès aux ordinateurs par niveau d'éducation (pourcentage)

		Percentage of total expenditure in public institutions Pourcentage des dépenses publiques totales en faveur de l'éducation			Access to computers by schools for pedagogical purposes by education level L'accès aux ordinateurs par les écoles à des fins pédagogiques par niveau d'éducation			
Country or area Pays ou zone	**Year Année**	**Current expenditure Dépenses courantes**	**Staff Compensation Rémunération du personnel**	**Capital expenditure Dépenses en Capital**	**Primary Primaire**	**Lower Secondary premier cycle du secondaire**	**Upper Secondary deuxième cycle du secondaire**	**As % of GDP En % du PIB**
Montserrat Montserrat	2004	...	...	...	...	...	...	3.8
	2009	...	...	...	...	...	...	5.1
	2010	...	...	...	50.0	100	100	...
	2015	...	...	...	...	...	...	5.5
	2019	31.8	55.5	12.7	100.0	100	100	9.0
	2021	...	...	...	...	...	...	5.1
Morocco Maroc	2009	...	...	...	...	...	...	5.3
	2015	...	...	...	84.6	...	...	...
	2021	...	...	...	77.1	87	91	...
Mozambique Mozambique	2005	...	...	22.6	...	...	...	4.0
	2006	...	...	26.8	...	...	...	3.9
	2010	...	...	...	...	...	...	5.4
	2013	22.2	58.5	19.3	...	...	...	6.1
	2015	...	...	...	...	...	...	6.0
	2021	...	...	...	...	...	...	6.9
Myanmar Myanmar	2011	9.3	77.2	13.4	...	...	...	0.9
	2012	...	...	...	0.6	...	...	1.6
	2015	...	...	...	...	...	...	2.2
	2018	...	...	...	0.5	3	25	2.2
	2019	18.0	56.6	25.4	...	...	...	2.1
Namibia Namibie	2003	...	...	...	...	...	...	6.1
	2010	22.1	77.0	0.8	...	...	...	8.2
	2014	3.5	89.1	7.4	...	...	...	9.0
	2015	...	...	...	...	...	...	9.5
	2022	...	...	...	...	...	...	9.5
Nauru Nauru	*2007	20.8	56.9	...	...	...	...	4.2
	2015	...	...	...	...	...	...	6.4
	2020	...	...	...	100.0	100	100	6.8
	2022	...	...	...	...	...	...	9.5
Nepal Népal	2005	...	...	...	...	...	...	3.4
	2010	18.0	69.2	12.8	...	...	...	3.6
	2011	22.7	63.4	13.9	0.3	1	8	3.8
	2015	24.9	64.1	11.0	...	...	...	3.3
	2021	...	...	...	...	...	57	4.0
	2022	...	...	...	12.1	22	77	...
Netherlands (Kingdom of the) Pays-Bas (Royaume des)	2005	17.5	69.8	12.7	100.0	100	100	5.1
	2010	18.5	69.6	11.9	100.0	100	100	5.5
	2015	20.8	67.8	11.4	100.0	100	100	5.3
	2019	19.9	69.4	10.8	100.0	100	100	5.2
New Zealand Nouvelle-Zélande	2005	...	...	...	...	...	...	6.3
	2010	...	...	...	...	...	...	7.0
	2015	...	...	...	98.5	...	...	6.3
	2019	...	...	...	99.1	...	...	5.2
Nicaragua Nicaragua	*2003	...	...	...	...	...	...	2.4
	2010	10.7	46.2	11.4	6.2	33	...	4.5
	2013	...	...	...	16.2	...	...	...
	*2015	...	...	...	...	...	...	4.1
	2021	...	...	...	...	...	...	4.1
Niger Niger	2003	...	...	...	...	...	...	1.9
	2010	14.2	77.9	7.9	...	...	...	2.7
	2013	15.3	66.0	18.8	...	4	23	3.7
	2015	31.8	56.3	11.9	5.8	...	...	4.5
	2017	25.8	71.8	2.4	2.0	...	...	2.6
	2018	94.4	...	0.8	2.0	...	...	3.5
	2021	...	...	...	2.0	27	55	...

9 Public expenditure on education and access to computers *(continued)*

By expenditure type, total government expenditure and GDP, access to computers by level of education (percent)

Dépenses publiques d'éducation et accès aux ordinateurs *(suite)*

Par type de dépenses, PIB, accès aux ordinateurs par niveau d'éducation (pourcentage)

		Percentage of total expenditure in public institutions Pourcentage des dépenses publiques totales en faveur de l'éducation			Access to computers by schools for pedagogical purposes by education level L'accès aux ordinateurs par les écoles à des fins pédagogiques par niveau d'éducation			
Country or area Pays ou zone	Year Année	Current expenditure Dépenses courantes	Staff Compensation Rémunération du personnel	Capital expenditure Dépenses en Capital	Primary Primaire	Lower Secondary premier cycle du secondaire	Upper Secondary deuxième cycle du secondaire	As % of GDP En % du PIB
Niue	2016	10.3	89.7	...	100.0	100	100	...
Nioué	2021	...	...	...	100.0	100	100	...
North Macedonia	2002	...	...	...	...	...	...	3.3
Macédoine du Nord	2019	...	...	...	81.5	...	...	...
Norway	2005	22.4	66.9	10.7	100.0	100	...	6.9
Norvège	2010	21.3	67.4	11.3	100.0	100	100	6.7
	2015	18.1	69.7	12.3	100.0	100	100	7.6
	2019	17.6	70.0	12.4	100.0	100	100	7.9
	2020	...	...	...	100.0	100	...	...
Oman	2005	...	...	...	...	...	...	3.5
Oman	2009	...	...	...	...	...	...	4.2
	2011	...	...	...	100.0	100	100	...
	2013	20.7	67.6	11.7	...	...	...	4.4
	2015	...	...	...	40.2	...	...	...
	2021	15.8	83.4	0.9	100.0	100	100	...
Pakistan	2005	12.3	49.2	38.5	...	...	...	2.0
Pakistan	2007	14.8	59.1	26.1	...	...	...	2.6
	2010	...	...	...	...	...	...	2.3
	2013	...	...	24.6	...	...	...	2.5
	2015	...	...	...	...	...	...	2.7
	2019	...	...	...	46.2	...	...	2.2
	2021	...	...	...	...	...	...	2.1
Palau	*2002	...	...	...	...	...	...	7.5
Palaos	2021	...	...	...	100.0	100	100	...
Panama	*2004	...	...	...	...	...	...	3.6
Panama	2008	...	...	14.1	...	...	...	3.5
	2013	...	...	...	74.8	...	...	...
	2015	...	...	...	...	...	...	3.0
	2020	...	...	...	47.9	64	68	3.8
	2021	...	...	...	...	64	68	3.5
Papua New Guinea Papouasie-Nvl-Guinée	*2018	...	...	...	...	...	...	1.9
Paraguay	2004	...	...	...	...	...	...	2.9
Paraguay	2010	9.5	65.5	6.5	14.6	25	34	2.8
	2012	11.7	79.9	8.4	...	...	...	3.7
	2013	...	...	...	22.2	...	...	2.7
	2015	...	...	...	...	...	...	3.3
	2016	17.0	76.8	6.2	5.4	18	28	3.4
	2021	13.4	80.8	5.8	...	...	...	3.5
Peru	2005	9.3	81.3	9.4	...	...	...	2.8
Pérou	2010	14.5	64.6	20.9	...	...	...	2.9
	2013	20.6	56.8	22.6	74.3	...	...	3.3
	2015	28.3	49.5	22.2	...	...	...	4.0
	2021	20.9	61.0	18.1	70.2	76	76	4.0
Philippines	2005	11.1	85.5	3.4	...	...	...	2.3
Philippines	2009	18.4	73.4	8.2	...	...	...	2.5
	2015	...	...	...	59.2	92	92	3.5
	2020	...	...	...	79.1	87	81	3.7
	2021	...	...	...	...	...	...	3.9
Poland	2005	32.6	60.5	6.9	100.0	100	100	5.4
Pologne	2010	29.3	61.4	9.3	100.0	100	100	5.1
	2015	23.6	69.0	7.4	100.0	100	100	4.8
	2016	24.1	70.7	5.2	100.0	100	100	4.7
	2019	23.0	70.0	7.0	...	...	...	4.7

9

Public expenditure on education and access to computers *(continued)*
By expenditure type, total government expenditure and GDP, access to computers by level of education (percent)

Dépenses publiques d'éducation et accès aux ordinateurs *(suite)*
Par type de dépenses, PIB, accès aux ordinateurs par niveau d'éducation (pourcentage)

		Percentage of total expenditure in public institutions Pourcentage des dépenses publiques totales en faveur de l'éducation			Access to computers by schools for pedagogical purposes by education level L'accès aux ordinateurs par les écoles à des fins pédagogiques par niveau d'éducation			
Country or area Pays ou zone	Year Année	Current expenditure Dépenses courantes	Staff Compensation Rémunération du personnel	Capital expenditure Dépenses en Capital	Primary Primaire	Lower Secondary premier cycle du secondaire	Upper Secondary deuxième cycle du secondaire	As % of GDP En % du PIB
Portugal Portugal	2005	10.2	86.2	3.6	100.0	100	100	5.1
	2010	12.1	84.1	3.8	100.0	100	100	5.4
	2015	12.0	83.2	4.8	100.0	100	100	4.9
	2018	13.9	82.0	4.1	100.0	100	100	4.7
	2019	14.8	81.7	3.5	...	...	...	4.6
Puerto Rico Porto Rico	2014	37.4	58.0	4.6	...	...	...	6.1
	2015	...	...	...	...	...	...	4.7
	2021	...	...	...	...	...	...	3.6
Qatar Qatar	2005	...	...	...	...	...	...	4.0
	2010	...	...	...	...	...	...	4.5
	2014	45.5	22.7	31.9	...	...	...	3.6
	2015	...	...	...	80.6	...	...	...
	2019	26.4	58.7	14.9	100.0	100	100	2.8
	2020	...	...	...	100.0	100	100	3.2
	2021	...	...	...	100.0	100	100	...
Republic of Korea République de Corée	2005	...	...	...	100.0	100	100	...
	2010	...	...	...	100.0	100	100	3.5
	2015	...	...	...	100.0	100	100	...
	2019	22.8	59.9	17.3	100.0	100	100	4.7
	2020	...	...	...	100.0	100	100	...
Republic of Moldova République de Moldova	2005	...	...	...	...	...	...	7.2
	2010	29.1	62.6	8.2	...	...	...	7.6
	2014	28.6	60.8	10.6	...	...	...	6.3
	2015	...	52.2	7.5	...	...	...	5.8
	2021	18.3	72.2	9.5	99.8	100	100	5.8
Romania Roumanie	2005	34.4	59.1	6.5	...	...	...	3.5
	2010	27.1	62.2	10.8	...	...	...	3.4
	2015	31.8	62.5	5.7	...	...	...	3.1
	2019	23.1	70.5	6.3	...	...	...	3.6
Russian Federation Fédération de Russie	2005	...	...	...	...	...	...	3.8
	2010	...	...	...	...	...	...	3.8
	2015	21.9	70.9	7.2	75.5	...	...	3.8
	2018	18.0	74.4	7.6	...	...	...	4.7
	2019	...	...	...	51.5	...	...	3.5
Rwanda Rwanda	2001	...	...	...	...	...	...	4.8
	2010	25.1	58.7	16.1	...	...	...	4.6
	2015	* 41.4	* 47.9	* 10.8	58.8	71	71	* 3.6
	2021	16.3	48.4	35.3	75.0	83	87	5.6
	2022	...	...	...	...	...	...	4.0
Saint Kitts and Nevis Saint-Kitts-et-Nevis	2005	...	...	...	...	...	...	3.8
	2007	...	...	...	...	...	...	4.2
	2010	...	...	...	100.0	100	100	...
	2015	...	...	...	...	...	...	2.5
	2016	18.6	61.7	19.8	...	...	...	4.0
	2021	...	65.2	34.8	100.0	100	100	2.8
Saint Lucia Sainte-Lucie	2005	...	...	...	...	...	...	4.2
	2006	28.4	45.3	26.3	...	...	...	4.7
	2010	...	...	...	100.0	100	100	* 3.5
	2015	...	...	11.7	...	...	...	3.9
	2018	10.1	83.7	6.2	100.0	100	100	3.3
	2020	...	...	...	100.0	100	100	3.6
	2022	...	...	...	...	...	...	4.9
Saint Vincent & Grenadines Saint-Vincent-Grenadines	2005	14.6	51.9	33.6	...	...	...	6.0
	2010	5.6	94.4	...	...	100	100	4.8
	2015	...	...	...	...	...	...	5.0
	2018	...	...	...	100.0	96	96	5.2
	2020	...	...	...	...	...	...	6.6

9

Public expenditure on education and access to computers *(continued)*

By expenditure type, total government expenditure and GDP, access to computers by level of education (percent)

Dépenses publiques d'éducation et accès aux ordinateurs *(suite)*

Par type de dépenses, PIB, accès aux ordinateurs par niveau d'éducation (pourcentage)

		Percentage of total expenditure in public institutions Pourcentage des dépenses publiques totales en faveur de l'éducation			Access to computers by schools for pedagogical purposes by education level L'accès aux ordinateurs par les écoles à des fins pédagogiques par niveau d'éducation			
Country or area Pays ou zone	Year Année	Current expenditure Dépenses courantes	Staff Compensation Rémunération du personnel	Capital expenditure Dépenses en Capital	Primary Primaire	Lower Secondary premier cycle du secondaire	Upper Secondary deuxième cycle du secondaire	As % of GDP En % du PIB
Samoa Samoa	*2002	...	...	...	...	...	...	3.9
	2008	...	...	...	...	...	...	5.1
	2015	...	...	...	...	...	...	4.9
	2020	...	...	...	...	...	100	4.8
	2021	...	...	...	45.1	45	100	...
San Marino Saint-Marin	2004	...	...	...	...	...	...	2.8
	2010	4.2	95.8	...	...	...	...	2.6
	2011	5.0	95.0	...	...	...	...	2.7
	2015	...	...	...	...	...	...	3.4
	2020	8.7	90.7	0.6	100.0	100	100	3.4
	2021	...	...	...	100.0	100	100	...
Sao Tome and Principe Sao Tomé-et-Principe	2005	...	...	...	...	...	...	4.9
	2010	...	...	...	...	...	...	9.7
	2015	...	...	...	...	...	...	3.9
	2017	...	...	...	58.7	90	100	* 5.0
	2021	...	...	...	...	...	...	5.3
Saudi Arabia Arabie saoudite	2005	...	...	...	...	...	...	5.4
	2008	...	...	...	...	...	...	5.1
	2015	...	...	...	100.0	...	...	...
	2021	...	...	...	100.0	100	100	...
Senegal Sénégal	2005	...	...	...	...	...	...	4.1
	2010	18.3	72.6	9.1	...	...	...	5.2
	2015	23.6	61.7	14.7	...	...	...	5.5
	2016	27.2	67.8	5.0	...	...	...	5.1
	2021	...	...	...	18.6	83	88	5.6
Serbia Serbie	2009	21.1	76.2	2.7	...	...	...	4.5
	2010	...	...	...	...	...	...	3.9
	2011	22.4	75.0	2.6	...	...	...	4.2
	2012	...	...	...	...	...	...	3.8
	2015	...	...	...	27.1	...	...	...
	2019	20.9	75.8	3.2	27.0	...	...	3.6
Seychelles Seychelles	2003	...	...	...	...	...	...	5.4
	2006	29.8	56.7	13.5	...	...	...	4.8
	2010	...	...	...	...	...	...	3.5
	2015	63.2	32.8	3.9	...	...	...	5.0
	2016	64.5	30.2	5.2	100.0	100	100	4.2
	2021	...	...	...	100.0	100	100	5.5
Sierra Leone Sierra Leone	*2005	...	...	...	...	...	...	2.8
	2010	28.3	69.1	2.5	...	...	...	2.8
	2011	24.5	74.3	1.2	...	...	...	2.3
	2014	...	...	0.5	...	...	...	2.9
	2015	...	...	...	...	...	...	3.2
	2021	17.3	59.9	22.8	1.0	5	10	3.3
Singapore Singapour	2005	...	...	...	...	...	...	3.2
	2010	...	...	9.2	...	...	...	3.1
	2013	...	...	8.2	...	...	...	2.9
	2015	...	...	...	81.3	...	...	2.9
	2020	...	...	...	100.0	100	100	2.7
	2022	...	...	...	...	...	...	2.5
Sint Maarten (Dutch part) St-Martin (partie néerland.)	2010	...	...	...	100.0	100	100	...

9 Public expenditure on education and access to computers *(continued)*
By expenditure type, total government expenditure and GDP, access to computers by level of education (percent)

Dépenses publiques d'éducation et accès aux ordinateurs *(suite)*
Par type de dépenses, PIB, accès aux ordinateurs par niveau d'éducation (pourcentage)

Country or area Pays ou zone	Year Année	Percentage of total expenditure in public institutions / Pourcentage des dépenses publiques totales en faveur de l'éducation: Current expenditure Dépenses courantes	Staff Compensation Rémunération du personnel	Capital expenditure Dépenses en Capital	Access to computers by schools for pedagogical purposes by education level / L'accès aux ordinateurs par les écoles à des fins pédagogiques par niveau d'éducation: Primary Primaire	Lower Secondary premier cycle du secondaire	Upper Secondary deuxième cycle du secondaire	As % of GDP En % du PIB
Slovakia Slovaquie	2005	34.1	60.2	5.6	...	...	...	3.8
	2010	30.8	57.0	12.2	...	...	...	4.0
	2015	32.0	53.0	15.0	58.4	...	90	4.6
	2016	30.6	64.2	5.3	...	...	90	3.9
	2019	28.2	65.7	6.2	57.7	...	...	4.3
Slovenia Slovénie	2005	20.6	69.4	10.0	100.0	100	100	5.6
	2010	21.3	70.0	8.7	100.0	100	100	5.5
	2015	22.3	69.6	8.2	100.0	100	100	4.9
	2016	20.8	66.5	12.8	100.0	100	100	4.8
	2019	20.9	72.0	7.0	...	...	...	4.9
Solomon Islands Îles Salomon	2010	...	...	...	...	...	...	7.5
	2019	...	...	...	13.2	30	42	...
Somalia Somalie	2021	...	...	...	...	...	...	0.0
South Africa Afrique du Sud	2005	20.9	66.3	2.9	...	...	...	4.5
	2006	...	69.8	* 3.5	...	...	...	4.5
	2009	...	...	* 3.8	...	...	...	4.8
	2010	...	...	...	...	...	...	5.1
	2014	29.5	67.2	3.3	...	...	...	5.5
	2015	...	...	...	...	...	...	5.5
	2019	25.2	70.6	4.2	100.0	...	...	5.9
	2021	26.8	69.7	3.5	...	...	...	6.6
	2022	...	...	...	...	...	...	6.6
South Sudan Soudan du sud	2014	34.6	48.8	16.5	...	...	...	1.2
	2015	75.5	24.5	...	...	...	...	1.5
	2016	6.5	93.5	...	...	...	...	1.6
Spain Espagne	2005	16.7	73.5	9.8	100.0	100	...	4.1
	2010	17.7	71.6	10.8	100.0	100	100	4.9
	2015	18.2	76.5	5.3	100.0	100	100	4.3
	2019	18.4	76.3	5.3	100.0	100	100	4.2
	2021	...	...	...	100.0	100	100	...
Sri Lanka Sri Lanka	2010	9.9	75.5	14.6	...	...	...	1.7
	2015	18.3	62.4	19.3	...	...	...	2.1
	2018	24.0	50.7	25.3	50.8	72	...	2.0
	2019	...	...	...	56.3	77	80	...
State of Palestine État de Palestine	2010	...	...	...	...	...	...	6.2
	2015	11.3	85.2	3.5	...	...	...	4.7
	2021	4.9	92.9	2.2	83.5	95	99	5.5
	2022	...	...	...	87.4	96	98	...
Sudan Soudan	2005	...	...	...	...	...	...	1.2
	2009	...	...	...	...	...	...	2.0
	2016	...	...	...	...	...	100	...
Suriname Suriname	2015	...	...	...	...	...	...	5.5
	2021	...	...	...	...	...	...	4.0
Sweden Suède	2005	28.4	65.0	6.6	...	...	...	6.5
	2010	31.3	63.1	5.6	...	...	...	6.5
	2015	29.6	65.3	5.1	87.2	...	...	7.4
	2019	29.3	66.1	4.6	96.9	...	...	7.6
Switzerland Suisse	2005	15.5	75.3	9.1	...	...	...	5.1
	2010	16.2	75.2	8.6	...	...	...	4.8
	2015	15.4	74.3	10.2	100.0	100	100	5.0
	2016	15.3	74.1	10.6	100.0	100	100	5.0
	2019	...	...	...	...	...	...	5.1
Syrian Arab Republic République arabe syrienne	2004	...	...	...	...	...	...	5.4
	2009	...	...	...	...	...	...	5.1
	2022	...	...	...	53.8	53	72	...

9 Public expenditure on education and access to computers *(continued)*

By expenditure type, total government expenditure and GDP, access to computers by level of education (percent)

Dépenses publiques d'éducation et accès aux ordinateurs *(suite)*

Par type de dépenses, PIB, accès aux ordinateurs par niveau d'éducation (pourcentage)

		Percentage of total expenditure in public institutions Pourcentage des dépenses publiques totales en faveur de l'éducation			Access to computers by schools for pedagogical purposes by education level L'accès aux ordinateurs par les écoles à des fins pédagogiques par niveau d'éducation			
Country or area Pays ou zone	Year Année	Current expenditure Dépenses courantes	Staff Compensation Rémunération du personnel	Capital expenditure Dépenses en Capital	Primary Primaire	Lower Secondary premier cycle du secondaire	Upper Secondary deuxième cycle du secondaire	As % of GDP En % du PIB
Tajikistan Tadjikistan	2005	...	...	...	...	...	...	3.5
	2010	...	...	...	...	...	...	4.0
	2015	...	...	14.0	...	...	...	5.0
	2021	...	...	...	...	...	...	5.7
Thailand Thaïlande	2005	...	...	...	...	...	...	3.9
	2010	45.8	50.9	3.3	...	...	...	3.5
	2011	54.5	39.5	6.0	98.8	100	89	4.8
	2014	31.8	62.5	5.7	...	...	...	3.9
	2015	...	...	...	...	...	...	3.9
	2021	...	...	...	99.9	100	100	3.0
	2022	...	...	...	99.9	100	100	...
Timor-Leste Timor-Leste	2010	52.5	37.8	9.7	...	...	...	11.1
	2014	46.4	49.5	4.0	...	...	...	7.7
	2015	...	...	...	...	...	...	6.3
	2021	...	...	...	...	...	...	5.5
Togo Togo	2005	...	...	...	...	...	...	3.2
	2010	14.7	74.7	10.6	...	...	...	4.1
	2015	7.0	90.5	2.5	...	...	...	5.1
	2016	7.1	90.5	2.4	...	...	...	3.7
	2021	...	...	...	2.6	29	44	4.2
Tokelau Tokélaou	2021	...	...	...	100.0	100	100	...
Tonga Tonga	2004	...	...	...	...	...	...	3.9
	2020	...	...	...	44.3	93	100	6.5
	2021	...	...	...	...	...	...	6.6
Trinidad and Tobago Trinité-et-Tobago	2003	...	...	...	...	...	...	3.1
	2015	...	...	...	...	...	...	3.4
	2021	37.2	56.3	6.5	...	...	...	3.0
Tunisia Tunisie	2005	...	...	...	...	...	...	6.5
	2010	...	...	10.4	...	...	...	6.0
	2015	...	...	...	...	...	...	6.2
	2021	...	...	...	96.8	100	100	...
Türkiye Türkiye	2010	...	...	...	...	...	...	3.8
	2015	16.2	68.0	15.8	35.1	...	...	4.3
	2019	18.9	72.1	9.0	94.3	...	...	4.5
	2020	...	...	...	...	...	...	3.4
Turkmenistan Turkménistan	2012	...	...	33.7	...	...	...	3.0
	2019	...	...	...	99.2	99	99	3.1
	2020	12.7	84.8	2.5	97.6	98	98	...
	2021	...	...	...	99.4	99	99	...
Turks and Caicos Islands Îles Turques-et-Caïques	2005	13.7	69.5	16.8	...	...	...	2.5
	2010	...	...	...	100.0	100	100	...
	2015	...	...	17.6	...	...	...	3.1
	2018	6.5	74.6	18.8	96.6	85	85	2.7
	2020	...	...	...	...	...	83	2.5
	2021	...	...	...	96.6	...	...	3.3
	2022	...	...	...	...	...	...	3.7
Tuvalu Tuvalu	2021	...	...	...	100.0	100	100	...
Uganda Ouganda	2004	...	...	...	...	...	...	5.0
	2010	51.1	35.5	13.4	...	...	...	1.7
	2014	48.3	39.1	12.6	...	...	...	1.9
	*2015	...	...	...	...	...	...	2.3
	2022	...	...	...	...	...	...	2.6

9 Public expenditure on education and access to computers *(continued)*

By expenditure type, total government expenditure and GDP, access to computers by level of education (percent)

Dépenses publiques d'éducation et accès aux ordinateurs *(suite)*

Par type de dépenses, PIB, accès aux ordinateurs par niveau d'éducation (pourcentage)

		Percentage of total expenditure in public institutions / Pourcentage des dépenses publiques totales en faveur de l'éducation			Access to computers by schools for pedagogical purposes by education level / L'accès aux ordinateurs par les écoles à des fins pédagogiques par niveau d'éducation			
Country or area / Pays ou zone	Year / Année	Current expenditure / Dépenses courantes	Staff Compensation / Rémunération du personnel	Capital expenditure / Dépenses en Capital	Primary / Primaire	Lower Secondary / premier cycle du secondaire	Upper Secondary / deuxième cycle du secondaire	As % of GDP / En % du PIB
Ukraine / Ukraine	2005	...	...	...	...	...	...	5.8
	2010	...	...	...	...	...	...	7.4
	2014	...	...	2.2	...	...	...	5.9
	2015	...	...	...	...	...	...	5.7
	2020	...	...	4.7	96.9	100	100	5.4
	2021	...	...	...	98.9	100	100	5.6
United Arab Emirates / Émirats arabes unis	2015	...	...	...	77.5	...	...	1.7
	2021	34.7	44.8	20.5	...	...	...	3.9
	2022	...	...	...	100.0	100	100	...
United Kingdom / Royaume-Uni	2005	18.5	73.5	8.0	...	...	...	4.9
	2010	29.8	58.8	11.4	...	...	...	5.7
	2015	23.5	73.9	2.6	...	...	...	5.6
	2019	20.0	77.8	2.2	...	...	...	5.2
United Rep. of Tanzania / Rép.-Unie de Tanzanie	2005	...	...	...	...	...	...	3.5
	2010	...	...	...	...	...	...	4.5
	2015	...	...	...	...	...	...	4.2
	2021	...	...	...	93.1	...	...	3.3
	2022	...	...	...	...	...	...	3.4
United States of America / États-Unis d'Amérique	2005	...	...	...	...	...	...	6.2
	2010	...	...	...	...	...	...	6.7
	2015	21.7	69.7	8.7	69.7	...	...	4.9
	2019	21.2	69.2	9.6	81.4	...	...	5.0
Uruguay / Uruguay	2005	14.5	80.8	4.7	...	...	...	2.7
	2006	14.1	80.2	5.7	...	...	...	2.9
	2009	...	...	...	100.0	100	100	...
	2015	13.5	82.7	3.8	100.0	100	100	4.6
	2020	14.2	81.9	3.8	99.9	100	100	4.6
	2021	...	...	...	...	...	...	4.5
Uzbekistan / Ouzbékistan	*2015	...	...	...	...	...	...	5.5
	2021	12.5	85.1	2.4	96.8	97	98	4.6
Vanuatu / Vanuatu	2003	...	...	...	...	...	...	8.4
	2009	8.8	89.5	1.7	...	...	...	5.2
	2015	...	...	...	...	...	...	5.6
	2020	30.0	69.5	0.6	...	...	...	2.2
Venezuela (Boliv. Rep. of) / Venezuela (Rép. boliv. du)	2009	20.2	76.9	2.9	...	...	...	6.9
	2010	...	...	...	68.3	27	27	...
Viet Nam / Viet Nam	2010	32.3	42.4	25.3	...	...	...	4.0
	2013	31.3	46.9	21.9	...	...	...	4.5
	2015	...	...	...	...	...	...	3.4
	2021	...	...	...	88.2	89	91	3.0
Yemen / Yémen	2005	...	...	...	...	...	...	5.2
	2008	...	...	25.7	...	...	...	5.2
	2010	...	...	...	...	...	...	4.4
	2012	...	...	...	...	...	...	5.5
	2016	...	...	...	...	...	31	...
Zambia / Zambie	2005	...	...	...	...	...	...	1.7
	2010	...	...	...	...	...	...	3.4
	2015	11.9	71.6	16.5	...	...	...	4.6
	2016	16.6	75.6	7.8	...	...	...	3.7
	2017	...	...	...	85.4	...	71	3.7
	2020	...	...	...	...	...	...	3.9

9 Public expenditure on education and access to computers *(continued)*

By expenditure type, total government expenditure and GDP, access to computers by level of education (percent)

Dépenses publiques d'éducation et accès aux ordinateurs *(suite)*

Par type de dépenses, PIB, accès aux ordinateurs par niveau d'éducation (pourcentage)

		Percentage of total expenditure in public institutions Pourcentage des dépenses publiques totales en faveur de l'éducation			Access to computers by schools for pedagogical purposes by education level L'accès aux ordinateurs par les écoles à des fins pédagogiques par niveau d'éducation			
Country or area Pays ou zone	Year Année	Current expenditure Dépenses courantes	Staff Compensation Rémunération du personnel	Capital expenditure Dépenses en Capital	Primary Primaire	Lower Secondary premier cycle du secondaire	Upper Secondary deuxième cycle du secondaire	As % of GDP En % du PIB
Zimbabwe	2010	...	...	...	...	...	...	1.5
Zimbabwe	2014	...	...	...	12.0	...	...	6.1
	2015	...	...	...	17.4	29	84	...
	2018	...	...	...	28.7	32	88	* 2.1
	2020	...	...	...	33.1	31	86	...
	2021	...	...	...	35.0	...	...	...
LDCs	2015	...	...	...	...	...	49	...
PMAs	2020	...	...	...	30.3	45	49	...
LLDCs								
PDSL	2020	...	...	...	35.3	58	69	...

Source:

United Nations Educational, Scientific and Cultural Organization (UNESCO), Montreal, the UNESCO Institute for Statistics (UIS) statistics database, last accessed April 2023.

Source:

Organisation des Nations Unies pour l'éducation, la science et la culture (UNESCO), Montréal, base de données statistiques de l'Institut de statistique (ISU) de l'UNESCO, dernier accès avril 2023.

10 Health personnel

Number of health workers and workforce density (per 1 000 population)

Le personnel de santé

Personnel de santé et densité (pour 1 000 habitants)

Country or area Pays ou zone	Year Année	Physicians Médecins Number Nombre	 Per 1 000 Pour 1 000	Dentists Dentistes Number Nombre	 Per 1 000 Pour 1 000	Pharmacists Pharmaciens Number Nombre	 Per 1 000 Pour 1 000	Nurses and midwives Infirmières et Sages-femmes Number Nombre	 Per 1 000 Pour 1 000
Afghanistan	2001	4 104	0.2	...	...	525	~0.0	...	...
Afghanistan	2005	...	...	...	...	900	~0.0	14 930	0.6
	2008	4 834	0.2	382	~0.0	829	~0.0	13 780	0.5
	2009	6 037	0.2	...	...	847	~0.0	17 257	0.6
	2010	6 901	0.2	...	...	814	~0.0	...	...
	2015	9 808	0.3	123	~0.0	1 712	0.1	4 471	0.1
	2018	11 144	0.3	880	~0.0	1 073	~0.0	16 581	0.5
	2019	8 082	0.2	2 697	0.1	...	...	...	...
	2020	9 880	0.3	...	...	...	...	...	...
Albania	2003	3 699	1.2	1 350	0.4	1 100	0.4	11 238	3.6
Albanie	2004	3 699	1.2	...	...	...	...	11 136	3.6
	2005	...	...	...	...	...	...	11 136	3.7
	2006	3 626	1.2	1 035	0.3	1 173	0.4	12 746	4.2
	2010	3 640	1.2	...	...	1 324	0.5	11 846	4.1
	2013	3 709	1.3	...	...	2 441	0.8	12 455	4.3
	2018	6 222	2.2	2 973	1.0	3 125	1.1	...	...
	2020	5 397	1.9	...	...	...	...	16 717	5.8
Algeria	2002	35 368	1.1	8 861	0.3	5 413	0.2	69 749	2.2
Algérie	2005	33 952	1.0	9 022	0.3	6 104	0.2	...	...
	2007	40 857	1.2	10 621	0.3	7 417	0.2	65 919	1.9
	2018	72 604	1.7	15 437	0.4	18 807	0.4	65 359	1.6
Andorra	2005	255	3.2	46	0.6	72	0.9	266	3.3
Andorre	2009	266	3.6	51	0.7	78	1.1	311	4.2
	2015	260	3.6	64	0.9	79	1.1	313	4.4
Angola	2004	1 165	0.1	222	~0.0	919	~0.0	18 485	1.0
Angola	2009	2 956	0.1	...	...	...	...	29 592	1.3
	2018	6 593	0.2	1 652	0.1	2 302	0.1	12 554	0.4
Antigua and Barbuda	2007	144	1.8	...	...	15	0.2	277	3.4
Antigua-et-Barbuda	2008	45	0.5	...	...	...	...	...	...
	2014	...	...	4	~0.0	...	...	434	4.9
	2015	...	...	...	...	...	...	422	4.7
	2017	264	2.9	...	...	...	...	429	4.7
	2019	...	...	...	...	...	...	882	9.6
Argentina	2015	171 870	4.0	...	...	...	...	...	...
Argentine	2020	175 419	3.9	35 569	0.8	22 390	0.5	245 314	5.4
Armenia	2005	7 645	2.5	959	0.3	95	~0.0	14 872	4.9
Arménie	2010	8 177	2.8	1 257	0.4	123	~0.0	15 076	5.1
	2015	8 526	3.0	1 080	0.4	143	0.1	14 492	5.0
	2017	12 964	4.5	1 638	0.6	...	...	...	...
Australia	2003	51 819	2.6	9 328	0.5	15 700	0.8	195 975	9.9
Australie	2005	56 084	2.8	...	...	14 900	0.7	196 998	9.8
	2010	74 061	3.4	11 473	0.5	19 237	0.9	230 446	10.5
	2015	83 490	3.5	13 843	0.6	20 281	0.9	292 015	12.3
	2020	105 293	4.1	16 153	0.6	26 795	1.0	420 907	16.4
	2021	...	...	...	...	...	...	384 024	14.8
Austria	2005	35 784	4.4	4 232	0.5	5 076	0.6	50 999	6.2
Autriche	2010	40 381	4.8	4 685	0.6	5 579	0.7	56 524	6.8
	2015	44 292	5.1	4 906	0.6	6 104	0.7	60 871	7.0
	2020	47 674	5.4	5 206	0.6	6 516	0.7	95 976	10.8
	2021	48 705	5.5	...	...	...	...	...	...
Azerbaijan	2005	30 584	3.5	2 393	0.3	1 740	0.2	70 377	8.1
Azerbaïdjan	2010	33 085	3.6	2 467	0.3	1 831	0.2	66 401	7.2
	2014	32 756	3.4	2 601	0.3	1 897	0.2	61 157	6.3
	2015	32 458	3.3	...	...	...	...	...	...
	2019	31 829	3.1	...	...	...	...	...	...
Bahamas	2008	947	2.6	79	0.2	138	0.4	1 391	3.8
Bahamas	2011	830	2.2	84	0.2	202	0.5	1 458	3.9
	2017	740	1.9	99	0.2	...	...	...	...
	2018	...	...	...	...	...	...	1 761	4.4

10 Health personnel *(continued)*

Number of health workers and workforce density (per 1 000 population)

Le personnel de santé *(suite)*

Personnel de santé et densité (pour 1 000 habitants)

Country or area Pays ou zone	Year Année	Physicians Médecins Number Nombre	 Per 1 000 Pour 1 000	Dentists Dentistes Number Nombre	 Per 1 000 Pour 1 000	Pharmacists Pharmaciens Number Nombre	 Per 1 000 Pour 1 000	Nurses and midwives Infirmières et Sages-femmes Number Nombre	 Per 1 000 Pour 1 000
Bahrain	2005	928	1.0	98	0.1	164	0.2	2 389	2.6
Bahreïn	2010	1 178	1.0	122	0.1	196	0.2	3 052	2.5
	2015	1 270	0.9	134	0.1	222	0.2	3 422	2.5
	2016	1 187	0.8	134	0.1	...	...	3 307	2.3
Bangladesh	2002	...	...	1 886	~0.0	7 622	0.1	...	...
Bangladesh	2005	42 881	0.3	2 344	~0.0	...	...	39 471	0.3
	2010	53 643	0.4	4 336	~0.0	12 172	0.1	27 005	0.2
	2015	75 915	0.5	6 520	~0.0	12 199	0.1	42 965	0.3
	2021	113 477	0.7	11 593	0.1	17 082	0.1	103 828	0.6
Barbados	2005	489	1.8	83	0.3	251	0.9	1 311	4.9
Barbade	2017	712	2.6	88	0.3	...	...	...	...
	2018	...	...	...	...	...	...	877	3.1
Belarus	2005	...	...	4 555	0.5	2 898	0.3	96 019	9.7
Bélarus	2010	...	...	5 087	0.5	2 731	0.3	99 995	10.3
	2015	48 995	5.1	5 591	0.6	3 424	0.4	103 859	10.7
	2018	42 524	4.4	5 887	0.6	...	...	...	...
	2019	42 897	4.4	...	...	...	...	...	...
Belgium	2005	30 081	2.9	7 694	0.7	11 882	1.1	99 189	9.4
Belgique	2010	31 815	2.9	7 675	0.7	12 629	1.2	110 405	10.2
	2015	34 020	3.0	8 291	0.7	13 643	1.2	133 287	11.9
	2021	72 657	6.3	13 158	1.1	23 535	2.0	238 324	20.5
Belize	2000	251	1.0	32	0.1	...	...	303	1.3
Belize	2009	241	0.8	...	...	112	0.4	570	1.8
	2012	387	1.1	...	...	...	...	373	1.1
	2015	...	...	...	...	...	...	756	2.1
	2017	422	1.1	58	0.2	254	0.7	899	2.4
	2018	413	1.1	57	0.1	...	...	897	2.3
	2019	...	...	54	0.1	...	...	...	...
Benin	2004	311	~0.0	11	~0.0	11	~0.0	5 789	0.7
Bénin	2008	542	0.1	37	~0.0	20	~0.0	7 129	0.8
	2010	513	0.1	...	...	16	~0.0	4 158	0.4
	2011	546	0.1	...	...	15	~0.0	4 018	0.4
	2013	...	...	...	...	...	...	5 823	0.6
	2018	908	0.1	12	~0.0	306	~0.0	4 465	0.4
	2019	763	0.1	...	...	...	...	3 575	0.3
Bhutan	2004	118	0.2	10	~0.0	7	~0.0	515	0.8
Bhoutan	2007	144	0.2	7	~0.0	10	~0.0	545	0.8
	2008	171	0.2	...	...	14	~0.0	666	1.0
	2015	251	0.3	...	...	15	~0.0	1 070	1.4
	2021	435	0.6	75	0.1	49	0.1	1 718	2.2
Bolivia (Plurin. State of)	2001	10 329	1.2	...	...	2 593	0.3	18 091	2.1
Bolivie (État plurin. de)	2010	4 406	0.4	976	0.1	567	0.1	8 366	0.8
	2011	4 771	0.5	1 130	0.1	660	0.1	10 139	1.0
	2015	...	...	...	...	...	...	12 950	1.2
	2016	17 542	1.6	2 428	0.2	2 477	0.2	12 332	1.1
	2017	11 528	1.0	2 014	0.2	...	...	17 449	1.5
Bosnia and Herzegovina	2005	5 773	1.4	722	0.2	331	0.1	18 332	4.5
Bosnie-Herzégovine	2010	6 665	1.7	797	0.2	371	0.1	20 331	5.3
	2015	7 413	2.1	823	0.2	443	0.1	21 193	6.0
	2018	...	...	...	...	...	...	19 057	5.6
Botswana	2004	715	0.4	38	~0.0	140	0.1	4 753	2.6
Botswana	2005	466	0.2	...	...	...	...	4 468	2.4
	2009	693	0.3	55	~0.0	107	0.1	5 816	2.8
	2010	819	0.4	55	~0.0	...	...	5 816	2.8
	2011	819	0.4	55	~0.0	430	0.2	5 816	2.7
	2012	819	0.4	55	~0.0	...	...	5 816	2.7
	2018	853	0.3	120	~0.0	487	0.2	12 300	5.0
	2019	...	...	172	0.1	...	...	...	...

Health personnel *(continued)*

Number of health workers and workforce density (per 1 000 population)

Le personnel de santé *(suite)*

Personnel de santé et densité (pour 1 000 habitants)

Country or area Pays ou zone	Year Année	Physicians Médecins Number Nombre	 Per 1 000 Pour 1 000	Dentists Dentistes Number Nombre	 Per 1 000 Pour 1 000	Pharmacists Pharmaciens Number Nombre	 Per 1 000 Pour 1 000	Nurses and midwives Infirmières et Sages-femmes Number Nombre	 Per 1 000 Pour 1 000
Brazil	2004	...	...	178 025	1.0	...	...	686 089	3.7
Brésil	2005	...	...	207 904	1.1	99 696	0.5	...	...
	2010	...	...	223 021	1.1	107 564	0.5	...	...
	2013	378 354	1.9	...	...	...	...	1 520 533	7.5
	2015	...	...	...	...	...	...	1 862 357	9.1
	2021	459 080	2.1	143 178	0.7	71 941	0.3	1 181 537	5.5
Brunei Darussalam	2005	390	1.1	73	0.2	41	0.1	2 006	5.5
Brunéi Darussalam	2010	563	1.4	86	0.2	43	0.1	2 907	7.3
	2015	739	1.8	94	0.2	71	0.2	2 756	6.5
	2021	852	1.9	106	0.2	95	0.2	2 989	6.7
Bulgaria	2005	28 174	3.6	6 516	0.8	...	...	34 690	4.4
Bulgarie	2010	27 963	3.7	6 389	0.8	5 600	0.7	35 033	4.6
	2015	29 038	4.0	7 547	1.0	6 022	0.8	34 671	4.7
	2018	29 667	4.2	7 240	1.0	...	...	33 744	4.7
	2019	...	...	9 800	1.4	...	...	...	...
Burkina Faso	2004	708	0.1	58	~0.0	227	~0.0	6 557	0.5
Burkina Faso	2010	713	~0.0	32	~0.0	184	~0.0	8 645	0.5
	2012	787	~0.0	38	~0.0	203	~0.0	10 459	0.6
	2015	1 189	0.1	...	...	258	~0.0	12 131	0.6
	2019	1 910	0.1	52	~0.0	313	~0.0	18 841	0.9
Burundi	2004	200	~0.0	14	~0.0	73	~0.0	...	...
Burundi	2010	418	~0.0	2	~0.0	23	~0.0	5 973	0.7
	2012	498	0.1	...	...	4	~0.0	6 502	0.7
	2013	554	0.1	4	~0.0	...	...	6 608	0.7
	2015	508	~0.0	...	...	...	...	6 767	0.6
	2018	1 084	0.1	14	~0.0	119	~0.0	9 156	0.8
	2021	812	0.1	...	...	99	~0.0	9 515	0.8
Cabo Verde	2010	292	0.6	4	~0.0	4	~0.0	543	1.0
Cabo Verde	2011	292	0.6	3	~0.0	3	~0.0	543	1.0
	2015	410	0.7	...	...	...	...	498	0.9
	2018	452	0.8	81	0.1	172	0.3	706	1.2
	2019	...	...	120	0.2	...	...	...	...
Cambodia	2000	2 047	0.2	209	~0.0	564	~0.0	11 125	0.9
Cambodge	2010	3 294	0.2	242	~0.0	548	~0.0	12 251	0.9
	2014	2 944	0.2	252	~0.0	526	~0.0	14 697	1.0
	2015	...	...	...	...	...	...	9 140	0.6
	2018	...	...	1 385	0.1	...	...	11 140	0.7
	2019	3 473	0.2	...	...	...	...	16 611	1.0
Cameroon	2005	1 049	0.1	26	~0.0	27	~0.0	6 705	0.4
Cameroun	2010	1 712	0.1	58	~0.0	42	~0.0	10 714	0.5
	2011	1 842	0.1	58	~0.0	162	~0.0	19 159	0.9
	2021	3 378	0.1	133	~0.0	264	~0.0	5 247	0.2
Canada	2005	...	...	18 178	0.6	25 426	0.8	...	...
Canada	2010	...	...	19 800	0.6	30 920	0.9	...	...
	2015	...	...	22 454	0.6	35 238	1.0	353 738	9.9
	2020	92 173	2.4	24 909	0.7	41 856	1.1	419 627	11.1
	2021	93 998	2.5	...	...	40 234	1.1	391 847	10.3
Central African Republic	2004	331	0.1	6	~0.0	17	~0.0	1 613	0.4
République centrafricaine	2009	205	~0.0	4	~0.0	10	~0.0	1 097	0.2
	2015	324	0.1	...	...	20	~0.0	927	0.2
	2018	335	0.1	10	~0.0	36	~0.0	1 195	0.2
Chad	2004	345	~0.0	7	~0.0	31	~0.0	2 499	0.3
Tchad	2006	368	~0.0	...	...	...	...	1 891	0.2
	2015	696	~0.0	...	...	79	~0.0	3 563	0.3
	2021	1 000	0.1	19	~0.0	142	~0.0	3 398	0.2
Chile	2005	15 865	1.0	12	~0.0	...	...	...	...
Chili	2010	24 455	1.4	9 568	0.6	4 498	0.3	21 618	1.3
	2015	38 580	2.2	18 046	1.0	7 965	0.4	197 260	11.0
	2021	57 952	3.0	28 860	1.5	12 287	0.6	89 695	4.6

10 Health personnel *(continued)*

Number of health workers and workforce density (per 1 000 population)

Le personnel de santé *(suite)*

Personnel de santé et densité (pour 1 000 habitants)

Country or area Pays ou zone	Year Année	Physicians / Médecins Number Nombre	Per 1 000 Pour 1 000	Dentists / Dentistes Number Nombre	Per 1 000 Pour 1 000	Pharmacists / Pharmaciens Number Nombre	Per 1 000 Pour 1 000	Nurses and midwives / Infirmières et Sages-femmes Number Nombre	Per 1 000 Pour 1 000
China	2005	1 622 684	1.2	51 012	~0.0	349 533	0.3	1 349 589	1.0
Chine	2010	1 972 840	1.5	...	...	353 916	0.3	2 048 071	1.5
	2011	2 020 154	1.5	119 000	0.1	363 993	0.3	2 244 020	1.7
	2015	2 508 408	1.8	...	...	423 294	0.3	3 241 469	2.3
	2017	2 828 999	2.0	637 000	0.5	453 000	0.3	3 804 021	2.7
	2020	3 401 672	2.4	...	...	...	...	4 708 717	3.3
Colombia	2005	60 331	1.4	34 116	0.8	3 382	0.1	28 163	0.7
Colombie	2010	74 584	1.7	38 967	0.9	4 831	0.1	39 226	0.9
	2015	93 815	2.0	46 236	1.0	6 583	0.1	55 369	1.2
	2021	121 659	2.4	42 566	0.8	8 709	0.2	74 626	1.4
Comoros	2005	116	0.2	17	~0.0	15	~0.0	344	0.6
Comores	2009	128	0.2	21	~0.0	18	~0.0	473	0.7
	2012	123	0.2	18	~0.0	16	~0.0	...	...
	2018	220	0.3	32	~0.0	55	0.1	1 234	1.6
Congo	2004	756	0.2	...	...	95	~0.0	3 672	1.0
Congo	2007	401	0.1	...	...	38	~0.0	3 492	0.9
	2010	494	0.1	...	...	...	...	1 867	0.4
	2011	723	0.2	133	~0.0	250	0.1	7 866	1.7
	2015	...	...	...	...	...	...	3 852	0.8
	2018	544	0.1	27	~0.0	157	~0.0	5 081	0.9
Cook Islands	2004	20	1.3	10	0.7	2	0.1	80	5.3
Îles Cook	2009	24	1.4	4	0.2	1	0.1	116	7.0
	2014	25	1.4	22	1.2	1	0.1	116	6.5
	2015	...	...	...	...	...	...	120	6.8
	2019	23	1.3	6	0.4	...	...	140	8.2
Costa Rica	2000	5 204	1.3	1 467	0.4	1 144	0.3	4 661	1.2
Costa Rica	2005	...	...	...	...	...	...	6 232	1.4
	2010	10 554	2.3	...	...	...	...	8 527	1.8
	2015	13 243	2.7	703	0.1	3 518	0.7	12 884	2.6
	2021	14 278	2.8	5 454	1.1	6 046	1.2	15 784	3.1
Côte d'Ivoire	2005	1 698	0.1	204	~0.0	128	~0.0	8 988	0.5
Côte d'Ivoire	2008	2 746	0.1	274	~0.0	413	~0.0	9 231	0.5
	2014	5 240	0.2	490	~0.0	2 430	0.1	14 168	0.6
	2015	...	...	...	...	...	...	10 891	0.5
	2019	4 173	0.2	373	~0.0	944	~0.0	16 860	0.6
Croatia	2005	11 100	2.5	3 218	0.7	2 480	0.6	22 974	5.2
Croatie	2010	12 304	2.8	3 158	0.7	2 851	0.7	25 000	5.7
	2015	13 430	3.2	3 347	0.8	3 042	0.7	26 210	6.2
	2016	13 504	3.2	...	...	...	...	34 184	8.1
	2019	14 312	3.5	5 053	1.2	...	...	...	...
Cuba	2002	67 079	6.0	9 955	0.9	...	...	83 880	7.5
Cuba	2005	70 594	6.3	10 554	0.9	...	...	...	...
	2010	76 506	6.8	12 144	1.1	...	...	103 014	9.1
	2014	85 563	7.6	16 630	1.5	...	...	90 783	8.0
	2015	87 982	7.8	...	...	...	...	89 999	7.9
	2018	95 466	8.4	18 934	1.7	...	...	85 732	7.6
Cyprus	2005	1 949	1.9	728	0.7	160	0.2	3 096	3.0
Chypre	2010	2 399	2.1	772	0.7	181	0.2	3 946	3.5
	2015	3 046	2.6	876	0.7	750	0.6	4 684	3.9
	2021	6 688	5.4	1 068	0.9	1 655	1.3	5 758	4.6
Czechia	2005	36 381	3.5	6 906	0.7	5 761	0.6	87 154	8.5
Tchéquie	2010	37 661	3.6	7 263	0.7	6 061	0.6	89 233	8.5
	2013	38 776	3.7	7 426	0.7	6 383	0.6	88 425	8.4
	2015	...	...	8 461	0.8	6 965	0.7	88 744	8.4
	2020	43 810	4.2	7 914	0.8	7 594	0.7	96 912	9.2
	2021	57 479	5.5	...	...	...	...	...	...
Dem. People's Rep. Korea	2003	74 597	3.1	3 955	0.2	7 303	0.3	93 414	3.9
Rép. pop. dém. de Corée	2008	79 931	3.3	4 314	0.2	8 622	0.4	100 768	4.1
	2012	85 470	3.4	4 615	0.2	9 215	0.4	...	...
	2014	87 839	3.5	...	...	9 404	0.4	...	...
	2017	93 667	3.7	5 595	0.2	10 094	0.4	113 135	4.4

10 Health personnel *(continued)*

Number of health workers and workforce density (per 1 000 population)

Le personnel de santé *(suite)*

Personnel de santé et densité (pour 1 000 habitants)

Country or area Pays ou zone	Year Année	Physicians / Médecins Number Nombre	Physicians / Médecins Per 1 000 Pour 1 000	Dentists / Dentistes Number Nombre	Dentists / Dentistes Per 1 000 Pour 1 000	Pharmacists / Pharmaciens Number Nombre	Pharmacists / Pharmaciens Per 1 000 Pour 1 000	Nurses and midwives / Infirmières et Sages-femmes Number Nombre	Nurses and midwives / Infirmières et Sages-femmes Per 1 000 Pour 1 000
Dem. Rep. of the Congo	2009	5 832	0.1	45	~0.0	283	~0.0	25 587	0.4
Rép. dém. du Congo	2013	6 418	0.1	...	...	283	~0.0	61 368	0.8
	2015	...	...	...	...	...	...	72 270	0.9
	2018	31 546	0.4	404	~0.0	1 687	~0.0	93 326	1.1
Denmark	2005	18 072	3.3	4 643	0.9	2 499	0.5	53 284	9.8
Danemark	2010	20 669	3.7	4 544	0.8	2 628	0.5	56 091	10.1
	2015	22 335	3.9	4 323	0.8	2 931	0.5	58 260	10.3
	2019	24 715	4.3	4 190	0.7	2 577	0.4	61 089	10.5
Djibouti	2004	129	0.2	10	~0.0	18	~0.0	296	0.4
Djibouti	2005	140	0.2	...	...	18	~0.0	450	0.5
	2006	185	0.2	...	...	16	~0.0	...	...
	2008	...	...	...	...	266	0.3	...	...
	2014	201	0.2	19	~0.0	210	0.2	655	0.7
Dominica	2001	124	1.8	...	...	18	0.3	438	6.4
Dominique	2015	...	...	...	...	...	...	477	6.8
	2018	79	1.1	8	0.1	...	...	461	6.5
Dominican Republic	2000	15 670	1.8	...	...	3 330	0.4	15 352	1.8
République dominicaine	2008	10 385	1.1	1 205	0.1	...	...	...	...
	2009	...	...	1 785	0.2	...	...	12 686	1.3
	2011	14 983	1.5	1 910	0.2	...	...	13 374	1.4
	2015	...	...	...	...	...	...	12 988	1.2
	2019	15 591	1.4	2 481	0.2	1 263	0.1	15 673	1.4
Ecuador	2003	20 020	1.5	2 213	0.2	497	~0.0	20 372	1.5
Équateur	2009	23 614	1.6	3 363	0.2	664	~0.0	27 764	1.9
	2010	31 690	2.1	...	...	...	...	24 910	1.7
	2015	33 474	2.1	8 564	0.5	672	~0.0	40 731	2.5
	2017	37 263	2.2	5 035	0.3	...	...	47 444	2.8
	2018	...	...	...	...	...	...	42 811	2.5
Egypt	2003	38 485	0.5	...	...	...	...	...	...
Égypte	2004	...	...	8 193	0.1	...	...	146 761	1.9
	2006	...	...	...	...	...	...	179 590	2.2
	2015	75 960	0.8	16 880	0.2	36 573	0.4	179 450	1.8
	2018	75 686	0.7	19 746	0.2	45 014	0.4	139 579	1.8
	2019	74 923	0.7	...	...	...	...	...	...
El Salvador	2005	10 355	1.7	4 255	0.7	2 280	0.4	...	...
El Salvador	2007	...	...	...	...	...	...	8 350	1.4
	2008	11 542	1.9	4 669	0.8	2 316	0.4	...	...
	2015	...	...	...	...	...	...	11 121	1.8
	2021	18 393	2.9	5 346	0.8	3 389	0.5	16 640	2.6
Equatorial Guinea	2004	153	0.2	5	~0.0	12	~0.0	271	0.3
Guinée équatoriale	2017	507	0.4	...	...	...	...	634	0.4
	2018	...	...	...	...	10	~0.0	406	0.3
Eritrea	2004	142	0.1	16	~0.0	17	~0.0	2 505	0.9
Érythrée	2005	122	~0.0	...	...	...	...	...	...
	2010	129	~0.0	...	...	...	...	...	...
	2015	212	0.1	...	...	...	...	3 962	1.2
	2018	280	0.1	186	0.1	451	0.1	4 971	1.4
	2020	291	0.1	...	...	...	...	...	...
Estonia	2005	4 257	3.1	1 190	0.9	849	0.6	8 915	6.6
Estonie	2010	4 319	3.2	1 198	0.9	842	0.6	8 524	6.4
	2015	4 492	3.4	1 239	0.9	948	0.7	8 355	6.4
	2020	5 136	3.9	1 349	1.0	982	0.7	10 071	7.6
	2021	...	...	...	...	...	...	14 854	11.2
Eswatini	2004	171	0.2	17	~0.0	46	~0.0	6 828	6.4
Eswatini	2009	173	0.2	13	~0.0	20	~0.0	...	...
	2011	109	0.1	46	~0.0	30	~0.0	...	...
	2015	...	...	...	...	...	...	3 976	3.5
	2020	165	0.1	22	~0.0	48	~0.0	2 917	2.5
Ethiopia	2003	1 936	~0.0	60	~0.0	172	~0.0	15 544	0.2
Éthiopie	2005	2 453	~0.0	...	...	191	~0.0	18 309	0.2
	2009	2 152	~0.0	...	...	632	~0.0	21 488	0.2
	2020	12 174	0.1	228	~0.0	5 394	~0.0	90 179	0.8

10 Health personnel *(continued)*
Number of health workers and workforce density (per 1 000 population)

Le personnel de santé *(suite)*
Personnel de santé et densité (pour 1 000 habitants)

Country or area Pays ou zone	Year Année	Physicians / Médecins Number Nombre	Per 1 000 Pour 1 000	Dentists / Dentistes Number Nombre	Per 1 000 Pour 1 000	Pharmacists / Pharmaciens Number Nombre	Per 1 000 Pour 1 000	Nurses and midwives / Infirmières et Sages-femmes Number Nombre	Per 1 000 Pour 1 000
Fiji	2003	380	0.4	60	0.1	90	0.1	1 660	1.9
Fidji	2009	372	0.4	171	0.2	76	0.1	1 957	2.2
	2015	747	0.8	64	0.1	95	0.1	2 621	2.9
	2019	...	...	107	0.1	...	...	3 524	3.8
Finland	2005	19 274	3.7	4 085	0.8	5 228	1.0	58 719	11.2
Finlande	2010	18 449	3.4	3 933	0.7	5 389	1.0	66 334	12.4
	2015	18 744	3.4	4 003	0.7	5 497	1.0	73 136	13.4
	2020	23 916	4.3	5 392	1.0	11 126	2.0	123 416	22.3
France	2005	210 312	3.5	43 570	0.7	70 664	1.2	496 178	8.2
France	2010	212 132	3.4	43 146	0.7	73 298	1.2	566 696	9.1
	2015	206 710	3.2	41 238	0.6	70 241	1.1	682 883	10.7
	2020	214 315	3.3	42 844	0.7	68 621	1.1	787 763	12.2
Gabon	2004	395	0.3	14	~0.0	33	~0.0	6 778	4.8
Gabon	2008	...	...	30	~0.0	...	...	...	...
	2020	1 362	0.6	34	~0.0	139	0.1	6 143	2.7
Gambia	2005	166	0.1	10	~0.0	11	~0.0	732	0.4
Gambie	2008	175	0.1	12	~0.0	13	~0.0	1 411	0.8
	2015	213	0.1	17	~0.0	5	~0.0	3 222	1.4
	2020	199	0.1	8	~0.0	5	~0.0	2 286	0.9
Georgia	2005	16 068	4.1	1 366	0.3	339	0.1	17 436	4.4
Géorgie	2010	18 227	4.8	1 257	0.3	353	0.1	16 191	4.2
	2015	20 143	5.3	2 469	0.7	315	0.1	16 167	4.3
	2021	20 311	5.4	2 464	0.7	345	0.1	22 078	5.9
Germany	2005	280 012	3.4	63 620	0.8	48 058	0.6	776 000	9.6
Allemagne	2010	303 645	3.7	66 427	0.8	50 604	0.6	828 000	10.2
	2015	338 129	4.1	70 048	0.9	52 568	0.6	899 000	11.0
	2020	371 556	4.5	71 108	0.9	55 673	0.7	1 029 000	12.4
	2021	376 873	4.5	...	...	...	...	...	...
Ghana	2004	3 240	0.1	104	~0.0	...	...	19 707	0.9
Ghana	2008	1 855	0.1	45	~0.0	547	~0.0	22 834	0.9
	2010	2 325	0.1	...	...	...	...	26 287	1.0
	2015	3 263	0.1	...	...	...	...	55 747	1.9
	2018	4 406	0.1	713	~0.0	918	~0.0	135 513	4.4
	2020	5 285	0.2	...	...	1 388	~0.0	112 489	3.5
Greece	2005	55 556	5.0	13 438	1.2	9 571	0.9	39 173	3.5
Grèce	2010	64 032	5.8	14 661	1.3	11 160	1.0	40 978	3.7
	2015	63 866	5.9	13 301	1.2	11 299	1.0	37 320	3.5
	2019	66 058	6.2	13 464	1.3	11 389	1.1	39 105	3.7
	2020	66 290	6.3	13 668	1.3	11 415	1.1	...	...
Grenada	2003	58	0.5	9	0.1	...	...	366	3.4
Grenade	2006	69	0.6	19	0.2	...	...	398	3.6
	2016	...	...	...	...	75	0.6	...	...
	2018	160	1.3	22	0.2	...	...	700	5.7
Guatemala	2007	...	...	2 376	0.2	...	...	...	...
Guatemala	2009	12 940	0.9	...	...	...	...	12 452	0.9
	2015	...	...	...	...	...	...	15 677	1.0
	2020	22 227	1.3	4 493	0.3	2 111	0.1	40 066	2.3
Guinea	2004	987	0.1	22	~0.0	...	...	4 408	0.5
Guinée	2005	940	0.1	17	~0.0	177	~0.0	...	...
	2015	977	0.1	...	...	142	~0.0	4 765	0.4
	2018	2 787	0.2	73	~0.0	255	~0.0	7 195	0.6
Guinea-Bissau	2004	188	0.1	3	~0.0	...	...	1 072	0.8
Guinée-Bissau	2009	124	0.1	7	~0.0	9	~0.0	1 042	0.7
	2015	354	0.2	...	...	...	...	964	0.5
	2021	453	0.2	2	~0.0	2	~0.0	2 169	1.1
Guyana	2000	366	0.5	30	~0.0	...	...	1 738	2.3
Guyana	2009	161	0.2	29	~0.0	15	~0.0	989	1.3
	2010	515	0.7	...	...	...	...	754	1.0
	2015	...	...	...	...	...	...	535	0.7
	2020	1 120	1.4	55	0.1	47	0.1	2 777	3.5

10 Health personnel *(continued)*

Number of health workers and workforce density (per 1 000 population)

Le personnel de santé *(suite)*

Personnel de santé et densité (pour 1 000 habitants)

Country or area Pays ou zone	Year Année	Physicians / Médecins Number Nombre	Physicians / Médecins Per 1 000 Pour 1 000	Dentists / Dentistes Number Nombre	Dentists / Dentistes Per 1 000 Pour 1 000	Pharmacists / Pharmaciens Number Nombre	Pharmacists / Pharmaciens Per 1 000 Pour 1 000	Nurses and midwives / Infirmières et Sages-femmes Number Nombre	Nurses and midwives / Infirmières et Sages-femmes Per 1 000 Pour 1 000
Haiti	2011	1 392	0.1	50	~0.0	85	~0.0	11 982	1.2
Haïti	2015	911	0.1	62	~0.0	...	...	3 018	0.3
	2018	2 606	0.2	237	~0.0	336	~0.0	4 424	0.4
Honduras	2000	3 676	0.6	1 141	0.2	351	0.1	8 528	1.3
Honduras	2005	2 680	0.4	...	...	...	...	7 796	1.0
	2008	...	...	236	~0.0	...	...	...	...
	2010	2 454	0.3	...	...	...	...	7 151	0.8
	2015	...	...	...	...	...	...	6 038	0.7
	2017	2 913	0.3	308	~0.0	...	...	6 888	0.7
	2018	...	...	...	...	...	...	6 986	0.7
	2020	4 953	0.5	...	...	...	...	...	...
Hungary	2005	28 055	2.8	4 508	0.4	5 313	0.5	61 993	6.2
Hongrie	2010	28 686	2.9	5 257	0.5	5 821	0.6	63 838	6.4
	2015	30 486	3.1	5 936	0.6	7 039	0.7	65 367	6.6
	2020	30 610	3.1	6 578	0.7	7 645	0.8	66 479	6.8
	2021	31 951	3.3	...	...	...	...	64 127	6.6
Iceland	2005	1 072	3.6	289	1.0	332	1.1	4 378	14.7
Islande	2010	1 142	3.6	299	0.9	155	0.5	4 875	15.3
	2015	1 249	3.8	278	0.8	160	0.5	5 387	16.3
	2019	1 404	3.9	285	0.8	194	0.5	5 827	16.2
	2020	...	...	290	0.8	208	0.6	5 990	16.3
India	2004	...	...	55 058	~0.0	129 946	0.1	1 422 452	1.3
Inde	2005	...	...	55 344	~0.0	...	...	1 481 270	1.3
	2009	...	...	104 603	0.1	655 801	0.5	...	...
	2010	...	...	...	...	656 101	0.5	...	...
	2013	...	...	...	...	664 176	0.5	...	...
	2014	...	...	154 436	0.1	...	...	...	...
	2020	1 014 538	0.7	222 816	0.2	1 200 814	0.9	2 412 621	1.7
Indonesia	2003	29 499	0.1	5 267	~0.0	1 367	~0.0	179 959	0.8
Indonésie	2009	34 544	0.1	5 442	~0.0	2 007	~0.0	...	...
	2010	33 736	0.1	8 731	~0.0	...	...	...	...
	2015	70 735	0.3	12 740	~0.0	30 329	0.1	335 646	1.3
	2021	190 270	0.7	33 929	0.1	85 020	0.3	305 575	1.1
Iran (Islamic Republic of)	2005	61 870	0.9	13 210	0.2	13 900	0.2	98 020	1.4
Iran (Rép. islamique d')	2006	37 822	0.5	9 522	0.1	7 161	0.1	119 170	1.7
	2015	90 470	1.1	26 188	0.3	15 872	0.2	148 404	1.8
	2018	129 604	1.5	36 600	0.4	24 000	0.3	169 868	2.0
Iraq	2010	19 738	0.6	4 799	0.2	5 675	0.2	...	...
Iraq	2014	35 664	1.0	7 891	0.2	8 609	0.2	64 611	1.8
	2015	...	...	...	...	...	...	58 687	1.6
	2020	38 865	0.9	14 003	0.3	16 512	0.4	95 992	2.3
Ireland	2005	14 671	3.6	2 327	0.6	3 800	0.9	50 800	12.3
Irlande	2010	18 821	4.2	2 721	0.6	4 567	1.0	61 325	13.6
	2015	14 666	3.1	2 828	0.6	5 645	1.2	58 050	12.4
	2020	17 231	3.5	3 292	0.7	6 767	1.4	91 138	18.4
	2021	20 256	4.1	3 313	0.7	...	...	74 276	14.9
Israel	2005	24 398	3.6	5 633	0.8	4 500	0.7	37 719	5.6
Israël	2010	25 791	3.5	6 367	0.9	5 733	0.8	37 497	5.1
	2015	27 631	3.5	6 633	0.8	5 433	0.7	42 867	5.4
	2021	32 520	3.7	7 900	0.9	7 500	0.8	50 129	5.6
Italy	2005	215 739	3.7	35 000	0.6	50 000	0.9	303 659	5.2
Italie	2010	226 384	3.8	34 023	0.6	51 832	0.9	327 235	5.5
	2015	233 102	3.9	47 604	0.8	69 939	1.2	346 219	5.7
	2021	244 441	4.1	50 993	0.9	73 593	1.2	386 204	6.6
Jamaica	2003	2 253	0.9	212	0.1	...	...	4 374	1.7
Jamaïque	2008	1 103	0.4	46	~0.0	96	~0.0	2 930	1.1
	2015	1 199	0.4	37	~0.0	82	~0.0	4 194	1.5
	2017	...	...	262	0.1	...	...	4 286	1.5
	2018	1 546	0.6	...	...	45	~0.0	2 766	1.0

10 Health personnel *(continued)*
Number of health workers and workforce density (per 1 000 population)

Le personnel de santé *(suite)*
Personnel de santé et densité (pour 1 000 habitants)

Country or area Pays ou zone	Year Année	Physicians Médecins Number Nombre	 Per 1 000 Pour 1 000	Dentists Dentistes Number Nombre	 Per 1 000 Pour 1 000	Pharmacists Pharmaciens Number Nombre	 Per 1 000 Pour 1 000	Nurses and midwives Infirmières et Sages-femmes Number Nombre	 Per 1 000 Pour 1 000
Japan	2004	259 336	2.0	92 704	0.7	164 397	1.3	1 145 389	9.0
Japon	2010	283 548	2.2	98 739	0.8	197 616	1.5	1 320 623	10.3
	2014	300 075	2.4	100 994	0.8	216 077	1.7	1 425 322	11.2
	2020	327 403	2.6	104 152	0.8	250 585	2.0	1 559 756	12.5
Jordan	2005	12 909	2.3	4 194	0.7	7 100	1.3	17 428	3.1
Jordanie	2010	16 212	2.3	5 691	0.8	9 151	1.3	25 661	3.7
	2014	19 655	2.3	6 881	0.8	12 215	1.4	30 638	3.5
	2015	26 019	2.7	6 806	0.7	12 076	1.3	...	...
	2019	26 885	2.5	7 917	0.7	10 535	1.0	33 810	3.2
Kazakhstan	2005	55 509	3.5	5 224	0.3	15 628	1.0	105 987	6.8
Kazakhstan	2010	63 835	3.8	6 657	0.4	11 265	0.7	125 492	7.5
	2015	69 722	3.9	5 089	0.3	14 301	0.8	128 164	7.2
	2020	76 443	4.0	...	...	...	...	...	...
Kenya	2002	4 506	0.1	746	~0.0	...	...	...	...
Kenya	2004	...	...	...	...	1 773	0.1	16 146	0.5
	2010	7 129	0.2	898	~0.0	3 097	0.1	29 678	0.7
	2014	9 149	0.2	1 090	~0.0	2 355	0.1	43 311	0.9
	2015	...	...	...	...	...	...	41 413	0.9
	2018	8 042	0.2	841	~0.0	964	~0.0	59 901	1.2
	2019	...	...	1 300	~0.0	...	...	...	...
	2021	11 980	0.2	...	...	...	...	...	...
Kiribati	2004	...	...	3	~0.0	2	~0.0	260	2.7
Kiribati	2010	41	0.4	4	~0.0	4	~0.0	404	3.7
	2013	22	0.2	7	0.1	3	~0.0	620	5.5
	2016	...	...	8	0.1	3	~0.0	...	...
	2018	...	...	...	...	...	...	443	3.6
Kuwait	2001	...	...	673	0.3	722	0.4	9 197	4.6
Koweït	2009	5 340	1.9	1 054	0.4	888	0.3	13 554	4.8
	2010	7 269	2.5	1 634	0.6	...	...	19 535	6.6
	2014	9 789	2.6	2 269	0.6	1 814	0.5	24 585	6.5
	2015	10 150	2.6	2 587	0.7	...	...	27 430	7.0
	2020	10 000	2.3	...	...	...	...	20 000	4.6
Kyrgyzstan	2005	12 773	2.5	1 044	0.2	120	~0.0	32 167	6.2
Kirghizistan	2010	12 685	2.3	1 022	0.2	169	~0.0	30 614	5.6
	2014	12 934	2.2	965	0.2	242	~0.0	34 743	6.0
	2018	...	...	1 166	0.2	...	...	...	...
	2019	13 709	2.2	...	...	...	...	35 946	5.7
Lao People's Dem. Rep.	2005	1 569	0.3	...	...	...	...	5 724	1.0
Rép. dém. populaire lao	2009	...	...	228	~0.0	...	...	5 322	0.9
	2010	2 101	0.3	...	...	...	...	5 357	0.8
	2014	2 530	0.4	341	0.1	1 276	0.2	8 490	1.3
	2015	2 717	0.4	...	...	...	...	8 228	1.2
	2020	2 613	0.4	559	0.1	1 664	0.2	8 660	1.2
	2021	2 424	0.3	...	...	...	...	...	...
Latvia	2005	6 628	3.0	1 421	0.6	1 279	0.6	11 656	5.2
Lettonie	2010	6 517	3.1	1 488	0.7	1 433	0.7	10 922	5.2
	2015	6 324	3.2	1 419	0.7	1 574	0.8	9 661	4.9
	2020	6 346	3.3	1 362	0.7	1 644	0.9	8 348	4.4
	2021	...	...	...	...	1 651	0.9	...	...
Lebanon	2001	11 505	2.6	4 283	1.0	3 359	0.8	4 157	0.9
Liban	2005	...	...	...	...	4 105	0.9	4 720	1.0
	2010	11 583	2.3	5 395	1.1	5 508	1.1	8 791	1.8
	2015	13 738	2.1	5 527	0.9	7 590	1.2	10 071	1.6
	2018	14 431	2.4	7 001	1.2	8 868	1.5	11 479	1.9
	2019	15 131	2.6	...	...	...	...	...	...
Lesotho	2003	89	~0.0	3	~0.0	3	~0.0	1 123	0.6
Lesotho	2010	138	0.1	...	...	...	...	1 328	0.7
	2018	998	0.5	159	0.1	398	0.2	6 866	3.1
	2019	...	...	37	~0.0	...	...	...	...

10 Health personnel *(continued)*
Number of health workers and workforce density (per 1 000 population)

Le personnel de santé *(suite)*
Personnel de santé et densité (pour 1 000 habitants)

Country or area Pays ou zone	Year Année	Physicians / Médecins Number Nombre	Per 1 000 Pour 1 000	Dentists / Dentistes Number Nombre	Per 1 000 Pour 1 000	Pharmacists / Pharmaciens Number Nombre	Per 1 000 Pour 1 000	Nurses and midwives / Infirmières et Sages-femmes Number Nombre	Per 1 000 Pour 1 000
Liberia	2004	103	~0.0	3	~0.0	29	~0.0	1 035	0.3
Libéria	2008	51	~0.0	4	~0.0	9	~0.0	978	0.3
	2010	90	~0.0	...	...	46	~0.0	1 805	0.4
	2015	168	~0.0	...	...	...	...	...	...
	2018	246	0.1	24	~0.0	1 071	0.2	9 415	1.9
	2019	...	...	7	~0.0	...	...	...	...
Libya	2004	7 070	1.2	850	0.1	1 130	0.2	27 160	4.8
Libye	2009	12 009	1.9	3 792	0.6	2 275	0.4	42 982	6.8
	2014	13 095	2.1	4 583	0.8	3 928	0.6	43 216	7.1
	2015	12 158	2.0	4 987	0.8	3 117	0.5	...	...
	2017	13 757	2.2	5 776	0.9	3 956	0.6	42 975	6.7
Lithuania	2005	12 361	3.7	2 368	0.7	2 398	0.7	25 265	7.5
Lituanie	2010	12 226	3.9	2 456	0.8	2 876	0.9	23 722	7.6
	2015	12 605	4.3	2 644	0.9	3 192	1.1	23 172	7.8
	2021	13 795	5.0	3 651	1.3	3 402	1.2	26 928	9.7
Luxembourg	2005	1 190	2.6	370	0.8	326	0.7	5 255	11.3
Luxembourg	2010	1 406	2.8	422	0.8	374	0.7	5 786	11.4
	2015	1 656	2.9	506	0.9	397	0.7	6 990	12.3
	2017	1 780	3.0	581	1.0	416	0.7	7 206	12.1
Madagascar	2005	3 303	0.2	197	~0.0	8	~0.0	6 418	0.3
Madagascar	2010	4 130	0.2	195	~0.0	7	~0.0	4 724	0.2
	2012	3 188	0.1	181	~0.0	6	~0.0	4 858	0.2
	2013	3 523	0.1	111	~0.0	...	...	6 838	0.3
	2014	4 275	0.2	...	...	...	...	...	...
	2018	5 230	0.2	556	~0.0	329	~0.0	7 827	0.3
Malawi	2004	266	~0.0	...	...	...	...	7 264	0.6
Malawi	2008	257	~0.0	174	~0.0	293	~0.0	3 896	0.3
	2009	265	~0.0	...	...	...	...	4 812	0.3
	2013	200	~0.0	...	...	170	~0.0	3 593	0.2
	2020	958	~0.0	149	~0.0	151	~0.0	13 564	0.7
Malaysia	2002	17 442	0.7	2 160	0.1	2 880	0.1	43 380	1.8
Malaisie	2005	20 105	0.8	...	...	...	...	...	...
	2010	32 979	1.1	3 810	0.1	7 759	0.3	90 199	3.1
	2015	46 491	1.5	10 596	0.3	10 511	0.3	126 622	4.1
	2018	61 158	1.9	9 717	0.3	...	...	135 078	4.2
	2019	67 586	2.1	...	...	...	...	111 324	3.4
	2020	73 973	2.2	...	...	...	...	...	...
Maldives	2004	302	1.0	10	~0.0	241	0.8	886	2.9
Maldives	2010	525	1.5	32	0.1	247	0.7	1 868	5.2
	2014	770	1.8	...	...	...	...	2 336	5.6
	2015	...	...	62	0.1	199	0.5	2 990	6.9
	2019	1 090	2.2	55	0.1	297	0.6	2 553	5.1
	2020	...	...	51	0.1	352	0.7	2 519	4.9
Mali	2004	721	0.1	44	~0.0	351	~0.0	8 338	0.7
Mali	2005	811	0.1	...	...	...	...	...	...
	2010	1 536	0.1	35	~0.0	135	~0.0	6 715	0.4
	2012	1 704	0.1	...	...	...	...	6 027	0.4
	2015	1 750	0.1	...	...	...	...	...	...
	2018	2 454	0.1	30	~0.0	182	~0.0	8 409	0.4
Malta	2003	1 254	3.1	...	...	...	...	2 194	5.4
Malte	2005	...	...	...	...	...	...	2 345	5.7
	2010	892	2.1	184	0.4	301	0.7	2 838	6.8
	2015	1 240	2.7	206	0.5	558	1.2	3 629	7.9
	2020	...	...	348	0.7	...	...	7 424	14.4
	2021	2 889	5.5	348	0.7	1 342	2.5	...	...
Marshall Islands	2010	32	0.6	4	0.1	2	~0.0	127	2.4
Îles Marshall	2012	24	0.5	4	0.1	4	0.1	187	3.6
	2018	...	...	...	...	...	...	195	4.2
	2019	...	...	7	0.2	...	...	...	...

10 Health personnel *(continued)*

Number of health workers and workforce density (per 1 000 population)

Le personnel de santé *(suite)*

Personnel de santé et densité (pour 1 000 habitants)

Country or area Pays ou zone	Year Année	Physicians Médecins Number Nombre	 Per 1 000 Pour 1 000	Dentists Dentistes Number Nombre	 Per 1 000 Pour 1 000	Pharmacists Pharmaciens Number Nombre	 Per 1 000 Pour 1 000	Nurses and midwives Infirmières et Sages-femmes Number Nombre	 Per 1 000 Pour 1 000
Mauritania	2004	313	0.1	47	~0.0	62	~0.0	1 893	0.6
Mauritanie	2009	445	0.1	70	~0.0	77	~0.0	2 303	0.7
	2010	547	0.2	...	...	...	...	2 803	0.8
	2015	692	0.2	...	...	...	...	4 137	1.0
	2018	821	0.2	93	~0.0	78	~0.0	4 074	1.0
	2019	...	...	240	0.1	...	...	...	...
Mauritius	2004	1 303	1.0	167	0.1	286	0.2	4 604	3.7
Maurice	2005	1 342	1.1	...	...	...	...	...	...
	2010	1 500	1.2	260	0.2	400	0.3	3 600	2.8
	2015	2 550	2.0	380	0.3	497	0.4	4 261	3.3
	2018	2 395	1.8	466	0.4	748	0.6	4 986	3.8
	2019	3 290	2.5	351	0.3	...	...	...	...
	2020	3 450	2.7	...	...	...	...	...	...
Mexico	2005	187 115	1.8	9 957	0.1	...	...	233 769	2.2
Mexique	2010	228 028	2.0	13 225	0.1	5 588	0.1	275 171	2.4
	2015	283 275	2.4	15 894	0.1	...	...	335 728	2.8
	2020	307 497	2.4	14 528	0.1	...	...	372 464	3.0
Micronesia (Fed. States of)	2005	62	0.6	13	0.1	...	...	...	...
Micronésie (États féd. de)	2008	64	0.6	14	0.1	...	...	...	...
	2012	72	0.7	...	...	...	...	...	...
	2019	...	...	...	...	...	...	245	2.2
	2020	108	1.0	...	...	...	...	...	...
Monaco Monaco	2014	280	7.8	38	1.1	98	2.7	752	20.8
Mongolia	2002	6 732	2.7	315	0.1	901	0.4	8 826	3.5
Mongolie	2010	7 497	2.8	533	0.2	1 176	0.4	9 876	3.7
	2012	8 597	3.1	796	0.3	1 475	0.5	10 684	3.8
	2015	9 653	3.3	...	...	1 504	0.5	12 273	4.1
	2018	12 211	3.9	1 294	0.4	2 160	0.7	13 358	4.2
Montenegro	2005	1 203	1.9	...	...	...	...	3 309	5.2
Monténégro	2010	1 276	2.0	26	~0.0	91	0.1	3 298	5.2
	2015	1 490	2.4	27	~0.0	109	0.2	3 136	4.9
	2021	1 738	2.8	36	0.1	147	0.2	3 564	5.7
Morocco	2004	15 991	0.5	3 091	0.1	7 212	0.2	24 328	0.8
Maroc	2009	20 682	0.6	2 668	0.1	9 006	0.3	29 689	0.9
	2014	31 235	0.9	4 655	0.1	...	...	32 276	0.9
	2015	...	...	4 872	0.1	...	...	...	...
	2017	26 003	0.7	4 855	0.1	9 244	0.3	49 412	1.4
Mozambique	2004	514	~0.0	16	~0.0	14	~0.0	6 500	0.3
Mozambique	2005	...	...	...	...	...	...	6 771	0.3
	2010	1 145	0.1	60	~0.0	48	~0.0	9 507	0.4
	2013	1 452	0.1	136	~0.0	103	~0.0	10 697	0.4
	2015	...	...	189	~0.0	194	~0.0	12 085	0.5
	2021	2 611	0.1	355	~0.0	406	~0.0	18 206	0.6
Myanmar	2004	17 791	0.4	1 329	~0.0	127	~0.0	...	...
Myanmar	2005	18 584	0.4	1 594	~0.0	...	...	36 521	0.8
	2010	26 435	0.5	2 562	0.1	...	...	45 200	0.9
	2012	29 832	0.6	3 011	0.1	...	...	48 871	1.0
	2015	...	...	3 270	0.1	...	...	...	...
	2019	39 826	0.8	3 800	0.1	4 203	0.1	58 485	1.1
Namibia	2004	598	0.3	82	~0.0	194	0.1	6 145	3.2
Namibie	2007	774	0.4	90	~0.0	239	0.1	5 750	2.9
	2014	...	...	68	~0.0	...	...	4 212	1.9
	2015	...	...	...	...	...	...	4 365	1.9
	2018	1 445	0.6	178	0.1	598	0.2	4 784	2.0
Nauru	2004	10	1.0	1	0.1	10	1.0	63	6.1
Nauru	2008	10	1.0	1	0.1	...	...	69	6.8
	2009	10	1.0	1	0.1	...	...	...	...
	2010	11	1.1	...	...	...	...	...	...
	2015	14	1.3	2	0.2	2	0.2	70	6.3
	2018	...	...	...	...	...	...	84	7.1
	2019	...	...	4	0.3	...	...	...	...

Health personnel *(continued)*

Number of health workers and workforce density (per 1 000 population)

Le personnel de santé *(suite)*

Personnel de santé et densité (pour 1 000 habitants)

Country or area Pays ou zone	Year Année	Physicians Médecins Number Nombre	 Per 1 000 Pour 1 000	Dentists Dentistes Number Nombre	 Per 1 000 Pour 1 000	Pharmacists Pharmaciens Number Nombre	 Per 1 000 Pour 1 000	Nurses and midwives Infirmières et Sages-femmes Number Nombre	 Per 1 000 Pour 1 000
Nepal	2004	5 384	0.2	245	~0.0	266	~0.0	11 825	0.5
Népal	2012	13 925	0.5	...	...	1 200	~0.0	43 130	1.6
	2013	15 181	0.6	...	...	...	...	50 413	1.8
	2014	...	...	...	...	...	...	57 495	2.1
	2021	26 052	0.9	4 081	0.1	5 144	0.2	104 790	3.5
Netherlands (Kingdom of the)	2005	44 186	2.7	6 705	0.4	2 952	0.2	321 433	19.8
Pays-Bas (Royaume des)	2010	49 242	3.0	7 840	0.5	3 308	0.2	198 111	11.9
	2015	59 144	3.5	8 730	0.5	3 599	0.2	182 070	10.7
	2020	66 870	3.8	9 879	0.6	3 774	0.2	197 548	11.3
New Zealand	2005	8 706	2.1	1 638	0.4	2 787	0.7	40 141	9.7
Nouvelle-Zélande	2010	11 412	2.6	2 556	0.6	2 750	0.6	46 218	10.6
	2015	13 983	3.0	2 824	0.6	3 075	0.7	49 721	10.8
	2021	18 037	3.5	2 644	0.5	3 698	0.7	58 657	11.4
Nicaragua	2005	2 717	0.5	246	~0.0	...	...	6 294	1.2
Nicaragua	2010	4 239	0.7	258	~0.0	...	...	7 366	1.3
	2014	5 495	0.9	260	~0.0	1 141	0.2	8 323	1.3
	2015	5 795	0.9	...	...	...	...	8 505	1.4
	2017	6 318	1.0	...	...	...	...	9 912	1.5
	2018	4 362	0.7	258	~0.0	...	...	...	...
Niger	2004	296	~0.0	15	~0.0	20	~0.0	2 818	0.2
Niger	2009	439	~0.0	17	~0.0	22	~0.0	3 231	0.2
	2015	634	~0.0	30	~0.0	50	~0.0	4 077	0.2
	2018	818	~0.0	30	~0.0	60	~0.0	5 013	0.2
	2020	835	~0.0	...	...	...	...	...	...
Nigeria	2005	39 210	0.3	2 113	~0.0	12 072	0.1	213 425	1.5
Nigéria	2009	58 363	0.4	2 464	~0.0	14 353	0.1	166 173	1.1
	2010	...	...	8 359	0.1	11 598	0.1	215 055	1.3
	2013	65 759	0.4	...	...	...	...	176 195	1.0
	2015	...	...	...	...	20 035	0.1	...	...
	2021	84 277	0.4	4 358	~0.0	17 331	0.1	333 657	1.6
Niue	2004	4	2.1	2	1.1	1	0.5	22	11.6
Nioué	2008	3	1.7	2	1.1	1	0.6	16	8.9
	2018	...	...	...	...	...	...	20	10.5
North Macedonia	2004	4 490	2.2	1 134	0.5	322	0.2	7 266	3.5
Macédoine du Nord	2005	4 392	2.1	1 375	0.7	...	...	7 012	3.4
	2010	5 541	2.6	1 599	0.8	692	0.3	8 681	4.1
	2013	5 804	2.8	1 705	0.8	930	0.4	8 728	4.2
	2015	5 975	2.8	1 824	0.9	...	...	7 884	3.7
Norway	2005	16 473	3.6	3 899	0.8	2 426	0.5	71 713	15.5
Norvège	2010	20 114	4.1	4 293	0.9	3 120	0.6	81 428	16.7
	2015	23 104	4.5	4 578	0.9	3 868	0.7	92 741	17.9
	2021	27 925	5.2	5 020	0.9	4 939	0.9	102 076	18.9
Oman	2005	4 182	1.7	448	0.2	753	0.3	9 277	3.7
Oman	2010	5 862	2.0	654	0.2	1 251	0.4	12 865	4.5
	2015	8 914	2.1	1 149	0.3	2 131	0.5	19 331	4.6
	2020	9 058	2.0	1 491	0.3	2 911	0.6	20 111	4.4
Pakistan	2004	116 298	0.7	6 452	~0.0	8 102	~0.0	71 764	0.4
Pakistan	2005	126 350	0.7	...	...	...	...	...	...
	2010	144 901	0.7	10 508	0.1	...	...	100 397	0.5
	2012	160 880	0.8	12 692	0.1	24 907	0.1	82 119	0.4
	2015	184 711	0.9	16 652	0.1	...	...	94 766	0.4
	2019	242 099	1.1	26 686	0.1	33 455	0.2	104 640	0.5
Palau	2004	...	...	...	...	...	...	120	6.0
Palaos	2007	...	...	5	0.3	1	0.1	...	...
	2010	29	1.6	...	...	2	0.1	119	6.4
	2014	25	1.4	...	...	...	...	111	6.2
	2020	32	1.8	6	0.3	5	0.3	117	6.5
Panama	2005	4 488	1.4	938	0.3	...	...	6 675	2.0
Panama	2010	5 121	1.4	1 091	0.3	...	...	9 021	2.5
	2015	6 254	1.6	1 186	0.3	702	0.2	10 961	2.8
	2020	6 996	1.6	1 203	0.3	1 019	0.2	15 199	3.5

Health personnel *(continued)*

Number of health workers and workforce density (per 1 000 population)

Le personnel de santé *(suite)*

Personnel de santé et densité (pour 1 000 habitants)

Country or area Pays ou zone	Year Année	Physicians Médecins Number Nombre	 Per 1 000 Pour 1 000	Dentists Dentistes Number Nombre	 Per 1 000 Pour 1 000	Pharmacists Pharmaciens Number Nombre	 Per 1 000 Pour 1 000	Nurses and midwives Infirmières et Sages-femmes Number Nombre	 Per 1 000 Pour 1 000
Papua New Guinea Papouasie-Nvl-Guinée	2000	275	0.1	90	~0.0	...	...	2 841	0.5
	2009	...	...	121	~0.0	...	...	...	...
	2010	376	0.1	...	...	...	...	3 643	0.5
	2012	...	...	...	...	354	~0.0	...	...
	2021	626	0.1	49	~0.0	79	~0.0	5 087	0.5
Paraguay Paraguay	2002	6 355	1.2	2 426	0.5	845	0.2	10 261	1.9
	2012	8 203	1.4	1 054	0.2	...	...	6 689	1.1
	2015	...	...	...	...	...	...	4 459	0.7
	2021	21 734	3.2	8 585	1.3	3 689	0.6	60 537	9.0
Peru Pérou	2009	27 272	0.9	3 570	0.1	1 822	0.1	37 672	1.3
	2012	33 669	1.1	4 471	0.2	1 528	0.1	45 024	1.5
	2015	...	...	...	...	...	...	62 954	2.1
	2021	55 479	1.6	7 217	0.2	5 121	0.2	88 086	2.6
Philippines Philippines	2004	93 862	1.1	45 903	0.5	49 667	0.6	359 052	4.2
	2005	106 083	1.2	...	...	...	...	369 065	4.3
	2008	114 159	1.3	1 891	~0.0	...	...	465 608	5.1
	2009	116 734	1.3	...	...	...	...	521 865	5.6
	2010	119 497	1.3	...	...	...	...	...	...
	2011	...	...	...	...	59 000	0.6	...	...
	2021	89 533	0.8	28 378	0.2	53 498	0.5	541 468	4.8
Poland Pologne	2005	81 600	2.1	12 248	0.3	22 091	0.6	215 213	5.6
	2010	83 201	2.2	12 549	0.3	25 203	0.7	223 385	5.8
	2015	88 437	2.3	12 603	0.3	28 121	0.7	219 845	5.7
	2020	142 712	3.7	38 882	1.0	36 527	1.0	259 843	6.8
Portugal Portugal	2005	36 779	3.5	6 226	0.6	5 735	0.5	48 155	4.6
	2010	42 126	4.0	8 105	0.8	7 674	0.7	62 433	5.9
	2015	49 236	4.8	9 468	0.9	8 711	0.8	67 730	6.5
	2020	57 826	5.6	11 670	1.1	9 815	1.0	77 853	7.6
Qatar Qatar	2005	2 150	2.5	690	0.8	1 100	1.3	4 880	5.8
	2006	2 313	2.3	486	0.5	1 056	1.0	6 185	6.1
	2010	6 919	4.0	...	...	...	...	10 615	6.2
	2014	4 267	1.9	1 662	0.8	2 136	1.0	13 771	6.2
	2018	6 913	2.5	1 741	0.6	2 474	0.9	20 020	7.2
	2019	...	...	1 741	0.6	...	...	...	...
Republic of Korea République de Corée	2005	78 342	1.6	17 771	0.4	30 600	0.6	186 556	3.9
	2010	98 293	2.0	20 936	0.4	32 152	0.7	229 819	4.7
	2015	114 322	2.2	23 540	0.5	33 206	0.7	304 142	6.0
	2020	130 014	2.5	26 978	0.5	39 765	0.8	442 213	8.5
Republic of Moldova République de Moldova	2005	9 892	2.5	1 453	0.4	1 650	0.4	23 490	5.9
	2010	9 728	2.6	1 641	0.4	1 779	0.5	23 079	6.3
	2013	10 198	3.0	1 751	0.5	1 901	0.6	22 358	6.5
	2015	10 110	3.1	1 778	0.5	...	...	20 368	6.2
	2020	12 516	4.1	1 652	0.5	1 218	0.4	18 873	6.1
Romania Roumanie	2005	47 388	2.2	10 223	0.5	9 259	0.4	123 392	5.9
	2010	50 778	2.5	12 959	0.6	13 534	0.7	116 921	5.8
	2013	52 828	2.6	14 248	0.7	16 231	0.8	123 520	6.2
	2017	58 583	3.0	15 653	0.8	17 833	0.9	145 226	7.4
Russian Federation Fédération de Russie	2005	690 300	4.8	41 679	0.3	9 479	0.1	1 110 948	7.7
	2010	715 800	5.0	41 481	0.3	8 344	0.1	1 100 625	7.7
	2014	597 062	4.1	41 113	0.3	7 115	~0.0	1 911 867	13.3
	2015	570 260	3.9	...	...	...	...	1 299 980	9.0
	2020	557 285	3.8	50 642	0.3	5 748	~0.0	909 362	6.2
Rwanda Rwanda	2009	...	...	72	~0.0	36	~0.0	6 639	0.7
	2015	1 284	0.1	127	~0.0	114	~0.0	11 235	1.0
	2018	1 648	0.1	228	~0.0	886	0.1	14 816	1.2
	2019	1 492	0.1	...	...	...	...	11 970	0.9
Saint Kitts and Nevis Saint-Kitts-et-Nevis	2001	49	1.1	15	0.3	...	...	294	6.4
	2015	137	2.9	20	0.4	...	...	216	4.5
	2018	145	3.0	12	0.3	...	...	...	...

Health personnel *(continued)*
Number of health workers and workforce density (per 1 000 population)

Le personnel de santé *(suite)*
Personnel de santé et densité (pour 1 000 habitants)

Country or area Pays ou zone	Year Année	Physicians Médecins Number Nombre	 Per 1 000 Pour 1 000	Dentists Dentistes Number Nombre	 Per 1 000 Pour 1 000	Pharmacists Pharmaciens Number Nombre	 Per 1 000 Pour 1 000	Nurses and midwives Infirmières et Sages-femmes Number Nombre	 Per 1 000 Pour 1 000
Saint Lucia	2001	...	...	27	0.2	23	0.1	371	2.3
Sainte-Lucie	2005	...	...	...	...	...	...	326	2.0
	2010	287	1.7	28	0.2	...	...	...	...
	2014	331	1.9	39	0.2	...	...	...	...
	2017	116	0.7	31	0.2	79	0.4	571	3.2
Saint Vincent & Grenadines	2004	101	0.9	13	0.1	36	0.3	504	4.5
Saint-Vincent-Grenadines	2010	72	0.7	...	...	...	...	282	2.6
	2012	102	0.9	18	0.2	...	...	...	...
	2015	...	...	...	...	...	...	1 037	9.7
	2018	...	...	...	...	...	...	773	7.3
Samoa	2003	50	0.3	10	0.1	20	0.1	310	1.7
Samoa	2005	50	0.3	...	...	...	...	...	...
	2008	85	0.4	17	0.1	16	0.1	348	1.8
	2010	64	0.3	45	0.2	...	...	286	1.5
	2013	92	0.5	12	0.1	14	0.1	...	...
	2014	...	...	...	...	...	...	357	1.8
	2020	119	0.6	19	0.1	5	~0.0	648	3.0
San Marino	2014	201	6.0	22	0.7	22	0.7	270	8.1
Saint-Marin	2018	...	...	60	1.8	...	...	...	...
Sao Tome and Principe	2004	81	0.5	...	...	2	~0.0	308	2.0
Sao Tomé-et-Principe	2015	63	0.3	...	...	...	...	442	2.2
	2019	105	0.5	6	~0.0	37	0.2	462	2.2
Saudi Arabia	2000	14 950	0.7	...	...	...	...	36 495	1.7
Arabie saoudite	2001	14 464	0.7	1 581	0.1	...	...	...	...
	2010	56 459	1.9	9 160	0.3	14 928	0.5	129 792	4.4
	2014	68 747	2.1	12 785	0.4	21 639	0.7	160 811	5.0
	2015	73 254	2.2	13 502	0.4	...	...	...	...
	2021	100 247	2.8	22 739	0.6	30 840	0.9	201 489	5.6
Senegal	2004	594	0.1	70	~0.0	63	~0.0	3 287	0.3
Sénégal	2008	741	0.1	105	~0.0	107	~0.0	5 254	0.4
	2013	...	...	54	~0.0	...	...	...	...
	2015	...	...	...	...	143	~0.0	2 798	0.2
	2020	1 384	0.1	134	~0.0	212	~0.0	5 861	0.4
Serbia	2005	20 786	2.7	...	...	...	...	...	...
Serbie	2010	22 316	2.9	2 530	0.3	...	...	...	...
	2015	21 840	2.9	2 229	0.3	...	...	61 964	8.2
	2016	27 563	3.7	...	...	7 178	1.0	53 881	7.2
Seychelles	2005	104	1.2	10	0.1	7	0.1	390	4.5
Seychelles	2010	100	1.1	19	0.2	4	~0.0	412	4.5
	2012	93	1.0	14	0.1	4	~0.0	419	4.4
	2018	240	2.3	...	...	124	1.2	951	9.2
	2019	220	2.1	42	0.4	...	...	...	...
Sierra Leone	2004	168	~0.0	5	~0.0	84	~0.0	1 211	0.2
Sierra Leone	2010	136	~0.0	6	~0.0	33	~0.0	922	0.1
	2011	165	~0.0	...	...	197	~0.0	1 752	0.3
	2015	...	...	...	...	...	...	5 873	0.8
	2020	576	0.1	15	~0.0	193	~0.0	1 679	0.2
Singapore	2005	6 748	1.6	1 277	0.3	1 330	0.3	20 167	4.6
Singapour	2010	9 030	1.7	1 568	0.3	1 814	0.4	29 340	5.7
	2013	10 953	2.0	1 804	0.3	2 186	0.4	30 392	5.5
	2015	12 459	2.2	...	...	...	...	33 604	5.9
	2016	12 967	2.3	2 198	0.4	2 875	0.5	34 870	6.1
	2017	13 386	2.3	...	...	...	...	35 636	6.2
	2018	13 766	2.4	2 363	0.4	...	...	...	...
	2019	14 279	2.4	...	...	...	...	...	...
Slovakia	2005	16 318	3.0	2 919	0.5	2 686	0.5	34 038	6.3
Slovaquie	2010	18 110	3.4	2 663	0.5	3 267	0.6	34 619	6.4
	2015	18 719	3.5	2 647	0.5	3 826	0.7	32 664	6.0
	2021	25 218	4.6	3 861	0.7	5 724	1.1	42 764	7.9

10 Health personnel *(continued)*
Number of health workers and workforce density (per 1 000 population)

Le personnel de santé *(suite)*
Personnel de santé et densité (pour 1 000 habitants)

Country or area Pays ou zone	Year Année	Physicians Médecins Number Nombre	Physicians Médecins Per 1 000 Pour 1 000	Dentists Dentistes Number Nombre	Dentists Dentistes Per 1 000 Pour 1 000	Pharmacists Pharmaciens Number Nombre	Pharmacists Pharmaciens Per 1 000 Pour 1 000	Nurses and midwives Infirmières et Sages-femmes Number Nombre	Nurses and midwives Infirmières et Sages-femmes Per 1 000 Pour 1 000
Slovenia Slovénie	2005	4 692	2.3	1 198	0.6	890	0.4	15 016	7.5
	2010	4 979	2.4	1 259	0.6	1 102	0.5	16 871	8.2
	2015	5 830	2.8	1 392	0.7	1 295	0.6	18 277	8.8
	2020	6 944	3.3	1 570	0.7	1 557	0.7	22 310	10.5
Solomon Islands Îles Salomon	2005	89	0.2	52	0.1	53	0.1	694	1.4
	2008	89	0.2	...	...	...	...	...	...
	2009	...	...	...	...	...	...	1 080	2.0
	2013	107	0.2	27	~0.0	75	0.1	1 139	2.0
	2016	120	0.2	29	~0.0	74	0.1	...	...
	2018	...	...	...	...	...	...	1 413	2.1
	2019	...	...	50	0.1	...	...	...	...
Somalia Somalie	2006	300	~0.0	...	...	...	...	965	0.1
	2014	309	~0.0	...	...	...	...	1 502	0.1
South Africa Afrique du Sud	2004	34 829	0.7	5 577	0.1	11 097	0.2	184 459	3.8
	2010	...	...	5 296	0.1	...	...	...	...
	2015	...	...	5 985	0.1	15 784	0.3	...	...
	2016	43 141	0.8	6 158	0.1	15 267	0.3	...	...
	2018	43 503	0.8	6 433	0.1	...	...	287 458	5.0
	2021	48 021	0.8	6 586	0.1	...	...	...	...
South Sudan Soudan du sud	2018	411	~0.0	32	~0.0	360	~0.0	3 726	0.4
Spain Espagne	2005	154 767	3.5	22 150	0.5	37 433	0.9	197 174	4.5
	2010	175 033	3.8	27 826	0.6	43 000	0.9	247 447	5.3
	2015	178 600	3.8	34 641	0.7	55 400	1.2	254 080	5.5
	2020	216 766	4.6	39 764	0.8	62 333	1.3	298 693	6.3
Sri Lanka Sri Lanka	2004	10 479	0.5	771	~0.0	907	~0.0	33 233	1.7
	2005	10 198	0.5	954	~0.0	...	...	27 514	1.4
	2007	11 023	0.5	1 314	0.1	886	~0.0	40 678	2.0
	2010	14 668	0.7	1 046	0.1	...	...	35 367	1.7
	2015	18 032	0.8	1 360	0.1	1 504	0.1	40 993	1.9
	2021	25 962	1.2	2 282	0.1	2 314	0.1	53 115	2.4
State of Palestine État de Palestine	2018	10 417	2.2	3 467	0.7	5 431	1.1	9 385	2.0
Sudan Soudan	2004	7 552	0.3	701	~0.0	1 336	~0.0	31 496	1.1
	2008	10 813	0.3	772	~0.0	386	~0.0	32 439	1.0
	2015	15 845	0.4	8 116	0.2	...	...	32 077	0.8
	2017	10 683	0.3	...	...	1 027	~0.0	...	...
	2018	...	...	...	...	...	...	47 882	1.1
Suriname Suriname	2004	400	0.8	42	0.1	...	...	2 580	5.1
	2009	369	0.7	...	...	31	0.1	1 602	3.0
	2015	585	1.0	...	...	...	...	1 167	2.0
	2018	472	0.8	40	0.1	...	...	1 588	2.7
	2019	...	...	33	0.1	21	~0.0	2 283	3.8
Sweden Suède	2005	31 198	3.4	7 431	0.8	6 913	0.8	101 168	11.2
	2010	35 718	3.8	7 606	0.8	7 147	0.8	108 883	11.6
	2015	40 919	4.2	8 005	0.8	7 538	0.8	114 878	11.7
	2020	73 222	7.1	18 387	1.8	16 719	1.6	223 907	21.6
Switzerland Suisse	2005	27 791	3.7	3 764	0.5	4 487	0.6	96 052	12.9
	2010	29 803	3.8	4 109	0.5	4 973	0.6	116 807	14.9
	2015	34 762	4.2	4 200	0.5	5 339	0.6	139 899	16.9
	2019	37 300	4.4	3 481	0.4	5 769	0.7	156 883	18.3
	2020	37 911	4.4	...	...	...	...	161 648	18.7
	2021	38 613	4.4	...	...	...	...	...	...
Syrian Arab Republic République arabe syrienne	2005	28 247	1.5	15 725	0.8	13 218	0.7	34 604	1.9
	2010	31 194	1.4	15 984	0.7	16 554	0.7	40 053	1.8
	2014	29 025	1.4	16 585	0.8	27 715	1.4	43 210	2.2
	2016	22 485	1.2	12 532	0.7	18 614	1.0	26 908	1.4
Tajikistan Tadjikistan	2003	12 688	1.9	931	0.1	680	0.1	23 320	3.5
	2005	13 272	1.9	991	0.1	...	...	23 518	3.4
	2010	12 778	1.7	1 234	0.2	...	...	29 742	3.9
	2014	14 219	1.7	1 289	0.2	...	...	39 229	4.7

10 Health personnel *(continued)*

Number of health workers and workforce density (per 1 000 population)

Le personnel de santé *(suite)*

Personnel de santé et densité (pour 1 000 habitants)

Country or area Pays ou zone	Year Année	Physicians / Médecins Number Nombre	Per 1 000 Pour 1 000	Dentists / Dentistes Number Nombre	Per 1 000 Pour 1 000	Pharmacists / Pharmaciens Number Nombre	Per 1 000 Pour 1 000	Nurses and midwives / Infirmières et Sages-femmes Number Nombre	Per 1 000 Pour 1 000
Thailand Thaïlande	2004	18 918	0.3	4 129	0.1	7 413	0.1	96 704	1.5
	2010	26 244	0.4	11 847	0.2	8 700	0.1	138 710	2.0
	2015	31 959	0.5	...	...	12 231	0.2	162 734	2.3
	2019	63 974	0.9	18 202	0.3	43 936	0.6	219 473	3.1
	2020	66 301	0.9	...	...	...	...	...	...
Timor-Leste Timor-Leste	2004	...	...	2	~0.0	1	~0.0	1 795	1.9
	2010	...	...	7	~0.0	15	~0.0	1 255	1.2
	2013	712	0.6	7	~0.0	...	...	1 052	0.9
	2015	831	0.7	...	...	10	~0.0	1 773	1.5
	2020	997	0.8	3	~0.0	276	0.2	2 305	1.8
Togo Togo	2004	244	~0.0	18	~0.0	...	...	1 937	0.3
	2008	349	0.1	15	~0.0	...	...	1 816	0.3
	2015	361	~0.0	18	~0.0	...	...	2 210	0.3
	2021	506	0.1	13	~0.0	21	~0.0	3 428	0.4
Tonga Tonga	2001	35	0.3	33	0.3	17	0.2	341	3.3
	2002	30	0.3	...	...	...	...	350	3.4
	2003	...	...	23	0.2	...	...	...	...
	2010	58	0.5	10	0.1	4	~0.0	400	3.7
	2013	55	0.5	12	0.1	4	~0.0	408	3.8
	2020	100	1.0	15	0.1	8	0.1	480	4.6
	2021	107	1.0	...	...	8	0.1	443	4.2
Trinidad and Tobago Trinité-et-Tobago	2003	1 038	0.8	249	0.2	525	0.4	3 980	2.9
	2010	2 402	1.7	343	0.2	641	0.5	3 905	2.8
	2011	2 431	1.7	343	0.2	650	0.5	4 379	3.1
	2015	3 631	2.5	489	0.3	...	...	4 773	3.3
	2019	6 244	4.1	444	0.3	...	...	5 677	3.7
	2021	5 205	3.4	475	0.3	928	0.6	...	...
Tunisia Tunisie	2004	13 330	1.3	2 100	0.2	2 779	0.3	28 537	2.8
	2005	9 422	0.9	1 850	0.2	2 114	0.2	...	...
	2010	12 996	1.2	3 130	0.3	3 236	0.3	23 836	2.2
	2015	14 655	1.3	3 494	0.3	2 592	0.2	29 851	2.6
	2016	14 507	1.2	3 458	0.3	2 593	0.2	30 049	2.6
	2017	14 892	1.3	...	...	2 615	0.2	28 739	2.4
Türkiye Türkiye	2005	100 853	1.5	18 149	0.3	22 756	0.3	121 723	1.8
	2010	123 447	1.7	21 432	0.3	26 506	0.4	165 115	2.3
	2015	141 259	1.8	24 834	0.3	27 530	0.3	205 889	2.6
	2020	171 259	2.0	34 830	0.4	35 364	0.4	286 332	3.4
Turkmenistan Turkménistan	2005	11 905	2.4	757	0.2	986	0.2	23 519	4.8
	2010	11 570	2.2	586	0.1	928	0.2	22 961	4.4
	2014	12 161	2.1	631	0.1	926	0.2	24 201	4.3
Tuvalu Tuvalu	2003	10	1.0	2	0.2	2	0.2	50	5.2
	2008	10	1.0	2	0.2	1	0.1	64	6.2
	2009	12	1.2	...	...	...	...	...	...
	2014	10	0.9	5	0.5	3	0.3	41	3.8
	2020	14	1.3	1	0.1	2	0.2	41	3.7
Uganda Ouganda	2005	3 361	0.1	98	~0.0	162	~0.0	37 625	1.3
	2015	3 645	0.1	276	~0.0	45	~0.0	59 496	1.6
	2020	7 031	0.2	255	~0.0	1 717	~0.0	74 873	1.7
Ukraine Ukraine	2005	141 521	3.0	21 709	0.5	1 185	~0.0	311 390	6.6
	2010	159 495	3.5	30 147	0.7	1 818	~0.0	342 156	7.5
	2014	134 986	3.0	26 954	0.6	1 521	~0.0	300 489	6.7
United Arab Emirates Émirats arabes unis	2005	6 971	1.6	1 414	0.3	2 790	0.7	13 764	3.2
	2010	12 137	1.4	3 081	0.4	1 528	0.2	22 682	2.7
	2015	20 481	2.3	4 916	0.6	5 247	0.6	46 155	5.2
	2020	26 736	2.9	6 860	0.7	11 153	1.2	59 043	6.4
United Kingdom Royaume-Uni	2005	145 413	2.4	...	...	36 467	0.6	581 719	9.6
	2010	166 674	2.7	32 298	0.5	40 641	0.6	558 149	8.9
	2015	180 888	2.8	34 621	0.5	54 380	0.8	546 577	8.4
	2020	203 907	3.0	36 394	0.5	57 218	0.9	600 997	9.0
	2021	213 357	3.2	34 673	0.5	...	...	616 769	9.2

10 Health personnel *(continued)*
Number of health workers and workforce density (per 1 000 population)

Le personnel de santé *(suite)*
Personnel de santé et densité (pour 1 000 habitants)

Country or area Pays ou zone	Year Année	Physicians / Médecins Number Nombre	Per 1 000 Pour 1 000	Dentists / Dentistes Number Nombre	Per 1 000 Pour 1 000	Pharmacists / Pharmaciens Number Nombre	Per 1 000 Pour 1 000	Nurses and midwives / Infirmières et Sages-femmes Number Nombre	Per 1 000 Pour 1 000
United Rep. of Tanzania	2002	822	~0.0	147	~0.0	111	~0.0	13 292	0.4
Rép.-Unie de Tanzanie	2006	...	...	43	~0.0	...	...	9 440	0.2
	2014	3 015	0.1	104	~0.0	707	~0.0	21 552	0.4
	2018	2 885	0.1	682	~0.0	1 845	~0.0	31 940	0.6
United States of America	2004	793 648	2.7	169 800	0.6	222 960	0.8	...	...
États-Unis d'Amérique	2005	...	...	171 600	0.6	229 740	0.8	...	...
	2010	...	...	183 200	0.6	268 030	0.9	3 891 298	12.5
	2014	...	...	192 300	0.6	290 780	0.9	...	...
	2020	1 194 267	3.6	202 241	0.6	357 271	1.1	4 188 638	12.5
	2021	...	...	201 900	0.6	...	...	...	...
Uruguay	2002	12 384	3.7	3 936	1.2	...	...	2 880	0.9
Uruguay	2008	13 197	4.0	2 476	0.7	...	...	19 595	5.9
	2021	21 243	6.2	5 808	1.7	1 858	0.5	39 578	11.6
Uzbekistan	2005	70 564	2.7	5 194	0.2	828	~0.0	290 162	10.9
Ouzbékistan	2010	72 522	2.5	4 693	0.2	1 074	~0.0	324 493	11.3
	2014	72 237	2.4	4 520	0.1	1 243	~0.0	343 223	11.3
Vanuatu	2004	30	0.1	...	...	...	...	360	1.7
Vanuatu	2008	26	0.1	3	~0.0	2	~0.0	380	1.6
	2012	46	0.2	17	0.1	29	0.1	459	1.8
	2019	48	0.2	9	~0.0	...	...	426	1.4
Venezuela (Boliv. Rep. of)	2001	48 000	1.9	13 680	0.6	...	...	28 000	1.1
Venezuela (Rép. boliv. du)	2017	50 866	1.7	4 116	0.1	...	...	59 099	1.9
	2018	...	...	...	...	...	...	59 690	2.0
Viet Nam	2005	51 466	0.6	...	...	15 090	0.2	69 665	0.8
Viet Nam	2010	62 458	0.7	...	...	23 494	0.3	108 435	1.2
	2015	73 797	0.8	...	...	31 535	0.3	131 858	1.4
	2016	77 539	0.8	...	...	31 719	0.3	135 432	1.5
Yemen	2004	6 739	0.3	478	~0.0	925	~0.0	13 746	0.7
Yémen	2009	7 127	0.3	...	...	...	...	...	...
	2010	...	...	573	~0.0	1 010	~0.0	16 590	0.7
	2014	8 148	0.3	543	~0.0	2 716	0.1	22 696	0.8
	2015	...	...	...	...	...	...	19 190	0.7
	2018	...	...	...	...	...	...	22 377	0.7
Zambia	2004	1 499	0.1	269	~0.0	...	...	...	...
Zambie	2005	646	0.1	...	...	...	...	8 369	0.7
	2010	836	0.1	246	~0.0	317	~0.0	9 932	0.7
	2012	...	...	...	...	409	~0.0	...	...
	2021	5 773	0.3	269	~0.0	1 376	0.1	36 288	1.9
Zimbabwe	2004	2 086	0.2	...	...	605	0.1	...	...
Zimbabwe	2005	1 516	0.1	...	...	...	...	...	...
	2009	1 516	0.1	182	~0.0	678	0.1	11 890	0.9
	2010	1 615	0.1	...	...	55	~0.0	10 525	0.8
	2015	2 508	0.2	66	~0.0	141	~0.0	19 099	1.3
	2020	2 957	0.2	234	~0.0	1 600	0.1	31 792	2.0

Source:

World Health Organisation (WHO), Geneva, WHO Global Health Workforce statistics database, last accessed April 2023.

Source:

Organisation mondiale de la santé (OMS), Genève, base de données de l'OMS sur les statistiques relatives aux personnels de santé, dernier accès avril 2023.

11 Expenditure on health

Percentage of GDP and of government expenditure

Dépenses de santé

Pourcentage du PIB et des dépenses du gouvernement

Region, country or area&	2005	2010	2015	2018	2019	2020	Région, pays ou zone&
Afghanistan [1]							**Afghanistan** [1]
Current expenditure (% GDP)	9.9	8.6	10.1	14.2[2]	14.8[2]	15.5[2]	Dépenses courantes (% du PIB)
Domestic General govt.(% expend. total)	3.4	2.3	2.0	1.9[2]	1.8[2]	4.2[2]	Dépenses intérieures (en % du totale)
Albania							**Albanie**
Current expenditure (% GDP)	5.8	6.2	...	...	...	...	Dépenses courantes (% du PIB)
Domestic General govt.(% expend. total)	9.2	8.1	8.9	9.8	9.8	9.0	Dépenses intérieures (en % du totale)
Algeria [1,3]							**Algérie** [1,3]
Current expenditure (% GDP)	3.2	5.1	7.0	6.2	6.3	6.3	Dépenses courantes (% du PIB)
Domestic General govt.(% expend. total)	8.3	9.5	10.7	10.7	10.7	10.7	Dépenses intérieures (en % du totale)
Andorra							**Andorre**
Current expenditure (% GDP)	5.6	7.9	7.0	7.4	7.4	9.1	Dépenses courantes (% du PIB)
Domestic General govt.(% expend. total)	18.8	25.4	16.1	14.7	14.9	15.2	Dépenses intérieures (en % du totale)
Angola [1,3]							**Angola** [1,3]
Current expenditure (% GDP)	2.9	2.7	2.6	2.6	2.7	2.9	Dépenses courantes (% du PIB)
Domestic General govt.(% expend. total)	4.8	4.2	4.6	5.4	5.4	5.4	Dépenses intérieures (en % du totale)
Antigua and Barbuda [1,3]							**Antigua-et-Barbuda** [1,3]
Current expenditure (% GDP)	* 5.0	* 5.4	* 5.3	* 4.8	* 4.4	* 5.6	Dépenses courantes (% du PIB)
Domestic General govt.(% expend. total)	* 11.5	* 13.9	* 11.8	* 13.1	* 11.3	* 12.6	Dépenses intérieures (en % du totale)
Argentina [1]							**Argentine** [1]
Current expenditure (% GDP)	* 7.6	* 9.4	* 10.2	* 9.5	* 9.5	* 10.0	Dépenses courantes (% du PIB)
Domestic General govt.(% expend. total)	* 16.0	* 16.7	* 16.5	* 15.3	* 16.1	* 15.7	Dépenses intérieures (en % du totale)
Armenia							**Arménie**
Current expenditure (% GDP)	5.9	9.2	10.1	10.0	11.4	12.2	Dépenses courantes (% du PIB)
Domestic General govt.(% expend. total)	7.4	6.4	6.1	5.1	5.7	7.7	Dépenses intérieures (en % du totale)
Australia							**Australie**
Current expenditure (% GDP)	8.0	8.4	10.2	10.1	10.2	10.6	Dépenses courantes (% du PIB)
Domestic General govt.(% expend. total)	15.9	16.1	18.4	18.6	17.2	17.2	Dépenses intérieures (en % du totale)
Austria							**Autriche**
Current expenditure (% GDP)	9.6	* 10.2	* 10.4	* 10.3	* 10.5	* 11.5	Dépenses courantes (% du PIB)
Domestic General govt.(% expend. total)	13.7	* 14.0	* 14.7	* 15.8	* 16.2	* 15.4	Dépenses intérieures (en % du totale)
Azerbaijan							**Azerbaïdjan**
Current expenditure (% GDP)	2.3	2.5	4.1	3.6	4.1	4.6	Dépenses courantes (% du PIB)
Domestic General govt.(% expend. total)	4.1	3.2	3.4	2.8	3.9	3.9	Dépenses intérieures (en % du totale)
Bahamas [3,4]							**Bahamas** [3,4]
Current expenditure (% GDP)	* 4.0	* 5.3	* 5.1	* 6.0	* 5.9	* 7.6	Dépenses courantes (% du PIB)
Domestic General govt.(% expend. total)	* 12.9	* 15.4	* 13.7	* 15.7	* 15.3	* 15.7	Dépenses intérieures (en % du totale)
Bahrain [1]							**Bahreïn** [1]
Current expenditure (% GDP)	3.3	4.1	5.0[2]	* 4.1	* 3.9	* 4.2	Dépenses courantes (% du PIB)
Domestic General govt.(% expend. total)	9.1	8.2	8.9[2]	* 7.1	* 6.7	* 6.7	Dépenses intérieures (en % du totale)
Bangladesh [4]							**Bangladesh** [4]
Current expenditure (% GDP)	2.4	2.7	2.7	2.7	2.6	2.6	Dépenses courantes (% du PIB)
Domestic General govt.(% expend. total)	4.4	4.4	3.4	3.8	3.3	3.1	Dépenses intérieures (en % du totale)
Barbados [3,5]							**Barbade** [3,5]
Current expenditure (% GDP)	* 6.8	* 6.8	* 6.8	* 6.6	* 6.2	* 7.2	Dépenses courantes (% du PIB)
Domestic General govt.(% expend. total)	* 12.2	* 10.7	* 9.1	* 9.9	* 10.6	* 11.2	Dépenses intérieures (en % du totale)
Belarus							**Bélarus**
Current expenditure (% GDP)	6.1	5.7	6.1	5.5	5.9	6.4	Dépenses courantes (% du PIB)
Domestic General govt.(% expend. total)	10.1	8.7	8.8	10.3	11.0	11.9	Dépenses intérieures (en % du totale)
Belgium							**Belgique**
Current expenditure (% GDP)	9.2	10.2	10.8	10.8	10.7	11.1	Dépenses courantes (% du PIB)
Domestic General govt.(% expend. total)	13.3	14.4	15.4	15.9	15.6	14.8	Dépenses intérieures (en % du totale)
Belize [5,6]							**Belize** [5,6]
Current expenditure (% GDP)	* 4.5	* 5.6	* 5.9	* 5.8	* 6.1	* 6.9	Dépenses courantes (% du PIB)
Domestic General govt.(% expend. total)	* 8.3	* 12.8	* 11.3	* 12.2	* 12.2	* 12.6	Dépenses intérieures (en % du totale)
Benin [1]							**Bénin** [1]
Current expenditure (% GDP)	2.9	3.0	2.7	2.5	2.3	2.6	Dépenses courantes (% du PIB)
Domestic General govt.(% expend. total)	4.8	5.1	3.2	3.0	3.7	4.6	Dépenses intérieures (en % du totale)
Bhutan [4]							**Bhoutan** [4]
Current expenditure (% GDP)	4.1	3.6	3.8	3.2	3.6	4.4	Dépenses courantes (% du PIB)
Domestic General govt.(% expend. total)	6.7	5.6	9.3	7.7	10.2	10.3	Dépenses intérieures (en % du totale)
Bolivia (Plurin. State of) [1]							**Bolivie (État plurin. de)** [1]
Current expenditure (% GDP)	5.1[2]	5.2[2]	6.6[2]	6.6[2]	6.9[2]	* 7.9	Dépenses courantes (% du PIB)
Domestic General govt.(% expend. total)	8.3[2]	9.7[2]	9.7[2]	12.9[2]	13.6[2]	* 14.9	Dépenses intérieures (en % du totale)

Region, country or area[&]	2005	2010	2015	2018	2019	2020	Région, pays ou zone[&]
Bosnia and Herzegovina							**Bosnie-Herzégovine**
Current expenditure (% GDP)	9.1	9.0	9.4	8.9	9.0	9.8	Dépenses courantes (% du PIB)
Domestic General govt.(% expend. total)	10.8	12.6	15.0	15.1	15.4	14.9	Dépenses intérieures (en % du totale)
Botswana [5]							**Botswana [5]**
Current expenditure (% GDP)	5.1	6.3	6.1	6.0	6.1	6.2	Dépenses courantes (% du PIB)
Domestic General govt.(% expend. total)	8.2	8.1	10.4	11.5	12.0	12.0	Dépenses intérieures (en % du totale)
Brazil [1]							**Brésil [1]**
Current expenditure (% GDP)	8.0[7]	7.9[7]	8.9[7]	9.5[7]	9.6[7]	* 10.3	Dépenses courantes (% du PIB)
Domestic General govt.(% expend. total)	8.4[7]	9.0[7]	10.0[7]	10.3[7]	10.5[7]	* 10.8	Dépenses intérieures (en % du totale)
Brunei Darussalam [5]							**Brunéi Darussalam [5]**
Current expenditure (% GDP)	2.2	2.3	# 2.4	2.4	2.2	# 2.4	Dépenses courantes (% du PIB)
Domestic General govt.(% expend. total)	6.4	5.8	# 5.9	7.1	6.4	# 6.8	Dépenses intérieures (en % du totale)
Bulgaria							**Bulgarie**
Current expenditure (% GDP)	6.9	7.1	7.4	7.3	7.1	8.5	Dépenses courantes (% du PIB)
Domestic General govt.(% expend. total)	11.2	10.9	10.2	11.4	11.6	12.1	Dépenses intérieures (en % du totale)
Burkina Faso [1]							**Burkina Faso [1]**
Current expenditure (% GDP)	4.0	5.2	5.1	5.0	5.4	6.7	Dépenses courantes (% du PIB)
Domestic General govt.(% expend. total)	6.0	6.0	7.2	8.8	9.6	11.5	Dépenses intérieures (en % du totale)
Burundi [1]							**Burundi [1]**
Current expenditure (% GDP)	8.4	11.3	6.3	7.4	6.5	6.5	Dépenses courantes (% du PIB)
Domestic General govt.(% expend. total)	6.2	4.9	10.4	8.3	8.3	8.3	Dépenses intérieures (en % du totale)
Cabo Verde [1]							**Cabo Verde [1]**
Current expenditure (% GDP)	4.3	4.5	4.8	5.2	5.1	6.0	Dépenses courantes (% du PIB)
Domestic General govt.(% expend. total)	8.8	7.2	10.1	10.4	10.4	10.4	Dépenses intérieures (en % du totale)
Cambodia [4]							**Cambodge [4]**
Current expenditure (% GDP)	6.8	6.9	6.2	6.1	6.9	7.5	Dépenses courantes (% du PIB)
Domestic General govt.(% expend. total)	9.9	6.5	6.6	7.2	7.0	7.4	Dépenses intérieures (en % du totale)
Cameroon [1]							**Cameroun [1]**
Current expenditure (% GDP)	3.8	3.6	3.6	3.6	3.7	3.8	Dépenses courantes (% du PIB)
Domestic General govt.(% expend. total)	5.2	2.7	1.8	2.0	2.2	3.7	Dépenses intérieures (en % du totale)
Canada [1]							**Canada [1]**
Current expenditure (% GDP)	9.0[6]	10.7[2]	10.7[2]	10.8[2]	11.0[2]	12.9[2]	Dépenses courantes (% du PIB)
Domestic General govt.(% expend. total)	17.1[6]	17.4[2]	19.0[2]	18.6[2]	18.8[2]	18.3[2]	Dépenses intérieures (en % du totale)
Central African Republic [1]							**République centrafricaine [1]**
Current expenditure (% GDP)	4.4	3.6	5.0	11.0	7.8	9.4	Dépenses courantes (% du PIB)
Domestic General govt.(% expend. total)	6.4	3.3	3.3	3.9	4.8	4.8	Dépenses intérieures (en % du totale)
Chad [1]							**Tchad [1]**
Current expenditure (% GDP)	4.8	4.1	4.5	4.6	4.5	5.4	Dépenses courantes (% du PIB)
Domestic General govt.(% expend. total)	12.4	3.5	5.2	4.9	4.9	4.9	Dépenses intérieures (en % du totale)
Chile [1]							**Chili [1]**
Current expenditure (% GDP)	6.6[6]	6.8[6]	8.3[2]	9.2[2]	9.3[2]	9.8[2]	Dépenses courantes (% du PIB)
Domestic General govt.(% expend. total)	12.9[6]	13.7[6]	16.0[2]	18.3[2]	18.0[2]	18.8[2]	Dépenses intérieures (en % du totale)
China							**Chine**
Current expenditure (% GDP)	4.2	4.2	4.9	5.2	5.4	5.6	Dépenses courantes (% du PIB)
Domestic General govt.(% expend. total)	7.5	8.8	9.4	8.8	8.8	8.4	Dépenses intérieures (en % du totale)
Colombia [1]							**Colombie [1]**
Current expenditure (% GDP)	6.1	7.1	7.5[2]	7.6[2]	# 8.1[2]	9.0[2]	Dépenses courantes (% du PIB)
Domestic General govt.(% expend. total)	16.8	16.8	17.0[2]	15.8[2]	# 17.6[2]	19.5[2]	Dépenses intérieures (en % du totale)
Comoros [1]							**Comores [1]**
Current expenditure (% GDP)	6.1	5.0	4.6	4.9	5.2	5.3	Dépenses courantes (% du PIB)
Domestic General govt.(% expend. total)	5.9	2.8	2.4	4.0	4.1	4.1	Dépenses intérieures (en % du totale)
Congo [1]							**Congo [1]**
Current expenditure (% GDP)	1.7	1.9	2.5	1.9	2.6	4.5	Dépenses courantes (% du PIB)
Domestic General govt.(% expend. total)	2.0	3.6	2.7	3.5	5.1	8.2	Dépenses intérieures (en % du totale)
Cook Islands [4]							**Îles Cook [4]**
Current expenditure (% GDP)	3.8	3.7	2.7	2.7	3.1	3.2	Dépenses courantes (% du PIB)
Domestic General govt.(% expend. total)	9.6	9.5	4.8	6.4	7.8	7.8	Dépenses intérieures (en % du totale)
Costa Rica [1]							**Costa Rica [1]**
Current expenditure (% GDP)	6.7	8.0	7.6[2]	# 7.3[2]	7.2[2]	7.9[2]	Dépenses courantes (% du PIB)
Domestic General govt.(% expend. total)	25.7	31.7	29.5[2]	# 27.8[2]	24.1[2]	25.2[2]	Dépenses intérieures (en % du totale)
Côte d'Ivoire [1]							**Côte d'Ivoire [1]**
Current expenditure (% GDP)	5.0	4.4	3.2	3.1	3.3	3.3	Dépenses courantes (% du PIB)
Domestic General govt.(% expend. total)	3.9	4.1	4.9	5.1	5.5	5.5	Dépenses intérieures (en % du totale)
Croatia							**Croatie**
Current expenditure (% GDP)	6.8	8.0	6.7	# 6.7	6.8	7.8	Dépenses courantes (% du PIB)
Domestic General govt.(% expend. total)	12.5	13.8	11.5	# 12.2	12.1	11.7	Dépenses intérieures (en % du totale)

11 Expenditure on health *(continued)*
Percentage of GDP and of government expenditure

Dépenses de santé *(suite)*
Pourcentage du PIB et des dépenses du gouvernement

Region, country or area&	2005	2010	2015	2018	2019	2020	Région, pays ou zone&
Cuba [1]							**Cuba** [1]
Current expenditure (% GDP)	* 8.8	* 10.7	* 12.8	* 11.0	* 11.1	* 12.5	Dépenses courantes (% du PIB)
Domestic General govt.(% expend. total)	* 11.7	* 13.9	* 18.2	* 14.9	* 15.5	* 16.4	Dépenses intérieures (en % du totale)
Cyprus [8]							**Chypre** [8]
Current expenditure (% GDP)	5.4	6.5	6.8	6.8	6.9	8.1	Dépenses courantes (% du PIB)
Domestic General govt.(% expend. total)	5.7	7.1	7.1	6.7	10.0	14.1	Dépenses intérieures (en % du totale)
Czechia							**Tchéquie**
Current expenditure (% GDP)	6.3[6]	6.9[6]	7.2	7.5	7.6	9.2	Dépenses courantes (% du PIB)
Domestic General govt.(% expend. total)	12.8[6]	13.1[6]	14.1	15.6	15.7	17.1	Dépenses intérieures (en % du totale)
Dem. Rep. of the Congo [1]							**Rép. dém. du Congo** [1]
Current expenditure (% GDP)	4.3	3.9	4.0	3.3	3.5	4.1	Dépenses courantes (% du PIB)
Domestic General govt.(% expend. total)	2.5	2.5	3.8	4.5	4.4	6.3	Dépenses intérieures (en % du totale)
Denmark							**Danemark**
Current expenditure (% GDP)	9.1	10.6	10.3	# 10.1	10.1	10.5	Dépenses courantes (% du PIB)
Domestic General govt.(% expend. total)	14.9	15.8	16.0	# 16.7	17.1	16.7	Dépenses intérieures (en % du totale)
Djibouti [1]							**Djibouti** [1]
Current expenditure (% GDP)	* 3.2	* 3.1	* 3.1[3]	* 2.3[3]	* 2.0[3]	* 2.0[3]	Dépenses courantes (% du PIB)
Domestic General govt.(% expend. total)	* 5.3	* 7.0	* 4.1[3]	* 4.3[3]	* 4.3[3]	* 4.3[3]	Dépenses intérieures (en % du totale)
Dominica [4]							**Dominique** [4]
Current expenditure (% GDP)	* 5.0	* 5.2	* 5.2	* 6.1	* 5.1	* 5.6	Dépenses courantes (% du PIB)
Domestic General govt.(% expend. total)	* 8.7	* 7.4	* 9.7	* 6.2	* 7.6	* 5.4	Dépenses intérieures (en % du totale)
Dominican Republic [1]							**République dominicaine** [1]
Current expenditure (% GDP)	* 4.4	* 4.9[2]	* 4.7[2]	* 4.1	* 4.2	* 4.9	Dépenses courantes (% du PIB)
Domestic General govt.(% expend. total)	* 9.2	* 15.9[2]	* 14.2[2]	* 15.4	* 15.6	* 14.7	Dépenses intérieures (en % du totale)
Ecuador [1]							**Équateur** [1]
Current expenditure (% GDP)	5.6	6.1[2]	7.5[2]	7.9[2]	7.8[2]	8.5[2]	Dépenses courantes (% du PIB)
Domestic General govt.(% expend. total)	7.9	8.2[2]	10.9[2]	13.1[2]	13.3[2]	13.9[2]	Dépenses intérieures (en % du totale)
Egypt [4]							**Égypte** [4]
Current expenditure (% GDP)	4.9	4.2	5.3	5.0	4.8	* # 4.4[2]	Dépenses courantes (% du PIB)
Domestic General govt.(% expend. total)	5.2	4.4	5.1	4.7	4.8	* # 5.2[2]	Dépenses intérieures (en % du totale)
El Salvador [1]							**El Salvador** [1]
Current expenditure (% GDP)	9.2	8.9	8.8	8.3[2,9]	8.5[2,9]	9.9[2,9]	Dépenses courantes (% du PIB)
Domestic General govt.(% expend. total)	18.9	17.1	17.7	16.7[2,9]	17.3[2,9]	17.8[2,9]	Dépenses intérieures (en % du totale)
Equatorial Guinea [1,3]							**Guinée équatoriale** [1,3]
Current expenditure (% GDP)	1.5	1.8	2.9	3.1	3.0	3.8	Dépenses courantes (% du PIB)
Domestic General govt.(% expend. total)	1.5	1.5	1.3	3.2	3.8	5.3	Dépenses intérieures (en % du totale)
Eritrea [1,3]							**Érythrée** [1,3]
Current expenditure (% GDP)	6.9	4.9	4.5	4.1	4.5	4.1	Dépenses courantes (% du PIB)
Domestic General govt.(% expend. total)	1.1	2.4	2.4	2.4	2.4	2.4	Dépenses intérieures (en % du totale)
Estonia							**Estonie**
Current expenditure (% GDP)	5.1	6.3	6.6	# 6.7	6.8	# 7.8	Dépenses courantes (% du PIB)
Domestic General govt.(% expend. total)	11.1	11.7	12.5	# 12.5	12.9	# 13.0	Dépenses intérieures (en % du totale)
Eswatini [5]							**Eswatini** [5]
Current expenditure (% GDP)	7.4	8.6	7.1	7.2	6.7	6.5	Dépenses courantes (% du PIB)
Domestic General govt.(% expend. total)	12.6	13.8	8.6	10.0	10.0	10.0	Dépenses intérieures (en % du totale)
Ethiopia [10]							**Éthiopie** [10]
Current expenditure (% GDP)	4.1	5.5	3.8	3.3	3.2	3.5	Dépenses courantes (% du PIB)
Domestic General govt.(% expend. total)	7.6	5.1	5.6	4.8	4.8	6.8	Dépenses intérieures (en % du totale)
Fiji							**Fidji**
Current expenditure (% GDP)	3.3	3.4	3.3	3.6[5]	3.8[5]	3.7[5]	Dépenses courantes (% du PIB)
Domestic General govt.(% expend. total)	10.4	8.8	7.0	7.7[5]	8.3[5]	7.7[5]	Dépenses intérieures (en % du totale)
Finland							**Finlande**
Current expenditure (% GDP)	8.3	9.1	# 9.6	# 9.0	9.2	9.6	Dépenses courantes (% du PIB)
Domestic General govt.(% expend. total)	13.2	13.3	# 13.4	# 13.3	13.8	13.7	Dépenses intérieures (en % du totale)
France							**France**
Current expenditure (% GDP)	10.2	# 11.2[2]	11.4[2]	11.2[2]	11.1[2]	12.2[2]	Dépenses courantes (% du PIB)
Domestic General govt.(% expend. total)	13.9	# 13.9[2]	14.6[2]	15.3[2]	15.1[2]	15.2[2]	Dépenses intérieures (en % du totale)
Gabon [1]							**Gabon** [1]
Current expenditure (% GDP)	2.9	2.5	2.7	2.7	2.8	3.4	Dépenses courantes (% du PIB)
Domestic General govt.(% expend. total)	5.1	6.8	7.0	9.4	9.6	9.6	Dépenses intérieures (en % du totale)
Gambia							**Gambie**
Current expenditure (% GDP)	5.4	4.1	3.2	3.3	3.2	2.6	Dépenses courantes (% du PIB)
Domestic General govt.(% expend. total)	6.3	6.3	5.1	5.1	5.5	5.5	Dépenses intérieures (en % du totale)
Georgia							**Géorgie**
Current expenditure (% GDP)	8.1	9.1	7.4	7.1	6.7	* 7.6	Dépenses courantes (% du PIB)
Domestic General govt.(% expend. total)	5.6	6.2	9.6	10.3	9.4	* 8.1	Dépenses intérieures (en % du totale)

Region, country or area[&]	2005	2010	2015	2018	2019	2020	Région, pays ou zone[&]
Germany							**Allemagne**
Current expenditure (% GDP)	10.3	# 11.1	11.2	11.5	11.7	12.8	Dépenses courantes (% du PIB)
Domestic General govt.(% expend. total)	16.7	# 17.4	19.5	20.0	20.1	19.8	Dépenses intérieures (en % du totale)
Ghana [1]							**Ghana** [1]
Current expenditure (% GDP)	3.6	4.2	4.5	3.4	3.4	4.0	Dépenses courantes (% du PIB)
Domestic General govt.(% expend. total)	10.6	11.9	8.6	6.4	6.5	6.9	Dépenses intérieures (en % du totale)
Greece							**Grèce**
Current expenditure (% GDP)	8.6	9.6	# 8.2	8.1	8.2	9.5	Dépenses courantes (% du PIB)
Domestic General govt.(% expend. total)	11.4	12.5	# 8.8	8.7	8.4	8.4	Dépenses intérieures (en % du totale)
Grenada [1]							**Grenade** [1]
Current expenditure (% GDP)	* 5.1	* 5.4	* 4.6	* 4.6	* 4.9	* 5.8	Dépenses courantes (% du PIB)
Domestic General govt.(% expend. total)	* 9.1	* 7.4	* 7.7	* 8.3	* 9.4	* 8.5	Dépenses intérieures (en % du totale)
Guatemala [1]							**Guatemala** [1]
Current expenditure (% GDP)	6.1[6]	6.1[6]	6.0	6.1	6.2	6.5	Dépenses courantes (% du PIB)
Domestic General govt.(% expend. total)	14.2[6]	14.2[6]	18.1	16.7	17.7	15.9	Dépenses intérieures (en % du totale)
Guinea [1]							**Guinée** [1]
Current expenditure (% GDP)	4.0	3.4	5.8	3.7	4.1	4.0	Dépenses courantes (% du PIB)
Domestic General govt.(% expend. total)	2.4	1.8	2.0	3.9	6.1	6.1	Dépenses intérieures (en % du totale)
Guinea-Bissau [1]							**Guinée-Bissau** [1]
Current expenditure (% GDP)	7.3	6.3	8.1	7.6	8.4	8.4	Dépenses courantes (% du PIB)
Domestic General govt.(% expend. total)	13.3	5.6	2.5	2.8	2.8	2.8	Dépenses intérieures (en % du totale)
Guyana [1]							**Guyana** [1]
Current expenditure (% GDP)	* 3.8	* 4.2	* 4.0	* 4.9	* 4.9	* 5.5	Dépenses courantes (% du PIB)
Domestic General govt.(% expend. total)	* 6.3	* 7.5	* 10.8	* 10.6	* 10.3	* 13.1	Dépenses intérieures (en % du totale)
Haiti [11]							**Haïti** [11]
Current expenditure (% GDP)	* 3.3[3]	* 4.5[3]	* 5.1[2]	* 4.2	* 4.3	* 3.3	Dépenses courantes (% du PIB)
Domestic General govt.(% expend. total)	* 6.7[3]	* 6.4[3]	* 4.4[2]	* 4.9	* 5.0	* 4.3	Dépenses intérieures (en % du totale)
Honduras [1]							**Honduras** [1]
Current expenditure (% GDP)	* 7.5	* 8.7	* 7.5	* 7.2	* 7.3	# 9.0[2]	Dépenses courantes (% du PIB)
Domestic General govt.(% expend. total)	* 12.4	* 14.0	* 11.3	* 10.9	* 11.2	# 12.3[2]	Dépenses intérieures (en % du totale)
Hungary							**Hongrie**
Current expenditure (% GDP)	8.0	# 7.4	# 6.9	6.6	6.3	7.3	Dépenses courantes (% du PIB)
Domestic General govt.(% expend. total)	11.4	# 10.2	# 9.2	9.9	9.4	10.1	Dépenses intérieures (en % du totale)
Iceland							**Islande**
Current expenditure (% GDP)	8.9	8.4	8.1	8.4	8.5	9.6	Dépenses courantes (% du PIB)
Domestic General govt.(% expend. total)	16.1	13.7	15.0	15.7	16.3	15.7	Dépenses intérieures (en % du totale)
India [5]							**Inde** [5]
Current expenditure (% GDP)	3.8	3.3	# 3.6	2.9	* 2.9	* 3.0	Dépenses courantes (% du PIB)
Domestic General govt.(% expend. total)	3.0	3.1	# 3.4	3.5	* 3.4	* 3.3	Dépenses intérieures (en % du totale)
Indonesia							**Indonésie**
Current expenditure (% GDP)	2.5	# * 2.8	* 2.9	* 2.9	* 2.9	# 3.4	Dépenses courantes (% du PIB)
Domestic General govt.(% expend. total)	4.2	# * 3.9	* 6.6	* 8.4	* 8.7	# 10.1	Dépenses intérieures (en % du totale)
Iran (Islamic Republic of) [6,12]							**Iran (Rép. islamique d')** [6,12]
Current expenditure (% GDP)	5.3	6.3	7.3	7.5	5.9	5.3	Dépenses courantes (% du PIB)
Domestic General govt.(% expend. total)	9.0	12.5	22.6	22.5	21.4	22.1	Dépenses intérieures (en % du totale)
Iraq [1]							**Iraq** [1]
Current expenditure (% GDP)	2.9	3.2	3.1	4.1	4.3	* 5.1[2]	Dépenses courantes (% du PIB)
Domestic General govt.(% expend. total)	3.2	4.8	1.7	6.2	6.0	* 6.3[2]	Dépenses intérieures (en % du totale)
Ireland							**Irlande**
Current expenditure (% GDP)	7.6	10.5	7.3[2]	6.9[2]	6.7[2]	7.1[2]	Dépenses courantes (% du PIB)
Domestic General govt.(% expend. total)	18.3	12.4	18.1[2]	20.1[2]	20.6[2]	20.5[2]	Dépenses intérieures (en % du totale)
Israel							**Israël**
Current expenditure (% GDP)	7.1	7.0[2]	7.1[2]	7.3[2]	7.5[2]	8.3[2]	Dépenses courantes (% du PIB)
Domestic General govt.(% expend. total)	9.6	10.7[2]	11.7[2]	11.8[2]	12.2[2]	13.0[2]	Dépenses intérieures (en % du totale)
Italy							**Italie**
Current expenditure (% GDP)	8.3	8.9	8.9	8.7	# 8.7	9.6	Dépenses courantes (% du PIB)
Domestic General govt.(% expend. total)	13.7	14.0	13.1	13.2	# 13.2	12.9	Dépenses intérieures (en % du totale)
Jamaica [5]							**Jamaïque** [5]
Current expenditure (% GDP)	* 4.5	* 5.3	* 5.6	* 6.0	* 6.1	* 6.6	Dépenses courantes (% du PIB)
Domestic General govt.(% expend. total)	* 7.4	* 9.0	* 12.8	* 13.0	* 13.3	* 14.0	Dépenses intérieures (en % du totale)
Japan							**Japon**
Current expenditure (% GDP)	7.7	9.1	10.7	10.7	10.8	10.9	Dépenses courantes (% du PIB)
Domestic General govt.(% expend. total)	17.8	18.9	23.2	24.5	24.3	20.6	Dépenses intérieures (en % du totale)
Jordan [1]							**Jordanie** [1]
Current expenditure (% GDP)	8.6	8.2	7.5[2]	* 7.8	* 7.6	* 7.5	Dépenses courantes (% du PIB)
Domestic General govt.(% expend. total)	11.8	17.0	12.2[2]	* 12.6	* 12.8	* 11.9	Dépenses intérieures (en % du totale)

Region, country or area&	2005	2010	2015	2018	2019	2020	Région, pays ou zone&
Kazakhstan							**Kazakhstan**
Current expenditure (% GDP)	3.9	2.7	3.0	2.8	2.8	3.8	Dépenses courantes (% du PIB)
Domestic General govt.(% expend. total)	11.5	8.2	8.4	9.1	8.3	10.2	Dépenses intérieures (en % du totale)
Kenya [4]							**Kenya** [4]
Current expenditure (% GDP)	3.1	5.4	4.8	4.1	4.4	4.3	Dépenses courantes (% du PIB)
Domestic General govt.(% expend. total)	6.9	7.2	8.1	7.2	8.2	8.2	Dépenses intérieures (en % du totale)
Kiribati [4,13]							**Kiribati** [4,13]
Current expenditure (% GDP)	11.5	9.3	8.0	11.9	11.4	11.6	Dépenses courantes (% du PIB)
Domestic General govt.(% expend. total)	11.4	10.4	6.7	6.5	7.1	8.4	Dépenses intérieures (en % du totale)
Kuwait [3,5]							**Koweït** [3,5]
Current expenditure (% GDP)	* 2.0	* 2.7	* 4.2	* 5.2	* 5.4	* 6.3	Dépenses courantes (% du PIB)
Domestic General govt.(% expend. total)	* 5.5	* 5.0	* 6.6	* 9.0	* 9.1	* 8.7	Dépenses intérieures (en % du totale)
Kyrgyzstan							**Kirghizistan**
Current expenditure (% GDP)	7.5	7.0	7.1	# 5.0	# 4.5	* # 5.3	Dépenses courantes (% du PIB)
Domestic General govt.(% expend. total)	13.1	9.2	7.1	# 7.3	# 7.1	* # 6.9	Dépenses intérieures (en % du totale)
Lao People's Dem. Rep. [11]							**Rép. dém. populaire lao** [11]
Current expenditure (% GDP)	3.3	2.9	2.5[2]	2.2[2]	2.6[2]	2.7[2]	Dépenses courantes (% du PIB)
Domestic General govt.(% expend. total)	5.9	2.7	3.4[2]	4.2[2]	5.1[2]	6.2[2]	Dépenses intérieures (en % du totale)
Latvia							**Lettonie**
Current expenditure (% GDP)	5.8	6.1	5.7	6.2	# 6.6	# 7.4	Dépenses courantes (% du PIB)
Domestic General govt.(% expend. total)	9.3	8.0	8.6	9.4	# 10.4	# 10.9	Dépenses intérieures (en % du totale)
Lebanon [1,3]							**Liban** [1,3]
Current expenditure (% GDP)	7.5	7.4	7.4[2]	8.0	* 7.9	* 8.0	Dépenses courantes (% du PIB)
Domestic General govt.(% expend. total)	9.2	10.3	12.5[2]	11.6	* 11.4	* 13.4	Dépenses intérieures (en % du totale)
Lesotho [5]							**Lesotho** [5]
Current expenditure (% GDP)	* 5.4	* 8.4	* 9.0	* 11.0	* 11.4	* 11.8	Dépenses courantes (% du PIB)
Domestic General govt.(% expend. total)	* 6.0	* 8.3	* 10.3	* 9.6	* 9.0	* 11.1	Dépenses intérieures (en % du totale)
Liberia [4]							**Libéria** [4]
Current expenditure (% GDP)	9.7	9.0	10.6	9.8	8.4	9.5	Dépenses courantes (% du PIB)
Domestic General govt.(% expend. total)	4.5	3.2	3.2	5.2	4.2	4.5	Dépenses intérieures (en % du totale)
Libya [1,3]							**Libye** [1,3]
Current expenditure (% GDP)	2.6	3.6	...	...	...	...	Dépenses courantes (% du PIB)
Domestic General govt.(% expend. total)	5.8	4.3	...	...	...	...	Dépenses intérieures (en % du totale)
Lithuania							**Lituanie**
Current expenditure (% GDP)	# 5.6	6.8	6.5	6.5	7.0	7.5	Dépenses courantes (% du PIB)
Domestic General govt.(% expend. total)	# 10.1	11.4	12.2	12.7	13.1	12.1	Dépenses intérieures (en % du totale)
Luxembourg							**Luxembourg**
Current expenditure (% GDP)	7.1	6.7	5.1	5.3	5.4	5.8	Dépenses courantes (% du PIB)
Domestic General govt.(% expend. total)	13.8	13.6	10.6	10.6	10.9	10.7	Dépenses intérieures (en % du totale)
Madagascar [1]							**Madagascar** [1]
Current expenditure (% GDP)	5.2	4.7	5.0	4.3	3.8	3.9	Dépenses courantes (% du PIB)
Domestic General govt.(% expend. total)	10.6	15.2	15.3	10.5	8.0	8.8	Dépenses intérieures (en % du totale)
Malawi [4]							**Malawi** [4]
Current expenditure (% GDP)	4.3	5.1	6.6	6.9	5.1	5.4	Dépenses courantes (% du PIB)
Domestic General govt.(% expend. total)	6.0	5.8	9.7	8.7	8.7	8.7	Dépenses intérieures (en % du totale)
Malaysia							**Malaisie**
Current expenditure (% GDP)	* 2.8	* 3.2	* 3.8	3.8	3.8	4.1	Dépenses courantes (% du PIB)
Domestic General govt.(% expend. total)	* 5.6	* 6.3	* 8.2	8.5	8.5	8.6	Dépenses intérieures (en % du totale)
Maldives							**Maldives**
Current expenditure (% GDP)	8.8	# * 8.5	8.7	7.4	7.7	11.3	Dépenses courantes (% du PIB)
Domestic General govt.(% expend. total)	7.7	# * 13.5	18.5	17.7	17.9	18.2	Dépenses intérieures (en % du totale)
Mali [1]							**Mali** [1]
Current expenditure (% GDP)	5.2	4.7	4.1	3.7	3.9	4.3	Dépenses courantes (% du PIB)
Domestic General govt.(% expend. total)	6.5	3.3	4.4	5.7	5.7	5.7	Dépenses intérieures (en % du totale)
Malta							**Malte**
Current expenditure (% GDP)	8.7	8.0	8.9	# 8.6	9.2	10.8	Dépenses courantes (% du PIB)
Domestic General govt.(% expend. total)	14.1	12.8	14.1	# 15.2	16.0	15.6	Dépenses intérieures (en % du totale)
Marshall Islands [11,14]							**Îles Marshall** [11,14]
Current expenditure (% GDP)	20.2	13.9	15.3	15.3	14.8	13.0	Dépenses courantes (% du PIB)
Domestic General govt.(% expend. total)	6.6	7.7	11.6	12.3	10.5	9.7	Dépenses intérieures (en % du totale)
Mauritania [1]							**Mauritanie** [1]
Current expenditure (% GDP)	3.4	2.6	3.7	3.4	3.3	3.4	Dépenses courantes (% du PIB)
Domestic General govt.(% expend. total)	3.8	4.2	5.5	7.0	7.0	7.0	Dépenses intérieures (en % du totale)
Mauritius [1]							**Maurice** [1]
Current expenditure (% GDP)	3.6	4.6	5.7	5.9	6.2	6.7	Dépenses courantes (% du PIB)
Domestic General govt.(% expend. total)	7.4	8.3	9.5	10.2	10.2	10.2	Dépenses intérieures (en % du totale)

Region, country or area&	2005	2010	2015	2018	2019	2020	Région, pays ou zone&
Mexico [1,2]							**Mexique** [1,2]
Current expenditure (% GDP)	5.8	5.7	5.7	5.4	5.4	6.2	Dépenses courantes (% du PIB)
Domestic General govt.(% expend. total)	11.1	10.4	10.9	10.4	10.3	11.5	Dépenses intérieures (en % du totale)
Micronesia (Fed. States of) [11]							**Micronésie (États féd. de)** [11]
Current expenditure (% GDP)	17.7	13.1	12.5	11.7	11.3	11.6	Dépenses courantes (% du PIB)
Domestic General govt.(% expend. total)	4.5	3.4	5.8	5.5	5.3	4.1	Dépenses intérieures (en % du totale)
Monaco							**Monaco**
Current expenditure (% GDP)	2.1	2.3	2.0	1.6	1.5	1.7	Dépenses courantes (% du PIB)
Domestic General govt.(% expend. total)	7.9	9.2	8.1	6.6	5.7	4.8	Dépenses intérieures (en % du totale)
Mongolia							**Mongolie**
Current expenditure (% GDP)	3.8	3.7	4.2	3.8	4.2	4.9	Dépenses courantes (% du PIB)
Domestic General govt.(% expend. total)	9.0	7.7	7.7	7.8	8.0	8.5	Dépenses intérieures (en % du totale)
Montenegro							**Monténégro**
Current expenditure (% GDP)	...	...	9.0	8.3	8.3	11.4	Dépenses courantes (% du PIB)
Domestic General govt.(% expend. total)	...	...	11.6	10.5	11.5	13.1	Dépenses intérieures (en % du totale)
Morocco [1]							**Maroc** [1]
Current expenditure (% GDP)	4.7	5.9	5.6	5.3[2]	* 5.4	* 6.0	Dépenses courantes (% du PIB)
Domestic General govt.(% expend. total)	3.9	7.5	7.0	7.2[2]	* 7.4	* 7.2	Dépenses intérieures (en % du totale)
Mozambique [1]							**Mozambique** [1]
Current expenditure (% GDP)	4.4	5.4	6.7	8.1	8.0	7.6	Dépenses courantes (% du PIB)
Domestic General govt.(% expend. total)	8.4	4.7	5.6	5.8	6.2	7.3	Dépenses intérieures (en % du totale)
Myanmar [5]							**Myanmar** [5]
Current expenditure (% GDP)	* 2.3[6]	* 2.0[6]	* 5.5[6]	* 4.9[2]	* 4.7[2]	* 4.6[2]	Dépenses courantes (% du PIB)
Domestic General govt.(% expend. total)	* 1.3[6]	* 1.4[6]	* 5.0[6]	* 3.5[2]	* 3.6[2]	* 3.4[2]	Dépenses intérieures (en % du totale)
Namibia [5]							**Namibie** [5]
Current expenditure (% GDP)	10.2	9.7	10.0	8.3	8.5	8.9	Dépenses courantes (% du PIB)
Domestic General govt.(% expend. total)	16.3	11.9	9.6	10.7	10.7	10.7	Dépenses intérieures (en % du totale)
Nauru [4,13,15]							**Nauru** [4,13,15]
Current expenditure (% GDP)	10.3	12.7	13.7	11.7	12.2	12.0	Dépenses courantes (% du PIB)
Domestic General govt.(% expend. total)	25.4	10.2	9.9	10.8	9.2	6.7	Dépenses intérieures (en % du totale)
Nepal [16]							**Népal** [16]
Current expenditure (% GDP)	3.9	4.4	5.5	4.5	4.4	5.2	Dépenses courantes (% du PIB)
Domestic General govt.(% expend. total)	6.3	4.8	5.1	3.8	4.0	5.7	Dépenses intérieures (en % du totale)
Netherlands (Kingdom of the)							**Pays-Bas (Royaume des)**
Current expenditure (% GDP)	9.1	10.2	10.3	10.0	10.1	11.1	Dépenses courantes (% du PIB)
Domestic General govt.(% expend. total)	14.7	14.5	15.3	15.6	15.9	16.1	Dépenses intérieures (en % du totale)
New Zealand							**Nouvelle-Zélande**
Current expenditure (% GDP)	8.3	9.6	9.3	9.0	9.5	10.0	Dépenses courantes (% du PIB)
Domestic General govt.(% expend. total)	17.4	17.6	18.9	19.0	18.6	18.7	Dépenses intérieures (en % du totale)
Nicaragua [1]							**Nicaragua** [1]
Current expenditure (% GDP)	* 6.2	* 7.7	* 8.0	* 8.5	* 8.6	* 8.6	Dépenses courantes (% du PIB)
Domestic General govt.(% expend. total)	* 11.8	* 15.7	* 17.6	* 18.7	* 18.9	* 18.4	Dépenses intérieures (en % du totale)
Niger [1]							**Niger** [1]
Current expenditure (% GDP)	5.9	5.0	5.3	5.3	5.7	6.2	Dépenses courantes (% du PIB)
Domestic General govt.(% expend. total)	12.3	9.2	4.6	8.3	9.4	10.2	Dépenses intérieures (en % du totale)
Nigeria [1]							**Nigéria** [1]
Current expenditure (% GDP)	4.5	3.3	3.6	3.1	3.0	3.4	Dépenses courantes (% du PIB)
Domestic General govt.(% expend. total)	6.4	2.7	5.3	3.9	3.8	4.2	Dépenses intérieures (en % du totale)
Niue [4,13,15]							**Nioué** [4,13,15]
Current expenditure (% GDP)	12.3	15.5	8.7	8.3	7.2	7.8	Dépenses courantes (% du PIB)
Domestic General govt.(% expend. total)	7.2	6.9	5.6	5.0	4.7	5.0	Dépenses intérieures (en % du totale)
North Macedonia							**Macédoine du Nord**
Current expenditure (% GDP)	7.7	6.7	6.3	6.5	7.1	7.9	Dépenses courantes (% du PIB)
Domestic General govt.(% expend. total)	13.5	12.5	12.8	12.4	13.6	12.8	Dépenses intérieures (en % du totale)
Norway							**Norvège**
Current expenditure (% GDP)	8.3	8.9	10.1	# 10.0	10.5	11.4	Dépenses courantes (% du PIB)
Domestic General govt.(% expend. total)	16.3	16.6	17.6	# 17.6	17.5	16.7	Dépenses intérieures (en % du totale)
Oman [1]							**Oman** [1]
Current expenditure (% GDP)	2.6	2.8	4.7	3.7	4.4	* 5.3	Dépenses courantes (% du PIB)
Domestic General govt.(% expend. total)	6.1	6.7	8.3	7.3	8.6	* 10.2	Dépenses intérieures (en % du totale)
Pakistan [4,17]							**Pakistan** [4,17]
Current expenditure (% GDP)	2.6	2.4	2.5	2.8	* 2.8	* 2.8	Dépenses courantes (% du PIB)
Domestic General govt.(% expend. total)	4.0	2.9	3.9	4.9	* 5.0	* 4.9	Dépenses intérieures (en % du totale)
Palau [11]							**Palaos** [11]
Current expenditure (% GDP)	9.4	11.7	11.1	11.2	15.7	18.4	Dépenses courantes (% du PIB)
Domestic General govt.(% expend. total)	8.7	8.5	11.0	17.2	16.1	23.2	Dépenses intérieures (en % du totale)

Region, country or area&	2005	2010	2015	2018	2019	2020	Région, pays ou zone&
Panama [1]							**Panama** [1]
Current expenditure (% GDP)	6.4	7.5	7.2	7.9	8.3	* 9.7	Dépenses courantes (% du PIB)
Domestic General govt.(% expend. total)	16.5	19.4	19.8	19.9	21.9	* 20.4	Dépenses intérieures (en % du totale)
Papua New Guinea							**Papouasie-Nvl-Guinée**
Current expenditure (% GDP)	2.4	2.1	1.8	2.3	2.3	2.5	Dépenses courantes (% du PIB)
Domestic General govt.(% expend. total)	7.8	7.1	6.0	7.9	6.5	7.6	Dépenses intérieures (en % du totale)
Paraguay [1,2]							**Paraguay** [1,2]
Current expenditure (% GDP)	* 4.8	* 5.5	* 6.7	* 6.7	* 7.2	* 7.6	Dépenses courantes (% du PIB)
Domestic General govt.(% expend. total)	* 10.7	* 14.4	* 15.4	* 14.7	* 14.4	* 15.9	Dépenses intérieures (en % du totale)
Peru [1]							**Pérou** [1]
Current expenditure (% GDP)	4.7[6]	4.7[6]	5.0[2]	5.2[2]	5.2[2]	6.3[2]	Dépenses courantes (% du PIB)
Domestic General govt.(% expend. total)	12.6[6]	11.7[6]	13.5[2]	14.9[2]	15.4[2]	16.3[2]	Dépenses intérieures (en % du totale)
Philippines							**Philippines**
Current expenditure (% GDP)	* 3.7	* 4.1	3.9	4.0	4.2	5.1	Dépenses courantes (% du PIB)
Domestic General govt.(% expend. total)	* 6.6	* 7.2	8.2	7.4	7.8	8.7	Dépenses intérieures (en % du totale)
Poland							**Pologne**
Current expenditure (% GDP)	5.8	# 6.4	6.4	6.3	# 6.4	6.5	Dépenses courantes (% du PIB)
Domestic General govt.(% expend. total)	9.0	# 10.0	10.6	10.8	# 11.0	9.7	Dépenses intérieures (en % du totale)
Portugal							**Portugal**
Current expenditure (% GDP)	9.7	10.0	9.3	9.4	9.5	10.5	Dépenses courantes (% du PIB)
Domestic General govt.(% expend. total)	14.6	12.9	11.9	13.3	13.6	13.8	Dépenses intérieures (en % du totale)
Qatar [1,3]							**Qatar** [1,3]
Current expenditure (% GDP)	2.6	1.9	* 3.7	* 3.3	* 3.5	* 4.2	Dépenses courantes (% du PIB)
Domestic General govt.(% expend. total)	6.6	4.1	* 8.3	* 8.7	* 8.4	* 9.5	Dépenses intérieures (en % du totale)
Republic of Korea							**République de Corée**
Current expenditure (% GDP)	4.6	5.9	6.7	7.5	8.1	8.4	Dépenses courantes (% du PIB)
Domestic General govt.(% expend. total)	9.4	11.9	12.6	14.2	14.3	13.6	Dépenses intérieures (en % du totale)
Republic of Moldova							**République de Moldova**
Current expenditure (% GDP)	9.6	10.1	8.6	6.6	6.4	6.8	Dépenses courantes (% du PIB)
Domestic General govt.(% expend. total)	13.6	13.6	12.2	12.0	12.1	12.4	Dépenses intérieures (en % du totale)
Romania							**Roumanie**
Current expenditure (% GDP)	5.5	5.8	4.9	5.6[18]	5.7[18]	6.3[18]	Dépenses courantes (% du PIB)
Domestic General govt.(% expend. total)	13.2	11.5	10.7	12.7[18]	12.7[18]	12.0[18]	Dépenses intérieures (en % du totale)
Russian Federation							**Fédération de Russie**
Current expenditure (% GDP)	4.8	5.0	5.3	5.4	5.6	7.6	Dépenses courantes (% du PIB)
Domestic General govt.(% expend. total)	9.9	8.6	8.8	9.8	10.2	13.6	Dépenses intérieures (en % du totale)
Rwanda [1]							**Rwanda** [1]
Current expenditure (% GDP)	7.7	8.1	6.7	6.7	6.3	7.3	Dépenses courantes (% du PIB)
Domestic General govt.(% expend. total)	8.1	8.6	7.9	8.9	8.9	8.9	Dépenses intérieures (en % du totale)
Saint Kitts and Nevis [1]							**Saint-Kitts-et-Nevis** [1]
Current expenditure (% GDP)	* 4.7	* 5.2	* 5.1	* 4.9	* 4.9	* 5.4	Dépenses courantes (% du PIB)
Domestic General govt.(% expend. total)	* 6.4	* 5.9	* 6.6	* 6.3	* 6.7	* 8.0	Dépenses intérieures (en % du totale)
Saint Lucia [5]							**Sainte-Lucie** [5]
Current expenditure (% GDP)	* 4.9	* 5.0	* 4.6	* 4.4	* 4.3	* 6.7	Dépenses courantes (% du PIB)
Domestic General govt.(% expend. total)	* 6.2	* 7.0	* 8.4	* 8.5	* 8.3	* 8.7	Dépenses intérieures (en % du totale)
Saint Vincent & Grenadines [1,3]							**Saint-Vincent-Grenadines** [1,3]
Current expenditure (% GDP)	* 3.8	* 4.3	* 4.1	* 4.1	* 4.3	* 4.8	Dépenses courantes (% du PIB)
Domestic General govt.(% expend. total)	* 9.0	* 8.2	* 9.2	* 10.2	* 9.5	* 9.7	Dépenses intérieures (en % du totale)
Samoa [4]							**Samoa** [4]
Current expenditure (% GDP)	4.8	5.3	5.8	5.1	6.0	5.3	Dépenses courantes (% du PIB)
Domestic General govt.(% expend. total)	10.4	13.2	14.3	12.3	13.6	11.7	Dépenses intérieures (en % du totale)
San Marino							**Saint-Marin**
Current expenditure (% GDP)	4.9	6.3	* 8.6	* 8.5	* 8.4	* 8.7	Dépenses courantes (% du PIB)
Domestic General govt.(% expend. total)	19.7	22.0	* 28.2	* 30.6	* 32.9	* 13.1	Dépenses intérieures (en % du totale)
Sao Tome and Principe [1]							**Sao Tomé-et-Principe** [1]
Current expenditure (% GDP)	11.5	6.8	5.3	5.8	5.2	4.9	Dépenses courantes (% du PIB)
Domestic General govt.(% expend. total)	12.9	4.1	4.9	10.8	10.8	10.8	Dépenses intérieures (en % du totale)
Saudi Arabia							**Arabie saoudite**
Current expenditure (% GDP)	3.4	3.6	6.0	5.5[2]	...	...	Dépenses courantes (% du PIB)
Domestic General govt.(% expend. total)	8.8	6.8	10.1	11.0[2]	...	...	Dépenses intérieures (en % du totale)
Senegal [1]							**Sénégal** [1]
Current expenditure (% GDP)	3.7	4.0	4.4	4.4	4.5	5.2	Dépenses courantes (% du PIB)
Domestic General govt.(% expend. total)	8.5	5.4	4.7	5.0	4.4	6.5	Dépenses intérieures (en % du totale)
Serbia							**Serbie**
Current expenditure (% GDP)	8.3	9.5	8.8	8.5	8.7	8.7	Dépenses courantes (% du PIB)
Domestic General govt.(% expend. total)	13.6	13.6	11.9	12.4	12.0	11.0	Dépenses intérieures (en % du totale)

11 Expenditure on health *(continued)*
Percentage of GDP and of government expenditure

Dépenses de santé *(suite)*
Pourcentage du PIB et des dépenses du gouvernement

Region, country or area&	2005	2010	2015	2018	2019	2020	Région, pays ou zone&
Seychelles [1]							**Seychelles** [1]
Current expenditure (% GDP)	5.0	4.8	4.5	5.0	4.9	6.4	Dépenses courantes (% du PIB)
Domestic General govt.(% expend. total)	9.3	9.0	10.0	10.2	10.2	10.2	Dépenses intérieures (en % du totale)
Sierra Leone [1]							**Sierra Leone** [1]
Current expenditure (% GDP)	11.0	10.9	20.4	8.3	8.8	8.8	Dépenses courantes (% du PIB)
Domestic General govt.(% expend. total)	9.5	6.3	7.9	3.6	5.8	5.3	Dépenses intérieures (en % du totale)
Singapore [5,19]							**Singapour** [5,19]
Current expenditure (% GDP)	3.0	3.2	4.2	* 4.1	4.4	6.1	Dépenses courantes (% du PIB)
Domestic General govt.(% expend. total)	7.9	10.9	13.5	* 14.5	16.3	13.3	Dépenses intérieures (en % du totale)
Slovakia							**Slovaquie**
Current expenditure (% GDP)	6.6	7.7	6.8	6.7	6.9	7.2	Dépenses courantes (% du PIB)
Domestic General govt.(% expend. total)	12.5	12.9	11.7	13.3	13.5	12.8	Dépenses intérieures (en % du totale)
Slovenia							**Slovénie**
Current expenditure (% GDP)	8.0	8.6	8.5	8.3	8.5	9.5	Dépenses courantes (% du PIB)
Domestic General govt.(% expend. total)	12.4	12.4	12.4	13.8	14.2	13.4	Dépenses intérieures (en % du totale)
Solomon Islands							**Îles Salomon**
Current expenditure (% GDP)	9.0	4.7	4.4	3.9	4.5	4.4	Dépenses courantes (% du PIB)
Domestic General govt.(% expend. total)	19.2	6.2	7.3	7.7	10.0	10.1	Dépenses intérieures (en % du totale)
South Africa [5]							**Afrique du Sud** [5]
Current expenditure (% GDP)	6.9	7.8	8.1	8.1	8.2	8.6	Dépenses courantes (% du PIB)
Domestic General govt.(% expend. total)	10.9	14.1	15.2	15.3	15.3	15.3	Dépenses intérieures (en % du totale)
South Sudan [20]							**Soudan du sud** [20]
Current expenditure (% GDP)	...	...	...	6.3	4.7	5.3	Dépenses courantes (% du PIB)
Domestic General govt.(% expend. total)	...	...	...	2.1	2.1	2.1	Dépenses intérieures (en % du totale)
Spain							**Espagne**
Current expenditure (% GDP)	7.7	# 9.1	9.1	9.0	9.1	10.7	Dépenses courantes (% du PIB)
Domestic General govt.(% expend. total)	14.4	# 14.7	14.8	15.2	15.3	15.0	Dépenses intérieures (en % du totale)
Sri Lanka							**Sri Lanka**
Current expenditure (% GDP)	4.0	3.9	3.9	3.9	* 3.7	* 4.1	Dépenses courantes (% du PIB)
Domestic General govt.(% expend. total)	10.1	7.8	8.4	9.5	* 7.3	* 8.5	Dépenses intérieures (en % du totale)
Sudan [1,3]							**Soudan** [1,3]
Current expenditure (% GDP)	4.1[21]	5.1[21]	7.3	4.5[2]	* 4.6	* 3.0[2]	Dépenses courantes (% du PIB)
Domestic General govt.(% expend. total)	8.1[21]	9.5[21]	18.3	6.2[2]	* 5.4	* 9.6[2]	Dépenses intérieures (en % du totale)
Suriname [1]							**Suriname** [1]
Current expenditure (% GDP)	* 5.2	* 4.7[3]	* 5.8[3]	* 6.7	* 8.4[2]	* 6.8	Dépenses courantes (% du PIB)
Domestic General govt.(% expend. total)	* 10.6	* 9.5[3]	* 10.9[3]	* 17.4	* 14.5[2]	* 13.8	Dépenses intérieures (en % du totale)
Sweden							**Suède**
Current expenditure (% GDP)	8.2	8.3	10.8	10.9	10.8	11.4	Dépenses courantes (% du PIB)
Domestic General govt.(% expend. total)	12.8	13.6	18.4	18.6	18.8	18.8	Dépenses intérieures (en % du totale)
Switzerland							**Suisse**
Current expenditure (% GDP)	10.0	9.9	11.0	11.4	11.3	11.8	Dépenses courantes (% du PIB)
Domestic General govt.(% expend. total)	9.4	10.0	10.5	10.9	11.1	11.1	Dépenses intérieures (en % du totale)
Syrian Arab Republic [1]							**République arabe syrienne** [1]
Current expenditure (% GDP)	4.1	3.3	...	...	...	...	Dépenses courantes (% du PIB)
Domestic General govt.(% expend. total)	7.3	5.1	...	...	...	...	Dépenses intérieures (en % du totale)
Tajikistan							**Tadjikistan**
Current expenditure (% GDP)	5.2	5.7	6.9	7.0	6.9	8.2	Dépenses courantes (% du PIB)
Domestic General govt.(% expend. total)	4.3	4.5	6.4	6.1	6.6	7.4	Dépenses intérieures (en % du totale)
Thailand [11]							**Thaïlande** [11]
Current expenditure (% GDP)	3.2	3.4	* 3.9	* 3.9	* 3.9	* 4.4	Dépenses courantes (% du PIB)
Domestic General govt.(% expend. total)	13.1	14.4	* 14.8	* 14.4	* 14.2	* 13.2	Dépenses intérieures (en % du totale)
Timor-Leste							**Timor-Leste**
Current expenditure (% GDP)	5.3	6.5	* 7.7	* 6.3	* 6.0	* 9.9	Dépenses courantes (% du PIB)
Domestic General govt.(% expend. total)	3.6	2.7	* 4.5	* 4.6	* 4.2	* 6.6	Dépenses intérieures (en % du totale)
Togo [4]							**Togo** [4]
Current expenditure (% GDP)	3.3	4.5	5.0	6.0	5.6	6.0	Dépenses courantes (% du PIB)
Domestic General govt.(% expend. total)	3.8	7.4	4.2	5.5	5.4	5.4	Dépenses intérieures (en % du totale)
Tonga [4]							**Tonga** [4]
Current expenditure (% GDP)	4.4	4.8	4.5	4.8	4.7	5.3	Dépenses courantes (% du PIB)
Domestic General govt.(% expend. total)	13.1	10.1	7.4	8.1	7.5	7.9	Dépenses intérieures (en % du totale)
Trinidad and Tobago [11]							**Trinité-et-Tobago** [11]
Current expenditure (% GDP)	4.4	5.1	6.0[2]	6.7	6.8	* 7.3	Dépenses courantes (% du PIB)
Domestic General govt.(% expend. total)	8.0	8.0	8.3[2]	10.7	10.2	* 9.6	Dépenses intérieures (en % du totale)
Tunisia [1]							**Tunisie** [1]
Current expenditure (% GDP)	5.1	5.6	6.2[2]	* 5.9[3]	* 5.5[3]	* 6.3[3]	Dépenses courantes (% du PIB)
Domestic General govt.(% expend. total)	11.4	13.0	12.3[2]	* 10.9[3]	* 9.5[3]	* 10.8[3]	Dépenses intérieures (en % du totale)

11 Expenditure on health *(continued)*
Percentage of GDP and of government expenditure

Dépenses de santé *(suite)*
Pourcentage du PIB et des dépenses du gouvernement

Region, country or area&	2005	2010	2015	2018	2019	2020	Région, pays ou zone&
Türkiye							**Türkiye**
Current expenditure (% GDP)	4.9	5.0	4.1	4.1	4.4	4.6	Dépenses courantes (% du PIB)
Domestic General govt.(% expend. total)	10.3	10.9	9.7	9.2	9.5	10.7	Dépenses intérieures (en % du totale)
Turkmenistan							**Turkménistan**
Current expenditure (% GDP)	5.7	3.2	5.1	5.7	5.7	5.7	Dépenses courantes (% du PIB)
Domestic General govt.(% expend. total)	10.3	8.7	8.7	8.7	8.7	8.7	Dépenses intérieures (en % du totale)
Tuvalu [13]							**Tuvalu [13]**
Current expenditure (% GDP)	10.6	15.7	13.5	18.2	20.9	21.5	Dépenses courantes (% du PIB)
Domestic General govt.(% expend. total)	11.6	14.0	8.7	11.9	13.9	15.9	Dépenses intérieures (en % du totale)
Uganda [4]							**Ouganda [4]**
Current expenditure (% GDP)	5.8	6.8	5.1	4.0	3.8	4.0	Dépenses courantes (% du PIB)
Domestic General govt.(% expend. total)	7.1	7.1	5.1	4.2	3.1	3.1	Dépenses intérieures (en % du totale)
Ukraine							**Ukraine**
Current expenditure (% GDP)	6.3	6.8	7.8	7.5	7.1	7.6	Dépenses courantes (% du PIB)
Domestic General govt.(% expend. total)	8.4	7.5	8.6	8.4	7.7	8.2	Dépenses intérieures (en % du totale)
United Arab Emirates [1]							**Émirats arabes unis [1]**
Current expenditure (% GDP)	2.3	3.9	3.6	4.1[2]	* 4.3	* 5.7[2]	Dépenses courantes (% du PIB)
Domestic General govt.(% expend. total)	8.4	8.5	7.9	7.4[2]	* 7.4	* 10.4[2]	Dépenses intérieures (en % du totale)
United Kingdom							**Royaume-Uni**
Current expenditure (% GDP)	8.4	10.0	# 9.8	9.7	9.9	12.0	Dépenses courantes (% du PIB)
Domestic General govt.(% expend. total)	16.6	17.1	# 18.7	19.1	19.6	19.5	Dépenses intérieures (en % du totale)
United Rep. of Tanzania [4,22]							**Rép.-Unie de Tanzanie [4,22]**
Current expenditure (% GDP)	6.3	5.2	3.6	4.2	3.9	3.7	Dépenses courantes (% du PIB)
Domestic General govt.(% expend. total)	12.6	7.3	7.3	9.4	9.4	9.4	Dépenses intérieures (en % du totale)
United States of America [1,2]							**États-Unis d'Amérique [1,2]**
Current expenditure (% GDP)	14.6	16.2	# 16.5	16.6	16.7	18.8	Dépenses courantes (% du PIB)
Domestic General govt.(% expend. total)	17.9	18.4	# 22.3	22.5	22.5	22.4	Dépenses intérieures (en % du totale)
Uruguay [1]							**Uruguay [1]**
Current expenditure (% GDP)	7.8[6]	7.9[6]	8.3[2]	9.0[2]	9.4[2]	# 9.2[2]	Dépenses courantes (% du PIB)
Domestic General govt.(% expend. total)	13.3[6]	17.3[6]	19.9[2]	20.3[2]	20.1[2]	# 20.0[2]	Dépenses intérieures (en % du totale)
Uzbekistan							**Ouzbékistan**
Current expenditure (% GDP)	4.8	5.3	4.7	5.1	5.4	6.7	Dépenses courantes (% du PIB)
Domestic General govt.(% expend. total)	6.5	8.0	9.6	7.8	8.3	10.8	Dépenses intérieures (en % du totale)
Vanuatu							**Vanuatu**
Current expenditure (% GDP)	3.3	3.5	4.3	3.3	3.3	4.0	Dépenses courantes (% du PIB)
Domestic General govt.(% expend. total)	11.7	6.8	4.8	6.4	4.8	5.9	Dépenses intérieures (en % du totale)
Venezuela (Boliv. Rep. of) [1,3]							**Venezuela (Rép. boliv. du) [1,3]**
Current expenditure (% GDP) [23]	* 6.1	* 6.8	* 4.3	* 2.4	* 2.2	* 3.8	Dépenses courantes (% du PIB) [23]
Domestic General govt.(% expend. total)	* 8.4	* 8.2	* 5.7	* 3.4	* 4.9	* 4.9	Dépenses intérieures (en % du totale)
Viet Nam							**Viet Nam**
Current expenditure (% GDP)	4.0	4.7	4.6	* 5.0	5.0	4.7	Dépenses courantes (% du PIB)
Domestic General govt.(% expend. total)	7.1	7.8	7.9	* 10.2	10.2	9.4	Dépenses intérieures (en % du totale)
Yemen [1,3]							**Yémen [1,3]**
Current expenditure (% GDP)	5.2	5.2	4.3	...	...	...	Dépenses courantes (% du PIB)
Domestic General govt.(% expend. total)	4.5	3.8	2.2	...	...	...	Dépenses intérieures (en % du totale)
Zambia [1]							**Zambie [1]**
Current expenditure (% GDP)	6.9	3.7	4.4	5.1	5.3	5.6	Dépenses courantes (% du PIB)
Domestic General govt.(% expend. total)	8.2	4.7	7.4	7.2	7.2	7.2	Dépenses intérieures (en % du totale)
Zimbabwe [1]							**Zimbabwe [1]**
Current expenditure (% GDP)	...	10.5	7.4	4.7	3.7	3.4	Dépenses courantes (% du PIB)
Domestic General govt.(% expend. total)	...	15.2	7.6	7.9	3.9	5.2	Dépenses intérieures (en % du totale)

Source:

World Health Organization (WHO), Geneva, WHO Global Health Expenditure database, last accessed April 2023.

Source:

Organisation mondiale de la santé (OMS), Genève, base de données de l'OMS sur les dépenses de santé mondiales, dernier accès avril 2023.

& These estimates are in line with the 2011 System of Health Accounts (SHA).

& Ces estimations sont conformes au Système de comptes de la santé (SCS) de 2011.

1 Data based on calendar year (January 1 to December 31).

1 Données basées sur l'année civile (1er janvier au 31 décembre).

2	Data are based on SHA2011.	2	Les données sont basées sur SCS2011.
3	Estimates should be viewed with caution as these are derived from scarce data.	3	Les montants estimatifs sont à prendre avec prudence, car calculés à partir de données peu nombreuses.
4	Data refer to fiscal years beginning 1 July.	4	Les données se réfèrent aux exercices budgétaires commençant le 1er juillet.
5	Data refer to fiscal years beginning 1 April.	5	Les données se réfèrent aux exercices budgétaires commençant le 1er avril.
6	Country is still reporting data based on SHA 1.0.	6	Le pays rapporte toujours des données basées sur SCS 1.0.
7	Health expenditure data 2000-2019 based on health satellite accounts and converted to SHA 2011 HC, HF, and HK series by the country.	7	Données sur les dépenses de santé 2000-2019 basées sur les comptes satellites de la santé et converties en séries SHA 2011 HC, HF et HK par pays.
8	Since 2016 health expenditure data do not include foreign health insurance provided insurance to the country's residents is missing.	8	Depuis 2016, les données sur les dépenses de santé n'incluent pas l'assurance maladie étrangère à condition que l'assurance des résidents du pays soit absente.
9	Last available data reported by the country using Government reports and national accounts data.	9	Dernières données disponibles communiquées par le pays à l'aide des rapports gouvernementaux et des données des comptes nationaux.
10	Data refer to fiscal years beginning 8 July.	10	Les données se réfèrent aux exercices budgétaires commençant le 8 juillet.
11	Data refer to fiscal years beginning 1 October.	11	Les données se réfèrent aux exercices budgétaires commençant le 1er octobre.
12	Data refer to fiscal years beginning 21 March.	12	Les données se réfèrent aux exercices budgétaires commençant le 21 mars.
13	General government expenditure (GGE) can be larger than the Gross domestic product (GDP) because government accounts for a very large part of domestic consumption and because a large part of domestic consumption in the country is accounted for by imports.	13	Les dépenses publiques peuvent être supérieure au produit intérieur brut (PIB) parce que le gouvernement contribue très largement à la consommation intérieure et aussi une grande partie de la consommation intérieure du pays et représentée par les importations.
14	Health expenditure indicators are high as they spend a lot on health using direct funding from the United States and also from their domestic funds. Current health expenditure is mostly government.	14	Les indicateurs de dépenses de santé sont élevés car ils dépensent beaucoup pour la santé en utilisant le financement direct de - États-Unis et aussi de leurs fonds nationaux. Dépenses de santé est principalement le gouvernement.
15	Indicators are sensitive to external funds flowing in to the country.	15	Les indicateurs sont sensibles aux fonds externes vers le pays.
16	Data refer to fiscal years beginning 16 July.	16	Les données se réfèrent aux exercices budgétaires commençant le 16 juillet.
17	Health expenditure data for even years (2006, 2008, 2010, 2012, 2014, 2016 and 2018) are based on SHA 1.0 health accounts produced by the country, adjusted to separate current health expenditure from capital health expenditure.	17	Les données sur les dépenses de santé pour les années paires (2006, 2008, 2010, 2012, 2014, 2016 et 2018) sont basées sur les comptes de santé SHA 1.0 produits par le pays, ajustés pour séparer les dépenses de santé courantes des dépenses de santé en capital.
18	Beginning with 2016, the legislative norms in the insurance field changed in order to comply with Solvency II EU Directive. As a result, the data reported by health services and providers showed a increase in insurance benefits sum.	18	À partir de 2016, les normes législatives dans le domaine de l'assurance ont changé afin de se conformer à la directive européenne Solvabilité II. En conséquence, les données communiquées par les services et prestataires de santé ont montré une augmentation de la somme des prestations d'assurance.
19	Medisave is classified as Social insurance scheme, considering that it is a compulsory payment.	19	Medisave est classé comme régime d'assurance sociale, considérant qu'il s'agit d'un paiement obligatoire.
20	The country did not exist before 2012 (independence from Sudan on July 9, 2011, which corresponds to fiscal year 2011/12, converted in 2012).	20	Le pays n'existait pas avant 2012 (indépendance du Soudan le 9 juillet 2011, ce qui correspond à l'exercice 2011/12 converti en 2012).
21	Including South Sudan.	21	Y compris le Sud Soudan.
22	Tanzania mainland only, excluding Zanzibar.	22	Tanzanie continentale seulement, Zanzibar non compris.
23	The National Currency Unit (NCU) used for Venezuela data 2000-2020 is the Bolivar Soberano (VES), which replaced the Bolivar Fuerte (VEF) in August 2018 (1 VES = 100000 VEF). Also, WHO is using United Nations' exchange rate for NCU to USD, which differs from the official exchange rate.	23	L'unité monétaire nationale (NCU) utilisée pour les données du Venezuela 2000-2020 est le bolivar soberano (VES), qui a remplacé le bolivar fuerte (VEF) en août 2018 (1 VES = 100 000 VEF). En outre, l'OMS utilise le taux de change des Nations Unies pour NCU en USD, qui diffère du taux de change officiel.

12 Intentional homicides and other crimes

By type of crime per 100 000 population and homicide victims by sex

Homicides intentionnels et autres crimes

Par type de crime pour 100 000 habitants et victimes d'homicides par sexe

		Intentional homicides Homicides volontaires			Other crimes (per 100 000 pop.) Autres infractions (pour 100 000 hab.)			
			Victims (%) Victimes (%)					
Country or area Pays ou zone	Year Année	Per 100 000 Pour 100 000	Male Hommes	Female Femmes	Assault Agression	Kidnapping Enlèvement	Theft Vol simple	Sexual Violence Violences Sexuelles
Total, all countries or areas Total, tous pays ou zones	***2005**	**6.3**	**10.1**	**2.5**	...	...	...	...
	***2010**	**6.1**	**9.7**	**2.4**	...	...	...	...
	***2015**	**5.9**	**9.5**	**2.3**	...	...	...	...
	***2021**	**5.8**	**9.3**	**2.2**	...	...	...	...
Africa Afrique	*2005	12.7	20.9	4.6	...	...	...	...
	*2010	12.2	19.9	4.6	...	...	...	...
	*2015	12.4	20.2	4.6	...	...	...	...
	*2021	12.7	20.8	4.6	...	...	...	...
Northern Africa Afrique septentrionale	*2005	5.3	8.6	1.9	...	...	...	...
	*2010	5.7	9.4	2.0	...	...	...	...
	*2015	5.8	9.5	2.1	...	...	...	...
	*2021	6.3	10.1	2.3	...	...	...	...
Sub-Saharan Africa Afrique subsaharienne	*2005	14.6	24.1	5.3	...	...	...	...
	*2010	13.8	22.5	5.2	...	...	...	...
	*2015	13.9	22.8	5.2	...	...	...	...
	*2021	14.1	23.2	5.1	...	...	...	...
Americas Amériques	*2005	14.8	26.7	3.2	...	...	...	...
	*2010	16.6	30.2	3.4	...	...	...	...
	*2015	16.0	29.0	3.3	...	...	...	...
	*2021	15.0	26.9	3.4	...	...	...	...
Northern America Amérique septentrionale	*2005	5.4	8.5	2.3	...	...	...	...
	*2010	4.4	7.0	2.0	...	...	...	...
	*2015	4.6	7.3	1.9	...	...	...	...
	*2021	6.3	10.0	2.7	...	...	...	...
Latin America & the Caribbean Amérique latine et Caraïbes	*2005	20.3	37.4	3.7	...	...	...	...
	*2010	23.7	43.7	4.2	...	...	...	...
	*2015	22.5	41.5	4.0	...	...	...	...
	*2021	19.9	36.6	3.7	...	...	...	...
Asia Asie	*2005	3.0	4.1	1.8	...	...	...	...
	*2010	2.7	3.6	1.7	...	...	...	...
	*2015	2.4	3.2	1.5	...	...	...	...
	*2021	2.3	3.2	1.5	...	...	...	...
Central Asia Asie centrale	*2005	6.7	10.2	3.3	...	...	...	...
	*2010	5.0	7.7	2.5	...	...	...	...
	*2015	2.5	3.7	1.4	...	...	...	...
	*2021	1.7	2.5	1.0	...	...	...	...
Eastern Asia Asie orientale	*2005	1.6	...	...	...	...	...	...
	*2010	1.0	...	...	...	...	...	...
	*2015	0.7	...	...	...	...	...	...
	*2021	0.5	...	...	...	...	...	...
South-eastern Asia Asie du Sud-Est	*2005	2.8	4.5	1.0	...	...	...	...
	*2010	2.8	4.6	1.0	...	...	...	...
	*2015	2.7	4.6	0.9	...	...	...	...
	*2021	3.7	6.3	1.1	...	...	...	...
Southern Asia Asie méridionale	*2005	3.9	5.2	2.6	...	...	...	...
	*2010	3.9	5.0	2.9	...	...	...	...
	*2015	3.5	4.3	2.5	...	...	...	...
	*2021	3.0	3.6	2.4	...	...	...	...
Western Asia Asie occidentale	*2005	5.2	7.8	2.3	...	...	...	...
	*2010	3.6	5.4	1.7	...	...	...	...
	*2015	4.6	7.0	2.0	...	...	...	...
	*2021	5.0	8.0	1.7	...	...	...	...
Europe Europe	*2005	6.5	9.9	3.4	...	...	...	...
	*2010	3.5	5.2	1.9	...	...	...	...
	*2015	3.5	5.2	1.8	...	...	...	...
	*2021	2.2	3.4	1.2	...	...	...	...

12 Intentional homicides and other crimes *(continued)*

By type of crime per 100 000 population and homicide victims by sex

Homicides intentionnels et autres crimes *(suite)*

Par type de crime pour 100 000 habitants et victimes d'homicides par sexe

Country or area Pays ou zone	Year Année	Intentional homicides / Homicides volontaires: Per 100 000 Pour 100 000	Victims (%) / Victimes (%): Male Hommes	Victims (%) / Victimes (%): Female Femmes	Other crimes (per 100 000 pop.) / Autres infractions (pour 100 000 hab.): Assault Agression	Kidnapping Enlèvement	Theft Vol simple	Sexual Violence Violences Sexuelles
Eastern Europe Europe orientale	*2005	13.9	21.9	6.8	...	...	...	...
	*2010	6.9	10.8	3.6	...	...	...	...
	*2015	7.2	11.3	3.5	...	...	...	...
	*2021	4.3	6.9	2.0	...	...	...	...
Northern Europe Europe septentrionale	*2005	1.9	2.6	1.2	...	...	...	...
	*2010	1.5	2.1	0.9	...	...	...	...
	*2015	1.2	1.7	0.7	...	...	...	...
	*2021	1.2	1.7	0.7	...	...	...	...
Southern Europe Europe méridionale	*2005	1.4	2.1	0.7	...	...	...	...
	*2010	1.2	1.7	0.7	...	...	...	...
	*2015	0.9	1.2	0.5	...	...	...	...
	*2021	0.7	0.9	0.5	...	...	...	...
Western Europe Europe occidentale	*2005	1.3	1.6	1.0	...	...	...	...
	*2010	1.0	1.2	0.9	...	...	...	...
	*2015	1.0	1.2	0.9	...	...	...	...
	*2021	0.9	1.1	0.7	...	...	...	...
Oceania Océanie	*2005	3.1	3.9	2.2	...	...	...	...
	*2010	2.9	3.5	2.3	...	...	...	...
	*2015	2.9	3.7	2.1	...	...	...	...
	*2021	2.9	4.1	1.7	...	...	...	...
Australia and New Zealand Australie et Nouvelle-Zélande	*2005	1.3	1.7	1.0	...	...	...	...
	*2010	1.0	1.2	0.9	...	...	...	...
	*2015	1.0	1.3	0.7	...	...	...	...
	*2021	0.9	1.3	0.5	...	...	...	...
Melanesia Mélanésie	*2005	8.0	...	...	...	...	...	...
	*2010	8.0	...	...	...	...	...	...
	*2015	7.9	...	...	...	...	...	...
	*2021	8.0	...	...	...	...	...	...
Micronesia Micronésie	*2005	4.0	...	...	...	...	...	...
	*2010	2.8	...	...	...	...	...	...
	*2015	3.7	...	...	...	...	...	...
	*2021	3.7	...	...	...	...	...	...
Polynesia Polynésie	*2005	4.5	7.6	1.1	...	...	...	...
	*2010	3.7	6.3	0.9	...	...	...	...
	*2015	2.8	3.8	1.8	...	...	...	...
	*2021	3.3	5.5	1.1	...	...	...	...
Afghanistan Afghanistan	2010	3.5	...	...	...	...	...	...
	2015	10.0	...	...	...	...	...	...
	2019	7.2	...	1.3	...	...	...	...
	2021	4.0	...	...	...	...	...	...
Albania Albanie	2005	5.1	8.8	1.4	5.4	...	96.7	2.9
	2010	4.1	7.4	0.8	6.1	0.3	134.9	2.7
	2015	2.2	3.3	1.1	5.9	0.3	242.6	5.2
	2020	2.1	3.6	0.6	5.3	0.2	152.9	5.1
	2021	2.3	3.8	0.8	5.7	0.1	...	4.7
Algeria Algérie	2005	...	...	...	99.9	0.3	...	...
	2010	0.7	...	...	115.4	0.5	141.9	10.6
	2015	1.4	2.4	0.4	124.1	1.3	124.8	8.5
	2021	1.6	2.4	0.7	22.7	0.5	...	4.1
American Samoa Samoa américaines	2005	10.5	...	...	...	...	...	...
	2010	9.1	...	...	...	...	...	...
	2015	7.8	...	...	...	...	...	...
	2019	0.0	0.0	0.0	...	...	...	...
Andorra Andorre	2004	1.3	...	...	...	...	...	...
	2010	0.0	0.0	0.0	137.0	0.0	1 322.6	14.0
	2015	0.0	0.0	0.0	185.4	0.0	1 341.1	15.3
	2019	...	...	...	327.5	0.0	...	49.8
	2020	2.6	5.0	...	...	...	...	...

12 Intentional homicides and other crimes *(continued)*

By type of crime per 100 000 population and homicide victims by sex

Homicides intentionnels et autres crimes *(suite)*

Par type de crime pour 100 000 habitants et victimes d'homicides par sexe

		Intentional homicides Homicides volontaires			Other crimes (per 100 000 pop.) Autres infractions (pour 100 000 hab.)			
			Victims (%) Victimes (%)					
Country or area Pays ou zone	Year Année	Per 100 000 Pour 100 000	Male Hommes	Female Femmes	Assault Agression	Kidnapping Enlèvement	Theft Vol simple	Sexual Violence Violences Sexuelles
Angola Angola	2015	4.5	...	...	...	...	...	...
	2016	4.1	...	...	...	...	...	...
Anguilla Anguilla	2000	9.1	18.4	0.0	...	...	...	...
	2005	0.0	...	...	...	...	...	...
	2009	7.7	15.7	0.0	...	...	...	...
	2010	0.0	...	...	...	...	...	...
	2013	7.3	14.9	0.0	...	...	...	...
	2014	28.3	...	...	...	...	...	...
Antigua and Barbuda Antigua-et-Barbuda	2002	6.5	10.3	3.1	...	...	...	...
	2005	3.8	...	...	...	...	...	...
	2008	19.2	27.9	11.4	...	...	...	...
	2010	7.0	...	...	...	...	...	...
	2012	11.4	...	...	...	...	...	...
	2015	...	9.3	2.1	7.8	4.4	1 298.5	78.9
	2020	9.7	18.1	2.1	0.0	3.2	876.2	64.8
	2021	17.2	24.7	10.3	...	...	...	...
Argentina Argentine	2005	5.6	...	...	363.7	...	780.8	...
	2008	5.9	...	...	360.6	...	709.1	26.3
	2010	5.8	...	...	...	...	...	...
	2015	6.6	11.4	1.8	419.2	...	631.3	37.3
	2020	5.4	9.2	1.6	297.8	0.2	505.1	59.0
	2021	4.6	8.0	1.3	340.6	0.2	...	83.6
Armenia Arménie	2005	1.9	3.3	0.7	5.9	0.7	82.6	1.7
	2010	1.9	3.4	0.6	5.3	1.3	127.3	2.8
	2015	2.6	4.1	1.3	5.7	2.0	183.4	4.2
	2018	1.8	3.0	0.7	6.3	1.9	240.5	3.0
	2019	2.6	4.9	0.6	7.4	1.5	...	3.7
	2021	2.2	3.7	0.9	...	...	...	...
Aruba Aruba	2005	6.4	11.1	2.0	...	...	...	...
	2010	4.0	8.4	0.0	...	...	...	...
	2014	1.9	4.1	0.0	...	...	...	...
Australia Australie	2005	1.3	1.6	0.9	...	...	2 568.7	...
	2010	1.0	1.2	0.9	311.8	2.8	2 154.2	85.7
	2015	1.0	1.3	0.7	285.5	2.2	2 344.8	92.1
	2020	0.9	1.2	0.6	279.5	1.6	1 900.7	107.3
	2021	0.7	1.1	0.4	289.0	1.7	...	120.0
Austria Autriche	2005	0.7	0.7	0.6	43.9	0.1	2 144.8	20.3
	2010	0.7	0.7	0.8	43.1	0.1	1 853.2	39.5
	2015	0.5	0.6	0.4	40.0	~0.0	1 616.1	40.3
	2020	0.7	0.6	0.8	39.8	~0.0	940.8	46.5
	2021	0.7	0.6	0.9	40.5	~0.0	...	48.8
Azerbaijan Azerbaïdjan	2002	2.5	...	...	...	...	...	...
	2005	...	...	...	1.9	0.3	25.2	...
	2010	2.2	3.2	1.3	1.9	~0.0	42.8	2.2
	2014	2.4	3.1	1.8	1.6	~0.0	61.7	2.2
	2015	2.1	2.9	1.4	...	...	...	...
	2020	2.2	3.0	1.5	3.1	~0.0	18.6	0.6
	2021	1.9	2.5	1.3	3.2	0.1	...	0.7
Bahamas Bahamas	2005	15.0	26.0	4.5	...	6.9	446.4	126.2
	2010	25.2	44.9	6.7	820.6	4.8	554.7	82.8
	2012	28.8	54.3	5.1	819.8	7.3	546.0	78.3
	2015	37.2	68.8	7.8	1 161.7	5.1	...	76.9
	2020	18.0	31.9	5.2	650.2	0.2	572.7	52.4
	2021	29.2	57.9	2.8	772.5	0.0	...	43.9

12 Intentional homicides and other crimes *(continued)*

By type of crime per 100 000 population and homicide victims by sex

Homicides intentionnels et autres crimes *(suite)*

Par type de crime pour 100 000 habitants et victimes d'homicides par sexe

Country or area Pays ou zone	Year Année	Intentional homicides / Homicides volontaires: Per 100 000 Pour 100 000	Victims (%) / Victimes (%): Male Hommes	Female Femmes	Other crimes (per 100 000 pop.) / Autres infractions (pour 100 000 hab.): Assault Agression	Kidnapping Enlèvement	Theft Vol simple	Sexual Violence Violences Sexuelles
Bahrain Bahreïn	2002	1.1	...	...	...	...	...	...
	2005	...	...	...	391.2	1.3	1 086.3	...
	2007	0.4	...	...	253.1	0.0	700.4	13.9
	2008	0.5	...	...	329.1	...	681.7	15.8
	2010	0.2	0.1	0.2	...	...	...	...
	2015	0.2	0.4	0.0	...	...	...	...
	2021	0.1	0.0	0.2	...	...	...	...
Bangladesh Bangladesh	2005	2.5	...	...	0.4	0.9	9.0	...
	2006	2.9	...	...	0.4	0.8	9.2	...
	2010	2.7	...	...	...	...	...	...
	2015	2.6	...	...	...	...	...	...
	2018	2.3	...	...	...	...	...	...
Barbados Barbade	2005	10.8	15.4	6.5	642.4	8.5	408.9	71.2
	2010	11.3	17.6	5.6	550.0	4.4	732.6	61.5
	2015	11.1	21.1	2.1	530.1	5.0	593.7	69.8
	2020	14.6	28.2	2.1	295.0	...	399.8	54.5
	2021	11.4	19.3	4.1	281.7	1.4	...	55.1
Belarus Bélarus	2002	9.8	...	...	...	...	...	...
	2005	...	...	...	19.3	0.4	1 079.2	8.2
	2010	4.1	5.9	2.6	11.9	0.2	781.2	3.8
	2014	3.5	5.0	2.2	8.6	0.3	429.7	4.7
	2015	3.4	4.7	2.2	8.7	0.3	...	5.5
	2019	2.3	3.1	1.7	7.4	0.1	...	9.2
Belgium Belgique	2002	3.1	3.7	2.5	...	...	...	...
	2005	...	2.5	1.7	641.0	8.7	2 061.0	57.5
	2010	...	2.2	1.3	714.8	10.3	2 087.6	65.2
	2015	...	2.3	1.8	554.6	10.4	2 186.9	61.2
	2017	...	1.9	1.6	551.3	10.3	1 957.7	75.8
	2020	...	...	...	480.0	...	1 344.0	78.2
	2021	1.1	2.0	0.2	500.5	...	...	84.0
Belize Belize	2004	29.0	47.5	10.4	...	...	...	...
	2005	28.9	...	...	...	3.2	591.3	...
	2009	30.9	56.0	5.7	165.2	0.6	374.7	64.3
	2010	40.0	70.0	10.0	...	...	259.3	40.4
	2014	34.9	62.7	6.8	295.7	1.1	233.8	42.3
	2015	33.1	60.8	5.0	...	6.7	218.6	51.4
	2020	25.8	45.8	5.6	274.5	0.3	10.1	34.2
	2021	31.2	56.7	5.5	251.2	1.0	...	29.2
Benin Bénin	2017	...	...	...	46.0	4.6	...	...
Bermuda Bermudes	2004	1.6	0.0	3.1	693.3	3.2	1 516.1	...
	2005	3.2	6.5	0.0	...	...	...	...
	2010	11.0	22.7	0.0	972.5	1.6	929.8	145.0
	2015	6.3	13.0	0.0	91.9	1.6	2 212.1	134.6
	2016	12.7	26.1	0.0	72.9	...	2 133.8	142.7
	2017	7.9	16.3	0.0	58.5	0.0	...	145.4
	2019	0.0	0.0	0.0	...	...	...	...
	2021	10.9	...	...	...	...	...	...
Bhutan Bhoutan	2005	1.7	...	...	...	...	...	...
	2010	2.3	...	...	...	0.1	71.3	10.1
	2014	...	...	...	70.8	0.4	74.0	11.0
	2015	1.6	2.5	0.6	59.1	0.1	...	9.1
	2017	1.7	2.2	1.1	129.6	0.0	116.3	10.2
	2020	2.5	3.4	1.4	107.2	0.0	40.7	...

12 Intentional homicides and other crimes *(continued)*
By type of crime per 100 000 population and homicide victims by sex

Homicides intentionnels et autres crimes *(suite)*
Par type de crime pour 100 000 habitants et victimes d'homicides par sexe

Country or area Pays ou zone	Year Année	Intentional homicides / Homicides volontaires: Per 100 000 Pour 100 000	Victims (%) / Victimes (%): Male Hommes	Victims (%) / Victimes (%): Female Femmes	Other crimes (per 100 000 pop.) / Autres infractions (pour 100 000 hab.): Assault Agression	Kidnapping Enlèvement	Theft Vol simple	Sexual Violence Violences Sexuelles
Bolivia (Plurin. State of) Bolivie (État plurin. de)	2005	...	...	...	64.3	1.1	41.2	18.4
	2008	...	13.9	2.8	70.7	1.3	49.6	26.0
	2010	...	...	...	82.7	0.9	50.3	38.6
	2012	...	...	...	70.3	1.0	50.1	45.6
	2015	4.9	6.0	3.5	78.0	2.7	43.3	...
	2018	4.9	5.8	3.8	68.3	0.2	43.7	91.3
	2020	3.5	3.9	2.6	47.7	0.2	...	89.8
	2021	3.5	3.8	2.9	...	...	...	...
Bosnia and Herzegovina Bosnie-Herzégovine	2002	2.1	3.2	1.2	...	...	...	...
	2004	1.6	...	...	...	...	...	...
	2005	...	...	...	33.4	0.2	489.1	...
	2010	1.5	2.5	0.5	13.3	~0.0	306.6	3.9
	2015	1.6	2.3	1.0	28.1	0.0	142.1	4.7
	2020	1.3	2.3	0.3	19.3	~0.0	111.8	5.8
	2021	1.0	1.6	0.4	23.1	0.2	...	5.9
Botswana Botswana	2005	15.4	...	...	...	...	...	...
	2010	14.5	...	...	834.6	0.1	1 495.4	...
	2014	...	...	...	745.3	0.1	1 419.9	121.7
	2021	10.5	...	7.6	...	...	...	...
Brazil Brésil	2005	25.5	47.3	4.1	...	...	...	...
	2010	26.6	49.4	4.5	364.5	0.2	706.5	23.7
	2013	28.2	52.3	4.7	327.9	0.2	887.8	27.9
	2015	28.4	52.9	4.4	302.7	0.2	...	...
	2020	22.4	41.8	3.5	216.8	2.1	632.7	...
British Virgin Islands Îles Vierges britanniques	2004	17.6	26.2	8.9	...	...	...	...
	2006	8.2	8.2	8.2	...	...	...	...
Brunei Darussalam Brunéi Darussalam	2000	1.2	1.1	1.3	...	...	...	...
	2005	0.5	...	...	144.5	0.0	329.2	...
	2006	0.8	...	...	121.0	0.0	306.8	...
	2010	0.3	...	...	...	...	...	...
	2013	0.5	...	...	...	...	...	...
Bulgaria Bulgarie	2005	2.5	3.9	1.3	46.8	2.4	560.9	13.3
	2010	1.9	3.3	0.7	40.0	1.6	679.9	9.2
	2015	1.7	2.7	0.8	34.5	1.0	532.2	8.2
	2020	1.0	1.3	0.7	38.1	1.2	389.1	8.1
	2021	1.3	1.8	0.8	40.1	1.0	...	7.9
Burundi Burundi	2010	...	...	...	3.3	0.3	...	7.7
	2014	5.4	8.9	1.9	5.2	0.8	8.2	12.1
	2015	4.3	7.2	1.4	...	...	...	...
	2016	5.8	9.5	2.2	...	...	...	...
Cabo Verde Cabo Verde	2005	8.9	...	...	...	...	...	...
	2006	7.0	...	...	...	...	...	...
	2010	...	...	...	784.7	1.2	761.4	38.9
	2015	8.3	14.2	2.5	761.5	0.9	785.5	39.8
	2018	5.4	8.1	2.8	527.8	2.5	630.6	27.8
	2020	6.2	9.3	3.1	...	...	...	...
Cambodia Cambodge	2005	3.4	...	...	...	...	...	...
	2010	2.3	...	...	...	...	...	...
	2011	1.8	...	...	...	...	...	...
Cameroon Cameroun	2003	6.1	...	...	18.3	...	70.5	...
	2005	...	...	...	18.2	...	67.7	...
	2010	5.0	...	...	24.7	2.3	80.7	10.3
	2014	...	...	...	16.5	1.9	111.4	3.2
	2015	3.7	5.8	1.7	20.9	4.3	69.9	...
	2020	4.5	6.8	2.3	19.0	1.3	...	...

12 Intentional homicides and other crimes *(continued)*

By type of crime per 100 000 population and homicide victims by sex

Homicides intentionnels et autres crimes *(suite)*

Par type de crime pour 100 000 habitants et victimes d'homicides par sexe

		Intentional homicides Homicides volontaires			Other crimes (per 100 000 pop.) Autres infractions (pour 100 000 hab.)			
			Victims (%) Victimes (%)					
Country or area Pays ou zone	Year Année	Per 100 000 Pour 100 000	Male Hommes	Female Femmes	Assault Agression	Kidnapping Enlèvement	Theft Vol simple	Sexual Violence Violences Sexuelles
Canada Canada	2005	2.1	3.0	1.1	165.9	12.1	2 039.2	81.8
	2010	1.6	2.4	0.9	163.2	12.7	1 593.8	79.2
	2015	1.7	2.4	1.0	141.9	10.1	1 395.1	76.8
	2020	2.0	3.1	0.9	183.1	9.3	1 204.7	86.9
	2021	2.1	3.1	1.0	195.6	9.4	...	100.6
Cayman Islands Îles Caïmanes	2005	6.4	13.0	0.0	...	...	...	...
	2010	16.6	33.6	0.0	...	...	...	...
	2014	8.4	16.7	0.0	...	...	...	...
	2020	4.5	...	...	...	...	...	...
Chile Chili	2005	3.6	6.1	1.0	...	0.9	959.5	...
	2010	3.2	5.3	1.1	130.9	1.5	1 095.9	76.5
	2015	2.3	4.2	0.5	68.9	1.6	1 032.5	65.6
	2020	4.8	8.5	1.1	60.8	1.6	505.0	81.3
	2021	3.6	6.6	0.7	57.3	1.8	...	98.7
China Chine	2005	1.6	...	...	...	...	...	...
	2010	1.0	...	...	...	...	...	...
	2015	0.7	...	...	...	...	...	...
	2020	0.5	...	...	...	...	...	...
China, Hong Kong SAR Chine, RAS de Hong Kong	2005	0.5	0.6	0.4	116.6	0.0	520.2	21.0
	2010	0.5	0.5	0.5	106.6	~0.0	493.0	25.7
	2013	0.8	0.7	0.9	90.8	~0.0	445.7	24.4
	2015	0.3	0.4	0.2	...	...	...	...
	2020	0.3	0.4	0.2	63.7	~0.0	271.0	...
	2021	0.3	0.3	0.3	57.4	~0.0	...	...
China, Macao SAR Chine, RAS de Macao	2005	0.8	...	...	...	...	...	...
	2010	0.4	0.7	0.0	329.4	0.4	522.5	8.1
	2015	0.2	0.0	0.3	1.8	0.0	439.6	15.3
	2018	0.3	0.3	0.3	1.1	0.0	404.7	20.3
	2021	0.4	0.0	0.8	0.9	0.0	...	20.0
Colombia Colombie	2005	42.9	79.4	7.0	72.0	1.9	161.2	10.9
	2010	34.5	64.2	5.4	118.6	0.6	203.0	15.2
	2015	27.1	50.3	4.5	371.6	0.5	165.4	46.9
	2020	24.2	45.2	3.8	179.0	0.5	565.7	13.2
	2021	27.5	51.5	4.1	198.2	0.6	...	15.3
Cook Islands Îles Cook	2012	3.5	...	...	...	...	...	...
Costa Rica Costa Rica	2005	7.8	12.6	2.9	...	0.3	195.1	...
	2010	11.4	20.1	2.7	172.1	0.2	442.3	140.9
	2013	8.6	15.6	1.5	171.6	0.1	691.4	151.9
	2015	11.4	21.0	1.7	174.0	0.2	...	148.0
	2020	11.1	19.8	2.4	176.6	0.1	386.9	116.0
	2021	11.4	20.6	2.2	138.8	0.3	...	131.7
Côte d'Ivoire Côte d'Ivoire	2008	...	...	...	50.0	...	...	3.5
Croatia Croatie	2005	1.5	1.9	1.2	26.0	0.5	694.3	14.0
	2010	1.4	1.4	1.4	22.6	0.3	313.6	9.1
	2015	0.9	1.1	0.7	18.9	0.0	320.0	14.2
	2020	1.0	1.1	0.9	18.1	~0.0	239.5	14.5
	2021	0.8	1.0	0.7	17.9	0.1	...	21.9
Cuba Cuba	2005	6.1	9.2	3.0	...	...	...	...
	2010	4.5	6.7	2.2	...	...	...	...
	2015	5.5	8.5	2.4	...	...	...	...
	2019	4.4	7.0	1.8	...	...	...	...
Curaçao Curaçao	2005	17.7	29.4	7.6	...	...	...	...
	2007	17.1	32.8	3.7	...	...	...	...

12 Intentional homicides and other crimes *(continued)*

By type of crime per 100 000 population and homicide victims by sex

Homicides intentionnels et autres crimes *(suite)*

Par type de crime pour 100 000 habitants et victimes d'homicides par sexe

Country or area Pays ou zone	Year Année	Intentional homicides / Homicides volontaires: Per 100 000 Pour 100 000	Victims (%) / Victimes (%): Male Hommes	Victims (%) / Victimes (%): Female Femmes	Other crimes (per 100 000 pop.) / Autres infractions (pour 100 000 hab.): Assault Agression	Kidnapping Enlèvement	Theft Vol simple	Sexual Violence Violences Sexuelles
Cyprus Chypre	2005	1.9	3.5	0.4	12.7	1.5	116.9	10.8
	2010	0.7	1.2	0.2	15.3	2.4	150.1	7.0
	2015	1.3	2.0	0.5	12.0	0.0	81.2	1.8
	2020	1.2	1.6	0.8	11.0	0.2	42.5	2.4
	2021	1.3	1.4	1.1	14.4	0.2	...	5.1
Czechia Tchéquie	2005	1.1	1.3	0.9	210.9	0.1	1 502.5	18.0
	2010	1.0	1.0	1.0	172.7	0.1	1 198.8	12.8
	2015	0.8	0.8	0.9	49.7	0.1	799.8	13.5
	2020	0.7	0.7	0.7	37.0	0.1	426.2	13.8
	2021	0.4	0.4	0.5	35.2	0.1	...	15.2
Denmark Danemark	2002	0.9	1.2	0.6	...	...	...	...
	2005	...	1.3	0.7	204.5	...	3 100.9	...
	2010	0.8	0.7	0.8	31.6	...	4 351.2	36.2
	2015	1.1	1.4	0.8	25.7	...	3 970.5	46.0
	2020	0.9	1.3	0.6	32.1	...	2 452.3	92.2
	2021	0.8	1.1	0.5	32.2	...	...	108.3
Dominica Dominique	2003	11.7	16.7	6.7	...	...	...	...
	2005	11.6	...	...	...	...	...	...
	2010	21.8	37.8	5.5	...	...	...	...
	2015	12.9	22.8	2.9	125.7	2.9	102.6	135.7
	2020	20.8	39.0	2.8	119.5	11.1	13.9	98.6
	2021	13.8	22.2	5.5	59.4	8.3	...	124.3
Dominican Republic République dominicaine	2005	26.1	46.9	4.7	...	0.2	...	...
	2006	23.1	41.7	3.9	...	0.2	...	...
	2010	25.3	45.8	4.3	...	...	...	...
	2014	17.6	31.3	3.7	41.6	0.3	7.9	82.3
	2015	...	...	...	37.4	0.2	10.9	64.8
	2020	8.7	15.1	2.3	23.1	0.9	265.5	44.6
	2021	10.5	18.5	2.6	26.0	...	...	60.3
Ecuador Équateur	2002	14.6	26.3	2.8	...	...	...	...
	2005	...	28.4	2.4	56.3	...	43.1	...
	2010	17.5	31.8	3.2	30.1	...	33.4	24.4
	2015	6.5	10.8	2.1	49.5	7.2	207.1	65.0
	2020	7.8	13.7	1.9	33.3	3.7	96.8	76.4
	2021	14.0	25.5	2.5	35.2	4.5	...	77.2
Egypt Égypte	2005	0.7	1.1	0.2	...	~0.0	46.3	...
	2010	2.1	3.7	0.5	0.2	0.1	93.2	0.2
	2011	3.0	5.3	0.8	0.4	0.3	103.1	0.1
	2012	2.4	4.2	0.6	...	...	...	...
	2015	1.8	...	...	...	...	...	...
	2017	1.3	...	...	...	...	...	...
	2021	...	...	0.5	...	...	...	...
El Salvador El Salvador	2005	64.3	120.4	12.7	76.7	0.1	177.1	...
	2010	65.2	117.2	17.6	63.6	0.5	156.5	36.5
	2015	106.8	204.3	17.7	94.5	0.3	135.0	71.3
	2020	21.3	39.6	4.0	86.7	0.1	89.0	77.1
	2021	18.2	33.5	4.0	100.7	0.2	...	95.5
Eritrea Érythrée	2012	14.6	...	...	...	...	...	...
Estonia Estonie	2002	10.3	17.1	4.4	...	...	...	...
	2005	...	13.4	3.9	9.7	0.1	2 246.3	29.7
	2010	5.3	8.6	2.3	7.7	0.0	1 895.7	20.7
	2015	3.4	5.6	1.5	7.5	0.0	863.2	42.8
	2020	3.2	5.1	1.4	5.8	0.0	517.4	23.3
	2021	2.0	3.5	0.6	5.6	0.0	...	29.6

12 Intentional homicides and other crimes *(continued)*

By type of crime per 100 000 population and homicide victims by sex

Homicides intentionnels et autres crimes *(suite)*

Par type de crime pour 100 000 habitants et victimes d'homicides par sexe

Country or area Pays ou zone	Year Année	Intentional homicides / Homicides volontaires: Per 100 000 Pour 100 000	Victims (%) / Victimes (%): Male Hommes	Victims (%) / Victimes (%): Female Femmes	Other crimes (per 100 000 pop.) / Autres infractions (pour 100 000 hab.): Assault Agression	Kidnapping Enlèvement	Theft Vol simple	Sexual Violence Violences Sexuelles
Eswatini Eswatini	2004	13.7	...	...	1 368.7	9.0	2 031.7	...
	2005	13.0	...	...	...	...	...	...
	2010	18.9	...	...	...	...	...	...
	2015	9.9	...	...	...	...	...	...
	2021	12.7	...	...	352.1	4.5	...	...
Ethiopia Éthiopie	2012	8.6	...	...	...	...	...	...
Fiji Fidji	2005	2.6	3.1	2.1	...	...	...	...
	2010	2.2	3.0	1.3	...	...	...	...
	2014	2.2	1.7	2.7	...	...	...	...
	2020	2.2	...	...	...	...	...	...
Finland Finlande	2005	2.3	3.3	1.3	580.8	~0.0	2 378.4	36.6
	2010	2.2	3.5	1.0	37.2	~0.0	1 853.1	45.1
	2015	1.5	2.4	0.6	28.5	~0.0	2 233.2	50.6
	2019	1.5	1.9	1.0	28.7	~0.0	2 218.5	72.6
	2020	1.6	...	...	31.7	0.1	2 433.5	73.5
	2021	...	...	...	30.0	~0.0	...	90.6
France France	2005	1.6	...	...	245.7	3.3	1 366.3	39.4
	2010	1.3	...	...	371.4	3.4	1 864.8	36.8
	2015	1.6	2.0	1.2	379.5	6.0	2 168.0	52.2
	2016	1.2	1.6	0.9	386.8	6.0	2 136.2	55.4
	2020	1.1	1.6	0.6	491.1	...	1 042.1	87.4
	2021	1.1	1.6	0.7	548.2	...	...	115.0
French Guiana Guyane française	2005	22.4	...	...	...	...	...	...
	2009	13.4	22.1	4.8	...	...	...	...
	2020	13.3	...	...	...	...	...	...
French Polynesia Polynésie française	2009	0.4	...	...	...	...	...	...
Georgia Géorgie	2005	10.2	17.9	3.4	9.3	2.2	386.1	4.1
	2010	4.9	8.8	1.4	3.3	0.1	277.4	4.3
	2014	...	4.2	1.7	6.0	...	236.9	3.5
	2018	2.4	3.9	1.1	4.9	...	...	10.7
	2019	2.0	...	1.0	5.1	...	...	11.2
	2020	...	...	1.2	...	...	...	...
Germany Allemagne	2005	1.3	1.5	1.1	608.7	2.1	2 738.2	68.0
	2010	1.0	1.0	0.9	175.7	6.0	1 509.4	45.0
	2015	0.8	0.9	0.8	155.2	5.8	1 649.3	41.7
	2020	0.9	1.0	0.8	156.6	5.5	1 112.1	49.3
	2021	0.8	0.9	0.8	146.7	6.1	...	50.1
Ghana Ghana	2005	1.7	...	...	...	...	...	...
	2010	1.7	...	...	...	...	...	...
	2015	1.8	...	...	...	...	...	...
	2021	1.8	3.1	0.6	155.1	0.4	...	5.6
Gibraltar Gibraltar	2010	3.2	...	...	...	...	...	...
Greece Grèce	2005	1.2	1.6	0.8	70.0	0.2	549.2	5.7
	2010	1.6	2.6	0.6	10.0	1.6	1 088.6	4.6
	2015	0.9	1.2	0.5	15.0	0.8	517.4	5.1
	2020	0.7	1.1	0.4	12.2	0.7	584.7	1.8
	2021	0.9	1.1	0.6	11.4	0.6	...	3.1
Greenland Groenland	2005	17.6	...	...	...	...	...	...
	2010	19.5	...	...	...	...	...	...
	2015	7.2	...	...	...	...	...	...
	2016	5.4	...	...	...	...	...	...
Grenada Grenade	2005	10.0	14.4	5.5	1 717.9	0.0	1 732.3	137.0
	2010	8.8	13.9	3.5	1 010.2	0.0	904.7	97.3
	2015	5.0	6.7	3.4	415.2	0.0	1 898.7	109.3
	2020	11.3	17.8	4.9	1 552.6	0.0	2 428.9	270.1
	2021	4.0	6.4	1.6	1 587.4	0.0	...	300.9

12 Intentional homicides and other crimes *(continued)*

By type of crime per 100 000 population and homicide victims by sex

Homicides intentionnels et autres crimes *(suite)*

Par type de crime pour 100 000 habitants et victimes d'homicides par sexe

		Intentional homicides Homicides volontaires						
			Victims (%) Victimes (%)		Other crimes (per 100 000 pop.) Autres infractions (pour 100 000 hab.)			
Country or area Pays ou zone	Year Année	Per 100 000 Pour 100 000	Male Hommes	Female Femmes	Assault Agression	Kidnapping Enlèvement	Theft Vol simple	Sexual Violence Violences Sexuelles
Guadeloupe Guadeloupe	2005	5.7	11.3	0.7	...	...	...	...
	2009	8.9	16.3	2.5	...	...	...	...
	2015	9.8	...	...	...	...	...	...
	2016	5.8	...	...	...	...	...	...
Guam Guam	2005	4.3	...	...	...	...	..	...
	2010	1.8	...	...	...	...	..	...
	2011	2.4	...	...	...	...	...	...
	2019	4.2	...	...	...	...	...	...
Guatemala Guatemala	2005	40.6	73.9	7.8	46.4	0.4	32.9	2.4
	2010	41.0	73.0	9.5	51.2	0.9	44.5	3.4
	2014	33.4	56.1	7.9	15.4	2.9	285.6	78.0
	2015	...	...	...	14.8	2.5	290.1	66.9
	2020	19.0	31.1	5.1	117.6	1.0	165.5	55.4
	2021	20.0	34.1	6.1	121.8	0.8	...	63.0
Guinea Guinée	2005	...	...	...	3.1	0.2	...	...
	2007	...	...	...	3.1	0.2	14.2	0.3
	2008	...	...	...	...	0.3	..	...
Guinea-Bissau Guinée-Bissau	2014	...	...	...	190.1	3.5	58.9	...
	2015	...	...	...	74.4	0.4	...	...
	2016	3.5	...	...	109.0	0.7	...	...
	2017	1.1	...	...	...	...	...	...
Guyana Guyana	2005	18.7	30.1	7.4	...	...	...	31.5
	2010	18.7	29.3	8.2	1 495.1	0.3	521.2	19.7
	2015	19.7	32.6	7.3	1 227.6	0.0	673.8	50.3
	2020	19.7	30.3	9.6	46.5	0.0	360.6	35.5
	2021	16.3	31.0	2.2	100.1	0.0	...	54.1
Haiti Haïti	2010	6.9	...	...	...	...	...	...
	2015	10.1	18.7	1.7	...	...	...	...
	2018	6.7	12.5	1.0	11.6	0.4	...	...
	2021	13.0	24.3	1.9	...	...	...	...
Holy See Saint-Siège	2010	0.0	...	...	0.0	0.0	0.0	0.0
	2015	0.0	...	...	0.0	0.0	0.0	0.0
	2021	0.0	...	...	...	...	...	...
Honduras Honduras	2005	42.5	...	...	...	...	...	...
	2010	73.8	136.9	9.2	...	...	53.8	...
	2015	55.4	99.4	10.4	14.3	0.5	31.9	16.0
	2020	35.8	64.4	6.5	19.2	~0.0	24.7	9.4
	2021	38.3	69.5	6.5	25.2	0.3	...	33.8
Hungary Hongrie	2005	1.6	1.8	1.4	122.5	0.1	1 251.8	8.5
	2010	1.4	1.6	1.2	145.9	0.2	1 351.8	12.9
	2014	1.5	1.7	1.3	136.6	~0.0	1 090.7	7.8
	2015	2.2	2.5	2.0	...	...	1 138.5	...
	2020	0.8	0.9	0.8	...	0.1	522.1	5.2
	2021	0.8	1.1	0.5	...	~0.0	...	4.9
Iceland Islande	2005	1.0	2.0	0.0	...	...	1 078.4	97.0
	2010	0.6	1.2	0.0	17.9	...	1 535.9	68.2
	2015	0.9	1.8	0.0	25.7	...	1 220.9	133.5
	2020	1.4	0.5	2.2	36.0	...	1 026.5	141.8
	2021	0.5	0.5	0.6	32.4	...	...	176.3
India Inde	2005	3.9	5.0	2.7	23.5	2.0	23.8	5.4
	2010	3.7	4.5	3.0	23.3	3.1	26.8	5.9
	2013	3.6	4.2	2.9	25.9	5.1	29.1	9.1
	2015	3.4	4.0	2.7	...	...	...	...
	2021	2.9	3.3	2.5	...	...	...	...
Indonesia Indonésie	2004	0.6	...	...	...	...	...	...
	2010	...	...	...	13.1	0.2	10.1	...
	2015	...	...	...	5.6	0.1	10.2	1.9
	2018	...	...	...	4.2	0.1	19.8	2.0
	2021	...	...	...	3.1	0.1	...	2.2

12 Intentional homicides and other crimes *(continued)*

By type of crime per 100 000 population and homicide victims by sex

Homicides intentionnels et autres crimes *(suite)*

Par type de crime pour 100 000 habitants et victimes d'homicides par sexe

Country or area Pays ou zone	Year Année	Intentional homicides / Homicides volontaires: Per 100 000 Pour 100 000	Victims (%) / Victimes (%): Male Hommes	Victims (%) / Victimes (%): Female Femmes	Other crimes (per 100 000 pop.) / Autres infractions (pour 100 000 hab.): Assault Agression	Kidnapping Enlèvement	Theft Vol simple	Sexual Violence Violences Sexuelles
Iran (Islamic Republic of) Iran (Rép. islamique d')	2004	...	...	...	...	...	159.3	...
	2009	3.0	...	...	...	...	...	...
	2014	2.4	4.2	0.6	...	...	...	...
Iraq Iraq	2010	8.6	14.2	3.1	...	...	...	...
	2013	9.4	15.8	3.0	...	...	...	...
Ireland Irlande	2005	1.3	2.1	0.4	302.8	1.8	1 421.8	43.7
	2010	1.2	2.1	0.3	332.4	3.0	1 436.3	52.3
	2015	0.7	1.0	0.3	75.4	2.0	1 563.0	49.4
	2020	0.7	1.1	0.2	85.9	2.1	985.8	52.2
	2021	0.4	0.6	0.3	96.6	2.0	...	58.6
Isle of Man Île de Man	2015	1.2	...	...	...	...	...	...
	2016	0.0	...	...	...	...	...	...
Israel Israël	2005	2.5	3.6	1.4	761.3	6.2	1 918.8	68.5
	2010	2.0	3.3	0.9	627.8	3.6	984.7	67.6
	2011	2.0	3.1	0.9	577.4	3.6	945.7	61.3
	2015	1.4	2.2	0.6	...	...	...	...
	2020	1.4	2.3	0.5	87.3	7.8	...	82.4
	2021	1.9	3.3	0.6	86.5	6.8	...	...
Italy Italie	2005	1.0	1.7	0.5	97.3	0.6	1 882.9	6.9
	2010	0.9	1.3	0.5	108.4	0.6	1 591.3	8.0
	2015	0.8	1.1	0.4	108.0	0.5	2 028.9	7.5
	2020	0.5	0.6	0.4	91.7	0.2	1 012.6	8.3
	2021	0.5	0.6	0.4	100.7	0.2	...	9.7
Jamaica Jamaïque	2005	62.5	112.2	13.8	...	1.2	...	40.8
	2008	59.7	108.2	12.1	...	1.6	...	54.3
	2010	52.9	96.1	10.5	51.5	...	...	54.4
	2015	43.3	78.8	8.2	105.0	0.5	11.6	73.3
	2020	47.3	87.2	8.0	117.1	0.6	20.1	70.1
	2021	52.1	95.6	9.3	116.6	0.6	...	64.3
Japan Japon	2005	0.5	0.5	0.5	47.2	0.2	719.5	8.5
	2010	0.4	0.4	0.4	20.8	0.1	480.8	6.5
	2015	0.3	0.2	0.3	19.8	0.2	321.4	6.2
	2020	0.3	0.2	0.3	15.1	0.3	295.1	4.4
	2021	0.2	0.2	0.2	14.6	0.3	...	4.6
Jordan Jordanie	2005	...	...	...	258.5	0.5	122.6	...
	2006	...	...	...	258.3	0.6	149.3	...
	2010	1.7	2.2	1.1	...	...	168.0	...
	2012	2.2	3.7	0.7	...	...	167.0	...
	2015	1.6	...	...	...	...	...	...
	2020	1.0	1.5	0.5	6.0	1.5	99.0	9.4
	2021	1.0	1.4	0.6	5.9	1.5	...	9.7
Kazakhstan Kazakhstan	2004	13.5	...	...	...	...	...	...
	2005	...	...	...	...	0.6	409.9	...
	2010	8.3	13.2	3.9	9.6	0.8	369.1	2.1
	2015	4.8	7.1	2.7	5.0	0.4	1 188.9	2.6
	2017	5.0	7.9	2.3	11.2	0.4	...	11.6
	2020	3.2	5.0	1.5	...	...	...	...
Kenya Kenya	2005	3.0	...	...	35.5	0.4	33.3	7.2
	2010	4.6	...	...	33.9	0.2	28.5	11.6
	2015	4.8	7.1	2.6	31.8	0.2	2.3	13.2
	2020	3.6	5.5	1.7	37.1	~0.0	16.2	17.6
	2021	5.3	8.0	2.6	42.2	0.1	...	15.4
Kiribati Kiribati	2001	4.4	...	...	...	...	...	...
	2010	3.7	...	...	...	...	...	...
	2012	7.2	...	...	...	...	...	...
Kosovo Kosovo	2010	5.9	9.6	2.2	209.8	2.4	...	8.3
	2015	2.4	3.6	1.1	22.3	1.4	...	13.9
	2019	1.4	2.5	0.4	16.3	1.2	...	9.1
	2021	2.0	3.6	0.4	19.0	0.6	...	...

12 Intentional homicides and other crimes *(continued)*

By type of crime per 100 000 population and homicide victims by sex

Homicides intentionnels et autres crimes *(suite)*

Par type de crime pour 100 000 habitants et victimes d'homicides par sexe

Country or area Pays ou zone	Year Année	Intentional homicides / Homicides volontaires: Per 100 000 Pour 100 000	Victims (%) / Victimes (%): Male Hommes	Victims (%) / Victimes (%): Female Femmes	Other crimes (per 100 000 pop.) / Autres infractions (pour 100 000 hab.): Assault Agression	Kidnapping Enlèvement	Theft Vol simple	Sexual Violence Violences Sexuelles
Kuwait Koweït	2005	1.8	1.9	1.7	26.6	12.5	431.2	16.6
	2009	1.8	2.3	1.0	24.5	12.8	288.2	18.2
	2010	2.0	2.8	1.0	...	...	...	...
	2012	1.8	2.6	0.7	...	...	...	...
	2020	0.3	1.1	1.1	...	...	...	...
Kyrgyzstan Kirghizistan	2005	...	...	...	5.1	0.5	243.0	...
	2010	...	...	...	9.8	1.5	182.3	...
	2015	...	...	...	6.1	0.9	166.0	...
	2018	...	...	...	0.9	0.3	194.3	...
	2020	...	...	...	0.5	...	240.3	...
Latvia Lettonie	2002	9.2	...	...	...	...	...	...
	2005	...	...	...	49.3	0.3	1 078.5	32.3
	2010	...	...	...	58.3	0.4	1 211.0	11.0
	2015	3.4	4.1	2.7	26.8	0.9	970.5	23.4
	2020	3.7	3.2	4.1	31.4	0.6	678.6	16.3
	2021	3.0	2.4	3.6	29.3	0.3	...	17.9
Lebanon Liban	2010	3.3	2.8	1.0	190.1	11.2	579.7	4.2
	2015	3.6	4.0	0.7	121.4	15.7	383.2	3.2
	2016	3.8	3.5	0.7	119.7	...	...	3.0
	2020	2.3	5.6	1.0	...	...	...	0.8
	2021	...	...	...	...	...	...	0.3
Lesotho Lesotho	2008	37.7	...	...	499.1	2.0	250.0	...
	2009	...	...	...	364.9	3.1	226.0	...
Liberia Libéria	2010	3.2	...	...	...	...	...	...
	2012	3.1	...	...	...	...	...	...
Liechtenstein Liechtenstein	2004	2.9	...	...	204.1	...	415.2	20.4
	2005	...	...	...	205.2	0.0	504.1	52.0
	2010	2.8	5.6	0.0	214.3	0.0	483.4	16.7
	2015	0.0	0.0	0.0	216.8	0.0	515.1	24.1
	2020	2.6	0.0	5.1	221.9	0.0	348.7	28.4
	2021	5.1	5.2	5.1	153.7	0.0	...	15.4
Lithuania Lituanie	2005	11.0	17.5	5.5	12.1	2.1	825.8	16.5
	2010	7.0	10.0	4.4	7.8	2.2	849.3	16.4
	2015	5.8	9.0	3.1	7.2	0.0	777.1	8.9
	2020	3.6	5.4	1.9	5.3	~0.0	347.0	4.5
	2021	2.6	3.8	1.5	4.5	~0.0	...	5.3
Luxembourg Luxembourg	2004	0.4	0.4	0.4	...	...	...	...
	2005	0.9	...	...	...	...	...	...
	2010	2.0	2.0	2.0	488.1	5.3	1 421.2	41.6
	2014	0.7	0.7	0.7	130.9	9.4	1 850.1	64.6
	2015	0.9	...	...	106.8	9.3	1 622.1	57.6
	2018	0.5	...	...	100.5	5.9	1 706.6	58.9
	2020	0.5	0.3	0.0	77.1	6.7	...	45.8
	2021	0.6	...	...	85.7	5.8	...	54.4
Madagascar Madagascar	2010	...	...	...	15.9	0.0	0.3	3.2
	2015	...	...	...	8.8	~0.0	0.9	4.5
Malawi Malawi	2005	1.6	...	...	...	...	...	...
	2010	3.5	...	...	...	...	...	...
	2012	1.8	...	...	...	...	...	...
Malaysia Malaisie	2005	2.3	...	...	16.4	...	133.6	...
	2006	2.2	...	...	21.6	...	141.7	...
	2010	1.9	...	...	...	...	...	...
	2015	1.6	...	...	...	...	...	...
	2021	0.7	...	...	12.1	...	...	9.6

Intentional homicides and other crimes *(continued)*
By type of crime per 100 000 population and homicide victims by sex

Homicides intentionnels et autres crimes *(suite)*
Par type de crime pour 100 000 habitants et victimes d'homicides par sexe

		Intentional homicides Homicides volontaires			Other crimes (per 100 000 pop.) Autres infractions (pour 100 000 hab.)			
			Victims (%) Victimes (%)					
Country or area Pays ou zone	Year Année	Per 100 000 Pour 100 000	Male Hommes	Female Femmes	Assault Agression	Kidnapping Enlèvement	Theft Vol simple	Sexual Violence Violences Sexuelles
Maldives	2002	2.7	...	...	...	...	...	...
Maldives	2004	...	...	...	...	0.3	...	...
	2010	1.7	...	...	...	7.2	1 094.0	144.6
	2013	0.7	...	...	...	2.0	1 608.1	143.0
	2015	0.9	1.6	...	85.4	7.1	...	126.3
	2017	7.2	10.6	2.5	74.9	7.2	...	90.0
	2019	0.6	...	...	...	...	...	...
Malta	2005	1.0	1.0	1.0	...	...	2 375.3	...
Malte	2010	1.0	1.4	0.5	43.0	0.0	1 875.4	21.7
	2015	0.9	0.9	0.9	40.1	0.0	1 995.8	22.8
	2020	1.4	2.2	0.4	35.5	0.0	1 036.8	17.3
	2021	0.4	0.7	0.0	32.5	0.0	...	26.2
Martinique	2005	4.7	...	...	...	...	...	...
Martinique	2009	2.8	4.4	1.4	...	...	...	...
Mauritania								
Mauritanie	2020	1.0	...	...	...	...	...	...
Mauritius	2000	2.1	2.4	1.9	...	...	...	...
Maurice	2005	...	3.8	2.1	9.7	...	1 172.2	25.0
	2010	2.6	3.9	1.2	18.5	2.7	864.0	33.7
	2011	2.5	3.8	1.2	17.9	3.9	731.1	36.2
	2015	1.6	2.3	0.9	...	...	...	...
	2021	2.6	3.4	1.8	20.9	1.8	...	46.8
Mayotte								
Mayotte	2009	5.8	...	...	...	...	...	...
Mexico	2005	9.4	16.7	2.4	226.8	0.3	80.0	27.1
Mexique	2010	22.9	42.3	4.2	205.0	1.1	115.8	30.3
	2015	17.3	31.1	3.9	38.5	1.0	217.5	29.7
	2020	29.2	52.5	6.1	54.0	0.8	194.4	42.2
	2021	28.2	50.5	6.2	...	...	...	...
Micronesia (Fed. States of)								
Micronésie (États féd. de)	2019	0.9	0.0	1.8	...	...	...	...
Monaco	2001	3.1	...	...	...	...	...	...
Monaco	2005	...	...	...	482.3	0.0	957.4	...
	2006	...	...	...	437.3	6.2	1 012.0	...
	2008	0.0	...	...	...	...	...	...
	2015	...	0.0	0.0	535.9	2.7	1 442.1	16.3
	2016	...	...	...	...	2.7	1 092.7	13.5
Mongolia	2005	15.6	...	...	116.9	~0.0	264.5	13.2
Mongolie	2010	8.8	12.8	4.9	215.4	0.0	212.4	13.4
	2015	7.2	11.1	3.4	15.0	0.1	305.8	12.1
	2020	6.2	10.1	2.4	9.4	0.1	155.6	15.3
	2021	6.2	9.8	2.5	11.1	0.1	...	16.1
Montenegro	2002	4.3	...	...	...	...	...	...
Monténégro	2005	...	...	...	24.5	...	249.8	5.5
	2010	2.4	2.6	2.2	30.6	0.3	84.9	5.7
	2015	2.7	4.5	0.9	22.1	0.0	131.9	4.1
	2020	2.9	4.9	0.9	20.5	...	51.0	4.3
	2021	2.4	4.2	0.6	18.8	0.3	...	5.7
Montserrat	2005	21.3	40.4	0.0	...	...	...	...
Montserrat	2008	20.8	39.8	0.0	...	...	...	...
	2012	20.1	0.0	41.5	...	...	...	...
	2018	0.0	...	...	...	...	...	...
Morocco	2005	1.5	...	...	107.2	1.0	203.9	3.1
Maroc	2009	1.3	2.4	0.3	97.1	1.0	245.5	10.1
	2010	1.4	...	...	...	...	...	...
	2015	1.2	1.9	0.6	162.3	1.9	140.2	10.0
	2020	1.2	2.0	0.5	312.5	0.5	27.1	13.0
	2021	1.9	3.3	0.5	139.4	1.4	...	15.8

12 Intentional homicides and other crimes *(continued)*
By type of crime per 100 000 population and homicide victims by sex

Homicides intentionnels et autres crimes *(suite)*
Par type de crime pour 100 000 habitants et victimes d'homicides par sexe

Country or area Pays ou zone	Year Année	Intentional homicides / Homicides volontaires: Per 100 000 Pour 100 000	Victims (%) / Victimes (%): Male Hommes	Victims (%) / Victimes (%): Female Femmes	Other crimes (per 100 000 pop.) / Autres infractions (pour 100 000 hab.): Assault Agression	Kidnapping Enlèvement	Theft Vol simple	Sexual Violence Violences Sexuelles
Mozambique Mozambique	2005	5.4	...	...	6.3	...	27.1	3.9
	2009	3.7	...	...	2.3	...	20.7	2.7
	2010	3.8	...	...	...	...	...	...
	2011	3.6	...	...	...	...	...	...
Myanmar Myanmar	2005	1.4	...	...	...	...	...	...
	2010	1.6	2.6	0.6	5.4	...	3.4	0.5
	2013	2.4	4.1	0.8	9.9	~0.0	5.2	0.7
	2015	2.5	4.2	0.9	9.5	0.0	5.6	...
	2018	2.8	4.5	1.0	8.9	~0.0	8.9	...
	2020	2.9	4.9	1.0	...	~0.0	5.7	~0.0
	2021	28.4	49.8	7.3	...	...	...	...
Namibia Namibie	2004	18.1	...	...	...	...	...	...
	2010	15.0	...	...	...	...	...	...
	2012	17.9	...	...	...	...	...	...
	2021	12.4	18.5	6.8	374.1	2.7	...	48.8
Nepal Népal	2005	3.3	...	...	4.0	0.5	2.0	...
	2006	2.3	...	...	3.9	0.9	2.1	...
	2010	3.0	...	...	...	...	...	...
	2015	2.0	...	...	...	...	...	...
	2016	2.1	...	...	0.2	0.1	4.7	...
	2019	2.3	...	...	...	...	...	...
Netherlands (Kingdom of the) Pays-Bas (Royaume des)	2005	1.1	1.5	0.7	412.4	5.6	4 631.5	44.8
	2010	0.9	1.1	0.6	362.8	3.9	3 968.8	57.8
	2015	0.6	0.7	0.5	29.9	2.6	1 978.5	24.4
	2020	0.6	0.7	0.5	29.9	3.0	1 193.8	23.0
	2021	0.7	0.9	0.4	26.1	2.6	...	26.1
New Caledonia Nouvelle-Calédonie	2009	3.1	...	...	...	...	...	...
New Zealand Nouvelle-Zélande	2005	1.5	1.7	1.3	234.3	7.0	3 087.9	59.6
	2010	1.0	1.0	1.0	259.1	5.3	2 676.0	67.0
	2015	1.0	1.4	0.7	461.5	7.3	3 046.3	112.3
	2019	2.6	3.9	1.3	716.2	9.3	3 114.7	129.2
	2020	...	...	...	843.2	8.1	2 781.8	132.8
	2021	...	...	...	932.2	8.0	...	148.1
Nicaragua Nicaragua	2005	13.4	...	...	354.5	0.2	266.8	...
	2010	13.4	24.5	2.6	313.3	0.1	179.5	61.9
	2015	8.3	14.8	2.1	...	...	...	...
	2019	7.7	14.1	1.6	14.7	~0.0	...	31.5
	2021	11.0	19.1	3.1	...	...	...	...
Niger Niger	2012	4.4	...	...	...	...	...	...
Nigeria Nigéria	2010	...	...	...	11.2	0.5	12.9	1.1
	2013	...	...	...	9.4	0.3	14.0	1.0
	2019	21.7	...	...	...	...	...	...
North Macedonia Macédoine du Nord	2004	2.4	3.5	1.2	...	...	...	...
	2005	...	3.3	0.9	...	1.2	...	...
	2010	2.1	2.7	1.4	11.8	0.8	236.4	5.9
	2014	1.7	2.4	0.9	10.1	0.4	239.8	6.4
	2015	1.2	2.2	0.2	7.3	0.5	...	5.7
	2017	1.5	2.6	0.4	7.0	0.3	...	4.8
	2019	1.1	1.9	0.4	...	...	...	...
Norway Norvège	2005	0.7	0.7	0.7	64.0	...	2 991.6	42.4
	2010	0.6	0.6	0.6	59.8	...	2 592.9	50.1
	2015	0.5	0.4	0.5	43.1	...	2 208.3	84.0
	2020	0.6	0.6	0.6	33.2	...	1 595.9	94.1
	2021	0.5	0.5	0.6	29.1	...	...	106.9

12 Intentional homicides and other crimes *(continued)*
By type of crime per 100 000 population and homicide victims by sex

Homicides intentionnels et autres crimes *(suite)*
Par type de crime pour 100 000 habitants et victimes d'homicides par sexe

Country or area Pays ou zone	Year Année	Intentional homicides / Homicides volontaires: Per 100 000 Pour 100 000	Victims (%) / Victimes (%): Male Hommes	Victims (%) / Victimes (%): Female Femmes	Other crimes (per 100 000 pop.) / Autres infractions (pour 100 000 hab.): Assault Agression	Kidnapping Enlèvement	Theft Vol simple	Sexual Violence Violences Sexuelles
Oman	2005	2.1	...	...	...	...	...	...
Oman	2008	1.8	...	...	78.6	0.3	200.5	6.9
	2010	1.7	...	...	...	...	...	...
	2015	0.4	0.4	0.3	1.0	0.1	...	3.3
	2020	0.3	0.4	0.2	0.6	0.1	25.1	2.5
	2021	0.2	0.3	0.2	0.4	0.1	...	2.5
Pakistan	2005	5.6	...	...	...	...	...	...
Pakistan	2010	6.8	...	...	18.3	9.6	27.4	1.8
	2015	4.5	...	...	13.7	8.6	33.1	1.7
	2018	3.8	...	...	12.1	9.1	34.9	3.0
	2021	4.0	...	...	...	...	...	...
Palau	2015	16.9	...	...	...	...	...	...
Palaos	2018	11.2	...	...	...	...	...	...
Panama	2005	11.0	19.8	2.2	...	0.5	419.7	23.7
Panama	2010	12.7	23.6	1.7	167.2	1.0	501.3	27.8
	2015	11.9	21.3	2.5	71.8	0.4	475.7	79.7
	2020	11.6	21.1	2.1	107.8	~0.0	242.1	120.1
	2021	12.7	23.4	2.0	107.9	~0.0	...	152.9
Papua New Guinea	2005	9.3	...	...	...	...	...	...
Papouasie-Nvl-Guinée	2010	9.4	...	...	...	...	...	...
Paraguay	2005	16.2	...	...	40.8	~0.0	...	...
Paraguay	2010	12.8	23.0	2.5	33.8	0.1	499.1	58.9
	2015	10.0	18.0	1.9	11.1	~0.0	568.5	80.4
	2016	10.7	19.5	1.8	10.6	~0.0	625.3	77.7
	2020	7.3	12.4	2.1	7.4	0.1	...	72.2
	2021	7.8	13.7	1.9	8.6	0.2	...	...
Peru	2005	...	...	...	52.2	1.8	188.2	...
Pérou	2010	...	...	...	65.2	1.6	192.3	18.0
	2015	7.3	11.9	2.6	80.7	0.7	310.1	29.9
	2020	5.7	9.2	2.1	7.4	2.6	312.0	64.9
	2021	...	...	...	8.0	3.2	...	72.0
Philippines	2002	8.1	...	...	...	...	...	...
Philippines	2005	...	...	...	...	0.1	12.9	...
	2010	9.1	15.5	2.6	...	~0.0	77.6	2.3
	2012	8.7	14.9	2.2	...	~0.0	44.9	1.8
	2015	...	...	...	...	...	81.0	...
	2018	5.2	9.4	0.9	1.1	0.2	24.3	...
	2019	4.3	7.7	0.8	1.1	0.1	...	...
Poland	2002	1.9	2.7	1.0	...	...	...	...
Pologne	2005	...	2.2	0.7	...	0.1	726.8	...
	2010	1.0	1.4	0.6	28.5	0.1	532.0	8.0
	2015	0.8	1.0	0.6	18.0	0.6	381.8	7.1
	2020	0.7	1.0	0.4	14.0	...	260.3	7.6
	2021	0.7	1.0	0.4	12.6	...	...	8.4
Portugal	2005	1.3	2.0	0.6	372.7	4.2	873.8	15.4
Portugal	2010	1.2	1.6	0.8	8.2	4.7	1 088.8	20.2
	2015	1.0	1.4	0.6	4.5	3.6	949.4	23.6
	2020	0.8	1.0	0.6	5.6	2.5	639.0	23.6
	2021	0.8	...	...	6.1	2.2	...	26.4
Puerto Rico	2005	21.7	41.5	3.3	...	...	...	...
Porto Rico	2010	27.7	54.2	3.3	73.0	...	747.9	...
	2015	17.6	34.6	2.0	84.6	...	744.2	...
	2017	21.6	43.2	2.1	113.3	0.9	620.6	35.4
	2018	20.0	39.0	2.9	99.4	...	514.6	...
	2020	17.0	32.7	2.8	...	...	...	...

12

Intentional homicides and other crimes *(continued)*
By type of crime per 100 000 population and homicide victims by sex

Homicides intentionnels et autres crimes *(suite)*
Par type de crime pour 100 000 habitants et victimes d'homicides par sexe

Country or area Pays ou zone	Year Année	Intentional homicides / Homicides volontaires: Per 100 000 Pour 100 000	Victims (%) / Victimes (%): Male Hommes	Female Femmes	Other crimes (per 100 000 pop.) / Autres infractions (pour 100 000 hab.): Assault Agression	Kidnapping Enlèvement	Theft Vol simple	Sexual Violence Violences Sexuelles
Qatar	2004	0.6	0.8	0.4	38.3	0.8	97.4	...
Qatar	2005	0.7	0.3	1.5	...	...	103.7	...
	2006	0.5	0.5	0.3	...	...	102.0	...
	2010	0.2	0.3	0.0	...	...	...	...
	2015	0.2	0.3	0.2	...	...	...	...
	2021	0.3	0.3	0.5	0.4	0.3	...	...
Republic of Korea	2005	0.9	...	...	...	...	387.6	...
République de Corée	2010	1.0	...	...	598.9	0.5	543.8	37.3
	2015	0.7	0.7	0.8	94.1	0.2	483.7	41.7
	2020	0.6	0.6	0.5	63.5	0.1	350.1	41.9
	2021	0.5	0.5	0.5	54.9	0.1	...	39.1
Republic of Moldova	2005	7.4	10.3	4.7	9.9	0.4	276.6	9.8
République de Moldova	2010	7.2	9.3	5.3	11.3	1.0	334.0	15.1
	2014	4.8	9.1	1.0	9.6	2.6	410.7	19.4
	2015	5.8	9.1	2.7	7.7	...	...	19.5
	2020	3.0	4.6	1.6	5.3	1.4	200.0	17.0
Réunion	2005	3.0	4.4	1.7	...	...	...	...
Réunion	2009	1.7	2.1	1.3	...	...	...	...
Romania	2005	2.1	2.7	1.4	42.2	1.3	201.7	...
Roumanie	2010	1.3	1.8	0.9	60.5	1.6	238.5	7.3
	2015	1.7	2.5	0.9	1.5	1.5	544.2	8.7
	2020	1.4	2.0	1.0	1.2	1.7	456.5	9.8
	2021	1.3	1.8	0.8	0.9	2.0	...	12.1
Russian Federation	2005	24.8	40.2	11.5	40.2	0.8	1 094.9	12.9
Fédération de Russie	2010	11.7	18.6	5.7	21.2	0.4	772.5	10.6
	2015	11.5	18.4	5.5	18.8	0.2	603.4	11.2
	2020	7.3	11.7	3.5	13.0	0.3	465.6	12.9
	2021	6.8	10.8	3.3	...	...	...	...
Rwanda	2010	2.8	...	...	19.4	0.1	...	...
Rwanda	2013	3.2	...	...	29.7	0.2	...	15.6
	2015	2.5	...	...	...	...	...	...
	2020	3.6	...	...	...	...	...	...
Saint Helena	2005	0.0	...	...	...	...	...	...
Sainte-Hélène	2009	0.0	...	...	...	...	...	...
Saint Kitts and Nevis	2004	23.6	47.6	0.0	...	...	...	...
Saint-Kitts-et-Nevis	2005	17.1	...	...	...	...	...	...
	2010	44.3	81.5	8.3	327.0	4.2	1 087.5	130.8
	2011	71.5	141.1	4.1	287.9	6.3	993.1	134.5
	2012	37.7	...	...	...	...	...	...
	2020	21.0	43.3	0.0	275.0	2.1	654.2	107.0
	2021	29.4	56.5	4.1	378.1	4.2	...	81.9
Saint Lucia	2004	22.5	40.7	4.7	...	...	...	...
Sainte-Lucie	2005	24.8	...	...	...	...	...	...
	2010	25.7	45.2	6.4	...	...	...	...
	2015	15.9	26.3	5.7	...	...	...	...
	2020	29.0	52.9	5.5	571.9	6.1	810.3	100.4
	2021	39.0	69.7	8.8	712.5	5.6	...	113.0
Saint Martin (French part)	2015	17.1	...	...	...	...	...	...
St-Martin (partie française)	2016	28.7	...	...	...	...	...	...
Saint Pierre and Miquelon	2006	0.0	0.0	0.0	...	...	...	...
Saint-Pierre-et-Miquelon	2009	16.5	...	...	...	...	...	...
Saint Vincent & Grenadines	2005	23.2	33.2	12.8	1 117.4	1.8	1 779.6	101.7
Saint-Vincent-Grenadines	2010	22.9	39.3	5.6	1 197.5	1.8	1 756.0	153.7
	2012	...	...	...	1 028.8	3.7	1 939.4	161.9
	2013	...	...	...	...	...	...	213.1
	2020	31.5	52.4	9.8	528.5	9.6	...	129.0
	2021	30.7	60.1	0.0	...	...	...	...

12 Intentional homicides and other crimes *(continued)*

By type of crime per 100 000 population and homicide victims by sex

Homicides intentionnels et autres crimes *(suite)*

Par type de crime pour 100 000 habitants et victimes d'homicides par sexe

Country or area Pays ou zone	Year Année	Intentional homicides / Homicides volontaires: Per 100 000 Pour 100 000	Victims (%) / Victimes (%): Male Hommes	Victims (%) / Victimes (%): Female Femmes	Other crimes (per 100 000 pop.) / Autres infractions (pour 100 000 hab.): Assault Agression	Kidnapping Enlèvement	Theft Vol simple	Sexual Violence Violences Sexuelles
Samoa	2010	8.2	...	...	...	...	...	...
Samoa	2013	3.0	...	...	...	...	...	...
	2018	6.2	11.2	1.0	...	...	...	...
San Marino	2005	0.0	0.0	0.0	...	...	...	...
Saint-Marin	2010	0.0	0.0	0.0	...	...	...	...
	2011	0.0	0.0	0.0	...	...	...	...
Sao Tome and Principe	2004	...	...	...	0.6	...	...	...
Sao Tomé-et-Principe	2010	3.3	0.0	0.0	0.0	0.0	8.9	0.0
	2011	3.2	0.0	0.0	2.2	0.0	10.8	0.0
Saudi Arabia	2005	1.2	...	...	...	...	...	...
Arabie saoudite	2007	1.0	...	...	...	...	...	...
	2015	...	...	...	1.3	...	...	0.1
	2019	0.8	...	...	52.7	0.2	...	1.9
Senegal	2005	...	...	...	2.5	...	...	...
Sénégal	2010	...	...	...	2.4	...	19.7	...
	2015	...	...	...	...	~0.0	17.2	1.8
	2016	...	...	...	...	...	...	0.9
Serbia	2005	1.9	2.7	1.1	20.6	0.3	182.4	6.8
Serbie	2010	1.7	2.4	1.1	18.2	0.3	177.0	6.4
	2015	1.3	1.9	0.8	18.9	0.2	275.8	3.3
	2020	1.1	1.8	0.6	78.8	0.1	176.5	6.6
	2021	1.1	1.4	0.7	72.1	0.2	...	9.1
Seychelles	2004	11.8	19.1	4.4	...	...	...	...
Seychelles	2010	9.7	16.2	2.9	...	...	...	...
	2014	16.3	26.5	5.3	...	...	...	...
	2015	7.1	...	...	...	...	...	...
	2021	4.7	...	...	...	...	...	...
Sierra Leone	2005	1.7	...	...	...	...	...	...
Sierra Leone	2008	3.0	...	...	326.2	...	171.3	10.2
	2010	2.5	...	...	...	...	...	...
	2015	1.7	...	...	...	...	...	...
	2020	2.1	...	...	...	...	...	...
Singapore	2004	0.5	...	...	12.9	0.0	400.4	...
Singapour	2005	...	...	...	14.0	0.0	496.2	...
	2010	0.4	0.6	0.1	8.3	0.0	356.1	30.6
	2011	0.3	0.4	0.2	7.7	0.0	327.7	29.3
	2015	0.2	0.4	0.1	8.4	...	271.9	25.8
	2020	0.2	0.2	0.2	7.5	...	121.4	28.2
	2021	0.1	0.1	0.1	7.5	...	...	31.6
Slovakia	2005	1.7	2.3	1.2	72.5	0.3	350.0	...
Slovaquie	2010	1.6	1.9	1.1	45.0	0.1	452.7	10.4
	2015	0.9	1.1	0.5	34.3	1.6	457.8	11.9
	2020	1.2	1.2	1.0	23.3	1.0	256.5	11.4
	2021	1.0	1.2	0.6	20.8	1.0	...	10.8
Slovenia	2005	1.0	1.0	1.0	114.9	0.1	1 478.2	15.5
Slovénie	2010	0.7	0.7	0.8	106.1	0.2	1 414.9	18.2
	2015	1.0	0.9	1.0	74.0	0.1	1 100.7	12.4
	2020	0.5	0.5	0.6	68.1	0.1	772.3	17.8
	2021	0.4	0.3	0.6	55.9	0.2	...	21.1
Solomon Islands	2005	5.4	...	...	251.4	...	219.0	42.3
Îles Salomon	2008	3.7	...	...	212.6	...	174.4	23.6
South Africa	2005	37.8	...	...	...	...	...	...
Afrique du Sud	2010	30.7	52.8	10.2	...	...	...	...
	2011	29.7	52.0	8.8	...	...	...	...
	2015	33.4	...	...	327.4	9.0	...	92.9
	2017	35.9	63.4	10.0	295.5	9.6	...	88.5
	2019	36.7	66.0	9.0	...	...	...	...
	2021	41.9	...	...	...	...	...	...

12 Intentional homicides and other crimes *(continued)*

By type of crime per 100 000 population and homicide victims by sex

Homicides intentionnels et autres crimes *(suite)*

Par type de crime pour 100 000 habitants et victimes d'homicides par sexe

		Intentional homicides Homicides volontaires			Other crimes (per 100 000 pop.) Autres infractions (pour 100 000 hab.)			
			Victims (%) Victimes (%)					
Country or area Pays ou zone	Year Année	Per 100 000 Pour 100 000	Male Hommes	Female Femmes	Assault Agression	Kidnapping Enlèvement	Theft Vol simple	Sexual Violence Violences Sexuelles
South Sudan Soudan du sud	2012	14.1	...	...	...	...	...	...
Spain Espagne	2005	1.2	1.8	0.6	395.6	0.5	...	...
	2010	0.9	1.1	0.7	53.8	0.3	308.2	21.4
	2015	0.7	0.8	0.5	62.6	0.2	440.3	16.1
	2020	0.6	0.8	0.5	33.8	0.2	223.6	23.5
	2021	0.6	0.8	0.4	...	...	...	...
Sri Lanka Sri Lanka	2004	...	...	...	108.6	4.5	135.7	...
	2005	6.2	...	...	...	...	...	...
	2010	3.7	5.9	1.6	312.6	1.0	62.6	4.3
	2015	2.3	3.6	1.0	17.8	1.2	30.7	13.8
	2018	2.4	3.9	0.9	13.4	1.2	28.2	12.0
	2019	3.4	4.7	2.2	12.7	1.0	...	11.7
State of Palestine État de Palestine	2005	2.3	...	...	185.6	5.7	122.4	...
	2010	1.0	1.1	0.5	7.2	0.5	67.6	4.4
	2012	0.7	1.1	0.2	8.3	0.3	45.9	2.9
	2013	0.6	...	...	...	...	...	3.1
	2015	1.2	2.1	0.3	...	...	...	...
	2018	0.5	0.9	0.1	15.9	2.9	55.6	5.8
	2020	1.0	1.4	0.6	18.3	4.2	241.2	...
	2021	0.9	1.4	0.3	13.8	2.5	...	...
Sudan Soudan	2008	...	...	...	...	1.9	227.1	...
Suriname Suriname	2004	9.0	...	...	...	...	2 754.2	...
	2005	13.4	...	...	...	...	...	...
	2008	8.1	12.3	3.8	...	...	...	...
	2015	5.9	8.0	3.8	53.9	...	...	...
	2020	9.1	13.5	4.6	246.1	...	503.0	164.9
	2021	5.7	9.2	2.3	...	...	...	...
Sweden Suède	2005	0.9	1.2	0.7	802.6	...	4 921.4	129.4
	2010	1.0	1.4	0.6	59.6	...	3 918.6	150.6
	2015	1.1	1.7	0.6	47.2	...	4 092.7	154.7
	2020	1.2	1.9	0.5	51.0	...	3 079.8	203.9
	2021	1.1	1.7	0.5	46.0	...	...	215.9
Switzerland Suisse	2002	1.2	1.0	1.3	...	...	...	...
	2005	...	1.0	1.0	109.0	3.3	1 928.0	...
	2010	0.7	0.7	0.7	6.2	0.0	2 065.4	31.9
	2015	0.7	0.7	0.7	7.4	~0.0	1 903.3	32.7
	2020	0.5	0.5	0.6	7.8	0.1	1 449.8	33.7
	2021	0.5	0.4	0.6	7.5	0.1	...	35.1
Syrian Arab Republic République arabe syrienne	2004	2.4	...	...	35.2	0.7	64.8	...
	2005	2.3	...	...	33.1	0.2	...	...
	2008	2.5	...	...	2.6	0.1	31.5	0.4
	2010	2.1	...	...	...	...	...	...
	2018	...	...	...	0.7	...	19.2	0.3
Tajikistan Tadjikistan	2005	2.3	...	...	...	...	52.4	...
	2010	2.4	4.2	0.6	72.0	1.9	47.3	2.6
	2011	1.6	2.8	0.4	48.0	2.2	47.7	2.6
	2020	0.9	1.6	0.2	...	...	...	...
Thailand Thaïlande	2005	7.3	12.9	1.9	42.9	~0.0	93.1	...
	2010	5.4	9.5	1.3	13.3	~0.0	80.9	2.8
	2011	4.8	8.5	1.3	19.4	~0.0	66.7	2.2
	2014	...	6.6	1.1	18.1	~0.0	58.3	...
	2015	...	...	...	19.5	0.4	57.3	5.8
	2020	...	...	...	9.2	~0.0	31.4	3.8
	2021	...	...	...	13.2	...	...	...

12 Intentional homicides and other crimes *(continued)*
By type of crime per 100 000 population and homicide victims by sex

Homicides intentionnels et autres crimes *(suite)*
Par type de crime pour 100 000 habitants et victimes d'homicides par sexe

		Intentional homicides Homicides volontaires			Other crimes (per 100 000 pop.) Autres infractions (pour 100 000 hab.)			
			Victims (%) Victimes (%)					
Country or area Pays ou zone	Year Année	Per 100 000 Pour 100 000	Male Hommes	Female Femmes	Assault Agression	Kidnapping Enlèvement	Theft Vol simple	Sexual Violence Violences Sexuelles
Timor-Leste Timor-Leste	2005	4.7	...	...	...	...	...	...
	2010	3.6	...	...	...	...	...	...
	2015	4.1	...	...	...	0.4	...	4.6
	2017	...	...	...	...	0.3	...	10.7
Tonga Tonga	2005	3.8	7.5	0.0	...	...	...	...
	2010	0.9	1.8	0.0	...	...	...	...
	2012	0.9	0.0	1.9	...	...	...	...
	2019	1.0	1.9	1.9	...	...	...	...
	2020	...	3.8	...	...	...	...	...
Trinidad and Tobago Trinité-et-Tobago	2005	28.2	51.3	5.6	58.5	4.2	212.3	58.7
	2010	33.5	60.4	7.4	43.7	0.5	307.9	54.4
	2015	28.8	54.3	3.9	41.1	0.3	136.5	47.6
	2018	34.4	63.2	6.2	47.9	1.3	...	52.4
	2020	26.3	46.1	7.0	...	...	...	44.8
	2021	29.4	...	...	...	...	...	...
Tunisia Tunisie	2005	2.5	...	...	...	...	...	...
	2010	2.6	...	...	...	...	...	...
	2012	3.0	...	...	...	...	...	...
	2020	4.6	7.4	1.9	...	...	...	...
Türkiye Türkiye	2005	4.8	7.8	1.8	153.9	12.7	152.8	4.4
	2010	4.2	6.6	1.7	301.8	18.6	248.3	5.7
	2014	...	...	...	101.7	42.2	277.4	53.4
	2015	2.8	4.5	1.0	...	...	...	...
	2021	2.5	4.0	1.0	...	...	...	...
Turkmenistan Turkménistan	2004	4.3	...	...	...	2.6	...	...
	2005	4.2	...	...	1.8	...	35.0	...
	2006	4.1	...	...	1.7	...	29.7	...
	2010	2.0	2.9	1.1	...	...	...	...
	2015	1.1	1.8	0.4	...	...	...	...
Turks and Caicos Islands Îles Turques-et-Caïques	2002	9.7	18.9	0.0	...	...	...	...
	2005	0.0	...	...	...	...	...	...
	2009	7.0	13.8	0.0	...	...	...	...
	2014	5.7	11.3	0.0	...	...	...	...
Tuvalu Tuvalu	2005	0.0	...	...	...	...	...	...
	2010	9.5	...	...	...	...	...	...
	2012	18.4	...	...	...	...	...	...
	2019	0.0	...	...	...	...	...	...
Uganda Ouganda	2005	...	...	...	125.6	...	198.9	50.5
	2010	9.8	16.1	3.7	71.1	0.5	72.2	26.7
	2014	12.3	20.3	4.6	22.6	0.6	46.2	37.6
	2015	...	...	...	26.9	...	...	...
	2016	11.6	18.7	4.6	18.1	2.4	109.8	50.4
	2017	11.8	19.7	4.1	14.3	...	...	...
	2021	8.5	...	...	...	...	...	...
Ukraine Ukraine	2005	6.5	9.6	3.8	14.3	0.4	398.1	4.1
	2010	4.4	6.6	2.5	8.8	0.6	556.3	3.0
	2014	6.3	...	...	...	...	...	...
	2017	6.2	11.1	1.9	4.5	1.1	516.3	1.8
	2020	3.9	...	...	3.8	0.8	275.7	1.6
	2021	3.8	...	...	...	...	...	...
United Arab Emirates Émirats arabes unis	2004	...	...	...	...	12.7	271.3	...
	2005	...	...	...	16.7	20.1	...	...
	2006	...	...	...	15.5	19.8	...	...
	2010	0.8	0.8	0.8	...	...	...	...
	2015	0.7	0.8	0.4	3.6	0.9	67.1	4.2
	2016	...	...	...	3.9	0.8	51.3	4.9
	2018	...	...	...	2.3	0.8	48.1	...
	2021	0.5	0.5	0.4	1.5	1.5	...	...

12 Intentional homicides and other crimes *(continued)*
By type of crime per 100 000 population and homicide victims by sex

Homicides intentionnels et autres crimes *(suite)*
Par type de crime pour 100 000 habitants et victimes d'homicides par sexe

Country or area Pays ou zone	Year Année	Intentional homicides / Homicides volontaires: Per 100 000 Pour 100 000	Victims (%) / Victimes (%): Male Hommes	Victims (%) / Victimes (%): Female Femmes	Other crimes (per 100 000 pop.) / Autres infractions (pour 100 000 hab.): Assault Agression	Kidnapping Enlèvement	Theft Vol simple	Sexual Violence Violences Sexuelles
United Kingdom Royaume-Uni	2005	1.4	1.8	1.0	...	...	...	...
	2010	1.2	1.5	0.9	...	...	...	...
	2015	1.0	1.4	0.6	...	...	...	...
	2020	1.0	1.4	0.6	...	...	...	...
United Rep. of Tanzania Rép.-Unie de Tanzanie	2004	7.6	...	...	...	...	...	...
	2010	8.6	15.1	2.4	...	0.0	...	~0.0
	2015	7.1	11.9	2.5	4.5	0.0	0.3	0.1
	2020	3.7	5.8	1.7	...	...	...	...
United States of America États-Unis d'Amérique	2002	5.6	8.8	2.6	...	...	...	...
	2005	...	9.0	2.4	290.5	...	2 299.5	...
	2010	4.7	7.4	2.1	251.2	...	2 007.9	...
	2015	4.9	7.8	2.0	235.4	...	1 783.7	...
	2019	5.0	7.9	2.1	245.9	...	1 545.6	...
	2021	6.8	10.8	2.9	280.1	16.8	..	...
United States Virgin Islands Îles Vierges américaines	2005	34.7	66.7	5.4	...	...	...	...
	2010	52.8	96.6	12.6	...	...	...	...
	2012	49.6	100.0	3.7	...	...	...	...
Uruguay Uruguay	2003	6.0	...	...	...	0.1	2 906.6	...
	2004	6.0	...	...	...	...	3 182.0	...
	2005	5.7	...	...	...	...	...	...
	2010	6.1	10.1	2.4	15.5	...	2 836.0	...
	2015	8.6	14.8	2.8	13.8	1.4	3 204.4	50.0
	2020	9.9	18.1	2.1	19.5	0.4	3 414.1	33.6
	2021	8.9	16.0	2.3	...	...	...	...
Uzbekistan Ouzbékistan	2005	3.4	...	...	...	...	...	...
	2008	3.0	...	...	...	...	...	...
	2015	1.6	3.3	1.4	4.8	0.1	...	...
	2021	1.4	1.8	1.1	3.9	0.2	...	...
Vanuatu Vanuatu	2020	0.3	0.0	0.6	...	...	...	...
Venezuela (Boliv. Rep. of) Venezuela (Rép. boliv. du)	2005	37.4	70.5	4.2	...	...	...	...
	2010	45.6	85.8	5.5	...	...	...	...
	2015	51.3	96.2	4.8	13.4	1.0	...	...
	2017	48.0	90.0	5.1	10.3	1.0	...	...
	2018	...	...	...	6.3	0.7	...	...
	2021	19.3	...	...	...	...	...	...
Viet Nam Viet Nam	2005	1.3	...	...	...	...	...	...
	2010	1.5	...	...	...	...	...	...
	2011	1.5	...	...	...	...	...	...
Yemen Yémen	2004	3.1	...	...	...	...	...	...
	2005	...	...	...	...	0.5	...	0.0
	2009	4.1	...	...	0.1	0.2	...	0.3
	2010	4.4	...	...	...	...	...	...
	2013	6.3	...	...	...	...	...	...
Zambia Zambie	2000	8.1	...	...	...	...	...	...
	2010	5.9	...	...	...	...	...	...
	2015	5.2	...	...	...	...	...	...
Zimbabwe Zimbabwe	2005	11.0	...	...	756.7	0.4	915.1	...
	2008	...	...	...	408.3	1.8	738.8	...
	2010	5.5	...	...	...	...	...	...
	2012	7.4	...	...	...	...	...	...
	2021	6.1	10.9	1.9	...	...	...	...

Source:

United Nations Office on Drugs and Crime (UNODC), Vienna, UNODC Statistics database, last accessed June 2023.

Source:

Office des Nations Unies contre la drogue et le crime (ONUDC), Vienne, base de données statistiques de l'ONUDC, dernier accès juin 2023.

Part Two

Economic activity

Chapter VII	National accounts (tables 13 and 14)
Chapter VIII	Finance (tables 15 and 16)
Chapter IX	Labour market (tables 17 and 18)
Chapter X	Price and production indices (tables 19 and 20)
Chapter XI	International merchandise trade (tables 21 and 22)

Deuxième partie

Activité économique

Chapitre VII	Compatibilités nationales (tableaux 13 et 14)
Chapitre VIII	Finances (tableaux 15 et 16)
Chapitre IX	Marché du travail (tableaux 17 et 18)
Chapitre X	Indices des prix et de la production (tableaux 19 and 20)
Chapitre XI	Commerce international des marchandises (tableaux 21 et 22)

13 Gross domestic product and gross domestic product per capita

In millions of US dollars at current and constant 2015 prices; per capita US dollars; real rates of growth

Produit intérieur brut et produit intérieur brut par habitant

En millions de dollars É.-U. aux prix courants et constants de 2015; par habitant en dollars É.U.; taux de croissance réels

Country or area	1995	2005	2010	2015	2019	2020	2021	Pays ou zone
Total, all countries or areas								**Total, tous pays ou zones**
GDP at current prices	**31 269 041**	**47 775 404**	**66 578 017**	**75 283 835**	**87 728 744**	**85 311 030**	**96 698 005**	**PIB aux prix courants**
GDP per capita	**5 446**	**7 287**	**9 533**	**10 140**	**11 301**	**10 883**	**12 229**	**PIB par habitant**
GDP at constant prices	**40 355 817**	**56 455 926**	**64 907 975**	**75 283 835**	**84 504 873**	**81 844 942**	**86 675 773**	**PIB aux prix constants**
Growth rates	**3.1**	**4.0**	**4.5**	**3.1**	**2.5**	**-3.1**	**5.9**	**Taux de croissance**
Africa								**Afrique**
GDP at current prices	604 467	1 170 541	2 032 590	2 407 357	2 571 104	2 443 988	2 726 643	PIB aux prix courants
GDP per capita	836	1 263	1 929	2 007	1 939	1 799	1 959	PIB par habitant
GDP at constant prices	984 606	1 533 871	1 995 546	2 407 357	2 672 971	2 602 636	2 738 166	PIB aux prix constants
Growth rates	2.8	6.2	5.9	3.4	2.4	-2.6	5.2	Taux de croissance
Northern Africa								**Afrique septentrionale**
GDP at current prices	207 392	376 507	646 437	772 568	764 307	762 287	853 806	PIB aux prix courants
GDP per capita	1 281	1 922	3 127	3 390	3 101	3 039	3 346	PIB par habitant
GDP at constant prices	354 910	557 673	700 055	772 568	873 924	839 687	896 364	PIB aux prix constants
Growth rates	2.0	6.0	5.0	3.7	1.6	-3.9	6.7	Taux de croissance
Sub-Saharan Africa								**Afrique subsaharienne**
GDP at current prices	397 075	794 034	1 386 153	1 634 789	1 806 798	1 681 701	1 872 837	PIB aux prix courants
GDP per capita	707	1 087	1 637	1 683	1 674	1 518	1 648	PIB par habitant
GDP at constant prices	629 697	976 198	1 295 491	1 634 789	1 799 047	1 762 949	1 841 801	PIB aux prix constants
Growth rates	3.3	6.3	6.4	3.2	2.9	-2.0	4.5	Taux de croissance
Eastern Africa								**Afrique orientale**
GDP at current prices	71 027	117 083	235 641	329 095	426 915	426 039	459 522	PIB aux prix courants
GDP per capita	326	406	690	839	979	951	999	PIB par habitant
GDP at constant prices	110 383	165 800	244 279	329 095	406 004	407 901	430 749	PIB aux prix constants
Growth rates	4.4	6.5	9.4	6.0	5.4	0.5	5.6	Taux de croissance
Middle Africa								**Afrique centrale**
GDP at current prices	37 554	101 403	191 153	242 140	229 280	194 466	232 025	PIB aux prix courants
GDP per capita	441	892	1 431	1 538	1 281	1 054	1 219	PIB par habitant
GDP at constant prices	85 602	140 464	192 133	242 140	245 344	238 420	243 812	PIB aux prix constants
Growth rates	6.7	9.2	4.8	1.9	1.2	-2.8	2.3	Taux de croissance
Southern Africa								**Afrique australe**
GDP at current prices	183 204	310 385	447 956	377 770	424 701	369 201	455 972	PIB aux prix courants
GDP per capita	3 662	5 550	7 580	5 929	6 393	5 488	6 707	PIB par habitant
GDP at constant prices	207 820	289 208	337 097	377 770	393 447	368 150	386 990	PIB aux prix constants
Growth rates	3.3	5.2	3.4	1.2	0.4	-6.4	5.1	Taux de croissance
Western Africa								**Afrique occidentale**
GDP at current prices	105 290	265 163	511 404	685 783	725 902	691 994	725 318	PIB aux prix courants
GDP per capita	506	974	1 636	1 914	1 825	1 696	1 733	PIB par habitant
GDP at constant prices	225 891	380 725	521 983	685 783	754 252	748 479	780 250	PIB aux prix constants
Growth rates	1.5	6.0	7.6	3.5	3.4	-0.8	4.2	Taux de croissance
Americas								**Amériques**
GDP at current prices	10 222 806	17 084 190	22 029 028	25 283 652	28 638 614	27 338 959	30 618 690	PIB aux prix courants
GDP per capita	13 150	19 283	23 570	25 739	28 144	26 684	29 723	PIB par habitant
GDP at constant prices	15 230 945	21 055 926	22 734 261	25 283 652	27 145 355	26 109 546	27 665 722	PIB aux prix constants
Growth rates	2.4	3.7	3.4	2.0	1.7	-3.8	6.0	Taux de croissance
Northern America								**Amérique septentrionale**
GDP at current prices	8 249 570	14 219 073	16 675 374	19 771 305	23 132 891	22 715 855	25 313 920	PIB aux prix courants
GDP per capita	27 958	43 196	48 297	54 850	62 192	60 746	67 455	PIB par habitant
GDP at constant prices	12 097 713	16 930 307	17 792 210	19 771 305	21 628 222	20 993 468	22 218 806	PIB aux prix constants
Growth rates	2.7	3.5	2.7	2.5	2.3	-2.9	5.8	Taux de croissance
Latin America & the Caribbean								**Amérique latine et Caraïbes**
GDP at current prices	1 973 236	2 865 117	5 353 653	5 512 346	5 505 724	4 623 104	5 304 770	PIB aux prix courants
GDP per capita	4 091	5 146	9 084	8 864	8 528	7 106	8 101	PIB par habitant
GDP at constant prices	3 133 231	4 125 619	4 942 051	5 512 346	5 517 133	5 116 077	5 446 916	PIB aux prix constants
Growth rates	1.1	4.5	5.9	0.1	-0.3	-7.3	6.5	Taux de croissance
Caribbean								**Caraïbes**
GDP at current prices	121 859	226 555	296 862	354 722	394 170	375 891	423 912	PIB aux prix courants
GDP per capita	3 442	5 815	7 341	8 486	9 212	8 736	9 802	PIB par habitant
GDP at constant prices	202 874	294 717	324 922	354 722	370 704	339 852	353 707	PIB aux prix constants
Growth rates	4.2	3.6	1.7	2.3	1.7	-8.3	4.1	Taux de croissance
Central America								**Amérique centrale**
GDP at current prices	412 274	972 232	1 210 366	1 403 975	1 544 566	1 347 334	1 560 443	PIB aux prix courants
GDP per capita	3 349	6 680	7 756	8 398	8 836	7 640	8 783	PIB par habitant
GDP at constant prices	782 184	1 091 096	1 198 480	1 403 975	1 517 161	1 396 932	1 476 455	PIB aux prix constants
Growth rates	-5.0	2.6	5.0	3.4	0.3	-7.9	5.7	Taux de croissance

13

Gross domestic product and gross domestic product per capita *(continued)*
In millions of US dollars at current and constant 2015 prices; per capita US dollars; real rates of growth

Produit intérieur brut et produit intérieur brut par habitant *(suite)*
En millions de dollars É.-U. aux prix courants et constants de 2015; par habitant en dollars É.U.; taux de croissance réels

Country or area	1995	2005	2010	2015	2019	2020	2021	Pays ou zone
South America								**Amérique du Sud**
GDP at current prices	1 439 103	1 666 331	3 846 425	3 753 649	3 566 987	2 899 879	3 320 415	PIB aux prix courants
GDP per capita	4 444	4 476	9 791	9 092	8 333	6 725	7 652	PIB par habitant
GDP at constant prices	2 148 173	2 739 806	3 418 649	3 753 649	3 629 269	3 379 293	3 616 754	PIB aux prix constants
Growth rates	3.2	5.4	6.6	-1.3	-0.7	-6.9	7.0	Taux de croissance
Asia								**Asie**
GDP at current prices	9 320 865	12 484 521	21 128 489	26 933 005	33 136 914	32 800 513	37 498 914	PIB aux prix courants
GDP per capita	2 676	3 137	5 006	6 040	7 160	7 033	7 989	PIB par habitant
GDP at constant prices	10 027 857	15 686 960	20 846 016	26 933 005	32 244 519	31 922 883	33 916 398	PIB aux prix constants
Growth rates	5.5	6.3	7.8	4.9	3.7	-1.0	6.2	Taux de croissance
Central Asia								**Asie centrale**
GDP at current prices	41 632	93 155	231 077	321 586	304 686	293 026	333 699	PIB aux prix courants
GDP per capita	768	1 573	3 632	4 661	4 143	3 921	4 397	PIB par habitant
GDP at constant prices	97 467	169 983	245 266	321 586	378 175	373 495	393 233	PIB aux prix constants
Growth rates	-6.5	9.0	8.7	3.1	4.1	-1.2	5.3	Taux de croissance
Eastern Asia								**Asie orientale**
GDP at current prices	7 283 959	8 636 076	13 712 623	17 889 125	22 114 696	22 441 091	25 691 483	PIB aux prix courants
GDP per capita	5 054	5 618	8 663	10 966	13 322	13 496	15 446	PIB par habitant
GDP at constant prices	6 641 899	10 311 021	13 827 799	17 889 125	21 513 674	21 585 853	22 974 848	PIB aux prix constants
Growth rates	5.5	6.2	8.1	4.9	4.1	0.3	6.4	Taux de croissance
South-eastern Asia								**Asie du Sud-Est**
GDP at current prices	707 750	964 496	2 024 587	2 528 008	3 250 764	3 086 207	3 342 329	PIB aux prix courants
GDP per capita	1 462	1 715	3 376	3 971	4 896	4 605	4 946	PIB par habitant
GDP at constant prices	1 018 264	1 490 186	1 972 753	2 528 008	3 071 900	2 953 489	3 051 055	PIB aux prix constants
Growth rates	7.8	5.7	8.2	4.8	4.4	-3.9	3.3	Taux de croissance
Southern Asia								**Asie méridionale**
GDP at current prices	624 719	1 272 672	2 593 394	3 218 870	4 156 702	4 023 206	4 698 012	PIB aux prix courants
GDP per capita	468	790	1 494	1 733	2 134	2 043	2 361	PIB par habitant
GDP at constant prices	1 046 343	1 799 051	2 459 324	3 218 870	4 001 500	3 834 870	4 125 616	PIB aux prix constants
Growth rates	6.1	7.0	7.6	6.4	3.1	-4.2	7.6	Taux de croissance
Western Asia								**Asie occidentale**
GDP at current prices	662 806	1 518 121	2 566 809	2 975 416	3 310 066	2 956 983	3 433 391	PIB aux prix courants
GDP per capita	3 894	7 248	10 772	11 253	11 706	10 329	11 865	PIB par habitant
GDP at constant prices	1 223 884	1 916 719	2 340 873	2 975 416	3 279 270	3 175 176	3 371 648	PIB aux prix constants
Growth rates	3.9	6.5	5.7	3.8	1.6	-3.2	6.2	Taux de croissance
Europe								**Europe**
GDP at current prices	10 646 587	16 133 739	19 903 672	19 191 354	21 741 278	21 034 827	23 816 167	PIB aux prix courants
GDP per capita	14 608	22 081	26 967	25 795	29 060	28 114	31 875	PIB par habitant
GDP at constant prices	13 323 775	17 057 573	18 055 978	19 191 354	20 848 306	19 589 482	20 678 071	PIB aux prix constants
Growth rates	2.1	2.4	2.4	1.9	1.8	-6.0	5.6	Taux de croissance
Eastern Europe								**Europe orientale**
GDP at current prices	794 458	1 629 410	2 868 792	2 626 563	3 361 627	3 150 109	3 688 492	PIB aux prix courants
GDP per capita	2 563	5 470	9 734	8 928	11 451	10 757	12 655	PIB par habitant
GDP at constant prices	1 413 879	2 027 502	2 392 748	2 626 563	2 941 145	2 853 558	3 000 315	PIB aux prix constants
Growth rates	-0.8	5.6	3.2	0.2	3.0	-3.0	5.1	Taux de croissance
Northern Europe								**Europe septentrionale**
GDP at current prices	2 177 632	4 001 053	4 303 230	4 763 604	4 955 218	4 811 342	5 618 097	PIB aux prix courants
GDP per capita	23 413	41 625	43 309	46 389	47 165	45 595	53 057	PIB par habitant
GDP at constant prices	3 049 189	4 154 835	4 289 380	4 763 604	5 215 453	4 858 908	5 198 253	PIB aux prix constants
Growth rates	3.3	2.9	2.5	3.6	1.9	-6.8	7.0	Taux de croissance
Southern Europe								**Europe méridionale**
GDP at current prices	2 126 757	3 608 410	4 302 710	3 622 787	4 101 335	3 835 374	4 290 867	PIB aux prix courants
GDP per capita	14 716	24 061	27 965	23 653	26 868	25 155	28 211	PIB par habitant
GDP at constant prices	2 889 171	3 682 236	3 731 186	3 622 787	3 893 887	3 521 834	3 751 031	PIB aux prix constants
Growth rates	3.0	1.8	0.7	1.9	1.4	-9.6	6.5	Taux de croissance
Western Europe								**Europe occidentale**
GDP at current prices	5 547 741	6 894 866	8 428 940	8 178 400	9 323 098	9 238 003	10 218 711	PIB aux prix courants
GDP per capita	30 591	36 927	44 327	42 167	47 357	46 804	51 681	PIB par habitant
GDP at constant prices	5 971 535	7 193 001	7 642 665	8 178 400	8 797 821	8 355 182	8 728 473	PIB aux prix constants
Growth rates	1.9	1.5	3.0	1.5	1.5	-5.0	4.5	Taux de croissance
Oceania								**Océanie**
GDP at current prices	474 316	902 413	1 484 238	1 468 468	1 640 834	1 692 743	2 037 591	PIB aux prix courants
GDP per capita	16 564	26 934	40 319	36 605	38 162	38 777	46 088	PIB par habitant
GDP at constant prices	788 633	1 121 596	1 276 175	1 468 468	1 593 721	1 620 395	1 677 416	PIB aux prix constants
Growth rates	3.8	2.8	2.3	3.0	0.4	1.7	3.5	Taux de croissance

13 Gross domestic product and gross domestic product per capita *(continued)*

In millions of US dollars at current and constant 2015 prices; per capita US dollars; real rates of growth

Produit intérieur brut et produit intérieur brut par habitant *(suite)*

En millions de dollars É.-U. aux prix courants et constants de 2015; par habitant en dollars É.U.; taux de croissance réels

Country or area	1995	2005	2010	2015	2019	2020	2021	Pays ou zone
Australia and New Zealand								**Australie et Nouvelle-Zélande**
GDP at current prices	455 232	877 551	1 447 614	1 423 313	1 589 494	1 643 939	1 984 983	PIB aux prix courants
GDP per capita	21 001	36 107	54 906	50 098	52 431	53 494	63 927	PIB par habitant
GDP at constant prices	762 096	1 089 408	1 238 577	1 423 313	1 543 825	1 573 113	1 630 219	PIB aux prix constants
Growth rates	4.0	2.8	2.2	2.9	0.3	1.9	3.6	Taux de croissance
Melanesia								**Mélanésie**
GDP at current prices	13 564	17 520	28 345	37 208	42 268	40 226	43 575	PIB aux prix courants
GDP per capita	2 204	2 107	2 973	3 454	3 605	3 364	3 575	PIB par habitant
GDP at constant prices	20 247	24 265	29 884	37 208	41 055	39 082	38 946	PIB aux prix constants
Growth rates	0.5	3.5	8.1	4.6	2.4	-4.8	-0.3	Taux de croissance
Micronesia								**Micronésie**
GDP at current prices	562	710	855	1 056	1 240	1 217	1 261	PIB aux prix courants
GDP per capita	2 080	2 420	2 872	3 467	3 994	3 898	4 010	PIB par habitant
GDP at constant prices	908	924	916	1 056	1 104	1 067	1 042	PIB aux prix constants
Growth rates	6.2	2.0	2.5	8.5	1.9	-3.3	-2.3	Taux de croissance
Polynesia								**Polynésie**
GDP at current prices	4 958	6 632	7 423	6 891	7 833	7 361	7 771	PIB aux prix courants
GDP per capita	9 291	11 233	12 097	10 937	12 151	11 321	11 828	PIB par habitant
GDP at constant prices	5 382	7 000	6 798	6 891	7 738	7 134	7 208	PIB aux prix constants
Growth rates	0.9	1.5	-2.0	2.5	3.0	-7.8	1.0	Taux de croissance
Afghanistan								**Afghanistan**
GDP at current prices	2 757	6 221	14 699	18 713	18 904	20 143	14 939	PIB aux prix courants
GDP per capita	168	255	521	554	501	517	373	PIB par habitant
GDP at constant prices	6 335	9 596	14 744	18 713	20 510	20 028	15 875	PIB aux prix constants
Growth rates	30.5	7.5	5.2	-1.4	3.9	-2.4	-20.7	Taux de croissance
Albania								**Albanie**
GDP at current prices	2 393	8 052	11 927	11 387	15 402	15 132	18 260	PIB aux prix courants
GDP per capita	729	2 655	4 094	3 950	5 359	5 278	6 396	PIB par habitant
GDP at constant prices	4 720	8 057	10 420	11 387	12 968	12 516	13 586	PIB aux prix constants
Growth rates	13.3	5.5	3.7	2.2	2.1	-3.5	8.5	Taux de croissance
Algeria								**Algérie**
GDP at current prices	41 971	103 198	161 207	165 979	171 760	145 744	163 473	PIB aux prix courants
GDP per capita	1 474	3 131	4 496	4 197	4 022	3 354	3 700	PIB par habitant
GDP at constant prices	81 507	124 381	140 977	165 979	177 355	168 310	174 033	PIB aux prix constants
Growth rates	3.8	5.9	3.6	3.7	1.0	-5.1	3.4	Taux de croissance
Andorra								**Andorre**
GDP at current prices	1 491	3 160	3 447	2 789	3 155	2 891	3 325	PIB aux prix courants
GDP per capita	23 702	39 584	48 191	38 870	41 329	37 207	42 066	PIB par habitant
GDP at constant prices	1 841	3 136	2 927	2 789	3 008	2 671	2 893	PIB aux prix constants
Growth rates	2.8	5.4	-2.0	1.4	2.0	-11.2	8.3	Taux de croissance
Angola								**Angola**
GDP at current prices	6 642	36 971	83 799	116 194	83 137	54 821	70 533	PIB aux prix courants
GDP per capita	477	1 901	3 587	4 131	2 570	1 640	2 044	PIB par habitant
GDP at constant prices	29 870	62 278	93 199	116 194	110 809	104 603	105 754	PIB aux prix constants
Growth rates	15.0	15.0	4.9	0.9	-0.7	-5.6	1.1	Taux de croissance
Anguilla								**Anguilla**
GDP at current prices	104	229	270	331	377	258	303	PIB aux prix courants
GDP per capita	10 805	18 881	20 461	22 756	24 495	16 583	19 216	PIB par habitant
GDP at constant prices	170	299	313	331	345	242	277	PIB aux prix constants
Growth rates	-2.3	13.1	-4.6	3.7	5.5	-29.9	14.5	Taux de croissance
Antigua and Barbuda								**Antigua-et-Barbuda**
GDP at current prices	577	1 015	1 149	1 337	1 688	1 370	1 421	PIB aux prix courants
GDP per capita	8 440	12 708	13 405	14 862	18 319	14 788	15 246	PIB par habitant
GDP at constant prices	825	1 222	1 231	1 337	1 630	1 301	1 324	PIB aux prix constants
Growth rates	-4.4	7.9	-7.8	3.8	4.9	-20.2	1.8	Taux de croissance
Argentina								**Argentine**
GDP at current prices	279 701	200 622	426 487	644 903	447 755	385 540	487 227	PIB aux prix courants
GDP per capita	8 004	5 135	10 377	14 909	10 007	8 561	10 761	PIB par habitant
GDP at constant prices	377 768	472 004	599 349	644 903	619 640	558 028	616 053	PIB aux prix constants
Growth rates	-2.8	8.9	10.1	2.7	-2.0	-9.9	10.4	Taux de croissance
Armenia								**Arménie**
GDP at current prices	1 372	5 226	9 875	10 553	13 619	12 642	13 861	PIB aux prix courants
GDP per capita	413	1 715	3 352	3 666	4 829	4 506	4 967	PIB par habitant
GDP at constant prices	3 036	7 048	8 517	10 553	12 871	11 950	12 631	PIB aux prix constants
Growth rates	6.9	13.9	2.2	3.2	7.6	-7.2	5.7	Taux de croissance

13 Gross domestic product and gross domestic product per capita *(continued)*

In millions of US dollars at current and constant 2015 prices; per capita US dollars; real rates of growth

Produit intérieur brut et produit intérieur brut par habitant *(suite)*

En millions de dollars É.-U. aux prix courants et constants de 2015; par habitant en dollars É.U.; taux de croissance réels

Country or area	1995	2005	2010	2015	2019	2020	2021	Pays ou zone
Aruba								**Aruba**
GDP at current prices	1 384	2 360	2 454	2 963	3 369	2 610	3 126	PIB aux prix courants
GDP per capita	17 961	24 978	24 453	28 419	31 651	24 488	29 342	PIB par habitant
GDP at constant prices	2 246	2 982	2 696	2 963	3 380	2 752	3 225	PIB aux prix constants
Growth rates	2.5	1.2	-2.8	3.6	0.6	-18.6	17.2	Taux de croissance
Australia								**Australie**
GDP at current prices	392 080	762 829	1 301 097	1 245 248	1 376 060	1 431 725	1 734 532	PIB aux prix courants
GDP per capita	21 779	37 817	59 089	52 277	54 267	55 774	66 916	PIB par habitant
GDP at constant prices	661 157	947 206	1 085 342	1 245 248	1 338 160	1 368 084	1 417 576	PIB aux prix constants
Growth rates	3.9	2.7	2.4	2.7	-0.1	2.2	3.6	Taux de croissance
Austria								**Autriche**
GDP at current prices	241 054	315 967	391 893	381 818	444 621	435 225	480 368	PIB aux prix courants
GDP per capita	30 332	38 406	46 861	44 179	50 070	48 859	53 840	PIB par habitant
GDP at constant prices	268 468	339 519	362 278	381 818	414 056	387 333	404 983	PIB aux prix constants
Growth rates	2.7	2.2	1.8	1.0	1.5	-6.5	4.6	Taux de croissance
Azerbaijan								**Azerbaïdjan**
GDP at current prices	3 081	13 245	52 906	53 076	48 174	42 693	54 622	PIB aux prix courants
GDP per capita	391	1 530	5 727	5 381	4 708	4 151	5 296	PIB par habitant
GDP at constant prices	8 358	22 097	47 223	53 076	53 509	51 240	54 099	PIB aux prix constants
Growth rates	-11.8	26.4	5.0	1.1	2.5	-4.2	5.6	Taux de croissance
Bahamas								**Bahamas**
GDP at current prices	5 165	9 836	10 096	11 862	13 193	9 700	11 209	PIB aux prix courants
GDP per capita	17 241	28 281	27 047	30 206	32 610	23 863	27 478	PIB par habitant
GDP at constant prices	8 258	11 581	11 446	11 862	12 575	9 579	10 893	PIB aux prix constants
Growth rates	4.4	3.4	1.5	1.0	1.9	-23.8	13.7	Taux de croissance
Bahrain								**Bahreïn**
GDP at current prices	6 787	15 969	25 713	31 051	38 653	34 723	38 869	PIB aux prix courants
GDP per capita	11 073	17 705	21 187	22 795	25 869	23 502	26 563	PIB par habitant
GDP at constant prices	12 294	19 867	26 036	31 051	34 985	33 258	33 999	PIB aux prix constants
Growth rates	1.9	6.8	4.3	2.5	2.1	-4.9	2.2	Taux de croissance
Bangladesh								**Bangladesh**
GDP at current prices	37 866	57 628	123 085	228 785	349 474	373 562	414 907	PIB aux prix courants
GDP per capita	321	409	829	1 450	2 111	2 231	2 450	PIB par habitant
GDP at constant prices	63 504	106 644	153 848	228 785	307 934	318 552	340 655	PIB aux prix constants
Growth rates	4.9	6.0	7.5	8.5	7.9	3.4	6.9	Taux de croissance
Barbados								**Barbade**
GDP at current prices	2 297	3 936	4 530	4 725	5 324	4 672	4 844	PIB aux prix courants
GDP per capita	8 757	14 604	16 490	16 990	19 003	16 644	17 225	PIB par habitant
GDP at constant prices	3 741	4 695	4 735	4 725	4 810	4 170	4 162	PIB aux prix constants
Growth rates	2.0	4.0	-2.3	2.5	-0.1	-13.3	-0.2	Taux de croissance
Belarus								**Bélarus**
GDP at current prices	14 324	31 232	57 232	56 455	64 410	61 372	68 206	PIB aux prix courants
GDP per capita	1 369	3 144	5 881	5 820	6 658	6 370	7 121	PIB par habitant
GDP at constant prices	19 207	37 454	53 219	56 455	59 086	58 693	60 014	PIB aux prix constants
Growth rates	-10.4	9.4	7.8	-3.8	1.4	-0.7	2.3	Taux de croissance
Belgium								**Belgique**
GDP at current prices	288 029	385 561	480 952	462 150	535 831	525 212	594 104	PIB aux prix courants
GDP per capita	28 531	36 661	44 213	41 086	46 551	45 427	51 166	PIB par habitant
GDP at constant prices	317 458	402 490	433 230	462 150	494 959	468 422	497 154	PIB aux prix constants
Growth rates	2.4	2.3	2.9	2.0	2.2	-5.4	6.1	Taux de croissance
Belize								**Belize**
GDP at current prices	819	1 462	1 739	2 210	2 417	2 080	2 492	PIB aux prix courants
GDP per capita	4 022	5 213	5 398	6 142	6 211	5 267	6 229	PIB par habitant
GDP at constant prices	1 022	1 767	1 895	2 210	2 298	1 991	2 293	PIB aux prix constants
Growth rates	0.6	2.2	1.3	3.4	4.5	-13.4	15.2	Taux de croissance
Benin								**Bénin**
GDP at current prices	2 345	6 565	9 526	11 380	14 392	15 687	17 688	PIB aux prix courants
GDP per capita	388	806	1 009	1 041	1 171	1 241	1 361	PIB par habitant
GDP at constant prices	3 556	7 527	9 088	11 380	14 169	14 714	15 767	PIB aux prix constants
Growth rates	10.1	1.7	2.1	1.8	6.9	3.8	7.2	Taux de croissance
Bermuda								**Bermudes**
GDP at current prices	2 557	4 868	6 635	6 655	7 423	6 882	7 231	PIB aux prix courants
GDP per capita	42 996	77 322	104 568	105 387	116 333	107 474	112 653	PIB par habitant
GDP at constant prices	4 859	6 641	7 544	6 655	6 841	6 372	6 629	PIB aux prix constants
Growth rates	5.4	1.7	0.6	0.8	0.3	-6.9	4.0	Taux de croissance

13 Gross domestic product and gross domestic product per capita *(continued)*

In millions of US dollars at current and constant 2015 prices; per capita US dollars; real rates of growth

Produit intérieur brut et produit intérieur brut par habitant *(suite)*

En millions de dollars É.-U. aux prix courants et constants de 2015; par habitant en dollars É.U.; taux de croissance réels

Country or area	1995	2005	2010	2015	2019	2020	2021	Pays ou zone
Bhutan								**Bhoutan**
GDP at current prices	289	797	1 548	2 004	2 536	2 315	2 381	PIB aux prix courants
GDP per capita	548	1 201	2 194	2 696	3 304	2 997	3 063	PIB par habitant
GDP at constant prices	483	992	1 532	2 004	2 471	2 222	2 148	PIB aux prix constants
Growth rates	6.8	7.1	11.9	6.6	5.8	-10.1	-3.3	Taux de croissance
Bolivia (Plurin. State of)								**Bolivie (État plurin. de)**
GDP at current prices	6 715	9 549	19 650	33 000	40 895	36 630	40 408	PIB aux prix courants
GDP per capita	856	1 018	1 922	2 976	3 472	3 069	3 345	PIB par habitant
GDP at constant prices	14 637	20 184	25 267	33 000	38 193	34 856	36 984	PIB aux prix constants
Growth rates	4.7	4.4	4.1	4.9	2.2	-8.7	6.1	Taux de croissance
Bosnia and Herzegovina								**Bosnie-Herzégovine**
GDP at current prices	1 989	11 223	17 176	16 212	20 203	19 951	23 365	PIB aux prix courants
GDP per capita	530	2 741	4 507	4 600	6 011	6 012	7 143	PIB par habitant
GDP at constant prices	3 764	13 178	15 170	16 212	18 405	17 830	19 176	PIB aux prix constants
Growth rates	16.0	3.9	0.9	3.1	2.8	-3.1	7.5	Taux de croissance
Botswana								**Botswana**
GDP at current prices	4 731	9 759	12 637	13 531	16 696	14 930	17 615	PIB aux prix courants
GDP per capita	3 065	5 156	6 042	5 870	6 679	5 863	6 805	PIB par habitant
GDP at constant prices	6 739	10 190	11 354	13 531	16 212	14 797	16 479	PIB aux prix constants
Growth rates	7.0	4.1	10.1	-4.9	3.0	-8.7	11.4	Taux de croissance
Brazil								**Brésil**
GDP at current prices	781 736	891 634	2 208 838	1 802 212	1 881 459	1 448 566	1 608 981	PIB aux prix courants
GDP per capita	4 781	4 773	11 249	8 783	8 884	6 795	7 507	PIB par habitant
GDP at constant prices	1 074 026	1 368 459	1 703 150	1 802 212	1 819 683	1 749 104	1 829 902	PIB aux prix constants
Growth rates	4.2	3.2	7.5	-3.5	1.2	-3.9	4.6	Taux de croissance
British Virgin Islands								**Îles Vierges britanniques**
GDP at current prices	453	994	1 114	1 279	1 439	1 492	1 539	PIB aux prix courants
GDP per capita	25 652	42 283	40 431	43 559	47 006	48 273	49 444	PIB par habitant
GDP at constant prices	734	1 204	1 251	1 279	1 382	1 406	1 433	PIB aux prix constants
Growth rates	23.6	14.3	1.7	0.8	1.7	1.7	1.9	Taux de croissance
Brunei Darussalam								**Brunéi Darussalam**
GDP at current prices	5 245	10 561	13 707	12 930	13 469	12 006	14 006	PIB aux prix courants
GDP per capita	17 538	28 800	34 609	30 681	30 748	27 179	31 449	PIB par habitant
GDP at constant prices	10 623	12 575	12 995	12 930	13 279	13 429	13 214	PIB aux prix constants
Growth rates	4.5	0.4	2.6	-0.4	3.9	1.1	-1.6	Taux de croissance
Bulgaria								**Bulgarie**
GDP at current prices	18 992	29 869	50 682	50 782	68 914	70 239	84 058	PIB aux prix courants
GDP per capita	2 240	3 822	6 676	6 948	9 772	10 064	12 207	PIB par habitant
GDP at constant prices	33 809	40 066	47 538	50 782	57 444	55 170	59 382	PIB aux prix constants
Growth rates	2.9	7.1	1.5	3.4	4.0	-4.0	7.6	Taux de croissance
Burkina Faso								**Burkina Faso**
GDP at current prices	2 704	6 144	10 100	11 823	16 178	17 934	19 738	PIB aux prix courants
GDP per capita	261	443	627	632	772	833	893	PIB par habitant
GDP at constant prices	3 723	6 950	9 082	11 823	14 990	15 280	16 335	PIB aux prix constants
Growth rates	5.7	8.7	8.4	3.9	5.7	1.9	6.9	Taux de croissance
Burundi								**Burundi**
GDP at current prices	1 000	1 117	2 032	2 811	3 369	3 615	3 900	PIB aux prix courants
GDP per capita	169	151	223	262	284	296	311	PIB par habitant
GDP at constant prices	1 827	1 905	2 376	2 811	3 313	3 324	3 383	PIB aux prix constants
Growth rates	-7.0	0.9	5.1	-0.4	4.5	0.3	1.8	Taux de croissance
Cabo Verde								**Cabo Verde**
GDP at current prices	558	1 105	1 664	1 596	1 982	1 704	1 936	PIB aux prix courants
GDP per capita	1 356	2 243	3 193	2 891	3 435	2 924	3 293	PIB par habitant
GDP at constant prices	597	1 160	1 483	1 596	1 914	1 631	1 745	PIB aux prix constants
Growth rates	7.5	6.5	1.5	1.0	5.7	-14.8	7.0	Taux de croissance
Cambodia								**Cambodge**
GDP at current prices	3 309	6 293	11 242	18 050	27 098	25 291	26 669	PIB aux prix courants
GDP per capita	303	475	783	1 171	1 672	1 542	1 608	PIB par habitant
GDP at constant prices	4 185	9 237	12 760	18 050	23 744	22 999	23 690	PIB aux prix constants
Growth rates	5.9	13.2	6.0	7.0	7.1	-3.1	3.0	Taux de croissance
Cameroon								**Cameroun**
GDP at current prices	10 865	19 502	27 481	32 186	39 671	40 804	45 368	PIB aux prix courants
GDP per capita	822	1 129	1 382	1 399	1 539	1 540	1 668	PIB par habitant
GDP at constant prices	13 858	21 579	25 370	32 186	37 474	37 658	39 032	PIB aux prix constants
Growth rates	2.9	2.2	2.9	5.7	3.5	0.5	3.6	Taux de croissance

13 Gross domestic product and gross domestic product per capita *(continued)*

In millions of US dollars at current and constant 2015 prices; per capita US dollars; real rates of growth

Produit intérieur brut et produit intérieur brut par habitant *(suite)*

En millions de dollars É.-U. aux prix courants et constants de 2015; par habitant en dollars É.U.; taux de croissance réels

Country or area	1995	2005	2010	2015	2019	2020	2021	Pays ou zone
Canada								**Canada**
GDP at current prices	605 943	1 173 158	1 617 267	1 556 129	1 741 497	1 645 423	1 988 336	PIB aux prix courants
GDP per capita	20 688	36 415	47 618	43 550	46 412	43 428	52 112	PIB par habitant
GDP at constant prices	955 380	1 321 333	1 399 168	1 556 129	1 689 714	1 607 010	1 679 982	PIB aux prix constants
Growth rates	2.7	3.2	3.1	0.7	1.9	-4.9	4.5	Taux de croissance
Cayman Islands								**Îles Caïmanes**
GDP at current prices	1 709	4 010	4 157	4 708	5 943	5 609	5 809	PIB aux prix courants
GDP per capita	52 096	85 813	76 872	77 296	89 869	83 326	85 250	PIB par habitant
GDP at constant prices	2 623	4 430	4 300	4 708	5 432	5 123	5 211	PIB aux prix constants
Growth rates	4.8	6.5	-2.7	2.8	3.9	-5.7	1.7	Taux de croissance
Central African Republic								**République centrafricaine**
GDP at current prices	1 167	1 413	2 141	1 695	2 221	2 325	2 518	PIB aux prix courants
GDP per capita	356	336	459	352	426	435	461	PIB par habitant
GDP at constant prices	1 788	1 938	2 331	1 695	1 983	2 002	2 022	PIB aux prix constants
Growth rates	5.2	2.4	4.6	4.3	3.0	1.0	1.0	Taux de croissance
Chad								**Tchad**
GDP at current prices	1 643	6 681	12 176	14 401	15 299	14 910	16 410	PIB aux prix courants
GDP per capita	239	668	1 024	1 018	949	896	955	PIB par habitant
GDP at constant prices	2 779	6 331	10 348	14 401	15 042	14 718	14 554	PIB aux prix constants
Growth rates	1.4	7.9	17.4	3.9	3.4	-2.2	-1.1	Taux de croissance
Chile								**Chili**
GDP at current prices	75 099	122 965	218 538	243 919	278 585	252 727	317 059	PIB aux prix courants
GDP per capita	5 209	7 602	12 852	13 650	14 632	13 094	16 265	PIB par habitant
GDP at constant prices	109 700	167 485	201 494	243 919	262 361	246 676	275 459	PIB aux prix constants
Growth rates	10.6	6.2	5.8	2.3	0.8	-6.0	11.7	Taux de croissance
China [1]								**Chine** [1]
GDP at current prices	734 485	2 285 962	6 087 188	11 061 570	14 279 966	14 687 744	17 734 131	PIB aux prix courants
GDP per capita	603	1 752	4 515	7 937	10 043	10 308	12 437	PIB par habitant
GDP at constant prices	1 831 413	4 420 545	7 554 111	11 061 570	14 296 365	14 616 670	15 802 052	PIB aux prix constants
Growth rates	11.0	11.4	10.6	7.0	6.0	2.2	8.1	Taux de croissance
China, Hong Kong SAR								**Chine, RAS de Hong Kong**
GDP at current prices	144 652	181 569	228 639	309 386	363 052	344 930	369 174	PIB aux prix courants
GDP per capita	23 167	26 175	32 056	41 810	48 432	45 985	49 259	PIB par habitant
GDP at constant prices	157 719	220 757	267 552	309 386	331 794	310 078	329 747	PIB aux prix constants
Growth rates	2.4	7.4	6.8	2.4	-1.7	-6.5	6.3	Taux de croissance
China, Macao SAR								**Chine, RAS de Macao**
GDP at current prices	7 046	12 160	28 242	45 048	55 205	25 586	29 905	PIB aux prix courants
GDP per capita	17 765	24 887	50 676	73 221	83 183	37 834	43 555	PIB par habitant
GDP at constant prices	13 978	23 417	39 823	45 048	51 074	23 488	27 714	PIB aux prix constants
Growth rates	3.3	8.1	25.1	-21.5	-2.5	-54.0	18.0	Taux de croissance
Colombia								**Colombie**
GDP at current prices	109 580	145 619	286 563	293 482	323 110	270 300	314 464	PIB aux prix courants
GDP per capita	3 046	3 449	6 394	6 228	6 438	5 307	6 104	PIB par habitant
GDP at constant prices	150 181	187 774	233 471	293 482	321 394	298 742	330 638	PIB aux prix constants
Growth rates	5.2	4.7	4.5	3.0	3.2	-7.0	10.7	Taux de croissance
Comoros								**Comores**
GDP at current prices	483	787	907	966	1 193	1 235	1 340	PIB aux prix courants
GDP per capita	999	1 328	1 383	1 322	1 508	1 532	1 631	PIB par habitant
GDP at constant prices	612	743	743	966	1 130	1 174	1 201	PIB aux prix constants
Growth rates	3.6	2.8	4.8	2.0	3.6	3.9	2.3	Taux de croissance
Congo								**Congo**
GDP at current prices	2 457	6 647	13 136	11 881	12 910	10 483	12 841	PIB aux prix courants
GDP per capita	896	1 810	2 960	2 346	2 317	1 838	2 200	PIB par habitant
GDP at constant prices	6 219	7 864	10 346	11 881	9 748	9 139	9 088	PIB aux prix constants
Growth rates	4.0	9.2	9.9	-3.6	1.0	-6.2	-0.6	Taux de croissance
Cook Islands								**Îles Cook**
GDP at current prices	116	199	241	302	357	283	328	PIB aux prix courants
GDP per capita	6 517	13 152	13 990	17 077	20 853	16 642	19 264	PIB par habitant
GDP at constant prices	207	265	266	302	384	287	257	PIB aux prix constants
Growth rates	-4.4	-1.1	-4.9	5.7	4.8	-25.4	-10.4	Taux de croissance
Costa Rica								**Costa Rica**
GDP at current prices	11 572	20 045	37 659	56 442	64 418	62 158	64 282	PIB aux prix courants
GDP per capita	3 239	4 644	8 147	11 530	12 669	12 133	12 472	PIB par habitant
GDP at constant prices	24 537	36 882	46 858	56 442	64 382	61 774	66 457	PIB aux prix constants
Growth rates	4.2	4.0	5.4	3.7	2.4	-4.1	7.6	Taux de croissance

13 Gross domestic product and gross domestic product per capita *(continued)*

In millions of US dollars at current and constant 2015 prices; per capita US dollars; real rates of growth

Produit intérieur brut et produit intérieur brut par habitant *(suite)*

En millions de dollars É.-U. aux prix courants et constants de 2015; par habitant en dollars É.U.; taux de croissance réels

Country or area	1995	2005	2010	2015	2019	2020	2021	Pays ou zone
Côte d'Ivoire								**Côte d'Ivoire**
GDP at current prices	11 105[2]	17 085	26 264	45 780	58 540	61 349	69 765	PIB aux prix courants
GDP per capita	777[2]	901	1 244	1 940	2 239	2 288	2 539	PIB par habitant
GDP at constant prices	18 367[2]	21 747	25 614	45 780	59 817	60 989	65 271	PIB aux prix constants
Growth rates	7.1[2]	1.7	7.7	14.9	6.2	2.0	7.0	Taux de croissance
Croatia								**Croatie**
GDP at current prices	22 644	45 835	60 672	50 243	62 328	57 472	68 955	PIB aux prix courants
GDP per capita	4 710	10 347	13 888	11 808	15 092	14 028	16 983	PIB par habitant
GDP at constant prices	33 414	49 177	50 638	50 243	57 206	52 297	59 134	PIB aux prix constants
Growth rates	8.0	4.3	-1.2	2.5	3.4	-8.6	13.1	Taux de croissance
Cuba								**Cuba**
GDP at current prices	30 428	42 644	64 328	87 206	103 428	107 352	126 694	PIB aux prix courants
GDP per capita	2 785	3 792	5 698	7 690	9 139	9 500	11 255	PIB par habitant
GDP at constant prices	36 619	58 415	75 943	87 206	91 096	81 122	82 139	PIB aux prix constants
Growth rates	2.5	11.2	2.4	4.4	-0.2	-10.9	1.3	Taux de croissance
Curaçao								**Curaçao**
GDP at current prices	0	2 345	2 951	3 043	2 995	2 496	2 700	PIB aux prix courants
GDP per capita	...	15 921	18 518	17 944	15 511	13 187	14 183	PIB par habitant
GDP at constant prices	...	2 907	3 079	3 043	2 802	2 285	2 382	PIB aux prix constants
Growth rates	...	...	0.1	0.3	-3.4	-18.4	4.2	Taux de croissance
Cyprus [3]								**Chypre [3]**
GDP at current prices	9 933	18 694	25 775	19 901	25 945	25 008	28 408	PIB aux prix courants
GDP per capita	15 265	25 311	31 075	23 477	29 851	28 570	32 281	PIB par habitant
GDP at constant prices	12 657	18 922	21 632	19 901	25 002	23 909	25 496	PIB aux prix constants
Growth rates	9.9	4.9	2.3	3.4	5.5	-4.4	6.6	Taux de croissance
Czechia								**Tchéquie**
GDP at current prices	60 146	137 143	209 070	188 033	252 548	245 975	281 778	PIB aux prix courants
GDP per capita	5 833	13 341	19 978	17 867	23 968	23 357	26 809	PIB par habitant
GDP at constant prices	115 863	152 948	172 890	188 033	215 640	203 774	210 996	PIB aux prix constants
Growth rates	6.5	6.6	2.4	5.4	3.0	-5.5	3.5	Taux de croissance
Dem. People's Rep. Korea [2]								**Rép. pop. dém. de Corée [2]**
GDP at current prices	4 849	13 031	13 945	16 283	16 331	15 847	16 750	PIB aux prix courants
GDP per capita	222	548	573	654	643	621	654	PIB par habitant
GDP at constant prices	14 702	15 882	15 794	16 283	15 702	14 990	14 982	PIB aux prix constants
Growth rates	-4.4	3.8	-0.5	-1.1	0.4	-4.5	-0.1	Taux de croissance
Dem. Rep. of the Congo								**Rép. dém. du Congo**
GDP at current prices	8 947	11 965	21 566	37 918	47 320	45 308	52 850	PIB aux prix courants
GDP per capita	207	212	325	482	526	488	551	PIB par habitant
GDP at constant prices	20 182	19 924	26 094	37 918	44 488	45 260	47 845	PIB aux prix constants
Growth rates	0.7	6.1	7.1	6.9	4.4	1.7	5.7	Taux de croissance
Denmark								**Danemark**
GDP at current prices	185 008	264 467	321 995	302 673	346 499	355 222	398 303	PIB aux prix courants
GDP per capita	35 339	48 648	58 008	53 308	59 784	60 976	68 037	PIB par habitant
GDP at constant prices	226 659	280 921	283 894	302 673	332 603	325 968	341 797	PIB aux prix constants
Growth rates	3.0	2.3	1.9	2.3	1.5	-2.0	4.9	Taux de croissance
Djibouti								**Djibouti**
GDP at current prices	510	709	1 244	2 445	3 166	3 423	3 701	PIB aux prix courants
GDP per capita	809	853	1 353	2 430	2 948	3 140	3 348	PIB par habitant
GDP at constant prices	764	927	1 466	2 445	3 176	3 213	3 394	PIB aux prix constants
Growth rates	5.6	3.6	11.7	7.7	6.6	1.2	5.6	Taux de croissance
Dominica								**Dominique**
GDP at current prices	275	364	494	541	612	507	548	PIB aux prix courants
GDP per capita	3 967	5 304	7 182	7 724	8 562	7 037	7 571	PIB par habitant
GDP at constant prices	381	458	543	541	567	476	507	PIB aux prix constants
Growth rates	3.0	0.7	0.7	-2.4	5.5	-16.1	6.5	Taux de croissance
Dominican Republic								**République dominicaine**
GDP at current prices	15 747	35 510	53 160	71 155	88 941	78 845	94 243	PIB aux prix courants
GDP per capita	2 001	3 875	5 438	6 838	8 173	7 168	8 477	PIB par habitant
GDP at constant prices	24 871	41 291	55 952	71 155	89 275	83 276	93 495	PIB aux prix constants
Growth rates	5.5	9.3	8.3	6.9	5.1	-6.7	12.3	Taux de croissance
Ecuador								**Équateur**
GDP at current prices	24 421	41 507	69 555	99 290	108 108	99 291	106 166	PIB aux prix courants
GDP per capita	2 112	3 014	4 640	6 131	6 233	5 645	5 965	PIB par habitant
GDP at constant prices	50 574	67 646	79 915	99 290	101 702	93 782	97 754	PIB aux prix constants
Growth rates	2.3	5.3	3.5	0.1	~0.0	-7.8	4.2	Taux de croissance

13 Gross domestic product and gross domestic product per capita *(continued)*

In millions of US dollars at current and constant 2015 prices; per capita US dollars; real rates of growth

Produit intérieur brut et produit intérieur brut par habitant *(suite)*

En millions de dollars É.-U. aux prix courants et constants de 2015; par habitant en dollars É.U.; taux de croissance réels

Country or area	1995	2005	2010	2015	2019	2020	2021	Pays ou zone
Egypt								**Égypte**
GDP at current prices	65 758	94 456	214 630	317 745	317 347	371 530	425 906	PIB aux prix courants
GDP per capita	1 025	1 195	2 460	3 251	3 005	3 457	3 898	PIB par habitant
GDP at constant prices	133 364	206 215	278 268	317 745	383 992	397 700	432 759	PIB aux prix constants
Growth rates	4.6	4.5	5.1	4.4	5.6	3.6	8.8	Taux de croissance
El Salvador								**El Salvador**
GDP at current prices	8 922	14 698	18 448	23 438	26 881	24 563	28 737	PIB aux prix courants
GDP per capita	1 552	2 434	3 017	3 762	4 280	3 903	4 551	PIB par habitant
GDP at constant prices	15 981	19 004	20 624	23 438	25 781	23 674	26 105	PIB aux prix constants
Growth rates	4.7	2.7	2.1	2.4	2.4	-8.2	10.3	Taux de croissance
Equatorial Guinea								**Guinée équatoriale**
GDP at current prices	215	8 520	16 299	13 176	11 417	10 022	12 431	PIB aux prix courants
GDP per capita	384	9 852	14 891	9 782	7 352	6 279	7 605	PIB par habitant
GDP at constant prices	741	9 888	13 051	13 176	9 991	9 502	9 744	PIB aux prix constants
Growth rates	11.7	8.9	-8.9	-9.1	-6.0	-4.9	2.6	Taux de croissance
Eritrea [2]								**Érythrée [2]**
GDP at current prices	640	1 098	1 590	2 013	1 982	2 084	2 255	PIB aux prix courants
GDP per capita	297	388	505	603	566	586	623	PIB par habitant
GDP at constant prices	1 406	1 678	1 689	2 013	2 283	2 190	2 238	PIB aux prix constants
Growth rates	20.9	1.5	10.9	-20.6	3.8	-4.1	2.2	Taux de croissance
Estonia								**Estonie**
GDP at current prices	4 476	14 104	19 535	22 882	31 082	31 370	37 191	PIB aux prix courants
GDP per capita	3 081	10 412	14 671	17 405	23 422	23 597	27 991	PIB par habitant
GDP at constant prices	10 250	19 814	19 413	22 882	26 885	26 737	28 879	PIB aux prix constants
Growth rates	4.6	9.5	2.4	1.9	3.7	-0.6	8.0	Taux de croissance
Eswatini								**Eswatini**
GDP at current prices	1 902	3 178	4 439	4 059	4 495	3 973	4 732	PIB aux prix courants
GDP per capita	1 994	2 965	4 036	3 579	3 843	3 365	3 969	PIB par habitant
GDP at constant prices	2 217	2 989	3 516	4 059	4 398	4 316	4 657	PIB aux prix constants
Growth rates	4.8	6.0	3.8	2.2	2.6	-1.9	7.9	Taux de croissance
Ethiopia								**Éthiopie**
GDP at current prices	7 587	12 164	26 311	63 079	92 562	96 611	99 269	PIB aux prix courants
GDP per capita	132	157	295	616	811	824	825	PIB par habitant
GDP at constant prices	13 323	22 745	38 120	63 079	86 046	91 260	96 405	PIB aux prix constants
Growth rates	6.1	11.8	12.6	10.4	8.4	6.1	5.6	Taux de croissance
Fiji								**Fidji**
GDP at current prices	1 970	2 981	3 140	4 682	5 482	4 477	4 296	PIB aux prix courants
GDP per capita	2 487	3 407	3 470	5 105	5 968	4 864	4 647	PIB par habitant
GDP at constant prices	2 996	3 751	3 883	4 682	5 208	4 322	4 101	PIB aux prix constants
Growth rates	2.5	0.7	3.0	4.7	-0.6	-17.0	-5.1	Taux de croissance
Finland								**Finlande**
GDP at current prices	134 186	204 804	249 181	234 440	268 515	271 892	297 302	PIB aux prix courants
GDP per capita	26 270	39 040	46 461	42 785	48 630	49 171	53 703	PIB par habitant
GDP at constant prices	152 727	223 030	233 553	234 440	254 642	249 027	256 431	PIB aux prix constants
Growth rates	4.2	2.8	3.2	0.5	1.2	-2.2	3.0	Taux de croissance
France [4]								**France [4]**
GDP at current prices	1 600 997	2 196 071	2 642 610	2 438 208	2 728 870	2 639 009	2 957 880	PIB aux prix courants
GDP per capita	27 029	35 117	40 926	36 931	40 915	39 506	44 229	PIB par habitant
GDP at constant prices	1 770 422	2 223 897	2 316 636	2 438 208	2 615 760	2 412 134	2 576 559	PIB aux prix constants
Growth rates	2.1	1.7	1.9	1.1	1.8	-7.8	6.8	Taux de croissance
French Polynesia								**Polynésie française**
GDP at current prices	4 421	5 703	6 081	5 324	6 001	5 709	6 055	PIB aux prix courants
GDP per capita	19 100	21 039	21 427	18 245	20 023	18 910	19 915	PIB par habitant
GDP at constant prices	4 370	5 619	5 386	5 324	5 951	5 536	5 670	PIB aux prix constants
Growth rates	0.5	1.4	-2.5	1.8	3.0	-7.0	2.4	Taux de croissance
Gabon								**Gabon**
GDP at current prices	5 519	9 579	14 359	14 372	16 874	15 317	18 521	PIB aux prix courants
GDP per capita	4 919	6 568	8 391	7 085	7 524	6 681	7 911	PIB par habitant
GDP at constant prices	10 024	10 471	11 139	14 372	15 449	15 165	15 393	PIB aux prix constants
Growth rates	5.0	1.1	7.1	3.9	3.9	-1.8	1.5	Taux de croissance
Gambia								**Gambie**
GDP at current prices	1 306	1 028	1 543	1 378	1 814	1 812	2 038	PIB aux prix courants
GDP per capita	1 052	619	797	612	723	704	772	PIB par habitant
GDP at constant prices	770	1 098	1 351	1 378	1 678	1 687	1 759	PIB aux prix constants
Growth rates	0.9	-2.4	5.9	4.1	6.2	0.6	4.3	Taux de croissance

13 Gross domestic product and gross domestic product per capita *(continued)*
In millions of US dollars at current and constant 2015 prices; per capita US dollars; real rates of growth

Produit intérieur brut et produit intérieur brut par habitant *(suite)*
En millions de dollars É.-U. aux prix courants et constants de 2015; par habitant en dollars É.U.; taux de croissance réels

Country or area	1995	2005	2010	2015	2019	2020	2021	Pays ou zone
Georgia								**Géorgie**
GDP at current prices	2 844	6 744	12 243	14 954	17 477	15 846	18 696	PIB aux prix courants
GDP per capita	583	1 703	3 191	3 965	4 635	4 208	4 975	PIB par habitant
GDP at constant prices	4 807	9 089	11 739	14 954	17 758	16 557	18 272	PIB aux prix constants
Growth rates	2.6	9.6	6.2	3.0	5.0	-6.8	10.4	Taux de croissance
Germany								**Allemagne**
GDP at current prices	2 585 619	2 845 732	3 396 354	3 356 236	3 888 226	3 889 669	4 259 935	PIB aux prix courants
GDP per capita	31 873	35 041	41 763	40 893	46 763	46 678	51 073	PIB par habitant
GDP at constant prices	2 582 288	2 910 863	3 086 730	3 356 236	3 595 200	3 462 293	3 553 247	PIB aux prix constants
Growth rates	1.5	0.7	4.2	1.5	1.1	-3.7	2.6	Taux de croissance
Ghana								**Ghana**
GDP at current prices	13 714	22 765	42 587	50 034	68 353	70 043	79 083	PIB aux prix courants
GDP per capita	786	1 012	1 665	1 733	2 168	2 177	2 409	PIB par habitant
GDP at constant prices	16 399	26 260	35 375	50 034	63 259	63 584	66 990	PIB aux prix constants
Growth rates	4.0	6.2	7.9	2.1	6.5	0.5	5.4	Taux de croissance
Greece								**Grèce**
GDP at current prices	136 886	247 777	296 835	195 605	205 257	188 926	214 874	PIB aux prix courants
GDP per capita	12 760	22 295	26 902	18 100	19 411	17 972	20 571	PIB par habitant
GDP at constant prices	168 366	243 662	239 684	195 605	203 831	185 478	201 122	PIB aux prix constants
Growth rates	2.0	0.6	-5.5	-0.2	1.9	-9.0	8.4	Taux de croissance
Greenland								**Groenland**
GDP at current prices	1 321	1 850	2 503	2 499	2 994	3 076	3 273	PIB aux prix courants
GDP per capita	23 680	32 517	44 421	44 711	53 536	54 903	58 185	PIB par habitant
GDP at constant prices	1 545	2 088	2 458	2 499	2 694	2 703	2 732	PIB aux prix constants
Growth rates	3.7	5.0	1.7	-2.5	2.3	0.4	1.1	Taux de croissance
Grenada								**Grenade**
GDP at current prices	278	695	771	997	1 213	1 043	1 115	PIB aux prix courants
GDP per capita	2 674	6 307	6 761	8 380	9 888	8 438	8 950	PIB par habitant
GDP at constant prices	522	896	856	997	1 135	979	1 034	PIB aux prix constants
Growth rates	2.1	13.3	-0.5	6.4	0.7	-13.8	5.6	Taux de croissance
Guatemala								**Guatemala**
GDP at current prices	12 858	26 779	40 682	62 186	77 170	77 626	85 986	PIB aux prix courants
GDP per capita	1 241	2 039	2 797	3 886	4 511	4 471	4 883	PIB par habitant
GDP at constant prices	30 508	42 984	51 428	62 186	70 784	69 535	75 085	PIB aux prix constants
Growth rates	5.0	3.3	2.9	4.1	4.0	-1.8	8.0	Taux de croissance
Guinea								**Guinée**
GDP at current prices	5 260	4 063	6 853	8 794	13 443	14 178	16 036	PIB aux prix courants
GDP per capita	704	445	667	756	1 044	1 074	1 185	PIB par habitant
GDP at constant prices	4 225	6 113	7 025	8 794	12 075	12 669	13 145	PIB aux prix constants
Growth rates	4.7	3.0	4.8	3.8	5.6	4.9	3.8	Taux de croissance
Guinea-Bissau								**Guinée-Bissau**
GDP at current prices	800	587	849	1 047	1 365	1 397	1 563	PIB aux prix courants
GDP per capita	716	425	542	586	693	693	759	PIB par habitant
GDP at constant prices	676	756	891	1 047	1 278	1 297	1 362	PIB aux prix constants
Growth rates	4.0	4.3	4.6	6.1	4.5	1.5	5.0	Taux de croissance
Guyana								**Guyana**
GDP at current prices	991	1 978	3 433	4 280	5 174	5 471	8 044	PIB aux prix courants
GDP per capita	1 319	2 604	4 590	5 668	6 477	6 863	9 999	PIB par habitant
GDP at constant prices	1 522	2 713	3 641	4 280	5 071	7 276	8 735	PIB aux prix constants
Growth rates	5.0	6.4	4.1	0.7	5.4	43.5	20.1	Taux de croissance
Haiti								**Haïti**
GDP at current prices	3 785	6 980	11 812	14 228	14 065	16 548	19 044	PIB aux prix courants
GDP per capita	496	766	1 200	1 347	1 260	1 464	1 664	PIB par habitant
GDP at constant prices	7 339	10 932	12 306	14 228	14 909	14 422	14 157	PIB aux prix constants
Growth rates	14.7	3.6	-3.8	1.6	-1.7	-3.3	-1.8	Taux de croissance
Honduras								**Honduras**
GDP at current prices	4 724	9 757	15 839	20 980	25 090	23 828	28 489	PIB aux prix courants
GDP per capita	813	1 290	1 874	2 257	2 519	2 354	2 772	PIB par habitant
GDP at constant prices	10 138	14 776	17 639	20 980	24 360	22 177	24 956	PIB aux prix constants
Growth rates	4.1	6.1	3.7	3.8	2.7	-9.0	12.5	Taux de croissance
Hungary								**Hongrie**
GDP at current prices	46 439	113 211	132 175	125 174	163 989	157 182	181 848	PIB aux prix courants
GDP per capita	4 497	11 238	13 235	12 715	16 782	16 120	18 728	PIB par habitant
GDP at constant prices	79 281	113 768	113 077	125 174	147 375	140 673	150 686	PIB aux prix constants
Growth rates	1.5	4.3	1.1	3.7	4.9	-4.5	7.1	Taux de croissance

13 Gross domestic product and gross domestic product per capita *(continued)*

In millions of US dollars at current and constant 2015 prices; per capita US dollars; real rates of growth

Produit intérieur brut et produit intérieur brut par habitant *(suite)*

En millions de dollars É.-U. aux prix courants et constants de 2015; par habitant en dollars É.U.; taux de croissance réels

Country or area	1995	2005	2010	2015	2019	2020	2021	Pays ou zone
Iceland								**Islande**
GDP at current prices	7 124	16 853	13 751	17 517	24 826	21 695	25 602	PIB aux prix courants
GDP per capita	26 612	56 738	43 197	52 912	68 813	59 167	69 133	PIB par habitant
GDP at constant prices	9 144	14 496	15 328	17 517	20 843	19 417	20 272	PIB aux prix constants
Growth rates	0.1	6.1	-2.8	4.4	2.4	-6.8	4.4	Taux de croissance
India								**Inde**
GDP at current prices	371 783	823 612	1 669 620	2 146 759	2 850 733	2 672 204	3 201 471	PIB aux prix courants
GDP per capita	386	713	1 346	1 623	2 061	1 914	2 274	PIB par habitant
GDP at constant prices	608 291	1 116 782	1 567 418	2 146 759	2 740 866	2 560 076	2 782 322	PIB aux prix constants
Growth rates	7.6	7.9	8.5	8.0	3.7	-6.6	8.7	Taux de croissance
Indonesia								**Indonésie**
GDP at current prices	236 456	304 372	755 094	860 854	1 119 100	1 058 689	1 186 093	PIB aux prix courants
GDP per capita	1 188	1 330	3 094	3 323	4 151	3 894	4 333	PIB par habitant
GDP at constant prices	380 896	497 632	657 835	860 854	1 049 330	1 027 662	1 065 595	PIB aux prix constants
Growth rates	8.2	5.7	6.2	4.9	5.0	-2.1	3.7	Taux de croissance
Iran (Islamic Republic of)								**Iran (Rép. islamique d')**
GDP at current prices	114 364	228 899	523 804	417 210	519 356	543 654	594 892	PIB aux prix courants
GDP per capita	1 881	3 261	6 949	5 101	6 000	6 228	6 766	PIB par habitant
GDP at constant prices	205 321	319 309	409 922	417 210	441 995	456 714	478 270	PIB aux prix constants
Growth rates	2.4	4.3	6.9	-1.4	-3.1	3.3	4.7	Taux de croissance
Iraq [2]								**Iraq** [2]
GDP at current prices	4 863	49 955	138 517	166 774	233 636	180 924	204 004	PIB aux prix courants
GDP per capita	232	1 741	4 430	4 417	5 621	4 251	4 686	PIB par habitant
GDP at constant prices	32 111	94 053	120 516	166 774	203 582	177 480	182 419	PIB aux prix constants
Growth rates	-18.3	1.7	6.4	4.7	6.5	-12.8	2.8	Taux de croissance
Ireland								**Irlande**
GDP at current prices	69 142	211 793	221 697	291 658	399 322	425 852	504 183	PIB aux prix courants
GDP per capita	19 316	51 391	48 998	62 510	81 560	86 098	101 109	PIB par habitant
GDP at constant prices	102 124	207 715	211 683	291 658	371 107	394 058	447 604	PIB aux prix constants
Growth rates	10.8	5.7	1.7	24.4	5.4	6.2	13.6	Taux de croissance
Israel								**Israël**
GDP at current prices	100 605	142 657	234 655	300 078	397 935	407 101	481 591	PIB aux prix courants
GDP per capita	18 363	21 247	32 020	37 473	46 229	46 486	54 111	PIB par habitant
GDP at constant prices	139 624	199 653	247 803	300 078	353 062	345 460	373 746	PIB aux prix constants
Growth rates	5.6	4.2	5.7	2.3	3.8	-2.2	8.2	Taux de croissance
Italy								**Italie**
GDP at current prices	1 174 699	1 857 478	2 134 018	1 835 899	2 011 302	1 896 755	2 107 703	PIB aux prix courants
GDP per capita	20 650	31 915	35 673	30 480	33 674	31 878	35 579	PIB par habitant
GDP at constant prices	1 662 885	1 927 161	1 899 562	1 835 899	1 917 386	1 744 056	1 861 557	PIB aux prix constants
Growth rates	2.9	0.8	1.7	0.8	0.5	-9.0	6.7	Taux de croissance
Jamaica								**Jamaïque**
GDP at current prices	6 578	11 244	13 221	14 198	15 831	13 812	14 658	PIB aux prix courants
GDP per capita	2 621	4 200	4 836	5 081	5 626	4 897	5 184	PIB par habitant
GDP at constant prices	13 067	14 086	13 748	14 198	14 943	13 442	14 061	PIB aux prix constants
Growth rates	1.0	0.9	-1.5	0.9	0.9	-10.0	4.6	Taux de croissance
Japan								**Japon**
GDP at current prices	5 545 565	4 831 467	5 759 072	4 444 931	5 123 318	5 040 108	4 940 878	PIB aux prix courants
GDP per capita	44 211	37 805	44 956	34 930	40 729	40 242	39 650	PIB par habitant
GDP at constant prices	3 785 636	4 229 101	4 218 908	4 444 931	4 569 054	4 363 131	4 435 431	PIB aux prix constants
Growth rates	2.6	1.8	4.1	1.6	-0.2	-4.5	1.7	Taux de croissance
Jordan								**Jordanie**
GDP at current prices	6 942	12 982	27 134	38 587	44 503	43 697	45 244	PIB aux prix courants
GDP per capita	1 557	2 286	3 915	4 064	4 160	3 998	4 058	PIB par habitant
GDP at constant prices	15 697	25 033	33 724	38 587	41 755	41 108	42 016	PIB aux prix constants
Growth rates	6.2	8.1	2.3	2.5	2.0	-1.6	2.2	Taux de croissance
Kazakhstan								**Kazakhstan**
GDP at current prices	20 554	57 124	148 047	184 388	181 667	171 082	193 018	PIB aux prix courants
GDP per capita	1 251	3 649	8 904	10 338	9 687	9 014	10 055	PIB par habitant
GDP at constant prices	57 792	107 064	144 702	184 388	216 716	211 294	219 873	PIB aux prix constants
Growth rates	-8.2	9.7	7.3	1.2	4.5	-2.5	4.1	Taux de croissance
Kenya								**Kenya**
GDP at current prices	14 710	23 559	45 406	70 121	100 378	100 667	110 347	PIB aux prix courants
GDP per capita	547	657	1 094	1 497	1 970	1 936	2 082	PIB par habitant
GDP at constant prices	31 539	42 038	55 768	70 121	84 294	84 083	90 404	PIB aux prix constants
Growth rates	4.4	5.9	8.1	5.0	5.2	-0.3	7.5	Taux de croissance

13 Gross domestic product and gross domestic product per capita *(continued)*

In millions of US dollars at current and constant 2015 prices; per capita US dollars; real rates of growth

Produit intérieur brut et produit intérieur brut par habitant *(suite)*

En millions de dollars É.-U. aux prix courants et constants de 2015; par habitant en dollars É.U.; taux de croissance réels

Country or area	1995	2005	2010	2015	2019	2020	2021	Pays ou zone
Kiribati								**Kiribati**
GDP at current prices	70	112	155	170	175	178	227	PIB aux prix courants
GDP per capita	854	1 142	1 438	1 459	1 412	1 405	1 765	PIB par habitant
GDP at constant prices	126	141	141	170	174	172	185	PIB aux prix constants
Growth rates	-0.5	5.0	-1.1	9.9	-2.1	-1.4	7.9	Taux de croissance
Kosovo								**Kosovo**
GDP at current prices	5 304	3 595	5 339	6 293	7 899	7 734	9 412	PIB aux prix courants
GDP per capita	2 477	1 970	2 978	3 578	4 683	4 630	5 663	PIB par habitant
GDP at constant prices	3 887	4 089	5 047	6 293	7 544	7 142	7 909	PIB aux prix constants
Growth rates	8.1	1.5	4.9	5.9	4.8	-5.3	10.7	Taux de croissance
Kuwait								**Koweït**
GDP at current prices	26 554	80 798	115 416	114 585	136 192	105 949	136 642	PIB aux prix courants
GDP per capita	16 043	36 145	39 212	29 315	30 666	24 298	32 150	PIB par habitant
GDP at constant prices	54 453	90 480	95 861	114 585	114 481	104 343	105 708	PIB aux prix constants
Growth rates	1.4	10.6	-2.4	0.6	-0.6	-8.9	1.3	Taux de croissance
Kyrgyzstan								**Kirghizistan**
GDP at current prices	1 492	2 460	4 794	6 678	8 871	7 781	8 741	PIB aux prix courants
GDP per capita	325	474	874	1 129	1 403	1 211	1 339	PIB par habitant
GDP at constant prices	2 678	4 237	5 263	6 678	7 921	7 255	7 703	PIB aux prix constants
Growth rates	-5.4	-0.2	-0.5	3.9	4.6	-8.4	6.2	Taux de croissance
Lao People's Dem. Rep.								**Rép. dém. populaire lao**
GDP at current prices	1 852	2 946	7 313	14 390	18 741	19 116	19 074	PIB aux prix courants
GDP per capita	376	503	1 157	2 120	2 599	2 612	2 569	PIB par habitant
GDP at constant prices	3 644	6 743	9 899	14 390	18 446	19 050	19 713	PIB aux prix constants
Growth rates	7.5	6.8	8.1	7.3	5.5	3.3	3.5	Taux de croissance
Latvia								**Lettonie**
GDP at current prices	5 408	17 003	23 964	27 252	34 344	34 602	39 854	PIB aux prix courants
GDP per capita	2 104	7 614	11 403	13 681	17 920	18 240	21 267	PIB par habitant
GDP at constant prices	12 345	23 557	22 985	27 252	30 742	30 065	31 288	PIB aux prix constants
Growth rates	0.2	10.7	-4.5	3.9	2.6	-2.2	4.1	Taux de croissance
Lebanon								**Liban**
GDP at current prices	11 506	21 497	38 444	49 929	52 022	39 047	37 945	PIB aux prix courants
GDP per capita	2 906	4 630	7 695	7 803	8 997	6 895	6 785	PIB par habitant
GDP at constant prices	24 111	31 330	45 147	49 929	46 728	34 622	32 198	PIB aux prix constants
Growth rates	6.5	2.7	8.0	0.5	-6.9	-25.9	-7.0	Taux de croissance
Lesotho								**Lesotho**
GDP at current prices	893	1 459	2 234	2 360	2 435	2 116	2 373	PIB aux prix courants
GDP per capita	462	738	1 105	1 114	1 094	939	1 040	PIB par habitant
GDP at constant prices	1 079	1 522	1 987	2 360	2 315	2 185	2 219	PIB aux prix constants
Growth rates	4.6	2.7	5.3	3.1	-0.8	-5.6	1.6	Taux de croissance
Liberia								**Libéria**
GDP at current prices	209	706	1 292	2 669	2 582	2 481	2 445	PIB aux prix courants
GDP per capita	97	216	321	579	518	488	471	PIB par habitant
GDP at constant prices	248	944	1 843	2 669	2 693	2 615	2 605	PIB aux prix constants
Growth rates	-4.3	5.3	7.3	9.3	-2.3	-2.9	-0.4	Taux de croissance
Libya								**Libye**
GDP at current prices	28 292	48 853	75 381	48 718	69 254	46 842	39 006	PIB aux prix courants
GDP per capita	5 978	8 368	11 611	7 868	10 542	7 040	5 791	PIB par habitant
GDP at constant prices	49 855	73 951	83 913	48 718	60 950	42 984	55 145	PIB aux prix constants
Growth rates	-2.2	12.3	5.0	-0.8	-11.2	-29.5	28.3	Taux de croissance
Liechtenstein								**Liechtenstein**
GDP at current prices	2 695	4 046	5 621	6 269	6 427	6 115	6 608	PIB aux prix courants
GDP per capita	87 253	116 930	156 462	167 809	167 013	157 782	169 260	PIB par habitant
GDP at constant prices	3 677	5 370	5 980	6 269	6 545	5 926	6 197	PIB aux prix constants
Growth rates	1.9	4.8	7.4	~0.0	-2.8	-9.5	4.6	Taux de croissance
Lithuania								**Lituanie**
GDP at current prices	6 699	26 113	37 138	41 419	54 752	56 847	66 445	PIB aux prix courants
GDP per capita	1 788	7 741	11 831	13 975	19 217	20 156	23 844	PIB par habitant
GDP at constant prices	17 906	32 436	34 388	41 419	48 179	48 168	51 049	PIB aux prix constants
Growth rates	3.3	7.7	1.7	2.0	4.6	-~0.0	6.0	Taux de croissance
Luxembourg								**Luxembourg**
GDP at current prices	20 853	37 657	56 159	60 047	69 826	73 993	85 506	PIB aux prix courants
GDP per capita	51 157	81 008	110 752	105 456	112 627	117 374	133 745	PIB par habitant
GDP at constant prices	30 592	47 065	53 991	60 047	66 145	65 618	68 966	PIB aux prix constants
Growth rates	1.4	2.5	3.8	2.3	2.3	-0.8	5.1	Taux de croissance

13 Gross domestic product and gross domestic product per capita *(continued)*

In millions of US dollars at current and constant 2015 prices; per capita US dollars; real rates of growth

Produit intérieur brut et produit intérieur brut par habitant *(suite)*

En millions de dollars É.-U. aux prix courants et constants de 2015; par habitant en dollars É.U.; taux de croissance réels

Country or area	1995	2005	2010	2015	2019	2020	2021	Pays ou zone
Madagascar								**Madagascar**
GDP at current prices	3 668	5 849	9 983	11 323	14 105	13 056	14 450	PIB aux prix courants
GDP per capita	264	311	459	456	512	463	500	PIB par habitant
GDP at constant prices	6 387	8 628	9 925	11 323	13 186	12 245	12 948	PIB aux prix constants
Growth rates	1.7	4.6	0.6	3.1	4.4	-7.1	5.7	Taux de croissance
Malawi								**Malawi**
GDP at current prices	2 474	3 656	6 960	8 216	11 032	11 762	12 199	PIB aux prix courants
GDP per capita	245	287	473	485	585	607	613	PIB par habitant
GDP at constant prices	2 779	3 702	5 294	8 216	10 784	10 881	11 181	PIB aux prix constants
Growth rates	9.0	3.3	6.9	8.5	5.6	0.9	2.8	Taux de croissance
Malaysia								**Malaisie**
GDP at current prices	88 833	143 534	255 018	301 355	365 279	337 008	372 702	PIB aux prix courants
GDP per capita	4 411	5 537	8 880	9 700	11 135	10 151	11 101	PIB par habitant
GDP at constant prices	117 335	186 898	232 654	301 355	364 693	344 099	354 878	PIB aux prix constants
Growth rates	9.8	5.3	7.4	5.1	4.4	-5.6	3.1	Taux de croissance
Maldives								**Maldives**
GDP at current prices	566	1 163	2 588	4 109	5 609	3 746	5 406	PIB aux prix courants
GDP per capita	2 193	3 789	7 158	9 434	11 119	7 282	10 366	PIB par habitant
GDP at constant prices	1 408	2 106	3 117	4 109	5 425	3 608	5 114	PIB aux prix constants
Growth rates	7.1	-13.1	7.3	2.9	7.1	-33.5	41.7	Taux de croissance
Mali								**Mali**
GDP at current prices	2 837	6 245	10 679	13 095	17 280	17 465	19 157	PIB aux prix courants
GDP per capita	286	474	688	723	840	823	875	PIB par habitant
GDP at constant prices	2 175	5 328	8 812	13 095	17 272	17 388	18 030	PIB aux prix constants
Growth rates	37.2	10.4	10.9	7.5	6.3	0.7	3.7	Taux de croissance
Malta								**Malte**
GDP at current prices	3 720	6 406	9 027	11 087	15 872	15 036	17 721	PIB aux prix courants
GDP per capita	9 743	15 615	21 557	24 283	31 514	29 176	33 642	PIB par habitant
GDP at constant prices	5 220	7 320	8 518	11 087	14 433	13 188	14 736	PIB aux prix constants
Growth rates	6.3	3.4	5.5	9.6	7.0	-8.6	11.7	Taux de croissance
Marshall Islands								**Îles Marshall**
GDP at current prices	125	137	160	184	240	244	257	PIB aux prix courants
GDP per capita	2 467	2 513	3 004	3 729	5 358	5 631	6 111	PIB par habitant
GDP at constant prices	179	170	181	184	212	208	212	PIB aux prix constants
Growth rates	9.0	2.3	6.4	1.7	6.6	-2.2	2.1	Taux de croissance
Mauritania								**Mauritanie**
GDP at current prices	2 371	2 937	5 629	6 167	8 066	8 405	9 996	PIB aux prix courants
GDP per capita	996	975	1 646	1 563	1 840	1 868	2 166	PIB par habitant
GDP at constant prices	3 139	4 169	4 951	6 167	7 321	7 252	7 430	PIB aux prix constants
Growth rates	-2.4	8.6	2.6	5.4	5.3	-0.9	2.4	Taux de croissance
Mauritius								**Maurice**
GDP at current prices	4 273	6 775	10 004	12 007	14 433	11 398	11 525	PIB aux prix courants
GDP per capita	3 683	5 386	7 795	9 285	11 134	8 783	8 873	PIB par habitant
GDP at constant prices	5 070	7 845	9 885	12 007	13 857	11 834	12 254	PIB aux prix constants
Growth rates	4.4	1.8	4.4	3.7	2.8	-14.6	3.6	Taux de croissance
Mexico								**Mexique**
GDP at current prices	360 073	877 477	1 057 801	1 171 870	1 269 010	1 090 515	1 272 839	PIB aux prix courants
GDP per capita	4 002	8 322	9 400	9 753	10 145	8 655	10 046	PIB par habitant
GDP at constant prices	677 459	941 100	1 012 984	1 171 870	1 252 570	1 152 516	1 206 921	PIB aux prix constants
Growth rates	-6.3	2.3	5.1	3.3	-0.2	-8.0	4.7	Taux de croissance
Micronesia (Fed. States of)								**Micronésie (États féd. de)**
GDP at current prices	222	251	297	316	412	408	404	PIB aux prix courants
GDP per capita	2 011	2 259	2 760	2 891	3 703	3 635	3 573	PIB par habitant
GDP at constant prices	313	321	317	316	332	327	316	PIB aux prix constants
Growth rates	4.2	2.1	2.3	4.6	1.2	-1.8	-3.2	Taux de croissance
Monaco								**Monaco**
GDP at current prices	3 064	4 203	5 362	6 259	7 384	6 740	8 596	PIB aux prix courants
GDP per capita	97 328	130 767	161 624	170 270	199 384	182 537	234 317	PIB par habitant
GDP at constant prices	3 415	4 290	4 699	6 259	7 075	6 158	7 485	PIB aux prix constants
Growth rates	2.1	1.7	2.1	4.9	6.9	-13.0	21.6	Taux de croissance
Mongolia								**Mongolie**
GDP at current prices	1 721	2 926	7 189	11 620	14 206	13 313	15 098	PIB aux prix courants
GDP per capita	739	1 143	2 660	3 919	4 395	4 041	4 510	PIB par habitant
GDP at constant prices	3 373	5 284	7 232	11 620	14 175	13 529	13 721	PIB aux prix constants
Growth rates	6.4	7.3	6.4	1.3	5.6	-4.6	1.4	Taux de croissance

13 Gross domestic product and gross domestic product per capita *(continued)*
In millions of US dollars at current and constant 2015 prices; per capita US dollars; real rates of growth

Produit intérieur brut et produit intérieur brut par habitant *(suite)*
En millions de dollars É.-U. aux prix courants et constants de 2015; par habitant en dollars É.U.; taux de croissance réels

Country or area	1995	2005	2010	2015	2019	2020	2021	Pays ou zone
Montenegro								**Monténégro**
GDP at current prices	1 215	2 279	4 139	4 053	5 542	4 781	5 809	PIB aux prix courants
GDP per capita	1 922	3 601	6 559	6 393	8 792	7 600	9 252	PIB par habitant
GDP at constant prices	1 794	3 078	3 704	4 053	4 778	4 047	4 574	PIB aux prix constants
Growth rates	14.3	4.2	2.7	3.4	4.1	-15.3	13.0	Taux de croissance
Montserrat								**Montserrat**
GDP at current prices	69	49	56	61	65	68	72	PIB aux prix courants
GDP per capita	8 253	10 414	11 242	12 133	14 507	15 067	16 199	PIB par habitant
GDP at constant prices	120	57	56	61	75	72	76	PIB aux prix constants
Growth rates	-8.8	3.1	-6.9	1.2	7.4	-4.0	5.5	Taux de croissance
Morocco [5]								**Maroc [5]**
GDP at current prices	38 728	62 545	96 428	110 414	128 920	121 348	142 867	PIB aux prix courants
GDP per capita	1 456	2 055	2 970	3 184	3 551	3 307	3 853	PIB par habitant
GDP at constant prices	40 338	62 054	85 253	110 414	105 155	92 120	93 707	PIB aux prix constants
Growth rates	-6.6	3.0	5.1	4.3	-2.1	-12.4	1.7	Taux de croissance
Mozambique								**Mozambique**
GDP at current prices	2 900	8 542	11 105	15 951	15 390	14 157	15 777	PIB aux prix courants
GDP per capita	186	423	481	594	508	454	492	PIB par habitant
GDP at constant prices	3 394	7 864	11 292	15 951	18 184	17 966	18 384	PIB aux prix constants
Growth rates	2.3	6.6	6.5	6.7	2.3	-1.2	2.3	Taux de croissance
Myanmar [2]								**Myanmar [2]**
GDP at current prices	9 582	14 148	44 847	63 835	74 276	78 318	58 582	PIB aux prix courants
GDP per capita	223	296	908	1 240	1 400	1 466	1 089	PIB par habitant
GDP at constant prices	9 720	27 369	44 901	63 835	79 108	74 454	61 099	PIB aux prix constants
Growth rates	6.7	13.3	7.8	6.4	3.2	-5.9	-17.9	Taux de croissance
Namibia								**Namibie**
GDP at current prices	3 942	7 121	11 282	11 335	12 543	10 563	12 236	PIB aux prix courants
GDP per capita	2 456	3 628	5 374	4 966	5 127	4 244	4 836	PIB par habitant
GDP at constant prices	4 719	7 134	8 788	11 335	11 237	10 353	10 605	PIB aux prix constants
Growth rates	3.9	2.5	6.0	4.3	-0.9	-7.9	2.4	Taux de croissance
Nauru								**Nauru**
GDP at current prices	35	26	59	104	133	136	155	PIB aux prix courants
GDP per capita	3 379	2 548	5 788	9 330	10 977	11 015	12 390	PIB par habitant
GDP at constant prices	66	29	42	104	110	111	112	PIB aux prix constants
Growth rates	-7.9	-12.1	13.6	36.5	5.7	1.0	0.7	Taux de croissance
Nepal								**Népal**
GDP at current prices	4 534	8 713	18 365	23 667	34 268	32 859	36 207	PIB aux prix courants
GDP per capita	203	331	676	857	1 189	1 120	1 206	PIB par habitant
GDP at constant prices	8 969	14 260	18 947	23 667	29 734	29 029	30 262	PIB aux prix constants
Growth rates	3.5	4.9	6.2	4.0	6.7	-2.4	4.2	Taux de croissance
Netherlands (Kingdom of the)								**Pays-Bas (Royaume des)**
GDP at current prices	452 287	685 076	846 555	765 265	910 194	909 793	1 012 847	PIB aux prix courants
GDP per capita	29 281	42 128	50 945	44 907	52 421	52 183	57 871	PIB par habitant
GDP at constant prices	520 709	688 450	737 269	765 265	839 913	807 273	846 532	PIB aux prix constants
Growth rates	3.1	2.1	1.3	2.0	2.0	-3.9	4.9	Taux de croissance
Netherlands Antilles [former]								**Antilles néerlandaises [anc.]**
GDP at current prices	2 571	3 053	3 848	...	...	...	...	PIB aux prix courants
GDP per capita	14 114	17 077	19 998	...	...	...	...	PIB par habitant
GDP at constant prices	3 852	3 904	4 209	...	...	...	...	PIB aux prix constants
Growth rates	1.6	1.1	-0.3	...	...	...	...	Taux de croissance
New Caledonia								**Nouvelle-Calédonie**
GDP at current prices	3 628	6 236	9 355	8 735	9 476	9 455	10 071	PIB aux prix courants
GDP per capita	18 169	25 754	35 785	30 861	33 204	33 012	34 994	PIB par habitant
GDP at constant prices	5 175	6 478	7 857	8 735	8 768	8 557	8 378	PIB aux prix constants
Growth rates	5.9	3.6	6.9	0.8	-1.4	-2.4	-2.1	Taux de croissance
New Zealand								**Nouvelle-Zélande**
GDP at current prices	63 152	114 722	146 518	178 064	213 435	212 214	250 451	PIB aux prix courants
GDP per capita	17 189	27 759	33 711	38 789	43 040	41 930	48 824	PIB par habitant
GDP at constant prices	100 939	142 202	153 236	178 064	205 665	205 028	212 643	PIB aux prix constants
Growth rates	4.6	3.3	0.9	4.2	2.6	-0.3	3.7	Taux de croissance
Nicaragua								**Nicaragua**
GDP at current prices	4 118	6 300	8 759	12 757	12 597	12 587	14 013	PIB aux prix courants
GDP per capita	872	1 155	1 496	2 025	1 890	1 863	2 046	PIB par habitant
GDP at constant prices	5 733	8 555	9 779	12 757	12 977	12 745	14 064	PIB aux prix constants
Growth rates	5.9	4.3	4.4	4.8	-3.8	-1.8	10.3	Taux de croissance

Gross domestic product and gross domestic product per capita *(continued)*

In millions of US dollars at current and constant 2015 prices; per capita US dollars; real rates of growth

Produit intérieur brut et produit intérieur brut par habitant *(suite)*

En millions de dollars É.-U. aux prix courants et constants de 2015; par habitant en dollars É.U.; taux de croissance réels

Country or area	1995	2005	2010	2015	2019	2020	2021	Pays ou zone
Niger								**Niger**
GDP at current prices	2 432	4 586	7 631	9 677	12 916	13 744	14 915	PIB aux prix courants
GDP per capita	248	331	458	481	551	565	591	PIB par habitant
GDP at constant prices	3 881	5 668	7 038	9 677	12 203	12 636	12 811	PIB aux prix constants
Growth rates	3.3	7.4	8.7	4.8	5.9	3.6	1.4	Taux de croissance
Nigeria								**Nigéria**
GDP at current prices	50 504	176 134	363 360	494 583	474 517	429 899	430 923	PIB aux prix courants
GDP per capita	467	1 254	2 258	2 688	2 334	2 064	2 019	PIB par habitant
GDP at constant prices	155 089	274 839	387 074	494 583	510 979	501 811	520 113	PIB aux prix constants
Growth rates	-0.1	6.4	8.0	2.7	2.2	-1.8	3.6	Taux de croissance
North Macedonia								**Macédoine du Nord**
GDP at current prices	4 707	6 259	9 407	10 065	12 606	12 114	13 881	PIB aux prix courants
GDP per capita	2 373	3 011	4 493	4 775	5 963	5 739	6 600	PIB par habitant
GDP at constant prices	5 748	7 335	8 919	10 065	11 185	10 502	10 918	PIB aux prix constants
Growth rates	-1.1	4.7	3.4	3.9	3.9	-6.1	4.0	Taux de croissance
Norway								**Norvège**
GDP at current prices	152 031	308 884	428 757	385 802	404 941	362 198	482 175	PIB aux prix courants
GDP per capita	34 875	66 805	87 685	74 330	75 714	67 325	89 242	PIB par habitant
GDP at constant prices	253 494	337 670	354 112	385 802	406 468	403 553	419 215	PIB aux prix constants
Growth rates	4.2	2.6	0.7	2.0	0.7	-0.7	3.9	Taux de croissance
Oman								**Oman**
GDP at current prices	14 416	35 507	64 994	78 711	88 061	75 909	88 192	PIB aux prix courants
GDP per capita	6 635	14 117	22 552	18 777	19 132	16 708	19 509	PIB par habitant
GDP at constant prices	35 587	48 284	62 776	78 711	83 053	80 247	82 728	PIB aux prix constants
Growth rates	7.7	2.8	2.5	5.0	-1.1	-3.4	3.1	Taux de croissance
Pakistan								**Pakistan**
GDP at current prices	77 266	117 708	182 960	297 019	291 919	293 752	342 501	PIB aux prix courants
GDP per capita	580	675	941	1 408	1 307	1 293	1 480	PIB par habitant
GDP at constant prices	123 848	185 487	230 017	297 019	360 379	355 787	378 868	PIB aux prix constants
Growth rates	5.0	7.7	2.8	6.0	2.5	-1.3	6.5	Taux de croissance
Palau								**Palaos**
GDP at current prices	110	185	183	280	279	252	218	PIB aux prix courants
GDP per capita	6 415	9 316	9 883	15 760	15 568	14 014	12 084	PIB par habitant
GDP at constant prices	225	262	235	280	274	249	216	PIB aux prix constants
Growth rates	16.6	2.1	0.4	8.8	0.4	-9.1	-13.3	Taux de croissance
Panama								**Panama**
GDP at current prices	9 188	15 714	29 440	54 092	66 984	53 977	63 605	PIB aux prix courants
GDP per capita	3 383	4 753	8 125	13 670	15 826	12 569	14 618	PIB par habitant
GDP at constant prices	16 806	26 026	37 273	54 092	64 007	52 521	60 575	PIB aux prix constants
Growth rates	1.8	7.2	5.8	5.7	3.0	-17.9	15.3	Taux de croissance
Papua New Guinea								**Papouasie-Nvl-Guinée**
GDP at current prices	7 316	7 355	14 251	21 723	24 751	23 848	26 595	PIB aux prix courants
GDP per capita	1 585	1 132	1 879	2 502	2 594	2 446	2 673	PIB par habitant
GDP at constant prices	10 937	12 634	16 340	21 723	24 720	23 937	24 204	PIB aux prix constants
Growth rates	-3.3	3.9	10.1	6.6	4.5	-3.2	1.1	Taux de croissance
Paraguay								**Paraguay**
GDP at current prices	10 440[6]	11 306	27 261	36 211	37 925	35 432	40 458	PIB aux prix courants
GDP per capita	2 268[6]	2 064	4 726	5 861	5 808	5 353	6 035	PIB par habitant
GDP at constant prices	17 720[6]	22 845	29 786	36 211	40 677	40 344	42 363	PIB aux prix constants
Growth rates	5.4[6]	2.1	11.1	3.0	-0.4	-0.8	5.0	Taux de croissance
Peru								**Pérou**
GDP at current prices	53 371	76 080	147 528	189 803	228 326	201 703	223 252	PIB aux prix courants
GDP per capita	2 183	2 703	5 047	6 180	6 956	6 056	6 622	PIB par habitant
GDP at constant prices	76 918	107 772	150 299	189 803	215 018	191 467	217 027	PIB aux prix constants
Growth rates	7.4	6.3	8.3	3.3	2.2	-11.0	13.3	Taux de croissance
Philippines								**Philippines**
GDP at current prices	84 644	107 420	208 369	306 446	376 823	361 751	394 086	PIB aux prix courants
GDP per capita	1 222	1 245	2 202	2 974	3 414	3 224	3 461	PIB par habitant
GDP at constant prices	119 492	179 366	228 622	306 446	396 224	358 511	378 957	PIB aux prix constants
Growth rates	4.6	4.9	7.3	6.3	6.1	-9.5	5.7	Taux de croissance
Poland								**Pologne**
GDP at current prices	142 294	306 146	475 697	477 111	596 058	599 443	679 442	PIB aux prix courants
GDP per capita	3 705	7 936	12 325	12 375	15 485	15 599	17 736	PIB par habitant
GDP at constant prices	217 230	326 494	409 175	477 111	571 503	559 958	598 303	PIB aux prix constants
Growth rates	7.0	3.5	2.9	4.4	4.5	-2.0	6.8	Taux de croissance

13 Gross domestic product and gross domestic product per capita *(continued)*

In millions of US dollars at current and constant 2015 prices; per capita US dollars; real rates of growth

Produit intérieur brut et produit intérieur brut par habitant *(suite)*

En millions de dollars É.-U. aux prix courants et constants de 2015; par habitant en dollars É.U.; taux de croissance réels

Country or area	1995	2005	2010	2015	2019	2020	2021	Pays ou zone
Portugal								**Portugal**
GDP at current prices	118 120	197 175	237 881	199 314	239 987	229 032	253 663	PIB aux prix courants
GDP per capita	11 752	18 737	22 466	19 229	23 323	22 240	24 651	PIB par habitant
GDP at constant prices	158 239	201 835	207 893	199 314	222 273	203 823	214 998	PIB aux prix constants
Growth rates	4.3	0.8	1.7	1.8	2.7	-8.3	5.5	Taux de croissance
Puerto Rico [2]								**Porto Rico** [2]
GDP at current prices	43 246	83 915	98 381	103 376	105 126	103 020	106 526	PIB aux prix courants
GDP per capita	11 673	22 051	26 461	29 558	31 925	31 490	32 716	PIB par habitant
GDP at constant prices	85 278	113 935	106 406	103 376	96 390	92 193	92 385	PIB aux prix constants
Growth rates	4.5	-2.0	-0.4	-1.0	1.7	-4.4	0.2	Taux de croissance
Qatar								**Qatar**
GDP at current prices	8 138	44 530	125 122	161 740	176 371	144 411	179 571	PIB aux prix courants
GDP per capita	15 798	52 468	73 021	66 985	62 827	52 316	66 799	PIB par habitant
GDP at constant prices	20 365	51 250	117 318	161 740	167 371	161 417	163 876	PIB aux prix constants
Growth rates	2.4	7.5	16.7	4.8	0.7	-3.6	1.5	Taux de croissance
Republic of Korea [2]								**République de Corée** [2]
GDP at current prices	566 581	934 901	1 144 067	1 465 773	1 651 223	1 644 313	1 810 966	PIB aux prix courants
GDP per capita	12 482	19 522	23 438	28 744	31 875	31 716	34 940	PIB par habitant
GDP at constant prices	604 638	1 021 193	1 261 202	1 465 773	1 637 850	1 626 231	1 693 643	PIB aux prix constants
Growth rates	9.6	4.3	6.8	2.8	2.2	-0.7	4.1	Taux de croissance
Republic of Moldova								**République de Moldova**
GDP at current prices	2 121	3 587	6 975	7 745	11 971	11 860	13 680	PIB aux prix courants
GDP per capita	475	896	1 896	2 363	3 850	3 845	4 468	PIB par habitant
GDP at constant prices	4 432	5 507	6 452	7 745	9 155	8 480	9 662	PIB aux prix constants
Growth rates	-1.4	7.5	7.1	-0.3	3.7	-7.4	13.9	Taux de croissance
Romania								**Roumanie**
GDP at current prices	37 430	98 454	170 029	177 884	251 018	251 363	284 086	PIB aux prix courants
GDP per capita	1 661	4 668	8 361	8 936	12 857	12 929	14 698	PIB par habitant
GDP at constant prices	103 671	134 852	155 041	177 884	217 987	209 970	220 679	PIB aux prix constants
Growth rates	7.6	4.7	-3.9	3.2	3.9	-3.7	5.1	Taux de croissance
Russian Federation								**Fédération de Russie**
GDP at current prices	402 295	771 495	1 539 845	1 363 482	1 693 115	1 489 362	1 778 782	PIB aux prix courants
GDP per capita	2 708	5 365	10 750	9 425	11 617	10 228	12 259	PIB par habitant
GDP at constant prices	723 170	1 054 187	1 254 602	1 363 482	1 461 552	1 422 620	1 490 187	PIB aux prix constants
Growth rates	-4.1	6.4	4.5	-2.0	2.2	-2.7	4.7	Taux de croissance
Rwanda								**Rwanda**
GDP at current prices	1 230	2 933	6 120	8 526	10 356	10 185	11 070	PIB aux prix courants
GDP per capita	216	325	594	732	807	775	822	PIB par habitant
GDP at constant prices	1 392	4 030	6 006	8 526	11 166	10 791	11 964	PIB aux prix constants
Growth rates	33.5	9.4	7.3	8.9	9.5	-3.4	10.9	Taux de croissance
Saint Kitts and Nevis								**Saint-Kitts-et-Nevis**
GDP at current prices	313	574	779	957	1 108	885	861	PIB aux prix courants
GDP per capita	7 367	12 284	16 428	20 026	23 219	18 566	18 083	PIB par habitant
GDP at constant prices	496	771	827	957	1 056	903	895	PIB aux prix constants
Growth rates	5.4	10.2	-0.1	0.7	4.0	-14.5	-0.9	Taux de croissance
Saint Lucia								**Sainte-Lucie**
GDP at current prices	739	1 120	1 487	1 810	2 119	1 617	1 765	PIB aux prix courants
GDP per capita	4 851	6 770	8 697	10 306	11 864	9 020	9 824	PIB par habitant
GDP at constant prices	1 246	1 556	1 747	1 810	1 993	1 587	1 692	PIB aux prix constants
Growth rates	1.1	-0.4	0.5	0.1	-0.1	-20.4	6.6	Taux de croissance
Saint Vincent & Grenadines								**Saint-Vincent-Grenadines**
GDP at current prices	324	580	720	787	910	872	881	PIB aux prix courants
GDP per capita	2 842	5 176	6 591	7 387	8 674	8 335	8 440	PIB par habitant
GDP at constant prices	472	702	734	787	862	816	820	PIB aux prix constants
Growth rates	8.3	2.5	-4.5	2.8	0.4	-5.3	0.5	Taux de croissance
Samoa								**Samoa**
GDP at current prices	202	447	699	826	913	829	857	PIB aux prix courants
GDP per capita	1 152	2 368	3 589	4 055	4 306	3 858	3 919	PIB par habitant
GDP at constant prices	446	710	755	826	908	817	798	PIB aux prix constants
Growth rates	6.0	5.1	1.6	6.1	2.8	-10.1	-2.3	Taux de croissance
San Marino								**Saint-Marin**
GDP at current prices	1 020	2 027	2 139	1 419	1 616	1 545	1 702	PIB aux prix courants
GDP per capita	40 976	68 708	67 684	42 265	47 289	45 423	50 425	PIB par habitant
GDP at constant prices	1 332	2 070	1 881	1 419	1 506	1 406	1 482	PIB aux prix constants
Growth rates	9.3	2.3	-4.6	-6.2	2.1	-6.6	5.4	Taux de croissance

13 Gross domestic product and gross domestic product per capita *(continued)*

In millions of US dollars at current and constant 2015 prices; per capita US dollars; real rates of growth

Produit intérieur brut et produit intérieur brut par habitant *(suite)*

En millions de dollars É.-U. aux prix courants et constants de 2015; par habitant en dollars É.U.; taux de croissance réels

Country or area	1995	2005	2010	2015	2019	2020	2021	Pays ou zone
Sao Tome and Principe								**Sao Tomé-et-Principe**
GDP at current prices	99	126	197	318	431	476	555	PIB aux prix courants
GDP per capita	741	781	1 084	1 582	2 007	2 179	2 486	PIB par habitant
GDP at constant prices	141	191	255	318	362	373	380	PIB aux prix constants
Growth rates	2.0	7.1	6.7	3.9	2.2	3.1	1.8	Taux de croissance
Saudi Arabia								**Arabie saoudite**
GDP at current prices	143 152	328 461	528 207	654 270	803 616	703 368	833 541	PIB aux prix courants
GDP per capita	7 579	13 463	17 959	19 978	22 430	19 540	23 186	PIB par habitant
GDP at constant prices	336 810	444 967	509 172	654 270	679 127	651 027	672 127	PIB aux prix constants
Growth rates	0.2	5.6	5.0	4.1	0.3	-4.1	3.2	Taux de croissance
Senegal								**Sénégal**
GDP at current prices	6 306	11 005	16 106	17 761	23 404	24 498	27 625	PIB aux prix courants
GDP per capita	730	1 003	1 285	1 237	1 463	1 491	1 637	PIB par habitant
GDP at constant prices	8 306	12 564	14 564	17 761	22 544	22 843	24 229	PIB aux prix constants
Growth rates	4.7	4.3	3.4	6.4	4.6	1.3	6.1	Taux de croissance
Serbia								**Serbie**
GDP at current prices	21 907[7]	27 683	41 819	39 656	51 514	53 335	63 068	PIB aux prix courants
GDP per capita	2 164[7]	3 535	5 464	5 274	6 960	7 249	8 643	PIB par habitant
GDP at constant prices	21 208[7]	32 776	37 960	39 656	45 616	45 185	48 524	PIB aux prix constants
Growth rates	5.7[7]	5.5	0.7	1.8	4.3	-0.9	7.4	Taux de croissance
Seychelles								**Seychelles**
GDP at current prices	614	919	986	1 391	1 645	1 183	1 287	PIB aux prix courants
GDP per capita	8 216	10 702	10 669	14 021	15 762	11 215	12 085	PIB par habitant
GDP at constant prices	656	862	1 085	1 391	1 635	1 494	1 529	PIB aux prix constants
Growth rates	-0.6	9.0	6.4	4.2	4.9	-8.6	2.4	Taux de croissance
Sierra Leone								**Sierra Leone**
GDP at current prices	1 179	1 650	2 578	4 248	4 077	4 063	4 249	PIB aux prix courants
GDP per capita	273	290	401	581	507	493	505	PIB par habitant
GDP at constant prices	2 512	2 679	3 457	4 248	5 105	5 004	5 210	PIB aux prix constants
Growth rates	-10.0	4.5	5.3	-20.5	5.3	-2.0	4.1	Taux de croissance
Singapore								**Singapour**
GDP at current prices	87 813	127 808	239 808	307 999	375 484	345 286	396 992	PIB aux prix courants
GDP per capita	24 779	29 417	46 442	54 513	64 006	58 425	66 822	PIB par habitant
GDP at constant prices	107 026	177 990	247 501	307 999	349 852	335 357	360 891	PIB aux prix constants
Growth rates	7.2	7.4	14.7	3.0	1.1	-4.1	7.6	Taux de croissance
Sint Maarten (Dutch part)								**St-Martin (partie néerland.)**
GDP at current prices	...	708	896	1 367	1 376	1 132	1 154	PIB aux prix courants
GDP per capita	...	22 479	27 138	34 000	32 010	25 943	26 199	PIB par habitant
GDP at constant prices	...	923	1 028	1 367	1 275	1 047	1 089	PIB aux prix constants
Growth rates	...	...	1.1	0.5	10.5	-17.9	4.0	Taux de croissance
Slovakia								**Slovaquie**
GDP at current prices	20 042	49 033	91 074	88 865	105 720	106 697	116 527	PIB aux prix courants
GDP per capita	3 746	9 120	16 877	16 382	19 384	19 553	21 390	PIB par habitant
GDP at constant prices	40 425	61 364	78 598	88 865	99 457	96 101	98 998	PIB aux prix constants
Growth rates	5.8	6.6	6.7	5.2	2.5	-3.4	3.0	Taux de croissance
Slovenia								**Slovénie**
GDP at current prices	21 354	36 204	48 161	43 090	54 332	53 707	61 749	PIB aux prix courants
GDP per capita	10 724	18 059	23 410	20 708	25 714	25 362	29 135	PIB par habitant
GDP at constant prices	26 407	38 472	42 210	43 090	50 363	48 186	52 143	PIB aux prix constants
Growth rates	4.1	3.8	1.3	2.2	3.5	-4.3	8.2	Taux de croissance
Solomon Islands								**Îles Salomon**
GDP at current prices	377	553	898	1 308	1 619	1 536	1 632	PIB aux prix courants
GDP per capita	1 004	1 146	1 662	2 135	2 399	2 222	2 306	PIB par habitant
GDP at constant prices	688	848	1 097	1 308	1 488	1 437	1 434	PIB aux prix constants
Growth rates	13.6	7.4	9.7	1.7	1.7	-3.4	-0.2	Taux de croissance
Somalia								**Somalie**
GDP at current prices	1 535	4 683	2 688	5 335	6 485	6 883	7 628	PIB aux prix courants
GDP per capita	213	447	223	388	406	416	447	PIB par habitant
GDP at constant prices	1 587	3 026	4 176	5 335	6 639	6 620	6 814	PIB aux prix constants
Growth rates	4.0	7.1	6.7	15.0	2.7	-0.3	2.9	Taux de croissance
South Africa								**Afrique du Sud**
GDP at current prices	171 736	288 867	417 364	346 486	388 531	337 620	419 016	PIB aux prix courants
GDP per capita	3 904	5 893	8 060	6 201	6 689	5 742	7 055	PIB par habitant
GDP at constant prices	193 065	267 374	311 453	346 486	359 286	336 498	353 031	PIB aux prix constants
Growth rates	3.1	5.3	3.0	1.3	0.3	-6.3	4.9	Taux de croissance

13 Gross domestic product and gross domestic product per capita *(continued)*

In millions of US dollars at current and constant 2015 prices; per capita US dollars; real rates of growth

Produit intérieur brut et produit intérieur brut par habitant *(suite)*

En millions de dollars É.-U. aux prix courants et constants de 2015; par habitant en dollars É.U.; taux de croissance réels

Country or area	1995	2005	2010	2015	2019	2020	2021	Pays ou zone
South Sudan								**Soudan du sud**
GDP at current prices	...	...	14 925	6 231	4 306	4 216	4 304	PIB aux prix courants
GDP per capita	...	...	1 536	557	412	397	400	PIB par habitant
GDP at constant prices	...	...	7 106	6 231	6 493	6 275	6 131	PIB aux prix constants
Growth rates	...	...	-0.5	6.9	11.4	-3.4	-2.3	Taux de croissance
Spain								**Espagne**
GDP at current prices	614 612	1 153 257	1 420 722	1 195 676	1 394 320	1 276 963	1 427 381	PIB aux prix courants
GDP per capita	15 437	26 399	30 505	25 751	29 584	26 961	30 058	PIB par habitant
GDP at constant prices	794 233	1 140 888	1 196 654	1 195 676	1 323 386	1 173 507	1 238 280	PIB aux prix constants
Growth rates	2.8	3.7	0.2	3.8	2.0	-11.3	5.5	Taux de croissance
Sri Lanka								**Sri Lanka**
GDP at current prices	15 293	27 932	56 726	80 604	83 903	80 970	85 309	PIB aux prix courants
GDP per capita	841	1 420	2 745	3 778	3 875	3 729	3 918	PIB par habitant
GDP at constant prices	28 184	43 875	59 780	80 604	92 186	88 854	92 102	PIB aux prix constants
Growth rates	5.5	6.2	8.0	5.0	2.3	-3.6	3.7	Taux de croissance
State of Palestine								**État de Palestine**
GDP at current prices	3 283	5 126	9 682	13 972	17 134	15 532	18 037	PIB aux prix courants
GDP per capita	1 251	1 447	2 425	3 116	3 490	3 094	3 514	PIB par habitant
GDP at constant prices	5 418	8 740	11 082	13 972	15 829	14 037	15 027	PIB aux prix constants
Growth rates	7.1	11.3	5.8	3.7	1.4	-11.3	7.1	Taux de croissance
Sudan [2]								**Soudan [2]**
GDP at current prices	...	...	54 740	83 934	35 119	34 286	35 867	PIB aux prix courants
GDP per capita	...	...	1 622	2 199	812	771	786	PIB par habitant
GDP at constant prices	...	...	72 125	83 934	94 753	91 313	91 418	PIB aux prix constants
Growth rates	...	...	8.3	4.0	1.3	-3.6	0.1	Taux de croissance
Sudan [former]								**Soudan [anc.]**
GDP at current prices	12 847	35 183	69 665	...	...	...	...	PIB aux prix courants
GDP per capita	449	946	1 603	...	...	...	...	PIB par habitant
GDP at constant prices	29 907	59 423	79 231	...	...	...	...	PIB aux prix constants
Growth rates	6.0	9.0	6.6	...	...	...	...	Taux de croissance
Suriname								**Suriname**
GDP at current prices	844	2 193	4 482	5 126	4 255	4 159	3 224	PIB aux prix courants
GDP per capita	1 943	4 248	8 207	8 908	7 088	6 851	5 259	PIB par habitant
GDP at constant prices	2 507	3 523	4 534	5 126	5 256	4 417	4 296	PIB aux prix constants
Growth rates	~0.0	3.9	6.1	-2.6	1.2	-16.0	-2.7	Taux de croissance
Sweden								**Suède**
GDP at current prices	267 307	392 219	495 813	505 104	533 880	547 054	635 664	PIB aux prix courants
GDP per capita	30 520	43 331	52 849	51 283	51 995	52 759	60 730	PIB par habitant
GDP at constant prices	305 837	415 273	453 619	505 104	549 821	537 889	565 187	PIB aux prix constants
Growth rates	3.9	2.9	6.0	4.5	2.0	-2.2	5.1	Taux de croissance
Switzerland								**Suisse**
GDP at current prices	353 142	420 553	603 434	702 150	731 718	752 248	812 867	PIB aux prix courants
GDP per capita	50 174	56 614	77 142	84 783	85 326	87 080	93 525	PIB par habitant
GDP at constant prices	474 507	571 056	641 852	702 150	758 168	740 026	767 349	PIB aux prix constants
Growth rates	0.5	2.9	3.3	1.7	1.2	-2.4	3.7	Taux de croissance
Syrian Arab Republic								**République arabe syrienne**
GDP at current prices	13 539	28 397	60 465	19 967	26 597	23 208	19 719	PIB aux prix courants
GDP per capita	946	1 528	2 707	1 040	1 323	1 117	925	PIB par habitant
GDP at constant prices	20 842	31 873	40 497	19 967	19 693	17 625	17 114	PIB aux prix constants
Growth rates	7.0	6.2	3.4	-3.2	3.7	-10.5	-2.9	Taux de croissance
Tajikistan								**Tadjikistan**
GDP at current prices	1 218	2 312	5 642	8 271	8 301	8 134	8 746	PIB aux prix courants
GDP per capita	206	334	740	970	889	852	897	PIB par habitant
GDP at constant prices	2 842	4 515	6 183	8 271	10 946	11 427	12 478	PIB aux prix constants
Growth rates	-12.4	6.7	6.5	6.0	7.4	4.4	9.2	Taux de croissance
Thailand								**Thaïlande**
GDP at current prices	169 279	189 318	341 105	401 296	544 081	500 225	505 982	PIB aux prix courants
GDP per capita	2 849	2 876	4 996	5 709	7 630	6 999	7 067	PIB par habitant
GDP at constant prices	213 636	288 645	346 968	401 296	460 380	431 857	438 621	PIB aux prix constants
Growth rates	8.1	4.2	7.5	3.1	2.2	-6.2	1.6	Taux de croissance
Timor-Leste								**Timor-Leste**
GDP at current prices	416	462	882	1 594	2 048	1 902	2 004	PIB aux prix courants
GDP per capita	508	477	810	1 322	1 599	1 463	1 517	PIB par habitant
GDP at constant prices	1 118	914	1 296	1 594	1 897	2 093	2 126	PIB aux prix constants
Growth rates	6.7	3.0	9.6	2.8	19.5	10.4	1.5	Taux de croissance

13

Gross domestic product and gross domestic product per capita *(continued)*
In millions of US dollars at current and constant 2015 prices; per capita US dollars; real rates of growth

Produit intérieur brut et produit intérieur brut par habitant *(suite)*
En millions de dollars É.-U. aux prix courants et constants de 2015; par habitant en dollars É.U.; taux de croissance réels

Country or area	1995	2005	2010	2015	2019	2020	2021	Pays ou zone
Togo								**Togo**
GDP at current prices	1 663	2 559	4 742	5 751	6 993	7 336	8 160	PIB aux prix courants
GDP per capita	389	448	722	770	848	869	944	PIB par habitant
GDP at constant prices	2 227	2 924	4 336	5 751	6 954	7 076	7 449	PIB aux prix constants
Growth rates	6.8	7.0	5.9	5.5	4.9	1.8	5.3	Taux de croissance
Tonga								**Tonga**
GDP at current prices	209	261	371	403	508	487	472	PIB aux prix courants
GDP per capita	2 089	2 472	3 457	3 800	4 840	4 626	4 451	PIB par habitant
GDP at constant prices	338	379	362	403	448	450	438	PIB aux prix constants
Growth rates	2.9	-0.4	0.8	1.2	0.7	0.5	-2.7	Taux de croissance
Trinidad and Tobago								**Trinité-et-Tobago**
GDP at current prices	5 625	16 870	23 352	26 852	23 850	21 059	24 460	PIB aux prix courants
GDP per capita	4 301	12 322	16 558	18 390	15 691	13 872	16 033	PIB par habitant
GDP at constant prices	9 709	20 614	24 968	26 852	23 675	21 858	21 633	PIB aux prix constants
Growth rates	4.0	6.2	3.3	-0.8	0.1	-7.7	-1.0	Taux de croissance
Tunisia								**Tunisie**
GDP at current prices	19 795	32 272	44 051	45 779	41 906	42 538	46 687	PIB aux prix courants
GDP per capita	2 130	3 107	4 043	3 961	3 478	3 498	3 807	PIB par habitant
GDP at constant prices	19 938	31 649	39 518	45 779	51 719	47 259	49 303	PIB aux prix constants
Growth rates	2.3	3.5	3.5	2.4	1.5	-8.6	4.3	Taux de croissance
Türkiye								**Türkiye**
GDP at current prices	233 253	506 315	776 967	864 314	759 935	720 289	819 034	PIB aux prix courants
GDP per capita	3 933	7 369	10 615	10 852	9 103	8 561	9 661	PIB par habitant
GDP at constant prices	337 255	525 475	614 169	864 314	996 386	1 015 716	1 131 036	PIB aux prix constants
Growth rates	7.2	9.0	8.4	6.1	0.8	1.9	11.4	Taux de croissance
Turkmenistan								**Turkménistan**
GDP at current prices	2 190	14 174	22 583	36 052	45 939	46 135	53 954	PIB aux prix courants
GDP per capita	518	2 901	4 287	6 252	7 460	7 381	8 508	PIB par habitant
GDP at constant prices	10 152	16 194	28 241	36 052	36 431	35 355	36 989	PIB aux prix constants
Growth rates	-7.2	13.0	16.2	3.0	-3.4	-3.0	4.6	Taux de croissance
Turks and Caicos Islands								**Îles Turques-et-Caïques**
GDP at current prices	191	579	687	942	1 197	925	943	PIB aux prix courants
GDP per capita	12 615	24 115	23 104	25 783	27 795	20 882	20 909	PIB par habitant
GDP at constant prices	308	690	756	942	1 096	802	819	PIB aux prix constants
Growth rates	7.3	14.4	1.0	11.3	5.3	-26.8	2.1	Taux de croissance
Tuvalu								**Tuvalu**
GDP at current prices	12	22	31	36	54	52	60	PIB aux prix courants
GDP per capita	1 227	2 187	2 976	3 328	4 943	4 675	5 370	PIB par habitant
GDP at constant prices	20	27	29	36	46	44	45	PIB aux prix constants
Growth rates	-5.0	-4.1	-3.3	10.4	13.7	-4.2	1.7	Taux de croissance
Uganda								**Ouganda**
GDP at current prices	7 148	11 158	30 701	29 297	37 775	38 061	42 661	PIB aux prix courants
GDP per capita	346	399	949	782	880	857	930	PIB par habitant
GDP at constant prices	7 334	14 424	23 621	29 297	36 058	35 549	37 934	PIB aux prix constants
Growth rates	9.4	10.0	19.9	6.1	7.8	-1.4	6.7	Taux de croissance
Ukraine								**Ukraine**
GDP at current prices	50 376	89 239	136 012[8]	91 031[8]	153 883[8]	156 618[8]	200 086[8]	PIB aux prix courants
GDP per capita	987	1 902	2 977[8]	2 024[8]	3 481[8]	3 567[8]	4 596[8]	PIB par habitant
GDP at constant prices	76 792	100 863	102 154[8]	91 031[8]	101 944[8]	98 118[8]	101 408[8]	PIB aux prix constants
Growth rates	-12.2	3.1	0.3[8]	-9.8[8]	3.2[8]	-3.8[8]	3.4[8]	Taux de croissance
United Arab Emirates								**Émirats arabes unis**
GDP at current prices	66 603	182 978	289 787	358 135	417 216	357 219	405 468	PIB aux prix courants
GDP per capita	27 364	42 742	34 166	40 164	45 292	38 463	43 295	PIB par habitant
GDP at constant prices	138 960	246 972	278 173	358 135	395 104	375 979	390 147	PIB aux prix constants
Growth rates	8.2	4.9	1.6	5.1	3.4	-4.8	3.8	Taux de croissance
United Kingdom								**Royaume-Uni**
GDP at current prices	1 346 252	2 544 813	2 491 397	2 934 858	2 857 058	2 704 609	3 131 378	PIB aux prix courants
GDP per capita	23 239	42 144	39 697	44 996	42 784	40 331	46 542	PIB par habitant
GDP at constant prices	1 958 703	2 599 922	2 660 406	2 934 858	3 174 164	2 824 026	3 036 532	PIB aux prix constants
Growth rates	2.7	2.7	2.4	2.4	1.6	-11.0	7.5	Taux de croissance
United Rep. of Tanzania [9]								**Rép.-Unie de Tanzanie** [9]
GDP at current prices	7 198	17 174	31 553	47 379	61 027	65 892	70 297	PIB aux prix courants
GDP per capita	242	448	719	927	1 048	1 098	1 136	PIB par habitant
GDP at constant prices	14 882	25 697	34 515	47 379	61 865	64 844	68 052	PIB aux prix constants
Growth rates	3.6	7.4	6.4	6.2	7.0	4.8	4.9	Taux de croissance

13 Gross domestic product and gross domestic product per capita *(continued)*
In millions of US dollars at current and constant 2015 prices; per capita US dollars; real rates of growth

Produit intérieur brut et produit intérieur brut par habitant *(suite)*
En millions de dollars É.-U. aux prix courants et constants de 2015; par habitant en dollars É.U.; taux de croissance réels

Country or area	1995	2005	2010	2015	2019	2020	2021	Pays ou zone
United States of America								**États-Unis d'Amérique**
GDP at current prices	7 639 749	13 039 197	15 048 970	18 206 023	21 380 976	21 060 474	23 315 081	PIB aux prix courants
GDP per capita	28 758	43 926	48 361	56 086	63 954	62 691	69 185	PIB par habitant
GDP at constant prices	11 135 929	15 600 244	16 383 040	18 206 023	19 928 973	19 377 383	20 529 463	PIB aux prix constants
Growth rates	2.7	3.5	2.7	2.7	2.3	-2.8	5.9	Taux de croissance
Uruguay								**Uruguay**
GDP at current prices	21 312	17 363	40 285	57 081	61 231	53 561	59 318	PIB aux prix courants
GDP per capita	6 643	5 233	12 016	16 775	17 860	15 620	17 313	PIB par habitant
GDP at constant prices	30 066	33 781	45 125	57 081	60 306	56 615	59 087	PIB aux prix constants
Growth rates	-1.5	7.5	7.8	1.8	0.4	-6.1	4.4	Taux de croissance
Uzbekistan								**Ouzbékistan**
GDP at current prices	16 177	17 085	50 010	86 196	59 908	59 894	69 239	PIB aux prix courants
GDP per capita	703	643	1 748	2 785	1 817	1 786	2 032	PIB par habitant
GDP at constant prices	24 003	37 973	60 877	86 196	106 161	108 164	116 190	PIB aux prix constants
Growth rates	-0.9	7.0	9.9	7.2	5.7	1.9	7.4	Taux de croissance
Vanuatu								**Vanuatu**
GDP at current prices	273	395	701	760	940	909	981	PIB aux prix courants
GDP per capita	1 598	1 815	2 855	2 748	3 089	2 918	3 073	PIB par habitant
GDP at constant prices	450	554	706	760	872	828	829	PIB aux prix constants
Growth rates	4.7	5.3	1.6	0.2	3.2	-5.0	0.1	Taux de croissance
Venezuela (Boliv. Rep. of)								**Venezuela (Rép. boliv. du)**
GDP at current prices	74 892	145 514	393 806	344 341	150 165	106 499	111 813	PIB aux prix courants
GDP per capita	3 388	5 456	13 714	11 279	5 183	3 738	3 965	PIB par habitant
GDP at constant prices	242 554	285 620	342 616	344 341	139 968	97 988	98 454	PIB aux prix constants
Growth rates	4.0	10.3	-1.5	-6.2	-27.7	-30.0	0.5	Taux de croissance
Viet Nam								**Viet Nam**
GDP at current prices	20 736	57 633	147 201	239 258	334 365	346 616	366 138	PIB aux prix courants
GDP per capita	281	693	1 684	2 595	3 491	3 586	3 756	PIB par habitant
GDP at constant prices	51 708	102 817	177 322	239 258	314 948	323 978	332 271	PIB aux prix constants
Growth rates	9.5	7.5	11.6	7.0	7.4	2.9	2.6	Taux de croissance
Yemen								**Yémen**
GDP at current prices	5 935	19 041	30 907	24 819	12 980	9 417	9 947	PIB aux prix courants
GDP per capita	369	893	1 249	870	411	292	302	PIB par habitant
GDP at constant prices	21 498	41 586	49 486	24 819	18 973	19 201	19 009	PIB aux prix constants
Growth rates	16.7	5.1	4.1	-36.1	1.4	1.2	-1.0	Taux de croissance
Zambia								**Zambie**
GDP at current prices	3 807	8 332	20 265	20 859	23 310	18 111	21 313	PIB aux prix courants
GDP per capita	438	720	1 469	1 284	1 268	957	1 095	PIB par habitant
GDP at constant prices	6 623	10 687	16 222	20 859	23 645	22 987	24 044	PIB aux prix constants
Growth rates	2.9	7.2	10.3	2.9	1.4	-2.8	4.6	Taux de croissance
Zanzibar								**Zanzibar**
GDP at current prices	186	438	820	1 184	1 807	1 835	2 080	PIB aux prix courants
GDP per capita	235	408	657	821	1 112	1 098	1 211	PIB par habitant
GDP at constant prices	350	682	888	1 184	1 546	1 566	1 646	PIB aux prix constants
Growth rates	3.5	4.9	4.3	6.2	7.0	1.3	5.1	Taux de croissance
Zimbabwe								**Zimbabwe**
GDP at current prices	11 063	7 189	12 042	19 963	22 595	21 665	24 118	PIB aux prix courants
GDP per capita	1 006	588	938	1 410	1 472	1 383	1 508	PIB par habitant
GDP at constant prices	10 458	8 316	14 100	19 963	20 705	19 608	20 843	PIB aux prix constants
Growth rates	0.2	-4.1	19.7	1.8	-6.1	-5.3	6.3	Taux de croissance

Source:

United Nations Statistics Division, New York, National Accounts Statistics: Analysis of Main Aggregates (AMA) database, last accessed April 2023.

Source:

Organisation des Nations Unies, Division de statistique, New York, base de données des statistiques des comptes nationaux : Analyse des principaux agrégats, denier accès avril 2023.

1 For statistical purposes, the data for China do not include those for the Hong Kong Special Administrative Region (Hong Kong SAR), Macao Special Administrative Region (Macao SAR) and Taiwan Province of China.
2 Data compiled in accordance with the System of National Accounts 1968 (1968 SNA).

1 Pour la présentation des statistiques, les données pour la Chine ne comprennent pas la région administrative spéciale de Hong Kong (RAS de Hong Kong), la région administrative spéciale de Macao (RAS de Macao) et la province chinoise de Taïwan.
2 Données compilées selon le Système de comptabilité nationale de 1968 (SCN 1968).

3 Excluding northern Cyprus.
4 Including French Guiana, Guadeloupe, Martinique and Réunion.
5 Including Western Sahara.
6 Does not incorporate export of binational hydroelectric power at market prices.
7 Including Kosovo and Metohija.
8 The Government of Ukraine has informed the United Nations that it is not in a position to provide statistical data concerning the Autonomous Republic of Crimea and the city of Sevastopol.
9 Tanzania mainland only, excluding Zanzibar.

3 Chypre du nord non compris.
4 Y compris Guadeloupe, Guyane française, Martinique et Réunion.
5 Y compris les données de Sahara occidental.
6 Ne comprend pas l'exportation d'énergie hydroélectrique binationale aux prix du marché.
7 Y compris Kosovo et Metohija.
8 Le Gouvernement ukrainien a informé l'Organisation des Nations Unies qu'il n'est pas en mesure de fournir des données statistiques concernant la République autonome de Crimée et Sébastopol.
9 Tanzanie continentale seulement, Zanzibar non compris.

14 Gross value added by kind of economic activity

Percentage distribution, current prices

Valeur ajoutée brute par type d'activité économique

Répartition en pourcentage, aux prix courants

Country or area[&]	1995	2005	2010	2015	2019	2020	2021	Pays ou zone[&]
Afghanistan[1]								**Afghanistan**[1]
Agriculture	66.3	37.3	33.2	27.3	27.0[2]	28.1[2]	35.0[2]	Agriculture
Industry	10.6	21.3	13.0	10.8	14.8[3]	14.7[3]	16.3[3]	Industrie
Services	23.0	41.4	53.8	61.9	58.2[4]	57.2[4]	48.7[4]	Services
Albania[1]								**Albanie**[1]
Agriculture[2]	54.3	21.5	20.7	22.5	21.0	22.0	20.3	Agriculture[2]
Industry[3]	26.5	28.7	28.7	24.8	23.6	22.8	25.0	Industrie[3]
Services[4]	19.2	49.8	50.7	52.7	55.4	55.2	54.7	Services[4]
Algeria								**Algérie**
Agriculture	10.4	8.0	8.6	12.1	12.8	14.3	12.6	Agriculture
Industry	47.9	59.7	51.4	37.3	38.8	34.3	41.0	Industrie
Services	41.7	32.3	40.0	50.6	48.3	51.4	46.3	Services
Andorra[1]								**Andorre**[1]
Agriculture[2]	0.5	0.4	0.5	0.6	0.6	0.6	0.6	Agriculture[2]
Industry[3]	18.8	17.7	14.5	11.2	13.0	13.6	13.4	Industrie[3]
Services	80.7[4]	81.9[4]	85.0	88.2	86.4	85.8	86.0	Services
Angola								**Angola**
Agriculture	7.4	5.0	6.2	9.1	7.9	9.1	9.0	Agriculture
Industry	67.4	59.7	52.1	42.1	49.9	45.6	43.4	Industrie
Services	25.2	35.3	41.7	48.8	42.2	45.3	47.5	Services
Anguilla								**Anguilla**
Agriculture	3.3	2.7	2.0	2.3	2.8	1.0	1.0	Agriculture
Industry	14.5	19.8	15.8	15.3	11.8	15.1	16.5	Industrie
Services	82.2	77.4	82.2	82.4	85.3	83.9	82.4	Services
Antigua and Barbuda								**Antigua-et-Barbuda**
Agriculture	1.9	2.0	1.8	1.8	1.9	2.5	2.6	Agriculture
Industry	14.4	16.5	18.3	18.7	23.6	23.8	24.5	Industrie
Services	83.7	81.5	79.9	79.5	74.5	73.7	72.9	Services
Argentina								**Argentine**
Agriculture	5.3	9.3	8.5	6.1	7.3	8.2	7.2	Agriculture
Industry	26.0	33.7	30.1	27.5	27.9	26.9	27.4	Industrie
Services	68.7	57.0	61.4	66.3	64.8	65.0	65.4	Services
Armenia[1]								**Arménie**[1]
Agriculture[2]	40.3	19.9	17.8	18.9	12.7	12.4	12.5	Agriculture[2]
Industry[3]	28.4	43.8	34.7	28.2	27.6	29.3	29.3	Industrie[3]
Services	31.3	36.3	47.4	52.9	59.7	58.2	58.2	Services
Aruba[1]								**Aruba**[1]
Agriculture[2,5]	~0.0	~0.0	~0.0	~0.0	~0.0	~0.0	~0.0	Agriculture[2,5]
Industry[3]	11.8	17.7	12.8	10.5	10.6	10.6	10.5	Industrie[3]
Services	88.1	82.2	87.2	89.5	89.3	89.4	89.5	Services
Australia[1]								**Australie**[1]
Agriculture[2]	3.7	3.0	2.5	2.6	2.1	2.5	3.4	Agriculture[2]
Industry[3]	28.3	27.8	28.4	24.0	27.1	27.3	29.8	Industrie[3]
Services	68.1	69.2	69.2	73.4	70.8	70.2	66.8	Services
Austria[1]								**Autriche**[1]
Agriculture[2]	2.4	1.4	1.4	1.3	1.2	1.2	1.4	Agriculture[2]
Industry[3]	32.1	30.5	28.7	28.2	28.2	28.7	28.9	Industrie[3]
Services	65.5	68.1	69.9	70.5	70.6	70.1	69.8	Services
Azerbaijan[1]								**Azerbaïdjan**[1]
Agriculture[2]	26.9	9.8	5.9	6.8	6.3	7.4	6.4	Agriculture[2]
Industry[3]	32.9	62.9	64.1	49.3	53.6	46.3	52.9	Industrie[3]
Services	40.2	27.3	30.0	43.9	40.1	46.2	40.7	Services
Bahamas								**Bahamas**
Agriculture[6]	1.9	1.1	1.2	0.9	0.6	0.9	0.5	Agriculture[6]
Industry[1,3]	11.3	11.5	12.3	12.5	14.0	13.1	12.5	Industrie[1,3]
Services[1]	86.8	87.4	86.6	86.6	85.4	86.0	87.0	Services[1]
Bahrain								**Bahreïn**
Agriculture[7]	0.7	0.3	0.3	0.3	0.3	0.3	0.3	Agriculture[7]
Industry[7]	36.1	42.8	45.5	40.7	43.3	41.4	42.7	Industrie[7]
Services	63.2	56.9	54.2	59.0	56.4	58.2	57.0	Services
Bangladesh[1]								**Bangladesh**[1]
Agriculture	26.4	20.1	17.6	14.7	12.5[2]	12.4[2]	12.1[2]	Agriculture
Industry	24.6	27.2	27.6	31.1	34.3[3]	34.1[3]	34.6[3]	Industrie
Services	49.1	52.6	54.8	54.3	53.1	53.4	53.3	Services

Gross value added by kind of economic activity *(continued)*
Percentage distribution, current prices

Valeur ajoutée brute par type d'activité économique *(suite)*
Répartition en pourcentage, aux prix courants

Country or area&	1995	2005	2010	2015	2019	2020	2021	Pays ou zone&
Barbados 1								**Barbade** 1
Agriculture 2	3.5	1.8	1.5	1.5	1.5	1.7	1.7	Agriculture 2
Industry 3	16.5	16.6	15.8	15.4	13.8	14.6	15.6	Industrie 3
Services	80.0	81.6	82.7	83.1	84.7	83.7	82.7	Services
Belarus 1								**Bélarus** 1
Agriculture 2	16.8	9.7	10.1	7.2	7.8	8.1	7.8	Agriculture 2
Industry 3	37.5	43.8	40.3	37.7	36.5	35.9	36.8	Industrie 3
Services	45.6	46.5	49.5	55.1	55.7	56.1	55.4	Services
Belgium 1								**Belgique** 1
Agriculture 2	1.4	0.9	0.9	0.8	0.8	0.8	0.7	Agriculture 2
Industry 3	28.9	25.3	23.4	22.0	21.6	21.7	22.0	Industrie 3
Services	69.7	73.8	75.7	77.3	77.7	77.5	77.2	Services
Belize 1								**Belize** 1
Agriculture 2	13.4	11.0	9.9	11.0	7.6	9.7	8.9	Agriculture 2
Industry 3	23.8	19.0	20.4	17.1	16.8	19.1	19.4	Industrie 3
Services	62.9	70.0	69.7	71.9	75.6	71.1	71.6	Services
Benin 1								**Bénin** 1
Agriculture	23.7	30.9 2	29.2 2	28.7 2	29.5 2	29.7 2	31.4 2	Agriculture
Industry	32.5	25.0 3	20.4 3	17.8 3	17.9 3	17.8 3	18.1 3	Industrie
Services	43.8	44.0	50.4	53.5	52.7	52.5	50.5	Services
Bermuda 1								**Bermudes** 1
Agriculture	0.8	0.8	0.3 2	0.2 2	0.2 2	0.3 2	0.2 2	Agriculture
Industry 3,8	10.4	9.7	6.9	5.4	6.7	5.9	6.2	Industrie 3,8
Services	88.8	89.5	92.8	94.4	93.1	93.9	93.6	Services
Bhutan								**Bhoutan**
Agriculture	33.2	21.0	15.4	15.1	16.6	19.8	17.8	Agriculture
Industry	33.5	38.4	45.7	44.5	37.8	35.4	37.9	Industrie
Services	33.3	40.7	38.9	40.4	45.6	44.9	44.3	Services
Bolivia (Plurin. State of)								**Bolivie (État plurin. de)**
Agriculture	16.4	13.9	12.4	12.6	13.9	15.5	14.4	Agriculture
Industry	32.1	30.9	35.8	31.0	28.6	26.0	29.3	Industrie
Services	51.5	55.2	51.8	56.5	57.5	58.5	56.3	Services
Bosnia and Herzegovina 1								**Bosnie-Herzégovine** 1
Agriculture	22.0	9.8 2	8.0 2	7.3 2	6.6 2	7.0 2	6.0 2	Agriculture
Industry	31.8	25.4 3	26.5 3	26.6 3	28.1 3	28.4 3	29.8 3	Industrie
Services	46.2	64.8	65.5	66.1	65.3	64.6	64.1	Services
Botswana 1								**Botswana** 1
Agriculture	4.9	1.7	2.2 2	2.0 2	2.2 2	2.3 2	1.8 2	Agriculture
Industry	46.5	47.9	39.6 3	39.0 3	33.4 3	27.8 3	31.2 3	Industrie
Services	48.6	50.4	58.2	59.0	64.4	69.8	67.0	Services
Brazil 1								**Brésil** 1
Agriculture 2	5.5	5.5	4.8	5.0	4.9	6.6	8.1	Agriculture 2
Industry 3	26.0	28.5	27.4	22.5	21.8	22.5	22.2	Industrie 3
Services	68.5	66.0	67.8	72.5	73.3	70.9	69.8	Services
British Virgin Islands								**Îles Vierges britanniques**
Agriculture 1,2	0.3	0.2	0.1	0.1	0.1	0.1	0.1	Agriculture 1,2
Industry 9	6.5	5.5	4.4	6.2	6.6	6.7	6.8	Industrie 9
Services 1	93.3	94.3	95.4	93.7	93.2	93.2	93.1	Services 1
Brunei Darussalam 1								**Brunéi Darussalam** 1
Agriculture 2	1.1	0.9	0.7	1.1	1.0	1.2	1.2	Agriculture 2
Industry 3	53.4	72.0	67.4	60.2	61.5	58.1	61.7	Industrie 3
Services	45.5	27.1	31.9	38.7	37.5	40.7	37.0	Services
Bulgaria 1								**Bulgarie** 1
Agriculture 2	10.0	8.6	4.6	4.7	3.8	4.0	5.0	Agriculture 2
Industry 3	19.3	28.6	27.2	27.8	25.1	25.1	23.8	Industrie 3
Services	70.7	62.9	68.2	67.5	71.1	70.8	71.2	Services
Burkina Faso 1								**Burkina Faso** 1
Agriculture 2	28.3	29.3	26.2	24.9	20.3	20.0	19.1	Agriculture 2
Industry 3	23.9	22.0	28.2	26.8	30.0	35.5	35.0	Industrie 3
Services	47.8	48.7	45.6	48.3	49.6	44.5	46.0	Services
Burundi								**Burundi**
Agriculture	48.2	43.0	40.7	37.5	36.4	37.2	37.5	Agriculture
Industry	19.2	17.8	16.3	16.4	18.6	18.8	18.7	Industrie
Services	32.6	39.1	43.0	46.2	45.0	44.0	43.8	Services

14 Gross value added by kind of economic activity *(continued)*
Percentage distribution, current prices

Valeur ajoutée brute par type d'activité économique *(suite)*
Répartition en pourcentage, aux prix courants

Country or area&	1995	2005	2010	2015	2019	2020	2021	Pays ou zone&
Cabo Verde [1]								**Cabo Verde** [1]
Agriculture [2]	15.6	11.7	9.2	10.0	5.4	5.6	5.1	Agriculture [2]
Industry [3]	29.9	22.8	20.8	20.7	22.9	26.6	28.9	Industrie [3]
Services	54.5	65.5	70.1	69.3	71.7	67.8	66.0	Services
Cambodia								**Cambodge**
Agriculture	51.4	32.4	36.0	28.2	22.1	24.4	24.5	Agriculture
Industry	12.9	26.4	23.3	29.4	36.5	37.0	39.4	Industrie
Services	35.7	41.2	40.7	42.3	41.4	38.6	36.1	Services
Cameroon [1]								**Cameroun** [1]
Agriculture [2]	20.4	18.0	18.4	18.7	18.3	18.7	18.6	Agriculture [2]
Industry [3]	30.7	30.1	27.6	27.3	26.0	25.2	26.0	Industrie [3]
Services	48.9	51.9	54.0	54.0	55.7	56.1	55.4	Services
Canada [1]								**Canada** [1]
Agriculture	2.9	2.0[2]	1.6[2]	2.0[2]	2.0[2]	1.9[2]	1.9[2]	Agriculture
Industry	30.7	31.1[3]	27.9[3]	25.9[3]	25.4[3]	25.7[3]	25.7[3]	Industrie
Services	66.4	66.8	70.5	72.1	72.6	72.4	72.4	Services
Cayman Islands [1]								**Îles Caïmanes** [1]
Agriculture [2]	0.3	0.3	0.3	0.4	0.4	0.5	0.4	Agriculture [2]
Industry [3]	10.2	10.1	7.4	7.4	8.2	8.3	8.1	Industrie [3]
Services	89.5	89.6	92.2	92.2	91.4	91.2	91.4	Services
Central African Republic								**République centrafricaine**
Agriculture	36.1	44.6	39.8	32.5	33.4	33.4	33.3	Agriculture
Industry	26.9	18.4	26.1	22.8	21.9	21.7	21.8	Industrie
Services	37.0	36.9	34.1	44.6	44.8	44.9	45.0	Services
Chad [1]								**Tchad** [1]
Agriculture	27.7	26.0	35.1	29.8	36.2[2]	36.2[2]	46.5[2]	Agriculture
Industry	15.0	35.1	42.5	43.1	29.6[3]	30.1[3]	22.9[3]	Industrie
Services	57.3	38.9	22.4	27.0	34.3	33.6	30.6	Services
Chile [1]								**Chili** [1]
Agriculture [2]	5.9	4.5	3.9	4.0	4.4	4.5	3.7	Agriculture [2]
Industry [3]	41.4	40.3	38.8	32.6	30.2	33.2	35.4	Industrie [3]
Services	52.7	55.2	57.3	63.4	65.4	62.2	60.9	Services
China [1,10]								**Chine** [1,10]
Agriculture	19.8	12.1	9.9	8.7[2]	7.5[2]	8.0[2]	7.6[2]	Agriculture
Industry	46.9	47.4	46.4	41.0[3]	38.8[3]	38.0[3]	39.6[3]	Industrie
Services	33.3	40.5[11]	43.7[11]	50.3[12]	53.8[12]	54.0[12]	52.8[12]	Services
China, Hong Kong SAR [1]								**Chine, RAS de Hong Kong** [1]
Agriculture [5,13]	0.2	0.1	0.1	0.1	0.1	0.1	0.1	Agriculture [5,13]
Industry [3,8]	14.1	8.7	7.0	7.3	6.5	6.4	6.2	Industrie [3,8]
Services	85.7	91.3	93.0	92.7	93.4	93.4	93.7	Services
China, Macao SAR								**Chine, RAS de Macao**
Industry	14.8	14.9	7.4	10.4	5.9	10.1	7.4	Industrie
Services	85.2	85.1	92.6	89.6	94.1	89.9	92.6	Services
Colombia [1]								**Colombie** [1]
Agriculture [2]	9.2	8.3	6.9	6.6	7.1	8.1	8.2	Agriculture [2]
Industry [3]	30.2	33.3	34.4	31.5	28.7	26.1	27.7	Industrie [3]
Services	60.7	58.4	58.6	61.9	64.2	65.8	64.1	Services
Comoros								**Comores**
Agriculture	31.9	37.3	31.6	31.7	37.0	38.1	38.7	Agriculture
Industry	11.7	10.9	12.2	10.8	8.9	8.7	8.7	Industrie
Services	56.3	51.8	56.1	57.5	54.2	53.2	52.5	Services
Congo								**Congo**
Agriculture	10.7	6.3	4.2	6.3	7.6	11.5	8.7	Agriculture
Industry	52.5	63.2	68.0	50.4	48.3	29.7	43.8	Industrie
Services	36.9	30.5	27.8	43.3	44.1	58.8	47.5	Services
Cook Islands [1]								**Îles Cook** [1]
Agriculture [2]	5.1	4.9	3.4	3.2	2.8	3.1	3.0	Agriculture [2]
Industry [3,5]	7.3	9.0	7.9	11.3	8.7	9.7	11.5	Industrie [3,5]
Services	87.7	86.1	88.7	85.4	88.5	87.2	85.5	Services
Costa Rica [1]								**Costa Rica** [1]
Agriculture [2]	13.9	9.5	7.1	5.2	4.5	4.8	4.8	Agriculture [2]
Industry [3]	29.0	26.8	25.4	21.7	20.8	21.7	22.4	Industrie [3]
Services	57.1	63.7	67.5	73.1	74.7	73.6	72.8	Services

14 Gross value added by kind of economic activity *(continued)*
Percentage distribution, current prices

Valeur ajoutée brute par type d'activité économique *(suite)*
Répartition en pourcentage, aux prix courants

Country or area&	1995	2005	2010	2015	2019	2020	2021	Pays ou zone&
Côte d'Ivoire								**Côte d'Ivoire**
Agriculture	26.6[14]	24.3	25.2	19.8	22.1	21.5	21.9	Agriculture
Industry	22.3[14]	24.5	22.6	21.1	22.7	22.4	22.5	Industrie
Services	51.1[14]	51.3	52.2	59.1	55.2	56.1	55.6	Services
Croatia [1]								**Croatie** [1]
Agriculture [2]	6.8	4.6	4.3	3.6	3.5	3.7	3.5	Agriculture [2]
Industry [3]	32.1	28.2	25.1	24.8	24.2	24.8	23.8	Industrie [3]
Services	61.0	67.2	70.6	71.6	72.3	71.6	72.7	Services
Cuba								**Cuba**
Agriculture	6.4	4.4	3.7	3.9	3.6	2.8	2.0	Agriculture
Industry	25.9	21.8	23.1	22.6	24.9	23.2	17.8	Industrie
Services	67.7	73.8	73.2	73.5	71.5	74.0	80.2	Services
Curaçao [1]								**Curaçao** [1]
Agriculture [2,5]	…	0.6	0.4	0.2	0.2	0.2	0.2	Agriculture [2,5]
Industry [3]	…	16.5	16.3	19.3	18.7	16.7	16.1	Industrie [3]
Services	…	83.0	83.3	80.4	81.1	83.1	83.7	Services
Cyprus [1]								**Chypre** [1]
Agriculture [2]	5.2	3.1	2.3	2.1	2.0	2.1	1.9	Agriculture [2]
Industry [3]	22.0	20.5	16.4	11.6	14.8	14.5	14.9	Industrie [3]
Services	72.8	76.4	81.2	86.2	83.2	83.4	83.2	Services
Czechia [1]								**Tchéquie** [1]
Agriculture [2]	4.4	2.5	1.7	2.5	2.1	2.2	2.0	Agriculture [2]
Industry [3]	38.9	37.2	36.7	37.5	34.9	33.7	33.3	Industrie [3]
Services	56.6	60.3	61.6	60.0	63.0	64.1	64.7	Services
Dem. People's Rep. Korea [14]								**Rép. pop. dém. de Corée** [14]
Agriculture	27.6	25.0	20.8	21.6	21.2	22.4	23.8	Agriculture
Industry	42.0	42.8	48.2	46.2	44.7	43.8	…	Industrie
Services	30.3	32.2	31.0	32.2	34.1	33.8	…	Services
Dem. Rep. of the Congo								**Rép. dém. du Congo**
Agriculture	57.0	22.3	22.4	19.7	20.8	21.6	20.4	Agriculture
Industry	17.0	32.9	40.5	44.8	42.4	40.7	45.1	Industrie
Services	26.0	44.9	37.0	35.5	36.8	37.7	34.5	Services
Denmark [1]								**Danemark** [1]
Agriculture [2]	3.3	1.3	1.4	1.1	1.5	1.6	1.0	Agriculture [2]
Industry [3]	25.5	26.2	22.8	23.0	23.8	23.0	22.2	Industrie [3]
Services	71.2	72.5	75.8	75.9	74.8	75.4	76.8	Services
Djibouti								**Djibouti**
Agriculture	3.2	3.6	2.8	1.3	1.4	1.4	1.4	Agriculture
Industry	15.3	16.2	16.1	12.1	11.8	12.0	11.8	Industrie
Services	81.5	80.2	81.1	86.6	86.9	86.6	86.8	Services
Dominica								**Dominique**
Agriculture	13.7	13.5	13.7	16.5	14.5	17.8	20.3	Agriculture
Industry	16.3	15.2	14.0	14.7	18.3	14.3	13.9	Industrie
Services	70.0	71.3	72.2	68.8	67.2	67.9	65.8	Services
Dominican Republic [1]								**République dominicaine** [1]
Agriculture [2]	10.7	7.7	6.5	5.9	5.6	6.5	6.1	Agriculture [2]
Industry [3]	35.1	32.5	29.9	30.6	31.4	32.4	35.1	Industrie [3]
Services	54.3	59.8	63.6	63.5	63.0	61.2	58.8	Services
Ecuador [1]								**Équateur** [1]
Agriculture [2]	22.6	10.0	10.2	10.2	9.4	10.5	10.0	Agriculture [2]
Industry [3]	28.0	33.4	36.3	34.4	35.0	32.7	33.2	Industrie [3]
Services	49.4	56.6	53.5	55.4	55.5	56.8	56.8	Services
Egypt								**Égypte**
Agriculture [15]	16.8	14.4	14.0	11.3	11.4	12.1	12.0	Agriculture [15]
Industry [15]	32.7	36.9	37.5	36.2	36.7	33.6	32.8	Industrie [15]
Services	50.9	48.8	48.5	52.5	52.0	54.3	55.2	Services
El Salvador								**El Salvador**
Agriculture [1,2]	12.6	6.8	7.6	6.1	5.7	6.0	5.5	Agriculture [1,2]
Industry [3]	27.9	26.8	27.5	27.8	28.0	26.5	27.1	Industrie [3]
Services	59.5	66.4	64.8	66.1	66.3	67.5	67.4	Services
Equatorial Guinea								**Guinée équatoriale**
Agriculture	12.5	1.5	1.1	1.9	2.4	3.0	2.6	Agriculture
Industry	35.8	81.3	74.3	59.0	53.1	45.3	53.1	Industrie
Services	51.6	17.2	24.6	39.1	44.4	51.8	44.3	Services

14 Gross value added by kind of economic activity *(continued)*
Percentage distribution, current prices

Valeur ajoutée brute par type d'activité économique *(suite)*
Répartition en pourcentage, aux prix courants

Country or area&	1995	2005	2010	2015	2019	2020	2021	Pays ou zone&
Eritrea [14]								**Érythrée** [14]
Agriculture	20.9	24.2	19.1	17.2	17.3	17.3	17.3	Agriculture
Industry	16.8	21.9	30.9	31.2	31.3	31.3	31.3	Industrie
Services	62.3	53.9	50.0	51.6	51.4	51.4	51.4	Services
Estonia [1]								**Estonie** [1]
Agriculture [2]	4.7	3.7	3.6	3.3	2.7	2.3	2.3	Agriculture [2]
Industry [3]	30.9	29.6	27.9	27.5	26.4	25.9	26.4	Industrie [3]
Services	64.4	66.7	68.5	69.2	70.8	71.7	71.3	Services
Eswatini [1]								**Eswatini** [1]
Agriculture [2]	7.9	11.3	10.4	9.8	9.0	9.0	9.0	Agriculture [2]
Industry [3]	41.2	40.9	38.7	37.6	36.5	33.7	35.0	Industrie [3]
Services	51.0	47.9	50.9	52.6	54.5	57.3	56.0	Services
Ethiopia								**Éthiopie**
Agriculture	55.0	45.2	45.3	38.8	35.2	37.2	39.2	Agriculture
Industry	9.8	13.1	10.4	17.5	26.0	24.2	22.8	Industrie
Services	35.1	41.7	44.3	43.7	38.9	38.6	38.1	Services
Fiji [1]								**Fidji** [1]
Agriculture [2]	16.4	12.8	10.2	10.0	14.6	17.1	17.0	Agriculture [2]
Industry [3]	17.8	17.9	19.9	19.3	19.3	19.9	19.8	Industrie [3]
Services	65.8	69.2	69.9	70.6	66.1	63.0	63.1	Services
Finland [1]								**Finlande** [1]
Agriculture [2]	4.3	2.6	2.8	2.6	2.7	2.8	2.6	Agriculture [2]
Industry [3]	33.7	33.5	29.9	27.0	27.6	27.7	28.4	Industrie [3]
Services	62.0	63.9	67.3	70.4	69.7	69.4	69.0	Services
France [1]								**France** [1]
Agriculture [2]	2.7	1.9	1.8	1.8	1.7	1.8	1.9	Agriculture [2]
Industry [3]	24.9	21.8	19.8	19.8	19.6	18.5	18.8	Industrie [3]
Services	72.4	76.3	78.4	78.5	78.7	79.8	79.4	Services
French Polynesia								**Polynésie française**
Agriculture	5.2	3.4	2.5	3.6	3.4	3.3	3.3	Agriculture
Industry	12.5	12.7	12.3	12.0	11.7	11.6	11.6	Industrie
Services	82.3	83.9	85.2	84.4	84.9	85.1	85.1	Services
Gabon								**Gabon**
Agriculture	7.3	5.2	4.2	4.7	5.8	7.1	6.5	Agriculture
Industry	54.5	62.6	59.6	51.9	49.7	43.2	49.8	Industrie
Services	38.2	32.2	36.2	43.4	44.5	49.8	43.7	Services
Gambia [1]								**Gambie** [1]
Agriculture [2]	23.0	34.0	37.4	24.3	21.7	23.1	24.1	Agriculture [2]
Industry [3]	12.7	12.2	10.4	18.8	18.8	18.3	18.4	Industrie [3]
Services	64.3	53.8	52.2	56.9	59.5	58.6	57.5	Services
Georgia [1]								**Géorgie** [1]
Agriculture [2]	48.5	18.8	9.6	8.8	7.4	8.3	7.0	Agriculture [2]
Industry [3,5]	12.0	22.3	19.1	21.5	23.2	24.2	25.0	Industrie [3,5]
Services	39.5	58.8	71.4	69.7	69.4	67.5	68.0	Services
Germany [1]								**Allemagne** [1]
Agriculture [2]	1.1	0.8	0.9	0.8	0.9	0.8	0.9	Agriculture [2]
Industry [3]	32.9	29.1	29.9	30.1	29.9	29.4	29.6	Industrie [3]
Services	66.0	70.1	69.2	69.1	69.2	69.8	69.5	Services
Ghana [1]								**Ghana** [1]
Agriculture [2]	30.6	29.1	28.9	21.8	18.5	20.1	21.0	Agriculture [2]
Industry [3]	35.0	33.2	28.2	34.0	33.2	31.8	30.1	Industrie [3]
Services	34.4	37.7	43.0	44.2	48.2	48.1	48.9	Services
Greece [1]								**Grèce** [1]
Agriculture [2]	8.1	4.8	3.4	4.4	4.4	4.8	4.4	Agriculture [2]
Industry [3]	21.6	19.8	16.9	16.4	15.4	17.1	17.5	Industrie [3]
Services	70.3	75.4	79.7	79.2	80.2	78.1	78.0	Services
Greenland								**Groenland**
Agriculture [2]	17.5	17.5	13.8	17.6	18.9	18.0	18.7	Agriculture [2]
Industry [3]	15.5	16.8	18.6	17.6	18.1	18.9	18.6	Industrie [3]
Services	67.1	65.8	67.6	64.9	63.0	63.1	62.7	Services
Grenada								**Grenade**
Agriculture	9.5	3.4	5.2	8.6	5.5	5.8	6.0	Agriculture
Industry	18.6	26.1	16.8	14.2	16.0	15.4	17.2	Industrie
Services	71.9	70.5	78.1	77.2	78.5	78.8	76.8	Services

14

Gross value added by kind of economic activity *(continued)*
Percentage distribution, current prices

Valeur ajoutée brute par type d'activité économique *(suite)*
Répartition en pourcentage, aux prix courants

Country or area&	1995	2005	2010	2015	2019	2020	2021	Pays ou zone&
Guatemala [1]								**Guatemala** [1]
Agriculture [2]	15.8	13.0	11.4	10.6	10.0	10.5	10.0	Agriculture [2]
Industry [3]	24.6	24.9	24.2	24.1	23.3	23.5	23.7	Industrie [3]
Services	59.6	62.2	64.4	65.3	66.6	66.0	66.3	Services
Guinea								**Guinée**
Agriculture	25.7	14.9	18.6	20.1	28.5	27.6	28.1	Agriculture
Industry	27.2	34.9	34.3	28.6	31.7	30.8	31.0	Industrie
Services	47.1	50.3	47.1	51.3	39.8	41.6	40.9	Services
Guinea-Bissau								**Guinée-Bissau**
Agriculture	55.1	45.4	46.2	49.0	32.0	32.6	32.4	Agriculture
Industry	12.2	14.7	13.5	12.8	13.9	14.2	13.9	Industrie
Services	32.7	39.9	40.3	38.2	54.1	53.2	53.7	Services
Guyana [1]								**Guyana** [1]
Agriculture	37.1	37.2	30.0[2]	27.0[2]	19.3[2]	17.8[2]	19.5[2]	Agriculture
Industry	33.3	23.6	26.2[3]	26.2[3]	31.5[3]	41.0[3]	33.8[3]	Industrie
Services	29.6	39.2	43.8	46.8	49.1	41.2	46.7	Services
Haiti [1]								**Haïti** [1]
Agriculture	19.5	18.5[2]	21.0[2]	18.0[2]	20.1[2]	20.9[2]	21.1[2]	Agriculture
Industry	30.7	25.7[3]	24.4[3]	27.1[3]	23.8[3]	23.9[3]	26.1[3]	Industrie
Services	49.8	55.8	54.5	54.9	56.1	55.2	52.8	Services
Honduras								**Honduras**
Agriculture	20.4	13.1	11.9	12.6	11.3	12.6	11.7	Agriculture
Industry	29.9	27.6	26.2	26.5	28.4	26.9	28.1	Industrie
Services	49.7	59.3	62.0	60.8	60.4	60.5	60.2	Services
Hungary [1]								**Hongrie** [1]
Agriculture [2]	8.5	4.3	3.6	4.5	3.9	4.0	4.0	Agriculture [2]
Industry [3]	30.5	31.5	29.7	31.3	29.3	28.9	28.7	Industrie [3]
Services	61.1	64.1	66.7	64.2	66.8	67.1	67.4	Services
Iceland [1]								**Islande** [1]
Agriculture [2]	10.5	5.5	7.0	5.9	4.9	4.8	5.1	Agriculture [2]
Industry [3]	28.9	24.3	24.4	22.5	21.9	21.8	22.8	Industrie [3]
Services	60.5	70.2	68.6	71.6	73.3	73.4	72.2	Services
India [1]								**Inde** [1]
Agriculture [2]	27.4	19.2	18.4	17.7	18.3	20.0	18.6	Agriculture [2]
Industry [3]	31.7	32.2	33.1	30.0	26.9	26.9	28.7	Industrie [3]
Services	40.9	48.5	48.5	52.3	54.8	53.1	52.7	Services
Indonesia [1]								**Indonésie** [1]
Agriculture [2]	14.2	12.1	14.3	13.9	13.3	14.2	13.8	Agriculture [2]
Industry [3]	38.3	43.1	43.9	41.4	40.6	39.7	41.5	Industrie [3]
Services	47.6	44.8	41.8	44.7	46.1	46.1	44.6	Services
Iran (Islamic Republic of) [1]								**Iran (Rép. islamique d')** [1]
Agriculture	12.4	6.1[2]	5.6[2]	10.4[2]	14.3[2]	13.1[2]	13.0[2]	Agriculture
Industry	38.7	47.7[3]	43.3[3]	33.0[3]	33.8[3]	36.6[3]	36.2[3]	Industrie
Services	48.9	46.2	51.1	56.6	51.9	50.3	50.8	Services
Iraq [14]								**Iraq** [14]
Agriculture	12.3	6.9	5.1	4.2	3.7	6.0	4.0	Agriculture
Industry	66.0	63.3	55.4	45.0	52.4	39.5	52.0	Industrie
Services	21.7	29.9	39.4	50.9	43.9	54.4	44.0	Services
Ireland [1]								**Irlande** [1]
Agriculture [2]	6.2	1.2	1.0	1.0	1.0	1.0	1.1	Agriculture [2]
Industry [3]	32.0	34.2	25.6	41.1	37.8	39.7	40.1	Industrie [3]
Services	61.8	64.6	73.3	57.9	61.3	59.3	58.8	Services
Israel [1]								**Israël** [1]
Agriculture [2]	2.1	1.9	1.8	1.4	1.2	1.3	1.2	Agriculture [2]
Industry [3,5]	27.7	24.0	23.3	22.1	20.6	20.4	20.1	Industrie [3,5]
Services	70.2	74.2	74.9	76.5	78.2	78.3	78.7	Services
Italy [1]								**Italie** [1]
Agriculture [2]	3.3	2.3	2.0	2.3	2.1	2.2	2.2	Agriculture [2]
Industry [3]	29.2	25.8	24.3	23.2	24.0	23.8	25.1	Industrie [3]
Services	67.5	71.9	73.7	74.5	73.9	74.0	72.8	Services
Jamaica								**Jamaïque**
Agriculture	9.2	5.7	5.9	7.2	8.2	9.8	9.5	Agriculture
Industry	29.4	23.9	20.0	22.0	22.4	23.0	23.9	Industrie
Services	61.4	70.4	74.1	70.7	69.5	67.3	66.5	Services

14

Gross value added by kind of economic activity *(continued)*
Percentage distribution, current prices

Valeur ajoutée brute par type d'activité économique *(suite)*
Répartition en pourcentage, aux prix courants

Country or area&	1995	2005	2010	2015	2019	2020	2021	Pays ou zone&
Japan [1]								**Japon** [1]
Agriculture [2,7]	1.7	1.1	1.1	1.0	1.0	1.0	1.0	Agriculture [2,7]
Industry [3,7]	34.6	29.7	28.3	28.8	28.9	29.2	29.1	Industrie [3,7]
Services	63.7	69.2	70.6	70.2	70.1	69.8	69.9	Services
Jordan [1]								**Jordanie** [1]
Agriculture [2]	5.3	3.6	4.0	4.9	5.4	5.7	5.8	Agriculture [2]
Industry [3]	27.4	26.9	29.5	28.1	27.1	26.4	26.7	Industrie [3]
Services	67.3	69.5	66.5	67.0	67.5	67.9	67.5	Services
Kazakhstan [1]								**Kazakhstan** [1]
Agriculture [2]	12.9	6.6	4.7	5.0	4.8	5.7	5.4	Agriculture [2]
Industry [3]	30.2	39.2	41.9	32.5	35.5	35.0	37.6	Industrie [3]
Services	56.9	54.2	53.4	62.5	59.7	59.3	56.9	Services
Kenya [1]								**Kenya** [1]
Agriculture [2]	17.4	14.3	17.0	20.6	22.6	24.5	23.6	Agriculture [2]
Industry [3]	22.3	23.1	21.4	20.0	17.9	18.5	18.4	Industrie [3]
Services	60.3	62.7	61.6	59.4	59.6	57.0	58.0	Services
Kiribati								**Kiribati**
Agriculture [15]	35.4	21.8	24.3	22.2	24.8	25.4	23.1	Agriculture [15]
Industry [15]	12.6	9.3	12.0	15.7	9.1	9.5	11.6	Industrie [15]
Services	52.0	68.9	63.7	62.1	66.1	65.1	65.3	Services
Kosovo [1]								**Kosovo** [1]
Agriculture [2]	7.2	16.4	11.5	9.4	9.0	8.9	8.6	Agriculture [2]
Industry [3]	32.6	28.2	32.8	33.2	33.5	33.4	34.2	Industrie [3]
Services	60.2	55.3	55.7	57.4	57.5	57.7	57.2	Services
Kuwait								**Koweït**
Agriculture	0.4	0.3	0.4	0.5	0.3	0.4	0.4	Agriculture
Industry	52.8	60.2	58.2	48.7	51.4	39.5	48.1	Industrie
Services	46.7	39.5	41.4	50.9	48.2	60.1	51.5	Services
Kyrgyzstan [1]								**Kirghizistan** [1]
Agriculture [2]	43.1	31.3	18.8	15.4	13.0	14.7	15.3	Agriculture [2]
Industry [3]	21.8	22.1	28.2	27.5	31.7	31.5	28.6	Industrie [3]
Services	35.1	46.6	53.0	57.1	55.4	53.8	56.1	Services
Lao People's Dem. Rep. [1]								**Rép. dém. populaire lao** [1]
Agriculture [2]	42.8	29.1	23.6	19.7	18.0	18.4	18.1	Agriculture [2]
Industry [3]	15.7	26.2	30.9	31.0	35.4	37.2	38.6	Industrie [3]
Services	41.5	44.7	45.5	49.4	46.6	44.4	43.3	Services
Latvia [1]								**Lettonie** [1]
Agriculture [2]	8.8	4.2	4.6	4.0	4.8	5.0	4.7	Agriculture [2]
Industry [3]	30.1	22.7	23.0	21.7	21.6	22.4	22.7	Industrie [3]
Services	61.0	73.1	72.5	74.3	73.6	72.7	72.6	Services
Lebanon [1]								**Liban** [1]
Agriculture [2]	5.7	4.0	4.3	3.5	3.3	8.3	4.1	Agriculture [2]
Industry [3]	32.3	16.5	15.4	16.9	13.2	6.8	2.8	Industrie [3]
Services	62.0	79.5	80.3	79.5	83.5	90.0	95.8	Services
Lesotho [1]								**Lesotho** [1]
Agriculture [2]	9.3	6.1	5.4	4.2	5.0	5.7	4.8	Agriculture [2]
Industry [3]	34.2	40.2	34.9	37.9	34.1	35.1	32.4	Industrie [3]
Services	56.6	53.7	59.7	57.9	60.9	59.2	62.8	Services
Liberia								**Libéria**
Agriculture	80.5	68.8	64.5	69.5	74.0	75.6	73.9	Agriculture
Industry	5.2	9.8	12.5	10.5	8.7	7.9	8.5	Industrie
Services	14.3	21.5	17.9	20.0	17.3	16.4	17.6	Services
Libya								**Libye**
Agriculture	6.7	1.9	1.6	3.9	3.8	3.6	3.6	Agriculture
Industry	40.3	75.6	69.0	31.2	44.7	42.4	44.4	Industrie
Services	53.0	22.5	29.3	64.9	51.6	54.0	52.0	Services
Liechtenstein [1]								**Liechtenstein** [1]
Agriculture [2]	1.4	0.1	0.1	0.1	0.1	0.1	0.1	Agriculture [2]
Industry [3]	30.0	45.7	44.6	43.1	45.8	45.1	44.8	Industrie [3]
Services	68.5	54.1	55.3	56.8	54.1	54.8	55.1	Services
Lithuania [1]								**Lituanie** [1]
Agriculture [2]	11.1	4.8	3.4	3.8	3.5	3.9	3.7	Agriculture [2]
Industry [3]	31.5	32.7	29.1	29.7	28.1	27.7	28.3	Industrie [3]
Services	57.4	62.5	67.5	66.5	68.5	68.4	68.0	Services

14 Gross value added by kind of economic activity *(continued)*
Percentage distribution, current prices

Valeur ajoutée brute par type d'activité économique *(suite)*
Répartition en pourcentage, aux prix courants

Country or area&	1995	2005	2010	2015	2019	2020	2021	Pays ou zone&
Luxembourg [1]								**Luxembourg** [1]
Agriculture [2]	1.0	0.4	0.3	0.2	0.2	0.2	0.2	Agriculture [2]
Industry [3]	21.8	16.3	12.2	12.6	12.9	12.4	12.4	Industrie [3]
Services	77.1	83.3	87.5	87.1	86.9	87.4	87.4	Services
Madagascar								**Madagascar**
Agriculture	38.0	32.3	30.3	27.0	24.1	26.7	25.4	Agriculture
Industry	14.5	18.2	18.8	19.9	23.6	20.7	22.3	Industrie
Services	47.6	49.4	50.9	53.2	52.3	52.7	52.2	Services
Malawi [1]								**Malawi** [1]
Agriculture [2]	31.9	37.1	31.9	26.5	24.5	26.7	28.3	Agriculture [2]
Industry [3,5]	21.9	16.8	16.4	18.4	19.7	20.2	20.1	Industrie [3,5]
Services	46.1	46.1	51.7	55.1	55.8	53.1	51.6	Services
Malaysia [1]								**Malaisie** [1]
Agriculture [2,7]	12.7	8.4	10.2	8.4	7.3	8.3	9.7	Agriculture [2,7]
Industry [3,7]	40.5	46.9	40.9	38.9	37.9	36.3	38.2	Industrie [3,7]
Services	46.8	44.7	48.9	52.7	54.8	55.4	52.1	Services
Maldives [1]								**Maldives** [1]
Agriculture [2]	7.5	8.7	6.1	6.3	5.4	8.9	6.1	Agriculture [2]
Industry [3]	9.8	13.2	10.2	12.1	13.6	13.3	10.4	Industrie [3]
Services	82.7	78.1	83.8	81.7	81.0	77.8	83.5	Services
Mali								**Mali**
Agriculture	38.8	34.4	34.9	39.8	39.7	38.4	38.2	Agriculture
Industry	18.0	25.9	25.3	19.3	23.1	23.3	22.7	Industrie
Services	43.2	39.6	39.7	40.9	37.2	38.2	39.0	Services
Malta [1]								**Malte** [1]
Agriculture [2]	2.6	2.1	1.5	1.0	0.5	0.9	1.0	Agriculture [2]
Industry [3]	28.9	23.7	18.9	13.0	13.0	13.9	12.8	Industrie [3]
Services	68.5	74.2	79.7	86.0	86.5	85.3	86.2	Services
Marshall Islands [1]								**Îles Marshall** [1]
Agriculture	10.2	7.7[2]	12.0[2]	12.1[2]	19.7[2]	21.4[2]	23.2[2]	Agriculture
Industry	13.7	8.8[3,5]	14.1[3,5]	12.1[3,5]	13.7[3,5]	12.6[3,5]	11.0[3,5]	Industrie
Services	76.1	83.5	73.9	75.8	66.6	66.0	65.8	Services
Mauritania [1]								**Mauritanie** [1]
Agriculture [2]	33.6	21.4	17.6	23.0	23.6	21.2	20.2	Agriculture [2]
Industry [3]	32.1	35.3	40.3	25.3	30.4	35.0	35.8	Industrie [3]
Services	34.3	43.3	42.1	51.7	46.0	43.9	44.0	Services
Mauritius [1]								**Maurice** [1]
Agriculture	9.8	5.7	4.1[2]	3.5[2]	3.1[2]	3.6[2]	3.7[2]	Agriculture
Industry	31.3	26.6	25.3[3]	21.9[3]	19.4[3]	19.0[3]	20.7[3]	Industrie
Services	58.9	67.8	70.7	74.6	77.5	77.5	75.6	Services
Mexico [1]								**Mexique** [1]
Agriculture [2]	4.6	3.2	3.4	3.4	3.6	4.1	4.1	Agriculture [2]
Industry [3]	34.2	34.3	33.7	31.8	36.3	35.7	35.4	Industrie [3]
Services	61.2	62.5	62.9	64.8	60.1	60.3	60.5	Services
Micronesia (Fed. States of)								**Micronésie (États féd. de)**
Agriculture	24.9	24.2	26.7	27.8	23.9	23.9	23.9	Agriculture
Industry	7.2	5.7	7.8	6.5	5.2	5.2	5.2	Industrie
Services	68.0	70.2	65.5	65.7	70.9	70.9	71.0	Services
Monaco [1]								**Monaco** [1]
Industry [7]	12.8	12.2	12.9	17.6	13.0	14.9	12.5	Industrie [7]
Services	87.2	87.8	87.1	82.4	87.0	85.1	87.5	Services
Mongolia [1]								**Mongolie** [1]
Agriculture [2]	28.0	17.8	13.1	15.3	12.9	14.3	14.7	Agriculture [2]
Industry [3]	36.7	37.4	37.0	34.3	42.6	40.9	41.2	Industrie [3]
Services	35.4	44.8	50.0	50.3	44.5	44.7	44.1	Services
Montenegro [1]								**Monténégro** [1]
Agriculture [2]	12.1	10.3	9.2	9.8	7.9	9.1	7.8	Agriculture [2]
Industry [3]	25.3	22.1	20.5	17.4	19.9	20.9	18.5	Industrie [3]
Services	62.6	67.6	70.3	72.9	72.3	70.0	73.7	Services
Montserrat								**Montserrat**
Agriculture	4.9	0.9	1.1	1.4	0.9	0.8	0.7	Agriculture
Industry	12.3	16.7	13.3	12.4	16.6	13.1	17.2	Industrie
Services	82.8	82.5	85.7	86.3	82.5	86.2	82.1	Services

14 Gross value added by kind of economic activity *(continued)*
Percentage distribution, current prices

Valeur ajoutée brute par type d'activité économique *(suite)*
Répartition en pourcentage, aux prix courants

Country or area&	1995	2005	2010	2015	2019	2020	2021	Pays ou zone&
Morocco [1]								**Maroc** [1]
Agriculture	15.1	13.1	13.7	13.2[2]	12.1[2]	11.9[2]	13.4[2]	Agriculture
Industry	29.6	28.9	28.2	28.6[3]	28.2[3]	29.0[3]	29.1[3]	Industrie
Services	55.3	58.0	58.1	58.2	59.7	59.2	57.5	Services
Mozambique [1]								**Mozambique** [1]
Agriculture [2]	32.3	25.7	29.8	25.9	27.3	29.2	30.7	Agriculture [2]
Industry [3]	14.2	20.5	18.2	20.5	26.6	24.1	24.5	Industrie [3]
Services	53.6	53.9	52.0	53.6	46.1	46.7	44.8	Services
Myanmar [14]								**Myanmar** [14]
Agriculture [7]	60.9	45.9	35.3	26.7	20.9	22.7	25.3	Agriculture [7]
Industry [7]	9.5	17.8	28.3	33.9	38.6	37.1	33.8	Industrie [7]
Services	29.6	36.3	36.5	39.4	40.5	40.2	40.9	Services
Namibia [1]								**Namibie** [1]
Agriculture [2]	10.5	11.3	9.1	7.2	7.7	9.8	10.1	Agriculture [2]
Industry [3]	24.2	27.0	29.7	29.9	29.2	27.5	26.9	Industrie [3]
Services	65.3	61.6	61.2	62.9	63.1	62.7	63.0	Services
Nauru								**Nauru**
Agriculture [7]	6.4	7.8	4.2	2.4	2.4	2.4	2.4	Agriculture [7]
Industry	27.7	-6.5	43.6	40.7	36.4	36.4	36.8	Industrie
Services	65.8	98.7	52.2	56.9	61.2	61.2	60.8	Services
Nepal [1]								**Népal** [1]
Agriculture	38.9	33.9	32.2	29.4[2]	24.9[2]	26.2[2]	25.8[2]	Agriculture
Industry	17.7	17.2	15.0	14.6[3]	15.0[3]	13.4[3]	13.1[3]	Industrie
Services	43.4	48.9	52.8	56.0	60.1	60.4	61.1	Services
Netherlands (Kingdom of the) [1]								**Pays-Bas (Royaume des)** [1]
Agriculture [2]	3.4	2.1	2.0	1.9	1.8	1.8	1.7	Agriculture [2]
Industry [3]	26.5	23.6	21.9	20.2	19.7	20.0	20.3	Industrie [3]
Services	70.1	74.3	76.1	77.9	78.5	78.2	78.0	Services
Netherlands Antilles [former]								**Antilles néerlandaises [anc.]**
Agriculture [5]	0.9	0.8	0.6	...	...	...	...	Agriculture [5]
Industry	18.4	15.6	15.7	...	...	...	...	Industrie
Services	80.7	83.7	83.7	...	...	...	...	Services
New Caledonia								**Nouvelle-Calédonie**
Agriculture	1.8	1.7	1.5	2.1	2.1	2.2	2.1	Agriculture
Industry	22.0	26.6	28.3	24.0	22.7	23.0	22.9	Industrie
Services	76.2	71.7	70.2	73.9	75.1	74.9	74.9	Services
New Zealand [1]								**Nouvelle-Zélande** [1]
Agriculture [2]	7.0	4.9	7.1	4.9	6.2	6.3	6.2	Agriculture [2]
Industry [3]	27.8	25.8	23.0	23.1	22.3	22.3	22.2	Industrie [3]
Services	65.3	69.3	69.9	72.0	71.6	71.5	71.6	Services
Nicaragua								**Nicaragua**
Agriculture	22.4	17.8	18.7	17.8	16.9	17.3	17.4	Agriculture
Industry	22.0	22.9	24.2	28.5	27.4	28.6	30.6	Industrie
Services	55.6	59.3	57.0	53.7	55.7	54.1	52.0	Services
Niger [1]								**Niger** [1]
Agriculture [2]	28.3	40.1	39.5	34.7	39.2	40.5	38.7	Agriculture [2]
Industry [3]	21.7	18.5	20.9	24.1	21.8	21.4	22.1	Industrie [3]
Services	50.0	41.5	39.7	41.2	39.0	38.1	39.3	Services
Nigeria [1]								**Nigéria** [1]
Agriculture [2]	25.7	26.4	23.9	20.9	22.1	24.4	23.7	Agriculture [2]
Industry [3]	36.9	28.5	25.3	20.4	27.7	28.6	31.9	Industrie [3]
Services	37.4	45.1	50.8	58.8	50.2	47.0	44.4	Services
North Macedonia [1]								**Macédoine du Nord** [1]
Agriculture [2]	12.5	11.3	11.7	11.1	9.4	9.8	9.0	Agriculture [2]
Industry [3]	24.7	23.7	24.4	27.4	27.3	25.9	25.3	Industrie [3]
Services	62.8	64.9	63.9	61.5	63.3	64.4	65.7	Services
Norway [1]								**Norvège** [1]
Agriculture [2]	3.0	1.6	1.8	1.7	2.1	2.0	1.8	Agriculture [2]
Industry [3]	33.2	42.6	39.0	34.8	32.6	29.5	39.6	Industrie [3]
Services	63.8	55.9	59.2	63.4	65.3	68.4	58.6	Services
Oman								**Oman**
Agriculture	2.8	1.4[2]	1.2[2]	1.6[2]	1.9[2]	2.4[2]	2.1[2]	Agriculture
Industry	49.2	59.1[3]	60.6[3]	50.6[3]	49.4[3]	45.1[3]	49.0[3]	Industrie
Services	48.1	39.5	38.2	47.8	48.7	52.6	48.9	Services

14 Gross value added by kind of economic activity *(continued)*
Percentage distribution, current prices

Valeur ajoutée brute par type d'activité économique *(suite)*
Répartition en pourcentage, aux prix courants

Country or area&	1995	2005	2010	2015	2019	2020	2021	Pays ou zone&
Pakistan [1]								**Pakistan** [1]
Agriculture [2]	28.1	24.5	24.1	24.5	22.0	23.2	24.2	Agriculture [2]
Industry [3]	17.9	21.2	20.5	20.1	20.8	19.8	20.1	Industrie [3]
Services	54.0	54.3	55.4	55.5	57.1	57.0	55.7	Services
Palau [1]								**Palaos** [1]
Agriculture [2]	8.1	4.2	4.8	3.5	3.7	3.8	4.3	Agriculture [2]
Industry [3]	11.1	15.2	11.0	9.2	12.3	14.2	13.6	Industrie [3]
Services	80.8	80.6	84.2	87.3	83.9	82.0	82.1	Services
Panama								**Panama**
Agriculture	7.1	6.6	3.8	2.9	2.3	2.9	2.7	Agriculture
Industry	19.6	16.1	20.1	28.7	30.8	24.7	28.7	Industrie
Services	73.2	77.3	76.2	68.4	67.0	72.4	68.6	Services
Papua New Guinea [1]								**Papouasie-Nvl-Guinée** [1]
Agriculture [2]	21.8	22.5	20.2	18.3	17.8	19.6	20.2	Agriculture [2]
Industry [3]	23.1	34.2	34.2	36.4	38.4	34.5	35.8	Industrie [3]
Services	55.1	43.3	45.5	45.3	43.8	45.9	44.0	Services
Paraguay [1]								**Paraguay** [1]
Agriculture [2]	13.2	11.6	14.0	10.2	10.4	11.5	11.2	Agriculture [2]
Industry	37.2 [3,16]	44.5	37.2	37.3	36.1	36.7	38.4	Industrie
Services	49.6	43.9	48.8	52.5	53.5	51.7	50.5	Services
Peru [1]								**Pérou** [1]
Agriculture [2]	8.9	7.5	7.5	7.7	7.5	8.4	7.6	Agriculture [2]
Industry [3]	32.3	37.7	39.1	33.2	33.2	32.7	38.4	Industrie [3]
Services	58.8	54.7	53.5	59.1	59.3	59.0	53.9	Services
Philippines [1]								**Philippines** [1]
Agriculture [2,10]	18.9	13.5	13.7	11.0	8.8	10.2	10.1	Agriculture [2,10]
Industry [3,10]	35.7	33.8	32.3	30.5	30.3	28.4	28.9	Industrie [3,10]
Services	45.4	52.7	53.9	58.5	60.9	61.4	61.0	Services
Poland [1]								**Pologne** [1]
Agriculture [2]	6.3	3.3	3.2	2.7	2.6	2.9	2.6	Agriculture [2]
Industry [3]	38.0	32.6	32.8	34.0	31.8	32.2	32.0	Industrie [3]
Services	55.7	64.1	64.0	63.4	65.5	64.9	65.4	Services
Portugal [1]								**Portugal** [1]
Agriculture [2]	5.4	2.7	2.2	2.4	2.4	2.5	2.5	Agriculture [2]
Industry [3]	28.2	24.7	22.7	22.3	21.8	22.3	22.7	Industrie [3]
Services	66.4	72.7	75.1	75.2	75.8	75.2	74.8	Services
Puerto Rico [14]								**Porto Rico** [14]
Agriculture [7]	1.0	0.6	0.8	0.8	0.7	0.7	0.7	Agriculture [7]
Industry [7]	47.6	47.3	50.7	51.1	51.2	51.0	50.6	Industrie [7]
Services	51.4	52.1	48.4	48.0	48.1	48.3	48.7	Services
Qatar [1]								**Qatar** [1]
Agriculture [2,7]	1.0	0.1	0.1	0.2	0.3	0.3	0.3	Agriculture [2,7]
Industry [3,7]	53.0	74.6	67.5	55.4	55.0	49.6	57.2	Industrie [3,7]
Services	46.0	25.3	32.4	44.4	44.7	50.0	42.6	Services
Republic of Korea [1]								**République de Corée** [1]
Agriculture [2]	5.9	2.9	2.4	2.2	1.8	1.9	2.0	Agriculture [2]
Industry [3]	40.1	37.7	37.5	37.2	35.7	35.6	35.6	Industrie [3]
Services	54.1	59.4	60.1	60.6	62.5	62.4	62.5	Services
Republic of Moldova [1]								**République de Moldova** [1]
Agriculture [2]	30.2	17.7	13.0	13.2	11.7	10.0	12.1	Agriculture [2]
Industry [3]	35.2	25.9	23.7	26.0	25.9	26.2	24.0	Industrie [3]
Services	34.6	56.4	63.3	60.8	62.4	63.8	63.9	Services
Romania [1]								**Roumanie** [1]
Agriculture [2]	19.2	9.6	5.8	5.0	4.9	4.6	4.8	Agriculture [2]
Industry [3]	38.4	36.4	42.8	35.1	30.5	29.3	30.8	Industrie [3]
Services	42.5	54.0	51.4	59.9	64.6	66.1	64.4	Services
Russian Federation [1]								**Fédération de Russie** [1]
Agriculture	7.1	4.9	3.8	4.3	3.9	4.4	4.2	Agriculture
Industry	39.5	38.2	34.8	33.1	35.7	33.1	36.9	Industrie
Services	53.4	56.9	61.4	62.6	60.4	62.4	58.9	Services
Rwanda [1]								**Rwanda** [1]
Agriculture [2]	42.9	37.1	26.9	26.3	25.7	29.0	26.1	Agriculture [2]
Industry [3]	13.7	16.3	18.0	19.1	20.6	20.3	22.1	Industrie [3]
Services	43.4	46.6	55.1	54.5	53.7	50.7	51.8	Services

14 Gross value added by kind of economic activity *(continued)*
Percentage distribution, current prices

Valeur ajoutée brute par type d'activité économique *(suite)*
Répartition en pourcentage, aux prix courants

Country or area&	1995	2005	2010	2015	2019	2020	2021	Pays ou zone&
Saint Kitts and Nevis								**Saint-Kitts-et-Nevis**
Agriculture	3.2	1.8	1.4	1.0	1.0	1.3	1.6	Agriculture
Industry	22.8	24.0	25.2	26.0	28.5	26.2	25.5	Industrie
Services	74.0	74.2	73.4	73.0	70.5	72.5	72.9	Services
Saint Lucia [1]								**Sainte-Lucie** [1]
Agriculture [2]	7.1	3.3	3.0	2.5	2.4	2.6	2.2	Agriculture [2]
Industry [3]	13.9	15.8	13.5	12.7	11.3	12.8	12.9	Industrie [3]
Services	79.0	80.9	83.4	84.8	86.2	84.6	85.0	Services
Saint Vincent & Grenadines								**Saint-Vincent-Grenadines**
Agriculture	11.9	7.4[2]	7.3[2]	7.3[2]	8.2[2]	10.1[2]	7.7[2]	Agriculture
Industry	20.4	17.7[3]	18.5[3]	17.4[3]	16.2[3]	15.3[3]	16.1[3]	Industrie
Services	67.7	74.9	74.3	75.3	75.6	74.6	76.2	Services
Samoa [1]								**Samoa** [1]
Agriculture [2]	22.3[7]	13.7[7]	9.3[10]	9.2	10.4	11.0	10.2	Agriculture [2]
Industry	20.2[3,7,10]	22.4[3,7,10]	16.9	16.2	13.4	12.4	12.8	Industrie
Services	57.5	63.9	73.8	74.6	76.2	76.6	76.9	Services
San Marino [1]								**Saint-Marin** [1]
Agriculture [2]	~0.0	~0.0	~0.0	~0.0	~0.0	~0.0	~0.0	Agriculture [2]
Industry [3,5,17]	41.5	38.8	36.1	35.1	37.4	38.1	39.5	Industrie [3,5,17]
Services	58.5	61.2	63.9	64.9	62.5	61.9	60.5	Services
Sao Tome and Principe								**Sao Tomé-et-Principe**
Agriculture	26.4	18.3	11.8	12.2	12.5	14.3	12.7	Agriculture
Industry	19.6	14.9	18.2	15.7	13.7	13.5	13.9	Industrie
Services	53.9	66.8	70.1	72.1	73.8	72.2	73.4	Services
Saudi Arabia [1]								**Arabie saoudite** [1]
Agriculture [2]	5.9	3.2	2.6	2.6	2.2	2.6	2.4	Agriculture [2]
Industry [3]	48.9	61.8	58.2	45.3	48.2	41.6	48.2	Industrie [3]
Services	45.3	35.0	39.1	52.0	49.5	55.8	49.4	Services
Senegal [1]								**Sénégal** [1]
Agriculture [2]	18.3	17.1	17.7	16.0	16.7	18.1	17.1	Agriculture [2]
Industry [3]	28.9	26.7	24.2	26.4	26.4	25.9	27.5	Industrie [3]
Services	52.8	56.1	58.2	57.6	57.0	56.0	55.4	Services
Serbia [1]								**Serbie** [1]
Agriculture [2]	17.5	8.1	7.9	8.1	7.2	7.6	7.8	Agriculture [2]
Industry [3]	37.5	35.1	30.3	30.9	30.9	30.0	30.3	Industrie [3]
Services	45.0	56.8	61.8	61.0	61.9	62.4	61.9	Services
Seychelles [1]								**Seychelles** [1]
Agriculture [2]	5.9	3.8	2.7	2.8	3.3	3.3	3.4	Agriculture [2]
Industry [3]	13.5	19.4	19.2	17.1	15.3	17.8	16.2	Industrie [3]
Services	80.6	76.8	78.1	80.1	81.4	79.0	80.3	Services
Sierra Leone								**Sierra Leone**
Agriculture	48.1	51.0	55.2	60.5	60.3	62.2	60.0	Agriculture
Industry	9.1	11.6	8.1	4.6	5.8	5.5	6.2	Industrie
Services	42.8	37.4	36.7	34.9	34.0	32.4	33.8	Services
Singapore [1]								**Singapour** [1]
Agriculture [2,18]	0.2	0.1	~0.0	~0.0	~0.0	~0.0	~0.0	Agriculture [2,18]
Industry [3,19]	33.8	32.9	28.2	25.8	25.4	24.8	26.4	Industrie [3,19]
Services	66.1	67.1	71.8	74.2	74.6	75.2	73.6	Services
Sint Maarten (Dutch part)								**St-Martin (partie néerland.)**
Industry [3,20]	…	16.7	13.5	5.5	6.7	6.8	6.8	Industrie [3,20]
Services	…	83.3	86.5	94.5	93.3	93.2	93.2	Services
Slovakia [1]								**Slovaquie** [1]
Agriculture [2]	2.6	1.8	1.7	2.4	1.9	1.9	2.0	Agriculture [2]
Industry [3]	32.0	36.1	33.8	34.0	33.3	31.4	31.6	Industrie [3]
Services	65.4	62.0	64.5	63.6	64.8	66.7	66.4	Services
Slovenia [1]								**Slovénie** [1]
Agriculture [2]	4.7	2.8	2.2	2.4	2.3	2.4	1.9	Agriculture [2]
Industry [3]	34.5	33.9	30.4	32.4	33.1	33.1	32.4	Industrie [3]
Services	60.8	63.3	67.4	65.2	64.6	64.6	65.7	Services
Solomon Islands								**Îles Salomon**
Agriculture	45.3	36.7	34.6	33.3	32.7	34.1	33.6	Agriculture
Industry	14.3	10.1	13.8	15.6	18.1	17.2	17.7	Industrie
Services	40.4	53.2	51.6	51.2	49.2	48.6	48.7	Services

14 Gross value added by kind of economic activity *(continued)*
Percentage distribution, current prices

Valeur ajoutée brute par type d'activité économique *(suite)*
Répartition en pourcentage, aux prix courants

Country or area&	1995	2005	2010	2015	2019	2020	2021	Pays ou zone&
Somalia								**Somalie**
Agriculture	60.1	60.1	60.2	60.2	60.2	60.2	60.2	Agriculture
Industry	7.3	7.3	7.3	7.3	7.4	7.4	7.4	Industrie
Services	32.6	32.6	32.5	32.5	32.5	32.5	32.5	Services
South Africa								**Afrique du Sud**
Agriculture	3.4	2.3	2.3	2.5	2.2	2.8	2.7	Agriculture
Industry	33.6	28.7	27.6	26.3	26.3	25.7	27.2	Industrie
Services	63.1	69.0	70.1	71.2	71.5	71.5	70.0	Services
South Sudan								**Soudan du sud**
Agriculture	...	...	5.1	4.2	3.7	6.0	4.0	Agriculture
Industry	...	...	55.4	45.0	52.4	39.5	52.0	Industrie
Services	...	...	39.4	50.9	43.9	54.4	44.0	Services
Spain [1]								**Espagne** [1]
Agriculture [2]	4.2	3.1	2.6	3.0	2.7	3.1	2.9	Agriculture [2]
Industry [3]	30.6	30.3	25.2	22.1	22.1	22.1	22.5	Industrie [3]
Services	65.2	66.6	72.1	74.9	75.2	74.8	74.6	Services
Sri Lanka [1]								**Sri Lanka** [1]
Agriculture [2]	16.6	8.8	9.5	8.8	8.1	9.1	9.6	Agriculture [2]
Industry [3]	32.8	31.0	29.7	29.3	29.3	27.8	29.5	Industrie [3]
Services	50.6	60.1	60.9	61.9	62.6	63.1	60.9	Services
State of Palestine [1]								**État de Palestine** [1]
Agriculture [2]	12.6	10.3	10.6	8.7	8.1	8.4	8.3	Agriculture [2]
Industry [3]	31.6	24.0	21.8	19.2	21.3	20.1	21.2	Industrie [3]
Services	55.8	65.7	67.6	72.1	70.6	71.5	70.4	Services
Sudan [14]								**Soudan** [14]
Agriculture	...	...	42.6	32.0	20.2	20.4	19.7	Agriculture
Industry	...	...	14.1	16.3	21.8	21.1	22.3	Industrie
Services	...	...	43.4	51.8	58.0	58.4	58.0	Services
Sudan [former]								**Soudan [anc.]**
Agriculture	37.1	34.5	34.6	...	...	...	...	Agriculture
Industry	9.9	21.7	22.9	...	...	...	...	Industrie
Services	53.0	43.7	42.5	...	...	...	...	Services
Suriname [1]								**Suriname** [1]
Agriculture	29.9	11.3	10.7	11.3[2]	8.8[2]	8.4[2]	9.4[2]	Agriculture
Industry	27.5	37.4	39.2	29.6	34.6	37.9	37.6	Industrie
Services	42.6	51.3	50.1	59.1	56.6	53.7	53.0	Services
Sweden [1]								**Suède** [1]
Agriculture [2]	3.3	1.4	1.9	1.6	1.6	1.5	1.5	Agriculture [2]
Industry [3]	30.6	28.1	26.9	24.9	24.7	24.3	25.5	Industrie [3]
Services	66.1	70.5	71.2	73.4	73.8	74.2	73.0	Services
Switzerland [1]								**Suisse** [1]
Agriculture [2]	1.4	0.8	0.7	0.6	0.6	0.7	0.6	Agriculture [2]
Industry [3]	30.0	27.0	25.8	25.3	25.7	26.0	26.4	Industrie [3]
Services	68.5	72.2	73.5	74.1	73.7	73.3	73.0	Services
Syrian Arab Republic								**République arabe syrienne**
Agriculture [10]	28.2	20.3	19.7	20.7	20.6	20.6	20.6	Agriculture [10]
Industry [10]	18.1	31.2	30.7	30.0	30.1	30.1	30.1	Industrie [10]
Services	53.7	48.5	49.6	49.3	49.3	49.3	49.3	Services
Tajikistan [1]								**Tadjikistan** [1]
Agriculture	31.6	23.8	21.8	23.9	22.9[2]	24.7[2]	26.8[2]	Agriculture
Industry	48.4	30.7	27.9	30.8	36.3[3]	36.8[3]	29.1[3]	Industrie
Services	20.0	45.6	50.3	45.3	40.7	38.4	44.1	Services
Thailand [1]								**Thaïlande** [1]
Agriculture [2,7]	9.1	9.2	10.5	8.9	8.1	8.7	8.5	Agriculture [2,7]
Industry [3,7]	37.3	38.5	39.9	36.2	33.6	33.2	34.8	Industrie [3,7]
Services	53.6	52.3	49.6	54.9	58.3	58.1	56.7	Services
Timor-Leste [1]								**Timor-Leste** [1]
Agriculture	25.1	29.7[2]	24.7[2]	17.8[2]	14.1[2]	16.1[2]	15.8[2]	Agriculture
Industry	36.4	5.4[3]	8.8[3]	18.4[3]	30.4[3]	26.4[3]	24.3[3]	Industrie
Services	38.4	64.9	66.5	63.8	55.5	57.5	59.9	Services
Togo [1]								**Togo** [1]
Agriculture [2]	34.2	28.8	22.9	20.8	21.7	20.6	21.1	Agriculture [2]
Industry [3]	27.5	19.5	22.1	25.1	21.5	23.0	22.5	Industrie [3]
Services	38.3	51.7	55.0	54.1	56.9	56.4	56.4	Services

Gross value added by kind of economic activity *(continued)*
Percentage distribution, current prices

Valeur ajoutée brute par type d'activité économique *(suite)*
Répartition en pourcentage, aux prix courants

Country or area&	1995	2005	2010	2015	2019	2020	2021	Pays ou zone&
Tonga [1]								**Tonga** [1]
Agriculture [2]	23.9	20.7	18.7	19.7	23.4	21.3	19.9	Agriculture [2]
Industry [3]	21.6	19.4	20.5	18.1	17.9	17.7	19.4	Industrie [3]
Services	54.5	59.9	60.9	62.3	58.7	61.0	60.6	Services
Trinidad and Tobago [1]								**Trinité-et-Tobago** [1]
Agriculture [2]	3.2	0.9	0.7	1.0	0.8	1.2	1.0	Agriculture [2]
Industry [3]	41.1	54.8	49.9	37.9	38.3	33.8	43.4	Industrie [3]
Services	55.7	44.3	49.5	61.1	60.9	65.0	55.6	Services
Tunisia								**Tunisie**
Agriculture	10.5[15]	10.0[15]	8.1[15]	9.9[2]	10.5[2]	11.3[2]	10.9[2]	Agriculture
Industry	29.6[3,15]	28.8[3,15]	31.1[3,15]	26.8	25.0	23.4	24.8	Industrie
Services	59.9	61.3	60.8	63.3	64.5	65.3	64.4	Services
Türkiye [1]								**Türkiye** [1]
Agriculture [2]	12.4	10.5	10.2	7.8	7.1	7.5	6.2	Agriculture [2]
Industry [3]	38.1	28.9	27.8	31.6	30.3	31.5	34.8	Industrie [3]
Services	49.4	60.7	62.0	60.6	62.6	61.0	59.0	Services
Turkmenistan								**Turkménistan**
Agriculture	16.9	18.8	11.5	9.4	11.0	11.2	11.1	Agriculture
Industry	65.3	37.6	60.0	55.1	42.8	45.4	44.6	Industrie
Services	17.9	43.6	28.5	35.5	46.2	43.4	44.3	Services
Turks and Caicos Islands								**Îles Turques-et-Caïques**
Agriculture	1.3	1.2	0.6	0.6	0.4	0.5	0.5	Agriculture
Industry	16.4	19.7	12.4	11.1	13.5	17.6	18.0	Industrie
Services	82.3	79.1	86.9	88.3	86.0	81.9	81.6	Services
Tuvalu [1]								**Tuvalu** [1]
Agriculture	24.0	22.2	27.3	13.9	8.8[2]	9.1[2]	9.1[2]	Agriculture
Industry	14.0	8.3	5.7	12.4	19.9[3]	15.5[3]	16.8[3]	Industrie
Services	62.0	69.4	67.0	73.7	71.3	75.4	74.1	Services
Uganda [1]								**Ouganda** [1]
Agriculture [2]	40.2	28.7	27.3	23.3	25.4	26.6	25.2	Agriculture [2]
Industry [3]	17.0	22.2	26.6	29.4	28.3	28.5	29.4	Industrie [3]
Services	42.8	49.1	46.1	47.3	46.3	44.9	45.3	Services
Ukraine [1]								**Ukraine** [1]
Agriculture [2]	14.5	10.0	8.4[21]	14.2[21]	10.4[21]	10.8[21]	12.4[21]	Agriculture [2]
Industry [3,21]	41.8	34.1	29.3	25.6	26.2	24.2	27.3	Industrie [3,21]
Services	43.7	55.8	62.3	60.2	63.3	64.9	60.3	Services
United Arab Emirates								**Émirats arabes unis**
Agriculture	1.6	1.3	0.8	0.7	0.7	0.9	0.9	Agriculture
Industry	47.5	54.0	52.5	43.9	44.5	41.7	46.6	Industrie
Services	50.9	44.7	46.7	55.4	54.8	57.4	52.5	Services
United Kingdom [1]								**Royaume-Uni** [1]
Agriculture [2]	1.3	0.6	0.7	0.7	0.7	0.7	0.8	Agriculture [2]
Industry [3]	26.8	22.5	20.9	20.2	19.8	18.8	19.5	Industrie [3]
Services	71.9	76.9	78.5	79.1	79.6	80.5	79.7	Services
United Rep. of Tanzania [1,22]								**Rép.-Unie de Tanzanie** [1,22]
Agriculture [2]	29.2	26.3	27.6	29.2	28.9	28.5	28.3	Agriculture [2]
Industry [3]	20.0	24.8	25.6	26.7	31.1	32.1	32.1	Industrie [3]
Services	50.7	48.9	46.8	44.1	40.0	39.4	39.6	Services
United States of America [1]								**États-Unis d'Amérique** [1]
Agriculture [2,10]	1.2	1.0	1.0	1.0	0.7	0.8	0.9	Agriculture [2,10]
Industry [3,10]	24.3	21.5	19.7	18.9	18.5	17.7	18.1	Industrie [3,10]
Services	74.5	77.5	79.4	80.1	80.7	81.5	81.0	Services
Uruguay [1]								**Uruguay** [1]
Agriculture	8.1	9.8	8.0	7.7	7.3[2]	8.5[2]	7.5[2]	Agriculture
Industry	25.9	26.6	27.3	22.1	20.1[3]	20.3[3]	20.3[3]	Industrie
Services	66.0	63.6	64.7	70.3	72.6	71.2	72.2	Services
Uzbekistan [1]								**Ouzbékistan** [1]
Agriculture [2]	47.2	45.3	30.3	31.8	26.2	26.3	26.1	Agriculture [2]
Industry [3]	22.5	20.9	23.9	24.5	33.5	33.2	33.5	Industrie [3]
Services	30.2	33.8	45.7	43.7	40.2	40.5	40.4	Services
Vanuatu [1]								**Vanuatu** [1]
Agriculture [2]	30.5	24.1	21.9	23.1	22.8	24.4	23.5	Agriculture [2]
Industry [3]	9.1	8.5	13.0	11.5	10.2	11.0	10.8	Industrie [3]
Services	60.4	67.4	65.0	65.4	67.0	64.6	65.7	Services

14 Gross value added by kind of economic activity *(continued)*
Percentage distribution, current prices

Valeur ajoutée brute par type d'activité économique *(suite)*
Répartition en pourcentage, aux prix courants

Country or area&	1995	2005	2010	2015	2019	2020	2021	Pays ou zone&
Venezuela (Boliv. Rep. of)								**Venezuela (Rép. boliv. du)**
Agriculture	5.9	4.0	5.7	4.6	2.8	5.2	5.4	Agriculture
Industry	47.1	56.9	51.0	49.1	61.9	48.4	48.3	Industrie
Services	47.0	39.2	43.4	46.3	35.3	46.3	46.3	Services
Viet Nam [1]								**Viet Nam** [1]
Agriculture [2]	24.5[7]	19.3[7]	21.0	18.9	15.5	16.5	13.6	Agriculture [2]
Industry	26.1[3,7]	38.1[3,7]	36.7	37.0	38.3	37.4	41.5	Industrie
Services	49.4	42.6	42.2	44.2	46.2	46.1	44.9	Services
Yemen								**Yémen**
Agriculture	17.3	9.6	12.1	18.2	19.7	19.6	19.5	Agriculture
Industry	27.4	43.8	38.7	20.1	21.0	20.9	20.8	Industrie
Services	55.3	46.5	49.2	61.7	59.3	59.5	59.7	Services
Zambia [1]								**Zambie** [1]
Agriculture	15.1	15.5	10.0[2]	5.3[2]	3.1[2]	3.1[2]	3.0[2]	Agriculture
Industry	36.8	28.6	34.1[3]	35.3[3]	37.8[3]	40.3[3]	47.8[3]	Industrie
Services	48.1	55.9	55.9	59.4	59.1	56.5	49.2	Services
Zanzibar [1]								**Zanzibar** [1]
Agriculture [2]	21.3	23.0	25.2	24.2	23.2	25.0	29.3	Agriculture [2]
Industry [3]	22.5	17.5	18.8	20.2	19.9	21.5	20.5	Industrie [3]
Services	56.2	59.5	56.0	55.7	56.9	53.6	50.2	Services
Zimbabwe								**Zimbabwe**
Agriculture	11.5	10.7	10.9	9.3	10.4	9.3	9.4	Agriculture
Industry	23.8	36.7	23.5	25.0	33.9	34.7	30.5	Industrie
Services	64.7	52.6	65.6	65.7	55.7	56.0	60.1	Services

Source:

United Nations Statistics Division, New York, National Accounts Statistics: Analysis of Main Aggregates (AMA) database, last accessed April 2023.

& Table is in ISIC Rev. 3 unless otherwise indicated.

1 Data classified according to ISIC Rev. 4.
2 Excludes irrigation canals and landscaping care.
3 Excludes publishing activities, recycling. Includes irrigation canals.
4 Includes publishing activities and landscape care. Excludes repair of personal and household goods.
5 Includes mining and quarrying.
6 Excludes irrigation canals and landscaping care. Data classified according to ISIC Rev. 4.
7 At producers' prices.
8 Excludes mining and quarrying.
9 Data classified according to ISIC Rev. 4. Excludes publishing activities. Includes irrigation canals.
10 Includes taxes less subsidies on production and imports.
11 Excludes repair of motor vehicles and motorcycles, personal and household goods.
12 Excludes repair of personal and household goods.
13 Excluding hunting and forestry.
14 Data compiled in accordance with the System of National Accounts 1968 (1968 SNA).
15 At factor cost.
16 Does not incorporate value added generated by binational hydroelectric plants.
17 Includes Electricity, gas and water supply.
18 Includes quarrying.

Source:

Organisation des Nations Unies, Division de statistique, New York, base de données des statistiques des comptes nationaux : Analyse des principaux agrégats, denier accès avril 2023.

& Sauf indication contraire la classification utilisée dans ce tableau est la CITI Rev. 3.

1 Classifiées selon la CITI, Rév. 4.
2 Exclut les canaux d'irrigation et l'aménagement paysager.
3 Hors activités d'édition, recyclage. Comprend des canaux d'irrigation.
4 Y compris les activités d'édition et l'aménagement paysager. . Exclut la réparation des biens personnels et ménagers.
5 Y compris les industries extractives.
6 Exclut les canaux d'irrigation et l'aménagement paysager. Classifiées selon la CITI, Rév. 4.
7 Aux prix à la production.
8 Non compris les industries extractives.
9 Classifiées selon la CITI, Rév. 4. Exclut les activités de publication. Comprend l'irrigation et les canaux.
10 Y compris les impôts moins les subventions sur la production et les importations.
11 Non compris les réparations de véhicules à moteur et de motocycles, et d'articles personnels et ménagers.
12 Exclut la réparation des biens personnels et ménagers.
13 Non compris la chasse et la sylviculture.
14 Données compilées selon le Système de comptabilité nationale de 1968 (SCN 1968).
15 Au coût des facteurs.
16 Ne comprend pas la valeur ajoutée produite par les centrales hydroélectriques binationales.
17 Y compris la production et la distribution d'électricité, de gaz et d'eau.
18 Y compris les carrières.

19 Excluding quarrying.
20 Agricultural services and related activities such as cotton ginning and pressing are included in Manufacturing.
21 The Government of Ukraine has informed the United Nations that it is not in a position to provide statistical data concerning the Autonomous Republic of Crimea and the city of Sevastopol.
22 Tanzania mainland only, excluding Zanzibar.

19 Non compris les carrières.
20 Les services agricoles et les activités connexes (par exemple l'égrenage du coton, tressage) figurent sous l'industrie manufacturière.
21 Le Gouvernement ukrainien a informé l'Organisation des Nations Unies qu'il n'est pas en mesure de fournir des données statistiques concernant la République autonome de Crimée et Sébastopol.
22 Tanzanie continentale seulement, Zanzibar non compris.

15 Balance of payments summary
Millions of US dollars

Résumé de la balance des paiements
Millions de dollars É.-U.

Country or area[&]	1985	1995	2010	2015	2020	2021	2022	Pays ou zone[&]
Afghanistan								**Afghanistan**
Current account	-243	...	-578	-4 193	-3 137	...	...	Compte des transac. cour.
Capital account	0	...	1 897	1 318	753	...	...	Compte de capital
Financial account	-75	...	1 104	-249	624	...	...	Compte financier
Albania								**Albanie**
Current account	-36	-12	-1 356	-980	-1 315	-1 370	-1 135	Compte des transac. cour.
Capital account	0	389	113	139	166	423	21	Compte de capital
Financial account	-30	432	-797	-682	-960	-738	-972	Compte financier
Algeria								**Algérie**
Current account	1 015	...	12 220	-27 038	-18 187	-4 547	18 279	Compte des transac. cour.
Capital account	0	...	4	~0	-41	-54	-18	Compte de capital
Financial account	1 141	...	10 921	-27 202	-18 902	-4 674	18 737	Compte financier
Andorra								**Andorre**
Current account	...	...	...	...	449	467	...	Compte des transac. cour.
Capital account	...	...	...	...	~0	~0	...	Compte de capital
Financial account	...	...	...	...	505	456	...	Compte financier
Angola								**Angola**
Current account	195	-295	7 506	-10 273	872	8 399	11 763	Compte des transac. cour.
Capital account	0	0	1	6	1	2	-2	Compte de capital
Financial account	-460	-314	7 219	-11 466	-437	6 227	8 715	Compte financier
Anguilla								**Anguilla**
Current account	...	-10	-51	-100	-85	-142	...	Compte des transac. cour.
Capital account	...	1	4	1	4	1	...	Compte de capital
Financial account	...	4	-35	-56	-41	-109	...	Compte financier
Antigua and Barbuda								**Antigua-et-Barbuda**
Current account	-23	-1	-167	30	-231	-244	...	Compte des transac. cour.
Capital account	0	4	17	47	40	38	...	Compte de capital
Financial account	-23	24	-158	93	-168	-161	...	Compte financier
Argentina								**Argentine**
Current account	-952	-5 118	-1 623	-17 622	3 121	6 708	-3 788	Compte des transac. cour.
Capital account	0	14	78	52	163	239	177	Compte de capital
Financial account	-1 484	-7 777	-3 803	-18 497	4 711	3 916	-6 428	Compte financier
Armenia								**Arménie**
Current account	...	-221	-1 261	-281	-478	-515	-167	Compte des transac. cour.
Capital account	...	8	99	65	45	50	71	Compte de capital
Financial account	...	-198	-1 275	-347	-681	-371	518	Compte financier
Aruba								**Aruba**
Current account	...	-~0	-460	111	-316	79	389	Compte des transac. cour.
Capital account	...	0	4	0	12	16	-6	Compte de capital
Financial account	...	1	-446	112	-317	85	329	Compte financier
Australia								**Australie**
Current account	...	-18 669	-44 714	-56 959	32 517	50 798	19 548	Compte des transac. cour.
Capital account	...	-300	-287	-456	-727	-491	-576	Compte de capital
Financial account	...	-18 866	-44 105	-60 416	30 740	46 018	15 376	Compte financier
Austria								**Autriche**
Current account	...	...	11 472	6 634	12 897	1 627	...	Compte des transac. cour.
Capital account	...	...	268	-1 988	-477	117	...	Compte de capital
Financial account	...	...	4 753	4 493	5 044	-4 537	...	Compte financier
Azerbaijan								**Azerbaïdjan**
Current account	...	-401	15 040	-223	-228	8 292	23 478	Compte des transac. cour.
Capital account	...	-2	0	-44	-7	-4	0	Compte de capital
Financial account	...	-343	14 065	-2 352	413	8 134	21 860	Compte financier
Bahamas								**Bahamas**
Current account	-3	-146	-814	-1 203	-2 373	-2 592	...	Compte des transac. cour.
Capital account	0	0	0	0	547	54	...	Compte de capital
Financial account	30	-107	-1 097	-347	-1 945	-1 489	...	Compte financier
Bahrain								**Bahreïn**
Current account	39	237	770	-752	...	...	...	Compte des transac. cour.
Capital account	0	157	50	253	...	...	...	Compte de capital
Financial account	834	1 896	927	1 118	...	...	...	Compte financier
Bangladesh								**Bangladesh**
Current account	-455	-824	2 109	2 580	1 193	-15 775	-14 370	Compte des transac. cour.
Capital account	0	0	603	442	213	273	227	Compte de capital
Financial account	-523	-691	-1 745	2 272	542	-15 548	-17 016	Compte financier

Country or area&	1985	1995	2010	2015	2020	2021	2022	Pays ou zone&
Barbados								**Barbade**
Current account	-5	1	-272	-99	...	...	...	Compte des transac. cour.
Capital account	-2	-3	-4	-7	...	...	...	Compte de capital
Financial account	16	-17	-599	-231	...	...	...	Compte financier
Belarus								**Bélarus**
Current account	...	-458	-8 280	-1 831	-178	2 157	2 677	Compte des transac. cour.
Capital account	...	7	0	5	7	8	10	Compte de capital
Financial account	...	-282	-7 578	-1 322	-356	1 086	2 934	Compte financier
Belgium								**Belgique**
Current account	...	...	7 338	6 363	5 702	2 917	-20 252	Compte des transac. cour.
Capital account	...	...	-247	63	-291	1 045	540	Compte de capital
Financial account	...	...	1 305	8 201	3 186	5 819	-19 844	Compte financier
Belize								**Belize**
Current account	9	-17	-46	-175	-128	-158	-258	Compte des transac. cour.
Capital account	0	0	5	9	14	241	29	Compte de capital
Financial account	-7	5	-22	-148	-100	126	-119	Compte financier
Benin								**Bénin**
Current account	-39	-167	-531	-679	-274	-735	...	Compte des transac. cour.
Capital account	0	88	122	125	175	259	...	Compte de capital
Financial account	-23	-79	-375	-546	-79	-775	...	Compte financier
Bermuda								**Bermudes**
Current account	...	...	696	943	854	962	...	Compte des transac. cour.
Financial account	...	...	714	760	829	869	...	Compte financier
Bhutan								**Bhoutan**
Current account	...	...	-323	-548	-381	-322	-853	Compte des transac. cour.
Capital account	...	...	150	226	144	101	138	Compte de capital
Financial account	...	...	-105	-348	-194	-441	-547	Compte financier
Bolivia (Plurin. State of)								**Bolivie (État plurin. de)**
Current account	-285	-303	874	-1 936	-26	871	-152	Compte des transac. cour.
Capital account	0	0	0	47	12	3	4	Compte de capital
Financial account	-92	-413	64	-2 822	-1 301	-239	-1 597	Compte financier
Bosnia and Herzegovina								**Bosnie-Herzégovine**
Current account	...	...	-1 031	-826	-659	-558	-1 101	Compte des transac. cour.
Capital account	...	...	264	207	212	213	177	Compte de capital
Financial account	...	...	-647	-504	-497	-62	-667	Compte financier
Botswana								**Botswana**
Current account	82	300	-744	301	-1 292	-123	...	Compte des transac. cour.
Capital account	0	12	0	0	0	0	...	Compte de capital
Financial account	131	240	-741	841	-1 098	-24	...	Compte financier
Brazil								**Brésil**
Current account	-280	-18 136	-86 718	-63 409	-28 208	-46 358	-56 997	Compte des transac. cour.
Capital account	0	0	242	461	4 141	225	245	Compte de capital
Financial account	-803	-16 337	-78 080	-65 430	-16 244	-50 156	-58 291	Compte financier
Brunei Darussalam								**Brunéi Darussalam**
Current account	...	...	5 016	2 157	514	1 570	...	Compte des transac. cour.
Capital account	...	...	...	0	0	...	...	Compte de capital
Financial account	...	...	4 918	4 508	-202	967	...	Compte financier
Bulgaria								**Bulgarie**
Current account	-136	-26	-965	-123	-31	-1 516	-592	Compte des transac. cour.
Capital account	0	0	398	1 557	1 010	595	816	Compte de capital
Financial account	463	118	861	3 864	2 394	3 604	4 823	Compte financier
Burkina Faso								**Burkina Faso**
Current account	...	...	-182	-895	743	77	...	Compte des transac. cour.
Capital account	...	...	181	260	368	425	...	Compte de capital
Financial account	...	...	16	-626	1 112	462	...	Compte financier
Burundi								**Burundi**
Current account	-41	10	-301	-373	...	...	...	Compte des transac. cour.
Capital account	0	0	78	56	...	...	...	Compte de capital
Financial account	-50	16	-226	-329	...	...	...	Compte financier
Cabo Verde								**Cabo Verde**
Current account	-9	-62	-223	-51	-291	-250	-77	Compte des transac. cour.
Capital account	0	21	38	19	23	29	22	Compte de capital
Financial account	-4	-76	-270	-81	-236	-168	-56	Compte financier

15 Balance of payments summary *(continued)*
Millions of US dollars

Résumé de la balance des paiements *(suite)*
Millions de dollars É.-U.

Country or area&	1985	1995	2010	2015	2020	2021	2022	Pays ou zone&
Cambodia								**Cambodge**
Current account	...	-186	-981	-1 598	-881	-10 893	-7 582	Compte des transac. cour.
Capital account	...	92	521	265	259	204	209	Compte de capital
Financial account	...	-82	-743	-1 846	-2 380	-11 974	-6 461	Compte financier
Cameroon								**Cameroun**
Current account	-562	90	-857	-1 174	-1 512	-1 795	...	Compte des transac. cour.
Capital account	0	20	147	22	74	121	...	Compte de capital
Financial account	-453	-16	-521	-1 126	-1 882	-1 755	...	Compte financier
Canada								**Canada**
Current account	-5 839	-5 061	-58 163	-54 696	-35 373	-5 448	-7 955	Compte des transac. cour.
Capital account	-1	-433	-121	-86	-36	-30	-26	Compte de capital
Financial account	-9 987	-1 621	-58 302	-52 308	-36 232	-1 548	-5 841	Compte financier
Cayman Islands								**Îles Caïmanes**
Current account	...	...	...	...	-764	...	...	Compte des transac. cour.
Capital account	...	...	...	...	-1	...	...	Compte de capital
Financial account	...	...	...	...	-1 773	...	...	Compte financier
Central African Republic								**République centrafricaine**
Current account	-49	...	...	...	...	...	...	Compte des transac. cour.
Capital account	0	...	...	...	...	...	...	Compte de capital
Financial account	-56	...	...	...	...	...	...	Compte financier
Chad								**Tchad**
Current account	-87	...	...	...	...	...	...	Compte des transac. cour.
Capital account	0	...	...	...	...	...	...	Compte de capital
Financial account	-93	...	...	...	...	...	...	Compte financier
Chile								**Chili**
Current account	-1 413	-1 350	3 069	-6 631	-4 952	-23 193	-27 102	Compte des transac. cour.
Capital account	0	0	6 240	695	1	2	2	Compte de capital
Financial account	-1 483	-1 218	8 480	-3 902	-7 693	-24 745	-25 389	Compte financier
China [1]								**Chine** [1]
Current account	-11 417	1 618	237 810	293 022	248 836	352 886	401 855	Compte des transac. cour.
Capital account	0	0	4 630	316	-76	94	-310	Compte de capital
Financial account	-11 411	-16 205	189 424	91 521	89 130	219 873	314 175	Compte financier
China, Hong Kong SAR								**Chine, RAS de Hong Kong**
Current account	...	...	16 012	10 264	24 126	43 659	38 603	Compte des transac. cour.
Capital account	...	...	-571	-28	-12	-1 334	164	Compte de capital
Financial account	...	...	10 867	16 568	31 465	46 724	37 139	Compte financier
China, Macao SAR								**Chine, RAS de Macao**
Current account	...	...	10 992	10 515	3 785	1 760	...	Compte des transac. cour.
Capital account	...	...	19	-8	-~0	-1	...	Compte de capital
Financial account	...	...	6 809	5 963	6 663	-4 541	...	Compte financier
Colombia								**Colombie**
Current account	-1 809	-4 516	-8 583	-18 702	-9 346	-17 981	-21 446	Compte des transac. cour.
Capital account	0	0	...	...	...	...	...	Compte de capital
Financial account	-2 082	-4 564	-9 344	-18 057	-8 180	-16 506	-20 477	Compte financier
Comoros								**Comores**
Current account	-14	-19	-39	-2	-22	6	...	Compte des transac. cour.
Capital account	0	0	71	31	35	30	...	Compte de capital
Financial account	-12	-21	35	31	14	24	...	Compte financier
Congo								**Congo**
Current account	-161	-625	901	-4 631	1 441	...	...	Compte des transac. cour.
Capital account	0	45	2 670	70	24	...	...	Compte de capital
Financial account	-120	-635	3 317	-4 149	1 400	...	...	Compte financier
Costa Rica								**Costa Rica**
Current account	-126	-358	-1 214	-1 921	-632	-1 605	-2 706	Compte des transac. cour.
Capital account	0	0	54	31	18	19	20	Compte de capital
Financial account	17	-301	-1 642	-2 611	-271	-1 733	-2 463	Compte financier
Côte d'Ivoire								**Côte d'Ivoire**
Current account	...	...	465	-201	-1 974	-2 874	...	Compte des transac. cour.
Capital account	...	...	1 179	265	174	165	...	Compte de capital
Financial account	...	...	1 591	11	-1 870	-2 850	...	Compte financier
Croatia								**Croatie**
Current account	...	-1 442	-1 485	1 644	-185	2 082	-1 464	Compte des transac. cour.
Capital account	...	0	77	370	1 229	1 615	1 797	Compte de capital
Financial account	...	-1 102	-862	1 973	637	2 562	-1 087	Compte financier

Country or area&	1985	1995	2010	2015	2020	2021	2022	Pays ou zone&
Curaçao								**Curaçao**
Current account	...	...	...	-519	-689	-596	...	Compte des transac. cour.
Capital account	...	...	...	~0	~0	-~0	...	Compte de capital
Financial account	...	...	...	-483	-612	-567	...	Compte financier
Cyprus								**Chypre**
Current account	-180	-205	-2 799	-84	-2 523	-1 957	-2 625	Compte des transac. cour.
Capital account	0	0	72	6	-24	122	48	Compte de capital
Financial account	-142	-150	-3 015	379	-2 320	-1 285	-1 752	Compte financier
Czechia								**Tchéquie**
Current account	...	-1 374	-7 351	845	4 967	-7 686	-17 366	Compte des transac. cour.
Capital account	...	6	1 953	4 012	2 865	4 771	305	Compte de capital
Financial account	...	-771	-6 445	7 002	7 107	-1 763	-17 360	Compte financier
Dem. Rep. of the Congo								**Rép. dém. du Congo**
Current account	...	...	-2 174	-1 484	-1 052	-587	...	Compte des transac. cour.
Capital account	...	...	10 084	252	627	171	...	Compte de capital
Financial account	...	...	9 059	-1 241	-551	-1 275	...	Compte financier
Denmark								**Danemark**
Current account	-2 767	1 855	21 051	24 953	27 987	35 872	51 461	Compte des transac. cour.
Capital account	0	...	84	-1 057	-126	396	768	Compte de capital
Financial account	-3 071	2 929	-1 005	17 814	21 257	47 966	37 780	Compte financier
Djibouti								**Djibouti**
Current account	...	78	50	714	366	-225	...	Compte des transac. cour.
Capital account	...	5	55	48	37	77	...	Compte de capital
Financial account	...	-5	-17	-348	-15	-413	...	Compte financier
Dominica								**Dominique**
Current account	-6	-40	-80	-25	-179	-153	...	Compte des transac. cour.
Capital account	0	22	30	55	102	123	...	Compte de capital
Financial account	-7	-34	-54	26	-41	-73	...	Compte financier
Dominican Republic								**République dominicaine**
Current account	-108	-183	-4 024	-1 280	-1 337	-2 685	-6 327	Compte des transac. cour.
Capital account	0	1	4	2 089	1	~0	~0	Compte de capital
Financial account	48	-107	-4 983	-737	-2 205	-3 092	-6 042	Compte financier
Ecuador								**Équateur**
Current account	76	-1 000	-1 582	-2 221	2 870	3 377	2 711	Compte des transac. cour.
Capital account	0	2 078	105	-49	1 847	151	-36	Compte de capital
Financial account	244	645	-1 581	-2 232	4 823	3 427	3 167	Compte financier
Egypt								**Égypte**
Current account	-1 816	-254	-4 504	-17 243	-14 236	-18 611	...	Compte des transac. cour.
Capital account	0	0	-39	-148	-233	-155	...	Compte de capital
Financial account	-1 231	18	-6 688	-22 162	-23 528	-29 377	...	Compte financier
El Salvador								**El Salvador**
Current account	-29	-262	-533	-754	403	-1 272	-2 146	Compte des transac. cour.
Capital account	...	...	232	65	300	270	261	Compte de capital
Financial account	-6	-290	-264	-765	-1 589	-1 335	-1 084	Compte financier
Equatorial Guinea								**Guinée équatoriale**
Current account	...	-123	...	...	...	...	...	Compte des transac. cour.
Capital account	...	53	...	...	...	...	...	Compte de capital
Financial account	...	-60	...	...	...	...	...	Compte financier
Eritrea								**Érythrée**
Current account	...	-31	...	...	...	...	...	Compte des transac. cour.
Financial account	...	-72	...	...	...	...	...	Compte financier
Estonia								**Estonie**
Current account	...	-158	340	403	-370	-709	-847	Compte des transac. cour.
Capital account	...	-1	670	471	578	3 221	197	Compte de capital
Financial account	...	-150	1 033	1 056	-66	2 175	-1 159	Compte financier
Eswatini								**Eswatini**
Current account	-38	-30	-388	533	271	124	...	Compte des transac. cour.
Capital account	0	-~0	14	-2	2	-4	...	Compte de capital
Financial account	-27	49	-318	179	114	169	...	Compte financier
Ethiopia								**Éthiopie**
Current account	106	39	-635	-7 567	-2 719	-4 507	...	Compte des transac. cour.
Capital account	0	11	...	...	...	...	...	Compte de capital
Financial account	-63	-72	-3 262	-7 638	-4 624	-4 574	...	Compte financier
Faroe Islands								**Îles Féroé**
Current account	...	...	144	...	...	...	...	Compte des transac. cour.

15 Balance of payments summary *(continued)*
Millions of US dollars

Résumé de la balance des paiements *(suite)*
Millions de dollars É.-U.

Country or area&	1985	1995	2010	2015	2020	2021	2022	Pays ou zone&
Fiji								**Fidji**
Current account	19	-113	-149	-163	-614	-688	-868	Compte des transac. cour.
Capital account	0	116	3	3	4	3	3	Compte de capital
Financial account	-2	5	221	-88	-364	-297	-601	Compte financier
Finland								**Finlande**
Current account	-806	5 231	2 792	-2 209	1 798	1 452	-11 059	Compte des transac. cour.
Capital account	0	66	234	174	228	178	155	Compte de capital
Financial account	-849	3 913	4 364	-476	-390	-1 578	-2 419	Compte financier
France								**France**
Current account	-35	10 840	-22 031	-9 130	-46 341	9 947	-59 499	Compte des transac. cour.
Capital account	0	442	1 636	-1 110	2 303	13 905	11 388	Compte de capital
Financial account	256	8 230	774	-1 229	-61 287	3 411	-109 643	Compte financier
French Polynesia								**Polynésie française**
Current account	...	...	-18	291	...	...	...	Compte des transac. cour.
Capital account	...	...	-1	~0	...	...	...	Compte de capital
Financial account	...	...	-119	315	...	...	...	Compte financier
Gabon								**Gabon**
Current account	-162	515	2 453	141	...	...	...	Compte des transac. cour.
Capital account	0	5	1	4	...	...	...	Compte de capital
Financial account	-225	287	1 121	585	...	...	...	Compte financier
Gambia								**Gambie**
Current account	8	-8	18	-54	-87	-94	...	Compte des transac. cour.
Capital account	0	0	38	19	95	22	...	Compte de capital
Financial account	-4	-22	36	-93	-91	-10	...	Compte financier
Georgia								**Géorgie**
Current account	...	...	-1 199	-1 767	-1 981	-1 937	...	Compte des transac. cour.
Capital account	...	...	198	58	41	38	...	Compte de capital
Financial account	...	...	-1 076	-1 781	-2 033	-1 920	...	Compte financier
Germany								**Allemagne**
Current account	17 994	-32 191	196 172	288 065	275 870	329 969	172 724	Compte des transac. cour.
Capital account	-741	-3 120	1 615	326	-10 594	-1 474	-19 465	Compte de capital
Financial account	20 714	-37 877	123 715	262 924	223 099	294 688	235 665	Compte financier
Ghana								**Ghana**
Current account	-134	-144	-2 747	-2 824	-2 134	-2 541	...	Compte des transac. cour.
Capital account	0	0	338	474	250	204	...	Compte de capital
Financial account	-71	-276	-3 586	-2 732	-3 177	-2 509	...	Compte financier
Greece								**Grèce**
Current account	-3 276	-2 864	-30 263	-1 611	-12 413	-13 858	-21 424	Compte des transac. cour.
Capital account	...	...	2 776	2 193	3 189	4 707	3 220	Compte de capital
Financial account	-3 320	-3 185	-28 104	1 624	-8 640	-7 859	-16 644	Compte financier
Grenada								**Grenade**
Current account	3	-42	-204	-125	-220	-294	...	Compte des transac. cour.
Capital account	0	9	36	32	79	125	...	Compte de capital
Financial account	1	-1	-141	-61	-71	-146	...	Compte financier
Guatemala								**Guatemala**
Current account	-246	-572	-767	-774	3 918	2 113	...	Compte des transac. cour.
Capital account	0	62	12	2	1	0	...	Compte de capital
Financial account	-203	-647	-521	-1 112	3 186	1 692	...	Compte financier
Guinea								**Guinée**
Current account	...	-216	-327	-1 020	2 685	4 639	...	Compte des transac. cour.
Capital account	...	45	47	231	147	159	...	Compte de capital
Financial account	...	-137	-241	-777	2 744	4 351	...	Compte financier
Guinea-Bissau								**Guinée-Bissau**
Current account	-76	-35	-71	21	-39	-14	...	Compte des transac. cour.
Capital account	31	49	980	60	16	23	...	Compte de capital
Financial account	-55	3	907	68	-31	16	...	Compte financier
Guyana								**Guyana**
Current account	-97	-135	-246	-39	-397	-2 087	...	Compte des transac. cour.
Capital account	0	11	65	70	49	82	...	Compte de capital
Financial account	-101	-113	-317	-127	-1 017	-2 200	...	Compte financier
Haiti								**Haïti**
Current account	-95	-87	-102	-271	216	141	...	Compte des transac. cour.
Capital account	0	50	1 474	22	8	10	...	Compte de capital
Financial account	-48	88	1 738	-399	316	-45	...	Compte financier

Country or area&	1985	1995	2010	2015	2020	2021	2022	Pays ou zone&
Honduras								**Honduras**
Current account	-220	-201	-804	-980	666	-1 487	-1 074	Compte des transac. cour.
Capital account	0	17	48	34	371	67	4	Compte de capital
Financial account	-259	-139	-896	-1 086	1 441	-725	-1 218	Compte financier
Hungary								**Hongrie**
Current account	-455	-1 712	342	2 926	-1 617	-6 961	-14 243	Compte des transac. cour.
Capital account	0	60	2 382	5 686	3 162	4 567	3 715	Compte de capital
Financial account	-530	301	1 353	7 280	-2 590	-7 176	-16 413	Compte financier
Iceland								**Islande**
Current account	-115	13	-845	986	192	-612	-448	Compte des transac. cour.
Capital account	0	-4	-11	-11	-17	-19	-18	Compte de capital
Financial account	-168	-33	-667	830	1 327	250	-700	Compte financier
India								**Inde**
Current account	-4 141	-5 563	-54 516	-22 457	32 730	-33 422	-80 433	Compte des transac. cour.
Capital account	0	...	50	37	-1 056	-308	-60	Compte de capital
Financial account	-3 641	-4 593	-55 470	-23 593	34 086	-32 947	-82 387	Compte financier
Indonesia								**Indonésie**
Current account	-1 923	-6 431	5 144	-17 519	-4 433	3 511	13 216	Compte des transac. cour.
Capital account	0	0	50	17	37	80	60	Compte de capital
Financial account	-1 272	-8 686	3 866	-17 941	-5 288	975	12 914	Compte financier
Iran (Islamic Republic of)								**Iran (Rép. islamique d')**
Current account	-476	3 358	...	...	...	...	...	Compte des transac. cour.
Capital account	0	0	...	...	...	...	...	Compte de capital
Financial account	11	3 641	...	...	...	...	...	Compte financier
Iraq								**Iraq**
Current account	...	...	6 488	-2 762	-6 198	24 563	...	Compte des transac. cour.
Capital account	...	...	25	-2	-8	-18	...	Compte de capital
Financial account	...	...	-2 637	-16 953	-6 106	23 724	...	Compte financier
Ireland								**Irlande**
Current account	...	...	2 320	12 912	-27 412	72 220	47 621	Compte des transac. cour.
Capital account	...	...	-827	-1 455	-13 127	4 507	-8 252	Compte de capital
Financial account	...	...	-8 432	18 347	-39 160	72 388	23 532	Compte financier
Israel								**Israël**
Current account	988	-4 790	8 247	16 138	22 486	21 090	19 212	Compte des transac. cour.
Capital account	151	285	336	332	435	471	498	Compte de capital
Financial account	22	-3 831	8 475	15 130	24 389	16 004	-336	Compte financier
Italy								**Italie**
Current account	-4 088	25 096	-70 819	26 369	74 502	65 315	-26 658	Compte des transac. cour.
Capital account	222	1 721	106	6 682	1 123	1 210	10 701	Compte de capital
Financial account	-7 735	5 625	-106 235	42 456	84 128	66 304	-19 839	Compte financier
Jamaica								**Jamaïque**
Current account	-271	-99	-934	-430	-157	149	-130	Compte des transac. cour.
Capital account	0	21	4	1 466	-31	-31	-30	Compte de capital
Financial account	-285	-81	-785	-115	-99	65	-570	Compte financier
Japan								**Japon**
Current account	...	...	220 888	136 472	150 029	197 154	90 963	Compte des transac. cour.
Capital account	...	...	-4 964	-2 253	-1 933	-3 856	-865	Compte de capital
Financial account	...	...	252 662	180 933	129 876	153 977	54 055	Compte financier
Jordan								**Jordanie**
Current account	-260	-259	-1 882	-3 470	-2 506	-4 030	...	Compte des transac. cour.
Capital account	0	0	~0	113	24	15	...	Compte de capital
Financial account	-290	-401	-1 117	-2 681	-2 645	-1 886	...	Compte financier
Kazakhstan								**Kazakhstan**
Current account	...	-213	2 678	-9 980	-10 962	-2 559	8 528	Compte des transac. cour.
Capital account	...	0	7 898	132	239	232	243	Compte de capital
Financial account	...	-864	15 338	-10 424	-13 431	-4 817	10 859	Compte financier
Kenya								**Kenya**
Current account	-115	-1 578	-2 369	-4 421	-4 792	-5 744	...	Compte des transac. cour.
Capital account	0	124	240	262	132	196	...	Compte de capital
Financial account	-82	252	-1 987	-4 140	-4 145	-4 980	...	Compte financier
Kiribati								**Kiribati**
Current account	-2	...	~0	56	71	20	...	Compte des transac. cour.
Capital account	7	...	13	33	7	11	...	Compte de capital
Financial account	~0	...	2	84	85	17	...	Compte financier

15 Balance of payments summary *(continued)*
Millions of US dollars

Résumé de la balance des paiements *(suite)*
Millions de dollars É.-U.

Country or area&	1985	1995	2010	2015	2020	2021	2022	Pays ou zone&
Kosovo								**Kosovo**
Current account	...	...	-678	-547	-541	-818	-1 007	Compte des transac. cour.
Capital account	...	...	28	28	20	73	40	Compte de capital
Financial account	...	...	-419	-342	-630	-423	-712	Compte financier
Kuwait								**Koweït**
Current account	4 798	5 016	36 989	8 584	22 030	34 943	63 082	Compte des transac. cour.
Capital account	0	-194	2 096	-288	995	1 521	540	Compte de capital
Financial account	2 879	-298	46 187	11 542	21 757	33 896	65 261	Compte financier
Kyrgyzstan								**Kirghizistan**
Current account	...	-235	-475	-1 052	374	-738	...	Compte des transac. cour.
Capital account	...	2	-11	79	80	146	...	Compte de capital
Financial account	...	-341	-394	-779	350	-90	...	Compte financier
Lao People's Dem. Rep.								**Rép. dém. populaire lao**
Current account	-114	-237	29	-2 268	-231	447	...	Compte des transac. cour.
Capital account	0	0	0	36	13	2	...	Compte de capital
Financial account	-75	-131	-374	-2 748	-760	-365	...	Compte financier
Latvia								**Lettonie**
Current account	...	-16	413	-158	919	-1 700	-2 642	Compte des transac. cour.
Capital account	...	...	471	767	591	537	465	Compte de capital
Financial account	...	-669	890	745	2 133	-408	-820	Compte financier
Lebanon								**Liban**
Current account	...	...	-7 552	-8 542	-2 995	-2 985	...	Compte des transac. cour.
Capital account	...	...	39	1 801	1 671	943	...	Compte de capital
Financial account	...	...	-457	-8 722	-9 802	-5 611	...	Compte financier
Lesotho								**Lesotho**
Current account	142	-165	-158	-78	-18	-91	-150	Compte des transac. cour.
Capital account	8	296	108	37	93	130	113	Compte de capital
Financial account	170	254	-18	-217	208	68	-131	Compte financier
Liberia								**Libéria**
Current account	1	...	-853	171	...	...	...	Compte des transac. cour.
Capital account	0	...	2 136	100	...	...	...	Compte de capital
Financial account	6	...	-1 488	-463	...	...	...	Compte financier
Libya								**Libye**
Current account	1 906	1 672	16 801	-9 346	-4 780	...	...	Compte des transac. cour.
Capital account	0	...	0	...	...	...	...	Compte de capital
Financial account	1 578	1 908	14 509	-7 214	-3 187	...	...	Compte financier
Lithuania								**Lituanie**
Current account	...	-614	73	-1 014	4 161	767	-3 583	Compte des transac. cour.
Capital account	...	-39	1 412	1 268	991	946	1 049	Compte de capital
Financial account	...	-366	961	915	4 025	1 936	-2 384	Compte financier
Luxembourg								**Luxembourg**
Current account	...	...	3 268	2 921	2 346	3 947	4 246	Compte des transac. cour.
Capital account	...	...	-167	-166	-79	1 033	381	Compte de capital
Financial account	...	...	3 100	2 775	2 266	5 011	4 683	Compte financier
Madagascar								**Madagascar**
Current account	-184	-276	-893	-256	-623	-732	...	Compte des transac. cour.
Capital account	0	40	75	130	215	80	...	Compte de capital
Financial account	-173	-132	-903	-38	-381	-562	...	Compte financier
Malawi								**Malawi**
Current account	-126	-78	-969	-1 064	-1 466	-1 543	...	Compte des transac. cour.
Capital account	0	...	710	228	738	783	...	Compte de capital
Financial account	-21	-162	-6	-688	-880	-267	...	Compte financier
Malaysia								**Malaisie**
Current account	-600	-8 644	25 644	9 068	14 138	14 143	10 487	Compte des transac. cour.
Capital account	0	0	-34	-309	-100	-137	-104	Compte de capital
Financial account	-781	-9 405	5 924	70	13 724	7 920	8 215	Compte financier
Maldives								**Maldives**
Current account	-6	-18	-196	-302	-1 327	-455	-1 033	Compte des transac. cour.
Capital account	0	0	9	10	0	0	0	Compte de capital
Financial account	6	-50	-71	-530	-1 201	-642	-1 086	Compte financier
Mali								**Mali**
Current account	-210	-284	-1 191	-698	-380	-1 469	...	Compte des transac. cour.
Capital account	81	130	252	342	220	139	...	Compte de capital
Financial account	-147	-167	-908	-312	-90	-1 312	...	Compte financier

15 Balance of payments summary *(continued)*
Millions of US dollars

Résumé de la balance des paiements *(suite)*
Millions de dollars É.-U.

Country or area&	1985	1995	2010	2015	2020	2021	2022	Pays ou zone&
Malta								**Malte**
Current account	-26	-380	-420	301	349	214	-1 020	Compte des transac. cour.
Capital account	0	13	171	296	95	177	196	Compte de capital
Financial account	-42	-346	-64	162	-296	984	-2 033	Compte financier
Marshall Islands								**Îles Marshall**
Current account	...	...	-14	-7	90	76	...	Compte des transac. cour.
Capital account	...	...	19	8	11	11	...	Compte de capital
Financial account	...	...	19	29	40	49	...	Compte financier
Mauritania								**Mauritanie**
Current account	-116	22	...	-956	-576	-808	...	Compte des transac. cour.
Capital account	0	0	...	31	73	987	...	Compte de capital
Financial account	-122	4	...	-1 058	-485	-702	...	Compte financier
Mauritius								**Maurice**
Current account	-30	-22	-1 006	-417	-1 003	-1 497	-1 580	Compte des transac. cour.
Capital account	0	0	0	...	...	0	47	Compte de capital
Financial account	22	84	-856	-533	-988	-1 497	-1 755	Compte financier
Mexico								**Mexique**
Current account	800	-1 576	-4 015	-32 264	22 787	-8 209	-13 423	Compte des transac. cour.
Capital account	0	...	-167	-102	-13	-48	-72	Compte de capital
Financial account	-2 117	-5 824	-28 483	-33 969	21 356	-888	-12 472	Compte financier
Micronesia (Fed. States of)								**Micronésie (États féd. de)**
Current account	...	...	-25	...	...	...	...	Compte des transac. cour.
Capital account	...	...	64	...	...	...	...	Compte de capital
Financial account	...	...	29	...	...	...	...	Compte financier
Mongolia								**Mongolie**
Current account	-814	39	-885	-948	-675	-2 108	-2 304	Compte des transac. cour.
Capital account	0	...	152	116	103	114	154	Compte de capital
Financial account	-730	49	-794	-1 056	-817	-2 205	-2 371	Compte financier
Montenegro								**Monténégro**
Current account	...	...	-852	-443	-1 237	-541	-825	Compte des transac. cour.
Capital account	...	...	-1	-~0	~0	-~0	0	Compte de capital
Financial account	...	...	-848	-328	-1 131	-209	-212	Compte financier
Montserrat								**Montserrat**
Current account	...	-2	-19	-1	6	-13	...	Compte des transac. cour.
Capital account	...	7	13	14	7	13	...	Compte de capital
Financial account	...	-1	-6	4	3	-7	...	Compte financier
Morocco								**Maroc**
Current account	-891	-1 186	-3 925	-2 161	-1 368	-3 349	-4 775	Compte des transac. cour.
Capital account	0	0	0	1	~0	0	2	Compte de capital
Financial account	-847	-801	-4 092	-1 484	366	-2 451	-2 650	Compte financier
Mozambique								**Mozambique**
Current account	...	...	-1 679	-5 948	-3 900	-3 601	-6 295	Compte des transac. cour.
Capital account	...	...	357	288	135	65	61	Compte de capital
Financial account	...	...	-1 267	-5 729	-4 062	-3 544	-6 606	Compte financier
Myanmar								**Myanmar**
Current account	-205	-258	1 574	-3 109	...	...	...	Compte des transac. cour.
Capital account	0	0	...	0	...	...	...	Compte de capital
Financial account	-164	-275	-559	-3 992	...	...	...	Compte financier
Namibia								**Namibie**
Current account	...	176	-448	-1 559	271	-1 235	-1 569	Compte des transac. cour.
Capital account	...	40	187	107	102	136	109	Compte de capital
Financial account	...	229	-465	-1 296	251	-1 176	-1 588	Compte financier
Nauru								**Nauru**
Current account	...	...	24	-17	...	...	...	Compte des transac. cour.
Capital account	...	...	4	3	...	...	...	Compte de capital
Financial account	...	...	27	-24	...	...	...	Compte financier
Nepal								**Népal**
Current account	-122	-356	-128	2 447	-84	-5 363	-2 471	Compte des transac. cour.
Capital account	0	0	185	162	115	118	72	Compte de capital
Financial account	-119	-354	-123	2 512	271	-5 037	-1 253	Compte financier
Netherlands (Kingdom of the)								**Pays-Bas (Royaume des)**
Current account	4 248	25 773	61 803	40 162	46 794	73 956	43 588	Compte des transac. cour.
Capital account	-39	-497	-4 122	-3 758	-63	627	105 550	Compte de capital
Financial account	3 144	16 928	51 354	38 513	41 469	71 177	151 062	Compte financier

15 Balance of payments summary *(continued)*
Millions of US dollars

Résumé de la balance des paiements *(suite)*
Millions de dollars É.-U.

Country or area&	1985	1995	2010	2015	2020	2021	2022	Pays ou zone&
Netherlands Antilles [former]								**Antilles néerlandaises [anc.]**
Current account	403	128	...	...	...	...	...	Compte des transac. cour.
Capital account	0	63	...	...	...	...	...	Compte de capital
Financial account	396	203	...	...	...	...	...	Compte financier
New Caledonia								**Nouvelle-Calédonie**
Current account	...	...	-1 360	-1 119	...	...	...	Compte des transac. cour.
Capital account	...	...	2	3	...	...	...	Compte de capital
Financial account	...	...	-1 279	-1 121	...	...	...	Compte financier
New Zealand								**Nouvelle-Zélande**
Current account	...	...	-3 429	-4 663	-2 401	-14 804	-21 262	Compte des transac. cour.
Capital account	...	...	5 620	228	-29	-61	-294	Compte de capital
Financial account	...	...	2 014	1 481	-5 349	-11 362	-14 002	Compte financier
Nicaragua								**Nicaragua**
Current account	-771	-722	-777	-1 260	456	-438	-216	Compte des transac. cour.
Capital account	45	1 707	264	375	111	86	63	Compte de capital
Financial account	-913	1 127	-369	-1 304	201	-696	-1 077	Compte financier
Niger								**Niger**
Current account	-64	-152	-1 137	-1 486	-1 816	-2 099	...	Compte des transac. cour.
Capital account	0	65	196	294	705	882	...	Compte de capital
Financial account	-37	28	-926	-1 208	-1 121	-1 226	...	Compte financier
Nigeria								**Nigéria**
Current account	2 604	-802	13 111	-15 439	-15 986	-3 254	1 019	Compte des transac. cour.
Capital account	0	-14	0	...	...	...	...	Compte de capital
Financial account	2 469	-848	-1 802	5 335	-2 407	-3 087	-6 553	Compte financier
North Macedonia								**Macédoine du Nord**
Current account	...	...	-198	-172	-360	-420	-840	Compte des transac. cour.
Capital account	...	...	4	8	13	8	-4	Compte de capital
Financial account	...	...	-193	-150	-351	-338	-779	Compte financier
Norway								**Norvège**
Current account	3 030	5 233	50 258	31 106	4 212	66 254	175 372	Compte des transac. cour.
Capital account	0	-170	-164	-118	-104	-130	-457	Compte de capital
Financial account	1 954	1 116	43 365	9 664	-1 004	67 773	148 904	Compte financier
Oman								**Oman**
Current account	-10	-801	4 634	-10 954	-12 307	-4 288	...	Compte des transac. cour.
Capital account	0	0	-65	543	180	40	...	Compte de capital
Financial account	-336	-413	5 926	-10 860	-12 533	-5 159	...	Compte financier
Pakistan								**Pakistan**
Current account	-1 067	-3 349	-1 354	-2 803	-651	-12 283	-12 129	Compte des transac. cour.
Capital account	10	0	109	274	214	213	406	Compte de capital
Financial account	-1 027	-3 653	-2 433	-2 881	-1 192	-12 523	-11 190	Compte financier
Palau								**Palaos**
Current account	...	...	-19	-24	-106	-64	...	Compte des transac. cour.
Capital account	...	...	30	21	30	15	...	Compte de capital
Financial account	...	...	6	29	-41	-15	...	Compte financier
Panama								**Panama**
Current account	75	-471	-3 121	-4 848	-189	-2 051	...	Compte des transac. cour.
Capital account	...	9	43	27	11	4	...	Compte de capital
Financial account	-46	-447	-2 848	-6 480	582	-1 056	...	Compte financier
Papua New Guinea								**Papouasie-Nvl-Guinée**
Current account	-122	674	-643	1 892	3 419	4 499	...	Compte des transac. cour.
Capital account	0	0	37	1	6	6	...	Compte de capital
Financial account	-125	587	-1 815	2 265	1 613	6 247	...	Compte financier
Paraguay								**Paraguay**
Current account	-252	-217	-289	-25	692	-305	-2 713	Compte des transac. cour.
Capital account	0	11	40	154	172	217	159	Compte de capital
Financial account	-178	-964	72	-536	394	-662	-2 212	Compte financier
Peru								**Pérou**
Current account	102	-4 625	-3 564	-8 776	2 235	-5 064	-9 908	Compte des transac. cour.
Capital account	32	93	26	6	4	4	0	Compte de capital
Financial account	-1 394	-4 280	-1 850	-10 416	-1 235	-11 171	-14 336	Compte financier
Philippines								**Philippines**
Current account	-36	-1 980	7 179	7 266	11 578	-5 943	-17 832	Compte des transac. cour.
Capital account	0	0	88	84	63	80	14	Compte de capital
Financial account	510	-4 074	3 753	4 916	9 118	-5 089	-19 841	Compte financier

15 Balance of payments summary *(continued)*
Millions of US dollars

Résumé de la balance des paiements *(suite)*
Millions de dollars É.-U.

Country or area[&]	1985	1995	2010	2015	2020	2021	2022	Pays ou zone[&]
Poland								**Pologne**
Current account	-982	854	-24 627	-6 170	14 764	-9 562	-20 651	Compte des transac. cour.
Capital account	...	285	8 069	12 616	8 438	4 720	1 951	Compte de capital
Financial account	-864	575	-29 308	2 178	20 526	-4 569	-17 469	Compte financier
Portugal								**Portugal**
Current account	380	-132	-24 407	471	-2 292	-2 987	...	Compte des transac. cour.
Capital account	0	0	3 314	2 485	2 250	4 370	...	Compte de capital
Financial account	127	-3 325	-20 791	2 702	325	1 941	...	Compte financier
Qatar								**Qatar**
Current account	...	...	...	13 751	-2 986	26 319	63 118	Compte des transac. cour.
Capital account	...	...	...	-737	-168	-145	-222	Compte de capital
Financial account	...	...	...	13 433	-4 452	24 519	60 928	Compte financier
Republic of Korea								**République de Corée**
Current account	-2 079	-10 230	27 951	105 119	75 902	85 228	29 831	Compte des transac. cour.
Capital account	...	0	-63	-60	-386	-155	1	Compte de capital
Financial account	-3 660	-11 380	21 521	102 957	81 383	78 445	38 833	Compte financier
Republic of Moldova								**République de Moldova**
Current account	...	-85	-481	-463	-887	-1 699	-2 275	Compte des transac. cour.
Capital account	...	0	5	55	-66	-51	20	Compte de capital
Financial account	...	-103	-402	-464	-1 042	-1 714	-2 358	Compte financier
Romania								**Roumanie**
Current account	1 381	-1 774	-8 478	-1 396	-12 535	-20 627	-27 979	Compte des transac. cour.
Capital account	0	242	259	4 336	4 788	6 110	7 252	Compte de capital
Financial account	1 263	-1 076	-7 548	4 219	-8 996	-17 334	-16 921	Compte financier
Russian Federation								**Fédération de Russie**
Current account	...	7 438	67 452	67 777	35 373	122 263	233 019	Compte des transac. cour.
Capital account	...	786	-41	-309	-94	125	-4 580	Compte de capital
Financial account	...	-7 560	58 278	70 326	39 080	122 492	...	Compte financier
Rwanda								**Rwanda**
Current account	...	...	-399	-1 084	-1 228	-1 209	-1 306	Compte des transac. cour.
Capital account	...	...	286	300	313	380	322	Compte de capital
Financial account	...	...	-143	-504	-786	-804	-913	Compte financier
Saint Kitts and Nevis								**Saint-Kitts-et-Nevis**
Current account	-7	-45	-139	-80	-96	-50	...	Compte des transac. cour.
Capital account	0	6	56	50	46	79	...	Compte de capital
Financial account	-7	-23	-109	-77	-50	47	...	Compte financier
Saint Lucia								**Sainte-Lucie**
Current account	-13	-36	-203	-12	-232	-132	...	Compte des transac. cour.
Capital account	0	12	42	14	24	30	...	Compte de capital
Financial account	-11	-25	-136	65	-155	-93	...	Compte financier
Saint Vincent & Grenadines								**Saint-Vincent-Grenadines**
Current account	4	-40	-208	-116	-136	-200	...	Compte des transac. cour.
Capital account	0	5	52	12	5	9	...	Compte de capital
Financial account	6	-35	-148	-122	-67	-130	...	Compte financier
Samoa								**Samoa**
Current account	2	9	-62	-13	-76	-114	-78	Compte des transac. cour.
Capital account	0	0	21	44	103	59	116	Compte de capital
Financial account	6	8	-31	36	81	10	80	Compte financier
San Marino								**Saint-Marin**
Current account	...	...	...	...	43	280	...	Compte des transac. cour.
Capital account	...	...	...	...	3	0	...	Compte de capital
Financial account	...	...	...	...	140	223	...	Compte financier
Sao Tome and Principe								**Sao Tomé-et-Principe**
Current account	-16	...	-88	-69	-60	-95	...	Compte des transac. cour.
Capital account	0	...	42	32	19	37	...	Compte de capital
Financial account	-10	...	-61	-23	-44	-62	...	Compte financier
Saudi Arabia								**Arabie saoudite**
Current account	-12 932	-5 318	66 751	-56 724	-22 814	44 324	150 753	Compte des transac. cour.
Capital account	0	0	...	-1 062	-1 845	-1 318	-2 461	Compte de capital
Financial account	-12 932	-5 318	32 598	-72 516	-24 538	42 198	140 780	Compte financier
Senegal								**Sénégal**
Current account	-360	-244	-589	-945	...	...	...	Compte des transac. cour.
Capital account	88	209	302	343	...	...	...	Compte de capital
Financial account	-269	-55	-305	-584	...	...	...	Compte financier

15 Balance of payments summary *(continued)*
Millions of US dollars

Résumé de la balance des paiements *(suite)*
Millions de dollars É.-U.

Country or area&	1985	1995	2010	2015	2020	2021	2022	Pays ou zone&
Serbia								**Serbie**
Current account	...	...	-2 692	-1 370	-2 177	-2 654	-4 434	Compte des transac. cour.
Capital account	...	...	-1	-19	-35	-30	-26	Compte de capital
Financial account	...	...	-2 078	-1 024	-2 317	-2 490	-4 132	Compte financier
Seychelles								**Seychelles**
Current account	-19	1	-214	-256	-173	-154	...	Compte des transac. cour.
Capital account	0	1	275	37	21	24	...	Compte de capital
Financial account	-17	-26	138	-218	-183	-115	...	Compte financier
Sierra Leone								**Sierra Leone**
Current account	3	-118	-585	-1 003	-320	-358	...	Compte des transac. cour.
Capital account	0	0	118	127	85	106	...	Compte de capital
Financial account	-6	-97	-445	-421	-308	-323	...	Compte financier
Singapore								**Singapour**
Current account	-4	14 486	54 996	57 574	57 316	76 374	90 239	Compte des transac. cour.
Capital account	0	...	...	...	...	...	...	Compte de capital
Financial account	639	14 175	59 639	53 463	57 305	74 754	88 865	Compte financier
Sint Maarten (Dutch part)								**St-Martin (partie néerland.)**
Current account	...	...	...	18	-290	-294	...	Compte des transac. cour.
Capital account	...	...	...	-~0	50	55	...	Compte de capital
Financial account	...	...	...	53	-143	-150	...	Compte financier
Slovakia								**Slovaquie**
Current account	...	390	-4 210	-1 849	672	-2 875	-9 385	Compte des transac. cour.
Capital account	...	46	1 392	2 854	805	1 588	1 379	Compte de capital
Financial account	...	580	-3 140	-443	1 860	-1 737	-7 834	Compte financier
Slovenia								**Slovénie**
Current account	...	-75	-366	1 646	4 058	2 372	-284	Compte des transac. cour.
Capital account	...	-6	72	455	-299	65	-270	Compte de capital
Financial account	...	-276	-1 417	1 981	3 411	2 675	-1 195	Compte financier
Solomon Islands								**Îles Salomon**
Current account	-28	8	-144	-36	-25	-78	-219	Compte des transac. cour.
Capital account	0	2	50	55	62	66	138	Compte de capital
Financial account	-29	8	-116	20	16	-9	-69	Compte financier
South Africa								**Afrique du Sud**
Current account	2 261	-2 493	-5 422	-14 944	6 788	15 569	-1 789	Compte des transac. cour.
Capital account	0	0	31	19	14	15	-1 901	Compte de capital
Financial account	1 350	-3 385	-7 508	-16 253	7 792	16 771	-4 152	Compte financier
South Sudan								**Soudan du sud**
Current account	...	...	...	-500	-1 718	-7	...	Compte des transac. cour.
Capital account	...	...	...	75	162	382	...	Compte de capital
Financial account	...	...	...	-321	-2 341	-491	...	Compte financier
Spain								**Espagne**
Current account	2 785	-1 967	-52 250	24 108	8 045	13 445	7 575	Compte des transac. cour.
Capital account	0	5 861	5 338	7 698	5 970	12 759	12 406	Compte de capital
Financial account	942	261	-42 448	31 545	10 853	27 365	24 850	Compte financier
Sri Lanka								**Sri Lanka**
Current account	-418	-770	-1 075	-1 883	-1 083	...	...	Compte des transac. cour.
Capital account	0	116	150	46	28	...	...	Compte de capital
Financial account	-461	-491	-1 778	-2 312	-259	...	...	Compte financier
State of Palestine								**État de Palestine**
Current account	...	-984	-1 307	-1 939	-1 903	-1 778	-2 865	Compte des transac. cour.
Capital account	...	262	828	416	431	472	422	Compte de capital
Financial account	...	-557	-201	-1 953	-903	-1 381	-2 204	Compte financier
Sudan								**Soudan**
Current account	154	-500	-1 725	-5 461	-5 841	-2 620	-4 443	Compte des transac. cour.
Capital account	0	...	378	250	144	103	113	Compte de capital
Financial account	5	-481	-1 633	-5 118	-4 486	-1 311	-3 791	Compte financier
Suriname								**Suriname**
Current account	...	...	651	-786	260	176	67	Compte des transac. cour.
Capital account	...	...	54	1	0	37	0	Compte de capital
Financial account	...	...	545	-1 036	136	335	207	Compte financier
Sweden								**Suède**
Current account	-1 010	4 940	29 196	16 159	32 355	41 551	25 015	Compte des transac. cour.
Capital account	0	0	-681	-961	295	120	459	Compte de capital
Financial account	-1 758	3 388	34 610	7 533	-4 122	52 466	19 719	Compte financier

Country or area&	1985	1995	2010	2015	2020	2021	2022	Pays ou zone&
Switzerland								**Suisse**
Current account	6 039	20 703	78 050	61 631	2 247	70 554	81 459	Compte des transac. cour.
Capital account	...	-462	-4 434	-30 254	588	-4 866	-82	Compte de capital
Financial account	8 500	11 260	102 470	39 623	42 699	78 500	34 746	Compte financier
Syrian Arab Republic								**République arabe syrienne**
Current account	-958	263	-367	...	...	...	...	Compte des transac. cour.
Capital account	0	20	50	...	...	...	...	Compte de capital
Financial account	-974	318	824	...	...	...	...	Compte financier
Tajikistan								**Tadjikistan**
Current account	...	...	-581	-477	336	735	1 635	Compte des transac. cour.
Capital account	...	...	69	144	189	267	283	Compte de capital
Financial account	...	...	-245	-485	675	789	1 779	Compte financier
Thailand								**Thaïlande**
Current account	-1 537	-13 582	11 486	27 753	20 933	-10 646	-17 230	Compte des transac. cour.
Capital account	0	0	245	~0	43	~0	35	Compte de capital
Financial account	-1 434	-14 778	7 751	22 658	30 053	-1 117	-12 469	Compte financier
Timor-Leste								**Timor-Leste**
Current account	...	...	1 671	225	-308	1 022	...	Compte des transac. cour.
Capital account	...	...	31	29	12	13	...	Compte de capital
Financial account	...	...	1 703	191	-286	-214	...	Compte financier
Togo								**Togo**
Current account	-27	-122	-200	-461	-21	...	...	Compte des transac. cour.
Capital account	0	3	1 389	270	373	...	...	Compte de capital
Financial account	-28	-139	1 192	-182	367	...	...	Compte financier
Tonga								**Tonga**
Current account	-2	...	-87	-44	-26	-24	-31	Compte des transac. cour.
Capital account	0	...	73	23	69	69	85	Compte de capital
Financial account	-1	...	120	3	25	68	49	Compte financier
Trinidad and Tobago								**Trinité-et-Tobago**
Current account	-48	294	4 172	2 057	-1 356	2 900	...	Compte des transac. cour.
Capital account	0	0	...	0	~0	7	...	Compte de capital
Financial account	-322	298	4 199	-1 069	-1 491	1 984	...	Compte financier
Tunisia								**Tunisie**
Current account	-581	-774	-2 104	-3 924	-2 534	-2 781	...	Compte des transac. cour.
Capital account	0	47	82	225	365	221	...	Compte de capital
Financial account	-607	-861	-1 927	-3 538	-1 558	-2 071	...	Compte financier
Türkiye								**Türkiye**
Current account	-1 013	-2 338	-44 620	-26 625	-31 888	-7 232	-48 751	Compte des transac. cour.
Capital account	0	0	-51	-21	-36	-64	-35	Compte de capital
Financial account	-1 849	17	-51 447	-18 126	-39 414	-5 557	-21 337	Compte financier
Turks and Caicos Islands								**Îles Turques-et-Caïques**
Current account	...	...	...	154	...	...	...	Compte des transac. cour.
Capital account	...	...	...	0	...	...	...	Compte de capital
Financial account	...	...	...	440	...	...	...	Compte financier
Tuvalu								**Tuvalu**
Current account	...	...	-14	-17	9	21	...	Compte des transac. cour.
Capital account	...	...	9	24	2	6	...	Compte de capital
Financial account	...	...	-~0	12	8	32	...	Compte financier
Uganda								**Ouganda**
Current account	5	-281	-1 610	-1 667	-3 552	-3 553	...	Compte des transac. cour.
Capital account	0	48	0	108	147	152	...	Compte de capital
Financial account	-48	-204	-1 113	-1 267	-2 441	-2 947	...	Compte financier
Ukraine								**Ukraine**
Current account	...	-1 152	-3 016	5 035	5 267	-3 882	8 005	Compte des transac. cour.
Capital account	...	6	188	456	-3	15	183	Compte de capital
Financial account	...	-1 098	-1 463	5 096	6 017	-2 057	8 189	Compte financier
United Kingdom								**Royaume-Uni**
Current account	3 314	-13 436	-72 121	-148 708	-87 814	-47 054	-121 382	Compte des transac. cour.
Capital account	...	486	-1 415	-2 836	-3 924	-3 071	-3 609	Compte de capital
Financial account	4 358	-4 522	-97 969	-161 465	-110 207	-26 669	-82 836	Compte financier
United Rep. of Tanzania								**Rép.-Unie de Tanzanie**
Current account	-375	-590	-2 211	-4 477	-1 122	...	...	Compte des transac. cour.
Capital account	0	191	538	380	344	...	...	Compte de capital
Financial account	-415	-369	-2 712	-2 817	-1 413	...	...	Compte financier

15 Balance of payments summary *(continued)*
Millions of US dollars

Résumé de la balance des paiements *(suite)*
Millions de dollars É.-U.

Country or area&	1985	1995	2010	2015	2020	2021	2022	Pays ou zone&
United States of America								**États-Unis d'Amérique**
Current account	-124 455	-113 561	-432 002	-408 447	-619 702	-846 354	-943 800	Compte des transac. cour.
Capital account	0	-222	-6 891	-7 939	-5 532	-2 475	-4 641	Compte de capital
Financial account	-104 677	-82 815	-446 396	-386 415	-696 987	-740 587	-677 067	Compte financier
Uruguay								**Uruguay**
Current account	-98	-213	-731	-147	-443	-1 541	-2 268	Compte des transac. cour.
Capital account	0	0	0	125	54	-30	1	Compte de capital
Financial account	141	-194	-1 418	-554	506	-718	-2 172	Compte financier
Uzbekistan								**Ouzbékistan**
Current account	...	...	2 279	896	-3 028	-4 895	-628	Compte des transac. cour.
Capital account	...	...	0	0	25	32	22	Compte de capital
Financial account	...	...	1 419	973	-4 120	-6 393	-1 683	Compte financier
Vanuatu								**Vanuatu**
Current account	-10	-18	-42	-53	61	2	...	Compte des transac. cour.
Capital account	10	31	21	84	76	66	...	Compte de capital
Financial account	-5	-20	-149	-8	37	8	...	Compte financier
Venezuela (Boliv. Rep. of)								**Venezuela (Rép. boliv. du)**
Current account	3 327	2 014	5 585	-16 051	...	...	...	Compte des transac. cour.
Capital account	0	0	-211	-3 980	...	...	...	Compte de capital
Financial account	2 328	1 520	1 644	-22 296	...	...	...	Compte financier
Viet Nam								**Viet Nam**
Current account	...	...	-4 276	-2 041	15 060	-3 812	...	Compte des transac. cour.
Financial account	...	...	-7 966	-6 999	8 150	-15 012	...	Compte financier
Yemen								**Yémen**
Current account	...	...	-1 054	-3 026	...	...	...	Compte des transac. cour.
Capital account	...	...	88	0	...	...	...	Compte de capital
Financial account	...	...	-900	-2 365	...	...	...	Compte financier
Zambia								**Zambie**
Current account	-395	...	1 525	-768	962	2 694	1 155	Compte des transac. cour.
Capital account	0	...	150	81	80	77	76	Compte de capital
Financial account	-544	...	1 646	-724	2 000	3 429	1 114	Compte financier
Zimbabwe								**Zimbabwe**
Current account	-64	...	-1 655	-1 597	1 096	...	...	Compte des transac. cour.
Capital account	0	...	231	398	300	...	...	Compte de capital
Financial account	-38	...	-577	-1 274	757	...	...	Compte financier
Euro Area								**Zone euro**
Current account	...	...	-40 631	313 001	221 818	342 969	...	Compte des transac. cour.
Capital account	...	...	14 579	20 442	4 219	54 025	...	Compte de capital
Financial account	...	...	-24 181	337 772	218 221	518 111	...	Compte financier

Source:

International Monetary Fund (IMF), Washington, D.C., Balance of Payment (BOP) Statistics database, last accessed June 2023.

& Financial account includes reserves and related items.

1 For statistical purposes, the data for China do not include those for the Hong Kong Special Administrative Region (Hong Kong SAR), Macao Special Administrative Region (Macao SAR) and Taiwan Province of China.

Source:

Fonds monétaire international (FMI), Washington, D.C., base de données des statistiques Balance des Paiements (BDP), dernier accès juin 2023.

& Compte financier inclut les réserves et les éléments connexes.

1 Pour la présentation des statistiques, les données pour la Chine ne comprennent pas la région administrative spéciale de Hong Kong (RAS de Hong Kong), la région administrative spéciale de Macao (RAS de Macao) et la province chinoise de Taïwan.

16 Exchange rates

National currency per US dollar

Cours des changes

Valeur du dollar E.-U. en monnaie nationale

Country or area	National currency Monnaie nationale	1995	2005	2010	2015	2019	2020	2021	2022	Pays ou zone
Afghanistan										**Afghanistan**
End of period	Afghani (AFN)	47.5	50.4	45.3	68.1	78.4	77.1	...	...	Fin de période
Period average		36.6	49.5	46.5	61.1	77.7	76.8	...	...	Moy. sur période
Åland Islands										**Îles d'Åland**
End of period	Euro (EUR)	...	0.8	0.7	0.9	0.9	0.8	0.9	0.9	Fin de période
Period average		...	0.8	0.8	0.9	0.9	0.9	0.8	0.9	Moy. sur période
Albania										**Albanie**
End of period	Lek (ALL)	94.2	103.6	104.0	125.8	108.6	100.8	106.5	107.1	Fin de période
Period average		92.7	99.9	103.9	126.0	109.9	108.7	103.5	113.0	Moy. sur période
Algeria										**Algérie**
End of period	Algerian Dinar (DZD),	52.2	73.4	74.9	107.1	119.2	132.1	138.8	137.2	Fin de période
Period average	dinar algérien (DZD)	47.7	73.3	74.4	100.7	119.4	126.8	135.1	142.0	Moy. sur période
Andorra										**Andorre**
End of period	Euro (EUR)	...	0.8	0.7	0.9	0.9	0.8	0.9	0.9	Fin de période
Period average		...	0.8	0.8	0.9	0.9	0.9	0.8	0.9	Moy. sur période
Angola										**Angola**
End of period	Kwanza (AOA)	~0.0	80.8	92.6	135.3	482.2	656.2	555.0	503.7	Fin de période
Period average		~0.0	87.2	91.9	120.1	364.8	578.3	631.4	460.6	Moy. sur période
Anguilla										**Anguilla**
End of period	E. Caribbean Dollar (XCD),	2.7	2.7	2.7	2.7	2.7	2.7	2.7	2.7	Fin de période
Period average	dollar des Caraïb. (XCD) [1]	2.7	2.7	2.7	2.7	2.7	2.7	2.7	2.7	Moy. sur période
Antigua and Barbuda										**Antigua-et-Barbuda**
End of period	E. Caribbean Dollar (XCD),	2.7	2.7	2.7	2.7	2.7	2.7	2.7	2.7	Fin de période
Period average	dollar des Caraïb. (XCD) [1]	2.7	2.7	2.7	2.7	2.7	2.7	2.7	2.7	Moy. sur période
Argentina										**Argentine**
End of period	Argentine Peso (ARS),	1.0	3.0	4.0	13.1	59.8	84.1	102.6	177.1	Fin de période
Period average	peso argentin (ARS)	1.0	2.9	3.9	9.2	48.1	70.5	95.0	130.6	Moy. sur période
Armenia										**Arménie**
End of period	Armenian Dram (AMD),	402.0	450.2	363.4	483.8	479.7	522.6	480.1	393.6	Fin de période
Period average	dram arménien (AMD)	405.9	457.7	373.7	477.9	480.4	489.0	503.8	435.7	Moy. sur période
Aruba										**Aruba**
End of period	Aruban Florin (AWG),	1.8	1.8	1.8	1.8	1.8	1.8	1.8	1.8	Fin de période
Period average	florin de Aruba (AWG)	1.8	1.8	1.8	1.8	1.8	1.8	1.8	1.8	Moy. sur période
Australia										**Australie**
End of period	Australian Dollar (AUD),	1.3	1.4	1.0	1.4	1.4	1.3	1.4	1.5	Fin de période
Period average	dollar australien (AUD)	1.3	1.3	1.1	1.3	1.4	1.5	1.3	1.4	Moy. sur période
Austria										**Autriche**
End of period	Euro (EUR)	...	0.8	0.7	0.9	0.9	0.8	0.9	0.9	Fin de période
Period average		...	0.8	0.8	0.9	0.9	0.9	0.8	0.9	Moy. sur période
Azerbaijan										**Azerbaïdjan**
End of period	Azerbaijan manat (AZN),	0.9	0.9	0.8	1.6	1.7	1.7	1.7	1.7	Fin de période
Period average	manat azerbaïdjanais (AZN)	0.9	0.9	0.8	1.0	1.7	1.7	1.7	1.7	Moy. sur période
Bahamas										**Bahamas**
End of period	Bahamian Dollar (BSD),	1.0	1.0	1.0	1.0	1.0	1.0	1.0	1.0	Fin de période
Period average	dollar des Bahamas (BSD)	1.0	1.0	1.0	1.0	1.0	1.0	1.0	1.0	Moy. sur période
Bahrain										**Bahreïn**
End of period	Bahraini Dinar (BHD),	0.4	0.4	0.4	0.4	0.4	0.4	0.4	0.4	Fin de période
Period average	dinar de Bahreïn (BHD)	0.4	0.4	0.4	0.4	0.4	0.4	0.4	0.4	Moy. sur période
Bangladesh										**Bangladesh**
End of period	Taka (BDT)	40.8	66.2	70.7	78.5	84.9	84.8	85.8	99.0	Fin de période
Period average		40.3	64.3	69.6	77.9	84.5	84.9	85.1	91.7	Moy. sur période
Barbados										**Barbade**
End of period	Barbados Dollar (BBD),	2.0	2.0	2.0	2.0	2.0	2.0	2.0	2.0	Fin de période
Period average	dollar de la Barbade (BBD)	2.0	2.0	2.0	2.0	2.0	2.0	2.0	2.0	Moy. sur période
Belarus										**Bélarus**
End of period	Belarusian Ruble (BYN),	0.0	0.2	0.3	1.9	2.1	2.6	2.5	2.7	Fin de période
Period average	rouble bélarussien (BYN)	~0.0	0.2	0.3	1.6	2.1	2.4	2.5	2.6	Moy. sur période
Belgium										**Belgique**
End of period	Euro (EUR)	...	0.8	0.7	0.9	0.9	0.8	0.9	0.9	Fin de période
Period average		...	0.8	0.8	0.9	0.9	0.9	0.8	0.9	Moy. sur période
Belize										**Belize**
End of period	Belize Dollar (BZD),	2.0	2.0	2.0	2.0	2.0	2.0	2.0	2.0	Fin de période
Period average	dollar du Belize (BZD)	2.0	2.0	2.0	2.0	2.0	2.0	2.0	2.0	Moy. sur période

Exchange rates *(continued)*
National currency per US dollar

Cours des changes *(suite)*
Valeur du dollar E.-U. en monnaie nationale

Country or area	National currency Monnaie nationale	1995	2005	2010	2015	2019	2020	2021	2022	Pays ou zone
Benin										**Bénin**
End of period	CFA Franc, BCEAO (XOF),	490.0	556.0	490.9	602.5	583.9	534.6	579.2	615.0	Fin de période
Period average	franc CFA, BCEAO (XOF) [2]	499.1	527.3	494.8	591.2	586.0	574.3	554.6	623.9	Moy. sur période
Bermuda										**Bermudes**
End of period	Bermudian Dollar (BMD),	1.0	1.0	1.0	1.0	1.0	1.0	1.0	1.0	Fin de période
Period average	dollar des Bermudes (BMD)	1.0	1.0	1.0	1.0	1.0	1.0	1.0	1.0	Moy. sur période
Bhutan										**Bhoutan**
End of period	Ngultrum (BTN)	35.2	45.1	44.8	66.3	71.3	73.1	75.3	82.9	Fin de période
Period average		32.4	44.1	45.7	64.2	70.4	74.1	73.9	78.6	Moy. sur période
Bolivia (Plurin. State of)										**Bolivie (État plurin. de)**
End of period	Boliviano (BOB)	4.9	8.0	7.0	6.9	6.9	6.9	6.9	6.9	Fin de période
Period average		4.8	8.1	7.0	6.9	6.9	6.9	6.9	6.9	Moy. sur période
Bosnia and Herzegovina										**Bosnie-Herzégovine**
End of period	Convertible Mark (BAM),	...	1.7	1.5	1.8	1.7	1.6	1.7	1.8	Fin de période
Period average	marka convertible (BAM)	...	1.6	1.5	1.8	1.7	1.7	1.7	1.9	Moy. sur période
Botswana										**Botswana**
End of period	Pula (BWP)	2.8	5.5	6.4	11.2	10.6	10.8	11.7	12.8	Fin de période
Period average		2.8	5.1	6.8	10.1	10.8	11.5	11.1	12.4	Moy. sur période
Bouvet Island										**Île Bouvet**
End of period	Norwegian Krone (NOK),	6.3	6.8	5.9	8.8	8.8	8.5	8.8	9.9	Fin de période
Period average	couronne norvégienne (NOK)	6.3	6.4	6.0	8.1	8.8	9.4	8.6	9.6	Moy. sur période
Brazil										**Brésil**
End of period	Brazilian Real (BRL),	1.0	2.3	1.7	3.9	4.0	5.2	5.6	5.2	Fin de période
Period average	real brésilien (BRL)	0.9	2.4	1.8	3.3	3.9	5.2	5.4	5.2	Moy. sur période
British Indian Ocean Terr.										**Terr. brit. de l'océan Indien**
End of period	Pound Sterling (GBP),	0.6	0.6	0.6	0.7	0.8	0.7	0.7	0.8	Fin de période
Period average	livre sterling (GBP)	0.6	0.6	0.6	0.7	0.8	0.8	0.7	0.8	Moy. sur période
Brunei Darussalam										**Brunéi Darussalam**
End of period	Brunei Dollar (BND),	1.4	1.7	1.3	1.4	1.3	1.3	1.4	1.4	Fin de période
Period average	dollar du Brunéi (BND)	1.4	1.7	1.4	1.4	1.4	1.4	1.3	1.4	Moy. sur période
Bulgaria										**Bulgarie**
End of period	Bulgarian Lev (BGN),	0.1	1.7	1.5	1.8	1.7	1.6	1.7	1.8	Fin de période
Period average	lev bulgare (BGN)	0.1	1.6	1.5	1.8	1.7	1.7	1.7	1.9	Moy. sur période
Burkina Faso										**Burkina Faso**
End of period	CFA Franc, BCEAO (XOF),	490.0	556.0	490.9	602.5	583.9	534.6	579.2	615.0	Fin de période
Period average	franc CFA, BCEAO (XOF) [2]	499.1	527.3	494.8	591.2	585.9	575.6	554.5	623.8	Moy. sur période
Burundi										**Burundi**
End of period	Burundi Franc (BIF),	277.9	997.8	1 232.5	1 617.1	1 881.6	1 946.4	2 006.1	2 063.5	Fin de période
Period average	franc burundais (BIF)	249.8	1 081.6	1 230.7	1 571.9	1 845.6	1 915.0	1 976.0	2 034.3	Moy. sur période
Cabo Verde										**Cabo Verde**
End of period	Cabo Verde Escudo (CVE),	77.5	93.2	83.0	100.9	98.5	89.8	97.6	106.4	Fin de période
Period average	escudo du Cabo Verde (CVE)	76.9	88.6	83.3	99.4	98.5	96.8	93.2	105.5	Moy. sur période
Cambodia										**Cambodge**
End of period	Riel (KHR)	2 526.0	4 112.0	4 051.0	4 051.5	4 084.0	4 076.5	4 113.5	4 118.0	Fin de période
Period average		2 450.8	4 092.5	4 184.9	4 067.8	4 061.1	4 092.8	4 098.7	4 102.0	Moy. sur période
Cameroon										**Cameroun**
End of period	CFA Franc, BEAC (XAF),	490.0	556.0	490.9	602.5	583.9	534.6	579.2	615.0	Fin de période
Period average	franc CFA, BEAC (XAF) [3]	499.1	527.3	494.8	591.2	585.9	575.6	554.5	623.8	Moy. sur période
Canada										**Canada**
End of period	Canadian Dollar (CAD),	1.4	1.2	1.0	1.4	1.3	1.3	1.3	1.4	Fin de période
Period average	dollar canadien (CAD)	1.4	1.2	1.0	1.3	1.3	1.3	1.3	1.3	Moy. sur période
Cayman Islands										**Îles Caïmanes**
End of period	Cayman Islands Dollar (KYD),	0.8	0.8	0.8	0.8	0.8	0.8	0.8	0.8	Fin de période
Period average	dollar des Îles Caïmanes (KYD)	0.8	0.8	0.8	0.8	0.8	0.8	0.8	0.8	Moy. sur période
Central African Republic										**République centrafricaine**
End of period	CFA Franc, BEAC (XAF),	490.0	556.0	490.9	602.5	583.9	534.6	579.2	615.0	Fin de période
Period average	franc CFA, BEAC (XAF) [3]	499.1	527.3	494.8	591.2	585.9	575.6	554.5	623.8	Moy. sur période
Chad										**Tchad**
End of period	CFA Franc, BEAC (XAF),	490.0	556.0	490.9	602.5	583.9	534.6	579.2	615.0	Fin de période
Period average	franc CFA, BEAC (XAF) [3]	499.1	527.3	494.8	591.2	585.9	575.6	554.5	623.8	Moy. sur période
Channel Islands										**Îles Anglo-Normandes**
End of period	Pound Sterling (GBP),	0.6	0.6	0.6	0.7	0.8	0.7	0.7	0.8	Fin de période
Period average	livre sterling (GBP)	0.6	0.6	0.6	0.7	0.8	0.8	0.7	0.8	Moy. sur période

Country or area	National currency / Monnaie nationale	1995	2005	2010	2015	2019	2020	2021	2022	Pays ou zone
Chile										**Chili**
End of period	Chilean Peso (CLP),	407.1	514.2	468.4	707.3	744.6	729.0	866.3	867.0	Fin de période
Period average	peso chilien (CLP)	396.8	559.8	510.2	654.1	702.9	792.7	759.0	873.3	Moy. sur période
China [4]										**Chine** [4]
End of period	Yuan Renminbi (CNY),	8.3	8.1	6.6	6.5	7.0	6.5	6.4	7.0	Fin de période
Period average	yuan (CNY)	8.4	8.2	6.8	6.2	6.9	6.9	6.4	6.7	Moy. sur période
China, Hong Kong SAR										**Chine, RAS de Hong Kong**
End of period	Hong Kong Dollar (HKD),	7.7	7.8	7.8	7.8	7.8	7.8	7.8	7.8	Fin de période
Period average	dollar de Hong Kong (HKD)	7.7	7.8	7.8	7.8	7.8	7.8	7.8	7.8	Moy. sur période
China, Macao SAR										**Chine, RAS de Macao**
End of period	Pataca (MOP)	8.0	8.0	8.0	8.0	8.0	8.0	8.0	8.0	Fin de période
Period average		8.0	8.0	8.0	8.0	8.1	8.0	8.0	8.1	Moy. sur période
Christmas Island										**Île Christmas**
End of period	Australian dollar (AUD),	1.3	1.4	1.0	1.4	1.4	1.3	1.4	1.5	Fin de période
Period average	dollar australien (AUD)	1.3	1.3	1.1	1.3	1.4	1.5	1.3	1.4	Moy. sur période
Cocos (Keeling) Islands										**Îles des Cocos (Keeling)**
End of period	Australian dollar (AUD),	1.3	1.4	1.0	1.4	1.4	1.3	1.4	1.5	Fin de période
Period average	dollar australien (AUD)	1.3	1.3	1.1	1.3	1.4	1.5	1.3	1.4	Moy. sur période
Colombia										**Colombie**
End of period	Colombian Peso (COP),	987.7	2 284.2	1 914.0	3 149.5	3 277.1	3 432.5	3 981.2	4 810.2	Fin de période
Period average	peso colombien (COP)	912.9	2 321.1	1 899.0	2 741.8	3 281.6	3 693.3	3 744.2	4 256.2	Moy. sur période
Comoros										**Comores**
End of period	Comorian Franc (KMF),	367.5	417.0	368.2	451.9	437.9	400.9	434.4	461.2	Fin de période
Period average	franc comorien (KMF)	374.4	395.4	371.1	443.4	439.5	430.7	416.0	467.2	Moy. sur période
Congo										**Congo**
End of period	CFA Franc,	490.0	556.0	490.9	602.5	583.9	534.6	579.2	615.0	Fin de période
Period average	BEAC (XAF), franc CFA, BEAC (XAF) [3]	499.1	527.3	494.8	591.2	585.9	575.6	554.5	623.8	Moy. sur période
Cook Islands										**Îles Cook**
End of period	New Zealand Dollar (NZD),	1.5	1.5	1.3	1.5	1.5	1.4	1.5	1.6	Fin de période
Period average	dollar néo-zélandais (NZD)	1.5	1.4	1.4	1.4	1.5	1.5	1.4	1.6	Moy. sur période
Costa Rica										**Costa Rica**
End of period	Costa Rican Colon (CRC),	194.9	496.7	513.0	538.4	573.3	613.9	642.2	598.1	Fin de période
Period average	colon costaricien (CRC)	179.7	477.8	525.8	534.6	587.3	584.9	620.8	647.1	Moy. sur période
Côte d'Ivoire										**Côte d'Ivoire**
End of period	CFA Franc, BCEAO (XOF),	490.0	556.0	490.9	602.5	583.9	534.6	579.2	615.0	Fin de période
Period average	franc CFA, BCEAO (XOF) [2]	499.1	527.3	494.8	591.2	585.9	575.6	554.5	623.8	Moy. sur période
Croatia										**Croatie**
End of period	Euro (EUR)	5.3	6.2	5.6	7.0	6.6	6.1	6.6	7.1	Fin de période
Period average		...	0.8	0.8	0.9	0.9	0.9	0.8	0.9	Moy. sur période
Cuba [5]										**Cuba** [5]
End of period	Cuban Peso (CUP), peso cubain (CUP) [6]	...	...	...	1.0	1.0	1.0	24.0	24.0	Fin de période
Curaçao										**Curaçao**
End of period	Neth. Ant. Guilder (ANG),	...	...	1.8	1.8	1.8	1.8	1.8	1.8	Fin de période
Period average	florin des Ant. néer. (ANG) [7]	...	...	...	1.8	1.8	1.8	1.8	1.8	Moy. sur période
Cyprus										**Chypre**
End of period	Euro (EUR)	...	0.8	0.7	0.9	0.9	0.8	0.9	0.9	Fin de période
Period average		...	0.8	0.8	0.9	0.9	0.9	0.8	0.9	Moy. sur période
Czechia										**Tchéquie**
End of period	Czech Koruna (CZK),	26.6	24.6	18.8	24.8	22.6	21.4	22.0	22.6	Fin de période
Period average	couronne tchèque (CZK)	26.5	24.0	19.1	24.6	22.9	23.2	21.7	23.4	Moy. sur période
Dem. People's Rep. Korea [5]										**Rép. pop. dém. de Corée** [5]
End of period	North Korean Won (KPW), won nord-coréen (KPW)	...	...	...	109.7	107.7	103.1	110.0	110.0	Fin de période
Dem. Rep. of the Congo										**Rép. dém. du Congo**
End of period	Congolese Franc (CDF),	0.1	431.3	915.1	926.8	1 672.9	1 971.8	2 000.0	...	Fin de période
Period average	franc congolais (CDF)	0.1	473.9	905.9	926.0	1 647.8	1 851.1	1 989.4	...	Moy. sur période
Denmark										**Danemark**
End of period	Danish Krone (DKK),	5.5	6.3	5.6	6.8	6.7	6.1	6.6	7.0	Fin de période
Period average	couronne danoise (DKK)	5.6	6.0	5.6	6.7	6.7	6.5	6.3	7.1	Moy. sur période
Djibouti										**Djibouti**
End of period	Djibouti Franc (DJF),	177.7	177.7	177.7	177.7	177.7	177.7	177.7	177.7	Fin de période
Period average	franc Djibouti (DJF)	177.7	177.7	177.7	177.7	177.7	177.7	177.7	177.7	Moy. sur période

16 Exchange rates *(continued)*
National currency per US dollar

Cours des changes *(suite)*
Valeur du dollar E.-U. en monnaie nationale

Country or area	National currency Monnaie nationale	1995	2005	2010	2015	2019	2020	2021	2022	Pays ou zone
Dominica										**Dominique**
End of period	E. Caribbean Dollar (XCD),	2.7	2.7	2.7	2.7	2.7	2.7	2.7	2.7	Fin de période
Period average	dollar des Caraïb. (XCD) [1]	2.7	2.7	2.7	2.7	2.7	2.7	2.7	2.7	Moy. sur période
Dominican Republic										**République dominicaine**
End of period	Dominican Peso (DOP),	12.9	34.5	37.5	45.6	53.0	58.3	57.5	56.4	Fin de période
Period average	peso dominicain (DOP)	12.9	30.3	36.8	45.0	51.3	56.5	57.2	55.1	Moy. sur période
Ecuador										**Équateur**
End of period	US Dollar (USD),	...	1.0	1.0	1.0	1.0	1.0	1.0	1.0	Fin de période
Period average	dollar des É.-U. (USD)	...	1.0	1.0	1.0	1.0	1.0	1.0	1.0	Moy. sur période
Egypt										**Égypte**
End of period	Egyptian Pound (EGP),	3.4	5.7	5.8	7.8	16.0	15.7	15.7	24.7	Fin de période
Period average	livre égyptienne (EGP)	3.4	5.8	5.6	7.7	16.8	15.8	15.6	19.2	Moy. sur période
El Salvador										**El Salvador**
End of period	US Dollar (USD),	...	1.0	1.0	1.0	1.0	1.0	1.0	1.0	Fin de période
Period average	dollar des É.-U. (USD)	...	1.0	1.0	1.0	1.0	1.0	1.0	1.0	Moy. sur période
Equatorial Guinea										**Guinée équatoriale**
End of period	CFA Franc, BEAC (XAF),	490.0	556.0	490.9	602.5	583.9	534.6	579.2	615.0	Fin de période
Period average	franc CFA, BEAC (XAF) [3]	499.1	527.3	494.8	591.2	585.9	575.6	554.5	623.8	Moy. sur période
Eritrea										**Érythrée**
End of period	Nakfa (ERN)	6.3	15.4	15.4	15.4	15.1	15.1	15.1	15.1	Fin de période
Period average		6.2	15.4	15.4	15.4	15.1	15.1	15.1	15.1	Moy. sur période
Estonia										**Estonie**
End of period	Euro (EUR)	...	0.8	0.7	0.9	0.9	0.8	0.9	0.9	Fin de période
Period average		...	0.8	0.8	0.9	0.9	0.9	0.8	0.9	Moy. sur période
Eswatini										**Eswatini**
End of period	Lilangeni (SZL)	3.6	6.3	6.6	15.5	14.1	14.6	15.2	17.1	Fin de période
Period average		3.6	6.4	7.3	12.8	14.5	16.5	14.8	16.4	Moy. sur période
Ethiopia										**Éthiopie**
End of period	Ethiopian Birr (ETB),	6.3	8.7	16.6	21.1	31.8	39.2	49.2	53.3	Fin de période
Period average	birr éthiopien (ETB)	6.2	8.7	14.4	20.6	29.1	34.9	43.7	51.8	Moy. sur période
Falkland Islands (Malvinas)										**Îles Falkland (Malvinas)**
End of period	Falkland Islands Pound (FKP),	0.6	0.6	0.6	0.7	0.8	0.7	0.7	0.8	Fin de période
Period average	livre de Îles Falkland (FKP)	0.6	0.6	0.6	0.7	0.8	0.8	0.7	0.8	Moy. sur période
Faroe Islands										**Îles Féroé**
End of period	Danish Krone (DKK),	5.5	6.3	5.6	6.8	6.7	6.1	6.6	7.0	Fin de période
Period average	couronne danoise (DKK)	5.6	6.0	5.6	6.7	6.7	6.5	6.3	7.1	Moy. sur période
Fiji										**Fidji**
End of period	Fiji Dollar (FJD),	1.4	1.7	1.8	2.1	2.1	2.0	2.1	2.2	Fin de période
Period average	dollar des Fidji (FJD)	1.4	1.7	1.9	2.1	2.2	2.2	2.1	2.2	Moy. sur période
Finland										**Finlande**
End of period	Euro (EUR)	...	0.8	0.7	0.9	0.9	0.8	0.9	0.9	Fin de période
Period average		...	0.8	0.8	0.9	0.9	0.9	0.8	0.9	Moy. sur période
France										**France**
End of period	Euro (EUR)	...	0.8	0.7	0.9	0.9	0.8	0.9	0.9	Fin de période
Period average		...	0.8	0.8	0.9	0.9	0.9	0.8	0.9	Moy. sur période
French Guiana										**Guyane française**
End of period	Euro (EUR)	...	0.8	0.7	0.9	0.9	0.8	0.9	0.9	Fin de période
Period average		...	0.8	0.8	0.9	0.9	0.9	0.8	0.9	Moy. sur période
French Polynesia										**Polynésie française**
End of period	CFP Franc (XPF),	89.1	101.2	89.3	109.6	106.2	97.2	105.4	111.9	Fin de période
Period average	franc CFP (XPF) [8]	90.8	95.9	90.0	107.6	106.6	104.7	100.9	113.5	Moy. sur période
French Southern Territories										**Terres australes françaises**
End of period	Euro (EUR)	...	0.8	0.7	0.9	0.9	0.8	0.9	0.9	Fin de période
Period average		...	0.8	0.8	0.9	0.9	0.9	0.8	0.9	Moy. sur période
Gabon										**Gabon**
End of period	CFA Franc, BEAC (XAF),	490.0	556.0	490.9	602.5	583.9	534.6	579.2	615.0	Fin de période
Period average	franc CFA, BEAC (XAF) [3]	499.1	527.3	494.8	591.2	585.9	575.6	554.5	623.8	Moy. sur période
Gambia										**Gambie**
End of period	Dalasi (GMD)	9.6	28.1	28.4	39.8	51.1	51.6	52.6	60.8	Fin de période
Period average		9.5	28.6	28.0	42.5	50.1	51.5	51.5	54.9	Moy. sur période
Georgia										**Géorgie**
End of period	Lari (GEL)	1.2	1.8	1.8	2.4	2.9	3.3	3.1	2.7	Fin de période
Period average		...	1.8	1.8	2.3	2.8	3.1	3.2	2.9	Moy. sur période

16 Exchange rates *(continued)*
National currency per US dollar

Cours des changes *(suite)*
Valeur du dollar E.-U. en monnaie nationale

Country or area	National currency Monnaie nationale	1995	2005	2010	2015	2019	2020	2021	2022	Pays ou zone
Germany										**Allemagne**
End of period	Euro (EUR)	...	0.8	0.7	0.9	0.9	0.8	0.9	0.9	Fin de période
Period average		...	0.8	0.8	0.9	0.9	0.9	0.8	0.9	Moy. sur période
Ghana										**Ghana**
End of period	Ghana Cedi (GHS),	0.1	0.9	1.5	3.8	5.5	5.8	6.0	8.6	Fin de période
Period average	cedi ghanéen (GHS)	0.1	0.9	1.4	3.7	5.2	5.6	5.8	8.3	Moy. sur période
Gibraltar										**Gibraltar**
End of period	Gibraltar Pound (GIP),	0.6	0.6	0.6	0.7	0.8	0.7	0.7	0.8	Fin de période
Period average	livre de Gibraltar (GIP)	0.6	0.6	0.6	0.7	0.8	0.8	0.7	0.8	Moy. sur période
Greece										**Grèce**
End of period	Euro (EUR)	...	0.8	0.7	0.9	0.9	0.8	0.9	0.9	Fin de période
Period average		...	0.8	0.8	0.9	0.9	0.9	0.8	0.9	Moy. sur période
Greenland										**Groenland**
End of period	Danish Krone (DKK),	5.5	6.3	5.6	6.8	6.7	6.1	6.6	7.0	Fin de période
Period average	couronne danoise (DKK)	5.6	6.0	5.6	6.7	6.7	6.5	6.3	7.1	Moy. sur période
Grenada										**Grenade**
End of period	E. Caribbean Dollar (XCD),	2.7	2.7	2.7	2.7	2.7	2.7	2.7	2.7	Fin de période
Period average	dollar des Caraïb. (XCD) [1]	2.7	2.7	2.7	2.7	2.7	2.7	2.7	2.7	Moy. sur période
Guadeloupe										**Guadeloupe**
End of period	Euro (EUR)	...	0.8	0.7	0.9	0.9	0.8	0.9	0.9	Fin de période
Period average		...	0.8	0.8	0.9	0.9	0.9	0.8	0.9	Moy. sur période
Guatemala										**Guatemala**
End of period	Quetzal (GTQ)	6.0	7.6	8.0	7.7	7.7	7.8	7.7	7.9	Fin de période
Period average		5.8	7.6	8.1	7.7	7.7	7.7	7.7	7.7	Moy. sur période
Guernsey										**Guernesey**
End of period	Pound Sterling (GBP),	0.6	0.6	0.6	0.7	0.8	0.7	0.7	0.8	Fin de période
Period average	livre sterling (GBP)	0.6	0.6	0.6	0.7	0.8	0.8	0.7	0.8	Moy. sur période
Guinea										**Guinée**
End of period	Guinean Franc (GNF),	998.0	4 500.0	6 083.9	8 003.7	9 400.8	9 990.0	...	...	Fin de période
Period average	franc guinéen (GNF)	991.4	3 644.3	5 726.1	7 485.5	9 183.9	9 565.1	...	...	Moy. sur période
Guinea-Bissau										**Guinée-Bissau**
End of period	CFA Franc, BCEAO (XOF),	490.0	556.0	490.9	602.5	583.9	534.6	579.2	615.0	Fin de période
Period average	franc CFA, BCEAO (XOF) [2]	499.1	527.3	494.8	591.2	585.9	575.6	554.5	623.8	Moy. sur période
Guyana										**Guyana**
End of period	Guyana Dollar (GYD),	140.5	200.3	203.5	206.5	208.5	208.5	208.5	...	Fin de période
Period average	dollar guyanien (GYD)	142.0	199.9	203.6	206.5	208.5	208.5	208.5	...	Moy. sur période
Haiti										**Haïti**
End of period	Gourde (HTG)	16.2	43.0	39.9	56.7	92.0	72.2	99.9	145.4	Fin de période
Period average		15.1	40.4	39.8	50.7	88.8	93.5	89.2	115.6	Moy. sur période
Heard Is. and McDonald Is.										**Île Heard-et-Îles MacDonald**
End of period	Australian Dollar (AUD),	1.3	1.4	1.0	1.4	1.4	1.3	1.4	1.5	Fin de période
Period average	dollar australien (AUD)	1.3	1.3	1.1	1.3	1.4	1.5	1.3	1.4	Moy. sur période
Holy See										**Saint-Siège**
End of period	Euro (EUR)	...	0.8	0.7	0.9	0.9	0.8	0.9	0.9	Fin de période
Period average		...	0.8	0.8	0.9	0.9	0.9	0.8	0.9	Moy. sur période
Honduras										**Honduras**
End of period	Lempira (HNL)	10.3	18.9	18.9	22.4	24.6	24.1	24.3	24.6	Fin de période
Period average		...	18.8	18.9	21.9	24.5	24.6	24.0	24.5	Moy. sur période
Hungary										**Hongrie**
End of period	Forint (HUF)	139.5	213.6	208.7	286.6	294.7	297.4	325.7	375.7	Fin de période
Period average		125.7	199.6	207.9	279.3	290.7	308.0	303.1	372.6	Moy. sur période
Iceland										**Islande**
End of period	Iceland Krona (ISK),	65.2	63.0	115.1	129.6	121.1	127.2	130.4	142.0	Fin de période
Period average	couronne islandaise (ISK)	64.7	63.0	122.2	131.9	122.6	135.4	127.0	135.3	Moy. sur période
India										**Inde**
End of period	Indian Rupee (INR),	35.2	45.1	44.8	66.3	71.3	73.1	74.3	82.8	Fin de période
Period average	roupie indienne (INR)	32.4	44.1	45.7	64.2	70.4	74.1	73.9	78.6	Moy. sur période
Indonesia										**Indonésie**
End of period	Rupiah (IDR)	2 308.0	9 830.0	8 991.0	13 795.0	13 901.0	14 105.0	14 269.0	15 731.0	Fin de période
Period average		2 248.6	9 704.7	9 090.4	13 389.4	14 147.7	14 582.2	14 308.1	14 849.9	Moy. sur période
Iran (Islamic Republic of)										**Iran (Rép. islamique d')**
End of period	Iranian Rial (IRR),	1 747.5	9 091.0	10 353.0	30 130.0	42 000.0	42 000.0	42 000.0	...	Fin de période
Period average	rial iranien (IRR)	1 748.4	8 964.0	10 254.2	29 011.5	42 000.0	42 000.0	42 000.0	...	Moy. sur période

16 Exchange rates *(continued)*
National currency per US dollar

Cours des changes *(suite)*
Valeur du dollar E.-U. en monnaie nationale

Country or area	National currency Monnaie nationale	1995	2005	2010	2015	2019	2020	2021	2022	Pays ou zone
Iraq										**Iraq**
End of period	Iraqi Dinar (IQD),	1 938.7	1 487.0	1 170.0	1 182.0	1 182.0	1 450.0	1 450.0	1 450.0	Fin de période
Period average	dinar iraquien (IQD)	2 002.4	1 472.0	1 170.0	1 167.3	1 182.0	1 192.0	1 450.0	1 450.0	Moy. sur période
Ireland										**Irlande**
End of period	Euro (EUR)	...	0.8	0.7	0.9	0.9	0.8	0.9	0.9	Fin de période
Period average		...	0.8	0.8	0.9	0.9	0.9	0.8	0.9	Moy. sur période
Isle of Man										**Île de Man**
End of period	Pound Sterling (GBP),	0.6	0.6	0.6	0.7	0.8	0.7	0.7	0.8	Fin de période
Period average	livre sterling (GBP)	0.6	0.6	0.6	0.7	0.8	0.8	0.7	0.8	Moy. sur période
Israel										**Israël**
End of period	New Israeli Sheqel (ILS),	3.1	4.6	3.5	3.9	3.5	3.2	3.1	3.5	Fin de période
Period average	nouv. shekel israélien (ILS)	3.0	4.5	3.7	3.9	3.6	3.4	3.2	3.4	Moy. sur période
Italy										**Italie**
End of period	Euro (EUR)	...	0.8	0.7	0.9	0.9	0.8	0.9	0.9	Fin de période
Period average		...	0.8	0.8	0.9	0.9	0.9	0.8	0.9	Moy. sur période
Jamaica										**Jamaïque**
End of period	Jamaican Dollar (JMD),	39.6	64.4	85.6	120.0	131.2	141.7	153.9	151.0	Fin de période
Period average	dollar jamaïcain (JMD)	35.1	62.3	87.2	117.0	133.3	142.4	150.8	153.4	Moy. sur période
Japan										**Japon**
End of period	Yen (JPY)	102.8	118.0	81.5	120.5	109.1	103.6	114.2	132.7	Fin de période
Period average		94.1	110.2	87.8	121.0	109.0	106.8	109.8	131.5	Moy. sur période
Jersey										**Jersey**
End of period	Pound Sterling (GBP),	0.6	0.6	0.6	0.7	0.8	0.7	0.7	0.8	Fin de période
Period average	livre sterling (GBP)	0.6	0.6	0.6	0.7	0.8	0.8	0.7	0.8	Moy. sur période
Jordan										**Jordanie**
End of period	Jordanian Dinar (JOD),	0.7	0.7	0.7	0.7	0.7	0.7	0.7	0.7	Fin de période
Period average	dinar jordanien (JOD)	0.7	0.7	0.7	0.7	0.7	0.7	0.7	0.7	Moy. sur période
Kazakhstan										**Kazakhstan**
End of period	Tenge (KZT)	64.0	134.0	147.5	340.0	382.6	420.9	431.8	462.7	Fin de période
Period average		61.0	132.9	147.4	221.7	382.7	413.0	425.9	460.2	Moy. sur période
Kenya										**Kenya**
End of period	Kenyan Shilling (KES),	55.9	72.4	80.8	102.3	101.3	109.2	113.1	123.4	Fin de période
Period average	shilling kényan (KES)	51.4	75.6	79.2	98.2	102.0	106.5	109.6	117.9	Moy. sur période
Kiribati										**Kiribati**
End of period	Australian Dollar (AUD),	1.3	1.4	1.0	1.4	1.4	1.3	1.4	1.5	Fin de période
Period average	dollar australien (AUD)	1.3	1.3	1.1	1.3	1.4	1.5	1.3	1.4	Moy. sur période
Kosovo										**Kosovo**
End of period	Euro (EUR)	...	0.8	0.7	0.9	0.9	0.8	0.9	0.9	Fin de période
Period average		...	0.8	0.8	0.9	0.9	0.9	0.8	1.0	Moy. sur période
Kuwait										**Koweït**
End of period	Kuwaiti Dinar (KWD),	0.3	0.3	0.3	0.3	0.3	0.3	0.3	0.3	Fin de période
Period average	dinar koweïtien (KWD)	0.3	0.3	0.3	0.3	0.3	0.3	0.3	0.3	Moy. sur période
Kyrgyzstan										**Kirghizistan**
End of period	Som (KGS)	11.2	41.3	47.1	75.9	69.6	82.6	84.8	85.7	Fin de période
Period average		10.8	41.0	46.0	64.5	69.8	77.3	84.6	84.1	Moy. sur période
Lao People's Dem. Rep.										**Rép. dém. populaire lao**
End of period	Lao Kip (LAK)	923.0	10 743.0	8 058.0	8 148.0	8 861.0	9 274.0	11 041.0	16 600.0	Fin de période
Period average		804.7	10 655.2	8 254.2	8 127.6	8 679.4	9 045.8	9 697.9	14 035.2	Moy. sur période
Latvia										**Lettonie**
End of period	Euro (EUR)	...	0.8	0.7	0.9	0.9	0.8	0.9	0.9	Fin de période
Period average		...	0.8	0.8	0.9	0.9	0.9	0.8	0.9	Moy. sur période
Lebanon										**Liban**
End of period	Lebanese Pound (LBP),	1 596.0	1 507.5	1 507.5	1 507.5	1 507.5	1 507.5	1 507.5	1 507.5	Fin de période
Period average	livre libanaise (LBP)	1 621.4	1 507.5	1 507.5	1 507.5	1 507.5	1 507.5	1 507.5	1 507.5	Moy. sur période
Lesotho										**Lesotho**
End of period	Loti (LSL)	3.6	6.3	6.6	15.5	14.0	14.7	15.9	17.0	Fin de période
Period average		3.6	6.4	7.3	12.8	14.4	16.5	14.8	16.4	Moy. sur période
Liberia										**Libéria**
End of period	Liberian Dollar (LRD),	43.8	56.5	71.5	88.5	187.9	164.2	...	...	Fin de période
Period average	dollar libérien (LRD)	49.8	57.1	71.4	86.2	186.4	191.5	...	...	Moy. sur période
Libya										**Libye**
End of period	Libyan Dinar (LYD),	0.4	1.4	1.3	1.4	1.4	1.3	4.6	4.8	Fin de période
Period average	dinar libyen (LYD)	0.4	1.3	1.3	1.4	1.4	1.4	4.5	4.8	Moy. sur période

16 Exchange rates *(continued)*
National currency per US dollar

Cours des changes *(suite)*
Valeur du dollar E.-U. en monnaie nationale

Country or area	National currency Monnaie nationale	1995	2005	2010	2015	2019	2020	2021	2022	Pays ou zone
Liechtenstein										**Liechtenstein**
End of period	Swiss Franc (CHF), franc suisse (CHF)	1.2	1.3	0.9	1.0	1.0	0.9	0.9	0.9	Fin de période
Period average		1.2	1.2	1.0	1.0	1.0	0.9	0.9	1.0	Moy. sur période
Lithuania										**Lituanie**
End of period	Euro (EUR)	...	0.8	0.7	0.9	0.9	0.8	0.9	0.9	Fin de période
Period average		...	0.8	0.8	0.9	0.9	0.9	0.8	0.9	Moy. sur période
Luxembourg										**Luxembourg**
End of period	Euro (EUR)	...	0.8	0.7	0.9	0.9	0.8	0.9	0.9	Fin de période
Period average		...	0.8	0.8	0.9	0.9	0.9	0.8	0.9	Moy. sur période
Madagascar										**Madagascar**
End of period	Malagasy Ariary (MGA),	684.6	2 159.8	2 146.1	3 199.2	3 627.3	3 824.8	3 956.7	4 462.0	Fin de période
Period average	ariary malgache (MGA)	853.1	2 003.0	2 090.0	2 933.5	3 618.3	3 787.8	3 830.0	4 096.1	Moy. sur période
Malawi										**Malawi**
End of period	Malawi Kwacha (MWK),	15.3	123.8	150.8	672.7	738.9	773.1	...	...	Fin de période
Period average	kwacha malawien (MWK)	15.3	118.4	150.5	499.6	745.5	749.5	...	...	Moy. sur période
Malaysia										**Malaisie**
End of period	Malaysian Ringgit (MYR),	2.5	3.8	3.1	4.3	4.1	4.0	4.2	4.4	Fin de période
Period average	ringgit malaisien (MYR)	2.5	3.8	3.2	3.9	4.1	4.2	4.1	4.4	Moy. sur période
Maldives										**Maldives**
End of period	Rufiyaa (MVR)	11.8	12.8	12.8	15.4	15.4	15.4	15.4	15.4	Fin de période
Period average		11.8	12.8	12.8	15.4	15.4	15.4	15.4	15.4	Moy. sur période
Mali										**Mali**
End of period	CFA Franc, BCEAO (XOF),	490.0	556.0	490.9	602.5	583.9	534.6	579.2	615.0	Fin de période
Period average	franc CFA, BCEAO (XOF) [2]	499.1	527.3	494.8	591.2	585.9	575.6	554.5	623.8	Moy. sur période
Malta										**Malte**
End of period	Euro (EUR)	...	0.8	0.7	0.9	0.9	0.8	0.9	0.9	Fin de période
Period average		...	0.8	0.8	0.9	0.9	0.9	0.8	0.9	Moy. sur période
Martinique										**Martinique**
End of period	Euro (EUR)	...	0.8	0.7	0.9	0.9	0.8	0.9	0.9	Fin de période
Period average		...	0.8	0.8	0.9	0.9	0.9	0.8	0.9	Moy. sur période
Mauritania										**Mauritanie**
End of period	Ouguiya (MRU)	13.7	27.1	28.2	33.9	37.3	36.7	36.2	...	Fin de période
Period average		13.0	26.6	27.6	32.5	36.7	37.2	36.1	...	Moy. sur période
Mauritius										**Maurice**
End of period	Mauritius Rupee (MUR),	17.7	30.7	30.4	35.9	36.6	39.5	43.5	43.9	Fin de période
Period average	roupie mauricienne (MUR)	17.4	29.5	30.8	35.1	35.5	39.3	41.7	44.2	Moy. sur période
Mayotte										**Mayotte**
End of period	Euro (EUR)	...	0.8	0.7	0.9	0.9	0.8	0.9	0.9	Fin de période
Period average		...	0.8	0.8	0.9	0.9	0.9	0.8	0.9	Moy. sur période
Mexico										**Mexique**
End of period	Mexican Peso (MXN),	7.6	10.8	12.4	17.2	18.8	19.9	20.6	19.4	Fin de période
Period average	peso mexicain (MXN)	6.4	10.9	12.6	15.8	19.3	21.5	20.3	20.1	Moy. sur période
Monaco										**Monaco**
End of period	Euro (EUR)	...	0.8	0.7	0.9	0.9	0.8	0.9	0.9	Fin de période
Period average		...	0.8	0.8	0.9	0.9	0.9	0.8	0.9	Moy. sur période
Mongolia										**Mongolie**
End of period	Tugrik (MNT)	473.6	1 221.0	1 256.5	1 996.0	2 734.3	2 849.9	2 849.3	...	Fin de période
Period average		448.6	1 205.2	1 357.1	1 970.3	2 663.5	2 813.3	2 849.3	...	Moy. sur période
Montenegro										**Monténégro**
End of period	Euro (EUR)	...	0.8	0.7	0.9	0.9	0.8	0.9	0.9	Fin de période
Period average		...	0.8	0.8	0.9	0.9	0.9	0.8	1.0	Moy. sur période
Montserrat										**Montserrat**
End of period	E. Caribbean Dollar (XCD),	2.7	2.7	2.7	2.7	2.7	2.7	2.7	2.7	Fin de période
Period average	dollar des Caraïb. (XCD) [1]	2.7	2.7	2.7	2.7	2.7	2.7	2.7	2.7	Moy. sur période
Morocco										**Maroc**
End of period	Moroccan Dirham (MAD),	8.5	9.2	8.4	9.9	9.6	8.9	9.3	10.4	Fin de période
Period average	dirham marocain (MAD)	8.5	8.9	8.4	9.8	9.6	9.5	9.0	10.2	Moy. sur période
Mozambique										**Mozambique**
End of period	Mozambique Metical (MZN),	10.9	24.2	32.6	45.9	61.5	74.9	63.8	63.9	Fin de période
Period average	metical de Mozambique (MZN)	9.0	23.1	34.0	40.0	62.5	69.5	65.5	63.9	Moy. sur période
Myanmar										**Myanmar**
End of period	Kyat (MMK)	5.8	6.0	5.6	1 304.0	1 465.5	1 329.1	...	...	Fin de période
Period average		5.7	5.8	5.6	1 162.6	1 518.3	1 381.6	...	...	Moy. sur période

16 Exchange rates *(continued)*
National currency per US dollar

Cours des changes *(suite)*
Valeur du dollar E.-U. en monnaie nationale

Country or area	National currency Monnaie nationale	1995	2005	2010	2015	2019	2020	2021	2022	Pays ou zone
Namibia										**Namibie**
End of period	Namibia Dollar (NAD),	3.6	6.3	6.6	15.5	14.1	14.6	15.9	17.0	Fin de période
Period average	dollar namibien (NAD)	3.6	6.4	7.3	12.9	14.4	16.5	14.8	16.4	Moy. sur période
Nauru										**Nauru**
End of period	Australian Dollar (AUD	1.3	1.4	1.0	1.4	1.4	1.3	1.4	1.5	Fin de période
Period average	), dollar australien (AUD)	1.3	1.3	1.1	1.3	1.4	1.5	1.3	1.4	Moy. sur période
Nepal										**Népal**
End of period	Nepalese Rupee (NPR),	56.0	74.1	71.7	107.3	113.3	117.8	121.4	131.9	Fin de période
Period average	roupie népalaise (NPR)	51.9	71.4	73.3	102.4	112.6	118.3	118.1	125.2	Moy. sur période
Netherlands (Kingdom of the)										**Pays-Bas (Royaume des)**
End of period	Euro (EUR)	...	0.8	0.7	0.9	0.9	0.8	0.9	0.9	Fin de période
Period average		...	0.8	0.8	0.9	0.9	0.9	0.8	0.9	Moy. sur période
New Caledonia										**Nouvelle-Calédonie**
End of period	CFP Franc (XPF), franc CFP (XPF) [8]	89.1	101.2	89.3	109.6	106.2	97.2	105.4	111.9	Fin de période
Period average		90.8	95.9	90.0	107.6	106.6	104.7	100.9	113.5	Moy. sur période
New Zealand										**Nouvelle-Zélande**
End of period	New Zealand Dollar (NZD),	1.5	1.5	1.3	1.5	1.5	1.4	1.5	1.6	Fin de période
Period average	dollar néo-zélandais (NZD)	1.5	1.4	1.4	1.4	1.5	1.5	1.4	1.6	Moy. sur période
Nicaragua										**Nicaragua**
End of period	Cordoba Oro (NIO)	8.0	17.1	21.9	27.9	33.8	34.8	35.5	36.2	Fin de période
Period average		7.5	16.7	21.4	27.3	33.1	34.3	35.2	35.9	Moy. sur période
Niger										**Niger**
End of period	CFA Franc, BCEAO (XOF),	490.0	556.0	490.9	602.5	583.9	534.6	579.2	615.0	Fin de période
Period average	franc CFA, BCEAO (XOF) [2]	499.1	527.3	494.8	591.2	585.9	575.6	554.5	623.8	Moy. sur période
Nigeria										**Nigéria**
End of period	Naira (NGN)	21.9	129.0	150.7	197.0	307.0	381.0	435.0	460.0	Fin de période
Period average		21.9	131.3	150.3	192.4	306.9	358.8	401.2	426.0	Moy. sur période
Niue										**Nioué**
End of period	New Zealand Dollar (NZD),	1.5	1.5	1.3	1.5	1.5	1.4	1.5	1.6	Fin de période
Period average	dollar néo-zélandais (NZD)	1.5	1.4	1.4	1.4	1.5	1.5	1.4	1.6	Moy. sur période
Norfolk Island										**Île Norfolk**
End of period	Australian dollar (AUD),	1.3	1.4	1.0	1.4	1.4	1.3	1.4	1.5	Fin de période
Period average	dollar australien (AUD)	1.3	1.3	1.1	1.3	1.4	1.5	1.3	1.4	Moy. sur période
North Macedonia										**Macédoine du Nord**
End of period	Denar (MKD)	38.0	51.9	46.3	56.4	55.0	50.2	54.4	57.7	Fin de période
Period average		37.9	49.3	46.5	55.5	54.9	54.1	52.1	58.6	Moy. sur période
Norway										**Norvège**
End of period	Norwegian Krone (NOK),	6.3	6.8	5.9	8.8	8.8	8.5	8.8	9.9	Fin de période
Period average	couronne norvégienne (NOK)	6.3	6.4	6.0	8.1	8.8	9.4	8.6	9.6	Moy. sur période
Oman										**Oman**
End of period	Rial Omani (OMR),	0.4	0.4	0.4	0.4	0.4	0.4	0.4	0.4	Fin de période
Period average	rial omanais (OMR)	0.4	0.4	0.4	0.4	0.4	0.4	0.4	0.4	Moy. sur période
Other non-specified areas										**Autres zones non-spécifiées**
End of period	New Taiwan Dollar (TWD),	27.3	32.9	30.4	33.1	30.1	28.5	27.7	30.7	Fin de période
Period average	nouv. dollar de Taïwan (TWD)	26.5	32.2	31.6	31.9	30.9	29.6	28.0	29.8	Moy. sur période
Pakistan										**Pakistan**
End of period	Pakistan Rupee (PKR),	34.3	59.8	85.7	104.9	154.9	159.6	176.5	226.5	Fin de période
Period average	roupie pakistanaise (PKR)	31.6	59.5	85.2	102.8	150.0	161.8	162.9	204.9	Moy. sur période
Panama										**Panama**
End of period	Balboa (PAB)	1.0	1.0	1.0	1.0	1.0	1.0	1.0	1.0	Fin de période
Period average		1.0	1.0	1.0	1.0	1.0	1.0	1.0	1.0	Moy. sur période
Papua New Guinea										**Papouasie-Nvl-Guinée**
End of period	Kina (PGK)	1.3	3.1	2.6	3.0	3.4	3.5	3.5	...	Fin de période
Period average		1.3	3.1	2.7	2.8	3.4	3.5	3.5	...	Moy. sur période
Paraguay										**Paraguay**
End of period	Guarani (PYG), guaraní (PYG)	1 979.7	6 120.0	4 565.3	5 806.9	6 453.1	6 916.8	6 879.1	7 331.3	Fin de période
Period average		1 963.0	6 177.9	4 758.4	5 204.9	6 240.7	6 771.1	6 774.2	6 982.8	Moy. sur période
Peru										**Pérou**
End of period	Sol (PEN)	2.3	3.4	2.8	3.4	3.3	3.6	4.0	3.8	Fin de période
Period average		2.3	3.3	2.8	3.2	3.3	3.5	3.9	3.8	Moy. sur période
Philippines										**Philippines**
End of period	Philippine Piso (PHP),	26.2	53.1	43.9	47.2	50.7	48.0	50.8	56.1	Fin de période
Period average	piso philippin (PHP)	25.7	55.1	45.1	45.5	51.8	49.6	49.3	54.5	Moy. sur période

16 Exchange rates *(continued)*
National currency per US dollar

Cours des changes *(suite)*
Valeur du dollar E.-U. en monnaie nationale

Country or area	National currency Monnaie nationale	1995	2005	2010	2015	2019	2020	2021	2022	Pays ou zone
Pitcairn										**Pitcairn**
End of period	New Zealand dollar (NZD),	1.5	1.5	1.3	1.5	1.5	1.4	1.5	1.6	Fin de période
Period average	dollar néo-zélandais (NZD)	1.5	1.4	1.4	1.4	1.5	1.5	1.4	1.6	Moy. sur période
Poland										**Pologne**
End of period	Zloty (PLN)	2.5	3.3	3.0	3.9	3.8	3.8	4.1	4.4	Fin de période
Period average		2.4	3.2	3.0	3.8	3.8	3.9	3.9	4.5	Moy. sur période
Portugal										**Portugal**
End of period	Euro (EUR)	...	0.8	0.7	0.9	0.9	0.8	0.9	0.9	Fin de période
Period average		...	0.8	0.8	0.9	0.9	0.9	0.8	0.9	Moy. sur période
Qatar										**Qatar**
End of period	Qatari Rial (QAR),	3.6	3.6	3.6	3.6	3.6	3.6	3.6	3.6	Fin de période
Period average	riyal qatari (QAR)	3.6	3.6	3.6	3.6	3.6	3.6	3.6	3.6	Moy. sur période
Republic of Korea										**République de Corée**
End of period	South Korean Won (KRW),	774.7	1 013.0	1 138.9	1 172.0	1 157.8	1 088.0	1 186.6	1 267.3	Fin de période
Period average	won sud-coréen (KRW)	771.3	1 024.3	1 156.5	1 131.0	1 165.4	1 180.3	1 144.0	1 291.4	Moy. sur période
Republic of Moldova										**République de Moldova**
End of period	Moldovan Leu (MDL),	4.5	12.8	12.2	19.7	17.2	17.2	17.7	19.2	Fin de période
Period average	leu moldove (MDL)	4.5	12.6	12.4	18.8	17.6	17.3	17.7	18.9	Moy. sur période
Réunion										**Réunion**
End of period	Euro (EUR)	...	0.8	0.7	0.9	0.9	0.8	0.9	0.9	Fin de période
Period average		...	0.8	0.8	0.9	0.9	0.9	0.8	0.9	Moy. sur période
Romania										**Roumanie**
End of period	Romanian Leu (RON),	0.3	3.1	3.2	4.1	4.3	4.0	4.4	4.6	Fin de période
Period average	leu roumain (RON)	0.2	2.9	3.2	4.0	4.2	4.2	4.2	4.7	Moy. sur période
Russian Federation										**Fédération de Russie**
End of period	Russian Ruble (RUB),	4.6	28.8	30.5	72.9	61.9	73.9	74.3	70.3	Fin de période
Period average	ruble russe (RUB)	...	28.3	30.4	60.9	64.7	72.1	73.7	68.5	Moy. sur période
Rwanda										**Rwanda**
End of period	Rwanda Franc (RWF),	299.8	553.7	594.5	747.4	922.5	972.5	1 009.6	1 070.7	Fin de période
Period average	franc rwandais (RWF)	262.2	557.8	583.1	719.9	899.4	943.3	988.6	1 030.3	Moy. sur période
Saint Barthélemy										**Saint-Barthélemy**
End of period	Euro (EUR)	...	0.8	0.7	0.9	0.9	0.8	0.9	0.9	Fin de période
Period average		...	0.8	0.8	0.9	0.9	0.9	0.8	0.9	Moy. sur période
Saint Helena										**Sainte-Hélène**
End of period	Saint Helena Pound (SHP),	0.6	0.6	0.6	0.7	0.8	0.7	0.7	0.8	Fin de période
Period average	livre de Sainte-Hélène (SHP)	0.6	0.6	0.6	0.7	0.8	0.8	0.7	0.8	Moy. sur période
Saint Kitts and Nevis										**Saint-Kitts-et-Nevis**
End of period	E. Caribbean Dollar (XCD),	2.7	2.7	2.7	2.7	2.7	2.7	2.7	2.7	Fin de période
Period average	dollar des Caraïb. (XCD) [1]	2.7	2.7	2.7	2.7	2.7	2.7	2.7	2.7	Moy. sur période
Saint Lucia										**Sainte-Lucie**
End of period	E. Caribbean Dollar (XCD),	2.7	2.7	2.7	2.7	2.7	2.7	2.7	2.7	Fin de période
Period average	dollar des Caraïb. (XCD) [1]	2.7	2.7	2.7	2.7	2.7	2.7	2.7	2.7	Moy. sur période
Saint Martin (French part)										**St-Martin (partie française)**
End of period	Euro (EUR)	...	0.8	0.7	0.9	0.9	0.8	0.9	0.9	Fin de période
Period average		...	0.8	0.8	0.9	0.9	0.9	0.8	0.9	Moy. sur période
Saint Pierre and Miquelon										**Saint-Pierre-et-Miquelon**
End of period	Euro (EUR)	...	0.8	0.7	0.9	0.9	0.8	0.9	0.9	Fin de période
Period average		...	0.8	0.8	0.9	0.9	0.9	0.8	0.9	Moy. sur période
Saint Vincent & Grenadines										**Saint-Vincent-Grenadines**
End of period	E. Caribbean Dollar (XCD),	2.7	2.7	2.7	2.7	2.7	2.7	2.7	2.7	Fin de période
Period average	dollar des Caraïb. (XCD) [1]	2.7	2.7	2.7	2.7	2.7	2.7	2.7	2.7	Moy. sur période
Samoa										**Samoa**
End of period	Tala (WST)	2.5	2.8	2.3	2.6	2.6	2.5	2.6	2.7	Fin de période
Period average		2.5	2.7	2.5	2.6	2.6	2.7	2.6	2.7	Moy. sur période
San Marino										**Saint-Marin**
End of period	Euro (EUR)	...	0.8	0.7	0.9	0.9	0.8	0.9	0.9	Fin de période
Period average		...	0.8	0.8	0.9	0.9	0.9	0.8	1.0	Moy. sur période
Sao Tome and Principe										**Sao Tomé-et-Principe**
End of period	Dobra (STN)	1.8	11.9	18.3	22.4	21.9	19.9	21.7	...	Fin de période
Period average		1.4	10.6	18.5	22.1	21.9	21.5	20.7	...	Moy. sur période
Sark										**Sercq**
End of period	Pound Sterling (GBP),	0.6	0.6	0.6	0.7	0.8	0.7	0.7	0.8	Fin de période
Period average	livre sterling (GBP)	0.6	0.6	0.6	0.7	0.8	0.8	0.7	0.8	Moy. sur période

16 Exchange rates *(continued)*
National currency per US dollar

Cours des changes *(suite)*
Valeur du dollar E.-U. en monnaie nationale

Country or area	National currency Monnaie nationale	1995	2005	2010	2015	2019	2020	2021	2022	Pays ou zone
Saudi Arabia										**Arabie saoudite**
End of period	Saudi Riyal (SAR),	3.8	3.8	3.8	3.8	3.8	3.8	3.8	3.8	Fin de période
Period average	rial saoudien (SAR)	3.8	3.8	3.8	3.8	3.8	3.8	3.8	3.8	Moy. sur période
Senegal										**Sénégal**
End of period	CFA Franc, BCEAO (XOF),	490.0	556.0	490.9	602.5	583.9	534.6	579.2	615.0	Fin de période
Period average	franc CFA, BCEAO (XOF) [2]	499.1	527.3	494.8	591.2	585.9	575.6	554.5	623.8	Moy. sur période
Serbia										**Serbie**
End of period	Serbian Dinar (RSD),	...	72.2	79.3	111.2	104.9	95.7	103.9	110.2	Fin de période
Period average	dinar de Serbie (RSD)	...	66.7	77.7	108.8	105.2	103.2	99.4	111.7	Moy. sur période
Seychelles										**Seychelles**
End of period	Seychelles Rupee (SCR),	4.9	5.5	12.1	13.2	14.1	21.6	14.7	14.1	Fin de période
Period average	roupie seychelloise (SCR)	4.8	5.5	12.1	13.3	14.0	17.6	16.9	14.3	Moy. sur période
Sierra Leone										**Sierra Leone**
End of period	Leone (SLL)	0.9	2.9	4.2	5.6	9.7	10.1	11.2	18.8	Fin de période
Period average		0.8	2.9	4.0	5.1	9.0	9.8	10.4	14.0	Moy. sur période
Singapore										**Singapour**
End of period	Singapore Dollar (SGD),	1.4	1.7	1.3	1.4	1.3	1.3	1.4	1.3	Fin de période
Period average	dollar singapourien (SGD)	1.4	1.7	1.4	1.4	1.4	1.4	1.3	1.4	Moy. sur période
Sint Maarten (Dutch part)										**St-Martin (partie néerland.)**
End of period	Neth. Ant. Guilder (ANG),	...	...	1.8	1.8	1.8	1.8	1.8	1.8	Fin de période
Period average	florin des Ant. néer. (ANG) [7]	...	...	...	1.8	1.8	1.8	1.8	1.8	Moy. sur période
Slovakia										**Slovaquie**
End of period	Euro (EUR)	...	0.8	0.7	0.9	0.9	0.8	0.9	0.9	Fin de période
Period average		...	0.8	0.8	0.9	0.9	0.9	0.8	0.9	Moy. sur période
Slovenia										**Slovénie**
End of period	Euro (EUR)	...	0.8	0.7	0.9	0.9	0.8	0.9	0.9	Fin de période
Period average		...	0.8	0.8	0.9	0.9	0.9	0.8	0.9	Moy. sur période
Solomon Islands										**Îles Salomon**
End of period	Solomon Is. Dollar (SBD),	3.5	7.6	8.1	8.1	8.2	8.0	8.1	8.3	Fin de période
Period average	dollar des Îl. Salomon (SBD) [9]	3.4	7.5	8.1	7.9	8.2	8.2	8.0	8.2	Moy. sur période
Somalia [5]										**Somalie** [5]
End of period	Somali Shilling (SOS), shilling somalien (SOS)	...	...	...	24 300.0	24 300.0	24 300.0	24 300.0	24 300.0	Fin de période
South Africa										**Afrique du Sud**
End of period	Rand (ZAR)	3.6	6.3	6.6	15.5	14.0	14.7	15.9	17.0	Fin de période
Period average		3.6	6.4	7.3	12.8	14.4	16.5	14.8	16.4	Moy. sur période
South Georgia & Sandwich Is.										**Géorgie du S.-Îles Sandwich**
End of period	Pound Sterling (GBP),	0.6	0.6	0.6	0.7	0.8	0.7	0.7	0.8	Fin de période
Period average	livre sterling (GBP)	0.6	0.6	0.6	0.7	0.8	0.8	0.7	0.8	Moy. sur période
South Sudan										**Soudan du sud**
End of period	S. Sudanese Pound (SSP),	...	...	...	16.6	161.1	177.3	432.0	...	Fin de période
Period average	livre s.-soudanaise (SSP) [10]	...	...	...	3.6	158.0	165.9	306.4	...	Moy. sur période
Spain										**Espagne**
End of period	Euro (EUR)	...	0.8	0.7	0.9	0.9	0.8	0.9	0.9	Fin de période
Period average		...	0.8	0.8	0.9	0.9	0.9	0.8	0.9	Moy. sur période
Sri Lanka										**Sri Lanka**
End of period	Sri Lanka Rupee (LKR),	54.0	102.1	111.0	144.1	181.6	186.4	200.4	...	Fin de période
Period average	roupie sri-lankaise (LKR)	51.3	100.5	113.1	135.9	178.7	185.6	198.8	...	Moy. sur période
Sudan										**Soudan**
End of period	Sudanese Pound (SDG),	0.5	2.3	2.5	6.1	45.0	55.0	436.3	578.2	Fin de période
Period average	livre soudanaise (SDG)	0.6	2.4	2.3	6.0	45.8	54.0	370.8	546.8	Moy. sur période
Suriname										**Suriname**
End of period	Surinam Dollar (SRD),	0.4	2.7	2.7	4.0	7.5	14.2	21.1	31.8	Fin de période
Period average	dollar surinamais (SRD)	0.4	2.7	2.7	3.4	7.5	9.3	18.2	24.7	Moy. sur période
Svalbard and Jan Mayen Is.										**Îles Svalbard-et-Jan Mayen**
End of period	Norwegian Krone (NOK),	6.3	6.8	5.9	8.8	8.8	8.5	8.8	9.9	Fin de période
Period average	couronne norvégienne (NOK)	6.3	6.4	6.0	8.1	8.8	9.4	8.6	9.6	Moy. sur période
Sweden										**Suède**
End of period	Swedish Krona (SEK),	6.7	8.0	6.7	8.4	9.3	8.2	9.0	10.4	Fin de période
Period average	couronne suédoise (SEK)	7.1	7.5	7.2	8.4	9.5	9.2	8.6	10.1	Moy. sur période
Switzerland										**Suisse**
End of period	Swiss Franc (CHF),	1.2	1.3	0.9	1.0	1.0	0.9	0.9	0.9	Fin de période
Period average	franc suisse (CHF)	1.2	1.2	1.0	1.0	1.0	0.9	0.9	1.0	Moy. sur période

16 Exchange rates *(continued)*
National currency per US dollar

Cours des changes *(suite)*
Valeur du dollar E.-U. en monnaie nationale

Country or area	National currency Monnaie nationale	1995	2005	2010	2015	2019	2020	2021	2022	Pays ou zone
Syrian Arab Republic [5]										**République arabe syrienne** [5]
End of period	Syrian Pound (SYP), livre syrienne (SYP)	...	...	46.6	338.0	700.0	1 250.0	2 500.0	3 000.0	Fin de période
Tajikistan										**Tadjikistan**
End of period	Somoni (TJS)	0.3	3.2	4.4	7.0	9.7	11.3	11.3	10.2	Fin de période
Period average		0.1	3.1	4.4	6.2	9.5	10.3	11.3	11.0	Moy. sur période
Thailand										**Thaïlande**
End of period	Baht (THB)	25.2	41.0	30.2	36.1	30.2	30.0	33.4	34.6	Fin de période
Period average		24.9	40.2	31.7	34.2	31.0	31.3	32.0	35.1	Moy. sur période
Togo										**Togo**
End of period	CFA Franc, BCEAO (XOF),	490.0	556.0	490.9	602.5	583.9	534.6	579.2	615.0	Fin de période
Period average	franc CFA, BCEAO (XOF) [2]	499.1	527.3	494.8	591.2	585.9	575.6	554.5	623.8	Moy. sur période
Tokelau										**Tokélaou**
End of period	New Zealand Dollar (NZD),	1.5	1.5	1.3	1.5	1.5	1.4	1.5	1.6	Fin de période
Period average	dollar néo-zélandais (NZD)	1.5	1.4	1.4	1.4	1.5	1.5	1.4	1.6	Moy. sur période
Tonga										**Tonga**
End of period	Pa'anga (TOP)	1.3	2.1	1.8	2.2	2.3	2.3	2.3	2.3	Fin de période
Period average		1.3	1.9	1.9	2.1	2.3	2.3	2.3	2.3	Moy. sur période
Trinidad and Tobago										**Trinité-et-Tobago**
End of period	TT Dollar (TTD),	6.0	6.3	6.4	6.4	6.8	6.7	6.8	6.7	Fin de période
Period average	dollar de la T-et-T (TTD) [11]	5.9	6.3	6.4	6.4	6.8	6.8	6.8	6.8	Moy. sur période
Tunisia										**Tunisie**
End of period	Tunisian Dinar (TND),	1.0	1.4	1.4	2.0	2.8	2.7	2.9	3.1	Fin de période
Period average	dinar tunisien (TND)	0.9	1.3	1.4	2.0	2.9	2.8	2.8	3.1	Moy. sur période
Türkiye										**Türkiye**
End of period	Turkish Lira (TRY),	0.1	1.3	1.5	2.9	5.9	7.3	13.0	18.7	Fin de période
Period average	livre turque (TRY)	~0.0	1.3	1.5	2.7	5.7	7.0	8.9	16.5	Moy. sur période
Turkmenistan [5]										**Turkménistan** [5]
End of period	Turkmen. Manat (TMT), manat turkmène (TMT) [12]	...	...	3.5	3.5	3.5	3.5	3.5	3.5	Fin de période
Tuvalu										**Tuvalu**
End of period	Australian Dollar (AUD),	1.3	1.4	1.0	1.4	1.4	1.3	1.4	1.5	Fin de période
Period average	dollar australien (AUD)	1.3	1.3	1.1	1.3	1.4	1.5	1.3	1.4	Moy. sur période
Uganda										**Ouganda**
End of period	Uganda Shilling (UGX),	1 009.5	1 816.9	2 308.3	3 377.0	3 665.2	3 650.1	3 544.4	3 715.7	Fin de période
Period average	shilling ougandais (UGX)	968.9	1 780.5	2 177.6	3 240.6	3 704.0	3 718.2	3 587.1	3 689.8	Moy. sur période
Ukraine										**Ukraine**
End of period [13]	Hryvnia (UAH)	1.8	5.1	8.0	24.0	23.7	28.3	27.3	36.6	Fin de période [13]
Period average		1.5	5.1	7.9	21.8	25.8	27.0	27.3	32.3	Moy. sur période
United Arab Emirates										**Émirats arabes unis**
End of period	UAE Dirham (AED),	3.7	3.7	3.7	3.7	3.7	3.7	3.7	3.7	Fin de période
Period average [14]	dirham des É.A.U. (AED) [14]	3.7	3.7	3.7	3.7	3.7	3.7	3.7	3.7	Moy. sur période [14]
United Kingdom										**Royaume-Uni**
End of period	Pound Sterling (GBP),	0.6	0.6	0.6	0.7	0.8	0.7	0.7	0.8	Fin de période
Period average	livre sterling (GBP)	0.6	0.6	0.6	0.7	0.8	0.8	0.7	0.8	Moy. sur période
United Rep. of Tanzania										**Rép.-Unie de Tanzanie**
End of period	Tanzanian Shilling (TZS),	550.4	1 165.5	1 453.5	2 148.5	2 287.9	2 298.5	2 297.6	...	Fin de période
Period average	shilling tanzanien (TZS)	574.8	1 128.9	1 395.6	1 991.4	2 288.2	2 294.1	2 297.8	...	Moy. sur période
Uruguay										**Uruguay**
End of period	Peso Uruguayo (UYU),	7.1	24.1	20.1	29.9	37.3	42.3	44.7	40.1	Fin de période
Period average	peso uruguayen (UYU)	6.3	24.5	20.1	27.3	35.3	42.0	43.6	41.2	Moy. sur période
Uzbekistan [5]										**Ouzbékistan** [5]
End of period	Uzbekistan Sum (UZS), sum ouzbek (UZS)	...	...	...	2 780.1	9 502.0	10 483.0	10 785.0	11 215.0	Fin de période
Vanuatu										**Vanuatu**
End of period	Vatu (VUV)	113.7	112.3	93.2	110.5	114.3	107.7	112.2	117.2	Fin de période
Period average		112.1	109.2	96.9	109.0	114.7	115.4	109.5	115.4	Moy. sur période
Venezuela (Boliv. Rep. of)										**Venezuela (Rép. boliv. du)**
End of period	Bolívar (VED),	0.3	2.1	2.6	6.3	...	...	...	...	Fin de période
Period average	bolivar (VED)	0.2	2.1	2.6	6.3	...	...	...	...	Moy. sur période
Viet Nam										**Viet Nam**
End of period	Dong (VND)	11 015.0	15 916.0	18 932.0	21 890.0	23 155.0	23 131.0	23 145.0	23 612.0	Fin de période
Period average		11 038.3	15 858.9	18 612.9	21 697.6	23 050.2	23 208.4	23 159.8	23 271.2	Moy. sur période

16 Exchange rates *(continued)*
National currency per US dollar

Cours des changes *(suite)*
Valeur du dollar E.-U. en monnaie nationale

Country or area	National currency Monnaie nationale	1995	2005	2010	2015	2019	2020	2021	2022	Pays ou zone
Wallis and Futuna Islands										**Iles Wallis-et-Futuna**
End of period	CFP Franc (XPF),	89.1	101.2	89.3	109.6	106.2	97.2	105.4	111.9	Fin de période
Period average	franc CFP (XPF) [8]	90.8	95.9	90.0	107.6	106.6	104.7	100.9	113.5	Moy. sur période
Western Sahara										**Sahara occidental**
End of period	Moroccan Dirham (MAD),	8.5	9.2	8.4	9.9	9.6	8.9	9.3	10.4	Fin de période
Period average	dirham marocain (MAD)	8.5	8.9	8.4	9.8	9.6	9.5	9.0	10.2	Moy. sur période
Zambia										**Zambie**
End of period	Zambian Kwacha (ZMW),	1.0	3.5	4.8	11.0	14.1	21.2	16.7	18.1	Fin de période
Period average	kwacha zambien (ZMW)	0.9	4.5	4.8	8.6	12.9	18.3	20.0	16.9	Moy. sur période
Zimbabwe										**Zimbabwe**
End of period	Zimbabwe Dollar (ZWL),	~0.0	80.8	...	...	...	...	...	...	Fin de période
Period average	dollar du Zimbabwe (ZWL)	~0.0	22.4	...	...	...	...	...	...	Moy. sur période
Euro Area										**Zone euro**
End of period	Euro (EUR)	...	0.8	0.7	0.9	0.9	0.8	0.9	0.9	Fin de période
Period average		...	0.8	0.8	0.9	0.9	0.9	0.8	0.9	Moy. sur période

Source:

International Monetary Fund (IMF), Washington, D.C., the database on International Financial Statistics supplemented by operational rates of exchange for United Nations programmes, last accessed June 2023.

1 East Caribbean Dollar.
2 African Financial Community (CFA) Franc, Central Bank of West African States (BCEAO).
3 African Financial Community (CFA) Franc, Bank of Central African States (BEAC).
4 For statistical purposes, the data for China do not include those for the Hong Kong Special Administrative Region (Hong Kong SAR), Macao Special Administrative Region (Macao SAR) and Taiwan Province of China.
5 UN operational exchange rate.
6 The national currency of Cuba is the Cuban Peso (CUP). The convertible peso (CUC) is used by foreigners and tourists in Cuba.
7 Netherlands Antillean Guilder.
8 Communauté financière du Pacifique (CFP) Franc.
9 Solomon Islands Dollar.
10 South Sudanese Pound.
11 Trinidad and Tobago Dollar.
12 Turkmenistan New Manat.
13 The Government of Ukraine has informed the United Nations that it is not in a position to provide statistical data concerning the Autonomous Republic of Crimea and the city of Sevastopol.
14 United Arab Emirates Dirham.

Source:

Fonds monétaire international (FMI), Washington, D.C., base de données des Statistiques Financières Internationales, complétée par les taux de change opérationnels de la Trésorerie de l'ONU, dernier accès juin 2023.

1 dollar des Caraïbes orientales.
2 franc Communauté financière africaine (CFA), Banque centrale des États de l'Afrique de l'Ouest (BCEAO).
3 franc Communauté financière africaine (CFA), Banque des États de l'Afrique centrale (BEAC).
4 Pour la présentation des statistiques, les données pour la Chine ne comprennent pas la région administrative spéciale de Hong Kong (RAS de Hong Kong), la région administrative spéciale de Macao (RAS de Macao) et la province chinoise de Taïwan.
5 Taux de change opérationnel des Nations Unies.
6 La monnaie nationale du Cuba est le Peso Cubain (CUP). Le Peso Cubain Convertible (CUC) est utilisé par les touristes et les étrangers à Cuba.
7 florin des Antilles néerlandaises.
8 franc Communauté financière du Pacifique (CFP).
9 dollar des Îles Salomon.
10 livre sud-soudanaise.
11 dollar de la Trinité-et-Tobago.
12 nouveau manat turkmène.
13 Le Gouvernement ukrainien a informé l'Organisation des Nations Unies qu'il n'est pas en mesure de fournir des données statistiques concernant la République autonome de Crimée et Sébastopol.
14 dirham des Émirats arabes unis.

17 Labour force participation rate and unemployment rate

Labour force (LF) participation rate and unemployment rate by sex (percent)

Taux d'activité et taux de chômage

Taux d'activité et taux de chômage par sexe (pourcentage)

Region, country or area & Région, pays ou zone &	Year Année	Male and Female Hommes et femmes: LF particip. rate Taux d'activité	Male and Female Hommes et femmes: Unemployment rate Taux de Chômage	Male Hommes: LF particip. rate Taux d'activité	Male Hommes: Unemployment rate Taux de Chômage	Female Femmes: LF particip. rate Taux d'activité	Female Femmes: Unemployment rate Taux de Chômage
Total, all countries or areas	***2005**	**62.9**	**6.3**	**76.1**	**6.2**	**49.8**	**6.5**
Total, tous pays ou zones	***2010**	**62.0**	**6.3**	**75.3**	**6.3**	**48.9**	**6.4**
	***2015**	**60.7**	**6.0**	**73.9**	**6.0**	**47.6**	**6.1**
	***2023**	**59.7**	**5.8**	**72.4**	**5.7**	**47.2**	**5.8**
Africa	*2005	64.4	6.6	74.2	6.3	54.9	6.9
Afrique	*2010	63.8	6.5	73.5	5.8	54.3	7.4
	*2015	62.7	6.7	72.0	6.3	53.6	7.2
	*2023	62.7	7.1	71.8	6.6	53.8	7.8
Northern Africa	*2005	46.6	12.7	71.4	10.6	21.7	19.6
Afrique septentrionale	*2010	47.8	10.5	72.3	7.5	23.1	20.1
	*2015	46.4	13.1	69.4	10.2	23.2	21.9
	*2023	43.7	11.3	67.4	8.5	19.9	20.5
Sub-Saharan Africa	*2005	69.8	5.3	75.0	5.1	64.7	5.6
Afrique subsaharienne	*2010	68.5	5.7	73.9	5.3	63.3	6.0
	*2015	67.2	5.5	72.7	5.2	61.9	5.7
	*2023	67.6	6.4	73.0	6.1	62.3	6.8
Eastern Africa	*2005	76.3	4.1	81.1	3.7	71.8	4.5
Afrique orientale	*2010	75.7	4.2	80.6	3.7	71.0	4.7
	*2015	75.1	3.7	80.0	3.3	70.4	4.2
	*2023	74.5	4.8	78.6	4.1	70.6	5.4
Middle Africa	*2005	73.5	4.0	76.4	4.3	70.8	3.6
Afrique centrale	*2010	70.2	5.7	74.2	5.4	66.3	5.9
	*2015	68.4	5.9	72.9	6.1	64.1	5.7
	*2023	68.3	6.4	72.2	6.5	64.4	6.3
Southern Africa	*2005	60.0	19.8	68.5	17.8	52.5	22.1
Afrique australe	*2010	54.8	22.8	62.7	21.2	47.7	24.6
	*2015	58.0	22.5	65.3	20.8	51.5	24.5
	*2023	58.4	28.8	64.9	27.3	52.5	30.5
Western Africa	*2005	63.8	4.1	69.7	4.1	57.9	4.1
Afrique occidentale	*2010	63.3	4.0	69.2	3.9	57.4	4.1
	*2015	60.2	4.0	66.4	4.1	54.0	3.9
	*2023	61.2	4.6	68.6	4.6	53.9	4.5
Americas	*2005	64.4	7.1	75.7	6.2	53.6	8.3
Amériques	*2010	63.7	8.0	74.3	7.5	53.5	8.7
	*2015	63.0	6.2	73.5	5.7	53.0	6.9
	*2023	62.2	6.1	71.6	5.4	53.2	7.0
Northern America	*2005	65.0	5.3	71.9	5.3	58.5	5.2
Amérique septentrionale	*2010	63.8	9.5	69.8	10.3	58.1	8.5
	*2015	62.5	5.5	68.6	5.6	56.5	5.3
	*2023	62.2	4.7	67.7	4.8	56.9	4.6
Latin America & the Caribbean	*2005	63.9	8.3	78.3	6.7	50.2	10.6
Amérique latine et Caraïbes	*2010	63.6	7.1	77.2	5.9	50.6	8.8
	*2015	63.3	6.7	76.6	5.7	50.7	8.0
	*2023	62.2	7.0	74.1	5.8	50.9	8.6
Caribbean	*2005	57.2	7.6	69.5	6.4	45.3	9.6
Caraïbes	*2010	57.3	8.1	68.4	7.0	46.5	9.7
	*2015	59.3	8.0	69.9	6.5	49.0	10.2
	*2023	60.2	7.8	69.9	5.8	50.8	10.4
Central America	*2005	60.7	4.0	81.1	3.7	41.6	4.4
Amérique centrale	*2010	60.7	5.3	79.4	5.2	43.1	5.4
	*2015	61.0	4.4	79.1	4.1	44.0	4.9
	*2023	61.3	4.1	77.9	3.8	45.7	4.6
South America	*2005	65.8	9.8	78.2	7.9	53.8	12.5
Amérique du Sud	*2010	65.3	7.6	77.3	6.0	53.8	9.8
	*2015	64.6	7.4	76.3	6.3	53.5	8.8
	*2023	62.8	8.0	73.0	6.6	52.9	9.7

17 Labour force participation rate and unemployment rate *(continued)*
Labour force (LF) participation rate and unemployment rate by sex (percent)

Taux d'activité et taux de chômage *(suite)*
Taux d'activité et taux de chômage par sexe (pourcentage)

Region, country or area & Région, pays ou zone &	Year Année	Male and Female Hommes et femmes: LF particip. rate Taux d'activité	Male and Female Hommes et femmes: Unemployment rate Taux de Chômage	Male Hommes: LF particip. rate Taux d'activité	Male Hommes: Unemployment rate Taux de Chômage	Female Femmes: LF particip. rate Taux d'activité	Female Femmes: Unemployment rate Taux de Chômage
Central Asia Asie centrale	*2005	61.0	7.5	71.2	6.8	51.6	8.4
	*2010	59.8	5.6	70.2	5.2	50.0	6.1
	*2015	58.6	5.0	69.3	5.1	48.5	4.9
	*2023	57.2	5.9	68.5	5.7	46.6	6.2
Eastern Asia Asie orientale	*2005	72.1	4.5	79.5	4.9	64.6	3.9
	*2010	69.5	4.5	77.2	5.0	61.7	3.9
	*2015	68.2	4.5	75.2	4.9	61.1	3.9
	*2023	65.9	4.4	72.0	4.9	59.7	3.9
South-eastern Asia Asie du Sud-Est	*2005	66.9	4.5	80.1	4.1	53.9	4.9
	*2010	67.7	3.3	79.9	3.2	55.6	3.4
	*2015	67.6	2.9	79.8	3.0	55.6	2.8
	*2023	66.0	2.5	77.3	2.6	54.9	2.3
Southern Asia Asie méridionale	*2005	53.8	7.7	78.2	7.4	28.1	8.6
	*2010	53.6	7.3	78.7	7.1	27.4	7.9
	*2015	50.5	7.3	75.9	7.0	24.2	8.2
	*2023	50.2	7.2	74.6	7.1	24.9	7.6
Western Asia [1] Asie occidentale [1]	*2005	48.2	8.0	74.9	7.0	16.7	13.2
	*2010	49.0	7.2	75.0	5.9	16.9	14.1
	*2015	50.7	7.7	76.5	5.8	18.6	17.4
	*2023	50.6	9.4	76.3	7.3	19.5	19.0
Caucasus [2] Caucase [2]	*2005	51.0	10.4	70.0	10.3	32.6	10.5
	*2010	51.9	10.3	69.1	10.3	35.2	10.5
	*2015	54.4	9.7	70.9	9.0	38.4	10.8
	*2023	55.4	8.9	70.5	8.1	40.7	10.4
Eastern Europe Europe orientale	*2005	58.0	8.8	64.6	8.9	52.2	8.6
	*2010	59.1	8.0	66.7	8.5	52.6	7.4
	*2015	59.5	6.6	67.7	6.9	52.5	6.3
	*2023	58.8	5.1	67.0	5.0	51.7	5.1
Northern Europe Europe septentrionale	*2005	62.4	5.4	69.2	5.7	56.0	5.2
	*2010	62.3	8.6	68.3	9.5	56.6	7.6
	*2015	62.5	6.1	67.9	6.3	57.4	5.9
	*2023	62.9	4.6	66.8	4.7	59.1	4.5
Southern Europe Europe méridionale	*2005	53.0	10.3	64.0	8.4	42.7	13.0
	*2010	53.4	14.2	62.7	13.4	44.7	15.4
	*2015	53.3	17.2	61.4	16.2	45.7	18.5
	*2023	53.6	10.7	60.9	9.4	46.8	12.2
Western Europe Europe occidentale	*2005	58.2	9.1	65.6	8.9	51.3	9.4
	*2010	59.0	7.2	65.3	7.3	53.0	7.2
	*2015	59.1	6.9	64.6	7.1	54.0	6.6
	*2023	59.9	4.9	64.9	5.0	55.2	4.8
Oceania Océanie	*2005	64.2	4.5	71.0	4.4	57.6	4.6
	*2010	62.8	5.0	68.6	4.9	57.0	5.1
	*2015	62.3	5.4	67.4	5.5	57.2	5.4
	*2023	62.4	3.4	66.4	3.6	58.5	3.3
Afghanistan Afghanistan	*2005	47.1	8.1	78.6	7.6	16.1	10.6
	*2010	46.9	8.1	78.6	7.6	15.5	10.6
	*2015	47.2	9.0	75.3	8.3	19.1	11.5
	2020	41.6	11.7	66.7	10.5	16.5	16.8
Albania Albanie	*2005	56.4	16.0	66.0	15.6	47.1	16.4
	2010	55.2	14.1	63.8	12.8	46.7	15.9
	2015	55.5	17.2	64.1	17.2	47.0	17.1
	*2023	59.4	12.5	66.6	12.6	52.3	12.5
Algeria Algérie	2005	* 42.5	15.3	* 70.9	* 14.9	* 13.1	* 17.2
	2010	41.7	10.0	68.4	8.1	14.1	19.2
	2015	41.7	11.2	66.3	9.9	16.2	16.6
	*2023	40.8	11.6	64.2	9.4	16.6	20.4
American Samoa [3] Samoa américaines [3]	2000	52.9	5.1	58.8	4.9	41.2	6.0
	#2005	59.9	...	...	...	...	...
	2010	52.8	# 9.2	...	...	...	...

17 Labour force participation rate and unemployment rate *(continued)*

Labour force (LF) participation rate and unemployment rate by sex (percent)

Taux d'activité et taux de chômage *(suite)*

Taux d'activité et taux de chômage par sexe (pourcentage)

		Male and Female Hommes et femmes		Male Hommes		Female Femmes	
Region, country or area [&] Région, pays ou zone [&]	Year Année	LF particip. rate Taux d'activité	Unemployment rate Taux de Chômage	LF particip. rate Taux d'activité	Unemployment rate Taux de Chômage	LF particip. rate Taux d'activité	Unemployment rate Taux de Chômage
Angola Angola	*2005	77.2	3.9	78.9	4.8	75.7	3.1
	2010	77.3	9.4	79.0	7.9	75.6	10.9
	*2015	77.3	9.6	79.9	10.0	74.9	9.2
	*2023	77.0	10.1	79.1	10.3	75.1	9.8
Argentina Argentine	2005	61.5	11.5	74.6	10.1	49.1	13.6
	2010	60.2	7.7	73.3	6.7	47.7	9.2
	*2015	59.2	7.5	71.5	6.7	47.5	8.6
	*2023	59.4	6.6	69.3	6.0	50.0	7.4
Armenia Arménie	*2005	60.5	10.2	67.7	9.3	54.5	11.1
	*2010	61.4	10.5	68.8	11.0	55.4	10.0
	*2015	61.6	12.2	69.3	13.5	55.7	10.9
	*2023	62.3	13.0	68.5	15.3	57.6	10.9
Aruba Aruba	2001	…	6.9	…	6.5	…	7.4
	#2010[4]	63.9[5]	10.6	68.9[5]	10.8	59.5[5]	10.4
	#2011	63.8	…	69.6	…	58.8	…
Australia Australie	2005	64.4	5.0	72.1	4.9	57.0	5.2
	2010	65.4	5.2	72.3	5.1	58.6	5.4
	2015	65.0	6.1	71.1	6.0	59.1	6.1
	*2023	65.7	3.5	70.2	3.6	61.2	3.4
Austria Autriche	2005	58.6	5.6	66.4	5.4	51.3	5.9
	2010	60.4	4.8	67.1	5.0	54.2	4.6
	2015	60.7	5.7	66.4	6.1	55.4	5.3
	*2023	61.3	4.8	66.8	5.0	55.9	4.6
Azerbaijan Azerbaïdjan	2005	66.6	7.3	70.7	7.2	62.8	7.3
	2010	* 60.9	5.6	* 62.2	4.4	* 59.7	6.9
	2015	63.4	5.0	66.1	4.1	61.0	5.8
	*2023	65.6	5.4	68.5	4.4	63.0	6.3
Bahamas Bahamas	2005	* 74.9	10.2	* 81.6	9.3	* 68.8	11.2
	*2010	74.2	14.3	81.7	14.0	67.4	14.6
	2015	* 73.6	12.0	* 81.3	11.1	* 66.7	13.0
	*2023	72.4	9.6	79.3	9.4	66.3	9.8
Bahrain Bahreïn	*2005	67.9	1.1	84.7	0.4	39.0	3.6
	2010	71.8	1.1	87.0	0.4	43.6	3.7
	2015	70.9	* 1.2	86.2	* 0.5	43.0	* 3.8
	*2023	71.9	1.4	86.8	0.6	44.7	4.3
Bangladesh Bangladesh	2005	* 58.1	4.3	* 86.6	3.3	* 29.0	7.0
	2010	* 57.3	3.4	* 84.2	3.0	* 30.8	4.4
	*2015	56.3	4.4	80.4	3.1	32.8	7.4
	*2023	58.7	4.7	80.5	3.5	37.7	7.1
Barbados Barbade	2005	69.6	* 9.1	75.2	* 7.4	64.5	* 10.8
	2010	* 67.6	10.7	* 72.9	10.9	* 62.9	10.5
	2015	64.0	9.8	67.5	10.6	60.8	9.0
	*2023	60.7	7.6	63.9	8.5	57.9	6.7
Belarus Bélarus	*2005	60.3	9.0	66.5	11.0	55.1	7.0
	*2010	62.4	6.3	68.9	7.8	57.0	4.7
	*2015	63.7	5.8	70.3	7.4	58.2	4.2
	*2023	62.7	4.4	69.5	5.3	57.1	3.5
Belgium Belgique	2005	53.3	8.4	61.4	7.6	45.7	9.5
	2010	54.1	8.3	60.8	8.1	47.7	8.5
	2015	53.3	8.5	58.9	9.1	48.0	7.8
	*2023	54.7	5.9	59.2	6.2	50.3	5.5
Belize Belize	2005	* 60.8	10.9	* 79.7	7.5	* 41.8	17.4
	*2010	62.1	8.2	79.4	5.8	44.9	12.6
	2015	* 64.3	7.6	* 80.0	5.5	* 48.6	11.1
	*2023	65.0	10.2	79.9	6.9	50.2	15.5
Benin Bénin	*2005	71.8	0.8	77.1	0.9	66.7	0.7
	2010	* 71.9	1.0	* 74.7	0.9	* 69.1	1.1
	*2015	66.8	2.0	71.5	1.8	62.2	2.3
	*2023	62.5	1.6	68.9	1.4	56.2	1.9

17 Labour force participation rate and unemployment rate *(continued)*
Labour force (LF) participation rate and unemployment rate by sex (percent)

Taux d'activité et taux de chômage *(suite)*
Taux d'activité et taux de chômage par sexe (pourcentage)

		Male and Female Hommes et femmes		Male Hommes		Female Femmes	
Region, country or area & Région, pays ou zone &	Year Année	LF particip. rate Taux d'activité	Unemployment rate Taux de Chômage	LF particip. rate Taux d'activité	Unemployment rate Taux de Chômage	LF particip. rate Taux d'activité	Unemployment rate Taux de Chômage
Bermuda [3] Bermudes [3]	2000	...	2.7	...	3.1	...	2.3
	#2009	82.0	4.5	86.0	6.0	79.0	3.0
	2010	84.0	...	87.0	...	81.0	...
	2012[6]	76.1	8.4	80.0	8.7	72.6	8.2
	2013[6]	...	6.7	...	...	...	...
Bhutan Bhoutan	2005	* 70.0	3.1	* 74.9	2.9	* 64.2	3.3
	2010	68.2	3.3	72.2	2.8	63.4	4.1
	2015	63.1	2.5	70.1	1.9	55.1	3.3
	*2023	62.2	3.5	69.2	2.9	54.1	4.4
Bolivia (Plurin. State of) Bolivie (État plurin. de)	2005	70.0	* 2.5	79.8	* 2.1	60.1	* 3.1
	*2010	72.1	2.6	81.8	2.2	62.2	3.2
	2015	67.1	3.1	79.5	2.6	54.6	3.8
	*2023	69.9	4.6	80.1	4.1	59.8	5.2
Bosnia and Herzegovina Bosnie-Herzégovine	*2005	43.2	30.1	56.6	27.9	30.8	33.9
	2010	45.7	27.3	58.2	25.7	34.0	29.9
	2015	46.3	27.7	57.8	25.8	35.4	30.7
	*2023	49.2	14.6	59.9	12.4	39.0	17.7
Botswana Botswana	*2005	58.6	19.8	66.2	17.7	51.7	22.3
	2010	59.1	17.9	66.1	14.7	52.7	21.6
	*2015	61.8	19.3	68.0	16.9	56.0	22.0
	*2023	64.9	20.8	70.0	18.9	60.0	22.9
Brazil Brésil	2005	66.6	10.6	78.0	8.0	55.6	14.0
	*2010	64.5	8.0	76.0	5.9	53.7	11.0
	2015	63.7	8.6	75.1	7.2	52.9	10.3
	*2023	62.7	9.1	72.7	7.3	53.3	11.4
Brunei Darussalam Brunéi Darussalam	*2005	67.3	6.0	77.5	5.2	56.1	7.4
	*2010	66.6	6.6	76.0	5.8	56.3	7.7
	*2015	64.0	7.7	71.1	7.0	56.3	8.6
	*2023	64.2	7.0	72.1	6.0	55.8	8.5
Bulgaria Bulgarie	2005	49.7	10.1	55.4	10.3	44.4	9.8
	2010	53.4	10.3	59.5	10.9	47.8	9.6
	2015	54.1	9.1	60.0	9.8	48.6	8.4
	*2023	57.2	4.2	63.7	4.5	51.1	3.9
Burkina Faso Burkina Faso	2005	* 73.6	4.0	* 85.8	* 3.5	* 62.0	* 4.7
	*2010	69.3	3.6	80.2	3.3	58.9	4.1
	*2015	65.6	4.3	73.8	4.2	57.7	4.5
	*2023	65.3	5.2	72.9	5.2	58.0	5.2
Burundi Burundi	*2005	80.5	3.2	79.1	4.1	81.9	2.4
	*2010	79.5	1.6	78.0	2.1	81.0	1.1
	*2015	79.3	1.5	77.8	1.9	80.7	1.1
	*2023	79.8	1.0	78.0	1.0	81.5	1.0
Cabo Verde Cabo Verde	*2005	59.6	10.9	74.0	10.5	46.0	11.5
	2010	59.1	10.7	* 70.4	* 10.3	* 48.1	* 11.2
	*2015	59.2	11.8	67.6	11.4	50.9	12.3
	*2023	56.4	13.5	62.7	13.9	50.3	13.0
Cambodia Cambodge	*2005	73.8	1.1	79.2	1.1	68.8	1.2
	2010	* 69.6	0.8	* 76.0	0.8	* 63.5	0.8
	2015	* 71.5	0.4	* 78.4	0.3	* 65.0	0.5
	*2023	75.5	0.3	81.9	0.3	69.4	0.4
Cameroon Cameroun	2005	* 81.8	4.4	* 85.6	4.2	* 78.1	4.6
	2010	76.2	4.1	82.1	3.4	70.5	4.9
	*2015	72.1	3.5	77.2	3.1	67.0	4.1
	*2023	71.7	4.0	76.1	3.5	67.4	4.6
Canada Canada	2005	67.1	6.8	72.8	7.0	61.7	6.5
	2010	66.9	8.1	71.6	8.8	62.4	7.2
	2015	65.8	6.9	70.6	7.5	61.2	6.3
	*2023	64.3	5.6	68.5	5.8	60.2	5.4
Cayman Islands Îles Caïmanes	2005	...	3.5	...	...	...	...
	#2009	84.2[5]	6.0	88.0[5]	7.0	80.6[5]	5.0
	2010	81.8	6.7	...	...	...	...
	2013	83.1	6.3	85.6	6.7	80.6	5.8

17	Labour force participation rate and unemployment rate *(continued)*

17 Labour force participation rate and unemployment rate *(continued)*

Labour force (LF) participation rate and unemployment rate by sex (percent)

Taux d'activité et taux de chômage *(suite)*

Taux d'activité et taux de chômage par sexe (pourcentage)

Region, country or area & / Région, pays ou zone &	Year / Année	Male and Female / Hommes et femmes: LF particip. rate / Taux d'activité	Male and Female / Hommes et femmes: Unemployment rate / Taux de Chômage	Male / Hommes: LF particip. rate / Taux d'activité	Male / Hommes: Unemployment rate / Taux de Chômage	Female / Femmes: LF particip. rate / Taux d'activité	Female / Femmes: Unemployment rate / Taux de Chômage
Central African Republic / République centrafricaine	*2005	70.4	5.3	77.4	4.7	63.3	6.2
	*2010	70.5	5.5	77.9	4.7	63.2	6.5
	*2015	70.9	5.7	78.8	5.0	63.0	6.6
	*2023	70.7	6.3	77.7	5.7	63.7	7.1
Chad / Tchad	*2005	66.7	0.9	76.6	1.1	57.0	0.5
	*2010	64.2	1.0	74.8	1.2	53.7	0.6
	*2015	61.6	1.1	72.8	1.3	50.5	0.7
	*2023	59.5	1.3	70.8	1.6	48.3	1.0
Channel Islands / Îles Anglo-Normandes	*2005	60.5	6.3	68.9	5.8	52.6	6.9
	*2010	60.1	7.6	67.9	7.5	52.7	7.6
	*2015	59.4	8.6	67.4	8.4	51.6	8.8
	*2023	58.6	7.4	65.6	7.0	51.9	7.8
Chile / Chili	2005	55.7	9.3	71.8	7.6	40.2	12.3
	2010	58.7	8.4	72.3	7.4	45.5	9.9
	2015	59.9	6.5	71.7	6.0	48.4	7.1
	*2023	58.0	8.5	68.4	8.0	47.9	9.3
China 7 / Chine 7	*2005	74.0	4.5	80.6	5.0	67.2	3.9
	2010	71.0	* 4.5	78.1	* 5.0	63.7	* 3.9
	2015	69.3	* 4.7	* 75.8	* 5.1	* 62.7	* 4.0
	*2023	66.2	4.6	72.0	5.2	60.4	4.0
China, Hong Kong SAR / Chine, RAS de Hong Kong	2005	61.0	5.6	71.0	6.5	51.9	4.4
	2010	59.6	4.3	68.5	5.1	51.9	3.5
	2015	61.1	3.3	68.8	3.4	54.7	3.2
	*2023	58.5	4.8	64.8	5.7	53.4	3.9
China, Macao SAR / Chine, RAS de Macao	2005	63.6	4.2	71.2	4.4	56.9	3.8
	2010	69.8	2.8	75.9	3.6	64.3	2.1
	2015	70.6	1.8	76.0	2.0	65.9	1.6
	*2023	68.7	1.9	74.4	2.2	63.8	1.6
Colombia / Colombie	2005	65.9	11.9	80.5	9.1	52.0	15.9
	2010	67.8	11.0	80.8	8.7	55.3	14.2
	2015	69.5	8.3	81.4	6.4	58.1	10.9
	*2023	63.7	10.6	76.2	8.5	51.9	13.5
Comoros / Comores	*2005	41.7	4.9	51.4	4.6	32.6	5.4
	*2010	43.2	6.7	54.2	5.7	32.6	8.2
	*2015	44.4	8.1	56.2	6.7	32.8	10.5
	*2023	44.2	8.9	55.1	7.4	33.3	11.3
Congo / Congo	2005	67.9	19.8	69.0	18.5	66.8	21.1
	*2010	67.9	20.0	68.8	18.8	66.9	21.3
	*2015	68.0	20.5	69.3	19.2	66.7	21.7
	*2023	67.7	21.6	68.4	20.2	67.0	23.0
Cook Islands / Îles Cook	2001[8]	74.5	...	75.5	...	63.0	...
	#2006[5]	70.2	6.9	76.1	6.7	64.2	7.3
	2011[5]	71.0	8.2	76.6	8.2	65.4	8.1
Costa Rica / Costa Rica	2005	62.1	6.6	79.6	5.0	44.5	9.3
	2010	59.2	7.2	74.6	6.0	43.9	9.1
	2015	62.8	8.4	75.8	7.1	49.9	10.4
	*2023	61.7	11.2	73.2	8.6	50.4	14.9
Côte d'Ivoire / Côte d'Ivoire	*2005	65.0	5.7	78.8	5.6	50.9	5.9
	*2010	64.9	6.8	76.7	6.7	52.7	6.9
	*2015	64.8	2.7	74.6	2.3	54.7	3.3
	*2023	65.4	2.6	73.1	2.1	57.5	3.3
Croatia / Croatie	2005	49.6	12.6	57.4	11.6	42.6	13.9
	2010	52.6	11.6	59.7	11.0	46.1	12.3
	2015	52.7	16.2	59.1	15.6	46.9	16.9
	*2023	51.8	6.5	58.1	5.8	46.0	7.3
Cuba / Cuba	2005	* 53.3	2.0	* 67.9	1.8	* 39.0	2.2
	2010	55.0	2.5	68.4	2.4	41.9	2.7
	2015	* 56.0	2.4	* 70.0	2.3	* 42.4	2.6
	*2023	55.2	1.4	68.9	1.3	41.9	1.5

Labour force participation rate and unemployment rate *(continued)*
Labour force (LF) participation rate and unemployment rate by sex (percent)

Taux d'activité et taux de chômage *(suite)*
Taux d'activité et taux de chômage par sexe (pourcentage)

Region, country or area & / Région, pays ou zone &	Year / Année	Male and Female / Hommes et femmes: LF particip. rate / Taux d'activité	Male and Female / Hommes et femmes: Unemployment rate / Taux de Chômage	Male / Hommes: LF particip. rate / Taux d'activité	Male / Hommes: Unemployment rate / Taux de Chômage	Female / Femmes: LF particip. rate / Taux d'activité	Female / Femmes: Unemployment rate / Taux de Chômage
Curaçao	2005	59.4	18.2	65.4	17.1	54.8	19.2
Curaçao	2008	59.0	10.3	66.5	8.0	53.2	12.5
	#2009[6]	…	9.6	…	7.8	…	11.2
	2013[6]	…	13.0	…	10.5	…	15.4
Cyprus	2005	63.2	5.3	73.4	4.4	53.0	6.5
Chypre	2010	64.3	6.3	71.0	6.1	57.5	6.4
	2015	62.3	14.9	67.1	15.0	57.5	14.8
	*2023	63.2	6.9	69.2	6.2	57.3	7.7
Czechia	2005	59.4	7.9	68.7	6.5	50.6	9.8
Tchéquie	2010	58.4	7.3	68.0	6.4	49.3	8.5
	2015	59.4	5.1	68.0	4.2	51.2	6.1
	*2023	60.5	2.3	68.6	1.8	52.7	2.9
Dem. People's Rep. Korea	*2005	74.4	2.9	80.1	2.7	69.2	3.1
Rép. pop. dém. de Corée	*2010	74.6	2.8	80.2	2.7	69.4	2.9
	*2015	74.6	2.9	80.2	2.8	69.3	3.0
	*2023	74.8	2.9	79.9	2.8	69.8	3.1
Dem. Rep. of the Congo	2005	72.5	2.9	73.8	3.5	71.2	2.2
Rép. dém. du Congo	*2010	68.0	4.0	70.9	4.8	65.1	3.2
	*2015	66.0	4.5	69.7	5.2	62.5	3.7
	*2023	66.3	5.0	69.5	5.6	63.1	4.3
Denmark	2005	65.7	4.8	71.1	4.4	60.4	5.3
Danemark	2010	63.5	7.8	68.3	8.6	58.9	6.8
	2015	61.3	6.3	66.0	6.1	56.7	6.5
	*2023	62.7	4.2	67.1	4.0	58.3	4.3
Djibouti	*2005	34.7	27.9	53.7	25.0	16.2	37.3
Djibouti	*2010	33.1	27.2	49.1	23.8	17.4	36.6
	*2015	32.4	26.3	47.3	22.5	18.0	36.1
	*2023	31.5	28.0	45.0	23.8	18.3	37.9
Dominican Republic	2005	56.6	6.6	73.3	4.9	39.5	9.8
République dominicaine	2010	56.7	5.2	71.7	4.1	41.5	7.1
	2015	62.0	7.6	75.9	5.5	48.0	11.0
	*2023	64.8	7.7	76.6	4.4	53.0	12.4
Ecuador	2005	67.0	3.8	82.3	3.2	51.9	4.7
Équateur	2010	62.7	4.1	77.6	3.5	48.0	5.0
	2015	65.7	3.6	79.7	3.0	51.9	4.5
	*2023	67.0	3.8	79.0	3.3	55.2	4.6
Egypt	2005	* 46.0	11.0	* 71.3	7.2	* 20.5	24.6
Égypte	2010	49.4	8.8	75.2	4.7	23.2	22.0
	2015	47.0	13.1	70.8	9.4	22.8	24.7
	*2023	41.8	7.0	68.2	4.9	15.2	16.4
El Salvador	2005	60.6	7.2	78.6	8.9	45.2	4.8
El Salvador	2010	59.9	4.9	76.2	5.4	45.9	4.2
	2015	58.7	4.0	74.5	4.4	45.0	3.5
	*2023	59.2	4.2	74.7	3.9	45.8	4.6
Equatorial Guinea	*2005	56.5	8.1	62.1	7.3	50.6	9.2
Guinée équatoriale	*2010	56.2	8.4	60.9	7.4	50.9	9.7
	*2015	55.8	8.2	59.8	7.4	51.2	9.3
	*2023	55.3	8.6	58.7	7.8	51.3	9.6
Eritrea	*2005	77.3	5.6	83.2	4.9	71.8	6.4
Érythrée	*2010	77.8	5.9	84.2	5.0	71.9	6.9
	*2015	78.6	5.8	86.2	5.1	71.4	6.6
	*2023	77.7	6.7	84.8	6.0	71.1	7.5
Estonia	2005	58.6	8.0	64.7	9.1	53.5	6.9
Estonie	2010	60.5	16.7	67.0	19.3	55.1	14.1
	2015	61.8	6.4	69.0	6.5	55.7	6.3
	*2023	65.0	6.0	70.8	6.2	59.8	5.8
Eswatini	*2005	52.1	27.0	58.7	24.3	46.2	30.1
Eswatini	*2010	51.7	26.4	57.4	24.1	46.5	29.0
	*2015	51.3	23.3	56.1	21.6	46.8	25.3
	*2023	50.6	24.7	54.0	23.0	47.2	26.6

17 Labour force participation rate and unemployment rate *(continued)*

Labour force (LF) participation rate and unemployment rate by sex (percent)

Taux d'activité et taux de chômage *(suite)*

Taux d'activité et taux de chômage par sexe (pourcentage)

Region, country or area & Région, pays ou zone &	Year Année	Male and Female Hommes et femmes: LF particip. rate Taux d'activité	Male and Female Hommes et femmes: Unemployment rate Taux de Chômage	Male Hommes: LF particip. rate Taux d'activité	Male Hommes: Unemployment rate Taux de Chômage	Female Femmes: LF particip. rate Taux d'activité	Female Femmes: Unemployment rate Taux de Chômage
Ethiopia Éthiopie	2005	82.0	2.5	89.6	1.8	74.5	3.3
	*2010	81.5	2.3	88.8	1.7	74.3	3.1
	*2015	81.0	2.6	87.6	1.9	74.4	3.4
	*2023	80.6	4.0	86.1	2.9	75.1	5.3
Falkland Islands (Malvinas) [9] Îles Falkland (Malvinas) [9]	2013	# 81.9	1.2	# 86.0	1.1	# 77.2	1.4
Faroe Islands Îles Féroé	2005[3]	...	3.2	...	2.6	...	3.9
	2010[6,10]	81.7	# 6.4	85.3	# 5.1	77.5	# 8.0
	2013[6,10]	82.9	4.0	86.0	3.4	79.4	4.9
Fiji Fidji	2005	56.7	3.9	78.0	3.3	34.8	5.2
	*2010	62.0	4.3	79.8	4.1	43.8	4.7
	*2015	58.2	4.3	76.4	3.8	39.9	5.3
	*2023	56.8	4.2	75.5	3.6	38.2	5.4
Finland Finlande	2005	60.7	8.4	64.9	8.2	56.8	8.6
	2010	59.8	8.4	64.0	9.1	55.9	7.6
	2015	58.9	9.4	62.4	9.9	55.6	8.8
	*2023	59.9	7.1	62.9	7.6	57.0	6.7
France France	2005	56.2	8.5	62.6	7.8	50.5	9.3
	2010	56.5	8.9	62.0	8.7	51.5	9.1
	2015	56.0	10.4	60.8	10.8	51.6	9.9
	*2023	55.8	7.6	59.9	7.7	52.0	7.5
French Guiana [6] Guyane française [6]	2005	42.1	24.8	48.2	22.8	36.3	27.0
	2010	48.9	21.0	54.9	17.8	43.2	25.1
	#2013	53.4	21.3	58.8	16.7	48.4	26.3
French Polynesia Polynésie française	*2005	56.9	11.8	65.9	10.9	47.3	13.1
	*2010	56.3	12.2	63.9	11.4	48.3	13.2
	*2015	56.4	12.1	63.3	11.4	49.2	13.0
	*2023	55.6	13.1	62.0	12.4	49.1	14.1
Gabon Gabon	2005	* 49.4	16.9	* 59.8	12.9	* 39.0	23.1
	2010	48.7	20.4	57.6	14.7	39.5	29.0
	*2015	48.4	20.6	56.4	15.3	39.8	28.6
	*2023	48.0	21.4	56.2	16.1	39.4	29.4
Gambia Gambie	*2005	58.4	9.0	69.2	6.8	48.3	12.0
	*2010	58.8	9.2	68.5	6.8	49.6	12.5
	*2015	59.9	6.8	67.1	5.9	53.1	7.9
	*2023	61.6	4.7	65.9	5.6	57.4	3.8
Georgia Géorgie	2005	64.1	13.8	73.7	14.8	56.0	12.7
	2010	65.5	20.2	77.0	22.5	55.8	17.6
	2015	68.8	16.5	80.3	18.7	59.0	13.9
	*2023	63.4	11.7	73.0	12.9	55.3	10.4
Germany Allemagne	2005	58.4	11.2	66.2	11.4	51.2	10.9
	2010	59.4	7.0	66.1	7.4	53.1	6.5
	2015	60.2	4.6	65.9	5.0	54.7	4.2
	*2023	61.7	3.3	67.1	3.5	56.5	2.9
Ghana Ghana	*2005	72.9	5.6	75.7	5.5	70.2	5.8
	2010	* 71.1	5.4	* 74.6	4.9	* 67.7	5.9
	2015	69.3	6.8	73.5	7.0	65.1	6.6
	*2023	68.6	3.9	72.2	3.8	65.1	4.1
Greece Grèce	2005	53.3	10.0	64.4	6.3	42.5	15.5
	2010	53.4	12.7	63.1	10.1	44.1	16.4
	2015	51.8	24.9	59.0	21.7	44.9	28.9
	*2023	50.7	11.7	57.9	8.7	43.9	15.5
Greenland Groenland	2005	...	9.3	...	10.4	...	8.0
	2006	...	8.4	...	10.0	...	6.7
	#2013[6,11,12]	...	9.7	...	9.6	...	9.8
Guadeloupe [6] Guadeloupe [6]	2005	41.8	25.9	46.8	22.4	37.7	29.5
	2010	41.6	23.8	44.2	21.4	39.5	26.0
	#2013	52.7	26.1	56.5	23.8	49.6	28.3

17 Labour force participation rate and unemployment rate *(continued)*

Labour force (LF) participation rate and unemployment rate by sex (percent)

Taux d'activité et taux de chômage *(suite)*

Taux d'activité et taux de chômage par sexe (pourcentage)

Region, country or area [&] Région, pays ou zone [&]	Year Année	Male and Female Hommes et femmes LF particip. rate Taux d'activité	Male and Female Hommes et femmes Unemployment rate Taux de Chômage	Male Hommes LF particip. rate Taux d'activité	Male Hommes Unemployment rate Taux de Chômage	Female Femmes LF particip. rate Taux d'activité	Female Femmes Unemployment rate Taux de Chômage
Guam	2005	61.1	7.0	67.2	6.4	54.9	7.7
Guam	2010	61.4	8.2	66.2	7.3	56.5	9.3
	2015	* 62.6	6.9	* 68.6	* 7.2	* 56.5	* 6.6
	*2023	61.7	6.1	67.8	6.3	55.7	5.9
Guatemala	*2005	62.7	3.1	84.3	2.8	42.0	3.5
Guatemala	2010	60.5	3.5	80.1	3.3	41.6	3.8
	2015	60.6	2.5	83.7	2.0	38.5	3.6
	*2023	58.8	2.8	81.3	2.4	37.2	3.7
Guinea	*2005	62.5	4.7	66.0	5.6	59.3	3.8
Guinée	*2010	59.1	4.8	65.5	5.3	53.3	4.2
	*2015	55.7	4.9	64.9	5.1	47.2	4.7
	*2023	52.3	5.7	63.6	5.6	41.6	5.8
Guinea-Bissau	*2005	56.6	3.1	65.6	3.3	48.4	2.8
Guinée-Bissau	*2010	56.3	3.1	64.6	3.4	48.6	2.8
	*2015	56.1	3.1	64.1	3.5	48.7	2.7
	*2023	55.9	3.6	63.1	4.0	49.1	3.2
Guyana	*2005	56.3	11.0	77.2	9.6	35.8	14.0
Guyana	*2010	55.4	11.8	73.2	10.4	38.2	14.5
	*2015	54.6	13.3	69.2	11.6	40.9	15.8
	*2023	49.7	11.8	60.9	10.5	39.3	13.7
Haiti	2005	63.8	* 14.4	69.4	* 12.7	58.4	* 16.4
Haïti	2010	65.6	* 15.4	70.8	* 13.0	60.6	* 18.1
	*2015	65.9	13.9	70.0	11.3	62.0	16.8
	*2023	65.8	15.6	69.3	12.8	62.3	18.6
Honduras	2005	61.7	4.9	81.9	4.1	41.3	6.5
Honduras	2010	61.9	4.1	81.1	3.4	42.6	5.5
	2015	64.1	6.2	81.5	4.5	46.5	9.0
	*2023	63.6	7.5	77.3	5.7	49.8	10.3
Hungary	2005	50.2	7.2	58.3	7.0	43.0	7.4
Hongrie	2010	50.4	11.2	58.1	11.6	43.6	10.7
	2015	54.5	6.8	63.0	6.6	47.0	7.0
	*2023	59.2	3.5	67.3	3.5	51.8	3.5
Iceland	2005	* 75.9	2.6	* 80.9	2.6	* 70.9	2.5
Islande	2010	* 74.9	7.6	* 79.2	8.3	* 70.6	6.7
	2015	* 77.2	4.0	* 81.1	3.9	* 73.2	4.1
	*2023	76.6	3.7	80.5	4.3	72.5	3.1
India	2005	54.6	8.7	77.8	8.6	30.1	9.0
Inde	2010	54.7	* 8.3	79.3	* 8.3	28.8	* 8.5
	*2015	50.5	7.9	75.9	7.9	23.7	8.0
	*2023	49.6	7.3	73.8	7.5	24.1	6.7
Indonesia	2005	64.4	7.9	82.8	6.8	46.0	10.0
Indonésie	2010	66.6	5.6	82.3	5.1	50.9	6.4
	2015	66.6	4.5	82.4	4.6	50.7	4.4
	*2023	67.1	3.3	81.0	3.6	53.1	2.9
Iran (Islamic Republic of)	2005	45.4	11.8	71.4	10.3	18.7	17.6
Iran (Rép. islamique d')	2010	41.6	13.7	67.3	12.1	15.1	20.8
	2015	41.4	11.2	67.9	9.4	14.3	19.6
	*2023	42.8	11.1	69.3	9.5	16.1	18.2
Iraq	*2005	41.8	8.7	73.7	8.9	11.5	7.7
Iraq	*2010	41.3	8.3	72.0	7.9	12.1	10.4
	*2015	43.0	10.7	73.0	8.4	14.2	22.0
	*2023	41.0	15.7	70.7	13.3	12.0	29.3
Ireland	2005	65.1	4.3	75.9	4.6	54.6	4.0
Irlande	2010	62.6	14.5	70.2	17.1	55.3	11.4
	2015	61.8	9.9	69.1	10.7	54.9	8.9
	*2023	64.7	4.3	70.3	4.3	59.3	4.3
Isle of Man	2001	63.3	1.6	71.4	1.7	55.7	1.5
Île de Man	2006	62.8	2.4	69.9	2.8	56.3	2.0
	#2011[3]	63.3	3.3[11]	69.3	3.8[11]	57.5	2.8[11]
	#2013[13]	...	2.6	...	3.4	...	1.7

17 Labour force participation rate and unemployment rate *(continued)*

Labour force (LF) participation rate and unemployment rate by sex (percent)

Taux d'activité et taux de chômage *(suite)*

Taux d'activité et taux de chômage par sexe (pourcentage)

		Male and Female Hommes et femmes		Male Hommes		Female Femmes	
Region, country or area [&] Région, pays ou zone [&]	Year Année	LF particip. rate Taux d'activité	Unemployment rate Taux de Chômage	LF particip. rate Taux d'activité	Unemployment rate Taux de Chômage	LF particip. rate Taux d'activité	Unemployment rate Taux de Chômage
Israel Israël	2005	61.8	11.3	68.7	11.1	55.3	11.6
	2010	63.3	8.5	69.3	8.9	57.5	8.0
	2015	64.1	5.3	69.3	5.1	59.1	5.4
	*2023	63.6	3.3	67.1	3.2	60.2	3.4
Italy Italie	2005	49.1	7.7	61.1	6.2	38.1	10.0
	2010	48.2	8.4	59.1	7.5	38.2	9.6
	2015	49.0	11.9	58.9	11.3	39.8	12.7
	*2023	49.5	8.5	58.5	7.5	41.1	10.0
Jamaica Jamaïque	*2005	65.1	6.8	74.2	5.1	56.3	8.9
	2010	60.5	7.6	68.9	6.0	52.3	9.8
	2015	65.7	* 8.8	72.9	* 6.7	58.8	* 11.5
	*2023	70.2	6.0	76.9	5.2	63.7	6.8
Japan Japon	2005	60.4	4.5	73.3	4.6	48.3	4.2
	2010	59.6	5.1	71.5	5.5	48.4	4.6
	2015	59.5	3.4	70.3	3.6	49.4	3.1
	*2023	63.1	2.6	72.1	2.8	54.6	2.3
Jordan Jordanie	2005	38.3	14.8	63.2	12.9	11.5	26.1
	2010	39.5	12.5	62.9	10.5	14.6	21.9
	2015	* 37.7	13.1	* 59.2	11.1	* 13.6	22.8
	*2023	39.7	17.7	62.4	16.1	14.9	24.8
Kazakhstan Kazakhstan	2005	69.5	8.1	* 75.0	* 6.7	* 64.6	* 9.5
	2010	* 70.9	5.8	* 75.9	4.9	* 66.6	6.6
	2015	* 70.4	4.9	* 75.2	* 4.4	* 66.2	* 5.5
	*2023	69.8	5.0	74.9	4.4	65.2	5.6
Kenya Kenya	*2005	73.1	3.0	75.5	2.7	70.8	3.2
	*2010	73.7	2.8	76.4	2.6	71.1	3.1
	*2015	74.3	2.8	77.3	2.6	71.4	3.0
	*2023	74.4	5.5	76.1	5.2	72.8	5.8
Kiribati Kiribati	2005[14]	# 26.4	14.7	# 32.8	12.3	# 20.4	18.2
	2010	# 59.3[14]	30.6[14]	66.8[15]	27.6[14]	52.3[15]	34.1[14]
Kosovo [13] Kosovo [13]	2005	48.7	41.4	68.3	32.9	29.7	60.5
	2009	47.7	# 45.4	66.9	# 56.4	28.7	# 40.7
	#2012	37.1	30.9	55.5	28.1	17.9	40.0
	#2013	40.6	...	60.2	...	21.1	...
Kuwait Koweït	*2005	68.3	1.5	82.2	0.9	46.1	3.2
	2010	* 68.7	1.8	* 83.9	1.4	* 47.3	2.8
	2015	* 72.8	2.2	* 87.3	1.3	* 49.6	4.8
	*2023	71.7	2.5	85.9	1.2	48.1	6.4
Kyrgyzstan Kirghizistan	*2005	64.6	2.4	76.1	2.3	54.0	2.5
	2010	64.3	* 2.8	77.0	* 2.7	52.5	* 3.0
	2015	62.4	* 3.4	75.7	* 3.2	50.0	* 3.6
	*2023	59.3	4.8	74.6	4.5	45.3	5.2
Lao People's Dem. Rep. Rép. dém. populaire lao	2005	* 62.7	1.4	* 66.6	1.3	* 58.8	1.4
	2010	* 61.3	0.7	* 65.3	0.8	* 57.3	0.7
	*2015	60.1	2.5	64.0	2.9	56.3	2.1
	*2023	58.8	2.9	62.2	3.3	55.4	2.5
Latvia Lettonie	2005	57.4	10.0	65.6	10.1	50.7	10.0
	2010	58.9	19.5	65.0	22.7	53.9	16.3
	2015	60.1	9.9	67.4	11.1	54.1	8.6
	*2023	61.4	6.3	68.3	7.5	55.6	5.0
Lebanon Liban	*2005	43.8	8.3	68.0	7.8	20.6	9.8
	*2010	44.8	6.8	67.4	5.5	22.9	10.7
	*2015	47.1	9.3	68.7	7.9	26.1	12.7
	*2023	47.5	12.8	67.6	11.0	29.3	16.3
Lesotho Lesotho	*2005	69.8	17.0	76.9	15.3	63.1	18.8
	*2010	67.0	16.9	75.0	15.2	59.4	18.8
	*2015	65.0	16.9	73.1	15.1	57.3	19.0
	*2023	64.4	17.9	71.6	15.9	57.4	20.2

17 Labour force participation rate and unemployment rate *(continued)*
Labour force (LF) participation rate and unemployment rate by sex (percent)

Taux d'activité et taux de chômage *(suite)*
Taux d'activité et taux de chômage par sexe (pourcentage)

		Male and Female Hommes et femmes		Male Hommes		Female Femmes	
Region, country or area [&] Région, pays ou zone [&]	Year Année	LF particip. rate Taux d'activité	Unemployment rate Taux de Chômage	LF particip. rate Taux d'activité	Unemployment rate Taux de Chômage	LF particip. rate Taux d'activité	Unemployment rate Taux de Chômage
Liberia Libéria	*2005	77.2	2.2	82.9	2.2	71.8	2.3
	2010	* 77.2	2.3	* 83.0	2.2	* 71.8	2.3
	*2015	77.0	2.6	82.3	3.0	71.9	2.1
	*2023	76.8	3.6	81.1	4.2	72.6	2.9
Libya Libye	*2005	47.8	19.5	61.7	16.3	33.3	25.6
	*2010	47.8	19.3	61.4	16.1	33.9	25.3
	*2015	47.6	19.5	61.1	16.3	33.9	25.5
	*2023	47.9	20.5	60.8	17.0	34.8	26.7
Liechtenstein Liechtenstein	2005	63.0	...	73.7	...	52.8	...
	2010	61.6	2.6[13]	70.9	2.3[13]	52.6	3.1[13]
	2013	61.9	2.6[13]	70.6	2.3[13]	53.5	3.1[13]
Lithuania Lituanie	2005	56.3	8.3	62.9	8.1	50.8	8.5
	2010	56.8	17.8	62.0	21.2	52.5	14.5
	2015	59.2	9.1	64.8	10.1	54.4	8.2
	*2023	62.9	5.5	68.2	6.2	58.4	4.9
Luxembourg Luxembourg	2005	55.6	4.5	65.1	3.5	46.4	5.8
	2010	57.7	4.4	65.8	3.8	49.8	5.1
	2015	60.0	6.7	65.4	6.1	54.6	7.3
	*2023	61.1	5.0	64.8	4.7	57.3	5.3
Madagascar Madagascar	2005	86.6	2.6	89.0	1.8	84.2	3.5
	2010	* 86.5	4.3	* 89.1	3.3	* 83.9	5.3
	2015	86.1	1.8	89.0	1.8	83.3	1.8
	*2023	85.9	2.1	88.1	2.0	83.7	2.2
Malawi Malawi	2005	80.8	* 4.9	83.7	* 4.1	78.2	* 5.7
	*2010	74.7	4.9	79.4	4.1	70.5	5.8
	*2015	69.6	5.0	74.4	4.1	65.2	5.9
	*2023	67.5	5.6	72.1	4.7	63.2	6.6
Malaysia Malaisie	2005	60.8	3.5	* 77.2	3.4	* 43.6	3.7
	2010	60.4	3.4	76.3	* 3.3	43.5	* 3.6
	2015	64.7	3.1	78.1	2.9	50.7	3.4
	*2023	65.8	3.8	78.6	3.6	52.7	4.0
Maldives Maldives	*2005	53.3	7.3	68.6	6.5	37.3	8.9
	*2010	53.0	11.0	65.7	10.1	37.0	13.0
	*2015	57.6	6.6	69.9	6.7	40.0	6.4
	*2023	63.7	4.9	78.1	5.1	43.1	4.2
Mali Mali	*2005	70.3	1.3	80.1	1.3	60.4	1.3
	*2010	70.5	1.3	80.5	1.3	60.2	1.3
	2015	70.6	* 1.4	79.7	* 1.4	61.2	* 1.3
	*2023	68.0	2.9	80.6	2.8	55.2	2.9
Malta Malte	2005	48.2	6.9	67.5	6.3	29.4	8.4
	2010	49.7	6.9	66.1	6.7	33.7	7.1
	2015	55.4	5.4	67.8	5.4	42.8	5.4
	*2023	63.3	2.8	71.9	2.9	53.8	2.8
Marshall Islands Îles Marshall	2006[3]	44.6	...	...	...	...	...
	#2011	...	4.7	...	4.9	...	4.5
Martinique [6] Martinique [6]	2005	43.6	18.7	48.5	16.9	39.6	20.4
	2010	45.9	21.0	49.1	19.7	43.3	22.2
	#2013	53.1	22.8	53.8	22.8	52.6	22.8
Mauritania Mauritanie	*2005	45.0	9.9	62.8	8.7	27.9	12.4
	*2010	44.0	9.9	61.6	8.6	27.5	12.5
	*2015	42.1	10.2	59.0	9.3	26.7	11.9
	*2023	40.8	11.2	56.5	10.5	26.4	12.5
Mauritius Maurice	2005	58.7	9.5	76.8	5.8	40.9	16.4
	2010	58.6	7.7	74.4	4.5	43.0	13.0
	2015	59.7	7.4	73.9	5.3	45.9	10.7
	*2023	58.3	7.1	71.5	5.0	45.7	10.3
Mexico Mexique	2005	60.2	3.6	80.8	3.4	41.2	3.9
	2010	60.5	5.3	79.4	5.4	42.9	5.2
	2015	60.6	4.3	78.7	4.2	43.7	4.4
	*2023	61.1	3.4	77.6	3.3	45.8	3.4

17 Labour force participation rate and unemployment rate *(continued)*

Labour force (LF) participation rate and unemployment rate by sex (percent)

Taux d'activité et taux de chômage *(suite)*

Taux d'activité et taux de chômage par sexe (pourcentage)

Region, country or area & / Région, pays ou zone &	Year / Année	Male and Female / Hommes et femmes: LF particip. rate / Taux d'activité	Male and Female / Hommes et femmes: Unemployment rate / Taux de Chômage	Male / Hommes: LF particip. rate / Taux d'activité	Male / Hommes: Unemployment rate / Taux de Chômage	Female / Femmes: LF particip. rate / Taux d'activité	Female / Femmes: Unemployment rate / Taux de Chômage
Monaco [16]							
Monaco [16]	2000	45.7	3.6	57.3	2.5	35.1	5.2
Mongolia	*2005	60.1	7.0	64.4	7.2	55.8	6.8
Mongolie	2010	59.4	6.6	64.7	7.1	54.2	5.9
	2015	59.8	4.9	66.0	5.4	53.9	4.2
	*2023	60.2	8.9	67.7	9.3	53.1	8.5
Montenegro	2005	* 49.3	30.3	* 56.5	26.1	* 42.6	35.4
Monténégro	2010	* 48.8	19.7	* 55.9	18.8	* 42.2	20.7
	2015	53.7	17.6	60.2	17.8	47.7	17.3
	*2023	57.0	16.1	64.5	15.5	50.1	16.9
Montserrat	#2001	85.2	9.5	89.2	...	80.6	...
Montserrat	2011	...	5.6	...	7.7	...	3.3
Morocco	2005	* 50.6	11.0	* 76.2	10.8	* 25.6	11.6
Maroc	2010	49.6	9.1	73.9	9.0	25.6	9.5
	2015	47.5	9.5	70.6	9.1	24.4	10.4
	*2023	45.4	10.5	69.2	9.9	21.6	12.3
Mozambique	*2005	81.9	3.0	80.2	3.7	83.4	2.5
Mozambique	*2010	80.5	3.2	80.1	3.4	80.9	3.1
	2015	79.1	3.4	80.1	3.2	78.1	3.7
	*2023	78.6	3.9	78.8	3.5	78.3	4.2
Myanmar	*2005	68.9	0.7	81.6	0.6	56.4	0.8
Myanmar	*2010	66.2	0.7	80.1	0.6	52.6	0.8
	2015	64.7	0.8	79.0	0.7	50.8	0.9
	2020	60.2	1.5	76.0	1.1	44.7	2.2
Namibia	*2005	55.6	22.3	62.0	19.8	49.7	25.2
Namibie	2010	* 57.0	22.1	* 62.3	20.4	* 52.1	24.0
	*2015	60.6	20.9	65.4	19.2	56.4	22.7
	*2023	59.0	20.6	62.5	21.7	55.8	19.5
Nauru	2002[3]	78.0	22.7	86.8	17.1	69.6	29.6
Nauru	2011	64.0	# 23.0	78.9	# 21.4	49.3	# 25.5
Nepal	*2005	40.8	10.5	60.1	9.8	22.2	12.4
Népal	*2010	40.2	10.5	58.4	9.8	23.6	12.2
	*2015	39.7	10.5	55.3	9.7	26.3	12.0
	*2023	40.2	11.0	53.3	10.1	28.8	12.5
Netherlands (Kingdom of the)	2005	63.4	5.9	71.5	5.0	55.6	6.9
Pays-Bas (Royaume des)	2010	64.8	5.0	71.2	4.5	58.7	5.5
	2015	64.4	6.9	70.1	6.5	58.8	7.3
	*2023	65.8	3.8	70.9	3.6	60.8	4.0
Netherlands Antilles [former] [6,15,17]	#2009	56.3	...	61.1	...	52.6	...
Antilles néerlandaises [anc.] [6,15,17]	2011	57.9	...	62.2	...	54.5	...
New Caledonia	*2005	65.1	15.8	71.3	13.6	58.8	18.6
Nouvelle-Calédonie	*2010	64.3	13.7	69.6	12.0	58.9	15.8
	*2015	62.7	13.9	67.7	13.1	57.8	14.8
	*2023	56.6	12.3	60.9	12.0	52.3	12.8
New Zealand	2005	67.7	3.8	75.0	3.5	60.8	4.2
Nouvelle-Zélande	2010	67.6	6.6	74.1	6.2	61.6	6.9
	2015	68.8	5.4	74.5	5.0	63.4	5.9
	*2023	70.5	3.3	75.1	3.1	66.0	3.5
Nicaragua	2005	* 61.9	5.4	* 85.1	5.2	* 40.0	5.8
Nicaragua	2010	* 63.6	7.8	* 84.0	* 7.3	* 44.4	* 8.8
	2015	* 65.1	4.7	* 82.9	4.2	* 48.3	5.4
	*2023	66.0	5.9	83.5	5.8	49.4	6.1
Niger	2005	* 79.3	3.1	* 89.7	3.4	* 68.7	2.7
Niger	*2010	79.5	0.8	90.2	0.9	68.6	0.6
	*2015	73.6	0.5	84.7	0.6	62.1	0.4
	*2023	73.5	0.5	84.2	0.6	62.5	0.4

Labour force participation rate and unemployment rate *(continued)*

Labour force (LF) participation rate and unemployment rate by sex (percent)

Taux d'activité et taux de chômage *(suite)*

Taux d'activité et taux de chômage par sexe (pourcentage)

Region, country or area & / Région, pays ou zone &	Year / Année	Male and Female / Hommes et femmes: LF particip. rate / Taux d'activité	Male and Female / Hommes et femmes: Unemployment rate / Taux de Chômage	Male / Hommes: LF particip. rate / Taux d'activité	Male / Hommes: Unemployment rate / Taux de Chômage	Female / Femmes: LF particip. rate / Taux d'activité	Female / Femmes: Unemployment rate / Taux de Chômage
Nigeria	*2005	60.2	3.8	63.6	3.8	56.9	3.8
Nigéria	*2010	60.4	3.8	64.0	3.8	56.8	3.7
	*2015	56.5	4.2	61.2	4.5	51.7	3.9
	*2023	59.0	5.8	65.6	6.0	52.2	5.5
Niue	2001	75.5	2.2	76.7	2.3	74.8	2.1
Nioué	#2002	...	9.7	...	...	...	...
North Macedonia	2005	54.1	37.3	65.0	36.8	43.4	38.1
Macédoine du Nord	2010	55.7	33.1	68.6	32.9	43.0	33.6
	2015	55.4	26.4	67.5	27.1	43.5	25.4
	*2023	54.6	16.1	65.8	16.6	43.7	15.3
Northern Mariana Islands 3	2003	81.8	4.6	82.5	5.0	81.3	4.3
Îles Mariannes du Nord 3	2005	...	6.5	...	7.3	...	5.8
	#2010	72.3	11.2	77.6	9.7	66.6	13.0
Norway	2005	* 65.6	4.4	* 70.5	4.6	* 60.9	4.2
Norvège	2010	* 65.6	3.5	* 69.6	4.0	* 61.7	2.9
	2015	64.9	4.3	68.4	4.6	61.4	4.0
	*2023	64.4	3.0	65.1	3.2	63.7	2.8
Oman	*2005	56.0	4.2	76.9	3.4	25.0	8.0
Oman	*2010	60.4	4.0	80.8	3.0	26.5	9.2
	*2015	69.4	3.4	87.4	2.0	29.8	12.6
	*2023	68.2	2.5	87.6	1.1	33.3	9.6
Pakistan	*2005	50.4	0.6	80.6	0.6	18.3	0.3
Pakistan	2010	51.0	0.7	78.5	0.7	22.0	0.6
	2015	52.0	3.6	78.9	2.8	24.0	6.2
	*2023	52.6	6.7	80.7	5.8	24.6	9.7
Palau 3							
Palaos 3	2005	67.5	4.2	75.4	3.7	58.1	4.9
Panama	2005	63.3	* 5.9	79.6	* 4.8	47.1	* 7.9
Panama	2010	63.1	5.9	79.5	4.8	46.8	7.7
	2015	63.7	4.4	77.5	3.7	50.0	5.4
	*2023	66.3	9.3	77.2	8.4	55.6	10.4
Papua New Guinea	*2005	61.1	2.4	62.0	3.1	60.1	1.6
Papouasie-Nvl-Guinée	2010	48.3	2.0	49.0	2.7	47.7	1.3
	*2015	47.6	2.4	48.4	3.4	46.9	1.4
	*2023	46.9	2.7	47.5	3.5	46.2	1.7
Paraguay	2005	70.3	4.8	84.9	3.9	55.7	6.3
Paraguay	2010	67.7	4.6	82.4	3.6	53.1	6.0
	2015	67.9	4.6	81.1	4.3	54.8	4.9
	*2023	71.7	6.5	83.5	5.2	60.1	8.2
Peru	2005	73.1	4.9	82.0	4.7	64.4	5.0
Pérou	2010	79.2	3.6	86.6	3.1	72.1	4.2
	2015	75.9	3.3	84.4	3.2	67.7	3.3
	*2023	70.4	3.6	76.6	3.3	64.4	4.0
Philippines	2005	61.6	3.8	75.8	3.5	47.3	4.2
Philippines	2010	61.4	3.6	74.9	3.5	48.0	3.8
	2015	61.4	3.1	74.2	3.0	48.5	3.2
	*2023	58.8	2.2	71.0	2.0	46.3	2.5
Poland	2005	55.2	17.8	63.1	16.6	47.8	19.2
Pologne	2010	56.0	9.6	64.3	9.3	48.3	10.0
	2015	56.8	7.5	65.1	7.3	49.1	7.7
	*2023	58.3	2.9	66.6	2.6	50.7	3.2
Portugal	2005	61.9	7.6	69.1	6.7	55.3	8.6
Portugal	2010	61.2	10.8	67.2	9.8	55.9	11.9
	2015	58.6	12.5	64.1	12.2	53.7	12.8
	*2023	58.8	6.1	63.5	5.8	54.6	6.5
Puerto Rico	2005	47.7	11.4	59.1	12.2	37.6	10.1
Porto Rico	2010	41.9	16.1	50.9	18.7	33.9	12.6
	2015	40.0	12.0	49.2	13.7	31.9	9.6
	*2023	39.9	5.6	50.0	6.3	31.0	4.7

17 Labour force participation rate and unemployment rate *(continued)*

Labour force (LF) participation rate and unemployment rate by sex (percent)

Taux d'activité et taux de chômage *(suite)*

Taux d'activité et taux de chômage par sexe (pourcentage)

Region, country or area & Région, pays ou zone &	Year Année	Male and Female Hommes et femmes: LF particip. rate Taux d'activité	Male and Female Hommes et femmes: Unemployment rate Taux de Chômage	Male Hommes: LF particip. rate Taux d'activité	Male Hommes: Unemployment rate Taux de Chômage	Female Femmes: LF particip. rate Taux d'activité	Female Femmes: Unemployment rate Taux de Chômage
Qatar Qatar	*2005	82.1	0.9	95.1	0.3	47.0	3.7
	2010	86.6	0.5	95.8	0.1	50.7	2.7
	2015	87.4	0.2	95.6	0.1	56.3	0.9
	*2023	88.3	0.1	96.9	~0.0	60.6	0.3
Republic of Korea République de Corée	2005	62.6	3.5	74.7	3.7	50.7	3.1
	2010	61.4	3.3	73.0	3.7	49.9	2.8
	2015	63.2	3.6	74.1	3.6	52.3	3.5
	*2023	63.0	2.9	72.4	2.8	53.6	3.0
Republic of Moldova République de Moldova	2005	48.8	7.3	50.2	8.7	47.5	6.0
	2010	41.6	7.5	45.0	9.1	38.6	5.8
	2015	44.5	4.7	48.2	5.9	41.2	3.5
	*2023	42.1	2.3	46.3	2.9	38.4	1.7
Réunion [6] Réunion [6]	2005	50.1	30.1	60.3	27.6	41.1	33.3
	2010	52.1	28.9	59.9	28.0	45.3	30.0
	#2013	54.9	28.9	61.3	28.3	49.1	29.7
Romania Roumanie	2005	53.9	7.2	61.6	7.8	46.9	6.4
	2010	54.9	7.0	64.3	7.6	46.2	6.2
	2015	54.5	6.8	64.6	7.5	45.3	5.9
	*2023	54.0	5.3	64.6	5.9	44.2	4.6
Russian Federation Fédération de Russie	2005	* 60.8	7.1	* 67.8	7.3	* 55.1	6.9
	2010	* 62.6	7.4	* 70.6	7.9	* 56.0	6.8
	2015	* 62.7	5.6	* 71.3	5.8	* 55.6	5.3
	2021	62.2	4.7	70.4	4.6	55.3	4.8
Rwanda Rwanda	*2005	61.3	11.9	69.4	11.2	54.1	12.7
	*2010	61.0	11.9	68.4	11.2	54.3	12.7
	*2015	60.6	11.8	67.3	11.1	54.6	12.6
	*2023	54.1	12.7	60.9	11.6	47.8	14.0
Saint Kitts and Nevis Saint-Kitts-et-Nevis	2001	# 68.8	5.1	# 62.8	4.3	# 74.9	5.9
Saint Lucia Sainte-Lucie	2005	* 65.3	18.7	* 74.2	15.2	* 56.8	23.2
	*2010	66.8	17.1	72.8	16.0	60.9	18.4
	*2015	69.8	20.6	75.7	18.9	64.0	22.5
	*2023	69.6	16.3	73.9	14.5	65.4	18.3
Saint Vincent & Grenadines Saint-Vincent-Grenadines	*2005	64.5	19.8	76.2	21.0	52.2	17.8
	*2010	64.8	19.0	75.7	20.0	53.2	17.5
	*2015	65.0	19.0	75.5	19.7	53.9	17.8
	*2023	64.8	18.8	74.3	19.3	54.9	18.1
Samoa Samoa	*2005	54.4	5.3	66.7	4.7	41.1	6.4
	*2010	54.3	5.7	66.8	5.1	41.2	6.7
	*2015	54.3	8.8	66.9	7.2	41.2	11.5
	*2023	53.7	9.9	66.2	6.8	41.0	14.9
San Marino Saint-Marin	2003	66.2	...	79.2	...	53.8	...
	2010	...	4.4	...	2.1	...	7.3
	#2014[4]	...	6.6	...	4.3	...	9.5
Sao Tome and Principe Sao Tomé-et-Principe	2005	* 54.7	16.5	* 72.4	11.4	* 37.5	26.0
	*2010	54.5	14.6	71.7	10.5	37.6	22.2
	*2015	54.5	13.8	71.6	10.3	37.5	20.4
	*2023	53.8	15.5	69.9	11.8	38.0	22.2
Saudi Arabia Arabie saoudite	*2005	53.1	6.1	76.0	4.7	18.2	14.5
	2010	* 53.2	5.6	* 76.0	3.5	* 19.2	17.6
	2015	56.6	5.6	79.9	2.5	22.2	22.2
	*2023	59.2	5.6	80.2	2.3	28.1	19.7
Senegal Sénégal	*2005	50.0	8.9	67.8	7.1	33.5	12.2
	*2010	48.0	10.2	63.4	8.1	33.8	13.8
	2015	45.5	6.8	57.7	6.4	34.3	7.3
	*2023	51.4	3.4	64.9	3.2	38.8	3.7
Serbia Serbie	2005	53.7	20.9	63.4	16.7	44.9	26.1
	2010	49.7	19.2	58.6	18.4	41.7	20.2
	2015	51.6	17.7	60.8	16.8	43.3	18.7
	*2023	56.5	10.3	65.3	9.5	48.5	11.2

17 Labour force participation rate and unemployment rate *(continued)*
Labour force (LF) participation rate and unemployment rate by sex (percent)

Taux d'activité et taux de chômage *(suite)*
Taux d'activité et taux de chômage par sexe (pourcentage)

Region, country or area & Région, pays ou zone &	Year Année	Male and Female / Hommes et femmes: LF particip. rate Taux d'activité	Male and Female / Hommes et femmes: Unemployment rate Taux de Chômage	Male / Hommes: LF particip. rate Taux d'activité	Male / Hommes: Unemployment rate Taux de Chômage	Female / Femmes: LF particip. rate Taux d'activité	Female / Femmes: Unemployment rate Taux de Chômage
Seychelles	2005	72.1	5.5	...	6.1	...	4.9
Seychelles	#2011[6,18]	65.0	4.1	68.3	3.8	61.9	4.5
Sierra Leone	*2005	65.2	3.6	65.5	4.7	65.0	2.5
Sierra Leone	*2010	60.7	4.2	61.2	5.1	60.3	3.2
	*2015	56.2	4.4	57.3	5.3	55.1	3.5
	*2023	53.2	3.7	55.4	4.7	51.0	2.6
Singapore	2005	65.8	5.6	77.7	* 5.3	53.7	* 6.1
Singapour	2010	* 68.7	4.1	* 78.6	3.9	* 57.9	4.4
	2015	71.2	3.8	79.2	3.7	62.3	4.0
	*2023	69.3	3.1	75.7	2.9	62.2	3.3
Slovakia	2005	59.5	16.3	68.3	15.5	51.3	17.2
Slovaquie	2010	59.0	14.4	67.8	14.2	50.8	14.6
	2015	59.6	11.5	67.9	10.3	51.9	12.9
	*2023	61.7	6.1	68.3	5.9	55.6	6.3
Slovenia	2005	59.3	6.5	66.0	6.1	52.9	7.0
Slovénie	2010	59.2	7.2	65.3	7.4	53.3	7.0
	2015	57.3	9.0	62.9	8.0	51.9	10.0
	*2023	58.2	4.2	62.5	3.9	53.8	4.5
Solomon Islands	*2005	84.7	1.8	86.3	2.0	82.9	1.6
Îles Salomon	*2010	84.2	1.6	86.0	1.7	82.5	1.4
	*2015	84.2	0.7	85.8	0.7	82.5	0.8
	*2023	83.7	1.5	85.2	1.4	82.2	1.6
Somalia	*2005	34.5	19.3	48.6	17.3	20.7	24.0
Somalie	*2010	34.6	19.2	48.9	17.0	20.6	24.2
	*2015	34.3	18.9	47.9	16.5	20.9	24.2
	*2023	33.9	20.4	46.9	17.7	21.2	26.3
South Africa	*2005	60.0	19.7	68.7	17.8	52.4	22.0
Afrique du Sud	2010	54.2	23.2	62.2	21.7	47.0	24.9
	2015	57.7	22.9	65.0	21.2	51.0	24.8
	*2023	58.0	29.9	64.7	28.4	51.9	31.7
South Sudan	*2005	71.3	12.1	73.5	11.1	69.4	13.1
Soudan du sud	*2010	71.1	12.1	72.8	11.1	69.6	13.1
	*2015	70.8	12.3	71.8	11.3	69.9	13.3
	*2023	71.2	12.7	71.2	11.6	71.2	13.8
Spain	2005	56.8	9.2	67.9	7.1	46.1	12.0
Espagne	2010	59.3	19.9	67.2	19.6	51.7	20.2
	2015	58.5	22.1	64.6	20.8	52.6	23.6
	*2023	57.6	13.9	62.9	12.3	52.5	15.7
Sri Lanka	2005	* 54.4	7.7	* 74.7	5.6	* 35.1	11.9
Sri Lanka	2010	53.3	4.8	74.2	3.5	34.0	7.5
	2015	53.7	4.5	73.8	3.0	35.4	7.4
	*2023	50.6	7.2	70.3	5.4	33.0	10.5
State of Palestine	2005	38.6	20.0	65.1	20.7	12.8	16.7
État de Palestine	2010	40.0	21.4	66.7	21.4	14.1	21.6
	2015	44.0	23.0	70.8	20.1	18.0	34.1
	*2023	45.0	25.6	71.6	21.1	19.2	42.0
Sudan	*2005	49.4	15.0	70.5	13.1	28.5	19.6
Soudan	*2010	49.2	15.1	70.4	10.5	28.3	26.4
	*2015	48.6	17.4	69.3	12.5	28.4	29.2
	*2023	48.8	18.5	68.6	13.5	29.5	29.9
Suriname	*2005	50.0	9.4	62.8	6.1	36.9	15.0
Suriname	2010	* 52.8	7.2	* 64.8	3.6	* 40.7	12.8
	2015	* 55.6	7.2	* 66.8	4.4	* 44.4	11.4
	*2023	55.7	8.2	65.7	5.9	46.0	11.5
Sweden	2005	62.9	7.5	67.1	7.6	58.8	7.4
Suède	2010	* 63.2	8.6	* 67.5	8.7	* 59.0	8.5
	2015	* 63.9	7.4	* 67.3	7.6	* 60.6	7.3
	*2023	64.6	7.5	67.7	7.1	61.5	7.9

17 Labour force participation rate and unemployment rate *(continued)*

Labour force (LF) participation rate and unemployment rate by sex (percent)

Taux d'activité et taux de chômage *(suite)*

Taux d'activité et taux de chômage par sexe (pourcentage)

Region, country or area & Région, pays ou zone &	Year Année	Male and Female Hommes et femmes		Male Hommes		Female Femmes	
		LF particip. rate Taux d'activité	Unemployment rate Taux de Chômage	LF particip. rate Taux d'activité	Unemployment rate Taux de Chômage	LF particip. rate Taux d'activité	Unemployment rate Taux de Chômage
Switzerland Suisse	2005	67.0	4.4	75.1	3.9	59.3	5.1
	2010	67.0	4.8	74.3	4.5	60.0	5.2
	2015	68.1	4.8	74.2	4.7	62.3	4.9
	*2023	67.2	4.2	72.3	4.0	62.2	4.5
Syrian Arab Republic République arabe syrienne	*2005	46.6	8.9	76.4	6.0	16.5	22.4
	2010	42.7	8.6	72.3	6.2	13.0	22.0
	*2015	44.0	8.7	72.5	6.1	15.9	20.4
	*2023	44.6	9.5	72.6	6.6	17.1	21.3
Tajikistan Tadjikistan	*2005	44.5	13.1	58.6	13.8	31.0	11.9
	*2010	42.5	10.9	55.9	11.5	29.4	9.7
	*2015	42.4	7.6	53.1	8.4	31.9	6.1
	*2023	40.9	8.4	50.8	9.3	31.1	6.9
Thailand Thaïlande	2005	73.7	1.4	81.5	1.5	66.3	1.2
	2010	71.6	0.6	80.0	0.6	63.7	0.6
	2015	69.2	0.6	77.9	0.6	61.1	0.6
	*2023	65.6	0.8	74.0	0.8	57.9	0.8
Timor-Leste Timor-Leste	*2005	69.0	3.5	73.9	2.9	63.9	4.2
	2010	*67.7	3.3	*73.1	2.7	*62.1	4.0
	*2015	67.1	4.5	72.7	3.2	61.5	5.9
	*2023	67.2	4.8	72.5	3.5	61.7	6.4
Togo Togo	*2005	58.5	4.3	61.6	4.3	55.3	4.2
	*2010	58.5	2.4	61.6	2.7	55.3	2.1
	2015	*58.2	2.2	*60.9	2.7	*55.6	1.7
	*2023	58.0	4.0	59.6	4.9	56.4	3.1
Tonga Tonga	*2005	56.9	2.5	70.1	1.8	43.8	3.6
	*2010	55.7	1.5	68.5	1.1	43.3	2.1
	*2015	54.5	1.9	66.8	1.4	42.8	2.7
	*2023	53.4	2.9	65.1	2.2	42.4	4.0
Trinidad and Tobago Trinité-et-Tobago	2005	63.7	8.0	75.4	5.8	52.5	10.9
	2010	60.9	4.0	72.4	3.6	49.8	4.7
	2015	60.0	2.4	70.9	2.1	49.5	2.9
	*2023	54.8	3.7	63.1	3.1	46.9	4.4
Tunisia Tunisie	2005	45.5	12.9	68.0	12.1	23.7	15.2
	2010	46.9	13.1	69.6	10.9	24.9	18.9
	2015	47.1	15.2	68.9	12.4	26.1	22.2
	*2023	45.9	16.1	66.5	13.0	26.4	23.7
Türkiye Türkiye	2005	46.4	10.6	69.9	10.5	23.1	11.2
	2010	48.1	10.7	69.5	10.4	26.9	11.4
	2015	51.2	10.2	71.3	9.2	31.3	12.6
	*2023	52.6	9.9	71.1	8.6	34.3	12.5
Turkmenistan Turkménistan	*2005	51.9	7.5	50.8	10.7	53.0	4.6
	2010	*49.2	4.0	*48.2	5.7	*50.1	2.5
	*2015	47.4	4.1	46.2	5.7	48.4	2.7
	*2023	46.0	5.5	44.7	7.2	47.2	3.9
Turks and Caicos Islands Îles Turques-et-Caïques	#2005	62.0	...	...	...	...	...
	#2008	64.0	8.3	...	...	...	...
Uganda Ouganda	2005	*69.9	1.9	*75.6	1.7	*64.5	2.1
	*2010	70.1	3.6	75.0	3.0	65.4	4.3
	*2015	70.2	2.7	73.9	2.2	66.7	3.3
	*2023	69.8	4.3	72.0	3.7	67.7	4.8
Ukraine Ukraine	2005	*56.0	7.2	*60.1	7.5	*52.7	6.8
	2010	*56.3	8.1	*61.6	9.4	*51.9	6.9
	2015	*56.3	9.1	*63.4	10.1	*50.4	8.1
	2021	54.6	9.8	62.9	9.5	47.8	10.1
United Arab Emirates Émirats arabes unis	2005	77.0	3.1	91.7	2.5	37.5	7.1
	*2010	77.7	2.5	89.0	1.9	42.4	5.9
	*2015	80.6	1.8	91.4	1.3	49.4	4.5
	*2023	82.7	2.7	92.8	1.9	56.2	6.6

17 Labour force participation rate and unemployment rate *(continued)*

Labour force (LF) participation rate and unemployment rate by sex (percent)

Taux d'activité et taux de chômage *(suite)*

Taux d'activité et taux de chômage par sexe (pourcentage)

Region, country or area & / Région, pays ou zone &	Year / Année	Male and Female / Hommes et femmes: LF particip. rate / Taux d'activité	Male and Female / Hommes et femmes: Unemployment rate / Taux de Chômage	Male / Hommes: LF particip. rate / Taux d'activité	Male / Hommes: Unemployment rate / Taux de Chômage	Female / Femmes: LF particip. rate / Taux d'activité	Female / Femmes: Unemployment rate / Taux de Chômage
United Kingdom / Royaume-Uni	2005	62.3	4.8	69.6	5.1	55.4	4.3
	2010	62.4	7.8	69.0	8.6	56.1	6.9
	2015	62.7	5.3	68.5	5.5	57.2	5.1
	*2023	62.6	4.0	66.6	4.2	58.7	3.9
United Rep. of Tanzania / Rép.-Unie de Tanzanie	*2005	88.0	3.2	89.4	2.3	86.6	4.1
	*2010	86.3	3.0	88.9	2.4	83.9	3.5
	*2015	84.0	2.1	88.1	1.6	80.1	2.7
	*2023	82.9	2.9	86.8	2.1	79.3	3.7
United States of America / États-Unis d'Amérique	2005	64.8	5.1	71.8	5.1	58.2	5.1
	2010	63.5	9.6	69.7	10.5	57.6	8.6
	2015	62.1	5.3	68.4	5.4	56.0	5.2
	*2023	62.0	4.6	67.6	4.7	56.5	4.5
United States Virgin Islands / Îles Vierges américaines	2005	62.5	* 10.8	* 68.1	* 9.5	* 57.6	* 12.1
	2010	60.9	* 11.6	* 67.2	* 10.7	* 55.4	* 12.4
	2015	58.7	* 12.3	* 69.4	* 11.3	* 49.2	* 13.4
	*2023	52.4	12.3	63.6	11.3	43.0	13.5
Uruguay / Uruguay	2005	59.5	12.0	70.2	9.4	49.9	15.3
	2010	64.3	7.2	74.6	5.3	54.9	9.4
	2015	64.9	7.5	74.4	6.4	56.3	8.8
	*2023	63.7	7.9	71.1	6.5	56.9	9.5
Uzbekistan / Ouzbékistan	*2005	60.4	7.1	74.4	5.9	46.7	8.9
	2010	* 58.1	5.4	* 73.0	4.7	* 43.5	6.4
	2015	* 57.0	5.2	* 72.9	5.3	* 41.3	4.9
	*2023	56.2	6.3	73.0	5.8	39.8	7.4
Vanuatu / Vanuatu	*2005	69.6	1.7	78.5	1.9	60.8	1.5
	2010	* 69.3	1.9	* 78.3	2.1	* 60.3	1.6
	*2015	69.5	1.9	78.5	2.1	60.7	1.6
	*2023	69.2	2.1	78.0	2.2	60.6	1.9
Venezuela (Boliv. Rep. of) / Venezuela (Rép. boliv. du)	2005	64.3	10.7	79.5	10.0	49.4	11.6
	2010	63.9	7.1	78.5	7.2	49.6	6.9
	*2015	61.7	6.1	75.6	5.8	48.3	6.5
	*2023	53.7	5.6	66.8	5.0	41.2	6.5
Viet Nam / Viet Nam	*2005	72.4	2.1	76.5	1.9	68.6	2.3
	2010	76.2	1.1	81.1	1.1	71.6	1.1
	2015	77.2	1.9	82.2	2.0	72.5	1.7
	*2023	73.6	1.7	78.4	2.0	69.1	1.5
Western Sahara / Sahara occidental	*2005	54.1	7.0	76.9	6.1	26.2	10.4
	*2010	56.3	6.5	78.5	5.2	28.0	10.9
	*2015	57.5	7.1	79.2	5.4	29.3	13.0
	*2023	56.7	8.3	76.9	6.2	30.4	15.2
Yemen / Yémen	*2005	41.7	12.2	69.1	11.7	14.3	14.5
	2010	39.4	* 12.8	68.6	* 11.8	10.0	* 20.3
	*2015	37.0	13.8	67.8	12.7	5.9	26.5
	*2023	38.6	13.3	70.7	12.2	6.4	26.0
Zambia / Zambie	2005	* 59.2	15.9	* 67.4	* 16.9	* 51.7	* 14.7
	2010	* 59.3	13.2	* 67.5	* 13.3	* 51.5	* 13.0
	*2015	58.9	8.3	66.3	8.1	51.8	8.5
	*2023	60.5	6.1	67.4	6.0	53.9	6.2
Zimbabwe / Zimbabwe	*2005	65.5	4.5	71.1	4.3	60.9	4.8
	*2010	65.6	5.2	71.4	4.6	60.9	5.7
	*2015	65.9	5.3	72.3	5.0	60.6	5.5
	*2023	66.1	8.0	71.9	8.3	61.3	7.8
European Union (EU) / Union européenne (UE)	*2005	56.0	9.6	64.6	8.8	48.1	10.6
	*2010	56.7	9.8	64.2	9.7	49.6	9.9
	*2015	56.8	10.0	63.6	9.9	50.5	10.2
	*2023	57.6	6.3	63.9	6.0	51.7	6.7

Labour force participation rate and unemployment rate *(continued)*
Labour force (LF) participation rate and unemployment rate by sex (percent)

Taux d'activité et taux de chômage *(suite)*
Taux d'activité et taux de chômage par sexe (pourcentage)

Source:

International Labour Organization (ILO), Geneva, Key Indicators of the Labour Market (KILM 9th edition) and the ILOSTAT database, last accessed May 2023.

& Population aged 15 years and over, unless otherwise footnoted.

1 Data excludes Armenia, Azerbaijan, Cyprus, Georgia and Turkey
2 Caucasus refers to Armenia, Azerbaijan, Cyprus, Georgia, Israel and Turkey.
3 Population aged 16 years and over.
4 Population aged 14 years and over.
5 Resident population (de jure).
6 Excluding the institutional population.
7 For statistical purposes, the data for China do not include those for the Hong Kong Special Administrative Region (Hong Kong SAR), Macao Special Administrative Region (Macao SAR) and Taiwan Province of China.
8 Population aged 15 to 69 years.
9 Population aged 16 to 65 years.
10 Population aged 15 to 74 years.
11 Nationals, residents.
12 Population aged 18 to 64 years.
13 Population aged 15 to 64 years.
14 De facto population.
15 Persons present (de facto).
16 Population aged 17 years and over.
17 Main city or metropolitan area.
18 Excluding some areas.

Source:

Organisation internationale du Travail (OIT), Genève, Indicateurs Clés du Marché du Travail (ICMT 9e édition) et ILOSTAT base de données, dernier accès mai 2023.

& Sauf indication contraire, population âgée de 15 ans et plus.

1 Les données excluent l'Arménie, l'Azerbaïdjan, Chypre, la Géorgie et la Turquie
2 Le Caucase se rapportent à l'Arménie, l'Azerbaïdjan, Chypre, la Géorgie, l'Israël et la Turquie.
3 Population âgée de 16 ans et plus.
4 Population âgée de 14 ans et plus.
5 Population résidente (de droit).
6 Non compris la population dans les institutions.
7 Pour la présentation des statistiques, les données pour la Chine ne comprennent pas la région administrative spéciale de Hong Kong (RAS de Hong Kong), la région administrative spéciale de Macao (RAS de Macao) et la province chinoise de Taïwan.
8 Population âgée de 15 à 69 ans.
9 Population âgée de 16 à 65 ans.
10 Population âgée de 15 à 74 ans.
11 Ressortissants, résidents.
12 Population âgée de 18 à 64 ans.
13 Population âgée de 15 à 64 ans.
14 Population de fait.
15 Personnes présentes (de facto).
16 Population âgée de 17 ans et plus.
17 Ville principale ou zone métropolitaine.
18 Certaines régions sont exclues.

18 Employment by economic activity

Percentage of persons employed by sex and ISIC 4 categories; agriculture (agr.), industry (ind.) and services (ser.)

Emploi par activité économique

Personnes employées par sexe et branches de la CITI rév. 4; agriculture (agr.), industrie (ind.) et services (ser.), pourcentage

Region, country or area + / Région, pays ou zone +	Year / Année	Male and Female / Hommes et femmes Agr.	Ind.	Ser.	Male / Hommes Agr.	Ind.	Ser.	Female / Femmes Agr.	Ind.	Ser.
Total, all countries or areas	***2005**	**36.9**	**21.2**	**41.9**	**37.3**	**24.1**	**38.7**	**36.3**	**16.9**	**46.8**
Total, tous pays ou zones	***2010**	**32.9**	**22.6**	**44.5**	**33.6**	**26.1**	**40.3**	**31.9**	**17.1**	**51.0**
	***2015**	**28.7**	**23.2**	**48.1**	**29.5**	**27.4**	**43.1**	**27.4**	**16.8**	**55.8**
	***2021**	**26.6**	**23.1**	**50.3**	**27.5**	**27.7**	**44.8**	**25.2**	**15.9**	**58.8**
Africa	*2005	56.8	11.8	31.3	53.1	14.4	32.4	61.7	8.3	29.9
Afrique	*2010	53.1	12.3	34.7	49.9	15.6	34.6	57.3	7.9	34.9
	*2015	49.9	12.9	37.1	47.5	16.4	36.2	53.2	8.5	38.4
	*2021	48.4	13.6	38.0	46.4	17.2	36.5	51.1	8.9	40.0
Northern Africa	*2005	33.3	21.8	44.9	29.8	24.2	45.9	46.0	13.0	41.0
Afrique septentrionale	*2010	29.2	24.6	46.2	25.6	28.1	46.3	42.3	11.7	46.1
	*2015	26.7	24.4	49.0	23.3	28.3	48.5	38.1	11.3	50.5
	*2021	23.7	26.0	50.3	21.5	29.3	49.1	32.4	12.3	55.3
Sub-Saharan Africa	*2005	61.3	10.0	28.8	59.6	11.7	28.7	63.1	7.8	29.0
Afrique subsaharienne	*2010	57.6	9.9	32.5	56.7	11.9	31.2	58.7	7.5	33.9
	*2015	54.0	11.0	35.0	53.6	13.3	33.1	54.5	8.1	37.3
	*2021	52.3	11.7	36.0	52.2	14.3	33.5	52.4	8.6	39.0
Eastern Africa	*2005	72.1	7.2	20.7	68.7	9.2	22.0	75.7	5.1	19.3
Afrique orientale	*2010	67.7	8.0	24.2	65.2	10.4	24.4	70.4	5.5	24.0
	*2015	63.9	9.1	27.0	62.1	11.9	26.0	65.9	6.1	28.1
	*2021	60.4	10.6	29.1	59.3	14.0	26.6	61.5	6.7	31.7
Middle Africa	*2005	63.3	8.9	27.9	56.5	13.1	30.5	70.4	4.5	25.1
Afrique centrale	*2010	60.6	9.2	30.2	54.6	12.7	32.8	67.3	5.4	27.3
	*2015	56.6	10.2	33.1	49.7	13.7	36.5	64.3	6.3	29.3
	*2021	54.4	10.9	34.8	48.2	14.0	37.8	61.5	7.2	31.4
Southern Africa	*2005	19.4	27.5	53.0	18.4	34.8	46.9	21.0	16.5	62.6
Afrique australe	*2010	18.1	21.6	60.5	17.3	28.9	53.9	19.1	11.7	69.2
	*2015	16.6	21.5	62.0	16.7	29.7	53.7	16.4	10.9	72.6
	*2021	21.6	17.9	60.5	21.5	23.9	54.5	21.7	10.3	68.0
Western Africa	*2005	52.8	11.2	36.2	57.0	9.9	33.1	47.7	12.4	39.9
Afrique occidentale	*2010	48.9	10.7	40.3	53.4	10.9	35.7	43.6	10.5	45.9
	*2015	44.4	12.2	43.4	49.8	12.5	37.8	37.8	11.9	50.2
	*2021	43.2	13.0	43.8	48.3	13.6	38.2	36.9	12.3	50.9
Americas	*2005	11.7	21.8	66.4	15.5	28.9	55.8	6.6	12.3	81.2
Amériques	*2010	10.5	20.8	68.7	14.3	28.2	57.5	5.4	11.1	83.6
	*2015	9.6	20.9	69.4	13.1	28.4	58.4	4.9	10.9	84.2
	*2021	9.6	20.2	70.2	12.8	27.4	59.8	5.3	10.6	84.1
Northern America	*2005	1.7	22.1	76.2	2.4	32.3	65.4	1.0	10.2	88.8
Amérique septentrionale	*2010	1.7	19.5	78.8	2.4	29.3	68.3	1.0	8.3	90.7
	*2015	1.8	19.6	78.7	2.4	29.0	68.6	1.0	8.7	90.4
	*2021	1.6	19.2	79.2	2.2	28.5	69.4	1.0	8.7	90.4
Latin America & the Caribbean	*2005	18.8	21.6	59.6	23.7	26.6	49.6	11.2	14.0	74.8
Amérique latine et Caraïbes	*2010	16.1	21.6	62.2	21.0	27.5	51.5	8.7	13.0	78.3
	*2015	14.6	21.7	63.7	19.2	28.1	52.8	7.7	12.4	79.8
	*2021	14.7	20.9	64.4	18.9	26.9	54.2	8.5	12.1	79.5
Caribbean	*2005	22.6	18.4	59.0	28.8	23.2	48.1	13.2	11.0	75.8
Caraïbes	*2010	22.1	16.3	61.4	28.4	21.2	50.4	13.0	9.4	77.6
	*2015	21.3	16.2	62.5	27.5	21.4	51.1	12.5	8.8	78.7
	*2021	20.3	16.8	63.0	26.3	22.4	51.3	11.6	8.8	79.7
Central America	*2005	18.1	24.7	57.2	24.8	27.9	47.3	5.9	19.0	75.2
Amérique centrale	*2010	17.6	23.3	59.1	24.7	27.0	48.3	5.3	16.8	77.9
	*2015	16.8	23.7	59.5	23.9	27.8	48.3	4.9	16.7	78.4
	*2021	15.5	24.4	60.1	21.6	28.9	49.6	5.4	17.2	77.5
South America	*2005	18.7	20.9	60.5	22.8	26.5	50.7	12.7	12.7	74.7
Amérique du Sud	*2010	15.1	21.6	63.4	19.0	28.2	52.8	9.5	12.1	78.5
	*2015	13.1	21.6	65.4	16.6	28.8	54.7	8.3	11.4	80.4
	*2021	13.9	19.8	66.3	17.1	26.5	56.5	9.4	10.5	80.2
Central Asia	*2005	34.7	19.6	45.8	35.0	25.4	39.6	34.3	12.0	53.7
Asie centrale	*2010	29.8	21.1	49.0	30.0	27.8	42.2	29.6	12.4	58.0
	*2015	25.9	22.1	51.9	25.8	29.6	44.6	26.0	12.4	61.6
	*2021	22.0	24.3	53.7	22.0	32.1	45.8	21.9	13.6	64.6

18 Employment by economic activity *(continued)*

Percentage of persons employed by sex and ISIC 4 categories; agriculture (agr.), industry (ind.) and services (ser.)

Emploi par activité économique *(suite)*

Personnes employées par sexe et branches de la CITI rév. 4; agriculture (agr.), industrie (ind.) et services (ser.), pourcentage

Region, country or area + / Région, pays ou zone +	Year / Année	Male and Female / Hommes et femmes			Male / Hommes			Female / Femmes		
		Agr.	Ind.	Ser.	Agr.	Ind.	Ser.	Agr.	Ind.	Ser.
Eastern Asia / Asie orientale	*2005	40.2	24.2	35.6	42.9	24.4	32.7	36.8	24.0	39.2
	*2010	33.1	28.1	38.7	35.7	29.3	35.0	29.9	26.7	43.4
	*2015	26.0	28.5	45.5	28.4	31.2	40.5	23.0	25.3	51.8
	*2021	22.2	27.6	50.2	24.6	31.5	43.9	19.4	22.7	58.0
South-eastern Asia / Asie du Sud-Est	*2005	44.3	18.9	36.9	44.7	20.6	34.6	43.6	16.3	40.1
	*2010	40.3	19.2	40.5	41.0	21.9	37.1	39.3	15.4	45.2
	*2015	35.2	21.3	43.5	36.0	24.6	39.3	33.9	16.6	49.5
	*2021	29.2	23.4	47.4	31.6	26.9	41.4	26.0	18.4	55.6
Southern Asia / Asie méridionale	*2005	53.1	18.9	28.1	47.3	20.6	32.1	69.6	13.9	16.5
	*2010	49.3	21.6	29.1	44.0	23.5	32.5	66.6	15.1	18.3
	*2015	43.8	24.2	32.0	39.3	26.1	34.7	59.4	17.5	23.1
	*2021	41.8	25.0	33.2	37.0	27.4	35.6	58.5	16.7	24.9
Western Asia [1] / Asie occidentale [1]	*2005	15.6	23.4	61.1	15.4	26.1	58.5	16.6	7.6	75.8
	*2010	11.4	26.1	62.5	11.6	29.1	59.3	10.0	7.8	82.1
	*2015	10.9	25.2	64.0	11.4	28.4	60.2	7.8	6.6	85.6
	*2021	9.2	23.7	67.1	9.8	26.2	64.0	6.0	9.0	85.0
Caucasus [2] / Caucase [2]	*2005	27.5	22.5	49.9	21.5	27.8	50.7	39.7	12.0	48.2
	*2010	24.9	22.8	52.3	19.2	28.6	52.2	35.7	12.0	52.3
	*2015	21.9	23.5	54.6	17.4	29.7	52.9	30.0	12.5	57.6
	*2021	18.7	23.5	57.8	16.1	29.4	54.5	23.2	13.1	63.6
Eastern Europe / Europe orientale	*2005	14.1	29.2	56.6	15.7	37.6	46.6	12.4	20.4	67.2
	*2010	11.2	28.8	60.0	12.7	38.7	48.6	9.6	18.1	72.4
	*2015	9.8	28.1	62.0	11.3	38.4	50.2	8.2	16.7	75.0
	*2021	8.3	28.2	63.5	9.9	38.7	51.3	6.4	16.4	77.2
Northern Europe / Europe septentrionale	*2005	2.7	23.1	74.2	3.8	34.0	62.1	1.6	10.5	87.9
	*2010	2.2	19.9	78.0	3.1	30.2	66.7	1.2	8.2	90.6
	*2015	2.1	19.3	78.7	2.9	29.2	68.0	1.1	8.3	90.6
	*2021	1.8	18.7	79.4	2.6	28.2	69.2	0.9	8.5	90.6
Southern Europe / Europe méridionale	*2005	8.4	29.3	62.3	8.6	38.6	52.8	8.1	15.5	76.5
	*2010	7.5	25.7	66.7	8.1	35.6	56.3	6.8	12.6	80.6
	*2015	6.9	23.5	69.7	8.1	32.2	59.7	5.3	12.1	82.5
	*2021	6.1	23.9	70.0	7.3	32.8	59.9	4.5	12.6	83.0
Western Europe / Europe occidentale	*2005	3.1	26.4	70.6	3.8	37.0	59.2	2.2	13.5	84.4
	*2010	2.4	24.7	72.9	3.1	35.8	61.1	1.7	11.7	86.6
	*2015	2.1	23.6	74.3	2.7	34.7	62.7	1.5	11.2	87.3
	*2021	1.9	22.9	75.2	2.4	33.5	64.2	1.3	11.3	87.4
Oceania / Océanie	*2005	10.2	18.5	71.3	11.9	26.9	61.1	8.1	8.2	83.7
	*2010	8.4	18.9	72.8	9.9	27.9	62.2	6.6	8.0	85.5
	*2015	7.2	18.4	74.3	8.7	27.9	63.4	5.5	7.5	87.0
	*2021	6.5	17.4	76.1	8.0	26.2	65.8	4.8	7.5	87.6
Afghanistan / Afghanistan	2005	*61.8	*10.9	*27.3	57.6	11.0	31.4	85.0	10.3	4.8
	2010	*53.8	*15.3	*31.0	49.8	14.7	35.4	76.1	*17.8	6.0
	2015	*44.7	*20.7	*34.7	39.9	*15.6	40.8	65.3	*26.6	*7.1
	2021	*46.9	*18.8	*34.3	45.7	*11.5	37.1	53.5	26.8	19.8
Albania / Albanie	2005	*47.3	*9.1	*37.9	38.4	*14.7	41.0	59.6	*1.4	33.4
	2010	42.1	20.6	37.3	34.2	27.7	38.1	53.1	10.6	36.3
	2015	41.3	18.6	40.1	36.7	22.1	41.3	47.7	*2.0	38.3
	2021	*34.6	*21.6	*43.9	31.2	24.6	44.2	39.1	17.5	43.3
Algeria / Algérie	2005	*19.4	*27.5	*53.0	21.1	*23.8	52.2	10.4	*31.4	57.2
	2010	*12.0	*30.3	*57.6	13.5	31.2	55.3	3.6	25.4	71.0
	2015	*9.6	*31.8	*58.6	10.9	*31.7	55.4	3.6	23.3	73.0
	2021	*10.3	*31.1	*58.6	11.7	32.4	55.8	3.9	23.9	72.2
American Samoa [3,4] / Samoa américaines [3,4]	2000	3.1	41.7	51.9	...	...	...	...	...	...
	#2010	3.0	23.2	73.8	...	...	...	...	...	...
Angola / Angola	2005	*38.1	*9.0	*53.0	30.2	16.1	53.7	46.1	1.7	52.2
	2010	48.4	*8.4	*43.3	41.5	*13.2	43.5	55.6	1.4	43.1
	2015	*58.0	*8.0	*34.1	50.4	14.4	35.3	65.8	1.4	32.8
	2021	*58.7	*7.8	*33.6	51.8	14.0	34.2	65.7	1.5	32.8
Anguilla [4] / Anguilla [4]	#2001	2.9	18.9	76.7	4.8	32.1	61.7	0.7	3.7	93.9
Antigua and Barbuda [4] / Antigua-et-Barbuda [4]	2005	2.8	15.6	81.6	4.4	26.1	69.5	1.2	5.0	93.8
	2008	2.8	15.6	81.6	4.4	26.1	69.5	1.2	5.0	93.8

18 Employment by economic activity *(continued)*

Percentage of persons employed by sex and ISIC 4 categories; agriculture (agr.), industry (ind.) and services (ser.)

Emploi par activité économique *(suite)*

Personnes employées par sexe et branches de la CITI rév. 4; agriculture (agr.), industrie (ind.) et services (ser.), pourcentage

Region, country or area + Région, pays ou zone +	Year Année	Male and Female Hommes et femmes			Male Hommes			Female Femmes		
		Agr.	Ind.	Ser.	Agr.	Ind.	Ser.	Agr.	Ind.	Ser.
Argentina Argentine	2005	* 11.3	20.9	67.8	15.5	* 15.1	56.4	5.1	10.5	84.4
	2010	* 9.5	* 13.7	69.1	13.2	29.7	57.2	4.3	9.3	86.4
	2015	* 8.3	22.2	69.5	11.5	31.4	57.1	3.8	* 1.4	87.0
	2021	* 7.7	19.9	72.4	10.5	28.2	61.3	3.6	8.6	87.8
Armenia Arménie	2005	* 40.9	* 17.9	* 41.2	38.5	25.4	36.2	43.8	8.8	47.3
	2010	38.6	17.3	44.0	31.7	* 20.1	41.7	47.3	5.8	46.9
	2015	35.3	15.8	48.8	31.2	23.1	45.6	40.1	7.6	52.4
	2021	* 30.3	* 17.6	* 52.2	28.0	24.0	48.0	33.2	9.2	57.5
Aruba [4] Aruba [4]	#2000	0.5	16.4	82.3	0.8	26.7	71.6	0.2	4.5	94.7
	#2010[5]	0.6	14.5	84.4	1.0	24.4	74.1	0.3	4.5	94.8
	#2011	0.6	14.0	85.1	0.8	24.4	74.4	0.4	3.3	96.1
Australia Australie	2005	3.6	21.2	75.3	4.5	30.7	64.9	2.5	* 3.6	88.2
	2010	3.2	* 18.1	75.8	* 0.2	* 19.1	64.9	2.3	8.6	89.1
	2015	2.6	20.0	77.3	3.3	30.5	66.2	1.8	7.9	90.3
	2021	2.4	18.7	78.8	* 0.1	28.3	68.6	1.7	8.0	90.2
Austria Autriche	2005	5.3	* 26.6	67.1	5.3	39.7	55.0	5.3	12.9	81.8
	2010	5.2	24.8	69.9	5.4	* 34.6	58.1	* 0.2	11.5	83.5
	2015	4.5	25.8	69.7	4.8	37.9	57.3	4.2	12.1	83.6
	2021	3.7	25.6	70.6	* 0.2	37.3	58.6	3.4	12.1	84.4
Azerbaijan Azerbaïdjan	2005	39.3	* 7.2	48.6	37.9	18.9	43.2	40.8	* 1.9	54.4
	2010	38.2	13.6	48.1	32.3	20.9	46.8	44.5	6.1	49.4
	2015	36.4	14.0	49.6	31.0	* 18.9	47.3	42.1	5.8	52.0
	2021	* 34.2	* 15.5	* 50.4	29.4	23.3	47.4	39.4	* 1.2	53.6
Bahamas Bahamas	2005	3.5	17.9	78.7	6.4	* 28.0	63.9	0.4	* 4.0	94.5
	2010	* 3.3	* 14.5	* 82.2	5.5	24.4	69.9	* ~0.0	4.2	94.9
	2015	* 3.6	* 11.6	* 84.9	5.4	19.9	74.8	1.7	3.2	95.3
	2021	* 3.2	* 11.7	* 85.1	4.9	20.1	75.2	1.5	3.3	95.2
Bahrain Bahreïn	2005	* 1.3	* 31.0	* 67.7	1.7	36.3	62.0	0.1	10.2	89.7
	2010	1.1	35.8	63.2	1.4	42.6	56.1	0.1	9.1	91.0
	2015	1.1	35.1	63.8	1.4	42.1	56.5	0.1	* 5.4	90.7
	2021	* 1.0	* 34.9	* 64.1	1.2	40.1	58.6	0.1	12.0	87.9
Bangladesh Bangladesh	2005	48.1	* 4.0	37.4	41.9	15.1	42.9	68.2	12.5	19.3
	2010	47.3	17.6	35.1	40.9	* 13.5	39.9	65.5	13.0	21.4
	2015	* 43.5	* 20.5	* 36.0	36.8	21.8	41.5	61.3	17.1	21.7
	2021	* 37.1	* 21.7	* 41.2	29.0	23.3	47.7	56.3	17.8	25.8
Barbados Barbade	2005	2.4	* 17.0	* 80.7	* 0.1	25.7	71.1	1.7	7.5	91.0
	2010	2.9	* 19.2	* 77.9	3.9	29.3	66.9	1.8	* 3.2	89.4
	2015	2.9	19.4	77.8	4.2	29.2	67.0	1.6	9.8	88.5
	2021	* 2.8	* 16.6	* 80.6	4.5	24.3	71.2	1.1	* 3.3	90.3
Belarus Bélarus	2005	* 15.8	* 32.7	* 51.5	17.8	39.9	42.3	13.8	* 24.7	60.5
	2010	* 12.5	* 32.2	* 55.3	14.1	40.4	45.4	* 0.5	23.9	65.1
	2015	9.7	31.1	59.3	11.3	39.6	49.0	8.1	22.7	69.3
	2021	* 8.1	* 32.5	* 59.3	9.6	41.1	49.3	6.6	23.8	69.7
Belgium Belgique	2005	* 0.1	* 23.7	73.2	2.5	35.0	62.6	1.5	11.2	87.2
	2010	1.4	23.3	75.3	1.7	34.4	64.0	0.9	10.1	89.0
	2015	1.2	21.4	77.4	1.6	32.8	65.7	0.7	8.4	90.9
	2021	0.9	19.4	79.7	1.3	29.2	69.6	0.6	* 2.4	91.3
Belize Belize	2005	19.5	* 11.2	62.6	27.4	21.4	51.2	3.3	9.8	86.8
	2010	* 18.1	* 15.8	* 66.0	25.7	19.7	54.5	3.9	8.5	87.8
	2015	18.1	15.4	66.4	25.9	19.6	54.4	4.5	* 1.5	87.2
	2021	* 21.2	* 18.9	* 59.8	29.2	* 10.9	48.0	7.5	12.3	80.2
Benin Bénin	2005	* 49.0	* 18.4	* 32.5	55.0	19.4	25.7	42.5	17.6	40.0
	2010	45.1	* 18.3	* 36.7	52.2	* 14.5	28.5	37.8	17.2	44.9
	2015	* 36.0	* 20.0	* 44.0	47.6	18.4	34.0	24.0	21.7	54.4
	2021	* 28.1	* 22.5	* 49.3	41.6	19.9	38.5	14.4	25.2	60.4
Bermuda Bermudes	2004[6]	1.7	12.1	86.2	3.0	20.5	76.6	0.3	3.1	96.6
	#2010[3,4]	1.4	12.9	85.7	2.4	22.6	75.0	0.4	3.2	96.4
	#2012[4,7]	1.7	9.6	88.7	3.0	16.5	80.5	0.3	2.6	97.1
	#2013[3,4,8]	1.6	10.3	87.6	...	...	...	...	...	...
Bhutan Bhoutan	2005	* 65.3	* 6.4	* 26.4	54.6	* 9.4	* 25.5	79.6	* 2.5	16.1
	2010	54.7	6.2	* 39.2	46.5	5.7	47.9	65.5	6.7	27.9
	2015	58.0	9.7	32.4	52.4	9.9	37.7	66.3	9.2	24.4
	2021	* 56.0	* 10.1	* 33.8	51.2	* 8.4	38.6	63.6	9.9	26.4

18 Employment by economic activity *(continued)*

Percentage of persons employed by sex and ISIC 4 categories; agriculture (agr.), industry (ind.) and services (ser.)

Emploi par activité économique *(suite)*

Personnes employées par sexe et branches de la CITI rév. 4; agriculture (agr.), industrie (ind.) et services (ser.), pourcentage

Region, country or area + Région, pays ou zone +	Year Année	Male and Female Hommes et femmes			Male Hommes			Female Femmes		
		Agr.	Ind.	Ser.	Agr.	Ind.	Ser.	Agr.	Ind.	Ser.
Bolivia (Plurin. State of)	2005	38.6	* 17.5	42.0	38.0	* 23.6	35.5	39.4	* 1.4	50.6
Bolivie (État plurin. de)	2010	* 31.7	* 19.0	* 49.3	30.9	* 24.2	42.1	32.9	8.2	59.0
	2015	29.7	20.9	49.3	29.0	29.1	41.7	30.7	8.9	60.5
	2021	* 29.2	* 18.6	* 52.2	29.6	25.8	44.5	28.8	9.2	62.0
Bosnia and Herzegovina	2005	* 20.2	* 31.8	* 48.0	19.0	38.8	42.2	22.4	18.7	58.8
Bosnie-Herzégovine	2010	19.7	* 17.4	49.5	17.9	39.4	42.7	22.8	16.4	61.0
	2015	17.9	* 23.8	52.7	18.5	36.5	44.9	16.8	17.8	65.4
	2021	* 11.3	* 34.3	* 54.4	10.1	43.7	46.3	13.3	19.4	67.4
Botswana	2005	* 26.5	* 17.7	* 55.9	32.2	21.7	46.1	19.4	* 10.6	68.0
Botswana	2010	26.1	17.3	* 56.6	30.3	23.1	46.6	20.7	10.0	69.3
	2015	* 22.2	* 15.2	* 62.5	28.0	22.8	49.1	15.9	7.0	77.2
	2021	* 23.1	* 14.7	* 62.3	28.9	21.6	49.5	16.8	7.2	76.0
Brazil	2005	16.5	22.5	61.1	20.2	28.6	51.3	11.1	13.6	75.3
Brésil	2010	* 12.4	* 23.0	* 64.6	16.3	30.2	53.6	* 0.3	12.8	80.2
	2015	* 0.4	22.6	67.4	13.7	30.4	56.0	* 0.2	11.7	83.1
	2021	9.7	20.6	69.6	13.2	27.6	59.2	4.7	10.9	84.4
British Virgin Islands [4] Îles Vierges britanniques [4]	2010	0.5	11.1	87.4	…	…	…	…	…	…
Brunei Darussalam	2005	* 1.4	* 19.8	* 78.8	* 0.1	* 19.7	71.6	0.4	10.2	89.4
Brunéi Darussalam	2010	* 1.3	* 18.0	* 80.7	2.1	* 18.2	74.1	0.4	9.4	90.3
	2015	* 1.3	* 16.6	* 82.0	* 0.1	* 13.4	76.1	0.4	9.2	90.3
	2021	* 1.3	* 24.3	* 74.3	1.7	33.8	64.4	0.6	* 7.4	89.3
Bulgaria	2005	8.9	34.3	56.8	10.8	* 28.4	50.3	6.8	28.9	64.3
Bulgarie	2010	6.8	32.9	60.2	8.2	40.7	51.0	5.2	24.1	70.7
	2015	6.9	29.9	63.3	9.1	36.3	54.7	4.3	22.7	73.0
	2021	6.3	30.8	62.9	8.2	37.9	54.0	4.1	22.6	73.3
Burkina Faso	2005	* 81.5	* 5.3	* 13.2	79.7	6.2	14.0	83.9	* 3.9	12.2
Burkina Faso	2010	* 79.2	* 5.9	* 15.0	77.0	7.2	15.7	81.9	* 4.0	14.0
	2015	* 76.8	* 6.2	* 17.0	74.4	8.0	17.6	79.8	4.1	16.1
	2021	* 73.3	* 7.1	* 19.6	71.0	9.2	19.7	76.1	4.4	19.6
Burundi	2005	* 90.8	* 2.5	* 6.7	85.1	4.4	* 5.7	96.0	* 0.8	3.2
Burundi	2010	* 88.4	* 3.0	* 8.7	81.2	5.3	13.4	94.9	* 0.8	* 2.3
	2015	* 86.3	* 3.5	* 10.2	78.1	6.2	* 7.1	93.9	* 0.9	5.1
	2021	* 85.8	* 3.6	* 10.5	77.5	6.4	16.0	93.7	* ~0.0	5.4
Cabo Verde	2005	* 21.4	* 16.1	* 62.4	25.6	21.6	52.7	15.1	8.0	76.9
Cabo Verde	2010	* 17.7	* 17.9	* 64.4	21.1	23.5	55.2	12.6	* 3.8	78.0
	2015	15.7	18.8	65.5	19.4	24.5	56.1	10.9	* 10.1	77.9
	2021	* 11.0	* 22.2	* 66.9	15.1	* 28.1	54.8	5.6	11.8	82.6
Cambodia	2005	* 62.1	* 13.2	* 24.7	61.4	* 6.1	25.9	62.8	13.8	23.4
Cambodge	2010	54.8	16.0	29.2	53.7	16.6	29.7	55.8	15.3	28.9
	2015	42.5	24.9	32.6	40.5	* 15.0	34.1	44.6	24.3	31.0
	2021	* 38.9	* 25.4	* 35.7	38.4	27.3	34.2	39.3	23.3	37.3
Cameroon	2005	* 62.0	* 10.7	* 27.3	56.9	12.9	30.2	67.4	* 8.4	24.2
Cameroun	2010	* 55.0	* 12.2	* 32.8	49.7	* 4.6	36.1	61.1	* 9.9	29.0
	2015	* 46.7	* 14.3	* 39.0	41.8	17.4	* 28.7	52.2	10.7	37.1
	2021	* 42.6	* 15.5	* 41.9	38.3	18.9	42.7	47.6	11.5	40.8
Canada	2005	2.1	22.7	75.2	2.8	33.1	64.1	1.4	10.9	87.8
Canada	2010	1.8	20.1	78.0	2.4	30.7	66.8	1.1	8.5	90.3
	2015	1.6	19.8	78.5	2.2	30.2	67.6	* ~0.0	8.6	90.5
	2021	1.3	19.3	79.4	1.7	28.7	69.6	0.9	8.7	90.3
Cayman Islands	2005[4]	1.7	22.2	75.5	2.6	39.3	57.3	0.6	3.3	95.7
Îles Caïmanes	#2010	0.6	14.9	84.2	1.1	26.2	72.5	0.1	3.2	96.4
	#2013	0.8	15.5	83.6	1.5	29.0	69.5	0.2	2.0	97.7
Central African Republic	2005	* 74.8	* 6.9	* 18.3	68.5	10.0	* 11.8	82.5	3.0	14.5
République centrafricaine	2010	* 71.7	* 6.8	* 21.4	65.2	9.9	25.0	79.7	* 0.3	17.1
	2015	* 71.6	* 6.5	* 21.9	66.8	* 3.1	24.3	77.6	3.5	18.8
	2021	* 68.5	* 6.7	* 24.8	64.4	8.9	26.7	73.5	3.9	22.4
Chad	2005	* 76.2	* 4.2	* 19.5	72.9	4.3	22.7	80.6	* 4.2	15.2
Tchad	2010	* 74.5	* 5.9	* 19.6	71.9	5.4	* 10.9	78.2	* 6.4	15.3
	2015	* 70.5	* 7.6	* 21.9	69.1	5.6	25.3	72.4	10.6	17.0
	2021	* 68.9	* 9.7	* 21.3	70.2	5.4	24.3	67.1	15.9	* 13.2

18 Employment by economic activity *(continued)*

Percentage of persons employed by sex and ISIC 4 categories; agriculture (agr.), industry (ind.) and services (ser.)

Emploi par activité économique *(suite)*

Personnes employées par sexe et branches de la CITI rév. 4; agriculture (agr.), industrie (ind.) et services (ser.), pourcentage

Region, country or area + Région, pays ou zone +	Year Année	Male and Female Hommes et femmes			Male Hommes			Female Femmes		
		Agr.	Ind.	Ser.	Agr.	Ind.	Ser.	Agr.	Ind.	Ser.
Channel Islands	2005	* 3.5	* 31.0	* 65.4	4.5	42.3	53.3	2.6	16.7	81.0
Îles Anglo-Normandes	2010	* 3.1	* 28.8	* 67.9	3.9	40.2	55.9	2.1	15.2	82.9
	2015	* 2.6	* 27.1	* 70.2	3.5	38.1	58.2	1.5	13.2	85.2
	2021	* 2.3	* 25.2	* 72.4	3.1	* 34.1	61.0	1.4	11.9	86.6
Chile	2005	* 12.7	* 23.2	* 64.0	17.0	29.9	53.0	* 0.2	* 1.7	83.7
Chili	2010	10.7	* 15.3	66.4	14.2	31.1	54.7	5.3	10.3	84.4
	2015	9.2	23.7	67.1	12.3	* 26.6	55.4	4.8	* 1.8	83.9
	2021	6.6	* 1.0	70.4	8.7	31.4	59.8	3.5	10.9	85.5
China [9]	*2005	44.8	23.8	31.4	48.4	22.8	28.8	40.4	25.0	34.7
Chine [9]	*2010	36.7	28.7	34.6	39.9	28.9	31.2	32.7	28.5	38.9
	*2015	28.6	29.2	42.2	31.5	31.0	37.5	24.9	26.9	48.1
	*2021	24.4	28.2	47.3	27.2	31.6	41.3	21.0	24.1	54.8
China, Hong Kong SAR	2005	0.3	16.6	* 83.2	0.4	25.0	74.6	0.2	6.5	93.4
Chine, RAS de Hong Kong	2010	* 0.3	13.7	86.1	0.3	22.1	77.6	0.2	4.2	95.6
	2015	* 0.2	13.7	86.1	0.3	22.7	77.0	0.1	4.2	95.7
	2021	* 0.2	* 13.5	* 86.3	0.3	22.9	76.8	0.1	* 0.5	95.5
China, Macao SAR	2005	* 0.3	* 21.1	* 78.6	0.2	31.6	68.3	0.3	9.9	89.9
Chine, RAS de Macao	2010	* 0.4	* 17.6	82.0	0.4	28.2	71.5	0.4	* 2.6	93.2
	2015	* 0.7	15.7	83.6	0.7	25.8	73.5	0.8	5.2	94.1
	2021	* 1.3	* 2.1	* 88.0	1.3	18.2	80.6	1.4	3.3	95.3
Colombia	2005	20.7	20.0	59.2	29.4	* 20.2	48.5	7.3	16.9	75.9
Colombie	2010	18.4	20.0	61.6	26.2	* 14.3	51.0	* 0.3	15.9	77.1
	2015	16.0	19.8	64.2	22.4	* 22.2	53.6	7.2	14.0	78.8
	2021	15.9	20.1	63.9	22.0	* 14.6	52.9	6.6	* 11.6	80.7
Comoros	2005	* 54.2	* 14.6	* 31.2	50.1	15.8	34.2	60.9	* 0.8	26.5
Comores	2010	* 45.3	* 17.1	* 37.7	44.2	17.9	38.0	47.4	15.6	37.1
	2015	* 37.5	* 19.1	* 43.3	38.8	20.0	41.3	35.2	17.7	47.2
	2021	* 35.0	* 20.2	* 44.9	37.3	21.2	41.7	30.9	18.6	50.6
Congo	2005	40.0	* 22.4	36.6	38.4	* 21.9	37.8	41.5	* 23.0	* 30.7
Congo	2010	* 36.4	* 24.6	* 39.0	34.8	25.2	40.0	38.1	* 23.9	37.9
	2015	* 34.5	* 24.4	* 41.2	33.2	25.9	40.9	35.8	22.8	41.5
	2021	* 36.3	* 21.1	* 42.6	35.4	21.5	43.0	37.1	* 20.7	42.0
Cook Islands [10]										
Îles Cook [10]	2011	4.3	11.7	84.0	6.4	17.7	75.9	1.8	5.0	93.3
Costa Rica	2005	15.2	21.6	63.1	20.9	26.4	52.6	4.8	12.6	82.6
Costa Rica	2010	12.4	* 17.7	68.0	17.3	24.4	58.3	3.7	11.4	84.9
	2015	* 15.3	19.0	* 65.8	19.9	24.6	55.5	7.9	9.8	82.4
	2021	17.1	17.2	65.7	21.2	* 11.5	56.7	10.2	9.0	80.7
Côte d'Ivoire	2005	* 50.1	* 11.3	* 38.7	52.5	* 5.2	35.6	46.0	10.1	43.9
Côte d'Ivoire	2010	* 47.6	* 11.3	* 41.1	50.3	12.1	37.7	43.2	9.9	46.9
	2015	* 43.5	* 12.2	* 44.4	48.2	13.4	38.5	36.4	10.3	53.4
	2021	* 45.0	* 10.8	* 44.2	50.0	13.9	36.1	37.9	6.1	56.0
Croatia	2005	17.3	28.7	54.0	16.0	37.0	46.9	18.9	* 17.0	63.0
Croatie	2010	14.3	27.4	58.3	13.2	38.0	48.8	15.5	* 13.9	69.6
	2015	9.2	26.7	64.0	10.8	36.7	52.5	7.4	15.1	77.5
	2021	6.8	28.7	64.4	8.4	39.7	52.0	* 0.2	16.2	78.9
Cuba	2005	20.3	* 5.3	60.7	26.6	22.5	50.8	9.5	13.2	77.3
Cuba	2010	18.6	17.0	64.3	24.9	* 10.1	54.6	8.5	11.6	80.0
	2015	* 18.6	* 17.0	* 64.4	25.3	20.6	54.0	* 0.3	10.9	81.2
	2021	* 17.7	* 17.1	* 65.2	23.8	20.8	55.3	7.6	10.8	81.6
Curaçao [4]	2000	1.1	18.0	80.9	2.0	28.6	69.4	0.2	5.6	94.2
Curaçao [4]	2005	0.9	15.3	83.8	...	...	...	...	...	...
	2008	1.1	17.6	81.3	...	...	...	...	...	...
Cyprus	2005	4.7	* 23.0	71.2	5.6	33.5	60.8	3.4	10.3	86.2
Chypre	2010	3.8	* 9.9	75.8	4.9	29.7	65.5	2.5	9.1	88.3
	2015	* 0.2	16.3	79.8	5.7	24.8	69.5	2.1	6.3	91.6
	2021	2.8	17.9	79.2	4.2	26.7	69.0	1.2	* 5.3	91.6
Czechia	2005	* 0.2	39.4	56.6	4.9	49.3	45.8	2.8	26.5	70.7
Tchéquie	2010	3.1	38.0	58.9	* 0.2	49.0	47.0	1.9	23.2	74.9
	2015	2.9	38.1	59.0	3.9	49.1	47.0	1.6	23.8	74.6
	2021	2.5	36.9	60.6	3.4	* 44.1	48.8	1.5	22.8	75.7

18 Employment by economic activity *(continued)*

Percentage of persons employed by sex and ISIC 4 categories; agriculture (agr.), industry (ind.) and services (ser.)

Emploi par activité économique *(suite)*

Personnes employées par sexe et branches de la CITI rév. 4; agriculture (agr.), industrie (ind.) et services (ser.), pourcentage

Region, country or area + / Région, pays ou zone +	Year / Année	Male and Female / Hommes et femmes			Male / Hommes			Female / Femmes		
		Agr.	Ind.	Ser.	Agr.	Ind.	Ser.	Agr.	Ind.	Ser.
Dem. People's Rep. Korea / Rép. pop. dém. de Corée	2005	* 49.5	* 15.0	* 35.4	43.9	* 2.9	37.9	55.2	11.7	33.0
	2010	* 47.8	* 14.4	* 37.7	42.9	17.4	39.7	52.9	11.5	35.7
	2015	* 45.8	* 14.0	* 40.2	41.8	16.9	41.3	49.9	* 1.5	39.0
	2021	* 43.5	* 14.2	* 42.3	40.9	17.3	41.9	46.3	11.0	42.8
Dem. Rep. of the Congo / Rép. dém. du Congo	2005	71.9	8.3	19.9	63.7	13.2	* 11.1	80.0	* 3.2	16.8
	2010	* 66.2	* 8.2	* 25.7	59.2	11.9	28.9	73.5	* 4.2	22.2
	2015	* 58.3	* 9.3	* 32.4	49.2	13.1	37.8	68.2	* 5.3	26.5
	2021	* 55.3	* 10.1	* 34.7	46.4	13.7	39.9	64.9	* 6.0	29.0
Denmark / Danemark	2005	3.2	* 17.2	73.0	4.6	* 32.9	61.6	1.6	12.4	86.0
	2010	2.5	* 14.2	77.6	* 0.2	29.6	66.5	0.9	9.2	89.8
	2015	2.5	* 7.4	78.1	3.8	28.0	68.2	* ~0.0	9.6	89.4
	2021	* 0.1	19.3	78.6	* 0.1	28.7	68.3	0.9	8.9	90.2
Djibouti / Djibouti	2005	* 2.2	* 4.8	* 93.0	2.2	5.7	92.1	2.1	* 0.8	97.1
	2010	* 1.8	* 5.1	* 93.0	1.9	6.3	91.8	1.7	* 0.6	97.2
	2015	* 1.5	* 5.5	* 93.1	1.5	* 1.9	91.8	1.2	* 0.6	97.6
	2021	* 1.2	* 6.0	* 92.7	1.3	7.6	91.2	0.8	* 0.9	98.3
Dominica [6] / Dominique [6]	#2001	21.0	20.0	58.8	29.4	26.8	43.9	8.3	9.7	81.5
Dominican Republic / République dominicaine	2005	13.7	* 21.6	63.8	19.4	26.4	54.2	2.6	15.1	82.3
	2010	12.4	18.5	69.1	18.2	23.5	58.4	2.2	* 8.7	88.1
	2015	9.7	18.4	71.9	14.7	* 22.2	61.2	1.5	8.8	89.7
	2021	8.3	20.3	71.4	12.6	27.2	60.3	1.4	9.4	89.2
Ecuador / Équateur	2005	30.3	17.6	52.1	33.5	22.3	44.2	25.3	10.1	64.6
	2010	27.9	* 17.5	53.6	32.2	23.1	44.7	20.9	11.1	68.0
	2015	26.2	* 9.2	54.1	28.5	25.2	* 34.3	22.3	* 1.5	66.2
	2021	32.2	16.9	51.0	33.5	* 11.7	44.3	30.2	9.0	60.7
Egypt / Égypte	2005	30.9	21.4	47.6	27.3	25.3	47.3	46.6	* 1.1	* 39.9
	2010	28.3	25.3	46.4	24.6	30.2	45.1	42.8	6.0	51.2
	2015	25.8	25.0	49.1	22.0	* 28.4	47.7	40.1	5.7	54.2
	2021	* 19.8	* 29.1	* 51.1	18.8	33.1	48.1	25.6	7.6	66.9
El Salvador / El Salvador	2005	20.0	22.3	57.8	30.8	23.7	45.5	4.8	20.0	75.1
	2010	20.8	21.4	57.9	32.0	* 14.9	44.6	5.4	18.3	76.2
	2015	18.1	22.1	59.7	28.5	24.1	47.4	3.9	19.5	76.6
	2021	* 15.2	* 23.8	* 61.0	23.7	* 26.1	49.1	3.5	19.1	77.4
Equatorial Guinea / Guinée équatoriale	2005	* 55.6	* 15.3	* 29.1	52.4	* 10.2	27.7	60.4	8.3	31.3
	2010	* 54.1	* 16.0	* 29.9	51.1	21.3	27.6	58.9	7.7	33.4
	2015	* 54.7	* 14.9	* 30.5	52.3	* 12.8	28.2	58.7	7.0	34.3
	2021	* 55.5	* 13.8	* 30.7	53.7	17.5	28.7	58.7	* 1.5	34.1
Eritrea / Érythrée	2005	* 63.9	* 8.7	* 27.4	58.0	12.4	29.5	70.6	4.5	24.9
	2010	* 65.3	* 8.5	* 26.2	59.7	12.3	28.0	71.7	* 1.2	24.2
	2015	* 64.5	* 8.4	* 27.1	60.5	* 6.2	27.6	69.4	4.0	26.6
	2021	* 62.4	* 8.6	* 29.0	59.5	* 6.6	28.3	66.0	4.3	* 20.2
Estonia / Estonie	2005	5.2	* 31.1	60.7	7.2	44.0	48.8	3.2	24.2	72.6
	2010	4.2	30.3	65.4	5.7	43.1	51.2	2.8	17.9	79.2
	2015	3.9	30.7	65.4	5.2	43.2	51.5	2.5	* 16.4	80.0
	2021	2.7	29.1	68.3	3.9	40.7	55.3	1.4	16.6	82.0
Eswatini / Eswatini	2005	* 17.6	* 24.8	* 57.5	19.0	25.5	55.5	15.9	24.3	59.9
	2010	* 15.3	* 24.9	* 59.8	16.9	* 15.2	57.3	13.6	24.0	62.5
	2015	* 13.5	* 24.6	* 61.8	15.2	25.6	59.3	11.7	23.7	64.7
	2021	* 12.4	* 24.4	* 63.1	14.0	25.6	60.5	10.5	23.3	66.3
Ethiopia / Éthiopie	2005	78.1	7.3	14.5	82.1	* 3.0	12.0	73.4	9.1	17.5
	2010	* 73.6	* 7.9	* 18.4	78.7	7.1	14.2	67.7	8.9	23.4
	2015	* 68.3	* 8.9	* 22.8	74.6	9.3	16.0	60.9	8.2	30.9
	2021	* 63.7	* 10.1	* 26.2	70.7	12.1	17.2	55.3	* 2.4	36.6
Faroe Islands [3,6] / Îles Féroé [3,6]	2005	11.1	22.2	66.7	20.0	33.3	53.3	8.3	8.3	83.3
Fiji / Fidji	2005	28.2	20.9	50.9	31.3	22.8	46.0	21.1	16.3	62.6
	2010	* 29.8	* 16.7	* 53.6	34.2	19.2	46.7	21.6	* 11.0	66.4
	2015	* 30.4	* 14.6	* 55.0	35.1	17.4	47.6	21.1	8.8	70.0
	2021	* 28.9	* 14.7	* 56.4	33.5	* 6.0	48.4	19.2	* 2.2	73.0
Finland / Finlande	2005	4.8	* 24.8	69.4	6.6	38.3	55.1	2.9	12.2	84.8
	2010	4.4	23.4	72.3	* 0.3	35.9	58.1	2.8	9.9	87.4
	2015	4.2	21.7	74.0	6.1	* 32.1	59.9	2.2	8.7	89.1
	2021	4.1	21.4	74.5	5.9	32.8	61.3	2.1	9.2	88.6

18 Employment by economic activity *(continued)*

Percentage of persons employed by sex and ISIC 4 categories; agriculture (agr.), industry (ind.) and services (ser.)

Emploi par activité économique *(suite)*

Personnes employées par sexe et branches de la CITI rév. 4; agriculture (agr.), industrie (ind.) et services (ser.), pourcentage

Region, country or area +	Year	Male and Female / Hommes et femmes			Male / Hommes			Female / Femmes		
Région, pays ou zone +	Année	Agr.	Ind.	Ser.	Agr.	Ind.	Ser.	Agr.	Ind.	Ser.
France	2005	3.6	* 22.7	72.6	4.8	34.0	61.3	2.3	12.0	85.6
France	2010	2.9	22.3	74.9	3.9	33.1	63.0	1.8	* 2.5	88.0
	2015	2.7	20.3	77.0	3.7	30.4	65.7	1.6	9.4	88.9
	2021	2.5	19.5	78.0	3.5	28.7	67.7	1.4	* 2.0	88.9
French Guiana [8,11]	2010	...	14.1	51.5	...	...	...	...	...	...
Guyane française [8,11]	2012	...	14.9	58.3	...	...	...	...	...	...
French Polynesia	2005	3.5	17.3	79.3	4.3	* 14.7	72.2	2.4	7.9	89.5
Polynésie française	2010	2.8	15.9	81.4	3.5	21.9	74.9	1.7	7.4	90.7
	2015	* 2.4	* 15.2	* 82.4	3.2	21.0	75.8	1.6	* 2.5	91.2
	2021	* 2.1	* 14.9	* 83.1	2.7	20.9	76.6	1.4	6.9	91.7
Gabon	2005	* 38.4	* 10.2	* 51.5	28.0	13.4	58.7	56.1	4.8	39.2
Gabon	2010	* 35.9	* 11.1	* 52.9	27.1	13.3	59.7	51.8	7.3	40.9
	2015	* 32.1	* 13.3	* 54.6	24.7	14.2	61.1	45.0	11.7	43.3
	2021	* 29.0	* 16.1	* 54.9	23.3	* 12.4	61.3	39.4	17.5	43.2
Gambia	2005	* 54.0	* 6.1	* 39.8	41.9	9.3	48.7	71.7	1.6	26.7
Gambie	2010	* 52.1	* 6.4	* 41.5	40.2	9.8	50.1	69.0	1.7	29.4
	2015	* 51.8	* 6.6	* 41.6	39.4	10.7	49.8	68.8	0.9	30.3
	2021	* 48.5	* 7.3	* 44.1	37.0	12.0	50.9	64.6	0.9	34.5
Georgia	2005	54.3	9.3	36.3	51.8	13.7	34.6	57.2	4.4	38.4
Géorgie	2010	48.1	10.6	41.4	46.4	16.3	37.3	50.0	4.2	45.8
	2015	44.0	11.0	45.0	41.3	* 10.6	42.4	47.1	* 1.3	47.8
	2021	* 40.4	* 13.7	* 45.9	38.8	20.8	40.4	42.1	5.8	52.0
Germany	2005	2.4	29.8	67.8	2.9	41.2	55.9	1.7	16.1	82.2
Allemagne	2010	1.6	28.4	70.0	* 0.1	40.3	57.7	1.2	14.4	84.5
	2015	1.4	27.7	70.9	1.8	* 29.3	58.5	* ~0.0	13.8	85.1
	2021	1.3	27.6	71.1	1.5	39.7	58.7	0.9	14.2	84.9
Ghana	2005	* 54.7	* 14.4	* 31.0	57.9	14.7	27.4	51.1	14.0	* 27.1
Ghana	2010	42.0	* 12.3	42.8	45.8	* 8.3	37.4	37.7	13.3	* 36.9
	2015	35.2	18.7	46.1	41.9	* 15.5	40.8	27.5	20.2	52.3
	2021	* 39.5	* 19.1	* 41.4	42.2	* 12.4	37.8	36.4	18.1	45.5
Greece	2005	12.2	22.4	65.4	11.3	30.0	58.7	13.5	* 1.3	76.6
Grèce	2010	12.4	19.6	68.0	12.3	27.6	60.1	12.6	7.8	79.6
	2015	12.9	* 11.2	72.2	13.3	20.0	66.8	12.4	7.9	79.7
	2021	11.4	15.2	73.3	12.2	20.3	67.5	10.2	* 1.7	81.4
Greenland [11,12]										
Groenland [11,12]	2011	4.6	12.6	82.5	8.1	20.3	71.3	0.3	3.3	96.2
Guadeloupe [8,11]	2010	...	13.8	64.4	...	...	...	...	...	...
Guadeloupe [8,11]	2012	3.3	13.5	65.5	...	...	...	...	...	...
Guam	2005	* 0.5	* 14.0	* 85.5	0.6	21.6	77.5	* 0.0	4.4	95.7
Guam	2010	0.3	* 14.7	84.6	0.6	23.5	76.0	* 0.0	4.4	95.5
	2015	* 0.3	* 14.6	* 85.1	0.5	22.9	76.4	* 0.0	4.1	95.6
	2021	* 0.3	* 14.1	* 85.7	0.2	21.9	77.9	* 0.0	4.3	95.7
Guatemala	2005	* 34.7	* 21.5	* 43.8	45.5	21.9	32.4	14.5	20.4	65.1
Guatemala	2010	33.5	22.0	44.5	43.9	* 20.0	35.1	13.5	24.0	62.5
	2015	31.9	18.9	49.2	42.6	19.4	37.9	9.8	17.7	72.5
	2021	29.2	* 14.3	48.7	37.4	22.7	39.9	12.3	20.8	66.8
Guernsey										
Guernesey	2013	1.5	13.6	84.8	1.0	12.2	40.9	0.5	1.4	44.3
Guinea	2005	* 68.4	* 5.5	* 26.1	63.9	* 8.8	26.2	72.3	1.9	26.0
Guinée	2010	* 66.7	* 5.7	* 27.6	62.2	10.0	* 22.1	70.6	1.9	27.5
	2015	* 62.9	* 6.0	* 31.1	58.5	10.5	31.0	66.7	2.1	31.1
	2021	* 59.2	* 7.1	* 33.8	55.5	12.1	32.2	62.4	2.5	35.1
Guinea-Bissau	2005	* 60.3	* 9.7	* 29.8	56.9	* 0.4	* 25.3	64.2	11.8	24.0
Guinée-Bissau	2010	* 58.3	* 9.8	* 32.0	55.1	7.8	37.1	61.9	11.8	26.3
	2015	* 56.5	* 9.9	* 33.7	53.5	7.8	38.8	59.9	12.3	27.9
	2021	* 50.3	* 10.4	* 39.1	47.2	8.2	44.6	53.9	13.2	32.9
Guyana	2005	* 22.6	* 24.4	* 53.0	29.2	29.9	40.9	7.9	11.8	80.2
Guyana	2010	* 20.2	* 23.8	* 56.1	26.4	30.7	42.8	8.1	* 8.1	81.7
	2015	* 18.8	* 23.1	* 58.2	24.4	31.1	44.4	8.8	* 2.8	82.5
	2021	13.1	25.4	61.6	18.0	34.2	47.9	4.8	* 3.0	84.6
Haiti	2005	* 50.3	* 10.5	* 39.1	63.4	13.7	22.9	35.1	6.9	* 46.0
Haïti	2010	* 49.7	* 11.4	* 39.0	62.1	14.9	23.0	35.1	7.2	57.7
	2015	* 47.7	* 12.0	* 40.2	60.2	* 7.7	23.5	33.7	7.2	59.2
	2021	* 45.6	* 12.4	* 42.1	59.1	16.8	24.1	30.0	7.3	62.7

18

Employment by economic activity *(continued)*
Percentage of persons employed by sex and ISIC 4 categories; agriculture (agr.), industry (ind.) and services (ser.)

Emploi par activité économique *(suite)*
Personnes employées par sexe et branches de la CITI rév. 4; agriculture (agr.), industrie (ind.) et services (ser.), pourcentage

Region, country or area + Région, pays ou zone +	Year Année	Male and Female Hommes et femmes			Male Hommes			Female Femmes		
		Agr.	Ind.	Ser.	Agr.	Ind.	Ser.	Agr.	Ind.	Ser.
Honduras	2005	33.1	23.5	43.4	45.7	* 14.1	31.4	8.4	25.0	66.7
Honduras	2010	36.5	19.2	44.5	49.5	* 8.6	31.5	11.9	19.1	68.9
	2015	28.7	21.9	49.5	40.6	* 10.3	37.1	7.5	20.9	71.7
	2021	* 24.8	* 23.4	* 51.9	33.0	25.5	41.5	8.9	19.1	72.0
Hungary	2005	4.9	* 30.6	62.7	6.7	41.9	51.4	2.6	21.3	76.1
Hongrie	2010	4.5	30.7	64.8	6.5	40.2	53.3	2.3	19.8	77.9
	2015	4.9	30.3	64.8	6.8	40.0	53.2	2.6	19.0	78.4
	2021	4.4	31.4	64.2	5.9	41.6	52.5	2.6	* 18.9	77.5
Iceland	2005	6.5	* 20.7	71.8	9.6	31.4	58.9	* 0.1	* 9.7	86.3
Islande	2010	5.6	18.5	75.9	8.7	28.2	63.3	2.3	7.8	90.1
	2015	4.2	17.9	77.9	6.5	* 25.7	66.1	1.7	7.2	91.2
	2021	* 0.2	* 11.2	77.2	5.9	28.6	65.4	1.7	7.3	90.8
India	2005	56.0	18.8	25.2	50.5	* 8.6	28.8	71.0	13.7	15.3
Inde	2010	51.5	* 20.8	26.7	46.8	23.7	29.5	66.9	15.6	17.5
	2015	* 45.2	* 24.6	* 30.3	41.8	26.3	31.9	57.8	18.0	24.2
	2021	44.0	25.3	* 30.7	40.2	27.7	32.2	58.6	16.4	25.0
Indonesia	2005	44.0	18.8	37.2	43.8	20.2	35.9	44.4	15.9	39.7
Indonésie	2010	39.1	18.6	42.2	39.6	20.9	39.5	38.4	14.9	46.7
	2015	33.0	22.1	44.9	33.3	26.0	* 28.8	32.6	15.8	51.7
	2021	29.0	21.8	49.2	31.0	25.7	43.4	26.0	15.9	58.1
Iran (Islamic Republic of)	2005	* 20.9	* 32.0	* 47.1	18.8	* 31.6	47.9	29.9	26.2	44.0
Iran (Rép. islamique d')	2010	18.0	* 33.3	* 48.7	16.2	35.1	48.6	27.1	* 22.6	49.2
	2015	17.1	32.9	50.0	16.1	34.5	49.4	22.6	23.8	53.6
	2021	* 16.3	* 34.3	* 49.4	15.9	35.9	48.1	18.1	25.9	56.0
Iraq	2005	* 27.0	* 20.1	* 52.9	26.9	21.3	51.8	27.5	12.6	* 47.9
Iraq	2010	* 24.2	* 20.3	* 55.6	24.1	* 13.0	54.4	24.7	11.9	63.4
	2015	* 21.6	* 20.5	* 57.9	21.6	21.9	56.5	22.0	* 1.1	66.4
	2021	* 19.8	* 21.3	* 58.9	19.8	22.4	57.7	20.0	* 10.3	68.7
Ireland	2005	5.9	27.6	66.4	9.3	39.2	51.5	1.3	* 2.3	86.8
Irlande	2010	5.8	18.1	76.2	9.1	26.3	64.7	1.9	8.6	89.5
	2015	5.3	18.1	76.5	8.5	26.2	65.3	1.3	8.5	89.9
	2021	4.5	18.8	76.7	7.2	* 25.2	65.7	1.3	* 8.1	89.6
Isle of Man [4]	2001	1.4	16.1	82.5	2.2	25.0	72.9	0.5	5.5	94.0
Île de Man [4]	2006	1.9	14.8	83.3	2.9	24.0	73.0	0.7	3.9	95.4
Israel	2005	* 0.1	* 20.4	* 76.6	* 0.1	30.6	66.3	0.8	10.6	88.7
Israël	2010	1.6	19.7	* 78.7	2.4	28.8	68.9	0.8	9.3	89.9
	2015	* ~0.0	* 11.9	81.4	1.4	26.0	72.6	0.6	8.0	91.4
	2021	* 0.9	* 17.0	* 82.1	1.3	25.3	73.5	0.5	* 7.0	91.6
Italy	2005	4.2	30.7	65.1	4.8	39.3	56.0	3.3	17.4	79.3
Italie	2010	3.8	28.6	67.7	4.5	38.5	57.0	2.7	14.1	83.1
	2015	3.8	26.5	69.6	4.7	36.2	59.2	2.4	* 12.3	84.3
	2021	4.1	26.6	69.3	5.2	36.2	58.6	2.5	13.3	84.2
Jamaica	2005	18.1	17.7	64.2	25.1	26.8	48.1	8.4	* 4.2	86.3
Jamaïque	2010	* 17.7	* 15.0	* 66.3	25.0	22.8	52.1	7.9	6.8	85.3
	2015	17.7	14.9	67.3	25.1	21.9	53.0	7.9	5.7	86.4
	2021	* 15.5	* 16.2	* 68.2	21.0	24.8	54.2	8.6	5.5	86.0
Japan	2005	4.3	* 20.0	* 67.1	4.3	36.2	59.6	4.4	17.7	77.9
Japon	2010	3.9	25.8	70.3	4.1	33.7	62.2	3.7	14.8	81.4
	2015	3.5	* 24.1	71.4	3.8	33.2	63.0	3.1	14.3	82.6
	2021	3.2	23.7	73.2	3.6	* 21.3	64.6	2.7	13.6	83.7
Jordan	2005	* 4.0	* 25.5	* 70.6	4.5	* 17.1	67.8	1.4	14.4	84.2
Jordanie	2010	* 3.6	* 23.6	* 72.8	4.1	* 15.9	69.5	1.2	10.8	88.1
	2015	* 3.5	* 21.0	* 75.5	* 0.2	23.9	72.0	1.1	7.9	91.0
	2021	* 3.2	* 17.7	* 79.1	3.7	19.6	76.6	* ~0.0	6.5	92.6
Kazakhstan	2005	32.4	17.9	49.6	33.4	24.5	42.0	31.3	10.9	57.7
Kazakhstan	2010	28.3	* 5.3	53.0	29.1	25.5	45.3	27.4	11.5	61.2
	2015	18.0	* 12.9	61.4	18.9	28.9	52.1	17.1	* 6.7	71.4
	2021	* 15.0	* 21.2	* 63.7	16.1	29.6	54.3	13.9	* 8.3	74.1
Kenya	2005	* 43.5	* 12.5	* 43.9	35.6	17.1	47.2	51.7	7.7	40.5
Kenya	2010	* 40.1	* 12.9	* 46.9	34.3	17.7	48.0	46.3	* 1.2	45.8
	2015	* 36.6	* 13.8	* 49.6	32.8	18.6	48.6	40.6	8.7	50.7
	2021	* 33.0	* 15.7	* 51.3	31.3	20.6	48.0	34.8	* 9.5	54.6
Kiribati	2005[6]	7.1	8.4	81.1	8.7	10.9	77.3	4.7	4.5	87.8
Kiribati	2010	22.1	16.1	61.8	32.1	9.1	58.8	9.0	25.3	65.7

18 Employment by economic activity *(continued)*

Percentage of persons employed by sex and ISIC 4 categories; agriculture (agr.), industry (ind.) and services (ser.)

Emploi par activité économique *(suite)*

Personnes employées par sexe et branches de la CITI rév. 4; agriculture (agr.), industrie (ind.) et services (ser.), pourcentage

Region, country or area + / Région, pays ou zone +	Year / Année	Male and Female / Hommes et femmes			Male / Hommes			Female / Femmes		
		Agr.	Ind.	Ser.	Agr.	Ind.	Ser.	Agr.	Ind.	Ser.
Kosovo [11,13] / Kosovo [11,13]	2012	4.6	28.4	67.1	4.3	33.3	62.3	5.4	10.1	84.7
Kuwait / Koweït	2005	2.6	* 22.5	74.9	3.5	29.5	67.0	* 0.0	2.4	97.6
	2010	* 2.4	* 24.3	* 73.2	3.3	31.9	64.7	0.1	4.3	95.7
	2015	* 2.2	* 24.9	* 72.8	2.9	31.8	65.2	0.1	5.5	94.3
	2021	* 2.0	* 25.3	* 72.8	2.5	30.8	66.7	0.2	7.4	92.4
Kyrgyzstan / Kirghizistan	2005	38.5	17.6	43.9	39.3	22.9	37.8	37.3	* 9.2	52.4
	2010	* 32.1	* 21.1	* 46.7	32.5	* 21.5	39.2	31.6	* 2.5	57.3
	2015	29.3	20.9	49.8	27.5	27.7	44.7	31.9	10.8	57.3
	2021	* 16.6	* 26.8	* 56.6	15.6	* 24.0	49.9	18.3	14.0	67.7
Lao People's Dem. Rep. / Rép. dém. populaire lao	2005	* 77.5	* 6.1	* 16.3	74.4	7.5	18.1	80.5	5.0	14.5
	2010	71.5	8.4	20.3	69.3	10.0	* 11.1	73.6	6.7	19.7
	2015	* 64.0	* 9.4	* 26.6	61.9	11.2	26.9	66.2	7.5	26.3
	2021	* 58.1	* 10.7	* 31.2	56.5	13.0	30.5	59.8	8.5	31.7
Latvia / Lettonie	2005	12.1	26.5	61.5	15.9	35.2	48.9	* 0.3	17.3	74.8
	2010	8.6	23.1	68.3	11.8	33.5	54.7	5.7	13.7	80.7
	2015	7.9	* 15.9	68.4	10.9	34.7	54.5	* 0.2	12.7	82.2
	2021	6.8	23.5	69.6	9.8	34.7	55.6	3.9	12.6	83.5
Lebanon / Liban	2005	* 4.9	* 23.4	* 71.8	5.7	* 26.9	66.5	2.2	7.4	90.4
	2010	* 3.9	* 23.6	* 72.5	4.6	* 27.6	66.8	1.6	6.9	91.5
	2015	* 3.9	* 22.2	* 74.0	4.6	* 25.9	68.5	1.6	6.5	91.8
	2021	* 3.8	* 20.8	* 75.4	4.5	* 24.4	70.2	1.6	5.9	92.5
Lesotho / Lesotho	2005	* 37.8	* 28.6	* 33.5	44.1	33.6	22.3	29.9	22.2	47.8
	2010	* 31.7	* 32.9	* 35.4	38.8	35.6	25.5	22.6	29.6	47.9
	2015	* 30.2	* 34.2	* 35.6	38.2	33.8	28.0	20.1	34.7	45.2
	2021	* 30.0	* 35.0	* 35.1	38.6	* 20.1	29.2	19.3	* 37.4	42.2
Liberia / Libéria	2005	* 51.9	* 10.8	* 37.2	53.3	15.6	31.1	50.4	5.3	44.2
	2010	47.3	10.9	41.9	47.2	15.6	37.3	47.5	5.4	47.1
	2015	* 41.3	* 8.9	* 49.7	39.3	13.8	46.9	43.6	3.5	52.9
	2021	* 40.6	* 8.1	* 51.3	38.5	* 7.8	48.9	43.0	3.0	54.0
Libya / Libye	2005	* 19.5	* 22.2	* 58.3	20.1	25.4	54.6	18.3	15.1	66.6
	2010	* 17.3	* 22.0	* 60.7	17.8	25.6	56.6	16.4	14.1	69.5
	2015	* 19.3	* 17.5	* 63.2	20.1	* 18.4	59.6	17.6	11.8	70.5
	2021	* 16.3	* 19.3	* 64.4	17.1	22.7	60.1	14.6	12.0	73.3
Lithuania / Lituanie	2005	14.3	* 20.5	56.7	16.9	37.1	46.0	11.5	* 19.8	67.7
	2010	8.8	* 17.9	66.6	11.4	33.4	55.2	6.5	16.6	76.9
	2015	9.1	* 23.2	65.9	11.6	34.0	54.4	6.6	16.4	76.9
	2021	5.3	26.3	68.4	7.1	36.4	56.5	3.6	* 15.4	80.0
Luxembourg / Luxembourg	2005	1.7	17.4	80.9	2.2	* 24.6	72.1	1.1	* 2.1	93.0
	2010	1.1	13.3	85.5	1.4	19.9	78.8	0.7	4.9	94.3
	2015	1.1	12.6	86.5	1.3	19.3	79.5	0.8	4.5	94.9
	2021	1.1	9.3	89.4	1.6	14.4	84.0	0.5	3.7	95.7
Madagascar / Madagascar	2005	82.0	3.4	14.6	82.2	4.3	* 7.8	81.8	* 2.5	15.8
	2010	* 73.3	* 5.9	* 20.7	75.3	6.2	18.4	71.2	* 0.9	23.1
	2015	74.6	9.3	16.2	76.0	8.7	* 9.6	73.2	9.7	17.1
	2021	* 73.9	* 10.4	* 15.7	75.9	* 6.4	14.7	71.8	* 10.7	16.7
Malawi / Malawi	2005	* 72.8	* 6.9	* 20.2	69.1	* 4.3	21.8	76.8	4.6	18.6
	2010	* 67.8	* 7.2	* 25.0	62.9	* 5.8	27.5	73.0	4.6	22.3
	2015	* 64.7	* 7.6	* 27.7	59.5	* 8.9	30.7	70.5	5.1	24.5
	2021	* 61.9	* 8.1	* 29.9	57.0	10.5	32.5	67.3	5.7	27.1
Malaysia / Malaisie	2005	14.6	* 21.1	55.7	17.1	32.6	50.3	10.1	* 22.4	65.5
	2010	13.3	27.6	59.1	15.8	* 29.7	52.5	8.6	20.1	71.3
	2015	12.5	27.5	60.1	15.3	32.6	52.2	7.9	19.2	72.9
	2021	* 9.6	* 28.2	* 62.1	12.1	33.4	54.4	5.7	19.9	74.5
Maldives / Maldives	2005	* 17.5	* 20.6	* 62.0	22.4	16.6	61.1	7.4	28.8	63.8
	2010	* 12.6	* 17.3	* 70.0	16.5	16.4	66.9	3.8	19.5	77.0
	2015	* 8.3	* 23.3	* 68.5	10.4	* 16.5	66.5	2.5	23.3	73.9
	2021	* 10.5	* 26.5	* 63.1	12.4	29.1	58.4	3.3	16.3	80.5
Mali / Mali	2005	* 63.7	* 9.1	* 27.2	65.6	11.2	23.2	61.3	6.4	32.3
	2010	* 69.0	* 7.2	* 23.9	69.4	8.6	22.0	68.4	5.3	26.4
	2015	62.3	8.3	29.5	62.5	10.0	27.5	61.9	* 1.2	32.0
	2021	* 67.7	* 10.0	* 22.3	69.5	9.3	21.1	65.3	10.9	23.9

18 Employment by economic activity *(continued)*

Percentage of persons employed by sex and ISIC 4 categories; agriculture (agr.), industry (ind.) and services (ser.)

Emploi par activité économique *(suite)*

Personnes employées par sexe et branches de la CITI rév. 4; agriculture (agr.), industrie (ind.) et services (ser.), pourcentage

Region, country or area + / Région, pays ou zone +	Year / Année	Male and Female / Hommes et femmes			Male / Hommes			Female / Femmes		
		Agr.	Ind.	Ser.	Agr.	Ind.	Ser.	Agr.	Ind.	Ser.
Malta / Malte	2005	2.1	29.9	68.1	2.7	35.5	61.8	0.8	17.2	81.9
	2010	1.3	25.5	73.1	1.7	32.1	66.2	0.5	13.4	86.1
	2015	1.5	20.0	78.5	* 0.1	27.5	70.4	0.6	8.4	90.9
	2021	0.9	17.9	81.3	1.2	25.3	73.5	0.4	* 1.3	91.6
Marshall Islands [4] / Îles Marshall [4]	#2010	11.0	9.4	79.6	...	...	...	...	...	...
Martinique [8,11] / Martinique [8,11]	2010	4.1	11.9	65.3	...	...	...	...	...	...
	2012	3.9	11.8	69.0	...	...	...	...	...	...
Mauritania / Mauritanie	2005	* 39.0	* 16.8	* 44.2	43.4	16.2	40.3	28.4	18.0	53.5
	2010	* 36.0	* 17.1	* 46.9	40.0	16.7	43.2	26.6	18.1	55.3
	2015	* 33.0	* 17.8	* 49.3	36.9	17.7	45.3	23.9	17.7	58.3
	2021	* 29.5	* 18.8	* 51.7	33.2	19.1	47.7	20.9	18.4	60.8
Mauritius / Maurice	2005	* 0.4	32.4	57.5	10.5	34.1	55.3	* 0.4	28.9	62.2
	2010	8.6	28.7	62.6	9.2	* 31.7	58.2	7.5	* 20.6	71.0
	2015	7.5	25.3	67.1	8.7	30.3	61.0	5.7	17.0	77.3
	2021	* 5.1	* 23.6	* 71.2	6.4	29.0	64.6	3.1	14.6	82.4
Mexico / Mexique	2005	14.9	* 17.3	59.2	20.4	* 17.8	49.8	4.9	18.9	76.2
	2010	13.9	* 23.4	61.7	19.8	29.2	51.1	3.9	16.3	79.8
	2015	13.4	25.2	61.5	19.2	30.2	50.7	3.7	16.8	79.4
	2021	12.3	* 17.0	62.0	17.5	30.9	51.7	4.1	17.4	78.6
Mongolia / Mongolie	2005	42.0	* 7.6	45.6	43.7	* 11.1	41.5	40.1	9.6	50.2
	2010	33.5	16.2	50.3	34.7	20.3	45.0	32.2	* 8.8	56.2
	2015	28.5	20.4	51.2	29.7	26.5	43.7	27.0	13.0	60.1
	2021	* 24.3	* 20.9	* 54.8	25.3	27.3	47.4	23.0	13.1	63.8
Montenegro / Monténégro	2005	8.6	19.3	72.1	8.6	25.7	65.5	8.8	9.9	81.3
	2010	* 6.2	* 18.5	* 75.3	7.2	25.6	67.3	* 0.2	9.1	85.8
	2015	7.7	17.5	74.8	7.4	25.4	67.3	8.1	8.1	83.8
	2021	* 7.4	* 18.9	* 73.8	8.4	* 22.1	63.9	6.1	* 3.7	86.5
Morocco / Maroc	2005	45.5	19.4	35.0	39.8	* 19.8	39.4	61.3	15.8	22.5
	2010	40.0	* 22.2	* 37.8	32.6	* 24.3	42.1	60.5	13.5	25.9
	2015	* 36.6	* 22.1	* 41.3	29.8	25.3	44.8	55.7	13.0	31.3
	2021	* 34.6	* 22.8	* 42.7	28.7	26.0	45.4	52.1	13.3	34.7
Mozambique / Mozambique	2005	* 79.5	* 3.9	* 16.7	67.7	* 6.1	24.4	89.2	0.4	10.3
	2010	* 76.5	* 5.3	* 18.2	64.9	10.3	24.8	86.6	1.0	12.4
	2015	72.1	* 4.9	20.1	61.2	* 7.7	25.3	82.1	2.6	15.3
	2021	* 70.3	* 9.3	* 20.5	60.1	15.4	24.6	79.7	3.6	16.7
Myanmar / Myanmar	2005	* 56.2	* 15.8	* 28.0	56.4	16.5	27.1	56.0	14.9	* 20.4
	2010	* 52.3	* 17.6	* 30.1	52.8	19.6	27.5	51.7	14.8	33.5
	2015	51.7	16.7	31.5	52.8	18.4	28.8	50.1	14.5	35.3
	2021	* 45.9	* 18.9	* 35.2	50.1	19.6	30.2	39.4	17.7	42.9
Namibia / Namibie	2005	* 30.5	* 14.3	* 55.2	33.9	19.2	47.0	26.4	8.6	65.0
	2010	31.7	12.7	55.6	32.9	19.1	48.0	30.4	* 3.5	64.2
	2015	* 24.4	* 17.2	* 58.5	25.1	27.1	47.8	23.7	6.0	70.3
	2021	* 22.1	* 16.4	* 61.4	23.7	24.7	51.5	20.5	8.1	71.5
Nepal / Népal	2005	* 72.6	* 11.2	* 16.1	62.2	* 2.2	23.2	83.4	7.7	8.9
	2010	* 67.9	* 14.2	* 18.0	56.3	* 9.8	26.2	79.6	* 9.8	9.6
	2015	* 65.0	* 14.9	* 20.2	51.3	18.8	29.9	75.9	11.8	12.3
	2021	* 62.3	* 16.1	* 21.6	49.5	* 11.6	30.4	72.7	12.9	14.5
Netherlands (Kingdom of the) / Pays-Bas (Royaume des)	2005	3.7	21.1	75.2	4.8	30.8	64.4	2.4	* 2.0	89.0
	2010	3.1	* 10.9	79.2	4.1	26.9	69.0	1.8	6.7	91.5
	2015	2.3	16.3	81.2	* 0.1	* 16.7	71.7	1.5	6.1	92.4
	2021	2.3	14.0	83.8	* 0.1	21.5	75.6	1.5	5.5	93.0
New Caledonia / Nouvelle-Calédonie	2005	4.5	31.6	63.6	* 0.2	44.4	* 40.1	4.3	15.7	80.3
	2010	* 4.0	* 31.5	* 64.6	* 0.2	44.4	* 42.0	4.2	15.1	81.0
	2015	* 4.0	* 29.3	* 66.7	3.7	41.9	54.3	4.3	13.5	82.2
	2021	* 3.6	* 27.4	* 69.0	3.4	* 33.5	57.4	3.9	13.0	83.3
New Zealand / Nouvelle-Zélande	2005	7.2	22.2	70.7	* 0.4	32.2	58.8	* 0.2	10.6	84.5
	2010	6.9	20.9	72.1	* 0.4	30.8	60.2	4.4	9.7	85.9
	2015	6.1	22.0	71.9	* 0.3	32.6	59.4	* 0.2	10.1	85.9
	2021	6.1	20.0	74.0	7.6	29.7	62.6	4.3	9.5	86.3
Nicaragua / Nicaragua	2005	28.9	19.7	51.4	39.5	20.1	40.4	7.6	19.0	73.5
	2010	* 29.7	* 17.8	* 52.5	42.2	* 11.8	39.3	7.4	16.5	76.1
	2015	* 30.9	* 17.9	* 51.2	44.2	20.3	35.5	9.1	13.9	77.0
	2021	* 28.7	* 18.4	* 52.9	41.5	21.2	* 27.6	7.7	13.7	78.7

18 Employment by economic activity *(continued)*

Percentage of persons employed by sex and ISIC 4 categories; agriculture (agr.), industry (ind.) and services (ser.)

Emploi par activité économique *(suite)*

Personnes employées par sexe et branches de la CITI rév. 4; agriculture (agr.), industrie (ind.) et services (ser.), pourcentage

Region, country or area [+]	Year	Male and Female			Male			Female		
Région, pays ou zone [+]	Année	Hommes et femmes			Hommes			Femmes		
		Agr.	Ind.	Ser.	Agr.	Ind.	Ser.	Agr.	Ind.	Ser.
Niger	2005	* 78.5	* 7.5	* 14.0	82.3	4.2	13.5	73.8	* 11.5	14.7
Niger	2010	* 77.2	* 7.3	* 15.5	80.4	4.2	15.4	73.1	* 11.2	15.6
	2015	* 73.0	* 7.2	* 19.7	74.0	5.2	* 13.0	71.7	* 9.8	18.5
	2021	* 70.7	* 7.6	* 21.6	72.1	5.7	* 14.6	68.9	* 10.3	20.8
Nigeria	2005	* 44.9	* 11.5	* 43.7	52.1	7.8	40.1	36.8	15.6	47.7
Nigéria	2010	* 41.3	* 10.2	* 48.4	48.6	9.3	42.1	33.2	11.3	55.5
	2015	* 37.0	* 12.2	* 50.9	45.4	11.8	42.8	26.9	12.5	60.5
	2021	* 35.2	* 12.7	* 52.2	43.6	12.2	44.2	24.9	13.2	62.0
Niue [4]	2001	9.0	20.4	70.1	11.4	28.7	59.4	5.8	8.7	85.1
Nioué [4]	#2002	4.8	9.3	85.9	...	...	...	...	...	...
North Macedonia	2005	* 19.0	* 33.4	* 47.6	19.1	* 30.8	45.3	18.8	30.2	51.0
Macédoine du Nord	2010	18.1	29.4	52.5	17.8	31.4	50.7	18.6	26.0	55.4
	2015	17.9	* 26.7	51.6	18.1	* 24.0	47.4	17.5	24.4	58.0
	2021	10.8	* 24.1	58.3	12.4	* 24.3	52.8	8.5	* 23.8	66.7
Northern Mariana Islands [3,6]										
Îles Mariannes du Nord [3,6]	#2000	1.5	47.2	45.8	...	...	...	...	...	...
Norway	2005	3.3	* 14.2	75.8	4.8	32.4	62.9	1.6	* 7.1	90.4
Norvège	2010	2.5	* 16.8	77.8	3.9	31.2	64.8	* ~0.0	7.0	91.9
	2015	* 0.1	20.1	77.9	* 0.1	32.0	65.1	0.9	7.3	91.8
	2021	2.3	19.1	78.5	3.5	29.6	66.9	* ~0.0	6.5	92.5
Oman	2005	* 7.9	* 18.9	* 73.2	9.1	20.4	70.6	2.6	11.9	85.5
Oman	2010	5.2	36.9	57.9	* 0.3	* 36.7	51.7	0.5	6.0	93.5
	2015	* 5.2	* 37.3	* 57.4	5.9	41.4	52.6	0.3	6.5	93.3
	2021	* 4.1	* 48.2	* 47.6	4.6	53.1	42.3	0.2	* 4.4	89.7
Pakistan	2005	43.1	20.2	36.6	37.9	* 14.7	40.6	67.2	15.2	17.7
Pakistan	2010	43.4	* 14.7	35.2	35.2	24.1	40.7	74.0	11.5	14.5
	2015	41.0	* 23.0	35.0	32.4	26.6	41.0	72.0	14.6	13.4
	2021	* 37.5	* 25.2	* 37.3	29.8	27.9	* 31.7	68.5	13.9	17.7
Palau [3]	2000[6]	7.1	13.8	79.1	9.6	20.7	69.7	3.1	2.6	94.4
Palaos [3]	2008[4]	2.4	11.8	85.9	...	...	...	...	...	...
Panama	2005	15.7	17.2	67.2	22.2	* 20.8	56.0	4.3	9.2	86.5
Panama	2010	17.4	18.7	63.9	23.1	23.8	53.0	7.5	9.7	82.8
	2015	14.7	* 8.2	66.6	19.0	24.5	56.4	7.9	9.6	82.6
	2021	15.7	16.8	67.5	20.3	21.6	58.0	8.6	9.5	82.0
Papua New Guinea	2005	* 32.6	* 4.9	* 62.5	39.7	8.1	52.2	25.2	1.5	73.2
Papouasie-Nvl-Guinée	2010	25.7	7.6	66.7	31.2	12.1	56.6	20.1	2.7	77.1
	2015	* 21.1	* 8.8	* 70.1	26.2	14.2	59.6	15.8	3.2	81.0
	2021	* 17.2	* 9.9	* 72.9	21.9	15.8	62.3	12.2	3.7	84.1
Paraguay	2005	32.0	15.7	52.2	38.1	* 19.0	42.0	22.3	9.2	68.5
Paraguay	2010	25.6	19.2	55.2	30.2	25.6	44.2	18.1	8.7	73.2
	2015	19.7	19.8	60.5	23.4	* 15.8	50.3	14.0	9.7	76.4
	2021	19.7	19.5	60.8	23.1	26.5	50.4	14.6	8.9	76.4
Peru	2005	33.8	14.5	51.8	35.7	18.7	45.6	31.5	9.2	59.3
Pérou	2010	26.8	17.4	55.8	28.0	23.3	48.6	25.3	10.3	64.3
	2015	27.0	17.4	55.6	28.4	24.0	47.6	25.2	9.6	65.3
	2021	27.9	17.0	55.1	27.7	* 11.8	48.5	28.0	8.7	63.3
Philippines	2005	* 35.1	* 15.9	* 49.0	42.9	18.3	38.8	22.8	12.0	65.2
Philippines	2010	* 33.0	* 15.5	* 51.5	40.3	18.6	41.0	21.5	* 1.1	67.9
	2015	29.2	* 8.6	54.7	35.9	20.3	* 33.3	19.0	9.9	71.1
	2021	* 24.3	* 18.6	* 57.0	30.4	24.9	44.6	14.8	9.0	76.3
Poland	2005	17.4	* 23.6	53.4	18.0	* 29.4	43.1	16.6	17.0	66.2
Pologne	2010	13.1	30.3	56.6	13.4	41.8	44.9	12.7	16.1	71.2
	2015	11.5	30.5	57.9	12.5	42.0	45.5	10.4	16.5	73.2
	2021	8.4	* 23.2	60.7	9.6	42.4	48.0	* 0.3	16.7	76.2
Portugal	2005	12.1	30.4	57.6	11.2	40.6	48.2	13.1	18.4	68.5
Portugal	2010	11.2	27.3	61.5	11.5	37.5	51.0	10.9	15.9	73.2
	2015	7.5	24.3	68.1	9.6	* 31.1	57.4	5.4	15.3	79.3
	2021	* 5.2	23.9	70.9	6.9	32.2	60.8	3.3	15.5	81.1
Puerto Rico	2005	2.1	19.1	78.9	3.3	* 12.9	71.8	0.4	10.9	88.8
Porto Rico	2010	1.5	* 6.3	83.6	2.6	* 17.8	77.7	0.2	8.9	91.0
	2015	* 1.4	* 13.6	* 85.0	2.4	* 9.5	79.5	0.1	7.9	92.0
	2021	* 1.2	* 12.2	* 86.7	2.1	* 8.4	81.8	0.1	6.9	93.0

18 Employment by economic activity *(continued)*

Percentage of persons employed by sex and ISIC 4 categories; agriculture (agr.), industry (ind.) and services (ser.)

Emploi par activité économique *(suite)*

Personnes employées par sexe et branches de la CITI rév. 4; agriculture (agr.), industrie (ind.) et services (ser.), pourcentage

Region, country or area [+] Région, pays ou zone [+]	Year Année	Male and Female Hommes et femmes			Male Hommes			Female Femmes		
		Agr.	Ind.	Ser.	Agr.	Ind.	Ser.	Agr.	Ind.	Ser.
Qatar	2005	* 2.9	* 41.2	* 56.0	3.4	48.2	48.5	0.1	3.7	96.3
Qatar	2010	* 1.5	* 56.4	* 42.1	1.6	63.0	35.4	0.1	5.0	94.9
	2015	1.2	* 47.5	44.6	1.4	61.5	37.1	* 0.0	5.8	94.1
	2021	* 1.2	* 54.0	* 44.8	1.4	61.5	37.1	* 0.0	7.7	92.3
Republic of Korea	2005	7.9	26.4	65.7	7.3	33.7	58.9	8.7	15.9	75.4
République de Corée	2010	6.5	24.8	68.7	6.4	* 31.3	61.3	6.7	14.0	79.3
	2015	5.2	25.5	69.3	5.1	33.7	61.2	5.4	13.8	80.9
	2021	5.3	24.6	70.1	5.8	* 21.3	61.0	4.8	12.9	82.4
Republic of Moldova	2005	40.6	* 6.4	43.4	41.1	20.9	38.0	40.2	* 10.6	48.2
République de Moldova	2010	27.5	18.7	53.8	30.5	24.9	44.6	24.5	* 11.2	63.2
	2015	34.2	17.1	48.7	38.8	22.8	38.5	29.5	11.4	59.2
	2021	* 37.6	* 16.5	* 45.9	40.8	* 18.4	37.8	33.9	10.8	55.2
Réunion [8]	2010[11]	4.2	14.1	67.1	...	...	...	...	...	...
Réunion [8]	#2012	4.3	12.7	81.7	6.3	20.0	72.0	2.1	4.1	93.0
Romania	2005	32.3	30.5	37.3	31.7	* 30.4	33.1	33.1	24.7	42.1
Roumanie	2010	31.0	28.3	40.7	30.0	35.0	35.1	32.4	19.8	47.8
	2015	25.6	28.5	46.0	25.6	* 31.1	39.5	25.6	20.0	54.4
	2021	* 18.6	30.4	51.0	19.1	37.5	43.4	17.9	20.7	61.4
Russian Federation	2005	10.1	29.3	60.6	12.3	* 30.8	50.1	7.9	20.8	71.4
Fédération de Russie	2010	7.7	27.8	64.4	9.8	37.4	52.7	5.6	* 14.7	76.7
	2015	6.7	27.3	66.0	8.2	37.9	53.9	5.1	16.1	78.8
	2021	* 5.8	* 26.9	* 67.3	7.5	37.9	54.5	* 0.2	15.2	80.8
Rwanda	2005	* 85.5	* 3.6	* 10.9	80.5	6.3	13.2	90.2	0.9	8.8
Rwanda	2010	* 79.3	* 5.7	* 15.0	71.8	* 8.9	* 8.7	86.3	1.8	11.8
	2015	* 65.6	* 9.5	* 24.9	53.8	16.1	30.1	76.6	3.3	20.1
	2021	* 54.7	* 18.7	* 26.6	42.1	28.2	29.6	66.5	9.7	23.9
Saint Helena [4,14]										
Sainte-Hélène [4,14]	2008	7.3	20.0	72.7	11.8	33.9	54.3	1.7	2.9	95.4
Saint Kitts and Nevis [6]										
Saint-Kitts-et-Nevis [6]	#2001	0.2	48.8	42.1	0.4	51.6	34.7	0.1	45.5	50.6
Saint Lucia	2005	13.7	20.3	65.9	17.7	27.3	55.0	8.3	* 10.5	80.7
Sainte-Lucie	2010	* 12.6	* 19.2	* 68.4	17.0	28.3	54.8	7.4	8.3	84.4
	2015	* 11.0	* 16.9	* 72.0	16.0	* 20.0	58.6	5.2	6.8	87.9
	2021	10.5	* 14.8	73.6	15.0	23.4	61.4	5.3	* 1.3	87.9
Saint Vincent & Grenadines	2005	* 14.0	* 20.8	* 65.2	19.1	* 27.3	51.2	7.3	7.3	85.4
Saint-Vincent-Grenadines	2010	* 12.4	* 20.7	* 66.9	17.0	29.9	53.0	5.8	7.1	86.6
	2015	* 11.3	* 20.3	* 68.8	15.6	29.6	55.1	* 0.2	7.2	87.8
	2021	* 10.3	* 20.7	* 68.9	14.1	30.6	55.6	* 0.2	7.2	88.3
Samoa	2005	* 36.2	* 14.0	* 49.7	37.1	* 15.7	44.9	34.2	6.4	58.7
Samoa	2010	* 30.8	* 14.5	* 54.5	32.1	18.8	49.4	28.2	6.7	64.5
	2015	* 27.3	* 15.1	* 57.6	28.7	18.7	52.6	24.7	8.0	67.9
	2021	* 24.1	* 16.6	* 59.5	25.5	20.6	53.9	21.2	9.1	70.3
San Marino	2005[4]	0.5	39.3	60.2	0.6	50.4	49.1	0.3	23.4	76.3
Saint-Marin	#2010	0.3	34.3	65.4	0.4	45.6	54.0	0.2	18.7	81.1
Sao Tome and Principe	2005	27.9	* 16.3	54.8	33.5	23.4	42.8	15.7	* 3.1	81.1
Sao Tomé-et-Principe	2010	* 23.1	* 18.0	* 59.2	27.0	24.5	48.2	13.9	* 4.0	82.1
	2015	* 20.1	* 19.6	* 60.6	23.5	26.5	50.0	12.3	* 3.5	84.2
	2021	* 18.0	* 20.2	* 61.6	21.2	28.0	51.0	11.1	* 4.3	85.2
Saudi Arabia	2005	* 6.7	* 24.0	* 69.2	7.7	* 24.4	64.9	0.4	2.1	97.6
Arabie saoudite	2010	* 6.3	* 23.5	* 70.2	7.2	* 23.9	66.1	0.4	2.0	97.6
	2015	5.9	23.8	70.3	6.8	27.1	66.1	0.4	1.9	97.8
	2021	2.7	20.0	77.3	3.1	22.0	74.9	0.6	10.6	88.8
Senegal	2005	* 41.6	* 16.5	* 41.8	41.9	21.8	36.3	41.2	6.2	52.6
Sénégal	2010	* 38.2	* 18.2	* 43.6	39.3	* 21.0	37.7	36.2	9.7	54.1
	2015	31.3	* 18.4	50.4	34.0	23.2	42.7	27.1	11.0	61.9
	2021	* 21.6	* 22.6	* 55.7	25.2	27.9	46.8	16.0	14.5	69.5
Serbia	2005	23.3	27.6	49.1	23.3	34.4	42.4	23.3	17.6	59.1
Serbie	2010	22.3	* 20.8	52.1	23.3	32.7	44.0	21.0	16.0	63.0
	2015	19.4	24.4	56.1	21.7	* 23.4	48.2	16.3	* 15.0	66.9
	2021	* 13.9	* 28.9	* 57.1	15.8	36.1	48.1	11.5	* 18.8	68.7
Seychelles [8,15]										
Seychelles [8,15]	2011	3.6	17.9	78.2	6.4	25.3	68.1	0.7	10.4	88.5

18 Employment by economic activity *(continued)*

Percentage of persons employed by sex and ISIC 4 categories; agriculture (agr.), industry (ind.) and services (ser.)

Emploi par activité économique *(suite)*

Personnes employées par sexe et branches de la CITI rév. 4; agriculture (agr.), industrie (ind.) et services (ser.), pourcentage

Region, country or area + / Région, pays ou zone +	Year / Année	Male and Female / Hommes et femmes			Male / Hommes			Female / Femmes		
		Agr.	Ind.	Ser.	Agr.	Ind.	Ser.	Agr.	Ind.	Ser.
Sierra Leone / Sierra Leone	2005	* 68.5	* 6.2	* 25.4	66.3	9.9	23.8	70.6	* 1.4	27.0
	2010	* 65.2	* 5.2	* 29.7	65.7	8.4	25.9	64.7	2.1	33.3
	2015	* 57.0	* 6.7	* 36.4	59.2	* 7.9	29.9	54.7	2.3	42.9
	2021	* 42.7	* 11.9	* 45.4	44.1	* 11.1	39.1	41.4	* 4.2	* 46.7
Singapore / Singapour	2005	1.1	* 22.5	76.4	1.4	25.9	72.6	0.5	* 15.6	82.0
	2010	* 0.9	* 23.6	* 75.6	1.2	28.1	70.7	0.4	16.8	82.7
	2015	* 0.6	* 17.1	82.3	0.8	20.7	78.6	0.3	* 9.2	87.7
	2021	* 0.3	* 14.5	* 85.3	0.4	17.3	82.4	0.2	10.4	89.4
Slovakia / Slovaquie	2005	4.8	38.8	56.4	6.4	49.6	44.0	2.6	* 24.3	72.1
	2010	3.2	37.1	59.7	4.4	50.0	45.6	1.8	21.1	77.2
	2015	3.2	36.1	60.7	4.7	48.4	46.9	1.3	* 19.7	77.9
	2021	2.5	36.7	60.9	3.5	50.0	46.6	1.3	21.6	77.0
Slovenia / Slovénie	2005	9.1	37.1	53.9	9.1	46.9	44.0	9.1	25.3	65.5
	2010	8.8	* 26.8	58.6	9.1	* 33.1	48.1	8.5	20.6	70.9
	2015	7.1	32.0	61.0	7.1	43.4	49.5	7.1	* 17.2	74.7
	2021	4.1	30.0	65.9	4.4	41.4	54.2	3.7	* 15.8	79.4
Solomon Islands / Îles Salomon	2005	* 47.6	* 7.0	* 45.4	46.2	* 7.4	42.6	49.0	2.7	48.3
	2010	* 44.3	* 8.5	* 47.3	43.1	13.0	43.9	45.6	3.9	50.7
	2015	* 40.7	* 9.5	* 49.8	40.1	* 13.4	45.6	41.4	* 0.4	54.4
	2021	* 38.0	* 10.9	* 51.0	37.5	15.7	46.8	38.6	5.7	55.7
Somalia / Somalie	2005	* 37.1	* 16.3	* 46.6	34.0	* 5.0	49.0	44.8	15.0	40.2
	2010	* 35.8	* 16.4	* 47.7	33.3	16.8	49.7	42.1	15.3	42.5
	2015	* 31.0	* 16.7	* 52.3	29.2	* 14.8	53.1	35.4	14.3	50.4
	2021	* 26.3	* 17.7	* 56.1	25.4	19.4	55.3	28.5	13.6	57.9
South Africa / Afrique du Sud	2005	* 17.9	* 20.8	* 53.7	16.3	* 24.0	47.7	20.4	* 15.6	63.0
	2010	* 16.6	21.6	61.9	15.2	* 25.4	55.5	18.5	10.9	70.7
	2015	15.5	21.4	63.1	15.0	29.9	55.1	16.0	10.1	73.9
	2021	21.3	17.3	61.4	20.5	* 10.2	56.0	22.4	8.9	68.6
South Sudan / Soudan du sud	2005	* 63.4	* 15.6	* 21.0	46.5	24.8	28.7	81.5	5.6	12.8
	2010	* 62.1	* 15.5	* 22.4	46.0	24.2	29.8	79.3	6.2	14.6
	2015	* 62.0	* 12.8	* 25.2	50.1	15.9	34.0	74.5	9.6	15.8
	2021	* 62.1	* 13.1	* 24.8	49.6	19.3	31.0	75.4	6.5	18.1
Spain / Espagne	2005	5.3	29.6	65.1	6.5	41.1	52.4	3.5	12.5	84.0
	2010	4.2	22.9	72.9	5.6	* 31.8	60.8	2.4	9.5	88.0
	2015	4.1	* 14.2	76.0	5.8	29.3	64.9	2.1	* 7.7	89.2
	2021	4.1	20.2	75.8	5.7	* 27.7	64.7	2.1	9.1	88.8
Sri Lanka / Sri Lanka	2005	33.0	* 27.4	* 39.6	30.2	25.9	43.9	38.9	30.8	30.3
	2010	30.9	24.8	44.2	28.3	24.6	47.1	36.4	25.4	38.1
	2015	28.7	25.8	45.6	26.8	25.9	47.2	32.3	25.4	42.2
	2021	* 25.7	* 27.9	* 46.3	25.4	28.5	46.1	26.5	26.5	46.9
State of Palestine / État de Palestine	2005	15.0	26.1	58.9	11.4	29.7	58.9	32.9	* 8.5	58.6
	2010	11.8	* 14.1	63.5	9.8	28.1	62.0	21.3	7.8	70.8
	2015	8.7	28.7	62.6	7.8	32.3	60.0	13.1	11.7	75.3
	2021	6.7	* 19.9	61.5	6.5	36.5	57.1	7.7	7.3	85.0
Sudan / Soudan	2005	* 48.6	* 15.0	* 36.4	42.8	19.0	38.2	64.2	4.1	31.6
	2010	* 45.9	* 14.9	* 39.1	41.2	* 16.7	40.2	59.6	4.2	36.2
	2015	* 42.8	* 14.7	* 42.5	38.2	* 11.7	* 32.9	56.1	3.9	40.0
	2021	* 40.6	* 14.6	* 44.8	35.7	18.4	45.9	54.7	3.9	41.4
Suriname / Suriname	2005	* 8.2	* 24.1	* 67.6	10.2	32.3	57.6	4.8	* 6.7	86.5
	2010	* 7.2	* 24.8	* 68.2	8.6	* 23.3	57.5	4.6	8.8	86.7
	2015	* 7.3	* 27.1	* 65.6	8.5	37.7	53.8	5.3	10.2	84.4
	2021	* 7.9	* 26.7	* 65.6	8.9	36.2	54.9	6.2	* 10.4	82.3
Sweden / Suède	2005	2.3	22.0	75.6	3.5	33.6	63.0	1.1	9.4	89.7
	2010	2.1	19.9	78.0	3.1	30.8	66.0	* ~0.0	* 6.6	91.4
	2015	* 0.1	18.3	79.6	* 0.1	28.6	68.3	* ~0.0	7.0	92.1
	2021	* 0.1	18.1	79.9	2.8	27.4	69.7	* ~0.0	7.9	91.1
Switzerland / Suisse	2005	3.9	22.5	73.7	4.8	31.9	63.2	2.8	11.0	86.1
	2010	3.5	* 21.5	74.0	4.1	32.2	63.6	2.7	10.7	86.6
	2015	3.4	* 19.7	75.8	3.9	30.0	66.1	2.9	* 2.3	87.0
	2021	2.2	19.9	78.0	2.7	28.7	68.6	1.6	9.6	88.8
Syrian Arab Republic / République arabe syrienne	2005	* 22.0	* 27.0	* 51.1	19.8	30.3	49.9	34.5	7.8	57.7
	2010	14.8	* 33.7	51.6	13.7	37.1	49.2	21.5	10.2	* 57.8
	2015	* 14.2	* 22.3	* 63.5	15.0	* 23.2	59.9	* 0.4	7.1	82.9
	2021	* 12.5	* 22.2	* 65.4	13.4	24.9	61.7	7.7	7.5	84.8

18 Employment by economic activity *(continued)*

Percentage of persons employed by sex and ISIC 4 categories; agriculture (agr.), industry (ind.) and services (ser.)

Emploi par activité économique *(suite)*

Personnes employées par sexe et branches de la CITI rév. 4; agriculture (agr.), industrie (ind.) et services (ser.), pourcentage

Region, country or area [+] Région, pays ou zone [+]	Year Année	Male and Female Hommes et femmes			Male Hommes			Female Femmes		
		Agr.	Ind.	Ser.	Agr.	Ind.	Ser.	Agr.	Ind.	Ser.
Tajikistan Tadjikistan	2005	* 55.4	* 17.2	* 27.4	44.3	24.2	31.5	75.3	4.5	20.2
	2010	* 52.3	* 15.8	* 31.9	43.2	21.5	35.3	69.1	5.1	25.8
	2015	* 47.3	* 17.8	* 34.9	36.8	* 22.2	38.1	64.3	* 1.2	29.6
	2021	* 42.6	* 20.1	* 37.4	32.1	28.1	39.9	59.5	7.2	33.2
Thailand Thaïlande	2005	38.7	* 16.7	38.9	40.3	22.6	37.1	36.8	22.1	41.1
	2010	38.2	20.7	41.2	40.1	22.7	37.2	36.1	18.2	45.7
	2015	32.3	* 18.0	43.9	34.4	* 25.2	39.5	29.9	* 18.9	49.3
	2021	31.6	22.5	45.9	34.7	25.5	39.8	28.0	19.1	53.1
Timor-Leste Timor-Leste	2005	* 52.9	* 7.1	* 39.9	49.9	9.9	40.2	56.5	* 1.1	39.5
	2010	* 48.5	9.3	* 42.2	46.1	12.5	41.4	51.4	5.4	43.1
	2015	* 47.2	* 9.9	* 42.9	47.4	12.6	40.0	46.9	6.6	46.6
	2021	* 41.6	* 14.4	* 43.9	43.3	17.5	39.2	39.6	10.6	49.8
Togo Togo	2005	* 54.7	* 8.5	* 36.7	57.7	10.2	32.1	51.5	6.7	41.8
	2010	* 39.9	* 18.0	* 42.1	45.3	15.8	39.0	34.2	20.3	45.5
	2015	* 36.4	* 18.7	* 37.2	42.6	17.8	* 30.0	29.9	19.8	50.4
	2021	* 30.9	* 20.4	* 48.7	35.6	23.6	40.6	26.0	17.0	57.0
Tonga Tonga	2005	* 32.1	* 29.3	* 38.2	49.2	* 4.9	36.7	4.7	* 53.9	40.6
	2010	* 32.8	* 27.3	* 39.9	49.5	* 11.9	36.8	7.6	* 47.4	45.0
	2015	* 32.1	* 26.1	* 41.7	46.6	16.8	37.0	10.5	* 39.5	48.4
	2021	* 30.2	* 27.0	* 42.5	42.9	19.0	38.0	11.3	* 37.8	49.6
Trinidad and Tobago Trinité-et-Tobago	2005	4.3	31.1	64.5	6.1	41.3	52.5	1.7	16.0	82.4
	2010	* 3.8	* 29.9	* 66.4	5.1	40.8	54.1	1.9	* 8.5	83.9
	2015	3.4	* 23.1	68.6	4.9	38.7	56.4	1.4	12.9	85.6
	2021	* 3.0	* 26.4	* 70.6	4.1	36.3	59.6	1.5	12.4	86.0
Tunisia Tunisie	2005	18.5	32.4	49.1	17.8	31.7	50.6	20.8	34.6	44.6
	2010	17.9	* 32.3	48.6	17.2	33.6	49.1	20.1	32.6	47.2
	2015	14.8	33.1	52.1	16.5	33.1	50.4	9.7	33.0	57.2
	2021	* 13.9	* 34.2	* 51.8	15.6	34.8	49.5	* 0.4	32.2	58.7
Türkiye Türkiye	2005	25.7	26.3	48.0	18.6	29.7	51.8	46.2	16.8	37.1
	2010	23.7	26.1	50.1	17.4	30.4	52.2	39.2	15.9	44.9
	2015	20.4	27.3	52.3	15.7	* 22.6	52.2	31.0	16.2	52.7
	2021	* 17.1	* 26.5	* 56.4	14.7	31.1	54.1	22.3	16.6	61.0
Turkmenistan Turkménistan	2005	* 34.4	* 26.6	* 38.9	34.7	32.4	33.0	34.1	19.4	46.5
	2010	* 31.6	* 28.5	* 40.0	31.2	34.8	34.0	32.1	19.9	48.0
	2015	* 26.9	* 31.1	* 42.0	26.4	38.1	35.5	27.7	* 20.3	50.9
	2021	* 22.3	* 34.3	* 43.5	22.1	41.8	36.1	22.6	23.6	53.7
Turks and Caicos Islands [4] Îles Turques-et-Caïques [4]	2005	1.4	16.8	70.9	...	...	...	...	...	...
	#2008	1.2	23.1	74.0	...	...	...	...	...	...
Uganda Ouganda	2005	75.3	5.7	19.0	69.2	8.3	22.4	82.0	* 2.7	15.3
	2010	* 71.3	* 7.4	* 21.3	67.2	10.0	22.8	75.8	4.6	19.6
	2015	* 67.8	* 7.8	* 24.4	62.4	* 4.6	26.2	73.5	4.0	22.5
	2021	* 62.9	* 9.5	* 27.6	58.1	* 6.7	28.5	68.0	5.2	26.7
Ukraine Ukraine	2005	20.5	* 24.4	* 55.0	22.0	33.3	44.6	19.1	15.9	64.9
	2010	* 16.3	26.9	56.7	17.7	37.6	44.5	15.0	16.7	68.3
	2015	15.3	24.7	60.1	17.2	35.1	47.7	13.2	14.0	72.7
	2021	* 14.7	* 24.5	* 60.8	16.9	34.4	48.7	12.2	13.6	74.1
United Arab Emirates Émirats arabes unis	2005	* 0.3	* 27.6	66.4	6.7	30.7	62.7	0.1	4.7	95.4
	2010	* 3.8	* 26.8	* 69.4	4.2	29.1	66.6	0.1	8.1	91.9
	2015	* 2.4	* 33.2	* 64.4	2.9	38.4	58.8	0.1	* 1.3	94.9
	2021	* 1.7	* 27.1	* 71.2	* 0.1	31.4	66.6	* 0.0	4.9	95.0
United Kingdom Royaume-Uni	2005	1.4	* 13.6	76.4	1.9	33.2	65.0	0.7	9.5	89.9
	2010	1.2	19.2	79.6	1.7	29.5	68.8	0.6	* 2.7	92.0
	2015	1.1	18.7	80.2	1.6	28.3	70.1	0.6	7.7	91.6
	2021	* 1.0	* 17.9	* 81.0	1.4	27.1	71.4	0.6	* 3.1	91.5
United Rep. of Tanzania Rép.-Unie de Tanzanie	2005	* 74.5	* 4.8	* 20.6	70.9	* 6.1	* 15.3	78.2	2.6	* 8.7
	2010	* 70.3	* 5.8	* 24.0	66.8	8.5	24.8	73.9	3.0	23.1
	2015	* 67.5	* 6.4	* 26.2	64.9	* 3.7	25.7	70.3	3.0	26.7
	2021	* 64.3	* 7.3	* 28.5	62.3	* 6.2	26.7	66.4	3.2	* 23.7
United States of America États-Unis d'Amérique	2005	1.7	22.0	76.3	2.3	32.1	65.6	0.9	10.0	88.9
	2010	1.7	19.3	78.9	2.4	29.1	68.4	0.9	8.4	90.8
	2015	1.8	19.5	78.7	2.5	* 16.9	68.7	* ~0.0	8.7	90.4
	2021	1.7	19.2	79.2	2.2	28.4	69.4	* ~0.0	* 2.8	90.4

18 Employment by economic activity *(continued)*

Percentage of persons employed by sex and ISIC 4 categories; agriculture (agr.), industry (ind.) and services (ser.)

Emploi par activité économique *(suite)*

Personnes employées par sexe et branches de la CITI rév. 4; agriculture (agr.), industrie (ind.) et services (ser.), pourcentage

Region, country or area + / Région, pays ou zone +	Year / Année	Male and Female / Hommes et femmes			Male / Hommes			Female / Femmes		
		Agr.	Ind.	Ser.	Agr.	Ind.	Ser.	Agr.	Ind.	Ser.
United States Virgin Islands / Îles Vierges américaines	2005	* 2.4	* 22.7	* 75.2	3.8	34.3	62.3	0.9	10.2	89.4
	2010	* 2.2	* 21.0	* 76.9	3.4	* 21.2	64.9	0.5	9.3	90.7
	2015	* 2.1	* 18.2	* 79.8	3.4	26.7	69.9	0.5	7.4	92.1
	2021	* 1.7	* 17.5	* 80.7	2.9	25.8	72.2	0.6	7.0	92.4
Uruguay / Uruguay	2005	* 10.4	20.6	69.1	14.3	26.7	59.0	* 0.2	12.3	82.7
	2010	11.6	21.4	67.0	16.6	29.0	54.6	5.1	11.9	83.0
	2015	8.8	20.5	70.7	12.4	29.2	58.5	4.5	9.8	85.7
	2021	8.4	18.9	72.6	11.8	* 25.0	61.3	4.3	* 1.6	86.3
Uzbekistan / Ouzbékistan	2005	* 32.4	* 20.4	* 47.2	33.6	25.7	40.8	30.8	13.0	56.1
	2010	26.8	22.7	50.5	27.8	* 17.0	43.2	25.4	13.4	61.1
	2015	* 26.9	* 23.2	* 50.0	27.6	29.8	42.5	25.8	13.2	61.0
	2021	* 23.9	* 25.5	* 50.7	24.8	32.7	42.4	22.6	* 1.2	63.2
Vanuatu / Vanuatu	2005	* 64.4	* 5.6	* 30.0	62.0	9.2	29.0	67.6	* 0.8	31.6
	2010	63.8	6.8	29.3	62.0	8.8	29.3	66.1	* 1.8	29.3
	2015	* 56.8	* 6.8	* 36.3	57.8	8.7	33.5	55.5	4.7	40.1
	2021	* 48.0	* 8.5	* 43.5	52.3	10.5	37.2	42.4	5.9	51.7
Venezuela (Boliv. Rep. of) / Venezuela (Rép. boliv. du)	2005	10.3	20.6	69.0	15.3	26.5	58.1	2.2	11.2	86.7
	2010	8.5	21.9	69.5	13.0	29.3	57.9	1.7	10.9	87.4
	2015	* 6.4	* 21.4	* 72.2	9.7	28.1	62.2	1.3	* 10.0	87.6
	2021	* 13.1	* 17.5	* 69.4	17.6	21.1	61.3	4.6	* 1.1	84.7
Viet Nam / Viet Nam	2005	* 54.8	* 18.8	* 26.5	52.8	* 1.9	24.7	56.9	14.9	28.3
	2010	48.7	21.7	29.6	46.4	25.8	27.8	51.2	17.2	* 22.0
	2015	44.0	22.7	33.3	42.7	25.9	31.4	45.4	19.3	35.2
	2021	29.0	* 32.2	37.8	29.3	36.6	34.0	28.7	29.4	42.0
Western Sahara / Sahara occidental	2005	* 28.5	* 20.6	* 50.9	25.2	23.5	51.3	41.2	9.9	49.1
	2010	* 25.4	* 20.9	* 53.6	22.7	23.9	53.5	35.7	9.7	54.6
	2015	* 22.9	* 20.8	* 56.2	20.8	23.8	55.4	30.7	9.7	59.5
	2021	* 20.6	* 21.9	* 57.6	19.0	25.0	56.0	26.5	10.5	63.3
Yemen / Yémen	2005	* 29.7	* 16.8	* 53.5	27.6	18.3	54.2	40.0	9.9	50.1
	2010	24.1	19.0	56.8	23.5	19.7	56.8	28.4	14.1	57.5
	2015	* 30.3	* 12.7	* 57.0	28.7	12.7	58.5	50.1	12.8	37.0
	2021	* 28.1	* 11.7	* 60.2	26.8	11.5	61.6	45.0	14.1	40.9
Zambia / Zambie	2005	* 70.8	* 3.3	* 15.4	66.4	10.9	22.8	75.7	3.1	21.2
	2010	* 66.1	* 8.7	* 25.2	60.4	14.0	25.6	72.4	3.0	24.6
	2015	* 60.5	* 11.5	* 28.0	54.0	* 11.3	27.9	67.7	4.2	28.2
	2021	* 58.7	* 8.7	* 32.5	53.8	* 8.2	32.4	64.0	3.3	32.7
Zimbabwe / Zimbabwe	2005	* 72.8	* 10.3	* 16.9	65.4	* 12.2	18.6	80.2	4.6	15.3
	2010	* 67.2	* 9.3	* 23.5	60.9	* 11.5	23.9	73.4	3.2	23.3
	2015	* 66.5	* 7.9	* 25.6	61.8	13.6	24.6	70.9	2.5	26.6
	2021	* 61.6	* 11.6	* 26.7	57.1	18.9	24.0	66.0	4.6	29.4
European Union (EU) / Union européenne (UE)	*2005	6.9	28.4	64.6	7.7	38.4	53.9	6.0	15.7	78.3
	*2010	5.8	26.1	68.0	6.6	36.9	56.6	4.9	13.3	81.8
	*2015	5.1	25.0	70.0	6.1	35.2	58.7	3.9	12.8	83.3
	*2021	4.1	24.8	71.2	5.2	34.8	60.0	2.9	12.9	84.1

Source:

International Labour Organization (ILO), Geneva, Key Indicators of the Labour Market (KILM 9th edition) and the ILOSTAT database, last accessed May 2023.

Source:

Organisation internationale du Travail (OIT), Genève, Indicateurs Clés du Marché du Travail (ICMT 9e édition) et ILOSTAT base de données, dernier accès mai 2023.

+ Ages 15 years and over unless indicated otherwise. Table is in ISIC Rev. 4 unless otherwise indicated.

+ Sauf indication contraire, Age 15 ans et plus. Sauf indication contraire, la classification utilisée dans ce tableau est la CITI Rév. 4.

1 Data excludes Armenia, Azerbaijan, Cyprus, Georgia, Israel and Turkey.
2 Caucasus refers to Armenia, Azerbaijan, Cyprus, Georgia, Israel and Turkey.
3 Population aged 16 years and over.

1 Les données excluent l'Arménie, l'Azerbaïdjan, Chypre, la Géorgie, l'Israël et la Turquie.
2 Le Caucase se rapportent à l'Arménie, l'Azerbaïdjan, Chypre, la Géorgie, l'Israël et la Turquie.
3 Population âgée de 16 ans et plus.

18 Employment by economic activity *(continued)*

Percentage of persons employed by sex and ISIC 4 categories; agriculture (agr.), industry (ind.) and services (ser.)

Emploi par activité économique *(suite)*

Personnes employées par sexe et branches de la CITI rév. 4; agriculture (agr.), industrie (ind.) et services (ser.), pourcentage

4 Data classified according to ISIC Rev. 3.
5 Population aged 14 years and over.
6 Data classified according to ISIC Rev. 2.
7 Population aged 13 years and over.
8 Excluding the institutional population.
9 For statistical purposes, the data for China do not include those for the Hong Kong Special Administrative Region (Hong Kong SAR), Macao Special Administrative Region (Macao SAR) and Taiwan Province of China.
10 Resident population (de jure).
11 Population aged 15 to 64 years.
12 Nationals, residents.
13 Civilians only.
14 Population aged 15 to 69 years.
15 Excluding some areas.

4 Données classifiées selon la CITI, Rév. 3.
5 Population âgée de 14 ans et plus.
6 Données classifiées selon la CITI, Rév. 2.
7 Population âgée de 13 ans et plus.
8 Non compris la population dans les institutions.
9 Pour la présentation des statistiques, les données pour la Chine ne comprennent pas la région administrative spéciale de Hong Kong (RAS de Hong Kong), la région administrative spéciale de Macao (RAS de Macao) et la province chinoise de Taïwan.
10 Population résidente (de droit).
11 Population âgée de 15 à 64 ans.
12 Ressortissants, résidents.
13 Civils uniquement.
14 Population âgée de 15 à 69 ans.
15 Certaines régions sont exclues.

19 Consumer price indices

General and food (Index base: 2010 = 100)

Indices des prix à la consommation

Généraux et alimentation (Indices base: 2010 = 100)

Country or area	2000	2005	2010	2015	2020	2021	2022	Pays ou zone
Afghanistan								**Afghanistan**
General	...	71.6	100.0	132.9	...	...	...	Généraux
Food	...	...	...	* 100.8	...	...	...	Alimentation
Åland Islands								**Îles d'Åland**
General	# 85.6[1]	# 90.8[1]	# 100.0	108.6	112.8	114.7	122.3	Généraux
Food	83.4[1]	# 90.3[1]	100.0	114.3	118.4	119.8	131.4	Alimentation
Albania [1]								**Albanie** [1]
General	74.1	86.7	100.0	111.4	121.0	123.5	131.8	Généraux
Food	...	82.8	100.0	118.8	139.4	144.9	161.9	Alimentation
Algeria [2]								**Algérie** [2]
General	70.4	81.8	100.0	126.7	155.0[1]	166.2[1]	181.6[1]	Généraux
Food [1]	...	...	100.0	131.3	146.8	161.7	182.4	Alimentation [1]
Andorra [3]								**Andorre** [3]
General	...	82.2	91.7	94.7	98.4	100.0	106.2	Généraux
Food	...	76.4	83.0	89.9	98.5	100.0	109.0	Alimentation
Angola [4]								**Angola** [4]
General	* 2.9	* 53.7	* 100.0	* 159.4	...	...	...	Généraux
Food	...	* 45.5	* 100.0	* 167.3	...	...	...	Alimentation
Anguilla								**Anguilla**
General	68.4	81.0	# 100.0	105.1	106.6	108.5	...	Généraux
Food [1]	...	...	100.0	111.4	117.4	120.4	134.3[5]	Alimentation [1]
Antigua and Barbuda								**Antigua-et-Barbuda**
General	81.1	89.5	100.0	110.3	116.2	118.6	127.5	Généraux
Argentina [6]								**Argentine** [6]
General	...	...	...	...	330.5	490.6	845.9	Généraux
Food	...	...	...	...	345.0	517.0	902.8	Alimentation
Armenia								**Arménie**
General	# 65.0	76.4	100.0	124.6	130.6	140.0	152.1	Généraux
Food	58.9	75.3	100.0	126.7	133.3	148.3	167.5	Alimentation
Aruba [1]								**Aruba** [1]
General	# 72.0	84.1	100.0	103.4	107.8	108.6	114.6	Généraux
Food	...	73.6	100.0	85.4	134.8	134.5	148.2	Alimentation
Australia [1,7]								**Australie** [1,7]
General	74.4	86.3	# 100.0	112.0	120.8	124.3	132.5	Généraux
Food	...	...	100.0	107.6	116.6	117.9	126.3	Alimentation
Austria								**Autriche**
General	82.6	91.4	100.0	110.7	119.8	123.1	133.6	Généraux
Food	79.1	88.1	100.0	114.4	123.8	124.8	138.2	Alimentation
Azerbaijan								**Azerbaïdjan**
General	# 49.0	61.1	100.0	117.7	161.2	172.0	195.8	Généraux
Food [8]	...	...	100.0	119.6	174.1	188.5	226.4	Alimentation [8]
Bahamas								**Bahamas**
General	* 80.0	* 88.2	* 100.0	* 109.6	* 116.3	* 119.6	* 126.3	Généraux
Food [9,10]	...	...	...	106.5	...	...	...	Alimentation [9,10]
Bahrain [1]								**Bahreïn** [1]
General	83.4	87.5	100.0	110.6	116.1	115.3	119.5	Généraux
Food	...	...	100.0	114.5	126.7	126.6	139.8	Alimentation
Bangladesh								**Bangladesh**
General	53.9	69.2	100.0[1]	144.6[1]	189.9[1]	200.4[1]	215.9[1]	Généraux
Food [11]	...	...	...	230.3	305.9	322.1	347.0	Alimentation [11]
Barbados [12]								**Barbade** [12]
General	...	...	100.0[1]	167.6[13]	181.0[13,14]	203.6[13,15]	222.4[13]	Généraux
Food [13]	...	...	...	200.7	245.8[14]	277.1[15]	318.0	Alimentation [13]
Belarus								**Bélarus**
General	* 16.0	* 61.7	* 100.0	387.0	536.2	586.9	676.2	Généraux
Food	...	...	100.0	389.9	523.2	573.5	668.7	Alimentation
Belgium								**Belgique**
General	81.4[1]	90.4[1]	100.0[1]	108.6[1]	118.0	120.9	132.5	Généraux
Food	76.6	86.3	100.0	110.4	121.1	120.6	131.2	Alimentation
Belize [1]								**Belize** [1]
General	77.9	88.3	100.0	103.8	106.3	109.7	116.6	Généraux
Food [8]	76.6	82.7	100.0	104.8	104.9	110.0	118.6	Alimentation [8]
Benin								**Bénin**
General [16]	* 74.3	* 85.4	* 100.0	* 109.7	* 114.1	* 116.0	...	Généraux [16]
Food [1]	...	...	* 100.0	* 113.0	...	...	...	Alimentation [1]
Bhutan								**Bhoutan**
General	80.6	74.8	100.0	87.6[17]	105.8[17]	113.6[17]	120.0[17]	Généraux
Food [17]	...	...	...	82.5	111.7	121.6	126.6	Alimentation [17]

Consumer price indices *(continued)*
General and food (Index base: 2010 = 100)

Indices des prix à la consommation *(suite)*
Généraux et alimentation (Indices base: 2010 = 100)

Country or area	2000	2005	2010	2015	2020	2021	2022	Pays ou zone
Bolivia (Plurin. State of) [1]								**Bolivie (État plurin. de)** [1]
General	62.6	73.0	100.0	133.7	149.7	150.8	153.4	Généraux
Food	...	...	100.0	145.8	167.4	168.4	172.2	Alimentation
Bosnia and Herzegovina								**Bosnie-Herzégovine**
General	...	85.0	100.0	103.7	103.8	105.9	120.7	Généraux
Food	...	* 81.4	* 100.0	* 104.1	...	...	...	Alimentation
Botswana [1]								**Botswana** [1]
General	44.0	64.3	100.0	132.9	152.6	162.8	182.6	Généraux
Food	...	56.1	100.0	126.9	141.1	149.5	166.3	Alimentation
Brazil [1]								**Brésil** [1]
General	52.5	79.5	100.0	138.4	172.8	187.1	204.5	Généraux
Food [18]	...	...	100.0	154.4	202.2	227.2	254.5	Alimentation [18]
Brunei Darussalam								**Brunéi Darussalam**
General	95.0	# 95.5	100.0	99.9	100.9	102.7	106.5	Généraux
Food	...	...	* 100.0	* 100.7	...	...	...	Alimentation
Bulgaria [1]								**Bulgarie** [1]
General	56.1	72.7	100.0	106.6	116.3	120.2	138.6	Généraux
Food	61.8	72.4	100.0	112.5	132.2	135.8	165.7	Alimentation
Burkina Faso [19]								**Burkina Faso** [19]
General	74.9	86.9	100.0	107.8	110.4	114.4	130.8	Généraux
Burundi								**Burundi**
General [20]	41.9	61.3	100.0	154.0	195.4	211.9	251.7	Généraux [20]
Food	* 40.8	* 57.7	* 100.0	* 147.1	...	...	...	Alimentation
Cabo Verde [1]								**Cabo Verde** [1]
General	78.7	82.6	100.0	108.6	111.2	113.2	122.2	Généraux
Food	...	...	100.0	109.0	111.9	112.5	130.2	Alimentation
Cambodia [21]								**Cambodge** [21]
General	61.0	68.2	100.0	117.5	133.9	137.9	145.2	Généraux
Cameroon								**Cameroun**
General	* 77.6	* 85.7	* 100.0	* 112.9	* 121.5	* 124.3	* 132.1	Généraux
Food [22]	...	...	...	* 109.8	...	...	...	Alimentation [22]
Canada [1]								**Canada** [1]
General	81.9	91.9	100.0	108.7	117.6	121.6	129.9	Généraux
Food	75.8	86.5	100.0	114.2	124.9	128.0	139.4	Alimentation
Cayman Islands [1]								**Îles Caïmanes** [1]
General	...	...	100.0	103.6	115.7	119.6	...	Généraux
Food	...	...	100.0	115.8	131.0	136.0	...	Alimentation
Central African Republic [23]								**République centrafricaine** [23]
General	* 72.5	* 80.9	* 100.0	* 133.1	* 154.4	* 161.0	...	Généraux
Chad								**Tchad**
General	* 72.2[24]	* 85.6[24]	* 100.0[24]	* 116.7[24]	122.9[1]	122.0[1]	129.1[1]	Généraux
Food [1]	...	...	...	110.9	104.2	102.7	115.2	Alimentation [1]
Chile								**Chili**
General	...	...	100.0	118.4	135.9	142.1	158.6	Généraux
Food	...	...	100.0	137.4	164.2	173.1	203.8	Alimentation
China								**Chine**
General	...	...	100.0	114.9	111.6[25]	112.6[25]	114.8[25]	Généraux
Food	...	...	100.0	129.4	...	...	...	Alimentation
China, Hong Kong SAR								**Chine, RAS de Hong Kong**
General	95.9	89.5	100.0	123.0	135.0	137.1	139.7	Généraux
Food	...	...	100.0	127.9	151.3	153.8	159.6	Alimentation
China, Macao SAR								**Chine, RAS de Macao**
General	80.5	79.7	100.0	131.3[1]	145.2[1]	145.2[1]	146.8[1]	Généraux
Food [1]	...	...	100.0	139.2	160.4	160.8	163.6	Alimentation [1]
Colombia [1]								**Colombie** [1]
General	58.2	79.7	100.0	117.6	144.5	149.6	164.8	Généraux
Food	...	...	100.0	121.5	154.4	169.4	211.7	Alimentation
Comoros								**Comores**
General	69.1	84.4	100.0	...	...	...	...	Généraux
Food [1]	...	...	* 100.0	...	...	...	...	Alimentation [1]
Congo [26]								**Congo** [26]
General	* 75.8	* 83.1	* 100.0	* 116.4	* 127.0	* 129.2	* 133.1	Généraux
Cook Islands [1,27]								**Îles Cook** [1,27]
General	...	...	100.0	108.9	109.8	111.9	123.8	Généraux
Food	...	...	100.0	107.8	114.4	117.7	137.2	Alimentation
Costa Rica [1,28]								**Costa Rica** [1,28]
General	37.4	# 63.5	100.0	121.5	129.8	132.0	142.9	Généraux
Food	...	...	100.0	122.1	126.8	129.6	149.8	Alimentation

19 Consumer price indices *(continued)*

General and food (Index base: 2010 = 100)

Indices des prix à la consommation *(suite)*

Généraux et alimentation (Indices base: 2010 = 100)

Country or area	2000	2005	2010	2015	2020	2021	2022	Pays ou zone
Côte d'Ivoire [29]								**Côte d'Ivoire** [29]
General	* 75.2	* 88.1	* 100.0	* 110.9	* 114.3	* 119.0	* 125.3	Généraux
Food [1,30]	* 66.3	* 75.5	* 100.0	* 111.9	...	...	...	Alimentation [1,30]
Croatia								**Croatie**
General	# 75.8	85.8	100.0	107.4	110.0	112.8	124.9	Généraux
Food	...	...	116.6[31]	109.3	115.1	117.0	135.6	Alimentation
Curaçao								**Curaçao**
General [1]	76.9	84.3	100.0	108.1	118.1	122.5	131.5	Généraux [1]
Food [32]	...	...	100.0[1]	124.8[1]	151.9[1]	...	127.1[33]	Alimentation [32]
Cyprus [1,34]								**Chypre** [1,34]
General	77.4	88.6	100.0	101.7	101.9	104.3	113.1	Généraux
Food	...	...	100.0	103.6	105.4	105.0	114.4	Alimentation
Czechia								**Tchéquie**
General	77.8	87.0	100.0	107.5	120.2	124.8	143.6	Généraux
Food [1]	86.5	89.9	100.0	118.4	134.4	135.5	158.1	Alimentation [1]
Dem. Rep. of the Congo								**Rép. dém. du Congo**
General	6.8	58.6	100.0	130.1	...	...	...	Généraux
Food	...	...	...	* 122.0	...	...	...	Alimentation
Denmark [1]								**Danemark** [1]
General	81.7	90.0	100.0	107.1	110.8	112.9	121.6	Généraux
Food	...	86.4	100.0	109.1	114.6	115.2	128.5	Alimentation
Djibouti								**Djibouti**
General	70.1	77.8	100.0	112.5	122.4	...	...	Généraux
Dominica								**Dominique**
General	80.4	86.2	100.0	102.4	104.7	105.2	...	Généraux
Food [35]	...	...	...	* 110.9	...	...	...	Alimentation [35]
Dominican Republic [1]								**République dominicaine** [1]
General	31.8	73.4	100.0	122.5	140.6	152.2	165.6	Généraux
Food	32.1	74.6	100.0	133.0	158.9	174.6	194.0	Alimentation
Ecuador								**Équateur**
General	45.6	80.2	100.0	121.5	123.7	123.9	128.2	Généraux
Food [1]	...	70.7	100.0	125.2	127.9	126.8	133.5	Alimentation [1]
Egypt								**Égypte**
General [36]	45.1	57.8	100.0	156.8	303.2[1]	319.0[1]	364.7[1]	Généraux [36]
Food	...	...	...	194.1[37]	100.4[36,38]	105.0[36,38]	...	Alimentation
El Salvador [39]								**El Salvador** [39]
General	71.4	84.2	100.0	108.2	110.8	114.7	122.9	Généraux
Equatorial Guinea								**Guinée équatoriale**
General	56.0	77.5	# 100.0	118.6	130.3	...	...	Généraux
Food [1]	...	...	* 100.0	* 123.4	...	...	...	Alimentation [1]
Estonia								**Estonie**
General	66.5	79.1	100.0	111.5	121.6	127.3	151.9	Généraux
Food [1]	65.2	77.1	100.0	118.0	135.3	137.8	165.2	Alimentation [1]
Eswatini								**Eswatini**
General	50.3	69.5	100.0	135.4	...	...	...	Généraux
Food [40]	...	...	...	* 113.6	...	...	...	Alimentation [40]
Ethiopia								**Éthiopie**
General	* 37.6	* # 0.0	100.0[1]	205.0[1]	383.9[1]	486.9[1]	651.9[1]	Généraux
Food [1]	...	43.0	100.0	222.9	435.4	573.8	784.8	Alimentation [1]
Fiji [1]								**Fidji** [1]
General	70.1	# 80.8	100.0	116.4	128.9	129.1	135.0	Généraux
Food	...	...	100.0	127.5	140.1	149.2	158.4	Alimentation
Finland								**Finlande**
General	86.1[1]	91.2[1]	100.0[1]	108.8[1]	112.7	115.1	123.3	Généraux
Food	82.5[1]	90.3[1]	100.0[1]	115.7[1]	118.9	119.5	132.1	Alimentation
France [1,41]								**France** [1,41]
General	84.4	92.8	100.0	105.6	110.6	112.4	118.3	Généraux
Food	82.0	91.5	100.0	105.7	114.5	115.2	123.6	Alimentation
French Guiana [1]								**Guyane française** [1]
General	...	...	100.0	105.4	108.4[42]	...	114.2	Généraux
Food [32]	...	...	100.0	109.7	115.8[42]	...	123.4	Alimentation [32]
Gabon								**Gabon**
General [43]	* 81.6	* 88.7	* 100.0	* 109.0	* 124.3	* 125.6	* 131.0	Généraux [43]
Food [1]	...	...	* 100.0	* 115.9	...	...	...	Alimentation [1]
Gambia								**Gambie**
General [44]	51.0	81.1	100.0	130.7	183.0	196.5	219.1	Généraux [44]
Food [45]	...	...	...	* 186.0	...	...	...	Alimentation [45]
Georgia [46]								**Géorgie** [46]
General	54.9	70.0	100.0	114.7	140.6	154.0	172.4	Généraux
Food	...	...	100.0	120.5	...	...	...	Alimentation

19 Consumer price indices *(continued)*
General and food (Index base: 2010 = 100)

Indices des prix à la consommation *(suite)*
Généraux et alimentation (Indices base: 2010 = 100)

Country or area	2000	2005	2010	2015	2020	2021	2022	Pays ou zone
Germany								**Allemagne**
General	85.7	92.5	100.0	106.9	105.8[25]	109.1[25]	117.7[25]	Généraux
Food	84.9	89.1	100.0	112.3	109.7[25]	113.1[25]	127.6[25]	Alimentation
Ghana								**Ghana**
General	19.2	52.6	100.0	182.6	306.0	336.5	...	Généraux
Food	...	...	...	* 123.2[47]	119.4[48]	131.6[48]	...	Alimentation
Greece [1]								**Grèce** [1]
General	72.2	85.3	100.0	100.8	100.7	101.9	111.7	Généraux
Food	73.9	86.9	100.0	104.8	106.6	108.0	120.8	Alimentation
Grenada								**Grenade**
General	73.5	82.9	100.0	103.9	107.3	108.6	...	Généraux
Food [1]	...	* 74.0	* 100.0	* 110.5	...	...	...	Alimentation [1]
Guadeloupe [1]								**Guadeloupe** [1]
General	...	...	100.0	106.1	110.0[49]	...	116.0	Généraux
Food [32]	...	...	100.0	109.3	118.9[49]	...	125.7	Alimentation [32]
Guam [1]								**Guam** [1]
General	...	...	100.0	106.3	122.6	127.3	137.3	Généraux
Food [18,50]	...	...	100.0	125.2	133.1	140.4	156.4	Alimentation [18,50]
Guatemala								**Guatemala**
General	# 51.9	74.6	# 100.0	121.8	147.5	153.8	164.4	Généraux
Food [51]	...	...	...	147.0	216.4	226.8	247.9	Alimentation [51]
Guinea								**Guinée**
General [52]	...	42.4	100.0	185.6	290.7	327.4	361.7	Généraux [52]
Food [1]	...	...	* 100.0	* 204.5	...	...	...	Alimentation [1]
Guinea-Bissau [53]								**Guinée-Bissau** [53]
General	78.4	84.2	100.0	108.5	114.0	116.6	127.5	Généraux
Guyana [54]								**Guyana** [54]
General	* 56.4	* 72.4	* 100.0	* 109.4	* 117.3	* 123.3	...	Généraux
Haiti								**Haïti**
General	26.9	66.8	100.0	139.0	150.9[55]	176.3[55]	236.3[55]	Généraux
Food [56]	...	...	100.0	142.2	...	...	...	Alimentation [56]
Honduras								**Honduras**
General	* 48.1	* 72.0	* 100.0	* 129.3	* 155.6	* 162.5	* 177.3	Généraux
Food [1]	* 51.5	* 70.8	* 100.0	* 126.6	...	...	...	Alimentation [1]
Hungary								**Hongrie**
General	57.9	76.9	100.0	111.4	125.7	132.1	151.4	Généraux
Food	...	...	100.0	116.6	142.0	147.7	186.6	Alimentation
Iceland								**Islande**
General	54.7	67.1	100.0	117.8	132.7	138.6	150.1	Généraux
Food	61.7	65.9	100.0	119.6	132.0	136.7	146.5	Alimentation
India								**Inde**
General [57]	54.3	66.0	100.0	148.6	190.5	199.8	211.6	Généraux [57]
Food [47]	...	...	...	127.7	156.8	162.5	173.3	Alimentation [47]
Indonesia								**Indonésie**
General	44.0	68.7	100.0	132.3	154.1	156.5	163.1	Généraux
Food [32]	...	...	...	128.0[47]	106.4[48]	109.4[48]	116.0[48]	Alimentation [32]
Iran (Islamic Republic of) [58]								**Iran (Rép. islamique d')** [58]
General	...	...	...	91.6	229.0	328.3	476.1	Généraux
Food	...	...	...	91.5	268.8	425.6	696.1	Alimentation
Iraq								**Iraq**
General	18.2	58.6	100.0	118.5	120.3	127.6	133.9	Généraux
Food [1]	...	...	100.0	112.8	...	...	...	Alimentation [1]
Ireland [1]								**Irlande** [1]
General	78.4	93.1	100.0	104.7	106.2	108.7	117.2	Généraux
Food	88.3	97.7	100.0	98.3	91.2	90.9	97.2	Alimentation
Israel								**Israël**
General	80.9	87.8	100.0	106.7	107.5	109.1	113.9	Généraux
Food	72.1	79.3	100.0	108.8	111.4	112.8	117.9	Alimentation
Italy								**Italie**
General	80.7[1]	91.0[1]	100.0	107.5	110.4[1]	112.5[1]	121.7[1]	Généraux
Food	78.2[1]	88.9[1]	100.0	108.8	114.9[1]	115.6[1]	126.1[1]	Alimentation
Jamaica								**Jamaïque**
General [1]	33.8	56.0	100.0	141.1	171.0	181.0	199.7	Généraux [1]
Food	31.6[1]	51.7[1]	100.0[1]	157.2[1]	110.1[59]	115.6[59]	130.3[59]	Alimentation
Japan [1]								**Japon** [1]
General	102.7	100.4	100.0	103.6	105.5	105.2	107.8	Généraux
Food [18]	98.4	96.8	100.0	106.6	112.7	112.7	117.7	Alimentation [18]
Jordan								**Jordanie**
General	66.1	74.5	100.0	116.4	101.1[48]	102.5[48]	106.8[48]	Généraux
Food	...	...	100.0	115.2	102.6[48]	102.7[48]	106.1[48]	Alimentation

19 Consumer price indices *(continued)*
General and food (Index base: 2010 = 100)

Indices des prix à la consommation *(suite)*
Généraux et alimentation (Indices base: 2010 = 100)

Country or area	2000	2005	2010	2015	2020	2021	2022	Pays ou zone
Kazakhstan								**Kazakhstan**
General	43.8	61.5	100.0	137.3	201.3	217.5	...	Généraux
Food [1]	...	* 58.6	* 100.0	* 136.8	...	...	...	Alimentation [1]
Kenya								**Kenya**
General	38.1	55.5	100.0	150.2	200.2	212.5	...	Généraux
Food [1]	...	...	* 100.0	* 172.1	...	...	...	Alimentation [1]
Kiribati								**Kiribati**
General	...	...	* 100.0	* 99.5	...	...	...	Généraux
Food [1]	...	...	* 100.0	* 94.1	...	...	...	Alimentation [1]
Kuwait								**Koweït**
General	* # 69.9	* 76.1	* 100.0	* 118.1	* 129.3	* 133.7	...	Généraux
Food	...	...	* 100.0	* 124.7	114.1[60]	125.0[60]	134.2[60]	Alimentation
Kyrgyzstan								**Kirghizistan**
General	49.0	59.8	100.0	146.4	165.5	185.2	211.0	Généraux
Food	...	55.9	100.0	141.7	150.4	177.4	206.1	Alimentation
Lao People's Dem. Rep.								**Rép. dém. populaire lao**
General	* 48.1	* # 78.5	* # 100.0	* 125.8	* 142.8	* 148.2	* 182.2	Généraux
Food [1]	...	...	* 100.0	* 146.6	...	...	...	Alimentation [1]
Latvia								**Lettonie**
General	59.2	72.1	100.0	107.6	117.1	121.0	141.9	Généraux
Food	53.0	69.1	100.0	110.7	125.2	128.0	155.7	Alimentation
Lebanon								**Liban**
General	...	...	* 100.0	* 115.0	* 240.4	* 612.4	...	Généraux
Food [1]	...	...	* 100.0	* 118.5	...	...	...	Alimentation [1]
Lesotho								**Lesotho**
General	50.7	71.0	100.0	127.0	163.6	173.5	187.9	Généraux
Food [1]	...	* 61.9	* 100.0	* 138.4	...	...	...	Alimentation [1]
Liberia								**Libéria**
General	...	61.8	100.0	147.6	...	...	...	Généraux
Food	...	...	* 100.0	* 162.5	...	...	...	Alimentation
Libya								**Libye**
General	98.8	79.8	100.0	...	...	...	...	Généraux
Lithuania [1]								**Lituanie [1]**
General	74.4	77.7	100.0	107.6	119.8	125.4	150.1	Généraux
Food	68.7	72.2	100.0	113.3	126.8	130.3	164.7	Alimentation
Luxembourg [1]								**Luxembourg [1]**
General	80.1	89.7	100.0	109.2	116.0	119.0	126.5	Généraux
Food	76.3	87.7	100.0	110.5	122.8	123.9	132.6	Alimentation
Madagascar								**Madagascar**
General	# 37.7	62.9	100.0	139.5	129.8[61,62]	137.3[61,62]	148.5[61,62]	Généraux
Food [61]	...	...	...	140.4[1,56]	131.8[62]	141.6[62]	155.1[62]	Alimentation [61]
Malawi								**Malawi**
General	* 32.4	* 64.2	* 100.0	* 250.6	* 454.4	...	...	Généraux
Food [47]	...	...	...	* 185.1	...	...	...	Alimentation [47]
Malaysia								**Malaisie**
General	80.5	87.7	100.0	112.8	120.1	123.1	127.2	Généraux
Food	...	...	100.0	119.4	134.8	137.1	145.0	Alimentation
Maldives								**Maldives**
General	* 71.1	* # 0.0	* 100.0	* 132.0	134.7[1]	135.4[1]	138.6[1]	Généraux
Food [1]	...	...	* 100.0	* 153.0	...	...	...	Alimentation [1]
Mali [63]								**Mali [63]**
General	76.4	85.9	100.0	110.3	109.2	113.5	...	Généraux
Food [1,64]	...	...	* 100.0	* 112.9	...	...	...	Alimentation [1,64]
Malta								**Malte**
General	78.8	88.9	100.0	108.2	114.2	115.9	...	Généraux
Martinique [1]								**Martinique [1]**
General	...	...	100.0	106.3	...	...	116.5	Généraux
Food [32]	...	...	100.0	110.3	...	...	124.0	Alimentation [32]
Mauritania [65]								**Mauritanie [65]**
General	...	...	...	...	113.1	117.1	131.5	Généraux
Food	...	...	...	...	117.2	124.0	148.6	Alimentation
Mauritius [1]								**Maurice [1]**
General	56.9	72.9	100.0	119.8	133.3	138.7	153.6	Généraux
Food	...	...	100.0	120.8	143.3	149.5	171.6	Alimentation
Mexico [1]								**Mexique [1]**
General	63.3	80.5	100.0	119.4	146.4	154.7	166.9	Généraux
Food [56]	57.5	74.4	100.0	129.9	168.6	180.1	202.8	Alimentation [56]
Micronesia (Fed. States of)								**Micronésie (États féd. de)**
General	72.4	77.6	100.0	112.7	116.7	120.4	126.9	Généraux

Consumer price indices *(continued)*
General and food (Index base: 2010 = 100)

Indices des prix à la consommation *(suite)*
Généraux et alimentation (Indices base: 2010 = 100)

Country or area	2000	2005	2010	2015	2020	2021	2022	Pays ou zone
Mongolia								**Mongolie**
General	41.6[1]	57.3[1]	100.0[1]	163.8[1]	100.0[66]	107.4[66]	123.6[66]	Généraux
Food	...	...	100.0[1]	161.4[1]	100.0[66]	113.8[66]	134.9[66]	Alimentation
Montenegro								**Monténégro**
General	...	82.2	100.0	111.0	116.4[1]	119.2[1]	134.8[1]	Généraux
Food	...	...	100.0	114.3	121.4[1]	125.7[1]	154.1[1]	Alimentation
Montserrat								**Montserrat**
General	...	* 86.8	* 100.0	* 107.9	* 107.1	* 108.9	...	Généraux
Food [65]	...	...	...	* 99.1	...	...	...	Alimentation [65]
Morocco								**Maroc**
General	83.6[1]	89.7[1]	100.0[1]	106.2[1]	102.5[67]	103.9[67]	110.8[67]	Généraux
Food	...	...	100.0[1]	107.4[1]	101.6[67]	102.2[67]	113.8[67]	Alimentation
Mozambique [1]								**Mozambique** [1]
General	...	...	100.0	126.3	188.0	198.7	...	Généraux
Food	...	...	100.0	134.4	221.1	245.3	...	Alimentation
Myanmar								**Myanmar**
General	15.0	44.5	100.0	129.3	...	...	...	Généraux
Food [47]	...	...	...	* 127.9	...	...	...	Alimentation [47]
Namibia [1]								**Namibie** [1]
General	...	71.4	100.0	128.9	161.5	167.3	177.5	Généraux
Food	...	63.0	100.0	139.4	184.6	195.2	210.2	Alimentation
Nauru								**Nauru**
General	...	...	100.0	...	...	...	...	Généraux
Nepal [68]								**Népal** [68]
General	...	...	...	103.7	134.9	140.4	151.2	Généraux
Food	...	...	...	104.4	132.6	138.3	148.1	Alimentation
Netherlands (Kingdom of the)								**Pays-Bas (Royaume des)**
General	82.0	92.7	100.0	109.3	117.4	120.5	132.6	Généraux
Food [1]	85.7	91.3	100.0	107.4	119.0	118.7	131.5	Alimentation [1]
New Caledonia [1]								**Nouvelle-Calédonie** [1]
General	...	...	100.0	106.3	109.6	110.3	114.3	Généraux
Food	...	...	100.0	110.6	114.0	117.5	125.4	Alimentation
New Zealand [1]								**Nouvelle-Zélande** [1]
General	77.0	87.0	100.0	107.9	116.2	120.8	129.4[5]	Généraux
Food	...	...	100.0	106.0	112.3	114.4	124.3	Alimentation
Nicaragua								**Nicaragua**
General	# 45.7	62.9	100.0	136.9	168.7	177.0	195.6	Généraux
Food [1]	...	57.0	100.0	146.5	169.7	180.5	209.0	Alimentation [1]
Niger [64]								**Niger** [64]
General	...	...	...	107.3[69,70]	...	108.5[65]	113.0[65]	Généraux
Food [69,70]	...	...	...	122.4	...	...	...	Alimentation [69,70]
Nigeria [71]								**Nigéria** [71]
General	29.6	61.4	100.0	158.9	302.9[1]	354.3[1]	421.1[1]	Généraux
Food [1]	...	...	100.0	161.3	333.8	401.6	485.4	Alimentation [1]
North Macedonia								**Macédoine du Nord**
General	79.9	86.8	100.0	109.7	114.8	118.5	135.3	Généraux
Food [1]	...	83.1	100.0	111.6	115.6	119.2	144.0	Alimentation [1]
Norway								**Norvège**
General	81.9	89.3	100.0	108.6	121.8	126.1	133.3	Généraux
Food	85.6	88.3	100.0	108.4	119.0	115.0	124.2	Alimentation
Oman								**Oman**
General	74.8	76.0	100.0	109.4	112.5	114.2	117.5	Généraux
Food [1]	...	...	* 100.0	* 110.8	...	...	...	Alimentation [1]
Pakistan								**Pakistan**
General	43.4	55.8	# 100.0	145.3	200.1	219.1	262.6	Généraux
Food	...	...	100.0[1]	143.0[1]	# 138.9[72]	153.8[72]	192.2[72]	Alimentation
Palau								**Palaos**
General	...	80.5	100.0	117.9	121.4	124.6	140.0	Généraux
Food [1]	...	* 73.6	* 100.0	* 116.4	...	...	...	Alimentation [1]
Panama								**Panama**
General [39]	77.3	81.3	100.0	119.6	120.2	122.1	125.6	Généraux [39]
Food [1]	...	* 74.0	* 100.0	* 122.6	...	...	...	Alimentation [1]
Papua New Guinea								**Papouasie-Nvl-Guinée**
General	52.9	77.1	# 100.0	127.8	163.5	170.8	...	Généraux
Food [1]	...	...	* 100.0	* 106.4	...	...	...	Alimentation [1]
Paraguay [1,73]								**Paraguay** [1,73]
General	47.3	71.4	100.0	124.8	146.4	153.4	168.3	Généraux
Food	36.1	58.2	100.0	125.8	149.8	163.6	188.1	Alimentation
Peru [74]								**Pérou** [74]
General	79.2	87.1	100.0	117.7	132.9	138.6	150.1	Généraux
Food [18,50]	...	...	...	...	138.0	...	...	Alimentation [18,50]

19 Consumer price indices *(continued)*
General and food (Index base: 2010 = 100)

Indices des prix à la consommation *(suite)*
Généraux et alimentation (Indices base: 2010 = 100)

Country or area	2000	2005	2010	2015	2020	2021	2022	Pays ou zone
Philippines								**Philippines**
General	...	...	...	107.0[47]	123.3[47]	# 108.9[48]	115.3[48]	Généraux
Food	...	...	...	110.5[47]	129.6[47]	# 109.0[48]	115.3[48]	Alimentation
Poland [1]								**Pologne** [1]
General	...	...	100.0	108.1	117.6	123.6	141.3	Généraux
Food	...	...	100.0	109.1	129.7	133.7	154.2	Alimentation
Portugal [1]								**Portugal** [1]
General [75]	78.5	91.8	100.0	107.0	110.6	112.0	120.8	Généraux [75]
Food	85.6	95.1	100.0	107.0	112.7	113.5	128.2	Alimentation
Puerto Rico [1]								**Porto Rico** [1]
General	...	...	100.0	105.2	...	...	...	Généraux
Food [18]	...	...	100.0	111.1	...	...	...	Alimentation [18]
Qatar								**Qatar**
General	...	...	...	105.2[60]	96.6[48]	98.8[48]	103.7[48]	Généraux
Food	...	...	...	101.1[60]	100.3[48]	102.9[48]	107.0[48]	Alimentation
Republic of Korea [1]								**République de Corée** [1]
General	73.1	86.2	100.0	109.8	115.8	118.6	124.7	Généraux
Food	62.9	80.8	100.0	115.6	131.3	139.5	147.3	Alimentation
Republic of Moldova [76,77]								**République de Moldova** [76,77]
General	...	...	100.0	135.8	172.6	181.4	233.5	Généraux
Food [18]	...	...	100.0	137.1	194.4	208.2	276.3	Alimentation [18]
Réunion [1]								**Réunion** [1]
General	...	...	100.0	104.7	107.6[78]	...	113.1	Généraux
Food [32]	...	...	100.0	110.5	117.5[78]	...	124.6	Alimentation [32]
Romania								**Roumanie**
General	32.0	74.1	# 100.0	# 114.2	127.0[1]	133.5[1]	151.9[1]	Généraux
Food	...	...	...	131.0[18,31]	113.7[25]	117.3[25]	135.8[25]	Alimentation
Russian Federation								**Fédération de Russie**
General	30.8	61.4	100.0	151.5	186.8	199.4	226.8	Généraux
Food	...	58.4	100.0	161.7	196.8	215.7	250.4	Alimentation
Rwanda [1,36]								**Rwanda** [1,36]
General	...	...	100.0	122.1	151.4	152.6	173.8	Généraux
Food	...	...	100.0	132.2	179.1	177.3	222.7	Alimentation
Saint Kitts and Nevis [1]								**Saint-Kitts-et-Nevis** [1]
General	...	...	100.0	105.7	103.0	104.2	107.0	Généraux
Food	...	...	100.0	102.2	100.4	100.5	110.9	Alimentation
Saint Lucia								**Sainte-Lucie**
General [1]	...	...	100.0	111.4	108.8	111.4	118.5	Généraux [1]
Food [79]	...	...	...	102.4	102.5	102.5	108.2	Alimentation [79]
Saint Vincent & Grenadines								**Saint-Vincent-Grenadines**
General	* 74.1	* 81.5	* # 100.0	* 105.1	* 110.0	* 111.7	* 118.0	Généraux
Food [1]	...	...	* 100.0	* 109.5	...	...	...	Alimentation [1]
Samoa [75]								**Samoa** [75]
General	* 57.4	* 76.4	* 100.0	* 108.4	* 115.7	* 119.3	* 132.4	Généraux
San Marino [51]								**Saint-Marin** [51]
General	...	...	...	107.7	112.7	115.1	121.9	Généraux
Food	...	...	...	121.3	142.6	147.6	164.6	Alimentation
Sao Tome and Principe								**Sao Tomé-et-Principe**
General	22.3	39.2	100.0	154.0	...	...	...	Généraux
Saudi Arabia								**Arabie saoudite**
General	...	81.4[1]	100.0[1]	96.4[48]	101.3[48]	104.4[48]	107.0[48]	Généraux
Food	...	73.0[1]	100.0[1]	96.0[48]	111.3[48]	117.3[48]	121.6[48]	Alimentation
Senegal								**Sénégal**
General [64]	80.9	87.1	100.0	104.6	112.0	114.6[1]	125.7[1]	Généraux [64]
Food [1,80]	...	...	100.0	110.9	...	...	...	Alimentation [1,80]
Serbia								**Serbie**
General	19.8	65.2	100.0	133.0	146.3	152.3	170.5	Généraux
Food	...	...	100.0	133.2	146.9	153.5	182.3	Alimentation
Seychelles [1]								**Seychelles** [1]
General	47.1	54.1	100.0	120.9	131.5	144.4	148.2	Généraux
Food [81]	...	...	100.0	116.7	121.1	139.4	141.0	Alimentation [81]
Sierra Leone [1]								**Sierra Leone** [1]
General	...	...	100.0	134.1	265.6	297.2	378.0	Généraux
Food	...	...	100.0	137.8	269.9	315.7	411.9	Alimentation
Singapore								**Singapour**
General	85.2	88.0	100.0	113.2	114.2	116.8	124.0	Généraux
Food [1]	82.0	85.6	100.0	112.9	122.6	124.4	131.0	Alimentation [1]
Slovakia								**Slovaquie**
General	65.4	86.8	100.0	108.7	117.6	121.3	136.8	Généraux
Food	77.9	89.6	100.0	113.2	126.7	129.0	153.0	Alimentation

19 Consumer price indices *(continued)*
General and food (Index base: 2010 = 100)

Indices des prix à la consommation *(suite)*
Généraux et alimentation (Indices base: 2010 = 100)

Country or area	2000	2005	2010	2015	2020	2021	2022	Pays ou zone
Slovenia								**Slovénie**
General	66.5	86.8	100.0	105.9	111.0	113.1	123.1	Généraux
Food	66.7	81.3	100.0	113.2	126.1	125.9	141.3	Alimentation
Solomon Islands								**Îles Salomon**
General	44.6	65.8	100.0	125.3	137.0	136.8	…	Généraux
Food [82]	…	…	…	* 552.5	…	…	…	Alimentation [82]
South Africa [1]								**Afrique du Sud** [1]
General	59.9	74.3	100.0[83]	130.1[83]	163.9[83]	171.3[83]	183.1[83]	Généraux
Food	48.6	67.1	100.0[83]	137.2[83]	181.7[83]	192.7[83]	210.4[83]	Alimentation
South Sudan								**Soudan du sud**
General	…	…	100.0	331.7	20 422.9	22 570.7	…	Généraux
Food [1]	…	…	* 100.0	* 349.4	…	…	…	Alimentation [1]
Spain [1]								**Espagne** [1]
General	75.9	# 89.0	100.0	106.5	110.6	114.0	123.6	Généraux
Food	71.9	89.2	100.0	108.2	116.8	118.9	132.8	Alimentation
Sri Lanka								**Sri Lanka**
General	36.5[1,84]	# 58.3[1,84]	100.0[1,84]	109.5[60]	137.6[60]	147.2[60]	221.5[60]	Généraux
Food	…	…	100.0[1,84]	110.7[60]	143.1[60]	159.2[60]	255.6[60]	Alimentation
State of Palestine								**État de Palestine**
General	67.4	80.7	100.0	111.0	111.8[1]	113.1[1]	117.3[1]	Généraux
Food	63.4	71.8	100.0	107.8	105.6[1]	106.2[1]	113.3[1]	Alimentation
Sudan								**Soudan**
General	* 35.8	* 56.6	* 100.0	* 349.8	* 3 538.7	* 18 895.1	* 55 732.3	Généraux
Food [85]	…	…	…	* 501.5	…	…	…	Alimentation [85]
Suriname [1]								**Suriname** [1]
General	29.0	69.0	100.0	139.2	397.7	632.8	964.7	Généraux
Food	…	…	100.0	141.8	436.0	703.1	1 066.0	Alimentation
Sweden								**Suède**
General	86.2	92.7	100.0	103.6	111.1	113.5	123.0	Généraux
Food [1]	82.7	87.2	100.0	107.9	119.7	120.2	133.8	Alimentation [1]
Switzerland [1]								**Suisse** [1]
General	# 91.7	95.7	100.0	98.2	98.8	99.4	102.2	Généraux
Food	92.7	97.8	100.0	97.1	99.3	97.7	99.3	Alimentation
Syrian Arab Republic								**République arabe syrienne**
General	…	…	100.0	448.8	…	…	…	Généraux
Food	…	…	100.0	512.1	…	…	…	Alimentation
Tajikistan [1]								**Tadjikistan** [1]
General	…	…	100.0	140.2	194.1	211.5	225.4	Généraux
Food [18]	…	…	100.0	146.8	214.6	237.1	254.4	Alimentation [18]
Thailand [1]								**Thaïlande** [1]
General	77.4	86.6	100.0	110.3	112.3	113.7	120.7	Généraux
Food	…	…	100.0	123.0	130.0	129.7	138.8	Alimentation
Timor-Leste								**Timor-Leste**
General	…	* 74.4	* 100.0	* 142.9	…	…	…	Généraux
Food [40]	…	…	…	* 105.7	…	…	…	Alimentation [40]
Togo								**Togo**
General	74.5	84.7	100.0	111.2	115.4	…	…	Généraux
Food [1,64,86]	* 73.9	* 81.5	* 100.0	* 106.6	…	…	…	Alimentation [1,64,86]
Tonga								**Tonga**
General	* 47.7	* 76.7	* 100.0	* 109.9	…	…	…	Généraux
Food [1]	…	* 75.7	* 100.0	* 116.3	…	…	…	Alimentation [1]
Trinidad and Tobago [12]								**Trinité-et-Tobago** [12]
General	51.1	64.6	100.0	133.6	144.0	147.0	…	Généraux
Food [1]	…	* 39.9	* 100.0	* 170.9	…	…	…	Alimentation [1]
Tunisia								**Tunisie**
General	* # 71.7	* 81.6	* # 100.0	* 126.7	167.7	177.3	192.0	Généraux
Food	…	…	100.0	100.0[25]	130.2[25]	138.4[25]	153.5[25]	Alimentation
Türkiye								**Türkiye**
General	* 20.6	* # 65.9	* 100.0	* 146.1	263.2	314.8	542.4	Généraux
Food	19.6[1]	60.2[1]	100.0	157.3	301.0	374.1	694.5	Alimentation
Tuvalu								**Tuvalu**
General	…	…	100.0	…	…	…	…	Généraux
Uganda								**Ouganda**
General	…	…	…	150.8[87]	110.6[88]	113.0[88]	121.1[88]	Généraux
Food	…	…	…	160.7[87]	106.9[88]	107.4[88]	122.0[88]	Alimentation
Ukraine								**Ukraine**
General	34.8	51.2	100.0	180.5	289.6	316.6	380.7	Généraux
Food	…	…	100.0	166.6	252.8	280.0	354.6	Alimentation
United Arab Emirates								**Émirats arabes unis**
General	…	…	100.0	109.4	111.8	112.4	…	Généraux
Food	…	…	100.0	118.2	128.0	128.1	…	Alimentation

19 Consumer price indices *(continued)*
General and food (Index base: 2010 = 100)

Indices des prix à la consommation *(suite)*
Généraux et alimentation (Indices base: 2010 = 100)

Country or area	2000	2005	2010	2015	2020	2021	2022	Pays ou zone
United Kingdom [1]								**Royaume-Uni** [1]
General	81.3	87.4	100.0	111.9	121.6	124.7	136.1	Généraux
Food	72.6	78.5	100.0	109.8	114.1	114.4	126.8	Alimentation
United Rep. of Tanzania [89]								**Rép.-Unie de Tanzanie** [89]
General	51.7	66.3	100.0	# 158.0	193.6	200.7	209.5	Généraux
Food [90]	...	...	...	* 96.6	...	...	...	Alimentation [90]
United States of America [83]								**États-Unis d'Amérique** [83]
General	79.0	89.6	100.0	108.7	118.7	124.3	134.2	Généraux
Food [1]	77.8	87.9	100.0	112.2	115.9	119.9	133.6	Alimentation [1]
Uruguay [1]								**Uruguay** [1]
General	43.5	70.5	100.0	150.1	222.7	240.0	261.8	Généraux
Food	38.6	64.3	100.0	158.8	240.6	256.3	284.7	Alimentation
Uzbekistan								**Ouzbékistan**
General [1,62]	...	...	...	...	173.0	191.8	214.0	Généraux [1,62]
Food	...	...	...	...	194.1[1,62]	221.9[1,62]	332.6	Alimentation
Vanuatu								**Vanuatu**
General	75.1	83.9	100.0	107.1	123.4[1]	126.3[1]	...	Généraux
Food [1]	...	...	* 100.0	* 109.2	146.9	153.7	...	Alimentation [1]
Venezuela (Boliv. Rep. of) [1]								**Venezuela (Rép. boliv. du)** [1]
General	...	...	100.0	772.0	93 584.2[91]	800.7[92]	...	Généraux
Food	...	...	100.0	1 487.2	145.4[92]	2 104.4[92]	...	Alimentation
Viet Nam								**Viet Nam**
General	# 48.1	59.9	100.0	144.6	168.8	171.9	177.3	Généraux
Yemen								**Yémen**
General	* 34.2	* # 60.0	* 100.0	...	...	...	...	Généraux
Zambia								**Zambie**
General	23.8	59.9	# 100.0	144.0	245.7	299.8	332.8	Généraux
Food [93]	...	...	...	* 151.2	...	...	...	Alimentation [93]
Zimbabwe								**Zimbabwe**
General	...	...	100.0	106.2	2 725.3	5 411.0	11 076.6	Généraux
Food [1]	...	...	* 100.0	* 103.6	...	...	...	Alimentation [1]

Source:

United Nations Statistics Division (UNSD), New York, Monthly Bulletin of Statistics (MBS), last accessed May 2023.

Source:

Organisation des Nations Unies (ONU), Division de statistique, New York, Bulletin mensuel de statistique (BMS), dernier accès mai 2023.

1 Calculated by the UN Statistics Division from national indices.
2 Algiers
3 Base 2021 = 100.
4 Luanda
5 Monthly average for quarter or index for quarter.
6 Index base: December 2016=100.
7 Weighted average of index values computed for the 8 capital cities.
8 Including tobacco.
9 New Providence
10 Index base: November 2014=100.
11 Base: July 2005-June 2006=100.
12 Data refer to the Retail Price Index.
13 Index base: July 2001=100.
14 Average for 11 months excluding data for April.
15 Average for 11 months excluding data for February.
16 For Cotonou only.
17 Base: April 2019 = 100
18 Including alcoholic beverages.
19 Ouagadougou
20 Bujumbura
21 Phnom Penh
22 Base: 2011=100.
23 Bangui.
24 N'Djamena
25 Index base: 2015=100.
26 Brazzaville

1 Les indices ont été calculés par la Division de statistique de l'ONU à partir des indices nationaux.
2 Alger
3 Base 2021 = 100.
4 Luanda
5 Moyenne mensuelle pour le trimestre ou indice pour le trimestre.
6 Indices base: 2016 décembre=100.
7 Moyenne pondérée des données d'index calculées pour les 8 capitales.
8 Y compris le tabac.
9 Nouvelle Providence
10 Indices base: 2014 novembre=100.
11 Base: juillet 2005-juin 2006 = 100.
12 Les données se rapporte à l'index des prix en détail.
13 Indices base: 2001 juillet=100.
14 Moyenne sur 11 mois hors données d'avril.
15 Moyenne sur 11 excluant les données de février
16 Pour Cotonou seulement.
17 Base : avril 2019 = 100
18 Y compris les boissons alcoolisées.
19 Ouagadougou
20 Bujumbura
21 Phnom Penh
22 Base : 2011=100.
23 Bangui.
24 N'Djamena
25 Indices base: 2015=100.
26 Brazzaville

19 Consumer price indices *(continued)*
General and food (Index base: 2010 = 100)

Indices des prix à la consommation *(suite)*
Généraux et alimentation (Indices base: 2010 = 100)

27 Refers to the island of Rarotonga.
28 Central area.
29 Abidjan
30 The index pertains to African families.
31 Index base: 2005=100.
32 Data refers to food only.
33 Data are adjusted according to the results of 1999 and 2009 censuses.
34 Data refer to government controlled areas.
35 Index base: June 2010=100.
36 For urban population only.
37 Index base: January 2010=100.
38 Base: July 2018-June 2019=100.
39 Urban areas.
40 Index base: December 2012=100.
41 All households. Metropolitan France and overseas departments.
42 Average for 6 months excluding data for April to September.
43 Libreville and Owendo.
44 Banjul, Kombo St. Mary
45 Index base: August 2004=100.
46 Data refer to 5 cities only.
47 Base: 2012=100.
48 Base: 2018=100.
49 Average for 9 months excluding data for April to June.
50 Including food and beverages consumed away from home.
51 Index base: December 2010=100.
52 Conakry
53 Bissau
54 Georgetown
55 Base: October 2017-September 2018=100.
56 Including alcoholic beverages and tobacco.
57 Industrial workers.
58 Index base: fiscal (solar) year 2016 (21 March 2016 - 20 March 2017)=100.
59 Base: 2019=100.
60 Index base: 2013=100.
61 Data refer to 7 cities only.
62 Base: 2016 = 100
63 Bamako
64 WAEMU harmonized consumer price index.
65 Index base: 2014=100.
66 Base 2020 = 100
67 Base 2017 = 100.
68 Index base: 2014/2015=100.
69 Niamey
70 Index base: 2008=100.
71 Rural and urban areas.
72 Base 2015 - 2016 = 100
73 For Greater Asuncion only.
74 Metropolitan Lima.
75 Excluding rent.
76 Excluding the left side of the river Nistru and the municipality of Bender.
77 Data refer to 8 cities only.
78 Average for 10 months excluding data for April and May.
79 Base: January 2018=100.
80 Data refer to the national index.
81 Excluding fresh fish.
82 Honiara
83 All urban consumers.
84 Colombo
85 Index base: 2007=100.
86 For Lome only.
87 Base: 1 July 2009 - 30 June 2010=100.
88 Base: 1 July 2016 - 30 June 2017=100.
89 For Tanganyika only.

27 Fait référence à l'île de Rarotonga.
28 Région centrale.
29 Abidjan
30 l'indice se rapporte aux familles africaines.
31 Indices base: 2005=100.
32 Les données ne concernent que les denrées alimentaires.
33 Les données ont été ajustées à partir des résultats des recensements de la population de 1999 et 2009.
34 Les données se rapportent aux zones contrôlées par le Gouvernement.
35 Indices base: 2010 juin=100.
36 Pour la population urbaine seulement
37 Indices base: 2010 janvier=100.
38 Base : juillet 2018-juin 2019=100.
39 Zones urbaines.
40 Indices base: 2012 décembre=100.
41 Tous les ménages. France métropolitaine et départements d'outre-mer.
42 Moyenne sur 6 mois hors données d'avril à septembre.
43 Libreville et Owendo.
44 Banjul, Kombo St. Mary
45 Indices base: 2004 août=100.
46 Les données se réfère à 5 villes seulement.
47 Base: 2012=100.
48 Base: 2018=100.
49 Moyenne sur 9 mois à l'exclusion des données d'avril à juin.
50 Y compris les aliments et de boissons loin de la maison.
51 Indices base: 2000 décembre=100.
52 Conakry
53 Bissau
54 Georgetown
55 Base : octobre 2017-septembre 2018=100.
56 Y compris les boissons alcoolisées et le tabac.
57 Ouvriers industriels.
58 Indices base: année fiscale (solaire) 2016 (21 mars 2016 - 20 mars 2017) = 100.
59 Base : 2019=100.
60 Indices base: 2013=100.
61 Les données se réfère à 7 villes seulement.
62 Base: 2016 = 100
63 Bamako
64 UEMOA harmonisé l'indice des prix à la consommation.
65 Indices base: 2014=100.
66 Base 2020 = 100
67 Base 2017 = 100.
68 Indices base: 2014/2015=100.
69 Niamey
70 Indices base: 2008=100.
71 Régions rurales et urbaines.
72 Base 2015 - 2016 = 100
73 Pour le Grand Asuncion uniquement.
74 Lima métropolitaine.
75 Sans le loyer.
76 La rive gauche de la rivière Nistru et la municipalité de Bender sont exclues.
77 Les données se réfère à 8 villes seulement.
78 Moyenne sur 10 mois hors données d'avril et mai.
79 Base : janvier 2018=100.
80 Les données se rapporte à l'indice national.
81 Non compris le poisson frais.
82 Honiara
83 Tous les consommateurs urbains.
84 Colombo
85 Indices base: 2007=100.
86 Pour Lome seulement.
87 Base : 1er juillet 2009 - 30 juin 2010=100.
88 Base : 1er juillet 2016 - 30 juin 2017=100.
89 Pour Tanganyika uniquement.

90 Index base: December 2015=100.
91 Figures in millions.
92 Figures in billions.
93 Base: 2009=100.

90 Indices base: 2015 décembre=100.
91 Chiffres en millions.
92 Chiffres en milliards.
93 Base : 2009=100.

20 Agricultural production indices

Index base: 2014 - 2016 = 100

Indices de la production agricole

Indices base: 2014 - 2016 = 100

Région, pays ou zone	1985	1995	2005	2010	2015	2018	2019	2020	Région, pays ou zone
Total, all countries or areas									**Total, tous pays ou zones**
Agriculture (gross)	**51.9**	**61.6**	**78.7**	**88.5**	**100.1**	**105.2**	**106.3**	**107.9**	**Agriculture (brut)**
Food (gross)	**51.9**	**61.5**	**78.5**	**88.4**	**100.1**	**105.1**	**105.9**	**107.8**	**Produits alimentaires (brut)**
Africa									**Afrique**
Agriculture (gross)	37.6	50.1	72.4	85.6	100.6	109.2	110.5	113.5	Agriculture (brut)
Food (gross)	36.6	48.9	71.5	85.4	100.7	109.0	110.2	113.2	Produits alimentaires (brut)
Northern Africa									**Afrique septentrionale**
Agriculture (gross)	37.7	49.2	75.0	84.5	101.7	106.9	106.9	107.8	Agriculture (brut)
Food (gross)	35.6	48.0	74.1	84.0	101.8	106.4	106.7	107.6	Produits alimentaires (brut)
Eastern Africa									**Afrique orientale**
Agriculture (gross)	40.9	50.4	70.2	86.6	101.0	108.4	112.8	118.3	Agriculture (brut)
Food (gross)	41.8	48.9	69.1	85.8	101.6	107.9	113.1	118.0	Produits alimentaires (brut)
Middle Africa									**Afrique centrale**
Agriculture (gross)	35.6	43.4	58.0	85.2	99.8	105.9	108.4	111.0	Agriculture (brut)
Food (gross)	33.7	41.6	56.7	85.4	99.7	106.1	108.1	111.0	Produits alimentaires (brut)
Southern Africa									**Afrique australe**
Agriculture (gross)	60.2	58.6	80.8	91.1	101.1	104.3	104.5	110.8	Agriculture (brut)
Food (gross)	58.0	57.4	80.2	91.2	101.0	104.1	104.2	110.7	Produits alimentaires (brut)
Western Africa									**Afrique occidentale**
Agriculture (gross)	30.7	50.9	74.9	84.5	99.4	113.7	113.4	115.3	Agriculture (brut)
Food (gross)	29.7	50.1	73.9	84.8	99.5	113.7	112.8	115.1	Produits alimentaires (brut)
Americas									**Amériques**
Agriculture (gross)	54.9	63.0	80.9	90.0	99.3	104.8	105.6	107.6	Agriculture (brut)
Food (gross)	53.9	62.3	80.1	89.8	99.4	104.5	105.1	107.4	Produits alimentaires (brut)
Northern America									**Amérique septentrionale**
Agriculture (gross)	68.2	72.0	86.6	91.7	97.1	104.1	101.5	104.8	Agriculture (brut)
Food (gross)	67.6	71.0	85.4	91.5	97.2	103.9	100.9	105.1	Produits alimentaires (brut)
Caribbean									**Caraïbes**
Agriculture (gross)	91.1	71.9	84.9	86.1	99.3	101.8	101.3	91.8	Agriculture (brut)
Food (gross)	88.7	70.4	83.8	85.4	99.3	101.6	101.3	91.5	Produits alimentaires (brut)
Central America									**Amérique centrale**
Agriculture (gross)	50.2	60.9	78.3	87.5	98.7	109.6	110.1	110.6	Agriculture (brut)
Food (gross)	48.7	60.0	78.2	87.3	98.7	109.2	110.1	110.9	Produits alimentaires (brut)
South America									**Amérique du Sud**
Agriculture (gross)	40.5	53.4	75.2	88.7	101.9	104.8	109.3	110.5	Agriculture (brut)
Food (gross)	38.8	53.0	74.5	88.5	102.0	104.3	108.7	109.7	Produits alimentaires (brut)
Asia									**Asie**
Agriculture (gross)	36.3	55.1	75.2	87.8	100.4	105.7	107.2	108.9	Agriculture (brut)
Food (gross)	36.5	55.1	75.3	87.8	100.5	105.7	106.7	109.0	Produits alimentaires (brut)
Central Asia									**Asie centrale**
Agriculture (gross)	...	53.9	67.1	78.3	101.1	107.1	109.6	113.1	Agriculture (brut)
Food (gross)	...	46.2	61.6	74.7	101.0	109.6	110.2	112.9	Produits alimentaires (brut)
Eastern Asia									**Asie orientale**
Agriculture (gross)	33.9	54.0	76.7	88.6	101.2	103.1	103.9	104.7	Agriculture (brut)
Food (gross)	33.2	53.7	76.7	88.7	101.3	103.0	103.2	104.6	Produits alimentaires (brut)
South-eastern Asia									**Asie du Sud-Est**
Agriculture (gross)	38.5	53.2	74.8	89.6	100.4	106.6	104.6	104.7	Agriculture (brut)
Food (gross)	42.9	57.6	77.7	91.3	100.5	104.1	101.3	101.7	Produits alimentaires (brut)
Southern Asia									**Asie méridionale**
Agriculture (gross)	39.3	55.6	71.4	85.7	98.7	109.2	112.5	115.4	Agriculture (brut)
Food (gross)	39.7	55.2	71.0	85.0	98.9	110.4	113.3	116.9	Produits alimentaires (brut)
Western Asia									**Asie occidentale**
Agriculture (gross)	52.2	68.1	88.5	92.3	101.0	107.3	114.2	120.1	Agriculture (brut)
Food (gross)	51.9	66.7	86.8	91.6	101.1	106.9	114.5	121.1	Produits alimentaires (brut)
Europe									**Europe**
Agriculture (gross)	108.9	88.1	90.0	90.6	99.8	102.1	103.4	103.1	Agriculture (brut)
Food (gross)	106.8	87.9	89.8	90.6	99.8	102.2	103.4	103.1	Produits alimentaires (brut)
Eastern Europe									**Europe orientale**
Agriculture (gross)	131.8	85.9	81.3	81.0	98.0	105.2	107.4	105.3	Agriculture (brut)
Food (gross)	126.3	85.7	81.2	81.0	98.0	105.3	107.4	105.3	Produits alimentaires (brut)
Northern Europe									**Europe septentrionale**
Agriculture (gross)	86.7	94.1	92.6	91.9	101.7	96.5	103.5	101.8	Agriculture (brut)
Food (gross)	86.8	94.0	92.6	91.9	101.8	96.6	103.6	101.9	Produits alimentaires (brut)

20 Agricultural production indices *(continued)*
Index base: 2014 - 2016 = 100

Indices de la production agricole *(suite)*
Indices base: 2014 - 2016 = 100

Région, pays ou zone	1985	1995	2005	2010	2015	2018	2019	2020	Région, pays ou zone
Southern Europe									**Europe méridionale**
Agriculture (gross)	91.9	86.3	98.3	100.6	101.0	107.5	103.2	108.5	Agriculture (brut)
Food (gross)	91.4	85.4	97.5	100.7	101.0	107.7	103.4	108.7	Produits ailmentaires (brut)
Western Europe									**Europe occidentale**
Agriculture (gross)	98.9	90.4	94.8	95.6	100.7	95.7	97.7	96.1	Agriculture (brut)
Food (gross)	99.4	90.6	94.8	95.8	100.7	95.6	97.4	95.9	Produits ailmentaires (brut)
Oceania									**Océanie**
Agriculture (gross)	63.6	68.7	87.2	86.4	100.6	100.5	94.5	92.1	Agriculture (brut)
Food (gross)	58.6	64.8	85.5	86.5	101.1	99.2	95.1	94.2	Produits ailmentaires (brut)
Australia and New Zealand									**Australie et Nouvelle-Zélande**
Agriculture (gross)	63.8	68.7	87.4	86.1	100.6	100.3	93.9	91.3	Agriculture (brut)
Food (gross)	58.4	64.5	85.6	86.3	101.2	98.9	94.6	93.5	Produits ailmentaires (brut)
Melanesia									**Mélanésie**
Agriculture (gross)	59.6	68.5	83.5	88.5	100.6	103.5	103.3	103.2	Agriculture (brut)
Food (gross)	60.6	69.2	83.9	89.2	100.4	103.5	103.5	103.2	Produits ailmentaires (brut)
Micronesia									**Micronésie**
Agriculture (gross)	37.3	63.4	72.6	83.2	93.6	104.0	96.0	96.2	Agriculture (brut)
Food (gross)	37.3	63.4	72.6	83.2	93.6	104.0	96.0	96.2	Produits ailmentaires (brut)
Polynesia									**Polynésie**
Agriculture (gross)	117.1	94.2	104.2	115.6	97.9	91.1	88.2	90.9	Agriculture (brut)
Food (gross)	117.2	94.2	104.3	115.7	97.9	91.0	88.2	90.9	Produits ailmentaires (brut)
Afghanistan									**Afghanistan**
Agriculture (gross)	53.9	69.7	84.6	92.9	96.1	96.4	113.0	118.2	Agriculture (brut)
Food (gross)	52.8	68.8	84.7	93.0	96.0	96.1	112.6	118.1	Produits ailmentaires (brut)
Albania									**Albanie**
Agriculture (gross)	47.6	62.4	71.9	85.7	100.1	105.9	104.0	105.6	Agriculture (brut)
Food (gross)	44.3	61.6	71.6	85.6	100.1	106.1	104.1	105.8	Produits ailmentaires (brut)
Algeria									**Algérie**
Agriculture (gross)	29.9	39.1	59.8	76.4	100.2	108.5	112.0	112.2	Agriculture (brut)
Food (gross)	29.5	38.9	59.8	76.5	100.3	108.6	112.2	112.3	Produits ailmentaires (brut)
Angola									**Angola**
Agriculture (gross)	20.0	24.9	55.8	90.2	100.3	105.4	107.3	112.3	Agriculture (brut)
Food (gross)	19.0	24.0	55.6	90.3	100.3	105.6	107.5	112.6	Produits ailmentaires (brut)
Antigua and Barbuda									**Antigua-et-Barbuda**
Agriculture (gross)	134.8	135.2	135.5	102.4	100.3	87.7	86.8	86.6	Agriculture (brut)
Food (gross)	133.8	135.8	136.0	102.5	100.3	87.6	86.6	86.5	Produits ailmentaires (brut)
Argentina									**Argentine**
Agriculture (gross)	50.8	60.3	83.1	88.6	103.8	97.5	112.3	109.2	Agriculture (brut)
Food (gross)	50.1	59.0	83.1	88.2	104.0	97.5	112.6	109.4	Produits ailmentaires (brut)
Armenia									**Arménie**
Agriculture (gross)	...	50.2	72.7	73.1	106.7	83.4	81.2	85.9	Agriculture (brut)
Food (gross)	...	50.1	72.7	73.0	106.7	83.5	81.3	86.0	Produits ailmentaires (brut)
Australia									**Australie**
Agriculture (gross)	62.6	68.6	89.0	85.8	100.4	99.7	90.8	86.7	Agriculture (brut)
Food (gross)	57.5	64.4	87.3	86.4	101.2	97.5	91.5	89.6	Produits ailmentaires (brut)
Austria									**Autriche**
Agriculture (gross)	98.5	91.1	95.6	95.3	97.4	100.5	99.9	101.8	Agriculture (brut)
Food (gross)	98.6	91.1	95.6	95.3	97.4	100.5	100.0	101.8	Produits ailmentaires (brut)
Azerbaijan									**Azerbaïdjan**
Agriculture (gross)	...	43.8	78.5	86.4	100.8	116.8	126.0	127.6	Agriculture (brut)
Food (gross)	...	37.2	74.9	86.5	101.3	113.3	121.5	122.2	Produits ailmentaires (brut)
Bahamas									**Bahamas**
Agriculture (gross)	48.5	60.4	75.1	92.7	100.3	101.9	99.9	99.9	Agriculture (brut)
Food (gross)	48.5	60.4	75.1	92.7	100.3	101.9	99.9	99.9	Produits ailmentaires (brut)
Bahrain									**Bahreïn**
Agriculture (gross)	28.7	28.7	29.6	36.6	98.7	139.0	129.9	121.2	Agriculture (brut)
Food (gross)	28.7	28.7	29.6	36.6	98.7	139.0	129.9	121.2	Produits ailmentaires (brut)
Bangladesh									**Bangladesh**
Agriculture (gross)	40.1	47.6	71.7	89.6	100.6	108.3	109.2	112.1	Agriculture (brut)
Food (gross)	39.3	46.9	71.8	90.2	100.5	107.8	108.3	111.5	Produits ailmentaires (brut)
Barbados									**Barbade**
Agriculture (gross)	126.7	111.8	123.3	107.0	102.6	108.2	105.0	88.4	Agriculture (brut)
Food (gross)	126.7	111.8	123.3	107.0	102.6	108.2	105.0	88.4	Produits ailmentaires (brut)
Belarus									**Bélarus**
Agriculture (gross)	...	78.6	82.9	97.3	100.0	99.3	101.7	106.6	Agriculture (brut)
Food (gross)	...	78.1	82.6	97.3	100.1	99.4	101.6	106.6	Produits ailmentaires (brut)

20 Agricultural production indices *(continued)*
Index base: 2014 - 2016 = 100

Indices de la production agricole *(suite)*
Indices base: 2014 - 2016 = 100

Région, pays ou zone	1985	1995	2005	2010	2015	2018	2019	2020	Région, pays ou zone
Belgium									**Belgique**
Agriculture (gross)	...	...	92.3	95.6	101.3	98.3	101.2	101.5	Agriculture (brut)
Food (gross)	...	...	93.4	95.8	101.3	98.4	101.0	101.5	Produits ailmentaires (brut)
Belize									**Belize**
Agriculture (gross)	40.1	69.0	102.7	96.6	102.1	98.7	97.0	95.2	Agriculture (brut)
Food (gross)	40.2	69.0	102.7	96.6	102.1	98.7	97.0	95.2	Produits ailmentaires (brut)
Benin									**Bénin**
Agriculture (gross)	26.8	44.1	65.1	76.5	93.0	116.2	124.1	122.2	Agriculture (brut)
Food (gross)	26.7	39.6	66.7	80.5	94.9	109.5	117.3	114.7	Produits ailmentaires (brut)
Bhutan									**Bhoutan**
Agriculture (gross)	75.2	65.9	92.3	83.8	96.2	95.2	102.2	111.0	Agriculture (brut)
Food (gross)	75.2	65.8	92.2	83.7	96.1	95.2	102.2	111.0	Produits ailmentaires (brut)
Bolivia (Plurin. State of)									**Bolivie (État plurin. de)**
Agriculture (gross)	33.9	48.4	67.3	78.8	101.8	109.4	109.8	109.4	Agriculture (brut)
Food (gross)	32.6	46.8	66.2	78.3	101.8	109.5	109.8	109.4	Produits ailmentaires (brut)
Bosnia and Herzegovina									**Bosnie-Herzégovine**
Agriculture (gross)	...	60.7	92.9	100.0	99.2	115.1	105.2	114.9	Agriculture (brut)
Food (gross)	...	60.7	92.5	100.0	99.2	115.1	105.4	115.1	Produits ailmentaires (brut)
Botswana									**Botswana**
Agriculture (gross)	71.7	113.8	103.9	126.2	105.4	96.0	100.9	100.7	Agriculture (brut)
Food (gross)	71.2	113.5	103.6	126.1	105.4	96.0	100.9	100.7	Produits ailmentaires (brut)
Brazil									**Brésil**
Agriculture (gross)	36.0	48.8	72.1	89.1	101.7	107.8	110.2	113.0	Agriculture (brut)
Food (gross)	34.1	49.3	71.2	88.9	101.8	107.1	109.3	111.6	Produits ailmentaires (brut)
Brunei Darussalam									**Brunéi Darussalam**
Agriculture (gross)	33.2	30.4	49.0	89.3	97.2	102.1	100.3	107.5	Agriculture (brut)
Food (gross)	33.0	30.2	48.8	89.2	97.2	102.1	100.3	107.5	Produits ailmentaires (brut)
Bulgaria									**Bulgarie**
Agriculture (gross)	152.2	116.8	79.5	92.4	97.6	104.9	106.7	89.5	Agriculture (brut)
Food (gross)	145.5	116.6	77.4	91.4	97.5	105.8	107.7	90.4	Produits ailmentaires (brut)
Burkina Faso									**Burkina Faso**
Agriculture (gross)	21.0	35.6	66.1	79.7	98.0	105.9	117.3	119.3	Agriculture (brut)
Food (gross)	21.9	37.9	63.2	81.7	98.5	112.2	121.3	124.0	Produits ailmentaires (brut)
Burundi									**Burundi**
Agriculture (gross)	71.2	76.4	82.5	98.8	95.8	122.1	131.9	129.8	Agriculture (brut)
Food (gross)	71.9	76.0	80.3	91.2	94.9	124.4	135.1	132.4	Produits ailmentaires (brut)
Cabo Verde									**Cabo Verde**
Agriculture (gross)	37.7	73.3	93.6	92.7	100.8	77.9	78.9	80.7	Agriculture (brut)
Food (gross)	37.7	73.4	93.8	92.9	100.8	77.9	78.9	80.7	Produits ailmentaires (brut)
Cambodia									**Cambodge**
Agriculture (gross)	20.3	35.0	58.7	82.3	98.4	113.2	113.8	117.2	Agriculture (brut)
Food (gross)	20.3	34.7	59.5	83.4	98.3	111.4	110.2	112.5	Produits ailmentaires (brut)
Cameroon									**Cameroun**
Agriculture (gross)	31.6	41.3	61.3	82.4	100.8	100.4	102.3	101.5	Agriculture (brut)
Food (gross)	29.4	38.6	58.7	81.7	100.4	99.7	100.9	100.7	Produits ailmentaires (brut)
Canada									**Canada**
Agriculture (gross)	60.3	67.9	84.5	86.0	98.7	109.0	110.0	113.0	Agriculture (brut)
Food (gross)	59.5	67.1	84.0	86.1	98.5	109.3	110.4	113.3	Produits ailmentaires (brut)
Central African Republic									**République centrafricaine**
Agriculture (gross)	46.9	63.2	82.8	94.4	99.0	107.2	107.8	110.0	Agriculture (brut)
Food (gross)	41.9	61.0	84.1	95.3	99.2	106.9	107.2	109.4	Produits ailmentaires (brut)
Chad									**Tchad**
Agriculture (gross)	20.1	36.3	61.1	88.3	97.0	111.6	117.8	120.0	Agriculture (brut)
Food (gross)	18.9	34.6	59.1	90.1	97.0	114.6	118.4	121.3	Produits ailmentaires (brut)
Chile									**Chili**
Agriculture (gross)	38.9	66.2	85.9	93.0	101.3	108.6	107.6	105.5	Agriculture (brut)
Food (gross)	38.1	65.6	85.6	92.9	101.3	108.6	107.6	105.6	Produits ailmentaires (brut)
China [1]									**Chine** [1]
Agriculture (gross)	30.0	51.2	75.5	88.2	101.3	103.3	104.0	104.8	Agriculture (brut)
Food (gross)	29.1	50.8	75.4	88.3	101.4	103.2	103.2	104.7	Produits ailmentaires (brut)
China, Hong Kong SAR									**Chine, RAS de Hong Kong**
Agriculture (gross)	206.6	82.7	107.7	101.3	96.6	111.1	210.7	247.6	Agriculture (brut)
Food (gross)	206.6	82.7	107.7	101.3	96.6	111.1	210.7	247.6	Produits ailmentaires (brut)
China, Macao SAR									**Chine, RAS de Macao**
Agriculture (gross)	63.2	67.8	100.8	107.1	86.7	91.7	84.6	75.2	Agriculture (brut)
Food (gross)	63.2	67.8	100.8	107.1	86.7	91.7	84.6	75.2	Produits ailmentaires (brut)

20 Agricultural production indices *(continued)*
Index base: 2014 - 2016 = 100

Indices de la production agricole *(suite)*
Indices base: 2014 - 2016 = 100

Région, pays ou zone	1985	1995	2005	2010	2015	2018	2019	2020	Région, pays ou zone
Colombia									**Colombie**
Agriculture (gross)	49.7	68.7	80.3	81.4	100.9	102.8	106.1	104.0	Agriculture (brut)
Food (gross)	46.7	66.4	80.0	82.8	100.5	102.0	104.8	103.7	Produits ailmentaires (brut)
Comoros									**Comores**
Agriculture (gross)	53.8	80.1	88.3	97.5	98.6	105.8	105.8	106.3	Agriculture (brut)
Food (gross)	53.8	80.1	88.3	97.5	98.6	105.8	105.8	106.3	Produits ailmentaires (brut)
Congo									**Congo**
Agriculture (gross)	44.5	51.6	70.6	85.3	102.3	102.6	103.9	103.9	Agriculture (brut)
Food (gross)	43.4	51.5	70.3	85.0	102.4	102.7	103.9	104.0	Produits ailmentaires (brut)
Cook Islands									**Îles Cook**
Agriculture (gross)	359.8	198.7	115.0	106.8	99.7	94.1	90.3	88.4	Agriculture (brut)
Food (gross)	359.8	197.6	115.1	106.8	99.7	94.1	90.3	88.4	Produits ailmentaires (brut)
Costa Rica									**Costa Rica**
Agriculture (gross)	38.3	61.9	77.2	88.4	98.4	104.5	100.9	99.3	Agriculture (brut)
Food (gross)	34.1	57.4	74.3	87.5	98.9	105.7	101.8	99.5	Produits ailmentaires (brut)
Côte d'Ivoire									**Côte d'Ivoire**
Agriculture (gross)	42.1	56.9	71.4	74.8	104.2	116.6	120.9	125.4	Agriculture (brut)
Food (gross)	38.0	55.5	68.9	76.0	104.3	114.6	116.8	119.8	Produits ailmentaires (brut)
Croatia									**Croatie**
Agriculture (gross)	...	77.0	84.1	93.9	96.7	101.9	99.2	108.2	Agriculture (brut)
Food (gross)	...	77.0	83.9	94.0	96.6	102.2	99.5	108.7	Produits ailmentaires (brut)
Cuba									**Cuba**
Agriculture (gross)	127.9	79.2	96.8	86.2	99.6	95.5	95.8	73.9	Agriculture (brut)
Food (gross)	126.2	78.2	96.3	86.0	99.5	95.0	95.4	73.3	Produits ailmentaires (brut)
Cyprus									**Chypre**
Agriculture (gross)	121.1	146.3	126.4	107.2	103.1	102.0	105.8	106.0	Agriculture (brut)
Food (gross)	120.9	146.2	126.4	107.2	103.2	102.4	106.1	106.4	Produits ailmentaires (brut)
Czechia									**Tchéquie**
Agriculture (gross)	...	114.8	101.4	89.0	97.1	92.9	92.9	97.3	Agriculture (brut)
Food (gross)	...	113.7	101.0	89.0	97.1	92.9	93.0	97.3	Produits ailmentaires (brut)
Dem. People's Rep. Korea									**Rép. pop. dém. de Corée**
Agriculture (gross)	88.7	76.3	102.2	98.7	98.6	93.0	102.6	94.9	Agriculture (brut)
Food (gross)	89.3	76.3	103.2	99.2	98.5	92.6	102.6	94.5	Produits ailmentaires (brut)
Dem. Rep. of the Congo									**Rép. dém. du Congo**
Agriculture (gross)	51.7	54.0	49.5	82.0	100.0	108.2	110.4	115.0	Agriculture (brut)
Food (gross)	49.4	52.4	48.7	82.1	100.0	107.8	109.9	114.6	Produits ailmentaires (brut)
Denmark									**Danemark**
Agriculture (gross)	88.3	95.1	98.7	97.0	101.2	92.9	100.6	102.7	Agriculture (brut)
Food (gross)	88.3	95.1	98.7	97.0	101.2	92.9	100.6	102.7	Produits ailmentaires (brut)
Djibouti									**Djibouti**
Agriculture (gross)	103.4	90.3	110.3	118.0	83.9	131.2	136.8	139.8	Agriculture (brut)
Food (gross)	103.4	90.3	110.3	118.0	83.9	131.2	136.8	139.8	Produits ailmentaires (brut)
Dominica									**Dominique**
Agriculture (gross)	100.0	99.8	90.9	98.1	99.0	99.4	100.3	100.5	Agriculture (brut)
Food (gross)	100.2	99.2	90.1	97.7	99.0	99.4	100.3	100.5	Produits ailmentaires (brut)
Dominican Republic									**République dominicaine**
Agriculture (gross)	52.3	51.3	67.7	79.5	99.8	113.0	116.2	114.4	Agriculture (brut)
Food (gross)	48.3	48.8	65.8	78.8	99.7	113.0	116.6	114.3	Produits ailmentaires (brut)
Ecuador									**Équateur**
Agriculture (gross)	47.6	65.9	81.1	100.5	103.9	96.5	99.0	98.2	Agriculture (brut)
Food (gross)	46.0	64.0	81.7	100.8	103.4	97.2	100.4	99.5	Produits ailmentaires (brut)
Egypt									**Égypte**
Agriculture (gross)	34.4	57.3	83.8	90.5	101.4	97.0	100.8	103.6	Agriculture (brut)
Food (gross)	31.4	55.8	82.7	90.0	101.5	96.3	100.6	103.8	Produits ailmentaires (brut)
El Salvador									**El Salvador**
Agriculture (gross)	79.2	87.1	94.5	101.8	96.8	100.4	102.0	97.6	Agriculture (brut)
Food (gross)	57.6	71.8	87.0	91.5	97.0	99.5	102.9	98.0	Produits ailmentaires (brut)
Equatorial Guinea									**Guinée équatoriale**
Agriculture (gross)	58.0	71.0	83.0	92.6	102.7	102.3	102.8	103.1	Agriculture (brut)
Food (gross)	41.1	64.6	80.6	91.3	103.3	102.5	102.6	103.1	Produits ailmentaires (brut)
Eritrea									**Érythrée**
Agriculture (gross)	...	70.2	100.0	95.2	99.2	103.6	103.9	104.3	Agriculture (brut)
Food (gross)	...	70.3	100.3	95.2	99.2	103.6	103.9	104.3	Produits ailmentaires (brut)
Estonia									**Estonie**
Agriculture (gross)	...	84.2	78.0	79.1	111.2	84.7	106.7	107.7	Agriculture (brut)
Food (gross)	...	84.1	78.0	79.0	111.2	84.7	106.7	107.8	Produits ailmentaires (brut)

20 Agricultural production indices *(continued)*
Index base: 2014 - 2016 = 100

Indices de la production agricole *(suite)*
Indices base: 2014 - 2016 = 100

Région, pays ou zone	1985	1995	2005	2010	2015	2018	2019	2020	Région, pays ou zone
Eswatini									**Eswatini**
Agriculture (gross)	79.8	75.3	91.2	94.7	100.3	104.0	104.0	103.0	Agriculture (brut)
Food (gross)	76.7	73.8	90.6	94.7	100.2	104.1	104.0	103.0	Produits ailmentaires (brut)
Ethiopia									**Éthiopie**
Agriculture (gross)	...	34.6	57.6	82.3	101.1	106.4	110.3	119.7	Agriculture (brut)
Food (gross)	...	33.3	58.3	82.5	101.1	106.1	110.4	119.2	Produits ailmentaires (brut)
Faroe Islands									**Îles Féroé**
Agriculture (gross)	86.4	94.0	92.6	92.7	98.4	100.6	101.0	94.1	Agriculture (brut)
Food (gross)	86.4	94.0	92.6	92.7	98.4	100.6	101.0	94.1	Produits ailmentaires (brut)
Fiji									**Fidji**
Agriculture (gross)	130.8	145.0	137.2	89.3	109.4	117.8	120.4	114.4	Agriculture (brut)
Food (gross)	130.9	145.6	137.4	89.3	109.4	117.9	120.5	114.5	Produits ailmentaires (brut)
Finland									**Finlande**
Agriculture (gross)	106.9	95.6	103.2	94.3	99.5	93.0	102.2	98.6	Agriculture (brut)
Food (gross)	106.9	95.6	103.2	94.3	99.5	93.0	102.2	98.6	Produits ailmentaires (brut)
France									**France**
Agriculture (gross)	100.6	99.7	100.4	98.1	102.1	97.8	99.0	93.2	Agriculture (brut)
Food (gross)	102.0	100.3	100.3	98.6	102.2	97.3	98.1	92.6	Produits ailmentaires (brut)
French Polynesia									**Polynésie française**
Agriculture (gross)	91.8	90.7	101.2	97.2	101.5	104.0	103.5	103.4	Agriculture (brut)
Food (gross)	91.5	90.8	101.2	97.2	101.5	104.0	103.5	103.4	Produits ailmentaires (brut)
Gabon									**Gabon**
Agriculture (gross)	54.3	65.4	76.7	87.9	100.2	103.1	103.6	103.8	Agriculture (brut)
Food (gross)	57.3	67.9	78.0	88.1	100.0	103.5	103.7	104.1	Produits ailmentaires (brut)
Gambia									**Gambie**
Agriculture (gross)	64.3	72.8	105.6	146.6	107.5	64.2	70.6	73.9	Agriculture (brut)
Food (gross)	62.7	71.8	105.7	147.5	107.7	63.5	70.0	73.4	Produits ailmentaires (brut)
Georgia									**Géorgie**
Agriculture (gross)	...	153.4	159.6	88.8	102.1	104.3	105.7	116.3	Agriculture (brut)
Food (gross)	...	147.4	156.7	88.6	102.1	104.5	105.9	116.5	Produits ailmentaires (brut)
Germany									**Allemagne**
Agriculture (gross)	103.5	85.8	92.2	94.6	99.3	91.7	94.3	95.3	Agriculture (brut)
Food (gross)	103.4	85.8	92.1	94.6	99.3	91.9	94.4	95.4	Produits ailmentaires (brut)
Ghana									**Ghana**
Agriculture (gross)	24.6	42.5	66.8	84.0	99.8	113.0	115.7	118.3	Agriculture (brut)
Food (gross)	24.6	42.4	66.4	84.0	99.8	113.1	115.8	118.3	Produits ailmentaires (brut)
Greece									**Grèce**
Agriculture (gross)	104.0	111.1	111.5	101.8	103.6	98.4	100.9	101.4	Agriculture (brut)
Food (gross)	104.4	105.0	106.7	103.0	103.7	98.4	100.6	100.4	Produits ailmentaires (brut)
Grenada									**Grenade**
Agriculture (gross)	109.6	110.6	58.5	77.8	103.0	96.8	91.5	91.2	Agriculture (brut)
Food (gross)	109.7	110.7	58.5	77.7	103.0	96.8	91.5	91.2	Produits ailmentaires (brut)
Guatemala									**Guatemala**
Agriculture (gross)	27.7	40.8	61.0	76.1	100.8	100.2	98.3	102.4	Agriculture (brut)
Food (gross)	24.4	40.1	59.9	73.9	100.7	103.3	101.7	105.4	Produits ailmentaires (brut)
Guinea									**Guinée**
Agriculture (gross)	33.2	48.1	67.6	82.5	100.0	115.3	119.0	125.6	Agriculture (brut)
Food (gross)	32.5	46.5	66.6	81.8	100.0	115.0	118.7	126.5	Produits ailmentaires (brut)
Guinea-Bissau									**Guinée-Bissau**
Agriculture (gross)	43.2	55.5	76.4	95.4	101.0	107.4	112.4	116.8	Agriculture (brut)
Food (gross)	41.8	54.7	75.7	95.2	100.9	107.7	112.8	117.3	Produits ailmentaires (brut)
Guyana									**Guyana**
Agriculture (gross)	49.5	71.3	67.8	77.4	110.7	110.4	109.6	112.8	Agriculture (brut)
Food (gross)	49.4	71.3	67.7	77.4	110.7	110.4	109.5	112.8	Produits ailmentaires (brut)
Haiti									**Haïti**
Agriculture (gross)	71.7	58.3	71.1	89.7	98.4	88.8	80.6	76.2	Agriculture (brut)
Food (gross)	69.4	56.7	69.3	88.1	98.9	89.0	80.5	75.9	Produits ailmentaires (brut)
Honduras									**Honduras**
Agriculture (gross)	46.1	62.6	86.6	91.1	100.4	117.2	115.9	106.5	Agriculture (brut)
Food (gross)	55.3	72.7	98.8	96.3	100.1	107.1	106.6	103.6	Produits ailmentaires (brut)
Hungary									**Hongrie**
Agriculture (gross)	128.5	90.3	96.9	79.3	95.4	100.6	99.2	95.9	Agriculture (brut)
Food (gross)	127.8	90.2	96.8	79.2	95.4	100.8	99.4	96.1	Produits ailmentaires (brut)
Iceland									**Islande**
Agriculture (gross)	90.0	70.9	80.7	89.4	100.3	107.7	106.9	103.3	Agriculture (brut)
Food (gross)	88.4	70.3	80.6	89.5	100.1	108.1	107.0	103.6	Produits ailmentaires (brut)

20 Agricultural production indices *(continued)*
Index base: 2014 - 2016 = 100

Indices de la production agricole *(suite)*
Indices base: 2014 - 2016 = 100

Région, pays ou zone	1985	1995	2005	2010	2015	2018	2019	2020	Région, pays ou zone
India									**Inde**
Agriculture (gross)	39.5	54.9	68.7	85.5	98.3	112.6	115.3	118.6	Agriculture (brut)
Food (gross)	40.5	55.2	68.9	84.8	98.5	114.2	116.1	120.1	Produits ailmentaires (brut)
Indonesia									**Indonésie**
Agriculture (gross)	38.9	58.2	75.4	91.1	101.1	119.2	114.6	117.1	Agriculture (brut)
Food (gross)	49.3	70.9	84.5	94.6	102.0	115.8	109.6	113.4	Produits ailmentaires (brut)
Iran (Islamic Republic of)									**Iran (Rép. islamique d')**
Agriculture (gross)	39.8	63.2	91.8	90.2	98.8	87.0	91.6	87.0	Agriculture (brut)
Food (gross)	39.0	61.4	90.7	90.1	98.5	87.0	91.8	87.1	Produits ailmentaires (brut)
Iraq									**Iraq**
Agriculture (gross)	118.8	113.8	119.2	120.6	81.0	77.7	123.1	147.9	Agriculture (brut)
Food (gross)	118.1	114.1	118.9	119.8	80.7	77.4	123.7	149.0	Produits ailmentaires (brut)
Ireland									**Irlande**
Agriculture (gross)	86.8	85.8	88.1	88.3	100.6	109.3	113.5	115.1	Agriculture (brut)
Food (gross)	86.9	85.8	88.1	88.2	100.6	110.1	114.4	116.0	Produits ailmentaires (brut)
Israel									**Israël**
Agriculture (gross)	61.0	70.2	87.2	90.6	99.3	99.2	100.3	101.6	Agriculture (brut)
Food (gross)	56.0	68.4	86.9	90.9	99.1	99.5	100.6	102.1	Produits ailmentaires (brut)
Italy									**Italie**
Agriculture (gross)	113.9	110.5	115.7	108.8	102.5	99.1	98.4	99.8	Agriculture (brut)
Food (gross)	113.2	110.1	115.4	108.6	102.6	99.2	98.5	99.9	Produits ailmentaires (brut)
Jamaica									**Jamaïque**
Agriculture (gross)	72.7	99.9	95.2	91.6	97.8	105.8	104.7	100.8	Agriculture (brut)
Food (gross)	73.5	100.8	94.2	90.6	97.8	105.7	104.7	100.9	Produits ailmentaires (brut)
Japan									**Japon**
Agriculture (gross)	114.4	108.4	99.4	96.1	99.8	99.5	100.4	100.3	Agriculture (brut)
Food (gross)	112.8	108.0	99.0	95.9	99.8	99.5	100.4	100.5	Produits ailmentaires (brut)
Jordan									**Jordanie**
Agriculture (gross)	31.3	50.1	70.8	87.7	101.3	103.9	98.1	101.9	Agriculture (brut)
Food (gross)	30.8	49.2	70.6	87.1	101.4	103.9	98.1	101.9	Produits ailmentaires (brut)
Kazakhstan									**Kazakhstan**
Agriculture (gross)	...	65.4	72.6	77.3	99.0	114.8	111.7	118.2	Agriculture (brut)
Food (gross)	...	65.2	71.7	77.8	99.1	113.8	110.4	117.1	Produits ailmentaires (brut)
Kenya									**Kenya**
Agriculture (gross)	35.0	57.4	81.4	98.0	102.0	100.4	107.4	117.8	Agriculture (brut)
Food (gross)	42.5	56.1	83.0	100.6	106.1	96.3	108.7	113.9	Produits ailmentaires (brut)
Kiribati									**Kiribati**
Agriculture (gross)	57.4	47.9	71.4	88.1	91.1	107.7	94.0	94.2	Agriculture (brut)
Food (gross)	57.4	47.9	71.4	88.1	91.1	107.7	94.0	94.2	Produits ailmentaires (brut)
Kuwait									**Koweït**
Agriculture (gross)	24.9	27.0	46.4	63.7	94.6	114.3	118.2	118.0	Agriculture (brut)
Food (gross)	24.5	27.0	46.5	63.7	94.5	114.3	118.2	118.0	Produits ailmentaires (brut)
Kyrgyzstan									**Kirghizistan**
Agriculture (gross)	...	58.1	82.4	88.5	101.8	107.7	109.7	110.3	Agriculture (brut)
Food (gross)	...	53.8	79.3	87.1	102.3	107.4	109.5	110.3	Produits ailmentaires (brut)
Lao People's Dem. Rep.									**Rép. dém. populaire lao**
Agriculture (gross)	17.8	21.9	42.3	60.9	104.3	99.4	102.6	106.2	Agriculture (brut)
Food (gross)	19.0	22.1	44.6	61.3	104.5	96.6	98.9	102.8	Produits ailmentaires (brut)
Latvia									**Lettonie**
Agriculture (gross)	...	78.4	73.7	73.3	107.2	83.5	104.7	110.8	Agriculture (brut)
Food (gross)	...	78.3	73.6	73.3	107.2	83.6	104.8	110.9	Produits ailmentaires (brut)
Lebanon									**Liban**
Agriculture (gross)	57.8	107.3	93.8	88.9	98.7	105.5	100.8	99.8	Agriculture (brut)
Food (gross)	58.2	107.8	93.9	88.8	98.7	105.4	100.7	99.7	Produits ailmentaires (brut)
Lesotho									**Lesotho**
Agriculture (gross)	94.0	80.5	101.9	104.5	100.7	106.4	90.0	91.5	Agriculture (brut)
Food (gross)	94.7	75.7	101.8	104.6	100.8	107.0	89.3	90.9	Produits ailmentaires (brut)
Liberia									**Libéria**
Agriculture (gross)	81.2	43.3	87.0	91.6	97.8	100.9	105.7	107.7	Agriculture (brut)
Food (gross)	64.5	43.9	69.0	88.5	96.6	95.9	97.9	100.9	Produits ailmentaires (brut)
Libya									**Libye**
Agriculture (gross)	62.3	83.8	94.1	105.8	100.6	103.3	101.9	104.3	Agriculture (brut)
Food (gross)	61.8	83.9	94.0	106.1	100.7	103.3	101.9	104.3	Produits ailmentaires (brut)
Lithuania									**Lituanie**
Agriculture (gross)	...	76.6	78.4	72.6	106.0	83.2	94.3	107.6	Agriculture (brut)
Food (gross)	...	76.0	78.2	72.6	106.0	83.2	94.2	107.6	Produits ailmentaires (brut)

20 Agricultural production indices *(continued)*
Index base: 2014 - 2016 = 100

Indices de la production agricole *(suite)*
Indices base: 2014 - 2016 = 100

Région, pays ou zone	1985	1995	2005	2010	2015	2018	2019	2020	Région, pays ou zone
Luxembourg									**Luxembourg**
Agriculture (gross)	...	...	90.7	91.0	102.1	111.0	110.4	113.6	Agriculture (brut)
Food (gross)	...	...	90.7	91.1	102.1	111.0	110.4	113.6	Produits ailmentaires (brut)
Madagascar									**Madagascar**
Agriculture (gross)	75.4	71.9	88.6	104.7	98.7	100.8	101.3	102.0	Agriculture (brut)
Food (gross)	72.4	69.7	88.0	104.5	98.8	100.5	100.6	102.5	Produits ailmentaires (brut)
Malawi									**Malawi**
Agriculture (gross)	19.5	27.3	38.9	69.8	99.1	121.4	127.9	131.3	Agriculture (brut)
Food (gross)	17.1	20.1	34.1	64.2	99.4	124.2	130.7	135.2	Produits ailmentaires (brut)
Malaysia									**Malaisie**
Agriculture (gross)	40.5	59.3	80.8	89.0	104.1	102.5	101.7	101.0	Agriculture (brut)
Food (gross)	41.5	65.0	70.5	82.7	102.5	100.7	97.5	100.7	Produits ailmentaires (brut)
Maldives									**Maldives**
Agriculture (gross)	171.5	145.1	133.2	113.6	99.7	100.7	104.7	105.6	Agriculture (brut)
Food (gross)	171.5	145.1	133.2	113.6	99.7	100.7	104.7	105.6	Produits ailmentaires (brut)
Mali									**Mali**
Agriculture (gross)	29.4	42.2	59.4	77.0	97.4	123.1	127.3	127.3	Agriculture (brut)
Food (gross)	29.2	39.4	56.1	80.2	98.1	123.8	127.6	136.9	Produits ailmentaires (brut)
Malta									**Malte**
Agriculture (gross)	97.1	114.5	109.2	108.6	99.3	80.7	73.6	77.7	Agriculture (brut)
Food (gross)	97.0	114.5	109.2	108.6	99.3	80.8	73.7	77.7	Produits ailmentaires (brut)
Marshall Islands									**Îles Marshall**
Agriculture (gross)	...	175.0	97.9	113.3	90.0	80.0	90.0	90.0	Agriculture (brut)
Food (gross)	...	175.0	97.9	113.3	90.0	80.0	90.0	90.0	Produits ailmentaires (brut)
Mauritania									**Mauritanie**
Agriculture (gross)	56.2	54.7	79.0	86.4	100.3	107.1	104.4	105.9	Agriculture (brut)
Food (gross)	56.2	54.7	79.0	86.4	100.3	107.1	104.4	105.9	Produits ailmentaires (brut)
Mauritius									**Maurice**
Agriculture (gross)	96.4	101.4	105.8	106.2	100.2	89.4	94.4	80.4	Agriculture (brut)
Food (gross)	92.0	99.5	105.9	106.2	100.2	89.2	94.2	80.4	Produits ailmentaires (brut)
Mexico									**Mexique**
Agriculture (gross)	53.8	63.4	80.2	88.7	98.4	111.0	112.1	112.8	Agriculture (brut)
Food (gross)	52.7	62.3	80.0	88.7	98.4	110.5	111.9	112.8	Produits ailmentaires (brut)
Micronesia (Fed. States of)									**Micronésie (États féd. de)**
Agriculture (gross)	...	73.2	69.2	65.9	99.5	101.1	101.3	101.6	Agriculture (brut)
Food (gross)	...	73.2	69.2	65.9	99.5	101.1	101.3	101.6	Produits ailmentaires (brut)
Mongolia									**Mongolie**
Agriculture (gross)	71.6	60.5	53.0	63.1	110.2	125.4	130.3	166.6	Agriculture (brut)
Food (gross)	70.2	57.3	51.7	62.1	110.5	126.3	131.3	168.7	Produits ailmentaires (brut)
Montenegro									**Monténégro**
Agriculture (gross)	...	...	...	95.5	98.0	101.1	97.7	101.9	Agriculture (brut)
Food (gross)	...	...	...	95.4	97.9	101.1	97.7	101.9	Produits ailmentaires (brut)
Morocco									**Maroc**
Agriculture (gross)	37.6	42.0	69.2	92.9	108.0	115.5	110.1	98.7	Agriculture (brut)
Food (gross)	37.1	41.6	69.0	92.9	108.1	115.7	110.2	98.6	Produits ailmentaires (brut)
Mozambique									**Mozambique**
Agriculture (gross)	35.9	51.5	73.6	106.6	96.9	133.0	135.6	131.8	Agriculture (brut)
Food (gross)	38.6	54.4	72.4	108.9	97.4	133.9	135.0	135.8	Produits ailmentaires (brut)
Myanmar									**Myanmar**
Agriculture (gross)	32.7	38.4	72.1	98.2	101.0	81.0	80.5	80.2	Agriculture (brut)
Food (gross)	32.6	38.4	72.7	98.2	101.0	80.2	79.9	79.8	Produits ailmentaires (brut)
Namibia									**Namibie**
Agriculture (gross)	96.9	75.6	94.7	99.6	99.8	102.3	97.4	103.6	Agriculture (brut)
Food (gross)	96.5	75.0	94.3	99.5	99.8	102.4	97.5	103.8	Produits ailmentaires (brut)
Nauru									**Nauru**
Agriculture (gross)	73.2	80.4	92.6	99.9	100.0	100.1	100.6	101.1	Agriculture (brut)
Food (gross)	73.2	80.4	92.6	99.9	100.0	100.1	100.6	101.1	Produits ailmentaires (brut)
Nepal									**Népal**
Agriculture (gross)	37.4	52.8	71.7	82.2	99.2	108.2	114.0	120.1	Agriculture (brut)
Food (gross)	37.8	53.5	72.0	82.3	99.3	108.1	114.0	120.4	Produits ailmentaires (brut)
Netherlands (Kingdom of the)									**Pays-Bas (Royaume des)**
Agriculture (gross)	90.4	92.1	85.3	89.6	101.1	96.0	100.8	102.3	Agriculture (brut)
Food (gross)	90.2	91.9	85.2	89.7	101.1	96.1	100.8	102.4	Produits ailmentaires (brut)
New Caledonia									**Nouvelle-Calédonie**
Agriculture (gross)	85.6	85.1	86.8	85.7	110.6	97.4	100.6	101.7	Agriculture (brut)
Food (gross)	82.6	85.0	86.6	85.7	110.6	97.4	100.6	101.8	Produits ailmentaires (brut)

Agricultural production indices *(continued)*
Index base: 2014 - 2016 = 100

Indices de la production agricole *(suite)*
Indices base: 2014 - 2016 = 100

Région, pays ou zone	1985	1995	2005	2010	2015	2018	2019	2020	Région, pays ou zone
New Zealand									**Nouvelle-Zélande**
Agriculture (gross)	66.6	68.9	83.6	87.0	101.0	101.8	101.4	102.4	Agriculture (brut)
Food (gross)	60.3	64.6	81.6	86.0	101.2	102.0	101.7	102.9	Produits alimentaires (brut)
Nicaragua									**Nicaragua**
Agriculture (gross)	40.0	42.8	71.7	83.1	97.1	116.4	118.8	123.3	Agriculture (brut)
Food (gross)	32.7	41.6	70.4	84.4	97.2	114.3	115.4	120.0	Produits alimentaires (brut)
Niger									**Niger**
Agriculture (gross)	26.1	39.6	57.8	85.5	101.5	119.8	118.8	129.4	Agriculture (brut)
Food (gross)	26.0	39.3	57.7	85.5	101.5	119.8	118.8	129.4	Produits alimentaires (brut)
Nigeria									**Nigéria**
Agriculture (gross)	29.1	55.7	82.9	86.9	98.5	111.7	107.5	106.4	Agriculture (brut)
Food (gross)	28.5	54.9	82.1	86.1	98.5	111.7	107.5	106.3	Produits alimentaires (brut)
Niue									**Nioué**
Agriculture (gross)	106.0	96.5	102.1	98.9	97.4	99.5	99.0	98.7	Agriculture (brut)
Food (gross)	106.0	96.5	102.1	98.9	97.4	99.5	99.0	98.7	Produits alimentaires (brut)
North Macedonia									**Macédoine du Nord**
Agriculture (gross)	...	75.9	84.9	97.0	102.4	101.4	96.0	102.6	Agriculture (brut)
Food (gross)	...	75.9	83.5	96.0	102.8	101.5	95.7	102.7	Produits alimentaires (brut)
Norway									**Norvège**
Agriculture (gross)	97.7	93.9	94.4	97.5	100.1	96.6	101.5	101.3	Agriculture (brut)
Food (gross)	97.5	93.6	94.2	97.4	100.1	96.6	101.6	101.4	Produits alimentaires (brut)
Oman									**Oman**
Agriculture (gross)	30.7	47.8	67.8	84.2	100.8	134.0	127.8	147.1	Agriculture (brut)
Food (gross)	30.3	47.6	67.7	84.1	100.8	134.1	127.9	147.3	Produits alimentaires (brut)
Pakistan									**Pakistan**
Agriculture (gross)	35.7	57.0	71.9	81.0	99.1	105.3	110.8	115.2	Agriculture (brut)
Food (gross)	32.9	53.5	68.4	79.3	100.2	107.1	113.6	119.8	Produits alimentaires (brut)
Panama									**Panama**
Agriculture (gross)	72.4	78.0	82.4	89.9	100.0	108.0	110.7	109.6	Agriculture (brut)
Food (gross)	72.1	77.5	81.1	88.8	99.9	107.7	110.2	108.7	Produits alimentaires (brut)
Papua New Guinea									**Papouasie-Nvl-Guinée**
Agriculture (gross)	53.8	62.8	79.2	87.7	100.0	102.7	102.3	102.6	Agriculture (brut)
Food (gross)	54.0	62.8	79.0	88.3	99.8	102.7	102.5	102.6	Produits alimentaires (brut)
Paraguay									**Paraguay**
Agriculture (gross)	34.0	42.3	56.9	80.5	98.8	110.2	102.4	117.1	Agriculture (brut)
Food (gross)	27.9	37.3	54.5	80.4	98.8	110.2	102.3	117.1	Produits alimentaires (brut)
Peru									**Pérou**
Agriculture (gross)	31.9	41.6	65.2	83.8	99.0	112.0	116.6	118.4	Agriculture (brut)
Food (gross)	29.9	40.3	63.8	83.0	99.0	110.9	115.7	118.0	Produits alimentaires (brut)
Philippines									**Philippines**
Agriculture (gross)	47.6	62.1	81.1	91.6	100.7	101.6	101.2	100.6	Agriculture (brut)
Food (gross)	46.9	61.5	80.7	91.3	100.8	101.7	101.3	100.7	Produits alimentaires (brut)
Poland									**Pologne**
Agriculture (gross)	112.7	96.4	88.6	91.2	96.5	103.0	101.9	112.1	Agriculture (brut)
Food (gross)	111.7	96.3	88.5	91.2	96.5	103.0	101.9	112.2	Produits alimentaires (brut)
Portugal									**Portugal**
Agriculture (gross)	80.5	93.5	92.6	97.1	107.5	101.5	111.2	107.5	Agriculture (brut)
Food (gross)	80.1	93.2	92.4	97.0	107.5	101.9	111.7	107.9	Produits alimentaires (brut)
Puerto Rico									**Porto Rico**
Agriculture (gross)	169.0	157.0	127.2	118.6	101.8	96.7	93.2	96.1	Agriculture (brut)
Food (gross)	164.4	153.1	125.5	117.6	102.3	96.8	93.0	96.0	Produits alimentaires (brut)
Qatar									**Qatar**
Agriculture (gross)	24.2	66.2	58.7	70.1	112.9	140.4	136.8	158.5	Agriculture (brut)
Food (gross)	24.2	66.2	58.7	70.1	112.9	140.4	136.8	158.5	Produits alimentaires (brut)
Republic of Korea									**République de Corée**
Agriculture (gross)	67.1	86.8	92.1	93.7	99.5	100.0	101.0	99.3	Agriculture (brut)
Food (gross)	66.0	86.0	92.0	93.6	99.5	100.0	101.0	99.3	Produits alimentaires (brut)
Republic of Moldova									**République de Moldova**
Agriculture (gross)	...	122.3	94.9	88.9	90.7	121.3	118.5	81.4	Agriculture (brut)
Food (gross)	...	119.9	94.3	88.2	90.7	121.4	118.7	81.5	Produits alimentaires (brut)
Romania									**Roumanie**
Agriculture (gross)	121.4	100.9	98.8	92.9	96.1	118.2	112.0	86.9	Agriculture (brut)
Food (gross)	119.8	100.4	98.3	92.3	96.1	118.7	112.5	87.3	Produits alimentaires (brut)
Russian Federation									**Fédération de Russie**
Agriculture (gross)	...	80.0	75.9	73.9	100.1	104.7	110.0	112.0	Agriculture (brut)
Food (gross)	...	79.9	76.0	73.9	100.0	104.7	110.0	111.9	Produits alimentaires (brut)

Agricultural production indices *(continued)*
Index base: 2014 - 2016 = 100

Indices de la production agricole *(suite)*
Indices base: 2014 - 2016 = 100

Région, pays ou zone	1985	1995	2005	2010	2015	2018	2019	2020	Région, pays ou zone
Rwanda									**Rwanda**
Agriculture (gross)	69.8	47.7	89.5	105.7	100.7	110.6	123.0	124.6	Agriculture (brut)
Food (gross)	72.5	48.7	91.5	107.4	100.6	108.3	122.7	125.0	Produits ailmentaires (brut)
Saint Kitts and Nevis									**Saint-Kitts-et-Nevis**
Agriculture (gross)	518.6	393.8	260.4	105.4	99.7	97.3	97.1	95.2	Agriculture (brut)
Food (gross)	518.0	393.9	260.6	105.4	99.7	97.2	97.1	95.2	Produits ailmentaires (brut)
Saint Lucia									**Sainte-Lucie**
Agriculture (gross)	288.9	345.6	113.1	107.0	101.2	103.3	98.8	86.6	Agriculture (brut)
Food (gross)	288.8	345.6	113.1	107.0	101.2	103.3	98.8	86.6	Produits ailmentaires (brut)
Saint Vincent & Grenadines									**Saint-Vincent-Grenadines**
Agriculture (gross)	108.6	86.8	88.5	94.2	100.2	101.9	104.1	104.8	Agriculture (brut)
Food (gross)	109.2	86.9	88.4	94.0	100.2	101.9	104.2	104.9	Produits ailmentaires (brut)
Samoa									**Samoa**
Agriculture (gross)	127.7	92.2	112.6	119.3	90.9	79.7	73.5	79.7	Agriculture (brut)
Food (gross)	128.1	92.3	113.0	119.6	90.7	79.4	73.2	79.4	Produits ailmentaires (brut)
Sao Tome and Principe									**Sao Tomé-et-Principe**
Agriculture (gross)	57.3	71.6	107.3	103.5	90.0	106.2	105.2	103.4	Agriculture (brut)
Food (gross)	59.8	74.2	108.6	103.9	89.3	106.5	105.5	103.7	Produits ailmentaires (brut)
Saudi Arabia									**Arabie saoudite**
Agriculture (gross)	54.8	73.5	97.5	101.3	101.4	126.5	136.8	157.0	Agriculture (brut)
Food (gross)	54.8	73.6	97.5	101.3	101.5	126.7	137.1	157.4	Produits ailmentaires (brut)
Senegal									**Sénégal**
Agriculture (gross)	47.1	58.3	69.2	96.1	110.1	151.9	151.2	180.0	Agriculture (brut)
Food (gross)	46.6	57.9	68.3	96.0	110.1	153.0	152.2	181.3	Produits ailmentaires (brut)
Serbia									**Serbie**
Agriculture (gross)	...	...	...	100.4	94.4	107.7	107.8	110.9	Agriculture (brut)
Food (gross)	...	...	...	100.4	94.4	107.8	107.9	111.0	Produits ailmentaires (brut)
Seychelles									**Seychelles**
Agriculture (gross)	160.7	174.6	108.9	100.1	99.3	102.9	101.6	97.6	Agriculture (brut)
Food (gross)	158.2	168.8	102.9	99.2	99.4	103.2	101.9	98.0	Produits ailmentaires (brut)
Sierra Leone									**Sierra Leone**
Agriculture (gross)	35.3	37.9	64.3	101.2	96.5	89.5	79.5	92.3	Agriculture (brut)
Food (gross)	30.6	33.6	61.3	98.2	96.3	88.6	78.2	91.5	Produits ailmentaires (brut)
Singapore									**Singapour**
Agriculture (gross)	658.4	128.0	74.5	76.1	99.3	112.5	123.8	123.6	Agriculture (brut)
Food (gross)	658.3	127.9	74.5	76.1	99.3	112.5	123.8	123.6	Produits ailmentaires (brut)
Slovakia									**Slovaquie**
Agriculture (gross)	...	129.2	113.3	87.3	89.6	97.7	97.8	101.1	Agriculture (brut)
Food (gross)	...	128.1	113.2	87.2	89.6	97.9	97.9	101.3	Produits ailmentaires (brut)
Slovenia									**Slovénie**
Agriculture (gross)	...	111.6	111.8	103.8	101.7	102.5	99.9	104.9	Agriculture (brut)
Food (gross)	...	111.6	111.8	103.8	101.7	102.6	99.9	105.0	Produits ailmentaires (brut)
Solomon Islands									**Îles Salomon**
Agriculture (gross)	79.9	83.8	111.6	91.8	100.4	103.7	103.5	103.8	Agriculture (brut)
Food (gross)	90.7	92.2	124.9	96.6	100.6	101.3	100.1	100.7	Produits ailmentaires (brut)
Somalia									**Somalie**
Agriculture (gross)	100.6	89.0	106.6	107.5	101.9	98.2	100.5	100.8	Agriculture (brut)
Food (gross)	100.7	89.0	106.7	107.5	101.9	98.1	100.5	100.8	Produits ailmentaires (brut)
South Africa									**Afrique du Sud**
Agriculture (gross)	58.3	56.4	79.6	90.0	101.1	104.5	104.9	111.6	Agriculture (brut)
Food (gross)	56.1	55.2	79.0	90.0	101.0	104.3	104.5	111.4	Produits ailmentaires (brut)
South Sudan									**Soudan du sud**
Agriculture (gross)	...	...	...	...	100.6	102.0	107.0	105.1	Agriculture (brut)
Food (gross)	...	...	...	...	100.6	102.0	107.0	105.1	Produits ailmentaires (brut)
Spain									**Espagne**
Agriculture (gross)	69.9	63.7	86.6	95.4	99.4	117.4	106.4	117.3	Agriculture (brut)
Food (gross)	69.6	63.5	86.1	95.5	99.4	117.7	106.7	117.6	Produits ailmentaires (brut)
Sri Lanka									**Sri Lanka**
Agriculture (gross)	45.9	72.0	82.4	96.0	104.4	101.1	102.4	110.5	Agriculture (brut)
Food (gross)	63.6	69.3	73.3	89.5	105.6	105.0	107.9	125.9	Produits ailmentaires (brut)
State of Palestine									**État de Palestine**
Agriculture (gross)	...	116.5	142.5	101.5	90.4	103.6	123.9	98.5	Agriculture (brut)
Food (gross)	...	116.6	142.5	101.5	90.4	103.6	123.9	98.5	Produits ailmentaires (brut)
Sudan									**Soudan**
Agriculture (gross)	...	...	...	...	91.9	119.0	116.0	116.8	Agriculture (brut)
Food (gross)	...	...	...	...	91.7	117.6	115.0	115.5	Produits ailmentaires (brut)

20 Agricultural production indices *(continued)*
Index base: 2014 - 2016 = 100

Indices de la production agricole *(suite)*
Indices base: 2014 - 2016 = 100

Région, pays ou zone	1985	1995	2005	2010	2015	2018	2019	2020	Région, pays ou zone
Suriname									**Suriname**
Agriculture (gross)	93.0	78.7	67.7	92.1	98.2	97.9	94.7	85.8	Agriculture (brut)
Food (gross)	91.2	78.5	67.7	92.1	98.2	97.9	94.7	85.8	Produits alimentaires (brut)
Sweden									**Suède**
Agriculture (gross)	109.5	97.0	96.4	91.0	102.3	84.1	100.7	101.1	Agriculture (brut)
Food (gross)	109.6	97.0	96.3	90.9	102.4	84.2	100.8	101.2	Produits alimentaires (brut)
Switzerland									**Suisse**
Agriculture (gross)	104.9	98.8	95.2	99.0	99.4	101.7	97.3	99.0	Agriculture (brut)
Food (gross)	104.8	98.7	95.2	99.0	99.4	101.7	97.3	99.0	Produits alimentaires (brut)
Syrian Arab Republic									**République arabe syrienne**
Agriculture (gross)	73.8	94.9	143.4	126.3	108.0	98.2	113.3	122.1	Agriculture (brut)
Food (gross)	67.7	87.4	130.5	121.9	108.0	98.6	113.7	122.9	Produits alimentaires (brut)
Tajikistan									**Tadjikistan**
Agriculture (gross)	...	36.3	51.4	65.9	109.6	128.6	137.7	136.5	Agriculture (brut)
Food (gross)	...	27.2	42.9	62.6	111.7	131.7	138.7	135.9	Produits alimentaires (brut)
Thailand									**Thaïlande**
Agriculture (gross)	50.4	63.1	79.4	90.5	96.8	105.3	102.3	96.8	Agriculture (brut)
Food (gross)	55.8	67.5	82.0	94.2	96.6	104.2	100.2	94.4	Produits alimentaires (brut)
Timor-Leste									**Timor-Leste**
Agriculture (gross)	75.7	91.5	96.3	115.2	103.8	96.7	97.4	94.2	Agriculture (brut)
Food (gross)	70.5	84.8	84.3	106.7	106.0	92.4	91.9	86.7	Produits alimentaires (brut)
Togo									**Togo**
Agriculture (gross)	41.3	54.9	72.2	90.3	97.3	109.0	110.1	111.7	Agriculture (brut)
Food (gross)	40.1	51.5	73.9	95.1	98.7	106.4	108.7	111.1	Produits alimentaires (brut)
Tokelau									**Tokélaou**
Agriculture (gross)	54.4	75.2	83.8	90.5	102.9	104.5	106.2	108.8	Agriculture (brut)
Food (gross)	54.4	75.2	83.8	90.5	102.9	104.5	106.2	108.8	Produits alimentaires (brut)
Tonga									**Tonga**
Agriculture (gross)	108.3	93.9	92.9	129.5	106.3	96.9	97.0	96.9	Agriculture (brut)
Food (gross)	108.3	93.9	92.8	129.6	106.3	96.9	97.0	96.9	Produits alimentaires (brut)
Trinidad and Tobago									**Trinité-et-Tobago**
Agriculture (gross)	98.2	107.1	112.8	109.2	88.9	110.0	94.6	90.0	Agriculture (brut)
Food (gross)	96.2	106.7	112.7	109.5	89.2	109.5	93.9	89.5	Produits alimentaires (brut)
Tunisia									**Tunisie**
Agriculture (gross)	49.0	47.2	81.2	84.8	114.6	113.3	104.2	122.8	Agriculture (brut)
Food (gross)	48.5	46.7	81.0	84.6	114.8	113.4	104.2	123.0	Produits alimentaires (brut)
Türkiye									**Türkiye**
Agriculture (gross)	53.7	62.6	80.9	87.0	101.5	109.5	114.3	119.0	Agriculture (brut)
Food (gross)	54.4	61.6	79.5	86.2	101.8	109.1	115.1	120.7	Produits alimentaires (brut)
Turkmenistan									**Turkménistan**
Agriculture (gross)	...	64.9	101.6	108.9	101.8	97.8	118.2	120.4	Agriculture (brut)
Food (gross)	...	43.3	94.7	95.6	100.6	99.4	111.4	109.6	Produits alimentaires (brut)
Tuvalu									**Tuvalu**
Agriculture (gross)	75.4	74.3	90.4	94.4	100.2	102.0	112.5	112.9	Agriculture (brut)
Food (gross)	75.4	74.3	90.4	94.4	100.2	102.0	112.5	112.9	Produits alimentaires (brut)
Uganda									**Ouganda**
Agriculture (gross)	61.7	83.7	109.4	94.4	103.5	106.0	118.8	129.5	Agriculture (brut)
Food (gross)	66.2	89.0	115.4	96.6	104.3	103.3	118.7	127.8	Produits alimentaires (brut)
Ukraine									**Ukraine**
Agriculture (gross)	...	75.2	72.8	77.7	96.8	107.2	109.3	99.2	Agriculture (brut)
Food (gross)	...	74.9	72.8	77.6	96.8	107.3	109.4	99.3	Produits alimentaires (brut)
United Arab Emirates									**Émirats arabes unis**
Agriculture (gross)	24.7	71.8	121.7	129.7	98.4	111.4	114.5	118.3	Agriculture (brut)
Food (gross)	24.6	71.7	121.7	129.7	98.4	111.4	114.5	118.3	Produits alimentaires (brut)
United Kingdom									**Royaume-Uni**
Agriculture (gross)	97.4	98.8	93.1	94.4	101.3	99.6	103.5	97.2	Agriculture (brut)
Food (gross)	97.7	98.7	93.1	94.3	101.4	99.6	103.6	97.1	Produits alimentaires (brut)
United Rep. of Tanzania									**Rép.-Unie de Tanzanie**
Agriculture (gross)	33.1	40.9	57.8	76.7	103.6	107.2	109.1	111.7	Agriculture (brut)
Food (gross)	32.9	39.0	54.7	75.6	103.5	107.8	108.5	112.3	Produits alimentaires (brut)
United States of America									**États-Unis d'Amérique**
Agriculture (gross)	69.2	72.6	86.9	92.4	96.8	103.5	100.4	103.8	Agriculture (brut)
Food (gross)	68.6	71.5	85.6	92.2	97.0	103.2	99.7	104.1	Produits alimentaires (brut)
Uruguay									**Uruguay**
Agriculture (gross)	49.4	58.8	83.3	91.1	101.2	88.8	101.2	91.6	Agriculture (brut)
Food (gross)	45.9	54.8	82.3	90.7	101.3	88.8	101.5	91.8	Produits alimentaires (brut)

20 Agricultural production indices *(continued)*
Index base: 2014 - 2016 = 100

Indices de la production agricole *(suite)*
Indices base: 2014 - 2016 = 100

Région, pays ou zone	1985	1995	2005	2010	2015	2018	2019	2020	Région, pays ou zone
Uzbekistan									**Ouzbékistan**
Agriculture (gross)	...	46.4	57.5	73.8	100.9	100.4	102.2	105.1	Agriculture (brut)
Food (gross)	...	34.7	48.7	68.9	100.5	105.1	105.2	107.0	Produits ailmentaires (brut)
Vanuatu									**Vanuatu**
Agriculture (gross)	86.8	88.3	86.4	114.1	97.7	104.0	104.9	103.3	Agriculture (brut)
Food (gross)	86.8	88.3	86.4	114.1	97.7	104.0	104.9	103.3	Produits ailmentaires (brut)
Venezuela (Boliv. Rep. of)									**Venezuela (Rép. boliv. du)**
Agriculture (gross)	65.5	73.9	93.7	103.7	101.4	82.5	82.6	87.3	Agriculture (brut)
Food (gross)	63.8	72.7	93.0	103.3	101.5	82.0	82.1	86.9	Produits ailmentaires (brut)
Viet Nam									**Viet Nam**
Agriculture (gross)	26.9	40.8	69.8	83.3	100.7	106.0	105.8	107.5	Agriculture (brut)
Food (gross)	30.4	44.6	71.9	83.9	100.7	105.3	104.8	106.1	Produits ailmentaires (brut)
Yemen									**Yémen**
Agriculture (gross)	32.5	46.0	65.5	100.3	99.6	91.0	105.0	108.7	Agriculture (brut)
Food (gross)	32.5	45.9	64.7	99.9	99.6	90.9	104.3	108.2	Produits ailmentaires (brut)
Zambia									**Zambie**
Agriculture (gross)	28.5	37.6	57.2	92.3	92.7	115.9	111.0	119.6	Agriculture (brut)
Food (gross)	29.1	39.0	51.4	91.6	92.5	117.8	112.7	122.8	Produits ailmentaires (brut)
Zimbabwe									**Zimbabwe**
Agriculture (gross)	51.9	80.1	94.1	105.1	100.6	112.9	105.9	111.3	Agriculture (brut)
Food (gross)	45.6	76.1	93.9	106.5	101.2	108.9	105.6	109.6	Produits ailmentaires (brut)
European Union (EU)									**Union européenne (UE)**
Agriculture (gross)	94.8	91.5	96.0	95.6	100.2	100.9	100.9	101.7	Agriculture (brut)
Food (gross)	94.6	91.2	95.6	95.6	100.2	100.9	100.9	101.7	Produits ailmentaires (brut)

Source:

Food and Agriculture Organization of the United Nations (FAO), Rome, FAOSTAT database, last accessed May 2023.

1 For statistical purposes, the data for China do not include those for the Hong Kong Special Administrative Region (Hong Kong SAR), Macao Special Administrative Region (Macao SAR) and Taiwan Province of China.

Source:

Organisation des Nations Unies pour l'alimentation et l'agriculture (FAO), Rome, base de données FAOSTAT, dernier accès May 2023.

1 Pour la présentation des statistiques, les données pour la Chine ne comprennent pas la région administrative spéciale de Hong Kong (RAS de Hong Kong), la région administrative spéciale de Macao (RAS de Macao) et la province chinoise de Taïwan.

21 Total imports, exports and balance of trade

Imports CIF, exports FOB and balance: millions of US dollars

Total des importations, des exportations et balance commerciale

Importations CAF, exportations FAB et balance: en millions de dollars É.-U.

Region, country or area	Sys.[&]	1995	2005	2010	2015	2020	2021	2022	Région, pays ou zone
Total, all countries or areas									**Total, tous pays ou zones**
Imports		**5 099 057**	**10 577 013**	**15 275 115**	**16 482 346**	**17 598 001**	**22 226 837**	**25 244 192**	**Importations**
Exports		**5 050 238**	**10 373 445**	**15 102 218**	**16 384 279**	**17 351 681**	**21 932 797**	**24 553 001**	**Exportations**
Balance		**-48 819**	**-203 568**	**-172 897**	**-98 067**	**-246 319**	**-294 040**	**-691 191**	**Balance**
Africa									**Afrique**
Imports		114 352	246 228	468 435	547 529	498 727	600 406	778 639	Importations
Exports		103 460	306 656	496 594	402 988	389 155	553 861	669 937	Exportations
Balance		-10 892	60 428	28 159	-144 542	-109 572	-46 544	-108 702	Balance
Northern Africa									**Afrique septentrionale**
Imports		45 062	87 571	181 147	205 560	185 560	223 591	255 792	Importations
Exports		33 043	114 104	165 544	108 845	102 938	171 097	223 445	Exportations
Balance		-12 019	26 533	-15 603	-96 714	-82 622	-52 494	-32 346	Balance
Sub-Saharan Africa									**Afrique subsaharienne**
Imports		69 290	158 657	287 288	341 970	313 167	376 814	522 897	Importations
Exports		70 417	192 552	331 050	294 142	286 217	382 764	446 541	Exportations
Balance		1 127	33 895	43 762	-47 827	-26 950	5 950	-76 356	Balance
Eastern Africa									**Afrique orientale**
Imports		17 980	31 243	62 688	94 477	85 420	103 352	209 241	Importations
Exports		9 499	16 297	31 652	40 742	44 652	53 123	72 150	Exportations
Balance		-8 481	-14 945	-31 036	-53 735	-40 768	-50 229	-137 091	Balance
Middle Africa									**Afrique centrale**
Imports		5 412	18 680	43 623	56 081	28 787	33 961	45 038	Importations
Exports		10 954	48 958	90 717	70 653	53 085	77 616	116 102	Exportations
Balance		5 542	30 278	47 094	14 572	24 298	43 655	71 064	Balance
Southern Africa									**Afrique australe**
Imports		26 745	63 786	97 723	104 174	85 161	116 682	131 742	Importations
Exports		28 214	56 076	95 232	93 647	97 704	139 076	139 876	Exportations
Balance		1 470	-7 711	-2 491	-10 527	12 543	22 394	8 134	Balance
Western Africa									**Afrique occidentale**
Imports		19 153	44 948	83 254	87 237	113 799	122 820	136 877	Importations
Exports		21 750	71 221	113 448	89 100	90 777	112 949	118 413	Exportations
Balance		2 597	26 273	30 194	1 863	-23 022	-9 870	-18 464	Balance
Americas									**Amériques**
Imports		1 178 848	2 557 150	3 230 657	3 739 612	3 721 751	4 670 137	5 449 464	Importations
Exports		997 709	1 835 325	2 551 125	2 827 588	2 766 813	3 446 681	4 060 293	Exportations
Balance		-181 139	-721 825	-679 532	-912 024	-954 938	-1 223 456	-1 389 171	Balance
Northern America									**Amérique septentrionale**
Imports		936 343	2 048 668	2 362 932	2 736 654	2 816 739	3 431 485	3 943 384	Importations
Exports		774 525	1 265 374	1 665 220	1 911 491	1 820 705	2 257 247	2 659 778	Exportations
Balance		-161 818	-783 295	-697 713	-825 163	-996 034	-1 174 237	-1 283 605	Balance
Latin America & the Caribbean									**Amérique latine et Caraïbes**
Imports		242 505	508 481	867 725	1 002 958	905 013	1 238 653	1 506 080	Importations
Exports		223 184	569 951	885 906	916 097	946 108	1 189 434	1 400 514	Exportations
Balance		-19 321	61 470	18 181	-86 861	41 095	-49 219	-105 566	Balance
Caribbean									**Caraïbes**
Imports		20 945	36 923	53 245	58 007	45 639	58 890	67 909	Importations
Exports		8 346	21 331	24 874	26 475	20 018	25 842	31 542	Exportations
Balance		-12 598	-15 592	-28 371	-31 533	-25 621	-33 048	-36 368	Balance
Central America									**Amérique centrale**
Imports		87 084	259 847	366 171	464 286	455 542	602 035	719 763	Importations
Exports		87 067	233 506	336 529	426 846	463 693	544 588	635 743	Exportations
Balance		-17	-26 340	-29 642	-37 441	8 151	-57 447	-84 020	Balance
South America									**Amérique du Sud**
Imports		134 476	211 711	448 308	480 665	403 832	577 727	718 408	Importations
Exports		127 771	315 113	524 502	462 776	462 397	619 004	733 230	Exportations
Balance		-6 706	103 402	76 194	-17 888	58 565	41 277	14 822	Balance
Asia									**Asie**
Imports		1 500 432	3 172 210	5 459 724	6 213 020	6 788 703	8 779 785	9 755 678	Importations
Exports		1 557 385	3 569 857	5 896 164	6 827 734	7 447 468	9 539 611	10 619 006	Exportations
Balance		56 953	397 647	436 440	614 714	658 765	759 826	863 328	Balance
Central Asia									**Asie centrale**
Imports		9 375	25 644	40 985	53 082	68 716	79 134	96 692	Importations
Exports		10 782	36 890	74 961	64 827	69 920	87 991	116 177	Exportations
Balance		1 407	11 246	33 976	11 746	1 204	8 858	19 485	Balance

21

Total imports, exports and balance of trade *(continued)*
Imports CIF, exports FOB and balance: millions of US dollars

Total des importations, des exportations et balance commerciale *(suite)*
Importations CAF, exportations FAB et balance: en millions de dollars É.-U.

Region, country or area	Sys.&	1995	2005	2010	2015	2020	2021	2022	Région, pays ou zone
Eastern Asia									**Asie orientale**
Imports		804 190	1 744 378	2 967 424	3 317 929	3 763 398	4 811 318	5 041 360	Importations
Exports		894 718	1 937 757	3 219 271	3 942 643	4 303 409	5 445 569	5 648 849	Exportations
Balance		90 528	193 379	251 847	624 714	540 011	634 251	607 489	Balance
South-eastern Asia									**Asie du Sud-Est**
Imports		353 943	584 010	953 410	1 100 730	1 273 284	1 622 792	1 903 794	Importations
Exports		320 454	655 071	1 054 178	1 172 850	1 395 372	1 717 151	1 957 818	Exportations
Balance		-33 489	71 061	100 767	72 119	122 087	94 359	54 024	Balance
Southern Asia									**Asie méridionale**
Imports		74 082	229 179	497 340	559 091	518 742	782 978	956 312	Importations
Exports		65 912	193 182	354 892	390 610	355 613	497 401	564 666	Exportations
Balance		-8 171	-35 997	-142 448	-168 481	-163 129	-285 576	-391 646	Balance
Western Asia									**Asie occidentale**
Imports		155 335	407 407	749 249	953 680	877 133	1 101 009	1 362 937	Importations
Exports		154 177	557 564	919 156	976 785	975 959	1 343 842	1 831 491	Exportations
Balance		-1 159	150 158	169 907	23 105	98 827	242 833	468 555	Balance
Europe									**Europe**
Imports		2 228 669	4 439 990	5 868 691	5 730 577	6 309 501	7 829 518	8 853 085	Importations
Exports		2 320 042	4 527 059	5 904 975	6 090 837	6 451 399	7 992 205	8 731 155	Exportations
Balance		91 373	87 068	36 284	360 260	141 898	162 687	-121 929	Balance
Eastern Europe									**Europe orientale**
Imports		161 835	490 657	868 649	847 926	1 075 128	1 367 451	1 369 756	Importations
Exports		176 871	594 285	994 605	1 023 967	1 174 097	1 521 869	1 644 470	Exportations
Balance		15 036	103 628	125 955	176 042	98 970	154 418	274 714	Balance
Northern Europe									**Europe septentrionale**
Imports		470 870	937 990	1 122 240	1 132 508	1 204 204	1 406 717	1 623 809	Importations
Exports		494 552	913 599	1 045 978	1 045 828	1 061 892	1 327 331	1 539 902	Exportations
Balance		23 682	-24 391	-76 262	-86 680	-142 312	-79 385	-83 908	Balance
Southern Europe									**Europe méridionale**
Imports		400 631	861 881	1 039 442	925 163	1 020 019	1 339 004	1 664 058	Importations
Exports		372 435	660 817	830 354	886 303	1 000 332	1 248 309	1 401 951	Exportations
Balance		-28 196	-201 064	-209 088	-38 860	-19 687	-90 695	-262 107	Balance
Western Europe									**Europe occidentale**
Imports		1 195 333	2 149 462	2 838 360	2 824 980	3 010 150	3 716 347	4 195 461	Importations
Exports		1 276 184	2 358 357	3 034 038	3 134 738	3 215 078	3 894 696	4 144 833	Exportations
Balance		80 851	208 895	195 679	309 758	204 928	178 349	-50 628	Balance
Oceania									**Océanie**
Imports		76 756	161 435	247 608	251 607	279 319	346 990	407 276	Importations
Exports		71 642	134 548	253 360	235 133	296 846	400 438	472 560	Exportations
Balance		-5 114	-26 888	5 752	-16 475	17 527	53 448	65 284	Balance
Australia and New Zealand									**Australie et Nouvelle-Zélande**
Imports		71 338	151 453	232 319	236 642	246 759	310 808	364 150	Importations
Exports		66 374	127 740	243 502	222 149	285 449	386 361	455 868	Exportations
Balance		-4 965	-23 714	11 183	-14 493	38 691	75 554	91 718	Balance
Melanesia									**Mélanésie**
Imports		3 432	5 397	9 665	7 968	9 348	10 960	14 488	Importations
Exports		4 039	5 199	8 112	10 998	8 378	10 209	12 854	Exportations
Balance		607	-197	-1 553	3 030	-970	-752	-1 634	Balance
Micronesia									**Micronésie**
Imports		897	2 379	3 292	4 721	20 744	22 383	25 528	Importations
Exports		1 028	1 295	1 508	1 766	2 831	3 632	3 606	Exportations
Balance		131	-1 084	-1 783	-2 955	-17 913	-18 751	-21 922	Balance
Polynesia									**Polynésie**
Imports		1 089	2 206	2 333	2 277	2 468	2 839	3 110	Importations
Exports		201	314	238	219	188	236	233	Exportations
Balance		-887	-1 893	-2 095	-2 058	-2 281	-2 603	-2 877	Balance
Afghanistan									**Afghanistan**
Imports	G	...	...	5 154	7 723	* 8 266	* 5 505	* 4 957	Importations
Exports	G	...	...	388	571	* 783	* 788	* 632	Exportations
Balance	G	...	...	-4 766	-7 151	* -7 484	* -4 717	* -4 324	Balance
Albania [1]									**Albanie** [1]
Imports	S	* 713	2 614	4 603	4 320	5 411	7 735	8 407	Importations
Exports	S	* 202	658	1 550	1 930	2 416	3 562	4 306	Exportations
Balance	S	* -511	-1 956	-3 053	-2 391	-2 995	-4 173	-4 101	Balance

21 Total imports, exports and balance of trade *(continued)*

Imports CIF, exports FOB and balance: millions of US dollars

Total des importations, des exportations et balance commerciale *(suite)*

Importations CAF, exportations FAB et balance: en millions de dollars É.-U.

Region, country or area	Sys.[&]	1995	2005	2010	2015	2020	2021	2022	Région, pays ou zone
Algeria									**Algérie**
Imports	S	10 782	20 357	41 000	51 803	* 37 412	* 39 434	* 40 905	Importations
Exports	S	9 357	46 002	57 051	34 796	* 21 925	* 38 435	* 65 102	Exportations
Balance	S	-1 426	25 645	16 051	-17 007	* -15 486	* -999	* 24 197	Balance
Andorra									**Andorre**
Imports	G	1 025	* 1 796	1 541	1 294	1 495	1 563	1 834	Importations
Exports	G	48	143	92	90	167	164	386	Exportations
Balance	G	-978	* -1 653	-1 448	-1 204	-1 328	-1 400	-1 478	Balance
Angola									**Angola**
Imports	S	* 1 466	* 8 321	18 143	21 549	9 338	11 379	17 803	Importations
Exports	S	* 3 592	* 23 835	52 612	33 925	22 135	34 472	51 275	Exportations
Balance	S	* 2 126	* 15 514	34 469	12 376	12 797	23 093	33 472	Balance
Anguilla									**Anguilla**
Imports	G	* 53	* 133	* 149	* 204	* 684	* 813	* 853	Importations
Exports	G	* 1	* 7	* 12	* 11	* 43	* 35	* 37	Exportations
Balance	G	* -52	* -126	* -137	* -193	* -642	* -778	* -817	Balance
Antigua and Barbuda									**Antigua-et-Barbuda**
Imports	G	* 344	525	501	465	* 542	* 716	* 1 105	Importations
Exports	G	* 53	121	35	26	* 1	* 33	* 2 085	Exportations
Balance	G	* -291	-405	-466	-439	* -541	* -682	* 980	Balance
Argentina									**Argentine**
Imports	S	20 122	28 689	56 792	60 203	42 356	63 184	81 523	Importations
Exports	S	20 963	40 106	68 174	56 784	54 884	77 934	88 446	Exportations
Balance	S	841	11 418	11 382	-3 419	12 528	14 751	6 923	Balance
Armenia									**Arménie**
Imports	G	* 674	1 692	3 782	3 257	4 451	5 324	8 633	Importations
Exports	G	* 271	937	1 011	1 483	2 332	2 965	5 307	Exportations
Balance	G	* -403	-755	-2 770	-1 774	-2 119	-2 359	-3 326	Balance
Aruba									**Aruba**
Imports	G	* 566	1 030	1 071	1 165	939	1 170	* 1 475	Importations
Exports	G	* 15	106	125	80	66	88	* 105	Exportations
Balance	G	* -551	-924	-947	-1 085	-873	-1 081	* -1 370	Balance
Australia									**Australie**
Imports	G	* 57 381	125 221	201 703	200 114	210 213	261 586	309 300	Importations
Exports	G	* 52 628	106 011	212 109	187 792	247 159	342 036	410 253	Exportations
Balance	G	* -4 752	-19 210	10 405	-12 322	36 947	80 450	100 953	Balance
Austria									**Autriche**
Imports	S	* 66 331	119 950	150 593	147 928	164 636	210 913	231 947	Importations
Exports	S	* 53 460	117 722	144 882	145 276	162 145	194 703	210 279	Exportations
Balance	S	* -12 871	-2 228	-5 711	-2 652	-2 490	-16 210	-21 667	Balance
Azerbaijan									**Azerbaïdjan**
Imports	G	* 666	4 211	6 597	9 214	10 731	11 696	14 536	Importations
Exports	G	* 637	4 347	21 278	12 646	13 733	22 208	38 146	Exportations
Balance	G	* -30	136	14 682	3 432	3 002	10 512	23 611	Balance
Bahamas									**Bahamas**
Imports	G	* 1 243	2 567	2 862	3 161	2 205	* 2 533	* 5 102	Importations
Exports	G	* 176	271	620	443	339	* 649	* 1 958	Exportations
Balance	G	* -1 067	-2 296	-2 242	-2 719	-1 866	* -1 884	* -3 144	Balance
Bahrain									**Bahreïn**
Imports	G	3 679	9 339	16 002	16 390	15 458	14 135	15 535	Importations
Exports	G	3 475	10 239	16 059	13 882	11 559	18 199	22 252	Exportations
Balance	G	-204	899	58	-2 508	-3 899	4 064	6 718	Balance
Bangladesh									**Bangladesh**
Imports	G	5 438	12 631	30 504	48 059	* 45 858	* 67 283	* 80 162	Importations
Exports	G	3 407	9 332	19 231	31 734	* 30 746	* 39 249	* 46 351	Exportations
Balance	G	-2 031	-3 299	-11 273	-16 325	* -15 111	* -28 034	* -33 311	Balance
Barbados									**Barbade**
Imports	G	766	1 672	1 196	1 618	1 501	1 673	2 147	Importations
Exports	G	238	361	314	483	345	350	498	Exportations
Balance	G	-528	-1 311	-883	-1 135	-1 156	-1 323	-1 650	Balance
Belarus									**Bélarus**
Imports	G	* 5 382	16 699	34 884	30 291	32 767	41 811	* 45 463	Importations
Exports	G	* 4 623	15 977	25 283	26 660	29 179	39 889	* 34 261	Exportations
Balance	G	* -759	-722	-9 601	-3 631	-3 588	-1 922	* -11 203	Balance

21 Total imports, exports and balance of trade *(continued)*
Imports CIF, exports FOB and balance: millions of US dollars

Total des importations, des exportations et balance commerciale *(suite)*
Importations CAF, exportations FAB et balance: en millions de dollars É.-U.

Region, country or area	Sys.&	1995	2005	2010	2015	2020	2021	2022	Région, pays ou zone
Belgium									**Belgique**
Imports	S	...	319 085	391 256	371 025	294 198	393 655	471 448	Importations
Exports	S	...	335 692	407 596	397 739	295 079	386 354	463 446	Exportations
Balance	S	...	16 606	16 340	26 714	881	-7 301	-8 003	Balance
Belize									**Belize**
Imports	G	259	439	700	996	787	1 060	1 378	Importations
Exports	G	162	208	282	314	212	264	286	Exportations
Balance	G	-97	-231	-418	-682	-575	-796	-1 092	Balance
Benin									**Bénin**
Imports	G	* 745	899	2 134	2 475	2 663	3 186	3 646	Importations
Exports	G	* 415	288	534	626	846	1 024	895	Exportations
Balance	G	* -329	-611	-1 600	-1 849	-1 817	-2 163	-2 752	Balance
Bermuda									**Bermudes**
Imports	G	633	988	970	929	904	1 055	1 192	Importations
Exports	G	63	* 49	* 15	9	19	29	34	Exportations
Balance	G	-570	-939	-955	-920	-885	-1 027	-1 159	Balance
Bhutan									**Bhoutan**
Imports	G	* 113	387	854	* 1 062	* 2 478	* 3 526	* 4 163	Importations
Exports	G	* 103	258	413	* 549	* 398	* 854	* 766	Exportations
Balance	G	* -9	-129	-440	* -512	* -2 080	* -2 671	* -3 397	Balance
Bolivia (Plurin. State of)									**Bolivie (État plurin. de)**
Imports	G	1 396	2 343	5 604	9 843	7 115	9 618	13 049	Importations
Exports	G	1 181	2 797	7 051	8 923	7 033	11 080	13 653	Exportations
Balance	G	-215	454	1 448	-920	-82	1 462	603	Balance
Bosnia and Herzegovina									**Bosnie-Herzégovine**
Imports	S	* 1 068	7 054	9 223	8 994	9 868	13 029	15 380	Importations
Exports	S	* 152	2 388	4 803	5 099	6 153	8 614	9 678	Exportations
Balance	S	* -917	-4 665	-4 420	-3 895	-3 715	-4 415	-5 701	Balance
Botswana									**Botswana**
Imports	G	...	3 162	5 657	8 048	6 508	8 459	8 005	Importations
Exports	G	...	4 431	4 693	6 330	4 287	7 473	8 277	Exportations
Balance	G	...	1 268	-964	-1 718	-2 221	-986	272	Balance
Brazil									**Brésil**
Imports	S	53 734	73 600	181 768	171 446	166 336	234 690	292 344	Importations
Exports	S	46 505	118 529	201 915	191 127	209 180	280 815	334 463	Exportations
Balance	S	-7 229	44 928	20 147	19 681	42 844	46 124	42 119	Balance
British Virgin Islands									**Îles Vierges britanniques**
Imports	G	* 122	* 227	* 313	* 430	* 590	* 628	* 669	Importations
Exports	G	* 11	* ~0	* ~0	* ~0	* 0	* 0	* 0	Exportations
Balance	G	* -110	* -226	* -313	* -430	* -590	* -628	* -669	Balance
Brunei Darussalam									**Brunéi Darussalam**
Imports	S	2 078	* 1 447	2 539	3 229	5 343	8 575	9 184	Importations
Exports	S	2 379	* 6 242	8 908	6 353	6 608	11 058	14 230	Exportations
Balance	S	301	* 4 794	6 369	3 124	1 266	2 483	5 046	Balance
Bulgaria									**Bulgarie**
Imports	S	5 469	18 162	25 360	29 265	35 027	46 396	58 092	Importations
Exports	S	5 220	11 739	20 608	25 779	31 915	41 371	50 250	Exportations
Balance	S	-249	-6 423	-4 752	-3 486	-3 113	-5 025	-7 841	Balance
Burkina Faso									**Burkina Faso**
Imports	G	484	1 161	2 048	2 980	4 179	4 710	* 5 531	Importations
Exports	G	171	332	1 288	2 177	4 375	5 060	* 4 525	Exportations
Balance	G	-313	-828	-760	-802	196	350	* -1 006	Balance
Burundi									**Burundi**
Imports	G	270	258	404	561	909	981	* 981	Importations
Exports	G	179	114	118	114	162	113	* 125	Exportations
Balance	G	-92	-144	-286	-447	-747	-868	* -855	Balance
Cabo Verde									**Cabo Verde**
Imports	S	* 252	438	731	603	1 131	* 1 164	* 1 276	Importations
Exports	S	* 9	89	220	67	53	* 61	* 59	Exportations
Balance	S	* -243	-349	-511	-537	-1 078	* -1 103	* -1 217	Balance
Cambodia									**Cambodge**
Imports	G	* 217	2 552	4 903	10 669	19 114	28 703	* 30 695	Importations
Exports	G	* 76	3 019	5 590	8 542	17 716	17 572	* 23 049	Exportations
Balance	G	* -142	467	688	-2 126	-1 398	-11 131	* -7 646	Balance

21 Total imports, exports and balance of trade *(continued)*

Imports CIF, exports FOB and balance: millions of US dollars

Total des importations, des exportations et balance commerciale *(suite)*

Importations CAF, exportations FAB et balance: en millions de dollars É.-U.

Region, country or area	Sys.[&]	1995	2005	2010	2015	2020	2021	2022	Région, pays ou zone
Cameroon									**Cameroun**
Imports	S	1 079	2 800	5 133	6 037	* 6 038	* 7 696	* 8 474	Importations
Exports	S	1 539	2 849	3 878	4 053	* 3 533	* 4 355	* 6 172	Exportations
Balance	S	460	49	-1 255	-1 984	* -2 505	* -3 342	* -2 303	Balance
Canada									**Canada**
Imports	G	164 371	314 444	392 109	419 375	405 205	491 401	568 203	Importations
Exports	G	191 118	360 552	386 580	408 697	388 173	501 539	596 657	Exportations
Balance	G	26 747	46 108	-5 529	-10 677	-17 032	10 138	28 454	Balance
Cayman Islands									**Îles Caïmanes**
Imports	G	* 390	* 1 191	* 828	915	1 335	1 538	...	Importations
Exports	G	* 4	* 52	* 24	* 65	22	17	* 8	Exportations
Balance	G	* -386	* -1 138	* -804	-851	-1 312	-1 521	...	Balance
Central African Republic									**République centrafricaine**
Imports	G	265	185	210	457	545	* 579	* 873	Importations
Exports	G	120	111	90	97	41	* 45	* 51	Exportations
Balance	G	-146	-75	-120	-360	-504	* -535	* -822	Balance
Chad									**Tchad**
Imports	S	* 214	* 953	* 2 507	* 2 200	* 1 028	* 1 086	* 1 219	Importations
Exports	S	* 243	* 3 095	* 3 410	* 2 900	* 1 470	* 2 457	* 4 194	Exportations
Balance	S	* 28	* 2 142	* 904	* 700	* 442	* 1 370	* 2 975	Balance
Chile									**Chili**
Imports	G	14 903	32 927	59 007	62 387	59 201	92 191	104 402	Importations
Exports	G	15 901	41 973	71 106	62 033	74 081	94 677	97 491	Exportations
Balance	G	998	9 046	12 099	-354	14 880	2 486	-6 911	Balance
China [2]									**Chine** [2]
Imports	G	* 131 353	659 953	1 396 002	1 679 564	2 069 568	2 684 363	2 715 998	Importations
Exports	G	148 616	761 953	1 577 764	2 273 468	2 589 098	3 362 302	3 593 601	Exportations
Balance	G	* 17 263	102 001	181 762	593 904	519 530	677 939	877 604	Balance
China, Hong Kong SAR									**Chine, RAS de Hong Kong**
Imports	G	196 072	300 160	441 369	559 306	573 061	713 173	668 483	Importations
Exports	G	173 871	292 119	400 692	510 553	551 516	670 926	610 138	Exportations
Balance	G	-22 201	-8 042	-40 677	-48 753	-21 546	-42 247	-58 345	Balance
China, Macao SAR									**Chine, RAS de Macao**
Imports	G	2 025	4 514	5 629	10 603	11 950	19 347	17 431	Importations
Exports	G	2 025	2 474	870	1 339	1 025	1 392	1 367	Exportations
Balance	G	-1	-2 040	-4 760	-9 264	-10 926	-17 954	-16 064	Balance
Colombia									**Colombie**
Imports	S	13 883	21 204	40 683	54 036	43 487	61 099	* 76 300	Importations
Exports	S	10 201	21 190	39 820	35 691	31 056	41 390	* 57 451	Exportations
Balance	S	-3 682	-14	-863	-18 345	-12 432	-19 709	* -18 849	Balance
Comoros									**Comores**
Imports	G	62	85	181	173	268	443	* 537	Importations
Exports	G	11	4	14	15	20	35	* 39	Exportations
Balance	G	-51	-81	-167	-158	-248	-408	* -498	Balance
Congo									**Congo**
Imports	G	556	* 1 342	4 369	10 550	1 908	2 352	* 3 048	Importations
Exports	G	1 090	* 4 744	6 918	8 623	4 893	2 362	* 3 714	Exportations
Balance	G	534	* 3 402	2 548	-1 927	2 985	11	* 666	Balance
Cook Islands									**Îles Cook**
Imports	G	* 49	81	91	* 109	* 105	* 66	* 42	Importations
Exports	G	* 5	5	5	* 14	* 19	* 4	* 1	Exportations
Balance	G	* -44	-76	-85	* -95	* -85	* -63	* -42	Balance
Costa Rica									**Costa Rica**
Imports	S	3 205	9 173	13 920	15 504	14 456	18 428	* 24 764	Importations
Exports	S	2 702	7 151	9 045	9 578	11 623	14 345	* 17 458	Exportations
Balance	S	-504	-2 023	-4 875	-5 926	-2 833	-4 083	* -7 306	Balance
Côte d'Ivoire									**Côte d'Ivoire**
Imports	S	2 472	5 865	7 849	10 406	10 527	* 13 799	* 17 608	Importations
Exports	S	* 3 736	7 248	10 284	12 560	12 454	* 15 409	* 16 669	Exportations
Balance	S	1 264	1 383	2 434	2 154	1 927	* 1 610	* -939	Balance
Croatia									**Croatie**
Imports	S	7 509	18 560	20 067	20 580	26 096	33 735	44 115	Importations
Exports	S	4 633	8 773	11 811	12 844	16 991	21 828	25 383	Exportations
Balance	S	-2 877	-9 788	-8 256	-7 737	-9 105	-11 907	-18 732	Balance

21 Total imports, exports and balance of trade *(continued)*

Imports CIF, exports FOB and balance: millions of US dollars

Total des importations, des exportations et balance commerciale *(suite)*

Importations CAF, exportations FAB et balance: en millions de dollars É.-U.

Region, country or area	Sys.&	1995	2005	2010	2015	2020	2021	2022	Région, pays ou zone
Cuba									**Cuba**
Imports	S	* 2 874	8 084	* 11 488	* 12 638	* 5 113	* 5 414	* 5 293	Importations
Exports	S	* 1 491	2 319	* 4 914	* 3 618	* 1 398	* 1 367	* 1 318	Exportations
Balance	S	* -1 384	-5 766	* -6 574	* -9 020	* -3 715	* -4 047	* -3 976	Balance
Cyprus									**Chypre**
Imports	G	3 694	6 382	8 645	7 133	8 729	10 231	11 889	Importations
Exports	G	1 231	1 546	1 506	3 367	3 137	3 990	4 411	Exportations
Balance	G	-2 463	-4 836	-7 138	-3 766	-5 591	-6 241	-7 477	Balance
Czechia									**Tchéquie**
Imports	S	25 303	76 527	125 691	140 716	171 440	212 481	235 919	Importations
Exports	S	21 686	78 209	132 141	157 194	192 307	227 168	241 132	Exportations
Balance	S	-3 618	1 681	6 450	16 478	20 867	14 688	5 214	Balance
Dem. People's Rep. Korea									**Rép. pop. dém. de Corée**
Imports	G	* 3 122	* 1 466	* 1 957	* 2 604	* 619	* 302	* 982	Importations
Exports	G	* 1 739	* 787	* 882	* 987	* 202	* 230	* 249	Exportations
Balance	G	* -1 382	* -679	* -1 075	* -1 617	* -417	* -71	* -733	Balance
Dem. Rep. of the Congo									**Rép. dém. du Congo**
Imports	G	* 869	* 2 268	* 4 500	* 6 200	6 663	7 658	* 9 511	Importations
Exports	G	* 1 562	* 2 190	* 5 300	* 5 800	14 122	24 125	* 35 619	Exportations
Balance	G	* 693	* -78	* 800	* -400	7 459	16 467	* 26 108	Balance
Denmark									**Danemark**
Imports	G	43 142	72 716	82 724	85 327	95 778	121 784	125 732	Importations
Exports	G	48 789	82 278	96 217	94 619	106 871	125 015	129 059	Exportations
Balance	G	5 648	9 562	13 492	9 291	11 093	3 231	3 328	Balance
Djibouti									**Djibouti**
Imports	G	* 176	* 277	* 603	* 890	* 1 264	* 1 441	* 1 689	Importations
Exports	G	* 13	* 39	* 470	* 132	* 721	* 749	* 825	Exportations
Balance	G	* -163	* -238	* -133	* -758	* -543	* -692	* -864	Balance
Dominica									**Dominique**
Imports	S	117	165	225	* 214	* 273	* 592	* 393	Importations
Exports	S	45	42	34	* 30	* 32	* 31	* 28	Exportations
Balance	S	-72	-124	-190	* -184	* -241	* -561	* -365	Balance
Dominican Republic									**République dominicaine**
Imports	G	* 3 155	6 804	15 138	17 348	18 508	26 875	29 955	Importations
Exports	G	* 872	6 183	4 767	8 384	9 844	11 725	9 836	Exportations
Balance	G	* -2 283	-621	-10 371	-8 964	-8 664	-15 150	-20 119	Balance
Ecuador									**Équateur**
Imports	S	4 195	9 609	20 591	21 387	17 918	25 687	* 37 046	Importations
Exports	S	4 361	9 869	17 490	18 331	20 355	26 699	* 38 485	Exportations
Balance	S	166	261	-3 101	-3 057	2 437	1 012	* 1 440	Balance
Egypt									**Égypte**
Imports	G	11 739	19 812	53 003	73 975	60 280	73 781	79 712	Importations
Exports	G	3 444	10 646	26 332	21 852	26 815	40 702	48 149	Exportations
Balance	G	-8 295	-9 166	-26 672	-52 123	-33 464	-33 080	-31 563	Balance
El Salvador									**El Salvador**
Imports	G	2 628	6 809	8 416	10 293	9 888	14 617	17 108	Importations
Exports	G	985	3 436	4 499	5 509	4 805	6 395	7 115	Exportations
Balance	G	-1 642	-3 373	-3 917	-4 784	-5 082	-8 223	-9 993	Balance
Equatorial Guinea									**Guinée équatoriale**
Imports	G	* 50	* 1 309	* 5 679	* 6 010	* 886	* 811	* 1 018	Importations
Exports	G	* 86	* 7 062	* 9 964	* 9 570	* 2 825	* 4 692	* 7 673	Exportations
Balance	G	* 36	* 5 753	* 4 285	* 3 560	* 1 939	* 3 882	* 6 655	Balance
Eritrea									**Érythrée**
Imports	G	* 432	* 503	* 1 187	* 2 801	* 349	* 344	* 509	Importations
Exports	G	* 73	* 11	* 13	* 15	* 1 177	* 488	* 578	Exportations
Balance	G	* -359	* -493	* -1 175	* -2 786	* 828	* 144	* 69	Balance
Estonia [3]									**Estonie** [3]
Imports	G	2 546	11 018	13 197	15 732	17 763	24 203	27 003	Importations
Exports	G	1 840	8 247	12 811	13 908	16 901	22 303	23 146	Exportations
Balance	G	-706	-2 770	-385	-1 824	-862	-1 900	-3 857	Balance
Eswatini									**Eswatini**
Imports	G	...	1 656	* 1 710	1 508	1 605	2 123	* 2 407	Importations
Exports	G	...	1 278	* 1 557	1 820	1 752	2 068	* 2 011	Exportations
Balance	G	...	-378	* -153	312	147	-54	* -396	Balance

21 Total imports, exports and balance of trade *(continued)*

Imports CIF, exports FOB and balance: millions of US dollars

Total des importations, des exportations et balance commerciale *(suite)*

Importations CAF, exportations FAB et balance: en millions de dollars É.-U.

Region, country or area	Sys.[a]	1995	2005	2010	2015	2020	2021	2022	Région, pays ou zone
Ethiopia									**Éthiopie**
Imports	G	1 141	4 095	8 602	17 686	14 090	15 285	* 101 088	Importations
Exports	G	422	926	2 330	2 024	2 533	3 058	* 7 128	Exportations
Balance	G	-719	-3 169	-6 272	-15 662	-11 557	-12 227	* -93 960	Balance
Falkland Islands (Malvinas)									**Îles Falkland (Malvinas)**
Imports	G	* 27	* 8	* 50	* 21	* 121	* 151	* 117	Importations
Exports	G	* 4	* 11	* 9	* 4	* 383	* 313	* 366	Exportations
Balance	G	* -23	* 2	* -41	* -17	* 262	* 162	* 249	Balance
Faroe Islands									**Îles Féroé**
Imports	G	* 314	747	* 780	* 911	* 1 394	* 1 502	* 1 901	Importations
Exports	G	* 362	602	* 839	* 1 024	* 1 384	* 1 687	* 2 264	Exportations
Balance	G	* 48	-145	* 59	* 113	* -11	* 186	* 362	Balance
Fiji									**Fidji**
Imports	G	* 891	1 607	1 808	2 081	1 731	2 116	2 997	Importations
Exports	G	* 619	702	841	895	826	815	1 055	Exportations
Balance	G	* -273	-906	-967	-1 186	-904	-1 300	-1 942	Balance
Finland									**Finlande**
Imports	S	29 520	58 473	68 767	60 174	68 267	86 264	97 265	Importations
Exports	S	40 409	65 238	70 117	59 682	65 607	81 500	86 062	Exportations
Balance	S	10 889	6 766	1 349	-492	-2 660	-4 763	-11 203	Balance
France									**France**
Imports	S	273 387	475 857	599 172	563 398	582 775	714 842	819 398	Importations
Exports	S	277 079	434 354	511 651	493 941	488 562	585 148	618 299	Exportations
Balance	S	3 692	-41 503	-87 520	-69 457	-94 213	-129 694	-201 099	Balance
French Guiana									**Guyane française**
Imports	G	783	...	...	...	...	...	...	Importations
Exports	G	158	...	...	...	...	...	...	Exportations
Balance	G	-625	...	...	...	...	...	...	Balance
French Polynesia									**Polynésie française**
Imports	S	* 848	1 702	1 726	1 527	1 714	2 003	2 220	Importations
Exports	S	* 173	210	153	130	81	143	146	Exportations
Balance	S	* -675	-1 491	-1 573	-1 397	-1 634	-1 860	-2 074	Balance
Gabon									**Gabon**
Imports	S	* 884	1 451	* 2 969	* 2 938	* 2 243	* 2 234	* 2 894	Importations
Exports	S	* 2 718	5 068	* 8 539	* 5 677	* 4 054	* 5 089	* 7 381	Exportations
Balance	S	* 1 834	3 617	* 5 570	* 2 739	* 1 811	* 2 855	* 4 487	Balance
Gambia									**Gambie**
Imports	G	215	260	284	391	553	708	* 660	Importations
Exports	G	19	7	68	83	26	26	* 35	Exportations
Balance	G	-196	-252	-215	-308	-527	-682	* -625	Balance
Georgia									**Géorgie**
Imports	G	396	2 490	5 236	7 281	8 054	10 100	13 592	Importations
Exports	G	152	865	1 677	2 205	3 344	4 243	5 593	Exportations
Balance	G	-245	-1 624	-3 558	-5 077	-4 709	-5 857	-7 999	Balance
Germany									**Allemagne**
Imports	S	464 145	779 819	1 060 672	1 057 536	1 173 167	1 424 675	1 577 564	Importations
Exports	S	518 224	977 132	1 267 743	1 328 500	1 385 852	1 635 600	1 665 636	Exportations
Balance	S	54 079	197 313	207 071	270 964	212 685	210 925	88 072	Balance
Ghana [4]									**Ghana** [4]
Imports	G	* 1 897	4 878	8 057	14 687	* 10 877	* 13 512	* 13 796	Importations
Exports	G	* 1 755	3 060	5 233	13 756	* 18 751	* 19 839	* 18 564	Exportations
Balance	G	* -142	-1 819	-2 824	-932	* 7 874	* 6 326	* 4 769	Balance
Gibraltar									**Gibraltar**
Imports		* 408	* 501	* 627	* 815	* 7 987	* 8 720	* 13 300	Importations
Exports		* 114	* 195	* 259	* 295	* 404	* 157	* 414	Exportations
Balance		* -294	* -306	* -368	* -520	* -7 584	* -8 563	* -12 886	Balance
Greece									**Grèce**
Imports	S	25 805	54 894	66 453	47 264	55 534	77 285	97 970	Importations
Exports	S	* 10 896	17 434	27 586	28 289	35 070	47 244	57 568	Exportations
Balance	S	-14 909	-37 459	-38 867	-18 975	-20 463	-30 041	-40 402	Balance
Greenland									**Groenland**
Imports	G	421	700	847	667	* 846	* 1 045	* 1 086	Importations
Exports	G	364	402	389	406	* 931	* 957	* 998	Exportations
Balance	G	-57	-297	-458	-261	* 84	* -88	* -88	Balance

21 Total imports, exports and balance of trade *(continued)*
Imports CIF, exports FOB and balance: millions of US dollars

Total des importations, des exportations et balance commerciale *(suite)*
Importations CAF, exportations FAB et balance: en millions de dollars É.-U.

Region, country or area	Sys.[a]	1995	2005	2010	2015	2020	2021	2022	Région, pays ou zone
Grenada									**Grenade**
Imports	S	129	334	* 306	* 372	395	447	589	Importations
Exports	S	22	28	* 25	* 33	25	35	37	Exportations
Balance	S	-107	-306	* -281	* -339	-370	-412	-552	Balance
Guadeloupe									**Guadeloupe**
Imports	G	1 901	...	...	...	...	...	...	Importations
Exports	G	162	...	...	...	...	...	...	Exportations
Balance	G	-1 739	...	...	...	...	...	...	Balance
Guatemala									**Guatemala**
Imports	S	3 292	10 500	13 830	17 637	18 198	26 594	32 099	Importations
Exports	S	1 936	5 381	8 460	10 677	11 658	13 736	15 806	Exportations
Balance	S	-1 357	-5 119	-5 370	-6 960	-6 539	-12 858	-16 293	Balance
Guinea									**Guinée**
Imports	S	819	1 648	* 1 402	2 139	* 3 814	* 4 034	* 4 876	Importations
Exports	S	702	796	* 1 471	1 574	* 4 677	* 7 964	* 7 431	Exportations
Balance	S	-117	-852	* 69	-565	* 862	* 3 930	* 2 555	Balance
Guinea-Bissau									**Guinée-Bissau**
Imports	G	* 134	112	* 197	* 221	* 269	* 316	* 403	Importations
Exports	G	* 45	23	* 120	* 548	* 182	* 205	* 264	Exportations
Balance	G	* -89	-88	* -77	* 327	* -87	* -111	* -139	Balance
Guyana									**Guyana**
Imports	S	* 472	778	1 452	1 484	2 494	4 160	8 586	Importations
Exports	S	* 455	539	901	1 169	2 814	4 257	7 893	Exportations
Balance	S	* -17	-239	-551	-315	320	98	-693	Balance
Haiti									**Haïti**
Imports	G	650	* 1 449	* 3 147	* 3 523	* 2 414	* 2 533	* 2 339	Importations
Exports	G	35	* 470	* 579	* 1 018	* 967	* 1 276	* 1 205	Exportations
Balance	G	-615	* -979	* -2 568	* -2 505	* -1 446	* -1 257	* -1 135	Balance
Honduras									**Honduras**
Imports	S	1 728	4 419	6 895	8 381	7 972	11 631	* 13 365	Importations
Exports	S	656	1 294	3 104	4 201	4 666	4 976	* 5 845	Exportations
Balance	S	-1 072	-3 125	-3 791	-4 179	-3 305	-6 655	* -7 520	Balance
Hungary									**Hongrie**
Imports	S	15 186	65 920	87 432	90 761	113 423	139 132	158 414	Importations
Exports	S	12 452	62 272	94 749	100 297	119 971	141 157	149 581	Exportations
Balance	S	-2 734	-3 648	7 317	9 536	6 548	2 025	-8 833	Balance
Iceland									**Islande**
Imports	S	1 751	4 979	3 914	5 285	5 697	7 838	9 644	Importations
Exports	S	1 803	3 091	4 603	4 722	4 580	5 974	7 404	Exportations
Balance	S	51	-1 888	689	-563	-1 116	-1 864	-2 240	Balance
India									**Inde**
Imports	G	36 592	140 862	350 029	390 745	367 980	570 402	732 566	Importations
Exports	G	31 699	100 353	220 408	264 381	275 489	394 814	452 684	Exportations
Balance	G	-4 893	-40 509	-129 621	-126 364	-92 492	-175 588	-279 882	Balance
Indonesia									**Indonésie**
Imports	G	40 629	57 701	135 663	142 695	141 569	196 190	* 237 171	Importations
Exports	G	45 418	85 660	157 779	150 366	163 192	231 522	* 292 305	Exportations
Balance	G	4 789	27 959	22 116	7 671	21 623	35 333	* 55 135	Balance
Iran (Islamic Republic of)									**Iran (Rép. islamique d')**
Imports	S	* 13 882	* 38 869	54 697	40 037	* 21 194	* 23 465	* 25 291	Importations
Exports	S	* 18 360	60 012	83 785	60 041	* 14 235	* 17 753	* 18 531	Exportations
Balance	S	* 4 478	* 21 143	29 088	20 003	* -6 959	* -5 712	* -6 760	Balance
Iraq									**Iraq**
Imports	S	* 445	* 12 861	43 915	32 667	* 36 324	* 40 768	* 50 397	Importations
Exports	S	* 555	19 773	52 483	49 403	* 58 968	* 81 209	* 124 428	Exportations
Balance	S	* 110	* 6 912	8 568	16 736	* 22 644	* 40 441	* 74 031	Balance
Ireland									**Irlande**
Imports	G	32 321	70 284	64 601	77 795	99 442	122 755	147 914	Importations
Exports	G	43 789	110 003	120 645	124 731	185 185	195 998	219 304	Exportations
Balance	G	11 468	39 719	56 045	46 935	85 744	73 243	71 390	Balance
Israel									**Israël**
Imports	S	* 28 328	45 032	59 194	62 068	69 261	92 159	107 083	Importations
Exports	S	* 19 046	42 771	58 413	64 062	50 153	60 160	73 583	Exportations
Balance	S	* -9 282	-2 262	-781	1 994	-19 107	-31 999	-33 499	Balance

21 Total imports, exports and balance of trade *(continued)*

Imports CIF, exports FOB and balance: millions of US dollars

Total des importations, des exportations et balance commerciale *(suite)*

Importations CAF, exportations FAB et balance: en millions de dollars É.-U.

Region, country or area	Sys.&	1995	2005	2010	2015	2020	2021	2022	Région, pays ou zone
Italy									**Italie**
Imports	S	200 320	384 836	486 984	410 933	426 476	568 202	743 030	Importations
Exports	S	230 441	372 957	446 840	456 989	498 804	615 910	700 315	Exportations
Balance	S	30 122	-11 878	-40 145	46 055	72 328	47 708	-42 715	Balance
Jamaica									**Jamaïque**
Imports	S	2 773	4 885	5 225	4 993	4 765	5 976	* 8 297	Importations
Exports	S	1 424	1 514	1 328	1 263	1 251	1 441	* 1 043	Exportations
Balance	S	-1 349	-3 370	-3 898	-3 730	-3 515	-4 535	* -7 255	Balance
Japan									**Japon**
Imports	G	336 094	515 866	694 059	625 568	635 402	772 276	898 600	Importations
Exports	G	442 937	594 941	769 774	624 874	641 283	757 066	746 672	Exportations
Balance	G	106 843	79 074	75 715	-695	5 880	-15 210	-151 928	Balance
Jordan									**Jordanie**
Imports	G	3 696	10 455	15 262	20 475	17 007	21 542	19 376	Importations
Exports	G	1 769	4 284	7 023	7 833	7 943	9 357	8 790	Exportations
Balance	G	-1 928	-6 170	-8 239	-12 642	-9 064	-12 186	-10 586	Balance
Kazakhstan									**Kazakhstan**
Imports	G	3 805	17 333	24 024	30 567	38 928	41 415	50 044	Importations
Exports	G	5 227	27 846	57 244	45 954	47 514	60 321	84 392	Exportations
Balance	G	1 422	10 513	33 220	15 387	8 586	18 906	34 348	Balance
Kenya									**Kenya**
Imports	G	2 818	5 846	12 093	16 058	15 405	19 594	* 20 594	Importations
Exports	G	1 826	3 420	5 169	5 907	6 023	6 751	* 7 241	Exportations
Balance	G	-992	-2 426	-6 924	-10 151	-9 382	-12 843	* -13 354	Balance
Kiribati									**Kiribati**
Imports	S	34	74	73	111	109	* 120	* 136	Importations
Exports	S	7	4	4	10	9	* 37	* 73	Exportations
Balance	S	-27	-70	-69	-101	-100	* -84	* -63	Balance
Kuwait									**Koweït**
Imports	S	7 790	* 15 801	22 691	30 957	28 344	31 886	* 31 880	Importations
Exports	S	12 944	* 44 869	62 698	54 121	40 166	63 130	* 93 990	Exportations
Balance	S	5 155	* 29 068	40 007	23 164	11 822	31 244	* 62 110	Balance
Kyrgyzstan									**Kirghizistan**
Imports	G	522	1 108	3 223	4 068	3 387	5 580	9 629	Importations
Exports	G	412	672	1 488	1 441	1 864	2 752	2 187	Exportations
Balance	G	-110	-436	-1 734	-2 627	-1 523	-2 828	-7 442	Balance
Lao People's Dem. Rep.									**Rép. dém. populaire lao**
Imports	S	* 588	* 874	1 837	3 778	5 014	5 871	* 6 992	Importations
Exports	S	* 311	* 552	1 909	2 985	5 087	7 165	* 8 626	Exportations
Balance	S	* -277	* -322	72	-793	73	1 293	* 1 634	Balance
Latvia									**Lettonie**
Imports	S	1 818	8 770	11 143	14 096	17 315	23 086	27 894	Importations
Exports	S	1 305	5 303	8 851	11 650	15 197	19 459	22 526	Exportations
Balance	S	-513	-3 468	-2 292	-2 446	-2 119	-3 627	-5 369	Balance
Lebanon									**Liban**
Imports	G	* 7 295	9 327	17 970	18 600	11 355	13 857	19 500	Importations
Exports	G	* 826	1 879	4 254	2 953	3 807	4 230	3 862	Exportations
Balance	G	* -6 469	-7 448	-13 716	-15 646	-7 547	-9 627	-15 638	Balance
Lesotho									**Lesotho**
Imports	G	...	* 1 410	1 277	1 410	1 281	1 668	* 1 544	Importations
Exports	G	...	* 650	503	604	837	949	* 1 632	Exportations
Balance	G	...	* -760	-773	-806	-443	-719	* 88	Balance
Liberia									**Libéria**
Imports	G	* 358	* 309	* 710	* 901	* 1 100	* 1 479	* 1 720	Importations
Exports	G	* 452	* 130	* 222	* 627	* 455	* 666	* 822	Exportations
Balance	G	* 94	* -179	* -488	* -273	* -645	* -813	* -898	Balance
Libya									**Libye**
Imports	G	* 4 912	* 6 058	17 674	* 13 000	* 12 828	* 17 905	* 20 936	Importations
Exports	G	* 9 363	* 31 272	36 440	* 10 200	* 10 741	* 36 461	* 46 483	Exportations
Balance	G	* 4 451	* 25 215	18 766	* -2 800	* -2 087	* 18 556	* 25 547	Balance
Lithuania									**Lituanie**
Imports	S	3 649	15 704	23 378	28 176	33 314	44 476	55 110	Importations
Exports	S	2 706	12 070	20 814	25 411	32 790	40 698	46 502	Exportations
Balance	S	-943	-3 634	-2 564	-2 765	-523	-3 778	-8 608	Balance

21 Total imports, exports and balance of trade *(continued)*

Imports CIF, exports FOB and balance: millions of US dollars

Total des importations, des exportations et balance commerciale *(suite)*

Importations CAF, exportations FAB et balance: en millions de dollars É.-U.

Region, country or area	Sys.&	1995	2005	2010	2015	2020	2021	2022	Région, pays ou zone
Luxembourg									**Luxembourg**
Imports	S	...	17 586	20 400	19 296	20 883	25 537	26 068	Importations
Exports	S	...	12 715	13 911	12 626	13 506	16 247	16 810	Exportations
Balance	S	...	-4 871	-6 489	-6 671	-7 377	-9 290	-9 258	Balance
Madagascar									**Madagascar**
Imports	G	550	1 686	2 546	2 961	3 220	4 408	* 5 524	Importations
Exports	G	360	836	1 082	2 164	2 019	2 788	* 3 658	Exportations
Balance	G	-190	-850	-1 464	-796	-1 201	-1 620	* -1 866	Balance
Malawi									**Malawi**
Imports	G	500	1 165	2 173	2 312	2 678	3 073	* 2 843	Importations
Exports	G	433	495	1 066	1 080	771	1 009	* 994	Exportations
Balance	G	-67	-670	-1 107	-1 232	-1 907	-2 064	* -1 848	Balance
Malaysia									**Malaisie**
Imports	G	77 046	114 290	164 586	176 175	190 405	238 250	* 294 093	Importations
Exports	G	73 778	141 624	198 791	200 211	234 050	299 230	* 352 565	Exportations
Balance	G	-3 267	27 334	34 204	24 036	43 646	60 981	* 58 472	Balance
Maldives [5]									**Maldives** [5]
Imports	G	268	745	1 095	1 897	* 1 838	2 574	* 3 515	Importations
Exports	G	50	154	74	144	* 163	151	* 159	Exportations
Balance	G	-218	-591	-1 021	-1 753	* -1 675	-2 422	* -3 356	Balance
Mali									**Mali**
Imports	G	* 774	1 544	4 704	* 3 169	* 6 269	* 7 463	* 6 680	Importations
Exports	G	* 443	1 075	1 996	* 2 530	* 4 912	* 4 998	* 5 177	Exportations
Balance	G	* -331	-468	-2 707	* -639	* -1 357	* -2 465	* -1 503	Balance
Malta									**Malte**
Imports	G	2 942	3 865	5 732	6 788	5 736	7 141	8 563	Importations
Exports	G	1 913	2 431	3 717	3 915	2 832	3 067	3 257	Exportations
Balance	G	-1 029	-1 435	-2 015	-2 873	-2 904	-4 074	-5 305	Balance
Marshall Islands									**Îles Marshall**
Imports	G	* 75	* 68	* 76	* 84	* 13 565	* 14 708	* 17 144	Importations
Exports	G	* 23	* 11	* 17	* 25	* 659	* 1 349	* 1 233	Exportations
Balance	G	* -52	* -57	* -60	* -59	* -12 906	* -13 360	* -15 912	Balance
Martinique									**Martinique**
Imports	G	1 970	...	...	...	...	...	...	Importations
Exports	G	242	...	...	...	...	...	...	Exportations
Balance	G	-1 728	...	...	...	...	...	...	Balance
Mauritania									**Mauritanie**
Imports	G	* 326	1 342	1 708	3 703	2 744	3 860	* 5 021	Importations
Exports	G	* 550	556	1 819	1 832	2 829	3 267	* 3 312	Exportations
Balance	G	* 225	-786	111	-1 872	85	-593	* -1 709	Balance
Mauritius									**Maurice**
Imports	G	2 000	3 160	4 402	4 458	4 224	5 147	6 617	Importations
Exports	G	1 538	2 144	1 850	2 481	1 544	1 672	1 881	Exportations
Balance	G	-462	-1 016	-2 553	-1 977	-2 680	-3 476	-4 737	Balance
Mayotte									**Mayotte**
Imports	G	...	309	...	...	...	...	...	Importations
Exports	G	...	6	...	...	...	...	...	Exportations
Balance	G	...	-303	...	...	...	...	...	Balance
Mexico									**Mexique**
Imports	G	72 453	221 819	301 482	395 234	382 980	506 565	604 615	Importations
Exports	G	79 541	214 207	298 305	380 550	416 982	494 596	578 282	Exportations
Balance	G	7 088	-7 612	-3 177	-14 684	34 002	-11 970	-26 333	Balance
Micronesia (Fed. States of)									**Micronésie (États féd. de)**
Imports	G	* 100	128	168	* 160	* 683	* 642	* 726	Importations
Exports	G	* 43	13	23	* 40	* 207	* 233	* 224	Exportations
Balance	G	* -56	-115	-145	* -121	* -477	* -409	* -502	Balance
Mongolia									**Mongolie**
Imports	G	* 415	1 183	* 3 200	3 797	5 299	6 844	* 8 592	Importations
Exports	G	* 473	1 064	* 2 908	4 669	7 576	9 241	* 13 225	Exportations
Balance	G	* 58	-118	* -291	873	2 278	2 397	* 4 633	Balance
Montenegro									**Monténégro**
Imports	S	...	...	2 182	2 050	2 394	2 946	3 722	Importations
Exports	S	...	...	437	353	410	516	736	Exportations
Balance	S	...	...	-1 745	-1 697	-1 984	-2 430	-2 986	Balance

21 Total imports, exports and balance of trade *(continued)*
Imports CIF, exports FOB and balance: millions of US dollars

Total des importations, des exportations et balance commerciale *(suite)*
Importations CAF, exportations FAB et balance: en millions de dollars É.-U.

Region, country or area	Sys.&	1995	2005	2010	2015	2020	2021	2022	Région, pays ou zone
Montserrat									**Montserrat**
Imports	S	* 51	30	* 29	* 39	31	* 27	39	Importations
Exports	S	* 2	1	1	* 3	6	* 1	7	Exportations
Balance	S	* -49	-28	* -28	* -36	-25	* -26	-33	Balance
Morocco									**Maroc**
Imports	S	8 540	20 803	35 379	38 146	44 526	58 678	72 578	Importations
Exports	S	4 719	11 185	17 765	22 337	27 703	36 585	42 183	Exportations
Balance	S	-3 822	-9 618	-17 614	-15 809	-16 824	-22 092	-30 394	Balance
Mozambique									**Mozambique**
Imports	G	727	2 408	3 564	* 7 852	6 438	8 623	14 665	Importations
Exports	G	174	1 745	2 243	* 3 649	3 460	5 112	8 265	Exportations
Balance	G	-553	-663	-1 321	* -4 203	-2 978	-3 511	-6 400	Balance
Myanmar									**Myanmar**
Imports	G	* 1 346	* 1 907	4 866	16 913	17 964	14 322	17 403	Importations
Exports	G	* 860	* 3 776	8 873	11 432	16 929	15 145	17 085	Exportations
Balance	G	* -487	* 1 869	4 008	-5 481	-1 035	823	-319	Balance
Namibia									**Namibie**
Imports	G	...	2 525	5 980	7 697	6 823	10 992	7 905	Importations
Exports	G	...	2 726	5 848	4 628	5 600	7 264	6 339	Exportations
Balance	G	...	201	-131	-3 069	-1 223	-3 728	-1 566	Balance
Nepal [6]									**Népal** [6]
Imports	G	* 1 330	* 2 282	5 116	6 612	9 745	15 830	* 13 947	Importations
Exports	G	* 345	* 863	874	660	855	1 666	* 1 311	Exportations
Balance	G	* -985	* -1 419	-4 242	-5 952	-8 890	-14 164	* -12 636	Balance
Netherlands (Kingdom of the)									**Pays-Bas (Royaume des)**
Imports	S	157 929	310 591	439 987	412 644	484 089	623 369	712 802	Importations
Exports	S	177 626	349 813	492 646	464 697	551 353	696 873	770 307	Exportations
Balance	S	19 697	39 222	52 659	52 053	67 264	73 504	57 505	Balance
Netherlands Antilles [former]									**Antilles néerlandaises [anc.]**
Imports	S	* 1 830	894	* 2 687	...	...	...	...	Importations
Exports	S	* 1 354	91	* 811	...	...	...	...	Exportations
Balance	S	* -476	-803	* -1 876	...	...	...	...	Balance
New Caledonia									**Nouvelle-Calédonie**
Imports	G	* 840	1 774	3 303	2 529	* 2 289	* 2 656	* 3 814	Importations
Exports	G	* 570	1 114	1 268	1 239	* 1 173	* 1 338	* 1 752	Exportations
Balance	G	* -270	-660	-2 036	-1 291	* -1 116	* -1 318	* -2 061	Balance
New Zealand									**Nouvelle-Zélande**
Imports	G	13 958	26 232	30 616	36 528	36 546	49 221	54 850	Importations
Exports	G	13 745	21 729	31 393	34 357	38 290	44 325	45 615	Exportations
Balance	G	-212	-4 504	777	-2 171	1 744	-4 896	-9 235	Balance
Nicaragua									**Nicaragua**
Imports	G	1 009	2 536	4 191	5 866	6 545	9 826	11 247	Importations
Exports	G	509	866	1 848	4 667	5 087	6 495	7 360	Exportations
Balance	G	-500	-1 670	-2 343	-1 199	-1 458	-3 331	-3 887	Balance
Niger									**Niger**
Imports	G	345	736	2 273	2 458	3 028	2 127	3 779	Importations
Exports	G	273	486	479	790	1 246	507	423	Exportations
Balance	G	-71	-250	-1 794	-1 669	-1 782	-1 620	-3 356	Balance
Nigeria									**Nigéria**
Imports	G	* 8 221	* 21 314	44 235	33 831	55 455	52 068	* 55 148	Importations
Exports	G	* 12 342	* 55 145	86 568	48 433	34 900	47 232	* 52 610	Exportations
Balance	G	* 4 121	* 33 831	42 333	14 602	-20 555	-4 837	* -2 538	Balance
North Macedonia									**Macédoine du Nord**
Imports	S	1 719	3 228	5 474	6 427	8 709	11 390	12 755	Importations
Exports	S	1 204	2 041	3 351	4 530	6 633	8 186	8 729	Exportations
Balance	S	-515	-1 187	-2 123	-1 897	-2 076	-3 203	-4 026	Balance
Northern Mariana Islands									**Îles Mariannes du Nord**
Imports	G	* 628	* 1 952	* 2 867	* 4 215	* 6 194	* 6 690	* 7 225	Importations
Exports	G	* 941	* 1 254	* 1 453	* 1 685	* 1 953	* 2 011	* 2 072	Exportations
Balance	G	* 313	* -699	* -1 414	* -2 530	* -4 241	* -4 678	* -5 153	Balance
Norway									**Norvège**
Imports	G	32 706	55 488	77 330	76 399	81 624	99 253	107 197	Importations
Exports	G	41 740	103 759	130 657	103 785	82 749	174 514	273 734	Exportations
Balance	G	9 034	48 271	53 327	27 386	1 125	75 261	166 536	Balance

21 Total imports, exports and balance of trade *(continued)*

Imports CIF, exports FOB and balance: millions of US dollars

Total des importations, des exportations et balance commerciale *(suite)*

Importations CAF, exportations FAB et balance: en millions de dollars É.-U.

Region, country or area	Sys.&	1995	2005	2010	2015	2020	2021	2022	Région, pays ou zone
Oman									**Oman**
Imports	G	4 249	8 970	19 775	29 007	28 507	30 995	* 39 869	Importations
Exports	G	5 917	18 692	36 600	35 686	33 479	44 591	* 53 960	Exportations
Balance	G	1 669	9 722	16 825	6 679	4 972	13 596	* 14 091	Balance
Other non-specified areas									**Autres zones non-spécifiées**
Imports		103 506	181 592	251 315	228 508	287 429	382 555	* 394 584	Importations
Exports		111 343	189 393	273 706	280 019	347 195	447 657	* 500 006	Exportations
Balance		7 838	7 801	22 391	51 511	59 765	65 102	105 422	Balance
Pakistan									**Pakistan**
Imports	G	11 704	25 097	37 537	43 990	45 775	72 892	* 74 152	Importations
Exports	G	8 158	16 050	21 413	22 089	22 237	28 795	* 30 138	Exportations
Balance	G	-3 546	-9 046	-16 124	-21 901	-23 538	-44 096	* -44 013	Balance
Palau									**Palaos**
Imports	G	* 60	* 156	107	150	* 192	* 222	* 297	Importations
Exports	G	* 14	* 14	* 12	6	* 3	* 2	* 4	Exportations
Balance	G	* -47	* -143	-96	-144	* -189	* -221	* -293	Balance
Panama [7]									**Panama** [7]
Imports	S	2 511	4 152	16 737	10 375	14 717	13 313	* 15 186	Importations
Exports	S	577	963	10 987	11 348	8 659	3 782	* 3 590	Exportations
Balance	S	-1 933	-3 189	-5 751	973	-6 058	-9 531	* -11 596	Balance
Papua New Guinea									**Papouasie-Nvl-Guinée**
Imports	G	* 1 451	* 1 728	* 3 950	* 2 537	* 4 640	* 5 307	* 6 690	Importations
Exports	G	* 2 653	* 3 276	* 5 742	* 8 425	* 5 935	* 7 623	* 9 593	Exportations
Balance	G	* 1 202	* 1 548	* 1 792	* 5 888	* 1 295	* 2 316	* 2 904	Balance
Paraguay									**Paraguay**
Imports	G	3 136	3 274	10 033	10 291	10 216	13 560	15 853	Importations
Exports	G	919	3 153	6 517	8 328	8 518	10 571	9 948	Exportations
Balance	G	-2 217	-121	-3 517	-1 964	-1 698	-2 989	-5 904	Balance
Peru									**Pérou**
Imports	S	7 584	12 502	29 966	38 026	36 064	51 178	* 60 571	Importations
Exports	S	5 440	17 114	35 807	33 667	38 757	56 260	* 66 432	Exportations
Balance	S	-2 144	4 612	5 842	-4 359	2 693	5 082	* 5 860	Balance
Philippines									**Philippines**
Imports	G	28 487	49 487	58 468	70 153	95 067	124 390	145 880	Importations
Exports	G	17 447	41 255	51 498	58 648	65 214	74 620	78 929	Exportations
Balance	G	-11 040	-8 233	-6 970	-11 505	-29 852	-49 771	-66 951	Balance
Poland									**Pologne**
Imports	S	29 019	101 539	174 128	189 696	254 660	335 451	358 593	Importations
Exports	S	22 862	89 378	157 065	194 461	254 169	317 832	342 845	Exportations
Balance	S	-6 157	-12 161	-17 063	4 765	-491	-17 619	-15 748	Balance
Portugal									**Portugal**
Imports	S	33 565	63 904	77 682	66 909	77 834	98 337	115 036	Importations
Exports	S	23 370	38 672	49 414	55 045	61 400	75 243	82 354	Exportations
Balance	S	-10 195	-25 232	-28 268	-11 864	-16 434	-23 094	-32 682	Balance
Qatar									**Qatar**
Imports	G	3 398	10 061	23 240	32 610	25 835	27 985	33 479	Importations
Exports	G	3 557	25 762	74 964	77 971	51 504	87 203	130 964	Exportations
Balance	G	159	15 702	51 725	45 361	25 669	59 218	97 485	Balance
Republic of Korea									**République de Corée**
Imports	G	135 109	261 236	425 208	436 487	467 498	615 014	* 731 275	Importations
Exports	G	* 125 056	284 418	466 381	526 753	512 710	644 411	* 683 596	Exportations
Balance	G	-10 052	23 183	41 173	90 266	45 212	29 397	* -47 679	Balance
Republic of Moldova									**République de Moldova**
Imports	G	841	2 292	3 855	3 987	5 416	7 177	9 219	Importations
Exports	G	746	1 091	1 541	1 967	2 467	3 145	4 335	Exportations
Balance	G	-95	-1 201	-2 314	-2 020	-2 949	-4 032	-4 884	Balance
Réunion									**Réunion**
Imports	G	2 711	...	...	...	...	...	...	Importations
Exports	G	209	...	...	...	...	...	...	Exportations
Balance	G	-2 502	...	...	...	...	...	...	Balance
Romania									**Roumanie**
Imports	S	10 278	40 463	62 007	69 858	92 056	116 402	132 700	Importations
Exports	S	7 910	27 730	49 413	60 605	71 046	88 390	96 830	Exportations
Balance	S	-2 368	-12 733	-12 593	-9 253	-21 010	-28 012	-35 870	Balance

21 Total imports, exports and balance of trade *(continued)*
Imports CIF, exports FOB and balance: millions of US dollars

Total des importations, des exportations et balance commerciale *(suite)*
Importations CAF, exportations FAB et balance: en millions de dollars É.-U.

Region, country or area	Sys.&	1995	2005	2010	2015	2020	2021	2022	Région, pays ou zone
Russian Federation [8]									**Fédération de Russie** [8]
Imports	G	* 46 710	98 707	228 912	182 782	231 664	293 497	* 200 918	Importations
Exports	G	* 79 869	241 452	397 068	343 908	337 104	492 314	* 572 780	Exportations
Balance	G	* 33 159	142 744	168 156	161 126	105 440	198 817	* 371 862	Balance
Rwanda									**Rwanda**
Imports	G	* 241	374	1 405	2 370	3 707	3 737	5 125	Importations
Exports	G	* 8	150	242	594	1 431	1 563	2 019	Exportations
Balance	G	* -233	-224	-1 163	-1 777	-2 275	-2 174	-3 105	Balance
Saint Helena									**Sainte-Hélène**
Imports	G	* 13	* 12	* 20	* 41	* 81	* 93	...	Importations
Exports	G	* 1	* 1	* ~0	* ~0	* ~0	* ~0	...	Exportations
Balance	G	* -12	* -12	* -20	* -40	* -81	* -93	...	Balance
Saint Kitts and Nevis									**Saint-Kitts-et-Nevis**
Imports	S	132	210	270	297	* 264	* 260	* 325	Importations
Exports	S	19	34	32	32	* 34	* 44	* 26	Exportations
Balance	S	-113	-176	-238	-265	* -230	* -216	* -300	Balance
Saint Lucia									**Sainte-Lucie**
Imports	G	* 306	486	647	583	533	* 1 077	* 1 965	Importations
Exports	G	* 109	64	215	181	67	* 83	* 79	Exportations
Balance	G	* -197	-422	-432	-403	-465	* -995	* -1 886	Balance
Saint Pierre and Miquelon									**Saint-Pierre-et-Miquelon**
Imports	S	* 96	* 216	* 747	* 2 259	* 4 402	* 5 008	...	Importations
Exports	S	* 16	* 31	* 137	* 533	* 1 328	* 1 587	...	Exportations
Balance	S	* -80	* -185	* -610	* -1 726	* -3 074	* -3 421	...	Balance
Saint Vincent & Grenadines									**Saint-Vincent-Grenadines**
Imports	S	134	240	379	334	321	372	* 482	Importations
Exports	S	59	40	42	47	55	35	* 47	Exportations
Balance	S	-75	-201	-338	-287	-266	-338	* -435	Balance
Samoa									**Samoa**
Imports	G	* 95	239	310	371	* 363	368	* 459	Importations
Exports	G	* 9	87	70	59	* 55	29	* 34	Exportations
Balance	G	* -86	-151	-240	-312	* -308	-339	* -425	Balance
Sao Tome and Principe									**Sao Tomé-et-Principe**
Imports	S	* 29	50	112	142	138	166	196	Importations
Exports	S	* 5	3	6	9	12	19	23	Exportations
Balance	S	* -24	-46	-106	-133	-126	-147	-174	Balance
Saudi Arabia									**Arabie saoudite**
Imports	G	28 085	57 233	103 622	174 786	131 313	152 695	* 187 971	Importations
Exports	G	49 030	180 278	250 577	203 689	185 699	286 467	* 419 391	Exportations
Balance	G	20 944	123 045	146 955	28 903	54 386	133 772	* 231 420	Balance
Senegal									**Sénégal**
Imports	G	* 1 413	3 498	4 777	5 595	7 812	9 699	* 12 057	Importations
Exports	G	* 412[9]	1 471	2 086	2 612	3 929	5 202	* 5 790	Exportations
Balance	G	* -1 001	-2 027	-2 691	-2 984	-3 883	-4 497	* -6 267	Balance
Serbia [10]									**Serbie** [10]
Imports	G	...	...	16 735	18 210	26 228	33 793	41 138	Importations
Exports	G	...	...	9 795	13 379	19 501	25 566	29 058	Exportations
Balance	G	...	...	-6 940	-4 831	-6 727	-8 227	-12 079	Balance
Serbia and Monten. [former]									**Serbie-et-Monténégro [anc.]**
Imports	S	* 2 666	* 11 393	...	...	...	...	...	Importations
Exports	S	* 1 531	* 4 430	...	...	...	...	...	Exportations
Balance	S	* -1 135	* -6 963	...	...	...	...	...	Balance
Seychelles [11]									**Seychelles** [11]
Imports	G	255	675	1 180	975	1 494	1 848	* 2 270	Importations
Exports	G	53	340	418	474	961	1 952	* 1 865	Exportations
Balance	G	-202	-335	-763	-501	-533	104	* -405	Balance
Sierra Leone									**Sierra Leone**
Imports	G	* 131	341	* 776	1 759	* 1 122	* 1 736	* 1 907	Importations
Exports	G	* 42	154	* 319	93	* 168	* 410	* 491	Exportations
Balance	G	* -89	-187	* -457	-1 666	* -954	* -1 326	* -1 416	Balance
Singapore									**Singapour**
Imports	G	124 503	200 724	313 071	308 122	328 624	406 318	475 413	Importations
Exports	G	118 263	230 344	353 240	357 941	373 684	457 081	514 966	Exportations
Balance	G	-6 240	29 619	40 169	49 820	45 059	50 763	39 553	Balance

21 Total imports, exports and balance of trade *(continued)*

Imports CIF, exports FOB and balance: millions of US dollars

Total des importations, des exportations et balance commerciale *(suite)*

Importations CAF, exportations FAB et balance: en millions de dollars É.-U.

Region, country or area	Sys.&	1995	2005	2010	2015	2020	2021	2022	Région, pays ou zone
Slovakia									**Slovaquie**
Imports	S	8 162	34 226	65 644	73 053	84 998	105 142	115 215	Importations
Exports	S	8 374	* 32 210	65 306	74 970	86 708	104 733	108 013	Exportations
Balance	S	212	-2 016	-338	1 916	1 709	-408	-7 203	Balance
Slovenia									**Slovénie**
Imports	S	9 492	19 626	26 592	25 870	36 513	49 067	59 723	Importations
Exports	S	8 316	17 896	24 435	26 587	37 471	46 692	55 479	Exportations
Balance	S	-1 176	-1 730	-2 157	717	958	-2 375	-4 244	Balance
Solomon Islands									**Îles Salomon**
Imports	S	* 154	139	328	466	* 443	* 575	* 643	Importations
Exports	S	* 168	70	215	400	* 366	* 356	* 379	Exportations
Balance	S	* 14	-68	-112	-65	* -77	* -219	* -265	Balance
Somalia									**Somalie**
Imports	G	* 38	* 469	* 496	* 525	* 3 269	* 3 509	* 3 871	Importations
Exports	G	* 38	* 379	* 568	* 853	* 503	* 527	* 639	Exportations
Balance	G	* -~0	* -90	* 72	* 328	* -2 766	* -2 982	* -3 232	Balance
South Africa									**Afrique du Sud**
Imports	G	...	55 033	83 100	85 511	68 943	93 440	111 880	Importations
Exports	G	...	46 991	82 631	80 264	85 227	121 321	121 616	Exportations
Balance	G	...	-8 042	-469	-5 246	16 284	27 882	9 736	Balance
South Sudan									**Soudan du sud**
Imports	G	...	...	...	* 635	* 1 006	* 1 109	* 1 312	Importations
Exports	G	...	...	...	* 3 103	* 783	* 812	* 522	Exportations
Balance	G	...	...	...	* 2 468	* -222	* -297	* -791	Balance
Spain									**Espagne**
Imports	S	113 399	289 611	315 547	304 708	329 739	426 060	499 055	Importations
Exports	S	89 616	192 798	246 265	276 959	312 081	391 559	424 286	Exportations
Balance	S	-23 783	-96 812	-69 282	-27 750	-17 658	-34 501	-74 769	Balance
Sri Lanka									**Sri Lanka**
Imports	G	* 4 756	8 307	12 354	18 967	15 607	21 502	17 560	Importations
Exports	G	* 3 790	6 160	8 304	10 440	10 707	13 331	13 592	Exportations
Balance	G	* -966	-2 147	-4 050	-8 528	-4 900	-8 171	-3 967	Balance
State of Palestine									**État de Palestine**
Imports	G	...	2 668	3 959	5 225	6 063	7 829	* 9 996	Importations
Exports	G	...	335	576	958	1 055	1 358	* 1 475	Exportations
Balance	G	...	-2 332	-3 383	-4 268	-5 009	-6 471	* -8 520	Balance
Sudan [12]									**Soudan** [12]
Imports	G	...	...	...	8 413	* 12 069	* 11 296	* 16 828	Importations
Exports	G	...	...	...	5 588	* 1 893	* 2 219	* 3 102	Exportations
Balance	G	...	...	...	-2 826	* -10 176	* -9 077	* -13 726	Balance
Sudan [former]									**Soudan [anc.]**
Imports	G	1 185	7 367	11 875	...	...	...	...	Importations
Exports	G	685	4 506	11 529	...	...	...	...	Exportations
Balance	G	-500	-2 861	-346	...	...	...	...	Balance
Suriname									**Suriname**
Imports	G	583	1 050	1 397	1 904	1 533	1 381	1 803	Importations
Exports	G	483	997	2 026	1 814	2 193	2 291	2 579	Exportations
Balance	G	-100	-53	628	-90	660	910	776	Balance
Sweden									**Suède**
Imports	S	61 647	111 351	148 788	138 361	149 436	187 320	202 093	Importations
Exports	S	77 436	130 264	158 411	140 001	154 936	189 635	197 575	Exportations
Balance	S	15 790	18 912	9 622	1 641	5 499	2 315	-4 518	Balance
Switzerland									**Suisse**
Imports	S	80 152	126 574	176 281	253 152	290 402	323 356	356 235	Importations
Exports	S	81 641	130 930	195 609	291 959	318 580	379 771	400 057	Exportations
Balance	S	1 489	4 356	19 329	38 807	28 178	56 415	43 822	Balance
Syrian Arab Republic									**République arabe syrienne**
Imports	S	* 4 645	7 898	17 562	* 3 206	* 4 568	* 5 640	* 5 846	Importations
Exports	S	* 3 561	6 450	11 353	* 1 688	* 4 099	* 4 012	* 4 514	Exportations
Balance	S	* -1 084	-1 448	-6 209	* -1 518	* -469	* -1 628	* -1 332	Balance
Tajikistan									**Tadjikistan**
Imports	G	* 809	* 1 329	* 2 659	* 3 435	3 139	4 216	* 5 596	Importations
Exports	G	* 748	* 905	* 1 206	* 891	718	1 477	* 1 491	Exportations
Balance	G	* -61	* -424	* -1 453	* -2 544	-2 421	-2 739	* -4 105	Balance

21 Total imports, exports and balance of trade *(continued)*
Imports CIF, exports FOB and balance: millions of US dollars

Total des importations, des exportations et balance commerciale *(suite)*
Importations CAF, exportations FAB et balance: en millions de dollars É.-U.

Region, country or area	Sys.[&]	1995	2005	2010	2015	2020	2021	2022	Région, pays ou zone
Thailand									**Thaïlande**
Imports	S	70 781	118 164	182 393	202 642	207 696	268 205	* 305 288	Importations
Exports	S	56 439	110 110	195 312	214 309	231 388	266 675	* 283 912	Exportations
Balance	S	-14 341	-8 054	12 918	11 667	23 692	-1 530	* -21 376	Balance
Timor-Leste									**Timor-Leste**
Imports	G	* 112	102	* 246	* 578	* 1 180	* 1 215	* 1 427	Importations
Exports	G	* 34	43	* 42	* 45	* 61	* 1 291	* 322	Exportations
Balance	G	* -78	-58	* -205	* -533	* -1 119	* 75	* -1 105	Balance
Togo									**Togo**
Imports	G	556	593	1 350	1 877	2 172	2 863	2 769	Importations
Exports	G	383	360	741	792	974	1 080	1 348	Exportations
Balance	G	-174	-233	-609	-1 085	-1 198	-1 784	-1 421	Balance
Tokelau									**Tokélaou**
Imports	G	* 1	* 1	* 1	* 1	* 1	* 1	* 1	Importations
Exports	G	* ~0	* ~0	* ~0	* ~0	* ~0	* ~0	* ~0	Exportations
Balance	G	* -~0	* -1	* -1	* -1	* -1	* -1	* -1	Balance
Tonga									**Tonga**
Imports	G	* 77	120	159	* 208	* 176	* 194	* 202	Importations
Exports	G	* 15	10	8	* 15	* 22	* 31	* 27	Exportations
Balance	G	* -63	-110	-151	* -193	* -154	* -162	* -175	Balance
Trinidad and Tobago									**Trinité-et-Tobago**
Imports	S	* 1 386	5 694	6 480	9 298	4 876	5 761	* 6 197	Importations
Exports	S	* 2 007	9 611	10 982	10 756	5 519	8 620	* 13 223	Exportations
Balance	S	* 622	3 918	4 502	1 458	643	2 860	* 7 026	Balance
Tunisia									**Tunisie**
Imports	G	* 7 903	13 174	22 215	20 223	18 445	22 496	* 24 832	Importations
Exports	G	* 5 475	10 494	16 427	14 073	13 861	16 695	* 18 426	Exportations
Balance	G	* -2 428	-2 681	-5 789	-6 149	-4 585	-5 801	* -6 406	Balance
Türkiye [13]									**Türkiye** [13]
Imports	G	35 707	116 774	185 544	207 207	219 514	271 426	363 709	Importations
Exports	G	21 599	73 476	113 883	143 850	169 658	225 214	254 201	Exportations
Balance	G	-14 109	-43 298	-71 661	-63 356	-49 856	-46 211	-109 508	Balance
Turkmenistan									**Turkménistan**
Imports	S	* 1 364	* 2 217	* 2 400	* 2 596	* 3 242	* 4 036	* 3 160	Importations
Exports	S	* 677	* 3 009	* 3 335	* 3 670	* 6 544	* 9 349	* 12 821	Exportations
Balance	S	* -687	* 792	* 935	* 1 074	* 3 302	* 5 313	* 9 661	Balance
Turks and Caicos Islands									**Îles Turques-et-Caïques**
Imports	G	* 51	304	* 302	* 410	* 350	* 485	* 681	Importations
Exports	G	* 5	15	* 16	* 5	* 4	* 11	* 3	Exportations
Balance	G	* -46	-289	* -286	* -405	* -346	* -474	* -679	Balance
Tuvalu									**Tuvalu**
Imports	G	* 6	13	* 12	* 12	* 40	* 132	* 107	Importations
Exports	G	* ~0	~0	* ~0	* ~0	* 8	* 27	* 23	Exportations
Balance	G	* -6	-13	* -12	* -12	* -32	* -105	* -83	Balance
Uganda									**Ouganda**
Imports	G	1 038	2 054	4 664	5 528	8 251	* 8 924	* 10 243	Importations
Exports	G	575	813	1 619	2 267	4 149	* 3 966	* 3 551	Exportations
Balance	G	-462	-1 241	-3 046	-3 261	-4 102	* -4 958	* -6 692	Balance
Ukraine [14]									**Ukraine** [14]
Imports	G	* 15 484	36 122	60 737	37 516	53 675	69 963	55 224	Importations
Exports	G	* 13 128	34 228	51 430	38 127	49 231	65 870	44 443	Exportations
Balance	G	* -2 356	-1 894	-9 307	611	-4 444	-4 093	-10 781	Balance
United Arab Emirates									**Émirats arabes unis**
Imports	S	* 20 776	80 814	187 001	287 025	246 961	347 529	* 424 374	Importations
Exports	S	* 27 691	115 453	198 362	300 479	335 297	425 160	* 586 532	Exportations
Balance	S	* 6 915	34 639	11 361	13 454	88 336	77 631	* 162 158	Balance
United Kingdom									**Royaume-Uni**
Imports	G	261 456	528 461	627 618	630 251	634 175	688 237	822 055	Importations
Exports	G	234 372	392 744	422 014	466 296	395 692	470 548	532 327	Exportations
Balance	G	-27 084	-135 717	-205 603	-163 955	-238 483	-217 689	-289 728	Balance
United Rep. of Tanzania									**Rép.-Unie de Tanzanie**
Imports	G	1 653	3 247	8 013	14 706	8 517	10 873	15 654	Importations
Exports	G	685	1 672	4 051	5 854	6 076	6 391	6 825	Exportations
Balance	G	-968	-1 575	-3 962	-8 852	-2 440	-4 482	-8 830	Balance

21 Total imports, exports and balance of trade *(continued)*
Imports CIF, exports FOB and balance: millions of US dollars

Total des importations, des exportations et balance commerciale *(suite)*
Importations CAF, exportations FAB et balance: en millions de dollars É.-U.

Region, country or area	Sys.&	1995	2005	2010	2015	2020	2021	2022	Région, pays ou zone
United States of America									**États-Unis d'Amérique**
Imports	G	770 821	1 732 321	1 968 260	2 313 425	2 405 382	2 932 976	3 372 902	Importations
Exports	G	582 965	904 339	1 278 099	1 501 846	1 430 254	1 753 137	2 062 090	Exportations
Balance	G	-187 857	-827 981	-690 161	-811 579	-975 128	-1 179 839	-1 310 812	Balance
Uruguay									**Uruguay**
Imports	S	2 866	3 879	8 622	9 489	7 564	10 320	12 973	Importations
Exports	S	2 106	3 422	6 724	7 670	6 864	9 541	11 190	Exportations
Balance	S	-760	-457	-1 898	-1 820	-701	-779	-1 783	Balance
Uzbekistan									**Ouzbékistan**
Imports	G	* 2 874	* 3 657	* 8 680	* 12 416	20 020	23 886	28 264	Importations
Exports	G	* 3 718	* 4 458	* 11 688	* 12 871	13 281	14 092	15 287	Exportations
Balance	G	* 844	* 801	* 3 008	* 455	-6 740	-9 794	-12 977	Balance
Vanuatu									**Vanuatu**
Imports	G	* 95	* 149	276	* 354	* 245	* 307	* 343	Importations
Exports	G	* 28	* 38	46	* 39	* 78	* 76	* 74	Exportations
Balance	G	* -67	* -111	-230	* -316	* -167	* -230	* -269	Balance
Venezuela (Boliv. Rep. of)									**Venezuela (Rép. boliv. du)**
Imports	G	10 791	21 848	32 343	* 40 146	* 9 426	* 10 508	* 13 841	Importations
Exports	G	19 093	55 413	66 963	* 37 236	* 6 279	* 3 175	* 4 833	Exportations
Balance	G	8 302	33 565	34 620	* -2 910	* -3 147	* -7 334	* -9 008	Balance
Viet Nam									**Viet Nam**
Imports	G	* 8 155	36 761	84 839	165 776	261 309	330 752	* 380 249	Importations
Exports	G	* 5 449	32 447	72 237	162 017	281 441	335 793	* 371 829	Exportations
Balance	G	* -2 706	-4 314	-12 602	-3 759	20 132	5 040	* -8 419	Balance
Wallis and Futuna Islands									**Îles Wallis-et-Futuna**
Imports	G	* 13	51	* 35	* 49	* 69	* 74	* 79	Importations
Exports	G	* ~0	* 1	* 1	* 1	* 2	* 2	* 2	Exportations
Balance	G	* -13	-50	* -34	* -48	* -68	* -73	* -78	Balance
Yemen									**Yémen**
Imports	S	* 1 812	5 400	9 255	6 573	* 4 656	* 5 212	* 5 275	Importations
Exports	S	* 1 917	5 608	6 437	510	* 24	* 147	* 91	Exportations
Balance	S	* 105	208	-2 818	-6 063	* -4 632	* -5 065	* -5 184	Balance
Zambia									**Zambie**
Imports	G	708	2 558	5 321	7 934	5 285	6 435	* 7 635	Importations
Exports	G	1 055	1 810	7 200	6 607	7 924	10 101	* 20 038	Exportations
Balance	G	347	-748	1 879	-1 328	2 639	3 666	* 12 403	Balance
Zimbabwe									**Zimbabwe**
Imports	G	2 659	2 072	5 852	6 053	5 048	7 578	* 8 082	Importations
Exports	G	1 846	1 394	3 199	3 411	4 395	6 036	* 5 958	Exportations
Balance	G	-813	-679	-2 653	-2 642	-653	-1 541	* -2 124	Balance

Source:

United Nations Statistics Division, New York, Commodity Trade Statistics Database (UN COMTRADE), last accessed June 2023.

Source:

Organisation des Nations Unies, Division de statistique, New York, Comtrade base de données de l'ONU, dernier accès juin 2023.

& Systems of trade: Two systems of recording trade, the General trade system (G) and the Special trade system (S), are in common use. They differ mainly in the way warehoused and re-exported goods are recorded. See the Technical notes for an explanation of the trade systems.

& Systèmes de commerce : Deux systèmes d'enregistrement du commerce sont couramment utilisés, le Commerce général (G) et le Commerce spécial (S). Ils ne diffèrent que par la façon dont sont enregistrées les marchandises entreposées et les marchandises réexportées. Voir les Notes techniques pour une explication des Systèmes de commerce.

1 In 2020, the reported share of non-standard HS codes was relatively high.
2 For statistical purposes, the data for China do not include those for the Hong Kong Special Administrative Region (Hong Kong SAR), Macao Special Administrative Region (Macao SAR) and Taiwan Province of China.
3 General Extra-EU/Special Intra-EU
4 Since 2011, Ghana have been exporting crude petroleum & natural gas in relatively larger quantities.

1 En 2020, la part déclarée de codes SH non standard était relativement élevée.
2 Pour la présentation des statistiques, les données pour la Chine ne comprennent pas la région administrative spéciale de Hong Kong (RAS de Hong Kong), la région administrative spéciale de Macao (RAS de Macao) et la province chinoise de Taïwan.
3 Extra-UE Général / intra-UE spécial
4 Depuis 2011, le Ghana exporte du pétrole brut et du gaz naturel en quantités relativement plus importantes.

5 As of 2011, trade in services data reflect the improvement of the coverage of balance of payments statistics that was implemented in September 2012.
6 Merchandise trade data up to 2009 reported by fiscal year and beginning 2010 reported by calendar year.
7 From 2004 to 2020 merchandise data including Zona Libre de Colon.
8 Russian data provided by the Russian Federation. Includes statistical data for the Autonomous Republic of Crimea and the city of Sevastopol, Ukraine, temporarily occupied by the Russian Federation.
9 Major export partners were confidential or unknown (denoted Areas nes) and resulted in high partner concentration for exports.
10 Special trade system up to 2008.
11 As of 2010, trade in services data reflect improvement of the coverage of balance of payment statistics.
12 Data up to 2011 refer to former Sudan (including South Sudan) and data beginning 2012 is attributed to Sudan without South Sudan.
13 Special trade system up to 2012.
14 The Government of Ukraine has informed the United Nations that it is not in a position to provide statistical data concerning the Autonomous Republic of Crimea and the city of Sevastopol.

5 Depuis 2011, les données sur le commerce des services reflètent l'amélioration de la couverture des statistiques de la balance des paiements qui a été mise en œuvre en septembre 2012.
6 Données sur le commerce des marchandises jusqu'en 2009 déclarées par exercice et début 2010 déclarées par année civile.
7 De 2004 à 2020 données sur les marchandises, y compris la Zona Libre de Colon.
8 Données russes fournies par la Fédération de Russie. Comprend des données statistiques pour la République autonome de Crimée et la ville de Sébastopol, Ukraine, temporairement occupée par la Fédération de Russie.
9 Les principaux partenaires d'exportation étaient confidentiels ou inconnus (notaient les zones nsa) et ont entraîné une forte concentration de partenaires pour les exportations.
10 Système commercial spécial jusqu'en 2008.
11 En 2010, les données sur le commerce des services reflètent l'amélioration de la couverture des statistiques de la balance des paiements.
12 Les données jusqu'en 2011 se réfèrent à l'ancien Soudan (y compris le Soudan du Sud) et les données commençant en 2012 sont attribuées au Soudan sans le Soudan du Sud.
13 Système commercial spécial jusqu'en 2012.
14 Le Gouvernement ukrainien a informé l'Organisation des Nations Unies qu'il n'est pas en mesure de fournir des données statistiques concernant la République autonome de Crimée et Sébastopol.

22 Major trading partners

Three largest trade partners as a percentage of total international merchandise trade in US dollars, as at 2022

Principaux partenaires commerciaux

Trois principaux partenaires commerciaux en pourcentage du total de commerce international de marchandises en dollars américains, en 2022

Country or area	Major trading partner	Percentage of exports 2010	2015	2022	Major trading partner	Percentage of imports 2010	2015	2022	Pays ou zone
Afghanistan									**Afghanistan**
Partner 1	Pakistan	39.0	39.7	*34.6	United Arab Emirates, Émirats arabes unis	2.0	4.2	*26.2	Partenaire 1
Partner 2	United Arab Emirates, Émirats arabes unis	1.6	4.3	*30.3	Kazakhstan	4.0	5.5	*15.9	Partenaire 2
Partner 3	India, Inde	16.8	33.1	*22.1	Pakistan	11.6	17.4	*14.2	Partenaire 3
Albania									**Albanie**
Partner 1	Italy, Italie	50.8	50.9	49.5	Italy, Italie	28.2	30.3	23.4	Partenaire 1
Partner 2	Serbia, Serbie	8.3	9.9	10.2	Türkiye	5.7	8.0	12.0	Partenaire 2
Partner 3	Montenegro, Monténégro	...	1.4	7.9	Greece, Grèce	13.1	7.8	10.1	Partenaire 3
Algeria									**Algérie**
Partner 1	Italy, Italie	15.4	15.1	*33.0	China, Chine	11.2	15.9	*15.9	Partenaire 1
Partner 2	Spain, Espagne	10.4	17.7	*12.2	France	14.9	10.5	*12.0	Partenaire 2
Partner 3	France	6.6	13.2	*10.7	Russian Federation, Fédération de Russie	0.4	1.6	*8.8	Partenaire 3
Andorra									**Andorre**
Partner 1	Spain, Espagne	67.4	57.5	78.3	Spain, Espagne	59.9	64.0	66.1	Partenaire 1
Partner 2	France	16.8	19.5	6.2	France	17.6	15.9	11.5	Partenaire 2
Partner 3	United Kingdom, Royaume-Uni	0.3	1.0	3.2	Germany, Allemagne	4.5	3.2	5.0	Partenaire 3
Angola									**Angola**
Partner 1	China, Chine	39.8	42.2	*43.2	China, Chine	10.1	15.4	16.0	Partenaire 1
Partner 2	India, Inde	9.7	7.9	10.0	Portugal	14.4	12.9	10.7	Partenaire 2
Partner 3	France	4.2	4.7	*7.1	Republic of Korea, République de Corée	1.1	3.3	9.2	Partenaire 3
Anguilla									**Anguilla**
Partner 1	Chile, Chili	...	*0.4	*61.0	Chile, Chili	*0.1	*0.2	*44.1	Partenaire 1
Partner 2	United States, États-Unis	*22.0	*45.9	*18.5	United States, États-Unis	*55.0	*60.9	*29.0	Partenaire 2
Partner 3	Hungary, Hongrie	...	...	*5.5	Botswana	...	...	*16.6	Partenaire 3
Antigua and Barbuda									**Antigua-et-Barbuda**
Partner 1	Suriname	...	...	*25.8	United States, États-Unis	34.5	*55.5	*60.1	Partenaire 1
Partner 2	Poland, Pologne	...	...	*18.8	China, Chine	8.4	*5.2	*6.1	Partenaire 2
Partner 3	Germany, Allemagne	0.1	0.2	*12.0	Singapore, Singapour	24.6	~0.0	*5.6	Partenaire 3
Argentina									**Argentine**
Partner 1	Brazil, Brésil	21.2	17.8	14.3	China, Chine	*13.5	19.6	21.5	Partenaire 1
Partner 2	China, Chine	8.5	9.1	9.0	Brazil, Brésil	*32.5	21.7	19.6	Partenaire 2
Partner 3	United States, États-Unis	5.4	6.7	7.6	United States, États-Unis	*11.8	13.6	13.1	Partenaire 3
Armenia									**Arménie**
Partner 1	Russian Federation, Fédération de Russie	17.5	15.2	44.6	Russian Federation, Fédération de Russie	22.0	30.4	*30.4	Partenaire 1
Partner 2	United Arab Emirates, Émirats arabes unis	0.8	0.7	10.1	China, Chine	10.6	9.7	15.4	Partenaire 2
Partner 3	China, Chine	3.1	11.1	7.0	Iran, Iran (Rép. islamique d')	5.8	6.1	*6.9	Partenaire 3
Aruba									**Aruba**
Partner 1	Colombia, Colombie	27.2	*27.4	*49.3	United States, États-Unis	50.0	*54.4	*50.6	Partenaire 1
Partner 2	United States, États-Unis	*6.2	*6.9	*22.9	Netherlands, Pays-Bas	11.3	*10.4	*15.5	Partenaire 2
Partner 3	Curaçao, Curacao	...	16.7	*9.6	Areas nes, Zones nsa [1]	2.0	13.9	*10.9	Partenaire 3
Australia									**Australie**
Partner 1	China, Chine	*25.4	*31.9	*30.0	China, Chine	*18.7	*23.0	*27.2	Partenaire 1
Partner 2	Japan, Japon	*18.5	*15.9	*20.9	United States, États-Unis	*12.4	*12.8	*10.6	Partenaire 2
Partner 3	Republic of Korea, République de Corée	*8.6	*7.2	*8.5	Republic of Korea, République de Corée	*3.3	*5.4	*6.3	Partenaire 3
Austria									**Autriche**
Partner 1	Germany, Allemagne	*31.0	*29.5	29.3	Germany, Allemagne	*38.7	*36.4	40.2	Partenaire 1
Partner 2	Italy, Italie	*7.7	*6.2	6.6	Italy, Italie	*6.6	*6.0	6.6	Partenaire 2
Partner 3	United States, États-Unis	*4.4	*6.7	6.3	Czechia, Tchéquie	*3.7	*4.2	4.9	Partenaire 3
Azerbaijan									**Azerbaïdjan**
Partner 1	Italy, Italie	*33.1	*17.8	46.6	Russian Federation, Fédération de Russie	17.4	15.6	18.8	Partenaire 1
Partner 2	Türkiye	*0.8	*11.7	*9.3	Türkiye	11.7	12.6	15.8	Partenaire 2
Partner 3	Israel, Israël	8.2	6.3	4.4	China, Chine	8.9	5.6	14.4	Partenaire 3
Bahamas									**Bahamas**
Partner 1	United States, États-Unis	76.0	*83.1	*81.7	United States, États-Unis	*90.9	81.9	*79.8	Partenaire 1
Partner 2	France	3.5	4.4	*6.2	Areas nes, Zones nsa [1]	0.8	3.0	*2.8	Partenaire 2
Partner 3	Areas nes, Zones nsa	0.5	0.6	*5.2	Canada	0.6	0.8	*2.3	Partenaire 3
Bahrain									**Bahreïn**
Partner 1	Areas nes, Zones nsa [1]	~0.0	*~0.0	*32.0	China, Chine	7.4	9.6	14.5	Partenaire 1
Partner 2	Saudi Arabia, Arabie saoudite	7.2	66.9	*13.7	Brazil, Brésil	11.4	2.5	*10.6	Partenaire 2
Partner 3	United States, États-Unis	1.5	4.8	8.6	Australia, Australie	3.9	4.8	8.7	Partenaire 3

22 Major trading partners *(continued)*

Three largest trade partners as a percentage of total international merchandise trade in US dollars, as at 2022

Principaux partenaires commerciaux *(suite)*

Trois principaux partenaires commerciaux en pourcentage du total de commerce international de marchandises en dollars américains, en 2022

Country or area	Major trading partner	Percentage of exports 2010	2015	2022	Major trading partner	Percentage of imports 2010	2015	2022	Pays ou zone
Bangladesh									**Bangladesh**
Partner 1	United States, États-Unis	* 24.3	* 19.3	* 17.8	China, Chine	17.5	21.5	* 30.7	Partenaire 1
Partner 2	Germany, Allemagne	* 13.8	* 14.7	* 15.8	India, Inde	11.5	12.2	* 15.8	Partenaire 2
Partner 3	United Kingdom, Royaume-Uni	* 8.9	* 11.0	* 7.3	Singapore, Singapour	5.4	9.2	* 5.5	Partenaire 3
Barbados									**Barbade**
Partner 1	Areas nes, Zones nsa [1]	...	15.7	35.3	United States, États-Unis	43.9	39.2	40.2	Partenaire 1
Partner 2	United States, États-Unis	24.9	32.6	17.1	Trinidad and Tobago, Trinité-et-Tobago	7.2	15.8	19.1	Partenaire 2
Partner 3	Jamaica, Jamaïque	5.6	4.6	7.3	Netherlands, Pays-Bas	1.1	1.5	4.6	Partenaire 3
Belarus									**Bélarus**
Partner 1	Areas nes, Zones nsa [1]	0.9	3.4	* 40.3	Areas nes, Zones nsa [1]	0.0	1.8	* 37.0	Partenaire 1
Partner 2	Russian Federation, Fédération de Russie	39.4	38.6	* 35.0	Russian Federation, Fédération de Russie	55.8	55.8	* 28.6	Partenaire 2
Partner 3	Poland, Pologne	3.5	2.8	* 4.0	China, Chine	4.6	7.7	* 8.1	Partenaire 3
Belgium									**Belgique**
Partner 1	Germany, Allemagne	18.6	16.8	20.2	Netherlands, Pays-Bas	18.6	16.7	20.5	Partenaire 1
Partner 2	Netherlands, Pays-Bas	11.9	11.4	14.1	Germany, Allemagne	16.1	12.7	12.5	Partenaire 2
Partner 3	France	16.6	15.4	12.4	France	11.0	9.5	10.4	Partenaire 3
Belize									**Belize**
Partner 1	United States, États-Unis	49.1	38.9	24.9	United States, États-Unis	47.9	34.4	41.6	Partenaire 1
Partner 2	United Kingdom, Royaume-Uni	26.1	26.1	20.2	China, Chine	9.7	10.1	17.6	Partenaire 2
Partner 3	Guatemala	1.6	1.6	11.0	Mexico, Mexique	10.0	10.8	10.2	Partenaire 3
Benin									**Bénin**
Partner 1	Bangladesh	0.6	7.4	45.3	India, Inde	* 0.9	9.8	15.7	Partenaire 1
Partner 2	India, Inde	4.6	13.0	11.9	China, Chine	10.2	10.8	13.1	Partenaire 2
Partner 3	China, Chine	10.0	5.3	6.1	France	* 14.7	11.7	8.1	Partenaire 3
Bermuda									**Bermudes**
Partner 1	United States, États-Unis	* 68.9	80.8	84.6	United States, États-Unis	71.7	65.7	71.5	Partenaire 1
Partner 2	United Kingdom, Royaume-Uni	* 8.2	12.1	9.6	Canada	3.0	14.7	8.5	Partenaire 2
Partner 3	Canada	* 5.7	2.0	2.9	United Kingdom, Royaume-Uni	3.7	3.9	5.4	Partenaire 3
Bhutan									**Bhoutan**
Partner 1	India, Inde	82.4	* 71.9	* 87.5	India, Inde	75.1	* 72.7	* 75.5	Partenaire 1
Partner 2	Italy, Italie	0.1	* 1.4	* 6.0	China, Chine	1.6	* 1.6	* 12.3	Partenaire 2
Partner 3	Nepal, Népal	0.2	* 1.1	* 2.8	Thailand, Thaïlande	2.5	* 2.2	* 5.2	Partenaire 3
Bolivia (Plurin. State of)									**Bolivie (État plurin. de)**
Partner 1	India, Inde	0.1	2.2	16.5	China, Chine	11.7	18.1	19.4	Partenaire 1
Partner 2	Brazil, Brésil	* 34.2	27.5	13.9	Brazil, Brésil	* 18.0	16.4	15.1	Partenaire 2
Partner 3	Argentina, Argentine	8.2	16.8	12.8	Argentina, Argentine	12.7	11.8	12.5	Partenaire 3
Bosnia and Herzegovina									**Bosnie-Herzégovine**
Partner 1	Croatia, Croatie	* 15.3	* 10.5	14.9	Italy, Italie	8.9	11.1	12.3	Partenaire 1
Partner 2	Germany, Allemagne	* 15.8	* 16.7	14.8	Serbia, Serbie	10.5	10.9	10.8	Partenaire 2
Partner 3	Serbia, Serbie	* 14.2	* 9.4	13.9	Germany, Allemagne	10.5	12.1	10.5	Partenaire 3
Botswana									**Botswana**
Partner 1	United Arab Emirates, Émirats arabes unis	0.1	5.3	27.2	South Africa, Afrique du Sud	72.8	65.3	62.8	Partenaire 1
Partner 2	Belgium, Belgique	3.3	19.8	18.8	Namibia, Namibie	1.2	14.5	7.2	Partenaire 2
Partner 3	India, Inde	0.9	12.4	15.2	Belgium, Belgique	0.9	2.6	5.6	Partenaire 3
Brazil									**Brésil**
Partner 1	China, Chine	15.2	18.6	26.8	China, Chine	14.1	17.9	23.2	Partenaire 1
Partner 2	United States, États-Unis	10.0	13.4	11.4	United States, États-Unis	15.0	15.6	18.6	Partenaire 2
Partner 3	Argentina, Argentine	9.2	6.7	4.6	Argentina, Argentine	7.9	6.0	4.7	Partenaire 3
British Virgin Islands									**Îles Vierges britanniques**
Partner 1	Malta, Malte	...	...	* 28.9	United States, États-Unis	* 9.9	* 35.7	* 41.0	Partenaire 1
Partner 2	Guyana	* 0.1	* 1.0	* 25.7	Italy, Italie	* 1.7	* 3.1	* 11.3	Partenaire 2
Partner 3		...	...	...	Switzerland, Suisse	* 3.9	* 10.5	* 10.3	Partenaire 3
Brunei Darussalam									**Brunéi Darussalam**
Partner 1	Australia, Australie	10.3	3.5	20.6	Malaysia, Malaisie	23.6	21.2	24.0	Partenaire 1
Partner 2	Japan, Japon	43.5	36.3	17.4	United Arab Emirates, Émirats arabes unis	0.2	0.2	12.2	Partenaire 2
Partner 3	China, Chine	6.6	1.5	15.6	China, Chine	7.8	10.4	8.8	Partenaire 3
Bulgaria									**Bulgarie**
Partner 1	Germany, Allemagne	10.6	* 13.3	14.0	Russian Federation, Fédération de Russie	16.1	12.0	10.8	Partenaire 1
Partner 2	Romania, Roumanie	* 9.2	* 9.0	10.1	Germany, Allemagne	11.7	12.9	10.8	Partenaire 2
Partner 3	Italy, Italie	* 9.7	* 9.2	7.5	Türkiye	5.4	5.7	8.4	Partenaire 3

22 Major trading partners *(continued)*

Three largest trade partners as a percentage of total international merchandise trade in US dollars, as at 2022

Principaux partenaires commerciaux *(suite)*

Trois principaux partenaires commerciaux en pourcentage du total de commerce international de marchandises en dollars américains, en 2022

Country or area	Major trading partner	Percentage of exports 2010	2015	2022	Major trading partner	Percentage of imports 2010	2015	2022	Pays ou zone
Burkina Faso									**Burkina Faso**
Partner 1	Switzerland, Suisse	63.5	50.6	* 72.7	China, Chine	9.7	11.1	* 13.9	Partenaire 1
Partner 2	India, Inde	0.1	10.3	* 9.6	Côte d'Ivoire	16.0	8.4	* 8.5	Partenaire 2
Partner 3	Singapore, Singapour	4.9	10.0	* 3.8	France	10.3	9.0	* 7.8	Partenaire 3
Burundi									**Burundi**
Partner 1	Dem. Rep. of Congo, Rép. Dém. du Congo	6.2	24.8	* 23.9	China, Chine	12.0	12.6	* 18.0	Partenaire 1
Partner 2	Belgium, Belgique	13.0	3.7	* 12.2	Saudi Arabia, Arabie saoudite	0.6	6.3	* 13.4	Partenaire 2
Partner 3	Pakistan	...	...	* 8.6	United Rep. Tanzania, Rép.-Unie de Tanzanie	6.0	7.9	* 9.2	Partenaire 3
Cabo Verde									**Cabo Verde**
Partner 1	Spain, Espagne	* 32.2	69.0	* 63.0	Portugal	* 45.5	* 43.6	* 41.9	Partenaire 1
Partner 2	Portugal	* 24.4	14.1	* 15.2	Netherlands, Pays-Bas	* 13.8	* 12.3	* 16.2	Partenaire 2
Partner 3	Italy, Italie	* ~0.0	2.0	* 11.6	Spain, Espagne	6.8	* 7.3	* 8.4	Partenaire 3
Cambodia									**Cambodge**
Partner 1	United States, États-Unis	34.1	25.0	* 42.6	China, Chine	24.2	36.8	* 33.7	Partenaire 1
Partner 2	China, Chine	1.2	4.7	* 8.6	Singapore, Singapour	3.2	4.7	* 17.8	Partenaire 2
Partner 3	Japan, Japon	1.6	6.7	* 6.2	Thailand, Thaïlande	14.1	14.6	* 12.1	Partenaire 3
Cameroon									**Cameroun**
Partner 1	Netherlands, Pays-Bas	13.1	16.3	* 19.3	China, Chine	10.6	19.4	* 35.1	Partenaire 1
Partner 2	France	6.3	5.2	* 13.4	France	14.6	10.3	* 7.3	Partenaire 2
Partner 3	India, Inde	3.6	15.6	* 12.7	Nigeria, Nigéria	18.2	12.1	* 6.8	Partenaire 3
Canada									**Canada**
Partner 1	United States, États-Unis	74.9	76.7	76.9	United States, États-Unis	50.4	53.2	49.1	Partenaire 1
Partner 2	China, Chine	3.3	3.9	3.7	China, Chine	11.0	12.2	13.5	Partenaire 2
Partner 3	United Kingdom, Royaume-Uni	4.1	3.1	2.4	Mexico, Mexique	5.5	5.8	5.5	Partenaire 3
Cayman Islands									**Îles Caïmanes**
Partner 1	United States, États-Unis	* 1.0	* 13.5	* 77.8		...	...	...	Partenaire 1
Partner 2	Jamaica, Jamaïque	* 0.1	* ~0.0	* 13.1		...	...	...	Partenaire 2
Partner 3	United Kingdom, Royaume-Uni	* 4.1	* 3.5	* 9.1		...	...	...	Partenaire 3
Central African Republic									**République centrafricaine**
Partner 1	United Arab Emirates, Émirats arabes unis	6.7	0.1	* 24.6	Cameroon, Cameroun	7.1	6.6	* 26.2	Partenaire 1
Partner 2	Sweden, Suède	...	...	* 15.4	China, Chine	12.1	6.6	* 17.1	Partenaire 2
Partner 3	France	16.0	63.6	* 10.4	France	24.1	21.1	* 14.0	Partenaire 3
Chad									**Tchad**
Partner 1	Germany, Allemagne	* 2.9	* 0.1	* 26.3	United Arab Emirates, Émirats arabes unis	* 1.9	* 10.1	* 28.3	Partenaire 1
Partner 2	China, Chine	* 16.0	* 3.8	* 22.5	China, Chine	* 22.5	* 13.1	* 22.4	Partenaire 2
Partner 3	United Arab Emirates, Émirats arabes unis	* 0.1	* 3.0	* 19.3	France	* 12.2	* 15.4	* 6.6	Partenaire 3
Chile									**Chili**
Partner 1	China, Chine	24.4	26.1	39.4	China, Chine	* 16.8	23.4	* 25.3	Partenaire 1
Partner 2	United States, États-Unis	* 9.9	* 13.2	13.9	United States, États-Unis	* 17.7	18.9	* 20.9	Partenaire 2
Partner 3	Japan, Japon	10.9	8.5	7.6	Brazil, Brésil	* 8.3	7.8	* 9.8	Partenaire 3
China									**Chine**
Partner 1	United States, États-Unis	18.0	18.0	16.2	Other Asia, nes, Asie nsa	8.3	8.5	8.8	Partenaire 1
Partner 2	China, Hong Kong SAR, Chine, RAS Hong Kong	13.8	14.5	8.3	Republic of Korea, République de Corée	9.9	10.4	7.4	Partenaire 2
Partner 3	Japan, Japon	7.7	6.0	4.8	Japan, Japon	12.7	8.5	6.8	Partenaire 3
China, Hong Kong SAR									**Chine, RAS de Hong Kong**
Partner 1	China, Chine	52.5	56.3	57.4	China, Chine	44.7	46.7	40.1	Partenaire 1
Partner 2	United States, États-Unis	10.7	8.7	6.2	Other Asia, nes, Asie nsa	6.6	6.5	11.3	Partenaire 2
Partner 3	India, Inde	2.5	2.6	3.7	Singapore, Singapour	7.0	6.2	7.7	Partenaire 3
China, Macao SAR									**Chine, RAS de Macao**
Partner 1	China, Hong Kong SAR, Chine, RAS Hong Kong	9.6	42.2	84.4	China, Chine	29.1	13.6	30.6	Partenaire 1
Partner 2	China, Chine	5.5	11.5	9.3	France	9.0	0.3	18.6	Partenaire 2
Partner 3	United States, États-Unis	7.2	0.2	3.8	Italy, Italie	4.4	0.3	10.9	Partenaire 3
Colombia									**Colombie**
Partner 1	United States, États-Unis	* 43.1	* 28.2	* 28.1	China, Chine	13.5	* 18.6	* 24.2	Partenaire 1
Partner 2	China, Chine	* 4.9	* 6.3	* 8.8	United States, États-Unis	25.9	* 28.9	* 23.2	Partenaire 2
Partner 3	Panama	* 2.4	* 6.7	* 5.8	Mexico, Mexique	9.5	* 7.1	* 6.2	Partenaire 3
Comoros									**Comores**
Partner 1	India, Inde	5.2	15.4	* 24.7	United Arab Emirates, Émirats arabes unis	28.8	22.9	* 43.4	Partenaire 1
Partner 2	United Rep. Tanzania, Rép.-Unie de Tanzanie	0.3	0.3	* 21.3	France	20.6	20.1	* 10.5	Partenaire 2
Partner 3	France	22.0	22.1	* 19.9	Pakistan	11.8	19.1	* 7.2	Partenaire 3

22 Major trading partners *(continued)*

Three largest trade partners as a percentage of total international merchandise trade in US dollars, as at 2022

Principaux partenaires commerciaux *(suite)*

Trois principaux partenaires commerciaux en pourcentage du total de commerce international de marchandises en dollars américains, en 2022

Country or area	Major trading partner	Percentage of exports 2010	2015	2022	Major trading partner	Percentage of imports 2010	2015	2022	Pays ou zone
Congo									**Congo**
Partner 1	China, Chine	20.9	16.0	* 45.8	China, Chine	3.5	10.0	* 19.6	Partenaire 1
Partner 2	Côte d'Ivoire	0.8	0.5	* 8.6	France	12.2	6.3	* 12.5	Partenaire 2
Partner 3	Togo	0.1	10.9	* 7.5	Belgium, Belgique	3.7	0.9	* 9.0	Partenaire 3
Cook Islands									**Îles Cook**
Partner 1	Japan, Japon	49.7	* 44.8	* 30.2	New Zealand, Nouvelle-Zélande	76.4	* 46.9	* 47.1	Partenaire 1
Partner 2	Italy, Italie	...	* 0.1	* 22.6	Italy, Italie	~0.0	* 1.9	* 16.4	Partenaire 2
Partner 3	France	...	* 0.9	* 18.4	Fiji, Fidji	9.4	* 8.2	* 10.0	Partenaire 3
Costa Rica									**Costa Rica**
Partner 1	United States, États-Unis	37.4	40.8	* 43.7	United States, États-Unis	46.8	* 39.8	* 37.8	Partenaire 1
Partner 2	Netherlands, Pays-Bas	7.0	4.6	* 7.2	China, Chine	7.1	* 12.6	* 15.9	Partenaire 2
Partner 3	Belgium, Belgique	3.4	4.5	* 5.2	Mexico, Mexique	6.4	* 7.4	* 6.4	Partenaire 3
Côte d'Ivoire									**Côte d'Ivoire**
Partner 1	Netherlands, Pays-Bas	14.2	* 11.4	* 10.0	China, Chine	* 7.0	11.6	* 15.0	Partenaire 1
Partner 2	United States, États-Unis	* 10.3	7.7	* 6.7	Nigeria, Nigéria	* 26.3	13.9	* 13.1	Partenaire 2
Partner 3	Switzerland, Suisse	* 1.7	3.6	* 6.5	France	* 11.9	* 12.5	* 10.8	Partenaire 3
Croatia									**Croatie**
Partner 1	Italy, Italie	18.7	13.4	12.2	Italy, Italie	15.2	13.2	13.8	Partenaire 1
Partner 2	Slovenia, Slovénie	7.8	12.3	11.6	Germany, Allemagne	12.5	15.5	12.5	Partenaire 2
Partner 3	Germany, Allemagne	10.3	11.3	11.4	Slovenia, Slovénie	5.8	10.7	10.8	Partenaire 3
Cuba									**Cuba**
Partner 1	Canada	* 22.6	* 21.0	* 38.6	Spain, Espagne	* 13.6	* 14.8	* 19.4	Partenaire 1
Partner 2	China, Chine	* 27.2	* 17.0	* 23.9	China, Chine	* 18.6	* 26.2	* 9.8	Partenaire 2
Partner 3	Spain, Espagne	* 6.1	* 7.2	* 7.5	United States, États-Unis	* 6.3	* 2.5	* 8.8	Partenaire 3
Cyprus									**Chypre**
Partner 1	China, Hong Kong SAR, Chine, RAS Hong Kong	1.0	0.8	10.7	Greece, Grèce	18.7	20.3	23.4	Partenaire 1
Partner 2	Bunkers, Com. de soute	0.1	3.5	8.9	Italy, Italie	9.3	6.6	10.5	Partenaire 2
Partner 3	Lebanon, Liban	* 3.3	2.0	* 7.5	China, Chine	5.3	5.3	8.0	Partenaire 3
Czechia									**Tchéquie**
Partner 1	Germany, Allemagne	33.1	32.2	32.8	Germany, Allemagne	25.4	26.0	19.8	Partenaire 1
Partner 2	Slovakia, Slovaquie	8.2	9.0	8.4	China, Chine	12.1	13.5	18.8	Partenaire 2
Partner 3	Poland, Pologne	6.0	5.9	7.1	Poland, Pologne	6.1	7.9	8.0	Partenaire 3
Dem. People's Rep. Korea									**Rép. pop. dém. de Corée**
Partner 1	China, Chine	* 55.8	* 82.3	* 43.9	China, Chine	* 62.8	* 84.5	* 95.6	Partenaire 1
Partner 2	Senegal, Sénégal	* ~0.0	* ~0.0	* 16.9	Dem. Rep. of Congo, Rép. Dém. du Congo	...	...	* 2.4	Partenaire 2
Partner 3	Ethiopia, Ethiopie	* 0.2	* 0.2	* 3.7	United Arab Emirates, Émirats arabes unis	...	...	* 0.3	Partenaire 3
Dem. Rep. of the Congo									**Rép. dém. du Congo**
Partner 1	China, Chine	* 43.3	* 44.8	* 47.4	China, Chine	* 10.7	* 22.0	* 26.9	Partenaire 1
Partner 2	United Rep. Tanzania, Rép.-Unie de Tanzanie	* ~0.0	* ~0.0	* 8.9	South Africa, Afrique du Sud	* 19.3	* 15.9	* 13.4	Partenaire 2
Partner 3	South Africa, Afrique du Sud	* 0.2	* 1.4	* 8.8	United States, États-Unis	* 2.1	* 2.1	* 9.5	Partenaire 3
Denmark									**Danemark**
Partner 1	Germany, Allemagne	* 17.8	* 19.5	* 15.5	Germany, Allemagne	20.7	20.5	20.5	Partenaire 1
Partner 2	Sweden, Suède	* 15.0	* 14.6	* 9.7	Sweden, Suède	13.3	12.3	12.4	Partenaire 2
Partner 3	United States, États-Unis	* 5.6	* 6.3	* 9.6	Netherlands, Pays-Bas	7.1	8.0	8.7	Partenaire 3
Djibouti									**Djibouti**
Partner 1	Ethiopia, Éthiopie	* 35.3	* 0.2	* 81.5	China, Chine	* 3.2	* 46.9	* 29.2	Partenaire 1
Partner 2	China, Chine	* ~0.0	* 0.7	* 6.3	Saudi Arabia, Arabie saoudite	* 6.0	* 3.4	* 23.6	Partenaire 2
Partner 3	United States, États-Unis	* 0.4	* 25.9	* 2.8	United Arab Emirates, Émirats arabes unis	* 18.5	* 7.5	* 12.7	Partenaire 3
Dominica									**Dominique**
Partner 1	Saudi Arabia, Arabie saoudite	...	* 10.3	* 23.9	United States, États-Unis	41.8	* 29.9	* 48.9	Partenaire 1
Partner 2	Bahamas	0.4	* 50.8	* 18.6	Trinidad and Tobago, Trinité-et-Tobago	15.3	* 8.2	* 10.7	Partenaire 2
Partner 3	Saint Lucia, Sainte-Lucie	* 2.5	* 0.9	* 5.4	China, Chine	4.0	* 13.7	* 8.5	Partenaire 3
Dominican Republic									**République dominicaine**
Partner 1	United States, États-Unis	57.7	53.6	51.8	United States, États-Unis	39.0	* 41.3	41.0	Partenaire 1
Partner 2	Switzerland, Suisse	0.2	0.8	10.5	China, Chine	10.7	13.4	15.9	Partenaire 2
Partner 3	Haiti, Haïti	16.8	12.1	10.4	Brazil, Brésil	2.3	3.2	4.3	Partenaire 3
Ecuador									**Équateur**
Partner 1	United States, États-Unis	* 34.7	39.4	* 24.0	China, Chine	7.8	* 19.0	* 23.5	Partenaire 1
Partner 2	China, Chine	1.9	3.9	* 15.3	United States, États-Unis	* 27.9	* 23.8	* 22.1	Partenaire 2
Partner 3	Panama	* 12.2	2.4	* 14.9	Colombia, Colombie	* 9.8	* 7.6	* 7.0	Partenaire 3

22 Major trading partners *(continued)*

Three largest trade partners as a percentage of total international merchandise trade in US dollars, as at 2022

Principaux partenaires commerciaux *(suite)*

Trois principaux partenaires commerciaux en pourcentage du total de commerce international de marchandises en dollars américains, en 2022

Country or area	Major trading partner	Percentage of exports 2010	2015	2022	Major trading partner	Percentage of imports 2010	2015	2022	Pays ou zone
Egypt									**Égypte**
Partner 1	Türkiye	3.7	5.8	7.9	China, Chine	9.2	13.1	14.3	Partenaire 1
Partner 2	Spain, Espagne	6.2	2.1	7.3	Saudi Arabia, Arabie saoudite	4.0	4.0	8.9	Partenaire 2
Partner 3	Italy, Italie	8.4	7.4	6.9	United States, États-Unis	9.4	5.9	7.2	Partenaire 3
El Salvador									**El Salvador**
Partner 1	United States, États-Unis	48.4	46.9	39.2	United States, États-Unis	33.0	33.8	29.8	Partenaire 1
Partner 2	Guatemala	14.0	13.6	17.1	China, Chine	10.4	13.6	16.6	Partenaire 2
Partner 3	Honduras	12.9	14.0	16.7	Guatemala	8.7	9.9	9.9	Partenaire 3
Equatorial Guinea									**Guinée équatoriale**
Partner 1	China, Chine	* 6.2	* 17.1	* 18.9	China, Chine	* 8.9	* 14.9	* 20.9	Partenaire 1
Partner 2	Spain, Espagne	* 10.0	* 9.2	* 18.8	Spain, Espagne	* 5.8	* 16.7	* 15.3	Partenaire 2
Partner 3	India, Inde	* 1.3	* 6.2	* 10.6	Nigeria, Nigéria	* 51.9	* 0.3	* 11.7	Partenaire 3
Eritrea									**Érythrée**
Partner 1	China, Chine	* 5.8	* 38.7	* 56.5	China, Chine	* 7.6	* 32.5	* 29.5	Partenaire 1
Partner 2	United Arab Emirates, Émirats arabes unis	* 13.4	* 4.5	* 25.2	United Arab Emirates, Émirats arabes unis	* 14.2	* 12.9	* 28.9	Partenaire 2
Partner 3	Republic of Korea, République de Corée	* 0.1	* 3.0	* 14.8	Türkiye	* 1.3	* 3.4	* 10.7	Partenaire 3
Estonia									**Estonie**
Partner 1	Finland, Finlande	15.3	14.5	14.1	Germany, Allemagne	10.6	9.7	9.4	Partenaire 1
Partner 2	Latvia, Lettonie	8.0	9.5	13.6	Finland, Finlande	11.5	9.9	9.1	Partenaire 2
Partner 3	Sweden, Suède	14.0	17.3	8.9	China, Chine	7.0	8.0	8.8	Partenaire 3
Eswatini									**Eswatini**
Partner 1	South Africa, Afrique du Sud	* 50.1	62.7	* 67.9	South Africa, Afrique du Sud	* 81.2	79.2	* 72.4	Partenaire 1
Partner 2	Kenya	* 2.5	3.9	* 5.6	China, Chine	* 1.4	4.1	* 9.7	Partenaire 2
Partner 3	Nigeria, Nigéria	* 2.4	4.6	* 3.9	India, Inde	* 1.3	4.1	* 2.7	Partenaire 3
Ethiopia									**Éthiopie**
Partner 1	Somalia, Somalie	9.6	0.5	* 11.8	China, Chine	24.0	35.7	* 26.4	Partenaire 1
Partner 2	United States, États-Unis	4.4	9.8	* 10.8	India, Inde	7.2	6.8	* 15.7	Partenaire 2
Partner 3	Germany, Allemagne	11.4	7.9	* 8.0	United States, États-Unis	5.6	5.4	* 7.6	Partenaire 3
Falkland Islands (Malvinas)									**Îles Falkland (Malvinas)**
Partner 1	Spain, Espagne	* 79.7	* 70.8	* 69.8	United Kingdom, Royaume-Uni	* 77.7	* 78.0	* 72.9	Partenaire 1
Partner 2	Morocco, Maroc	...	* 0.1	* 8.8	Spain, Espagne	* 1.2	* 1.2	* 23.7	Partenaire 2
Partner 3	United States, États-Unis	* 3.1	* 7.1	* 8.0	Netherlands, Pays-Bas	* 9.1	* 0.5	* 1.4	Partenaire 3
Faroe Islands									**Îles Féroé**
Partner 1	United Kingdom, Royaume-Uni	* 17.3	* 17.5	* 21.3	Denmark, Danemark	* 30.4	* 45.2	* 45.6	Partenaire 1
Partner 2	Denmark, Danemark	* 11.0	* 13.0	* 16.6	Norway, Norvège	* 18.1	* 10.3	* 13.2	Partenaire 2
Partner 3	United States, États-Unis	* 7.5	* 10.5	* 15.9	Netherlands, Pays-Bas	* 1.7	* 4.7	* 12.1	Partenaire 3
Fiji									**Fidji**
Partner 1	United States, États-Unis	11.4	15.7	20.9	Singapore, Singapour	33.1	19.0	25.9	Partenaire 1
Partner 2	Tonga	3.0	* 15.3	* 14.7	China, Chine	6.1	14.6	15.7	Partenaire 2
Partner 3	Australia, Australie	21.1	* 15.1	* 10.6	Australia, Australie	20.3	15.4	15.6	Partenaire 3
Finland									**Finlande**
Partner 1	Germany, Allemagne	* 9.5	* 13.6	11.6	Sweden, Suède	* 10.0	* 11.3	12.5	Partenaire 1
Partner 2	Sweden, Suède	* 11.4	* 10.1	10.6	Germany, Allemagne	* 13.2	* 15.0	12.3	Partenaire 2
Partner 3	United States, États-Unis	* 6.7	* 6.7	9.3	China, Chine	* 7.3	* 7.3	9.1	Partenaire 3
France									**France**
Partner 1	Germany, Allemagne	16.2	16.0	13.7	Germany, Allemagne	17.3	17.1	14.6	Partenaire 1
Partner 2	Italy, Italie	8.1	7.2	9.2	Belgium, Belgique	7.8	7.2	11.3	Partenaire 2
Partner 3	United States, États-Unis	5.7	7.3	7.9	Netherlands, Pays-Bas	4.2	4.2	8.2	Partenaire 3
French Polynesia									**Polynésie française**
Partner 1	France	13.2	13.9	* 24.4	France	28.1	25.6	20.8	Partenaire 1
Partner 2	China, Hong Kong SAR, Chine, RAS Hong Kong	30.0	24.5	21.0	China, Chine	9.4	13.2	14.4	Partenaire 2
Partner 3	United States, États-Unis	11.6	18.0	* 18.1	Republic of Korea, République de Corée	1.6	4.8	10.1	Partenaire 3
Gabon									**Gabon**
Partner 1	China, Chine	* 8.0	* 18.2	* 44.8	China, Chine	* 4.9	* 17.6	* 20.2	Partenaire 1
Partner 2	Italy, Italie	* 0.7	* 8.6	* 8.6	France	* 32.9	* 15.8	* 19.3	Partenaire 2
Partner 3	Republic of Korea, République de Corée	* 1.6	* 6.4	* 8.1	United Arab Emirates, Émirats arabes unis	* 1.1	* 1.1	* 5.5	Partenaire 3
Gambia									**Gambie**
Partner 1	Mali	3.4	46.2	* 44.7	Togo	~0.0	~0.0	* 25.5	Partenaire 1
Partner 2	China, Chine	2.0	2.8	* 29.1	Côte d'Ivoire	19.4	17.8	* 12.4	Partenaire 2
Partner 3	Senegal, Sénégal	26.3	4.9	* 10.9	China, Chine	8.7	6.9	* 7.6	Partenaire 3

22 Major trading partners *(continued)*

Three largest trade partners as a percentage of total international merchandise trade in US dollars, as at 2022

Principaux partenaires commerciaux *(suite)*

Trois principaux partenaires commerciaux en pourcentage du total de commerce international de marchandises en dollars américains, en 2022

Country or area	Major trading partner	Percentage of exports 2010	2015	2022	Major trading partner	Percentage of imports 2010	2015	2022	Pays ou zone
Georgia									**Géorgie**
Partner 1	China, Chine	1.6	5.7	13.2	Türkiye	16.9	18.2	17.5	Partenaire 1
Partner 2	Azerbaijan, Azerbaïdjan	*15.3	10.9	12.0	Russian Federation, Fédération de Russie	*4.6	8.6	13.5	Partenaire 2
Partner 3	Russian Federation, Fédération de Russie	*2.7	7.4	11.7	China, Chine	6.4	8.1	8.3	Partenaire 3
Germany									**Allemagne**
Partner 1	United States, États-Unis	6.9	*9.5	*9.9	China, Chine	9.8	9.8	13.0	Partenaire 1
Partner 2	France	*9.5	*8.8	*7.4	Netherlands, Pays-Bas	7.7	*8.3	7.6	Partenaire 2
Partner 3	Netherlands, Pays-Bas	*6.4	*6.1	*6.8	United States, États-Unis	5.8	6.5	*6.2	Partenaire 3
Ghana									**Ghana**
Partner 1	Switzerland, Suisse	4.1	9.9	*17.6	China, Chine	13.2	16.9	*37.2	Partenaire 1
Partner 2	United States, États-Unis	2.0	2.3	*14.8	Netherlands, Pays-Bas	3.5	*1.5	*6.0	Partenaire 2
Partner 3	China, Chine	1.0	8.1	*12.2	United Arab Emirates, Émirats arabes unis	1.8	*1.9	*5.3	Partenaire 3
Gibraltar									**Gibraltar**
Partner 1	Ireland, Irlande	*~0.0	*~0.0	*23.8	Spain, Espagne	*10.9	*11.5	*17.6	Partenaire 1
Partner 2	India, Inde	*3.2	...	*18.7	Italy, Italie	*3.5	*4.4	*17.2	Partenaire 2
Partner 3	Brazil, Brésil	*31.2	*~0.0	*14.1	Greece, Grèce	*1.6	*1.1	*10.2	Partenaire 3
Greece									**Grèce**
Partner 1	Italy, Italie	*9.2	11.4	10.4	Russian Federation, Fédération de Russie	9.6	8.0	10.8	Partenaire 1
Partner 2	Bulgaria, Bulgarie	*5.3	5.0	7.7	Germany, Allemagne	10.7	10.6	9.1	Partenaire 2
Partner 3	Germany, Allemagne	*9.3	7.3	6.3	China, Chine	5.7	6.0	8.5	Partenaire 3
Greenland									**Groenland**
Partner 1	Denmark, Danemark	89.2	79.1	*46.9	Denmark, Danemark	*57.7	*63.7	*56.7	Partenaire 1
Partner 2	China, Chine	...	0.5	*23.1	Sweden, Suède	*21.6	*15.6	*21.7	Partenaire 2
Partner 3	United Kingdom, Royaume-Uni	0.4	...	*5.5	France	*0.8	*0.5	*9.4	Partenaire 3
Grenada									**Grenade**
Partner 1	Saint Lucia, Sainte-Lucie	*12.8	*10.5	*27.7	United States, États-Unis	*31.9	*35.5	34.0	Partenaire 1
Partner 2	United States, États-Unis	*24.5	*22.7	*19.7	Trinidad and Tobago, Trinité-et-Tobago	*25.2	*21.3	*17.3	Partenaire 2
Partner 3	Areas nes, Zones nsa	...	...	9.2	Îles Caïmanes	*~0.0	...	11.8	Partenaire 3
Guatemala									**Guatemala**
Partner 1	United States, États-Unis	38.8	35.0	32.3	United States, États-Unis	37.1	37.1	32.0	Partenaire 1
Partner 2	El Salvador	11.7	11.6	13.0	China, Chine	7.1	10.6	18.2	Partenaire 2
Partner 3	Honduras	8.3	8.5	10.0	Mexico, Mexique	11.2	11.6	10.1	Partenaire 3
Guinea									**Guinée**
Partner 1	China, Chine	*2.6	1.8	*38.4	China, Chine	*19.7	14.9	*35.6	Partenaire 1
Partner 2	United Arab Emirates, Émirats arabes unis	*2.2	9.9	*26.7	India, Inde	*3.7	10.9	*9.3	Partenaire 2
Partner 3	India, Inde	*16.8	16.4	*23.5	Netherlands, Pays-Bas	*15.2	13.4	*7.4	Partenaire 3
Guinea-Bissau									**Guinée-Bissau**
Partner 1	India, Inde	*79.0	*67.5	*74.4	Portugal	*24.3	*27.5	*31.9	Partenaire 1
Partner 2	Côte d'Ivoire	*1.2	*0.9	*11.7	Senegal, Sénégal	*21.4	*22.6	*19.3	Partenaire 2
Partner 3	Pakistan	*~0.0	...	*8.2	China, Chine	*4.0	*5.9	*13.2	Partenaire 3
Guyana									**Guyana**
Partner 1	United States, États-Unis	10.2	25.6	34.4	Bahamas	~0.0	~0.0	59.6	Partenaire 1
Partner 2	Trinidad and Tobago, Trinité-et-Tobago	3.5	3.1	25.9	United States, États-Unis	27.7	25.9	14.3	Partenaire 2
Partner 3	Singapore, Singapour	0.7	0.3	10.2	Trinidad and Tobago, Trinité-et-Tobago	22.0	23.2	4.9	Partenaire 3
Haiti									**Haïti**
Partner 1	United States, États-Unis	*81.0	*83.2	*83.1	United States, États-Unis	*35.2	*31.4	*32.5	Partenaire 1
Partner 2	Canada	*3.6	*2.6	*3.9	Dominican Rep., Rép. dominicaine	*23.3	*27.9	*23.1	Partenaire 2
Partner 3	Mexico, Mexique	*2.0	*1.9	*3.2	China, Chine	*7.4	*12.0	*14.4	Partenaire 3
Honduras									**Honduras**
Partner 1	United States, États-Unis	*38.9	44.2	*43.3	United States, États-Unis	38.5	35.0	*34.3	Partenaire 1
Partner 2	Germany, Allemagne	7.5	8.0	*6.7	China, Chine	7.7	15.4	*17.9	Partenaire 2
Partner 3	El Salvador	*10.2	6.5	*6.0	Mexico, Mexique	7.6	7.3	*7.6	Partenaire 3
Hungary									**Hongrie**
Partner 1	Germany, Allemagne	26.2	27.3	25.2	Germany, Allemagne	21.2	26.2	21.2	Partenaire 1
Partner 2	Italy, Italie	5.3	4.7	5.7	Austria, Autriche	5.7	6.6	7.2	Partenaire 2
Partner 3	Romania, Roumanie	5.6	5.3	5.3	China, Chine	7.1	5.3	6.8	Partenaire 3
Iceland									**Islande**
Partner 1	Netherlands, Pays-Bas	34.0	26.1	37.7	Norway, Norvège	9.1	10.1	12.3	Partenaire 1
Partner 2	United Kingdom, Royaume-Uni	10.1	11.6	9.0	China, Chine	6.0	7.8	9.4	Partenaire 2
Partner 3	United States, États-Unis	4.6	5.7	7.8	Germany, Allemagne	7.5	8.6	8.3	Partenaire 3

22 Major trading partners *(continued)*

Three largest trade partners as a percentage of total international merchandise trade in US dollars, as at 2022

Principaux partenaires commerciaux *(suite)*

Trois principaux partenaires commerciaux en pourcentage du total de commerce international de marchandises en dollars américains, en 2022

Country or area	Major trading partner	Percentage of exports			Major trading partner	Percentage of imports			Pays ou zone
		2010	2015	2022		2010	2015	2022	
India									**Inde**
Partner 1	United States, États-Unis	11.2	15.2	17.7	China, Chine	11.8	15.5	14.0	Partenaire 1
Partner 2	United Arab Emirates, Émirats arabes unis	12.3	11.3	6.9	United Arab Emirates, Émirats arabes unis	8.8	5.2	7.4	Partenaire 2
Partner 3	Netherlands, Pays-Bas	3.0	1.8	4.1	United States, États-Unis	5.5	5.9	7.1	Partenaire 3
Indonesia									**Indonésie**
Partner 1	China, Chine	9.9	10.0	* 23.2	China, Chine	15.1	20.6	* 28.7	Partenaire 1
Partner 2	United States, États-Unis	9.1	10.8	* 11.2	Singapore, Singapour	14.9	12.6	* 7.9	Partenaire 2
Partner 3	Japan, Japon	16.3	12.0	* 7.7	Japan, Japon	12.5	9.3	* 7.5	Partenaire 3
Iran (Islamic Republic of)									**Iran (Rép. islamique d')**
Partner 1	China, Chine	5.3	12.0	* 36.7	China, Chine	10.4	26.2	* 23.6	Partenaire 1
Partner 2	Türkiye	4.8	2.2	* 19.4	United Arab Emirates, Émirats arabes unis	28.6	17.2	* 22.7	Partenaire 2
Partner 3	Pakistan	0.6	1.1	* 3.9	Brazil, Brésil	1.1	1.5	* 10.8	Partenaire 3
Iraq									**Iraq**
Partner 1	China, Chine	* 12.5	* 23.8	* 30.3	United Arab Emirates, Émirats arabes unis	* 4.3	* 4.8	* 29.8	Partenaire 1
Partner 2	India, Inde	* 14.5	* 21.1	* 30.0	China, Chine	* 3.4	* 5.6	* 21.2	Partenaire 2
Partner 3	United States, États-Unis	* 25.2	* 8.5	* 7.9	Türkiye	* 5.7	* 6.0	* 20.8	Partenaire 3
Ireland									**Irlande**
Partner 1	United States, États-Unis	* 23.8	* 24.5	30.3	United Kingdom, Royaume-Uni	* 28.8	* 24.1	20.9	Partenaire 1
Partner 2	Germany, Allemagne	* 7.2	* 6.8	12.1	United States, États-Unis	* 15.4	* 15.6	15.7	Partenaire 2
Partner 3	United Kingdom, Royaume-Uni	* 14.0	* 12.1	10.6	China, Chine	* 5.2	6.1	10.3	Partenaire 3
Israel									**Israël**
Partner 1	United States, États-Unis	* 33.2	* 31.8	* 28.3	China, Chine	* 8.0	* 9.3	* 18.2	Partenaire 1
Partner 2	China, Chine	* 3.5	* 5.1	6.4	United States, États-Unis	* 11.2	13.0	* 9.5	Partenaire 2
Partner 3	India, Inde	* 4.8	* 3.7	* 5.5	Türkiye	* 3.1	* 3.9	* 6.3	Partenaire 3
Italy									**Italie**
Partner 1	Germany, Allemagne	13.9	13.0	12.4	Germany, Allemagne	16.0	15.5	13.7	Partenaire 1
Partner 2	United States, États-Unis	6.2	9.0	10.4	China, Chine	7.8	7.6	8.9	Partenaire 2
Partner 3	France	11.5	10.2	10.0	France	8.7	8.7	7.3	Partenaire 3
Jamaica									**Jamaïque**
Partner 1	United States, États-Unis	49.6	37.0	* 50.7	United States, États-Unis	37.4	38.5	* 40.8	Partenaire 1
Partner 2	Netherlands, Pays-Bas	5.1	8.7	* 10.2	Brazil, Brésil	3.9	1.5	* 8.6	Partenaire 2
Partner 3	Canada	12.3	14.5	* 6.8	China, Chine	4.6	8.2	* 7.8	Partenaire 3
Japan									**Japon**
Partner 1	China, Chine	19.4	17.5	19.4	China, Chine	22.1	25.7	21.0	Partenaire 1
Partner 2	United States, États-Unis	15.6	20.2	18.7	United States, États-Unis	10.0	10.9	10.1	Partenaire 2
Partner 3	Republic of Korea, République de Corée	8.1	7.0	7.2	Australia, Australie	6.5	5.6	9.8	Partenaire 3
Jordan									**Jordanie**
Partner 1	United States, États-Unis	* 13.2	* 18.5	* 20.1	China, Chine	10.8	12.9	* 15.3	Partenaire 1
Partner 2	India, Inde	* 11.2	* 7.5	* 14.8	Saudi Arabia, Arabie saoudite	* 19.8	* 15.0	* 14.9	Partenaire 2
Partner 3	Saudi Arabia, Arabie saoudite	* 9.6	* 15.1	* 10.2	United Arab Emirates, Émirats arabes unis	2.7	* 4.1	* 7.8	Partenaire 3
Kazakhstan									**Kazakhstan**
Partner 1	Italy, Italie	16.7	17.7	16.4	Russian Federation, Fédération de Russie	22.8	34.4	34.7	Partenaire 1
Partner 2	China, Chine	17.7	11.9	15.6	China, Chine	16.5	16.6	21.9	Partenaire 2
Partner 3	Russian Federation, Fédération de Russie	5.3	9.9	10.4	Germany, Allemagne	7.6	6.5	4.5	Partenaire 3
Kenya									**Kenya**
Partner 1	Uganda, Ouganda	12.7	* 11.8	* 12.3	China, Chine	12.6	20.3	* 20.5	Partenaire 1
Partner 2	Netherlands, Pays-Bas	6.6	* 7.2	* 8.3	India, Inde	10.8	16.0	* 10.8	Partenaire 2
Partner 3	United States, États-Unis	5.5	7.0	* 8.0	United Arab Emirates, Émirats arabes unis	12.1	5.7	* 8.3	Partenaire 3
Kiribati									**Kiribati**
Partner 1	Japan, Japon	0.1	14.7	* 31.8	Fiji, Fidji	26.8	21.1	* 18.0	Partenaire 1
Partner 2	Malaysia, Malaisie	...	23.1	* 17.3	Australia, Australie	28.1	20.0	* 15.6	Partenaire 2
Partner 3	Australia, Australie	20.4	3.9	* 11.5	China, Chine	5.4	11.6	* 14.1	Partenaire 3
Kuwait									**Koweït**
Partner 1	China, Chine	* 8.4	* 11.7	* 27.6	China, Chine	12.5	16.4	* 18.0	Partenaire 1
Partner 2	India, Inde	* 11.9	* 9.7	* 13.6	United Arab Emirates, Émirats arabes unis	4.5	9.4	* 11.9	Partenaire 2
Partner 3	Japan, Japon	* 14.8	* 10.9	* 10.4	United States, États-Unis	11.4	9.2	* 8.0	Partenaire 3
Kyrgyzstan									**Kirghizistan**
Partner 1	Russian Federation, Fédération de Russie	17.3	10.9	44.5	China, Chine	20.7	25.3	42.3	Partenaire 1
Partner 2	Kazakhstan	12.2	15.8	20.0	Russian Federation, Fédération de Russie	33.6	31.3	23.6	Partenaire 2
Partner 3	Uzbekistan, Ouzbékistan	2.7	6.6	10.8	Kazakhstan	12.0	16.7	7.8	Partenaire 3

22 Major trading partners *(continued)*

Three largest trade partners as a percentage of total international merchandise trade in US dollars, as at 2022

Principaux partenaires commerciaux *(suite)*

Trois principaux partenaires commerciaux en pourcentage du total de commerce international de marchandises en dollars américains, en 2022

Country or area	Major trading partner	Percentage of exports 2010	2015	2022	Major trading partner	Percentage of imports 2010	2015	2022	Pays ou zone
Lao People's Dem. Rep.									**Rép. dém. populaire lao**
Partner 1	Thailand, Thaïlande	53.5	33.8	* 32.2	Thailand, Thaïlande	71.8	58.8	* 46.7	Partenaire 1
Partner 2	China, Chine	11.7	34.8	* 31.4	China, Chine	9.8	18.9	* 22.6	Partenaire 2
Partner 3	Viet Nam	6.5	18.0	* 17.5	Viet Nam	6.6	13.9	* 7.9	Partenaire 3
Latvia									**Lettonie**
Partner 1	Lithuania, Lituanie	16.2	20.3	18.2	Lithuania, Lituanie	17.1	17.1	24.4	Partenaire 1
Partner 2	Estonia, Estonie	13.5	11.5	11.8	Estonia, Estonie	7.2	8.6	10.1	Partenaire 2
Partner 3	Germany, Allemagne	8.7	6.3	6.7	Germany, Allemagne	11.5	11.0	9.6	Partenaire 3
Lebanon									**Liban**
Partner 1	United Arab Emirates, Émirats arabes unis	* 9.8	* 10.6	* 23.3	China, Chine	9.1	11.2	13.8	Partenaire 1
Partner 2	Syria, Rép. arabe syrienne	* 5.2	* 7.0	* 9.7	Türkiye	3.8	3.5	12.4	Partenaire 2
Partner 3	Türkiye	* 5.4	2.6	* 4.5	Greece, Grèce	1.4	4.2	9.8	Partenaire 3
Lesotho									**Lesotho**
Partner 1	South Africa, Afrique du Sud	74.9	* 30.7	* 44.9	South Africa, Afrique du Sud	78.9	74.7	* 74.9	Partenaire 1
Partner 2	United States, États-Unis	21.4	* 28.8	* 30.2	China, Chine	2.6	5.2	* 8.6	Partenaire 2
Partner 3	Belgium, Belgique	...	30.5	* 18.5	Other Asia, nes, Asie nsa	5.3	8.3	* 5.7	Partenaire 3
Liberia									**Libéria**
Partner 1	Switzerland, Suisse	* 0.5	* 2.6	* 25.1	China, Chine	* 29.6	* 31.5	* 35.0	Partenaire 1
Partner 2	Germany, Allemagne	* 2.6	* 2.1	* 8.3	Singapore, Singapour	* 11.8	* 11.6	* 25.9	Partenaire 2
Partner 3	United Kingdom, Royaume-Uni	* 1.0	* 0.2	* 7.4	Japan, Japon	* 3.2	* 3.1	* 12.3	Partenaire 3
Libya									**Libye**
Partner 1	Italy, Italie	42.3	* 34.9	* 29.3	Türkiye	10.6	* 8.7	* 13.5	Partenaire 1
Partner 2	Spain, Espagne	9.2	* 11.1	* 9.9	Italy, Italie	9.4	* 12.5	* 11.7	Partenaire 2
Partner 3	Germany, Allemagne	2.6	* 1.0	* 9.4	China, Chine	9.8	* 11.3	* 11.3	Partenaire 3
Lithuania									**Lituanie**
Partner 1	Latvia, Lettonie	9.5	9.9	12.8	Poland, Pologne	8.8	10.3	11.7	Partenaire 1
Partner 2	Poland, Pologne	7.7	9.7	9.1	Germany, Allemagne	10.9	11.5	11.6	Partenaire 2
Partner 3	Germany, Allemagne	9.8	7.8	7.9	Latvia, Lettonie	6.3	8.3	7.9	Partenaire 3
Luxembourg									**Luxembourg**
Partner 1	Germany, Allemagne	28.4	27.1	25.5	Belgium, Belgique	* 24.9	22.7	24.3	Partenaire 1
Partner 2	France	16.2	14.0	15.3	Germany, Allemagne	* 25.6	24.0	22.1	Partenaire 2
Partner 3	Belgium, Belgique	12.6	12.7	12.4	France	* 14.9	11.9	10.7	Partenaire 3
Madagascar									**Madagascar**
Partner 1	France	* 33.1	* 20.2	* 19.2	China, Chine	12.2	18.2	* 19.4	Partenaire 1
Partner 2	United States, États-Unis	* 4.2	* 10.8	* 18.2	France	14.4	* 6.2	* 10.2	Partenaire 2
Partner 3	China, Chine	* 5.2	* 6.6	* 13.3	Oman	0.2	0.3	* 10.2	Partenaire 3
Malawi									**Malawi**
Partner 1	Belgium, Belgique	12.4	10.6	* 13.8	China, Chine	9.1	13.1	* 18.2	Partenaire 1
Partner 2	India, Inde	1.2	4.8	* 7.6	South Africa, Afrique du Sud	30.1	18.1	* 17.8	Partenaire 2
Partner 3	United Rep. Tanzania, Rép.-Unie de Tanzanie	0.7	1.9	* 7.0	United Arab Emirates, Émirats arabes unis	5.0	11.0	* 9.3	Partenaire 3
Malaysia									**Malaisie**
Partner 1	China, Chine	12.6	13.0	* 15.5	China, Chine	12.6	18.9	* 23.2	Partenaire 1
Partner 2	Singapore, Singapour	13.4	13.9	* 14.0	Singapore, Singapour	11.4	12.0	* 9.5	Partenaire 2
Partner 3	United States, États-Unis	9.5	9.5	* 11.5	Other Asia, nes, Asie nsa	4.5	5.3	* 7.6	Partenaire 3
Maldives									**Maldives**
Partner 1	Thailand, Thaïlande	29.9	25.4	* 46.4	Oman	0.2	0.2	* 13.1	Partenaire 1
Partner 2	Germany, Allemagne	2.8	7.0	* 11.4	United Arab Emirates, Émirats arabes unis	18.8	16.7	* 13.0	Partenaire 2
Partner 3	United Kingdom, Royaume-Uni	9.5	5.7	* 6.8	China, Chine	2.9	7.8	* 12.6	Partenaire 3
Mali									**Mali**
Partner 1	United Arab Emirates, Émirats arabes unis	1.0	* 7.6	* 80.9	Senegal, Sénégal	13.6	* 19.5	* 21.0	Partenaire 1
Partner 2	Switzerland, Suisse	12.1	* 15.0	* 11.4	Côte d'Ivoire	7.9	* 9.8	* 15.9	Partenaire 2
Partner 3	Australia, Australie	~0.0	* 0.2	* 3.7	China, Chine	9.9	* 15.6	* 10.4	Partenaire 3
Malta									**Malte**
Partner 1	Germany, Allemagne	* 10.4	* 9.6	* 17.2	Italy, Italie	24.6	* 21.3	22.3	Partenaire 1
Partner 2	Japan, Japon	3.7	3.1	* 7.7	Canada	2.2	5.2	9.4	Partenaire 2
Partner 3	France	* 9.8	* 6.8	* 7.6	France	7.8	3.8	6.6	Partenaire 3
Marshall Islands									**Îles Marshall**
Partner 1	Netherlands, Pays-Bas	* 0.1	* 0.2	* 21.2	Singapore, Singapour	* 29.7	* 29.6	* 32.6	Partenaire 1
Partner 2	Republic of Korea, République de Corée	* 0.9	* 0.3	* 19.1	Republic of Korea, République de Corée	* 16.7	* 16.4	* 22.0	Partenaire 2
Partner 3	Germany, Allemagne	* ~0.0	* ~0.0	* 18.8	China, Chine	* 24.3	* 29.6	* 20.8	Partenaire 3

22 Major trading partners *(continued)*

Three largest trade partners as a percentage of total international merchandise trade in US dollars, as at 2022

Principaux partenaires commerciaux *(suite)*

Trois principaux partenaires commerciaux en pourcentage du total de commerce international de marchandises en dollars américains, en 2022

Country or area	Major trading partner	Percentage of exports 2010	2015	2022	Major trading partner	Percentage of imports 2010	2015	2022	Pays ou zone
Mauritania									**Mauritanie**
Partner 1	China, Chine	39.4	31.7	* 41.5	Spain, Espagne	4.7	3.5	* 14.9	Partenaire 1
Partner 2	Italy, Italie	6.3	8.2	* 10.7	United Arab Emirates, Émirats arabes unis	12.1	12.1	* 14.0	Partenaire 2
Partner 3	Canada	0.0	0.0	* 9.9	France	14.1	5.3	* 11.4	Partenaire 3
Mauritius									**Maurice**
Partner 1	South Africa, Afrique du Sud	4.5	8.6	13.4	China, Chine	13.3	18.2	16.1	Partenaire 1
Partner 2	France	16.2	11.9	12.9	India, Inde	22.3	18.1	9.8	Partenaire 2
Partner 3	Madagascar	5.5	6.5	9.0	South Africa, Afrique du Sud	8.4	6.5	9.1	Partenaire 3
Mexico									**Mexique**
Partner 1	United States, États-Unis	80.1	* 81.3	78.3	United States, États-Unis	48.2	47.4	43.9	Partenaire 1
Partner 2	Americas n.e.s, Amériques n.s.a	...	...	3.7	China, Chine	15.1	17.7	19.6	Partenaire 2
Partner 3	Canada	3.6	* 2.8	2.7	Republic of Korea, République de Corée	4.2	3.7	3.7	Partenaire 3
Micronesia (Fed. States of)									**Micronésie (États féd. de)**
Partner 1	Thailand, Thaïlande	* 30.6	* 50.3	* 81.5	United States, États-Unis	48.7	* 23.7	* 40.1	Partenaire 1
Partner 2	Philippines	* 1.5	* 0.3	* 11.3	China, Chine	2.7	* 7.2	* 19.3	Partenaire 2
Partner 3	Japan, Japon	* 10.4	* 18.7	* 4.1	Japan, Japon	8.7	* 12.5	* 9.7	Partenaire 3
Mongolia									**Mongolie**
Partner 1	China, Chine	* 81.8	83.5	* 82.6	China, Chine	* 41.5	35.8	* 36.4	Partenaire 1
Partner 2	Switzerland, Suisse	* ~0.0	2.3	* 9.4	Russian Federation, Fédération de Russie	* 26.8	26.9	* 28.6	Partenaire 2
Partner 3	Singapore, Singapour	* ~0.0	0.6	* 2.7	Japan, Japon	* 4.6	7.2	* 6.6	Partenaire 3
Montenegro									**Monténégro**
Partner 1	Serbia, Serbie	* 28.2	* 22.1	* 21.3	Serbia, Serbie	26.2	28.1	17.4	Partenaire 1
Partner 2	Switzerland, Suisse	0.7	1.2	* 15.4	China, Chine	5.4	10.3	9.3	Partenaire 2
Partner 3	Bosnia Herzegovina, Bosnie-Herzégovine	7.3	9.3	* 12.9	Greece, Grèce	7.0	6.2	8.3	Partenaire 3
Montserrat									**Montserrat**
Partner 1	France	25.9	* 6.5	* 78.9	United States, États-Unis	* 68.5	* 37.0	67.0	Partenaire 1
Partner 2	United States, États-Unis	28.5	* 48.3	* 15.7	United Kingdom, Royaume-Uni	* 5.6	* 3.6	7.4	Partenaire 2
Partner 3	Areas nes, Zones nsa	...	...	2.1	Trinidad and Tobago, Trinité-et-Tobago	* 6.1	* 13.9	4.7	Partenaire 3
Morocco									**Maroc**
Partner 1	Spain, Espagne	* 17.0	* 22.5	* 19.7	Spain, Espagne	10.6	14.4	14.1	Partenaire 1
Partner 2	France	22.5	* 20.6	* 19.1	France	15.6	12.4	10.6	Partenaire 2
Partner 3	India, Inde	* 6.1	* 3.9	* 6.4	China, Chine	8.4	8.2	10.0	Partenaire 3
Mozambique									**Mozambique**
Partner 1	India, Inde	* 1.4	* 20.2	21.1	Republic of Korea, République de Corée	0.4	* 0.5	32.0	Partenaire 1
Partner 2	South Africa, Afrique du Sud	* 20.8	* 21.0	13.6	South Africa, Afrique du Sud	34.4	* 30.0	15.6	Partenaire 2
Partner 3	United Kingdom, Royaume-Uni	* 0.1	* 1.8	11.9	United Arab Emirates, Émirats arabes unis	1.3	* 7.2	10.0	Partenaire 3
Myanmar									**Myanmar**
Partner 1	Thailand, Thaïlande	35.8	29.3	22.5	China, Chine	19.8	38.0	32.1	Partenaire 1
Partner 2	China, Chine	2.9	39.5	21.6	Singapore, Singapour	23.1	21.6	24.8	Partenaire 2
Partner 3	Japan, Japon	2.5	3.8	7.1	Thailand, Thaïlande	9.6	11.6	12.4	Partenaire 3
Namibia									**Namibie**
Partner 1	South Africa, Afrique du Sud	29.0	* 19.5	16.3	South Africa, Afrique du Sud	* 72.4	63.7	* 38.9	Partenaire 1
Partner 2	Botswana	0.7	22.3	16.1	China, Chine	3.4	6.4	* 7.6	Partenaire 2
Partner 3	China, Chine	2.9	3.4	11.5	India, Inde	1.1	1.9	* 4.7	Partenaire 3
Nepal									**Népal**
Partner 1	India, Inde	65.3	63.5	* 80.1	India, Inde	63.6	60.6	* 60.5	Partenaire 1
Partner 2	United States, États-Unis	6.3	10.7	* 8.0	China, Chine	11.0	13.9	* 15.1	Partenaire 2
Partner 3	Germany, Allemagne	4.1	4.1	* 1.8	Argentina, Argentine	1.7	1.1	* 2.9	Partenaire 3
Netherlands (Kingdom of the)									**Pays-Bas (Royaume des)**
Partner 1	Germany, Allemagne	22.2	23.5	24.5	Germany, Allemagne	15.5	17.6	15.3	Partenaire 1
Partner 2	Belgium, Belgique	9.9	10.5	12.0	Belgium, Belgique	8.4	10.2	10.1	Partenaire 2
Partner 3	France	8.1	7.9	8.1	China, Chine	9.3	8.7	9.5	Partenaire 3
New Caledonia									**Nouvelle-Calédonie**
Partner 1	China, Chine	3.5	35.7	* 62.1	France	22.3	25.7	* 30.3	Partenaire 1
Partner 2	Republic of Korea, République de Corée	11.6	15.1	* 13.4	Australia, Australie	* 9.7	5.7	* 22.7	Partenaire 2
Partner 3	Japan, Japon	18.8	15.9	* 12.1	Singapore, Singapour	12.9	8.2	* 13.7	Partenaire 3
New Zealand									**Nouvelle-Zélande**
Partner 1	China, Chine	11.1	17.6	28.0	China, Chine	16.0	19.6	23.1	Partenaire 1
Partner 2	Australia, Australie	23.0	17.0	12.1	Australia, Australie	18.2	11.9	11.1	Partenaire 2
Partner 3	United States, États-Unis	8.6	11.8	10.8	United States, États-Unis	10.4	11.8	8.9	Partenaire 3

22

Major trading partners *(continued)*

Three largest trade partners as a percentage of total international merchandise trade in US dollars, as at 2022

Principaux partenaires commerciaux *(suite)*

Trois principaux partenaires commerciaux en pourcentage du total de commerce international de marchandises en dollars américains, en 2022

Country or area	Major trading partner	Percentage of exports 2010	2015	2022	Major trading partner	Percentage of imports 2010	2015	2022	Pays ou zone
Nicaragua									**Nicaragua**
Partner 1	United States, États-Unis	32.8	53.7	52.3	United States, États-Unis	20.7	18.0	26.9	Partenaire 1
Partner 2	Mexico, Mexique	2.8	11.1	12.9	China, Chine	8.7	14.4	12.3	Partenaire 2
Partner 3	Honduras	3.3	3.7	7.3	Honduras	2.4	3.0	9.1	Partenaire 3
Niger									**Niger**
Partner 1	France	* 9.0	38.4	33.2	China, Chine	43.8	23.0	23.9	Partenaire 1
Partner 2	Mali	0.1	2.9	18.7	France	11.0	31.7	21.0	Partenaire 2
Partner 3	Nigeria, Nigéria	11.1	12.5	16.0	India, Inde	0.5	3.8	10.3	Partenaire 3
Nigeria									**Nigéria**
Partner 1	India, Inde	10.5	17.3	* 16.4	China, Chine	16.6	23.3	* 24.7	Partenaire 1
Partner 2	Spain, Espagne	3.3	9.5	* 11.8	Netherlands, Pays-Bas	0.8	6.2	* 10.3	Partenaire 2
Partner 3	France	4.1	5.3	* 6.3	India, Inde	5.4	6.1	* 8.8	Partenaire 3
North Macedonia									**Macédoine du Nord**
Partner 1	Germany, Allemagne	21.3	44.0	45.1	United Kingdom, Royaume-Uni	5.2	9.7	15.8	Partenaire 1
Partner 2	Serbia, Serbie	21.2	8.9	9.2	Greece, Grèce	8.2	7.8	11.2	Partenaire 2
Partner 3	Bulgaria, Bulgarie	8.8	6.0	5.0	Germany, Allemagne	11.2	12.6	8.6	Partenaire 3
Northern Mariana Islands									**Îles Mariannes du Nord**
Partner 1	Republic of Korea, République de Corée	* 0.6	* 0.7	* 43.1	Singapore, Singapour	* 5.6	* 2.9	* 43.6	Partenaire 1
Partner 2	Other Asia, nes, Asie nsa	* 1.4	* 0.1	* 13.1	Japan, Japon	* 2.1	* 1.5	* 21.4	Partenaire 2
Partner 3	Japan, Japon	* 0.2	* ~0.0	* 9.2	Republic of Korea, République de Corée	* 4.3	* 2.8	* 11.3	Partenaire 3
Norway									**Norvège**
Partner 1	Germany, Allemagne	11.1	17.8	28.0	Sweden, Suède	14.0	11.5	12.6	Partenaire 1
Partner 2	United Kingdom, Royaume-Uni	27.5	20.1	21.4	China, Chine	8.5	10.5	12.3	Partenaire 2
Partner 3	France	6.5	6.6	9.4	Germany, Allemagne	12.3	11.3	11.4	Partenaire 3
Oman									**Oman**
Partner 1	China, Chine	25.6	* 41.6	* 45.8	United Arab Emirates, Émirats arabes unis	28.4	13.6	* 35.6	Partenaire 1
Partner 2	United Arab Emirates, Émirats arabes unis	11.6	* 11.8	* 9.1	China, Chine	4.8	12.9	* 7.0	Partenaire 2
Partner 3	India, Inde	2.8	* 3.3	* 8.0	India, Inde	4.5	7.2	* 6.6	Partenaire 3
Other non-specified areas									**Autres zones non-spécifiées**
Partner 1	China, Chine	28.0	25.4	* 28.2	China, Chine	14.3	19.3	* 21.6	Partenaire 1
Partner 2	United States, États-Unis	11.5	12.2	* 14.7	Japan, Japon	20.7	16.9	* 14.7	Partenaire 2
Partner 3	China, Hong Kong SAR, Chine, RAS Hong Kong	13.8	13.6	* 14.1	United States, États-Unis	10.2	11.6	* 10.4	Partenaire 3
Pakistan									**Pakistan**
Partner 1	United States, États-Unis	17.2	16.6	* 21.1	China, Chine	14.0	25.0	* 28.3	Partenaire 1
Partner 2	China, Chine	6.7	8.8	* 10.5	United Arab Emirates, Émirats arabes unis	14.0	13.0	* 10.1	Partenaire 2
Partner 3	United Kingdom, Royaume-Uni	5.2	7.1	* 7.3	Indonesia, Indonésie	1.8	4.6	* 5.8	Partenaire 3
Palau									**Palaos**
Partner 1	Greece, Grèce	...	...	* 26.3	China, Chine	1.2	5.5	* 31.1	Partenaire 1
Partner 2	Japan, Japon	* 82.5	* 6.0	* 24.8	United States, États-Unis	34.9	37.7	* 14.1	Partenaire 2
Partner 3	France	...	* 0.1	* 16.2	Singapore, Singapour	17.9	14.8	* 13.9	Partenaire 3
Panama									**Panama**
Partner 1	China, Chine	* 0.3	* ~0.0	* 31.7	United States, États-Unis	20.5	* 9.3	* 29.0	Partenaire 1
Partner 2	Japan, Japon	* 0.9	* 0.3	* 13.2	China, Chine	24.9	* 34.1	* 17.9	Partenaire 2
Partner 3	Republic of Korea, République de Corée	* 0.2	* ~0.0	* 10.2	Free Zones, Zones franches	...	0.2	* 9.4	Partenaire 3
Papua New Guinea									**Papouasie-Nvl-Guinée**
Partner 1	Japan, Japon	* 7.0	* 28.0	* 30.3	China, Chine	* 7.3	* 20.1	* 26.6	Partenaire 1
Partner 2	China, Chine	* 6.4	* 18.4	* 25.5	Australia, Australie	* 39.5	* 25.2	* 24.9	Partenaire 2
Partner 3	Australia, Australie	* 42.8	* 23.2	* 11.5	Singapore, Singapour	* 11.1	* 12.0	* 16.2	Partenaire 3
Paraguay									**Paraguay**
Partner 1	Brazil, Brésil	33.7	31.5	36.9	China, Chine	34.2	23.5	29.6	Partenaire 1
Partner 2	Argentina, Argentine	8.5	6.9	19.3	Brazil, Brésil	24.1	24.8	23.2	Partenaire 2
Partner 3	Chile, Chili	9.3	7.1	11.6	United States, États-Unis	5.2	9.2	9.6	Partenaire 3
Peru									**Pérou**
Partner 1	China, Chine	15.2	22.0	* 32.0	China, Chine	17.2	22.8	* 28.6	Partenaire 1
Partner 2	United States, États-Unis	17.1	15.1	* 12.8	United States, États-Unis	19.4	20.6	* 18.7	Partenaire 2
Partner 3	Republic of Korea, République de Corée	2.5	3.2	* 5.0	Brazil, Brésil	7.3	5.1	* 6.7	Partenaire 3
Philippines									**Philippines**
Partner 1	United States, États-Unis	14.7	15.0	15.8	China, Chine	8.5	16.4	20.4	Partenaire 1
Partner 2	Japan, Japon	15.2	21.1	14.1	Indonesia, Indonésie	4.2	4.4	9.6	Partenaire 2
Partner 3	China, Chine	11.1	10.9	13.9	Japan, Japon	12.5	9.6	9.0	Partenaire 3

22 Major trading partners *(continued)*

Three largest trade partners as a percentage of total international merchandise trade in US dollars, as at 2022

Principaux partenaires commerciaux *(suite)*

Trois principaux partenaires commerciaux en pourcentage du total de commerce international de marchandises en dollars américains, en 2022

Country or area	Major trading partner	Percentage of exports 2010	2015	2022	Major trading partner	Percentage of imports 2010	2015	2022	Pays ou zone
Poland									**Pologne**
Partner 1	Germany, Allemagne	26.0	26.9	27.8	Germany, Allemagne	21.7	22.6	20.9	Partenaire 1
Partner 2	Czechia, Tchéquie	5.9	6.5	6.6	China, Chine	9.5	* 11.8	13.1	Partenaire 2
Partner 3	France	6.8	5.6	5.7	Italy, Italie	5.6	5.2	4.6	Partenaire 3
Portugal									**Portugal**
Partner 1	Spain, Espagne	27.0	24.8	26.0	Spain, Espagne	32.0	33.0	32.1	Partenaire 1
Partner 2	France	12.0	12.2	12.4	Germany, Allemagne	13.9	12.8	11.2	Partenaire 2
Partner 3	Germany, Allemagne	13.0	11.9	10.9	France	7.2	7.4	6.1	Partenaire 3
Qatar									**Qatar**
Partner 1	China, Chine	3.0	6.7	15.9	China, Chine	9.1	11.5	16.2	Partenaire 1
Partner 2	India, Inde	8.6	11.9	11.6	United States, États-Unis	11.8	11.0	14.6	Partenaire 2
Partner 3	Republic of Korea, République de Corée	16.0	17.3	10.9	India, Inde	3.0	3.7	6.2	Partenaire 3
Republic of Korea									**République de Corée**
Partner 1	China, Chine	25.1	26.0	* 25.3	China, Chine	16.8	20.7	* 22.5	Partenaire 1
Partner 2	United States, États-Unis	10.7	13.3	* 14.9	United States, États-Unis	9.5	10.1	* 12.0	Partenaire 2
Partner 3	Viet Nam	2.1	5.3	* 8.8	Japan, Japon	15.1	10.5	* 8.9	Partenaire 3
Republic of Moldova									**République de Moldova**
Partner 1	Romania, Roumanie	16.0	22.7	* 28.6	Romania, Roumanie	10.0	* 13.9	17.9	Partenaire 1
Partner 2	Ukraine	5.9	* 2.3	16.6	Russian Federation, Fédération de Russie	15.2	* 13.4	12.4	Partenaire 2
Partner 3	Italy, Italie	9.6	* 10.0	7.6	China, Chine	8.3	9.2	10.3	Partenaire 3
Romania									**Roumanie**
Partner 1	Germany, Allemagne	18.1	19.8	19.8	Germany, Allemagne	16.7	19.8	17.8	Partenaire 1
Partner 2	Italy, Italie	13.8	12.4	10.1	Italy, Italie	11.6	10.9	8.2	Partenaire 2
Partner 3	Hungary, Hongrie	4.8	5.4	7.3	Bulgaria, Bulgarie	3.1	3.0	7.1	Partenaire 3
Russian Federation [2]									**Fédération de Russie** [2]
Partner 1	China, Chine	* 5.0	* 8.3	* 14.0	China, Chine	17.0	19.3	* 24.8	Partenaire 1
Partner 2	Netherlands, Pays-Bas	13.4	12.3	* 8.6	Germany, Allemagne	11.6	10.5	* 9.3	Partenaire 2
Partner 3	Germany, Allemagne	4.0	4.6	* 6.0	United States, États-Unis	4.3	6.5	* 5.9	Partenaire 3
Rwanda									**Rwanda**
Partner 1	Dem. Rep. of Congo, Rép. Dém. du Congo	7.5	32.6	38.0	China, Chine	15.0	16.8	21.0	Partenaire 1
Partner 2	United Arab Emirates, Émirats arabes unis	0.2	4.7	29.2	United Rep. Tanzania, Rép.-Unie de Tanzanie	5.4	2.9	11.1	Partenaire 2
Partner 3	China, Chine	7.3	2.6	4.8	Kenya	10.1	6.0	9.3	Partenaire 3
Saint Kitts and Nevis									**Saint-Kitts-et-Nevis**
Partner 1	United States, États-Unis	* 74.2	* 65.9	* 58.3	United States, États-Unis	68.0	60.0	* 46.0	Partenaire 1
Partner 2	India, Inde	...	...	* 5.6	Trinidad and Tobago, Trinité-et-Tobago	6.5	7.3	* 10.9	Partenaire 2
Partner 3	Saint Lucia, Sainte-Lucie	* 3.5	* 3.9	* 4.9	Italy, Italie	0.2	0.2	* 7.5	Partenaire 3
Saint Lucia									**Sainte-Lucie**
Partner 1	United States, États-Unis	57.8	47.5	* 28.0	United States, États-Unis	42.0	* 44.4	* 39.8	Partenaire 1
Partner 2	Trinidad and Tobago, Trinité-et-Tobago	19.1	7.6	* 12.0	Trinidad and Tobago, Trinité-et-Tobago	21.0	* 19.7	* 14.1	Partenaire 2
Partner 3	United Kingdom, Royaume-Uni	6.7	15.8	* 9.0	United Kingdom, Royaume-Uni	4.9	* 4.5	* 6.4	Partenaire 3
Saint Vincent & Grenadines									**Saint-Vincent-Grenadines**
Partner 1	Barbados, Barbade	11.3	16.5	* 16.5	United States, États-Unis	33.0	38.0	* 46.8	Partenaire 1
Partner 2	Saint Lucia, Sainte-Lucie	20.6	16.7	* 16.3	Trinidad and Tobago, Trinité-et-Tobago	27.1	17.6	* 9.4	Partenaire 2
Partner 3	United States, États-Unis	4.2	4.3	* 14.6	China, Chine	5.3	5.4	* 6.6	Partenaire 3
Samoa									**Samoa**
Partner 1	New Zealand, Nouvelle-Zélande	9.3	15.0	* 23.3	New Zealand, Nouvelle-Zélande	30.7	26.0	* 23.2	Partenaire 1
Partner 2	American Samoa, Samoa américaines	4.5	18.3	* 21.1	Singapore, Singapour	5.9	15.5	* 16.0	Partenaire 2
Partner 3	United States, États-Unis	2.6	5.3	* 18.6	China, Chine	6.1	14.8	* 13.5	Partenaire 3
Sao Tome and Principe									**Sao Tomé-et-Principe**
Partner 1	Netherlands, Pays-Bas	15.9	36.1	38.6	Portugal	* 62.4	58.6	40.3	Partenaire 1
Partner 2	Areas nes, Zones nsa	6.0	...	22.1	Angola	15.6	21.0	16.0	Partenaire 2
Partner 3	Belgium, Belgique	21.2	24.6	13.9	Togo	0.2	0.3	15.4	Partenaire 3
Saudi Arabia									**Arabie saoudite**
Partner 1	China, Chine	1.4	2.8	* 18.2	China, Chine	11.9	14.1	* 19.8	Partenaire 1
Partner 2	India, Inde	0.7	1.6	* 10.4	United States, États-Unis	13.4	13.7	* 10.6	Partenaire 2
Partner 3	Japan, Japon	0.1	0.3	* 9.5	United Arab Emirates, Émirats arabes unis	3.6	5.1	* 8.2	Partenaire 3
Senegal									**Sénégal**
Partner 1	Mali	* 26.1	* 17.0	* 20.2	France	19.7	16.4	* 11.8	Partenaire 1
Partner 2	Switzerland, Suisse	* 7.9	8.6	* 14.4	China, Chine	8.3	9.7	* 9.7	Partenaire 2
Partner 3	India, Inde	10.0	5.4	* 9.8	India, Inde	2.5	6.3	* 7.1	Partenaire 3

22 Major trading partners *(continued)*

Three largest trade partners as a percentage of total international merchandise trade in US dollars, as at 2022

Principaux partenaires commerciaux *(suite)*

Trois principaux partenaires commerciaux en pourcentage du total de commerce international de marchandises en dollars américains, en 2022

Country or area	Major trading partner	Percentage of exports 2010	2015	2022	Major trading partner	Percentage of imports 2010	2015	2022	Pays ou zone
Serbia									**Serbie**
Partner 1	Germany, Allemagne	10.3	12.5	13.7	China, Chine	7.2	8.5	12.1	Partenaire 1
Partner 2	Bosnia Herzegovina, Bosnie-Herzégovine	11.1	8.8	7.5	Germany, Allemagne	10.6	12.4	11.4	Partenaire 2
Partner 3	Italy, Italie	11.4	16.2	7.2	Russian Federation, Fédération de Russie	12.9	9.6	7.5	Partenaire 3
Seychelles									**Seychelles**
Partner 1	Gibraltar	~0.0	...	* 33.0	South Africa, Afrique du Sud	5.8	7.0	* 18.7	Partenaire 1
Partner 2	Îles Caïmanes	...	...	* 15.4	Netherlands, Pays-Bas	0.8	1.3	* 16.4	Partenaire 2
Partner 3	Bermuda, Bermudes	...	...	* 12.0	United Arab Emirates, Émirats arabes unis	48.0	26.1	* 15.8	Partenaire 3
Sierra Leone									**Sierra Leone**
Partner 1	China, Chine	* 3.0	1.2	* 56.4	China, Chine	* 12.1	11.5	* 31.4	Partenaire 1
Partner 2	Belgium, Belgique	* 26.9	56.1	* 11.0	India, Inde	* 5.4	2.6	* 11.0	Partenaire 2
Partner 3	United Arab Emirates, Émirats arabes unis	* 0.3	...	* 6.3	Türkiye	* 3.0	0.6	* 8.6	Partenaire 3
Singapore									**Singapour**
Partner 1	China, Chine	10.3	14.4	12.4	China, Chine	10.8	13.7	13.2	Partenaire 1
Partner 2	China, Hong Kong SAR, Chine, RAS Hong Kong	11.7	11.5	11.2	Malaysia, Malaisie	11.6	10.7	12.5	Partenaire 2
Partner 3	Malaysia, Malaisie	12.0	10.8	10.0	Other Asia, nes, Asie nsa	5.9	8.0	12.1	Partenaire 3
Slovakia									**Slovaquie**
Partner 1	Germany, Allemagne	19.1	22.3	21.0	Germany, Allemagne	15.8	15.8	14.0	Partenaire 1
Partner 2	Czechia, Tchéquie	13.9	12.2	12.0	Other Europe, nes, Europe nsa	4.1	8.7	11.3	Partenaire 2
Partner 3	Hungary, Hongrie	7.1	6.1	8.7	Czechia, Tchéquie	10.1	11.1	9.0	Partenaire 3
Slovenia									**Slovénie**
Partner 1	Switzerland, Suisse	1.1	1.7	* 21.0	Switzerland, Suisse	1.9	1.9	* 15.3	Partenaire 1
Partner 2	Germany, Allemagne	19.6	20.8	* 14.6	China, Chine	5.6	6.5	* 11.9	Partenaire 2
Partner 3	Italy, Italie	12.1	11.3	* 10.7	Germany, Allemagne	16.1	17.3	* 10.6	Partenaire 3
Solomon Islands									**Îles Salomon**
Partner 1	China, Chine	49.1	58.0	* 51.5	China, Chine	12.9	10.5	* 37.0	Partenaire 1
Partner 2	Italy, Italie	3.1	6.9	* 8.4	Singapore, Singapour	24.1	17.1	* 15.8	Partenaire 2
Partner 3	India, Inde	~0.0	7.2	* 7.7	Australia, Australie	32.4	28.9	* 10.9	Partenaire 3
Somalia									**Somalie**
Partner 1	Oman	* 19.0	* 20.6	* 40.6	United Arab Emirates, Émirats arabes unis	* 22.8	* 24.5	* 32.1	Partenaire 1
Partner 2	United Arab Emirates, Émirats arabes unis	* 21.4	* 17.6	* 28.8	China, Chine	* 5.7	* 13.4	* 15.9	Partenaire 2
Partner 3	Saudi Arabia, Arabie saoudite	* 35.7	* 45.9	* 9.7	India, Inde	* 5.6	* 18.8	* 13.9	Partenaire 3
South Africa									**Afrique du Sud**
Partner 1	China, Chine	9.9	* 12.7	* 11.2	China, Chine	13.8	18.3	* 20.1	Partenaire 1
Partner 2	United States, États-Unis	8.7	* 7.7	* 8.9	India, Inde	3.4	4.9	* 7.5	Partenaire 2
Partner 3	Germany, Allemagne	6.7	* 6.3	* 7.3	United States, États-Unis	7.2	7.0	* 7.5	Partenaire 3
South Sudan									**Soudan du sud**
Partner 1	China, Chine	...	* 99.7	* 37.4	United Arab Emirates, Émirats arabes unis	...	* 0.1	* 33.6	Partenaire 1
Partner 2	Italy, Italie	...	...	* 22.3	Uganda, Ouganda	...	* 29.9	* 22.1	Partenaire 2
Partner 3	Uganda, Ouganda	...	* ~0.0	* 17.0	Kenya	...	* 20.0	* 12.0	Partenaire 3
Spain									**Espagne**
Partner 1	France	18.2	15.4	14.9	China, Chine	7.9	8.6	10.5	Partenaire 1
Partner 2	Germany, Allemagne	11.0	12.0	9.3	Germany, Allemagne	11.7	13.1	9.1	Partenaire 2
Partner 3	Portugal	8.8	7.1	8.0	France	10.7	10.9	8.6	Partenaire 3
Sri Lanka									**Sri Lanka**
Partner 1	United States, États-Unis	21.9	26.8	25.5	India, Inde	20.6	22.5	26.4	Partenaire 1
Partner 2	United Kingdom, Royaume-Uni	12.4	9.8	7.4	China, Chine	10.0	19.7	20.0	Partenaire 2
Partner 3	India, Inde	5.7	* 6.9	6.7	United Arab Emirates, Émirats arabes unis	2.7	5.7	5.5	Partenaire 3
State of Palestine									**État de Palestine**
Partner 1	Israel, Israël	84.9	83.9	* 86.1	Israel, Israël	72.6	58.3	* 53.1	Partenaire 1
Partner 2	Jordan, Jordanie	5.4	6.3	* 5.1	Türkiye	4.5	7.3	* 10.3	Partenaire 2
Partner 3	United Arab Emirates, Émirats arabes unis	2.0	2.0	* 1.5	China, Chine	4.6	7.0	* 6.8	Partenaire 3
Sudan									**Soudan**
Partner 1	United Arab Emirates, Émirats arabes unis	...	14.4	* 50.1	China, Chine	...	22.8	* 17.8	Partenaire 1
Partner 2	China, Chine	...	56.4	* 12.4	United Arab Emirates, Émirats arabes unis	...	5.6	* 16.5	Partenaire 2
Partner 3	Italy, Italie	...	~0.0	* 7.6	Saudi Arabia, Arabie saoudite	...	4.7	* 15.0	Partenaire 3
Suriname									**Suriname**
Partner 1	Switzerland, Suisse	8.8	* ~0.0	44.6	United States, États-Unis	24.6	* 21.2	24.5	Partenaire 1
Partner 2	United Arab Emirates, Émirats arabes unis	13.7	22.9	* 23.2	Netherlands, Pays-Bas	17.5	* 9.3	14.0	Partenaire 2
Partner 3	Belgium, Belgique	10.1	* 8.3	* 5.0	Trinidad and Tobago, Trinité-et-Tobago	23.7	* 6.4	13.9	Partenaire 3

22 Major trading partners *(continued)*

Three largest trade partners as a percentage of total international merchandise trade in US dollars, as at 2022

Principaux partenaires commerciaux *(suite)*

Trois principaux partenaires commerciaux en pourcentage du total de commerce international de marchandises en dollars américains, en 2022

Country or area	Major trading partner	Percentage of exports 2010	2015	2022	Major trading partner	Percentage of imports 2010	2015	2022	Pays ou zone
Sweden									**Suède**
Partner 1	Germany, Allemagne	10.5	11.2	11.1	Germany, Allemagne	18.0	17.9	15.3	Partenaire 1
Partner 2	Norway, Norvège	10.0	10.2	10.9	Norway, Norvège	8.7	8.2	11.7	Partenaire 2
Partner 3	United States, États-Unis	7.4	7.8	9.2	Netherlands, Pays-Bas	6.2	8.3	10.5	Partenaire 3
Switzerland									**Suisse**
Partner 1	United States, États-Unis	10.1	10.6	16.3	Germany, Allemagne	31.9	20.6	19.5	Partenaire 1
Partner 2	Germany, Allemagne	19.3	14.2	13.3	United States, États-Unis	5.4	8.0	11.0	Partenaire 2
Partner 3	China, Chine	3.7	7.0	11.0	Italy, Italie	10.2	7.7	7.0	Partenaire 3
Syrian Arab Republic									**République arabe syrienne**
Partner 1	Saudi Arabia, Arabie saoudite	4.8	* 11.4	* 35.1	Türkiye	9.5	* 27.8	* 38.5	Partenaire 1
Partner 2	Türkiye	5.5	* 5.9	* 20.6	Russian Federation, Fédération de Russie	6.3	* 3.4	* 11.9	Partenaire 2
Partner 3	Lebanon, Liban	3.8	* 15.9	* 9.7	United Arab Emirates, Émirats arabes unis	1.3	* 4.1	* 10.9	Partenaire 3
Tajikistan									**Tadjikistan**
Partner 1	Kazakhstan	* 1.4	* 16.5	* 24.4	Russian Federation, Fédération de Russie	* 21.2	* 19.8	* 30.4	Partenaire 1
Partner 2	Switzerland, Suisse	* ~0.0	* 14.1	* 24.0	Kazakhstan	* 8.2	* 10.9	* 19.4	Partenaire 2
Partner 3	Türkiye	* 23.1	* 20.4	* 15.7	China, Chine	* 43.4	* 46.8	* 16.1	Partenaire 3
Thailand									**Thaïlande**
Partner 1	United States, États-Unis	10.4	11.2	* 15.5	China, Chine	13.3	20.3	* 24.8	Partenaire 1
Partner 2	China, Chine	11.0	11.1	* 13.7	Japan, Japon	20.8	15.4	* 13.3	Partenaire 2
Partner 3	Japan, Japon	10.5	9.4	* 9.2	United States, États-Unis	5.9	6.9	* 5.4	Partenaire 3
Timor-Leste									**Timor-Leste**
Partner 1	China, Chine	* 0.3	* 8.5	* 47.4	Indonesia, Indonésie	* 19.3	* 31.9	* 33.6	Partenaire 1
Partner 2	Japan, Japon	* 60.9	* 3.3	* 23.6	China, Chine	* 4.7	* 15.1	* 31.1	Partenaire 2
Partner 3	Malaysia, Malaisie	* 0.4	* 0.4	* 10.6	Singapore, Singapour	...	* 13.1	* 9.9	Partenaire 3
Togo									**Togo**
Partner 1	India, Inde	* 8.1	8.3	17.0	China, Chine	15.8	19.7	19.8	Partenaire 1
Partner 2	Burkina Faso	* 9.2	13.7	12.4	France	12.5	8.7	8.9	Partenaire 2
Partner 3	Benin, Bénin	* 4.6	12.6	9.4	India, Inde	3.6	4.1	6.1	Partenaire 3
Tokelau									**Tokélaou**
Partner 1	Poland, Pologne	* 0.1	* ~0.0	* 93.6	Samoa	* 0.1	* 27.3	* 38.6	Partenaire 1
Partner 2	Nigeria, Nigéria	* 5.7	* 0.3	* 2.7	Germany, Allemagne	* 18.2	* 1.1	* 21.1	Partenaire 2
Partner 3	Singapore, Singapour	...	* 4.1	* 0.4	United States, États-Unis	* 9.7	* 5.7	* 9.5	Partenaire 3
Tonga									**Tonga**
Partner 1	United States, États-Unis	16.2	* 28.1	* 27.0	Fiji, Fidji	10.1	* 26.8	* 27.3	Partenaire 1
Partner 2	Australia, Australie	3.9	* 8.6	* 16.6	China, Chine	5.3	* 15.6	* 21.6	Partenaire 2
Partner 3	Republic of Korea, République de Corée	0.6	* 14.2	* 12.8	New Zealand, Nouvelle-Zélande	31.9	* 26.5	* 20.7	Partenaire 3
Trinidad and Tobago									**Trinité-et-Tobago**
Partner 1	United States, États-Unis	48.1	41.7	* 41.6	United States, États-Unis	28.0	32.0	* 34.6	Partenaire 1
Partner 2	Guyana	* 2.4	* 2.0	* 6.7	China, Chine	5.8	7.1	* 10.5	Partenaire 2
Partner 3	Mexico, Mexique	0.6	1.1	* 4.3	Mexico, Mexique	1.7	1.5	* 7.0	Partenaire 3
Tunisia									**Tunisie**
Partner 1	France	* 28.7	* 29.3	* 24.1	Italy, Italie	17.6	14.9	* 13.5	Partenaire 1
Partner 2	Italy, Italie	19.9	* 18.5	* 18.5	France	* 18.9	17.8	* 11.4	Partenaire 2
Partner 3	Germany, Allemagne	* 8.5	10.5	* 12.8	China, Chine	6.1	8.4	* 10.4	Partenaire 3
Türkiye									**Türkiye**
Partner 1	Germany, Allemagne	* 10.1	* 9.3	8.3	Russian Federation, Fédération de Russie	11.6	9.8	16.2	Partenaire 1
Partner 2	United States, États-Unis	* 3.3	* 4.4	6.6	China, Chine	9.3	12.0	11.4	Partenaire 2
Partner 3	Iraq	* 5.3	* 5.9	5.4	Undisclosed, Non divulgués	...	...	9.5	Partenaire 3
Turkmenistan									**Turkménistan**
Partner 1	China, Chine	* 39.0	* 77.2	* 71.9	Türkiye	* 23.4	* 27.6	* 23.7	Partenaire 1
Partner 2	Türkiye	* 14.4	* 5.5	* 6.7	China, Chine	* 10.8	* 12.1	* 18.7	Partenaire 2
Partner 3	Uzbekistan, Ouzbékistan	...	* 1.1	* 5.1	Russian Federation, Fédération de Russie	* 14.8	* 12.5	* 18.2	Partenaire 3
Turks and Caicos Islands									**Îles Turques-et-Caïques**
Partner 1	Bahamas	* ~0.0	* 31.7	* 69.3	United States, États-Unis	* 98.3	* 85.9	* 75.6	Partenaire 1
Partner 2	Togo	...	* ~0.0	* 17.4	Bahamas	* 0.9	* 0.1	* 10.1	Partenaire 2
Partner 3	United States, États-Unis	* 99.1	* 33.2	* 7.3	Dominican Rep., Rép. dominicaine	* 0.2	* 0.9	* 3.3	Partenaire 3
Tuvalu									**Tuvalu**
Partner 1	Thailand, Thaïlande	* 75.2	* 87.3	* 82.4	Singapore, Singapour	...	* 22.2	* 33.5	Partenaire 1
Partner 2	Croatia, Croatie	* ~0.0	...	* 9.1	China, Chine	* 11.2	* 16.2	* 20.7	Partenaire 2
Partner 3	Nigeria, Nigéria	...	* ~0.0	* 3.9	Japan, Japon	* 61.0	* 25.3	* 16.2	Partenaire 3

22 Major trading partners *(continued)*

Three largest trade partners as a percentage of total international merchandise trade in US dollars, as at 2022

Principaux partenaires commerciaux *(suite)*

Trois principaux partenaires commerciaux en pourcentage du total de commerce international de marchandises en dollars américains, en 2022

Country or area	Major trading partner	Percentage of exports 2010	2015	2022	Major trading partner	Percentage of imports 2010	2015	2022	Pays ou zone
Uganda									**Ouganda**
Partner 1	United Arab Emirates, Émirats arabes unis	7.5	3.6	* 44.5	China, Chine	8.9	15.8	* 16.4	Partenaire 1
Partner 2	Kenya	11.8	18.8	* 11.2	India, Inde	14.7	20.9	* 11.6	Partenaire 2
Partner 3	South Sudan, Soudan du sud	...	11.7	* 8.6	Kenya	11.0	10.0	* 9.4	Partenaire 3
Ukraine [3]									**Ukraine [3]**
Partner 1	Poland, Pologne	* 3.5	5.2	15.1	China, Chine	7.7	10.1	15.7	Partenaire 1
Partner 2	Romania, Roumanie	1.4	1.5	8.8	Poland, Pologne	4.6	6.2	9.9	Partenaire 2
Partner 3	Türkiye	5.9	7.3	6.6	Germany, Allemagne	7.6	10.6	8.3	Partenaire 3
United Arab Emirates									**Émirats arabes unis**
Partner 1	China, Chine	* 0.3	* 2.0	* 12.4	Areas nes, Zones nsa	30.2	35.8	* 15.3	Partenaire 1
Partner 2	India, Inde	* 11.0	* 5.1	* 12.3	China, Chine	* 7.3	* 8.0	* 15.0	Partenaire 2
Partner 3	Japan, Japon	* 1.0	* 6.7	* 9.3	India, Inde	* 12.2	* 6.2	* 9.2	Partenaire 3
United Kingdom									**Royaume-Uni**
Partner 1	United States, États-Unis	13.9	14.9	* 12.1	China, Chine	9.8	10.0	13.4	Partenaire 1
Partner 2	Netherlands, Pays-Bas	7.6	5.7	* 8.3	United States, États-Unis	9.0	9.2	11.9	Partenaire 2
Partner 3	Germany, Allemagne	10.6	10.0	* 7.8	Germany, Allemagne	12.2	15.0	8.6	Partenaire 3
United Rep. of Tanzania									**Rép.-Unie de Tanzanie**
Partner 1	India, Inde	5.6	19.6	17.3	China, Chine	10.9	12.6	25.2	Partenaire 1
Partner 2	South Africa, Afrique du Sud	10.7	11.5	13.6	United Arab Emirates, Émirats arabes unis	8.4	5.7	15.9	Partenaire 2
Partner 3	United Arab Emirates, Émirats arabes unis	1.5	2.7	11.2	India, Inde	11.2	8.6	12.5	Partenaire 3
United States of America									**États-Unis d'Amérique**
Partner 1	Canada	19.5	18.7	17.2	China, Chine	19.5	21.8	17.1	Partenaire 1
Partner 2	Mexico, Mexique	12.8	15.7	15.7	Mexico, Mexique	11.8	12.9	13.6	Partenaire 2
Partner 3	China, Chine	7.2	7.7	7.5	Canada	14.2	13.1	13.2	Partenaire 3
Uruguay									**Uruguay**
Partner 1	China, Chine	* 10.4	* 20.4	* 31.1	Brazil, Brésil	18.3	17.1	19.9	Partenaire 1
Partner 2	Brazil, Brésil	* 23.4	* 15.4	* 16.3	China, Chine	13.0	18.4	* 18.1	Partenaire 2
Partner 3	Argentina, Argentine	* 8.6	* 5.0	* 10.0	United States, États-Unis	* 10.0	9.0	15.8	Partenaire 3
Uzbekistan									**Ouzbékistan**
Partner 1	Switzerland, Suisse	* 0.5	* 32.1	* 22.4	China, Chine	* 14.2	* 22.5	22.4	Partenaire 1
Partner 2	Russian Federation, Fédération de Russie	* 22.5	* 14.4	* 17.0	Russian Federation, Fédération de Russie	* 20.0	* 21.3	21.5	Partenaire 2
Partner 3	China, Chine	* 19.3	* 13.0	* 12.1	Kazakhstan	* 13.2	* 8.1	11.4	Partenaire 3
Vanuatu									**Vanuatu**
Partner 1	Thailand, Thaïlande	~0.0	* 1.7	* 55.0	China, Chine	9.9	* 19.3	* 22.9	Partenaire 1
Partner 2	Japan, Japon	4.5	* 6.7	* 18.9	Australia, Australie	30.9	* 13.8	* 15.3	Partenaire 2
Partner 3	Republic of Korea, République de Corée	0.3	* 0.5	* 6.4	Singapore, Singapour	12.8	* 11.8	* 11.0	Partenaire 3
Venezuela (Boliv. Rep. of)									**Venezuela (Rép. boliv. du)**
Partner 1	China, Chine	* 5.8	* 17.7	* 17.2	China, Chine	11.1	* 18.5	* 30.5	Partenaire 1
Partner 2	Türkiye	0.1	* 0.3	* 14.8	United States, États-Unis	30.5	* 29.1	* 22.9	Partenaire 2
Partner 3	Spain, Espagne	* 1.0	* 2.5	* 12.3	Brazil, Brésil	9.8	* 10.4	* 13.5	Partenaire 3
Viet Nam									**Viet Nam**
Partner 1	United States, États-Unis	19.7	20.7	* 28.8	China, Chine	23.8	* 29.8	* 33.6	Partenaire 1
Partner 2	China, Chine	10.7	10.6	* 17.2	Republic of Korea, République de Corée	11.5	* 16.6	* 17.0	Partenaire 2
Partner 3	Republic of Korea, République de Corée	4.3	5.5	* 6.5	Japan, Japon	10.6	* 8.7	* 7.2	Partenaire 3
Wallis and Futuna Islands									**Îles Wallis-et-Futuna**
Partner 1	France	* 1.6	* 13.0	* 37.6	Fiji, Fidji	* 13.4	* 21.4	* 38.2	Partenaire 1
Partner 2	Lesotho	...	...	* 16.9	France	* 23.0	* 27.6	* 30.6	Partenaire 2
Partner 3	Singapore, Singapour	...	* 0.9	* 9.3	New Zealand, Nouvelle-Zélande	* 15.4	* 2.2	* 7.8	Partenaire 3
Yemen									**Yémen**
Partner 1	China, Chine	* 22.2	1.4	* 24.4	Saudi Arabia, Arabie saoudite	6.1	8.6	* 19.7	Partenaire 1
Partner 2	Thailand, Thaïlande	* 3.6	1.5	* 24.3	China, Chine	* 7.9	* 10.8	* 18.1	Partenaire 2
Partner 3	Saudi Arabia, Arabie saoudite	3.2	32.2	* 10.7	United Arab Emirates, Émirats arabes unis	* 11.7	* 11.5	* 12.4	Partenaire 3
Zambia									**Zambie**
Partner 1	Switzerland, Suisse	51.0	42.1	* 42.1	South Africa, Afrique du Sud	34.4	32.9	* 31.3	Partenaire 1
Partner 2	China, Chine	20.2	15.0	* 18.9	China, Chine	5.4	8.7	* 12.6	Partenaire 2
Partner 3	Singapore, Singapour	~0.0	8.3	* 13.5	India, Inde	2.7	4.6	* 6.3	Partenaire 3
Zimbabwe									**Zimbabwe**
Partner 1	South Africa, Afrique du Sud	54.2	* 67.6	* 49.3	South Africa, Afrique du Sud	48.0	38.4	* 43.2	Partenaire 1
Partner 2	United Arab Emirates, Émirats arabes unis	10.3	4.3	* 28.6	Singapore, Singapour	0.3	22.1	* 13.8	Partenaire 2
Partner 3	Mozambique	2.9	* 12.0	* 8.4	China, Chine	5.5	7.7	* 12.1	Partenaire 3

Major trading partners *(continued)*

Three largest trade partners as a percentage of total international merchandise trade in US dollars, as at 2022

Principaux partenaires commerciaux *(suite)*

Trois principaux partenaires commerciaux en pourcentage du total de commerce international de marchandises en dollars américains, en 2022

Source:

United Nations Statistics Division, New York, Commodity Trade Statistics Database (UN COMTRADE), last accessed June 2023.

1 Areas not elsewhere specified.
2 Russian data provided by the Russian Federation. Includes statistical data for the Autonomous Republic of Crimea and the city of Sevastopol, Ukraine, temporarily occupied by the Russian Federation.
3 The Government of Ukraine has informed the United Nations that it is not in a position to provide statistical data concerning the Autonomous Republic of Crimea and the city of Sevastopol.

Source:

Organisation des Nations Unies, Division de statistique, New York, Comtrade base de données de l'ONU, dernier accès juin 2023.

1 Zones non spécifiées ailleurs.
2 Données russes fournies par la Fédération de Russie. Comprend des données statistiques pour la République autonome de Crimée et la ville de Sébastopol, Ukraine, temporairement occupée par la Fédération de Russie.
3 Le Gouvernement ukrainien a informé l'Organisation des Nations Unies qu'il n'est pas en mesure de fournir des données statistiques concernant la République autonome de Crimée et Sébastopol.

Part Three

Energy, environment and infrastructure

Troisième partie

Energie, environnement et infrastructures

23 Production, trade and supply of energy

Petajoules and gigajoules per capita

Production, commerce et approvisionnement d'énergie

pétajoules et gigajoules par habitant

Region, country or area	1995	2000	2005	2010	2015	2018	2019	2020	Région, pays ou zone
Total, all countries or areas									**Total, tous pays ou zones**
Primary Energy Prod.	**381 763**	**412 132**	**477 281**	**530 045**	**569 897**	**600 772**	**612 730**	**586 995**	**Prod. d'énergie primaire**
Net imports	**-8 986**	**-10 205**	**-14 264**	**-13 411**	**-19 089**	**-21 771**	**-21 790**	**-18 485**	**Importations nettes**
Changes in stocks	**292**	**-2 946**	**-221**	**14**	**2 480**	**631**	**4 941**	**2 458**	**Variations des stocks**
Total supply	**372 485**	**404 872**	**463 238**	**516 619**	**548 328**	**578 370**	**585 999**	**566 053**	**Approv.total**
Supply per capita	**65**	**66**	**71**	**74**	**74**	**75**	**75**	**72**	**Approv.par habitant**
Africa									**Afrique**
Primary Energy Prod.	32 069	36 546	44 915	47 355	44 326	46 682	47 790	43 879	Prod. d'énergie primaire
Net imports	-13 023	-15 610	-20 440	-19 298	-13 338	-13 921	-13 259	-10 316	Importations nettes
Changes in stocks	321	-19	4	-17	-12	28	150	44	Variations des stocks
Total supply	18 725	20 955	24 471	28 074	30 999	32 733	34 381	33 518	Approv.total
Supply per capita	26	26	26	27	26	25	26	25	Approv.par habitant
Northern America									**Amérique septentrionale**
Primary Energy Prod.	84 126	85 413	85 234	88 891	104 242	112 703	119 109	112 278	Prod. d'énergie primaire
Net imports	11 407	18 134	23 285	14 288	1 158	-8 044	-12 536	-14 243	Importations nettes
Changes in stocks	-912	-2 335	-144	-591	2 244	-914	965	593	Variations des stocks
Total supply	96 445	105 882	108 664	103 770	103 158	105 573	105 607	97 441	Approv.total
Supply per capita	327	338	330	301	286	286	284	261	Approv.par habitant
Latin America & the Caribbean									**Amérique latine et Caraïbes**
Primary Energy Prod.	30 139	35 359	40 883	41 849	42 429	38 795	37 787	35 067	Prod. d'énergie primaire
Net imports	-7 907	-9 748	-11 762	-8 772	-6 906	-4 570	-3 470	-3 617	Importations nettes
Changes in stocks	-14	91	-259	-114	11	-134	-83	-957	Variations des stocks
Total supply	22 245	25 520	29 380	33 191	35 511	34 358	34 400	32 408	Approv.total
Supply per capita	46	49	53	56	57	54	53	50	Approv.par habitant
Asia									**Asie**
Primary Energy Prod.	133 119	149 153	190 919	234 731	260 136	277 115	280 719	274 041	Prod. d'énergie primaire
Net imports	-8 888	-9 594	-9 423	33	7 914	14 554	19 918	24 054	Importations nettes
Changes in stocks	672	-720	-368	1 657	-15	1 939	1 882	3 177	Variations des stocks
Total supply	123 558	140 279	181 863	233 106	268 066	289 730	298 755	294 918	Approv.total
Supply per capita	35	38	46	55	60	63	65	63	Approv.par habitant
Europe									**Europe**
Primary Energy Prod.	93 645	95 013	103 079	102 690	101 380	106 925	107 326	101 441	Prod. d'énergie primaire
Net imports	13 195	11 981	10 592	8 089	2 785	2 084	533	-1 064	Importations nettes
Changes in stocks	120	270	582	-1 202	187	-264	1 771	-604	Variations des stocks
Total supply	106 720	106 723	113 088	111 981	103 979	109 273	106 089	100 980	Approv.total
Supply per capita	147	147	155	152	140	146	142	135	Approv.par habitant
Oceania									**Océanie**
Primary Energy Prod.	8 665	10 647	12 251	14 528	17 383	18 551	20 000	20 290	Prod. d'énergie primaire
Net imports	-3 770	-5 368	-6 516	-7 751	-10 704	-11 874	-12 975	-13 299	Importations nettes
Changes in stocks	103	-233	-37	281	65	-25	257	205	Variations des stocks
Total supply	4 793	5 512	5 773	6 496	6 614	6 702	6 767	6 787	Approv.total
Supply per capita	166	177	171	175	164	158	156	154	Approv.par habitant
Afghanistan [1]									**Afghanistan [1]**
Primary Energy Prod.	16	18	23	41	61	90	82	* 71	Prod. d'énergie primaire
Net imports	* 17	* 14	* 22	* 99	* 113	* 93	* 114	125	Importations nettes
Changes in stocks	* 0	* 0	* -2	* 0	* 4	* -2	* 8	* -1	Variations des stocks
Total supply	* 33	31	* 46	* 141	169	184	189	197	Approv.total
Supply per capita	* 2	2	* 2	* 5	5	5	5	5	Approv.par habitant
Albania									**Albanie**
Primary Energy Prod.	43	34	48	69	87	81	71	63	Prod. d'énergie primaire
Net imports	4	31	43	* 22	9	15	25	28	Importations nettes
Changes in stocks	0	...	0	0	6	5	5	5	Variations des stocks
Total supply	47	65	91	91	91	91	91	86	Approv.total
Supply per capita	14	20	30	31	31	32	32	30	Approv.par habitant
Algeria									**Algérie**
Primary Energy Prod.	4 748	5 852	7 534	6 200	5 883	6 254	5 954	5 506	Prod. d'énergie primaire
Net imports	* -3 485	-4 762	-5 952	-4 551	-3 694	* -3 814	-3 444	-3 110	Importations nettes
Changes in stocks	-8	-14	0	9	-36	12	1	8	Variations des stocks
Total supply	1 270	1 103	1 583	1 641	2 224	2 429	2 509	2 388	Approv.total
Supply per capita	45	36	48	46	56	58	59	55	Approv.par habitant
American Samoa									**Samoa américaines**
Primary Energy Prod.	...	...	...	...	0	0	* 0	* 0	Prod. d'énergie primaire
Net imports	* 7	* 7	* 6	* 6	* 5	* 5	* 5	5	Importations nettes
Total supply	* 6	* 6	* 7	* 7	* 4	* 4	* 4	* 4	Approv.total
Supply per capita	* 121	* 111	* 123	* 131	* 83	* 88	* 90	* 92	Approv.par habitant

23 Production, trade and supply of energy *(continued)*
Petajoules and gigajoules per capita

Production, commerce et approvisionnement d'énergie *(suite)*
pétajoules et gigajoules par habitant

Region, country or area	1995	2000	2005	2010	2015	2018	2019	2020	Région, pays ou zone
Andorra									**Andorre**
Primary Energy Prod.	* 0	* 0	0	1	1	1	* 1	1	Prod. d'énergie primaire
Net imports	* 7	* 9	* 10	* 9	* 8	* 9	* 9	7	Importations nettes
Total supply	7	9	10	10	9	9	9	7	Approv.total
Supply per capita	114	135	127	134	123	125	121	96	Approv.par habitant
Angola									**Angola**
Primary Energy Prod.	1 508	1 782	2 889	4 016	4 030	3 581	3 423	3 253	Prod. d'énergie primaire
Net imports	-1 224	-1 475	-2 565	-3 547	* -3 501	* -3 057	* -2 824	-2 763	Importations nettes
Changes in stocks	17	21	5	1	* 14	* -3	* 79	-16	Variations des stocks
Total supply	266	288	319	469	515	527	520	505	Approv.total
Supply per capita	19	18	16	20	18	17	16	15	Approv.par habitant
Anguilla									**Anguilla**
Primary Energy Prod.	* 0	* 0	* 0	* 0	0	0	0	* 0	Prod. d'énergie primaire
Net imports	* 1	* 2	* 2	* 2	* 3	* 2	* 2	2	Importations nettes
Changes in stocks	...	...	* 0	* 0	* 0	* -1	* 0	* 0	Variations des stocks
Total supply	* 1	* 1	* 2	* 2	2	2	2	2	Approv.total
Supply per capita	* 82	* 103	* 128	* 140	136	125	135	126	Approv.par habitant
Antigua and Barbuda									**Antigua-et-Barbuda**
Primary Energy Prod.	...	...	...	...	0	0	0	* 0	Prod. d'énergie primaire
Net imports	* 5	* 6	* 7	* 8	* 9	* 9	* 9	9	Importations nettes
Total supply	* 4	* 5	* 7	* 8	* 8	* 9	* 9	* 9	Approv.total
Supply per capita	* 58	* 68	* 85	* 89	* 91	* 95	* 98	* 94	Approv.par habitant
Argentina									**Argentine**
Primary Energy Prod.	2 722	3 413	3 609	3 331	3 059	3 152	3 292	3 108	Prod. d'énergie primaire
Net imports	-535	-866	-683	-21	371	138	-20	-27	Importations nettes
Changes in stocks	-6	-17	8	16	9	1	-21	-5	Variations des stocks
Total supply	2 194	2 564	2 919	3 295	3 423	3 288	3 293	3 088	Approv.total
Supply per capita	63	69	75	80	79	74	74	69	Approv.par habitant
Armenia									**Arménie**
Primary Energy Prod.	11	27	37	39	45	37	38	42	Prod. d'énergie primaire
Net imports	59	57	69	* 70	* 92	94	104	111	Importations nettes
Changes in stocks	...	...	...	* 3	1	0	1	1	Variations des stocks
Total supply	69	85	106	* 106	135	131	141	152	Approv.total
Supply per capita	21	27	35	* 36	47	46	50	54	Approv.par habitant
Aruba									**Aruba**
Primary Energy Prod.	0	* 5	* 5	* 5	* 1	* 1	* 1	* 1	Prod. d'énergie primaire
Net imports	* 10	* 49	* 54	* 51	* 12	* 12	* 12	13	Importations nettes
Total supply	* 10	* 54	58	* 56	* 13	* 13	* 13	* 13	Approv.total
Supply per capita	* 126	* 602	616	* 558	* 122	* 119	* 120	* 120	Approv.par habitant
Australia [2]									**Australie [2]**
Primary Energy Prod.	7 825	9 779	11 491	13 646	16 033	17 266	18 651	18 950	Prod. d'énergie primaire
Net imports	-3 759	-5 432	-6 728	-7 985	-10 625	-11 883	-12 932	-13 242	Importations nettes
Changes in stocks	104	-221	-29	265	78	-38	272	195	Variations des stocks
Total supply	3 962	4 567	4 790	5 396	5 330	5 423	5 447	5 514	Approv.total
Supply per capita	220	240	237	245	224	217	215	215	Approv.par habitant
Austria									**Autriche**
Primary Energy Prod.	368	410	411	500	501	489	504	501	Prod. d'énergie primaire
Net imports	741	778	1 006	892	823	883	1 001	775	Importations nettes
Changes in stocks	-14	-10	2	-36	-48	-6	107	-44	Variations des stocks
Total supply	1 123	1 198	1 413	1 428	1 372	1 378	1 399	1 321	Approv.total
Supply per capita	141	150	172	171	159	156	158	148	Approv.par habitant
Azerbaijan									**Azerbaïdjan**
Primary Energy Prod.	628	803	1 155	2 759	2 474	2 349	2 475	2 412	Prod. d'énergie primaire
Net imports	-91	-319	-547	-2 239	-1 891	-1 735	-1 804	-1 758	Importations nettes
Changes in stocks	0	-2	35	34	-22	7	7	10	Variations des stocks
Total supply	536	485	573	486	605	607	664	643	Approv.total
Supply per capita	68	59	66	53	61	60	65	63	Approv.par habitant
Bahamas									**Bahamas**
Primary Energy Prod.	...	...	0	0	0	0	0	0	Prod. d'énergie primaire
Net imports	* 24	* 28	* 28	* 29	* 25	* 37	* 37	27	Importations nettes
Changes in stocks	* -1	* -1	...	* -4	* -8	* 2	* 1	* -4	Variations des stocks
Total supply	* 26	* 28	* 28	32	32	35	35	31	Approv.total
Supply per capita	* 85	* 87	* 79	87	83	87	87	77	Approv.par habitant
Bahrain									**Bahreïn**
Primary Energy Prod.	644	706	672	849	957	946	1 047	1 045	Prod. d'énergie primaire
Net imports	* -397	-382	-353	-339	-383	-371	-392	-403	Importations nettes
Changes in stocks	-10	-12	-28	-3	-4	-7	-16	-24	Variations des stocks
Total supply	257	337	348	513	577	582	672	667	Approv.total
Supply per capita	420	473	385	423	424	391	449	451	Approv.par habitant

23 Production, trade and supply of energy *(continued)*
Petajoules and gigajoules per capita

Production, commerce et approvisionnement d'énergie *(suite)*
pétajoules et gigajoules par habitant

Region, country or area	1995	2000	2005	2010	2015	2018	2019	2020	Région, pays ou zone
Bangladesh									**Bangladesh**
Primary Energy Prod.	792	858	1 028	1 294	1 475	1 542	1 541	1 457	Prod. d'énergie primaire
Net imports	123	139	165	163	287	313	615	623	Importations nettes
Changes in stocks	-4	-3	1	-26	-7	-49	...	...	Variations des stocks
Total supply	918	999	1 192	1 483	1 768	1 904	2 157	2 079	Approv.total
Supply per capita	8	8	8	10	11	12	13	12	Approv.par habitant
Barbados									**Barbade**
Primary Energy Prod.	5	6	4	4	3	3	3	2	Prod. d'énergie primaire
Net imports	* 15	19	19	22	21	19	19	14	Importations nettes
Changes in stocks	0	-1	0	0	1	0	-1	-1	Variations des stocks
Total supply	19	24	24	26	22	22	22	17	Approv.total
Supply per capita	73	92	88	93	81	79	80	60	Approv.par habitant
Belarus									**Bélarus**
Primary Energy Prod.	139	143	155	167	163	174	183	187	Prod. d'énergie primaire
Net imports	908	885	962	980	891	970	918	877	Importations nettes
Changes in stocks	9	-2	-4	-4	-13	10	15	12	Variations des stocks
Total supply	1 038	1 029	1 121	1 152	1 067	1 134	1 087	1 052	Approv.total
Supply per capita	99	100	113	118	110	117	112	109	Approv.par habitant
Belgium									**Belgique**
Primary Energy Prod.	495	570	579	658	446	485	656	571	Prod. d'énergie primaire
Net imports	1 765	1 827	1 861	1 866	1 779	1 758	1 666	1 555	Importations nettes
Changes in stocks	29	-21	18	18	39	21	36	29	Variations des stocks
Total supply	2 231	2 418	2 423	2 506	2 186	2 222	2 286	2 097	Approv.total
Supply per capita	221	236	230	230	194	194	199	181	Approv.par habitant
Belize									**Belize**
Primary Energy Prod.	4	5	4	14	9	8	7	7	Prod. d'énergie primaire
Net imports	6	6	* 7	-2	6	8	10	9	Importations nettes
Changes in stocks	...	...	...	0	0	0	0	0	Variations des stocks
Total supply	10	11	11	13	16	16	17	15	Approv.total
Supply per capita	48	46	39	40	43	41	45	39	Approv.par habitant
Benin									**Bénin**
Primary Energy Prod.	78	61	70	82	104	113	121	124	Prod. d'énergie primaire
Net imports	* 10	22	37	67	77	108	100	107	Importations nettes
Changes in stocks	0	0	2	0	2	3	0	0	Variations des stocks
Total supply	87	83	104	149	180	219	220	232	Approv.total
Supply per capita	14	12	13	16	16	18	18	18	Approv.par habitant
Bermuda									**Bermudes**
Primary Energy Prod.	* 0	* 1	* 1	* 1	* 1	* 1	* 1	* 1	Prod. d'énergie primaire
Net imports	* 7	* 7	* 7	* 9	* 7	* 10	* 8	6	Importations nettes
Changes in stocks	...	...	...	...	-1	* 0	* 0	...	Variations des stocks
Total supply	* 8	* 8	* 9	* 9	8	10	9	7	Approv.total
Supply per capita	* 133	* 127	* 137	* 139	128	160	138	107	Approv.par habitant
Bhutan									**Bhoutan**
Primary Energy Prod.	43	46	53	73	77	78	85	91	Prod. d'énergie primaire
Net imports	* -4	* -2	-5	-16	* -13	* -6	* -11	-24	Importations nettes
Total supply	39	44	48	57	64	72	74	67	Approv.total
Supply per capita	74	75	73	80	86	94	97	87	Approv.par habitant
Bolivia (Plurin. State of)									**Bolivie (État plurin. de)**
Primary Energy Prod.	242	230	587	664	951	834	745	716	Prod. d'énergie primaire
Net imports	-85	-78	-366	-398	-606	-448	-356	-391	Importations nettes
Changes in stocks	1	-1	0	0	1	0	1	0	Variations des stocks
Total supply	156	153	221	265	343	385	387	324	Approv.total
Supply per capita	20	18	24	26	31	33	33	27	Approv.par habitant
Bonaire, St. Eustatius & Saba									**Bonaire, St-Eustache et Saba**
Primary Energy Prod.	...	...	...	...	0	* 0	* 0	0	Prod. d'énergie primaire
Net imports	...	...	...	...	* 2	* 1	* 2	2	Importations nettes
Changes in stocks	...	...	...	...	* 0	* 0	* 0	* 0	Variations des stocks
Total supply	...	...	...	...	* 1	* 2	* 2	* 2	Approv.total
Supply per capita	...	...	...	...	* 65	* 65	* 67	* 66	Approv.par habitant
Bosnia and Herzegovina									**Bosnie-Herzégovine**
Primary Energy Prod.	33	126	152	182	173	237	226	219	Prod. d'énergie primaire
Net imports	29	52	54	84	88	75	83	76	Importations nettes
Changes in stocks	...	-1	-1	-3	11	0	6	-3	Variations des stocks
Total supply	62	179	206	269	250	312	303	298	Approv.total
Supply per capita	16	43	50	71	71	92	90	90	Approv.par habitant
Botswana									**Botswana**
Primary Energy Prod.	27	28	29	30	56	65	56	51	Prod. d'énergie primaire
Net imports	17	29	36	45	* 36	39	41	33	Importations nettes
Changes in stocks	...	...	0	0	* 11	...	...	...	Variations des stocks
Total supply	44	57	65	74	80	104	98	84	Approv.total
Supply per capita	29	33	34	36	35	42	39	33	Approv.par habitant

23 Production, trade and supply of energy *(continued)*
Petajoules and gigajoules per capita

Production, commerce et approvisionnement d'énergie *(suite)*
pétajoules et gigajoules par habitant

Region, country or area	1995	2000	2005	2010	2015	2018	2019	2020	Région, pays ou zone
Brazil									**Brésil**
Primary Energy Prod.	5 028	6 292	8 331	10 116	11 567	12 538	12 975	13 393	Prod. d'énergie primaire
Net imports	1 936	1 708	872	825	807	-293	-700	-1 500	Importations nettes
Changes in stocks	-106	2	-8	-5	-19	48	88	-35	Variations des stocks
Total supply	7 069	7 998	9 212	10 946	12 393	12 196	12 186	11 927	Approv.total
Supply per capita	43	45	49	56	60	58	58	56	Approv.par habitant
British Virgin Islands									**Îles Vierges britanniques**
Primary Energy Prod.	0	0	0	0	0	0	0	0	Prod. d'énergie primaire
Net imports	* 1	* 2	* 2	* 3	* 3	* 2	* 2	2	Importations nettes
Changes in stocks	* 0	* 0	...	...	...	...	...	...	Variations des stocks
Total supply	1	* 2	* 2	* 3	* 3	* 2	* 2	* 2	Approv.total
Supply per capita	72	* 82	* 100	* 108	* 109	* 75	* 76	* 74	Approv.par habitant
Brunei Darussalam									**Brunéi Darussalam**
Primary Energy Prod.	770	813	845	775	673	639	637	603	Prod. d'énergie primaire
Net imports	-666	-722	-752	-648	-560	-476	-460	-431	Importations nettes
Changes in stocks	-1	-4	-1	-7	0	8	7	10	Variations des stocks
Total supply	106	95	93	136	114	156	171	163	Approv.total
Supply per capita	355	283	254	343	270	359	389	370	Approv.par habitant
Bulgaria									**Bulgarie**
Primary Energy Prod.	428	410	444	441	505	506	492	453	Prod. d'énergie primaire
Net imports	546	358	384	291	275	276	287	273	Importations nettes
Changes in stocks	7	-5	2	-9	6	0	8	-5	Variations des stocks
Total supply	966	773	826	741	775	781	771	732	Approv.total
Supply per capita	114	95	106	98	106	110	109	105	Approv.par habitant
Burkina Faso									**Burkina Faso**
Primary Energy Prod.	* 60	69	98	118	126	131	133	* 133	Prod. d'énergie primaire
Net imports	10	12	* 16	* 26	* 51	* 67	* 61	65	Importations nettes
Changes in stocks	1	-1	* 0	* -2	* 4	* 4	* -6	* -2	Variations des stocks
Total supply	* 68	83	114	145	172	193	199	* 200	Approv.total
Supply per capita	* 7	7	8	9	9	9	10	* 9	Approv.par habitant
Burundi									**Burundi**
Primary Energy Prod.	* 49	51	* 53	* 54	56	56	56	56	Prod. d'énergie primaire
Net imports	* 4	* 5	3	5	6	* 10	* 10	11	Importations nettes
Changes in stocks	0	0	0	0	0	0	0	...	Variations des stocks
Total supply	* 53	55	* 56	* 58	62	66	66	67	Approv.total
Supply per capita	* 9	9	* 8	* 6	6	6	6	6	Approv.par habitant
Cabo Verde									**Cabo Verde**
Primary Energy Prod.	1	1	1	1	* 2	* 2	* 2	* 2	Prod. d'énergie primaire
Net imports	* 3	* 4	* 6	7	* 7	* 8	* 8	7	Importations nettes
Changes in stocks	...	...	...	...	...	* 0	...	...	Variations des stocks
Total supply	* 4	* 6	8	9	* 9	* 9	* 10	* 9	Approv.total
Supply per capita	* 10	* 12	16	18	* 16	* 16	* 17	* 15	Approv.par habitant
Cambodia									**Cambodge**
Primary Energy Prod.	97	114	122	124	143	163	164	161	Prod. d'énergie primaire
Net imports	22	28	39	72	109	147	187	196	Importations nettes
Total supply	119	142	161	196	252	310	351	357	Approv.total
Supply per capita	11	12	12	14	16	19	22	22	Approv.par habitant
Cameroon									**Cameroun**
Primary Energy Prod.	457	534	453	353	494	504	544	556	Prod. d'énergie primaire
Net imports	* -219	-268	-152	-73	-111	-102	-133	-133	Importations nettes
Changes in stocks	* 2	0	-5	-13	-1	...	...	...	Variations des stocks
Total supply	237	266	306	293	384	402	411	423	Approv.total
Supply per capita	18	18	18	15	17	16	16	16	Approv.par habitant
Canada									**Canada**
Primary Energy Prod.	14 725	15 688	16 752	16 597	19 687	22 510	22 576	21 671	Prod. d'énergie primaire
Net imports	-5 089	-5 432	-5 513	-6 087	-7 912	-9 557	-9 745	-9 563	Importations nettes
Changes in stocks	-146	-353	-135	-327	155	115	-128	201	Variations des stocks
Total supply	9 783	10 609	11 374	10 837	11 619	12 838	12 960	11 908	Approv.total
Supply per capita	334	346	353	319	325	347	345	314	Approv.par habitant
Cayman Islands									**Îles Caïmanes**
Net imports	* 6	* 7	7	8	8	8	10	9	Importations nettes
Total supply	* 5	* 7	7	8	8	9	10	9	Approv.total
Supply per capita	* 158	* 168	146	148	131	135	149	136	Approv.par habitant
Central African Republic									**République centrafricaine**
Primary Energy Prod.	28	* 26	* 29	33	33	* 34	* 34	* 35	Prod. d'énergie primaire
Net imports	* 3	* 3	* 3	* 3	* 2	* 3	* 3	3	Importations nettes
Changes in stocks	* 0	...	...	...	...	...	...	...	Variations des stocks
Total supply	31	* 29	* 32	36	36	* 37	* 38	* 38	Approv.total
Supply per capita	9	* 8	* 8	8	7	* 7	* 7	* 7	Approv.par habitant

23 Production, trade and supply of energy *(continued)*

Petajoules and gigajoules per capita

Production, commerce et approvisionnement d'énergie *(suite)*

pétajoules et gigajoules par habitant

Region, country or area	1995	2000	2005	2010	2015	2018	2019	2020	Région, pays ou zone
Chad									**Tchad**
Primary Energy Prod.	48	55	433	328	377	347	360	372	Prod. d'énergie primaire
Net imports	* 6	* 7	* -362	* -246	* -281	* -248	* -259	-270	Importations nettes
Changes in stocks	0	...	...	...	...	...	...	...	Variations des stocks
Total supply	54	62	71	82	96	100	101	102	Approv.total
Supply per capita	8	7	7	7	7	6	6	6	Approv.par habitant
Chile									**Chili**
Primary Energy Prod.	346	359	391	386	541	571	572	* 535	Prod. d'énergie primaire
Net imports	444	730	800	894	975	1 072	1 161	1 033	Importations nettes
Changes in stocks	10	8	3	-6	4	7	5	-16	Variations des stocks
Total supply	780	1 082	1 187	1 286	1 511	1 635	1 728	1 584	Approv.total
Supply per capita	54	70	73	76	85	87	91	82	Approv.par habitant
China [3]									**Chine** [3]
Primary Energy Prod.	39 740	40 838	63 831	88 642	100 963	104 715	109 495	111 744	Prod. d'énergie primaire
Net imports	* -397	* 1 426	4 251	14 225	18 965	27 335	29 531	31 922	Importations nettes
Changes in stocks	132	-251	-752	1 248	-396	1 417	2 653	3 453	Variations des stocks
Total supply	39 212	42 516	68 833	101 618	120 324	130 632	136 373	140 213	Approv.total
Supply per capita	32	34	53	75	86	92	96	98	Approv.par habitant
China, Hong Kong SAR									**Chine, RAS de Hong Kong**
Net imports	* 382	571	578	672	634	595	602	547	Importations nettes
Changes in stocks	* -16	1	-2	129	59	6	17	32	Variations des stocks
Total supply	398	570	579	544	576	589	585	514	Approv.total
Supply per capita	64	85	84	76	78	79	78	68	Approv.par habitant
China, Macao SAR									**Chine, RAS de Macao**
Primary Energy Prod.	...	...	* 3	* 4	3	3	4	3	Prod. d'énergie primaire
Net imports	18	23	26	* 29	40	36	36	33	Importations nettes
Changes in stocks	0	0	0	0	1	0	0	0	Variations des stocks
Total supply	18	24	29	32	43	40	40	36	Approv.total
Supply per capita	45	55	60	58	69	61	61	54	Approv.par habitant
Colombia									**Colombie**
Primary Energy Prod.	2 419	3 046	3 335	4 486	5 456	5 086	5 268	4 025	Prod. d'énergie primaire
Net imports	-1 267	-1 987	-2 139	* -3 081	-3 670	-3 638	-3 413	-3 311	Importations nettes
Changes in stocks	48	-43	16	3	97	-194	61	-967	Variations des stocks
Total supply	1 104	1 103	1 180	1 402	1 689	1 643	1 794	1 681	Approv.total
Supply per capita	31	28	28	31	36	33	36	33	Approv.par habitant
Comoros									**Comores**
Primary Energy Prod.	* 2	* 3	3	* 3	* 4	4	* 4	* 4	Prod. d'énergie primaire
Net imports	* 1	* 1	* 2	* 2	* 3	* 4	* 5	5	Importations nettes
Total supply	* 3	* 4	5	* 6	* 6	* 8	* 8	* 9	Approv.total
Supply per capita	* 7	* 8	8	* 8	* 8	* 10	* 10	* 11	Approv.par habitant
Congo									**Congo**
Primary Energy Prod.	415	597	563	724	607	813	835	776	Prod. d'énergie primaire
Net imports	* -375	-568	-518	-649	-490	-686	-691	-632	Importations nettes
Changes in stocks	0	...	0	6	0	1	8	8	Variations des stocks
Total supply	40	29	45	70	117	126	136	136	Approv.total
Supply per capita	15	9	12	16	23	23	24	24	Approv.par habitant
Cook Islands									**Îles Cook**
Primary Energy Prod.	* 0	* 0	* 0	* 0	* 0	0	* 0	* 0	Prod. d'énergie primaire
Net imports	* 1	* 1	* 1	* 1	* 1	* 2	* 2	1	Importations nettes
Changes in stocks	...	* 0	* 0	* 0	...	...	...	...	Variations des stocks
Total supply	* 1	* 1	1	* 1	* 1	* 1	* 1	* 1	Approv.total
Supply per capita	* 39	* 50	58	* 62	* 64	* 72	* 74	* 60	Approv.par habitant
Costa Rica									**Costa Rica**
Primary Energy Prod.	46	67	93	104	110	89	108	116	Prod. d'énergie primaire
Net imports	65	70	85	99	* 98	106	110	89	Importations nettes
Changes in stocks	0	-1	0	0	0	-4	4	-2	Variations des stocks
Total supply	110	137	177	203	207	198	214	207	Approv.total
Supply per capita	31	35	41	44	42	39	42	40	Approv.par habitant
Côte d'Ivoire									**Côte d'Ivoire**
Primary Energy Prod.	178	242	451	389	395	415	435	432	Prod. d'énergie primaire
Net imports	* 68	* 28	* -27	-40	10	19	8	27	Importations nettes
Changes in stocks	* 0	* -8	* 5	3	-6	...	...	-1	Variations des stocks
Total supply	245	278	418	347	412	434	444	460	Approv.total
Supply per capita	17	17	22	16	17	17	17	17	Approv.par habitant
Croatia									**Croatie**
Primary Energy Prod.	209	178	199	215	184	175	164	157	Prod. d'énergie primaire
Net imports	115	166	212	180	168	183	199	185	Importations nettes
Changes in stocks	-2	-4	4	5	2	3	2	-6	Variations des stocks
Total supply	325	349	407	390	350	354	361	346	Approv.total
Supply per capita	68	77	92	89	82	85	87	85	Approv.par habitant

23 Production, trade and supply of energy *(continued)*
Petajoules and gigajoules per capita

Production, commerce et approvisionnement d'énergie *(suite)*
pétajoules et gigajoules par habitant

Region, country or area	1995	2000	2005	2010	2015	2018	2019	2020	Région, pays ou zone
Cuba									**Cuba**
Primary Energy Prod.	170	241	205	200	212	197	183	170	Prod. d'énergie primaire
Net imports	249	232	* 206	* 304	* 247	* 184	* 181	170	Importations nettes
Changes in stocks	4	13	...	...	...	...	...	...	Variations des stocks
Total supply	414	459	411	505	459	382	365	341	Approv.total
Supply per capita	38	41	37	45	40	34	32	30	Approv.par habitant
Curaçao									**Curaçao**
Primary Energy Prod.	...	...	...	...	1	1	1	1	Prod. d'énergie primaire
Net imports	...	...	...	...	107	65	37	28	Importations nettes
Total supply	...	...	...	...	108	66	37	30	Approv.total
Supply per capita	...	...	...	...	634	356	190	158	Approv.par habitant
Cyprus									**Chypre**
Primary Energy Prod.	2	2	2	4	5	6	7	7	Prod. d'énergie primaire
Net imports	72	88	94	104	83	88	88	84	Importations nettes
Changes in stocks	2	0	3	5	3	-1	0	2	Variations des stocks
Total supply	71	90	94	103	86	95	95	89	Approv.total
Supply per capita	82	95	90	92	72	78	77	72	Approv.par habitant
Czechia									**Tchéquie**
Primary Energy Prod.	1 368	1 290	1 388	1 340	1 207	1 154	1 119	987	Prod. d'énergie primaire
Net imports	363	407	525	476	554	657	719	654	Importations nettes
Changes in stocks	-30	-49	16	-77	4	-2	52	-41	Variations des stocks
Total supply	1 760	1 746	1 898	1 892	1 758	1 813	1 787	1 681	Approv.total
Supply per capita	171	171	185	181	167	172	170	160	Approv.par habitant
Dem. People's Rep. Korea									**Rép. pop. dém. de Corée**
Primary Energy Prod.	838	787	923	699	788	558	606	582	Prod. d'énergie primaire
Net imports	83	41	-28	-77	-457	43	47	45	Importations nettes
Changes in stocks	...	2	...	...	...	...	...	...	Variations des stocks
Total supply	921	826	896	622	332	601	653	626	Approv.total
Supply per capita	41	35	37	25	13	23	25	24	Approv.par habitant
Dem. Rep. of the Congo									**Rép. dém. du Congo**
Primary Energy Prod.	573	626	740	857	1 218	1 292	1 300	1 316	Prod. d'énergie primaire
Net imports	-34	-43	-42	-24	-7	-19	-11	-8	Importations nettes
Changes in stocks	0	-1	0	0	...	...	...	...	Variations des stocks
Total supply	539	584	698	832	1 210	1 274	1 288	1 308	Approv.total
Supply per capita	12	12	12	13	15	15	14	14	Approv.par habitant
Denmark [4]									**Danemark** [4]
Primary Energy Prod.	653	1 161	1 309	972	668	571	511	385	Prod. d'énergie primaire
Net imports	211	-399	-503	-204	30	115	218	281	Importations nettes
Changes in stocks	56	-18	14	-45	20	-17	61	20	Variations des stocks
Total supply	809	780	791	813	677	702	668	645	Approv.total
Supply per capita	154	146	145	147	119	122	115	111	Approv.par habitant
Djibouti									**Djibouti**
Primary Energy Prod.	2	3	3	3	4	4	4	4	Prod. d'énergie primaire
Net imports	* 4	* 5	* 6	* 7	* 7	* 7	* 7	7	Importations nettes
Changes in stocks	...	...	...	* 0	1	* 0	* 0	* 0	Variations des stocks
Total supply	* 7	8	* 9	11	10	11	* 11	10	Approv.total
Supply per capita	* 11	11	* 11	12	10	10	* 10	9	Approv.par habitant
Dominica									**Dominique**
Primary Energy Prod.	0	0	0	0	0	0	0	0	Prod. d'énergie primaire
Net imports	* 1	* 1	* 2	* 2	* 3	* 2	* 2	2	Importations nettes
Changes in stocks	* 0	...	...	0	* 0	* 0	* 0	* 0	Variations des stocks
Total supply	1	2	2	3	* 3	* 2	* 3	* 2	Approv.total
Supply per capita	19	24	34	37	* 38	* 35	* 36	* 33	Approv.par habitant
Dominican Republic									**République dominicaine**
Primary Energy Prod.	20	25	29	38	33	42	38	44	Prod. d'énergie primaire
Net imports	* 203	* 250	233	271	303	330	365	299	Importations nettes
Changes in stocks	* 1	0	2	0	1	-2	-2	-1	Variations des stocks
Total supply	223	275	259	308	335	373	405	344	Approv.total
Supply per capita	28	32	28	32	32	35	37	31	Approv.par habitant
Ecuador									**Équateur**
Primary Energy Prod.	915	959	1 246	1 110	1 260	1 240	1 282	1 167	Prod. d'énergie primaire
Net imports	* -577	-612	-772	-608	-676	-661	-673	-624	Importations nettes
Changes in stocks	...	20	4	-20	-20	-16	-19	17	Variations des stocks
Total supply	339	328	470	521	603	595	627	526	Approv.total
Supply per capita	29	26	34	35	37	35	36	30	Approv.par habitant
Egypt									**Égypte**
Primary Energy Prod.	2 629	2 716	3 324	3 632	2 991	3 302	3 942	3 656	Prod. d'énergie primaire
Net imports	* -709	-449	-645	-511	400	487	99	47	Importations nettes
Changes in stocks	369	36	-4	-60	-1	-1	...	...	Variations des stocks
Total supply	1 551	2 231	2 683	3 182	3 391	3 791	4 040	3 702	Approv.total
Supply per capita	24	31	34	36	35	37	38	34	Approv.par habitant

23 Production, trade and supply of energy *(continued)*
Petajoules and gigajoules per capita

Production, commerce et approvisionnement d'énergie *(suite)*
pétajoules et gigajoules par habitant

Region, country or area	1995	2000	2005	2010	2015	2018	2019	2020	Région, pays ou zone
El Salvador									**El Salvador**
Primary Energy Prod.	* 68	* 69	75	92	79	83	81	87	Prod. d'énergie primaire
Net imports	67	77	82	81	92	90	107	92	Importations nettes
Changes in stocks	1	0	-3	-2	...	...	...	...	Variations des stocks
Total supply	133	146	160	175	172	173	187	179	Approv.total
Supply per capita	23	25	26	29	28	28	30	28	Approv.par habitant
Equatorial Guinea									**Guinée équatoriale**
Primary Energy Prod.	18	251	857	884	821	648	571	552	Prod. d'énergie primaire
Net imports	* -12	* -240	* -789	* -801	* -717	* -548	* -495	-466	Importations nettes
Changes in stocks	* 1	* 0	1	* 6	-5	1	* 0	-2	Variations des stocks
Total supply	5	11	65	77	109	100	76	88	Approv.total
Supply per capita	9	15	76	71	81	67	49	55	Approv.par habitant
Eritrea									**Érythrée**
Primary Energy Prod.	31	21	21	24	29	30	30	31	Prod. d'énergie primaire
Net imports	* 12	9	10	7	7	7	8	8	Importations nettes
Changes in stocks	...	0	-2	0	0	0	...	...	Variations des stocks
Total supply	42	30	32	31	35	38	39	39	Approv.total
Supply per capita	19	12	11	10	11	11	11	11	Approv.par habitant
Estonia									**Estonie**
Primary Energy Prod.	145	129	163	206	234	277	226	183	Prod. d'énergie primaire
Net imports	77	66	58	29	11	-12	1	9	Importations nettes
Changes in stocks	5	7	-2	-7	14	2	10	4	Variations des stocks
Total supply	217	188	222	242	231	263	217	188	Approv.total
Supply per capita	149	134	164	182	176	199	163	141	Approv.par habitant
Eswatini									**Eswatini**
Primary Energy Prod.	19	28	32	29	33	29	31	* 30	Prod. d'énergie primaire
Net imports	* 10	* 7	* 3	* 12	* 13	15	* 16	15	Importations nettes
Changes in stocks	...	...	* 0	* 0	...	...	...	...	Variations des stocks
Total supply	29	35	36	41	46	44	46	* 46	Approv.total
Supply per capita	30	34	34	38	40	38	40	* 39	Approv.par habitant
Ethiopia [5]									**Éthiopie** [5]
Primary Energy Prod.	912	1 009	1 110	1 212	1 327	1 394	1 417	1 441	Prod. d'énergie primaire
Net imports	* 31	43	60	82	133	165	174	184	Importations nettes
Changes in stocks	* -2	-2	-3	1	1	-1	...	...	Variations des stocks
Total supply	945	1 055	1 172	1 293	1 459	1 560	1 592	1 625	Approv.total
Supply per capita	16	16	15	14	14	14	14	14	Approv.par habitant
Falkland Islands (Malvinas)									**Îles Falkland (Malvinas)**
Primary Energy Prod.	* 0	* 0	* 0	* 0	* 0	0	0	0	Prod. d'énergie primaire
Net imports	* 0	* 0	0	0	0	0	1	1	Importations nettes
Changes in stocks	...	...	0	0	0	0	0	0	Variations des stocks
Total supply	* 1	* 0	1	1	1	1	1	1	Approv.total
Supply per capita	* 205	* 153	181	176	165	152	155	159	Approv.par habitant
Faroe Islands									**Îles Féroé**
Primary Energy Prod.	0	0	0	0	1	1	1	1	Prod. d'énergie primaire
Net imports	* 9	* 10	* 11	* 9	* 9	* 10	* 10	11	Importations nettes
Total supply	* 8	* 10	* 10	* 9	* 9	* 11	* 11	* 11	Approv.total
Supply per capita	* 190	* 217	* 216	* 185	* 186	* 208	* 208	* 210	Approv.par habitant
Fiji									**Fidji**
Primary Energy Prod.	13	10	9	5	7	6	7	6	Prod. d'énergie primaire
Net imports	* 11	* 11	* 16	* 16	* 20	* 21	* 19	15	Importations nettes
Changes in stocks	...	...	* 0	* 1	* 2	* 1	* 0	...	Variations des stocks
Total supply	* 23	21	24	20	25	* 26	* 26	* 21	Approv.total
Supply per capita	* 29	26	27	22	27	* 28	* 28	* 22	Approv.par habitant
Finland									**Finlande**
Primary Energy Prod.	549	623	701	725	732	812	796	761	Prod. d'énergie primaire
Net imports	632	731	766	725	622	615	560	547	Importations nettes
Changes in stocks	-26	2	27	-78	2	11	-30	-14	Variations des stocks
Total supply	1 208	1 353	1 440	1 528	1 351	1 415	1 386	1 322	Approv.total
Supply per capita	236	261	275	285	247	257	251	239	Approv.par habitant
France [6]									**France** [6]
Primary Energy Prod.	5 312	5 424	5 694	5 632	5 770	5 604	5 454	4 976	Prod. d'énergie primaire
Net imports	4 584	5 223	5 729	5 225	4 727	4 704	4 716	4 046	Importations nettes
Changes in stocks	10	147	49	-112	-27	54	60	-87	Variations des stocks
Total supply	9 886	10 500	11 374	10 969	10 524	10 254	10 110	9 110	Approv.total
Supply per capita	172	179	188	176	159	154	151	136	Approv.par habitant
French Guiana [7]									**Guyane française** [7]
Primary Energy Prod.	1	2	2	3	...	...	...	...	Prod. d'énergie primaire
Net imports	* 8	6	* 8	* 9	...	...	...	...	Importations nettes
Total supply	9	8	10	* 12	...	...	...	...	Approv.total
Supply per capita	63	47	49	* 52	...	...	...	...	Approv.par habitant

23 Production, trade and supply of energy *(continued)*
Petajoules and gigajoules per capita

Production, commerce et approvisionnement d'énergie *(suite)*
pétajoules et gigajoules par habitant

Region, country or area	1995	2000	2005	2010	2015	2018	2019	2020	Région, pays ou zone
French Polynesia									**Polynésie française**
Primary Energy Prod.	0	1	1	1	1	1	1	1	Prod. d'énergie primaire
Net imports	* 7	* 9	* 12	* 13	12	* 13	13	12	Importations nettes
Changes in stocks	...	...	...	* 0	0	* 0	0	0	Variations des stocks
Total supply	7	9	12	14	13	13	13	13	Approv.total
Supply per capita	32	37	46	49	44	44	44	42	Approv.par habitant
Gabon									**Gabon**
Primary Energy Prod.	822	608	614	589	561	476	536	516	Prod. d'énergie primaire
Net imports	-765	-572	-545	-526	-451	-369	-438	-422	Importations nettes
Changes in stocks	2	-25	-3	-29	...	4	-2	-13	Variations des stocks
Total supply	56	61	72	93	111	103	101	108	Approv.total
Supply per capita	50	48	49	54	55	47	45	47	Approv.par habitant
Gambia									**Gambie**
Primary Energy Prod.	5	6	6	6	7	7	7	7	Prod. d'énergie primaire
Net imports	* 3	* 4	* 5	* 6	* 8	* 9	* 10	9	Importations nettes
Total supply	8	9	10	12	15	16	* 17	* 17	Approv.total
Supply per capita	6	7	6	6	7	7	* 7	* 7	Approv.par habitant
Georgia									**Géorgie**
Primary Energy Prod.	50	55	53	58	55	52	46	44	Prod. d'énergie primaire
Net imports	37	65	82	82	143	153	170	166	Importations nettes
Changes in stocks	0	0	0	0	1	2	0	1	Variations des stocks
Total supply	88	120	135	140	198	204	215	208	Approv.total
Supply per capita	18	28	34	36	52	54	57	55	Approv.par habitant
Germany									**Allemagne**
Primary Energy Prod.	6 050	5 643	5 756	5 490	5 016	4 686	4 355	4 034	Prod. d'énergie primaire
Net imports	7 896	8 254	8 447	8 122	7 899	7 902	8 222	7 382	Importations nettes
Changes in stocks	-137	-184	46	-179	-16	-76	161	-231	Variations des stocks
Total supply	14 083	14 081	14 156	13 791	12 932	12 664	12 416	11 646	Approv.total
Supply per capita	174	173	174	170	158	153	149	140	Approv.par habitant
Ghana									**Ghana**
Primary Energy Prod.	* 183	187	154	168	424	615	686	704	Prod. d'énergie primaire
Net imports	* 66	79	87	120	-31	-197	-243	-200	Importations nettes
Changes in stocks	...	...	...	0	5	-8	0	13	Variations des stocks
Total supply	* 249	265	241	287	387	425	444	490	Approv.total
Supply per capita	* 14	13	11	11	13	14	14	15	Approv.par habitant
Gibraltar									**Gibraltar**
Primary Energy Prod.	...	...	...	...	...	* 0	* 0	* 0	Prod. d'énergie primaire
Net imports	5	6	7	8	9	11	13	10	Importations nettes
Changes in stocks	...	...	...	...	...	...	2	0	Variations des stocks
Total supply	4	5	6	7	9	11	11	10	Approv.total
Supply per capita	161	195	219	234	274	324	343	321	Approv.par habitant
Greece									**Grèce**
Primary Energy Prod.	389	421	434	397	357	301	252	191	Prod. d'énergie primaire
Net imports	569	725	820	749	654	624	647	660	Importations nettes
Changes in stocks	8	12	-15	-11	43	-4	-16	35	Variations des stocks
Total supply	950	1 134	1 268	1 158	967	929	915	816	Approv.total
Supply per capita	89	103	114	105	90	87	87	78	Approv.par habitant
Greenland									**Groenland**
Primary Energy Prod.	1	1	1	1	2	2	2	2	Prod. d'énergie primaire
Net imports	* 6	* 7	* 9	10	8	* 7	* 8	8	Importations nettes
Changes in stocks	* 0	* 0	* 1	1	1	* 0	* 0	* 0	Variations des stocks
Total supply	6	7	9	11	9	9	9	9	Approv.total
Supply per capita	113	126	167	187	156	165	167	167	Approv.par habitant
Grenada									**Grenade**
Primary Energy Prod.	0	0	0	0	0	0	0	0	Prod. d'énergie primaire
Net imports	* 2	* 3	3	4	4	5	5	4	Importations nettes
Changes in stocks	0	0	0	0	0	0	0	0	Variations des stocks
Total supply	2	3	3	4	4	5	5	4	Approv.total
Supply per capita	22	27	31	35	34	39	42	36	Approv.par habitant
Guadeloupe [7]									**Guadeloupe** [7]
Primary Energy Prod.	* 2	* 2	5	* 2	...	...	...	...	Prod. d'énergie primaire
Net imports	* 19	* 24	* 28	* 30	...	...	...	...	Importations nettes
Total supply	21	26	33	* 32	...	...	...	...	Approv.total
Supply per capita	51	62	83	* 81	...	...	...	...	Approv.par habitant
Guam									**Guam**
Primary Energy Prod.	...	...	...	...	0	0	0	0	Prod. d'énergie primaire
Net imports	* 0	* 0	* 0	* 0	* 0	* 0	0	0	Importations nettes
Total supply	* 0	* 0	* 0	* 0	0	0	0	0	Approv.total
Supply per capita	* 0	* 0	* 0	* 0	1	1	1	1	Approv.par habitant

23 Production, trade and supply of energy *(continued)*
Petajoules and gigajoules per capita

Production, commerce et approvisionnement d'énergie *(suite)*
pétajoules et gigajoules par habitant

Region, country or area	1995	2000	2005	2010	2015	2018	2019	2020	Région, pays ou zone
Guatemala									**Guatemala**
Primary Energy Prod.	178	229	255	279	311	343	350	360	Prod. d'énergie primaire
Net imports	* 75	75	112	110	192	200	251	198	Importations nettes
Changes in stocks	* 1	-4	6	0	24	-3	29	0	Variations des stocks
Total supply	252	307	361	388	480	547	571	558	Approv.total
Supply per capita	24	26	27	27	30	32	33	32	Approv.par habitant
Guernsey									**Guernesey**
Primary Energy Prod.	...	...	...	...	...	0	0	0	Prod. d'énergie primaire
Net imports	...	0	1	1	1	1	1	1	Importations nettes
Total supply	...	0	1	1	1	1	1	1	Approv.total
Supply per capita	...	0	17	14	13	19	12	20	Approv.par habitant
Guinea									**Guinée**
Primary Energy Prod.	110	107	109	112	116	118	118	119	Prod. d'énergie primaire
Net imports	* 16	* 21	* 26	* 36	* 37	* 54	* 64	64	Importations nettes
Changes in stocks	...	...	...	...	...	7	7	-2	Variations des stocks
Total supply	126	128	135	147	152	164	176	185	Approv.total
Supply per capita	17	15	15	14	13	13	14	14	Approv.par habitant
Guinea-Bissau									**Guinée-Bissau**
Primary Energy Prod.	18	20	22	24	25	26	26	27	Prod. d'énergie primaire
Net imports	* 3	* 3	* 4	* 4	* 4	* 4	* 5	4	Importations nettes
Total supply	21	23	25	27	30	31	31	32	Approv.total
Supply per capita	19	18	18	18	17	16	16	16	Approv.par habitant
Guyana									**Guyana**
Primary Energy Prod.	10	10	10	8	7	5	4	4	Prod. d'énergie primaire
Net imports	21	21	20	23	27	32	* 37	36	Importations nettes
Changes in stocks	-2	-3	-3	-3	0	0	* 0	1	Variations des stocks
Total supply	32	34	32	35	35	38	40	39	Approv.total
Supply per capita	42	45	42	46	46	48	51	49	Approv.par habitant
Haiti									**Haïti**
Primary Energy Prod.	94	104	115	131	139	145	147	142	Prod. d'énergie primaire
Net imports	12	24	23	29	37	47	42	35	Importations nettes
Changes in stocks	...	...	...	...	0	...	...	...	Variations des stocks
Total supply	107	128	138	159	176	192	189	177	Approv.total
Supply per capita	14	15	15	16	17	17	17	16	Approv.par habitant
Honduras									**Honduras**
Primary Energy Prod.	70	64	77	97	103	116	107	101	Prod. d'énergie primaire
Net imports	51	63	88	99	94	128	142	124	Importations nettes
Changes in stocks	1	0	2	-2	-39	4	-1	1	Variations des stocks
Total supply	120	127	164	198	237	239	251	224	Approv.total
Supply per capita	21	19	22	23	26	24	25	22	Approv.par habitant
Hungary									**Hongrie**
Primary Energy Prod.	580	485	453	495	471	465	458	449	Prod. d'énergie primaire
Net imports	513	571	727	623	561	639	769	618	Importations nettes
Changes in stocks	11	10	8	9	-21	-13	113	-32	Variations des stocks
Total supply	1 083	1 046	1 174	1 109	1 053	1 117	1 114	1 099	Approv.total
Supply per capita	105	102	117	111	107	114	114	113	Approv.par habitant
Iceland									**Islande**
Primary Energy Prod.	63	109	127	260	299	345	343	335	Prod. d'énergie primaire
Net imports	27	31	31	26	29	32	27	26	Importations nettes
Changes in stocks	0	2	1	-1	1	3	-2	-1	Variations des stocks
Total supply	90	139	158	286	327	374	372	362	Approv.total
Supply per capita	338	494	533	900	986	1 060	1 031	988	Approv.par habitant
India									**Inde**
Primary Energy Prod.	12 832	14 310	16 632	21 105	21 875	23 978	24 030	23 600	Prod. d'énergie primaire
Net imports	* 2 010	3 890	4 689	6 558	* 13 296	* 15 427	* 16 161	14 182	Importations nettes
Changes in stocks	* -41	-155	194	252	48	90	-374	-396	Variations des stocks
Total supply	14 882	18 356	21 126	27 410	35 123	39 315	40 566	38 178	Approv.total
Supply per capita	15	17	18	22	27	29	29	27	Approv.par habitant
Indonesia [8]									**Indonésie** [8]
Primary Energy Prod.	9 012	9 014	11 300	16 605	17 364	20 363	21 144	20 464	Prod. d'énergie primaire
Net imports	* -3 634	* -3 577	-4 243	-8 531	-8 658	-10 092	-10 042	-9 810	Importations nettes
Changes in stocks	159	-444	21	2	-2	76	45	309	Variations des stocks
Total supply	5 220	5 881	7 037	8 073	8 709	10 196	11 056	10 345	Approv.total
Supply per capita	26	27	31	33	34	38	41	38	Approv.par habitant
Iran (Islamic Republic of) [1]									**Iran (Rép. islamique d')** [1]
Primary Energy Prod.	9 302	11 121	13 006	14 283	13 637	17 171	14 772	13 893	Prod. d'énergie primaire
Net imports	-5 415	-5 787	-5 687	-5 634	* -3 606	-5 688	-3 470	-2 820	Importations nettes
Changes in stocks	0	-52	103	69	7	0	0	0	Variations des stocks
Total supply	3 887	5 386	7 216	8 579	10 024	11 482	11 303	11 074	Approv.total
Supply per capita	64	82	103	114	123	134	131	127	Approv.par habitant

23 Production, trade and supply of energy *(continued)*
Petajoules and gigajoules per capita

Production, commerce et approvisionnement d'énergie *(suite)*
pétajoules et gigajoules par habitant

Region, country or area	1995	2000	2005	2010	2015	2018	2019	2020	Région, pays ou zone
Iraq									**Iraq**
Primary Energy Prod.	1 265	5 482	4 147	5 274	7 565	9 952	10 283	8 916	Prod. d'énergie primaire
Net imports	-193	-4 487	-2 659	-3 848	-6 087	-7 731	-7 957	-7 013	Importations nettes
Changes in stocks	0	0	3	1	-152	27	-16	6	Variations des stocks
Total supply	1 072	995	1 485	1 424	1 629	2 194	2 342	1 896	Approv.total
Supply per capita	51	40	52	46	43	54	56	45	Approv.par habitant
Ireland									**Irlande**
Primary Energy Prod.	172	90	70	78	81	209	171	146	Prod. d'énergie primaire
Net imports	305	488	551	522	494	374	384	392	Importations nettes
Changes in stocks	28	-2	3	-8	14	3	-20	-18	Variations des stocks
Total supply	448	580	618	608	561	579	575	555	Approv.total
Supply per capita	125	154	150	134	120	120	117	112	Approv.par habitant
Isle of Man									**Île de Man**
Primary Energy Prod.	...	...	* 0	* 0	* 0	* 1	* 1	* 1	Prod. d'énergie primaire
Net imports	...	...	0	4	4	4	4	4	Importations nettes
Total supply	...	...	1	4	4	4	5	5	Approv.total
Supply per capita	...	...	9	48	49	54	59	57	Approv.par habitant
Israel									**Israël**
Primary Energy Prod.	23	27	87	162	273	333	343	495	Prod. d'énergie primaire
Net imports	628	723	690	810	656	569	583	396	Importations nettes
Changes in stocks	-1	-17	5	0	14	-25	12	6	Variations des stocks
Total supply	652	767	773	972	915	927	914	884	Approv.total
Supply per capita	119	125	115	133	114	110	106	101	Approv.par habitant
Italy [9]									**Italie [9]**
Primary Energy Prod.	1 232	1 180	1 265	1 378	1 509	1 452	1 437	1 469	Prod. d'énergie primaire
Net imports	5 439	6 195	6 463	5 967	4 860	4 819	4 839	4 251	Importations nettes
Changes in stocks	3	190	-69	68	-5	-18	55	-23	Variations des stocks
Total supply	6 668	7 183	7 797	7 277	6 374	6 289	6 221	5 743	Approv.total
Supply per capita	117	126	134	122	106	105	104	96	Approv.par habitant
Jamaica									**Jamaïque**
Primary Energy Prod.	9	11	9	8	10	* 8	8	11	Prod. d'énergie primaire
Net imports	* 118	144	140	103	108	108	105	91	Importations nettes
Changes in stocks	-3	7	1	-2	0	0	-2	0	Variations des stocks
Total supply	130	148	147	113	117	117	115	102	Approv.total
Supply per capita	52	57	55	41	42	42	41	36	Approv.par habitant
Japan [10]									**Japon [10]**
Primary Energy Prod.	4 043	4 340	4 231	4 205	1 321	2 076	2 084	1 811	Prod. d'énergie primaire
Net imports	16 737	17 507	17 737	16 800	16 756	15 921	15 375	14 160	Importations nettes
Changes in stocks	58	165	101	-11	-65	70	-22	-175	Variations des stocks
Total supply	20 722	21 682	21 867	21 015	18 143	17 928	17 481	16 145	Approv.total
Supply per capita	165	171	171	164	143	142	139	129	Approv.par habitant
Jersey									**Jersey**
Primary Energy Prod.	...	...	* 0	* 0	* 1	* 1	* 1	* 1	Prod. d'énergie primaire
Net imports	1	1	2	2	2	2	2	2	Importations nettes
Total supply	1	1	3	3	3	3	3	3	Approv.total
Supply per capita	9	17	28	28	30	29	28	27	Approv.par habitant
Jordan									**Jordanie**
Primary Energy Prod.	12	13	13	14	14	23	26	33	Prod. d'énergie primaire
Net imports	160	190	285	300	359	365	* 369	322	Importations nettes
Changes in stocks	-2	-5	7	5	4	0	1	* 8	Variations des stocks
Total supply	174	207	291	308	369	389	394	347	Approv.total
Supply per capita	39	41	51	44	39	37	37	32	Approv.par habitant
Kazakhstan									**Kazakhstan**
Primary Energy Prod.	2 663	3 368	5 131	6 770	6 812	7 338	6 984	6 650	Prod. d'énergie primaire
Net imports	-489	* -1 828	-2 766	* -3 318	* -3 611	-4 268	-3 983	-3 872	Importations nettes
Changes in stocks	...	-14	8	88	21	30	-3	20	Variations des stocks
Total supply	2 173	1 554	2 356	3 363	3 180	3 040	3 003	2 759	Approv.total
Supply per capita	132	102	151	202	178	164	160	145	Approv.par habitant
Kenya									**Kenya**
Primary Energy Prod.	420	* 487	* 580	* 650	761	* 754	* 772	* 777	Prod. d'énergie primaire
Net imports	98	141	109	137	192	219	* 235	255	Importations nettes
Changes in stocks	...	...	4	-5	0	...	...	...	Variations des stocks
Total supply	518	* 627	* 686	* 793	953	* 973	* 1 007	* 1 032	Approv.total
Supply per capita	19	* 20	* 19	* 19	20	* 19	* 20	* 20	Approv.par habitant
Kiribati									**Kiribati**
Primary Energy Prod.	* 0	1	1	* 1	* 1	* 1	* 1	* 1	Prod. d'énergie primaire
Net imports	* 0	1	1	1	* 1	* 1	* 1	1	Importations nettes
Changes in stocks	...	0	0	...	...	...	...	...	Variations des stocks
Total supply	* 1	1	1	1	1	* 2	* 2	* 2	Approv.total
Supply per capita	* 11	12	12	13	12	* 13	* 13	* 13	Approv.par habitant

23 Production, trade and supply of energy *(continued)*

Petajoules and gigajoules per capita

Production, commerce et approvisionnement d'énergie *(suite)*

pétajoules et gigajoules par habitant

Region, country or area	1995	2000	2005	2010	2015	2018	2019	2020	Région, pays ou zone
Kosovo									**Kosovo**
Primary Energy Prod.	...	46	59	78	76	76	77	80	Prod. d'énergie primaire
Net imports	...	17	23	25	29	32	35	34	Importations nettes
Changes in stocks	...	-1	0	-2	-1	0	0	1	Variations des stocks
Total supply	...	65	82	105	106	109	112	112	Approv.total
Supply per capita	...	36	45	58	60	64	67	67	Approv.par habitant
Kuwait									**Koweït**
Primary Energy Prod.	4 802	4 748	6 080	5 557	7 014	6 879	6 766	6 353	Prod. d'énergie primaire
Net imports	-3 968	-3 941	-4 915	-4 229	-5 664	-5 393	-5 175	-4 825	Importations nettes
Changes in stocks	-1	-17	31	-22	-75	-130	-72	-1	Variations des stocks
Total supply	835	824	1 133	1 350	1 424	1 615	1 663	1 530	Approv.total
Supply per capita	505	426	507	459	364	374	374	351	Approv.par habitant
Kyrgyzstan									**Kirghizistan**
Primary Energy Prod.	53	60	61	53	75	97	100	102	Prod. d'énergie primaire
Net imports	51	38	53	63	103	93	* 56	55	Importations nettes
Changes in stocks	3	-2	0	1	12	-2	-3	8	Variations des stocks
Total supply	101	101	114	115	167	192	159	150	Approv.total
Supply per capita	22	20	22	21	28	31	25	23	Approv.par habitant
Lao People's Dem. Rep.									**Rép. dém. populaire lao**
Primary Energy Prod.	56	57	64	98	162	296	276	297	Prod. d'énergie primaire
Net imports	* 7	* 1	* 5	* 3	* 7	* -55	* -34	-58	Importations nettes
Changes in stocks	...	...	...	...	...	* -10	* -4	* -7	Variations des stocks
Total supply	63	58	69	100	169	252	246	* 246	Approv.total
Supply per capita	13	11	12	16	25	35	34	* 34	Approv.par habitant
Latvia									**Lettonie**
Primary Energy Prod.	60	59	78	83	98	119	118	113	Prod. d'énergie primaire
Net imports	* 134	* 99	116	78	84	* 81	* 73	77	Importations nettes
Changes in stocks	1	-4	5	-28	3	* 8	* 3	* 10	Variations des stocks
Total supply	193	161	190	189	179	194	188	180	Approv.total
Supply per capita	75	67	85	90	90	100	98	95	Approv.par habitant
Lebanon									**Liban**
Primary Energy Prod.	8	7	10	9	8	* 8	10	10	Prod. d'énergie primaire
Net imports	166	198	197	253	* 330	* 340	* 340	325	Importations nettes
Changes in stocks	...	-1	...	...	...	...	...	* 25	Variations des stocks
Total supply	174	207	206	262	337	348	350	* 311	Approv.total
Supply per capita	44	48	44	52	53	58	61	* 55	Approv.par habitant
Lesotho									**Lesotho**
Primary Energy Prod.	22	28	25	27	* 20	* 17	* 16	* 16	Prod. d'énergie primaire
Net imports	* 19	* 20	* 22	* 25	* 26	* 28	* 29	26	Importations nettes
Total supply	41	48	47	52	* 46	* 45	* 45	* 42	Approv.total
Supply per capita	21	24	24	26	* 22	* 20	* 20	* 19	Approv.par habitant
Liberia									**Libéria**
Primary Energy Prod.	25	43	53	64	76	84	87	90	Prod. d'énergie primaire
Net imports	* 7	* 6	* 9	* 11	* 6	* 5	* 13	9	Importations nettes
Total supply	31	49	62	75	81	89	100	99	Approv.total
Supply per capita	14	17	19	19	18	18	20	19	Approv.par habitant
Libya									**Libye**
Primary Energy Prod.	3 190	3 117	4 077	4 310	1 453	2 883	3 189	1 334	Prod. d'énergie primaire
Net imports	-2 538	-2 423	-3 262	-3 354	-689	-2 169	-2 261	-656	Importations nettes
Changes in stocks	...	...	...	88	...	...	...	...	Variations des stocks
Total supply	653	695	815	869	763	714	929	679	Approv.total
Supply per capita	138	135	140	134	123	110	141	102	Approv.par habitant
Liechtenstein									**Liechtenstein**
Primary Energy Prod.	0	0	0	* 1	* 1	* 1	* 1	* 1	Prod. d'énergie primaire
Net imports	1	2	2	2	2	2	2	2	Importations nettes
Total supply	2	2	3	3	3	3	3	3	Approv.total
Supply per capita	55	65	77	92	88	89	89	87	Approv.par habitant
Lithuania									**Lituanie**
Primary Energy Prod.	160	141	168	64	76	83	83	82	Prod. d'énergie primaire
Net imports	226	169	198	231	221	232	235	231	Importations nettes
Changes in stocks	22	15	3	3	4	-1	3	3	Variations des stocks
Total supply	363	295	364	292	292	317	315	310	Approv.total
Supply per capita	97	82	108	93	99	110	111	110	Approv.par habitant
Luxembourg									**Luxembourg**
Primary Energy Prod.	2	3	4	5	6	9	10	13	Prod. d'énergie primaire
Net imports	130	140	179	173	150	156	158	133	Importations nettes
Changes in stocks	-1	2	-1	-1	-1	0	0	0	Variations des stocks
Total supply	133	142	185	178	158	165	168	145	Approv.total
Supply per capita	327	325	398	352	277	271	270	230	Approv.par habitant

23 Production, trade and supply of energy *(continued)*
Petajoules and gigajoules per capita

Production, commerce et approvisionnement d'énergie *(suite)*
pétajoules et gigajoules par habitant

Region, country or area	1995	2000	2005	2010	2015	2018	2019	2020	Région, pays ou zone
Madagascar									**Madagascar**
Primary Energy Prod.	107	* 127	* 145	* 174	* 236	306	318	* 331	Prod. d'énergie primaire
Net imports	* 17	* 27	* 24	* 23	* 42	46	57	52	Importations nettes
Changes in stocks	0	0	0	-2	1	-4	2	* 1	Variations des stocks
Total supply	125	* 155	* 169	* 200	* 277	356	374	* 381	Approv.total
Supply per capita	9	* 10	* 9	* 9	* 11	13	14	* 14	Approv.par habitant
Malawi									**Malawi**
Primary Energy Prod.	55	56	60	64	69	68	70	70	Prod. d'énergie primaire
Net imports	* 11	* 9	* 11	* 12	* 13	* 20	* 20	23	Importations nettes
Changes in stocks	...	...	...	...	0	* -2	0	* 2	Variations des stocks
Total supply	65	65	70	76	81	88	89	91	Approv.total
Supply per capita	6	6	5	5	5	5	5	5	Approv.par habitant
Malaysia [11]									**Malaisie** [11]
Primary Energy Prod.	2 791	3 082	3 770	3 450	3 749	3 957	4 090	3 837	Prod. d'énergie primaire
Net imports	* -1 069	-1 115	-1 003	* -495	-365	-107	* -228	34	Importations nettes
Changes in stocks	* 14	8	21	* -10	-41	45	* -39	* -9	Variations des stocks
Total supply	1 708	1 959	2 745	2 965	3 425	3 806	3 901	3 881	Approv.total
Supply per capita	85	85	106	103	110	117	119	117	Approv.par habitant
Maldives									**Maldives**
Primary Energy Prod.	0	0	0	0	0	0	0	0	Prod. d'énergie primaire
Net imports	* 4	* 6	* 9	* 13	* 19	* 24	* 27	23	Importations nettes
Total supply	4	6	9	13	18	25	28	24	Approv.total
Supply per capita	14	23	28	37	42	51	55	46	Approv.par habitant
Mali									**Mali**
Primary Energy Prod.	* 62	* 71	101	* 125	* 154	* 161	* 163	* 165	Prod. d'énergie primaire
Net imports	* 8	* 15	* 20	* 28	* 42	* 62	* 72	80	Importations nettes
Changes in stocks	* 0	* 0	* 1	0	* 0	* 0	0	0	Variations des stocks
Total supply	* 71	* 86	120	* 153	* 195	* 223	* 235	* 245	Approv.total
Supply per capita	* 7	* 8	9	* 10	* 11	* 11	* 11	* 12	Approv.par habitant
Malta									**Malte**
Primary Energy Prod.	...	...	0	0	1	1	1	1	Prod. d'énergie primaire
Net imports	31	28	37	35	25	26	27	26	Importations nettes
Changes in stocks	1	0	0	-1	-2	-2	-2	-1	Variations des stocks
Total supply	30	29	37	35	27	29	30	29	Approv.total
Supply per capita	78	72	91	84	59	58	60	56	Approv.par habitant
Marshall Islands									**Îles Marshall**
Primary Energy Prod.	* 0	* 0	* 0	* 0	* 0	* 0	* 0	* 0	Prod. d'énergie primaire
Net imports	* 1	* 1	* 2	* 2	* 2	* 2	* 2	2	Importations nettes
Total supply	* 1	* 2	* 2	* 2	* 2	* 2	* 2	* 2	Approv.total
Supply per capita	* 28	* 29	* 34	* 40	* 45	* 50	* 51	* 52	Approv.par habitant
Martinique [7]									**Martinique** [7]
Primary Energy Prod.	0	* 0	* 1	* 1	...	...	...	...	Prod. d'énergie primaire
Net imports	* 22	* 22	* 29	* 28	...	...	...	...	Importations nettes
Total supply	* 22	* 23	30	29	...	...	...	...	Approv.total
Supply per capita	* 53	* 53	76	75	...	...	...	...	Approv.par habitant
Mauritania									**Mauritanie**
Primary Energy Prod.	12	13	15	34	30	21	21	22	Prod. d'énergie primaire
Net imports	* 14	16	21	* 7	* 31	* 70	* 75	74	Importations nettes
Changes in stocks	...	...	0	* -5	...	* 16	* 19	* 15	Variations des stocks
Total supply	* 26	29	36	46	* 61	74	77	81	Approv.total
Supply per capita	* 11	11	12	13	* 15	17	17	18	Approv.par habitant
Mauritius									**Maurice**
Primary Energy Prod.	15	13	12	11	12	10	10	8	Prod. d'énergie primaire
Net imports	28	34	44	49	57	73	74	56	Importations nettes
Changes in stocks	2	-3	-1	-2	3	15	14	6	Variations des stocks
Total supply	41	49	57	63	67	68	69	57	Approv.total
Supply per capita	35	40	45	49	52	52	54	44	Approv.par habitant
Mayotte [7]									**Mayotte** [7]
Primary Energy Prod.	0	0	0	0	...	...	...	...	Prod. d'énergie primaire
Net imports	* 1	* 2	* 3	4	...	...	...	...	Importations nettes
Changes in stocks	...	...	...	0	...	...	...	...	Variations des stocks
Total supply	* 2	* 2	* 3	4	...	...	...	...	Approv.total
Supply per capita	* 13	* 14	* 16	20	...	...	...	...	Approv.par habitant
Mexico									**Mexique**
Primary Energy Prod.	8 540	9 600	11 031	9 403	8 031	6 733	6 328	6 284	Prod. d'énergie primaire
Net imports	-3 031	-3 196	-3 491	-1 842	-250	1 108	1 201	1 280	Importations nettes
Changes in stocks	-7	91	-19	5	-49	67	-176	77	Variations des stocks
Total supply	5 516	6 314	7 559	7 557	7 830	7 775	7 706	7 487	Approv.total
Supply per capita	61	65	72	67	65	63	62	59	Approv.par habitant

Production, trade and supply of energy *(continued)*
Petajoules and gigajoules per capita

Production, commerce et approvisionnement d'énergie *(suite)*
pétajoules et gigajoules par habitant

Region, country or area	1995	2000	2005	2010	2015	2018	2019	2020	Région, pays ou zone
Micronesia (Fed. States of)									**Micronésie (États féd. de)**
Primary Energy Prod.	* 0	0	0	0	0	0	0	0	Prod. d'énergie primaire
Net imports	* 3	* 3	* 2	* 2	3	* 3	* 3	3	Importations nettes
Total supply	3	* 3	2	2	2	* 2	* 2	* 2	Approv.total
Supply per capita	24	* 24	15	14	19	* 20	* 20	* 19	Approv.par habitant
Mongolia									**Mongolie**
Primary Energy Prod.	72	66	138	655	655	1 396	1 409	1 169	Prod. d'énergie primaire
Net imports	* 16	20	-36	-450	-365	-866	* -867	-741	Importations nettes
Changes in stocks	...	...	-1	41	17	12	* 2	* 0	Variations des stocks
Total supply	88	86	103	164	273	518	541	428	Approv.total
Supply per capita	38	35	40	61	92	164	167	130	Approv.par habitant
Montenegro									**Monténégro**
Primary Energy Prod.	...	...	25	35	30	31	32	31	Prod. d'énergie primaire
Net imports	...	...	16	14	12	13	14	12	Importations nettes
Changes in stocks	...	...	...	...	0	-1	-1	-1	Variations des stocks
Total supply	...	...	42	48	42	45	47	44	Approv.total
Supply per capita	...	...	66	76	67	71	74	70	Approv.par habitant
Montserrat									**Montserrat**
Primary Energy Prod.	...	...	...	...	...	...	0	0	Prod. d'énergie primaire
Net imports	* 1	* 0	* 1	* 1	* 1	* 0	* 0	0	Importations nettes
Changes in stocks	...	...	...	...	0	...	...	...	Variations des stocks
Total supply	* 0	* 0	1	1	1	0	0	0	Approv.total
Supply per capita	* 58	* 76	121	167	146	96	78	77	Approv.par habitant
Morocco									**Maroc**
Primary Energy Prod.	83	73	74	84	62	98	104	100	Prod. d'énergie primaire
Net imports	* 351	* 402	* 530	* 687	752	797	822	783	Importations nettes
Changes in stocks	10	-2	0	10	15	17	-19	-9	Variations des stocks
Total supply	423	478	606	762	799	878	944	892	Approv.total
Supply per capita	16	17	20	23	23	24	26	24	Approv.par habitant
Mozambique									**Mozambique**
Primary Energy Prod.	248	302	429	397	716	968	835	746	Prod. d'énergie primaire
Net imports	16	-10	-64	-88	* -218	-495	-373	-284	Importations nettes
Changes in stocks	-1	0	-1	0	* 43	14	-2	9	Variations des stocks
Total supply	264	293	365	309	455	458	463	453	Approv.total
Supply per capita	17	16	18	13	17	16	15	15	Approv.par habitant
Myanmar									**Myanmar**
Primary Energy Prod.	461	646	924	967	1 177	1 149	1 214	1 147	Prod. d'énergie primaire
Net imports	27	-111	-308	-305	-298	-172	-249	-190	Importations nettes
Changes in stocks	-7	-3	1	2	32	-5	...	0	Variations des stocks
Total supply	495	538	616	660	847	981	965	957	Approv.total
Supply per capita	12	12	13	13	16	19	18	18	Approv.par habitant
Namibia									**Namibie**
Primary Energy Prod.	14	16	17	17	21	22	25	29	Prod. d'énergie primaire
Net imports	24	24	37	44	57	61	59	49	Importations nettes
Changes in stocks	...	...	...	0	...	0	0	...	Variations des stocks
Total supply	38	39	54	63	78	84	84	77	Approv.total
Supply per capita	24	22	27	30	34	35	34	31	Approv.par habitant
Nauru									**Nauru**
Primary Energy Prod.	...	...	...	0	0	0	0	0	Prod. d'énergie primaire
Net imports	* 2	* 2	* 1	* 1	* 1	* 1	* 1	1	Importations nettes
Changes in stocks	...	...	...	* 0	0	...	...	...	Variations des stocks
Total supply	* 1	* 1	* 1	1	* 1	* 1	* 1	* 1	Approv.total
Supply per capita	* 143	* 115	* 82	57	* 68	* 63	* 61	* 61	Approv.par habitant
Nepal									**Népal**
Primary Energy Prod.	271	310	349	384	424	445	457	465	Prod. d'énergie primaire
Net imports	28	39	39	62	78	164	143	169	Importations nettes
Changes in stocks	-1	...	...	...	0	...	...	...	Variations des stocks
Total supply	299	349	388	446	502	609	600	634	Approv.total
Supply per capita	13	14	15	16	18	21	21	22	Approv.par habitant
Netherlands (Kingdom of the) [12]									**Pays-Bas (Royaume des)** [12]
Primary Energy Prod.	2 800	2 447	2 613	2 979	2 012	1 528	1 376	1 136	Prod. d'énergie primaire
Net imports	171	757	740	451	1 118	1 554	1 696	1 787	Importations nettes
Changes in stocks	-72	98	38	-13	132	44	100	40	Variations des stocks
Total supply	3 042	3 106	3 316	3 443	2 997	3 037	2 972	2 884	Approv.total
Supply per capita	197	195	204	207	176	176	171	165	Approv.par habitant
Netherlands Antilles [former]									**Antilles néerlandaises [anc.]**
Primary Energy Prod.	0	0	0	0	...	...	...	...	Prod. d'énergie primaire
Net imports	* 94	83	84	68	...	...	...	...	Importations nettes
Total supply	* 95	83	84	69	...	...	...	...	Approv.total
Supply per capita	* 486	449	430	326	...	...	...	...	Approv.par habitant

23 Production, trade and supply of energy *(continued)*
Petajoules and gigajoules per capita

Production, commerce et approvisionnement d'énergie *(suite)*
pétajoules et gigajoules par habitant

Region, country or area	1995	2000	2005	2010	2015	2018	2019	2020	Région, pays ou zone
New Caledonia									**Nouvelle-Calédonie**
Primary Energy Prod.	1	2	1	1	2	2	2	2	Prod. d'énergie primaire
Net imports	* 26	* 28	* 36	* 47	61	71	67	64	Importations nettes
Changes in stocks	...	...	...	2	1	1	-1	3	Variations des stocks
Total supply	27	30	37	46	61	72	69	63	Approv.total
Supply per capita	134	136	154	177	217	252	243	220	Approv.par habitant
New Zealand									**Nouvelle-Zélande**
Primary Energy Prod.	556	629	569	773	790	738	751	727	Prod. d'énergie primaire
Net imports	91	105	166	78	157	203	204	214	Importations nettes
Changes in stocks	-4	-12	-8	12	-17	8	-14	7	Variations des stocks
Total supply	650	747	744	838	964	933	970	935	Approv.total
Supply per capita	177	194	180	193	210	193	196	185	Approv.par habitant
Nicaragua									**Nicaragua**
Primary Energy Prod.	68	56	61	69	88	97	96	94	Prod. d'énergie primaire
Net imports	37	49	57	56	72	* 70	74	68	Importations nettes
Changes in stocks	0	-1	0	-3	-1	* -1	2	0	Variations des stocks
Total supply	104	106	118	128	161	167	168	162	Approv.total
Supply per capita	22	21	22	22	26	25	25	24	Approv.par habitant
Niger									**Niger**
Primary Energy Prod.	65	74	* 70	56	100	* 106	* 113	* 115	Prod. d'énergie primaire
Net imports	* 5	* 7	* 7	13	* -4	* -10	* 0	-1	Importations nettes
Changes in stocks	0	0	0	0	0	* 2	6	...	Variations des stocks
Total supply	70	81	* 77	70	95	* 94	* 107	* 114	Approv.total
Supply per capita	7	7	* 6	4	5	* 4	* 5	* 5	Approv.par habitant
Nigeria									**Nigéria**
Primary Energy Prod.	6 856	8 247	9 734	10 591	10 636	10 502	10 818	9 932	Prod. d'énergie primaire
Net imports	-3 804	-4 595	-5 344	-5 283	-4 701	-4 382	-4 210	-3 232	Importations nettes
Changes in stocks	...	10	-10	-17	-88	-99	0	62	Variations des stocks
Total supply	3 052	3 642	4 401	5 325	6 023	6 220	6 608	6 639	Approv.total
Supply per capita	28	30	31	33	33	31	33	32	Approv.par habitant
Niue									**Nioué**
Primary Energy Prod.	0	0	0	0	0	* 0	* 0	* 0	Prod. d'énergie primaire
Net imports	* 0	* 0	* 0	0	0	* 0	* 0	0	Importations nettes
Total supply	* 0	* 0	0	0	0	* 0	* 0	* 0	Approv.total
Supply per capita	* 32	* 38	39	47	56	* 54	* 56	* 55	Approv.par habitant
North Macedonia									**Macédoine du Nord**
Primary Energy Prod.	66	64	66	68	58	52	52	50	Prod. d'énergie primaire
Net imports	43	48	52	53	58	63	69	69	Importations nettes
Changes in stocks	5	-3	-2	-1	0	2	-1	1	Variations des stocks
Total supply	104	113	119	121	116	113	123	117	Approv.total
Supply per capita	53	56	57	58	55	53	58	55	Approv.par habitant
Northern Mariana Islands									**Îles Mariannes du Nord**
Primary Energy Prod.	...	...	...	...	...	...	...	* 0	Prod. d'énergie primaire
Net imports	* 6	* 7	* 7	* 7	* 8	* 8	* 8	6	Importations nettes
Total supply	* 6	* 7	* 7	* 7	* 8	* 8	* 8	* 5	Approv.total
Supply per capita	* 116	* 83	* 95	* 138	* 151	* 151	* 154	* 110	Approv.par habitant
Norway [13]									**Norvège** [13]
Primary Energy Prod.	7 746	9 547	9 714	8 727	8 814	8 650	8 151	8 727	Prod. d'énergie primaire
Net imports	-6 745	-8 439	-8 484	-7 367	-7 571	-7 389	-7 038	-7 551	Importations nettes
Changes in stocks	21	16	15	-5	6	23	-35	37	Variations des stocks
Total supply	981	1 092	1 215	1 365	1 237	1 238	1 148	1 139	Approv.total
Supply per capita	225	243	263	279	238	233	215	212	Approv.par habitant
Oman									**Oman**
Primary Energy Prod.	1 931	2 359	2 356	2 793	3 228	3 446	3 407	3 341	Prod. d'énergie primaire
Net imports	* -1 710	-2 079	-1 912	* -1 975	* -2 126	* -2 302	* -2 391	-2 214	Importations nettes
Changes in stocks	-15	-38	0	-7	3	0	0	...	Variations des stocks
Total supply	236	319	445	825	1 100	1 143	1 015	1 127	Approv.total
Supply per capita	109	136	177	286	262	248	221	248	Approv.par habitant
Other non-specified areas									**Autres zones non-spécifiées**
Primary Energy Prod.	458	498	530	549	502	412	475	465	Prod. d'énergie primaire
Net imports	2 265	3 077	3 744	4 069	4 183	4 196	4 100	4 065	Importations nettes
Changes in stocks	111	65	43	-6	19	-28	19	69	Variations des stocks
Total supply	2 612	3 510	4 231	4 624	4 666	4 635	4 558	4 460	Approv.total
Supply per capita	122	158	186	200	198	195	192	187	Approv.par habitant
Pakistan									**Pakistan**
Primary Energy Prod.	* 1 653	* 1 758	2 342	2 252	2 302	2 350	2 366	2 220	Prod. d'énergie primaire
Net imports	529	680	633	843	1 025	* 1 483	* 1 483	1 432	Importations nettes
Changes in stocks	...	0	10	2	13	0	...	-33	Variations des stocks
Total supply	2 182	2 437	2 964	3 092	3 314	3 834	3 849	3 685	Approv.total
Supply per capita	16	16	17	16	16	17	17	16	Approv.par habitant

Production, trade and supply of energy *(continued)*
Petajoules and gigajoules per capita

Production, commerce et approvisionnement d'énergie *(suite)*
pétajoules et gigajoules par habitant

Region, country or area	1995	2000	2005	2010	2015	2018	2019	2020	Région, pays ou zone
Palau									**Palaos**
Primary Energy Prod.	...	...	...	...	0	* 0	* 0	* 0	Prod. d'énergie primaire
Net imports	* 2	* 3	* 3	* 3	* 3	* 3	* 3	3	Importations nettes
Total supply	* 3	* 3	* 3	3	* 3	* 3	* 3	* 3	Approv.total
Supply per capita	* 159	* 147	* 157	156	* 159	* 167	* 171	* 164	Approv.par habitant
Panama [14]									**Panama** [14]
Primary Energy Prod.	22	28	32	26	36	44	34	41	Prod. d'énergie primaire
Net imports	49	75	89	98	113	141	175	118	Importations nettes
Changes in stocks	1	-1	0	-20	-21	-1	0	-15	Variations des stocks
Total supply	71	105	122	144	171	186	210	174	Approv.total
Supply per capita	26	35	37	40	43	45	50	41	Approv.par habitant
Papua New Guinea									**Papouasie-Nvl-Guinée**
Primary Energy Prod.	263	220	174	95	543	530	580	596	Prod. d'énergie primaire
Net imports	* -171	* -121	* -48	* 47	* -362	-334	* -381	-394	Importations nettes
Changes in stocks	* 3	* 0	0	2	1	2	0	1	Variations des stocks
Total supply	89	99	126	141	181	193	198	200	Approv.total
Supply per capita	19	18	19	19	21	21	21	21	Approv.par habitant
Paraguay									**Paraguay**
Primary Energy Prod.	207	298	306	352	350	346	309	293	Prod. d'énergie primaire
Net imports	-80	-122	-109	-98	-68	-37	-4	0	Importations nettes
Changes in stocks	-4	2	-1	-4	0	1	0	2	Variations des stocks
Total supply	131	175	198	258	281	307	304	292	Approv.total
Supply per capita	29	34	36	45	45	48	47	44	Approv.par habitant
Peru									**Pérou**
Primary Energy Prod.	414	391	455	810	953	935	980	890	Prod. d'énergie primaire
Net imports	73	130	108	-15	-29	37	37	-16	Importations nettes
Changes in stocks	23	7	-3	-13	19	-47	-43	-9	Variations des stocks
Total supply	464	514	565	808	904	1 019	1 061	882	Approv.total
Supply per capita	19	19	20	28	29	32	32	26	Approv.par habitant
Philippines									**Philippines**
Primary Energy Prod.	* 581	746	818	999	1 092	1 223	1 274	1 229	Prod. d'énergie primaire
Net imports	759	860	* 697	718	1 066	1 334	1 212	1 141	Importations nettes
Changes in stocks	28	4	-10	11	14	60	-36	-11	Variations des stocks
Total supply	1 312	1 603	1 525	1 706	2 143	2 498	2 520	2 381	Approv.total
Supply per capita	19	21	18	18	21	23	23	21	Approv.par habitant
Poland									**Pologne**
Primary Energy Prod.	4 162	3 319	3 281	2 809	2 843	2 741	2 601	2 423	Prod. d'énergie primaire
Net imports	50	441	692	1 355	1 192	1 948	1 983	1 824	Importations nettes
Changes in stocks	-36	-24	82	-93	32	109	172	-37	Variations des stocks
Total supply	4 249	3 784	3 891	4 256	4 004	4 580	4 412	4 285	Approv.total
Supply per capita	111	98	101	110	104	119	115	112	Approv.par habitant
Portugal [15]									**Portugal** [15]
Primary Energy Prod.	139	161	151	242	222	244	245	254	Prod. d'énergie primaire
Net imports	719	870	974	726	703	693	666	552	Importations nettes
Changes in stocks	12	0	16	-15	7	19	2	-42	Variations des stocks
Total supply	846	1 031	1 109	983	918	919	910	848	Approv.total
Supply per capita	84	100	105	93	89	89	88	82	Approv.par habitant
Puerto Rico									**Porto Rico**
Primary Energy Prod.	0	0	1	1	1	1	2	2	Prod. d'énergie primaire
Net imports	...	12	24	27	55	60	68	48	Importations nettes
Total supply	0	13	24	28	56	61	70	50	Approv.total
Supply per capita	0	3	6	7	16	18	21	15	Approv.par habitant
Qatar									**Qatar**
Primary Energy Prod.	1 364	2 449	3 718	7 428	9 402	9 297	9 363	9 216	Prod. d'énergie primaire
Net imports	-817	-1 929	-2 991	-6 261	-7 751	-7 657	-7 640	-7 430	Importations nettes
Changes in stocks	0	-56	-1	3	104	13	0	33	Variations des stocks
Total supply	547	576	728	1 165	1 546	1 627	1 723	1 753	Approv.total
Supply per capita	1 061	892	858	680	640	588	614	635	Approv.par habitant
Republic of Korea									**République de Corée**
Primary Energy Prod.	878	1 428	1 781	1 863	2 123	1 862	1 989	2 169	Prod. d'énergie primaire
Net imports	5 358	6 555	6 863	8 752	9 371	9 989	9 783	9 299	Importations nettes
Changes in stocks	115	71	-179	117	68	37	37	-81	Variations des stocks
Total supply	6 121	7 912	8 822	10 498	11 426	11 815	11 735	11 549	Approv.total
Supply per capita	135	169	184	215	224	229	227	223	Approv.par habitant
Republic of Moldova [16]									**République de Moldova** [16]
Primary Energy Prod.	4	3	4	8	28	35	30	29	Prod. d'énergie primaire
Net imports	* 184	* 64	* 85	80	81	91	90	87	Importations nettes
Changes in stocks	2	0	0	-2	0	0	0	1	Variations des stocks
Total supply	186	66	89	91	109	126	119	115	Approv.total
Supply per capita	42	16	22	25	33	40	38	37	Approv.par habitant

23 Production, trade and supply of energy *(continued)*
Petajoules and gigajoules per capita

Production, commerce et approvisionnement d'énergie *(suite)*
pétajoules et gigajoules par habitant

Region, country or area	1995	2000	2005	2010	2015	2018	2019	2020	Région, pays ou zone
Réunion [7]									**Réunion** [7]
Primary Energy Prod.	9	7	7	8	...	...	...	...	Prod. d'énergie primaire
Net imports	* 23	* 36	* 44	* 50	...	...	...	...	Importations nettes
Changes in stocks	0	1	1	0	...	...	...	...	Variations des stocks
Total supply	31	42	49	58	...	...	...	...	Approv.total
Supply per capita	43	54	59	65	...	...	...	...	Approv.par habitant
Romania									**Roumanie**
Primary Energy Prod.	1 335	1 194	1 173	1 155	1 116	1 053	1 031	941	Prod. d'énergie primaire
Net imports	591	331	446	311	217	342	421	382	Importations nettes
Changes in stocks	2	-8	-7	-7	-7	-16	55	-32	Variations des stocks
Total supply	1 925	1 532	1 626	1 474	1 341	1 411	1 397	1 355	Approv.total
Supply per capita	85	70	77	72	67	72	72	70	Approv.par habitant
Russian Federation									**Fédération de Russie**
Primary Energy Prod.	40 589	41 030	50 506	53 679	56 024	62 422	64 239	60 041	Prod. d'énergie primaire
Net imports	-13 397	-14 842	-22 870	-24 601	* -27 007	* -29 521	* -32 178	-28 849	Importations nettes
Changes in stocks	472	195	298	147	75	-325	461	-260	Variations des stocks
Total supply	26 720	25 994	27 338	28 932	28 943	33 226	31 599	31 453	Approv.total
Supply per capita	180	177	190	202	200	228	217	216	Approv.par habitant
Rwanda									**Rwanda**
Primary Energy Prod.	48	46	63	76	* 86	* 88	* 88	* 89	Prod. d'énergie primaire
Net imports	* 7	* 8	* 7	* 8	* 13	* 16	* 24	16	Importations nettes
Changes in stocks	...	...	0	...	...	* 0	* 7	...	Variations des stocks
Total supply	54	54	71	84	* 98	* 103	* 105	* 105	Approv.total
Supply per capita	10	7	8	8	* 8	* 8	* 8	* 8	Approv.par habitant
Saint Helena									**Sainte-Hélène**
Primary Energy Prod.	0	0	0	0	0	0	0	0	Prod. d'énergie primaire
Net imports	* 0	0	0	0	0	0	0	* 0	Importations nettes
Total supply	* 0	0	0	0	0	0	0	* 0	Approv.total
Supply per capita	* 29	30	28	30	29	35	38	* 45	Approv.par habitant
Saint Kitts and Nevis									**Saint-Kitts-et-Nevis**
Primary Energy Prod.	1	1	1	0	0	0	0	0	Prod. d'énergie primaire
Net imports	* 2	* 3	* 3	3	* 4	* 4	* 4	4	Importations nettes
Total supply	* 2	* 3	* 3	3	* 3	* 4	* 4	* 3	Approv.total
Supply per capita	* 57	* 64	* 71	67	* 70	* 74	* 75	* 70	Approv.par habitant
Saint Lucia									**Sainte-Lucie**
Primary Energy Prod.	* 1	* 1	* 1	* 1	* 1	* 1	* 1	* 1	Prod. d'énergie primaire
Net imports	* 4	* 5	* 6	7	7	8	* 8	7	Importations nettes
Total supply	* 5	6	7	8	8	8	8	* 8	Approv.total
Supply per capita	* 35	39	41	46	43	45	44	* 42	Approv.par habitant
Saint Pierre and Miquelon									**Saint-Pierre-et-Miquelon**
Primary Energy Prod.	...	* 0	0	0	0	0	0	0	Prod. d'énergie primaire
Net imports	1	* 1	* 1	* 1	* 1	* 1	* 1	1	Importations nettes
Total supply	1	* 1	* 1	* 1	* 1	* 1	* 1	* 1	Approv.total
Supply per capita	161	* 124	* 145	* 151	* 153	* 143	* 156	* 148	Approv.par habitant
Saint Vincent & Grenadines									**Saint-Vincent-Grenadines**
Primary Energy Prod.	0	0	0	0	0	0	0	0	Prod. d'énergie primaire
Net imports	* 2	2	* 3	* 3	* 3	* 4	* 3	3	Importations nettes
Changes in stocks	...	...	...	0	* 0	* 0	* 0	* 0	Variations des stocks
Total supply	* 2	2	* 3	3	4	4	3	4	Approv.total
Supply per capita	* 18	20	* 30	31	33	35	33	35	Approv.par habitant
Samoa									**Samoa**
Primary Energy Prod.	* 2	2	2	2	2	* 2	* 2	* 2	Prod. d'énergie primaire
Net imports	* 2	* 3	* 3	* 2	* 3	* 3	* 4	4	Importations nettes
Changes in stocks	...	* 0	* 0	* 0	* 0	* 0	* 0	* 0	Variations des stocks
Total supply	* 4	4	4	4	5	5	6	* 5	Approv.total
Supply per capita	* 21	24	23	22	25	25	27	* 24	Approv.par habitant
Sao Tome and Principe									**Sao Tomé-et-Principe**
Primary Energy Prod.	1	1	1	1	1	1	1	1	Prod. d'énergie primaire
Net imports	* 1	* 1	* 1	2	* 2	* 2	* 2	2	Importations nettes
Total supply	1	* 2	* 2	3	3	3	3	* 3	Approv.total
Supply per capita	11	* 11	* 13	14	15	14	15	* 14	Approv.par habitant
Saudi Arabia									**Arabie saoudite**
Primary Energy Prod.	19 932	20 284	24 162	22 115	27 723	28 569	27 418	25 618	Prod. d'énergie primaire
Net imports	-16 073	-15 797	-18 116	-14 727	-17 294	* -18 023	* -17 020	-16 235	Importations nettes
Changes in stocks	-22	0	0	-319	121	* -210	* -329	-62	Variations des stocks
Total supply	3 881	4 487	6 047	7 707	10 307	10 756	10 728	9 445	Approv.total
Supply per capita	205	208	248	262	315	307	299	262	Approv.par habitant

23 Production, trade and supply of energy *(continued)*

Petajoules and gigajoules per capita

Production, commerce et approvisionnement d'énergie *(suite)*

pétajoules et gigajoules par habitant

Region, country or area	1995	2000	2005	2010	2015	2018	2019	2020	Région, pays ou zone
Senegal									**Sénégal**
Primary Energy Prod.	44	50	52	86	69	69	75	86	Prod. d'énergie primaire
Net imports	* 43	* 47	65	74	104	* 125	* 134	106	Importations nettes
Changes in stocks	0	1	3	2	-4	* 4	-1	-3	Variations des stocks
Total supply	* 87	97	114	160	178	191	209	195	Approv.total
Supply per capita	* 10	10	10	13	12	12	13	12	Approv.par habitant
Serbia [17]									**Serbie [17]**
Primary Energy Prod.	...	...	428	440	449	418	426	458	Prod. d'énergie primaire
Net imports	...	...	243	212	164	212	217	192	Importations nettes
Changes in stocks	...	...	2	4	1	-5	11	-8	Variations des stocks
Total supply	...	...	669	648	612	635	633	657	Approv.total
Supply per capita	...	...	85	85	81	85	86	89	Approv.par habitant
Serbia and Monten. [former]									**Serbie-et-Monténégro [anc.]**
Primary Energy Prod.	497	479	...	...	...	...	...	...	Prod. d'énergie primaire
Net imports	* 25	77	...	...	...	...	...	...	Importations nettes
Total supply	522	556	...	...	...	...	...	...	Approv.total
Supply per capita	49	65	...	...	...	...	...	...	Approv.par habitant
Seychelles									**Seychelles**
Primary Energy Prod.	0	0	0	0	0	0	0	0	Prod. d'énergie primaire
Net imports	* 4	* 5	* 5	* 6	* 6	* 9	* 8	9	Importations nettes
Changes in stocks	* 0	* 0	...	* 0	0	0	0	* 1	Variations des stocks
Total supply	* 3	4	5	6	7	8	8	* 8	Approv.total
Supply per capita	* 39	56	62	66	70	81	79	* 80	Approv.par habitant
Sierra Leone									**Sierra Leone**
Primary Energy Prod.	42	49	50	52	54	55	56	56	Prod. d'énergie primaire
Net imports	* 3	* 4	* 6	* 8	* 15	* 15	* 17	19	Importations nettes
Changes in stocks	...	* 0	...	...	* -1	* 0	* 2	* 4	Variations des stocks
Total supply	45	53	56	60	69	70	70	71	Approv.total
Supply per capita	11	12	10	9	9	9	9	9	Approv.par habitant
Singapore									**Singapour**
Primary Energy Prod.	5	5	9	25	26	26	27	26	Prod. d'énergie primaire
Net imports	641	783	* 887	* 835	* 1 231	* 1 038	* 811	1 117	Importations nettes
Changes in stocks	2	27	-31	-23	41	-31	-8	7	Variations des stocks
Total supply	645	761	926	883	1 217	1 095	846	1 135	Approv.total
Supply per capita	182	188	213	171	215	188	144	192	Approv.par habitant
Sint Maarten (Dutch part)									**St-Martin (partie néerland.)**
Net imports	...	...	...	...	* 12	* 10	* 11	10	Importations nettes
Total supply	...	...	...	...	* 12	* 11	* 11	* 10	Approv.total
Supply per capita	...	...	...	...	* 289	* 255	* 252	* 238	Approv.par habitant
Slovakia									**Slovaquie**
Primary Energy Prod.	210	263	265	250	265	256	287	280	Prod. d'énergie primaire
Net imports	510	481	514	473	405	452	494	386	Importations nettes
Changes in stocks	-22	4	4	-12	-4	-8	75	-18	Variations des stocks
Total supply	742	740	777	736	675	716	705	683	Approv.total
Supply per capita	139	138	144	136	124	132	129	125	Approv.par habitant
Slovenia									**Slovénie**
Primary Energy Prod.	124	134	156	158	143	147	145	151	Prod. d'énergie primaire
Net imports	129	141	160	149	133	142	143	120	Importations nettes
Changes in stocks	-1	2	0	0	0	-1	2	0	Variations des stocks
Total supply	254	274	315	307	276	290	286	270	Approv.total
Supply per capita	128	138	157	149	133	138	135	127	Approv.par habitant
Solomon Islands									**Îles Salomon**
Primary Energy Prod.	* 3	* 3	* 3	* 3	* 3	* 3	* 3	* 3	Prod. d'énergie primaire
Net imports	* 3	* 4	* 4	* 5	* 5	* 5	* 5	5	Importations nettes
Total supply	* 6	* 6	* 7	* 8	8	* 8	* 8	* 8	Approv.total
Supply per capita	* 16	* 15	* 15	* 15	12	* 11	* 11	* 11	Approv.par habitant
Somalia									**Somalie**
Primary Energy Prod.	69	85	103	124	129	143	147	151	Prod. d'énergie primaire
Net imports	* 8	* 5	* 4	* 1	* 9	* 9	* 9	8	Importations nettes
Total supply	77	90	107	126	138	152	156	159	Approv.total
Supply per capita	11	10	10	10	10	10	10	10	Approv.par habitant
South Africa									**Afrique du Sud**
Primary Energy Prod.	5 647	6 023	6 359	6 617	6 442	6 507	6 601	6 313	Prod. d'énergie primaire
Net imports	-1 017	-1 171	-1 188	-750	-827	-919	-674	-819	Importations nettes
Changes in stocks	-68	-41	0	0	...	36	56	-15	Variations des stocks
Total supply	4 698	4 892	5 171	5 867	5 614	5 553	5 871	5 510	Approv.total
Supply per capita	107	104	105	113	100	97	101	94	Approv.par habitant

23 Production, trade and supply of energy *(continued)*
Petajoules and gigajoules per capita

Production, commerce et approvisionnement d'énergie *(suite)*
pétajoules et gigajoules par habitant

Region, country or area	1995	2000	2005	2010	2015	2018	2019	2020	Région, pays ou zone
South Sudan									**Soudan du sud**
Primary Energy Prod.	...	...	...	...	321	313	372	358	Prod. d'énergie primaire
Net imports	...	...	...	...	-286	-280	-339	-326	Importations nettes
Total supply	...	...	...	...	35	32	33	32	Approv.total
Supply per capita	...	...	...	...	3	3	3	3	Approv.par habitant
Spain [18]									**Espagne [18]**
Primary Energy Prod.	1 313	1 314	1 256	1 418	1 372	1 374	1 375	1 407	Prod. d'énergie primaire
Net imports	2 968	3 811	4 737	3 989	3 496	3 739	3 706	3 024	Importations nettes
Changes in stocks	69	52	78	73	-40	-58	51	-98	Variations des stocks
Total supply	4 211	5 073	5 914	5 334	4 909	5 171	5 030	4 528	Approv.total
Supply per capita	106	125	135	115	106	111	107	96	Approv.par habitant
Sri Lanka									**Sri Lanka**
Primary Energy Prod.	146	156	163	163	159	153	150	* 151	Prod. d'énergie primaire
Net imports	80	144	161	170	215	252	266	252	Importations nettes
Changes in stocks	-1	4	1	-7	-36	-3	1	-5	Variations des stocks
Total supply	225	296	324	339	409	408	417	408	Approv.total
Supply per capita	12	16	16	16	19	19	19	19	Approv.par habitant
State of Palestine									**État de Palestine**
Primary Energy Prod.	* 5	* 5	8	9	9	8	10	9	Prod. d'énergie primaire
Net imports	* 18	33	49	45	63	65	71	72	Importations nettes
Changes in stocks	...	...	0	0	0	0	...	...	Variations des stocks
Total supply	* 22	38	58	54	72	74	80	82	Approv.total
Supply per capita	* 8	12	16	13	16	15	16	16	Approv.par habitant
Sudan									**Soudan**
Primary Energy Prod.	...	...	...	...	461	403	408	405	Prod. d'énergie primaire
Net imports	...	...	...	...	* 41	* 134	* 162	114	Importations nettes
Changes in stocks	...	...	...	...	...	-2	...	...	Variations des stocks
Total supply	...	...	...	...	503	538	* 570	520	Approv.total
Supply per capita	...	...	...	...	13	13	* 13	12	Approv.par habitant
Sudan [former]									**Soudan [anc.]**
Primary Energy Prod.	448	851	1 145	1 473	...	...	...	...	Prod. d'énergie primaire
Net imports	* 59	-287	-480	-762	...	...	...	...	Importations nettes
Changes in stocks	1	8	12	...	...	...	...	...	Variations des stocks
Total supply	506	556	654	711	...	...	...	...	Approv.total
Supply per capita	18	17	18	16	...	...	...	...	Approv.par habitant
Suriname									**Suriname**
Primary Energy Prod.	17	33	32	43	45	44	44	43	Prod. d'énergie primaire
Net imports	* 16	* 1	* -4	* -4	* -2	* -9	* -2	3	Importations nettes
Changes in stocks	0	...	...	0	0	0	0	0	Variations des stocks
Total supply	34	36	26	40	43	35	43	45	Approv.total
Supply per capita	78	74	51	73	75	60	71	74	Approv.par habitant
Sweden									**Suède**
Primary Energy Prod.	1 312	1 257	1 414	1 343	1 398	1 502	1 513	1 411	Prod. d'énergie primaire
Net imports	745	720	741	721	506	524	527	547	Importations nettes
Changes in stocks	-29	9	32	-33	70	-37	32	131	Variations des stocks
Total supply	2 086	1 968	2 123	2 099	1 834	2 063	2 008	1 827	Approv.total
Supply per capita	238	222	235	224	186	203	196	176	Approv.par habitant
Switzerland									**Suisse**
Primary Energy Prod.	464	496	452	516	495	518	544	519	Prod. d'énergie primaire
Net imports	525	529	635	569	503	460	487	460	Importations nettes
Changes in stocks	-14	-18	6	-2	-15	-19	8	8	Variations des stocks
Total supply	1 004	1 042	1 080	1 086	1 013	997	1 023	971	Approv.total
Supply per capita	143	145	145	139	122	117	119	112	Approv.par habitant
Syrian Arab Republic									**République arabe syrienne**
Primary Energy Prod.	1 403	1 418	1 171	1 165	197	169	186	191	Prod. d'énergie primaire
Net imports	* -813	-690	-431	-233	228	299	221	177	Importations nettes
Changes in stocks	* 5	...	1	20	...	...	...	...	Variations des stocks
Total supply	585	729	741	911	424	469	408	368	Approv.total
Supply per capita	41	45	40	41	22	24	20	18	Approv.par habitant
Tajikistan									**Tadjikistan**
Primary Energy Prod.	106	103	115	115	* 131	* 153	157	155	Prod. d'énergie primaire
Net imports	40	38	33	29	35	35	40	50	Importations nettes
Total supply	146	141	148	143	167	187	198	205	Approv.total
Supply per capita	25	22	21	19	20	20	21	21	Approv.par habitant
Thailand									**Thaïlande**
Primary Energy Prod.	1 322	1 697	2 130	2 928	3 131	3 023	3 119	2 598	Prod. d'énergie primaire
Net imports	* 1 289	* 1 308	* 1 869	* 2 027	2 509	2 778	2 690	2 781	Importations nettes
Changes in stocks	-10	* -40	-35	47	-28	165	34	137	Variations des stocks
Total supply	2 620	3 046	4 035	4 907	5 668	5 636	5 776	5 243	Approv.total
Supply per capita	44	48	61	72	81	79	81	73	Approv.par habitant

23	Production, trade and supply of energy *(continued)* Petajoules and gigajoules per capita Production, commerce et approvisionnement d'énergie *(suite)* pétajoules et gigajoules par habitant

Region, country or area	1995	2000	2005	2010	2015	2018	2019	2020	Région, pays ou zone
Timor-Leste									**Timor-Leste**
Primary Energy Prod.	...	...	146	318	281	215	206	197	Prod. d'énergie primaire
Net imports	...	...	* -141	* -313	* -274	* -206	* -196	-187	Importations nettes
Total supply	...	...	4	5	7	8	10	9	Approv.total
Supply per capita	...	...	4	4	6	7	8	7	Approv.par habitant
Togo									**Togo**
Primary Energy Prod.	57	74	84	99	112	114	119	126	Prod. d'énergie primaire
Net imports	* 15	* 16	15	29	18	22	25	25	Importations nettes
Changes in stocks	0	0	-1	-2	-1	-1	0	0	Variations des stocks
Total supply	71	89	99	130	131	138	143	151	Approv.total
Supply per capita	17	18	17	20	17	17	17	18	Approv.par habitant
Tonga									**Tonga**
Primary Energy Prod.	0	0	0	0	0	0	0	0	Prod. d'énergie primaire
Net imports	1	1	* 2	* 2	* 2	* 2	* 2	2	Importations nettes
Changes in stocks	...	...	...	...	* 0	* 0	* 0	* -1	Variations des stocks
Total supply	1	1	* 2	2	2	2	2	3	Approv.total
Supply per capita	14	14	* 16	16	15	18	22	25	Approv.par habitant
Trinidad and Tobago									**Trinité-et-Tobago**
Primary Energy Prod.	511	799	1 464	1 786	1 557	1 435	1 444	1 226	Prod. d'énergie primaire
Net imports	-264	-378	-777	-954	-753	-720	-727	-612	Importations nettes
Changes in stocks	-5	1	11	-1	7	6	-1	0	Variations des stocks
Total supply	251	420	676	833	797	708	718	615	Approv.total
Supply per capita	192	315	494	591	546	471	473	405	Approv.par habitant
Tunisia									**Tunisie**
Primary Energy Prod.	212	266	274	341	269	232	213	207	Prod. d'énergie primaire
Net imports	* 11	* 38	* 65	79	195	247	262	246	Importations nettes
Changes in stocks	-9	7	-4	-7	7	-5	1	3	Variations des stocks
Total supply	232	296	342	427	457	484	473	450	Approv.total
Supply per capita	25	30	33	39	40	41	39	37	Approv.par habitant
Türkiye									**Türkiye**
Primary Energy Prod.	1 109	1 082	1 001	1 355	1 317	1 670	1 891	1 826	Prod. d'énergie primaire
Net imports	1 514	2 097	2 500	3 097	4 162	4 391	4 211	4 293	Importations nettes
Changes in stocks	44	-4	-27	10	89	31	-15	-12	Variations des stocks
Total supply	2 578	3 182	3 529	4 442	5 390	6 030	6 118	6 131	Approv.total
Supply per capita	43	50	51	61	68	73	73	73	Approv.par habitant
Turkmenistan									**Turkménistan**
Primary Energy Prod.	1 376	1 928	2 584	1 982	3 407	3 331	3 399	3 255	Prod. d'énergie primaire
Net imports	-802	-1 303	-1 830	-1 030	-2 420	-2 338	-2 371	-2 193	Importations nettes
Total supply	574	625	754	951	988	993	1 028	1 062	Approv.total
Supply per capita	136	137	154	181	171	164	167	170	Approv.par habitant
Turks and Caicos Islands									**Îles Turques-et-Caïques**
Primary Energy Prod.	0	0	0	0	0	0	0	0	Prod. d'énergie primaire
Net imports	* 1	* 2	* 2	* 4	* 4	* 5	* 5	5	Importations nettes
Total supply	* 1	* 2	* 3	* 4	* 5	* 5	* 5	* 5	Approv.total
Supply per capita	* 70	* 83	* 113	* 137	* 125	* 126	* 122	* 117	Approv.par habitant
Tuvalu									**Tuvalu**
Primary Energy Prod.	...	0	0	* 0	0	0	0	* 0	Prod. d'énergie primaire
Net imports	* 0	* 0	* 0	* 0	* 0	* 0	* 0	0	Importations nettes
Total supply	0	0	* 0	0	* 0	* 0	* 0	* 0	Approv.total
Supply per capita	8	9	* 14	13	* 11	* 13	* 13	* 12	Approv.par habitant
Uganda									**Ouganda**
Primary Energy Prod.	378	379	490	599	745	849	892	979	Prod. d'énergie primaire
Net imports	* 12	* 17	* 26	* 46	60	196	198	243	Importations nettes
Changes in stocks	...	...	...	...	...	...	...	0	Variations des stocks
Total supply	390	396	516	645	804	1 046	1 091	1 222	Approv.total
Supply per capita	19	16	18	20	21	25	25	28	Approv.par habitant
Ukraine [19]									**Ukraine** [19]
Primary Energy Prod.	3 661	3 231	3 328	3 238	2 552	2 529	2 503	2 329	Prod. d'énergie primaire
Net imports	3 411	2 343	2 458	1 762	1 268	1 365	1 394	1 188	Importations nettes
Changes in stocks	0	0	-86	-490	66	-28	161	70	Variations des stocks
Total supply	7 073	5 574	5 872	5 491	3 753	3 922	3 736	3 447	Approv.total
Supply per capita	139	114	125	120	83	88	85	79	Approv.par habitant
United Arab Emirates									**Émirats arabes unis**
Primary Energy Prod.	5 661	6 571	7 293	7 849	9 995	9 626	10 030	9 465	Prod. d'énergie primaire
Net imports	* -4 533	-4 853	-5 450	* -4 872	* -6 423	-6 317	* -6 523	-5 882	Importations nettes
Changes in stocks	21	...	...	...	...	60	* -2	-54	Variations des stocks
Total supply	1 108	1 719	1 842	2 977	3 571	3 248	3 509	3 637	Approv.total
Supply per capita	455	525	430	351	401	355	381	392	Approv.par habitant

Production, trade and supply of energy *(continued)*
Petajoules and gigajoules per capita

Production, commerce et approvisionnement d'énergie *(suite)*
pétajoules et gigajoules par habitant

Region, country or area	1995	2000	2005	2010	2015	2018	2019	2020	Région, pays ou zone
United Kingdom [20]									**Royaume-Uni** [20]
Primary Energy Prod.	10 773	11 400	8 589	6 187	4 900	5 109	5 063	4 894	Prod. d'énergie primaire
Net imports	-2 003	-2 221	729	2 038	2 485	2 205	1 995	1 534	Importations nettes
Changes in stocks	-267	-139	0	-255	-171	57	50	-12	Variations des stocks
Total supply	9 037	9 317	9 318	8 481	7 556	7 257	7 008	6 440	Approv.total
Supply per capita	156	158	154	135	116	109	105	96	Approv.par habitant
United Rep. of Tanzania									**Rép.-Unie de Tanzanie**
Primary Energy Prod.	434	535	642	727	785	827	879	887	Prod. d'énergie primaire
Net imports	* 30	30	57	66	89	103	110	119	Importations nettes
Total supply	463	564	699	793	875	930	988	1 006	Approv.total
Supply per capita	15	16	18	18	17	16	16	16	Approv.par habitant
United States of America									**États-Unis d'Amérique**
Primary Energy Prod.	69 400	69 723	68 480	72 292	84 553	90 191	96 530	90 604	Prod. d'énergie primaire
Net imports	16 481	23 551	28 782	20 356	9 055	1 496	-2 808	-4 695	Importations nettes
Changes in stocks	-766	-1 983	-9	-265	2 088	-1 029	1 093	393	Variations des stocks
Total supply	86 647	95 258	97 271	92 913	91 520	92 715	92 628	85 517	Approv.total
Supply per capita	326	337	328	299	282	279	277	255	Approv.par habitant
United States Virgin Islands									**Îles Vierges américaines**
Primary Energy Prod.	* 0	* 0	* 0	* 0	* 0	* 0	* 0	* 0	Prod. d'énergie primaire
Total supply	* 0	* 0	* 0	* 0	* 0	* 0	* 0	* 0	Approv.total
Supply per capita	* 0	* 0	* 0	* 0	* 1	* 1	* 1	* 1	Approv.par habitant
Uruguay									**Uruguay**
Primary Energy Prod.	45	46	45	89	127	137	142	132	Prod. d'énergie primaire
Net imports	66	70	75	85	89	86	73	90	Importations nettes
Changes in stocks	4	-2	-5	1	3	-1	-7	3	Variations des stocks
Total supply	107	119	126	173	213	224	221	219	Approv.total
Supply per capita	33	36	38	52	63	65	64	64	Approv.par habitant
Uzbekistan									**Ouzbékistan**
Primary Energy Prod.	2 045	2 307	2 446	2 324	2 058	2 105	# 2 079	1 730	Prod. d'énergie primaire
Net imports	* -177	* -183	* -399	* -503	* -279	* -381	* # -307	30	Importations nettes
Changes in stocks	88	...	...	...	43	36	# -44	-36	Variations des stocks
Total supply	1 780	2 124	2 046	1 821	1 735	1 688	# 1 817	1 796	Approv.total
Supply per capita	77	85	77	64	56	52	# 55	54	Approv.par habitant
Vanuatu									**Vanuatu**
Primary Energy Prod.	* 1	1	1	1	1	1	1	1	Prod. d'énergie primaire
Net imports	* 1	* 2	* 1	* 2	* 2	* 3	* 3	4	Importations nettes
Changes in stocks	...	...	...	* 0	0	...	...	...	Variations des stocks
Total supply	1	* 2	2	3	3	3	3	4	Approv.total
Supply per capita	9	* 11	8	11	10	11	11	12	Approv.par habitant
Venezuela (Boliv. Rep. of)									**Venezuela (Rép. boliv. du)**
Primary Energy Prod.	7 962	8 968	9 063	8 190	7 390	4 562	3 235	2 070	Prod. d'énergie primaire
Net imports	-5 772	-6 514	-6 724	-5 137	-4 769	-2 901	-1 879	-1 058	Importations nettes
Changes in stocks	24	15	-271	-52	0	...	...	...	Variations des stocks
Total supply	2 167	2 439	2 609	3 105	2 622	1 662	1 356	1 012	Approv.total
Supply per capita	98	100	98	108	86	56	47	36	Approv.par habitant
Viet Nam									**Viet Nam**
Primary Energy Prod.	1 136	1 733	2 612	2 747	3 035	2 663	2 778	2 509	Prod. d'énergie primaire
Net imports	-207	-421	-786	-409	* 276	* 1 107	1 633	1 949	Importations nettes
Changes in stocks	20	50	70	5	* 74	* 252	22	-53	Variations des stocks
Total supply	908	1 262	1 756	2 334	3 238	3 519	4 388	4 512	Approv.total
Supply per capita	12	16	21	27	35	37	46	47	Approv.par habitant
Wallis and Futuna Islands									**Îles Wallis-et-Futuna**
Primary Energy Prod.	* 0	* 0	* 0	* 0	* 0	* 0	* 0	* 0	Prod. d'énergie primaire
Net imports	* 0	* 0	0	0	0	0	0	0	Importations nettes
Total supply	* 0	* 0	0	0	0	0	0	0	Approv.total
Supply per capita	* 22	* 23	27	29	29	31	32	34	Approv.par habitant
Yemen									**Yémen**
Primary Energy Prod.	713	908	844	804	173	174	179	164	Prod. d'énergie primaire
Net imports	-571	-712	-529	-477	7	-27	-35	-36	Importations nettes
Changes in stocks	0	0	40	...	...	...	...	...	Variations des stocks
Total supply	142	197	274	326	180	147	144	129	Approv.total
Supply per capita	9	11	13	13	6	5	5	4	Approv.par habitant
Zambia									**Zambie**
Primary Energy Prod.	224	251	277	303	351	397	395	405	Prod. d'énergie primaire
Net imports	* 19	13	25	36	57	50	64	55	Importations nettes
Changes in stocks	-1	1	0	0	1	-1	0	* -7	Variations des stocks
Total supply	244	263	301	340	408	448	458	468	Approv.total
Supply per capita	28	27	26	25	25	25	25	25	Approv.par habitant

23 Production, trade and supply of energy *(continued)*
Petajoules and gigajoules per capita

Production, commerce et approvisionnement d'énergie *(suite)*
pétajoules et gigajoules par habitant

Region, country or area	1995	2000	2005	2010	2015	2018	2019	2020	Région, pays ou zone
Zimbabwe									**Zimbabwe**
Primary Energy Prod.	362	379	379	372	434	423	377	377	Prod. d'énergie primaire
Net imports	63	53	36	26	47	58	53	41	Importations nettes
Changes in stocks	5	-5	1	...	24	19	-24	-17	Variations des stocks
Total supply	421	438	414	397	458	462	453	435	Approv.total
Supply per capita	38	37	34	31	32	31	30	28	Approv.par habitant

Source:

United Nations Statistics Division, New York, Energy Statistics Yearbook 2020, last accessed April 2023.

1 Data refer to fiscal years beginning 21 March.
2 Excluding overseas territories.
3 For statistical purposes, the data for China do not include those for the Hong Kong Special Administrative Region (Hong Kong SAR), Macao Special Administrative Region (Macao SAR) and Taiwan Province of China.
4 Excluding the Faroe Islands and Greenland.
5 Excluding Eritrea.
6 From 2011 onwards, data include Monaco, and the five overseas departments and exclude New Caledonia, French Polynesia, St. Barthélemy, St. Martin, St. Pierre and Miquelon, and Wallis and Futuna.
7 Data after 2010 are included in France.
8 Data include Timor-Leste.
9 Data include San Marino and the Holy See.
10 Data include Okinawa.
11 Data comprises of Peninsular Malaysia, Sabah and Sarawak.
12 Data exclude Suriname and the Netherlands Antilles (former)
13 Including Svalbard and Jan Mayen Islands.
14 Includes the Panama Canal Zone.
15 Including the Azores and Madeira Islands.
16 Data exclude Transnistria and the municipality of Bender.
17 Excluding Kosovo.
18 Data include the Canary Islands.
19 The Government of Ukraine has informed the United Nations that it is not in a position to provide statistical data concerning the Autonomous Republic of Crimea and the city of Sevastopol.
20 Shipments of coal and oil to the Channel Islands and the Isle of Man from the United Kingdom are not classed as exports but as part of UK supply. Exports of natural gas to the Isle of Man are included with the exports to Ireland.

Source:

Organisation des Nations Unies, Division de statistique, New York, Annuaire des statistiques de l'énergie 2020, dernier accès mars 2023.

1 Les données se réfèrent aux exercices budgétaires commençant le 21 mars.
2 Non compris les départements d'outre-mer.
3 Pour la présentation des statistiques, les données pour la Chine ne comprennent pas la région administrative spéciale de Hong Kong (RAS de Hong Kong), la région administrative spéciale de Macao (RAS de Macao) et la province chinoise de Taïwan.
4 Non compris les Îles Féroé et le Groenland.
5 Non compris Erythrée.
6 À partir de 2011, les données incluent Monaco et les cinq départements d'outre-mer et excluent la Nouvelle-Calédonie, la Polynésie française, Saint-Barthélemy, Saint-Martin, Saint-Pierre et Miquelon et Wallis et Futuna.
7 Les données après 2010 sont incluses en France.
8 Les données comprennent Timor-Leste.
9 Les données comprennent Saint-Marin et le Saint-Siège.
10 Les données incluent Okinawa.
11
12 Les données excluent le Suriname et les Antilles néerlandaises (anciennement)
13 Y compris les îles Svalbard-et-Jan Mayen.
14 Inclut la zone du canal de Panama.
15 Y compris les Açores et Madère.
16 Les données excluent la Transnistrie et la municipalité de Bender.
17 Non compris Kosovo.
18 Les données comprennent les îles Canaries.
19 Le Gouvernement ukrainien a informé l'Organisation des Nations Unies qu'il n'est pas en mesure de fournir des données statistiques concernant la République autonome de Crimée et Sébastopol.
20 Les expéditions de charbon et de pétrole vers les îles anglo-normandes et l'île de Man en provenance du Royaume-Uni ne sont pas considérées comme des exportations mais comme faisant partie de l'Approv.du Royaume-Uni. Les exportations de gaz naturel vers l'île de Man sont incluses dans les exportations vers l'Irlande.

24 Land

Thousand hectares and percent of total land

Terres

Milliers d'hectares et pourcentage de la superficie totale

Region, country or area Région, pays ou zone	Year Année	Area – Superficie ('000 hectares) Total land Superficie totale	 Arable land Terres arables	 Permanent crops Cultures permanentes	 Forest cover Superficie forestière	Area – Superficie (Percent of total)& Arable land Terres arables	 Permanent crops Cultures Permanentes	 Forest cover Superficie forestière	Sites protected for terre-strial biodiversity Sites pour la bio. terre. dans aires protég. (%)&&
Total, all countries or areas	**2005**	*** 13 020 101**	*** 1 365 372**	*** 144 872**	*** 4 132 183**	*** 10.5**	*** 1.1**	*** 31.7**	**33.12**
Total, tous pays ou zones	**2010**	*** 13 018 354**	*** 1 363 504**	*** 157 815**	*** 4 106 317**	*** 10.5**	*** 1.2**	*** 31.5**	**39.11**
	2020	*** 13 031 197**	*** 1 387 173**	*** 174 493**	*** 4 058 931**	*** 10.6**	*** 1.3**	*** 31.1**	**44.25**
	2022	**...**	**...**	**...**	**...**	**...**	**...**	**...**	**44.30**
Africa	*2005	2 979 685	215 069	30 084	693 032	7.2	1.0	23.3	...
Afrique	*2010	2 979 757	226 572	33 106	676 015	7.6	1.1	22.7	...
	*2020	2 992 174	245 589	36 272	636 639	8.2	1.2	21.3	...
Northern Africa	2005	* 838 039	* 41 430	* 5 310	* 37 074	* 4.9	* 0.6	* 4.4	25.49
Afrique septentrionale	2010	* 838 039	* 42 525	* 5 806	* 36 466	* 5.1	* 0.7	* 4.4	31.19
	2020	* 787 239	* 43 833	* 6 283	* 27 681	* 5.6	* 0.8	* 3.5	41.70
	2022	...	...	...	...	...	...	...	41.70
Sub-Saharan Africa	2005	2 141 646[1]	173 639[1]	24 774[1]	655 958[1]	8.1	1.2	30.6	34.20
Afrique subsaharienne	2010	2 141 718[1]	184 047[1]	27 301[1]	639 549[1]	8.6	1.3	29.9	39.73
	2020	2 204 935[1]	201 756[1]	29 989[1]	608 958[1]	9.2	1.4	27.6	43.40
	2022	...	...	...	...	...	...	...	43.42
Eastern Africa	*2005	620 491	55 724	6 913	206 408	9.0	1.1	33.3	...
Afrique orientale	*2010	620 563	62 317	7 464	201 429	10.0	1.2	32.5	...
	*2020	683 781	69 178	9 037	197 408	10.1	1.3	28.9	...
Middle Africa	*2005	649 682	22 745	2 742	313 853	3.5	0.4	48.3	...
Afrique centrale	*2010	649 682	26 422	3 352	306 675	4.1	0.5	47.2	...
	*2020	649 682	32 595	4 210	287 696	5.0	0.6	44.3	...
Southern Africa	*2005	265 067	14 704	406	42 843	5.5	0.2	16.2	...
Afrique australe	*2010	265 067	14 089	460	41 721	5.3	0.2	15.7	...
	*2020	265 067	13 831	444	39 476	5.2	0.2	14.9	...
Western Africa	*2005	606 406	80 467	14 713	92 854	13.3	2.4	15.3	...
Afrique occidentale	*2010	606 406	81 219	16 024	89 725	13.4	2.6	14.8	...
	*2020	606 405	86 152	16 299	84 379	14.2	2.7	13.9	...
Americas	*2005	3 867 815	344 129	26 731	1 649 669	8.9	0.7	42.7	...
Amériques	*2010	3 866 368	341 055	26 400	1 624 344	8.8	0.7	42.0	...
	*2020	3 866 092	339 661	27 637	1 596 896	8.8	0.7	41.3	...
Northern America	2005	* 1 853 824	* 205 890	* 2 865	* 653 693	* 11.1	* 0.2	* 35.3	29.65
Amérique septentrionale	2010	* 1 852 374	* 195 407	* 2 877	* 656 045	* 10.5	* 0.2	* 35.4	36.50
	2020	* 1 852 374	* 195 974	* 2 867	* 656 726	* 10.6	* 0.2	* 35.5	38.95
	2022	...	...	...	...	...	...	...	38.95
Latin America & the Caribbean	2005	2 013 990[1]	138 239[1]	23 866[1]	995 976[1]	6.9	1.2	49.5	31.27
Amérique latine et Caraïbes	2010	2 013 993[1]	145 648[1]	23 523[1]	968 299[1]	7.2	1.2	48.1	36.04
	2020	2 013 717[1]	143 687[1]	24 770[1]	940 170[1]	7.1	1.2	46.7	40.42
	2022	...	...	...	...	...	...	...	40.62
Caribbean	*2005	22 598	5 680	1 324	7 152	25.1	5.9	31.6	...
Caraïbes	*2010	22 598	5 568	1 298	7 496	24.6	5.7	33.2	...
	*2020	22 334	5 128	1 468	7 888	23.0	6.6	35.3	...
Central America	*2005	245 227	29 182	4 837	92 425	11.9	2.0	37.7	...
Amérique centrale	*2010	245 227	28 204	5 148	90 649	11.5	2.1	37.0	...
	*2020	245 211	25 078	5 452	88 096	10.2	2.2	35.9	...
South America	*2005	1 746 165	103 377	17 705	896 400	5.9	1.0	51.3	...
Amérique du Sud	*2010	1 746 168	111 876	17 077	870 154	6.4	1.0	49.8	...
	*2020	1 746 172	113 482	17 850	844 186	6.5	1.0	48.3	...
Asia	*2005	3 110 223	500 945	70 539	599 185	16.1	2.3	19.3	...
Asie	*2010	3 110 342	494 648	81 198	610 960	15.9	2.6	19.6	...
	*2020	3 109 981	497 819	93 447	622 687	16.0	3.0	20.0	...
Central Asia	2005	* 393 724	* 37 010	* 714	* 12 017	* 9.4	* 0.2	* 3.1	19.74
Asie centrale	2010	* 393 728	* 36 819	* 743	* 12 198	* 9.4	* 0.2	* 3.1	20.74
	2020	* 394 087	* 37 643	* 886	* 13 011	* 9.6	* 0.2	* 3.3	22.43
	2022	...	...	...	...	...	...	...	22.43
Eastern Asia	2005	* 1 156 090	* 130 794	* 13 296	* 240 730	* 11.3	* 1.2	* 20.8	18.96
Asie orientale	2010	* 1 156 410	* 130 795	* 15 468	* 252 390	* 11.3	* 1.3	* 21.8	21.56
	2020	* 1 156 472	* 128 550	* 16 947	* 271 403	* 11.1	* 1.5	* 23.5	26.48
	2022	...	...	...	...	...	...	...	26.61

Region, country or area Région, pays ou zone	Year Année	Area – Superficie ('000 hectares) Total land Superficie totale	Arable land Terres arables	Permanent crops Cultures permanentes	Forest cover Superficie forestière	Area – Superficie (Percent of total)& Arable land Terres arables	Permanent crops Cultures Permanentes	Forest cover Superficie forestière	Sites protected for terre-strial biodiversity Sites pour la bio. terre. dans aires protég. (%)&&
South-eastern Asia Asie du Sud-Est	2005	* 440 948	* 65 488	* 36 521	* 221 356	* 14.9	* 8.3	* 50.2	23.50
	2010	* 440 985	* 68 083	* 42 500	* 219 211	* 15.4	* 9.6	* 49.7	28.37
	2020	* 440 941	* 72 547	* 50 515	* 207 476	* 16.5	* 11.5	* 47.1	36.54
	2022	...	...	...	...	...	...	...	36.54
Southern Asia Asie méridionale	2005	* 639 971	* 225 413	* 14 631	* 96 630	* 35.2	* 2.3	* 15.1	13.70
	2010	* 639 971	* 220 858	* 16 864	* 98 150	* 34.5	* 2.6	* 15.3	14.63
	2020	* 639 262	* 221 357	* 18 770	* 100 531	* 34.6	* 2.9	* 15.7	18.82
	2022	...	...	...	...	...	...	...	18.82
Western Asia Asie occidentale	2005	* 479 491	* 42 240	* 5 377	* 28 451	* 8.8	* 1.1	* 5.9	10.15
	2010	* 479 248	* 38 093	* 5 623	* 29 010	* 7.9	* 1.2	* 6.1	16.04
	2020	* 479 219	* 37 722	* 6 330	* 30 266	* 7.9	* 1.3	* 6.3	18.42
	2022	...	...	...	...	...	...	...	18.54
Europe Europe	2005	* 2 213 742	* 277 986	* 16 099	* 1 008 125	* 12.6	* 0.7	* 45.5	51.39
	2010	* 2 213 252	* 274 685	* 15 534	* 1 013 982	* 12.4	* 0.7	* 45.8	60.50
	2020	* 2 213 347	* 272 462	* 15 587	* 1 017 461	* 12.3	* 0.7	* 46.0	66.98
	2022	...	...	...	...	...	...	...	66.99
Eastern Europe Europe orientale	*2005	1 805 641	194 611	4 468	856 273	10.8	0.2	47.4	...
	*2010	1 805 268	192 967	4 381	859 891	10.7	0.2	47.6	...
	*2020	1 805 344	193 103	4 117	861 117	10.7	0.2	47.7	...
Northern Europe Europe septentrionale	*2005	169 770	18 076	133	74 561	10.6	0.1	43.9	...
	*2010	169 701	18 627	109	74 710	11.0	0.1	44.0	...
	*2020	169 689	18 805	134	75 276	11.1	0.1	44.4	...
Southern Europe Europe méridionale	*2005	129 817	31 212	10 045	43 850	24.0	7.7	33.8	...
	*2010	129 792	29 255	9 685	45 297	22.5	7.5	34.9	...
	*2020	129 747	27 279	9 970	46 074	21.0	7.7	35.5	...
Western Europe Europe occidentale	*2005	108 513	34 085	1 453	33 441	31.4	1.3	30.8	...
	*2010	108 491	33 836	1 359	34 085	31.2	1.3	31.4	...
	*2020	108 567	33 275	1 366	34 994	30.6	1.3	32.2	...
Oceania Océanie	2005	* 848 636	* 27 242	* 1 420	* 182 172	* 3.2	* 0.2	* 21.5	24.36
	2010	* 848 636	* 26 545	* 1 577	* 181 015	* 3.1	* 0.2	* 21.3	30.13
	2020	* 849 603	* 31 641	* 1 550	* 185 248	* 3.7	* 0.2	* 21.8	35.36
	2022	...	...	...	...	...	...	...	35.37
Australia and New Zealand Australie et Nouvelle-Zélande	2005	* 794 565	* 26 827	* 403	* 140 530	* 3.4	* 0.1	* 17.7	39.73
	2010	* 794 565	* 26 091	* 447	* 139 395	* 3.3	* 0.1	* 17.5	45.86
	2020	* 795 537	* 31 171	* 426	* 143 898	* 3.9	* 0.1	* 18.1	54.22
	2022	...	...	...	...	...	...	...	54.22
Melanesia Mélanésie	*2005	52 959	370	873	41 083	0.7	1.6	77.6	...
	*2010	52 959	409	992	41 064	0.8	1.9	77.5	...
	*2020	52 959	423	980	40 799	0.8	1.8	77.0	...
Micronesia Micronésie	*2005	317	10	70	170	3.1	22.2	53.6	...
	*2010	317	8	69	170	2.4	21.7	53.5	...
	*2020	317	7	65	169	2.3	20.5	53.2	...
Polynesia Polynésie	*2005	795	36	73	389	4.5	9.2	49.0	...
	*2010	795	38	69	387	4.8	8.7	48.7	...
	*2020	790	40	79	382	5.1	10.0	48.4	...
Afghanistan Afghanistan	2005	65 223	7 805	105	1 208	12.0	0.2	1.9	0.00
	2010	65 223	7 793	118	1 208	11.9	0.2	1.9	5.82
	2020	65 223	7 829	265	1 208	12.0	0.4	1.9	46.41
	2022	...	...	...	...	...	...	...	46.41
Albania Albanie	2005	2 740	538	121	776	19.6	4.4	28.3	24.36
	2010	2 740	626	70	782	22.8	2.6	28.5	39.33
	2020	2 740	600	88	789	21.9	3.2	28.8	48.65
	2022	...	...	...	...	...	...	...	48.65
Algeria Algérie	2005	238 174	7 511	852	1 749	3.2	0.4	0.7	33.60
	2010	238 174	7 502	909	1 918	3.1	0.4	0.8	41.60
	2020	238 174	7 505	1 012	1 949	3.2	0.4	0.8	43.50
	2022	...	...	...	...	...	...	...	43.50
American Samoa Samoa américaines	2005	20	4	2	18	19.1	8.8	87.9	71.12
	2010	20	4	1	17	18.1	7.0	87.2	71.12
	2020	20	3	1	17	16.0	3.8	85.7	71.12
	2022	...	...	...	...	...	...	...	71.12

24 Land *(continued)*
Thousand hectares and percent of total land

Terres *(suite)*
Milliers d'hectares et pourcentage de la superficie totale

Region, country or area Région, pays ou zone	Year Année	Area – Superficie ('000 hectares) Total land Superficie totale	Arable land Terres arables	Permanent crops Cultures permanentes	Forest cover Superficie forestière	Area – Superficie (Percent of total)& Arable land Terres arables	Permanent crops Cultures Permanentes	Forest cover Superficie forestière	Sites protected for terre-strial biodiversity Sites pour la bio. terre. dans aires protég. (%)&&
Andorra Andorre	2005	47	1	...	16	1.7	...	34.0	26.20
	2010	47	1	...	16	1.6	...	34.0	26.20
	2020	47	1	...	16	1.5	...	34.0	26.20
	2022	...	...	...	...	...	...	...	26.20
Angola Angola	2005	124 670	3 300	290	74 933	2.6	0.2	60.1	28.05
	2010	124 670	4 100	290	72 158	3.3	0.2	57.9	28.05
	2020	124 670	4 900	315	66 607	3.9	0.3	53.4	28.05
	2022	...	...	...	...	...	...	...	28.05
Anguilla Anguilla	2005	9	...	...	6	...	...	61.1	18.57
	2010	9	...	...	6	...	...	61.1	18.58
	2020	9	...	...	6	...	...	61.1	18.58
	2022	...	...	...	...	...	...	...	18.58
Antigua and Barbuda Antigua-et-Barbuda	2005	44	4	1	9	9.1	2.3	20.7	8.69
	2010	44	4	1	9	9.1	2.3	20.0	8.69
	2020	44	4	1	8	9.1	2.3	18.5	14.01
	2022	...	...	...	...	...	...	...	14.01
Argentina Argentine	2005	273 669	33 792	1 000	31 796	12.3	0.4	11.6	27.78
	2010	273 669	38 003	1 000	30 214	13.9	0.4	11.0	30.04
	2020	273 669	32 633	1 068	28 573	11.9	0.4	10.4	32.27
	2022	...	...	...	...	...	...	...	32.27
Armenia Arménie	2005	2 847	455	50	332	16.0	1.8	11.6	15.02
	2010	2 847	449	55	331	15.8	1.9	11.6	21.55
	2020	2 847	444	60	328	15.6	2.1	11.5	22.57
	2022	...	...	...	...	...	...	...	22.57
Aruba Aruba	2005	18	2	...	~0	11.1	...	2.3	37.15
	2010	18	2	...	~0	11.1	...	2.3	37.15
	2020	18	2	...	~0	11.1	...	2.3	37.15
	2022	...	...	...	...	...	...	...	37.15
Australia Australie	2005	768 230	26 402	340	130 680	3.4	~0.0	17.0	37.43
	2010	768 230	25 592	376	129 546	3.3	~0.0	16.9	45.52
	2020	769 202	30 644	352	134 005	4.0	~0.0	17.4	57.26
	2022	...	...	...	...	...	...	...	57.26
Austria Autriche	2005	8 252	1 381	66	3 851	16.7	0.8	46.7	61.17
	2010	8 252	1 364	65	3 863	16.5	0.8	46.8	65.51
	2020	8 252	1 321	67	3 899	16.0	0.8	47.3	67.91
	2022	...	...	...	...	...	...	...	67.91
Azerbaijan Azerbaïdjan	2005	8 266	1 843	222	1 010	22.3	2.7	12.2	28.93
	2010	8 266	1 884	227	1 032	22.8	2.8	12.5	36.09
	2020	8 265	2 084	273	1 132	25.2	3.3	13.7	36.61
	2022	...	...	...	...	...	...	...	36.61
Bahamas Bahamas	2005	1 001	7	4	510	0.7	0.4	50.9	11.10
	2010	1 001	9	4	510	0.9	0.4	50.9	11.15
	2020	1 001	8	4	510	0.8	0.4	50.9	29.76
	2022	...	...	...	...	...	...	...	29.76
Bahrain Bahreïn	2005	74	2	3	~0	2.0	4.3	0.6	0.00
	2010	76	2	3	1	2.1	3.9	0.7	0.00
	2020	79	2	3	1	2.0	3.8	0.9	0.00
	2022	...	...	...	...	...	...	...	0.00
Bangladesh Bangladesh	2005	13 017	7 911	800	1 904	60.8	6.1	14.6	31.87
	2010	13 017	7 791	850	1 888	59.9	6.5	14.5	41.45
	2020	13 017	8 000	1 301	1 883	61.5	10.0	14.5	41.47
	2022	...	...	...	...	...	...	...	41.47
Barbados Barbade	2005	43	13	1	6	30.2	2.3	14.7	1.75
	2010	43	12	1	6	27.9	2.3	14.7	1.75
	2020	43	7	1	6	16.3	2.3	14.7	1.75
	2022	...	...	...	...	...	...	...	1.75
Belarus Bélarus	2005	20 283	5 542	118	8 452	27.3	0.6	41.7	77.43
	2010	20 290	5 535	122	8 630	27.3	0.6	42.5	77.43
	2020	20 298	5 660	100	8 768	27.9	0.5	43.2	87.90
	2022	...	...	...	...	...	...	...	87.90

24 Land *(continued)*

Thousand hectares and percent of total land

Terres *(suite)*

Milliers d'hectares et pourcentage de la superficie totale

Region, country or area Région, pays ou zone	Year Année	Area – Superficie ('000 hectares) Total land Superficie totale	Arable land Terres arables	Permanent crops Cultures permanentes	Forest cover Superficie forestière	Area – Superficie (Percent of total)& Arable land Terres arables	Permanent crops Cultures Permanentes	Forest cover Superficie forestière	Sites protected for terre-strial biodiversity Sites pour la bio. terre. dans aires protég. (%)&&
Belgium Belgique	2005	3 028	843	21	679	27.8	0.7	22.4	65.16
	2010	3 028	834	22	690	27.5	0.7	22.8	65.27
	2020	3 028	865	24	689	28.6	0.8	22.8	75.89
	2022	...	...	...	...	...	...	...	75.89
Belize Belize	2005	2 281	70	32	1 425	3.1	1.4	62.5	41.07
	2010	2 281	75	32	1 391	3.3	1.4	61.0	41.09
	2020	2 281	90	32	1 277	3.9	1.4	56.0	43.26
	2022	...	...	...	...	...	...	...	43.26
Benin Bénin	2005	11 276	2 654	280	3 885	23.5	2.5	34.5	66.66
	2010	11 276	2 500	600	3 635	22.2	5.3	32.2	66.66
	2020	11 276	2 800	600	3 135	24.8	5.3	27.8	66.66
	2022	...	...	...	...	...	...	...	66.66
Bermuda Bermudes	2005	5	~0	...	1	7.4	...	18.5	51.98
	2010	5	~0	...	1	5.6	...	18.5	51.98
	2020	5	~0	...	1	5.6	...	18.5	51.98
	2022	...	...	...	...	...	...	...	51.98
Bhutan Bhoutan	2005	3 812	167	19	2 656	4.4	0.5	69.7	42.59
	2010	3 812	101	12	2 705	2.6	0.3	71.0	45.41
	2020	3 814	94	6	2 725	2.5	0.2	71.4	46.97
	2022	...	...	...	...	...	...	...	46.97
Bolivia (Plurin. State of) Bolivie (État plurin. de)	2005	108 330	3 806	199	54 094	3.5	0.2	49.9	43.90
	2010	108 330	4 297	219	53 086	4.0	0.2	49.0	45.45
	2020	108 330	4 540	247	50 834	4.2	0.2	46.9	45.45
	2022	...	...	...	...	...	...	...	45.45
Bonaire, St. Eustatius & Saba Bonaire, St-Eustache et Saba	2005	...	...	...	...	...	...	...	39.27
	2010	...	...	...	...	...	...	...	39.27
	2020	32	...	...	2	...	...	5.9	62.47
	2022	...	...	...	...	...	...	...	62.47
Bosnia and Herzegovina Bosnie-Herzégovine	2005	5 120	1 025	95	2 107	20.0	1.9	41.2	10.69
	2010	5 120	1 004	105	2 103	19.6	2.1	41.1	28.87
	2020	5 120	1 015	106	2 188	19.8	2.1	42.7	37.14
	2022	...	...	...	...	...	...	...	37.14
Botswana Botswana	2005	56 673	214	2	17 029	0.4	~0.0	30.0	51.09
	2010	56 673	259	2	16 438	0.5	~0.0	29.0	51.09
	2020	56 673	260	2	15 255	0.5	~0.0	26.9	51.09
	2022	...	...	...	...	...	...	...	51.09
Bouvet Island Île Bouvet	2005	...	...	...	...	...	...	...	100.00
	2010	...	...	...	...	...	...	...	100.00
	2022	...	...	...	...	...	...	...	100.00
Brazil Brésil	2005	835 814	48 333	11 302	531 335	5.8	1.4	63.6	37.45
	2010	835 814	51 405	10 252	511 581	6.2	1.2	61.2	42.05
	2020	835 814	55 762	7 756	496 620	6.7	0.9	59.4	43.75
	2022	...	...	...	...	...	...	...	43.75
British Indian Ocean Terr. Terr. brit. de l'océan Indien	2005	...	...	...	...	...	...	...	99.97
	2010	...	...	...	...	...	...	...	99.97
	2022	...	...	...	...	...	...	...	99.97
British Virgin Islands Îles Vierges britanniques	2005	15	1	1	4	6.7	6.7	24.4	7.37
	2010	15	1	1	4	6.7	6.7	24.3	7.37
	2020	15	1	1	4	6.7	6.7	24.1	7.37
	2022	...	...	...	...	...	...	...	7.37
Brunei Darussalam Brunéi Darussalam	2005	527	2	5	389	0.4	0.9	73.7	41.66
	2010	527	4	6	380	0.8	1.1	72.1	41.66
	2020	527	4	6	380	0.8	1.1	72.1	41.66
	2022	...	...	...	...	...	...	...	41.66
Bulgaria Bulgarie	2005	10 864	3 173	188	3 556	29.2	1.7	32.7	27.80
	2010	10 856	3 186	164	3 737	29.3	1.5	34.4	98.32
	2020	10 856	3 492	152	3 893	32.2	1.4	35.9	99.28
	2022	...	...	...	...	...	...	...	99.28

24 Land *(continued)*
Thousand hectares and percent of total land

Terres *(suite)*
Milliers d'hectares et pourcentage de la superficie totale

Region, country or area Région, pays ou zone	Year Année	Area – Superficie ('000 hectares) Total land Superficie totale	Arable land Terres arables	Permanent crops Cultures permanentes	Forest cover Superficie forestière	Area – Superficie (Percent of total)[&] Arable land Terres arables	Permanent crops Cultures Permanentes	Forest cover Superficie forestière	Sites protected for terre-strial biodiversity Sites pour la bio. terre. dans aires protég. (%)[&&]
Burkina Faso	2005	27 360	4 900	70	6 967	17.9	0.3	25.5	71.02
Burkina Faso	2010	27 360	6 000	143	6 717	21.9	0.5	24.5	78.80
	2020	27 360	6 000	143	6 216	21.9	0.5	22.7	78.80
	2022	...	...	...	...	...	...	...	78.80
Burundi	2005	2 568	956	380	194	37.2	14.8	7.6	47.43
Burundi	2010	2 568	950	400	194	37.0	15.6	7.6	47.43
	2020	2 568	1 200	350	280	46.7	13.6	10.9	47.43
	2022	...	...	...	...	...	...	...	47.43
Cabo Verde	2005	403	48	2	41	11.9	0.5	10.2	12.03
Cabo Verde	2010	403	50	3	43	12.4	0.7	10.6	12.03
	2020	403	50	4	46	12.4	1.0	11.3	12.03
	2022	...	...	...	...	...	...	...	12.03
Cambodia	2005	17 652	3 700	156	10 685	21.0	0.9	60.5	24.70
Cambodge	2010	17 652	3 800	155	10 589	21.5	0.9	60.0	24.70
	2020	17 652	3 876	413	8 068	22.0	2.3	45.7	54.54
	2022	...	...	...	...	...	...	...	54.54
Cameroon	2005	47 271	5 963	1 250	21 249	12.6	2.6	45.0	32.53
Cameroun	2010	47 271	6 200	1 500	20 900	13.1	3.2	44.2	35.01
	2020	47 271	6 200	1 550	20 340	13.1	3.3	43.0	35.48
	2022	...	...	...	...	...	...	...	35.48
Canada	2005	896 559	39 616	165	347 562	4.4	~0.0	38.8	22.43
Canada	2010	896 559	37 687	177	347 322	4.2	~0.0	38.7	26.54
	2020	896 559	38 235	167	346 928	4.3	~0.0	38.7	30.89
	2022	...	...	...	...	...	...	...	30.89
Cayman Islands	2005	24	~0	1	13	0.8	2.1	53.4	31.62
Îles Caïmanes	2010	24	~0	1	13	0.8	2.1	53.0	31.66
	2020	24	~0	1	13	0.8	2.1	53.0	32.49
	2022	...	...	...	...	...	...	...	32.49
Central African Republic	2005	62 298	1 930	85	22 753	3.1	0.1	36.5	74.24
République centrafricaine	2010	62 298	1 834	80	22 603	2.9	0.1	36.3	74.24
	2020	62 298	1 800	80	22 303	2.9	0.1	35.8	74.24
	2022	...	...	...	...	...	...	...	74.24
Chad	2005	125 920	3 900	30	5 942	3.1	~0.0	4.7	67.31
Tchad	2010	125 920	4 200	35	5 530	3.3	~0.0	4.4	67.31
	2020	125 920	5 200	38	4 313	4.1	~0.0	3.4	67.31
	2022	...	...	...	...	...	...	...	67.31
Channel Islands	2005	20	4	...	1	19.2	...	4.7	...
Îles Anglo-Normandes	2010	20	4	...	1	21.8	...	5.2	...
	2020	20	4	...	* 1	18.3	...	* 5.2	...
Chile	2005	74 353	1 450	435	16 271	2.0	0.6	21.9	24.85
Chili	2010	74 353	1 271	457	16 725	1.7	0.6	22.5	26.94
	2020	74 353	1 197	498	18 211	1.6	0.7	24.5	32.50
	2022	...	...	...	...	...	...	...	33.26
China	2005	938 821	120 659	12 350	188 805	12.9	1.3	20.1	6.41
Chine	2010	938 821	120 768	14 500	200 610	12.9	1.5	21.4	8.59
	2020	938 821	118 881	16 000	219 978	12.7	1.7	23.4	10.07
	2022	...	...	...	...	...	...	...	10.07
China, Hong Kong SAR	2005	105	5	1	...	4.8	1.0	...	48.93
Chine, RAS de Hong Kong	2010	105	4	1	...	3.3	1.0	...	48.93
	2020	105	2	1	...	1.9	1.0	...	48.93
	2022	...	...	...	...	...	...	...	48.93
China, Macao SAR	2005	3	...	...	...	...	...	...	0.00
Chine, RAS de Macao	2010	3	...	...	...	...	...	...	0.00
	2020	3	...	...	...	...	...	...	0.00
	2022	...	...	...	...	...	...	...	0.00
Christmas Island	2005	...	...	...	...	...	...	...	62.89
Île Christmas	2010	...	...	...	...	...	...	...	62.89
	2022	...	...	...	...	...	...	...	62.89
Cocos (Keeling) Islands	2005	...	...	...	...	...	...	...	100.00
Îles des Cocos (Keeling)	2010	...	...	...	...	...	...	...	100.00
	2022	...	...	...	...	...	...	...	100.00

24 Land *(continued)*
Thousand hectares and percent of total land

Terres *(suite)*
Milliers d'hectares et pourcentage de la superficie totale

Region, country or area Région, pays ou zone	Year Année	Area – Superficie ('000 hectares) Total land Superficie totale	Arable land Terres arables	Permanent crops Cultures permanentes	Forest cover Superficie forestière	Area – Superficie (Percent of total)[&] Arable land Terres arables	Permanent crops Cultures Permanentes	Forest cover Superficie forestière	Sites protected for terre-strial biodiversity Sites pour la bio. terre. dans aires protég. (%)[&&]
Colombia Colombie	2005	110 950	2 026	1 587	61 772	1.8	1.4	55.7	27.31
	2010	110 950	1 763	1 590	60 808	1.6	1.4	54.8	38.93
	2020	110 950	4 878	3 861	59 142	4.4	3.5	53.3	58.60
	2022	...	...	...	...	...	...	...	58.63
Comoros Comores	2005	186	65	53	39	34.9	28.5	21.2	0.00
	2010	186	65	53	37	34.9	28.5	20.0	57.40
	2020	186	66	50	33	35.5	26.9	17.7	57.40
	2022	...	...	...	...	...	...	...	57.40
Congo Congo	2005	34 150	490	57	22 135	1.4	0.2	64.8	46.38
	2010	34 150	510	66	22 075	1.5	0.2	64.6	58.34
	2020	34 150	550	78	21 946	1.6	0.2	64.3	72.01
	2022	...	...	...	...	...	...	...	72.01
Cook Islands Îles Cook	2005	24	1	1	16	5.2	6.2	64.9	24.36
	2010	24	1	1	16	2.9	2.7	65.0	24.36
	2020	24	1	1	16	4.2	2.1	65.0	30.87
	2022	...	...	...	...	...	...	...	30.87
Costa Rica Costa Rica	2005	5 106	210	280	2 864	4.1	5.5	56.1	43.27
	2010	5 106	225	315	2 871	4.4	6.2	56.2	43.80
	2020	5 106	245	317	3 035	4.8	6.2	59.4	43.93
	2022	...	...	...	...	...	...	...	43.93
Côte d'Ivoire Côte d'Ivoire	2005	31 800	2 800	4 200	4 530	8.8	13.2	14.2	73.78
	2010	31 800	2 900	4 500	3 966	9.1	14.2	12.5	73.78
	2020	31 800	3 500	4 500	2 837	11.0	14.2	8.9	73.78
	2022	...	...	...	...	...	...	...	73.78
Croatia Croatie	2005	5 596	873	73	1 903	15.6	1.3	34.0	21.92
	2010	5 596	904	84	1 920	16.2	1.5	34.3	24.76
	2020	5 596	889	79	1 939	15.9	1.4	34.7	80.78
	2022	...	...	...	...	...	...	...	80.78
Cuba Cuba	2005	10 644	3 672	425	2 684	34.5	4.0	25.2	29.46
	2010	10 644	3 384	420	2 932	31.8	3.9	27.5	51.24
	2020	10 380	2 909	653	3 242	28.0	6.3	31.2	54.48
	2022	...	...	...	...	...	...	...	54.48
Curaçao Curaçao	2005	...	...	...	...	...	...	...	6.09
	2010	...	...	...	...	...	...	...	6.09
	2020	44	...	...	~0	...	...	0.2	44.79
	2022	...	...	...	...	...	...	...	44.79
Cyprus Chypre	2005	924	123	43	172	13.3	4.7	18.6	18.91
	2010	924	83	30	173	8.9	3.2	18.7	58.14
	2020	924	102	29	173	11.1	3.2	18.7	74.29
	2022	...	...	...	...	...	...	...	74.29
Czechia Tchéquie	2005	7 726	2 712	40	2 647	35.1	0.5	34.3	88.29
	2010	7 723	2 548	40	2 657	33.0	0.5	34.4	94.07
	2020	7 720	2 484	50	2 677	32.2	0.6	34.7	94.71
	2022	...	...	...	...	...	...	...	94.71
Dem. People's Rep. Korea Rép. pop. dém. de Corée	2005	12 041	2 350	200	6 349	19.5	1.7	52.7	0.00
	2010	12 041	2 400	230	6 242	19.9	1.9	51.8	0.00
	2020	12 041	2 280	260	6 030	18.9	2.2	50.1	0.00
	2022	...	...	...	...	...	...	...	0.00
Dem. Rep. of the Congo Rép. dém. du Congo	2005	226 705	6 700	750	140 534	3.0	0.3	62.0	41.33
	2010	226 705	9 114	1 115	137 169	4.0	0.5	60.5	48.21
	2020	226 705	13 477	1 895	126 155	5.9	0.8	55.6	50.47
	2022	...	...	...	...	...	...	...	50.47
Denmark Danemark	2005	4 000	2 332	7	579	58.3	0.2	14.5	86.37
	2010	4 000	2 421	5	586	60.5	0.1	14.7	87.88
	2020	4 000	2 371	27	628	59.3	0.7	15.7	88.63
	2022	...	...	...	...	...	...	...	88.63
Djibouti Djibouti	2005	2 318	1	...	6	~0.0	...	0.2	0.00
	2010	2 318	2	...	6	0.1	...	0.2	0.00
	2020	2 318	2	...	6	0.1	...	0.3	0.81
	2022	...	...	...	...	...	...	...	0.81

24 Land *(continued)*
Thousand hectares and percent of total land

Terres *(suite)*
Milliers d'hectares et pourcentage de la superficie totale

Region, country or area Région, pays ou zone	Year Année	Area – Superficie ('000 hectares) Total land Superficie totale	Arable land Terres arables	Permanent crops Cultures permanentes	Forest cover Superficie forestière	Area – Superficie (Percent of total)[&] Arable land Terres arables	Permanent crops Cultures Permanentes	Forest cover Superficie forestière	Sites protected for terre-strial biodiversity Sites pour la bio. terre. dans aires protég. (%)[&&]
Dominica	2005	75	5	15	48	6.7	20.0	63.8	33.33
Dominique	2010	75	6	17	48	8.0	22.7	63.8	33.33
	2020	75	6	17	48	8.0	22.7	63.8	33.33
	2022	...	...	...	...	...	...	...	33.33
Dominican Republic	2005	4 831	820	400	2 023	17.0	8.3	41.9	70.67
République dominicaine	2010	4 831	800	400	2 073	16.6	8.3	42.9	74.08
	2020	4 831	877	355	2 144	18.2	7.3	44.4	76.92
	2022	...	...	...	...	...	...	...	76.92
Ecuador	2005	24 836	1 296	1 214	13 379	5.2	4.9	53.9	20.76
Équateur	2010	24 836	1 186	1 391	13 028	4.8	5.6	52.5	22.96
	2020	24 836	1 038	1 443	12 498	4.2	5.8	50.3	28.07
	2022	...	...	...	...	...	...	...	28.13
Egypt	2005	99 545	2 563	960	62	2.6	1.0	0.1	37.14
Égypte	2010	99 545	2 873	798	66	2.9	0.8	0.1	39.61
	2020	99 545	3 365	606	45	3.4	0.6	~0.0	39.61
	2022	...	...	...	...	...	...	...	39.61
El Salvador	2005	2 072	608	227	651	29.3	11.0	31.4	10.02
El Salvador	2010	2 072	655	216	629	31.6	10.4	30.4	22.82
	2020	2 072	721	160	584	34.8	7.7	28.2	28.05
	2022	...	...	...	...	...	...	...	28.05
Equatorial Guinea	2005	2 805	130	70	2 574	4.6	2.5	91.8	100.00
Guinée équatoriale	2010	2 805	133	57	2 532	4.7	2.0	90.3	100.00
	2020	2 805	139	45	2 448	4.9	1.6	87.3	100.00
	2022	...	...	...	...	...	...	...	100.00
Eritrea	2005	12 103	620	2	1 103	5.1	~0.0	9.1	0.00
Érythrée	2010	12 107	690	2	1 087	5.7	~0.0	9.0	0.00
	2020	12 104	690	2	1 055	5.7	~0.0	8.7	0.00
	2022	...	...	...	...	...	...	...	0.00
Estonia	2005	4 239	592	11	2 287	14.0	0.3	54.0	94.74
Estonie	2010	4 239	645	7	2 336	15.2	0.2	55.1	94.75
	2020	4 275	694	5	2 438	16.2	0.1	57.0	94.87
	2022	...	...	...	...	...	...	...	94.87
Eswatini	2005	1 720	178	14	479	10.3	0.8	27.9	20.88
Eswatini	2010	1 720	175	15	485	10.2	0.9	28.2	20.88
	2020	1 720	175	15	498	10.2	0.9	28.9	22.66
	2022	...	...	...	...	...	...	...	22.66
Ethiopia	2005	112 860	12 823	768	18 164	11.4	0.7	16.1	12.48
Éthiopie	2010	112 857	14 565	1 118	17 799	12.9	1.0	15.8	13.11
	2020	112 857	16 195	2 281	17 069	14.4	2.0	15.1	16.43
	2022	...	...	...	...	...	...	...	16.43
Falkland Islands (Malvinas)	2005	1 217	...	...	0	...	...	0.0	20.79
Îles Falkland (Malvinas)	2010	1 217	...	...	0	...	...	0.0	20.79
	2020	1 217	...	...	0	...	...	0.0	20.79
	2022	...	...	...	...	...	...	...	20.79
Faroe Islands	2005	140	~0	...	~0	~0.0	...	0.1	0.00
Îles Féroé	2010	140	~0	...	~0	~0.0	...	0.1	0.00
	2020	* 137	~0	...	~0	* 0.1	...	* 0.1	15.79
	2022	...	...	...	...	...	...	...	15.79
Fiji	2005	1 827	87	83	1 040	4.8	4.5	56.9	7.58
Fidji	2010	1 827	63	83	1 073	3.5	4.5	58.7	11.18
	2020	1 827	77	62	1 140	4.2	3.4	62.4	11.18
	2022	...	...	...	...	...	...	...	11.18
Finland	2005	30 459	2 237	4	22 344	7.3	~0.0	73.4	68.51
Finlande	2010	30 390	2 255	4	22 242	7.4	~0.0	73.2	68.66
	2020	30 394	2 243	5	22 409	7.4	~0.0	73.7	71.77
	2022	...	...	...	...	...	...	...	71.77
France	2005	54 756	18 378	1 111	15 854	33.6	2.0	29.0	38.01
France	2010	54 756	18 301	1 011	16 419	33.4	1.8	30.0	49.55
	2020	54 756	17 957	1 014	17 253	32.8	1.9	31.5	81.12
	2022	...	...	...	...	...	...	...	81.12

Land *(continued)*
Thousand hectares and percent of total land

Terres *(suite)*
Milliers d'hectares et pourcentage de la superficie totale

Region, country or area Région, pays ou zone	Year Année	Area – Superficie ('000 hectares) Total land Superficie totale	Arable land Terres arables	Permanent crops Cultures permanentes	Forest cover Superficie forestière	Area – Superficie (Percent of total)[a] Arable land Terres arables	Permanent crops Cultures Permanentes	Forest cover Superficie forestière	Sites protected for terre-strial biodiversity Sites pour la bio. terre. dans aires protég. (%)[&&]
French Guiana Guyane française	2005	8 274	12	4	8 058	0.1	~0.0	97.4	64.28
	2010	8 277	12	4	8 037	0.1	~0.0	97.1	80.98
	2020	8 281	13	6	8 003	0.2	0.1	96.6	83.15
	2022	...	...	...	...	...	...	...	83.15
French Polynesia Polynésie française	2005	347	3	22	149	0.9	6.3	42.9	0.00
	2010	347	3	22	149	0.7	6.3	43.1	0.00
	2020	347	3	25	149	0.7	7.2	43.1	0.01
	2022	...	...	...	...	...	...	...	0.01
French Southern Territories Terres australes françaises	2005	...	...	...	...	...	...	...	0.00
	2010	...	...	...	...	...	...	...	80.95
	2022	...	...	...	...	...	...	...	85.71
Gabon Gabon	2005	25 767	325	170	23 675	1.3	0.7	91.9	61.17
	2010	25 767	325	170	23 649	1.3	0.7	91.8	61.17
	2020	25 767	325	170	23 531	1.3	0.7	91.3	61.67
	2022	...	...	...	...	...	...	...	61.67
Gambia Gambie	2005	1 012	325	5	329	32.1	0.5	32.5	41.40
	2010	1 012	450	5	300	44.5	0.5	29.6	41.71
	2020	1 012	440	5	243	43.5	0.5	24.0	41.71
	2022	...	...	...	...	...	...	...	41.71
Georgia Géorgie	2005	6 949	470	110	2 792	6.8	1.6	40.2	27.24
	2010	6 949	395	125	2 822	5.7	1.8	40.6	34.42
	2020	6 949	310	128	2 822	4.5	1.8	40.6	40.35
	2022	...	...	...	...	...	...	...	42.37
Germany Allemagne	2005	34 876	11 904	198	11 382	34.1	0.6	32.6	66.00
	2010	34 857	11 846	199	11 409	34.0	0.6	32.7	76.22
	2020	34 939	11 664	198	11 419	33.4	0.6	32.7	79.14
	2022	...	...	...	...	...	...	...	79.14
Ghana Ghana	2005	22 754	3 221	2 050	8 396	14.2	9.0	36.9	68.85
	2010	22 754	2 984	2 269	7 943	13.1	10.0	34.9	68.85
	2020	22 753	2 513	2 708	7 986	11.0	11.9	35.1	68.85
	2022	...	...	...	...	...	...	...	68.85
Gibraltar Gibraltar	2005	1	...	...	0	...	...	0.0	0.00
	2010	1	...	...	0	...	...	0.0	0.00
	2020	1	...	...	0	...	...	0.0	0.00
	2022	...	...	...	...	...	...	...	0.00
Greece Grèce	2005	12 890	2 639	1 136	3 751	20.5	8.8	29.1	55.99
	2010	12 890	2 567	1 137	3 902	19.9	8.8	30.3	80.45
	2020	12 890	2 132	1 088	3 902	16.5	8.4	30.3	86.52
	2022	...	...	...	...	...	...	...	86.52
Greenland Groenland	2005	41 045	...	...	~0	...	...	~0.0	26.08
	2010	41 045	...	...	~0	...	...	~0.0	26.31
	2020	41 045	...	...	~0	...	...	~0.0	29.67
	2022	...	...	...	...	...	...	...	29.67
Grenada Grenade	2005	34	2	4	18	5.9	11.8	52.1	34.45
	2010	34	3	4	18	8.8	11.8	52.1	34.45
	2020	34	3	4	18	8.8	11.8	52.1	34.45
	2022	...	...	...	...	...	...	...	34.45
Guadeloupe Guadeloupe	2005	169	19	4	73	11.2	2.4	43.4	57.62
	2010	169	21	3	73	12.4	2.0	43.2	81.95
	2020	162	22	3	72	13.4	1.8	44.4	82.04
	2022	...	...	...	...	...	...	...	82.04
Guam Guam	2005	54	2	10	24	3.7	18.5	44.4	2.35
	2010	54	1	9	24	1.9	16.7	44.4	2.35
	2020	54	1	7	28	1.9	13.0	51.9	2.35
	2022	...	...	...	...	...	...	...	2.35
Guatemala Guatemala	2005	10 716	1 400	841	3 966	13.1	7.8	37.0	22.55
	2010	10 716	1 196	970	3 723	11.2	9.1	34.7	26.08
	2020	10 716	862	1 183	3 528	8.0	11.0	32.9	31.08
	2022	...	...	...	...	...	...	...	31.08

Region, country or area Région, pays ou zone	Year Année	Area – Superficie ('000 hectares) Total land Superficie totale	Arable land Terres arables	Permanent crops Cultures permanentes	Forest cover Superficie forestière	Area – Superficie (Percent of total)& Arable land Terres arables	Permanent crops Cultures Permanentes	Forest cover Superficie forestière	Sites protected for terre-strial biodiversity Sites pour la bio. terre. dans aires protég. (%)&&
Guernsey Guernesey	2005	...	...	...	...	...	...	...	0.00
	2010	...	...	...	...	...	...	...	10.89
	2022	...	...	...	...	...	...	...	11.02
Guinea Guinée	2005	24 572	2 741	680	6 749	11.2	2.8	27.5	71.67
	2010	24 572	2 900	700	6 569	11.8	2.8	26.7	71.67
	2020	24 572	3 100	700	6 189	12.6	2.8	25.2	71.67
	2022	...	...	...	...	...	...	...	71.67
Guinea-Bissau Guinée-Bissau	2005	2 812	280	250	2 107	10.0	8.9	74.9	34.35
	2010	2 812	300	250	2 064	10.7	8.9	73.4	45.09
	2020	2 812	300	250	1 980	10.7	8.9	70.4	59.48
	2022	...	...	...	...	...	...	...	59.48
Guyana Guyana	2005	19 685	420	28	18 542	2.1	0.1	94.2	100.00
	2010	19 685	420	28	18 520	2.1	0.1	94.1	100.00
	2020	19 685	420	40	18 415	2.1	0.2	93.6	100.00
	2022	...	...	...	...	...	...	...	100.00
Haiti Haïti	2005	2 756	900	280	380	32.7	10.2	13.8	12.23
	2010	2 756	1 100	280	378	39.9	10.2	13.7	12.23
	2020	2 756	1 070	280	347	38.8	10.2	12.6	26.85
	2022	...	...	...	...	...	...	...	29.21
Heard Is. and McDonald Is. Île Heard-et-Îles MacDonald	2005	...	...	...	...	...	...	...	100.00
	2010	...	...	...	...	...	...	...	100.00
	2022	...	...	...	...	...	...	...	100.00
Holy See Saint-Siège	2005	~0	...	...	0	...	...	0.0	...
	2010	~0	...	...	0	...	...	0.0	...
	2020	~0	...	...	0	...	...	0.0	...
Honduras Honduras	2005	11 189	1 050	400	6 677	9.4	3.6	59.7	68.58
	2010	11 189	1 020	480	6 575	9.1	4.3	58.8	72.06
	2020	11 189	1 020	576	6 359	9.1	5.1	56.8	72.34
	2022	...	...	...	...	...	...	...	72.34
Hungary Hongrie	2005	8 961	4 601	205	1 984	51.3	2.3	22.1	82.35
	2010	9 053	4 392	188	2 046	48.5	2.1	22.6	84.26
	2020	9 126	4 012	158	2 053	44.0	1.7	22.5	84.26
	2022	...	...	...	...	...	...	...	84.26
Iceland Islande	2005	10 025	129	...	37	1.3	...	0.4	14.45
	2010	10 025	123	...	45	1.2	...	0.4	16.08
	2020	10 083	121	...	51	1.2	...	0.5	18.32
	2022	...	...	...	...	...	...	...	19.60
India Inde	2005	297 319	159 444	10 230	68 544	53.6	3.4	23.1	1.45
	2010	297 319	157 009	12 225	69 496	52.8	4.1	23.4	1.45
	2020	297 319	155 369	13 300	72 160	52.3	4.5	24.3	6.33
	2022	...	...	...	...	...	...	...	6.33
Indonesia Indonésie	2005	187 752	22 946	17 900	100 470	12.2	9.5	53.5	13.46
	2010	187 752	23 600	21 000	99 659	12.6	11.2	53.1	19.70
	2020	187 752	26 300	25 000	92 133	14.0	13.3	49.1	25.94
	2022	...	...	...	...	...	...	...	25.94
Iran (Islamic Republic of) Iran (Rép. islamique d')	2005	162 876	16 533	1 574	10 009	10.2	1.0	6.1	43.49
	2010	162 876	15 390	1 672	10 692	9.4	1.0	6.6	43.49
	2020	162 250	15 645	1 891	10 752	9.6	1.2	6.6	43.49
	2022	...	...	...	...	...	...	...	43.49
Iraq Iraq	2005	43 737	5 200	190	822	11.9	0.4	1.9	1.54
	2010	43 432	4 000	220	825	9.2	0.5	1.9	2.82
	2020	43 413	5 000	250	825	11.5	0.6	1.9	5.58
	2022	...	...	...	...	...	...	...	5.58
Ireland Irlande	2005	6 889	489	3	675	7.1	~0.0	9.8	51.99
	2010	6 889	439	2	720	6.4	~0.0	10.5	75.02
	2020	6 889	444	1	782	6.4	~0.0	11.4	83.44
	2022	...	...	...	...	...	...	...	83.44
Isle of Man Île de Man	2005	57	18	...	3	31.2	...	6.1	15.33
	2010	57	25	...	3	44.5	...	6.1	18.16
	2020	57	24	...	3	41.2	...	6.1	26.49
	2022	...	...	...	...	...	...	...	26.49

24 Land *(continued)*
Thousand hectares and percent of total land

Terres *(suite)*
Milliers d'hectares et pourcentage de la superficie totale

Region, country or area Région, pays ou zone	Year Année	Area – Superficie ('000 hectares) Total land Superficie totale	Arable land Terres arables	Permanent crops Cultures permanentes	Forest cover Superficie forestière	Area – Superficie (Percent of total)& Arable land Terres arables	Permanent crops Cultures Permanentes	Forest cover Superficie forestière	Sites protected for terre-strial biodiversity Sites pour la bio. terre. dans aires protég. (%)&&
Israel Israël	2005	2 164	311	70	154	14.4	3.2	7.1	13.18
	2010	2 164	294	77	154	13.6	3.6	7.1	16.08
	2020	2 164	380	101	140	17.6	4.7	6.5	17.05
	2022	...	...	...	...	...	...	...	17.05
Italy Italie	2005	29 572	7 780	2 554	8 699	26.3	8.6	29.4	63.18
	2010	29 572	7 042	2 588	9 028	23.8	8.8	30.5	72.87
	2020	29 572	6 831	2 427	9 566	23.1	8.2	32.3	76.64
	2022	...	...	...	...	...	...	...	76.64
Jamaica Jamaïque	2005	1 083	128	110	540	11.8	10.2	49.8	18.90
	2010	1 083	120	95	558	11.1	8.8	51.6	18.90
	2020	1 083	120	95	597	11.1	8.8	55.1	19.71
	2022	...	...	...	...	...	...	...	20.07
Japan Japon	2005	36 450	4 360	332	24 921	12.0	0.9	68.4	47.29
	2010	36 450	4 282	311	24 966	11.7	0.9	68.5	49.90
	2020	36 450	4 104	268	24 935	11.3	0.7	68.4	64.55
	2022	...	...	...	...	...	...	...	65.06
Jersey Jersey	2005	...	...	...	...	...	...	...	44.07
	2010	...	...	...	...	...	...	...	44.07
	2022	...	...	...	...	...	...	...	44.08
Jordan Jordanie	2005	8 824	185	86	98	2.1	1.0	1.1	6.33
	2010	8 878	178	83	98	2.0	0.9	1.1	6.57
	2020	8 879	206	81	98	2.3	0.9	1.1	12.73
	2022	...	...	...	...	...	...	...	12.73
Kazakhstan Kazakhstan	2005	269 970	28 562	116	3 120	10.6	~0.0	1.2	24.13
	2010	269 970	28 684	116	3 082	10.6	~0.0	1.1	26.20
	2020	269 970	29 553	132	3 455	10.9	~0.0	1.3	28.54
	2022	...	...	...	...	...	...	...	28.54
Kenya Kenya	2005	56 914	5 264	438	3 789	9.2	0.8	6.7	32.26
	2010	56 914	5 500	520	3 616	9.7	0.9	6.4	33.44
	2020	56 914	5 800	530	3 611	10.2	0.9	6.3	33.59
	2022	...	...	...	...	...	...	...	33.59
Kiribati Kiribati	2005	81	2	32	1	2.5	39.5	1.5	0.00
	2010	81	2	32	1	2.5	39.5	1.5	40.00
	2020	81	2	32	1	2.5	39.5	1.5	40.00
	2022	...	...	...	...	...	...	...	40.00
Kuwait Koweït	2005	1 782	11	3	6	0.6	0.2	0.3	30.96
	2010	1 782	10	6	6	0.6	0.3	0.4	30.96
	2020	1 782	8	6	6	0.4	0.3	0.4	51.65
	2022	...	...	...	...	...	...	...	51.65
Kyrgyzstan Kirghizistan	2005	19 180	1 284	72	1 205	6.7	0.4	6.3	23.60
	2010	19 180	1 276	74	1 230	6.7	0.4	6.4	23.60
	2020	19 180	1 287	77	1 315	6.7	0.4	6.9	23.60
	2022	...	...	...	...	...	...	...	23.60
Lao People's Dem. Rep. Rép. dém. populaire lao	2005	23 080	1 150	85	17 183	5.0	0.4	74.4	31.11
	2010	23 080	1 400	130	16 941	6.1	0.6	73.4	35.43
	2020	23 080	1 224	130	16 596	5.3	0.6	71.9	48.63
	2022	...	...	...	...	...	...	...	48.63
Latvia Lettonie	2005	6 223	1 092	13	3 307	17.5	0.2	53.1	91.04
	2010	6 223	1 173	7	3 372	18.9	0.1	54.2	97.31
	2020	6 223	1 334	9	3 411	21.4	0.1	54.8	97.31
	2022	...	...	...	...	...	...	...	97.31
Lebanon Liban	2005	1 023	142	141	138	13.9	13.8	13.5	4.37
	2010	1 023	114	126	137	11.1	12.3	13.4	4.38
	2020	1 023	135	134	143	13.2	13.1	14.0	4.66
	2022	...	...	...	...	...	...	...	4.66
Lesotho Lesotho	2005	3 036	323	4	35	10.6	0.1	1.1	16.49
	2010	3 036	322	4	35	10.6	0.1	1.1	16.49
	2020	3 036	596	4	35	19.6	0.1	1.1	16.49
	2022	...	...	...	...	...	...	...	16.49

24 Land *(continued)*
Thousand hectares and percent of total land

Terres *(suite)*
Milliers d'hectares et pourcentage de la superficie totale

Region, country or area Région, pays ou zone	Year Année	Area – Superficie ('000 hectares)				Area – Superficie (Percent of total)&			Sites protected for terre-strial biodiversity Sites pour la bio. terre. dans aires protég. (%)&&
		Total land Superficie totale	Arable land Terres arables	Permanent crops Cultures permanentes	Forest cover Superficie forestière	Arable land Terres arables	Permanent crops Cultures Permanentes	Forest cover Superficie forestière	
Liberia Libéria	2005	9 632	400	215	8 071	4.2	2.2	83.8	15.79
	2010	9 632	480	180	7 920	5.0	1.9	82.2	15.79
	2020	9 632	500	200	7 617	5.2	2.1	79.1	15.79
	2022	...	...	...	...	...	...	...	15.79
Libya Libye	2005	175 954	1 750	335	217	1.0	0.2	0.1	0.00
	2010	175 954	1 716	335	217	1.0	0.2	0.1	0.00
	2020	175 954	1 720	330	217	1.0	0.2	0.1	0.00
	2022	...	...	...	...	...	...	...	0.00
Liechtenstein Liechtenstein	2005	16	3	...	7	18.6	...	41.9	80.80
	2010	16	2	...	7	14.6	...	41.9	80.80
	2020	16	1	...	7	8.8	...	41.9	80.80
	2022	...	...	...	...	...	...	...	80.80
Lithuania Lituanie	2005	6 268	1 907	40	2 095	30.4	0.6	33.4	90.20
	2010	6 268	2 127	31	2 170	33.9	0.5	34.6	91.40
	2020	6 262	2 249	35	2 201	35.9	0.6	35.1	91.68
	2022	...	...	...	...	...	...	...	91.68
Luxembourg Luxembourg	2005	257	60	2	88	23.3	0.8	34.1	74.73
	2010	257	62	2	89	24.1	0.6	34.5	78.59
	2020	257	62	2	89	24.1	0.6	34.5	84.26
	2022	...	...	...	...	...	...	...	84.26
Madagascar Madagascar	2005	58 154	3 000	600	12 796	5.2	1.0	22.0	21.28
	2010	58 154	3 000	600	12 562	5.2	1.0	21.6	23.80
	2020	58 180	3 000	600	12 430	5.2	1.0	21.4	26.58
	2022	...	...	...	...	...	...	...	26.58
Malawi Malawi	2005	9 428	3 200	130	2 872	33.9	1.4	30.5	63.23
	2010	9 428	3 700	135	2 662	39.2	1.4	28.2	63.23
	2020	9 428	3 600	200	2 242	38.2	2.1	23.8	63.23
	2022	...	...	...	...	...	...	...	63.23
Malaysia Malaisie	2005	32 855	949	5 900	19 320	2.9	18.0	58.8	24.83
	2010	32 855	854	6 250	18 948	2.6	19.0	57.7	31.56
	2020	32 855	826	7 460	19 114	2.5	22.7	58.2	37.03
	2022	...	...	...	...	...	...	...	37.03
Maldives Maldives	2005	30	3	5	1	10.0	16.7	2.7	0.00
	2010	30	4	2	1	13.0	6.7	2.7	0.00
	2020	30	4	2	1	13.0	5.0	2.7	0.00
	2022	...	...	...	...	...	...	...	0.00
Mali Mali	2005	122 019	5 603	150	13 296	4.6	0.1	10.9	61.58
	2010	122 019	6 261	150	13 296	5.1	0.1	10.9	61.58
	2020	122 019	6 411	150	13 296	5.3	0.1	10.9	61.58
	2022	...	...	...	...	...	...	...	61.58
Malta Malte	2005	32	8	1	~0	25.6	3.4	1.1	85.58
	2010	32	9	1	~0	28.4	3.9	1.1	89.25
	2020	32	9	1	~0	28.3	4.1	1.4	90.85
	2022	...	...	...	...	...	...	...	90.85
Marshall Islands Îles Marshall	2005	18	2	8	9	11.1	44.4	52.2	6.87
	2010	18	2	8	9	11.1	44.4	52.2	8.40
	2020	18	2	7	9	11.1	36.1	52.2	10.11
	2022	...	...	...	...	...	...	...	10.11
Martinique Martinique	2005	106	10	8	50	9.4	7.5	46.7	53.25
	2010	106	10	7	50	9.6	7.0	47.4	97.18
	2020	106	11	6	52	10.3	5.6	49.3	97.19
	2022	...	...	...	...	...	...	...	97.19
Mauritania Mauritanie	2005	103 070	400	11	394	0.4	~0.0	0.4	11.17
	2010	103 070	450	11	367	0.4	~0.0	0.4	11.17
	2020	103 070	400	11	313	0.4	~0.0	0.3	11.17
	2022	...	...	...	...	...	...	...	11.17
Mauritius Maurice	2005	203	85	4	40	41.9	2.0	19.8	8.96
	2010	203	80	4	38	39.4	2.0	18.9	9.02
	2020	203	75	4	39	36.9	2.0	19.1	9.64
	2022	...	...	...	...	...	...	...	9.64

Region, country or area Région, pays ou zone	Year Année	Area – Superficie ('000 hectares) Total land Superficie totale	Arable land Terres arables	Permanent crops Cultures permanentes	Forest cover Superficie forestière	Area – Superficie (Percent of total)[&] Arable land Terres arables	Permanent crops Cultures Permanentes	Forest cover Superficie forestière	Sites protected for terre-strial biodiversity Sites pour la bio. terre. dans aires protég. (%)[&&]
Mayotte	2005	37	10	10	15	26.7	26.7	40.2	31.72
Mayotte	2010	37	17	3	14	44.4	9.1	38.5	63.16
	2020	37	17	3	14	46.1	7.3	37.1	63.62
	2022	...	...	...	...	...	...	...	63.62
Mexico	2005	194 395	23 296	2 607	67 662	12.0	1.3	34.8	25.79
Mexique	2010	194 395	22 933	2 651	66 943	11.8	1.4	34.4	33.86
	2020	194 395	20 071	2 798	65 692	10.3	1.4	33.8	36.74
	2022	...	...	...	...	...	...	...	37.13
Micronesia (Fed. States of)	2005	70	3	17	64	3.6	24.3	91.4	0.02
Micronésie (États féd. de)	2010	70	2	17	64	2.9	24.3	91.6	0.02
	2020	70	2	17	64	2.9	24.3	92.0	0.02
	2022	...	...	...	...	...	...	...	0.02
Monaco	2005	~0	...	...	0	...	...	0.0	...
Monaco	2010	~0	...	...	0	...	...	0.0	...
	2020	~0	...	...	0	...	...	0.0	...
Mongolia	2005	155 444	1 173	2	14 224	0.8	~0.0	9.2	36.65
Mongolie	2010	155 729	1 236	3	14 184	0.8	~0.0	9.1	40.67
	2020	155 751	1 340	5	14 173	0.9	~0.0	9.1	45.17
	2022	...	...	...	...	...	...	...	45.17
Montenegro	2005	...	...	...	...	...	...	...	17.66
Monténégro	2010	1 345	172	16	827	12.8	1.2	61.5	17.66
	2020	1 345	9	6	827	0.7	0.4	61.5	25.91
	2022	...	...	...	...	...	...	...	25.91
Montserrat	2005	10	2	...	3	20.0	...	25.0	0.00
Montserrat	2010	10	2	...	3	20.0	...	25.0	0.00
	2020	10	2	...	3	20.0	...	25.0	30.63
	2022	...	...	...	...	...	...	...	30.63
Morocco	2005	44 630	8 122	867	5 591	18.2	1.9	12.5	33.10
Maroc	2010	44 630	7 729	1 259	5 675	17.3	2.8	12.7	34.46
	2020	44 630	7 649	1 733	5 742	17.1	3.9	12.9	59.46
	2022	...	...	...	...	...	...	...	59.46
Mozambique	2005	78 638	5 000	250	40 080	6.4	0.3	51.0	36.03
Mozambique	2010	78 638	5 650	300	38 972	7.2	0.4	49.6	36.03
	2020	78 638	5 650	300	36 744	7.2	0.4	46.7	39.60
	2022	...	...	...	...	...	...	...	39.60
Myanmar	2005	65 336	10 059	896	33 155	15.4	1.4	50.7	17.49
Myanmar	2010	65 326	10 811	1 406	31 441	16.5	2.2	48.1	18.84
	2020	65 267	11 018	1 510	28 544	16.9	2.3	43.7	22.31
	2022	...	...	...	...	...	...	...	22.31
Namibia	2005	82 329	814	6	7 704	1.0	~0.0	9.4	42.32
Namibie	2010	82 329	800	9	7 349	1.0	~0.0	8.9	83.47
	2020	82 329	800	10	6 639	1.0	~0.0	8.1	86.18
	2022	...	...	...	...	...	...	...	86.18
Nauru	2005	2	...	~0	0	...	20.0	0.0	0.00
Nauru	2010	2	...	~0	0	...	20.0	0.0	0.00
	2020	2	...	~0	0	...	20.0	0.0	0.00
	2022	...	...	...	...	...	...	...	0.00
Nepal	2005	14 335	2 280	133	5 871	15.9	0.9	41.0	44.69
Népal	2010	14 335	2 180	152	5 962	15.2	1.1	41.6	51.66
	2020	14 335	2 114	212	5 962	14.7	1.5	41.6	51.67
	2022	...	...	...	...	...	...	...	51.67
Netherlands (Kingdom of the)	2005	3 376	1 111	32	366	32.9	0.9	10.9	65.31
Pays-Bas (Royaume des)	2010	3 373	1 023	36	373	30.3	1.1	11.1	68.19
	2020	3 367	1 005	37	370	29.8	1.1	11.0	79.59
	2022	...	...	...	...	...	...	...	79.59
Netherlands Antilles [former]	2005	80	8	...	2	0.8	...	0.6	...
Antilles néerlandaises [anc.]	2010	80	8	...	2	0.8	...	0.6	...
New Caledonia	2005	1 828	7	4	838	0.4	0.2	45.9	5.31
Nouvelle-Calédonie	2010	1 828	7	4	839	0.4	0.2	45.9	27.89
	2020	1 828	6	4	838	0.3	0.2	45.8	42.22
	2022	...	...	...	...	...	...	...	42.22

24 Land *(continued)*
Thousand hectares and percent of total land

Terres *(suite)*
Milliers d'hectares et pourcentage de la superficie totale

Region, country or area Région, pays ou zone	Year Année	Area – Superficie ('000 hectares) Total land Superficie totale	Arable land Terres arables	Permanent crops Cultures permanentes	Forest cover Superficie forestière	Area – Superficie (Percent of total)[&] Arable land Terres arables	Permanent crops Cultures Permanentes	Forest cover Superficie foresțière	Sites protected for terre-strial biodiversity Sites pour la bio. terre. dans aires protég. (%)[&&]
New Zealand Nouvelle-Zélande	2005	26 331	425	63	9 849	1.6	0.2	37.4	43.99
	2010	26 331	499	71	9 848	1.9	0.3	37.4	45.45
	2020	26 331	527	74	9 893	2.0	0.3	37.6	46.22
	2022	...	...	...	...	...	...	...	46.22
Nicaragua Nicaragua	2005	12 034	2 000	290	4 794	16.6	2.4	39.8	66.12
	2010	12 034	1 531	295	4 188	12.7	2.5	34.8	66.12
	2020	12 034	1 504	286	3 408	12.5	2.4	28.3	67.63
	2022	...	...	...	...	...	...	...	67.63
Niger Niger	2005	126 670	14 123	60	1 266	11.1	~0.0	1.0	23.44
	2010	126 670	15 100	100	1 204	11.9	0.1	1.0	23.44
	2020	126 670	17 700	115	1 080	14.0	0.1	0.9	54.69
	2022	...	...	...	...	...	...	...	54.69
Nigeria Nigéria	2005	91 077	36 000	6 400	24 077	39.5	7.0	26.4	68.91
	2010	91 077	33 000	6 700	23 260	36.2	7.4	25.5	79.88
	2020	91 077	35 000	6 500	21 627	38.4	7.1	23.7	79.88
	2022	...	...	...	...	...	...	...	79.88
Niue Nioué	2005	26	1	3	19	3.8	10.8	72.3	95.28
	2010	26	1	3	19	3.8	11.5	72.2	95.28
	2020	26	1	3	19	3.8	11.5	72.6	95.28
	2022	...	...	...	...	...	...	...	95.28
Norfolk Island Île Norfolk	2005	4	...	...	~0	...	...	12.3	55.42
	2010	4	...	...	~0	...	...	12.3	55.42
	2020	4	...	...	~0	...	...	12.3	55.42
	2022	...	...	...	...	...	...	...	55.42
North Macedonia Macédoine du Nord	2005	2 543	448	39	959	17.6	1.5	37.7	24.18
	2010	2 522	414	35	960	16.4	1.4	38.1	24.40
	2020	2 522	416	41	1 001	16.5	1.6	39.7	27.07
	2022	...	...	...	...	...	...	...	27.07
Northern Mariana Islands Îles Mariannes du Nord	2005	46	1	1	31	2.2	2.2	67.7	15.11
	2010	46	~0	~0	30	0.5	0.5	65.9	40.59
	2020	46	~0	~0	24	0.2	0.2	53.0	40.59
	2022	...	...	...	...	...	...	...	40.59
Norway Norvège	2005	36 524	862	5	12 108	2.4	~0.0	33.1	50.65
	2010	36 524	826	5	12 102	2.3	~0.0	33.1	52.72
	2020	36 429	804	3	12 180	2.2	~0.0	33.4	56.80
	2022	...	...	...	...	...	...	...	56.80
Oman Oman	2005	30 950	28	37	3	0.1	0.1	~0.0	19.83
	2010	30 950	34	38	3	0.1	0.1	~0.0	19.83
	2020	30 950	75	33	3	0.2	0.1	~0.0	23.30
	2022	...	...	...	...	...	...	...	23.30
Other non-specified areas Autres zones non-spécifiées	2005	3 541	603	230	...	17.0	6.5	...	...
	2010	3 541	598	215	...	16.9	6.1	...	...
	2020	3 541	590	200	...	16.7	5.6	...	...
Pakistan Pakistan	2005	77 088	30 170	795	4 302	39.1	1.0	5.6	34.79
	2010	77 088	29 390	852	4 094	38.1	1.1	5.3	34.79
	2020	77 088	30 930	793	3 726	40.1	1.0	4.8	34.79
	2022	...	...	...	...	...	...	...	34.79
Palau Palaos	2005	46	~0	2	40	0.7	4.3	87.1	34.04
	2010	46	~0	2	41	0.7	4.3	88.2	46.26
	2020	46	~0	2	41	0.7	4.3	90.0	48.10
	2022	...	...	...	...	...	...	...	48.10
Panama Panama	2005	7 434	548	160	4 385	7.4	2.2	59.0	47.75
	2010	7 434	569	189	4 328	7.7	2.5	58.2	54.28
	2020	7 418	565	100	4 214	7.6	1.3	56.8	54.95
	2022	...	...	...	...	...	...	...	54.95
Papua New Guinea Papouasie-Nvl-Guinée	2005	45 286	240	600	36 228	0.5	1.3	80.0	6.87
	2010	45 286	300	700	36 179	0.7	1.5	79.9	7.22
	2020	45 286	300	700	35 856	0.7	1.5	79.2	7.31
	2022	...	...	...	...	...	...	...	7.31

Land *(continued)*
Thousand hectares and percent of total land

Terres *(suite)*
Milliers d'hectares et pourcentage de la superficie totale

Region, country or area Région, pays ou zone	Year Année	Area – Superficie ('000 hectares) Total land Superficie totale	Area – Superficie ('000 hectares) Arable land Terres arables	Area – Superficie ('000 hectares) Permanent crops Cultures permanentes	Area – Superficie ('000 hectares) Forest cover Superficie forestière	Area – Superficie (Percent of total)[&] Arable land Terres arables	Area – Superficie (Percent of total)[&] Permanent crops Cultures Permanentes	Area – Superficie (Percent of total)[&] Forest cover Superficie forestière	Sites protected for terre-strial biodiversity Sites pour la bio. terre. dans aires protég. (%)[&&]
Paraguay Paraguay	2005	39 730	3 460	100	21 281	8.7	0.3	53.6	30.41
	2010	39 730	3 975	85	19 570	10.0	0.2	49.3	36.15
	2020	39 730	4 734	90	16 102	11.9	0.2	40.5	36.25
	2022	...	...	...	...	...	...	...	36.25
Peru Pérou	2005	128 000	4 687	1 090	74 674	3.7	0.9	58.3	20.37
	2010	128 000	4 856	1 307	74 050	3.8	1.0	57.9	24.90
	2020	128 000	3 580	2 098	72 330	2.8	1.6	56.5	27.68
	2022	...	...	...	...	...	...	...	28.39
Philippines Philippines	2005	29 817	5 005	4 850	7 074	16.8	16.3	23.7	21.97
	2010	29 817	5 300	5 300	6 840	17.8	17.8	22.9	25.41
	2020	29 817	5 590	5 585	7 189	18.7	18.7	24.1	42.79
	2022	...	...	...	...	...	...	...	42.79
Pitcairn Pitcairn	2005	5	...	...	4	...	...	74.5	16.33
	2010	5	...	...	4	...	...	74.5	16.33
	2020	5	...	...	4	...	...	74.5	57.17
	2022	...	...	...	...	...	...	...	57.17
Poland Pologne	2005	30 633	12 141	378	9 194	39.6	1.2	30.0	69.42
	2010	30 628	10 829	390	9 329	35.4	1.3	30.5	85.61
	2020	30 613	10 921	350	9 483	35.7	1.1	31.0	88.70
	2022	...	...	...	...	...	...	...	88.70
Portugal Portugal	2005	9 147	1 305	749	3 267	14.3	8.2	35.7	50.18
	2010	9 159	1 148	714	3 252	12.5	7.8	35.5	73.92
	2020	9 161	952	867	3 312	10.4	9.5	36.2	77.27
	2022	...	...	...	...	...	...	...	77.27
Puerto Rico Porto Rico	2005	887	51	37	460	5.7	4.2	51.9	33.03
	2010	887	49	31	491	5.5	3.5	55.4	33.03
	2020	887	50	15	496	5.7	1.7	56.0	33.03
	2022	...	...	...	...	...	...	...	33.03
Qatar Qatar	2005	1 161	12	3	0	1.0	0.2	0.0	0.00
	2010	1 161	15	3	0	1.3	0.2	0.0	59.99
	2020	1 149	21	3	0	1.8	0.3	0.0	59.99
	2022	...	...	...	...	...	...	...	59.99
Republic of Korea République de Corée	2005	9 685	1 643	181	6 432	17.0	1.9	66.4	23.94
	2010	9 720	1 507	208	6 387	15.5	2.1	65.7	33.79
	2020	9 760	1 352	213	6 287	13.9	2.2	64.4	37.58
	2022	...	...	...	...	...	...	...	37.58
Republic of Moldova République de Moldova	2005	3 289	1 833	302	359	55.7	9.2	10.9	53.87
	2010	3 285	1 813	299	375	55.2	9.1	11.4	62.17
	2020	3 288	1 700	227	387	51.7	6.9	11.8	78.37
	2022	...	...	...	...	...	...	...	78.37
Réunion Réunion	2005	250	35	3	92	14.0	1.2	37.0	0.81
	2010	250	35	3	94	14.1	1.2	37.6	45.22
	2020	251	34	3	98	13.5	1.2	39.2	46.26
	2022	...	...	...	...	...	...	...	46.26
Romania Roumanie	2005	22 998	8 985	510	6 441	39.1	2.2	28.0	17.32
	2010	23 005	9 146	463	6 515	39.8	2.0	28.3	64.97
	2020	23 008	8 915	416	6 929	38.7	1.8	30.1	75.96
	2022	...	...	...	...	...	...	...	75.96
Russian Federation Fédération de Russie	2005	1 638 139	121 781	1 800	812 202	7.4	0.1	49.6	21.40
	2010	1 637 687	121 649	1 793	815 136	7.4	0.1	49.8	22.75
	2020	1 637 687	121 649	1 793	815 312	7.4	0.1	49.8	25.48
	2022	...	...	...	...	...	...	...	25.48
Rwanda Rwanda	2005	2 467	1 083	250	276	43.9	10.1	11.2	47.05
	2010	2 467	1 124	250	265	45.6	10.1	10.7	47.05
	2020	2 467	1 152	250	276	46.7	10.1	11.2	51.24
	2022	...	...	...	...	...	...	...	51.24
Saint Barthélemy Saint-Barthélemy	2005	...	...	...	...	...	...	...	17.71
	2010	...	...	...	...	...	...	...	51.71
	2020	2	...	...	~0	...	...	8.5	51.71
	2022	...	...	...	...	...	...	...	51.71

24 Land *(continued)*

Thousand hectares and percent of total land

Terres *(suite)*

Milliers d'hectares et pourcentage de la superficie totale

Region, country or area Région, pays ou zone	Year Année	Area – Superficie ('000 hectares): Total land Superficie totale	Arable land Terres arables	Permanent crops Cultures permanentes	Forest cover Superficie forestière	Area – Superficie (Percent of total)&: Arable land Terres arables	Permanent crops Cultures Permanentes	Forest cover Superficie forestière	Sites protected for terre-strial biodiversity Sites pour la bio. terre. dans aires protég. (%)&&
Saint Helena Sainte-Hélène	2005	39	4	...	2	10.3	...	5.1	15.38
	2010	39	4	...	2	10.3	...	5.1	15.38
	2020	39	4	...	2	10.3	...	5.1	38.46
	2022	...	...	...	...	...	...	...	38.46
Saint Kitts and Nevis Saint-Kitts-et-Nevis	2005	26	4	~0	11	15.3	0.1	42.3	0.00
	2010	26	5	~0	11	17.3	0.4	42.3	22.35
	2020	26	5	~0	11	19.2	0.4	42.3	56.82
	2022	...	...	...	...	...	...	...	56.82
Saint Lucia Sainte-Lucie	2005	61	2	8	21	3.6	12.6	34.2	32.57
	2010	61	3	7	21	4.4	11.3	34.0	45.56
	2020	61	3	7	21	4.4	11.3	34.0	45.56
	2022	...	...	...	...	...	...	...	45.56
Saint Martin (French part) St-Martin (partie française)	2005	...	...	...	...	...	...	...	29.21
	2010	...	...	...	...	...	...	...	59.34
	2020	5	...	...	1	...	...	24.8	59.39
	2022	...	...	...	...	...	...	...	59.39
Saint Pierre and Miquelon Saint-Pierre-et-Miquelon	2005	23	3	...	2	13.0	...	6.8	0.80
	2010	23	3	...	1	13.0	...	6.3	0.80
	2020	23	2	...	1	8.7	...	5.3	1.64
	2022	...	...	...	...	...	...	...	1.64
Saint Vincent & Grenadines Saint-Vincent-Grenadines	2005	39	2	3	29	5.1	7.7	73.2	45.64
	2010	39	2	3	29	5.1	7.7	73.2	45.64
	2020	39	2	3	29	5.1	7.7	73.2	45.64
	2022	...	...	...	...	...	...	...	45.64
Samoa Samoa	2005	283	11	27	169	3.9	9.5	59.7	46.24
	2010	283	12	24	166	4.2	8.3	58.8	47.00
	2020	278	11	32	162	4.1	11.4	58.2	47.05
	2022	...	...	...	...	...	...	...	47.05
San Marino Saint-Marin	2005	6	1	...	1	16.7	...	16.7	...
	2010	6	1	...	1	16.7	...	16.7	...
	2020	6	2	~0	1	33.1	5.3	16.7	...
Sao Tome and Principe Sao Tomé-et-Principe	2005	96	7	40	58	7.3	41.7	60.7	0.00
	2010	96	6	39	58	6.3	40.6	60.5	86.27
	2020	96	4	39	52	4.2	40.6	54.1	86.27
	2022	...	...	...	...	...	...	...	86.27
Saudi Arabia Arabie saoudite	2005	214 969	3 500	217	977	1.6	0.1	0.5	21.98
	2010	214 969	3 180	226	977	1.5	0.1	0.5	21.98
	2020	214 969	3 430	166	977	1.6	0.1	0.5	21.98
	2022	...	...	...	...	...	...	...	21.98
Senegal Sénégal	2005	19 253	3 126	50	8 661	16.2	0.3	45.0	42.47
	2010	19 253	3 800	58	8 468	19.7	0.3	44.0	42.47
	2020	19 253	3 200	78	8 068	16.6	0.4	41.9	45.42
	2022	...	...	...	...	...	...	...	45.42
Serbia Serbie	2005	...	...	...	...	...	...	...	20.99
	2010	8 746	2 654	190	2 713	30.3	2.2	31.0	21.47
	2020	8 746	2 604	207	2 723	29.8	2.4	31.1	29.45
	2022	...	...	...	...	...	...	...	29.45
Serbia and Monten. [former] Serbie-et-Monténégro [anc.]	2005	10 200	3 505	317	3 313	135.0	165.8	126.8	...
Seychelles Seychelles	2005	46	1	3	34	2.2	6.5	73.3	24.01
	2010	46	1	2	34	2.0	3.3	73.3	24.33
	2020	46	~0	1	34	0.3	3.0	73.3	52.77
	2022	...	...	...	...	...	...	...	52.77
Sierra Leone Sierra Leone	2005	7 218	1 472	140	2 831	20.4	1.9	39.2	51.61
	2010	7 218	1 580	150	2 732	21.9	2.1	37.9	62.08
	2020	7 218	1 584	165	2 535	21.9	2.3	35.1	65.32
	2022	...	...	...	...	...	...	...	65.32
Singapore Singapour	2005	69	1	~0	17	1.0	0.1	25.2	21.14
	2010	70	1	~0	18	0.9	0.1	25.3	21.14
	2020	72	1	~0	16	0.8	0.1	21.7	21.14
	2022	...	...	...	...	...	...	...	21.14

24 Land *(continued)*

Thousand hectares and percent of total land

Terres *(suite)*

Milliers d'hectares et pourcentage de la superficie totale

Region, country or area Région, pays ou zone	Year Année	Area – Superficie ('000 hectares) Total land Superficie totale	Arable land Terres arables	Permanent crops Cultures permanentes	Forest cover Superficie forestière	Area – Superficie (Percent of total)[&] Arable land Terres arables	Permanent crops Cultures Permanentes	Forest cover Superficie forestière	Sites protected for terre-strial biodiversity Sites pour la bio. terre. dans aires protég. (%)[&&]
Sint Maarten (Dutch part)	2005	...	...	...	...	...	...	...	5.10
St-Martin (partie néerland.)	2010	...	...	...	...	...	...	...	5.10
	2020	3	...	...	~0	...	...	10.9	5.10
	2022	...	...	...	...	...	...	...	5.10
Slovakia	2005	4 810	1 391	26	1 910	28.9	0.5	39.7	73.22
Slovaquie	2010	4 809	1 392	25	1 918	28.9	0.5	39.9	73.66
	2020	4 808	1 346	18	1 926	28.0	0.4	40.1	85.79
	2022	...	...	...	...	...	...	...	85.79
Slovenia	2005	2 014	176	28	1 240	8.7	1.4	61.6	70.93
Slovénie	2010	2 015	185	52	1 247	9.2	2.6	61.9	71.00
	2020	2 014	181	53	1 238	9.0	2.6	61.5	73.87
	2022	...	...	...	...	...	...	...	73.87
Solomon Islands	2005	2 799	16	65	2 534	0.6	2.3	90.5	3.41
Îles Salomon	2010	2 799	19	80	2 530	0.7	2.9	90.4	4.48
	2020	2 799	20	89	2 523	0.7	3.2	90.1	4.60
	2022	...	...	...	...	...	...	...	4.78
Somalia	2005	62 734	1 350	27	7 131	2.2	~0.0	11.4	0.00
Somalie	2010	62 734	1 100	28	6 748	1.8	~0.0	10.8	0.00
	2020	62 734	1 100	25	5 980	1.8	~0.0	9.5	0.00
	2022	...	...	...	...	...	...	...	0.00
South Africa	2005	121 309	13 175	380	17 596	10.9	0.3	14.5	30.21
Afrique du Sud	2010	121 309	12 533	430	17 414	10.3	0.4	14.4	30.86
	2020	121 309	12 000	413	17 050	9.9	0.3	14.1	36.35
	2022	...	...	...	...	...	...	...	36.48
South Georgia & Sandwich Is.	2005	...	...	...	...	...	...	...	0.00
Géorgie du S.-Îles Sandwich	2010	...	...	...	...	...	...	...	0.00
	2022	...	...	...	...	...	...	...	~0.00
South Sudan	2005	...	...	...	...	...	...	...	29.85
Soudan du sud	2010	...	...	...	...	...	...	...	33.60
	2020	63 193	2 395	83	7 157	3.8	0.1	11.3	33.60
	2022	...	...	...	...	...	...	...	33.60
Spain	2005	49 909	12 913	4 931	17 820	25.9	9.9	35.7	44.64
Espagne	2010	50 001	12 528	4 693	18 545	25.1	9.4	37.1	51.33
	2020	49 956	11 639	5 007	18 572	23.3	10.0	37.2	57.61
	2022	...	...	...	...	...	...	...	57.61
Sri Lanka	2005	6 271	1 100	970	2 135	17.5	15.5	34.0	37.06
Sri Lanka	2010	6 271	1 200	980	2 104	19.1	15.6	33.5	41.37
	2020	6 186	1 372	1 000	2 113	22.2	16.2	34.2	43.69
	2022	...	...	...	...	...	...	...	43.69
State of Palestine	2005	602	99	115	10	16.4	19.1	1.6	14.59
État de Palestine	2010	602	44	54	10	7.3	9.0	1.7	17.45
	2020	602	70	98	10	11.6	16.3	1.7	20.93
	2022	...	...	...	...	...	...	...	20.93
Sudan	2005	...	...	...	...	...	...	...	9.09
Soudan	2010	...	...	...	...	...	...	...	9.09
	2020	186 800	20 995	216	18 360	11.2	0.1	9.8	17.81
	2022	...	...	...	...	...	...	...	17.81
Sudan [former]	2005	237 600	18 750	130	28 111	94.4	83.7	142.5	...
Soudan [anc.]	2010	237 600	19 878	142	27 238	96.1	65.5	144.3	...
	2011	237 600	19 878	142	27 064	94.7	65.5	144.7	...
Suriname	2005	15 600	49	6	15 320	0.3	~0.0	98.2	51.19
Suriname	2010	15 600	55	6	15 300	0.4	~0.0	98.1	51.19
	2020	15 600	62	5	15 196	0.4	~0.0	97.4	51.19
	2022	...	...	...	...	...	...	...	51.19
Svalbard and Jan Mayen Is.	2005	...	...	...	...	...	...	...	65.25
Îles Svalbard-et-Jan Mayen	2010	...	...	...	...	...	...	...	65.25
	2022	...	...	...	...	...	...	...	69.26
Sweden	2005	40 734	2 687	3	28 118	6.6	~0.0	69.0	52.90
Suède	2010	40 734	2 619	3	28 073	6.4	~0.0	68.9	56.51
	2020	40 728	2 539	3	27 980	6.2	~0.0	68.7	59.23
	2022	...	...	...	...	...	...	...	59.23

24 Land *(continued)*

Thousand hectares and percent of total land

Terres *(suite)*

Milliers d'hectares et pourcentage de la superficie totale

Region, country or area Région, pays ou zone	Year Année	Area – Superficie ('000 hectares) Total land Superficie totale	Arable land Terres arables	Permanent crops Cultures permanentes	Forest cover Superficie forestière	Area – Superficie (Percent of total)& Arable land Terres arables	Permanent crops Cultures Permanentes	Forest cover Superficie forestière	Sites protected for terre-strial biodiversity Sites pour la bio. terre. dans aires protég. (%)&&
Switzerland	2005	3 952	406	23	1 215	10.3	0.6	30.8	33.17
Suisse	2010	3 952	405	24	1 235	10.2	0.6	31.2	34.48
	2020	3 952	400	25	1 269	10.1	0.6	32.1	37.08
	2022	...	...	...	...	...	...	...	37.09
Syrian Arab Republic	2005	18 357	4 675	887	462	25.5	4.8	2.5	0.00
République arabe syrienne	2010	18 363	4 687	1 009	492	25.5	5.5	2.7	0.00
	2020	18 363	4 662	1 071	522	25.4	5.8	2.8	0.00
	2022	...	...	...	...	...	...	...	0.00
Tajikistan	2005	13 996	757	117	410	5.4	0.8	2.9	15.77
Tadjikistan	2010	13 996	747	134	410	5.3	1.0	2.9	15.77
	2020	13 879	839	202	424	6.0	1.5	3.1	16.81
	2022	...	...	...	...	...	...	...	16.81
Thailand	2005	51 089	15 200	3 610	19 536	29.8	7.1	38.2	63.36
Thaïlande	2010	51 089	15 760	4 500	20 073	30.8	8.8	39.3	66.74
	2020	51 089	16 810	5 400	19 873	32.9	10.6	38.9	68.03
	2022	...	...	...	...	...	...	...	68.03
Timor-Leste	2005	1 487	118	65	942	7.9	4.4	63.4	12.97
Timor-Leste	2010	1 487	116	72	935	7.8	4.8	62.9	40.67
	2020	1 487	112	80	921	7.5	5.4	61.9	45.58
	2022	...	...	...	...	...	...	...	45.58
Togo	2005	5 439	2 370	150	1 254	43.6	2.8	23.0	79.45
Togo	2010	5 439	2 460	205	1 239	45.2	3.8	22.8	79.45
	2020	5 439	2 650	170	1 209	48.7	3.1	22.2	79.45
	2022	...	...	...	...	...	...	...	79.45
Tokelau	2005	1	...	1	0	...	60.0	0.0	0.00
Tokélaou	2010	1	...	1	0	...	60.0	0.0	0.00
	2020	1	...	1	0	...	60.0	0.0	0.00
	2022	...	...	...	...	...	...	...	0.00
Tonga	2005	72	15	11	9	20.8	15.3	12.4	26.07
Tonga	2010	72	17	11	9	23.6	15.3	12.4	26.07
	2020	72	20	11	9	27.8	15.3	12.4	26.07
	2022	...	...	...	...	...	...	...	26.07
Trinidad and Tobago	2005	513	25	22	235	4.9	4.3	45.7	32.00
Trinité-et-Tobago	2010	513	25	22	232	4.9	4.3	45.3	32.00
	2020	513	25	22	228	4.9	4.3	44.5	32.00
	2022	...	...	...	...	...	...	...	32.00
Tunisia	2005	15 536	2 730	2 166	678	17.6	13.9	4.4	14.69
Tunisie	2010	15 536	2 823	2 363	687	18.2	15.2	4.4	26.01
	2020	15 536	2 595	2 386	703	16.7	15.4	4.5	39.80
	2022	...	...	...	...	...	...	...	39.80
Türkiye	2005	76 963	23 830	2 776	20 616	31.0	3.6	26.8	2.27
Türkiye	2010	76 963	21 384	3 011	21 083	27.8	3.9	27.4	2.27
	2020	76 963	19 586	3 559	22 220	25.4	4.6	28.9	2.33
	2022	...	...	...	...	...	...	...	2.33
Turkmenistan	2005	46 993	2 040	60	4 127	4.3	0.1	8.8	14.04
Turkménistan	2010	46 993	1 940	60	4 127	4.1	0.1	8.8	14.04
	2020	46 993	1 940	60	4 127	4.1	0.1	8.8	14.04
	2022	...	...	...	...	...	...	...	14.04
Turks and Caicos Islands	2005	95	1	...	11	1.1	...	11.1	27.94
Îles Turques-et-Caïques	2010	95	1	...	11	1.1	...	11.1	27.94
	2020	95	1	...	11	1.1	...	11.1	27.94
	2022	...	...	...	...	...	...	...	27.94
Tuvalu	2005	3	...	2	1	...	56.7	33.3	...
Tuvalu	2010	3	...	2	1	...	60.0	33.3	...
	2020	3	...	2	1	...	60.0	33.3	...
Uganda	2005	19 981	5 950	2 200	2 957	29.8	11.0	14.8	65.87
Ouganda	2010	20 052	6 750	2 200	2 750	33.7	11.0	13.7	72.24
	2020	20 052	6 900	2 200	2 338	34.4	11.0	11.7	72.24
	2022	...	...	...	...	...	...	...	72.24

24 Land *(continued)*
Thousand hectares and percent of total land

Terres *(suite)*
Milliers d'hectares et pourcentage de la superficie totale

Region, country or area Région, pays ou zone	Year Année	Area – Superficie ('000 hectares) Total land Superficie totale	Arable land Terres arables	Permanent crops Cultures permanentes	Forest cover Superficie forestière	Area – Superficie (Percent of total)[&] Arable land Terres arables	Permanent crops Cultures Permanentes	Forest cover Superficie forestière	Sites protected for terre-strial biodiversity Sites pour la bio. terre. dans aires protég. (%)[&&]
Ukraine Ukraine	2005	57 938	32 452	901	9 529	56.0	1.6	16.4	56.43
	2010	57 932	32 477	897	9 548	56.1	1.5	16.5	57.09
	2020	57 940	32 924	853	9 690	56.8	1.5	16.7	59.77
	2022	...	...	...	...	...	...	...	59.77
United Arab Emirates Émirats arabes unis	2005	7 102	68	189	313	1.0	2.7	4.4	28.56
	2010	7 102	51	42	317	0.7	0.6	4.5	28.56
	2020	7 102	49	41	317	0.7	0.6	4.5	51.55
	2022	...	...	...	...	...	...	...	51.55
United Kingdom Royaume-Uni	2005	24 193	5 729	47	3 007	23.7	0.2	12.4	79.36
	2010	24 193	5 970	46	3 059	24.7	0.2	12.6	80.40
	2020	24 193	5 979	45	3 190	24.7	0.2	13.2	81.41
	2022	...	...	...	...	...	...	...	81.41
United Rep. of Tanzania Rép.-Unie de Tanzanie	2005	88 580	9 654	1 660	51 810	10.9	1.9	58.5	55.02
	2010	88 580	11 689	1 711	49 950	13.2	1.9	56.4	57.21
	2020	88 580	13 503	2 019	45 745	15.2	2.3	51.6	62.63
	2022	...	...	...	...	...	...	...	62.79
U.S. Minor Outlying islands Îles min. éloignées des É-U	2005	...	...	...	...	...	...	...	73.06
	2010	...	...	...	...	...	...	...	96.01
	2022	...	...	...	...	...	...	...	96.01
United States of America États-Unis d'Amérique	2005	916 192	166 271	2 700	306 128	18.1	0.3	33.4	34.32
	2010	914 742	157 717	2 700	308 720	17.2	0.3	33.7	43.31
	2020	914 742	157 737	2 700	309 795	17.2	0.3	33.9	44.57
	2022	...	...	...	...	...	...	...	44.57
United States Virgin Islands Îles Vierges américaines	2005	35	2	1	19	5.7	2.9	55.6	42.81
	2010	35	1	1	18	2.9	2.9	52.7	42.81
	2020	35	1	~0	20	2.6	0.6	56.9	43.26
	2022	...	...	...	...	...	...	...	43.26
Uruguay Uruguay	2005	17 502	1 392	40	1 550	8.0	0.2	8.9	6.32
	2010	17 502	2 033	38	1 731	11.6	0.2	9.9	11.96
	2020	17 502	2 024	39	2 031	11.6	0.2	11.6	23.30
	2022	...	...	...	...	...	...	...	23.30
Uzbekistan Ouzbékistan	2005	43 585	4 367	349	3 156	10.0	0.8	7.2	15.39
	2010	43 589	4 172	359	3 350	9.6	0.8	7.7	15.39
	2020	44 065	4 023	415	3 690	9.1	0.9	8.4	17.73
	2022	...	...	...	...	...	...	...	17.73
Vanuatu Vanuatu	2005	1 219	20	121	442	1.6	9.9	36.3	2.84
	2010	1 219	20	125	442	1.6	10.3	36.3	2.84
	2020	1 219	20	125	442	1.6	10.3	36.3	2.84
	2022	...	...	...	...	...	...	...	2.84
Venezuela (Boliv. Rep. of) Venezuela (Rép. boliv. du)	2005	88 205	2 655	700	48 328	3.0	0.8	54.8	78.78
	2010	88 205	2 600	700	47 505	2.9	0.8	53.9	78.78
	2020	88 205	2 600	700	46 231	2.9	0.8	52.4	78.78
	2022	...	...	...	...	...	...	...	78.78
Viet Nam Viet Nam	2005	31 284	6 358	3 054	12 586	20.3	9.8	40.2	28.53
	2010	31 329	6 437	3 681	13 388	20.5	11.7	42.7	31.24
	2020	31 343	6 787	4 931	14 643	21.7	15.7	46.7	40.10
	2022	...	...	...	...	...	...	...	40.10
Wallis and Futuna Islands Îles Wallis-et-Futuna	2005	14	1	5	6	7.1	35.7	41.5	0.00
	2010	14	1	5	6	7.1	35.7	41.6	0.00
	2020	14	1	5	6	7.1	35.7	41.6	0.00
	2022	...	...	...	...	...	...	...	0.00
Western Sahara Sahara occidental	2005	26 600	4	...	667	~0.0	...	2.5	...
	2010	26 600	4	...	665	~0.0	...	2.5	...
	2020	26 600	4	...	665	~0.0	...	2.5	...
Yemen Yémen	2005	52 797	1 287	236	549	2.4	0.4	1.0	0.00
	2010	52 797	1 291	288	549	2.4	0.5	1.0	27.95
	2020	52 797	1 158	294	549	2.2	0.6	1.0	27.95
	2022	...	...	...	...	...	...	...	27.95

24 Land *(continued)*
Thousand hectares and percent of total land

Terres *(suite)*
Milliers d'hectares et pourcentage de la superficie totale

Region, country or area Région, pays ou zone	Year Année	Area – Superficie ('000 hectares) Total land Superficie totale	Arable land Terres arables	Permanent crops Cultures permanentes	Forest cover Superficie forestière	Area – Superficie (Percent of total)& Arable land Terres arables	Permanent crops Cultures Permanentes	Forest cover Superficie forestière	Sites protected for terre-strial biodiversity Sites pour la bio. terre. dans aires protég. (%)&&
Zambia	2005	74 339	2 727	35	46 875	3.7	~0.0	63.1	46.14
Zambie	2010	74 339	3 400	36	46 696	4.6	~0.0	62.8	46.14
	2020	74 339	3 800	36	44 814	5.1	~0.0	60.3	46.14
	2022	...	...	...	...	...	...	...	46.14
Zimbabwe	2005	38 685	3 900	100	18 136	10.1	0.3	46.9	76.11
Zimbabwe	2010	38 685	4 000	100	17 905	10.3	0.3	46.3	76.11
	2020	38 685	4 000	100	17 445	10.3	0.3	45.1	81.22
	2022	...	...	...	...	...	...	...	81.22
European Union (EU)	*2005	399 433	103 832	12 373	154 206	26.0	3.1	38.6	...
Union européenne (UE)	*2010	399 528	101 066	11 963	156 613	25.3	3.0	39.2	...
	*2020	399 645	98 653	12 122	159 231	24.7	3.0	39.8	...
LLDCs	2005	* 1 606 647	* 123 240	* 6 247	* 288 433	* 7.7	* 0.4	* 18.0	32.70
PDSL	2010	* 1 606 979	* 131 000	* 6 847	* 283 131	* 8.2	* 0.4	* 17.6	35.35
	2020	* 1 670 557	* 141 546	* 8 488	* 278 073	* 8.5	* 0.5	* 16.6	38.62
	2022	...	...	...	...	...	...	...	38.62
LDCs	2005	* 2 028 610	* 155 148	* 12 740	* 589 988	* 7.6	* 0.6	* 29.1	28.03
PMAs	2010	* 2 028 672	* 170 843	* 14 791	* 574 601	* 8.4	* 0.7	* 28.3	33.11
	2020	* 2 041 032	* 187 845	* 18 308	* 535 645	* 9.2	* 0.9	* 26.2	37.78
	2022	...	...	...	...	...	...	...	37.86
SIDS	2005	* 119 547	* 7 235	* 2 826	* 87 351	* 6.1	* 2.4	* 73.1	16.57
PEID	2010	* 119 550	* 7 187	* 2 916	* 87 545	* 6.0	* 2.4	* 73.2	22.05
	2020	* 119 326	* 6 782	* 3 096	* 87 236	* 5.7	* 2.6	* 73.1	27.12
	2022	...	...	...	...	...	...	...	27.23

Source:

Food and Agriculture Organization of the United Nations (FAO), Rome, FAOSTAT data last accessed December 2022.
United Nations Environment Programme (UNEP) World Conservation Monitoring Centre (WCMC) and World Conservation Union (IUCN) and BirdLife International, Cambridge, Sustainable Development Goals database, March 2023.

& Figures calculated by the United Nations Statistics Division. && Based on spatial overlap between polygons for Key Biodiversity Areas from the World Database of Key Biodiveristy Areas and polygons for protected areas from the World Database on Protected Areas.

1 Calculated by the UN Statistics Division.

Source:

Organisation des Nations Unies pour l'alimentation et l'agriculture (FAO), Rome, base de données FAOSTAT, dernier accès Décembre 2022.
Le Programme des Nations Unies pour l'environnement (PNUE) Le Centre mondial de surveillance de la conservation (CMSC) et l'Union mondiale pour la nature (IUCN) et BirdLife International, Cambridge, base de données sur les Objectifs de développement durable (ODD), mars 2023.

& Chiffres calculés par la Division de statistique des Nations Unies. && basées sur un chevauchement spatial entre les zones clés pour la biodiversité de la base de données mondiale pour les zones clés pour la biodiversité et les polygones pour les zones protégées de la base de données mondiale sur les zones protégées.

1 Calculés par la Division de statistique des Nations Unies.

25 Threatened species
Number of species by taxonomic group

Espèces menacées
Nombre d'espèces menacées par groupe taxonomique

Country or area &	2004	2010	2015	2019	2020	2021	2022	Pays ou zone &
Afghanistan								**Afghanistan**
Vertebrates	31	31	31	33	33	38	42	Vertébrés
Invertebrates	1	1	2	2	2	2	2	Invertébrés
Plants	1	2	5	5	5	8	11	Plantes
Total	33	34	38	40	40	48	55	Total
Åland Islands								**Îles d'Åland**
Vertebrates	...	...	...	...	0	0	0	Vertébrés
Invertebrates	...	...	...	...	0	0	0	Invertébrés
Plants	...	...	...	...	1	1	1	Plantes
Total	...	...	...	...	1	1	1	Total
Albania								**Albanie**
Vertebrates	33	53	54	61	64	70	78	Vertébrés
Invertebrates	4	47	58	71	73	72	74	Invertébrés
Plants	0	0	0	5	5	5	5	Plantes
Total	37	100	112	137	142	147	157	Total
Algeria								**Algérie**
Vertebrates	36	69	71	81	85	96	109	Vertébrés
Invertebrates	12	21	26	40	42	42	44	Invertébrés
Plants	2	15	17	24	28	32	33	Plantes
Total	50	105	114	145	155	170	186	Total
American Samoa								**Samoa américaines**
Vertebrates	18	21	25	29	32	34	37	Vertébrés
Invertebrates	5	57	64	65	65	66	66	Invertébrés
Plants	1	1	1	1	2	2	2	Plantes
Total	24	79	90	95	99	102	105	Total
Andorra								**Andorre**
Vertebrates	1	4	4	6	6	6	6	Vertébrés
Invertebrates	4	4	7	8	8	7	8	Invertébrés
Plants	0	0	0	1	1	1	1	Plantes
Total	5	8	11	15	15	14	15	Total
Angola								**Angola**
Vertebrates	44	77	87	111	117	134	149	Vertébrés
Invertebrates	6	7	9	11	11	11	11	Invertébrés
Plants	26	33	34	36	43	48	69	Plantes
Total	76	117	130	158	171	193	229	Total
Anguilla								**Anguilla**
Vertebrates	15	20	37	43	47	56	57	Vertébrés
Invertebrates	0	10	10	10	10	10	25	Invertébrés
Plants	3	3	4	4	3	3	3	Plantes
Total	18	33	51	57	60	69	85	Total
Antarctica								**Antarctique**
Vertebrates	8	6	6	6	6	8	8	Vertébrés
Invertebrates	0	0	0	0	0	0	0	Invertébrés
Plants	0	0	0	0	0	0	0	Plantes
Total	8	6	6	6	6	8	8	Total
Antigua and Barbuda								**Antigua-et-Barbuda**
Vertebrates	18	23	38	44	47	60	61	Vertébrés
Invertebrates	0	11	11	11	11	11	25	Invertébrés
Plants	4	4	4	4	3	2	2	Plantes
Total	22	38	53	59	61	73	88	Total
Areas n.e.s								**Zones n.s.a**
Vertebrates	1	1	1	7	...	...	...	Vertébrés
Invertebrates	0	0	1	1	...	...	...	Invertébrés
Plants	0	0	0	...	...	...	...	Plantes
Total	1	1	2	8	...	...	...	Total
Argentina								**Argentine**
Vertebrates	134	157	160	190	194	210	261	Vertébrés
Invertebrates	10	12	13	14	15	19	19	Invertébrés
Plants	42	44	70	75	76	91	95	Plantes
Total	186	213	243	279	285	320	375	Total
Armenia								**Arménie**
Vertebrates	27	29	31	34	34	32	32	Vertébrés
Invertebrates	7	6	9	9	9	8	8	Invertébrés
Plants	1	1	71	76	76	76	76	Plantes
Total	35	36	111	119	119	116	116	Total

25 Threatened species *(continued)*
Number of species by taxonomic group

Espèces menacées *(suite)*
Nombre d'espèces menacées par groupe taxonomique

Country or area &	2004	2010	2015	2019	2020	2021	2022	Pays ou zone &
Aruba								**Aruba**
Vertebrates	17	20	25	33	37	53	55	Vertébrés
Invertebrates	1	1	2	2	2	2	26	Invertébrés
Plants	0	1	2	3	5	5	5	Plantes
Total	18	22	29	38	44	60	86	Total
Australia [1]								**Australie** [1]
Vertebrates	282	297	304	363	433	457	473	Vertébrés
Invertebrates	283	489	514	545	548	556	594	Invertébrés
Plants	56	67	91	108	327	760	804	Plantes
Total	621	853	909	1 016	1 308	1 773	1 871	Total
Austria								**Autriche**
Vertebrates	20	23	24	28	28	30	32	Vertébrés
Invertebrates	44	55	69	74	74	74	107	Invertébrés
Plants	3	4	13	68	83	84	88	Plantes
Total	67	82	106	170	185	188	227	Total
Azerbaijan								**Azerbaïdjan**
Vertebrates	32	41	43	49	49	47	47	Vertébrés
Invertebrates	6	4	7	7	7	7	7	Invertébrés
Plants	0	0	42	45	46	46	48	Plantes
Total	38	45	92	101	102	100	102	Total
Bahamas								**Bahamas**
Vertebrates	36	44	61	71	72	85	87	Vertébrés
Invertebrates	1	11	12	12	12	13	28	Invertébrés
Plants	5	7	8	12	12	23	28	Plantes
Total	42	62	81	95	96	121	143	Total
Bahrain								**Bahreïn**
Vertebrates	18	19	19	33	34	40	50	Vertébrés
Invertebrates	0	13	13	13	13	13	13	Invertébrés
Plants	0	0	0	0	0	0	0	Plantes
Total	18	32	32	46	47	53	63	Total
Bangladesh								**Bangladesh**
Vertebrates	73	104	109	128	133	163	182	Vertébrés
Invertebrates	0	2	7	7	7	7	7	Invertébrés
Plants	12	16	21	23	25	31	35	Plantes
Total	85	122	137	158	165	201	224	Total
Barbados								**Barbade**
Vertebrates	18	24	37	44	48	59	60	Vertébrés
Invertebrates	0	10	11	11	11	11	26	Invertébrés
Plants	2	2	3	3	3	4	4	Plantes
Total	20	36	51	58	62	74	90	Total
Belarus								**Bélarus**
Vertebrates	10	10	11	15	15	15	18	Vertébrés
Invertebrates	8	6	9	10	10	11	12	Invertébrés
Plants	0	0	1	3	5	5	6	Plantes
Total	18	16	21	28	30	31	36	Total
Belgium								**Belgique**
Vertebrates	25	15	16	23	25	28	32	Vertébrés
Invertebrates	11	11	14	15	15	16	22	Invertébrés
Plants	0	1	0	17	26	26	26	Plantes
Total	36	27	30	55	66	70	80	Total
Belize								**Belize**
Vertebrates	36	48	70	73	78	93	95	Vertébrés
Invertebrates	1	12	12	12	12	12	27	Invertébrés
Plants	30	32	35	46	53	69	90	Plantes
Total	67	92	117	131	143	174	212	Total
Benin								**Bénin**
Vertebrates	17	47	55	77	82	94	112	Vertébrés
Invertebrates	0	1	3	3	3	4	4	Invertébrés
Plants	14	14	16	21	21	16	19	Plantes
Total	31	62	74	101	106	114	135	Total
Bermuda								**Bermudes**
Vertebrates	18	18	28	39	42	48	46	Vertébrés
Invertebrates	25	28	28	28	30	30	37	Invertébrés
Plants	4	4	8	8	8	8	8	Plantes
Total	47	50	64	75	80	86	91	Total

25 Threatened species *(continued)*
Number of species by taxonomic group

Espèces menacées *(suite)*
Nombre d'espèces menacées par groupe taxonomique

Country or area &	2004	2010	2015	2019	2020	2021	2022	Pays ou zone &
Bhutan								**Bhoutan**
Vertebrates	40	50	52	55	55	58	63	Vertébrés
Invertebrates	1	1	1	1	1	1	1	Invertébrés
Plants	7	8	18	43	45	51	59	Plantes
Total	48	59	71	99	101	110	123	Total
Bolivia (Plurin. State of)								**Bolivie (État plurin. de)**
Vertebrates	79	90	114	129	131	154	151	Vertébrés
Invertebrates	1	1	3	3	3	3	3	Invertébrés
Plants	70	72	99	112	162	290	298	Plantes
Total	150	163	216	244	296	447	452	Total
Bonaire, St. Eustatius & Saba								**Bonaire, St-Eustache et Saba**
Vertebrates	...	...	41	44	50	61	62	Vertébrés
Invertebrates	...	...	11	11	11	11	27	Invertébrés
Plants	...	...	3	3	6	5	6	Plantes
Total	...	...	55	58	67	77	95	Total
Bosnia and Herzegovina								**Bosnie-Herzégovine**
Vertebrates	29	44	48	50	55	58	70	Vertébrés
Invertebrates	10	22	36	42	43	43	57	Invertébrés
Plants	1	1	1	6	6	6	6	Plantes
Total	40	67	85	98	104	107	133	Total
Botswana								**Botswana**
Vertebrates	15	18	22	30	30	32	32	Vertébrés
Invertebrates	0	0	0	0	0	0	0	Invertébrés
Plants	0	0	2	3	3	3	3	Plantes
Total	15	18	24	33	33	35	35	Total
Bouvet Island								**Île Bouvet**
Vertebrates	1	2	3	3	2	2	2	Vertébrés
Invertebrates	0	0	0	0	0	0	0	Invertébrés
Plants	0	0	0	0	0	0	0	Plantes
Total	1	2	3	3	2	2	2	Total
Brazil								**Brésil**
Vertebrates	282[2]	341[2]	396	411	416	509	752	Vertébrés
Invertebrates	34	45	54	64	66	78	104	Invertébrés
Plants	381	387	516	582	596	1 118	1 373	Plantes
Total	697	773	966	1 057	1 078	1 705	2 229	Total
British Indian Ocean Terr.								**Terr. brit. de l'océan Indien**
Vertebrates	6	10	11	18	21	25	28	Vertébrés
Invertebrates	0	65	69	69	69	70	70	Invertébrés
Plants	1	1	1	1	1	0	0	Plantes
Total	7	76	81	88	91	95	98	Total
British Virgin Islands								**Îles Vierges britanniques**
Vertebrates	20	23	41	52	55	65	67	Vertébrés
Invertebrates	0	10	10	10	10	10	25	Invertébrés
Plants	10	10	10	20	23	24	25	Plantes
Total	30	43	61	82	88	99	117	Total
Brunei Darussalam								**Brunéi Darussalam**
Vertebrates	49	70	77	93	97	130	151	Vertébrés
Invertebrates	0	1	8	12	18	18	18	Invertébrés
Plants	99	99	104	131	160	169	190	Plantes
Total	148	170	189	236	275	317	359	Total
Bulgaria								**Bulgarie**
Vertebrates	35	39	42	49	49	50	52	Vertébrés
Invertebrates	9	27	37	57	57	56	72	Invertébrés
Plants	0	0	6	18	21	21	22	Plantes
Total	44	66	85	124	127	127	146	Total
Burkina Faso								**Burkina Faso**
Vertebrates	9	20	25	28	30	31	34	Vertébrés
Invertebrates	0	1	1	1	1	0	0	Invertébrés
Plants	2	3	3	4	5	5	6	Plantes
Total	11	24	29	33	36	36	40	Total
Burundi								**Burundi**
Vertebrates	22	43	45	46	48	51	53	Vertébrés
Invertebrates	4	7	7	6	6	6	6	Invertébrés
Plants	2	2	8	110	134	137	159	Plantes
Total	28	52	60	162	188	194	218	Total

25 Threatened species *(continued)*
Number of species by taxonomic group

Espèces menacées *(suite)*
Nombre d'espèces menacées par groupe taxonomique

Country or area &	2004	2010	2015	2019	2020	2021	2022	Pays ou zone &
Cabo Verde								**Cabo Verde**
Vertebrates	21	28	35	53	55	59	63	Vertébrés
Invertebrates	0	0	13	13	13	13	15	Invertébrés
Plants	2	3	3	51	51	51	51	Plantes
Total	23	31	51	117	119	123	129	Total
Cambodia								**Cambodge**
Vertebrates	72	107	130	154	160	182	202	Vertébrés
Invertebrates	0	67	77	79	79	79	82	Invertébrés
Plants	31	30	36	39	41	45	55	Plantes
Total	103	204	243	272	280	306	339	Total
Cameroon								**Cameroun**
Vertebrates	146	222	237	268	272	285	311	Vertébrés
Invertebrates	4	24	27	25	26	28	28	Invertébrés
Plants	334	378	433	559	592	704	911	Plantes
Total	484	624	697	852	890	1 017	1 250	Total
Canada								**Canada**
Vertebrates	62	63	68	93	95	95	100	Vertébrés
Invertebrates	11	12	22	38	38	39	45	Invertébrés
Plants	1	2	7	37	40	46	50	Plantes
Total	74	77	97	168	173	180	195	Total
Cayman Islands								**Îles Caïmanes**
Vertebrates	16	21	38	45	47	56	56	Vertébrés
Invertebrates	1	11	11	11	13	14	30	Invertébrés
Plants	2	2	22	23	23	23	23	Plantes
Total	19	34	71	79	83	93	109	Total
Central African Republic								**République centrafricaine**
Vertebrates	15	19	32	40	44	46	48	Vertébrés
Invertebrates	0	0	0	0	0	2	2	Invertébrés
Plants	15	17	22	26	29	35	51	Plantes
Total	30	36	54	66	73	83	101	Total
Chad								**Tchad**
Vertebrates	18	24	29	38	38	39	41	Vertébrés
Invertebrates	1	4	4	4	4	6	6	Invertébrés
Plants	2	2	5	6	6	7	8	Plantes
Total	21	30	38	48	48	52	55	Total
Chile								**Chili**
Vertebrates	83	95	98	135	140	154	157	Vertébrés
Invertebrates	0	9	12	13	13	14	14	Invertébrés
Plants	40	41	72	76	87	107	112	Plantes
Total	123	145	182	224	240	275	283	Total
China [3]								**Chine [3]**
Vertebrates	326	374	420	441	451	544	583	Vertébrés
Invertebrates	4	32	76	79	84	85	108	Invertébrés
Plants	443	453	544	604	637	679	728	Plantes
Total	773	859	1 040	1 124	1 172	1 308	1 419	Total
China, Hong Kong SAR								**Chine, RAS de Hong Kong**
Vertebrates	32	37	45	51	63	68	73	Vertébrés
Invertebrates	1	6	8	9	9	10	11	Invertébrés
Plants	6	6	7	10	11	14	16	Plantes
Total	39	49	60	70	83	92	100	Total
China, Macao SAR								**Chine, RAS de Macao**
Vertebrates	5	9	10	15	25	25	26	Vertébrés
Invertebrates	0	0	1	1	1	1	1	Invertébrés
Plants	0	0	0	0	0	0	0	Plantes
Total	5	9	11	16	26	26	27	Total
Christmas Island								**Île Christmas**
Vertebrates	12	16	18	22	26	29	32	Vertébrés
Invertebrates	0	16	18	19	19	20	20	Invertébrés
Plants	1	1	1	1	1	2	2	Plantes
Total	13	33	37	42	46	51	54	Total
Cocos (Keeling) Islands								**Îles des Cocos (Keeling)**
Vertebrates	5	11	11	17	20	26	28	Vertébrés
Invertebrates	0	17	20	20	20	21	21	Invertébrés
Plants	0	0	0	0	0	0	0	Plantes
Total	5	28	31	37	40	47	49	Total

25 Threatened species *(continued)*
Number of species by taxonomic group
Espèces menacées *(suite)*
Nombre d'espèces menacées par groupe taxonomique

Country or area &	2004	2010	2015	2019	2020	2021	2022	Pays ou zone &
Colombia								**Colombie**
Vertebrates	371	424	473	581	615	666	674	Vertébrés
Invertebrates	0	30	33	55	56	63	81	Invertébrés
Plants	222	227	245	280	354	726	956	Plantes
Total	593	681	751	916	1 025	1 455	1 711	Total
Comoros								**Comores**
Vertebrates	18	21	26	37	41	46	52	Vertébrés
Invertebrates	4	63	73	77	77	77	81	Invertébrés
Plants	5	5	7	9	9	13	16	Plantes
Total	27	89	106	123	127	136	149	Total
Congo								**Congo**
Vertebrates	29	61	71	86	92	101	116	Vertébrés
Invertebrates	1	5	7	7	7	7	7	Invertébrés
Plants	35	37	41	47	56	73	112	Plantes
Total	65	103	119	140	155	181	235	Total
Cook Islands								**Îles Cook**
Vertebrates	22	27	30	32	34	36	35	Vertébrés
Invertebrates	0	25	32	32	32	33	34	Invertébrés
Plants	1	1	11	11	11	13	13	Plantes
Total	23	53	73	75	77	82	82	Total
Costa Rica								**Costa Rica**
Vertebrates	112	142	162	176	181	249	253	Vertébrés
Invertebrates	9	27	30	31	31	33	55	Invertébrés
Plants	110	116	131	144	151	235	347	Plantes
Total	231	285	323	351	363	517	655	Total
Côte d'Ivoire								**Côte d'Ivoire**
Vertebrates	61	100	113	134	140	148	165	Vertébrés
Invertebrates	1	4	6	7	7	10	10	Invertébrés
Plants	105	106	107	129	133	140	158	Plantes
Total	167	210	226	270	280	298	333	Total
Croatia								**Croatie**
Vertebrates	46	77	84	93	97	104	112	Vertébrés
Invertebrates	11	21	67	79	80	80	95	Invertébrés
Plants	0	3	8	25	35	35	37	Plantes
Total	57	101	159	197	212	219	244	Total
Cuba								**Cuba**
Vertebrates	106	123	138	151	155	177	186	Vertébrés
Invertebrates	3	15	23	23	23	23	38	Invertébrés
Plants	163	166	176	180	179	188	196	Plantes
Total	272	304	337	354	357	388	420	Total
Curaçao								**Curaçao**
Vertebrates	...	...	36	39	43	56	55	Vertébrés
Invertebrates	...	...	11	11	11	11	26	Invertébrés
Plants	...	...	2	2	4	4	4	Plantes
Total	...	...	49	52	58	71	85	Total
Cyprus								**Chypre**
Vertebrates	24	31	34	44	44	52	60	Vertébrés
Invertebrates	0	4	8	15	16	16	23	Invertébrés
Plants	1	8	18	24	24	24	25	Plantes
Total	25	43	60	83	84	92	108	Total
Czechia								**Tchéquie**
Vertebrates	22	10	11	14	14	15	16	Vertébrés
Invertebrates	19	19	24	29	29	29	47	Invertébrés
Plants	4	4	10	51	61	62	64	Plantes
Total	45	33	45	94	104	106	127	Total
Dem. People's Rep. Korea								**Rép. pop. dém. de Corée**
Vertebrates	40	44	53	63	66	84	94	Vertébrés
Invertebrates	1	2	3	3	3	4	4	Invertébrés
Plants	3	6	8	17	19	21	22	Plantes
Total	44	52	64	83	88	109	120	Total
Dem. Rep. of the Congo								**Rép. dém. du Congo**
Vertebrates	84	162	171	188	203	222	247	Vertébrés
Invertebrates	22	51	53	54	54	54	54	Invertébrés
Plants	65	83	109	185	240	295	445	Plantes
Total	171	296	333	427	497	571	746	Total

Country or area &	2004	2010	2015	2019	2020	2021	2022	Pays ou zone &
Denmark								**Danemark**
Vertebrates	21	18	20	30	31	34	39	Vertébrés
Invertebrates	11	12	15	16	16	17	20	Invertébrés
Plants	3	3	1	21	30	31	32	Plantes
Total	35	33	36	67	77	82	91	Total
Djibouti								**Djibouti**
Vertebrates	19	29	34	49	50	58	68	Vertébrés
Invertebrates	0	50	57	57	57	57	57	Invertébrés
Plants	2	2	3	3	3	3	4	Plantes
Total	21	81	94	109	110	118	129	Total
Dominica								**Dominique**
Vertebrates	22	27	40	47	51	62	63	Vertébrés
Invertebrates	0	11	11	11	11	11	25	Invertébrés
Plants	11	10	11	12	12	15	20	Plantes
Total	33	48	62	70	74	88	108	Total
Dominican Republic								**République dominicaine**
Vertebrates	72	80	95	133	136	152	164	Vertébrés
Invertebrates	2	16	16	18	19	19	36	Invertébrés
Plants	30	30	42	49	48	80	104	Plantes
Total	104	126	153	200	203	251	304	Total
Ecuador								**Équateur**
Vertebrates	288	356	395	441	470	501	572	Vertébrés
Invertebrates	48	62	65	70	70	76	76	Invertébrés
Plants	1 815	1 837	1 848	1 882	1 961	1 991	2 044	Plantes
Total	2 151	2 255	2 308	2 393	2 501	2 568	2 692	Total
Egypt								**Égypte**
Vertebrates	43	73	83	105	107	126	136	Vertébrés
Invertebrates	1	46	55	56	57	57	60	Invertébrés
Plants	2	2	3	8	8	8	13	Plantes
Total	46	121	141	169	172	191	209	Total
El Salvador								**El Salvador**
Vertebrates	23	39	47	50	55	79	85	Vertébrés
Invertebrates	1	6	7	10	10	10	10	Invertébrés
Plants	25	27	29	33	42	54	82	Plantes
Total	49	72	83	93	107	143	177	Total
Equatorial Guinea								**Guinée équatoriale**
Vertebrates	38	60	71	88	94	110	123	Vertébrés
Invertebrates	2	2	5	4	4	4	4	Invertébrés
Plants	61	68	79	98	107	120	170	Plantes
Total	101	130	155	190	205	234	297	Total
Eritrea								**Érythrée**
Vertebrates	31	44	51	74	79	90	96	Vertébrés
Invertebrates	0	50	58	58	58	58	58	Invertébrés
Plants	3	3	4	6	6	6	7	Plantes
Total	34	97	113	138	143	154	161	Total
Estonia								**Estonie**
Vertebrates	8	8	11	15	15	15	16	Vertébrés
Invertebrates	4	3	6	7	7	8	10	Invertébrés
Plants	0	0	0	17	26	27	30	Plantes
Total	12	11	17	39	48	50	56	Total
Eswatini								**Eswatini**
Vertebrates	12	18	23	28	28	29	30	Vertébrés
Invertebrates	0	0	0	0	0	2	3	Invertébrés
Plants	11	11	11	13	13	15	14	Plantes
Total	23	29	34	41	41	46	47	Total
Ethiopia								**Éthiopie**
Vertebrates	65	79	89	99	101	103	107	Vertébrés
Invertebrates	6	15	15	15	15	15	15	Invertébrés
Plants	22	26	41	64	64	65	115	Plantes
Total	93	120	145	178	180	183	237	Total
Falkland Islands (Malvinas)								**Îles Falkland (Malvinas)**
Vertebrates	21	18	18	17	18	19	19	Vertébrés
Invertebrates	0	0	0	0	0	0	0	Invertébrés
Plants	5	5	5	6	6	11	11	Plantes
Total	26	23	23	23	24	30	30	Total

25 Threatened species *(continued)*
Number of species by taxonomic group

Espèces menacées *(suite)*
Nombre d'espèces menacées par groupe taxonomique

Country or area &	2004	2010	2015	2019	2020	2021	2022	Pays ou zone &
Faroe Islands								**Îles Féroé**
Vertebrates	11	13	14	23	24	27	30	Vertébrés
Invertebrates	0	0	0	0	0	0	0	Invertébrés
Plants	0	0	0	4	5	5	5	Plantes
Total	11	13	14	27	29	32	35	Total
Fiji								**Fidji**
Vertebrates	33	37	48	57	62	66	70	Vertébrés
Invertebrates	2	90	165	165	172	182	192	Invertébrés
Plants	66	65	65	78	87	90	95	Plantes
Total	101	192	278	300	321	338	357	Total
Finland								**Finlande**
Vertebrates	14	10	13	19	19	19	19	Vertébrés
Invertebrates	10	7	10	10	10	10	15	Invertébrés
Plants	1	1	2	21	32	33	34	Plantes
Total	25	18	25	50	61	62	68	Total
France								**France**
Vertebrates	53	62	70	84	88	103	117	Vertébrés
Invertebrates	65	91	133	160	162	160	225	Invertébrés
Plants	2	15	33	98	116	119	124	Plantes
Total	120	168	236	342	366	382	466	Total
French Guiana								**Guyane française**
Vertebrates	33	40	51	59	59	83	86	Vertébrés
Invertebrates	0	0	0	0	0	1	1	Invertébrés
Plants	16	16	16	18	20	24	43	Plantes
Total	49	56	67	77	79	108	130	Total
French Polynesia								**Polynésie française**
Vertebrates	46	54	63	67	68	73	75	Vertébrés
Invertebrates	29	59	65	62	65	66	68	Invertébrés
Plants	47	47	47	48	48	56	56	Plantes
Total	122	160	175	177	181	195	199	Total
French Southern Territories								**Terres australes françaises**
Vertebrates	17	21	22	28	28	29	34	Vertébrés
Invertebrates	0	0	0	0	0	0	0	Invertébrés
Plants	0	0	0	1	1	2	2	Plantes
Total	17	21	22	29	29	31	36	Total
Gabon								**Gabon**
Vertebrates	31	84	93	106	110	121	133	Vertébrés
Invertebrates	1	0	3	4	4	4	4	Invertébrés
Plants	107	120	135	181	215	334	473	Plantes
Total	139	204	231	291	329	459	610	Total
Gambia								**Gambie**
Vertebrates	17	39	48	68	78	95	115	Vertébrés
Invertebrates	0	0	2	2	2	3	3	Invertébrés
Plants	4	4	5	6	7	6	6	Plantes
Total	21	43	55	76	87	104	124	Total
Georgia								**Géorgie**
Vertebrates	33	37	38	42	42	41	43	Vertébrés
Invertebrates	10	9	15	15	15	14	14	Invertébrés
Plants	0	0	61	68	69	69	75	Plantes
Total	43	46	114	125	126	124	132	Total
Germany								**Allemagne**
Vertebrates	35	33	33	41	42	46	54	Vertébrés
Invertebrates	31	34	57	61	61	61	98	Invertébrés
Plants	12	12	17	83	97	98	104	Plantes
Total	78	79	107	185	200	205	256	Total
Ghana								**Ghana**
Vertebrates	43	83	99	120	128	135	153	Vertébrés
Invertebrates	0	1	5	5	5	12	12	Invertébrés
Plants	117	118	119	121	122	124	127	Plantes
Total	160	202	223	246	255	271	292	Total
Gibraltar								**Gibraltar**
Vertebrates	16	20	21	27	29	40	49	Vertébrés
Invertebrates	2	2	5	5	6	6	9	Invertébrés
Plants	0	0	0	1	1	1	1	Plantes
Total	18	22	26	33	36	47	59	Total

Country or area &	2004	2010	2015	2019	2020	2021	2022	Pays ou zone &
Greece								**Grèce**
Vertebrates	62	107	111	124	127	135	143	Vertébrés
Invertebrates	11	36	122	308	309	308	363	Invertébrés
Plants	2	13	58	80	84	84	95	Plantes
Total	75	156	291	512	520	527	601	Total
Greenland								**Groenland**
Vertebrates	11	13	16	24	24	27	28	Vertébrés
Invertebrates	0	0	0	0	0	0	0	Invertébrés
Plants	1	1	1	1	3	3	3	Plantes
Total	12	14	17	25	27	30	31	Total
Grenada								**Grenade**
Vertebrates	20	24	38	43	47	60	61	Vertébrés
Invertebrates	0	10	10	10	10	10	26	Invertébrés
Plants	3	3	3	3	3	6	7	Plantes
Total	23	37	51	56	60	76	94	Total
Guadeloupe [4]								**Guadeloupe** [4]
Vertebrates	25	30	45	53	57	67	72	Vertébrés
Invertebrates	1	16	16	16	16	16	30	Invertébrés
Plants	7	8	9	10	10	12	19	Plantes
Total	33	54	70	79	83	95	121	Total
Guam								**Guam**
Vertebrates	16	24	31	38	42	45	45	Vertébrés
Invertebrates	5	6	60	60	60	61	61	Invertébrés
Plants	3	4	4	5	5	5	5	Plantes
Total	24	34	95	103	107	111	111	Total
Guatemala								**Guatemala**
Vertebrates	115	140	176	185	189	254	267	Vertébrés
Invertebrates	8	8	9	13	13	13	36	Invertébrés
Plants	85	82	97	123	150	269	395	Plantes
Total	208	230	282	321	352	536	698	Total
Guernsey								**Guernesey**
Vertebrates	...	2	2	6	12	13	15	Vertébrés
Invertebrates	...	0	0	0	0	0	1	Invertébrés
Plants	...	0	0	0	0	0	0	Plantes
Total	...	2	2	6	12	13	16	Total
Guinea								**Guinée**
Vertebrates	42	107	122	144	168	175	190	Vertébrés
Invertebrates	3	5	7	8	8	11	11	Invertébrés
Plants	22	22	34	175	189	194	221	Plantes
Total	67	134	163	327	365	380	422	Total
Guinea-Bissau								**Guinée-Bissau**
Vertebrates	17	48	59	75	80	88	110	Vertébrés
Invertebrates	1	0	2	2	2	3	3	Invertébrés
Plants	4	4	5	10	10	11	12	Plantes
Total	22	52	66	87	92	102	125	Total
Guyana								**Guyana**
Vertebrates	41	46	63	83	86	112	117	Vertébrés
Invertebrates	1	1	1	1	1	1	1	Invertébrés
Plants	23	22	23	33	35	39	84	Plantes
Total	65	69	87	117	122	152	202	Total
Haiti								**Haïti**
Vertebrates	86	94	113	155	161	186	192	Vertébrés
Invertebrates	2	14	14	14	14	14	30	Invertébrés
Plants	28	29	42	94	94	208	228	Plantes
Total	116	137	169	263	269	408	450	Total
Heard Is. and McDonald Is.								**Île Heard-et-Îles MacDonald**
Vertebrates	12	12	12	12	12	13	13	Vertébrés
Invertebrates	0	0	0	0	0	0	0	Invertébrés
Plants	0	0	0	0	0	0	0	Plantes
Total	12	12	12	12	12	13	13	Total
Holy See								**Saint-Siège**
Vertebrates	...	1	1	1	1	2	2	Vertébrés
Invertebrates	...	0	0	0	0	0	0	Invertébrés
Plants	...	0	0	0	0	0	0	Plantes
Total	...	1	1	1	1	2	2	Total

25 Threatened species *(continued)*
Number of species by taxonomic group

Espèces menacées *(suite)*
Nombre d'espèces menacées par groupe taxonomique

Country or area &	2004	2010	2015	2019	2020	2021	2022	Pays ou zone &
Honduras								**Honduras**
Vertebrates	93	110	156	163	181	233	246	Vertébrés
Invertebrates	2	17	18	21	21	21	36	Invertébrés
Plants	111	113	120	134	140	155	198	Plantes
Total	206	240	294	318	342	409	480	Total
Hungary								**Hongrie**
Vertebrates	25	20	22	27	27	30	32	Vertébrés
Invertebrates	25	26	35	33	33	33	46	Invertébrés
Plants	1	1	10	59	63	63	65	Plantes
Total	51	47	67	119	123	126	143	Total
Iceland								**Islande**
Vertebrates	15	17	21	29	30	32	34	Vertébrés
Invertebrates	0	0	0	0	0	0	1	Invertébrés
Plants	0	0	0	2	6	6	6	Plantes
Total	15	17	21	31	36	38	41	Total
India								**Inde**
Vertebrates	283	390	520	546	550	594	671	Vertébrés
Invertebrates	23	113	135	136	138	139	142	Invertébrés
Plants	246	255	384	399	430	460	542	Plantes
Total	552	758	1 039	1 081	1 118	1 193	1 355	Total
Indonesia								**Indonésie**
Vertebrates	419	503	530	627	663	805	850	Vertébrés
Invertebrates	31	246	290	336	364	366	383	Invertébrés
Plants	383	393	426	509	627	817	1 049	Plantes
Total	833	1 142	1 246	1 472	1 654	1 988	2 282	Total
Iran (Islamic Republic of)								**Iran (Rép. islamique d')**
Vertebrates	65	82	94	118	125	138	150	Vertébrés
Invertebrates	3	19	24	24	24	23	23	Invertébrés
Plants	1	1	3	10	12	14	18	Plantes
Total	69	102	121	152	161	175	191	Total
Iraq								**Iraq**
Vertebrates	33	45	51	58	59	68	78	Vertébrés
Invertebrates	2	15	17	17	17	16	16	Invertébrés
Plants	0	0	1	3	4	4	4	Plantes
Total	35	60	69	78	80	88	98	Total
Ireland								**Irlande**
Vertebrates	18	24	32	44	46	51	57	Vertébrés
Invertebrates	3	2	6	6	6	6	7	Invertébrés
Plants	1	1	1	21	27	27	28	Plantes
Total	22	27	39	71	79	84	92	Total
Isle of Man								**Île de Man**
Vertebrates	...	2	3	2	5	7	9	Vertébrés
Invertebrates	...	0	0	0	0	0	0	Invertébrés
Plants	...	0	0	1	1	1	1	Plantes
Total	...	2	3	3	6	8	10	Total
Israel								**Israël**
Vertebrates	47	73	78	103	105	120	130	Vertébrés
Invertebrates	10	58	74	74	74	74	76	Invertébrés
Plants	0	0	0	28	28	40	41	Plantes
Total	57	131	152	205	207	234	247	Total
Italy								**Italie**
Vertebrates	53	70	76	91	95	107	114	Vertébrés
Invertebrates	58	77	136	222	223	223	275	Invertébrés
Plants	3	27	67	145	164	165	169	Plantes
Total	114	174	279	458	482	495	558	Total
Jamaica								**Jamaïque**
Vertebrates	54	58	69	91	94	111	114	Vertébrés
Invertebrates	5	15	15	15	15	15	30	Invertébrés
Plants	208	209	214	215	214	215	215	Plantes
Total	267	282	298	321	323	341	359	Total
Japan								**Japon**
Vertebrates	148	158	171	223	228	303	316	Vertébrés
Invertebrates	45	157	170	176	177	190	206	Invertébrés
Plants	12	15	23	60	65	69	90	Plantes
Total	205	330	364	459	470	562	612	Total

25 Threatened species *(continued)*
Number of species by taxonomic group

Espèces menacées *(suite)*
Nombre d'espèces menacées par groupe taxonomique

Country or area &	2004	2010	2015	2019	2020	2021	2022	Pays ou zone &
Jersey								**Jersey**
Vertebrates	...	2	2	6	12	13	15	Vertébrés
Invertebrates	...	0	1	1	1	1	2	Invertébrés
Plants	...	0	0	0	1	1	1	Plantes
Total	...	2	3	7	14	15	18	Total
Jordan								**Jordanie**
Vertebrates	27	41	40	55	52	58	62	Vertébrés
Invertebrates	3	48	61	61	61	61	61	Invertébrés
Plants	0	1	1	8	8	8	8	Plantes
Total	30	90	102	124	121	127	131	Total
Kazakhstan								**Kazakhstan**
Vertebrates	48	53	55	59	59	70	70	Vertébrés
Invertebrates	4	4	7	7	7	7	7	Invertébrés
Plants	1	16	16	15	15	14	22	Plantes
Total	53	73	78	81	81	91	99	Total
Kenya								**Kenya**
Vertebrates	99	137	157	176	179	196	196	Vertébrés
Invertebrates	27	72	84	92	93	93	99	Invertébrés
Plants	103	129	222	248	277	326	402	Plantes
Total	229	338	463	516	549	615	697	Total
Kiribati								**Kiribati**
Vertebrates	10	17	19	24	27	31	34	Vertébrés
Invertebrates	1	73	81	81	81	82	82	Invertébrés
Plants	0	0	0	0	0	0	0	Plantes
Total	11	90	100	105	108	113	116	Total
Kuwait								**Koweït**
Vertebrates	20	28	29	43	44	50	59	Vertébrés
Invertebrates	0	13	13	13	13	13	13	Invertébrés
Plants	0	0	0	0	0	0	0	Plantes
Total	20	41	42	56	57	63	72	Total
Kyrgyzstan								**Kirghizistan**
Vertebrates	12	23	23	26	26	35	35	Vertébrés
Invertebrates	3	3	4	4	4	3	3	Invertébrés
Plants	1	14	14	13	13	13	23	Plantes
Total	16	40	41	43	43	51	61	Total
Lao People's Dem. Rep.								**Rép. dém. populaire lao**
Vertebrates	72	107	148	164	166	174	180	Vertébrés
Invertebrates	0	3	21	21	21	21	23	Invertébrés
Plants	19	22	41	58	63	72	89	Plantes
Total	91	132	210	243	250	267	292	Total
Latvia								**Lettonie**
Vertebrates	15	9	13	18	18	18	20	Vertébrés
Invertebrates	8	9	12	12	12	12	16	Invertébrés
Plants	0	0	0	5	10	10	11	Plantes
Total	23	18	25	35	40	40	47	Total
Lebanon								**Liban**
Vertebrates	25	44	48	57	61	67	72	Vertébrés
Invertebrates	1	5	16	18	19	18	20	Invertébrés
Plants	0	1	5	29	29	100	101	Plantes
Total	26	50	69	104	109	185	193	Total
Lesotho								**Lesotho**
Vertebrates	11	10	10	13	13	14	14	Vertébrés
Invertebrates	1	2	3	3	2	2	1	Invertébrés
Plants	1	4	4	4	4	5	5	Plantes
Total	13	16	17	20	19	21	20	Total
Liberia								**Libéria**
Vertebrates	45	91	98	114	122	132	145	Vertébrés
Invertebrates	3	9	11	10	10	12	12	Invertébrés
Plants	46	47	49	83	86	104	137	Plantes
Total	94	147	158	207	218	248	294	Total
Libya								**Libye**
Vertebrates	24	42	49	57	62	72	78	Vertébrés
Invertebrates	0	0	2	4	5	5	6	Invertébrés
Plants	1	2	3	8	8	9	8	Plantes
Total	25	44	54	69	75	86	92	Total

Country or area &	2004	2010	2015	2019	2020	2021	2022	Pays ou zone &
Liechtenstein								**Liechtenstein**
Vertebrates	3	0	0	2	2	2	3	Vertébrés
Invertebrates	5	2	4	6	6	5	7	Invertébrés
Plants	0	0	0	4	5	5	5	Plantes
Total	8	2	4	12	13	12	15	Total
Lithuania								**Lituanie**
Vertebrates	12	12	14	18	18	17	18	Vertébrés
Invertebrates	5	5	7	8	8	8	10	Invertébrés
Plants	0	0	1	9	15	15	16	Plantes
Total	17	17	22	35	41	40	44	Total
Luxembourg								**Luxembourg**
Vertebrates	6	1	2	4	4	4	4	Vertébrés
Invertebrates	4	4	7	7	7	8	8	Invertébrés
Plants	0	0	0	5	5	5	5	Plantes
Total	10	5	9	16	16	17	17	Total
Madagascar								**Madagascar**
Vertebrates	222	283	446	554	556	583	566	Vertébrés
Invertebrates	32	100	110	195	195	244	283	Invertébrés
Plants	276	280	409	1 624	2 159	2 837	2 898	Plantes
Total	530	663	965	2 373	2 910	3 664	3 747	Total
Malawi								**Malawi**
Vertebrates	25	127	130	74	74	76	76	Vertébrés
Invertebrates	11	17	16	14	14	15	15	Invertébrés
Plants	14	14	25	37	42	46	61	Plantes
Total	50	158	171	125	130	137	152	Total
Malaysia								**Malaisie**
Vertebrates	190	246	269	343	351	400	430	Vertébrés
Invertebrates	19	242	262	282	314	320	325	Invertébrés
Plants	683	692	721	813	997	1 208	1 335	Plantes
Total	892	1 180	1 252	1 438	1 662	1 928	2 090	Total
Maldives								**Maldives**
Vertebrates	12	20	23	33	35	43	46	Vertébrés
Invertebrates	0	39	46	46	45	45	45	Invertébrés
Plants	0	0	0	0	0	0	0	Plantes
Total	12	59	69	79	80	88	91	Total
Mali								**Mali**
Vertebrates	19	23	31	37	37	38	38	Vertébrés
Invertebrates	0	0	0	0	0	5	5	Invertébrés
Plants	6	6	8	24	25	28	29	Plantes
Total	25	29	39	61	62	71	72	Total
Malta								**Malte**
Vertebrates	22	20	23	31	38	46	53	Vertébrés
Invertebrates	3	3	4	5	6	7	11	Invertébrés
Plants	0	3	4	4	5	5	5	Plantes
Total	25	26	31	40	49	58	69	Total
Marshall Islands								**Îles Marshall**
Vertebrates	12	17	22	28	31	35	37	Vertébrés
Invertebrates	1	67	73	73	73	74	74	Invertébrés
Plants	0	0	0	0	0	0	0	Plantes
Total	13	84	95	101	104	109	111	Total
Martinique								**Martinique**
Vertebrates	20	22	34	45	51	60	62	Vertébrés
Invertebrates	1	1	2	2	2	2	25	Invertébrés
Plants	8	8	9	9	9	12	20	Plantes
Total	29	31	45	56	62	74	107	Total
Mauritania								**Mauritanie**
Vertebrates	25	57	66	86	91	108	126	Vertébrés
Invertebrates	1	1	3	3	3	3	4	Invertébrés
Plants	0	0	0	0	0	0	1	Plantes
Total	26	58	69	89	94	111	131	Total
Mauritius								**Maurice**
Vertebrates	28	36	41	54	56	61	63	Vertébrés
Invertebrates	32	98	118	121	124	126	126	Invertébrés
Plants	87	88	90	91	92	92	103	Plantes
Total	147	222	249	266	272	279	292	Total

25 Threatened species *(continued)*
Number of species by taxonomic group

Espèces menacées *(suite)*
Nombre d'espèces menacées par groupe taxonomique

Country or area &	2004	2010	2015	2019	2020	2021	2022	Pays ou zone &
Mayotte								**Mayotte**
Vertebrates	6	9	15	22	26	31	35	Vertébrés
Invertebrates	1	60	69	72	72	72	77	Invertébrés
Plants	0	0	0	4	4	10	14	Plantes
Total	7	69	84	98	102	113	126	Total
Mexico								**Mexique**
Vertebrates	446	609	639	736	751	805	810	Vertébrés
Invertebrates	41	79	93	113	114	117	143	Invertébrés
Plants	261	255	377	529	791	1 156	1 484	Plantes
Total	748	943	1 109	1 378	1 656	2 078	2 437	Total
Micronesia (Fed. States of)								**Micronésie (États féd. de)**
Vertebrates	22	35	44	49	49	53	59	Vertébrés
Invertebrates	4	108	115	114	116	121	121	Invertébrés
Plants	4	5	4	5	5	8	8	Plantes
Total	30	148	163	168	170	182	188	Total
Monaco								**Monaco**
Vertebrates	9	11	13	19	28	35	41	Vertébrés
Invertebrates	0	0	3	3	4	4	5	Invertébrés
Plants	0	0	0	2	2	2	2	Plantes
Total	9	11	16	24	34	41	48	Total
Mongolia								**Mongolie**
Vertebrates	36	33	33	37	37	37	36	Vertébrés
Invertebrates	3	3	3	3	3	2	2	Invertébrés
Plants	0	0	0	2	3	4	5	Plantes
Total	39	36	36	42	43	43	43	Total
Montenegro								**Monténégro**
Vertebrates	...	44	49	55	60	67	77	Vertébrés
Invertebrates	...	28	34	42	43	42	78	Invertébrés
Plants	...	0	2	7	10	10	10	Plantes
Total	...	72	85	104	113	119	165	Total
Montserrat								**Montserrat**
Vertebrates	18	21	37	42	44	54	55	Vertébrés
Invertebrates	0	11	11	11	11	11	25	Invertébrés
Plants	3	3	6	6	7	7	8	Plantes
Total	21	35	54	59	62	72	88	Total
Morocco								**Maroc**
Vertebrates	40	86	90	103	106	121	141	Vertébrés
Invertebrates	8	40	52	69	71	71	73	Invertébrés
Plants	2	31	34	55	61	62	64	Plantes
Total	50	157	176	227	238	254	278	Total
Mozambique								**Mozambique**
Vertebrates	64	98	117	142	153	172	178	Vertébrés
Invertebrates	5	59	67	65	65	67	67	Invertébrés
Plants	46	52	84	170	208	254	300	Plantes
Total	115	209	268	377	426	493	545	Total
Myanmar								**Myanmar**
Vertebrates	107	143	163	197	200	235	254	Vertébrés
Invertebrates	2	64	77	77	77	77	78	Invertébrés
Plants	38	42	61	63	80	96	113	Plantes
Total	147	249	301	337	357	408	445	Total
Namibia								**Namibie**
Vertebrates	44	66	73	84	85	97	100	Vertébrés
Invertebrates	1	0	4	4	4	4	4	Invertébrés
Plants	24	26	28	27	28	31	49	Plantes
Total	69	92	105	115	117	132	153	Total
Nauru								**Nauru**
Vertebrates	5	12	12	15	18	21	25	Vertébrés
Invertebrates	0	62	68	68	68	69	69	Invertébrés
Plants	0	0	0	0	0	0	0	Plantes
Total	5	74	80	83	86	90	94	Total
Nepal								**Népal**
Vertebrates	69	83	85	85	86	93	100	Vertébrés
Invertebrates	1	3	3	3	3	3	3	Invertébrés
Plants	7	7	17	19	20	25	28	Plantes
Total	77	93	105	107	109	121	131	Total

25 Threatened species *(continued)*
Number of species by taxonomic group

Espèces menacées *(suite)*
Nombre d'espèces menacées par groupe taxonomique

Country or area &	2004	2010	2015	2019	2020	2021	2022	Pays ou zone &
Netherlands (Kingdom of the)								**Pays-Bas (Royaume des)**
Vertebrates	27	18	19	29	31	34	37	Vertébrés
Invertebrates	7	6	10	11	11	12	17	Invertébrés
Plants	0	0	0	19	29	29	29	Plantes
Total	34	24	29	59	71	75	83	Total
Netherlands Antilles [former]								**Antilles néerlandaises [anc.]**
Vertebrates	26	24	...	...	...	...	...	Vertébrés
Invertebrates	0	11	...	...	...	...	...	Invertébrés
Plants	2	3	...	...	...	...	...	Plantes
Total	28	38	...	...	...	...	...	Total
New Caledonia								**Nouvelle-Calédonie**
Vertebrates	34	61	109	118	120	127	149	Vertébrés
Invertebrates	11	97	125	125	129	130	130	Invertébrés
Plants	217	257	259	350	510	629	723	Plantes
Total	262	415	493	593	759	886	1 002	Total
New Zealand								**Nouvelle-Zélande**
Vertebrates	114	117	130	162	166	170	178	Vertébrés
Invertebrates	14	15	46	61	61	61	65	Invertébrés
Plants	21	21	21	24	34	34	34	Plantes
Total	149	153	197	247	261	265	277	Total
Nicaragua								**Nicaragua**
Vertebrates	49	61	79	84	89	142	147	Vertébrés
Invertebrates	2	17	18	20	20	20	35	Invertébrés
Plants	39	43	44	49	52	64	121	Plantes
Total	90	121	141	153	161	226	303	Total
Niger								**Niger**
Vertebrates	12	22	27	32	32	36	37	Vertébrés
Invertebrates	1	2	1	1	1	2	2	Invertébrés
Plants	2	2	3	4	4	4	4	Plantes
Total	15	26	31	37	37	42	43	Total
Nigeria								**Nigéria**
Vertebrates	61	113	127	151	156	170	188	Vertébrés
Invertebrates	1	12	17	13	13	15	15	Invertébrés
Plants	170	172	189	208	211	218	258	Plantes
Total	232	297	333	372	380	403	461	Total
Niue								**Nioué**
Vertebrates	12	20	20	23	25	27	30	Vertébrés
Invertebrates	0	23	30	30	30	31	31	Invertébrés
Plants	0	0	0	0	1	1	2	Plantes
Total	12	43	50	53	56	59	63	Total
Norfolk Island								**Île Norfolk**
Vertebrates	21	19	17	21	25	26	28	Vertébrés
Invertebrates	12	21	23	23	23	23	24	Invertébrés
Plants	1	1	1	2	2	2	2	Plantes
Total	34	41	41	46	50	51	54	Total
North Macedonia								**Macédoine du Nord**
Vertebrates	24	31	31	34	34	35	36	Vertébrés
Invertebrates	5	59	69	86	86	86	98	Invertébrés
Plants	0	0	0	7	13	13	13	Plantes
Total	29	90	100	127	133	134	147	Total
Northern Mariana Islands								**Îles Mariannes du Nord**
Vertebrates	22	29	37	39	42	47	44	Vertébrés
Invertebrates	2	51	57	57	57	58	58	Invertébrés
Plants	4	5	5	6	6	6	6	Plantes
Total	28	85	99	102	105	111	108	Total
Norway								**Norvège**
Vertebrates	22	27	30	43	44	47	52	Vertébrés
Invertebrates	9	7	10	10	10	9	15	Invertébrés
Plants	2	2	4	51	61	62	68	Plantes
Total	33	36	44	104	115	118	135	Total
Oman								**Oman**
Vertebrates	48	47	53	71	75	89	106	Vertébrés
Invertebrates	1	26	31	31	31	32	32	Invertébrés
Plants	6	6	6	6	6	6	9	Plantes
Total	55	79	90	108	112	127	147	Total

25 Threatened species *(continued)*
Number of species by taxonomic group

Espèces menacées *(suite)*
Nombre d'espèces menacées par groupe taxonomique

Country or area &	2004	2010	2015	2019	2020	2021	2022	Pays ou zone &
Other non-specified areas								**Autres zones non-spécifiées**
Vertebrates	79	104	114	134	144	189	204	Vertébrés
Invertebrates	0	122	128	129	129	130	131	Invertébrés
Plants	78	78	83	87	89	90	90	Plantes
Total	157	304	325	350	362	409	425	Total
Pakistan								**Pakistan**
Vertebrates	70	92	99	118	124	164	193	Vertébrés
Invertebrates	0	15	18	18	18	18	18	Invertébrés
Plants	2	2	12	12	13	18	22	Plantes
Total	72	109	129	148	155	200	233	Total
Palau								**Palaos**
Vertebrates	13	22	27	35	36	42	44	Vertébrés
Invertebrates	5	102	146	146	148	149	149	Invertébrés
Plants	3	4	4	5	5	5	5	Plantes
Total	21	128	177	186	189	196	198	Total
Panama								**Panama**
Vertebrates	113	125	148	161	170	254	258	Vertébrés
Invertebrates	2	20	22	22	22	24	39	Invertébrés
Plants	195	202	203	211	208	219	264	Plantes
Total	310	347	373	394	400	497	561	Total
Papua New Guinea								**Papouasie-Nvl-Guinée**
Vertebrates	141	139	146	166	173	255	263	Vertébrés
Invertebrates	12	171	181	178	183	190	206	Invertébrés
Plants	142	143	151	186	229	571	664	Plantes
Total	295	453	478	530	585	1 016	1 133	Total
Paraguay								**Paraguay**
Vertebrates	40	38	39	44	46	47	57	Vertébrés
Invertebrates	0	0	0	0	1	2	2	Invertébrés
Plants	10	10	19	20	20	22	24	Plantes
Total	50	48	58	64	67	71	83	Total
Peru								**Pérou**
Vertebrates	232	274	317	384	396	413	405	Vertébrés
Invertebrates	2	3	8	9	9	11	11	Invertébrés
Plants	274	274	318	351	414	495	569	Plantes
Total	508	551	643	744	819	919	985	Total
Philippines								**Philippines**
Vertebrates	225	262	291	284	293	338	343	Vertébrés
Invertebrates	19	213	237	240	323	339	350	Invertébrés
Plants	212	222	239	259	268	653	931	Plantes
Total	456	697	767	783	884	1 330	1 624	Total
Pitcairn								**Pitcairn**
Vertebrates	15	20	20	19	21	20	21	Vertébrés
Invertebrates	5	15	16	16	16	17	17	Invertébrés
Plants	7	7	7	7	7	9	10	Plantes
Total	27	42	43	42	44	46	48	Total
Poland								**Pologne**
Vertebrates	27	17	19	23	23	23	26	Vertébrés
Invertebrates	15	16	22	28	28	28	42	Invertébrés
Plants	4	4	10	32	44	44	45	Plantes
Total	46	37	51	83	95	95	113	Total
Portugal								**Portugal**
Vertebrates	51	71	81	101	106	119	127	Vertébrés
Invertebrates	82	79	94	205	205	239	256	Invertébrés
Plants	15	21	81	150	154	154	157	Plantes
Total	148	171	256	456	465	512	540	Total
Puerto Rico								**Porto Rico**
Vertebrates	44	49	70	76	79	90	94	Vertébrés
Invertebrates	1	1	0	0	0	0	25	Invertébrés
Plants	52	53	57	65	67	69	78	Plantes
Total	97	103	127	141	146	159	197	Total
Qatar								**Qatar**
Vertebrates	12	19	22	37	37	47	58	Vertébrés
Invertebrates	0	13	13	13	13	13	13	Invertébrés
Plants	0	0	0	0	0	0	0	Plantes
Total	12	32	35	50	50	60	71	Total

25 Threatened species *(continued)*
Number of species by taxonomic group

Espèces menacées *(suite)*
Nombre d'espèces menacées par groupe taxonomique

Country or area &	2004	2010	2015	2019	2020	2021	2022	Pays ou zone &
Republic of Korea								**République de Corée**
Vertebrates	54	58	65	82	90	113	123	Vertébrés
Invertebrates	1	3	4	8	8	8	11	Invertébrés
Plants	0	3	7	35	38	40	41	Plantes
Total	55	64	76	125	136	161	175	Total
Republic of Moldova								**République de Moldova**
Vertebrates	22	24	22	25	25	27	28	Vertébrés
Invertebrates	5	3	5	6	6	6	6	Invertébrés
Plants	0	0	2	2	2	2	2	Plantes
Total	27	27	29	33	33	35	36	Total
Réunion								**Réunion**
Vertebrates	18	16	22	29	35	40	45	Vertébrés
Invertebrates	16	73	87	89	89	90	90	Invertébrés
Plants	14	15	17	19	21	21	23	Plantes
Total	48	104	126	137	145	151	158	Total
Romania								**Roumanie**
Vertebrates	40	39	42	51	51	55	55	Vertébrés
Invertebrates	22	24	38	67	67	67	92	Invertébrés
Plants	1	1	5	20	22	22	23	Plantes
Total	63	64	85	138	140	144	170	Total
Russian Federation								**Fédération de Russie**
Vertebrates	114	93	126	139	141	155	163	Vertébrés
Invertebrates	30	25	36	38	38	37	44	Invertébrés
Plants	7	8	55	90	100	103	109	Plantes
Total	151	126	217	267	279	295	316	Total
Rwanda								**Rwanda**
Vertebrates	30	49	51	52	52	54	57	Vertébrés
Invertebrates	4	2	2	4	4	4	4	Invertébrés
Plants	3	4	8	71	112	113	134	Plantes
Total	37	55	61	127	168	171	195	Total
Saint Barthélemy								**Saint-Barthélemy**
Vertebrates	...	4	16	28	31	40	41	Vertébrés
Invertebrates	...	11	11	11	11	11	25	Invertébrés
Plants	...	2	2	2	2	2	2	Plantes
Total	...	17	29	41	44	53	68	Total
Saint Helena [5]								**Sainte-Hélène** [5]
Vertebrates	32	31	37	42	45	46	46	Vertébrés
Invertebrates	2	2	13	68	83	97	97	Invertébrés
Plants	26	27	30	45	45	46	46	Plantes
Total	60	60	80	155	173	189	189	Total
Tristan da Cunha								**Tristan da Cunha**
Invertebrates	...	...	...	69	...	97	...	Invertébrés
Plants	...	...	...	45	...	46	...	Plantes
Total	...	...	...	156	...	189	...	Total
Saint Kitts and Nevis								**Saint-Kitts-et-Nevis**
Vertebrates	17	24	39	43	45	56	58	Vertébrés
Invertebrates	0	10	10	10	10	10	25	Invertébrés
Plants	2	2	2	2	2	4	5	Plantes
Total	19	36	51	55	57	70	88	Total
Saint Lucia								**Sainte-Lucie**
Vertebrates	23	29	41	48	50	63	64	Vertébrés
Invertebrates	0	11	11	11	11	11	25	Invertébrés
Plants	6	6	6	8	8	11	16	Plantes
Total	29	46	58	67	69	85	105	Total
Saint Martin (French part)								**St-Martin (partie française)**
Vertebrates	...	4	38	43	46	53	54	Vertébrés
Invertebrates	...	11	10	10	10	10	25	Invertébrés
Plants	...	2	3	3	3	2	2	Plantes
Total	...	17	51	56	59	65	81	Total
Saint Pierre and Miquelon								**Saint-Pierre-et-Miquelon**
Vertebrates	2	4	7	16	19	23	26	Vertébrés
Invertebrates	0	0	0	0	0	0	0	Invertébrés
Plants	0	0	0	0	0	0	0	Plantes
Total	2	4	7	16	19	23	26	Total

25 Threatened species *(continued)*
Number of species by taxonomic group

Espèces menacées *(suite)*
Nombre d'espèces menacées par groupe taxonomique

Country or area &	2004	2010	2015	2019	2020	2021	2022	Pays ou zone &
Saint Vincent & Grenadines								**Saint-Vincent-Grenadines**
Vertebrates	20	24	39	45	50	61	62	Vertébrés
Invertebrates	0	10	10	10	10	10	25	Invertébrés
Plants	4	4	5	6	5	7	8	Plantes
Total	24	38	54	61	65	78	95	Total
Samoa								**Samoa**
Vertebrates	15	23	26	30	33	35	37	Vertébrés
Invertebrates	1	53	62	63	64	65	68	Invertébrés
Plants	2	2	2	2	3	9	11	Plantes
Total	18	78	90	95	100	109	116	Total
San Marino								**Saint-Marin**
Vertebrates	...	0	0	0	1	3	4	Vertébrés
Invertebrates	...	0	1	1	1	1	1	Invertébrés
Plants	...	0	0	0	0	0	0	Plantes
Total	...	0	1	1	2	4	5	Total
Sao Tome and Principe								**Sao Tomé-et-Principe**
Vertebrates	24	33	38	51	55	57	63	Vertébrés
Invertebrates	2	2	5	4	4	5	6	Invertébrés
Plants	35	35	38	49	49	54	72	Plantes
Total	61	70	81	104	108	116	141	Total
Saudi Arabia								**Arabie saoudite**
Vertebrates	37	47	57	77	80	96	106	Vertébrés
Invertebrates	1	53	59	60	60	60	60	Invertébrés
Plants	3	3	3	4	4	4	5	Plantes
Total	41	103	119	141	144	160	171	Total
Senegal								**Sénégal**
Vertebrates	40	72	82	106	109	124	142	Vertébrés
Invertebrates	0	1	13	13	13	16	16	Invertébrés
Plants	7	9	11	20	23	22	23	Plantes
Total	47	82	106	139	145	162	181	Total
Serbia								**Serbie**
Vertebrates	...	29	29	35	35	37	38	Vertébrés
Invertebrates	...	16	22	35	35	34	67	Invertébrés
Plants	...	1	5	14	16	16	16	Plantes
Total	...	46	56	84	86	87	121	Total
Serbia and Monten. [former]								**Serbie-et-Monténégro [anc.]**
Vertebrates	42	...	...	...	...	...	...	Vertébrés
Invertebrates	19	...	...	...	...	...	...	Invertébrés
Plants	1	...	...	...	...	...	...	Plantes
Total	62	...	...	...	...	...	...	Total
Seychelles								**Seychelles**
Vertebrates	35	45	54	64	68	74	78	Vertébrés
Invertebrates	4	100	319	321	321	322	322	Invertébrés
Plants	45	45	62	61	62	61	61	Plantes
Total	84	190	435	446	451	457	461	Total
Sierra Leone								**Sierra Leone**
Vertebrates	35	77	92	110	111	125	141	Vertébrés
Invertebrates	4	6	8	8	8	12	12	Invertébrés
Plants	47	48	58	111	117	122	142	Plantes
Total	86	131	158	229	236	259	295	Total
Singapore								**Singapour**
Vertebrates	30	58	56	77	83	107	119	Vertébrés
Invertebrates	1	162	173	173	177	177	177	Invertébrés
Plants	54	57	58	62	66	66	69	Plantes
Total	85	277	287	312	326	350	365	Total
Sint Maarten (Dutch part)								**St-Martin (partie néerland.)**
Vertebrates	...	...	37	43	46	53	54	Vertébrés
Invertebrates	...	...	10	10	10	10	25	Invertébrés
Plants	...	...	2	2	2	1	1	Plantes
Total	...	...	49	55	58	64	80	Total
Slovakia								**Slovaquie**
Vertebrates	27	15	16	21	21	22	25	Vertébrés
Invertebrates	19	17	22	32	32	31	44	Invertébrés
Plants	2	2	7	54	63	64	65	Plantes
Total	48	34	45	107	116	117	134	Total

25 Threatened species *(continued)*
Number of species by taxonomic group

Espèces menacées *(suite)*
Nombre d'espèces menacées par groupe taxonomique

Country or area &	2004	2010	2015	2019	2020	2021	2022	Pays ou zone &
Slovenia								**Slovénie**
Vertebrates	32	36	42	53	58	65	75	Vertébrés
Invertebrates	42	59	76	83	84	84	102	Invertébrés
Plants	0	0	7	26	33	33	34	Plantes
Total	74	95	125	162	175	182	211	Total
Solomon Islands								**Îles Salomon**
Vertebrates	52	63	70	77	82	95	97	Vertébrés
Invertebrates	6	141	151	150	150	150	150	Invertébrés
Plants	16	16	17	16	24	38	56	Plantes
Total	74	220	238	243	256	283	303	Total
Somalia								**Somalie**
Vertebrates	46	56	60	76	84	99	102	Vertébrés
Invertebrates	1	51	62	62	62	62	62	Invertébrés
Plants	17	21	43	49	53	56	68	Plantes
Total	64	128	165	187	199	217	232	Total
South Africa								**Afrique du Sud**
Vertebrates	155	185	209	242	247	271	281	Vertébrés
Invertebrates	127	159	202	208	196	207	196	Invertébrés
Plants	75	97	116	153	154	314	428	Plantes
Total	357	441	527	603	597	792	905	Total
South Georgia & Sandwich Is.								**Géorgie du S.-Îles Sandwich**
Vertebrates	12	10	9	9	9	9	9	Vertébrés
Invertebrates	0	0	0	0	0	0	0	Invertébrés
Plants	0	0	0	0	0	0	0	Plantes
Total	12	10	9	9	9	9	9	Total
South Sudan								**Soudan du sud**
Vertebrates	...	...	26	39	42	43	46	Vertébrés
Invertebrates	...	...	0	1	1	1	1	Invertébrés
Plants	...	...	16	17	18	18	21	Plantes
Total	...	...	42	57	61	62	68	Total
Spain								**Espagne**
Vertebrates	76	118	123	142	143	158	165	Vertébrés
Invertebrates	63	67	215	288	290	294	352	Invertébrés
Plants	14	55	213	306	319	325	337	Plantes
Total	153	240	551	736	752	777	854	Total
Sri Lanka								**Sri Lanka**
Vertebrates	112	149	159	175	213	253	365	Vertébrés
Invertebrates	2	120	130	129	130	129	153	Invertébrés
Plants	280	283	291	298	298	298	302	Plantes
Total	394	552	580	602	641	680	820	Total
State of Palestine								**État de Palestine**
Vertebrates	4	16	20	25	25	31	40	Vertébrés
Invertebrates	0	2	4	4	4	3	4	Invertébrés
Plants	0	0	0	10	10	11	11	Plantes
Total	4	18	24	39	39	45	55	Total
Sudan								**Soudan**
Vertebrates	36	49	57	82	89	97	105	Vertébrés
Invertebrates	2	45	50	50	50	50	50	Invertébrés
Plants	17	18	16	19	19	18	17	Plantes
Total	55	112	123	151	158	165	172	Total
Suriname								**Suriname**
Vertebrates	32	38	49	57	58	80	84	Vertébrés
Invertebrates	0	1	1	1	1	1	1	Invertébrés
Plants	27	26	26	28	29	31	44	Plantes
Total	59	65	76	86	88	112	129	Total
Svalbard and Jan Mayen Is.								**Îles Svalbard-et-Jan Mayen**
Vertebrates	9	3	5	10	10	11	13	Vertébrés
Invertebrates	0	0	0	0	0	0	0	Invertébrés
Plants	0	0	0	1	1	1	1	Plantes
Total	9	3	5	11	11	12	14	Total
Sweden								**Suède**
Vertebrates	20	15	16	28	29	31	38	Vertébrés
Invertebrates	13	11	15	16	16	16	19	Invertébrés
Plants	3	3	5	41	53	57	60	Plantes
Total	36	29	36	85	98	104	117	Total

25 Threatened species *(continued)*

Number of species by taxonomic group

Espèces menacées *(suite)*

Nombre d'espèces menacées par groupe taxonomique

Country or area &	2004	2010	2015	2019	2020	2021	2022	Pays ou zone &
Switzerland								**Suisse**
Vertebrates	17	14	15	22	22	24	25	Vertébrés
Invertebrates	30	28	43	47	47	47	83	Invertébrés
Plants	2	3	4	43	59	60	63	Plantes
Total	49	45	62	112	128	131	171	Total
Syrian Arab Republic								**République arabe syrienne**
Vertebrates	26	68	84	91	92	99	105	Vertébrés
Invertebrates	3	7	20	22	23	22	24	Invertébrés
Plants	0	3	4	31	32	44	45	Plantes
Total	29	78	108	144	147	165	174	Total
Tajikistan								**Tadjikistan**
Vertebrates	20	24	26	32	32	33	35	Vertébrés
Invertebrates	2	2	3	3	3	3	3	Invertébrés
Plants	2	14	12	13	13	12	21	Plantes
Total	24	40	41	48	48	48	59	Total
Thailand								**Thaïlande**
Vertebrates	136	201	234	275	279	318	340	Vertébrés
Invertebrates	1	185	211	212	213	213	214	Invertébrés
Plants	84	91	150	168	182	215	248	Plantes
Total	221	477	595	655	674	746	802	Total
Timor-Leste								**Timor-Leste**
Vertebrates	11	18	19	31	35	43	51	Vertébrés
Invertebrates	0	0	1	1	1	1	1	Invertébrés
Plants	0	0	1	3	5	5	7	Plantes
Total	11	18	21	35	41	49	59	Total
Togo								**Togo**
Vertebrates	22	43	51	74	78	88	109	Vertébrés
Invertebrates	0	1	3	3	3	5	5	Invertébrés
Plants	10	10	12	13	13	13	15	Plantes
Total	32	54	66	90	94	106	129	Total
Tokelau								**Tokélaou**
Vertebrates	6	10	11	16	19	22	25	Vertébrés
Invertebrates	0	31	35	35	35	36	36	Invertébrés
Plants	0	0	0	0	0	0	0	Plantes
Total	6	41	46	51	54	58	61	Total
Tonga								**Tonga**
Vertebrates	11	19	23	28	32	35	40	Vertébrés
Invertebrates	2	35	47	47	51	58	70	Invertébrés
Plants	3	4	4	5	7	7	10	Plantes
Total	16	58	74	80	90	100	120	Total
Trinidad and Tobago								**Trinité-et-Tobago**
Vertebrates	32	37	53	60	66	79	80	Vertébrés
Invertebrates	0	10	10	10	10	10	26	Invertébrés
Plants	1	1	2	51	50	50	58	Plantes
Total	33	48	65	121	126	139	164	Total
Tunisia								**Tunisie**
Vertebrates	31	57	61	71	74	85	92	Vertébrés
Invertebrates	5	11	15	20	21	21	23	Invertébrés
Plants	0	7	7	10	12	14	14	Plantes
Total	36	75	83	101	107	120	129	Total
Türkiye								**Türkiye**
Vertebrates	76	130	191	208	209	216	217	Vertébrés
Invertebrates	13	15	76	86	88	87	90	Invertébrés
Plants	3	5	103	132	138	139	144	Plantes
Total	92	150	370	426	435	442	451	Total
Turkmenistan								**Turkménistan**
Vertebrates	35	37	38	48	48	48	47	Vertébrés
Invertebrates	5	5	7	7	7	7	7	Invertébrés
Plants	0	3	4	4	4	4	6	Plantes
Total	40	45	49	59	59	59	60	Total
Turks and Caicos Islands								**Îles Turques-et-Caïques**
Vertebrates	18	22	37	44	47	56	58	Vertébrés
Invertebrates	0	10	10	10	10	10	25	Invertébrés
Plants	2	2	9	9	8	10	10	Plantes
Total	20	34	56	63	65	76	93	Total

25 Threatened species *(continued)*
Number of species by taxonomic group

Espèces menacées *(suite)*
Nombre d'espèces menacées par groupe taxonomique

Country or area &	2004	2010	2015	2019	2020	2021	2022	Pays ou zone &
Tuvalu								**Tuvalu**
Vertebrates	7	14	15	20	21	23	27	Vertébrés
Invertebrates	1	71	78	78	78	79	79	Invertébrés
Plants	0	0	0	0	0	0	0	Plantes
Total	8	85	93	98	99	102	106	Total
Uganda								**Ouganda**
Vertebrates	77	110	117	126	128	131	131	Vertébrés
Invertebrates	19	15	19	30	31	31	34	Invertébrés
Plants	38	41	52	83	107	107	148	Plantes
Total	134	166	188	239	266	269	313	Total
Ukraine								**Ukraine**
Vertebrates	40	45	47	53	53	55	57	Vertébrés
Invertebrates	14	15	23	38	38	38	47	Invertébrés
Plants	1	1	17	36	41	41	43	Plantes
Total	55	61	87	127	132	134	147	Total
United Arab Emirates								**Émirats arabes unis**
Vertebrates	23	32	33	49	54	66	79	Vertébrés
Invertebrates	0	16	15	15	15	15	15	Invertébrés
Plants	0	0	0	0	0	0	0	Plantes
Total	23	48	48	64	69	81	94	Total
United Kingdom								**Royaume-Uni**
Vertebrates	32	48	53	66	67	71	77	Vertébrés
Invertebrates	10	11	18	20	20	20	30	Invertébrés
Plants	13	14	16	78	89	90	93	Plantes
Total	55	73	87	164	176	181	200	Total
United Rep. of Tanzania								**Rép.-Unie de Tanzanie**
Vertebrates	144	313	346	366	386	407	412	Vertébrés
Invertebrates	33	80	129	147	147	148	148	Invertébrés
Plants	239	298	602	661	726	867	1 031	Plantes
Total	416	691	1 077	1 174	1 259	1 422	1 591	Total
U.S. Minor Outlying Islands								**Îles min. éloignées des É-U**
Vertebrates	15	23	24	24	26	28	29	Vertébrés
Invertebrates	0	44	47	47	47	48	38	Invertébrés
Plants	0	0	0	0	0	0	0	Plantes
Total	15	67	71	71	73	76	67	Total
United States of America								**États-Unis d'Amérique**
Vertebrates	342	376	444	479	482	506	511	Vertébrés
Invertebrates	561	531	575	581	586	600	667	Invertébrés
Plants	240	245	280	556	587	735	782	Plantes
Total	1 143	1 152	1 299	1 616	1 655	1 841	1 960	Total
United States Virgin Islands								**Îles Vierges américaines**
Vertebrates	22	21	41	50	54	66	68	Vertébrés
Invertebrates	0	0	0	0	0	0	23	Invertébrés
Plants	9	12	12	17	20	21	22	Plantes
Total	31	33	53	67	74	87	113	Total
Uruguay								**Uruguay**
Vertebrates	48	78	79	86	92	111	111	Vertébrés
Invertebrates	1	1	2	2	2	3	3	Invertébrés
Plants	1	1	22	22	22	22	23	Plantes
Total	50	80	103	110	116	136	137	Total
Uzbekistan								**Ouzbékistan**
Vertebrates	29	34	34	43	43	44	46	Vertébrés
Invertebrates	1	1	3	3	3	3	3	Invertébrés
Plants	1	15	17	16	16	15	27	Plantes
Total	31	50	54	62	62	62	76	Total
Vanuatu								**Vanuatu**
Vertebrates	19	32	35	39	42	48	51	Vertébrés
Invertebrates	0	79	92	91	91	92	92	Invertébrés
Plants	10	10	10	10	11	10	15	Plantes
Total	29	121	137	140	144	150	158	Total
Venezuela (Boliv. Rep. of)								**Venezuela (Rép. boliv. du)**
Vertebrates	151	179	209	231	251	332	342	Vertébrés
Invertebrates	1	21	26	26	26	41	60	Invertébrés
Plants	67	70	77	90	102	392	466	Plantes
Total	219	270	312	347	379	765	868	Total

25 Threatened species *(continued)*
Number of species by taxonomic group

Espèces menacées *(suite)*
Nombre d'espèces menacées par groupe taxonomique

Country or area &	2004	2010	2015	2019	2020	2021	2022	Pays ou zone &
Viet Nam								**Viet Nam**
Vertebrates	144	186	239	310	322	357	407	Vertébrés
Invertebrates	0	92	127	154	156	156	191	Invertébrés
Plants	145	146	199	236	260	290	335	Plantes
Total	289	424	565	700	738	803	933	Total
Wallis and Futuna Islands								**Îles Wallis-et-Futuna**
Vertebrates	12	16	22	24	27	29	30	Vertébrés
Invertebrates	0	57	65	64	64	64	64	Invertébrés
Plants	1	1	1	1	1	1	3	Plantes
Total	13	74	88	89	92	94	97	Total
Western Sahara								**Sahara occidental**
Vertebrates	18	38	36	47	55	67	81	Vertébrés
Invertebrates	1	1	3	3	3	3	3	Invertébrés
Plants	0	0	0	0	0	0	1	Plantes
Total	19	39	39	50	58	70	85	Total
Yemen								**Yémen**
Vertebrates	34	48	57	78	82	97	104	Vertébrés
Invertebrates	2	62	68	68	68	68	68	Invertébrés
Plants	159	159	162	163	163	164	165	Plantes
Total	195	269	287	309	313	329	337	Total
Zambia								**Zambie**
Vertebrates	24	44	49	56	61	63	65	Vertébrés
Invertebrates	7	14	14	14	14	13	13	Invertébrés
Plants	8	9	20	28	32	45	59	Plantes
Total	39	67	83	98	107	121	137	Total
Zimbabwe								**Zimbabwe**
Vertebrates	24	34	38	43	43	43	47	Vertébrés
Invertebrates	2	5	5	8	8	8	8	Invertébrés
Plants	17	16	17	52	71	73	81	Plantes
Total	43	55	60	103	122	124	136	Total

Source:

World Conservation Union (IUCN), Gland and Cambridge, IUCN Red List of Threatened Species publication, last accessed May 2023.

& Vertebrates consists of mammals, birds, reptiles, amphibians and fish. Invertebrates consists of molluscs and other invertebrates. Plants consists of plants, and since 2016, fungi and chromists. Reptiles, fishes, molluscs, other invertebrates, plants, fungi & chromists: please note that for these groups, there are still many species that have not yet been assessed for the IUCN Red List and therefore their status is not known (i.e. these groups have not yet been completely assessed). Therefore the figures presented below for these groups should be interpreted as the number of species known to be threatened within those species that have been assessed to date, and not as the overall total number of threatened species for each group.

1 Excluding overseas territories.
2 The figures for Amphibians displayed here are those that were agreed at the GAA Brazil workshop in April 2003; the "consistent Red List Categories" were not yet accepted by the Brazilian experts.
3 For statistical purposes, the data for China do not include those for the Hong Kong Special Administrative Region (Hong Kong SAR), Macao Special Administrative Region (Macao SAR) and Taiwan Province of China.
4 Excluding the north islands, Saint Barthélemy and Saint Martin (French part).
5 Including Ascension and Tristan da Cunha.

Source:

Union internationale pour la conservation de la nature et de ses ressources (UICN), Gland et Cambridge, Liste rouge des espèces menacées publiée par l'UICN, dernier accès mai 2023.

& Les vertébrés se composent de mammifères, oiseaux, reptiles, amphibiens et poissons; les invertébrés se composent de mollusques et autres invertébrés. A partir de 2016, les plantes incluent aussi les champignons et les chromistes. Veuillez noter que beaucoup d'espèces tels que les reptiles, les poissons, les mollusques et autres invertébrés, les plantes, les champignons et les chromistes n'ont pas été encore évaluées dans le cadre de la Liste rouge de l'UICN , donc leur statut est inconnu pour le moment (c.-à-d. ces groupes ne sont que partiellement évalués). En conséquent, les données présentées ci-dessous pour chaque groupe doivent être interprétées comme le nombre d'espèces connues et menacées parmi les espèces évaluées à ce jour, et non comme le nombre total d'espèces menacées dans chaque groupe.

1 Non compris les départements d'outre-mer.
2 Les chiffres concernant les amphibiens sont ceux qui ont été convenus lors de l'atelier de l'Évaluation mondiale des amphibiens du Brésil en avril 2003 ; les "catégories conformes à la Liste rouge" n'ont pas encore été acceptées par les experts brésiliens.
3 Pour la présentation des statistiques, les données pour la Chine ne comprennent pas la région administrative spéciale de Hong Kong (RAS de Hong Kong), la région administrative spéciale de Macao (RAS de Macao) et la province chinoise de Taïwan.
4 Les îles du Nord, Saint-Barthélemy et Saint-Martin (partie française) sont exclues.
5 Y compris Ascension et Tristan da Cunha.

26

CO2 emission estimates

From fossil fuel combustion (thousand metric tons of carbon dioxide) and per capita

Estimation des émissions de CO2

Dues à la combustion de combustibles fossils (milliers de tonnes de dioxyde de carbone) et par habitant

Country or area[&]	1975	1985	2005	2010	2015	2018	2019	2020	Pays ou zone[&]
Albania									**Albanie**
Thousand metric tons	4 524	7 145	3 980	4 074	3 975	4 525	4 200	3 512	Milliers de tonnes
Metric tons per capita	1.8	2.3	1.3	1.4	1.3	1.5	1.4	1.2	Tonnes par habitant
Algeria									**Algérie**
Thousand metric tons	13 691	42 446	78 045	96 452	131 690	138 496	143 569	135 599	Milliers de tonnes
Metric tons per capita	0.8	1.9	2.3	2.7	3.3	3.3	3.3	3.1	Tonnes par habitant
Angola									**Angola**
Thousand metric tons	2 799	3 819	7 510	15 863	23 293	18 989	20 748	16 939	Milliers de tonnes
Metric tons per capita	0.3	0.3	0.3	0.6	0.8	0.6	0.6	0.5	Tonnes par habitant
Argentina									**Argentine**
Thousand metric tons	85 498	88 181	143 250	164 171	181 809	173 309	164 341	150 666	Milliers de tonnes
Metric tons per capita	3.3	2.9	3.7	4.0	4.2	3.9	3.6	3.3	Tonnes par habitant
Armenia									**Arménie**
Thousand metric tons	...	...	4 163	4 118	5 222	5 522	5 986	6 464	Milliers de tonnes
Metric tons per capita	...	...	1.4	1.4	1.7	1.8	2.0	2.1	Tonnes par habitant
Australia [1,2]									**Australie** [1,2]
Thousand metric tons	182 195	223 305	368 484	396 195	384 882	395 916	393 847	378 417	Milliers de tonnes
Metric tons per capita	12.9	13.9	18.1	17.8	16.0	15.7	15.4	14.6	Tonnes par habitant
Austria									**Autriche**
Thousand metric tons	50 452	53 980	75 938	70 094	63 280	62 984	64 414	58 925	Milliers de tonnes
Metric tons per capita	6.5	7.0	9.1	8.2	7.1	6.9	7.1	6.4	Tonnes par habitant
Azerbaijan									**Azerbaïdjan**
Thousand metric tons	...	...	29 185	23 643	30 797	31 534	34 325	33 167	Milliers de tonnes
Metric tons per capita	...	...	3.5	2.6	3.2	3.2	3.4	3.3	Tonnes par habitant
Bahrain									**Bahreïn**
Thousand metric tons	5 244	9 132	20 641	25 644	30 179	30 284	32 733	32 247	Milliers de tonnes
Metric tons per capita	19.6	21.7	23.1	20.6	21.9	19.2	19.9	18.9	Tonnes par habitant
Bangladesh [1]									**Bangladesh** [1]
Thousand metric tons	6 277	9 967	35 116	53 201	75 524	98 076	94 583	87 497	Milliers de tonnes
Metric tons per capita	0.1	0.1	0.2	0.3	0.5	0.6	0.6	0.5	Tonnes par habitant
Belarus									**Bélarus**
Thousand metric tons	...	...	55 755	60 272	53 261	57 837	56 139	53 185	Milliers de tonnes
Metric tons per capita	...	...	5.7	6.3	5.6	6.1	5.9	5.6	Tonnes par habitant
Belgium									**Belgique**
Thousand metric tons	116 832	102 109	109 033	105 556	93 953	92 230	91 398	83 891	Milliers de tonnes
Metric tons per capita	11.8	10.3	10.3	9.6	8.2	8.0	7.9	7.2	Tonnes par habitant
Benin									**Bénin**
Thousand metric tons	693	763	3 198	5 148	6 002	8 044	7 941	8 492	Milliers de tonnes
Metric tons per capita	0.1	0.1	0.3	0.5	0.5	0.6	0.6	0.6	Tonnes par habitant
Bolivia (Plurin. State of)									**Bolivie (État plurin. de)**
Thousand metric tons	3 336	4 764	9 177	13 904	18 918	20 784	20 677	17 436	Milliers de tonnes
Metric tons per capita	0.6	0.7	1.0	1.4	1.7	1.8	1.8	1.5	Tonnes par habitant
Bosnia and Herzegovina									**Bosnie-Herzégovine**
Thousand metric tons	...	...	16 059	20 734	19 647	22 820	21 351	21 128	Milliers de tonnes
Metric tons per capita	...	...	4.2	5.5	5.6	6.7	6.3	6.3	Tonnes par habitant
Botswana									**Botswana**
Thousand metric tons	625	1 673	4 515	3 501	7 189	8 315	7 446	5 996	Milliers de tonnes
Metric tons per capita	0.8	1.4	2.4	1.7	3.3	3.6	3.1	2.5	Tonnes par habitant
Brazil									**Brésil**
Thousand metric tons	141 202	166 948	327 026	389 556	474 044	428 191	428 083	405 935	Milliers de tonnes
Metric tons per capita	1.2	1.2	1.7	1.9	2.2	2.0	2.0	1.8	Tonnes par habitant
Brunei Darussalam									**Brunéi Darussalam**
Thousand metric tons	1 415	2 963	4 854	6 901	6 022	7 189	6 708	9 255	Milliers de tonnes
Metric tons per capita	8.7	13.2	13.2	17.6	14.4	16.7	15.4	21.1	Tonnes par habitant
Bulgaria									**Bulgarie**
Thousand metric tons	74 218	83 177	47 002	44 604	44 163	40 434	38 783	33 837	Milliers de tonnes
Metric tons per capita	8.4	9.2	6.1	5.9	6.1	5.7	5.5	4.8	Tonnes par habitant
Cambodia									**Cambodge**
Thousand metric tons	...	...	3 447	5 630	8 717	11 230	13 807	14 351	Milliers de tonnes
Metric tons per capita	...	...	0.2	0.3	0.5	0.6	0.8	0.8	Tonnes par habitant
Cameroon									**Cameroun**
Thousand metric tons	1 925	3 576	5 022	6 666	7 952	8 961	8 872	9 084	Milliers de tonnes
Metric tons per capita	0.1	0.2	0.2	0.3	0.3	0.3	0.3	0.3	Tonnes par habitant

26

CO2 emission estimates *(continued)*
From fossil fuel combustion (thousand metric tons of carbon dioxide) and per capita

Estimation des émissions de CO2 *(suite)*
Dues à la combustion de combustibles fossils (milliers de tonnes de dioxyde de carbone) et par habitant

Country or area&	1975	1985	2005	2010	2015	2018	2019	2020	Pays ou zone&
Canada									**Canada**
Thousand metric tons	382 913	399 744	546 398	533 950	557 038	578 474	564 938	515 523	Milliers de tonnes
Metric tons per capita	16.3	15.2	16.7	15.5	15.4	15.4	14.8	13.4	Tonnes par habitant
Chile									**Chili**
Thousand metric tons	17 717	20 444	56 141	70 533	82 994	87 847	93 078	85 840	Milliers de tonnes
Metric tons per capita	1.6	1.6	3.3	4.0	4.5	4.6	4.8	4.3	Tonnes par habitant
China [3]									**Chine** [3]
Thousand metric tons	1 114 484	1 732 386	5 524 063	7 943 764	9 248 027	9 888 384	10 041 917	10 190 639	Milliers de tonnes
Metric tons per capita	1.1	1.6	4.2	5.9	6.6	7.0	7.1	7.2	Tonnes par habitant
China, Hong Kong SAR									**Chine, RAS de Hong Kong**
Thousand metric tons	10 958	24 831	42 376	41 736	43 475	43 477	42 953	34 625	Milliers de tonnes
Metric tons per capita	2.4	4.5	6.2	5.9	5.9	5.8	5.7	4.6	Tonnes par habitant
Colombia									**Colombie**
Thousand metric tons	30 061	41 566	54 862	60 869	76 529	75 433	75 099	75 387	Milliers de tonnes
Metric tons per capita	1.2	1.3	1.3	1.3	1.6	1.5	1.5	1.5	Tonnes par habitant
Congo									**Congo**
Thousand metric tons	706	884	1 001	2 080	3 643	3 439	4 054	4 029	Milliers de tonnes
Metric tons per capita	0.4	0.4	0.2	0.4	0.7	0.6	0.7	0.6	Tonnes par habitant
Costa Rica									**Costa Rica**
Thousand metric tons	1 821	2 053	5 691	6 852	7 153	7 861	7 699	6 781	Milliers de tonnes
Metric tons per capita	0.9	0.7	1.3	1.5	1.4	1.5	1.5	1.3	Tonnes par habitant
Côte d'Ivoire									**Côte d'Ivoire**
Thousand metric tons	3 469	3 647	7 156	7 658	11 149	11 649	12 332	12 463	Milliers de tonnes
Metric tons per capita	0.5	0.3	0.3	0.3	0.4	0.4	0.4	0.4	Tonnes par habitant
Croatia									**Croatie**
Thousand metric tons	...	...	20 531	18 870	16 037	15 794	15 914	14 978	Milliers de tonnes
Metric tons per capita	...	...	4.6	4.3	3.7	3.7	3.8	3.6	Tonnes par habitant
Cuba									**Cuba**
Thousand metric tons	24 651	32 735	25 341	27 298	28 638	26 208	24 005	24 100	Milliers de tonnes
Metric tons per capita	2.6	3.2	2.2	2.4	2.5	2.3	2.1	2.1	Tonnes par habitant
Curaçao									**Curaçao**
Thousand metric tons	10 250	4 533	5 904	4 273	5 728	3 216	2 489	2 038	Milliers de tonnes
Metric tons per capita	60.3	24.6	26.7	18.5	36.0	20.0	15.7	13.0	Tonnes par habitant
Cyprus [4]									**Chypre** [4]
Thousand metric tons	1 675	2 793	7 183	7 429	6 050	6 433	6 486	5 970	Milliers de tonnes
Metric tons per capita	3.3	5.1	9.7	9.0	7.1	7.4	7.3	6.7	Tonnes par habitant
Czechia [5]									**Tchéquie** [5]
Thousand metric tons	157 889	182 370	121 849	114 488	101 442	102 758	97 630	88 793	Milliers de tonnes
Metric tons per capita	15.4	17.3	11.8	10.7	9.5	9.5	9.0	8.1	Tonnes par habitant
Dem. People's Rep. Korea									**Rép. pop. dém. de Corée**
Thousand metric tons	78 810	130 350	76 213	49 924	22 915	48 827	54 432	51 238	Milliers de tonnes
Metric tons per capita	4.8	6.8	3.2	2.0	0.9	1.9	2.1	2.0	Tonnes par habitant
Dem. Rep. of the Congo									**Rép. dém. du Congo**
Thousand metric tons	4 443	5 744	5 969	7 260	8 794	8 209	8 390	8 603	Milliers de tonnes
Metric tons per capita	0.1	0.1	~0.0	~0.0	~0.0	~0.0	~0.0	~0.0	Tonnes par habitant
Denmark [6]									**Danemark** [6]
Thousand metric tons	53 168	61 812	49 386	48 304	33 547	32 783	29 335	26 860	Milliers de tonnes
Metric tons per capita	10.4	11.9	9.0	8.5	5.7	5.5	4.9	4.5	Tonnes par habitant
Dominican Republic									**République dominicaine**
Thousand metric tons	5 485	6 520	17 941	19 457	21 988	23 711	24 045	21 343	Milliers de tonnes
Metric tons per capita	1.0	1.0	1.9	2.0	2.1	2.2	2.2	1.9	Tonnes par habitant
Ecuador									**Équateur**
Thousand metric tons	6 356	12 148	24 271	32 074	37 777	37 001	36 426	31 122	Milliers de tonnes
Metric tons per capita	0.9	1.3	1.7	2.1	2.3	2.1	2.1	1.7	Tonnes par habitant
Egypt [1]									**Égypte** [1]
Thousand metric tons	26 038	65 250	146 334	178 652	201 574	215 013	195 988	190 308	Milliers de tonnes
Metric tons per capita	0.7	1.3	1.9	2.1	2.2	2.2	1.9	1.8	Tonnes par habitant
El Salvador									**El Salvador**
Thousand metric tons	2 411	2 178	6 628	6 276	6 800	6 620	7 616	6 165	Milliers de tonnes
Metric tons per capita	0.5	0.3	1.1	1.0	1.1	1.0	1.2	0.9	Tonnes par habitant
Equatorial Guinea									**Guinée équatoriale**
Thousand metric tons	...	46	3 207	4 048	4 453	4 533	4 342	3 827	Milliers de tonnes
Metric tons per capita	...	0.1	4.3	4.3	3.8	3.5	3.2	2.7	Tonnes par habitant

26 CO2 emission estimates *(continued)*

From fossil fuel combustion (thousand metric tons of carbon dioxide) and per capita

Estimation des émissions de CO2 *(suite)*

Dues à la combustion de combustibles fossils (milliers de tonnes de dioxyde de carbone) et par habitant

Country or area&	1975	1985	2005	2010	2015	2018	2019	2020	Pays ou zone&
Eritrea									**Érythrée**
Thousand metric tons	...	...	690	620	645	738	760	771	Milliers de tonnes
Metric tons per capita	...	...	0.2	0.2	0.2	0.2	0.2	0.2	Tonnes par habitant
Estonia									**Estonie**
Thousand metric tons	...	...	16 702	18 521	14 458	15 744	10 062	7 374	Milliers de tonnes
Metric tons per capita	...	...	12.1	13.7	10.8	11.7	7.4	5.3	Tonnes par habitant
Eswatini									**Eswatini**
Thousand metric tons	476	796	1 153	998	1 187	1 253	1 321	1 298	Milliers de tonnes
Metric tons per capita	0.6	0.8	1.0	0.8	0.9	1.0	1.0	1.0	Tonnes par habitant
Ethiopia [1,7]									**Éthiopie** [1,7]
Thousand metric tons	5 111	6 295	13 664	16 423	22 226	26 263	27 209	27 909	Milliers de tonnes
Metric tons per capita	~0.0	~0.0	0.1	0.1	0.1	0.1	0.1	0.1	Tonnes par habitant
Finland									**Finlande**
Thousand metric tons	45 054	49 251	56 316	63 641	43 929	45 464	42 074	37 306	Milliers de tonnes
Metric tons per capita	9.4	9.9	10.5	11.6	7.7	7.9	7.3	6.5	Tonnes par habitant
France									**France**
Thousand metric tons	430 943	359 539	378 408	347 109	311 285[8]	306 981[8]	300 520[8]	267 036[8]	Milliers de tonnes
Metric tons per capita	7.9	6.2	5.9	5.2	4.6[8]	4.5[8]	4.3[8]	3.8[8]	Tonnes par habitant
Gabon									**Gabon**
Thousand metric tons	925	1 898	2 172	3 286	3 911	3 095	3 080	3 142	Milliers de tonnes
Metric tons per capita	1.2	2.0	1.3	1.6	1.7	1.2	1.1	1.1	Tonnes par habitant
Georgia									**Géorgie**
Thousand metric tons	...	...	4 244	5 188	9 003	9 195	9 742	9 506	Milliers de tonnes
Metric tons per capita	...	...	1.0	1.3	2.3	2.4	2.6	2.5	Tonnes par habitant
Germany									**Allemagne**
Thousand metric tons	985 008	1 016 975	796 347	769 624	739 890	704 489	655 181	599 289	Milliers de tonnes
Metric tons per capita	12.4	12.9	9.7	9.5	8.9	8.4	7.8	7.1	Tonnes par habitant
Ghana									**Ghana**
Thousand metric tons	3 000	2 952	7 106	11 138	14 979	17 429	18 722	20 099	Milliers de tonnes
Metric tons per capita	0.2	0.2	0.3	0.4	0.5	0.6	0.6	0.6	Tonnes par habitant
Gibraltar									**Gibraltar**
Thousand metric tons	63	91	412	482	596	701	729	656	Milliers de tonnes
Metric tons per capita	2.1	3.1	12.3	14.0	17.3	20.3	21.1	19.0	Tonnes par habitant
Greece									**Grèce**
Thousand metric tons	34 540	55 147	96 322	84 452	65 519	62 496	57 484	48 770	Milliers de tonnes
Metric tons per capita	3.7	5.4	8.7	7.5	6.0	5.7	5.3	4.5	Tonnes par habitant
Guatemala									**Guatemala**
Thousand metric tons	3 826	4 094	12 478	12 549	17 523	19 749	20 821	18 584	Milliers de tonnes
Metric tons per capita	0.5	0.4	0.8	0.7	1.0	1.0	1.1	0.9	Tonnes par habitant
Guyana									**Guyana**
Thousand metric tons	1 888	1 554	1 530	1 807	2 087	2 470	2 679	2 655	Milliers de tonnes
Metric tons per capita	2.5	1.9	2.0	2.3	2.7	3.1	3.4	3.3	Tonnes par habitant
Haiti									**Haïti**
Thousand metric tons	861	1 266	2 209	3 063	3 994	4 036	4 075	3 939	Milliers de tonnes
Metric tons per capita	0.1	0.1	0.2	0.2	0.3	0.3	0.3	0.3	Tonnes par habitant
Honduras									**Honduras**
Thousand metric tons	1 690	2 114	7 034	8 053	10 720	8 899	10 144	8 894	Milliers de tonnes
Metric tons per capita	0.4	0.4	0.9	0.9	1.1	0.9	1.0	0.8	Tonnes par habitant
Hungary									**Hongrie**
Thousand metric tons	71 241	81 221	55 629	48 266	43 873	49 394	47 281	44 844	Milliers de tonnes
Metric tons per capita	6.7	7.5	5.4	4.7	4.3	4.9	4.7	4.5	Tonnes par habitant
Iceland									**Islande**
Thousand metric tons	1 631	1 647	2 235	1 978	2 090	1 731	1 669	1 474	Milliers de tonnes
Metric tons per capita	7.4	6.8	7.5	6.1	6.2	4.8	4.5	3.9	Tonnes par habitant
India [9]									**Inde** [9]
Thousand metric tons	243 733	409 751	1 120 993	1 625 063	2 094 130	2 378 298	2 339 341	2 135 190	Milliers de tonnes
Metric tons per capita	0.4	0.5	0.9	1.3	1.6	1.7	1.7	1.5	Tonnes par habitant
Indonesia									**Indonésie**
Thousand metric tons	47 969	96 114	336 464	410 785	474 377	547 124	584 412	544 485	Milliers de tonnes
Metric tons per capita	0.3	0.5	1.4	1.6	1.8	2.0	2.1	2.0	Tonnes par habitant
Iran (Islamic Republic of) [10]									**Iran (Rép. islamique d')** [10]
Thousand metric tons	68 648	146 421	421 593	503 021	560 799	591 385	583 855	572 912	Milliers de tonnes
Metric tons per capita	2.1	3.1	6.0	6.8	7.1	7.2	7.0	6.8	Tonnes par habitant

26 CO2 emission estimates *(continued)*

From fossil fuel combustion (thousand metric tons of carbon dioxide) and per capita

Estimation des émissions de CO2 *(suite)*

Dues à la combustion de combustibles fossils (milliers de tonnes de dioxyde de carbone) et par habitant

Country or area&	1975	1985	2005	2010	2015	2018	2019	2020	Pays ou zone&
Iraq									**Iraq**
Thousand metric tons	15 686	38 435	71 968	90 090	100 792	128 194	139 578	122 846	Milliers de tonnes
Metric tons per capita	1.3	2.4	2.6	3.0	2.8	3.3	3.5	3.0	Tonnes par habitant
Ireland									**Irlande**
Thousand metric tons	21 641	27 085	44 909	39 821	35 983	36 103	34 446	32 458	Milliers de tonnes
Metric tons per capita	6.7	7.5	10.7	8.6	7.6	7.3	6.9	6.4	Tonnes par habitant
Israel									**Israël**
Thousand metric tons	16 557	24 534	59 347	69 065	64 630	60 257	61 927	58 014	Milliers de tonnes
Metric tons per capita	4.8	5.7	8.5	9.0	7.6	6.7	6.8	6.2	Tonnes par habitant
Italy [11]									**Italie** [11]
Thousand metric tons	319 892	345 299	461 849	398 376	335 503	322 796	314 965	279 321	Milliers de tonnes
Metric tons per capita	5.7	6.0	7.9	6.6	5.5	5.3	5.2	4.6	Tonnes par habitant
Jamaica									**Jamaïque**
Thousand metric tons	7 171	4 751	10 404	7 259	6 783	8 397	8 193	5 547	Milliers de tonnes
Metric tons per capita	3.5	2.0	3.8	2.6	2.3	2.8	2.7	1.8	Tonnes par habitant
Japan [12]									**Japon** [12]
Thousand metric tons	856 046	873 173	1 193 987	1 143 210	1 162 431	1 094 747	1 057 961	998 658	Milliers de tonnes
Metric tons per capita	7.6	7.2	9.3	8.9	9.1	8.6	8.3	7.9	Tonnes par habitant
Jordan									**Jordanie**
Thousand metric tons	2 181	7 551	18 623	18 969	23 987	23 275	22 309	20 199	Milliers de tonnes
Metric tons per capita	1.0	2.6	3.2	2.6	2.6	2.3	2.2	2.0	Tonnes par habitant
Kazakhstan									**Kazakhstan**
Thousand metric tons	...	...	157 981	223 026	182 077	211 391	200 116	207 064	Milliers de tonnes
Metric tons per capita	...	...	10.4	13.6	10.3	11.4	10.7	10.9	Tonnes par habitant
Kenya									**Kenya**
Thousand metric tons	4 559	6 162	10 483	14 867	18 757	20 368	20 734	20 061	Milliers de tonnes
Metric tons per capita	0.3	0.2	0.2	0.3	0.3	0.3	0.3	0.3	Tonnes par habitant
Kosovo									**Kosovo**
Thousand metric tons	...	...	6 759	8 865	8 775	8 453	8 801	8 897	Milliers de tonnes
Metric tons per capita	...	...	3.9	4.9	4.8	4.6	4.8	4.9	Tonnes par habitant
Kuwait									**Koweït**
Thousand metric tons	15 199	36 818	65 134	77 649	86 722	90 419	91 454	90 026	Milliers de tonnes
Metric tons per capita	14.8	21.0	28.5	25.8	22.5	21.7	21.6	21.0	Tonnes par habitant
Kyrgyzstan									**Kirghizistan**
Thousand metric tons	...	...	4 949	6 137	9 771	10 616	9 283	8 364	Milliers de tonnes
Metric tons per capita	...	...	1.0	1.1	1.6	1.6	1.4	1.2	Tonnes par habitant
Lao People's Dem. Rep.									**Rép. dém. populaire lao**
Thousand metric tons	...	...	1 636	2 972	8 259	18 447	17 784	17 422	Milliers de tonnes
Metric tons per capita	...	...	0.2	0.4	1.1	2.5	2.4	2.3	Tonnes par habitant
Latvia									**Lettonie**
Thousand metric tons	...	...	8 040	8 489	7 209	7 639	7 398	6 734	Milliers de tonnes
Metric tons per capita	...	...	3.4	3.9	3.5	3.8	3.7	3.4	Tonnes par habitant
Lebanon									**Liban**
Thousand metric tons	5 817	6 748	14 759	18 558	24 968	25 709	25 862	20 830	Milliers de tonnes
Metric tons per capita	2.2	2.5	3.1	3.7	3.8	3.7	3.7	3.0	Tonnes par habitant
Libya									**Libye**
Thousand metric tons	8 858	18 406	44 415	51 172	45 657	45 229	45 431	39 808	Milliers de tonnes
Metric tons per capita	3.3	4.7	7.6	8.2	7.0	6.7	6.6	5.7	Tonnes par habitant
Lithuania									**Lituanie**
Thousand metric tons	...	...	12 827	12 721	10 961	11 586	11 592	11 575	Milliers de tonnes
Metric tons per capita	...	...	3.8	4.0	3.6	4.0	4.0	4.0	Tonnes par habitant
Luxembourg									**Luxembourg**
Thousand metric tons	12 800	10 415	11 667	10 824	8 963	9 130	9 288	7 614	Milliers de tonnes
Metric tons per capita	35.5	28.2	24.7	21.0	15.5	14.7	14.6	11.8	Tonnes par habitant
Madagascar									**Madagascar**
Thousand metric tons	1 158	1 284	2 681	2 944	4 475	4 966	5 615	4 463	Milliers de tonnes
Metric tons per capita	0.1	0.1	0.1	0.1	0.1	0.1	0.1	0.1	Tonnes par habitant
Malaysia									**Malaisie**
Thousand metric tons	16 628	33 432	157 326	191 635	222 541	230 363	233 636	231 571	Milliers de tonnes
Metric tons per capita	1.3	2.1	6.1	6.7	7.3	7.2	7.2	7.1	Tonnes par habitant
Malta									**Malte**
Thousand metric tons	658	1 166	2 645	2 607	1 677	1 572	1 680	1 630	Milliers de tonnes
Metric tons per capita	2.1	3.5	6.5	6.2	3.7	3.2	3.3	3.1	Tonnes par habitant

26 CO2 emission estimates *(continued)*
From fossil fuel combustion (thousand metric tons of carbon dioxide) and per capita

Estimation des émissions de CO2 *(suite)*
Dues à la combustion de combustibles fossils (milliers de tonnes de dioxyde de carbone) et par habitant

Country or area[&]	1975	1985	2005	2010	2015	2018	2019	2020	Pays ou zone[&]
Mauritius									**Maurice**
Thousand metric tons	453	642	3 012	3 716	4 020	4 192	4 233	3 771	Milliers de tonnes
Metric tons per capita	0.5	0.6	2.4	2.9	3.1	3.3	3.3	2.9	Tonnes par habitant
Mexico									**Mexique**
Thousand metric tons	138 036	245 883	419 577	448 146	450 100	423 764	430 962	356 841	Milliers de tonnes
Metric tons per capita	2.2	3.1	3.9	3.9	3.7	3.3	3.4	2.8	Tonnes par habitant
Mongolia									**Mongolie**
Thousand metric tons	...	11 941	11 207	14 436	17 418	21 524	23 062	21 050	Milliers de tonnes
Metric tons per capita	...	6.1	4.4	5.2	5.7	6.7	7.0	6.3	Tonnes par habitant
Montenegro									**Monténégro**
Thousand metric tons	...	...	2 076	2 668	2 439	2 576	2 676	2 601	Milliers de tonnes
Metric tons per capita	...	...	3.3	4.2	3.8	4.0	4.2	4.1	Tonnes par habitant
Morocco									**Maroc**
Thousand metric tons	10 004	16 713	40 281	47 285	56 032	60 345	66 971	63 151	Milliers de tonnes
Metric tons per capita	0.5	0.7	1.3	1.4	1.6	1.7	1.8	1.7	Tonnes par habitant
Mozambique									**Mozambique**
Thousand metric tons	3 883	2 988	3 867	3 571	6 603	7 777	8 353	7 754	Milliers de tonnes
Metric tons per capita	0.2	0.1	0.1	0.1	0.2	0.2	0.2	0.2	Tonnes par habitant
Myanmar [9]									**Myanmar** [9]
Thousand metric tons	6 232	8 623	14 336	11 715	22 680	34 484	35 262	34 888	Milliers de tonnes
Metric tons per capita	0.1	0.2	0.2	0.2	0.4	0.6	0.6	0.6	Tonnes par habitant
Namibia									**Namibie**
Thousand metric tons	...	...	2 637	3 220	3 925	3 914	3 914	3 597	Milliers de tonnes
Metric tons per capita	...	...	1.3	1.5	1.7	1.6	1.5	1.4	Tonnes par habitant
Nepal									**Népal**
Thousand metric tons	1 744	2 324	5 952	7 258	9 111	15 376	13 773	15 856	Milliers de tonnes
Metric tons per capita	~0.0	~0.0	0.1	0.2	0.2	0.4	0.4	0.4	Tonnes par habitant
Netherlands (Kingdom of the)									**Pays-Bas (Royaume des)**
Thousand metric tons	132 885	139 358	168 921	172 314	158 609	152 708	147 500	131 762	Milliers de tonnes
Metric tons per capita	9.7	9.6	10.3	10.3	9.3	8.8	8.4	7.5	Tonnes par habitant
New Zealand									**Nouvelle-Zélande**
Thousand metric tons	16 778	19 261	34 228	30 952	31 975	32 399	34 015	31 340	Milliers de tonnes
Metric tons per capita	5.3	5.8	8.1	7.0	6.8	6.5	6.7	6.0	Tonnes par habitant
Nicaragua									**Nicaragua**
Thousand metric tons	2 104	2 113	4 513	4 708	5 459	5 235	5 387	4 862	Milliers de tonnes
Metric tons per capita	0.7	0.5	0.8	0.7	0.8	0.7	0.8	0.7	Tonnes par habitant
Niger									**Niger**
Thousand metric tons	541	925	1 260	1 980	2 803	2 768	3 007	3 129	Milliers de tonnes
Metric tons per capita	0.1	0.1	0.1	0.1	0.1	0.1	0.1	0.1	Tonnes par habitant
Nigeria									**Nigéria**
Thousand metric tons	22 939	47 981	84 440	89 038	121 822	129 864	135 415	128 450	Milliers de tonnes
Metric tons per capita	0.2	0.4	0.4	0.4	0.5	0.5	0.5	0.4	Tonnes par habitant
North Macedonia									**Macédoine du Nord**
Thousand metric tons	...	...	9 017	8 463	7 286	7 084	8 100	6 930	Milliers de tonnes
Metric tons per capita	...	...	4.4	4.1	3.5	3.4	3.8	3.3	Tonnes par habitant
Norway									**Norvège**
Thousand metric tons	23 879	26 912	35 195	39 417	39 517	38 125	37 240	35 739	Milliers de tonnes
Metric tons per capita	5.9	6.4	7.5	7.9	7.5	7.1	6.8	6.5	Tonnes par habitant
Oman									**Oman**
Thousand metric tons	733	5 692	25 341	42 752	64 183	69 177	69 337	64 519	Milliers de tonnes
Metric tons per capita	0.8	3.8	10.0	14.0	14.9	14.2	13.8	12.6	Tonnes par habitant
Pakistan									**Pakistan**
Thousand metric tons	24 101	42 170	124 722	140 334	163 304	184 479	181 970	180 001	Milliers de tonnes
Metric tons per capita	0.3	0.4	0.7	0.7	0.8	0.8	0.8	0.8	Tonnes par habitant
Panama									**Panama**
Thousand metric tons	3 262	2 819	6 843	8 785	10 055	9 498	12 802	9 481	Milliers de tonnes
Metric tons per capita	1.8	1.2	2.0	2.4	2.5	2.2	3.0	2.2	Tonnes par habitant
Paraguay									**Paraguay**
Thousand metric tons	1 043	1 857	3 997	5 346	6 550	8 799	8 529	7 984	Milliers de tonnes
Metric tons per capita	0.3	0.4	0.6	0.8	0.9	1.2	1.1	1.0	Tonnes par habitant
Peru									**Pérou**
Thousand metric tons	19 524	19 384	29 923	43 054	51 084	51 595	53 754	43 909	Milliers de tonnes
Metric tons per capita	1.2	0.9	1.0	1.4	1.6	1.6	1.6	1.3	Tonnes par habitant

26 CO2 emission estimates *(continued)*

From fossil fuel combustion (thousand metric tons of carbon dioxide) and per capita

Estimation des émissions de CO2 *(suite)*

Dues à la combustion de combustibles fossils (milliers de tonnes de dioxyde de carbone) et par habitant

Country or area[&]	1975	1985	2005	2010	2015	2018	2019	2020	Pays ou zone[&]
Philippines									**Philippines**
Thousand metric tons	31 808	32 284	72 431	78 548	104 714	131 794	138 619	127 816	Milliers de tonnes
Metric tons per capita	0.7	0.5	0.8	0.8	1.0	1.2	1.3	1.1	Tonnes par habitant
Poland									**Pologne**
Thousand metric tons	344 550	429 400	301 740	314 255	288 687	311 522	294 086	273 211	Milliers de tonnes
Metric tons per capita	10.0	11.4	7.8	8.0	7.4	7.9	7.5	7.1	Tonnes par habitant
Portugal [13]									**Portugal** [13]
Thousand metric tons	18 347	24 342	62 528	48 542	47 872	48 148	43 271	37 529	Milliers de tonnes
Metric tons per capita	2.0	2.4	5.9	4.5	4.5	4.6	4.1	3.6	Tonnes par habitant
Qatar									**Qatar**
Thousand metric tons	4 944	10 731	33 363	56 099	80 877	83 441	85 518	84 489	Milliers de tonnes
Metric tons per capita	30.1	28.8	38.4	30.1	31.4	29.9	30.1	29.2	Tonnes par habitant
Republic of Korea									**République de Corée**
Thousand metric tons	80 125	160 050	461 549	555 430	587 214	610 633	592 190	551 431	Milliers de tonnes
Metric tons per capita	2.2	3.8	9.5	11.1	11.4	11.7	11.4	10.6	Tonnes par habitant
Republic of Moldova									**République de Moldova**
Thousand metric tons	...	...	7 899	8 199	7 873	8 308	8 589	8 332	Milliers de tonnes
Metric tons per capita	...	...	2.7	2.8	2.7	2.9	3.1	3.1	Tonnes par habitant
Romania									**Roumanie**
Thousand metric tons	141 936	176 164	92 924	76 692	71 659	73 494	71 976	66 603	Milliers de tonnes
Metric tons per capita	6.6	7.7	4.3	3.7	3.5	3.7	3.6	3.4	Tonnes par habitant
Russian Federation									**Fédération de Russie**
Thousand metric tons	...	...	1 491 331	1 538 693	1 543 459	1 612 717	1 652 097	1 562 930	Milliers de tonnes
Metric tons per capita	...	...	10.3	10.7	10.6	11.1	11.4	10.8	Tonnes par habitant
Rwanda									**Rwanda**
Thousand metric tons	936	1 418	1 332	1 417	1 832	2 127	2 182	2 146	Milliers de tonnes
Metric tons per capita	~0.0	0.1	0.1	0.1	0.1	0.1	0.1	0.1	Tonnes par habitant
Saudi Arabia									**Arabie saoudite**
Thousand metric tons	22 721	119 059	299 568	421 715	536 071	502 356	502 455	487 510	Milliers de tonnes
Metric tons per capita	3.0	9.0	12.5	15.3	16.8	14.8	14.5	13.9	Tonnes par habitant
Senegal									**Sénégal**
Thousand metric tons	1 794	2 327	4 885	5 908	7 943	8 465	10 088	8 403	Milliers de tonnes
Metric tons per capita	0.3	0.3	0.4	0.4	0.5	0.5	0.6	0.5	Tonnes par habitant
Serbia									**Serbie**
Thousand metric tons	...	...	50 278	46 797	45 402	46 012	45 845	46 238	Milliers de tonnes
Metric tons per capita	...	...	6.7	6.3	6.3	6.5	6.5	6.6	Tonnes par habitant
Singapore									**Singapour**
Thousand metric tons	8 510	16 724	37 127	42 677	45 707	45 471	45 421	43 954	Milliers de tonnes
Metric tons per capita	3.7	6.1	8.7	8.4	8.2	8.0	7.9	7.7	Tonnes par habitant
Slovakia									**Slovaquie**
Thousand metric tons	43 514	54 846	37 533	34 904	29 771	32 023	30 187	28 138	Milliers de tonnes
Metric tons per capita	9.1	10.5	6.9	6.4	5.4	5.8	5.4	5.1	Tonnes par habitant
Slovenia									**Slovénie**
Thousand metric tons	...	...	15 804	15 805	13 127	13 967	13 522	12 306	Milliers de tonnes
Metric tons per capita	...	...	7.7	7.5	6.2	6.6	6.3	5.7	Tonnes par habitant
South Africa									**Afrique du Sud**
Thousand metric tons	207 079	227 037	377 710	425 621	425 292	439 949	446 467	393 113	Milliers de tonnes
Metric tons per capita	8.1	6.8	7.8	8.2	7.6	7.5	7.5	6.5	Tonnes par habitant
South Sudan									**Soudan du sud**
Thousand metric tons	...	...	...	...	2 051	1 857	1 913	1 831	Milliers de tonnes
Metric tons per capita	...	...	...	...	0.2	0.2	0.2	0.2	Tonnes par habitant
Spain									**Espagne**
Thousand metric tons	157 282	174 768	337 918	267 020	251 672	252 400	236 436	197 673	Milliers de tonnes
Metric tons per capita	4.3	4.5	7.6	5.7	5.3	5.3	4.9	4.1	Tonnes par habitant
Sri Lanka									**Sri Lanka**
Thousand metric tons	3 658	4 701	14 830	13 968	19 630	21 779	23 698	22 010	Milliers de tonnes
Metric tons per capita	0.2	0.2	0.7	0.6	0.9	1.0	1.0	1.0	Tonnes par habitant
Sudan									**Soudan**
Thousand metric tons	4 104	5 138	11 978	17 358	19 210	21 965	22 482	21 184	Milliers de tonnes
Metric tons per capita	0.2	0.2	0.3	0.3	0.4	0.5	0.5	0.4	Tonnes par habitant
Suriname									**Suriname**
Thousand metric tons	...	...	1 687	1 760	2 734	2 169	2 678	2 619	Milliers de tonnes
Metric tons per capita	...	...	3.3	3.3	4.8	3.7	4.5	4.4	Tonnes par habitant

26 CO2 emission estimates *(continued)*

From fossil fuel combustion (thousand metric tons of carbon dioxide) and per capita

Estimation des émissions de CO2 *(suite)*

Dues à la combustion de combustibles fossils (milliers de tonnes de dioxyde de carbone) et par habitant

Country or area&	1975	1985	2005	2010	2015	2018	2019	2020	Pays ou zone&
Sweden									**Suède**
Thousand metric tons	80 186	59 873	50 341	48 397	39 439	36 239	35 537	34 272	Milliers de tonnes
Metric tons per capita	9.7	7.0	5.4	5.0	3.8	3.4	3.3	3.1	Tonnes par habitant
Switzerland									**Suisse**
Thousand metric tons	37 277	42 374	44 921	44 234	38 262	36 640	36 549	34 102	Milliers de tonnes
Metric tons per capita	5.7	6.4	5.9	5.5	4.5	4.2	4.2	3.9	Tonnes par habitant
Syrian Arab Republic									**République arabe syrienne**
Thousand metric tons	8 348	19 718	53 887	57 701	23 927	26 606	24 416	22 536	Milliers de tonnes
Metric tons per capita	1.1	1.8	2.9	2.7	1.3	1.6	1.4	1.3	Tonnes par habitant
Tajikistan									**Tadjikistan**
Thousand metric tons	...	...	2 368	2 331	4 286	6 337	7 033	7 398	Milliers de tonnes
Metric tons per capita	...	...	0.4	0.3	0.5	0.7	0.7	0.8	Tonnes par habitant
Thailand									**Thaïlande**
Thousand metric tons	23 431	44 253	205 333	226 703	253 440	246 784	257 108	247 936	Milliers de tonnes
Metric tons per capita	0.5	0.8	3.1	3.3	3.6	3.5	3.6	3.5	Tonnes par habitant
Togo									**Togo**
Thousand metric tons	458	480	1 327	2 527	1 492	1 951	2 050	2 111	Milliers de tonnes
Metric tons per capita	0.1	0.1	0.2	0.3	0.1	0.2	0.2	0.2	Tonnes par habitant
Trinidad and Tobago									**Trinité-et-Tobago**
Thousand metric tons	4 614	6 717	17 101	21 083	20 652	17 251	16 685	14 922	Milliers de tonnes
Metric tons per capita	4.5	5.7	13.1	15.8	15.0	12.4	11.9	10.6	Tonnes par habitant
Tunisia									**Tunisie**
Thousand metric tons	5 018	9 905	19 914	23 756	26 087	26 657	26 764	25 658	Milliers de tonnes
Metric tons per capita	0.9	1.3	1.9	2.2	2.3	2.3	2.3	2.1	Tonnes par habitant
Türkiye									**Türkiye**
Thousand metric tons	63 126	99 857	220 018	272 306	322 946	378 591	370 197	370 265	Milliers de tonnes
Metric tons per capita	1.5	1.9	3.2	3.7	4.1	4.6	4.4	4.4	Tonnes par habitant
Turkmenistan									**Turkménistan**
Thousand metric tons	...	...	48 402	57 229	59 835	60 173	60 466	60 536	Milliers de tonnes
Metric tons per capita	...	...	10.1	11.2	10.7	10.2	10.1	10.0	Tonnes par habitant
Uganda									**Ouganda**
Thousand metric tons	1 780	1 914	3 862	5 234	6 885	8 322	8 484	8 097	Milliers de tonnes
Metric tons per capita	0.1	~0.0	0.1	0.1	0.1	0.1	0.1	0.1	Tonnes par habitant
Ukraine									**Ukraine**
Thousand metric tons	...	...	292 530	268 049	189 040[14]	183 581[14]	172 311[14]	163 241[14]	Milliers de tonnes
Metric tons per capita	...	...	6.2	5.8	4.2[14]	4.1[14]	3.8[14]	3.7[14]	Tonnes par habitant
United Arab Emirates									**Émirats arabes unis**
Thousand metric tons	4 962	35 879	111 903	155 599	187 472	167 377	179 131	181 910	Milliers de tonnes
Metric tons per capita	9.0	26.1	24.3	18.1	20.1	17.2	18.2	18.3	Tonnes par habitant
United Kingdom									**Royaume-Uni**
Thousand metric tons	583 364	550 243	536 752	481 713	398 789	358 595	344 157	306 974	Milliers de tonnes
Metric tons per capita	10.3	9.6	8.8	7.6	6.1	5.3	5.1	4.5	Tonnes par habitant
United Rep. of Tanzania									**Rép.-Unie de Tanzanie**
Thousand metric tons	2 626	3 117	9 460	10 842	14 697	15 652	18 167	17 709	Milliers de tonnes
Metric tons per capita	0.1	0.1	0.1	0.1	0.2	0.2	0.2	0.2	Tonnes par habitant
United States of America [15]									**États-Unis d'Amérique** [15]
Thousand metric tons	4 409 861	4 572 448	5 781 166	5 428 235	5 004 513	4 987 469	4 821 298	4 324 698	Milliers de tonnes
Metric tons per capita	20.2	18.9	19.3	17.3	15.4	15.0	14.4	12.9	Tonnes par habitant
Uruguay									**Uruguay**
Thousand metric tons	5 349	3 269	5 338	6 244	6 672	6 611	6 901	6 569	Milliers de tonnes
Metric tons per capita	1.8	1.0	1.6	1.8	1.9	1.8	1.9	1.8	Tonnes par habitant
Uzbekistan									**Ouzbékistan**
Thousand metric tons	...	...	112 650	120 436	94 328	108 460	112 676	110 553	Milliers de tonnes
Metric tons per capita	...	...	4.3	4.2	3.0	3.3	3.3	3.2	Tonnes par habitant
Venezuela (Boliv. Rep. of)									**Venezuela (Rép. boliv. du)**
Thousand metric tons	56 874	86 263	142 117	157 478	142 586	113 859	88 677	55 212	Milliers de tonnes
Metric tons per capita	4.3	4.9	5.3	5.5	4.7	3.9	3.1	1.9	Tonnes par habitant
Viet Nam									**Viet Nam**
Thousand metric tons	19 756	20 749	84 431	132 486	169 006	239 067	287 820	297 522	Milliers de tonnes
Metric tons per capita	0.4	0.3	1.0	1.4	1.8	2.5	2.9	3.0	Tonnes par habitant
Yemen									**Yémen**
Thousand metric tons	1 786	4 938	19 062	22 648	11 603	10 016	9 854	8 695	Milliers de tonnes
Metric tons per capita	0.3	0.5	0.9	1.0	0.4	0.4	0.3	0.3	Tonnes par habitant

26

CO2 emission estimates *(continued)*
From fossil fuel combustion (thousand metric tons of carbon dioxide) and per capita

Estimation des émissions de CO2 *(suite)*
Dues à la combustion de combustibles fossils (milliers de tonnes de dioxyde de carbone) et par habitant

Country or area[&]	1975	1985	2005	2010	2015	2018	2019	2020	Pays ou zone[&]
Zambia									**Zambie**
Thousand metric tons	4 935	3 523	3 477	3 711	5 952	8 590	8 494	8 547	Milliers de tonnes
Metric tons per capita	0.9	0.4	0.2	0.2	0.3	0.4	0.4	0.4	Tonnes par habitant
Zimbabwe									**Zimbabwe**
Thousand metric tons	8 490	11 404	12 492	11 666	14 067	13 300	12 525	10 647	Milliers de tonnes
Metric tons per capita	1.1	1.1	0.9	0.7	0.8	0.7	0.7	0.5	Tonnes par habitant

Source:

International Energy Agency, IEA World Energy Balances 2021 and 2006 IPCC Guidelines for Greenhouse Gas Inventories, last accessed April 2023.

1 Data refer to fiscal years beginning 1 July.
2 Excluding overseas territories.
3 For statistical purposes, the data for China do not include those for the Hong Kong Special Administrative Region (Hong Kong SAR), Macao Special Administrative Region (Macao SAR) and Taiwan Province of China.
4 Excluding northern Cyprus.
5 Refers to Czechia and Slovakia.
6 Excluding the Faroe Islands and Greenland.
7 Excluding Eritrea.
8 From 2011 onwards, data include Monaco, and the five overseas departments and exclude New Caledonia, French Polynesia, St. Barthélemy, St. Martin, St. Pierre and Miquelon, and Wallis and Futuna.
9 Data refer to fiscal years beginning 1 April.
10 Data refer to fiscal years beginning 21 March.
11 Data include San Marino and the Holy See.
12 Data include Okinawa.
13 Data includes the Azores and Madeira.
14 The Government of Ukraine has informed the United Nations that it is not in a position to provide statistical data concerning the Autonomous Republic of Crimea and the city of Sevastopol.
15 Including overseas territories.

Source:

Agence internationale de l'énergie, AIE balances energétiques 2021 et lignes directrices 2006 du GIEC pour les inventaires de gaz à effet de serre, dernier accès avril 2023.

1 Les données se réfèrent aux exercices budgétaires commençant le 1er juillet.
2 Non compris les départements d'outre-mer.
3 Pour la présentation des statistiques, les données pour la Chine ne comprennent pas la région administrative spéciale de Hong Kong (RAS de Hong Kong), la région administrative spéciale de Macao (RAS de Macao) et la province chinoise de Taïwan.
4 Chypre du nord non compris.
5 Désigne la Tchéquie et la Slovaquie.
6 Non compris les Îles Féroé et le Groenland.
7 Non compris Erythrée.
8 À partir de 2011, les données incluent Monaco et les cinq départements d'outre-mer et excluent la Nouvelle-Calédonie, la Polynésie française, Saint-Barthélemy, Saint-Martin, Saint-Pierre et Miquelon et Wallis et Futuna.
9 Les données se réfèrent aux exercices budgétaires commençant le 1er avril.
10 Les données se réfèrent aux exercices budgétaires commençant le 21 mars.
11 Les données comprennent Saint-Marin et le Saint-Siège.
12 Les données incluent Okinawa.
13 Les données comprennent Azores et Madère.
14 Le Gouvernement ukrainien a informé l'Organisation des Nations Unies qu'il n'est pas en mesure de fournir des données statistiques concernant la République autonome de Crimée et Sébastopol.
15 Y compris le territoire à l'étranger.

27 Water supply and sanitation services

Proportion of population using

Services d'alimentation en eau potable et d'assainissement

Proportion de la population utilisant des services

Country or area& Pays ou zone&	Year Année	Proportion of population using: - Proportion de la population utilisant des: Safely managed drinking water services Services d'alimentation en eau potable gérés en toute sécurité			Safely managed sanitation facilities Services d'assainissement gérés en toute sécurité		
		Urban (%) Urbaine (%)	Rural (%) Rurale (%)	Total (%) Totale (%)	Urban (%) Urbaine (%)	Rural (%) Rurale (%)	Total (%) Totale (%)
Total, all countries or areas Total, tous pays ou zones	**2010**	**79.7**	**51.3**	**65.9**	**41.8**	**28.4**	**42.2**
	2015	**80.4**	**55.9**	**69.1**	**45.7**	**35.6**	**48.6**
	2022	**81.1**	**62.2**	**72.9**	**49.6**	**45.9**	**56.6**
Northern Africa Afrique septentrionale	2006	78.1	57.5	67.7	44.1	36.4	45.4
	2010	80.6	...	70.9	46.8	39.4	47.7
	2015	81.9	...	73.6	50.1	43.7	50.7
	2022	81.1	...	74.4	59.7	33.9	59.7
Sub-Saharan Africa Afrique subsaharienne	2010	46.5	9.2	22.8	26.6	16.7	20.3
	2015	50.8	11.6	26.8	28.4	18.0	22.0
	2022	53.0	15.2	31.3	30.5	19.8	24.4
Eastern Africa Afrique orientale	2010	46.6	6.2	16.1	22.2	14.4	16.3
	2015	52.4	8.9	20.4	25.1	16.7	18.9
	2022	53.5	13.5	25.5	27.8	19.7	22.1
Middle Africa Afrique centrale	2010	34.3	2.5	16.9	22.8	14.8	18.4
	2015	37.8	2.9	19.6	22.9	13.1	17.8
	2022	38.7	2.9	21.4	22.5	11.2	17.0
Southern Africa Afrique australe	2010	86.2	...	...	58.9	...	58.8
	2015	83.6	...	...	60.9	...	62.5
	2022	80.1	...	...	63.6	...	67.0
Western Africa Afrique occidentale	2010	40.2	12.6	23.9	20.0	15.9	17.6
	2015	40.8	15.4	26.7	23.0	17.2	19.8
	2022	41.8	19.6	30.4	27.4	19.0	23.1
Northern America Amérique septentrionale	2010	96.5	...	95.6	88.0	...	95.5
	2015	96.9	...	96.4	89.5	...	95.8
	2022	97.5	...	97.4	91.1	...	95.7
Latin America & the Caribbean Amérique latine et Caraïbes	2010	81.6	45.1	73.8	27.9	...	37.0
	2015	82.0	48.8	75.3	33.5	...	42.0
	2022	80.2	53.1	75.2	41.7	...	48.5
Caribbean Caraïbes	2010	65.5	...	57.3	42.0	42.6	42.1
	2015	63.5	...	57.0	41.6	43.5	42.1
	2022	60.9	...	56.0	40.3	43.9	41.2
Central America Amérique centrale	2010	...	45.4	46.3	28.3	...	33.7
	2015	...	48.7	47.5	38.5	...	43.1
	2022	...	50.1	47.7	53.9	...	57.2
South America Amérique du Sud	2010	82.5	46.8	76.2	28.9	...	37.8
	2015	83.7	51.1	78.4	33.5	...	41.5
	2022	82.7	58.0	79.0	39.7	...	45.7
Asia Asie	2010	75.0	54.1	63.4	33.3	25.3	36.7
	2015	77.1	61.0	68.7	40.1	35.3	46.4
	2022	79.6	71.5	75.7	46.5	49.8	58.6
Central Asia Asie centrale	2010	87.0	49.3	67.4	74.1	79.6	76.9
	2015	87.7	60.6	73.6	73.3	80.4	77.0
	2022	88.0	68.1	77.8	72.7	81.1	77.0
Eastern Asia Asie orientale	2010	91.4	...	...	54.6	17.6	41.4
	2015	94.6	...	...	66.9	26.1	54.8
	2022	97.6	...	...	77.8	38.3	70.4
South-eastern Asia Asie du Sud-Est	2010	48.1	30.5	38.3	42.7	38.0	40.1
	2015	48.7	32.1	40.0	44.1	43.5	43.8
	2022	49.5	34.3	42.1	46.4	51.8	49.0
Southern Asia Asie méridionale	2010	61.5	50.2	...	34.2	23.4	26.9
	2015	63.5	57.3	...	38.3	35.8	36.7
	2022	65.8	67.7	...	44.5	53.0	49.8
Western Asia Asie occidentale	2007	75.5	...	71.6	49.5	45.9	53.9
	2010	...	...	73.2	53.3	47.6	57.0
	2015	75.7	...	74.5	58.0	50.5	61.4
	2022	76.1	...	76.1	65.3	56.3	68.8
Europe Europe	2010	95.2	84.2	92.2	75.3	44.8	74.9
	2015	95.2	86.7	93.0	77.8	46.4	77.1
	2022	95.3	86.6	93.2	80.1	49.1	79.1

27 Water supply and sanitation services *(continued)*
Proportion of population using

Services d'alimentation en eau potable et d'assainissement *(suite)*
Proportion de la population utilisant des services

		Proportion of population using: - Proportion de la population utilisant des:					
		Safely managed drinking water services Services d'alimentation en eau potable gérés en toute sécurité			Safely managed sanitation facilities Services d'assainissement gérés en toute sécurité		
Country or area& Pays ou zone&	Year Année	Urban (%) Urbaine (%)	Rural (%) Rurale (%)	Total (%) Totale (%)	Urban (%) Urbaine (%)	Rural (%) Rurale (%)	Total (%) Totale (%)
Eastern Europe Europe orientale	2010	...	68.8	82.4	54.2	...	61.1
	2015	...	73.8	83.8	58.0	...	64.7
	2022	...	73.6	83.8	61.5	...	66.9
Northern Europe Europe septentrionale	2010	...	...	98.7	95.9	75.9	95.3
	2015	...	...	99.3	96.7	76.8	96.1
	2022	...	...	99.5	97.0	77.0	96.7
Southern Europe Europe méridionale	2010	96.8	93.3	95.7	68.7	48.6	69.6
	2015	96.3	92.6	95.2	71.8	52.2	72.4
	2022	95.8	91.8	94.7	74.7	59.6	75.3
Western Europe Europe occidentale	2010	99.1	99.2	99.2	97.9	83.7	97.0
	2015	99.5	99.2	99.4	98.1	84.0	97.3
	2022	100.0	99.2	99.8	98.3	84.2	97.5
Oceania Océanie	2010	96.8	...	...	82.9	29.3	72.8
	2015	97.8	...	...	83.8	28.5	72.6
	2018	97.7	...	...	84.4	28.2	72.6
	2022	97.5	...	...	85.1	...	72.8
Australia and New Zealand Australie et Nouvelle-Zélande	2010	99.5	...	...	...	...	94.6
	2015	99.7	...	...	...	...	95.1
	2022	99.5	...	...	...	...	95.8
Melanesia Mélanésie	2010	48.8	...	...	35.5	...	...
	2015	48.8	...	...	35.2	...	...
	2022	48.6	...	...	33.5	...	...
Micronesia Micronésie	2010	73.2	34.7	60.3	...	31.7	...
	2015	72.4	32.7	59.4	...	36.6	...
	2022	69.6	26.8	56.2	...	36.9	...
Polynesia Polynésie	2010	87.0	59.8	71.8	37.4	46.2	42.3
	2015	84.8	58.7	70.3	34.5	44.3	40.0
	2022	78.4	56.8	66.2	32.1	41.2	37.3
Afghanistan Afghanistan	2010	28.1	16.6	19.3	...	...	...
	2015	31.8	21.2	23.9	...	...	...
	2022	36.4	27.7	30.0	...	...	...
Albania Albanie	2010	...	...	62.3	27.0	...	33.6
	2015	...	...	70.6	34.0	...	41.6
	2022	...	...	70.7	49.6	...	56.3
Algeria Algérie	2010	81.7	61.1	75.1	66.6	52.4	62.0
	2015	81.5	65.9	77.0	65.8	54.1	62.4
	2022	73.1	63.1	70.6	64.6	56.0	62.4
American Samoa Samoa américaines	2010	...	...	88.2	...	...	42.7
	2015	...	...	89.4	...	...	38.7
	2021	...	...	89.9	...	...	37.0
	2022	...	...	...	...	...	37.0
Andorra Andorre	2010	...	...	90.6	75.2	75.2	75.2
	2015	...	...	90.6	98.2	98.2	98.2
	2022	...	...	90.6	100.0	100.0	100.0
Argentina Argentine	2010	...	...	...	45.4	...	45.6
	2015	...	...	...	46.0	...	46.1
	2016	...	...	...	46.1	...	46.2
	2022	...	...	...	46.2	...	...
Armenia Arménie	2010	...	...	83.2	3.0	...	12.9
	2015	...	...	83.1	1.1	...	11.7
	2022	...	...	82.4	0.0	...	10.8
Australia Australie	2010	99.3	...	...	...	...	94.6
	2015	99.7	...	...	...	...	95.1
	2022	99.5	...	...	...	...	95.8
Austria Autriche	2010	...	...	98.4	100.0	99.3	99.7
	2015	...	...	98.9	100.0	99.3	99.7
	2022	...	...	98.9	100.0	99.3	99.7
Azerbaijan Azerbaïdjan	2010	90.7	58.0	65.0	48.7	...	59.7
	2015	91.5	72.6	67.9	56.5	...	68.4
	2019	92.2	77.5	70.2	59.3	...	69.0
	2022	92.3	81.1	71.6	63.0	...	...

27 Water supply and sanitation services *(continued)*
Proportion of population using

Services d'alimentation en eau potable et d'assainissement *(suite)*
Proportion de la population utilisant des services

Country or area[&] Pays ou zone[&]	Year Année	Proportion of population using: - Proportion de la population utilisant des: Safely managed drinking water services Services d'alimentation en eau potable gérés en toute sécurité Urban (%) Urbaine (%)	Rural (%) Rurale (%)	Total (%) Totale (%)	Safely managed sanitation facilities Services d'assainissement gérés en toute sécurité Urban (%) Urbaine (%)	Rural (%) Rurale (%)	Total (%) Totale (%)
Bahrain	2010	...	...	98.9	...	...	88.9
Bahreïn	2015	...	...	98.9	...	...	90.2
	2022	...	...	98.9	...	...	92.2
Bangladesh	2010	42.4	60.6	55.0	26.2	14.7	18.2
Bangladesh	2015	47.1	61.3	56.4	27.3	20.3	22.7
	2022	54.2	62.4	59.1	28.8	32.4	31.0
Belarus	2010	...	...	89.6	85.1	62.8	79.4
Bélarus	2015	...	...	92.5	81.5	55.5	75.6
	2022	...	...	93.1	81.5	48.7	75.0
Belgium	2010	...	...	99.6	...	...	78.4
Belgique	2015	...	...	99.7	...	...	86.5
	2022	...	...	99.7	...	...	94.9
Benin	2010	...	...	...	2.9	1.1	1.9
Bénin	2015	...	...	...	3.3	1.4	2.2
	2022	...	...	...	3.6	1.8	2.7
Bhutan	2010	40.9	18.6	26.3	47.3	45.6	46.2
Bhoutan	2015	44.9	49.1	47.5	43.5	51.2	48.2
	2022	58.9	84.6	73.3	41.0	57.9	50.5
Bonaire, St. Eustatius & Saba	2010	...	...	91.3	...	...	...
Bonaire, St-Eustache et Saba	2015	...	...	95.3	...	...	...
	2022	...	...	100.0	...	...	...
Bosnia and Herzegovina	2010	...	...	88.5	8.0	...	29.2
Bosnie-Herzégovine	2015	...	...	88.8	28.2	...	44.3
	2018	...	...	88.9	42.6	...	54.6
	2022	...	...	87.0	58.1	...	...
Botswana	2010	80.2	...	...	...	...	...
Botswana	2015	76.2	...	...	...	...	...
	2022	72.9	...	...	...	...	...
Brazil	2010	83.4	55.8	79.1	42.2	...	39.9
Brésil	2015	85.2	62.8	82.0	46.1	...	43.9
	2022	88.9	76.0	87.3	51.4	...	49.6
Bulgaria	2010	...	...	94.9	64.6	50.1	60.6
Bulgarie	2015	...	...	96.8	69.6	55.7	66.0
	2022	...	...	95.7	77.2	61.4	73.5
Burkina Faso	2010	...	...	...	13.2	4.4	6.6
Burkina Faso	2015	...	...	...	12.6	6.2	8.0
	2022	...	...	...	12.1	8.6	9.7
Cambodia	2010	51.1	14.6	22.0	35.5	15.4	19.5
Cambodge	2015	53.8	16.7	24.9	39.0	22.4	26.1
	2022	57.5	19.6	29.1	44.7	34.1	36.7
Canada	2010	...	...	98.5	80.8	80.1	80.7
Canada	2015	...	...	98.8	82.7	82.0	82.6
	2022	...	...	99.0	84.0	83.5	83.9
Central African Republic	2010	14.2	2.8	7.3	31.5	8.0	17.2
République centrafricaine	2015	12.8	2.6	6.7	27.7	7.0	15.3
	2022	11.3	2.2	6.1	23.4	5.7	13.3
Chad	2010	16.2	2.9	5.8	23.0	5.2	9.2
Tchad	2015	16.8	2.8	6.0	26.9	4.8	9.8
	2022	17.6	2.7	6.2	32.0	4.2	10.9
Channel Islands	2010	...	...	92.0	...	...	90.0
Îles Anglo-Normandes	2015	...	...	92.0	...	...	90.0
	2017	...	...	92.0	...	...	90.0
Chile	2010	99.0	...	96.4	85.9	...	82.4
Chili	2015	99.3	...	98.4	97.2	...	93.4
	2022	99.4	...	98.8	99.2	...	95.3
China [1]	2010	89.7	...	...	53.4	15.3	34.0
Chine [1]	2015	93.8	...	...	69.8	24.0	49.4
	2022	97.9	...	...	84.7	36.7	67.2
China, Hong Kong SAR	2010	99.4	...	99.4	75.1	...	75.1
Chine, RAS de Hong Kong	2015	100.0	...	100.0	80.2	...	80.2
	2022	100.0	...	100.0	96.5	...	96.5

27 Water supply and sanitation services *(continued)*
Proportion of population using

Services d'alimentation en eau potable et d'assainissement *(suite)*
Proportion de la population utilisant des services

Country or area& / Pays ou zone&	Year / Année	Safely managed drinking water services / Services d'alimentation en eau potable gérés en toute sécurité: Urban (%) / Urbaine (%)	Rural (%) / Rurale (%)	Total (%) / Totale (%)	Safely managed sanitation facilities / Services d'assainissement gérés en toute sécurité: Urban (%) / Urbaine (%)	Rural (%) / Rurale (%)	Total (%) / Totale (%)
China, Macao SAR	2010	100.0	...	100.0	56.0	...	56.0
Chine, RAS de Macao	2015	100.0	...	100.0	61.1	...	61.1
	2022	100.0	...	100.0	68.1	...	68.1
Colombia	2010	81.1	36.9	71.4	15.4	...	16.8
Colombie	2015	81.2	38.3	72.5	16.0	...	17.5
	2022	81.2	40.2	73.9	16.8	...	18.4
Congo	2010	55.4	12.4	39.6	...	...	...
Congo	2015	58.5	17.0	44.2	...	...	...
	2021	58.6	19.1	46.1	...	...	...
Costa Rica	2010	80.2	76.9	79.2	19.3	34.6	23.6
Costa Rica	2015	80.3	79.6	80.1	21.0	35.0	24.2
	2022	80.4	81.1	80.5	23.1	35.6	25.4
Côte d'Ivoire	2010	35.5	14.8	24.6	18.1	8.4	13.0
Côte d'Ivoire	2015	46.0	24.3	35.0	19.0	10.8	14.8
	2022	58.8	27.3	43.9	20.1	14.1	17.2
Croatia	2007	96.6	72.0	85.4	88.6	...	78.2
Croatie	2010	96.6	...	...	88.4	...	77.8
	2015	96.6	...	...	88.1	...	77.5
	2021	96.6	...	...	88.1	...	78.0
	2022	96.6	...	...	...	...	...
Cuba	2010	...	...	...	38.7	54.5	42.4
Cuba	2015	...	...	...	37.9	54.9	41.8
	2022	...	...	...	37.1	56.0	41.3
Cyprus	2010	...	...	97.7	86.2	...	76.3
Chypre	2015	...	...	99.0	86.2	...	76.6
	2022	...	...	99.8	86.2	...	76.8
Czechia	2010	97.7	96.4	97.4	...	...	86.1
Tchéquie	2015	98.0	97.7	97.9	...	...	87.4
	2022	98.0	97.7	97.9	...	...	89.7
Dem. People's Rep. Korea	2010	78.0	52.4	67.8	...	18.4	...
Rép. pop. dém. de Corée	2015	77.4	50.4	67.0	...	9.0	...
	2022	77.0	48.8	66.5	...	1.2	...
Dem. Rep. of the Congo	2010	29.1	0.6	12.0	17.7	17.4	17.5
Rép. dém. du Congo	2015	26.6	0.6	11.7	16.6	14.2	15.2
	2022	24.2	0.5	11.6	15.2	11.2	13.0
Denmark	2010	...	...	96.8	...	...	95.6
Danemark	2015	...	...	98.8	...	...	97.3
	2022	...	...	99.9	...	...	98.8
Djibouti	2010	...	...	...	36.8	14.9	31.7
Djibouti	2015	...	...	...	41.2	18.2	36.0
	2022	...	...	...	44.8	20.9	39.6
Dominican Republic	2010	47.0	34.3	43.6	46.5	53.9	48.4
République dominicaine	2015	46.9	34.5	44.3	44.8	51.3	46.2
	2022	46.9	34.9	44.9	42.3	47.6	43.1
Ecuador	2010	72.1	47.9	63.1	35.3	50.7	41.0
Équateur	2015	74.0	50.3	65.4	34.0	55.0	41.7
	2022	74.7	53.3	67.1	30.9	61.0	41.6
Egypt	2010	...	...	...	67.6	52.9	59.2
Égypte	2015	...	...	...	69.9	57.9	63.0
	2022	...	...	...	72.6	63.1	67.2
El Salvador	2010	82.0	...	...	18.1	...	...
El Salvador	2015	80.6	...	...	17.8	...	...
	2022	78.6	...	...	17.4	...	...
Estonia	2010	...	...	95.1	95.7	...	90.6
Estonie	2015	...	...	96.8	96.4	...	90.4
	2022	...	...	97.0	97.7	...	90.4
Eswatini	2010	80.3	...	...	...	...	...
Eswatini	2015	79.1	...	...	...	...	...
	2022	77.5	...	...	...	...	...

27 Water supply and sanitation services *(continued)*
Proportion of population using

Services d'alimentation en eau potable et d'assainissement *(suite)*
Proportion de la population utilisant des services

		Proportion of population using: - Proportion de la population utilisant des:					
		Safely managed drinking water services Services d'alimentation en eau potable gérés en toute sécurité			Safely managed sanitation facilities Services d'assainissement gérés en toute sécurité		
Country or area& Pays ou zone&	Year Année	Urban (%) Urbaine (%)	Rural (%) Rurale (%)	Total (%) Totale (%)	Urban (%) Urbaine (%)	Rural (%) Rurale (%)	Total (%) Totale (%)
Ethiopia Éthiopie	2010	36.9	1.6	7.7	14.3	2.5	4.6
	2015	37.6	3.1	9.8	15.7	3.4	5.8
	2022	38.6	5.8	13.2	17.4	4.2	7.2
Fiji Fidji	2010	52.4	27.1	40.3	42.6	50.7	46.5
	2015	52.5	27.1	41.0	42.9	54.5	48.1
	2022	52.5	27.0	41.9	42.7	57.3	48.8
Finland Finlande	2010	...	...	97.8	...	...	88.1
	2015	...	...	99.6	...	...	88.9
	2022	...	...	99.6	...	...	90.0
France France	2010	98.2	98.4	98.2	...	...	88.8
	2015	99.0	98.4	98.8	...	...	89.1
	2022	100.0	98.4	99.7	...	...	89.7
French Guiana Guyane française	2010	...	...	89.8	...	...	71.5
	2015	...	...	90.6	...	...	73.1
	2022	...	...	91.5	...	...	75.0
French Polynesia Polynésie française	2010	...	...	92.0	...	...	...
	2015	...	...	87.8	...	...	...
	2022	...	...	81.8	...	...	...
Gambia Gambie	2010	57.5	6.9	35.1	30.2	41.5	35.2
	2015	65.3	9.0	42.3	31.3	33.7	32.3
	2022	67.8	12.2	47.7	31.0	22.6	28.0
Georgia Géorgie	2010	87.6	39.4	66.1	22.9	48.3	34.2
	2015	87.7	39.9	67.4	18.8	44.5	29.7
	2022	88.0	40.5	69.1	14.1	39.2	24.1
Germany Allemagne	2010	99.9	99.8	99.9	98.0	91.0	96.4
	2015	99.9	99.7	99.9	98.3	91.2	96.7
	2022	100.0	99.6	99.9	98.5	91.4	96.9
Ghana Ghana	2010	43.1	6.1	24.9	9.7	7.9	8.8
	2015	52.1	11.0	33.2	11.6	11.9	11.7
	2022	62.6	18.8	44.5	14.0	18.4	15.8
Gibraltar Gibraltar	2010	100.0	...	100.0	...	...	...
	2015	100.0	...	100.0	...	...	...
	2022	100.0	...	100.0	...	...	...
Greece Grèce	2010	...	...	99.4	90.9	...	84.1
	2015	...	...	99.2	93.7	...	87.6
	2022	...	...	98.9	97.4	...	92.2
Greenland Groenland	2015	...	...	...	...	...	0.0
	2022	...	...	...	...	...	0.0
Grenada Grenade	2010	...	...	87.7	...	...	...
	2015	...	...	89.9	...	...	...
	2017	...	...	89.9	...	...	...
Guadeloupe Guadeloupe	2010	...	...	98.5	...	...	...
	2015	...	...	97.7	...	...	...
	2022	...	...	95.7	...	...	...
Guam Guam	2010	...	...	99.0	...	...	...
	2015	...	...	99.1	...	...	...
	2022	...	...	99.1	...	...	...
Guatemala Guatemala	2010	61.5	42.5	51.7	...	...	...
	2015	64.5	43.9	54.2	...	...	...
	2022	65.5	46.0	56.3	...	...	...
Guinea-Bissau Guinée-Bissau	2010	39.4	8.2	20.7	12.0	3.8	7.1
	2015	38.1	10.6	22.2	16.1	6.9	10.7
	2022	36.3	13.7	23.9	21.3	10.7	15.4
Guyana Guyana	2010	...	...	...	39.1	54.7	50.5
	2015	...	...	...	37.0	51.9	48.0
	2022	...	...	...	34.1	48.0	44.2
Honduras Honduras	2010	65.6	41.5	54.0	39.5	58.6	48.7
	2015	77.5	43.3	62.1	39.9	63.6	50.5
	2022	78.4	45.7	65.2	40.5	70.5	52.6

27 Water supply and sanitation services *(continued)*
Proportion of population using

Services d'alimentation en eau potable et d'assainissement *(suite)*
Proportion de la population utilisant des services

		Proportion of population using: - Proportion de la population utilisant des:					
		Safely managed drinking water services Services d'alimentation en eau potable gérés en toute sécurité			Safely managed sanitation facilities Services d'assainissement gérés en toute sécurité		
Country or area[&] Pays ou zone[&]	Year Année	Urban (%) Urbaine (%)	Rural (%) Rurale (%)	Total (%) Totale (%)	Urban (%) Urbaine (%)	Rural (%) Rurale (%)	Total (%) Totale (%)
Hungary Hongrie	2010	89.7	81.0	87.0	77.3	69.2	74.7
	2015	93.3	87.7	91.6	86.0	75.5	82.9
	2022	100.0	100.0	100.0	90.5	80.7	87.8
Iceland Islande	2010	...	...	95.5	...	...	...
	2015	...	...	98.2	...	...	...
	2022	...	...	100.0	...	...	...
India Inde	2010	...	43.8	...	29.7	23.8	25.6
	2015	...	52.6	...	34.8	38.0	37.0
	2022	...	66.0	...	42.7	57.4	52.1
Indonesia Indonésie	2010	32.9	20.8	26.8	...	...	...
	2015	33.6	22.2	28.3	...	...	...
	2022	34.6	24.3	30.3	...	...	...
Iran (Islamic Republic of) Iran (Rép. islamique d')	2010	95.9	84.1	92.4	80.9	...	...
	2015	96.0	85.6	93.2	79.5	...	...
	2022	96.2	87.7	94.2	76.2	...	...
Iraq Iraq	2010	62.7	37.8	55.0	34.9	32.8	34.3
	2015	63.7	42.8	57.4	43.1	38.4	41.7
	2022	64.6	47.6	59.7	54.7	48.0	52.8
Ireland Irlande	2010	...	...	92.1	70.1	68.5	69.5
	2015	...	...	95.3	81.8	70.7	77.7
	2022	...	...	96.0	84.8	70.7	79.8
Isle of Man Île de Man	2010	...	...	96.7	...	...	84.8
	2015	...	...	97.3	...	...	84.8
	2022	...	...	99.7	...	...	84.8
Israel Israël	2010	99.7	99.5	99.6	87.5	85.7	87.4
	2015	99.6	99.4	99.6	91.2	89.1	91.0
	2022	99.5	99.4	99.5	96.4	93.8	96.3
Italy Italie	2010	...	...	95.4	79.4	78.1	79.0
	2015	...	...	94.3	79.4	78.1	79.0
	2022	...	...	92.7	79.4	78.1	79.0
Japan Japon	2010	...	...	98.1	...	...	97.9
	2015	...	...	98.4	...	...	98.6
	2022	...	...	98.7	...	...	99.1
Jordan Jordanie	2010	...	...	64.0	83.8	...	79.4
	2015	...	...	74.8	84.1	...	81.3
	2022	...	...	85.7	84.4	...	82.3
Kazakhstan Kazakhstan	2010	...	...	77.9	86.9	...	...
	2015	...	...	86.1	85.3	...	...
	2021	...	...	89.4	84.3	...	...
	2022	...	...	...	84.3	...	...
Kenya Kenya	2010	...	...	...	24.1	28.9	27.8
	2015	...	...	...	25.7	30.6	29.3
	2022	...	...	...	27.9	33.0	31.5
Kiribati Kiribati	2010	18.4	5.8	11.8	24.9	19.6	22.1
	2015	19.2	6.1	12.9	24.8	21.9	23.4
	2022	20.4	6.5	14.4	24.6	25.1	24.8
Kuwait Koweït	2010	100.0	...	100.0	100.0	...	100.0
	2015	100.0	...	100.0	100.0	...	100.0
	2022	100.0	...	100.0	100.0	...	100.0
Kyrgyzstan Kirghizistan	2010	87.6	41.2	57.6	81.5	93.5	89.2
	2015	90.6	53.7	66.9	83.6	95.8	91.4
	2022	91.8	67.3	76.5	86.3	96.5	92.6
Lao People's Dem. Rep. Rép. dém. populaire lao	2010	24.3	9.2	13.7	55.5	39.1	44.0
	2015	25.8	11.0	15.9	60.4	50.7	53.9
	2022	27.0	12.4	17.9	63.3	59.8	61.1
Latvia Lettonie	2010	...	...	93.7	...	...	72.7
	2015	...	...	95.1	...	...	78.6
	2021	...	...	96.8	...	...	85.2
	2022	...	...	97.1	...	...	...

27 Water supply and sanitation services *(continued)*
Proportion of population using

Services d'alimentation en eau potable et d'assainissement *(suite)*
Proportion de la population utilisant des services

Country or area& / Pays ou zone&	Year / Année	Proportion of population using: - Proportion de la population utilisant des: Safely managed drinking water services / Services d'alimentation en eau potable gérés en toute sécurité: Urban (%) / Urbaine (%)	Rural (%) / Rurale (%)	Total (%) / Totale (%)	Safely managed sanitation facilities / Services d'assainissement gérés en toute sécurité: Urban (%) / Urbaine (%)	Rural (%) / Rurale (%)	Total (%) / Totale (%)
Lebanon / Liban	2010	...	...	45.7	...	...	21.8
	2015	...	...	46.9	...	...	24.3
	2022	...	...	47.7	...	...	25.7
Lesotho / Lesotho	2010	59.1	5.0	18.4	28.4	28.6	28.6
	2015	66.2	7.0	23.0	34.0	40.0	38.4
	2022	72.6	9.2	28.2	39.4	51.0	47.5
Libya / Libye	2010	...	...	...	...	...	25.1
	2015	...	...	...	...	...	24.1
	2022	...	...	...	...	...	23.8
Liechtenstein / Liechtenstein	2010	...	...	100.0	...	...	96.2
	2015	...	...	100.0	...	...	96.2
	2022	...	...	100.0	...	...	96.2
Lithuania / Lituanie	2010	96.9	...	82.5	90.3	72.8	84.5
	2015	98.8	...	92.3	94.4	80.9	90.0
	2022	99.3	...	95.0	97.5	90.5	95.3
Luxembourg / Luxembourg	2010	99.8	100.0	99.8	93.3	85.9	92.5
	2015	99.8	98.0	99.6	94.3	86.6	93.5
	2022	99.8	96.5	99.5	96.4	88.5	95.8
Madagascar / Madagascar	2010	28.4	6.7	13.7	11.2	5.4	7.2
	2015	33.6	8.6	17.4	13.3	7.2	9.3
	2022	41.3	9.6	22.2	16.3	9.7	12.3
Malawi / Malawi	2010	43.7	5.1	11.1	26.0	20.0	20.9
	2015	47.3	7.0	13.6	32.4	31.5	31.6
	2022	52.4	10.2	17.8	41.2	47.3	46.2
Malaysia / Malaisie	2010	...	...	93.3	...	...	78.6
	2015	...	...	93.6	...	...	81.2
	2022	...	...	93.9	...	...	86.0
Mali / Mali	2010	...	...	...	6.5	11.5	9.7
	2015	...	...	...	6.9	15.9	12.3
	2022	...	...	...	7.5	22.9	15.9
Malta / Malte	2010	...	...	100.0	...	...	93.3
	2015	...	...	99.9	...	...	89.0
	2022	...	...	99.8	...	...	88.2
Martinique / Martinique	2010	...	...	99.2	...	...	...
	2015	...	...	99.0	...	...	...
	2022	...	...	98.8	...	...	...
Mayotte / Mayotte	2010	...	...	79.1	...	...	...
	2015	...	...	90.6	...	...	...
	2022	...	...	92.5	...	...	...
Mexico / Mexique	2010	...	...	41.3	35.5	...	34.2
	2015	...	...	42.2	47.4	...	45.5
	2022	...	...	43.0	65.1	...	62.5
Monaco / Monaco	2010	100.0	...	100.0	100.0	...	100.0
	2015	100.0	...	100.0	100.0	...	100.0
	2022	100.0	...	100.0	100.0	...	100.0
Mongolia / Mongolie	2010	40.0	5.1	28.7	62.0	35.9	53.5
	2015	44.6	7.9	33.0	66.1	44.5	59.2
	2022	51.3	12.7	39.3	70.3	56.3	66.0
Montenegro / Monténégro	2010	87.0	...	84.3	31.8	35.3	33.1
	2015	87.2	...	84.7	46.3	39.2	43.9
	2022	87.3	...	85.1	64.1	43.1	57.4
Morocco / Maroc	2010	76.8	21.4	53.5	33.2	...	55.1
	2015	89.3	35.6	68.3	33.7	...	57.8
	2022	90.3	46.7	74.8	34.4	...	61.0
Mozambique / Mozambique	2010	...	...	...	...	9.6	...
	2015	...	...	...	...	14.2	...
	2022	...	...	...	...	20.9	...
Myanmar / Myanmar	2010	67.9	33.1	43.2	60.8	61.1	61.0
	2015	70.4	41.4	50.0	57.1	62.6	60.9
	2022	72.4	50.4	57.4	52.7	64.3	60.6

27 Water supply and sanitation services *(continued)*
Proportion of population using

Services d'alimentation en eau potable et d'assainissement *(suite)*
Proportion de la population utilisant des services

Country or area& Pays ou zone&	Year Année	Proportion of population using: - Proportion de la population utilisant des: Safely managed drinking water services Services d'alimentation en eau potable gérés en toute sécurité Urban (%) Urbaine (%)	Rural (%) Rurale (%)	Total (%) Totale (%)	Safely managed sanitation facilities Services d'assainissement gérés en toute sécurité Urban (%) Urbaine (%)	Rural (%) Rurale (%)	Total (%) Totale (%)
Nepal Népal	2010	37.9	27.6	29.4	28.5	26.7	27.0
	2015	33.0	23.8	25.5	35.4	37.6	37.2
	2022	23.2	14.2	16.1	44.6	52.2	50.6
Netherlands (Kingdom of the) Pays-Bas (Royaume des)	2010	...	...	100.0	97.5	97.4	97.5
	2015	...	...	100.0	97.5	97.5	97.5
	2022	...	...	100.0	97.5	97.5	97.5
New Caledonia Nouvelle-Calédonie	2010	...	...	92.4	...	...	...
	2015	...	...	95.5	...	...	...
	2022	...	...	96.9	...	...	...
New Zealand Nouvelle-Zélande	2010	...	...	89.3	...	...	86.3
	2015	...	...	94.2	...	...	87.7
	2022	...	...	100.0	...	...	88.7
Nicaragua Nicaragua	2010	66.6	31.9	51.7	...	...	...
	2015	67.2	38.6	55.2	...	...	...
	2020	67.3	38.5	55.5	...	...	...
Niger Niger	2010	...	...	...	15.2	3.5	5.4
	2015	...	...	...	17.4	4.4	6.5
	2022	...	...	...	20.6	5.6	8.1
Nigeria Nigéria	2010	30.7	13.9	21.2	25.6	24.1	24.7
	2015	33.9	16.8	25.0	30.0	25.2	27.5
	2022	35.7	21.2	29.0	36.6	26.6	32.0
Niue Nioué	2010	...	...	97.4	...	...	...
	2015	...	...	95.3	...	...	...
	2022	...	...	93.5	...	...	...
North Macedonia Macédoine du Nord	2010	84.7	74.5	80.3	9.4	17.2	12.7
	2015	84.7	74.6	80.4	8.7	17.6	12.5
	2022	84.6	74.4	80.4	8.2	18.0	12.2
Northern Mariana Islands Îles Mariannes du Nord	2010	...	...	86.5	...	...	...
	2015	...	...	89.4	...	...	...
	2022	...	...	90.6	...	...	...
Norway Norvège	2010	...	...	99.5	...	...	77.2
	2015	...	...	99.2	...	...	77.5
	2022	...	...	98.8	...	...	78.1
Oman Oman	2010	...	...	86.1	...	...	...
	2015	...	...	88.6	...	...	...
	2022	...	...	90.9	...	...	...
Pakistan Pakistan	2010	49.8	32.4	38.5	...	19.6	...
	2015	52.7	38.3	43.5	...	28.3	...
	2022	56.8	46.9	50.6	...	40.2	...
Palau Palaos	2010	82.6	55.8	75.9	...	...	...
	2015	88.9	56.5	81.8	...	...	...
	2022	97.7	57.5	90.4	...	...	...
Panama Panama	2010	...	...	...	12.2	...	...
	2015	...	...	...	28.6	...	...
	2022	...	...	...	50.0	...	...
Papua New Guinea Papouasie-Nvl-Guinée	2010	...	...	...	29.8	...	...
	2015	...	...	...	29.1	...	...
	2022	...	...	...	28.3	...	...
Paraguay Paraguay	2010	70.2	40.4	58.1	51.7	44.8	48.9
	2015	71.4	46.8	61.8	52.3	50.8	51.7
	2022	72.2	50.7	64.2	53.0	59.0	55.2
Peru Pérou	2010	57.9	18.0	48.5	32.3	...	29.7
	2015	58.7	20.1	50.0	44.0	...	40.7
	2022	59.8	23.0	52.0	61.6	...	57.7
Philippines Philippines	2010	60.7	32.4	45.2	49.4	52.3	51.0
	2015	61.2	33.5	46.3	52.1	58.9	55.8
	2022	61.9	35.0	47.9	56.2	68.8	62.7
Poland Pologne	2010	...	...	93.2	...	...	92.8
	2015	...	...	91.7	...	...	96.3
	2022	...	...	88.9	...	...	97.9

Water supply and sanitation services *(continued)*
Proportion of population using

Services d'alimentation en eau potable et d'assainissement *(suite)*
Proportion de la population utilisant des services

		Proportion of population using: - Proportion de la population utilisant des:					
		Safely managed drinking water services Services d'alimentation en eau potable gérés en toute sécurité			Safely managed sanitation facilities Services d'assainissement gérés en toute sécurité		
Country or area[&] Pays ou zone[&]	Year Année	Urban (%) Urbaine (%)	Rural (%) Rurale (%)	Total (%) Totale (%)	Urban (%) Urbaine (%)	Rural (%) Rurale (%)	Total (%) Totale (%)
Portugal Portugal	2010	97.0	89.6	94.1	73.6	63.4	69.5
	2015	97.1	90.3	94.6	87.0	74.9	82.6
	2022	97.1	91.2	95.2	95.9	86.3	92.8
Puerto Rico Porto Rico	2010	...	...	81.6	...	...	32.5
	2015	...	...	95.7	...	...	32.5
	2022	...	...	99.9	...	...	32.5
Qatar Qatar	2010	...	...	97.0	...	...	89.3
	2015	...	...	97.3	...	...	93.8
	2022	...	...	96.7	...	...	99.9
Republic of Korea République de Corée	2010	...	...	97.8	...	...	93.5
	2015	...	...	98.6	...	...	96.8
	2022	...	...	99.3	...	...	99.4
Republic of Moldova République de Moldova	2010	...	...	62.4	76.4	...	...
	2015	...	...	72.8	79.8	...	...
	2022	...	...	75.2	84.6	...	...
Réunion Réunion	2010	...	...	97.3	...	...	73.1
	2015	...	...	96.7	...	...	74.7
	2022	...	...	95.8	...	...	76.7
Romania Roumanie	2010	95.0	66.7	81.9	...	...	59.5
	2015	95.0	66.7	81.9	...	...	71.4
	2022	95.0	66.7	82.1	...	...	87.6
Russian Federation Fédération de Russie	2010	...	...	75.3	62.4	...	58.2
	2015	...	...	75.6	63.3	...	59.6
	2022	...	...	76.2	64.2	...	61.2
Rwanda Rwanda	2010	37.0	...	...	...	43.8	...
	2015	44.6	...	...	...	50.2	...
	2022	54.6	...	...	...	57.9	...
Saint Barthélemy Saint-Barthélemy	2010	99.5	...	99.5	...	...	...
	2015	99.9	...	99.9	...	...	...
	2022	100.0	...	100.0	...	...	...
Saint Helena Sainte-Hélène	2010	...	...	88.9	...	...	...
	2015	...	...	89.1	...	...	...
	2022	...	...	89.2	...	...	...
Saint Martin (French part) St-Martin (partie française)	2010	96.7	...	96.7	...	...	...
	2015	96.7	...	96.7	...	...	...
	2022	96.6	...	96.6	...	...	...
Saint Pierre and Miquelon Saint-Pierre-et-Miquelon	2010	...	...	83.1	...	...	...
	2015	...	...	83.1	...	...	...
	2020	...	...	83.1	...	...	...
Samoa Samoa	2010	85.5	54.9	61.0	42.9	50.7	49.2
	2015	88.6	55.4	61.7	40.1	48.4	46.9
	2022	90.2	56.2	62.2	36.7	44.3	42.9
San Marino Saint-Marin	2010	...	...	100.0	...	...	90.2
	2015	...	...	100.0	...	...	90.2
	2022	...	...	100.0	...	...	90.2
Sao Tome and Principe Sao Tomé-et-Principe	2010	36.2	21.0	30.9	25.5	18.6	23.1
	2015	38.3	22.3	33.5	29.7	24.2	28.0
	2022	40.3	23.8	36.3	34.8	31.5	34.0
Saudi Arabia Arabie saoudite	2010	...	...	...	82.4	...	79.5
	2015	...	...	...	82.4	...	79.7
	2022	...	...	...	82.4	...	79.9
Senegal Sénégal	2010	40.0	9.7	23.0	19.9	19.4	19.6
	2015	40.5	10.9	24.5	17.0	17.2	17.1
	2022	41.3	12.6	26.7	13.9	14.2	14.1
Serbia Serbie	2010	81.5	66.5	74.7	26.3	30.6	28.3
	2015	81.5	66.5	74.9	24.8	30.1	27.1
	2022	81.5	66.6	75.1	22.4	29.3	25.4
Sierra Leone Sierra Leone	2010	11.4	4.5	7.2	13.9	4.8	8.3
	2015	11.8	6.1	8.4	16.7	6.7	10.8
	2022	12.2	8.7	10.3	22.5	9.8	15.4

27 Water supply and sanitation services *(continued)*
Proportion of population using

Services d'alimentation en eau potable et d'assainissement *(suite)*
Proportion de la population utilisant des services

Country or area[&] / Pays ou zone[&]	Year / Année	Proportion of population using: - Proportion de la population utilisant des: Safely managed drinking water services / Services d'alimentation en eau potable gérés en toute sécurité: Urban (%) / Urbaine (%)	Rural (%) / Rurale (%)	Total (%) / Totale (%)	Safely managed sanitation facilities / Services d'assainissement gérés en toute sécurité: Urban (%) / Urbaine (%)	Rural (%) / Rurale (%)	Total (%) / Totale (%)
Singapore / Singapour	2010	100.0	...	100.0	100.0	...	100.0
	2015	100.0	...	100.0	100.0	...	100.0
	2022	100.0	...	100.0	100.0	...	100.0
Slovakia / Slovaquie	2010	...	...	97.9	88.9	76.5	83.3
	2015	...	...	98.9	88.5	75.5	82.5
	2022	...	...	99.2	88.5	75.5	82.5
Slovenia / Slovénie	2010	...	...	91.8	...	...	64.3
	2015	...	...	95.2	...	...	79.2
	2022	...	...	98.3	...	...	84.0
Somalia / Somalie	2010	...	...	...	38.4	12.5	22.7
	2015	...	...	...	41.1	16.4	27.1
	2022	...	...	...	44.5	21.8	32.6
South Africa / Afrique du Sud	2010	87.0	...	...	69.3	...	62.7
	2015	84.3	...	...	70.9	...	66.6
	2022	80.5	...	...	73.1	...	71.7
Spain / Espagne	2010	99.9	98.6	99.6	...	...	90.4
	2015	99.8	98.6	99.5	...	...	90.2
	2022	99.8	98.6	99.6	...	...	90.0
Sri Lanka / Sri Lanka	2010	88.1	37.0	46.3	...	...	...
	2015	90.3	37.7	47.3	...	...	...
	2022	83.0	38.7	47.1	...	...	...
State of Palestine / État de Palestine	2010	78.1	71.6	76.4	60.8	25.4	51.6
	2015	79.5	73.6	78.1	66.4	37.2	59.2
	2022	81.5	76.4	80.3	74.6	54.7	70.1
Suriname / Suriname	2010	62.9	35.6	53.7	23.6	38.3	28.5
	2015	63.1	38.2	54.7	22.0	36.2	26.8
	2022	63.4	40.8	55.8	20.7	33.9	25.2
Sweden / Suède	2010	...	...	99.5	95.9	91.4	95.2
	2015	...	...	99.6	96.0	91.6	95.4
	2022	...	...	99.7	96.0	91.8	95.6
Switzerland / Suisse	2010	...	...	96.7	99.8	95.5	98.7
	2015	...	...	96.7	99.9	97.4	99.2
	2022	...	...	96.7	99.9	99.6	99.8
Tajikistan / Tadjikistan	2010	...	...	47.4	...	57.4	...
	2015	...	...	51.9	...	58.4	...
	2022	...	...	55.3	...	59.3	...
Thailand / Thaïlande	2010	...	...	...	25.9	20.0	22.6
	2015	...	...	...	27.7	21.1	24.3
	2022	...	...	...	30.0	22.2	26.3
Togo / Togo	2010	23.2	0.0	8.7	7.3	2.8	4.5
	2015	31.0	6.8	16.5	7.2	3.7	5.1
	2022	33.9	8.1	19.4	7.1	4.7	5.8
Tonga / Tonga	2010	50.2	23.1	29.4	29.3	39.4	37.0
	2015	50.5	23.1	29.5	25.7	37.5	34.7
	2022	50.8	23.1	29.5	22.3	35.0	32.0
Tunisia / Tunisie	2010	83.4	56.6	74.5	79.2	41.7	66.7
	2015	83.6	61.0	76.4	84.1	51.8	73.8
	2022	77.4	67.1	74.3	88.9	62.9	81.1
Türkiye / Türkiye	2010	...	...	...	54.2	58.7	55.5
	2015	...	...	...	63.5	67.3	64.5
	2022	...	...	...	78.0	81.1	78.7
Turkmenistan / Turkménistan	2010	91.5	72.7	81.8	...	...	...
	2015	96.4	85.1	90.7	...	...	...
	2022	97.1	92.3	94.9	...	...	...
Turks and Caicos Islands / Îles Turques-et-Caïques	2010	46.5	...	...	...	...	...
	2015	46.5	...	...	...	...	...
	2022	46.5	55.7	47.1	33.3	43.9	34.0
Tuvalu / Tuvalu	2010	10.4	5.3	8.1	37.4	51.3	43.7
	2015	10.5	5.4	8.4	36.3	47.4	40.8
	2022	10.5	5.4	8.7	34.7	42.1	37.2

27 Water supply and sanitation services *(continued)*
Proportion of population using

Services d'alimentation en eau potable et d'assainissement *(suite)*
Proportion de la population utilisant des services

Country or area[&] Pays ou zone[&]	Year Année	Proportion of population using: - Proportion de la population utilisant des: Safely managed drinking water services / Services d'alimentation en eau potable gérés en toute sécurité			Safely managed sanitation facilities / Services d'assainissement gérés en toute sécurité		
		Urban (%) Urbaine (%)	Rural (%) Rurale (%)	Total (%) Totale (%)	Urban (%) Urbaine (%)	Rural (%) Rurale (%)	Total (%) Totale (%)
Uganda Ouganda	2010	28.8	3.5	8.4	21.4	14.5	15.8
	2015	35.6	5.7	12.3	21.8	15.2	16.7
	2022	45.1	9.3	18.7	22.4	16.2	17.8
Ukraine Ukraine	2010	90.8	71.1	84.6	46.1	...	51.4
	2015	88.5	89.6	88.8	60.8	...	64.7
	2022	88.3	86.1	87.6	68.9	...	71.9
United Arab Emirates Émirats arabes unis	2010	...	...	...	98.4	98.5	98.4
	2015	...	...	...	98.4	98.5	98.4
	2022	...	...	...	98.5	98.5	98.5
United Kingdom Royaume-Uni	2010	...	...	99.9	98.9	93.6	97.9
	2015	...	...	99.9	99.0	93.6	98.0
	2022	...	...	99.8	99.0	93.6	98.1
United Rep. of Tanzania Rép.-Unie de Tanzanie	2010	22.3	2.1	7.8	25.2	13.3	16.6
	2015	23.6	2.5	9.2	29.8	16.6	20.7
	2022	25.5	3.1	11.3	34.4	19.8	25.1
United States of America États-Unis d'Amérique	2010	96.5	...	95.6	97.0	...	97.1
	2015	97.0	...	96.4	97.2	...	97.2
	2022	97.6	...	97.5	97.2	...	97.0
United States Virgin Islands Îles Vierges américaines	2010	...	...	97.9	...	...	...
	2015	...	...	97.9	...	...	...
	2020	...	...	97.9	...	...	...
Uruguay Uruguay	2010	94.2	...	...	...	...	...
	2015	94.5	...	...	...	...	...
	2022	94.6	...	...	...	...	...
Uzbekistan Ouzbékistan	2010	86.5	46.5	66.9	64.8	83.3	73.9
	2015	87.7	56.5	72.3	64.2	84.4	74.2
	2022	88.8	70.7	79.8	63.4	85.9	74.5
Vanuatu Vanuatu	2010	55.4	...	...	37.8	...	...
	2015	55.8	...	...	34.5	...	...
	2022	56.3	...	...	29.8	...	...
Venezuela (Boliv. Rep. of) Venezuela (Rép. boliv. du)	2010	...	...	...	...	...	25.1
	2015	...	...	...	...	...	25.9
	2022	...	...	...	...	...	27.1
Viet Nam Viet Nam	2010	74.5	41.1	51.3	40.2	36.8	37.8
	2015	75.0	43.3	54.0	40.5	40.4	40.4
	2022	75.8	46.4	57.8	40.8	45.4	43.7
Wallis and Futuna Islands Îles Wallis-et-Futuna	2010	...	69.0	69.0	...	...	...
	2015	...	69.0	69.0	...	...	...
	2022	...	68.9	68.9	...	...	...
Yemen Yémen	2010	...	...	...	64.3	...	20.4
	2015	...	...	...	61.4	...	17.4
	2022	...	...	...	60.5	...	19.2
Zambia Zambie	2010	50.8	...	...	...	17.4	...
	2015	49.5	...	...	...	23.7	...
	2022	45.5	...	...	...	30.5	...
Zimbabwe Zimbabwe	2010	54.4	15.2	28.2	15.6	31.7	26.3
	2015	54.9	14.0	27.3	33.1	31.5	32.0
	2022	55.5	12.6	26.5	34.7	30.4	31.8
LDCs PMAs	2010	49.6	22.0	30.2	26.3	16.4	19.4
	2015	51.5	24.5	33.2	27.2	19.1	21.7
	2022	53.8	28.4	37.5	29.6	25.1	26.7
LLDCs PDSL	2010	66.7	17.3	31.6	38.6	22.9	27.5
	2015	66.5	20.0	33.9	39.3	25.2	29.4
	2022	65.7	23.4	36.9	39.7	28.6	32.2
SIDS PEID	2010	70.0	...	55.4	25.4	32.0	41.6
	2011	69.8	...	55.5	25.5	32.0	41.7
	2015	68.8	...	55.8	25.5	...	41.3
	2022	66.8	...	56.0	47.0	...	40.2

27 Water supply and sanitation services *(continued)*
Proportion of population using

Services d'alimentation en eau potable et d'assainissement *(suite)*
Proportion de la population utilisant des services

Source:

World Health Organization (WHO) and United Nations Children's Fund (UNICEF), Geneva and New York, the WHO/UNICEF Joint Monitoring Programme for the Water and Sanitation database, last accessed July 2023.

& The figures are estimated by the international agency, when corresponding country data on a specific year or set of years are not available, or when multiple sources exist, or there are issues of data quality. Estimates are based on national data, such as surveys or administrative records, or other sources but on the same variable being estimated.

1 For statistical purposes, the data for China do not include those for the Hong Kong Special Administrative Region (Hong Kong SAR), Macao Special Administrative Region (Macao SAR) and Taiwan Province of China.

Source:

Organisation mondiale de la santé (OMS) et Fonds des Nations Unies pour l'enfance (UNICEF), Genève et New York, base de données du Programme commun OMS/UNICEF de surveillance de l'eau et de l'assainissement, dernier accès juillet 2023.

& Lorsque les données d'un pays sur une ou plusieurs années ne sont pas disponibles, ou lorsque plusieurs sources existent, ou s'il y a un problème de qualité des données, les chiffres sont estimés par l'organisme international. Ces estimations sont basées sur de données nationales comme les enquêtes, les registres administratifs, ou autres sources de la même variable estimée.

1 Pour la présentation des statistiques, les données pour la Chine ne comprennent pas la région administrative spéciale de Hong Kong (RAS de Hong Kong), la région administrative spéciale de Macao (RAS de Macao) et la province chinoise de Taïwan.

28 Research and development (R&D) expenditure and researchers in full time equivalent

As percentage of GDP and per million inhabitants

Dépenses de recherche et développement (R&D) et chercheurs en équivalent temps plein

En pourcentage du PIB et par million d'habitants

Country or area Pays ou zone	Year Année	R&D expenditure as a percentage of GDP Dépenses de R&D en pourcentage du PIB	Researchers per million inhabitants Chercheurs par million d'habitants
Total, all countries or areas	**2005**	**1.5**	**907.2**
Total, tous pays ou zones	**2010**	**1.6**	**1 022.1**
	2015	**1.7**	**1 160.0**
	2020	**1.9**	**1 341.8**
Northern Africa	2005	0.3	472.9
Afrique septentrionale	2010	0.4	500.9
	2015	0.6	691.9
	2020	0.8	771.1
Sub-Saharan Africa	2005	0.3	70.7
Afrique subsaharienne	2010	0.3	81.1
	2015	0.3	93.9
	2020	0.3	97.9
Northern America	2005	2.5	3 788.6
Amérique septentrionale	2010	2.7	3 957.9
	2015	2.7	4 294.2
	2020	3.3	4 788.6
Latin America & the Caribbean	2005	0.6	357.4
Amérique latine et Caraïbes	2010	0.7	430.3
	2015	0.7	526.8
	2020	0.6	613.5
Central Asia	2005	0.3	458.3
Asie centrale	2010	0.2	391.0
	2015	0.2	496.1
	2020	0.1	440.1
Eastern Asia	2005	2.0	1 079.2
Asie orientale	2010	2.2	1 390.6
	2015	2.4	1 678.1
	2020	2.7	2 131.0
South-central Asia	2005	...	150.7
Asie centrale et du Sud	2010	...	174.7
	2015	...	237.6
	2020	...	308.1
South-eastern Asia	2005	0.6	376.3
Asie du Sud-Est	2010	0.7	533.9
	2015	0.9	673.0
	2020	1.0	883.5
Southern Asia	2005	0.7	139.4
Asie méridionale	2010	0.7	166.7
	2015	0.6	227.9
	2020	0.6	303.1
Western Asia	2005	0.7	644.1
Asie occidentale	2010	0.7	731.5
	2015	0.8	912.5
	2020	0.9	1 131.8
Europe	2005	1.6	2 733.3
Europe	2010	1.7	2 986.3
	2015	1.8	3 313.7
	2020	2.0	3 704.2
Oceania	2005	1.8	2 927.9
Océanie	2010	2.2	3 208.4
	2015	1.8	3 566.4
	2020	1.7	3 522.5
Australia and New Zealand	2005	1.9	3 991.7
Australie et Nouvelle-Zélande	2010	2.2	4 396.3
	2015	1.8	4 916.5
	2020	1.8	4 894.2
Albania Albanie	2008	0.2[1]	155.5

28 Research and development (R&D) expenditure and researchers in full time equivalent *(continued)*

As percentage of GDP and per million inhabitants

Dépenses de recherche et développement (R&D) et chercheurs en équivalent temps plein *(suite)*

En pourcentage du PIB et par million d'habitants

Country or area Pays ou zone	Year Année	R&D expenditure as a percentage of GDP Dépenses de R&D en pourcentage du PIB	Researchers per million inhabitants Chercheurs par million d'habitants
Algeria Algérie	2005	0.1[1]	168.7
	2017	# 0.5	819.3
American Samoa Samoa américaines	2005	0.4[1]	100.7
	2006[1]	0.4	...
Angola Angola	2011	...	47.5
	2016	~0.0[1,2,3]	18.8
Argentina Argentine	2005	0.4	819.4
	2010	0.6	1 123.8
	2015	0.6	1 230.5
	2020	0.5	1 236.9
Armenia Arménie	2005[1]	0.3	...
	2010[1]	0.2	...
	2015[2,3]	0.3	...
	2021[2,3]	0.2	...
Australia Australie	2004	...	4 084.2
	2010	* 2.4	4 532.4
	*2015	1.9	...
	*2019	1.8	...
Austria Autriche	2005	* 2.4	3 449.3
	2010	* 2.7	4 349.7
	2015	3.0	5 019.4
	2020	* * 3.2	5 751.3
Azerbaijan Azerbaïdjan	2005[4]	0.2	...
	2010	0.2	...
	2015	0.2	...
	2021	0.2	1 741.1
Bahrain Bahreïn	2014	0.1	369.0
Belarus Bélarus	2005[4]	0.7	...
	2010[4]	0.7	...
	2015[4]	0.5	...
	2021	0.5	1 417.7
Belgium Belgique	2005	1.8	3 142.7
	2010	2.1	3 732.8
	2015	2.4	4 711.0
	2020	3.5	5 750.1
Bermuda [5] Bermudes [5]	2010[6]	0.2	...
	2015	0.2	...
	2020	0.2	...
Bolivia (Plurin. State of) Bolivie (État plurin. de)	2002	...	119.0
	2009	# 0.2	143.9
	2010	...	163.8
Bosnia and Herzegovina Bosnie-Herzégovine	2005	~0.0[1]	67.1
	2007	~0.0[1]	198.0
	2009[1]	~0.0	...
	2015	0.2	365.2
	2021	0.2	447.2
Botswana Botswana	2005	0.5	...
	2013	0.6	185.2
Brazil Brésil	2005	1.0	509.0
	2010	1.2	686.1
	2014	1.3	887.7
	2015	1.4	...
	2020	1.2	...
Brunei Darussalam Brunéi Darussalam	2004	...	283.5
	#2018[7]	0.3	...
Bulgaria Bulgarie	2005	0.4	1 307.8
	2010	0.6	1 478.7
	2015	0.9	1 977.3
	2020	0.8	2 402.1

28 Research and development (R&D) expenditure and researchers in full time equivalent *(continued)*
As percentage of GDP and per million inhabitants

Dépenses de recherche et développement (R&D) et chercheurs en équivalent temps plein *(suite)*
En pourcentage du PIB et par million d'habitants

Country or area Pays ou zone	Year Année	R&D expenditure as a percentage of GDP Dépenses de R&D en pourcentage du PIB	Researchers per million inhabitants Chercheurs par million d'habitants
Burkina Faso	2005[1]	0.2	...
Burkina Faso	2009	0.2	...
	2010	...	47.6
	#2014[3]	0.2	...
	2021[2,3]	0.3	...
Burundi	2010[1]	0.1	...
Burundi	2012	0.1[1]	20.9
	2018	# 0.2[1]	23.4
Cabo Verde	2002	...	135.5
Cabo Verde	2011	0.1[1,7]	50.1
	2014	...	123.5
Cambodia	*2002	...	17.6
Cambodge	2015	# 0.1	30.4
Canada	2005	2.0	4 250.1
Canada	2010	1.8	4 646.3
	2015	1.7	4 523.3
	2018	1.7	4 516.3
	*2020	1.7	...
Chad			
Tchad	2016	0.3[2,3]	57.9
Chile	2010	0.3	318.8
Chili	2015	0.4	455.0
	2019	* 0.3	510.3
China	2005	1.3[8]	840.6
Chine	2010	1.7[8]	884.6
	2015	2.1[8]	1 150.8
	2020	2.4[8]	1 584.9
China, Hong Kong SAR	2005	0.8	2 662.5
Chine, RAS de Hong Kong	2010	0.7	3 114.6
	2015	0.8	3 565.1
	2021	1.0	4 553.4
China, Macao SAR	2005	* 0.1[1]	616.1
Chine, RAS de Macao	2010	0.1[1]	649.8
	2015	0.1[1]	1 276.9
	2021	0.4[1]	4 283.1
Colombia	2005	0.2	...
Colombie	2010	0.2	...
	2015	0.4	69.5
	2017	0.3	88.0
	*2020	0.3	...
Congo			
Congo	2000	...	32.5
Costa Rica	2005	...	122.9
Costa Rica	2010	0.5	381.9
	2015	0.4	495.3
	2018	0.4	345.0
Côte d'Ivoire	2005	...	69.1
Côte d'Ivoire	2016[1,3]	0.1	...
Croatia	2005	0.8	1 308.1
Croatie	2010	0.7	1 641.3
	2015	0.8	1 504.2
	2020	1.2	2 219.8
Cuba	2005	0.5	...
Cuba	2010	0.6	...
	2015	0.4	...
	2020	0.5	...
Cyprus	2005	0.4	* 916.7
Chypre	2010	0.4	* 1 077.7
	2015	0.5	* 1 009.1
	2020	* 0.8	* 1 690.8

28 Research and development (R&D) expenditure and researchers in full time equivalent *(continued)*
As percentage of GDP and per million inhabitants

Dépenses de recherche et développement (R&D) et chercheurs en équivalent temps plein *(suite)*
En pourcentage du PIB et par million d'habitants

Country or area Pays ou zone	Year Année	R&D expenditure as a percentage of GDP Dépenses de R&D en pourcentage du PIB	Researchers per million inhabitants Chercheurs par million d'habitants
Czechia Tchéquie	2005	1.2	2 356.1
	2010	1.3	2 774.0
	2015	1.9	3 592.1
	2020	* 2.0	4 127.9
Dem. Rep. of the Congo Rép. dém. du Congo	#2005[3,5]	0.1	...
	2009[9,10]	0.1	...
	2015	# 0.4[3,5]	10.6
Denmark Danemark	2005	2.4	5 197.4
	2010	2.9	6 739.2
	2015	3.1	7 528.3
	2020	3.0	7 691.9
Ecuador Équateur	2003	...	48.2
	2010	0.4	140.6
	2014	0.4	399.5
Egypt Égypte	2005[1,9]	0.2	...
	2010	0.4[2,3]	492.4
	2015	0.7	672.9
	2021	1.0	854.3
El Salvador El Salvador	2010	0.1	...
	2015	# 0.1	63.2
	2019	0.2	73.0
	2020	0.2	...
Estonia Estonie	2005	0.9	2 457.1
	2010	1.6	3 060.6
	2015	1.5	3 183.2
	2020	1.8	3 846.1
Eswatini Eswatini	2015	0.3	142.3
Ethiopia Éthiopie	2005	0.2[1]	21.1
	2010	# 0.2	42.2
	2013	0.6	44.7
	2017	# 0.3	90.5
Faroe Islands Îles Féroé	2003	...	1 813.1
Finland Finlande	2005	3.3	7 526.6
	2010	3.7	7 720.2
	2015	2.9	6 844.5
	2020	2.9	7 527.4
France France	2005	2.1	3 313.3
	2010	# 2.2	3 873.0
	2015	2.2	4 336.0
	2020	* * 2.3	4 926.2
Gabon Gabon	2009	0.6	...
Gambia Gambie	2009	~0.0[1]	102.9
	2011	0.1[5]	31.7
	2018	# 0.1[1,11]	52.9
Georgia Géorgie	2005	0.2	...
	2015	0.3[1,2,3]	1 280.5
	2021	0.3[1,2,3]	1 623.7
Germany Allemagne	2005	2.4	3 335.0
	2010	2.7	4 058.0
	2015	2.9	4 743.8
	2020	* 3.1	5 393.1
Ghana Ghana	2010	# 0.4	38.0
	2015	...	89.1
Greece Grèce	2005	0.6	1 745.5
	2007	* 0.6	1 889.7
	*2010	0.6	...
	2015	1.0	3 256.0
	2020	1.5	4 010.3
Greenland Groenland	2004	...	701.7

28 Research and development (R&D) expenditure and researchers in full time equivalent *(continued)*

As percentage of GDP and per million inhabitants

Dépenses de recherche et développement (R&D) et chercheurs en équivalent temps plein *(suite)*

En pourcentage du PIB et par million d'habitants

Country or area Pays ou zone	Year Année	R&D expenditure as a percentage of GDP Dépenses de R&D en pourcentage du PIB	Researchers per million inhabitants Chercheurs par million d'habitants
Guam Guam	2005	0.3	303.0
Guatemala Guatemala	2005	~0.0[1]	29.6
	2010	~0.0[1]	24.8
	2015	~0.0[1]	22.2
	2021	0.1[1]	13.9
Honduras Honduras	2015	# ~0.0[1]	22.4
	2019	0.1	189.9
Hungary Hongrie	2005	0.9	1 574.3
	2010	1.1	2 149.8
	2015	1.3	2 589.1
	2020	1.6	4 357.9
Iceland Islande	2005	2.7	7 305.3
	2009	2.6	7 926.0
	2015	2.2	5 887.9
	2018	* 2.0	6 088.3
	2020	2.5	...
India Inde	2005	0.8	134.9
	2010	0.8	156.2
	2015	0.7	216.0
	2018	* 0.7	252.7
Indonesia Indonésie	2001	...	199.2
	*2009	# 0.1[1]	89.5
	*2013	0.1	...
	2020	0.3	395.7
Iran (Islamic Republic of) Iran (Rép. islamique d')	2005	0.6	...
	2010	0.3[2,12]	743.1
	2015	0.4	825.3
	2019	0.8	1 659.5
Iraq Iraq	2010	~0.0[2,3,13]	432.0
	2015	~0.0	65.8
	2021	~0.0	169.9
Ireland Irlande	2005	1.2	2 798.0
	2010	* 1.6	3 112.6
	2015	* 1.2	5 270.7
	2020	* 1.2	4 769.1
Israel [14] Israël [14]	2005	3.9	...
	2010	3.9	...
	2015	4.2	...
	2020	5.4	...
Italy Italie	2005	1.0	1 415.4
	2010	1.2	1 743.3
	2015	1.3	2 077.9
	2020	1.5	2 671.8
Japan Japon	2005	3.1	5 303.9
	2010	3.1	5 103.6
	2015	3.2	5 173.0
	2020	3.3	5 454.7
Jordan Jordanie	2008	0.4	...
	2015	...	252.4
	2016	# 0.7[5]	592.4
	2017	...	596.0
Kazakhstan Kazakhstan	2005	0.3	...
	2010	0.2	370.5
	2015	0.2	777.1
	2021	0.1	629.9
Kenya Kenya	2010	# 0.7	221.4
Kuwait Koweït	2005	0.1[1,9]	169.1
	2010	0.1[1,9]	136.0
	2015	# 0.1[1,2,3]	395.8
	2020	0.2[9]	173.5

28 Research and development (R&D) expenditure and researchers in full time equivalent *(continued)*
As percentage of GDP and per million inhabitants

Dépenses de recherche et développement (R&D) et chercheurs en équivalent temps plein *(suite)*
En pourcentage du PIB et par million d'habitants

Country or area Pays ou zone	Year Année	R&D expenditure as a percentage of GDP Dépenses de R&D en pourcentage du PIB	Researchers per million inhabitants Chercheurs par million d'habitants
Kyrgyzstan Kirghizistan	2005	0.2	...
	2010	0.2	...
	2015[2]	0.1	...
	2020[2]	0.1	...
Lao People's Dem. Rep. Rép. dém. populaire lao	2002	...	15.8
Latvia Lettonie	2005	0.5	1 457.4
	2010	0.6	1 838.7
	2015	0.6	1 808.6
	2020	0.7	2 158.8
Lesotho Lesotho	2004	...	10.0
	2009	~0.0[1]	23.0
	2015	0.1[2,3]	24.1
Lithuania Lituanie	2005	0.7	2 283.6
	2010	0.8	2 752.7
	2015	1.0	2 785.6
	2020	* 1.1	3 728.5
Luxembourg Luxembourg	2005	1.6	4 864.1
	2010	1.4	5 145.0
	2015	1.3	4 604.9
	2020	1.1	4 920.3
Madagascar Madagascar	2005	0.2[1]	47.9
	2010	0.1[1]	52.0
	2011	0.1[1]	50.9
	#2014[1,9]	~0.0	...
	2017	~0.0[1,9]	30.6
	2018	...	34.0
Malawi Malawi	2010	...	50.4
Malaysia Malaisie	2004	...	502.9
	2010	1.0	1 462.5
	2015	1.3	2 308.0
	2020	1.0	740.8
Mali Mali	2010	0.6[3]	29.4
	2015	0.3[3]	30.8
	2021	0.2	30.3
Malta Malte	2005	0.5	1 183.7
	2010	0.6	1 417.0
	2015	0.7	1 891.3
	2020	* 0.7	2 296.5
Mauritania [1,7] Mauritanie [1,7]	2018	~0.0	...
Mauritius Maurice	2005[5,13]	0.4	...
	2012	# 0.2[3]	181.8
	2021	0.4	568.0
Mexico Mexique	2005	0.4	414.3
	2010	0.5	337.4
	2015	0.4	281.3
	2020	* 0.3	348.8
Monaco Monaco	2005	~0.0[1]	295.5
Mongolia Mongolie	2005[1]	0.2	...
	2010[1]	0.2	...
	2015[1]	0.2	...
	2020	# 0.1	331.0
Montenegro Monténégro	2005	0.9	...
	2007	1.1	...
	2015	0.4	834.6
	2019	0.4	746.8
Morocco Maroc	2010	0.7	719.8
	2014	...	1 024.4
	2016	...	1 073.5

28 Research and development (R&D) expenditure and researchers in full time equivalent *(continued)*
As percentage of GDP and per million inhabitants

Dépenses de recherche et développement (R&D) et chercheurs en équivalent temps plein *(suite)*
En pourcentage du PIB et par million d'habitants

Country or area Pays ou zone	Year Année	R&D expenditure as a percentage of GDP Dépenses de R&D en pourcentage du PIB	Researchers per million inhabitants Chercheurs par million d'habitants
Mozambique	2010	# 0.4[3]	38.8
Mozambique	2015	0.3	43.0
Myanmar	2002	...	17.5
Myanmar	2021	0.1[2,3]	18.6
Namibia	2010[1,12]	0.1	...
Namibie	2014	0.3[1]	149.5
Nepal	*2002	...	60.7
Népal	2010[1,13]	0.3	...
Netherlands (Kingdom of the)	2005	1.8	2 923.8
Pays-Bas (Royaume des)	2010	1.7	3 219.0
	2015	2.1	4 928.9
	2020	2.3	5 911.7
New Zealand	2005	1.1	3 140.2
Nouvelle-Zélande	2009	1.3	3 724.0
	2015	1.2	5 417.7
	2019	* 1.4	5 854.0
Nicaragua [7]			
Nicaragua [7]	2015	0.1	...
Niger	2005	...	7.4
Niger	2013	...	26.5
Nigeria			
Nigéria	2007	0.1[3]	38.8
North Macedonia	2005	0.2	540.2
Macédoine du Nord	2010	0.2	532.1
	2015	0.4	858.5
	2021	0.4	752.8
Norway	2005	1.5	4 576.6
Norvège	2010	1.7	5 413.8
	2015	1.9	5 891.0
	2020	2.3	6 698.8
Oman	2015	0.2	212.5
Oman	2021	0.3	284.4
Pakistan	2005	0.4[2,3]	79.2
Pakistan	2009	0.4[2,3]	157.3
	2015	0.2[2,3]	278.9
	2021	0.2[2,3]	422.8
Panama	2005	0.2	103.3
Panama	2009	0.1	110.1
	2010	0.1	...
	2013	0.1	39.1
	2015	0.1	...
	2021	0.2	...
Papua New Guinea			
Papouasie-Nvl-Guinée	2016	~0.0[1,3]	35.5
Paraguay	2005	0.1	72.0
Paraguay	2008	~0.0	76.6
	2015	0.1[3]	182.7
	2020	0.2[3]	129.8
Peru	2015	0.1	...
Pérou	2020	0.2	...
Philippines	2005	0.1	79.9
Philippines	2009	0.1	81.2
	2015	0.2	105.7
	2018	0.3	173.6
Poland	2005	0.6	1 620.1
Pologne	2010	0.7	1 683.1
	2015	1.0	2 171.6
	2020	1.4	3 288.2
Portugal	2005	0.8	2 010.4
Portugal	2010	1.5	3 918.8
	2015	1.2	3 729.8
	2020	1.6	5 214.8

28 Research and development (R&D) expenditure and researchers in full time equivalent *(continued)*

As percentage of GDP and per million inhabitants

Dépenses de recherche et développement (R&D) et chercheurs en équivalent temps plein *(suite)*

En pourcentage du PIB et par million d'habitants

Country or area Pays ou zone	Year Année	R&D expenditure as a percentage of GDP Dépenses de R&D en pourcentage du PIB	Researchers per million inhabitants Chercheurs par million d'habitants
Puerto Rico	2009	0.5	...
Porto Rico	2015	0.4	348.4
Qatar	2015	0.5	584.0
Qatar	2021	0.7	902.6
Republic of Korea	2005	2.5[14]	3 692.2
République de Corée	2010	3.3	5 330.8
	2015	4.0	7 013.5
	2020	4.8	8 713.6
Republic of Moldova	2005	0.4	* 719.5
République de Moldova	2010	0.4	* 760.9
	2015	0.3	* 953.4
	2021	0.2	* 788.1
Romania	2005	0.4	1 071.9
Roumanie	2010	0.4	966.2
	2015	0.5	876.2
	2020	0.5	952.9
Russian Federation	2005	1.1	3 233.6
Fédération de Russie	2010	1.1	3 081.1
	2015	1.1	3 098.1
	2020	1.1	2 721.7
Rwanda	2009	...	12.6
Rwanda	2013	...	15.5
	2019	0.8	58.8
Saint Helena			
Sainte-Hélène	2000	...	330.6
Saudi Arabia	2005[1,13]	~0.0	...
Arabie saoudite	2010[15]	0.9	...
	2013[15]	0.8	...
	2021	0.5[2]	700.6
Senegal	2010	0.4	369.1
Sénégal	2015	0.6[3]	564.3
Serbia	2005[14,16]	0.4	...
Serbie	2010	0.7[16]	* 1 514.8
	2015	0.8[16]	* 2 071.2
	2021	1.0	* 2 230.9
Seychelles	2005	0.3	146.6
Seychelles	#2016	0.2	...
Singapore	2005	2.1	5 576.9
Singapour	2010	1.9	6 241.9
	2015	2.2	7 006.6
	2019	1.9	7 286.9
Slovakia	2005	0.5	2 022.7
Slovaquie	2010	0.6	2 809.4
	2015	1.2	2 650.2
	2020	0.9	3 164.3
Slovenia	2005	1.4	2 633.1
Slovénie	2010	2.1	3 769.8
	2015	2.2	3 814.2
	2020	2.1	4 932.3
South Africa	2005	0.8	361.4
Afrique du Sud	2010	0.7	365.5
	2015	0.7	472.3
	2019	0.6	484.3
Spain	2005	1.1	2 492.6
Espagne	2010	1.4	2 869.2
	2015	1.2	2 623.4
	2020	1.4	3 109.2
Sri Lanka	2004	...	138.2
Sri Lanka	2010	0.1	105.6
	2015	0.1	106.0
	2018	0.1	105.6
State of Palestine	2010	0.4[3]	323.5
État de Palestine	2013	0.5[3]	575.1

Research and development (R&D) expenditure and researchers in full time equivalent *(continued)*

As percentage of GDP and per million inhabitants

Dépenses de recherche et développement (R&D) et chercheurs en équivalent temps plein *(suite)*

En pourcentage du PIB et par million d'habitants

Country or area Pays ou zone	Year Année	R&D expenditure as a percentage of GDP Dépenses de R&D en pourcentage du PIB	Researchers per million inhabitants Chercheurs par million d'habitants
Sudan [5] Soudan [5]	*2005	0.2	...
Sweden Suède	2005	# 3.4	6 085.1
	2010	* 3.2	5 251.5
	2015	3.2[17]	6 834.0
	2020	3.5	7 930.2
Switzerland Suisse	2004	...	3 468.2
	2008	2.7	3 298.2
	2015	3.1	5 271.9
	2019	3.2	5 552.0
Syrian Arab Republic République arabe syrienne	2015	~0.0[2,3]	91.0
Tajikistan Tadjikistan	2005	0.1	...
	2010[2,3]	0.1	...
	2015[2,3]	0.1	...
	2020[2,3]	0.1	...
Thailand Thaïlande	2005	0.2	313.5
	2009	0.2	329.0
	2015	0.6	864.7
	2020	1.3	2 069.9
Togo Togo	2005	...	33.1
	2010	0.2[3]	34.3
	2014	0.3[2,3]	38.0
	2015	...	36.1
	2021	...	45.2
Trinidad and Tobago Trinité-et-Tobago	2005	0.1	...
	2010	~0.0	...
	2015	0.1	...
	2020	0.1[3]	638.8
Tunisia Tunisie	2005	0.7	...
	2010	0.7	1 384.7
	2015	0.6	1 800.1
	2019	0.7	1 744.9
	2021	...	1 621.6
Türkiye Türkiye	2005	0.6	576.4
	2010	0.8	889.6
	2015	0.9	1 211.8
	2020	1.1	1 775.3
Uganda Ouganda	2005	0.2	...
	2010	0.4	38.9
	2014	# 0.1	27.8
Ukraine Ukraine	2005	1.0	...
	2010	0.8	1 328.0
	2015	0.6[16]	* 1 006.0
	2021	* # 0.3[16]	* 587.5
United Arab Emirates Émirats arabes unis	2015	0.9	1 980.5
	2021	1.5	2 488.8
United Kingdom Royaume-Uni	2005	1.5	4 123.5
	2010	* 1.6	4 043.3
	2015	1.6	4 319.5
	2019	1.7	4 683.8
United Rep. of Tanzania Rép.-Unie de Tanzanie	2010	0.4[1,3]	36.1
	2013	0.5[3]	19.2
United States of America États-Unis d'Amérique	2005	2.5[14]	3 739.7
	2010	2.7[14]	3 883.2
	2015	# 2.8[14]	4 269.9
	2019	3.2[14]	4 821.2
	*2020	3.4	...
United States Virgin Islands [1] Îles Vierges américaines [1]	2005	~0.0	...
	2007	~0.0	...

28 Research and development (R&D) expenditure and researchers in full time equivalent *(continued)*

As percentage of GDP and per million inhabitants

Dépenses de recherche et développement (R&D) et chercheurs en équivalent temps plein *(suite)*

En pourcentage du PIB et par million d'habitants

Country or area Pays ou zone	Year Année	R&D expenditure as a percentage of GDP Dépenses de R&D en pourcentage du PIB	Researchers per million inhabitants Chercheurs par million d'habitants
Uruguay	2002	...	373.4
Uruguay	#2005	0.5	...
	2010	0.3	629.3
	2015	0.4	677.0
	2020	0.4	795.7
	2021	...	795.4
Uzbekistan	2005	0.2	632.8
Ouzbékistan	2010	0.2	545.0
	2015	0.2	497.4
	2021	0.1	523.4
Venezuela (Boliv. Rep. of)	2005	0.2	122.9
Venezuela (Rép. boliv. du)	2010	0.2	204.0
	2014	0.3	272.7
	2015	...	248.9
	2020	...	291.1
Viet Nam	2002	...	114.4
Viet Nam	2015	0.4	678.6
	2019	0.4	756.7
Zambia	2005[1]	~0.0	...
Zambie	2008	# 0.3	41.7
Zimbabwe			
Zimbabwe	2012	...	99.5
LLDCs	2005	0.2	143.0
PDSL	2010	0.2	135.9
	2015	0.2	161.7
	2020	0.2	167.7
LDCs	2005	0.2	48.6
PMA	2010	0.2	60.1
	2015	0.3	70.4
	2020	0.3	76.1
SIDS	2005	1.0	609.5
PEID	2010	1.0	722.0
	2015	1.1	812.1
	2020	1.0	893.2

Source:

United Nations Educational, Scientific and Cultural Organization (UNESCO), Montreal, the UNESCO Institute for Statistics (UIS) statistics database, last accessed April 2023.

1 Partial data.
2 Excluding private non-profit.
3 Excluding business enterprise.
4 Data have been converted from the former national currency using the appropriate conversion rate.
5 Overestimated or based on overestimated data.
6 Excluding most or all capital expenditures.
7 Higher Education only.
8 For statistical purposes, the data for China do not include those for the Hong Kong Special Administrative Region (Hong Kong SAR), Macao Special Administrative Region (Macao SAR) and Taiwan Province of China.
9 Government only.
10 S&T budget instead of R&D expenditure.
11 Excluding higher education and private non-profit.
12 Excluding government.
13 Based on R&D budget instead of R&D expenditure.

Source:

Organisation des Nations Unies pour l'éducation, la science et la culture (UNESCO), Montréal, base de données statistiques de l'Institut de statistique (ISU) de l'UNESCO, dernier accès avril 2023.

1 Données partielles.
2 Non compris les organisations privées à but non lucratif.
3 Ne comprend pas les entreprises commerciales.
4 Les données ont été converties à partir de l'ancienne monnaie nationale et du taux de conversion approprié.
5 Surestimé ou fondé sur des données surestimées.
6 Exclut toutes ou presque toutes des dépenses en capital.
7 Enseignement supérieur seulement.
8 Pour la présentation des statistiques, les données pour la Chine ne comprennent pas la région administrative spéciale de Hong Kong (RAS de Hong Kong), la région administrative spéciale de Macao (RAS de Macao) et la province chinoise de Taïwan.
9 Etat seulement.
10 Budget pour la science et technologie au lieu des dépenses de recherche et développement.
11 Hors enseignement supérieur et privé sans but lucratif.
12 Non compris l'état.
13 Basé sur le budget de la recherche-développement au lieu des dépenses.

Research and development (R&D) expenditure and researchers in full time equivalent *(continued)*
As percentage of GDP and per million inhabitants

Dépenses de recherche et développement (R&D) et chercheurs en équivalent temps plein *(suite)*
En pourcentage du PIB et par million d'habitants

14 Do not correspond exactly to Frascati Manual recommendations.
15 Overestimated. Based on R&D budget instead of R&D expenditure.
16 Excluding data from some regions, provinces or states.
17 The sum of the breakdown does not add to the total.

14 Ne corresponds pas exactement aux recommendations du Manuel de Frascati.
15 Surestimé. Basé sur le budget de la recherche-développement au lieu des dépenses.
16 Non compris les données de certaines régions, provinces ou états.
17 La somme de toutes les valeurs diffère du total.

29 Patents

Resident filings (per million population), grants and patents in force

Brevets

Demandes émanant de résidents (par million d'habitants), délivrances et brevets en vigueur

Region, country or area	1985	1995	2005	2010	2019	2020	2021	Région, pays ou zone
Total, all countries or areas								**Total, tous pays ou zones**
Grants of patents	**397 580**	**429 800**	**632 400**	**914 200**	**1 506 900**	**1 596 500**	**1 756 500**	**Brevets délivrés**
Africa								**Afrique**
Grants of patents	...	...	4 200	9 000	10 600	7 400	10 800	Brevets délivrés
Latin America & the Caribbean								**Amérique latine et Caraïbes**
Grants of patents	...	...	14 200	17 200	26 900	36 100	45 900	Brevets délivrés
Asia								**Asie**
Grants of patents	...	...	288 600	469 500	834 900	928 700	1 122 400	Brevets délivrés
Europe								**Europe**
Grants of patents	...	...	150 900	160 900	239 400	231 400	208 100	Brevets délivrés
Oceania								**Océanie**
Grants of patents	...	...	15 200	18 900	18 700	19 600	19 300	Brevets délivrés
Albania								**Albanie**
Resident filings (per mil. pop.)	...	...	...	...	2	...	9	Dem. de rés. (par mil. d'hab.)
Grants of patents	...	...	395	349	2	5	2	Brevets délivrés
Patents in force	...	...	...	349	6 017	5 833	6 519	Brevets en vigueur
Algeria								**Algérie**
Resident filings (per mil. pop.)	...	1	2	2	3	4	6	Dem. de rés. (par mil. d'hab.)
Grants of patents	...	118	443	1 076	140	421	770	Brevets délivrés
Patents in force	...	...	498	...	4 496	4 319	4 646	Brevets en vigueur
Andorra								**Andorre**
Grants of patents	...	...	...	...	11	13	12	Brevets délivrés
Patents in force	...	...	...	...	20	33	39	Brevets en vigueur
Angola								**Angola**
Grants of patents	...	...	...	...	...	33	49	Brevets délivrés
Patents in force	...	...	...	...	...	85	86	Brevets en vigueur
Argentina								**Argentine**
Resident filings (per mil. pop.)	...	19	27	14	10	21	9	Dem. de rés. (par mil. d'hab.)
Grants of patents	...	1 003	1 798	1 366	2 177	2 337	2 298	Brevets délivrés
Patents in force	...	...	...	...	...	14 550	13 411	Brevets en vigueur
Armenia								**Arménie**
Resident filings (per mil. pop.)	...	58	69	49	40	22	14	Dem. de rés. (par mil. d'hab.)
Grants of patents	...	52	126	124	100	72	27	Brevets délivrés
Patents in force	...	...	110	278	219	189	12	Brevets en vigueur
Australia								**Australie**
Resident filings (per mil. pop.)	...	99	125	109	104	92	115	Dem. de rés. (par mil. d'hab.)
Grants of patents	6 764	9 406	10 979	14 557	17 010	17 778	17 155	Brevets délivrés
Patents in force	...	...	96 403	96 293	159 244	159 304	157 313	Brevets en vigueur
Austria								**Autriche**
Resident filings (per mil. pop.)	300	217	404	497	496	497	468	Dem. de rés. (par mil. d'hab.)
Grants of patents	2 571	1 777	938	1 130	1 112	1 058	1 038	Brevets délivrés
Patents in force	...	...	95 618	102 113	171 654	159 581	152 105	Brevets en vigueur
Azerbaijan								**Azerbaïdjan**
Resident filings (per mil. pop.)	...	29	34	30	20	11	14	Dem. de rés. (par mil. d'hab.)
Grants of patents	...	9	195	126	102	110	119	Brevets délivrés
Patents in force	...	...	...	...	236	252	272	Brevets en vigueur
Bahamas								**Bahamas**
Grants of patents	66	...	...	...	...	...	...	Brevets délivrés
Bahrain								**Bahreïn**
Resident filings (per mil. pop.)	...	...	...	...	4	6	2	Dem. de rés. (par mil. d'hab.)
Grants of patents	31	...	...	...	74	34	67	Brevets délivrés
Patents in force	...	...	...	...	130	131	114	Brevets en vigueur
Bangladesh								**Bangladesh**
Resident filings (per mil. pop.)	...	1	...	...	...	...	...	Dem. de rés. (par mil. d'hab.)
Grants of patents	118	80	182	92	129	140	240	Brevets délivrés
Patents in force	...	...	...	...	1 429	1 732	2 114	Brevets en vigueur
Barbados								**Barbade**
Grants of patents	...	...	7	...	...	...	...	Brevets délivrés
Patents in force	...	...	49	57	...	...	...	Brevets en vigueur
Belarus								**Bélarus**
Resident filings (per mil. pop.)	...	61	121	197	43	45	39	Dem. de rés. (par mil. d'hab.)
Grants of patents	...	633	955	1 222	461	447	316	Brevets délivrés
Patents in force	...	...	...	4 444	1 813	1 752	1 555	Brevets en vigueur

29 Patents *(continued)*

Resident filings (per million population), grants and patents in force

Brevets *(suite)*

Demandes émanant de résidents (par million d'habitants), délivrances et brevets en vigueur

Region, country or area	1985	1995	2005	2010	2019	2020	2021	Région, pays ou zone
Belgium								**Belgique**
Resident filings (per mil. pop.)	78	72	208	244	288	282	284	Dem. de rés. (par mil. d'hab.)
Grants of patents	1 976	1 216	708	532	998	994	1 005	Brevets délivrés
Patents in force	...	...	...	89 999	162 827	164 635	157 321	Brevets en vigueur
Belize								**Belize**
Grants of patents	...	...	...	...	9	3	12	Brevets délivrés
Patents in force	...	...	...	...	41	45	57	Brevets en vigueur
Benin								**Bénin**
Resident filings (per mil. pop.)	...	...	1	...	1	...	1	Dem. de rés. (par mil. d'hab.)
Bhutan								**Bhoutan**
Grants of patents	...	...	...	...	1	...	...	Brevets délivrés
Patents in force	...	...	...	...	1	1	1	Brevets en vigueur
Bolivia (Plurin. State of)								**Bolivie (État plurin. de)**
Resident filings (per mil. pop.)	1	2	...	...	...	...	...	Dem. de rés. (par mil. d'hab.)
Grants of patents	62	47	...	...	...	...	...	Brevets délivrés
Bosnia and Herzegovina								**Bosnie-Herzégovine**
Resident filings (per mil. pop.)	...	...	18	15	14	15	16	Dem. de rés. (par mil. d'hab.)
Grants of patents	...	...	46	173	2	18	4	Brevets délivrés
Patents in force	...	...	120	716	184	160	152	Brevets en vigueur
Botswana								**Botswana**
Resident filings (per mil. pop.)	...	...	...	...	1	1	1	Dem. de rés. (par mil. d'hab.)
Patents in force	...	...	...	...	2 040	...	...	Brevets en vigueur
Brazil								**Brésil**
Resident filings (per mil. pop.)	14	17	22	22	26	25	22	Dem. de rés. (par mil. d'hab.)
Grants of patents	3 934	2 659	2 439	3 251	10 947	20 407	26 872	Brevets délivrés
Patents in force	...	...	32 571	40 022	39 538	57 942	75 529	Brevets en vigueur
Brunei Darussalam								**Brunéi Darussalam**
Grants of patents	...	42	26	40	50	27	31	Brevets délivrés
Patents in force	...	...	...	...	540	652	1 521	Brevets en vigueur
Bulgaria								**Bulgarie**
Resident filings (per mil. pop.)	...	44	36	34	32	42	30	Dem. de rés. (par mil. d'hab.)
Grants of patents	130	375	313	251	195	215	182	Brevets délivrés
Patents in force	...	...	2 203	6 812	14 342	14 790	15 291	Brevets en vigueur
Burundi								**Burundi**
Grants of patents	...	1	...	...	18	5	...	Brevets délivrés
Cabo Verde								**Cabo Verde**
Grants of patents	...	...	...	...	...	...	2	Brevets délivrés
Cambodia								**Cambodge**
Grants of patents	...	...	...	...	84	96	...	Brevets délivrés
Cameroon								**Cameroun**
Resident filings (per mil. pop.)	...	...	1	...	1	2	2	Dem. de rés. (par mil. d'hab.)
Canada								**Canada**
Resident filings (per mil. pop.)	81	83	161	134	113	117	123	Dem. de rés. (par mil. d'hab.)
Grants of patents	18 697	9 139	15 516	19 120	22 009	21 284	22 687	Brevets délivrés
Patents in force	...	...	125 110	133 355	187 928	192 668	203 603	Brevets en vigueur
Central African Republic								**République centrafricaine**
Resident filings (per mil. pop.)	...	...	...	...	...	1	...	Dem. de rés. (par mil. d'hab.)
Chile								**Chili**
Resident filings (per mil. pop.)	10	12	22	19	23	20	21	Dem. de rés. (par mil. d'hab.)
Grants of patents	448	133	311	1 020	1 490	2 904	2 379	Brevets délivrés
Patents in force	...	...	...	8 121	14 438	17 120	14 359	Brevets en vigueur
China [1]								**Chine** [1]
Resident filings (per mil. pop.)	4	8	72	219	883	953	1 010	Dem. de rés. (par mil. d'hab.)
Grants of patents	44	3 393	53 305	135 110	452 804	530 127	695 946	Brevets délivrés
Patents in force	...	...	182 396	564 760	2 670 784	3 057 844	3 596 901	Brevets en vigueur
China, Hong Kong SAR								**Chine, RAS de Hong Kong**
Resident filings (per mil. pop.)	3	4	23	19	46	57	54	Dem. de rés. (par mil. d'hab.)
Grants of patents	1 030	1 960	6 518	5 353	6 780	7 658	14 662	Brevets délivrés
Patents in force	...	...	...	33 225	51 949	53 726	61 446	Brevets en vigueur
China, Macao SAR								**Chine, RAS de Macao**
Grants of patents	...	2	5	156	20	18	15	Brevets délivrés
Patents in force	...	...	12	377	366	353	348	Brevets en vigueur
Colombia								**Colombie**
Resident filings (per mil. pop.)	2	4	2	3	8	7	8	Dem. de rés. (par mil. d'hab.)
Grants of patents	169	365	256	639	1 630	1 075	1 263	Brevets délivrés
Patents in force	...	...	...	...	8 211	8 365	8 457	Brevets en vigueur

29 Patents *(continued)*
Resident filings (per million population), grants and patents in force

Brevets *(suite)*
Demandes émanant de résidents (par million d'habitants), délivrances et brevets en vigueur

Region, country or area	1985	1995	2005	2010	2019	2020	2021	Région, pays ou zone
Congo								**Congo**
Resident filings (per mil. pop.)	...	...	1	...	1	2	1	Dem. de rés. (par mil. d'hab.)
Grants of patents	...	15	...	...	...	...	...	Brevets délivrés
Costa Rica								**Costa Rica**
Resident filings (per mil. pop.)	6	7	4	2	3	2	3	Dem. de rés. (par mil. d'hab.)
Grants of patents	20	25	13	34	191	170	130	Brevets délivrés
Patents in force	...	...	...	...	1 068	1 175	1 188	Brevets en vigueur
Côte d'Ivoire								**Côte d'Ivoire**
Resident filings (per mil. pop.)	...	...	...	...	1	1	2	Dem. de rés. (par mil. d'hab.)
Croatia								**Croatie**
Resident filings (per mil. pop.)	...	57	84	64	53	34	27	Dem. de rés. (par mil. d'hab.)
Grants of patents	...	25	140	82	20	10	7	Brevets délivrés
Patents in force	...	...	1 094	2 134	10 059	11 041	11 876	Brevets en vigueur
Cuba								**Cuba**
Resident filings (per mil. pop.)	...	10	9	...	2	3	2	Dem. de rés. (par mil. d'hab.)
Grants of patents	18	77	64	...	89	38	81	Brevets délivrés
Patents in force	...	...	653	...	648	581	494	Brevets en vigueur
Cyprus								**Chypre**
Resident filings (per mil. pop.)	...	...	54	35	43	56	38	Dem. de rés. (par mil. d'hab.)
Grants of patents	43	...	68	19	1	...	...	Brevets délivrés
Patents in force	...	...	...	333	16	21	14	Brevets en vigueur
Czechia								**Tchéquie**
Resident filings (per mil. pop.)	...	61	65	99	90	82	70	Dem. de rés. (par mil. d'hab.)
Grants of patents	...	1 299	1 551	911	509	499	444	Brevets délivrés
Patents in force	...	...	10 165	23 415	48 391	50 193	51 153	Brevets en vigueur
Dem. People's Rep. Korea								**Rép. pop. dém. de Corée**
Resident filings (per mil. pop.)	...	...	245	327	287	269	...	Dem. de rés. (par mil. d'hab.)
Grants of patents	...	...	3 583	6 290	4 712	4 227	...	Brevets délivrés
Dem. Rep. of the Congo								**Rép. dém. du Congo**
Resident filings (per mil. pop.)	...	...	...	...	1	1	...	Dem. de rés. (par mil. d'hab.)
Grants of patents	...	...	...	...	63	27	...	Brevets délivrés
Patents in force	...	...	...	...	28	15	...	Brevets en vigueur
Denmark								**Danemark**
Resident filings (per mil. pop.)	167	236	523	625	646	628	634	Dem. de rés. (par mil. d'hab.)
Grants of patents	1 054	1 120	389	155	501	353	368	Brevets délivrés
Patents in force	...	...	56 978	47 732	65 967	68 961	69 784	Brevets en vigueur
Dominica								**Dominique**
Grants of patents	...	...	...	...	3	2	11	Brevets délivrés
Dominican Republic								**République dominicaine**
Resident filings (per mil. pop.)	...	...	1	2	2	1	1	Dem. de rés. (par mil. d'hab.)
Grants of patents	...	...	...	91	158	138	227	Brevets délivrés
Patents in force	...	...	...	...	758	861	938	Brevets en vigueur
Ecuador								**Équateur**
Resident filings (per mil. pop.)	...	1	1	...	2	2	2	Dem. de rés. (par mil. d'hab.)
Grants of patents	...	90	38	28	17	9	17	Brevets délivrés
Patents in force	...	...	38	199	71	80	80	Brevets en vigueur
Egypt								**Égypte**
Resident filings (per mil. pop.)	3	7	6	7	10	10	9	Dem. de rés. (par mil. d'hab.)
Grants of patents	298	346	147	321	747	495	508	Brevets délivrés
Patents in force	...	...	...	3 316	5 827	5 655	5 386	Brevets en vigueur
El Salvador								**El Salvador**
Resident filings (per mil. pop.)	3	1	...	...	...	1	...	Dem. de rés. (par mil. d'hab.)
Grants of patents	70	61	...	...	117	67	58	Brevets délivrés
Estonia								**Estonie**
Resident filings (per mil. pop.)	...	11	19	83	60	59	71	Dem. de rés. (par mil. d'hab.)
Grants of patents	...	...	163	120	5	12	8	Brevets délivrés
Patents in force	...	...	1 395	5 317	11 194	11 444	11 768	Brevets en vigueur
Eswatini								**Eswatini**
Grants of patents	30	...	...	...	...	...	...	Brevets délivrés
Ethiopia								**Éthiopie**
Grants of patents	...	...	9	...	...	1	...	Brevets délivrés
Fiji								**Fidji**
Grants of patents	15	...	...	...	...	...	...	Brevets délivrés

29 Patents *(continued)*
Resident filings (per million population), grants and patents in force

Brevets *(suite)*
Demandes émanant de résidents (par million d'habitants), délivrances et brevets en vigueur

Region, country or area	1985	1995	2005	2010	2019	2020	2021	Région, pays ou zone
Finland								**Finlande**
Resident filings (per mil. pop.)	352	403	637	628	548	630	661	Dem. de rés. (par mil. d'hab.)
Grants of patents	2 160	2 347	1 757	923	505	602	545	Brevets délivrés
Patents in force	...	...	39 450	46 622	54 501	55 898	56 847	Brevets en vigueur
France								**France**
Resident filings (per mil. pop.)	213	209	354	373	362	347	356	Dem. de rés. (par mil. d'hab.)
Grants of patents	24 195	17 918	11 473	9 899	13 593	12 874	15 493	Brevets délivrés
Patents in force	...	...	343 568	435 915	640 883	674 334	703 342	Brevets en vigueur
Gabon								**Gabon**
Resident filings (per mil. pop.)	...	...	3	...	4	2	9	Dem. de rés. (par mil. d'hab.)
Gambia								**Gambie**
Grants of patents	...	...	2	...	16	16	...	Brevets délivrés
Patents in force	...	...	...	...	...	16	...	Brevets en vigueur
Georgia								**Géorgie**
Resident filings (per mil. pop.)	...	62	58	48	23	22	24	Dem. de rés. (par mil. d'hab.)
Grants of patents	...	133	320	258	115	152	128	Brevets délivrés
Patents in force	...	...	1 040	1 044	986	910	898	Brevets en vigueur
Germany								**Allemagne**
Resident filings (per mil. pop.)	415	467	875	910	884	820	791	Dem. de rés. (par mil. d'hab.)
Grants of patents	19 500	16 000	17 063	13 678	18 255	17 305	21 113	Brevets délivrés
Patents in force	...	...	434 663	514 046	772 358	834 734	877 763	Brevets en vigueur
Greece								**Grèce**
Resident filings (per mil. pop.)	113	25	48	73	46	50	56	Dem. de rés. (par mil. d'hab.)
Grants of patents	3 294	350	320	479	248	223	252	Brevets délivrés
Patents in force	...	...	...	32 120	28 321	28 492	29 228	Brevets en vigueur
Guatemala								**Guatemala**
Resident filings (per mil. pop.)	9	3	1	1	...	...	1	Dem. de rés. (par mil. d'hab.)
Grants of patents	166	22	104	104	50	40	38	Brevets délivrés
Patents in force	...	...	...	590	883	839	854	Brevets en vigueur
Guinea-Bissau								**Guinée-Bissau**
Resident filings (per mil. pop.)	...	...	...	...	...	1	...	Dem. de rés. (par mil. d'hab.)
Guyana								**Guyana**
Grants of patents	22	...	...	...	...	...	21	Brevets délivrés
Patents in force	...	...	...	...	...	...	24	Brevets en vigueur
Haiti								**Haïti**
Resident filings (per mil. pop.)	1	...	...	...	...	...	...	Dem. de rés. (par mil. d'hab.)
Grants of patents	9	3	11	10	...	...	...	Brevets délivrés
Honduras								**Honduras**
Resident filings (per mil. pop.)	3	1	...	...	...	...	...	Dem. de rés. (par mil. d'hab.)
Grants of patents	19	...	85	81	85	40	92	Brevets délivrés
Patents in force	...	...	...	...	267	252	349	Brevets en vigueur
Hungary								**Hongrie**
Resident filings (per mil. pop.)	273	106	78	75	54	55	57	Dem. de rés. (par mil. d'hab.)
Grants of patents	2 095	1 910	1 126	65	135	94	107	Brevets délivrés
Patents in force	...	...	9 125	13 853	31 958	33 566	34 797	Brevets en vigueur
Iceland								**Islande**
Grants of patents	21	11	101	139	9	9	7	Brevets délivrés
Patents in force	...	...	349	1 892	8 481	9 001	9 330	Brevets en vigueur
India								**Inde**
Resident filings (per mil. pop.)	1	2	4	7	14	17	19	Dem. de rés. (par mil. d'hab.)
Grants of patents	1 814	1 613	4 320	7 138	23 578	26 361	30 721	Brevets délivrés
Patents in force	...	...	16 419	47 224	76 556	92 897	110 879	Brevets en vigueur
Indonesia								**Indonésie**
Resident filings (per mil. pop.)	...	...	1	2	11	5	5	Dem. de rés. (par mil. d'hab.)
Grants of patents	...	...	...	...	10 514	7 981	6 850	Brevets délivrés
Patents in force	...	...	...	...	...	59 394	...	Brevets en vigueur
Iran (Islamic Republic of)								**Iran (Rép. islamique d')**
Resident filings (per mil. pop.)	4	5	58	151	140	136	120	Dem. de rés. (par mil. d'hab.)
Grants of patents	339	166	2 890	5 372	2 769	3 660	3 013	Brevets délivrés
Patents in force	...	...	...	...	53 565	38 642	35 955	Brevets en vigueur
Iraq								**Iraq**
Resident filings (per mil. pop.)	19	4	...	...	19	16	...	Dem. de rés. (par mil. d'hab.)
Grants of patents	103	32	...	...	470	404	...	Brevets délivrés
Patents in force	...	...	...	...	3 199	3 546	...	Brevets en vigueur

29 Patents *(continued)*
Resident filings (per million population), grants and patents in force

Brevets *(suite)*
Demandes émanant de résidents (par million d'habitants), délivrances et brevets en vigueur

Region, country or area	1985	1995	2005	2010	2019	2020	2021	Région, pays ou zone
Ireland								**Irlande**
Resident filings (per mil. pop.)	205	...	...	...	190	210	203	Dem. de rés. (par mil. d'hab.)
Grants of patents	1 042	3 208	226	87	48	42	43	Brevets délivrés
Patents in force	...	...	...	79 040	221 884	217 386	197 254	Brevets en vigueur
Israel								**Israël**
Resident filings (per mil. pop.)	187	228	241	190	151	178	170	Dem. de rés. (par mil. d'hab.)
Grants of patents	1 636	2 029	2 269	2 293	4 197	4 668	5 488	Brevets délivrés
Patents in force	...	...	...	26 494	34 892	35 096	35 539	Brevets en vigueur
Italy								**Italie**
Resident filings (per mil. pop.)	35	...	...	219	229	247	257	Dem. de rés. (par mil. d'hab.)
Grants of patents	...	9 164	5 534	16 106	8 617	9 152	7 254	Brevets délivrés
Patents in force	...	...	...	229 648	339 072	402 621	409 696	Brevets en vigueur
Jamaica								**Jamaïque**
Resident filings (per mil. pop.)	...	3	4	5	5	3	5	Dem. de rés. (par mil. d'hab.)
Grants of patents	...	4	...	...	1	5	5	Brevets délivrés
Patents in force	...	...	527	...	306	317	319	Brevets en vigueur
Japan								**Japon**
Resident filings (per mil. pop.)	2 271	2 667	2 880	2 265	1 938	1 801	1 770	Dem. de rés. (par mil. d'hab.)
Grants of patents	50 100	109 100	122 944	222 693	179 910	179 383	184 372	Brevets délivrés
Patents in force	...	...	1 123 055	1 423 432	2 053 879	2 039 040	2 020 424	Brevets en vigueur
Jordan								**Jordanie**
Resident filings (per mil. pop.)	...	...	9	6	2	4	2	Dem. de rés. (par mil. d'hab.)
Grants of patents	...	...	55	64	88	334	166	Brevets délivrés
Patents in force	...	...	...	312	554	694	821	Brevets en vigueur
Kazakhstan								**Kazakhstan**
Resident filings (per mil. pop.)	...	65	101	105	...	48	...	Dem. de rés. (par mil. d'hab.)
Grants of patents	...	1 281	...	1 868	...	709	651	Brevets délivrés
Patents in force	...	...	...	581	2 891	3 152	3 137	Brevets en vigueur
Kenya								**Kenya**
Resident filings (per mil. pop.)	...	...	1	2	6	6	3	Dem. de rés. (par mil. d'hab.)
Grants of patents	98	...	48	54	28	35	35	Brevets délivrés
Kiribati								**Kiribati**
Grants of patents	1	...	...	...	...	...	...	Brevets délivrés
Kyrgyzstan								**Kirghizistan**
Resident filings (per mil. pop.)	...	26	...	26	16	11	13	Dem. de rés. (par mil. d'hab.)
Grants of patents	...	133	...	109	67	49	39	Brevets délivrés
Patents in force	...	...	...	112	223	194	173	Brevets en vigueur
Lao People's Dem. Rep.								**Rép. dém. populaire lao**
Resident filings (per mil. pop.)	...	...	1	...	...	...	...	Dem. de rés. (par mil. d'hab.)
Grants of patents	...	...	...	...	...	14	...	Brevets délivrés
Patents in force	...	...	...	...	...	574	...	Brevets en vigueur
Latvia								**Lettonie**
Resident filings (per mil. pop.)	...	85	53	101	54	64	67	Dem. de rés. (par mil. d'hab.)
Grants of patents	...	629	122	184	52	60	76	Brevets délivrés
Patents in force	...	...	4 012	5 680	9 928	9 249	10 726	Brevets en vigueur
Lesotho								**Lesotho**
Resident filings (per mil. pop.)	...	4	...	...	1	...	...	Dem. de rés. (par mil. d'hab.)
Grants of patents	...	7	...	...	...	...	...	Brevets délivrés
Libya								**Libye**
Resident filings (per mil. pop.)	...	1	...	...	...	...	...	Dem. de rés. (par mil. d'hab.)
Lithuania								**Lituanie**
Resident filings (per mil. pop.)	...	29	21	38	43	52	55	Dem. de rés. (par mil. d'hab.)
Grants of patents	...	494	116	84	112	106	83	Brevets délivrés
Patents in force	...	...	3 835	5 202	11 810	12 354	12 718	Brevets en vigueur
Luxembourg								**Luxembourg**
Grants of patents	418	...	29	87	326	438	1 036	Brevets délivrés
Patents in force	...	...	...	42 805	145 728	165 249	143 988	Brevets en vigueur
Madagascar								**Madagascar**
Resident filings (per mil. pop.)	...	2	...	...	...	...	...	Dem. de rés. (par mil. d'hab.)
Grants of patents	...	25	32	55	15	4	48	Brevets délivrés
Patents in force	...	...	249	387	234	209	223	Brevets en vigueur
Malawi								**Malawi**
Grants of patents	43	23	...	1	...	...	...	Brevets délivrés

29 Patents *(continued)*
Resident filings (per million population), grants and patents in force

Brevets *(suite)*
Demandes émanant de résidents (par million d'habitants), délivrances et brevets en vigueur

Region, country or area	1985	1995	2005	2010	2019	2020	2021	Région, pays ou zone
Malaysia								**Malaisie**
Resident filings (per mil. pop.)	1	7	20	44	34	31	27	Dem. de rés. (par mil. d'hab.)
Grants of patents	1 150	1 753	2 508	2 160	4 106	8 206	6 876	Brevets délivrés
Patents in force	...	...	...	20 908	27 309	31 975	34 141	Brevets en vigueur
Mali								**Mali**
Resident filings (per mil. pop.)	...	...	...	...	...	...	1	Dem. de rés. (par mil. d'hab.)
Malta								**Malte**
Grants of patents	20	19	...	4	23	10	11	Brevets délivrés
Patents in force	...	...	...	832	233	248	233	Brevets en vigueur
Mauritius								**Maurice**
Resident filings (per mil. pop.)	4	3	...	...	3	5	5	Dem. de rés. (par mil. d'hab.)
Grants of patents	4	3	...	8	4	17	4	Brevets délivrés
Patents in force	...	...	...	...	...	...	20	Brevets en vigueur
Mexico								**Mexique**
Resident filings (per mil. pop.)	8	5	6	8	10	9	9	Dem. de rés. (par mil. d'hab.)
Grants of patents	977	3 538	8 098	9 399	8 702	7 726	10 369	Brevets délivrés
Patents in force	...	...	48 374	82 017	113 449	113 330	117 170	Brevets en vigueur
Monaco								**Monaco**
Grants of patents	66	36	9	5	4	16	9	Brevets délivrés
Patents in force	...	...	37 483	53 859	112 286	109 213	108 388	Brevets en vigueur
Mongolia								**Mongolie**
Resident filings (per mil. pop.)	...	57	40	40	26	20	33	Dem. de rés. (par mil. d'hab.)
Grants of patents	5	117	197	96	177	124	186	Brevets délivrés
Patents in force	...	...	13 663	2 645	1 155	1 317	1 445	Brevets en vigueur
Montenegro								**Monténégro**
Grants of patents	...	...	...	264	7	4	...	Brevets délivrés
Patents in force	...	...	...	264	...	...	...	Brevets en vigueur
Morocco								**Maroc**
Resident filings (per mil. pop.)	2	3	5	5	6	7	7	Dem. de rés. (par mil. d'hab.)
Grants of patents	313	354	556	808	357	400	745	Brevets délivrés
Patents in force	...	...	9 872	...	8 737	10 192	10 215	Brevets en vigueur
Mozambique								**Mozambique**
Resident filings (per mil. pop.)	...	...	...	1	1	1	1	Dem. de rés. (par mil. d'hab.)
Grants of patents	...	...	14	...	...	...	...	Brevets délivrés
Patents in force	...	...	...	...	3 041	3 791	4 259	Brevets en vigueur
Namibia								**Namibie**
Resident filings (per mil. pop.)	...	...	...	...	4	...	...	Dem. de rés. (par mil. d'hab.)
Grants of patents	...	...	...	...	30	21	...	Brevets délivrés
Patents in force	...	...	...	...	643	664	...	Brevets en vigueur
Nepal								**Népal**
Grants of patents	1	1	3	...	...	...	...	Brevets délivrés
Netherlands (Kingdom of the)								**Pays-Bas (Royaume des)**
Resident filings (per mil. pop.)	134	137	614	511	529	492	493	Dem. de rés. (par mil. d'hab.)
Grants of patents	2 145	673	2 373	1 947	1 936	1 911	2 264	Brevets délivrés
Patents in force	...	...	135 215	135 127	205 675	212 855	212 866	Brevets en vigueur
New Zealand								**Nouvelle-Zélande**
Resident filings (per mil. pop.)	310	350	458	364	65	68	64	Dem. de rés. (par mil. d'hab.)
Grants of patents	1 732	2 641	4 189	4 347	1 642	1 841	2 149	Brevets délivrés
Patents in force	...	...	34 182	34 800	30 519	28 048	25 749	Brevets en vigueur
Nicaragua								**Nicaragua**
Resident filings (per mil. pop.)	1	...	...	...	...	...	...	Dem. de rés. (par mil. d'hab.)
Grants of patents	25	1	...	...	...	...	...	Brevets délivrés
Nigeria								**Nigéria**
Resident filings (per mil. pop.)	...	...	...	...	2	2	...	Dem. de rés. (par mil. d'hab.)
Patents in force	...	...	...	...	853	451	...	Brevets en vigueur
North Macedonia								**Macédoine du Nord**
Resident filings (per mil. pop.)	...	50	26	13	...	23	23	Dem. de rés. (par mil. d'hab.)
Grants of patents	...	163	373	406	...	22	51	Brevets délivrés
Patents in force	...	...	...	...	7 445	4 610	4 903	Brevets en vigueur
Norway								**Norvège**
Resident filings (per mil. pop.)	222	259	247	334	297	284	293	Dem. de rés. (par mil. d'hab.)
Grants of patents	2 165	2 014	542	1 631	1 211	907	650	Brevets délivrés
Patents in force	...	...	...	16 534	42 202	46 406	48 407	Brevets en vigueur

29 Patents *(continued)*

Resident filings (per million population), grants and patents in force

Brevets *(suite)*

Demandes émanant de résidents (par million d'habitants), délivrances et brevets en vigueur

Region, country or area	1985	1995	2005	2010	2019	2020	2021	Région, pays ou zone
Oman								**Oman**
Resident filings (per mil. pop.)	...	...	...	...	6	...	105	Dem. de rés. (par mil. d'hab.)
Grants of patents	...	...	...	...	91	11	...	Brevets délivrés
Patents in force	...	...	...	...	506	529	...	Brevets en vigueur
Pakistan								**Pakistan**
Resident filings (per mil. pop.)	...	...	1	1	1	2	2	Dem. de rés. (par mil. d'hab.)
Grants of patents	...	474	393	238	268	201	234	Brevets délivrés
Patents in force	...	...	...	...	1 861	1 973	2 054	Brevets en vigueur
Panama								**Panama**
Resident filings (per mil. pop.)	6	6	...	...	8	5	8	Dem. de rés. (par mil. d'hab.)
Grants of patents	72	80	228	378	133	284	476	Brevets délivrés
Patents in force	...	...	...	378	1 343	1 490	2 430	Brevets en vigueur
Papua New Guinea								**Papouasie-Nvl-Guinée**
Grants of patents	...	...	...	...	4	5	...	Brevets délivrés
Patents in force	...	...	...	...	82	86	...	Brevets en vigueur
Paraguay								**Paraguay**
Resident filings (per mil. pop.)	2	...	4	3	1	2	...	Dem. de rés. (par mil. d'hab.)
Grants of patents	8	...	...	...	27	27	...	Brevets délivrés
Patents in force	...	...	...	...	175	148	...	Brevets en vigueur
Peru								**Pérou**
Resident filings (per mil. pop.)	2	...	1	1	4	4	3	Dem. de rés. (par mil. d'hab.)
Grants of patents	148	...	388	365	713	501	571	Brevets délivrés
Patents in force	...	...	2 252	2 435	3 432	3 657	3 740	Brevets en vigueur
Philippines								**Philippines**
Resident filings (per mil. pop.)	2	2	2	2	5	4	4	Dem. de rés. (par mil. d'hab.)
Grants of patents	1 281	589	1 642	1 153	1 458	1 002	1 449	Brevets délivrés
Patents in force	...	...	...	...	24 797	25 715	26 973	Brevets en vigueur
Poland								**Pologne**
Resident filings (per mil. pop.)	138	67	56	90	115	119	104	Dem. de rés. (par mil. d'hab.)
Grants of patents	4 467	2 608	2 522	3 004	3 042	2 308	3 319	Brevets délivrés
Patents in force	...	...	14 578	30 021	91 974	102 531	93 364	Brevets en vigueur
Portugal								**Portugal**
Resident filings (per mil. pop.)	9	8	19	55	95	92	97	Dem. de rés. (par mil. d'hab.)
Grants of patents	960	960	231	140	80	110	191	Brevets délivrés
Patents in force	...	...	35 871	39 076	40 052	41 374	41 927	Brevets en vigueur
Qatar								**Qatar**
Resident filings (per mil. pop.)	...	...	...	...	15	30	16	Dem. de rés. (par mil. d'hab.)
Grants of patents	...	...	...	...	15	4	83	Brevets délivrés
Patents in force	...	...	...	...	...	205	83	Brevets en vigueur
Republic of Korea								**République de Corée**
Resident filings (per mil. pop.)	66	1 314	2 536	2 660	3 315	3 482	3 599	Dem. de rés. (par mil. d'hab.)
Grants of patents	2 268	12 512	73 512	68 843	125 661	134 766	145 882	Brevets délivrés
Patents in force	...	...	420 906	640 412	1 048 079	1 096 721	1 153 320	Brevets en vigueur
Republic of Moldova								**République de Moldova**
Resident filings (per mil. pop.)	...	92	131	52	32	32	25	Dem. de rés. (par mil. d'hab.)
Grants of patents	...	227	269	132	57	44	69	Brevets délivrés
Patents in force	...	...	1 108	1 018	317	289	293	Brevets en vigueur
Romania								**Roumanie**
Resident filings (per mil. pop.)	185	80	43	69	48	45	42	Dem. de rés. (par mil. d'hab.)
Grants of patents	2 786	1 860	759	447	357	367	376	Brevets délivrés
Patents in force	...	...	8 627	2 915	24 809	27 475	27 264	Brevets en vigueur
Russian Federation								**Fédération de Russie**
Resident filings (per mil. pop.)	...	118	166	203	165	168	139	Dem. de rés. (par mil. d'hab.)
Grants of patents	...	25 633	23 390	30 322	34 008	28 788	23 662	Brevets délivrés
Patents in force	...	...	123 089	181 904	263 688	266 189	264 587	Brevets en vigueur
Rwanda								**Rwanda**
Resident filings (per mil. pop.)	...	...	...	...	...	...	1	Dem. de rés. (par mil. d'hab.)
Grants of patents	1	...	3	...	75	...	13	Brevets délivrés
Saint Vincent & Grenadines								**Saint-Vincent-Grenadines**
Grants of patents	...	...	...	...	2	19	...	Brevets délivrés
Patents in force	...	...	...	...	19	19	20	Brevets en vigueur
Samoa								**Samoa**
Grants of patents	4	2	...	...	3	...	3	Brevets délivrés
Patents in force	...	...	...	...	56	...	51	Brevets en vigueur
San Marino								**Saint-Marin**
Grants of patents	...	...	...	...	753	715	729	Brevets délivrés

29 Patents *(continued)*

Resident filings (per million population), grants and patents in force

Brevets *(suite)*

Demandes émanant de résidents (par million d'habitants), délivrances et brevets en vigueur

Region, country or area	1985	1995	2005	2010	2019	2020	2021	Région, pays ou zone
Sao Tome and Principe								**Sao Tomé-et-Principe**
Patents in force	...	...	...	...	6	...	...	Brevets en vigueur
Saudi Arabia								**Arabie saoudite**
Resident filings (per mil. pop.)	...	2	6	12	50	61	42	Dem. de rés. (par mil. d'hab.)
Grants of patents	...	3	225	194	480	705	1 746	Brevets délivrés
Patents in force	...	...	...	...	3 829	4 175	6 017	Brevets en vigueur
Senegal								**Sénégal**
Resident filings (per mil. pop.)	...	...	1	...	1	1	2	Dem. de rés. (par mil. d'hab.)
Serbia								**Serbie**
Resident filings (per mil. pop.)	...	...	50	40	26	21	23	Dem. de rés. (par mil. d'hab.)
Grants of patents	...	...	265	427	59	65	45	Brevets délivrés
Patents in force	...	...	...	1 477	6 773	7 528	8 198	Brevets en vigueur
Seychelles								**Seychelles**
Grants of patents	2	1	...	...	...	30	26	Brevets délivrés
Patents in force	...	...	...	...	209	225	264	Brevets en vigueur
Sierra Leone								**Sierra Leone**
Grants of patents	...	5	...	...	...	...	...	Brevets délivrés
Singapore								**Singapour**
Resident filings (per mil. pop.)	2	41	133	176	303	313	371	Dem. de rés. (par mil. d'hab.)
Grants of patents	416	1 750	7 530	4 442	4 188	5 386	6 488	Brevets délivrés
Patents in force	...	...	43 024	43 591	47 310	46 640	47 801	Brevets en vigueur
Slovakia								**Slovaquie**
Resident filings (per mil. pop.)	...	50	32	48	46	48	35	Dem. de rés. (par mil. d'hab.)
Grants of patents	...	381	560	376	91	89	106	Brevets délivrés
Patents in force	...	...	4 033	10 565	20 981	21 912	21 940	Brevets en vigueur
Slovenia								**Slovénie**
Resident filings (per mil. pop.)	...	158	215	282	...	...	...	Dem. de rés. (par mil. d'hab.)
Grants of patents	...	380	285	250	...	...	...	Brevets délivrés
Patents in force	...	...	5 201	1 485	...	...	...	Brevets en vigueur
Solomon Islands								**Îles Salomon**
Grants of patents	4	...	...	...	...	...	...	Brevets délivrés
Somalia								**Somalie**
Grants of patents	7	...	...	...	...	...	...	Brevets délivrés
South Africa								**Afrique du Sud**
Resident filings (per mil. pop.)	124	21	21	16	10	9	30	Dem. de rés. (par mil. d'hab.)
Grants of patents	6 768	5 113	1 831	5 331	6 162	3 466	6 107	Brevets délivrés
Patents in force	...	...	...	...	76 936	78 787	85 431	Brevets en vigueur
Spain								**Espagne**
Resident filings (per mil. pop.)	56	52	92	107	67	68	69	Dem. de rés. (par mil. d'hab.)
Grants of patents	9 115	686	2 769	2 773	1 272	641	716	Brevets délivrés
Patents in force	...	...	39 297	175 687	222 666	224 455	225 741	Brevets en vigueur
Sri Lanka								**Sri Lanka**
Resident filings (per mil. pop.)	2	4	8	11	16	16	12	Dem. de rés. (par mil. d'hab.)
Grants of patents	112	159	180	504	175	273	194	Brevets délivrés
Patents in force	...	...	...	...	781	939	995	Brevets en vigueur
Sudan								**Soudan**
Resident filings (per mil. pop.)	...	...	...	7	6	4	...	Dem. de rés. (par mil. d'hab.)
Grants of patents	...	...	174	125	139	117	...	Brevets délivrés
Sweden								**Suède**
Resident filings (per mil. pop.)	460	447	555	614	601	597	645	Dem. de rés. (par mil. d'hab.)
Grants of patents	5 681	1 541	1 911	1 380	920	1 534	717	Brevets délivrés
Patents in force	...	...	102 741	96 796	107 032	111 789	112 035	Brevets en vigueur
Switzerland								**Suisse**
Resident filings (per mil. pop.)	493	411	897	1 069	1 122	1 099	1 119	Dem. de rés. (par mil. d'hab.)
Grants of patents	6 421	1 303	...	741	615	745	724	Brevets délivrés
Patents in force	...	...	99 531	123 033	246 124	250 143	264 909	Brevets en vigueur
Syrian Arab Republic								**République arabe syrienne**
Resident filings (per mil. pop.)	...	9	6	...	7	4	...	Dem. de rés. (par mil. d'hab.)
Grants of patents	...	71	72	...	58	...	...	Brevets délivrés
Patents in force	...	...	...	...	...	65	125	Brevets en vigueur
Tajikistan								**Tadjikistan**
Resident filings (per mil. pop.)	...	6	4	1	2	...	...	Dem. de rés. (par mil. d'hab.)
Grants of patents	...	47	...	3	1	...	...	Brevets délivrés
Patents in force	...	...	...	248	...	...	...	Brevets en vigueur

29 Patents *(continued)*
Resident filings (per million population), grants and patents in force

Brevets *(suite)*
Demandes émanant de résidents (par million d'habitants), délivrances et brevets en vigueur

Region, country or area	1985	1995	2005	2010	2019	2020	2021	Région, pays ou zone
Thailand								**Thaïlande**
Resident filings (per mil. pop.)	1	2	14	18	12	12	12	Dem. de rés. (par mil. d'hab.)
Grants of patents	45	470	553	772	3 121	3 525	2 994	Brevets délivrés
Patents in force	...	...	...	10 201	16 204	17 306	18 817	Brevets en vigueur
Togo								**Togo**
Resident filings (per mil. pop.)	...	...	...	...	...	1	...	Dem. de rés. (par mil. d'hab.)
Trinidad and Tobago								**Trinité-et-Tobago**
Resident filings (per mil. pop.)	...	19	1	...	1	1	1	Dem. de rés. (par mil. d'hab.)
Grants of patents	...	87	...	...	68	67	40	Brevets délivrés
Patents in force	...	...	...	...	...	...	1 075	Brevets en vigueur
Tunisia								**Tunisie**
Resident filings (per mil. pop.)	2	3	6	11	...	...	...	Dem. de rés. (par mil. d'hab.)
Grants of patents	...	141	338	620	328	...	...	Brevets délivrés
Türkiye								**Türkiye**
Resident filings (per mil. pop.)	3	3	15	48	100	101	106	Dem. de rés. (par mil. d'hab.)
Grants of patents	385	763	823	...	1 941	2 063	3 387	Brevets délivrés
Patents in force	...	...	...	24 969	81 685	88 753	82 425	Brevets en vigueur
Tuvalu								**Tuvalu**
Grants of patents	...	...	...	...	10	10	...	Brevets délivrés
Patents in force	...	...	...	...	17	27	...	Brevets en vigueur
Uganda								**Ouganda**
Grants of patents	26	...	...	...	1	...	...	Brevets délivrés
Ukraine								**Ukraine**
Resident filings (per mil. pop.)	...	93	75	56	47	31	30	Dem. de rés. (par mil. d'hab.)
Grants of patents	...	1 350	3 719	3 874	2 255	2 179	2 298	Brevets délivrés
Patents in force	...	...	37 336	24 622	22 440	21 190	18 478	Brevets en vigueur
United Arab Emirates								**Émirats arabes unis**
Resident filings (per mil. pop.)	...	...	...	3	10	7	7	Dem. de rés. (par mil. d'hab.)
Grants of patents	...	...	...	2	1 278	506	655	Brevets délivrés
Patents in force	...	...	...	113	1 283	2 416	2 705	Brevets en vigueur
United Kingdom								**Royaume-Uni**
Resident filings (per mil. pop.)	348	321	372	333	272	264	256	Dem. de rés. (par mil. d'hab.)
Grants of patents	20 880	9 473	10 159	5 594	5 948	9 772	10 895	Brevets délivrés
Patents in force	...	...	...	413 177	641 887	682 245	690 131	Brevets en vigueur
United Rep. of Tanzania								**Rép.-Unie de Tanzanie**
Grants of patents	30	...	3	1	19	7	13	Brevets délivrés
United States of America								**États-Unis d'Amérique**
Resident filings (per mil. pop.)	268	466	703	782	868	813	790	Dem. de rés. (par mil. d'hab.)
Grants of patents	71 661	101 419	143 806	219 614	354 430	351 993	327 307	Brevets délivrés
Patents in force	...	...	1 683 968	2 017 318	3 131 427	3 348 531	3 327 540	Brevets en vigueur
Uruguay								**Uruguay**
Resident filings (per mil. pop.)	21	11	7	7	...	...	...	Dem. de rés. (par mil. d'hab.)
Grants of patents	196	36	...	29	...	...	...	Brevets délivrés
Patents in force	...	...	...	877	...	...	...	Brevets en vigueur
Uzbekistan								**Ouzbékistan**
Resident filings (per mil. pop.)	...	46	10	13	11	10	12	Dem. de rés. (par mil. d'hab.)
Grants of patents	...	1 233	407	192	378	278	298	Brevets délivrés
Patents in force	...	...	1 263	1 253	1 161	1 159	1 217	Brevets en vigueur
Venezuela (Boliv. Rep. of)								**Venezuela (Rép. boliv. du)**
Resident filings (per mil. pop.)	13	...	5	3	...	...	...	Dem. de rés. (par mil. d'hab.)
Grants of patents	351	...	...	...	81	58	...	Brevets délivrés
Patents in force	...	...	...	...	...	...	212	Brevets en vigueur
Viet Nam								**Viet Nam**
Resident filings (per mil. pop.)	...	...	2	4	8	11	11	Dem. de rés. (par mil. d'hab.)
Grants of patents	...	56	668	822	2 620	4 319	3 691	Brevets délivrés
Patents in force	...	...	...	9 103	18 575	12 625	14 444	Brevets en vigueur
Yemen								**Yémen**
Resident filings (per mil. pop.)	...	...	1	1	2	2	1	Dem. de rés. (par mil. d'hab.)
Grants of patents	...	...	...	...	13	19	4	Brevets délivrés
Patents in force	...	...	...	...	76	...	...	Brevets en vigueur
Zambia								**Zambie**
Resident filings (per mil. pop.)	...	...	...	...	...	1	...	Dem. de rés. (par mil. d'hab.)
Grants of patents	74	43	14	12	9	9	...	Brevets délivrés
Patents in force	...	...	2 695	3 858	7 726	7 735	...	Brevets en vigueur

29 Patents *(continued)*

Resident filings (per million population), grants and patents in force

Brevets *(suite)*

Demandes émanant de résidents (par million d'habitants), délivrances et brevets en vigueur

Region, country or area	1985	1995	2005	2010	2019	2020	2021	Région, pays ou zone
Zimbabwe								**Zimbabwe**
Resident filings (per mil. pop.)	4	5	...	...	...	...	...	Dem. de rés. (par mil. d'hab.)
Grants of patents	212	105	...	...	31	6	10	Brevets délivrés
Patents in force	...	...	...	...	14	4	4	Brevets en vigueur

Source:

World Intellectual Property Organization (WIPO), Geneva, WIPO statistics database, last accessed May 2023.

Source:

Organisation mondiale de la propriété intellectuelle (OMPI), Genève, la base de données statistiques de l'OMPI, dernier accès mai 2023.

1 For statistical purposes, the data for China do not include those for the Hong Kong Special Administrative Region (Hong Kong SAR), Macao Special Administrative Region (Macao SAR) and Taiwan Province of China.

1 Pour la présentation des statistiques, les données pour la Chine ne comprennent pas la région administrative spéciale de Hong Kong (RAS de Hong Kong), la région administrative spéciale de Macao (RAS de Macao) et la province chinoise de Taïwan.

30 Internet usage

Percentage of individuals per country

Utilisation d'Internet

Pourcentage de personnes par pays

Country or area	2000	2005	2010	2015	2019	2020	2021	Pays ou zone
Total, all countries or areas	**5.3**	**15.6**	**28.5**	**40.0**	**53.7**	**59.6**	**62.6**	**Total, tous pays ou zones**
Northern Africa	0.6	9.7	23.2	36.6	56.0	64.8	70.6	Afrique septentrionale
Sub-Saharan Africa	0.9	2.0	6.0	16.0	27.4	31.5	34.9	Afrique subsaharienne
Eastern Africa	0.6	1.2	3.2	10.5	15.3	17.2	20.7	Afrique orientale
Middle Africa	0.3	0.7	2.1	10.0	22.1	27.2	27.9	Afrique centrale
Southern Africa	4.9	7.0	22.0	49.1	67.4	68.5	70.6	Afrique australe
Western Africa	0.1	2.5	7.7	18.9	36.3	42.9	48.0	Afrique occidentale
Northern America	51.3	68.3	72.5	76.1	89.7	90.8	91.9	Amérique septentrionale
Latin America & the Caribbean	5.2	16.6	34.7	54.3	67.9	73.0	74.8	Amérique latine et Caraïbes
Caribbean	3.5	11.0	21.2	38.0	62.2	65.6	67.1	Caraïbes
Central Asia	1.0	3.3	18.4	43.7	62.7	64.7	66.5	Asie centrale
Eastern Asia	5.7	16.2	39.5	54.5	67.4	72.4	75.2	Asie orientale
South-central Asia	0.6	2.8	7.9	16.5	32.4	43.0	46.0	Asie centrale et du Sud
South-eastern Asia	2.6	8.7	18.9	31.6	52.9	58.7	65.2	Asie du Sud-Est
Southern Asia	0.6	2.8	7.5	15.5	31.3	42.2	45.2	Asie méridionale
Western Asia	3.5	11.0	32.4	50.0	65.6	69.1	71.9	Asie occidentale
Europe	...	39.7	62.5	74.1	82.8	85.1	87.6	Europe
Oceania	33.6	47.1	56.9	64.3	74.3	78.3	79.7	Océanie
Australia and New Zealand	46.8	63.0	76.7	84.7	93.0	95.8	96.2	Australie et Nouvelle-Zélande
Micronesia	3.7	11.9	20.0	31.5	39.9	40.1	40.4	Micronésie
Afghanistan	...	1.2	* 4.0	* 8.3	* 17.6[1]	* 18.4	...	Afghanistan
Albania	0.1	6.0	45.0	* 56.9	68.6[2]	72.2[2]	79.3[2]	Albanie
Algeria	* 0.5	* 5.8	12.5	* 38.2	* 59.0	* 64.0	* 70.8	Algérie
Andorra	10.5	37.6	81.0	* 87.9	* 90.7	* 93.2	* 93.9	Andorre
Angola	* 0.1	* 1.1	* 2.8	* 22.0	* 32.1	* 32.6	* 32.6	Angola
Anguilla	* 22.4	* 29.0	* 49.6	* 76.0	...	...	...	Anguilla
Antigua and Barbuda	6.5	* 27.0	* 47.0	* 70.0	* 95.7	* 95.7	* 95.7	Antigua-et-Barbuda
Argentina	7.0	17.7	* 45.0	68.0[3]	79.9	85.5	87.2	Argentine
Armenia	* 1.3	* 5.3	* 25.0	59.1	66.5	76.5	78.6	Arménie
Aruba	15.4	* 25.4	* 62.0	* 88.7	...	...	...	Aruba
Australia	46.8	63.0[4]	* 76.0	84.6[5]	* 93.6	* 96.4	* 96.2	Australie
Austria	33.7[6]	58.0[7]	75.2[7]	83.9[2,7]	87.8[2]	87.5[2]	92.5[7]	Autriche
Azerbaijan	* 0.1	* 8.0	46.0[8]	77.0	81.1	84.6	86.0	Azerbaïdjan
Bahamas	* 8.0[9]	* 25.0	* 43.0	* 78.0	* 90.7	* 92.5	* 94.3	Bahamas
Bahrain	* 6.2	* 21.3	55.0	93.5	99.7	* 99.7	* 100.0	Bahreïn
Bangladesh	* 0.1	* 0.2	* 3.7	* 12.9	* 27.8	* 32.9	38.9	Bangladesh
Barbados	4.0	* 52.5	* 65.1	* 76.1	* 83.2	* 82.5	* 85.8	Barbade
Belarus	1.9	...	31.8[10]	62.2[11]	82.8[11,12]	85.1[11,12]	86.9[11,12]	Bélarus
Belgium	29.4	* 55.8	75.0	85.1[2]	90.3	91.5	92.8	Belgique
Belize	6.0	* 17.0	28.2[13]	* 41.6	* 57.1	* 59.5	* 62.0	Belize
Benin	* 0.2	* 1.3	3.1	* 11.3	* 22.4	* 28.2	* 34.0	Bénin
Bermuda	* 42.9	* 65.4	* 84.2	* 98.3	...	...	...	Bermudes
Bhutan	* 0.4	* 3.8	* 13.6	* 39.8	* 74.2	* 79.9	85.6	Bhoutan
Bolivia (Plurin. State of)	* 1.4	5.2	* 22.4	37.5[2,13]	47.5	59.9	66.0	Bolivie (État plurin. de)
Bosnia and Herzegovina	1.1	21.3	* 42.8	* 52.6	69.9	73.2	75.7	Bosnie-Herzégovine
Botswana	2.9	* 3.3	6.0	* 37.3	* 64.8	* 72.7	* 73.5	Botswana
Brazil	* 2.9	21.0[2,3]	40.7[2,3]	58.3	73.9	81.3	80.7	Brésil
British Virgin Islands	...	...	37.0	...	...	...	...	Îles Vierges britanniques
Brunei Darussalam	9.0	36.5	* 53.0	* 71.2	95.0	* 96.1	* 98.1	Brunéi Darussalam
Bulgaria	5.4	20.0[7]	46.2[7]	56.7	67.9	70.2	75.3	Bulgarie
Burkina Faso	* 0.1	* 0.5	* 2.4	* 6.6	9.3	* 13.9	* 21.6	Burkina Faso
Burundi	* 0.1	* 0.5	* 1.0	* 2.0	* 2.7	* 3.8	* 5.8	Burundi
Cabo Verde	1.8	6.1	* 30.0	42.7	61.9	* 63.2	* 69.8	Cabo Verde
Cambodia	~0.0	0.3	1.3	* 18.0	52.3	* 53.7	* 60.2	Cambodge
Cameroon	* 0.3	* 1.4	* 4.3	* 18.3	* 36.5	* 45.5	* 45.6	Cameroun
Canada	51.3	71.7[10]	# 80.3[10]	* 90.0	* 91.9	92.3	* 92.8	Canada
Cayman Islands	...	* 38.0	* 66.0	* 77.0	...	...	...	Îles Caïmanes
Central African Republic	* 0.1	* 0.3	* 2.0	* 2.9	* 7.5	* 8.6	* 10.6	République centrafricaine
Chad	~0.0	0.4	* 1.7	* 3.5	* 8.4	* 11.7	* 17.9	Tchad
Chile	16.6[13,14]	* 31.2[13]	* 45.0[13]	76.6	* 85.0	* 86.4	* 90.2	Chili

Country or area	2000	2005	2010	2015	2019	2020	2021	Pays ou zone
China [15]	1.8	8.5	34.3	* 50.3[16,17,18]	64.1	70.1	73.1	Chine [15]
China, Hong Kong SAR [3]	27.8[11]	56.9	72.0	84.9[11]	91.7[11]	92.4[11]	93.1[11]	Chine, RAS de Hong Kong [3]
China, Macao SAR	13.6	34.9	55.2[19]	77.6[2]	86.5[2]	* 88.3	88.5[19]	Chine, RAS de Macao
Colombia	2.2	11.0	36.5[13]	55.9	65.0	70.9[13]	73.0[13]	Colombie
Comoros	* 0.3	* 2.0	* 5.1	* 7.5	* 16.4	* 21.2	* 27.3	Comores
Congo	* ~0.0	* 1.5	* 5.0	* 7.6	...	...	...	Congo
Cook Islands	* 15.7	* 26.2	35.7	* 51.0	...	...	...	Îles Cook
Costa Rica	* 5.8	22.1[13]	36.5[2,13]	59.8[13]	81.2	80.5	82.8	Costa Rica
Côte d'Ivoire	* 0.2	* 1.0	* 2.7	* 16.7	36.3	* 41.4	* 45.4	Côte d'Ivoire
Croatia	* 6.6	* 33.1[7]	56.6[7]	69.8[2,7]	79.1	78.3	81.3	Croatie
Cuba	0.5[20]	9.7[21]	15.9[21]	37.3	68.0	71.1	* 71.1[22]	Cuba
Cyprus	15.3	32.8[7]	53.0[7]	71.7	86.1[23]	90.8[23]	90.8	Chypre
Czechia	9.8	35.3[7]	68.8[7]	75.7	80.9	81.3	82.7	Tchéquie
Dem. People's Rep. Korea	0.0[24]	0.0[24]	* 0.0	...	...	...	...	Rép. pop. dém. de Corée
Dem. Rep. of the Congo	* ~0.0	* 0.2	* 0.7	* 3.8	* 16.5	* 22.9	* 22.9	Rép. dém. du Congo
Denmark	39.2[25]	82.7[7]	88.7[7]	96.3[2]	98.0	96.5	98.9	Danemark
Djibouti	* 0.2	* 1.0	* 6.5	* 22.9	* 59.3	* 61.3	* 68.9	Djibouti
Dominica	* 8.8	* 38.5	47.5	* 65.0	* 73.4	* 77.1	* 80.9	Dominique
Dominican Republic	3.7	11.5	* 31.4	54.2[2]	* 79.7	* 82.2	85.2	République dominicaine
Ecuador	* 1.5	* 6.0	29.0[13]	48.9[13]	59.2	70.7	* 76.2	Équateur
Egypt	0.6	12.8	21.6[16]	37.8	57.3	71.9	* 72.1	Égypte
El Salvador	1.2	* 4.2[3]	15.9[3]	26.8	50.5	54.6	* 62.9	El Salvador
Equatorial Guinea	* 0.1	* 1.1	6.0	* 21.3	* 49.1	* 53.8	* 53.9	Guinée équatoriale
Eritrea	* 0.1	...	* 0.6	* 1.1	* 8.8	* 14.2	* 21.7	Érythrée
Estonia	28.6	61.5[7]	74.1[2,7]	88.4	90.2	89.1	91.0	Estonie
Eswatini	0.9	* 3.7	11.0	* 25.6	* 54.0	* 56.4	* 58.9	Eswatini
Ethiopia	~0.0	0.2	* 0.8	13.9	* 16.2	* 16.4	16.7[3]	Éthiopie
Falkland Islands (Malvinas)	* 58.6	* 84.0	95.8	* 98.3	...	...	...	Îles Falkland (Malvinas)
Faroe Islands	* 32.9	* 67.9	75.2	* 94.2	...	...	...	Îles Féroé
Fiji	1.5	8.5	* 20.0	* 42.5	* 77.2	* 84.9	* 87.7	Fidji
Finland	37.2[4,26]	74.5[7]	86.9[7]	86.4	89.6	92.2	92.8	Finlande
France	14.3[4,11]	42.9[27,28]	77.3[7]	# 78.0[2,4]	83.3[2]	* 84.7	86.1	France
French Guiana	* 9.7	* 20.8	...	...	...	...	...	Guyane française
French Polynesia	* 6.4	* 21.5	49.0	* 64.6	...	...	...	Polynésie française
Gabon	1.2	4.9	* 13.0	* 45.8	* 68.7	* 70.8	* 71.7	Gabon
Gambia	0.9	* 3.8	9.2	* 17.6	* 28.8	* 31.6	* 33.0	Gambie
Georgia	0.5	* 6.1	26.9	47.6[16]	68.8	72.5	76.4	Géorgie
Germany	30.2	68.7[7]	82.0[7]	87.6[7]	88.1[2]	89.8	91.4[2]	Allemagne
Ghana	0.2	1.8	# 7.8[29]	* 23.0	45.0	* 56.7	68.2	Ghana
Gibraltar	19.1	* 39.1	65.0	...	...	...	...	Gibraltar
Greece	9.1	24.0[7]	44.4[7]	66.8	75.7	78.1	78.5	Grèce
Greenland	* 31.7	* 57.7	63.0	* 67.6	...	...	...	Groenland
Grenada	* 4.1	* 20.5	* 27.0	* 52.5	* 69.6	* 74.7	* 77.8	Grenade
Guadeloupe	* 5.8	* 18.7	...	...	...	...	...	Guadeloupe
Guam	16.1	38.6	* 54.0	* 73.1	...	...	...	Guam
Guatemala	* 0.7	* 5.7	* 10.5	* 28.8	44.4	* 47.5	50.8[29]	Guatemala
Guernsey	31.9	73.6	...	...	...	...	...	Guernesey
Guinea	* 0.1	* 0.5	* 1.0	* 9.2	* 23.4	* 28.8	* 34.7	Guinée
Guinea-Bissau	* 0.2	* 1.9	* 2.5	* 6.1	* 22.9	* 27.9	* 35.2	Guinée-Bissau
Guyana	* 0.6	* 5.7	29.9	* 34.0	* 78.6	* 81.8	* 84.8	Guyana
Haiti	* 0.2	* 6.4	* 8.4	* 14.2	* 32.5	* 36.4	* 38.9	Haïti
Honduras	* 1.2	6.5[13]	11.1	27.1[2]	39.4	* 43.5	* 48.1	Honduras
Hungary	7.0	39.0[7]	65.0[7]	72.8[2]	80.4	84.8	88.6	Hongrie
Iceland	44.5	87.0[7]	93.4[2,7]	* 98.2	99.5	99.5	99.7	Islande
India	0.5	* 2.4	* 7.5	* 14.9	* 29.5	43.4	46.3	Inde
Indonesia	0.9	3.6	10.9[14]	22.1	47.7	53.7	62.1[13]	Indonésie
Iran (Islamic Republic of)	0.9	* 8.1	15.9[16]	45.3[16]	72.5[16]	75.6[16]	78.6[16]	Iran (Rép. islamique d')
Iraq	...	* 0.9	2.5	* 15.2	44.3[30]	* 45.8	* 48.9	Iraq
Ireland	17.9[4]	41.6[7]	69.9[7]	83.5	87.0[7]	92.0[7]	* 95.2	Irlande
Israel	* 20.9	* 25.2	67.5[31]	77.4	86.8	90.1	90.3	Israël
Italy	23.1	35.0[7]	53.7[7]	58.1	67.9	70.5	74.9	Italie
Jamaica	3.1	* 12.8	27.7[6]	42.2	70.8	* 79.4	82.4	Jamaïque
Japan	30.0[32]	66.9[16]	78.2[16]	91.1	* 92.7[11]	* 90.2[11]	* 82.9[11]	Japon

30 Internet usage *(continued)*
Percentage of individuals per country

Utilisation d'Internet *(suite)*
Pourcentage de personnes par pays

Country or area	2000	2005	2010	2015	2019	2020	2021	Pays ou zone
Jersey	* 9.2	* 31.3	...	...	...	...	...	Jersey
Jordan	* 2.6	* 12.9	27.2[13]	* 54.2	* 70.1	* 75.4	* 82.8	Jordanie
Kazakhstan	* 0.7	* 3.0	31.6[7]	70.8	81.9	85.9	90.9	Kazakhstan
Kenya	* 0.3	* 3.1	7.2	16.6	22.7	* 25.5	* 28.8	Kenya
Kiribati	* 1.8	* 4.0	9.1	* 14.9	* 43.0	* 45.1	* 53.6	Kiribati
Kuwait	* 6.7	* 25.9	* 61.4	* 82.0	99.5	99.1	99.7	Koweït
Kyrgyzstan	* 1.0	* 10.5	* 16.3	* 30.2	64.1	72.0	* 77.9	Kirghizistan
Lao People's Dem. Rep.	* 0.1	* 0.9	7.0	* 18.2	* 47.0	54.0	62.0	Rép. dém. populaire lao
Latvia	6.3	46.0[7]	68.4[7]	79.2[2]	86.1[2]	88.9[2]	91.2[2]	Lettonie
Lebanon	8.0	* 10.1[16]	* 43.7[4]	* 74.0	* 79.8	* 83.1	* 86.6	Liban
Lesotho	0.2	* 2.6	* 3.9	* 25.0	42.3	* 42.9	* 48.0	Lesotho
Liberia	* ~0.0	...	2.3	* 10.0	* 23.5	* 28.0	* 33.6	Libéria
Libya	0.2	* 3.9	* 14.0	...	...	...	...	Libye
Liechtenstein	* 36.5	* 63.4	* 80.0	* 96.6	* 93.1	* 94.4	* 95.6	Liechtenstein
Lithuania	6.4	36.2[7,11]	62.1[7,11]	71.4[7]	81.6[7]	83.1[7]	86.9	Lituanie
Luxembourg	22.9	70.0[7]	90.6[7]	96.4	97.1	98.8	98.7	Luxembourg
Madagascar	* 0.2	* 0.6	* 1.7	* 4.2	* 11.8	* 13.7	* 19.7	Madagascar
Malawi	* 0.1	* 0.4	2.3	* 6.0	* 13.4	* 18.9	* 24.4	Malawi
Malaysia	21.4	48.6	56.3[14]	71.1	84.2	89.6	96.8	Malaisie
Maldives	2.2[33]	6.9[33]	26.5[4]	* 54.5	* 77.5	* 77.6	* 85.8	Maldives
Mali	* 0.1	* 0.5	* 2.0	* 10.3	* 22.3	* 27.9	* 34.5	Mali
Malta	13.1	41.2[7]	63.0[7]	76.0[2]	85.8[2]	86.9	87.5	Malte
Marshall Islands	1.5	3.9	* 7.0	* 19.3	...	...	...	Îles Marshall
Martinique	* 7.8	* 32.7	...	...	...	...	...	Martinique
Mauritania	* 0.2	* 0.7	* 4.0	* 17.6	* 42.3	* 53.5	* 58.8	Mauritanie
Mauritius	7.3	* 15.2	28.3[13]	* 50.1	* 61.7	64.9	67.6	Maurice
Mayotte	* 1.2	...	...	...	...	...	...	Mayotte
Mexico	5.1	* 17.2[34]	31.1[34]	57.4[16]	69.6	71.5	75.6	Mexique
Monaco	* 42.2	* 55.5	75.0	* 93.4	* 83.3	* 84.7	* 86.1	Monaco
Mongolia	* 1.3	...	10.2[14]	22.5[35]	51.1	65.6	84.3	Mongolie
Montenegro	...	* 27.1	* 37.5	68.1	73.5	77.6	82.2	Monténégro
Montserrat	...	...	35.0	...	...	...	...	Montserrat
Morocco	0.7	15.1[36,37]	52.0[38,39]	57.1	84.1	84.1	88.1	Maroc
Mozambique	0.1	* 0.9	4.2	* 6.5	* 14.6	* 16.3	* 17.4	Mozambique
Myanmar	...	* 0.1	0.3	* 10.9	* 30.6	* 42.0	* 44.0	Myanmar
Namibia	1.6	* 4.0	11.6	* 25.7	* 44.8	* 48.8	* 53.0	Namibie
Nauru	...	...	...	...	* 74.7	* 76.7	* 83.9	Nauru
Nepal	0.2	0.8	7.9[40]	* 17.6	* 34.8	* 45.8	* 51.6	Népal
Netherlands (Kingdom of the)	44.0	81.0[7,11]	90.7[7,11]	91.7	93.3[2]	91.3[2]	92.1[2]	Pays-Bas (Royaume des)
New Caledonia	13.9	32.4	* 42.0	* 74.0	...	...	...	Nouvelle-Calédonie
New Zealand	* 47.4	* 62.7	* 80.5	* 85.2	* 89.9	* 92.9	* 95.9	Nouvelle-Zélande
Nicaragua	* 1.0	* 2.6	* 10.0	* 19.7	* 44.9	* 53.4	* 57.1	Nicaragua
Niger	* ~0.0	* 0.2	* 0.8	* 2.5	* 16.6	* 21.5	* 22.4	Niger
Nigeria	0.1	3.5	* 11.5	* 24.5	* 45.0	* 51.5	* 55.4	Nigéria
Niue	* 26.5	* 51.7	* 77.0	...	...	...	...	Nioué
North Macedonia	2.5	* 26.5[7]	51.9[41]	70.4[2]	81.4	81.4	* 83.0	Macédoine du Nord
Norway	* 52.0	82.0[7]	93.4[7]	96.8[2]	98.0[2,42]	97.0[2,42]	99.0	Norvège
Oman	3.5[43]	* 6.7	35.8[13]	* 73.5	* 90.3	95.2	* 96.4	Oman
Other non-specified areas	28.1	58.0	71.5	78.0	88.8	89.0	* 90.1	Autres zones non-spécifiées
Pakistan	...	* 6.3	* 8.0	* 11.0	17.1[2]	18.9[2]	* 21.0	Pakistan
Panama	* 6.6	* 11.5	40.1[44]	51.2	63.6	* 65.5	* 67.5	Panama
Papua New Guinea	0.8	1.7	1.3[3]	* 7.9	* 20.0	* 27.7	* 32.1	Papouasie-Nvl-Guinée
Paraguay	0.7	7.9[2,3]	19.8[2,3]	49.7	68.5	74.0	77.0	Paraguay
Peru	* 3.1	* 17.1	34.8[16]	40.9	60.0	65.3[6,28]	71.1[6,28]	Pérou
Philippines	2.0	* 5.4	25.0	* 36.9	43.0	* 47.1	* 52.7	Philippines
Poland	7.3	38.8[7]	62.3[7]	68.0[2,7]	80.4[2,7]	83.2[2,7]	85.4[7]	Pologne
Portugal	* 16.4	35.0[7]	53.3[7]	68.6	75.3	78.3	82.3	Portugal
Puerto Rico	10.5	* 23.4	45.3[29]	63.5	77.7	...	...	Porto Rico
Qatar	* 4.9	* 24.7	69.0[14]	92.9	99.7	99.7	* 100.0	Qatar
Republic of Korea	44.7[19,28]	73.5[19]	83.7[19]	89.9[7]	96.2	96.5	97.6	République de Corée
Republic of Moldova	* 1.3	14.6	* 29.7	* 43.1	* 57.8	* 59.2	* 61.3	République de Moldova
Réunion	* 13.8	* 28.1	...	...	...	...	...	Réunion
Romania	3.6	* 21.5[7]	39.9[7]	55.8[2]	73.7[7]	78.5[7]	83.6[7]	Roumanie

Internet usage *(continued)*
Percentage of individuals per country

Utilisation d'Internet *(suite)*
Pourcentage de personnes par pays

Country or area	2000	2005	2010	2015	2019	2020	2021	Pays ou zone
Russian Federation	* 2.0	* 15.2	49.0[7]	# 70.1[2,45]	82.6[2,41]	85.0[2,41]	88.2	Fédération de Russie
Rwanda	* 0.1	* 0.6	8.0	* 12.5	* 21.4	23.8	* 30.5	Rwanda
Saint Helena	5.9	15.9	24.9	...	...	...	...	Sainte-Hélène
Saint Kitts and Nevis	* 5.9	* 34.0	63.0	* 75.7	* 79.8	* 80.4	* 79.5	Saint-Kitts-et-Nevis
Saint Lucia	* 5.1	* 21.6	* 32.5	* 57.3	* 77.0	* 77.5	* 78.1	Sainte-Lucie
Saint Vincent & Grenadines	* 3.2	* 9.2	* 33.7	* 49.4	* 74.0	* 80.4	* 84.9	Saint-Vincent-Grenadines
Samoa	0.6	3.4	* 7.0	* 25.4	* 61.2	* 69.2	* 78.2	Samoa
San Marino	* 48.8	* 50.3	...	...	* 67.9	* 70.5	* 74.9	Saint-Marin
Sao Tome and Principe	4.6	* 13.8	18.8	* 25.8	* 30.2	* 40.3	* 51.2	Sao Tomé-et-Principe
Saudi Arabia	2.2	12.7	41.0	69.6[46]	95.7	97.9	100.0	Arabie saoudite
Senegal	0.4	4.8	* 8.0[47]	* 21.7	* 36.2	* 47.2	* 58.1	Sénégal
Serbia	...	* 26.3[7]	40.9	65.3	77.4	78.4	81.2	Serbie
Seychelles	* 7.4	25.4	* 41.0	* 54.3	* 74.8	* 75.5	* 81.6	Seychelles
Sierra Leone	* 0.1	* 0.2	* 0.6	* 6.3	* 16.8	* 18.0	...	Sierra Leone
Singapore	36.0	61.0[4]	71.0[8]	83.2	88.9	# 92.0[7]	* 91.1	Singapour
Slovakia	9.4	55.2[7]	75.7[2,7]	77.6[2,7]	82.9[2]	89.9[2]	88.9	Slovaquie
Slovenia	15.1	46.8[2]	70.0[7]	73.1	83.1[7]	86.6[7]	89.0[7]	Slovénie
Solomon Islands	* 0.5	* 0.8	* 5.0	* 10.0	* 28.2	* 35.9	* 36.1	Îles Salomon
Somalia	~0.0	* 1.1	...	* 1.8	...	...	...	Somalie
South Africa	5.3	7.5	* 24.0	* 51.9	* 69.7	* 70.3	* 72.3	Afrique du Sud
South Sudan	...	...	...	* 3.0	* 5.6	* 6.5	...	Soudan du sud
Spain	13.6[6,48]	47.9[7,11]	65.8[3]	78.7[2]	90.7[2,7]	93.2[2,7]	93.9	Espagne
Sri Lanka	0.6	* 1.8	...	* 15.3[11,49]	50.7	59.2	* 66.7	Sri Lanka
State of Palestine	* 1.1	* 16.0[3]	* 37.4[14]	* 56.7	70.6	...	...	État de Palestine
Sudan	* ~0.0	* 1.3	...	...	* 25.9	* 28.4	...	Soudan
Suriname	2.5	6.4	31.6	* 42.8	* 56.8	* 62.1	* 65.9	Suriname
Sweden	45.7	84.8[7]	90.0[50]	90.6	94.5	94.5	88.3	Suède
Switzerland	47.1[6,17]	70.1[6,17]	83.9[6,17]	87.5	93.1[2]	* 94.4	95.6[51]	Suisse
Syrian Arab Republic	* 0.2	* 5.6	20.7	* 30.0	* 34.7	* 35.8	...	République arabe syrienne
Tajikistan	~0.0	0.3	* 11.6	* 19.0	...	...	...	Tadjikistan
Thailand	3.7	15.0	22.4	39.3[16]	66.7	77.8	85.3	Thaïlande
Timor-Leste	...	0.1	* 3.0	* 18.6	* 28.0	* 34.1	* 39.5	Timor-Leste
Togo	* 0.8	* 1.8	* 3.0	* 7.1	* 20.7	* 29.1	* 35.0	Togo
Tonga	* 2.4	* 4.9	* 16.0	* 38.7	* 61.8	* 66.6	* 71.6	Tonga
Trinidad and Tobago	7.7	* 29.0	* 48.5	* 65.1	* 79.0	* 78.7	79.0	Trinité-et-Tobago
Tunisia	* 2.8	* 9.7	36.8	46.5	66.7	* 72.8	* 79.0	Tunisie
Türkiye	3.8[7]	15.5[7,11]	39.8[7,11]	53.7[11]	74.0[2]	77.7[2]	81.4[2,7]	Türkiye
Turkmenistan	0.1	* 1.0	* 3.0	* 15.0	...	...	...	Turkménistan
Tuvalu	* 5.2	* 8.3	* 14.6	* 27.3	...	...	* 71.6	Tuvalu
Uganda	* 0.2	* 1.7	* 4.3	* 5.8	* 6.0	6.1	* 10.3	Ouganda
Ukraine	0.7	* 3.7[28,52]	23.3	48.9[11]	70.1[11]	75.0	79.2	Ukraine
United Arab Emirates	23.6	* 40.0	68.0[14]	* 90.5	99.2	100.0	100.0	Émirats arabes unis
United Kingdom	26.8[2,7]	70.0[7]	85.0[7]	92.0[2,7]	92.5[2]	94.8	* 96.7	Royaume-Uni
United Rep. of Tanzania	0.1	* 1.1	* 2.9	* 10.0	* 18.3	* 23.4	* 31.6	Rép.-Unie de Tanzanie
United States of America	* 43.1	* 68.0	71.7[19]	74.6[17,19]	89.4	* 90.6	* 91.8	États-Unis d'Amérique
United States Virgin Islands	13.8	* 27.3	* 31.2	* 54.8	...	...	...	Îles Vierges américaines
Uruguay	10.5	20.1	46.4[16]	64.6	83.4	* 86.3	* 90.1	Uruguay
Uzbekistan	0.5	3.3	* 15.9	* 42.8	70.4	71.1	76.6	Ouzbékistan
Vanuatu	2.1	* 5.1	8.0	* 22.4	* 50.7	* 53.3	* 66.3	Vanuatu
Venezuela (Boliv. Rep. of)	3.4	12.6	* 37.4	* 58.0	...	...	...	Venezuela (Rép. boliv. du)
Viet Nam	0.3	12.7	30.7	* 45.0[1]	68.7	70.3	74.2	Viet Nam
Wallis and Futuna Islands	* 4.8	* 6.7	8.2	...	...	...	...	Îles Wallis-et-Futuna
Yemen	0.1	* 1.0	12.4	* 24.1	...	...	...	Yémen
Zambia	0.2	* 1.3	* 3.0	8.8[27]	* 16.8	* 18.1	* 21.2	Zambie
Zimbabwe	* 0.4	* 2.4	* 6.4	* 22.7	* 26.6	29.3	* 34.8	Zimbabwe
LDCs	0.4	* 0.7	* 3.3	* 10.7	* 23.5	* 27.6	* 31.2	PMAs

Source:

International Telecommunication Union (ITU), Geneva, the ITU database, last accessed March 2023.

Source:

Union internationale des télécommunications (UIT), Genève, la base de données de l'UIT, dernier accès Mars 2023.

1 Population aged 18 years and over.
2 Users in the last 3 months.
3 Population aged 10 years and over.
4 Population aged 15 years and over.
5 Population aged 15 years and over. Accessed the internet for personal use in a typical week.
6 Population aged 14 years and over.
7 Population aged 16 to 74 years.
8 Population aged 7 years and over.
9 Estimated based on 3 times the number of subscribers.
10 Population aged 16 years and over.
11 Users in the last 12 months.
12 Population aged 6 to 72 years.
13 Population aged 5 years and over.
14 Refers to total population.
15 For statistical purposes, the data for China do not include those for the Hong Kong Special Administrative Region (Hong Kong SAR), Macao Special Administrative Region (Macao SAR) and Taiwan Province of China.
16 Population aged 6 years and over.
17 Users in the last 6 months.
18 Data refer to permanent residents.
19 Population aged 3 years and over.
20 Refers only to users with access to the international network.
21 Including users of the international network and also those having access only to the Cuban network.
22 Surveys collecting the releavant information were not carried out in 2021.
23 Use of the internet during the first quarter of the year.
24 Commercially not available. Local Intranet available in country.
25 E-mail users.
26 Has used at least one other Internet application besides e-mail in last 3 months.
27 Population aged 11 years and over.
28 Users in the last month.
29 Population aged 12 years and over.
30 Includes Kurdistan.
31 Population aged 20 years and over.
32 PC-based only.
33 Country estimate based on the assumption that every connection (except leased lines) serves 4 users (average household size is 6) and a leased line serves 10 users. Excluding mobile Internet users.
34 Estimate to December based on ENDUTIH survey. Refers to total population.
35 All population.
36 Population aged 12 to 65 years.
37 Using Internet at least once during the last month.
38 Population aged 6 to 74 years.
39 Living in electrified areas.
40 December.
41 Population aged 15 to 74 years.
42 Population aged 16 to 79 years.
43 Based on the number of Internet subscribers, a multiplier of 3.54 was used to estimate the proportion of Internet users.
44 Multipliers were applied to residential and commercial subscriptions, taking into account the average size of households and employees per business.
45 Population aged 15 to 72 years.
46 This number is reflecting the whole population, based on the age range 12-65 years for the study it is 70% of the population.
47 Refers to total population. Survey result: 16% for population age 12+.

1 Population âgée de 18 ans et plus.
2 Utilisateurs au cours des 3 derniers mois.
3 Population âgée de 10 ans et plus.
4 Population âgée de 15 ans et plus.
5 Population âgée de 15 ans et plus. Accès à Internet pour un usage personnel au cours d'une semaine typique.
6 Population âgée de 14 ans et plus.
7 Population âgée de 16 à 74 ans.
8 Population âgée de 7 ans et plus.
9 Estimations sur la base de trois fois le nombre d'abonnés.
10 Population âgée de 16 ans et plus.
11 Utilisateurs au cours des 12 derniers mois.
12 Population âgée de 6 à 72 ans.
13 Population âgée de 5 ans et plus.
14 Se réfère à la population totale.
15 Pour la présentation des statistiques, les données pour la Chine ne comprennent pas la région administrative spéciale de Hong Kong (RAS de Hong Kong), la région administrative spéciale de Macao (RAS de Macao) et la province chinoise de Taïwan.
16 Population âgée de 6 ans et plus.
17 Utilisateurs au cours des 6 derniers mois.
18 Les données concernent les résidents permanents.
19 Population âgée de 3 ans et plus.
20 Uniquement utilisateurs ayant accès au réseau international.
21 Y compris les utilisateurs du réseau international et ceux qui n'ont accès qu'au réseau cubain.
22 Les enquêtes recueillant les informations pertinentes n'ont pas été réalisées en 2021.
23 Utilisation d'Internet au cours du premier trimestre de l'année.
24 Non disponible commercialement, seul l'intranet local est accessible dans le pays.
25 Utilisateurs du courrier électronique
26 Ayant au moins utilisé une application Internet autre que le courrier électronique au cours des trois derniers mois. Population âgée de plus de 15 ans.
27 Population âgée de 11 ans et plus.
28 Utilisateurs au cours du mois passé.
29 Population âgée de 12 ans et plus.
30 Y compris le Kurdistan.
31 Population âgée de 20 ans et plus.
32 Sur ordinateur PC seulement.
33 Estimations du pays sur les hypothèse que chaque connexion (à l'exception des lignes louées) dessert 4 utilisateurs (taille moyenne des ménages étant de 6) et une ligne louée sert 10 utilisateurs. À l'exclusion des utilisateurs de l'Internet mobile.
34 Estimation de Décembre basé sur une enquête de ENDUTIH. Réfère à la population totale.
35 Toute la population.
36 Population âgée de 12 à 65 ans.
37 Ayant employé Internet au moins une fois durant le dernier mois.
38 Population âgée de 6 à 74 ans.
39 Vivant dans des zones électrifiées.
40 Décembre.
41 Population âgée de 15 à 74 ans.
42 Population âgée de 16 à 79 ans.
43 D'après le nombre d'abonnés à l'Internet, la proportion d'utilisateurs de l'Internet étant estimée par un coefficient de multiplication de 3,54.
44 Des multiplicateurs ont été appliqués aux abonnements résidentiels et commerciaux, en tenant compte de la taille moyenne des ménages et des employés par entreprise.
45 Population âgée de 15 à 72 ans.
46 Ce nombre reflète l'ensemble de la population, basé sur la tranche d'âge 12-65 ans pour l'étude, il est de 70% de la population.
47 Fait référence à la population totale. Résultat de l'enquête: 16% pour la population de 12 ans et plus.

30 Internet usage *(continued)*

Percentage of individuals per country

Utilisation d'Internet *(suite)*

Pourcentage de personnes par pays

48 November.
49 Population aged 5 to 69 years.
50 Population aged 16 to 75 years.
51 Population aged 15 to 88 years.
52 Population aged 15 to 59 years.

48 Novembre.
49 Population âgée de 5 à 69 ans.
50 Population âgée de 16 à 75 ans.
51 Population âgée de 15 à 88 ans.
52 Population âgée de 15 à 59 ans.

31 Tourist/visitor arrivals and tourism expenditure

Thousands arrivals and millions of US dollars

Arrivées de touristes/visiteurs et dépenses touristiques

Milliers d'arrivées et millions de dollars É.-U.

Country or area of destination	Series& Série&	1995	2005	2010	2019	2020	2021	Pays ou zone de destination
Afghanistan								**Afghanistan**
Tourism expenditure		...	...	147	85	75	...	Dépenses touristiques
Albania								**Albanie**
Tourist/visitor arrivals [1]	TF	...	...	2 191	6 128	2 604	5 515	Arrivées de touristes/visiteurs [1]
Tourism expenditure		70	880	1 778	2 458	1 243	2 480	Dépenses touristiques
Algeria								**Algérie**
Tourist/visitor arrivals [2]	VF	520	1 443	2 070	2 371	591	125	Arrivées de touristes/visiteurs [2]
Tourism expenditure		...	477	324	140	50	83	Dépenses touristiques
American Samoa								**Samoa américaines**
Tourist/visitor arrivals	TF	34	25	23	19	1	...	Arrivées de touristes/visiteurs
Andorra								**Andorre**
Tourist/visitor arrivals	TF	...	2 418	# 1 808	3 090	1 872	1 949	Arrivées de touristes/visiteurs
Tourism expenditure		...	...	...	1 910	1 351	...	Dépenses touristiques
Angola								**Angola**
Tourist/visitor arrivals	TF	9	210	425	218	64	64	Arrivées de touristes/visiteurs
Tourism expenditure		27	103	726	395	19	23	Dépenses touristiques
Anguilla								**Anguilla**
Tourist/visitor arrivals [1]	TF	39	62	62	95	25	28	Arrivées de touristes/visiteurs [1]
Tourism expenditure [3]		50	86	99	168	47	62	Dépenses touristiques [3]
Antigua and Barbuda								**Antigua-et-Barbuda**
Tourist/visitor arrivals [1,4]	TF	220	245	230	301	125	169	Arrivées de touristes/visiteurs [1,4]
Tourism expenditure [3]		247	309	298	904	412	546	Dépenses touristiques [3]
Argentina								**Argentine**
Tourist/visitor arrivals	TF	2 289	3 823	# 6 800	7 399	2 090	297	Arrivées de touristes/visiteurs
Tourism expenditure		2 550	3 209	5 605	5 654	1 794	445	Dépenses touristiques
Armenia								**Arménie**
Tourist/visitor arrivals	TF	12	319	684	1 894	375	870	Arrivées de touristes/visiteurs
Tourism expenditure		14	243	694	1 553	297	813	Dépenses touristiques
Aruba								**Aruba**
Tourist/visitor arrivals [4]	TF	619	733	824	1 119	368	807	Arrivées de touristes/visiteurs [4]
Tourism expenditure		554	1 097	1 254	2 109	1 079	1 788	Dépenses touristiques
Australia								**Australie**
Tourist/visitor arrivals [5]	VF	3 726	5 499	5 790	9 466	1 828	246	Arrivées de touristes/visiteurs [5]
Tourism expenditure		10 370	19 719	31 064	47 953	26 235	17 132	Dépenses touristiques
Austria								**Autriche**
Tourist/visitor arrivals [6]	TCE	17 173	19 952	22 004	31 884	15 091	12 728	Arrivées de touristes/visiteurs [6]
Tourism expenditure [3]		13 435	16 243	18 751	22 983	13 706	9 841	Dépenses touristiques [3]
Azerbaijan								**Azerbaïdjan**
Tourist/visitor arrivals	TF	...	693	1 280	2 876	587	...	Arrivées de touristes/visiteurs
Tourism expenditure		87	100	792	2 004	340	368	Dépenses touristiques
Bahamas								**Bahamas**
Tourist/visitor arrivals	TF	1 598	1 625	1 378	1 807	441	891	Arrivées de touristes/visiteurs
Tourism expenditure		1 356	2 081	2 159	4 150	972	2 334	Dépenses touristiques
Bahrain								**Bahreïn**
Tourist/visitor arrivals [1]	VF	2 311	6 313	11 952	11 061	1 909	3 612	Arrivées de touristes/visiteurs [1]
Tourism expenditure		593	1 603	2 163	3 860	724	1 886	Dépenses touristiques
Bangladesh								**Bangladesh**
Tourist/visitor arrivals	TF	156	208	139	323	182	135	Arrivées de touristes/visiteurs
Tourism expenditure		...	82	103	391	218	273	Dépenses touristiques
Barbados								**Barbade**
Tourist/visitor arrivals	TF	442	548	532	# 523	207	144	Arrivées de touristes/visiteurs
Tourism expenditure		628	905	1 041	1 250	577	575	Dépenses touristiques
Belarus								**Bélarus**
Tourist/visitor arrivals	VF	...	4 738[7]	5 674[7]	11 832[8]	3 598[8]	3 361[8]	Arrivées de touristes/visiteurs
Tourism expenditure		28	346	665	1 290	546	662	Dépenses touristiques
Belgium								**Belgique**
Tourist/visitor arrivals	TCE	5 560	6 747	7 186	# 9 343	2 584	3 243	Arrivées de touristes/visiteurs
Tourism expenditure		...	10 881	12 680	10 516	7 227	7 336	Dépenses touristiques
Belize								**Belize**
Tourist/visitor arrivals	TF	131	237	242	503	144	219	Arrivées de touristes/visiteurs
Tourism expenditure [3]		78	214	264	527	247	374	Dépenses touristiques [3]
Benin								**Bénin**
Tourist/visitor arrivals	TF	138	176	200	309	325	...	Arrivées de touristes/visiteurs
Tourism expenditure		...	108	149	241	203	...	Dépenses touristiques

31 Tourist/visitor arrivals and tourism expenditure *(continued)*
Thousands arrivals and millions of US dollars

Arrivées de touristes/visiteurs et dépenses touristiques *(suite)*
Milliers d'arrivées et millions de dollars É.-U.

Country or area of destination	Series[&] Série[&]	1995	2005	2010	2019	2020	2021	Pays ou zone de destination
Bermuda								**Bermudes**
Tourist/visitor arrivals [9]	TF	387	270	232	269	42	72	Arrivées de touristes/visiteurs [9]
Tourism expenditure [3]		488	429	442	601	94	145	Dépenses touristiques [3]
Bhutan								**Bhoutan**
Tourist/visitor arrivals	TF	5	14	# 41[10]	316[10]	30[10]	~0[10,11]	Arrivées de touristes/visiteurs
Tourism expenditure		5	19	64	120	84	4	Dépenses touristiques
Bolivia (Plurin. State of)								**Bolivie (État plurin. de)**
Tourist/visitor arrivals	TF	284	524	679	1 239	323	180	Arrivées de touristes/visiteurs
Tourism expenditure		92	345	339	977	240	270	Dépenses touristiques
Bonaire								**Bonaire**
Tourist/visitor arrivals	TF	59	63	71	...	...	...	Arrivées de touristes/visiteurs
Tourism expenditure [3]		37	87	...	...	...	...	Dépenses touristiques [3]
Bosnia and Herzegovina								**Bosnie-Herzégovine**
Tourist/visitor arrivals	TCE	...	217	365	1 198	197	502	Arrivées de touristes/visiteurs
Tourism expenditure		...	557	662	1 225	443	1 003	Dépenses touristiques
Botswana								**Botswana**
Tourist/visitor arrivals	TF	521	1 474	1 973	...	329	...	Arrivées de touristes/visiteurs
Tourism expenditure		176	563	440	712	258	295	Dépenses touristiques
Brazil								**Brésil**
Tourist/visitor arrivals [2]	TF	1 991	5 358	5 161	6 353	2 146	746	Arrivées de touristes/visiteurs [2]
Tourism expenditure		1 085	4 168	5 522	6 127	3 099	3 005	Dépenses touristiques
British Virgin Islands								**Îles Vierges britanniques**
Tourist/visitor arrivals	TF	219	337	330	302	83	56	Arrivées de touristes/visiteurs
Tourism expenditure		211	412	389	...	...	...	Dépenses touristiques
Brunei Darussalam								**Brunéi Darussalam**
Tourist/visitor arrivals [4]	TF	...	126	214	333	62	4	Arrivées de touristes/visiteurs [4]
Tourism expenditure [3]		...	191	...	217	38	2	Dépenses touristiques [3]
Bulgaria								**Bulgarie**
Tourist/visitor arrivals	TF	3 466	4 837	6 047	7 775	1 290	2 300	Arrivées de touristes/visiteurs
Tourism expenditure		662	3 063	3 807	4 832	1 792	2 734	Dépenses touristiques
Burkina Faso								**Burkina Faso**
Tourist/visitor arrivals	THS	124	245	274	143	67	106	Arrivées de touristes/visiteurs
Tourism expenditure		...	46	105	173	128	...	Dépenses touristiques
Burundi								**Burundi**
Tourist/visitor arrivals [2]	TF	34	148	# 142	...	...	...	Arrivées de touristes/visiteurs [2]
Tourism expenditure		2	2	2	...	...	...	Dépenses touristiques
Cabo Verde								**Cabo Verde**
Tourist/visitor arrivals	THS	28[4]	198[12]	336[12]	758[12]	180[12]	135[12]	Arrivées de touristes/visiteurs
Tourism expenditure		29	177	387	571	169	144	Dépenses touristiques
Cambodia								**Cambodge**
Tourist/visitor arrivals	TF	220[4]	1 422[13]	2 508[13]	6 611[13]	1 306[13]	196[13]	Arrivées de touristes/visiteurs
Tourism expenditure		71	929	1 671	5 312	1 119	197	Dépenses touristiques
Cameroon								**Cameroun**
Tourist/visitor arrivals	TF	100[12]	176[12]	569	...	...	...	Arrivées de touristes/visiteurs
Tourism expenditure		75	229	171	681	437	508	Dépenses touristiques
Canada								**Canada**
Tourist/visitor arrivals	TF	16 932[14]	# 18 771	16 219[14]	22 145[14]	2 960[14]	3 062[14]	Arrivées de touristes/visiteurs
Tourism expenditure		9 176	15 891	18 440	...	...	...	Dépenses touristiques
Cayman Islands								**Îles Caïmanes**
Tourist/visitor arrivals [4]	TF	361	168	288	503	122	17	Arrivées de touristes/visiteurs [4]
Tourism expenditure		394	356	465	964	260	...	Dépenses touristiques
Central African Republic								**République centrafricaine**
Tourist/visitor arrivals [15]	TF	26	12	54	87	35	...	Arrivées de touristes/visiteurs [15]
Tourism expenditure		4	7	14	22	31	...	Dépenses touristiques
Chad								**Tchad**
Tourist/visitor arrivals	TF	19[4]	29[4]	71[4]	79[12]	11[12]	40[12]	Arrivées de touristes/visiteurs
Tourism expenditure		43	...	...	...	...	...	Dépenses touristiques
Chile								**Chili**
Tourist/visitor arrivals	TF	1 540	2 027	2 801[2]	4 518[2]	1 119[2]	190[2]	Arrivées de touristes/visiteurs
Tourism expenditure		1 186	1 608	2 362	3 316	911	633	Dépenses touristiques
China [16]								**Chine [16]**
Tourist/visitor arrivals	TF	20 034	46 809	55 664	65 725	7 967	...	Arrivées de touristes/visiteurs
Tourism expenditure [3]		8 730	29 296	45 814	35 832	9 951	11 328	Dépenses touristiques [3]

Tourist/visitor arrivals and tourism expenditure *(continued)*
Thousands arrivals and millions of US dollars

Arrivées de touristes/visiteurs et dépenses touristiques *(suite)*
Milliers d'arrivées et millions de dollars É.-U.

Country or area of destination	Series[&] Série[&]	1995	2005	2010	2019	2020	2021	Pays ou zone de destination
China, Hong Kong SAR								**Chine, RAS de Hong Kong**
Tourist/visitor arrivals	TF	...	14 773	20 085	23 752	1 359	89	Arrivées de touristes/visiteurs
Tourism expenditure		...	13 588	27 208	32 697	...	...	Dépenses touristiques
China, Macao SAR								**Chine, RAS de Macao**
Tourist/visitor arrivals	TF	4 202	9 014	11 926[17]	18 633[17]	2 822[17]	3 697[17]	Arrivées de touristes/visiteurs
Tourism expenditure		3 233	7 181	22 688	41 165	9 442	15 679	Dépenses touristiques
Colombia								**Colombie**
Tourist/visitor arrivals	TF	1 399	933	1 405[18]	4 169[2,18,19]	1 262[2,18,19]	2 155[2,18,19]	Arrivées de touristes/visiteurs
Tourism expenditure		887	1 891	3 473	6 784	1 932	2 939	Dépenses touristiques
Comoros								**Comores**
Tourist/visitor arrivals [4]	TF	23	26	15	45	7	29	Arrivées de touristes/visiteurs [4]
Tourism expenditure		22	24	35	73	19	72	Dépenses touristiques
Congo								**Congo**
Tourist/visitor arrivals	TF	37[12]	35[12]	194	...	...	...	Arrivées de touristes/visiteurs
Tourism expenditure		15	...	39	34	6	...	Dépenses touristiques
Cook Islands								**Îles Cook**
Tourist/visitor arrivals [20]	TF	48	88	104	172	25	26	Arrivées de touristes/visiteurs [20]
Tourism expenditure		28	91	111	228	37	43	Dépenses touristiques
Costa Rica								**Costa Rica**
Tourist/visitor arrivals	TF	785	1 679	2 100	3 139	1 012	1 347	Arrivées de touristes/visiteurs
Tourism expenditure		763	2 008	2 426	4 339	1 450	1 707	Dépenses touristiques
Côte d'Ivoire								**Côte d'Ivoire**
Tourist/visitor arrivals	VF	188[21]	...	252[21]	# 2 070	668	576	Arrivées de touristes/visiteurs
Tourism expenditure		103	93	213	550	199	...	Dépenses touristiques
Croatia								**Croatie**
Tourist/visitor arrivals	TCE	1 485	* 7 743	9 111[22]	17 353[22]	5 545[22]	10 641[22]	Arrivées de touristes/visiteurs
Tourism expenditure		...	7 625	8 299	11 971	5 551	10 891	Dépenses touristiques
Cuba								**Cuba**
Tourist/visitor arrivals [4]	TF	742	2 261	2 507	4 263	1 085	356	Arrivées de touristes/visiteurs [4]
Tourism expenditure		1 100	2 591	2 396	2 645	1 152	417	Dépenses touristiques
Curaçao								**Curaçao**
Tourist/visitor arrivals [4]	TF	224	222	342	464	175	265	Arrivées de touristes/visiteurs [4]
Tourism expenditure		175	244	438	706	282	462	Dépenses touristiques
Cyprus								**Chypre**
Tourist/visitor arrivals	TF	2 100	2 470	2 173	3 977	632	1 937	Arrivées de touristes/visiteurs
Tourism expenditure		2 018	2 644	2 137	3 251	734	2 090	Dépenses touristiques
Czechia								**Tchéquie**
Tourist/visitor arrivals	TF	3 381	9 404	8 629	* 14 651	3 919	...	Arrivées de touristes/visiteurs
Tourism expenditure		...	5 772	8 068	7 967	3 853	3 356	Dépenses touristiques
Dem. Rep. of the Congo								**Rép. dém. du Congo**
Tourist/visitor arrivals	TF	35	61	81[4]	...	...	...	Arrivées de touristes/visiteurs
Tourism expenditure [3]		...	3	11	100	81	108	Dépenses touristiques [3]
Denmark								**Danemark**
Tourist/visitor arrivals	VF	...	26 927	26 730	32 101	16 066	18 405	Arrivées de touristes/visiteurs
Tourism expenditure [3]		3 691	5 293	5 704	8 651	3 970	4 507	Dépenses touristiques [3]
Djibouti								**Djibouti**
Tourist/visitor arrivals	THS	21	30	51	167	75	114	Arrivées de touristes/visiteurs
Tourism expenditure [3]		5	7	18	63	30	38	Dépenses touristiques [3]
Dominica								**Dominique**
Tourist/visitor arrivals	TF	60	79	77	90	22	15	Arrivées de touristes/visiteurs
Tourism expenditure [3]		42	57	94	135	30	19	Dépenses touristiques [3]
Dominican Republic								**République dominicaine**
Tourist/visitor arrivals [23]	TF	1 776	3 691	4 125	6 446	2 405	4 994	Arrivées de touristes/visiteurs [23]
Tourism expenditure [3]		1 571	3 518	4 162	7 472	2 675	5 687	Dépenses touristiques [3]
Ecuador								**Équateur**
Tourist/visitor arrivals [2]	VF	440	860	1 047	2 108	507	669	Arrivées de touristes/visiteurs [2]
Tourism expenditure		315	488	786	2 288	705	1 063	Dépenses touristiques
Egypt								**Égypte**
Tourist/visitor arrivals	VF	3 133	8 608	14 731	13 026	3 677	...	Arrivées de touristes/visiteurs
Tourism expenditure		2 954	7 206	13 633	14 256	4 874	9 499	Dépenses touristiques
El Salvador								**El Salvador**
Tourist/visitor arrivals	TF	235	1 127	1 150	1 766	549	1 219	Arrivées de touristes/visiteurs
Tourism expenditure		152	656	646	1 664	755	1 225	Dépenses touristiques
Equatorial Guinea								**Guinée équatoriale**
Tourism expenditure		1	...	...	...	...	...	Dépenses touristiques

Tourist/visitor arrivals and tourism expenditure *(continued)*
Thousands arrivals and millions of US dollars

Arrivées de touristes/visiteurs et dépenses touristiques *(suite)*
Milliers d'arrivées et millions de dollars É.-U.

Country or area of destination	Series& Série&	1995	2005	2010	2019	2020	2021	Pays ou zone de destination
Eritrea								**Érythrée**
Tourist/visitor arrivals [2]	VF	315	83	84	...	...	...	Arrivées de touristes/visiteurs [2]
Tourism expenditure		58	66	...	...	...	...	Dépenses touristiques
Estonia								**Estonie**
Tourist/visitor arrivals [24]	TF	530	1 917	2 511	3 336	1 023	808	Arrivées de touristes/visiteurs [24]
Tourism expenditure		452	1 229	...	2 304	826	901	Dépenses touristiques
Eswatini								**Eswatini**
Tourist/visitor arrivals	TF	300	837	868	680	194	170	Arrivées de touristes/visiteurs
Tourism expenditure		54	77	51	14	7	8	Dépenses touristiques
Ethiopia								**Éthiopie**
Tourist/visitor arrivals [2,25]	TF	103	227	468	812	271	518	Arrivées de touristes/visiteurs [2,25]
Tourism expenditure		177	533	1 434	3 529	2 282	2 601	Dépenses touristiques
Fiji								**Fidji**
Tourist/visitor arrivals [1]	TF	318	545	632	894	147	32	Arrivées de touristes/visiteurs [1]
Tourism expenditure		369	722	825	1 345	237	66	Dépenses touristiques
Finland								**Finlande**
Tourist/visitor arrivals	TF	1 779[26]	3 140	3 670	3 290[26]	896	807	Arrivées de touristes/visiteurs
Tourism expenditure		2 383	3 069	4 496	5 944	1 757	1 541	Dépenses touristiques
France								**France**
Tourist/visitor arrivals	TF	* 60 033	74 988[27]	76 647[27]	* 90 914	* 41 684	* 48 395	Arrivées de touristes/visiteurs
Tourism expenditure		31 295	52 126	56 178	70 786	35 849	44 402	Dépenses touristiques
French Guiana								**Guyane française**
Tourist/visitor arrivals [28]	TF	...	95	...	...	...	...	Arrivées de touristes/visiteurs [28]
Tourism expenditure		...	44	...	...	...	...	Dépenses touristiques
French Polynesia								**Polynésie française**
Tourist/visitor arrivals [1,4]	TF	172	208	154	237	77	83	Arrivées de touristes/visiteurs [1,4]
Tourism expenditure		326	759	630	...	...	...	Dépenses touristiques
Gabon								**Gabon**
Tourist/visitor arrivals [23]	TF	125	269	...	...	...	...	Arrivées de touristes/visiteurs [23]
Tourism expenditure		94	13	89	...	...	...	Dépenses touristiques
Gambia								**Gambie**
Tourist/visitor arrivals [2]	TF	45[23]	108[23]	91[23]	620	246	332	Arrivées de touristes/visiteurs [2]
Tourism expenditure		...	59	80	157	53	67	Dépenses touristiques
Georgia								**Géorgie**
Tourist/visitor arrivals	TF	...	...	1 067	5 080	1 087	1 577	Arrivées de touristes/visiteurs
Tourism expenditure		...	287	737	3 551	586	1 351	Dépenses touristiques
Germany								**Allemagne**
Tourist/visitor arrivals [26]	TCE	14 847	21 500	26 875	39 563	12 449	11 688	Arrivées de touristes/visiteurs [26]
Tourism expenditure		24 053	40 518	49 116	41 779	22 068	22 113	Dépenses touristiques
Ghana								**Ghana**
Tourist/visitor arrivals [2]	TF	286	429	931	1 130	355	624	Arrivées de touristes/visiteurs [2]
Tourism expenditure		30	867	706	1 490	191	664	Dépenses touristiques
Greece								**Grèce**
Tourist/visitor arrivals	TF	10 130[29]	14 765[29]	15 007[30]	31 348[30]	7 374[30]	14 705[30]	Arrivées de touristes/visiteurs
Tourism expenditure		4 182	13 455	13 857	23 003	6 193	13 666	Dépenses touristiques
Grenada								**Grenade**
Tourist/visitor arrivals	TF	108	99	110	188	54	47	Arrivées de touristes/visiteurs
Tourism expenditure [3]		76	71	112	562	181	231	Dépenses touristiques [3]
Guadeloupe								**Guadeloupe**
Tourist/visitor arrivals [4,31]	TF	640[26]	372	392	...	...	...	Arrivées de touristes/visiteurs [4,31]
Tourism expenditure		458	306	510	...	...	...	Dépenses touristiques
Guam [20]								**Guam** [20]
Tourist/visitor arrivals	TF	1 362	1 228	1 197	1 667	328	79	Arrivées de touristes/visiteurs
Guatemala								**Guatemala**
Tourist/visitor arrivals	TF	...	...	1 119	1 752	396	602	Arrivées de touristes/visiteurs
Tourism expenditure		216	791	1 053	1 227	329	393	Dépenses touristiques
Guinea								**Guinée**
Tourist/visitor arrivals [32]	TF	...	45	12	...	...	...	Arrivées de touristes/visiteurs [32]
Tourism expenditure		1	...	2	10	1	13	Dépenses touristiques
Guinea-Bissau								**Guinée-Bissau**
Tourist/visitor arrivals [33]	TF	...	5	22	52	...	...	Arrivées de touristes/visiteurs [33]
Tourism expenditure [3]		...	2	13	19	3	...	Dépenses touristiques [3]
Guyana								**Guyana**
Tourist/visitor arrivals	TF	106	117	152	315	87	158	Arrivées de touristes/visiteurs
Tourism expenditure [3]		33	35	80	27	24	26	Dépenses touristiques [3]

31 Tourist/visitor arrivals and tourism expenditure *(continued)*

Thousands arrivals and millions of US dollars

Arrivées de touristes/visiteurs et dépenses touristiques *(suite)*

Milliers d'arrivées et millions de dollars É.-U.

Country or area of destination	Series& Série&	1995	2005	2010	2019	2020	2021	Pays ou zone de destination
Haiti								**Haïti**
Tourist/visitor arrivals [2,4]	TF	145	112	255	286	203	148	Arrivées de touristes/visiteurs [2,4]
Tourism expenditure [3]		90	80	383	450	98	80	Dépenses touristiques [3]
Honduras								**Honduras**
Tourist/visitor arrivals	TF	271	673	863	724	204	459	Arrivées de touristes/visiteurs
Tourism expenditure		85	465	627	558	157	305	Dépenses touristiques
Hungary								**Hongrie**
Tourist/visitor arrivals	TF	2 878	9 979	9 510	16 937	7 417	7 929	Arrivées de touristes/visiteurs
Tourism expenditure		2 938	4 761	6 595	10 225	4 223	5 783	Dépenses touristiques
Iceland								**Islande**
Tourist/visitor arrivals	TF	190	374	489	2 013	486	698	Arrivées de touristes/visiteurs
Tourism expenditure [3]		186	413	562	2 689	654	1 303	Dépenses touristiques [3]
India								**Inde**
Tourist/visitor arrivals	TF	2 124	3 919	5 776	17 914[2]	6 337[2]	7 010[2]	Arrivées de touristes/visiteurs
Tourism expenditure		...	7 659	...	31 661	13 413	9 135	Dépenses touristiques
Indonesia								**Indonésie**
Tourist/visitor arrivals	TF	...	...	...	15 455	3 915	1 546	Arrivées de touristes/visiteurs
Tourism expenditure		...	5 094	7 618	18 405	3 603	548	Dépenses touristiques
Iran (Islamic Republic of)								**Iran (Rép. islamique d')**
Tourist/visitor arrivals	VF	452	1 889	2 938	9 107	1 550	989	Arrivées de touristes/visiteurs
Tourism expenditure		205	1 025	2 631	...	...	...	Dépenses touristiques
Iraq								**Iraq**
Tourist/visitor arrivals	VF	61	...	1 518	...	...	...	Arrivées de touristes/visiteurs
Tourism expenditure		...	186	1 736	3 593	955	1 963	Dépenses touristiques
Ireland								**Irlande**
Tourist/visitor arrivals [34]	TF	4 818	7 333	7 134	10 951	...	...	Arrivées de touristes/visiteurs [34]
Tourism expenditure		2 698	6 779	8 185	14 808	4 665	5 206	Dépenses touristiques
Israel								**Israël**
Tourist/visitor arrivals [1]	TF	2 215	1 903	2 803	4 552	831	397	Arrivées de touristes/visiteurs [1]
Tourism expenditure [35]		3 491	3 750	5 638	8 459	2 661	2 427	Dépenses touristiques [35]
Italy								**Italie**
Tourist/visitor arrivals [36]	TF	31 052	36 513	43 626	64 513	25 190	26 888	Arrivées de touristes/visiteurs [36]
Tourism expenditure		30 411	38 364	...	51 910	20 317	25 355	Dépenses touristiques
Jamaica								**Jamaïque**
Tourist/visitor arrivals [37,38]	TF	1 147	1 479	1 922	2 681	880	1 464	Arrivées de touristes/visiteurs [37,38]
Tourism expenditure [3]		1 069	1 545	2 001	3 599	1 349	2 119	Dépenses touristiques [3]
Japan								**Japon**
Tourist/visitor arrivals [1]	VF	3 345	6 728	8 611	31 881	4 116	246	Arrivées de touristes/visiteurs [1]
Tourism expenditure		4 894	# 15 554	15 356	49 209	11 396	5 225	Dépenses touristiques
Jordan								**Jordanie**
Tourist/visitor arrivals [2]	TF	1 075	# 2 987	4 207	4 488	1 067	2 012	Arrivées de touristes/visiteurs [2]
Tourism expenditure		973	1 759	4 390	6 765	1 745	3 426	Dépenses touristiques
Kazakhstan								**Kazakhstan**
Tourist/visitor arrivals	TF	...	4 365	4 097	8 515	2 035	1 330	Arrivées de touristes/visiteurs
Tourism expenditure		155	801	1 236	2 915	585	688	Dépenses touristiques
Kenya								**Kenya**
Tourist/visitor arrivals [1,39]	TF	918	1 399	1 470	...	...	...	Arrivées de touristes/visiteurs [1,39]
Tourism expenditure		785	969	1 620	1 762	739	1 222	Dépenses touristiques
Kiribati								**Kiribati**
Tourist/visitor arrivals [40]	TF	4	4	5	8	1	~0	Arrivées de touristes/visiteurs [40]
Tourism expenditure [3]		...	...	4	3	~0	~0	Dépenses touristiques [3]
Kuwait								**Koweït**
Tourist/visitor arrivals [12]	THS	72	104	207	153	86	85	Arrivées de touristes/visiteurs [12]
Tourism expenditure		307	413	574	1 198	526	708	Dépenses touristiques
Kyrgyzstan								**Kirghizistan**
Tourist/visitor arrivals	VF	...	319	1 224	8 508	2 079	3 169	Arrivées de touristes/visiteurs
Tourism expenditure		...	94	212	708	195	259	Dépenses touristiques
Lao People's Dem. Rep.								**Rép. dém. populaire lao**
Tourist/visitor arrivals	TF	60	672	1 670	4 384	812	...	Arrivées de touristes/visiteurs
Tourism expenditure		52	143	385	974	227	6	Dépenses touristiques
Latvia								**Lettonie**
Tourist/visitor arrivals [41]	TF	539	1 116	1 373	1 935	636	478	Arrivées de touristes/visiteurs [41]
Tourism expenditure		37	446	...	...	...	...	Dépenses touristiques

Country or area of destination	Series& Série&	1995	2005	2010	2019	2020	2021	Pays ou zone de destination
Lebanon								**Liban**
Tourist/visitor arrivals [42]	TF	450	1 140	2 168	1 936	414	890	Arrivées de touristes/visiteurs [42]
Tourism expenditure		710	5 969	8 026	8 717	2 369	3 162	Dépenses touristiques
Lesotho								**Lesotho**
Tourist/visitor arrivals	TF	87	...	414	...	...	...	Arrivées de touristes/visiteurs
Tourism expenditure [3]		27	27	23	21	6	8	Dépenses touristiques [3]
Liberia [3]								**Libéria** [3]
Tourism expenditure		...	67	...	2	...	...	Dépenses touristiques
Libya								**Libye**
Tourist/visitor arrivals	TF	56	81[12]	...	...	...	...	Arrivées de touristes/visiteurs
Tourism expenditure		4	301	170	150	93	...	Dépenses touristiques
Liechtenstein [43]								**Liechtenstein** [43]
Tourist/visitor arrivals	TCE	59[12]	50[12]	64	98	58	70	Arrivées de touristes/visiteurs
Lithuania								**Lituanie**
Tourist/visitor arrivals	TF	650	2 000	1 507	2 875	937	948	Arrivées de touristes/visiteurs
Tourism expenditure [3]		77	920	958	1 492	574	585	Dépenses touristiques [3]
Luxembourg								**Luxembourg**
Tourist/visitor arrivals [26,44]	TCE	768	913	805	1 041	525	756	Arrivées de touristes/visiteurs [26,44]
Tourism expenditure		...	4 867	6 057	6 309	5 103	5 584	Dépenses touristiques
Madagascar								**Madagascar**
Tourist/visitor arrivals [38]	TF	75	277	196	384	68	...	Arrivées de touristes/visiteurs [38]
Tourism expenditure		106	275	425	951	202	111	Dépenses touristiques
Malawi								**Malawi**
Tourist/visitor arrivals [45]	TF	192	438	746	978	199	432	Arrivées de touristes/visiteurs [45]
Tourism expenditure		22	48	45	41	28	29	Dépenses touristiques
Malaysia								**Malaisie**
Tourist/visitor arrivals [46]	TF	7 469	16 431	24 577	26 101	4 333	135	Arrivées de touristes/visiteurs [46]
Tourism expenditure		5 044	10 389	19 619	22 200	3 373	116	Dépenses touristiques
Maldives								**Maldives**
Tourist/visitor arrivals [4]	TF	315	395	792	1 703	555	1 322	Arrivées de touristes/visiteurs [4]
Tourism expenditure		...	...	...	3 171	1 408	3 490	Dépenses touristiques
Mali								**Mali**
Tourist/visitor arrivals	TF	42[47]	143[47]	169	217	75	168	Arrivées de touristes/visiteurs
Tourism expenditure		26	149	208	235	82	...	Dépenses touristiques
Malta								**Malte**
Tourist/visitor arrivals	TF	1 116	1 171[48]	1 339[48]	2 753[48]	659[48]	968[48]	Arrivées de touristes/visiteurs
Tourism expenditure [3]		656	755	1 066	1 897	392	772	Dépenses touristiques [3]
Marshall Islands								**Îles Marshall**
Tourist/visitor arrivals	TF	6[4]	9[20]	5[4]	6	1	~0	Arrivées de touristes/visiteurs
Tourism expenditure [49]		3	4	4	4	4	...	Dépenses touristiques [49]
Martinique								**Martinique**
Tourist/visitor arrivals	TF	457	484	478	556	312	291	Arrivées de touristes/visiteurs
Tourism expenditure		384	280	472	549	280	283	Dépenses touristiques
Mauritania								**Mauritanie**
Tourism expenditure		...	...	...	14	6	7	Dépenses touristiques
Mauritius								**Maurice**
Tourist/visitor arrivals	TF	422	761	935	1 383	309	180	Arrivées de touristes/visiteurs
Tourism expenditure		616	1 189	1 585	2 024	518	383	Dépenses touristiques
Mexico								**Mexique**
Tourist/visitor arrivals [2]	TF	20 241	21 915	23 290	45 024	24 824	31 860	Arrivées de touristes/visiteurs [2]
Tourism expenditure		6 847	12 801	12 628	25 847	11 455	20 554	Dépenses touristiques
Micronesia (Fed. States of)								**Micronésie (États féd. de)**
Tourist/visitor arrivals [50]	TF	...	19	45	18	...	...	Arrivées de touristes/visiteurs [50]
Tourism expenditure [3]		...	...	24	...	...	...	Dépenses touristiques [3]
Monaco								**Monaco**
Tourist/visitor arrivals	THS	233	286	279	363	159	218	Arrivées de touristes/visiteurs
Mongolia								**Mongolie**
Tourist/visitor arrivals	TF	...	339	456	577	59	33	Arrivées de touristes/visiteurs
Tourism expenditure		33	203	288	605	49	34	Dépenses touristiques
Montenegro								**Monténégro**
Tourist/visitor arrivals	TCE	...	272	1 088	2 510	351	1 554	Arrivées de touristes/visiteurs
Tourism expenditure		...	...	765	1 276	180	902	Dépenses touristiques
Montserrat								**Montserrat**
Tourist/visitor arrivals	TF	18	10	6	10	5	2	Arrivées de touristes/visiteurs
Tourism expenditure [3]		17	9	6	12	5	2	Dépenses touristiques [3]

31

Tourist/visitor arrivals and tourism expenditure *(continued)*
Thousands arrivals and millions of US dollars

Arrivées de touristes/visiteurs et dépenses touristiques *(suite)*
Milliers d'arrivées et millions de dollars É.-U.

Country or area of destination	Series& Série&	1995	2005	2010	2019	2020	2021	Pays ou zone de destination
Morocco								**Maroc**
Tourist/visitor arrivals [2]	TF	2 602	5 843	9 288	12 932	2 778	3 722	Arrivées de touristes/visiteurs [2]
Tourism expenditure		1 469	5 426	8 176	9 949	4 514	4 641	Dépenses touristiques
Mozambique								**Mozambique**
Tourist/visitor arrivals	TF	...	578[51]	# 1 718[52]	2 019[52]	952[52]	492[52]	Arrivées de touristes/visiteurs
Tourism expenditure		...	138	135	324	113	188	Dépenses touristiques
Myanmar								**Myanmar**
Tourist/visitor arrivals	TF	194	660	792	# 4 364	903	131	Arrivées de touristes/visiteurs
Tourism expenditure		169	83	91	2 501	...	...	Dépenses touristiques
Namibia								**Namibie**
Tourist/visitor arrivals	TF	272	778	984	1 596	170	233	Arrivées de touristes/visiteurs
Tourism expenditure		...	362	471	451	155	143	Dépenses touristiques
Nauru								**Nauru**
Tourism expenditure		...	...	1	...	...	...	Dépenses touristiques
Nepal								**Népal**
Tourist/visitor arrivals [53]	TF	363	375	603	1 197	230	151	Arrivées de touristes/visiteurs [53]
Tourism expenditure		232	160	378	801	238	176	Dépenses touristiques
Netherlands (Kingdom of the)								**Pays-Bas (Royaume des)**
Tourist/visitor arrivals	TCE	6 574	10 012	10 883	20 129	7 265	6 248	Arrivées de touristes/visiteurs
Tourism expenditure		10 611	...	...	22 116	10 720	10 535	Dépenses touristiques
New Caledonia								**Nouvelle-Calédonie**
Tourist/visitor arrivals [2]	TF	86	101	99	131	31	12	Arrivées de touristes/visiteurs [2]
Tourism expenditure [3]		108	149	129	...	...	...	Dépenses touristiques [3]
New Zealand								**Nouvelle-Zélande**
Tourist/visitor arrivals	TF	...	2 353	2 435	3 702	948	205	Arrivées de touristes/visiteurs
Tourism expenditure [3]		2 318	6 486	6 523	10 580	5 686	2 875	Dépenses touristiques [3]
Nicaragua								**Nicaragua**
Tourist/visitor arrivals	TF	281	712[2]	1 011[2]	1 295[2]	384[2]	222[2]	Arrivées de touristes/visiteurs
Tourism expenditure [3]		50	206	314	515	199	184	Dépenses touristiques [3]
Niger								**Niger**
Tourist/visitor arrivals	TF	35	58	74	192	85	...	Arrivées de touristes/visiteurs
Tourism expenditure		...	44	106	130	97	...	Dépenses touristiques
Nigeria								**Nigéria**
Tourist/visitor arrivals	TF	656	1 010	1 555	2 005	502	518	Arrivées de touristes/visiteurs
Tourism expenditure		47	139	736	1 471	321	265	Dépenses touristiques
Niue								**Nioué**
Tourist/visitor arrivals [54]	TF	2	3	6	10	1	~0	Arrivées de touristes/visiteurs [54]
Tourism expenditure		2	1	2	...	...	...	Dépenses touristiques
North Macedonia								**Macédoine du Nord**
Tourist/visitor arrivals	TCE	147	197	262	758	118	294	Arrivées de touristes/visiteurs
Tourism expenditure		...	116	199	401	253	387	Dépenses touristiques
Northern Mariana Islands								**Îles Mariannes du Nord**
Tourist/visitor arrivals	VF	676	507	379	487	89	13	Arrivées de touristes/visiteurs
Tourism expenditure		655	...	...	...	...	...	Dépenses touristiques
Norway								**Norvège**
Tourist/visitor arrivals	TCE	2 880[55]	3 824	4 767[56]	5 879[26]	1 397[26]	1 435[26]	Arrivées de touristes/visiteurs
Tourism expenditure		2 730	4 243	5 299	7 390	2 234	2 310	Dépenses touristiques
Oman								**Oman**
Tourist/visitor arrivals	TF	279	891	1 441	2 500	622	464	Arrivées de touristes/visiteurs
Tourism expenditure		...	627	1 072	3 193	722	511	Dépenses touristiques
Other non-specified areas								**Autres zones non-spécifiées**
Tourist/visitor arrivals [2]	VF	2 332	3 378	5 567	11 864	1 378	140	Arrivées de touristes/visiteurs [2]
Tourism expenditure		3 985	5 740	10 387	17 102	2 346	901	Dépenses touristiques
Pakistan								**Pakistan**
Tourist/visitor arrivals	TF	378	798	907	...	...	...	Arrivées de touristes/visiteurs
Tourism expenditure		582	828	998	992	765	884	Dépenses touristiques
Palau								**Palaos**
Tourist/visitor arrivals [57]	TF	53	81	85	94	18	...	Arrivées de touristes/visiteurs [57]
Tourism expenditure [49]		...	63	76	...	...	...	Dépenses touristiques [49]
Panama								**Panama**
Tourist/visitor arrivals	TF	345	702	1 324	1 753	414	618	Arrivées de touristes/visiteurs
Tourism expenditure		372	1 108	2 621	7 051	1 853	3 607	Dépenses touristiques
Papua New Guinea								**Papouasie-Nvl-Guinée**
Tourist/visitor arrivals	TF	42	69	140	160	39	17	Arrivées de touristes/visiteurs
Tourism expenditure		...	9	2	...	...	...	Dépenses touristiques

31 Tourist/visitor arrivals and tourism expenditure *(continued)*
Thousands arrivals and millions of US dollars

Arrivées de touristes/visiteurs et dépenses touristiques *(suite)*
Milliers d'arrivées et millions de dollars É.-U.

Country or area of destination	Series[&] Série[&]	1995	2005	2010	2019	2020	2021	Pays ou zone de destination
Paraguay								**Paraguay**
Tourist/visitor arrivals [5]	TF	438	341[58]	465[58]	1 216[58]	252[58]	95[58]	Arrivées de touristes/visiteurs [5]
Tourism expenditure		162	96	243	409	98	66	Dépenses touristiques
Peru								**Pérou**
Tourist/visitor arrivals [2]	TF	479	1 571[59]	2 299[59]	4 372[59]	897[59]	444[59]	Arrivées de touristes/visiteurs [2]
Tourism expenditure		521	1 438	2 475	4 703	1 002	1 043	Dépenses touristiques
Philippines								**Philippines**
Tourist/visitor arrivals [2]	TF	1 760	2 623	3 520	8 261	1 483	164	Arrivées de touristes/visiteurs [2]
Tourism expenditure		1 141	2 863	3 441	11 455	2 499	984	Dépenses touristiques
Poland								**Pologne**
Tourist/visitor arrivals	TF	19 215[60]	15 200[60]	12 470[60]	21 158	8 418	9 722	Arrivées de touristes/visiteurs
Tourism expenditure		6 927	7 161	9 875	16 011	8 843	10 136	Dépenses touristiques
Portugal								**Portugal**
Tourist/visitor arrivals	TCE	9 511	10 612	6 756[26]	17 283[26,61]	4 208[26,61]	6 345[26,61]	Arrivées de touristes/visiteurs
Tourism expenditure		5 646	9 038	12 984	24 592	10 533	13 823	Dépenses touristiques
Puerto Rico [62]								**Porto Rico [62]**
Tourist/visitor arrivals [38]	TF	3 131	3 686	3 186	3 180	2 617	2 755	Arrivées de touristes/visiteurs [38]
Tourism expenditure		1 828	3 239	3 211	3 612	2 921	2 787	Dépenses touristiques
Qatar								**Qatar**
Tourist/visitor arrivals	VF	...	...	1 700	2 137	582	611	Arrivées de touristes/visiteurs
Tourism expenditure		...	...	...	15 647	14 318	14 830	Dépenses touristiques
Republic of Korea								**République de Corée**
Tourist/visitor arrivals [63]	VF	3 753	6 023	8 798	17 503	2 519	967	Arrivées de touristes/visiteurs [63]
Tourism expenditure		6 670	8 282	14 315	25 456	11 524	11 084	Dépenses touristiques
Republic of Moldova								**République de Moldova**
Tourist/visitor arrivals	TCE	32[64]	67[26,65]	64[26,65]	174[26,65]	29[26,65]	69[26,65]	Arrivées de touristes/visiteurs
Tourism expenditure		71	138	222	521	353	484	Dépenses touristiques
Réunion								**Réunion**
Tourist/visitor arrivals [23]	TF	304	409	420	534	217	251	Arrivées de touristes/visiteurs [23]
Tourism expenditure		216	384	389	459	181	227	Dépenses touristiques
Romania								**Roumanie**
Tourist/visitor arrivals	VF	5 445	5 839	7 498	12 815	5 023	6 789	Arrivées de touristes/visiteurs
Tourism expenditure		689	1 324	1 631	4 240	1 619	3 525	Dépenses touristiques
Russian Federation								**Fédération de Russie**
Tourist/visitor arrivals	VF	10 290	22 201	22 281	24 419	6 359	...	Arrivées de touristes/visiteurs
Tourism expenditure		...	7 805	13 239	17 288	6 029	6 314	Dépenses touristiques
Rwanda								**Rwanda**
Tourist/visitor arrivals [66]	TF	...	...	605	1 544	460	480	Arrivées de touristes/visiteurs [66]
Tourism expenditure		4	67	224	636	212	284	Dépenses touristiques
Saba								**Saba**
Tourist/visitor arrivals	TF	10	12	12	...	...	...	Arrivées de touristes/visiteurs
Saint Kitts and Nevis								**Saint-Kitts-et-Nevis**
Tourist/visitor arrivals [38]	TF	79	141	98	120	30	20	Arrivées de touristes/visiteurs [38]
Tourism expenditure [3]		63	121	90	353	98	96	Dépenses touristiques [3]
Saint Lucia								**Sainte-Lucie**
Tourist/visitor arrivals [1]	TF	231	318	306	424	131	199	Arrivées de touristes/visiteurs [1]
Tourism expenditure [3]		230	382	309	1 064	340	780	Dépenses touristiques [3]
Saint Vincent & Grenadines								**Saint-Vincent-Grenadines**
Tourist/visitor arrivals [38]	TF	60	96	72	84	27	24	Arrivées de touristes/visiteurs [38]
Tourism expenditure [3]		53	104	86	242	88	46	Dépenses touristiques [3]
Samoa								**Samoa**
Tourist/visitor arrivals	TF	68	102	122	172	23	3	Arrivées de touristes/visiteurs
Tourism expenditure		36	74	124	206	23	~0	Dépenses touristiques
San Marino								**Saint-Marin**
Tourist/visitor arrivals [67]	TCE	28	50	120	111	58	94	Arrivées de touristes/visiteurs [67]
Tourism expenditure		...	...	...	227	155	...	Dépenses touristiques
Sao Tome and Principe								**Sao Tomé-et-Principe**
Tourist/visitor arrivals	TF	6	16	8	35	11	15	Arrivées de touristes/visiteurs
Tourism expenditure [3]		...	7	11	45	16	30	Dépenses touristiques [3]
Saudi Arabia								**Arabie saoudite**
Tourist/visitor arrivals	TF	3 325	8 037	10 850	17 526	4 138	3 477	Arrivées de touristes/visiteurs
Tourism expenditure		...	...	7 536	19 849	4 646	4 639	Dépenses touristiques
Senegal								**Sénégal**
Tourist/visitor arrivals	TF	280[12]	769	* 900	...	...	...	Arrivées de touristes/visiteurs
Tourism expenditure		168	334	464	...	...	...	Dépenses touristiques

31 Tourist/visitor arrivals and tourism expenditure *(continued)*
Thousands arrivals and millions of US dollars

Arrivées de touristes/visiteurs et dépenses touristiques *(suite)*
Milliers d'arrivées et millions de dollars É.-U.

Country or area of destination	Series[&] Série[&]	1995	2005	2010	2019	2020	2021	Pays ou zone de destination
Serbia								**Serbie**
Tourist/visitor arrivals [68,69]	TCE	...	453	683	1 847	446	871	Arrivées de touristes/visiteurs [68,69]
Tourism expenditure		...	308	950	2 000	1 430	2 172	Dépenses touristiques
Seychelles								**Seychelles**
Tourist/visitor arrivals	TF	121	129	175	384	115	183	Arrivées de touristes/visiteurs
Tourism expenditure		224	269	352	884	334	594	Dépenses touristiques
Sierra Leone								**Sierra Leone**
Tourist/visitor arrivals [4]	TF	14	40	39	63	24	40	Arrivées de touristes/visiteurs [4]
Tourism expenditure [3]		57	64	26	43	39	...	Dépenses touristiques [3]
Singapore								**Singapour**
Tourist/visitor arrivals [70]	TF	6 070	7 079	9 161	15 119	2 086	325	Arrivées de touristes/visiteurs [70]
Tourism expenditure [3]		7 611	6 209	14 178	20 313	5 176	3 808	Dépenses touristiques [3]
Sint Eustatius [71]								**Saint-Eustache** [71]
Tourist/visitor arrivals	TF	9	10	11	...	...	...	Arrivées de touristes/visiteurs
Sint Maarten (Dutch part)								**St-Martin (partie néerland.)**
Tourist/visitor arrivals [72]	TF	460	468	443	320	106	249	Arrivées de touristes/visiteurs [72]
Tourism expenditure		...	...	681	708	243	499	Dépenses touristiques
Slovakia								**Slovaquie**
Tourist/visitor arrivals	TF	903	1 515[73]	1 327[73]	5 630[73]	...	...	Arrivées de touristes/visiteurs
Tourism expenditure		630	1 282	2 334	3 350	1 340	1 179	Dépenses touristiques
Slovenia								**Slovénie**
Tourist/visitor arrivals	TCE	732	1 555	2 049	4 702	1 216	1 832	Arrivées de touristes/visiteurs
Tourism expenditure		1 128	1 894	2 808	3 353	1 461	2 032	Dépenses touristiques
Solomon Islands								**Îles Salomon**
Tourist/visitor arrivals [4]	TF	12	9[74]	21	29	4	1	Arrivées de touristes/visiteurs [4]
Tourism expenditure		17	6	51	82	7	...	Dépenses touristiques
South Africa								**Afrique du Sud**
Tourist/visitor arrivals	TF	4 488[75]	7 369[75]	# 8 074	# 10 228[76]	2 802[76]	2 256[76]	Arrivées de touristes/visiteurs
Tourism expenditure		2 654	8 629	10 309	9 064	2 716	2 113	Dépenses touristiques
Spain								**Espagne**
Tourist/visitor arrivals	TF	32 971	55 914	52 677	# 83 509	18 933	31 181	Arrivées de touristes/visiteurs
Tourism expenditure [3]		25 368	51 959	58 348	79 571	18 379	34 183	Dépenses touristiques [3]
Sri Lanka								**Sri Lanka**
Tourist/visitor arrivals [1]	TF	403	549	654	1 914	508	194	Arrivées de touristes/visiteurs [1]
Tourism expenditure		367	729	1 044	4 663	1 076	615	Dépenses touristiques
State of Palestine								**État de Palestine**
Tourist/visitor arrivals	THS	...	88	522	1 110[77]	170[77]	...	Arrivées de touristes/visiteurs
Tourism expenditure [3,78]		255	52	409	726	465	266	Dépenses touristiques [3,78]
Sudan								**Soudan**
Tourist/visitor arrivals	TF	29	246[2]	495[2]	...	...	...	Arrivées de touristes/visiteurs
Tourism expenditure [3]		8	114	82	821	689	1 077	Dépenses touristiques [3]
Suriname								**Suriname**
Tourist/visitor arrivals	TF	43[79]	161	205	...	...	...	Arrivées de touristes/visiteurs
Tourism expenditure		52	96	69	64	19	14	Dépenses touristiques
Sweden								**Suède**
Tourist/visitor arrivals	TCE	2 310[80]	4 883	5 183	7 616	1 957	2 990	Arrivées de touristes/visiteurs
Tourism expenditure [3]		3 471	6 554	8 336	9 173	4 347	6 032	Dépenses touristiques [3]
Switzerland								**Suisse**
Tourist/visitor arrivals	TCE	6 946[81]	7 229[81]	8 628[81]	11 818[82]	3 690[82]	4 390[82]	Arrivées de touristes/visiteurs
Tourism expenditure		11 354	11 914	17 883	21 378	11 111	12 125	Dépenses touristiques
Syrian Arab Republic								**République arabe syrienne**
Tourist/visitor arrivals	TCE	815[12]	3 571	8 546[83]	...	...	...	Arrivées de touristes/visiteurs
Tourism expenditure		...	2 035	6 308	...	...	...	Dépenses touristiques
Tajikistan								**Tadjikistan**
Tourist/visitor arrivals	VF	...	...	160	1 257	351	296	Arrivées de touristes/visiteurs
Tourism expenditure		...	9	142	179	102	99	Dépenses touristiques
Thailand								**Thaïlande**
Tourist/visitor arrivals	TF	6 952[2]	11 567[2]	15 936	39 916	6 702	428	Arrivées de touristes/visiteurs
Tourism expenditure		9 257	12 103	23 796	64 371	14 573	5 276	Dépenses touristiques
Timor-Leste								**Timor-Leste**
Tourist/visitor arrivals [84]	TF	...	...	40	81	18	6	Arrivées de touristes/visiteurs [84]
Tourism expenditure [3]		...	...	24	70	26	12	Dépenses touristiques [3]
Togo								**Togo**
Tourist/visitor arrivals	THS	53	81	202	876[2]	482[2]	...	Arrivées de touristes/visiteurs
Tourism expenditure		...	27	105	264	151	...	Dépenses touristiques

31 Tourist/visitor arrivals and tourism expenditure *(continued)*

Thousands arrivals and millions of US dollars

Arrivées de touristes/visiteurs et dépenses touristiques *(suite)*

Milliers d'arrivées et millions de dollars É.-U.

Country or area of destination	Series& Série&	1995	2005	2010	2019	2020	2021	Pays ou zone de destination
Tonga								**Tonga**
Tourist/visitor arrivals [4]	TF	29	42	47	67	9	~0	Arrivées de touristes/visiteurs [4]
Tourism expenditure		...	15	17	57	48	9	Dépenses touristiques
Trinidad and Tobago								**Trinité-et-Tobago**
Tourist/visitor arrivals [4]	TF	260	463	388	389	95	41	Arrivées de touristes/visiteurs [4]
Tourism expenditure		232	593	630	481	152	60	Dépenses touristiques
Tunisia								**Tunisie**
Tourist/visitor arrivals	TF	4 120	6 378	7 828[2]	9 429[2]	2 012[2]	2 475[2]	Arrivées de touristes/visiteurs
Tourism expenditure		1 838	2 800	3 477	2 683	1 007	1 241	Dépenses touristiques
Türkiye								**Türkiye**
Tourist/visitor arrivals	TF	7 083	20 273	31 364[85]	51 192[85]	15 894[85]	29 925[85]	Arrivées de touristes/visiteurs
Tourism expenditure		...	20 760	26 318	41 313	13 609	27 899	Dépenses touristiques
Turkmenistan								**Turkménistan**
Tourist/visitor arrivals	TF	218	12	...	...	...	...	Arrivées de touristes/visiteurs
Turks and Caicos Islands								**Îles Turques-et-Caïques**
Tourist/visitor arrivals	TF	79	176	281	487	165	405	Arrivées de touristes/visiteurs
Tourism expenditure		53	...	...	...	...	...	Dépenses touristiques
Tuvalu								**Tuvalu**
Tourist/visitor arrivals	TF	1	1	2	4	1	~0	Arrivées de touristes/visiteurs
Tourism expenditure		...	1[3]	2[3]	8	1	~0	Dépenses touristiques
Uganda								**Ouganda**
Tourist/visitor arrivals	TF	160	468	946	1 543	473	513	Arrivées de touristes/visiteurs
Tourism expenditure		...	382	802	1 400	519	942	Dépenses touristiques
Ukraine								**Ukraine**
Tourist/visitor arrivals	TF	3 716	17 631	21 203	13 438	3 141	3 973	Arrivées de touristes/visiteurs
Tourism expenditure		...	3 542	4 696	2 595	669	1 387	Dépenses touristiques
United Arab Emirates								**Émirats arabes unis**
Tourist/visitor arrivals	TCE	2 315[12]	7 126[12]	...	21 561[26]	7 165[26]	11 479[26]	Arrivées de touristes/visiteurs
Tourism expenditure		632	3 218	8 577	# 38 413	24 615	34 440	Dépenses touristiques
United Kingdom								**Royaume-Uni**
Tourist/visitor arrivals	TF	21 719	28 039	28 911	39 418	10 714	6 287	Arrivées de touristes/visiteurs
Tourism expenditure [3]		20 487	34 252	38 567	58 430	26 668	32 959	Dépenses touristiques [3]
United Rep. of Tanzania								**Rép.-Unie de Tanzanie**
Tourist/visitor arrivals	TF	285	590	754	1 443	592	923	Arrivées de touristes/visiteurs
Tourism expenditure		...	835	1 279	2 625	726	1 324	Dépenses touristiques
United States of America								**États-Unis d'Amérique**
Tourist/visitor arrivals	TF	43 318	49 206	60 010	# 79 442	19 212	22 100	Arrivées de touristes/visiteurs
Tourism expenditure		93 743	116 682	161 821	239 065	84 300	82 974	Dépenses touristiques
United States Virgin Islands								**Îles Vierges américaines**
Tourist/visitor arrivals	TF	454	594	572	514	303	...	Arrivées de touristes/visiteurs
Tourism expenditure		822	1 432	1 223	1 031	686	...	Dépenses touristiques
Uruguay								**Uruguay**
Tourist/visitor arrivals	TF	2 022	1 808	2 353	3 059	...	...	Arrivées de touristes/visiteurs
Tourism expenditure		725	699	1 669	2 335	1 082	588	Dépenses touristiques
Uzbekistan								**Ouzbékistan**
Tourist/visitor arrivals	VF	92	242	975	6 749	1 504	1 881	Arrivées de touristes/visiteurs
Tourism expenditure [3]		...	28	121	1 481	345	553	Dépenses touristiques [3]
Vanuatu								**Vanuatu**
Tourist/visitor arrivals	TF	44	62	97	121	22	...	Arrivées de touristes/visiteurs
Tourism expenditure		...	104	242	287	58	2	Dépenses touristiques
Venezuela (Boliv. Rep. of)								**Venezuela (Rép. boliv. du)**
Tourist/visitor arrivals	TF	700	706	526	...	...	...	Arrivées de touristes/visiteurs
Tourism expenditure		995	722	885	...	...	...	Dépenses touristiques
Viet Nam								**Viet Nam**
Tourist/visitor arrivals [2]	VF	1 351	3 477	5 050	18 009	3 837	157	Arrivées de touristes/visiteurs [2]
Tourism expenditure		...	2 300	4 450	11 830	3 232	149	Dépenses touristiques
Yemen								**Yémen**
Tourist/visitor arrivals	TF	61	336	1 025[2]	...	...	...	Arrivées de touristes/visiteurs
Tourism expenditure		...	...	1 291	...	...	...	Dépenses touristiques
Zambia								**Zambie**
Tourist/visitor arrivals	TF	163	669	815	1 266	502	554	Arrivées de touristes/visiteurs
Tourism expenditure [3]		...	447	492	819	412	393	Dépenses touristiques [3]
Zimbabwe								**Zimbabwe**
Tourist/visitor arrivals	VF	1 416	1 559	2 239	2 294	639	381	Arrivées de touristes/visiteurs
Tourism expenditure		145	99	135	285	66	...	Dépenses touristiques

Tourist/visitor arrivals and tourism expenditure *(continued)*

Thousands arrivals and millions of US dollars

Arrivées de touristes/visiteurs et dépenses touristiques *(suite)*

Milliers d'arrivées et millions de dollars É.-U.

Source:

World Tourism Organization (UNWTO), Madrid, the UNWTO Statistics Database, last accessed December 2022.

The majority of the expenditure data have been provided to the WTO by the International Monetary Fund (IMF). & Series (by order of priority, see Annex II): TF: Arrivals of non-resident tourists at national borders. VF: Arrivals of non-resident visitors at national borders. TCE: Arrivals of non-resident tourists in all types of accommodation establishments. THS: Arrivals of non-resident tourists in hotels and similar establishments.

1 Excluding nationals residing abroad.
2 Including nationals residing abroad.
3 Excluding passenger transport.
4 Arrivals by air.
5 Excluding nationals residing abroad and crew members.
6 Only paid accommodation; excluding stays at friends and relatives and second homes.
7 Excludes the Belarusian-Russian border segment.
8 Includes estimation of the Belarusian-Russian border segment.
9 Arrivals by air. Excluding nationals residing abroad.
10 Including regional high end tourists.
11 Due to covid mandatory quarantine, only 1 tourist staying 113 nights was received.
12 Non-resident tourists staying in hotels and similar establishments.
13 Arrivals by all means of transport.
14 Data based on customs counts and adjusted using questionnaire surveys.
15 Arrivals by air at Bangui only.
16 For statistical purposes, the data for China do not include those for the Hong Kong Special Administrative Region (Hong Kong SAR), Macao Special Administrative Region (Macao SAR) and Taiwan Province of China.
17 Does not include other non-residents namely workers, students, etc.
18 Arrivals of non-resident travellers by immigration checkpoints.
19 The nationals residing abroad are calculated with the country of residence reported at the exit.
20 Air and sea arrivals.
21 Arrivals to Félix Houphouët Boigny Airport only.
22 Excluding arrivals in ports of nautical tourism.
23 Arrivals by air only.
24 Based on mobile positioning data by the Bank of Estonia and Positium LBS.
25 Arrivals through all ports of entry.
26 Non-resident tourists staying in all types of accommodation establishments.
27 Arrivals of non-resident visitors.
28 Survey at Cayenne-Rochambeau airport on departure.
29 Information based on administrative data.
30 Information is based on the border survey conducted by the Bank of Greece.
31 Excluding the north islands, Saint Barthélemy and Saint Martin (French part).
32 Arrivals by air at Conakry airport.
33 Arrivals at "Osvaldo Vieira" Airport.

Source:

Organisation mondiale du tourisme (OMT), Madrid, base de données statistiques de l'OMT, dernier accés Décembre 2022.

La majorité des données sur les dépenses touristiques sont celles que le Fonds monétaire international (FMI) a fournies à l'Organisation mondiale du tourisme (OMT). & Série (par ordre de priorite, voir annexe II): TF: Arrivées de touristes non résidents aux frontières nationales. VF: Arrivées de visiteurs non résidents aux frontières nationales. TCE: Arrivées de touristes non résidents dans tous les types d'établissements d'hébergement touristique. THS: Arrivées de touristes non résidents dans les hôtels et établissements assimilés.

1 À l'exclusion des nationaux résidant à l'étranger.
2 Y compris les nationaux du pays résidant à l'étranger.
3 Non compris le transport de passagers.
4 Arrivées par voie aérienne.
5 À l'exclusion des nationaux du pays résidant à l'étranger et des membres des équipages.
6 Seulement logement payé; sont exclus les séjours chez des amis et membres de la famille et des résidences secondaires.
7 Exclut le segment de la frontière biélorusse-russe.
8 Comprend l'estimation du segment frontalier biélorusse-russe.
9 Arrivées par voie aérienne. À l'exclusion des nationaux résidant à l'étranger.
10 Y compris les touristes régionaux haut de gamme.
11 En raison de la quarantaine obligatoire covid, seul 1 touriste séjournant 113 nuits a été reçu.
12 Non résidents touristes dans les hôtels et établissements assimilés.
13 Arrivées par tous moyens de transport confondus.
14 Données basées sur les comptages douaniers et ajustées à l'aide d'enquêtes par questionnaire.
15 Arrivées par voie aérienne à Bangui uniquement.
16 Pour la présentation des statistiques, les données pour la Chine ne comprennent pas la région administrative spéciale de Hong Kong (RAS de Hong Kong), la région administrative spéciale de Macao (RAS de Macao) et la province chinoise de Taïwan.
17 Ne comprend pas d'autres catégories de non-résidents tels que les travailleurs, les étudiants, etc.
18 Arrivées de voyageurs non résidents par les points de contrôle de l'immigration.
19 Les ressortissants résidant à l'étranger sont calculés avec le pays de résidence déclaré à la sortie.
20 Arrivées par voie aérienne et maritime.
21 Arrivées à l'aéroport Félix Houphouët Boigny seulement.
22 À l'exclusion des arrivées dans des ports à tourisme nautique.
23 Arrivées par avion uniquement.
24 Basé sur les données de positionnement mobile de la Banque d'Estonie et de Positium LBS.
25 Arrivées à travers tous les ports d'entrée.
26 Arrivées de touristes non résidents dans tous les types d'établissements d'hébergement touristique.
27 Arrivées de touristes non résidents.
28 Enquête au départ de l'aéroport de Cayenne-Rochambeau.
29 Informations basées sur des données administratives.
30 Les informations sont basées sur l'enquête aux frontières menée par la Banque de Grèce.
31 Les îles du Nord, Saint-Barthélemy et Saint-Martin (partie française) sont exclues.
32 Arrivées par voie aérienne à l'aéroport de Conakry.
33 Arrivées à l'aéroport "Osvaldo Vieira".

34 Including tourists from Northern Ireland.
35 Including the expenditures of foreign workers in Israel.
36 Excluding seasonal and border workers.
37 Including nationals residing abroad; E/D cards.
38 Arrivals of non-resident tourists by air.
39 Arrivals of non-resident visitors from all border entry points.
40 Air arrivals. Tarawa and Christmas Island.
41 Non-resident departures. Survey of persons crossing the state border.
42 Excluding the Lebanon, Syria and Palestine nationalities.
43 Excluding long term tourists on campgrounds and in holiday flats.
44 Including youth hostels, tourist private accommodation and others.
45 Departures.
46 Including Singapore residents crossing the frontier by road through Johore Causeway.
47 Arrivals by air only (Bamako-Sénou airport).
48 Departures by air and by sea.
49 Data refer to fiscal years ending 30 September.
50 Arrivals in the States of Kosrae, Chuuk, Pohnpei and Yap; excluding FSM citizens.
51 The data correspond only to 12 border posts.
52 The data of all the border posts of the country are used.
53 Including arrivals from India.
54 Including Niueans residing usually in New Zealand.
55 Non-resident tourists staying in registered hotels.
56 Arrivals of non-resident tourists at national borders.
57 Air arrivals (Palau International Airport).
58 E/D cards in the "Silvio Petirossi" airport and passenger counts at the national border crossings - National Police and SENATUR.
59 Including tourists with identity document other than a passport.
60 Based on surveys by the Institute of Tourism.
61 Include hotels, apartment hotels, "pousadas", tourist apartments, tourist villages, camping sites, recreation centres, tourism in rural areas and local accommodation.
62 Data refer to fiscal years beginning 1 July.
63 Including nationals residing abroad and crew members.
64 Visitors who have benefited from tourism services provided by the tourism agencies and tour operators (titulars of tourism licences).
65 Excluding the left side of the river Nistru and the municipality of Bender.
66 January-November.
67 Including Italian visitors.
68 Excluding Kosovo and Metohija.
69 Tourists staying in visitor accommodation establishments.
70 Excluding Malaysian citizens arriving by land.
71 Excluding Netherlands Antillean residents.
72 Arrivals by air. Including arrivals to Saint Martin (French part).
73 The number of inbound arrivals is based on a combination of accommodation statistics and border survey statistics (as calculated within Tourism Satellite Account).
74 Without 1st quarter.

34 Y compris touristes à Irlande du Nord.
35 Y compris les dépenses des travailleurs étrangers en Israël.
36 À l'exclusion des travailleurs saisonniers et frontaliers.
37 Y compris les nationaux résidant à l'étranger; cartes d'embarquement.
38 Arrivées de touristes non résidents par voie aérienne.
39 Arrivées de visiteurs non résidents de tous les points d'entrée frontaliers.
40 Arrivées par voie aérienne. Tarawa et île Christmas.
41 Départs de non-résidents. Enquête menée auprès de personnes franchissant la frontière de l'État.
42 À l'exclusion des nationalités libanaise, syrienne et palestinienne.
43 À l'exclusion des touristes à long terme en camping ou dans des appartements de vacances.
44 Incluyant auberges de jeunesse, hébergement touristique privé et augres.
45 Départs.
46 Y compris les résidents de Singapour traversant la frontière par voie terrestre à travers le Johore Causeway.
47 Arrivées par voie aérienne uniquement (aéroport de Bamako-Sénou).
48 Départs par voies aérienne et maritime.
49 Les données se réfèrent aux exercices budgétaires finissant le 30 septembre.
50 Arrivées dans les États de Kosrae, Chuuk, Pohnpei et Yap; non compris les citoyens FSM.
51 les données ne couvrent que 12 postes frontière.
52 Les données de l'ensemble des postes frontières du pays sont utilisées.
53 Y compris les arrivées à Inde.
54 Y compris les nationaux de Nioué résidant habituellement en Nouvelle-Zélande.
55 Non résidents touristes dans les hôtels enregistrés.
56 Arrivées de touristes non résidents aux frontières nationales.
57 Arrivées par voie aérienne (Aéroport international de Palaos).
58 Cartes d'embarquement et de débarquement à l'aéroport « Silvio Petirossi » et comptages des passagers lors du franchissement des frontières nationales – Police Nationale et SENATUR.
59 Nouvelle série estimée comprenant les touristes avec une pièce d'identité autre qu'un passeport.
60 Basé sur des enquêtes de l'Institut du tourisme.
61 Inclure les hôtels, les appart-hôtels, les pousadas, les appartements touristiques, les villages touristiques, les terrains de camping, les centres de loisirs, le tourisme dans les zones rurales et les hébergements locaux.
62 Les données se réfèrent aux exercices budgétaires commençant le 1er juillet.
63 Y compris les nationaux résidant à l'étranger et membres des équipages.
64 Visiteurs ayant bénéficié des services touristiques fournis par les agences de tourisme et les voyagistes (titulaires de licences touristiques).
65 La rive gauche de la rivière Nistru et la municipalité de Bender sont exclues.
66 Janvier-novembre.
67 Y compris les visiteurs italiens.
68 Non compris Kosovo et Metohija.
69 Touristes séjournant dans des établissements d'hébergement pour visiteurs.
70 Non compris les arrivées de malaysiens par voie terrestre.
71 A l'exclusion des résidents des Antilles Néerlandaises.
72 Arrivées par voie aérienne. Y compris les arrivées à Saint-Martin (partie française).
73 Le nombre d'arrivées par le biais du tourisme récepteur est basé sur une combinaison de statistiques de l'hébergement et de statistiques d'une enquête à la frontière (calculés comme dans le Compte satellite du tourisme).
74 Sans 1er trimestre.

75 Excluding arrivals for work and contract workers.
76 Excluding transit.
77 Represent the data on hotel activity in the West Bank only.
78 West Bank and Gaza.
79 Arrivals at Zanderij Airport.
80 Camping excluding.
81 Hotels and similar establishments (including health establishments).
82 All collective tourism establishments.
83 Including Iraqi nationals.
84 Arrivals by air at Dili Airport.
85 Turkish citizens resident abroad are included.

75 À l'exclusion des arrivées par travail et les travailleurs contractuels.
76 À l'exclusion des personnes en transit.
77 Représente uniquement les données sur l'activité hôtelière en Cisjordanie.
78 Cisjordanie et Gaza.
79 Arrivées à l'aéroport de Zanderij.
80 Camping exclu.
81 Hôtels et établissements assimilés (y compris les établissements de santé).
82 Tous les établissements touristiques collectifs.
83 Y compris les ressortissants iraquiens.
84 Arrivées par voie aérienne à l'aéroport de Dili.
85 Citoyens turcs résidant à l'étranger sont inclus.

32 Net disbursements of official development assistance to recipients

Total, bilateral and multilateral aid (millions of US dollars); and as a percentage of Gross National Income (GNI)

Décaissements nets d'aide publique au développement aux bénéficiaires

Total, bilatérale et multilatérale d'aide (millions de dollars É.-U.); et en pourcentage du Revenu National Brut (RNB)

Region, country or area&	1985	1995	2005	2010	2015	2019	2020	2021	Région, pays ou zone&
Total, all countries or areas [1]									**Total, tous pays ou zones [1]**
Bilateral	**25 604**	**46 875**	**81 833**	**92 131**	**111 378**	**122 666**	**150 534**	**151 655**	**Bilatérale**
Multilateral	**5 920**	**11 004**	**25 620**	**37 133**	**35 368**	**40 826**	**44 675**	**52 038**	**Multilatérale**
Total	**31 524**	**57 879**	**107 452**	**129 264**	**146 745**	**163 493**	**195 210**	**203 693**	**Total**
% of GNI	**1.3**	**1.0**	**1.1**	**0.7**	**0.6**	**0.6**	**0.7**	**0.6**	**% du RNB**
Africa [1]									**Afrique [1]**
Bilateral	10 076	16 828	24 081	30 087	33 963	37 747	51 274	52 622	Bilatérale
Multilateral	2 247	5 015	11 740	17 732	16 137	19 921	22 349	23 015	Multilatérale
Total	12 323	21 843	35 821	47 820	50 100	57 668	73 623	75 637	Total
% of GNI	3.6	4.3	3.3	2.5	2.2	2.4	3.1	2.9	% du RNB
Northern Africa [1,2]									**Afrique septentrionale [1,2]**
Bilateral	2 849	2 703	1 705	1 844	3 779	2 117	3 097	7 771	Bilatérale
Multilateral	142	277	980	823	1 294	1 896	2 175	3 223	Multilatérale
Total	2 991	2 981	2 685	2 667	5 072	4 013	5 272	10 994	Total
% of GNI	2.6	1.9	0.8	0.5	0.8	0.6	0.8	1.4	% du RNB
Southern Africa									**Afrique australe**
Bilateral	159	730	513	1 216	1 134	958	1 269	1 040	Bilatérale
Multilateral	58	107	445	584	674	438	522	632	Multilatérale
Total	217	837	958	1 799	1 807	1 396	1 791	1 673	Total
% of GNI	0.3	0.5	0.3	0.4	0.5	0.3	0.5	0.4	% du RNB
Americas [1]									**Amériques [1]**
Bilateral	2 664	5 249	4 328	6 856	8 184	6 265	9 106	8 978	Bilatérale
Multilateral	398	935	2 106	2 854	2 027	2 539	3 294	3 074	Multilatérale
Total	3 062	6 184	6 434	9 710	10 211	8 804	12 400	12 052	Total
% of GNI	0.5	0.3	0.2	0.2	0.2	0.2	0.3	0.3	% du RNB
South America [1]									**Amérique du Sud [1]**
Bilateral	743	2 186	1 962	1 726	3 393	2 379	3 739	3 907	Bilatérale
Multilateral	150	344	792	858	928	1 264	1 367	1 498	Multilatérale
Total	892	2 531	2 754	2 584	4 321	3 643	5 106	5 406	Total
% of GNI	0.2	0.2	0.2	0.1	0.1	0.1	0.2	0.2	% du RNB
Asia [1]									**Asie [1]**
Bilateral	8 655	13 082	38 172	25 914	30 732	36 727	43 318	43 475	Bilatérale
Multilateral	2 747	4 415	7 579	9 896	9 737	10 987	11 197	10 422	Multilatérale
Total	11 402	17 497	45 750	35 810	40 469	47 713	54 515	53 898	Total
% of GNI	0.8	0.6	0.9	0.3	0.2	0.2	0.3	0.2	% du RNB
South-central Asia [3]									**Asie centrale et du Sud [3]**
Bilateral	2 327	3 296	6 818	12 530	13 628	14 065	17 293	17 750	Bilatérale
Multilateral	1 998	2 409	4 395	5 499	6 155	6 298	6 522	5 563	Multilatérale
Total	4 326	5 705	11 213	18 029	19 783	20 363	23 815	23 313	Total
% of GNI	1.5	1.1	1.0	0.8	0.6	0.5	0.6	0.5	% du RNB
Western Asia [1,4]									**Asie occidentale [1,4]**
Bilateral	3 856	2 449	24 324	7 766	12 535	20 920	20 462	20 880	Bilatérale
Multilateral	181	504	1 182	1 709	1 530	2 492	2 156	2 575	Multilatérale
Total	4 037	2 954	25 506	9 475	14 065	23 412	22 619	23 454	Total
% of GNI	0.9	0.7	3.2	0.9	1.9	3.5	4.4	8.1	% du RNB
Europe [1,5]									**Europe [1,5]**
Bilateral	383	1 753	2 446	3 123	2 782	1 097	3 208	2 484	Bilatérale
Multilateral	28	534	1 605	2 787	4 002	4 086	4 383	5 102	Multilatérale
Total	410	2 288	4 051	5 910	6 783	5 183	7 591	7 586	Total
% of GNI	0.6	1.0	0.6	0.5	0.6	0.5	0.7	0.6	% du RNB
Oceania [1]									**Océanie [1]**
Bilateral	849	1 768	799	1 580	1 624	1 888	2 573	3 140	Bilatérale
Multilateral	38	62	341	269	295	354	539	505	Multilatérale
Total	887	1 829	1 141	1 849	1 919	2 243	3 112	3 645	Total
% of GNI	16.4	15.7	11.5	9.4	6.3	6.5	9.1	10.5	% du RNB
Micronesia [1]									**Micronésie [1]**
Bilateral	169	259	207	157	227	256	480	327	Bilatérale
Multilateral	2	6	13	12	21	39	27	69	Multilatérale
Total	171	266	221	169	249	294	507	396	Total
Afghanistan									**Afghanistan**
Bilateral	7	129	2 273	5 522	3 908	3 456	3 485	4 056	Bilatérale
Multilateral	9	84	542	713	366	681	724	637	Multilatérale
Total	16	213	2 815	6 235	4 274	4 137	4 209	4 693	Total
% of GNI	...	...	...	39.3	22.1	21.7	20.7	...	% du RNB

32 Net disbursements of official development assistance to recipients *(continued)*

Total, bilateral and multilateral aid (millions of US dollars); and as a percentage of Gross National Income (GNI)

Décaissements nets d'aide publique au développement aux bénéficiaires *(suite)*

Total, bilatérale et multilatérale d'aide (millions de dollars É.-U.); et en pourcentage du Revenu National Brut (RNB)

Region, country or area[&]	1985	1995	2005	2010	2015	2019	2020	2021	Région, pays ou zone[&]
Albania									**Albanie**
Bilateral	...	118	192	253	233	-62	202	330	Bilatérale
Multilateral	...	63	123	112	102	89	108	303	Multilatérale
Total	...	181	315	365	335	27	310	633	Total
% of GNI	...	7.4	3.8	3.1	2.9	0.2	2.1	3.5	% du RNB
Algeria									**Algérie**
Bilateral	161	272	252	131	20	115	141	170	Bilatérale
Multilateral	11	24	96	71	51	57	69	44	Multilatérale
Total	172	296	347	201	71	172	210	214	Total
% of GNI	0.3	0.8	0.4	0.1	~0.0	0.1	0.2	0.1	% du RNB
Angola									**Angola**
Bilateral	72	304	217	146	276	-117	11	82	Bilatérale
Multilateral	19	113	198	89	104	138	101	167	Multilatérale
Total	90	416	415	235	380	21	111	249	Total
% of GNI	1.4	8.7	1.3	0.3	0.5	~0.0	0.2	0.4	% du RNB
Anguilla									**Anguilla**
Bilateral	2	3	4	-1	...	...	...	...	Bilatérale
Multilateral	1	1	~0	9	...	...	...	...	Multilatérale
Total	3	3	4	8	...	...	...	...	Total
Antigua and Barbuda									**Antigua-et-Barbuda**
Bilateral	2	2	7	6	1	14	-58	-2	Bilatérale
Multilateral	1	~0	1	14	1	14	84	8	Multilatérale
Total	3	2	8	20	1	27	26	6	Total
% of GNI	1.2	0.4	0.8	1.8	0.1	1.7	1.9	0.4	% du RNB
Argentina									**Argentine**
Bilateral	30	131	62	100	-45	-123	-178	12	Bilatérale
Multilateral	9	17	32	30	26	132	280	144	Multilatérale
Total	39	148	94	130	-19	9	102	155	Total
% of GNI	0.1	0.1	0.1	~0.0	0.0	0.0	~0.0	~0.0	% du RNB
Armenia									**Arménie**
Bilateral	...	111	105	209	174	357	-10	53	Bilatérale
Multilateral	...	107	67	111	173	61	144	109	Multilatérale
Total	...	218	173	320	347	417	135	162	Total
% of GNI	...	14.5	3.4	3.3	3.2	3.0	1.1	1.2	% du RNB
Aruba									**Aruba**
Bilateral	...	23	...	...	...	...	...	...	Bilatérale
Multilateral	...	3	...	...	...	...	...	...	Multilatérale
Total	12	26	...	...	...	...	...	...	Total
% of GNI	...	2.0	...	...	...	...	...	...	% du RNB
Azerbaijan									**Azerbaïdjan**
Bilateral	...	67	119	77	23	65	85	-37	Bilatérale
Multilateral	...	53	91	80	47	54	38	47	Multilatérale
Total	...	120	210	156	70	119	123	10	Total
% of GNI	...	5.0	1.8	0.3	0.1	0.3	0.3	~0.0	% du RNB
Bahamas									**Bahamas**
Bilateral	~0	3	...	...	...	...	...	...	Bilatérale
Multilateral	1	2	...	...	...	...	...	...	Multilatérale
Total	1	4	...	...	...	...	...	...	Total
Bahrain									**Bahreïn**
Bilateral	73	100	...	...	...	...	...	...	Bilatérale
Multilateral	1	~0	...	...	...	...	...	...	Multilatérale
Total	74	100	...	...	...	...	...	...	Total
% of GNI	2.3	1.7	...	...	...	...	...	...	% du RNB
Bangladesh									**Bangladesh**
Bilateral	475	658	521	505	1 629	3 044	4 277	4 233	Bilatérale
Multilateral	508	375	731	822	964	1 338	1 098	856	Multilatérale
Total	983	1 033	1 252	1 327	2 593	4 382	5 375	5 089	Total
% of GNI	4.3	2.6	1.7	1.1	1.3	1.2	1.4	1.2	% du RNB
Barbados									**Barbade**
Bilateral	5	-~0	-3	-2	...	...	...	...	Bilatérale
Multilateral	1	1	3	18	...	...	...	...	Multilatérale
Total	6	1	-1	16	...	...	...	...	Total
% of GNI	...	~0.0	-~0.0	0.4	...	...	...	...	% du RNB

32 Net disbursements of official development assistance to recipients *(continued)*

Total, bilateral and multilateral aid (millions of US dollars); and as a percentage of Gross National Income (GNI)

Décaissements nets d'aide publique au développement aux bénéficiaires *(suite)*

Total, bilatérale et multilatérale d'aide (millions de dollars É.-U.); et en pourcentage du Revenu National Brut (RNB)

Region, country or area&	1985	1995	2005	2010	2015	2019	2020	2021	Région, pays ou zone&
Belarus									**Bélarus**
Bilateral	...	...	40	94	71	93	686	-298	Bilatérale
Multilateral	...	...	18	42	34	119	140	39	Multilatérale
Total	...	...	58	136	105	212	826	-260	Total
% of GNI	...	...	0.2	0.2	0.2	0.3	1.4	-0.4	% du RNB
Belize									**Belize**
Bilateral	21	12	6	8	11	20	56	26	Bilatérale
Multilateral	1	7	6	16	17	16	14	51	Multilatérale
Total	22	19	12	24	28	35	69	77	Total
% of GNI	10.9	3.2	1.2	1.9	1.7	2.0	4.5	4.5	% du RNB
Benin									**Bénin**
Bilateral	62	229	175	388	256	347	716	625	Bilatérale
Multilateral	32	52	174	301	180	246	333	225	Multilatérale
Total	94	281	349	689	437	593	1 050	850	Total
% of GNI	9.2	13.2	5.3	7.3	3.9	4.2	6.8	4.8	% du RNB
Bermuda									**Bermudes**
Bilateral	1	-2	...	...	...	...	...	...	Bilatérale
Multilateral	~0	0	...	...	...	...	...	...	Multilatérale
Total	1	-2	...	...	...	...	...	...	Total
Bhutan									**Bhoutan**
Bilateral	6	60	40	53	59	114	145	94	Bilatérale
Multilateral	14	10	38	44	38	65	57	34	Multilatérale
Total	21	69	79	97	97	179	203	127	Total
% of GNI	16.1	27.5	10.0	6.7	5.2	7.8	9.3	...	% du RNB
Bolivia (Plurin. State of)									**Bolivie (État plurin. de)**
Bilateral	129	526	386	412	589	573	258	425	Bilatérale
Multilateral	30	153	157	148	203	135	81	82	Multilatérale
Total	159	679	543	560	791	708	339	507	Total
% of GNI	3.2	10.4	5.9	3.0	2.5	1.8	0.9	1.3	% du RNB
Bosnia and Herzegovina									**Bosnie-Herzégovine**
Bilateral	...	900	309	290	120	250	226	231	Bilatérale
Multilateral	...	66	231	222	236	211	213	334	Multilatérale
Total	...	966	540	511	356	461	439	564	Total
% of GNI	...	59.5	4.6	2.9	2.2	2.3	2.2	2.5	% du RNB
Botswana									**Botswana**
Bilateral	71	71	8	95	41	41	55	-17	Bilatérale
Multilateral	24	19	40	60	24	26	24	113	Multilatérale
Total	96	90	48	155	66	68	79	96	Total
% of GNI	9.4	1.9	0.5	1.3	0.5	0.4	0.5	0.6	% du RNB
Brazil									**Brésil**
Bilateral	54	230	113	377	719	42	290	831	Bilatérale
Multilateral	31	34	104	88	284	230	322	283	Multilatérale
Total	85	264	217	465	1 003	273	613	1 114	Total
% of GNI	0.1	~0.0	~0.0	~0.0	0.1	~0.0	~0.0	0.1	% du RNB
British Virgin Islands									**Îles Vierges britanniques**
Bilateral	2	~0	...	...	...	...	...	...	Bilatérale
Multilateral	~0	1	...	...	...	...	...	...	Multilatérale
Total	2	1	...	...	...	...	...	...	Total
Brunei Darussalam									**Brunéi Darussalam**
Bilateral	1	4	...	...	...	...	...	...	Bilatérale
Multilateral	~0	~0	...	...	...	...	...	...	Multilatérale
Total	1	4	...	...	...	...	...	...	Total
% of GNI	...	0.1	...	...	...	...	...	...	% du RNB
Burkina Faso									**Burkina Faso**
Bilateral	134	350	382	554	527	654	1 182	1 144	Bilatérale
Multilateral	54	140	316	491	471	454	549	466	Multilatérale
Total	188	490	698	1 045	998	1 108	1 731	1 611	Total
% of GNI	12.2	20.7	11.5	10.7	8.8	7.2	10.4	8.6	% du RNB
Burundi									**Burundi**
Bilateral	91	147	163	279	186	265	249	367	Bilatérale
Multilateral	46	140	202	349	181	290	232	241	Multilatérale
Total	137	287	366	628	367	554	481	608	Total
% of GNI	12.1	29.0	33.3	31.1	11.8	21.4	17.2	20.9	% du RNB

32

Net disbursements of official development assistance to recipients *(continued)*

Total, bilateral and multilateral aid (millions of US dollars); and as a percentage of Gross National Income (GNI)

Décaissements nets d'aide publique au développement aux bénéficiaires *(suite)*

Total, bilatérale et multilatérale d'aide (millions de dollars É.-U.); et en pourcentage du Revenu National Brut (RNB)

Region, country or area[&]	1985	1995	2005	2010	2015	2019	2020	2021	Région, pays ou zone[&]
Cabo Verde									**Cabo Verde**
Bilateral	42	91	112	248	111	82	94	83	Bilatérale
Multilateral	22	25	51	79	42	70	65	62	Multilatérale
Total	64	116	163	327	153	152	158	145	Total
% of GNI	48.4	23.9	17.4	20.6	10.0	7.8	9.5	7.7	% du RNB
Cambodia									**Cambodge**
Bilateral	9	389	288	471	522	805	1 179	1 196	Bilatérale
Multilateral	5	117	165	210	157	161	195	171	Multilatérale
Total	14	506	453	681	679	966	1 374	1 367	Total
% of GNI	...	15.0	7.5	6.4	4.0	3.8	5.5	5.4	% du RNB
Cameroon									**Cameroun**
Bilateral	134	380	279	303	434	895	1 021	735	Bilatérale
Multilateral	18	64	138	237	230	403	380	406	Multilatérale
Total	152	444	417	540	664	1 297	1 401	1 141	Total
% of GNI	1.8	4.3	2.2	2.0	2.1	3.3	3.5	2.6	% du RNB
Cayman Islands									**Îles Caïmanes**
Bilateral	-~0	-1	...	...	...	...	...	...	Bilatérale
Multilateral	~0	~0	...	...	...	...	...	...	Multilatérale
Total	~0	-1	...	...	...	...	...	...	Total
Central African Republic									**République centrafricaine**
Bilateral	73	126	37	78	295	395	534	443	Bilatérale
Multilateral	31	42	52	183	192	282	299	216	Multilatérale
Total	104	168	89	261	487	676	833	659	Total
% of GNI	12.1	15.3	6.7	12.1	28.4	28.4	33.9	24.5	% du RNB
Chad									**Tchad**
Bilateral	118	165	166	275	1	396	663	482	Bilatérale
Multilateral	61	70	221	215	606	246	375	249	Multilatérale
Total	179	235	386	490	606	642	1 038	730	Total
% of GNI	17.4	16.3	6.9	4.8	5.7	5.8	10.4	6.4	% du RNB
Chile									**Chili**
Bilateral	46	151	88	138	36	...	...	...	Bilatérale
Multilateral	3	9	83	44	18	...	...	...	Multilatérale
Total	49	161	171	182	54	...	...	...	Total
% of GNI	0.3	0.2	0.2	0.1	~0.0	...	...	...	% du RNB
China [6]									**Chine** [6]
Bilateral	697	2 543	1 470	344	-558	-924	-851	-840	Bilatérale
Multilateral	242	921	329	327	252	316	278	275	Multilatérale
Total	939	3 464	1 798	672	-306	-609	-573	-564	Total
% of GNI	0.3	0.5	0.1	~0.0	0.0	0.0	0.0	0.0	% du RNB
China, Hong Kong SAR									**Chine, RAS de Hong Kong**
Bilateral	18	14	...	...	...	...	...	...	Bilatérale
Multilateral	2	4	...	...	...	...	...	...	Multilatérale
Total	20	18	...	...	...	...	...	...	Total
% of GNI	0.1	~0.0	...	...	...	...	...	...	% du RNB
China, Macao SAR									**Chine, RAS de Macao**
Bilateral	~0	-4	...	...	...	...	...	...	Bilatérale
Multilateral	~0	0	...	...	...	...	...	...	Multilatérale
Total	~0	-4	...	...	...	...	...	...	Total
% of GNI	~0.0	-0.1	...	...	...	...	...	...	% du RNB
Colombia									**Colombie**
Bilateral	36	170	560	575	1 275	647	1 637	1 690	Bilatérale
Multilateral	17	12	83	98	81	226	233	226	Multilatérale
Total	53	182	643	673	1 356	874	1 869	1 917	Total
% of GNI	0.2	0.2	0.5	0.2	0.5	0.3	0.7	0.6	% du RNB
Comoros									**Comores**
Bilateral	32	27	5	23	30	23	82	103	Bilatérale
Multilateral	15	15	18	47	36	50	50	51	Multilatérale
Total	47	42	23	70	66	74	132	154	Total
% of GNI	24.2	10.4	3.6	7.7	6.8	6.3	10.8	11.7	% du RNB
Congo									**Congo**
Bilateral	55	117	1 350	1 048	38	86	136	66	Bilatérale
Multilateral	14	10	76	267	51	91	79	138	Multilatérale
Total	69	127	1 426	1 315	89	177	216	204	Total
% of GNI	3.4	10.3	28.3	10.8	0.8	1.8	2.4	2.1	% du RNB

32 Net disbursements of official development assistance to recipients *(continued)*
Total, bilateral and multilateral aid (millions of US dollars); and as a percentage of Gross National Income (GNI)

Décaissements nets d'aide publique au développement aux bénéficiaires *(suite)*
Total, bilatérale et multilatérale d'aide (millions de dollars É.-U.); et en pourcentage du Revenu National Brut (RNB)

Region, country or area&	1985	1995	2005	2010	2015	2019	2020	2021	Région, pays ou zone&
Cook Islands									**Iles Cook**
Bilateral	8	10	6	13	22	25	...	...	Bilatérale
Multilateral	1	1	1	1	4	4	...	...	Multilatérale
Total	9	11	7	14	26	29	...	...	Total
Costa Rica									**Costa Rica**
Bilateral	237	33	19	85	87	11	52	37	Bilatérale
Multilateral	14	13	13	16	25	45	157	43	Multilatérale
Total	252	46	33	101	111	56	209	79	Total
% of GNI	6.9	0.4	0.2	0.3	0.2	0.1	0.4	0.1	% du RNB
Côte d'Ivoire									**Côte d'Ivoire**
Bilateral	110	949	16	478	301	810	1 061	1 048	Bilatérale
Multilateral	7	264	75	368	351	364	502	529	Multilatérale
Total	117	1 212	91	845	652	1 174	1 563	1 576	Total
% of GNI	1.9	12.1	0.6	3.5	1.5	2.1	2.6	2.3	% du RNB
Croatia									**Croatie**
Bilateral	...	48	58	11	...	...	...	...	Bilatérale
Multilateral	...	5	65	121	...	...	...	...	Multilatérale
Total	...	53	123	132	...	...	...	...	Total
% of GNI	...	0.2	0.3	0.2	...	...	...	...	% du RNB
Cuba									**Cuba**
Bilateral	31	46	67	82	533	462	399	-66	Bilatérale
Multilateral	11	17	23	51	25	36	130	219	Multilatérale
Total	42	64	90	132	558	497	529	152	Total
% of GNI	0.2	0.2	0.2	0.2	0.7	...	...	...	% du RNB
Cyprus									**Chypre**
Bilateral	31	15	...	...	...	...	...	...	Bilatérale
Multilateral	6	7	...	...	...	...	...	...	Multilatérale
Total	37	21	...	...	...	...	...	...	Total
% of GNI	1.5	0.2	...	...	...	...	...	...	% du RNB
Dem. People's Rep. Korea									**Rép. pop. dém. de Corée**
Bilateral	...	3	33	28	104	102	87	14	Bilatérale
Multilateral	...	11	54	50	27	33	38	6	Multilatérale
Total	6	13	87	79	131	134	125	20	Total
Dem. Rep. of the Congo									**Rép. dém. du Congo**
Bilateral	223	136	1 094	1 042	1 663	1 857	2 385	2 524	Bilatérale
Multilateral	83	59	788	2 442	936	952	998	1 086	Multilatérale
Total	305	195	1 882	3 484	2 599	2 809	3 383	3 610	Total
% of GNI	...	4.0	16.4	16.9	7.4	5.7	7.1	6.9	% du RNB
Djibouti									**Djibouti**
Bilateral	71	94	46	105	140	178	174	116	Bilatérale
Multilateral	11	12	29	27	33	84	85	59	Multilatérale
Total	81	106	74	132	173	262	259	176	Total
% of GNI	...	20.5	10.2	11.5	7.2	8.8	8.4	5.4	% du RNB
Dominica									**Dominique**
Bilateral	13	18	13	3	4	31	46	53	Bilatérale
Multilateral	4	7	8	30	8	20	19	26	Multilatérale
Total	17	25	21	32	12	51	64	79	Total
% of GNI	14.2	9.6	6.3	6.7	2.3	8.5	12.6	14.5	% du RNB
Dominican Republic									**République dominicaine**
Bilateral	155	94	28	78	241	44	300	409	Bilatérale
Multilateral	12	13	67	116	39	87	75	40	Multilatérale
Total	167	108	95	194	280	131	374	448	Total
% of GNI	3.5	0.7	0.3	0.4	0.4	0.2	0.5	0.5	% du RNB
Ecuador									**Équateur**
Bilateral	61	161	184	119	172	311	230	162	Bilatérale
Multilateral	19	27	74	49	146	196	114	139	Multilatérale
Total	79	188	258	169	318	507	344	301	Total
% of GNI	0.5	0.8	0.7	0.3	0.3	0.5	0.4	0.3	% du RNB
Egypt									**Égypte**
Bilateral	1 692	1 873	730	412	2 341	950	856	6 043	Bilatérale
Multilateral	82	155	316	187	184	757	706	1 898	Multilatérale
Total	1 774	2 028	1 046	599	2 525	1 706	1 562	7 941	Total
% of GNI	5.0	3.4	1.2	0.3	0.8	0.6	0.4	2.0	% du RNB

32 Net disbursements of official development assistance to recipients *(continued)*

Total, bilateral and multilateral aid (millions of US dollars); and as a percentage of Gross National Income (GNI)

Décaissements nets d'aide publique au développement aux bénéficiaires *(suite)*

Total, bilatérale et multilatérale d'aide (millions de dollars É.-U.); et en pourcentage du Revenu National Brut (RNB)

Region, country or area&	1985	1995	2005	2010	2015	2019	2020	2021	Région, pays ou zone&
El Salvador									**El Salvador**
Bilateral	308	260	146	224	66	246	275	182	Bilatérale
Multilateral	18	19	72	78	24	57	68	31	Multilatérale
Total	325	279	218	302	90	303	343	213	Total
% of GNI	8.8	3.2	1.5	1.7	0.4	1.2	1.5	0.8	% du RNB
Equatorial Guinea									**Guinée équatoriale**
Bilateral	9	23	18	75	3	55	-~0	2	Bilatérale
Multilateral	8	10	20	10	5	8	7	10	Multilatérale
Total	17	33	38	85	7	63	6	13	Total
% of GNI	30.0	28.3	0.9	0.9	0.1	0.8	0.1	0.1	% du RNB
Eritrea									**Érythrée**
Bilateral	...	119	229	49	54	215	20	14	Bilatérale
Multilateral	...	29	121	114	40	51	42	30	Multilatérale
Total	...	148	350	162	94	266	61	44	Total
% of GNI	...	25.4	32.1	10.4	...	...	...	...	% du RNB
Eswatini									**Eswatini**
Bilateral	18	49	-1	21	42	36	61	59	Bilatérale
Multilateral	6	9	47	70	51	34	44	66	Multilatérale
Total	24	58	47	91	93	71	105	125	Total
% of GNI	...	3.3	1.4	2.2	2.4	1.8	3.0	2.8	% du RNB
Ethiopia									**Éthiopie**
Bilateral	541	653	1 205	2 223	2 243	3 212	3 773	3 152	Bilatérale
Multilateral	177	224	724	1 232	996	1 465	1 532	919	Multilatérale
Total	718	877	1 929	3 455	3 239	4 677	5 305	4 071	Total
% of GNI	7.6	11.5	15.6	11.6	5.0	4.9	5.0	3.7	% du RNB
Fiji									**Fidji**
Bilateral	28	39	32	56	73	103	128	523	Bilatérale
Multilateral	3	4	34	19	30	26	66	87	Multilatérale
Total	31	43	66	76	102	129	194	609	Total
% of GNI	2.8	2.2	2.2	2.5	2.3	2.6	4.5	14.0	% du RNB
French Polynesia									**Polynésie française**
Bilateral	171	448	...	...	...	...	...	...	Bilatérale
Multilateral	1	3	...	...	...	...	...	...	Multilatérale
Total	172	451	...	...	...	...	...	...	Total
% of GNI	11.4	11.3	...	...	...	...	...	...	% du RNB
Gabon									**Gabon**
Bilateral	55	140	1	82	81	87	31	77	Bilatérale
Multilateral	6	4	50	24	17	29	22	21	Multilatérale
Total	61	144	50	106	99	116	53	99	Total
% of GNI	2.0	3.4	0.6	0.9	0.8	0.8	0.4	0.6	% du RNB
Gambia									**Gambie**
Bilateral	33	25	7	52	75	74	172	111	Bilatérale
Multilateral	15	20	53	70	39	116	129	137	Multilatérale
Total	48	45	61	121	114	190	301	248	Total
% of GNI	19.2	5.9	6.0	8.0	8.5	10.7	16.7	12.2	% du RNB
Georgia									**Géorgie**
Bilateral	...	104	183	319	255	249	577	481	Bilatérale
Multilateral	...	106	110	270	194	243	464	289	Multilatérale
Total	...	209	293	589	449	492	1 041	769	Total
% of GNI	...	8.1	4.5	4.9	3.1	3.0	6.9	4.4	% du RNB
Ghana									**Ghana**
Bilateral	105	362	660	1 132	1 024	603	1 506	856	Bilatérale
Multilateral	89	288	493	565	746	308	698	383	Multilatérale
Total	194	650	1 153	1 697	1 770	911	2 204	1 238	Total
% of GNI	4.4	10.3	10.9	5.4	3.7	1.4	3.1	1.6	% du RNB
Gibraltar									**Gibraltar**
Bilateral	...	~0	...	...	...	...	...	...	Bilatérale
Multilateral	...	0	...	...	...	...	...	...	Multilatérale
Total	29	~0	...	...	...	...	...	...	Total
Grenada									**Grenade**
Bilateral	32	8	33	10	7	9	52	51	Bilatérale
Multilateral	2	3	20	24	17	5	18	17	Multilatérale
Total	34	11	53	34	24	15	70	68	Total
% of GNI	21.2	3.3	7.9	4.6	2.7	1.3	7.0	6.4	% du RNB

32 Net disbursements of official development assistance to recipients *(continued)*

Total, bilateral and multilateral aid (millions of US dollars); and as a percentage of Gross National Income (GNI)

Décaissements nets d'aide publique au développement aux bénéficiaires *(suite)*

Total, bilatérale et multilatérale d'aide (millions de dollars É.-U.); et en pourcentage du Revenu National Brut (RNB)

Region, country or area&	1985	1995	2005	2010	2015	2019	2020	2021	Région, pays ou zone&
Guatemala									**Guatemala**
Bilateral	64	178	204	335	331	325	329	434	Bilatérale
Multilateral	12	27	65	67	80	63	144	78	Multilatérale
Total	76	205	269	402	411	388	473	513	Total
% of GNI	0.8	1.4	1.0	1.0	0.7	0.5	0.6	0.6	% du RNB
Guinea									**Guinée**
Bilateral	74	305	89	47	248	290	468	321	Bilatérale
Multilateral	39	111	104	174	292	272	257	271	Multilatérale
Total	113	416	193	221	539	562	726	592	Total
% of GNI	...	11.5	7.3	3.3	6.2	4.4	5.7	4.2	% du RNB
Guinea-Bissau									**Guinée-Bissau**
Bilateral	34	95	8	-32	29	44	69	67	Bilatérale
Multilateral	22	23	59	161	66	69	79	102	Multilatérale
Total	56	118	67	129	95	113	148	169	Total
% of GNI	35.5	50.0	11.6	15.3	8.9	7.7	10.1	10.3	% du RNB
Guyana									**Guyana**
Bilateral	5	41	32	45	12	92	35	116	Bilatérale
Multilateral	6	27	70	62	20	20	17	22	Multilatérale
Total	11	68	101	106	32	112	52	139	Total
% of GNI	2.8	12.7	12.6	3.1	0.8	2.2	1.0	2.0	% du RNB
Haiti									**Haïti**
Bilateral	109	535	201	2 189	837	532	663	743	Bilatérale
Multilateral	29	120	165	700	209	164	225	208	Multilatérale
Total	138	655	367	2 890	1 046	696	888	951	Total
% of GNI	6.9	23.2	5.1	24.3	7.0	4.7	6.1	4.5	% du RNB
Honduras									**Honduras**
Bilateral	213	274	467	273	412	327	959	481	Bilatérale
Multilateral	25	101	183	198	128	125	224	137	Multilatérale
Total	238	375	649	471	541	452	1 183	617	Total
% of GNI	4.7	7.4	7.0	3.1	2.8	2.0	5.3	2.4	% du RNB
India									**Inde**
Bilateral	844	871	669	1 639	1 801	932	710	2 311	Bilatérale
Multilateral	743	862	1 207	1 192	1 373	1 618	1 084	824	Multilatérale
Total	1 587	1 733	1 876	2 831	3 174	2 550	1 795	3 135	Total
% of GNI	0.7	0.5	0.2	0.2	0.2	0.1	0.1	0.1	% du RNB
Indonesia									**Indonésie**
Bilateral	508	1 201	2 208	901	-162	-1 242	659	301	Bilatérale
Multilateral	83	50	281	423	133	549	551	325	Multilatérale
Total	591	1 252	2 489	1 324	-28	-693	1 210	626	Total
% of GNI	0.7	0.6	0.9	0.2	0.0	-0.1	0.1	0.1	% du RNB
Iran (Islamic Republic of)									**Iran (Rép. islamique d')**
Bilateral	2	162	61	72	91	166	196	256	Bilatérale
Multilateral	9	25	40	40	19	38	39	48	Multilatérale
Total	11	187	101	112	111	204	235	304	Total
% of GNI	~0.0	0.2	0.1	~0.0	~0.0	0.1	0.1	...	% du RNB
Iraq									**Iraq**
Bilateral	19	273	21 999	2 040	1 347	1 847	2 140	1 600	Bilatérale
Multilateral	1	60	58	138	136	244	219	211	Multilatérale
Total	20	333	22 057	2 178	1 483	2 091	2 360	1 811	Total
% of GNI	~0.0	2.6	48.6	1.6	0.9	0.9	1.3	0.9	% du RNB
Israel									**Israël**
Bilateral	1 978	334	...	...	...	...	...	...	Bilatérale
Multilateral	~0	2	...	...	...	...	...	...	Multilatérale
Total	1 978	336	...	...	...	...	...	...	Total
% of GNI	7.8	0.3	...	...	...	...	...	...	% du RNB
Jamaica									**Jamaïque**
Bilateral	159	88	-5	-8	15	89	34	30	Bilatérale
Multilateral	7	27	48	150	44	36	33	29	Multilatérale
Total	166	115	44	141	59	125	67	59	Total
% of GNI	9.1	1.9	0.4	1.1	0.4	0.8	0.5	0.4	% du RNB
Jordan									**Jordanie**
Bilateral	598	462	593	692	1 900	2 360	2 625	2 766	Bilatérale
Multilateral	9	78	117	263	241	330	489	681	Multilatérale
Total	607	540	710	955	2 141	2 690	3 114	3 447	Total
% of GNI	12.4	8.4	5.5	3.6	5.6	6.0	7.2	7.7	% du RNB

32 Net disbursements of official development assistance to recipients *(continued)*

Total, bilateral and multilateral aid (millions of US dollars); and as a percentage of Gross National Income (GNI)

Décaissements nets d'aide publique au développement aux bénéficiaires *(suite)*

Total, bilatérale et multilatérale d'aide (millions de dollars É.-U.); et en pourcentage du Revenu National Brut (RNB)

Region, country or area&	1985	1995	2005	2010	2015	2019	2020	2021	Région, pays ou zone&
Kazakhstan									**Kazakhstan**
Bilateral	...	48	194	140	5	3	14	24	Bilatérale
Multilateral	...	11	31	72	77	50	60	33	Multilatérale
Total	...	59	225	212	82	54	74	58	Total
% of GNI	...	0.3	0.4	0.2	0.1	~0.0	0.1	~0.0	% du RNB
Kenya									**Kenya**
Bilateral	366	506	475	1 163	1 655	2 100	2 826	2 199	Bilatérale
Multilateral	61	227	281	468	809	1 072	1 165	978	Multilatérale
Total	427	733	757	1 631	2 464	3 172	3 991	3 177	Total
% of GNI	7.2	8.4	4.0	4.1	3.9	3.2	4.0	2.9	% du RNB
Kiribati									**Kiribati**
Bilateral	11	13	18	22	50	50	51	69	Bilatérale
Multilateral	1	2	8	2	15	6	7	4	Multilatérale
Total	12	15	27	24	65	57	58	73	Total
% of GNI	38.1	16.0	16.8	10.5	18.5	15.2	17.2	...	% du RNB
Kosovo									**Kosovo**
Bilateral	...	...	...	215	251	181	313	270	Bilatérale
Multilateral	...	...	0	312	186	164	231	184	Multilatérale
Total	...	...	...	528	438	345	544	454	Total
% of GNI	...	...	...	9.7	6.8	4.3	6.9	4.9	% du RNB
Kuwait									**Koweït**
Bilateral	3	4	...	...	...	...	...	...	Bilatérale
Multilateral	1	~0	...	...	...	...	...	...	Multilatérale
Total	4	4	...	...	...	...	...	...	Total
% of GNI	~0.0	~0.0	...	...	...	...	...	...	% du RNB
Kyrgyzstan									**Kirghizistan**
Bilateral	...	151	147	245	602	323	358	347	Bilatérale
Multilateral	...	94	91	127	172	120	127	132	Multilatérale
Total	...	245	238	372	775	443	485	479	Total
% of GNI	...	15.1	10.0	8.3	12.1	5.5	6.5	6.1	% du RNB
Lao People's Dem. Rep.									**Rép. dém. populaire lao**
Bilateral	15	191	105	261	394	472	454	440	Bilatérale
Multilateral	21	55	137	128	77	150	75	135	Multilatérale
Total	36	246	241	389	471	622	529	576	Total
% of GNI	1.5	14.0	9.0	5.8	3.4	3.5	3.0	3.3	% du RNB
Lebanon									**Liban**
Bilateral	65	147	142	319	779	1 021	1 216	1 208	Bilatérale
Multilateral	17	44	89	126	187	216	206	192	Multilatérale
Total	82	191	231	445	966	1 236	1 422	1 399	Total
% of GNI	...	1.6	1.1	1.2	2.0	2.5	5.7	8.0	% du RNB
Lesotho									**Lesotho**
Bilateral	65	81	26	92	43	59	80	100	Bilatérale
Multilateral	28	31	42	164	43	81	91	79	Multilatérale
Total	92	113	68	256	86	140	171	179	Total
% of GNI	18.4	8.4	3.1	8.9	3.3	5.1	6.8	6.3	% du RNB
Liberia									**Libéria**
Bilateral	72	51	118	959	764	390	446	381	Bilatérale
Multilateral	19	72	104	457	330	192	206	226	Multilatérale
Total	90	123	222	1 416	1 094	581	652	606	Total
% of GNI	...	...	28.0	77.9	37.1	19.6	22.6	18.5	% du RNB
Libya									**Libye**
Bilateral	3	4	17	1	132	197	242	264	Bilatérale
Multilateral	2	2	6	7	26	97	55	80	Multilatérale
Total	5	6	24	8	157	294	296	344	Total
% of GNI	...	...	0.1	~0.0	0.3	0.4	0.6	0.8	% du RNB
Madagascar									**Madagascar**
Bilateral	118	192	517	264	400	435	884	705	Bilatérale
Multilateral	67	107	399	214	277	297	414	363	Multilatérale
Total	185	299	916	477	678	732	1 299	1 068	Total
% of GNI	5.0	8.2	16.0	4.9	6.2	5.3	10.1	7.5	% du RNB
Malawi									**Malawi**
Bilateral	72	286	301	560	694	709	956	758	Bilatérale
Multilateral	41	149	272	456	355	459	498	420	Multilatérale
Total	112	435	574	1 017	1 050	1 168	1 454	1 178	Total
% of GNI	10.4	32.2	15.9	14.8	17.1	10.8	12.1	9.5	% du RNB

32 Net disbursements of official development assistance to recipients *(continued)*

Total, bilateral and multilateral aid (millions of US dollars); and as a percentage of Gross National Income (GNI)

Décaissements nets d'aide publique au développement aux bénéficiaires *(suite)*

Total, bilatérale et multilatérale d'aide (millions de dollars É.-U.); et en pourcentage du Revenu National Brut (RNB)

Region, country or area&	1985	1995	2005	2010	2015	2019	2020	2021	Région, pays ou zone&
Malaysia									**Malaisie**
Bilateral	217	102	17	-33	-14	-18	-24	-4	Bilatérale
Multilateral	10	5	12	27	13	15	19	18	Multilatérale
Total	227	107	29	-6	-1	-3	-5	14	Total
% of GNI	0.8	0.1	~0.0	0.0	0.0	0.0	0.0	0.0	% du RNB
Maldives									**Maldives**
Bilateral	6	45	46	49	14	54	264	18	Bilatérale
Multilateral	3	7	27	40	10	17	48	94	Multilatérale
Total	9	52	72	88	24	71	311	112	Total
% of GNI	7.5	13.9	6.4	3.9	0.6	1.4	9.1	2.5	% du RNB
Mali									**Mali**
Bilateral	308	401	395	770	788	1 279	1 136	1 130	Bilatérale
Multilateral	70	139	330	322	414	537	431	306	Multilatérale
Total	379	540	725	1 091	1 202	1 816	1 566	1 436	Total
% of GNI	27.7	20.3	12.0	10.6	9.4	11.0	9.4	7.7	% du RNB
Malta									**Malte**
Bilateral	18	7	...	...	...	...	...	...	Bilatérale
Multilateral	~0	2	...	...	...	...	...	...	Multilatérale
Total	18	9	...	...	...	...	...	...	Total
% of GNI	1.5	0.2	...	...	...	...	...	...	% du RNB
Marshall Islands									**Îles Marshall**
Bilateral	...	31	55	18	56	45	178	100	Bilatérale
Multilateral	...	2	2	7	1	21	5	7	Multilatérale
Total	...	33	56	25	57	66	183	107	Total
% of GNI	...	22.0	31.5	12.8	23.0	22.4	61.4	35.2	% du RNB
Mauritania									**Mauritanie**
Bilateral	179	163	91	277	252	259	447	265	Bilatérale
Multilateral	28	67	97	97	78	137	199	164	Multilatérale
Total	208	230	189	374	329	397	646	429	Total
% of GNI	21.7	11.4	6.3	6.7	5.5	5.1	8.3	5.3	% du RNB
Mauritius									**Maurice**
Bilateral	24	16	13	41	30	-10	302	276	Bilatérale
Multilateral	3	8	22	84	48	32	33	17	Multilatérale
Total	27	24	34	125	78	22	335	293	Total
% of GNI	2.6	0.6	0.5	1.3	0.6	0.1	2.8	2.3	% du RNB
Mayotte									**Mayotte**
Bilateral	20	107	201	603	...	...	...	...	Bilatérale
Multilateral	~0	1	~0	1	...	...	...	...	Multilatérale
Total	21	108	201	604	...	...	...	...	Total
Mexico									**Mexique**
Bilateral	128	386	171	398	270	378	621	422	Bilatérale
Multilateral	23	24	29	56	51	147	173	142	Multilatérale
Total	151	411	200	455	321	525	794	564	Total
% of GNI	0.1	0.1	~0.0	~0.0	~0.0	~0.0	0.1	0.1	% du RNB
Micronesia (Fed. States of)									**Micronésie (États féd. de)**
Bilateral	...	71	102	63	77	83	160	91	Bilatérale
Multilateral	...	3	3	1	4	10	12	40	Multilatérale
Total	...	74	105	64	81	93	172	131	Total
% of GNI	...	31.7	40.6	20.8	21.7	20.2	37.9	29.4	% du RNB
Mongolia									**Mongolie**
Bilateral	...	128	135	206	191	254	523	112	Bilatérale
Multilateral	...	25	61	81	45	56	179	170	Multilatérale
Total	5	153	195	287	236	311	702	282	Total
% of GNI	0.2	10.8	7.9	4.3	2.2	2.5	5.8	2.2	% du RNB
Montenegro									**Monténégro**
Bilateral	...	...	4	54	27	-15	38	8	Bilatérale
Multilateral	...	...	0	26	73	111	167	125	Multilatérale
Total	...	...	4	80	100	96	205	133	Total
% of GNI	...	...	0.2	2.0	2.4	1.7	4.2	2.3	% du RNB
Montserrat									**Montserrat**
Bilateral	2	9	27	16	...	32	46	38	Bilatérale
Multilateral	~0	1	1	10	...	4	4	2	Multilatérale
Total	2	9	28	26	52	36	50	40	Total

32 Net disbursements of official development assistance to recipients *(continued)*

Total, bilateral and multilateral aid (millions of US dollars); and as a percentage of Gross National Income (GNI)

Décaissements nets d'aide publique au développement aux bénéficiaires *(suite)*

Total, bilatérale et multilatérale d'aide (millions de dollars É.-U.); et en pourcentage du Revenu National Brut (RNB)

Region, country or area&	1985	1995	2005	2010	2015	2019	2020	2021	Région, pays ou zone&
Morocco									**Maroc**
Bilateral	836	447	395	708	873	169	978	475	Bilatérale
Multilateral	30	54	338	278	645	583	851	491	Multilatérale
Total	866	501	733	986	1 518	752	1 829	966	Total
% of GNI	6.0	1.3	1.2	1.1	1.5	0.6	1.6	0.7	% du RNB
Mozambique									**Mozambique**
Bilateral	242	799	806	1 432	1 310	1 282	1 761	1 671	Bilatérale
Multilateral	54	264	483	512	509	560	796	612	Multilatérale
Total	296	1 063	1 290	1 943	1 819	1 841	2 556	2 283	Total
% of GNI	...	38.1	15.8	18.1	11.6	12.2	18.6	14.5	% du RNB
Myanmar									**Myanmar**
Bilateral	205	119	34	212	927	1 687	2 399	1 238	Bilatérale
Multilateral	107	42	111	143	242	357	471	268	Multilatérale
Total	311	160	145	355	1 169	2 044	2 870	1 507	Total
% of GNI	25.3	3.4	1.6	1.0	1.9	3.1	3.8	2.4	% du RNB
Namibia									**Namibie**
Bilateral	...	170	56	207	106	95	122	109	Bilatérale
Multilateral	...	20	58	55	37	50	59	74	Multilatérale
Total	5	190	113	261	142	144	180	183	Total
% of GNI	0.4	4.6	1.6	2.4	1.3	1.2	1.7	1.5	% du RNB
Nauru									**Nauru**
Bilateral	...	3	9	27	30	53	28	34	Bilatérale
Multilateral	...	~0	~0	1	1	1	~0	~0	Multilatérale
Total	~0	3	9	28	31	54	28	34	Total
% of GNI	...	...	...	48.7	26.5	32.0	16.0	15.3	% du RNB
Nepal									**Népal**
Bilateral	62	254	268	397	819	956	1 355	1 155	Bilatérale
Multilateral	126	126	139	370	406	377	404	444	Multilatérale
Total	188	381	407	767	1 224	1 333	1 759	1 598	Total
% of GNI	7.2	8.6	5.0	4.8	5.0	3.9	5.2	4.4	% du RNB
Netherlands Antilles [former]									**Antilles néerlandaises [anc.]**
Bilateral	64	97	...	...	...	...	...	...	Bilatérale
Multilateral	1	2	...	...	...	...	...	...	Multilatérale
Total	65	98	...	...	...	...	...	...	Total
New Caledonia									**Nouvelle-Calédonie**
Bilateral	145	448	...	...	...	...	...	...	Bilatérale
Multilateral	~0	3	...	...	...	...	...	...	Multilatérale
Total	145	451	...	...	...	...	...	...	Total
Nicaragua									**Nicaragua**
Bilateral	84	505	486	390	341	288	273	604	Bilatérale
Multilateral	17	65	171	121	117	101	188	150	Multilatérale
Total	101	569	656	511	458	388	461	754	Total
% of GNI	4.0	15.1	10.6	6.0	3.7	3.2	3.9	5.7	% du RNB
Niger									**Niger**
Bilateral	226	211	270	402	491	860	1 308	1 288	Bilatérale
Multilateral	72	61	254	339	379	580	622	520	Multilatérale
Total	298	272	523	741	870	1 440	1 930	1 807	Total
% of GNI	21.3	11.7	11.2	9.0	8.6	10.7	14.7	11.9	% du RNB
Nigeria									**Nigéria**
Bilateral	19	88	5 954	1 072	1 492	2 013	2 284	2 410	Bilatérale
Multilateral	13	122	448	980	939	1 263	1 091	1 118	Multilatérale
Total	32	211	6 402	2 052	2 432	3 275	3 376	3 528	Total
% of GNI	~0.0	0.5	3.9	0.6	0.5	0.8	0.8	0.8	% du RNB
Niue									**Nioué**
Bilateral	...	8	19	14	19	18	20	25	Bilatérale
Multilateral	...	~0	2	1	~0	1	2	3	Multilatérale
Total	4	8	21	15	20	19	22	28	Total
North Macedonia									**Macédoine du Nord**
Bilateral	...	34	154	127	55	28	85	95	Bilatérale
Multilateral	...	45	74	67	159	112	198	244	Multilatérale
Total	...	79	227	194	214	140	283	338	Total
% of GNI	...	1.7	3.7	2.1	2.2	1.2	2.4	2.6	% du RNB
Northern Mariana Islands									**Îles Mariannes du Nord**
Bilateral	158	~0	...	...	...	...	...	...	Bilatérale
Multilateral	1	-1	...	...	...	...	...	...	Multilatérale
Total	159	-1	...	...	...	...	...	...	Total

32

Net disbursements of official development assistance to recipients *(continued)*
Total, bilateral and multilateral aid (millions of US dollars); and as a percentage of Gross National Income (GNI)

Décaissements nets d'aide publique au développement aux bénéficiaires *(suite)*
Total, bilatérale et multilatérale d'aide (millions de dollars É.-U.); et en pourcentage du Revenu National Brut (RNB)

Region, country or area&	1985	1995	2005	2010	2015	2019	2020	2021	Région, pays ou zone&
Oman									**Oman**
Bilateral	75	74	15	-24	...	...	...	...	Bilatérale
Multilateral	2	1	4	2	...	...	...	...	Multilatérale
Total	78	75	19	-22	...	...	...	...	Total
% of GNI	0.8	0.6	0.1	-~0.0	...	...	...	...	% du RNB
Pakistan									**Pakistan**
Bilateral	305	152	746	2 093	2 318	1 259	1 571	2 040	Bilatérale
Multilateral	363	349	731	840	1 446	751	1 021	883	Multilatérale
Total	668	501	1 477	2 933	3 764	2 010	2 592	2 923	Total
% of GNI	2.2	0.9	1.3	1.7	1.4	0.6	0.9	0.9	% du RNB
Palau									**Palaos**
Bilateral	...	142	23	28	13	24	62	48	Bilatérale
Multilateral	...	0	~0	1	1	1	4	2	Multilatérale
Total	...	142	24	29	14	25	66	51	Total
% of GNI	...	...	11.4	14.3	4.6	8.5	25.3	...	% du RNB
Panama									**Panama**
Bilateral	41	39	5	116	-2	30	62	43	Bilatérale
Multilateral	8	8	23	14	12	41	82	48	Multilatérale
Total	49	47	28	130	10	71	145	91	Total
% of GNI	0.8	0.5	0.2	0.5	~0.0	0.1	0.3	0.2	% du RNB
Papua New Guinea									**Papouasie-Nvl-Guinée**
Bilateral	237	330	214	420	484	527	887	993	Bilatérale
Multilateral	16	28	54	94	107	122	169	192	Multilatérale
Total	253	358	268	514	591	649	1 056	1 185	Total
% of GNI	10.8	8.2	5.9	3.9	2.8	2.7	4.3	4.6	% du RNB
Paraguay									**Paraguay**
Bilateral	25	112	51	61	30	37	230	126	Bilatérale
Multilateral	8	10	13	51	30	90	75	49	Multilatérale
Total	34	121	64	112	60	127	305	175	Total
% of GNI	...	1.5	0.7	0.4	0.2	0.4	0.9	0.5	% du RNB
Peru									**Pérou**
Bilateral	286	356	376	-368	295	365	379	158	Bilatérale
Multilateral	21	31	89	69	39	94	110	146	Multilatérale
Total	307	387	465	-299	335	459	489	304	Total
% of GNI	2.0	0.8	0.7	-0.2	0.2	0.2	0.3	0.2	% du RNB
Philippines									**Philippines**
Bilateral	418	798	510	431	409	680	1 155	1 384	Bilatérale
Multilateral	37	60	77	151	106	206	301	250	Multilatérale
Total	455	858	588	582	515	886	1 456	1 634	Total
% of GNI	1.4	1.0	0.5	0.3	0.2	0.2	0.4	0.4	% du RNB
Qatar									**Qatar**
Bilateral	1	4	...	...	...	...	...	...	Bilatérale
Multilateral	1	-~0	...	...	...	...	...	...	Multilatérale
Total	2	4	...	...	...	...	...	...	Total
% of GNI	~0.0	0.1	...	...	...	...	...	...	% du RNB
Republic of Korea									**République de Corée**
Bilateral	-13	54	...	...	...	...	...	...	Bilatérale
Multilateral	4	3	...	...	...	...	...	...	Multilatérale
Total	-9	57	...	...	...	...	...	...	Total
% of GNI	-~0.0	~0.0	...	...	...	...	...	...	% du RNB
Republic of Moldova									**République de Moldova**
Bilateral	...	...	94	213	204	160	266	280	Bilatérale
Multilateral	...	...	75	260	108	181	258	317	Multilatérale
Total	...	...	170	473	313	342	524	596	Total
% of GNI	...	...	5.0	6.3	3.8	2.7	4.3	4.2	% du RNB
Rwanda									**Rwanda**
Bilateral	123	403	271	602	716	754	1 126	894	Bilatérale
Multilateral	54	291	302	431	373	414	499	436	Multilatérale
Total	177	695	573	1 033	1 089	1 168	1 625	1 330	Total
% of GNI	10.4	53.5	19.7	17.0	13.0	11.7	16.3	12.3	% du RNB
Saint Helena									**Sainte-Hélène**
Bilateral	...	12	22	...	82	50	62	53	Bilatérale
Multilateral	...	~0	~0	...	~0	~0	7	1	Multilatérale
Total	12	13	23	54	82	50	69	54	Total

32 Net disbursements of official development assistance to recipients *(continued)*
Total, bilateral and multilateral aid (millions of US dollars); and as a percentage of Gross National Income (GNI)

Décaissements nets d'aide publique au développement aux bénéficiaires *(suite)*
Total, bilatérale et multilatérale d'aide (millions de dollars É.-U.); et en pourcentage du Revenu National Brut (RNB)

Region, country or area&	1985	1995	2005	2010	2015	2019	2020	2021	Région, pays ou zone&
Saint Kitts and Nevis									**Saint-Kitts-et-Nevis**
Bilateral	3	2	1	-2	...	...	...	...	Bilatérale
Multilateral	1	2	2	13	...	...	...	...	Multilatérale
Total	4	4	3	11	...	...	...	...	Total
% of GNI	4.0	1.3	0.5	1.6	...	...	...	...	% du RNB
Saint Lucia									**Sainte-Lucie**
Bilateral	4	31	4	~0	1	25	76	61	Bilatérale
Multilateral	3	17	6	41	13	8	22	39	Multilatérale
Total	7	48	11	41	14	32	98	100	Total
% of GNI	2.6	7.1	1.1	2.8	0.8	1.6	6.2	5.8	% du RNB
Saint Vincent & Grenadines									**Saint-Vincent-Grenadines**
Bilateral	3	32	4	-~0	3	59	53	86	Bilatérale
Multilateral	3	15	4	17	11	26	23	40	Multilatérale
Total	5	48	8	17	14	84	76	126	Total
% of GNI	3.9	15.7	1.4	2.4	1.8	9.4	8.8	14.3	% du RNB
Samoa									**Samoa**
Bilateral	12	34	23	75	63	83	143	77	Bilatérale
Multilateral	6	5	20	50	31	41	23	8	Multilatérale
Total	18	38	43	124	94	124	167	84	Total
% of GNI	26.3	...	9.8	19.4	12.2	15.2	21.5	10.9	% du RNB
Sao Tome and Principe									**Sao Tomé-et-Principe**
Bilateral	6	72	10	36	33	26	46	39	Bilatérale
Multilateral	6	12	23	14	16	25	46	33	Multilatérale
Total	12	84	33	50	49	51	92	72	Total
% of GNI	...	...	24.6	25.5	15.6	12.0	19.3	13.1	% du RNB
Saudi Arabia									**Arabie saoudite**
Bilateral	16	17	23	...	...	...	...	...	Bilatérale
Multilateral	12	~0	2	...	...	...	...	...	Multilatérale
Total	27	17	25	...	...	...	...	...	Total
% of GNI	~0.0	~0.0	~0.0	...	...	...	...	...	% du RNB
Senegal									**Sénégal**
Bilateral	249	489	429	654	618	970	1 192	994	Bilatérale
Multilateral	42	163	272	283	251	468	420	396	Multilatérale
Total	290	652	701	936	869	1 438	1 612	1 389	Total
% of GNI	7.9	10.6	6.4	5.9	5.0	6.3	6.7	5.1	% du RNB
Serbia									**Serbie**
Bilateral	...	92	838	300	-75	174	178	103	Bilatérale
Multilateral	...	3	231	361	387	391	310	430	Multilatérale
Total	...	95	1 068	661	312	565	488	533	Total
% of GNI	...	...	4.0	1.6	0.8	1.2	1.0	0.9	% du RNB
Seychelles									**Seychelles**
Bilateral	19	12	12	43	1	...	...	...	Bilatérale
Multilateral	3	2	6	11	6	...	...	...	Multilatérale
Total	22	13	17	54	7	...	...	...	Total
% of GNI	13.5	2.7	1.9	5.9	0.5	...	...	...	% du RNB
Sierra Leone									**Sierra Leone**
Bilateral	43	136	131	221	708	335	539	458	Bilatérale
Multilateral	20	76	209	237	239	231	302	251	Multilatérale
Total	64	212	340	458	947	566	841	710	Total
% of GNI	7.7	26.0	21.1	17.6	22.8	14.1	21.1	17.5	% du RNB
Singapore									**Singapour**
Bilateral	21	16	...	...	...	...	...	...	Bilatérale
Multilateral	2	1	...	...	...	...	...	...	Multilatérale
Total	23	17	...	...	...	...	...	...	Total
% of GNI	0.1	~0.0	...	...	...	...	...	...	% du RNB
Slovenia									**Slovénie**
Bilateral	...	40	...	...	...	...	...	...	Bilatérale
Multilateral	...	12	...	...	...	...	...	...	Multilatérale
Total	...	53	...	...	...	...	...	...	Total
% of GNI	...	0.3	...	...	...	...	...	...	% du RNB
Solomon Islands									**Îles Salomon**
Bilateral	14	42	165	293	170	200	190	243	Bilatérale
Multilateral	5	6	32	40	21	24	24	22	Multilatérale
Total	19	48	197	333	190	224	214	265	Total
% of GNI	11.9	10.4	41.2	41.5	14.8	14.4	13.6	16.0	% du RNB

32 Net disbursements of official development assistance to recipients *(continued)*

Total, bilateral and multilateral aid (millions of US dollars); and as a percentage of Gross National Income (GNI)

Décaissements nets d'aide publique au développement aux bénéficiaires *(suite)*

Total, bilatérale et multilatérale d'aide (millions de dollars É.-U.); et en pourcentage du Revenu National Brut (RNB)

Region, country or area&	1985	1995	2005	2010	2015	2019	2020	2021	Région, pays ou zone&
Somalia									**Somalie**
Bilateral	249	134	117	309	1 035	1 365	2 470	1 970	Bilatérale
Multilateral	102	54	123	197	225	355	573	438	Multilatérale
Total	351	188	240	506	1 261	1 720	3 043	2 407	Total
% of GNI	42.4	...	...	...	23.8	26.7	43.9	33.2	% du RNB
South Africa									**Afrique du Sud**
Bilateral	...	358	423	800	901	726	904	746	Bilatérale
Multilateral	...	28	259	236	519	239	299	295	Multilatérale
Total	...	386	681	1 036	1 420	965	1 203	1 042	Total
% of GNI	...	0.2	0.2	0.3	0.4	0.3	0.4	0.3	% du RNB
South Sudan									**Soudan du sud**
Bilateral	...	...	...	...	1 407	1 397	1 582	1 734	Bilatérale
Multilateral	...	...	...	...	267	280	241	385	Multilatérale
Total	...	...	...	...	1 675	1 677	1 823	2 119	Total
% of GNI	...	...	...	...	15.9	...	...	...	% du RNB
Sri Lanka									**Sri Lanka**
Bilateral	314	329	777	263	191	78	-14	-21	Bilatérale
Multilateral	125	142	263	296	254	113	232	175	Multilatérale
Total	439	471	1 040	559	445	192	218	154	Total
% of GNI	7.4	3.7	4.3	1.0	0.6	0.2	0.3	0.2	% du RNB
State of Palestine									**État de Palestine**
Bilateral	...	374	640	1 818	1 396	1 787	1 520	1 735	Bilatérale
Multilateral	...	140	376	695	477	509	514	425	Multilatérale
Total	...	514	1 016	2 513	1 872	2 296	2 033	2 160	Total
% of GNI	...	13.8	18.6	24.4	11.9	11.4	11.3	10.1	% du RNB
Sudan									**Soudan**
Bilateral	972	183	1 450	1 557	821	1 293	1 943	2 223	Bilatérale
Multilateral	153	54	376	469	148	243	407	1 598	Multilatérale
Total	1 125	237	1 826	2 026	970	1 535	2 349	3 822	Total
% of GNI	14.4	1.8	5.4	2.9	1.2	5.1	9.2	11.7	% du RNB
Suriname									**Suriname**
Bilateral	8	74	30	76	11	13	17	21	Bilatérale
Multilateral	2	3	13	25	5	10	10	8	Multilatérale
Total	10	77	43	101	16	23	27	29	Total
% of GNI	1.1	11.2	2.5	2.4	0.3	0.7	1.1	1.2	% du RNB
Syrian Arab Republic									**République arabe syrienne**
Bilateral	591	306	-3	-31	4 698	9 677	9 740	9 198	Bilatérale
Multilateral	19	50	74	162	222	452	299	495	Multilatérale
Total	610	356	71	131	4 920	10 129	10 039	9 693	Total
% of GNI	3.6	3.1	0.1	0.1	29.0	...	...	...	% du RNB
Tajikistan									**Tadjikistan**
Bilateral	...	49	116	210	286	242	608	362	Bilatérale
Multilateral	...	16	110	178	147	120	161	190	Multilatérale
Total	...	65	226	388	432	362	768	551	Total
% of GNI	...	5.5	8.5	5.6	4.4	3.8	8.1	5.2	% du RNB
Thailand									**Thaïlande**
Bilateral	392	812	-237	-132	-2	-387	119	-5	Bilatérale
Multilateral	55	25	72	111	61	35	79	137	Multilatérale
Total	447	836	-165	-20	59	-352	198	132	Total
% of GNI	1.2	0.5	-0.1	-~0.0	~0.0	-0.1	~0.0	~0.0	% du RNB
Timor-Leste									**Timor-Leste**
Bilateral	...	~0	149	250	174	177	211	164	Bilatérale
Multilateral	...	0	35	40	39	53	39	91	Multilatérale
Total	...	~0	185	290	212	230	250	255	Total
% of GNI	...	...	21.9	8.7	7.6	8.4	10.5	10.7	% du RNB
Togo									**Togo**
Bilateral	74	156	42	205	110	217	343	219	Bilatérale
Multilateral	37	35	41	198	90	187	219	132	Multilatérale
Total	111	191	83	403	199	404	561	351	Total
% of GNI	15.3	15.1	3.7	11.9	4.6	5.6	7.4	4.2	% du RNB
Tokelau									**Tokélaou**
Bilateral	2	3	16	14	...	19	16	15	Bilatérale
Multilateral	~0	~0	~0	~0	...	~0	~0	~0	Multilatérale
Total	2	4	16	15	9	19	16	15	Total

32 Net disbursements of official development assistance to recipients *(continued)*

Total, bilateral and multilateral aid (millions of US dollars); and as a percentage of Gross National Income (GNI)

Décaissements nets d'aide publique au développement aux bénéficiaires *(suite)*

Total, bilatérale et multilatérale d'aide (millions de dollars É.-U.); et en pourcentage du Revenu National Brut (RNB)

Region, country or area&	1985	1995	2005	2010	2015	2019	2020	2021	Région, pays ou zone&
Tonga									**Tonga**
Bilateral	10	30	23	55	52	96	136	88	Bilatérale
Multilateral	2	2	9	11	16	12	27	25	Multilatérale
Total	13	32	33	66	68	108	163	113	Total
% of GNI	20.5	15.1	12.6	17.5	15.5	19.5	30.8	...	% du RNB
Trinidad and Tobago									**Trinité-et-Tobago**
Bilateral	4	13	-11	2	...	...	...	...	Bilatérale
Multilateral	4	11	9	2	...	...	...	...	Multilatérale
Total	7	24	-2	4	...	...	...	...	Total
% of GNI	0.1	0.5	-~0.0	~0.0	...	...	...	...	% du RNB
Tunisia									**Tunisie**
Bilateral	144	49	240	426	165	620	603	563	Bilatérale
Multilateral	17	27	128	124	331	359	372	531	Multilatérale
Total	160	75	368	550	496	979	975	1 094	Total
% of GNI	2.0	0.4	1.2	1.3	1.1	2.4	2.4	2.4	% du RNB
Türkiye									**Türkiye**
Bilateral	168	297	-57	715	135	-958	-518	-576	Bilatérale
Multilateral	12	16	457	334	2 006	1 654	1 056	1 633	Multilatérale
Total	180	314	399	1 050	2 141	696	538	1 057	Total
% of GNI	0.3	0.2	0.1	0.1	0.3	0.1	0.1	0.1	% du RNB
Turkmenistan									**Turkménistan**
Bilateral	...	27	20	29	12	15	18	-44	Bilatérale
Multilateral	...	4	10	15	11	11	16	72	Multilatérale
Total	...	31	29	44	23	25	34	29	Total
% of GNI	...	1.2	0.4	0.2	0.1	0.1	...	...	% du RNB
Turks and Caicos Islands									**Îles Turques-et-Caïques**
Bilateral	5	5	3	...	...	...	...	...	Bilatérale
Multilateral	1	1	2	...	...	...	...	...	Multilatérale
Total	6	6	5	...	...	...	...	...	Total
Tuvalu									**Tuvalu**
Bilateral	3	7	5	13	42	33	36	25	Bilatérale
Multilateral	~0	1	4	~0	8	4	7	11	Multilatérale
Total	3	7	9	14	50	36	43	36	Total
% of GNI	...	...	23.7	27.3	88.7	50.7	59.0	42.9	% du RNB
Uganda									**Ouganda**
Bilateral	84	571	699	1 112	1 137	1 372	2 194	1 707	Bilatérale
Multilateral	96	263	497	578	502	658	892	857	Multilatérale
Total	179	834	1 195	1 690	1 638	2 030	3 086	2 564	Total
% of GNI	5.2	14.6	13.3	6.4	5.2	5.9	8.4	6.5	% du RNB
Ukraine [7]									**Ukraine** [7]
Bilateral	...	...	248	442	1 198	641	1 091	1 182	Bilatérale
Multilateral	...	...	156	214	251	478	1 247	1 033	Multilatérale
Total	...	...	404	657	1 449	1 120	2 338	2 215	Total
% of GNI	...	...	0.5	0.5	1.5	0.7	1.5	1.1	% du RNB
United Arab Emirates									**Émirats arabes unis**
Bilateral	3	6	...	...	...	...	...	...	Bilatérale
Multilateral	1	-~0	...	...	...	...	...	...	Multilatérale
Total	4	5	...	...	...	...	...	...	Total
United Rep. of Tanzania									**Rép.-Unie de Tanzanie**
Bilateral	400	613	823	1 923	1 718	1 421	1 533	1 623	Bilatérale
Multilateral	77	258	670	1 037	866	705	744	995	Multilatérale
Total	477	871	1 492	2 960	2 585	2 126	2 277	2 618	Total
% of GNI	...	17.0	8.3	9.4	5.6	3.4	3.7	3.9	% du RNB
Uruguay									**Uruguay**
Bilateral	6	62	2	29	12	...	...	...	Bilatérale
Multilateral	2	6	17	17	12	...	...	...	Multilatérale
Total	8	69	18	46	23	...	...	...	Total
% of GNI	0.2	0.4	0.1	0.1	0.1	...	...	...	% du RNB
Uzbekistan									**Ouzbékistan**
Bilateral	...	76	128	117	290	930	1 158	864	Bilatérale
Multilateral	...	8	41	81	161	223	305	298	Multilatérale
Total	...	84	169	198	451	1 153	1 462	1 162	Total
% of GNI	...	0.6	1.2	0.4	0.5	1.9	2.5	1.7	% du RNB

32 Net disbursements of official development assistance to recipients *(continued)*

Total, bilateral and multilateral aid (millions of US dollars); and as a percentage of Gross National Income (GNI)

Décaissements nets d'aide publique au développement aux bénéficiaires *(suite)*

Total, bilatérale et multilatérale d'aide (millions de dollars É.-U.); et en pourcentage du Revenu National Brut (RNB)

Region, country or area&	1985	1995	2005	2010	2015	2019	2020	2021	Région, pays ou zone&
Vanuatu									**Vanuatu**
Bilateral	19	42	30	106	169	104	133	149	Bilatérale
Multilateral	2	2	11	3	18	27	21	18	Multilatérale
Total	21	45	40	109	187	131	154	167	Total
% of GNI	17.8	21.0	11.0	16.9	25.1	12.9	15.6	16.4	% du RNB
Venezuela (Boliv. Rep. of)									**Venezuela (Rép. boliv. du)**
Bilateral	14	36	12	33	22	189	272	221	Bilatérale
Multilateral	2	8	36	20	15	71	59	52	Multilatérale
Total	17	45	49	53	37	260	332	273	Total
% of GNI	~0.0	0.1	~0.0	~0.0	...	...	...	...	% du RNB
Viet Nam									**Viet Nam**
Bilateral	113	667	1 169	1 831	2 250	687	679	179	Bilatérale
Multilateral	38	111	525	938	918	401	492	347	Multilatérale
Total	151	778	1 693	2 770	3 167	1 088	1 171	526	Total
% of GNI	...	3.8	3.0	1.9	1.4	0.4	0.4	0.2	% du RNB
Wallis and Futuna Islands									**Îles Wallis-et-Futuna**
Bilateral	~0	1	72	123	106	113	109	110	Bilatérale
Multilateral	~0	~0	~0	5	~0	1	8	1	Multilatérale
Total	~0	1	72	127	106	114	117	111	Total
Yemen									**Yémen**
Bilateral	342	109	127	418	1 632	3 173	2 262	3 483	Bilatérale
Multilateral	89	63	169	249	146	586	286	407	Multilatérale
Total	431	172	296	667	1 778	3 759	2 548	3 890	Total
% of GNI	...	4.2	2.0	2.3	4.3	17.2	13.5	...	% du RNB
Zambia									**Zambie**
Bilateral	244	1 765	692	654	564	623	725	730	Bilatérale
Multilateral	75	266	478	266	234	325	291	358	Multilatérale
Total	319	2 031	1 169	919	798	948	1 016	1 088	Total
% of GNI	15.9	57.0	15.2	4.9	3.8	4.1	5.8	5.6	% du RNB
Zimbabwe									**Zimbabwe**
Bilateral	218	438	162	478	507	541	577	636	Bilatérale
Multilateral	18	53	211	234	281	303	408	350	Multilatérale
Total	235	492	373	713	788	844	985	986	Total
% of GNI	4.3	7.2	6.8	6.0	4.0	4.5	5.7	3.9	% du RNB
LLDCs									**PDSL**
Bilateral	2 636	7 680	9 111	16 477	17 324	20 575	25 231	22 960	Bilatérale
Multilateral	1 061	2 698	5 664	7 915	7 588	8 920	9 932	8 972	Multilatérale
Total	3 697	10 377	14 775	24 392	24 913	29 495	35 163	31 931	Total
% of GNI	8.3	9.0	6.8	4.5	3.3	3.7	4.7	4.0	% du RNB
LDCs									**PMAs**
Bilateral	6 542	11 988	15 206	27 864	30 796	37 573	47 915	45 579	Bilatérale
Multilateral	2 558	4 412	10 306	15 626	12 455	15 414	16 564	16 076	Multilatérale
Total	9 100	16 400	25 512	43 490	43 251	52 988	64 479	61 656	Total
% of GNI	10.9	11.3	7.8	6.6	4.6	4.7	5.6	5.1	% du RNB
SIDS									**PEID**
Bilateral	1 720	3 303	1 520	4 362	3 469	3 264	4 946	4 772	Bilatérale
Multilateral	204	433	869	2 004	927	1 061	1 404	1 592	Multilatérale
Total	1 924	3 736	2 388	6 366	4 397	4 325	6 350	6 364	Total
% of GNI	2.7	2.1	1.7	3.0	1.7	2.2	3.7	3.2	% du RNB

Source:

Organisation for Economic Co-operation and Development (OECD), Paris, the OECD Development Assistance Committee (DAC) database, last accessed June 2023.

Source:

Organisation de coopération et de développement économiques (OCDE), Paris, base de données du Comité d'aide au développement (CAD) de l'OCDE, dernier accès juin 2023.

Official Development Assistance (ODA) is defined as those flows to developing countries and multilateral institutions provided by official agencies, including state and local governments, or by their executive agencies, each transaction of which meets the following tests: i) it is administered with the promotion of the economic development and welfare

On entend par Aide publique au développement (APD), l'ensemble des flux financiers à destination des pays en développement et des institutions multilatérales par des organismes publics (y compris les autorités étatiques et locales) ou par leurs organes exécutifs satisfaisant les critères suivants: i) elle est administrée dans le but premier de promouvoir le développement économique et social des pays en développement ; ii) elle est accordée à

of developing countries as its main objective; and ii) it is concessional in character and conveys a grant element of at least 25 per cent.

des conditions de faveur et comporte une élément de subvention d'au moins 25 pour cent.

1 Including regional aid disbursements in addition to the disbursements made to individual countries and areas.
2 Excluding Sudan.
3 Includes Armenia, Azerbaijan, Georgia and Myanmar. Excludes Iran (Islamic Rep. of).
4 Excluding Armenia, Azerbaijan, Cyprus, Georgia and Turkey. Includes Iran (Islamic Rep. of).
5 Including Turkey and Cyprus.
6 For statistical purposes, the data for China do not include those for the Hong Kong Special Administrative Region (Hong Kong SAR), Macao Special Administrative Region (Macao SAR) and Taiwan Province of China.
7 The Government of Ukraine has informed the United Nations that it is not in a position to provide statistical data concerning the Autonomous Republic of Crimea and the city of Sevastopol.

1 Y compris les versements d'aides régionales en plus des versements effectués aux aux différents pays et régions.
2 Exclut le Soudan.
3 Y compris l'Arménie, l'Azerbaïdjan, la Géorgie et le Myanmar. Non compris la Rép. Islamique d 'Iran.
4 Non compris l'Arménie, l'Azerbaïdjan, Chypre, la Géorgie et la Turquie. Y compris la Rép. Islamique d 'Iran.
5 Y compris la Turquie et Chypre.
6 Pour la présentation des statistiques, les données pour la Chine ne comprennent pas la région administrative spéciale de Hong Kong (RAS de Hong Kong), la région administrative spéciale de Macao (RAS de Macao) et la province chinoise de Taïwan.
7 Le Gouvernement ukrainien a informé l'Organisation des Nations Unies qu'il n'est pas en mesure de fournir des données statistiques concernant la République autonome de Crimée et Sébastopol.

33 Net disbursements of official development assistance from donors

Millions of US dollars and as a percentage of gross national income (GNI)

Décaissements nets d'aide publique au développement par des donateurs

Millions de dollares É.-U. et en pourcentage du revenu national brut (RNB)

Country or area	1975	1985	1995	2005	2010	2015	2020	2021	2022	Pays ou zone
Total										**Total**
$ millions	20 183	33 855	65 424	120 771	147 171	155 721	198 242	224 480	* 251 455	$millions
DAC total										**CAD total**
$ millions	13 315	28 858	58 896	108 412	128 520	131 611	162 629	184 886	205 978	$millions
% of GNI	1.15	0.51	0.73	0.91	1.25	0.65	0.41	0.84	...	% du RNB
Australia [1]										**Australie** [1]
$ millions	552	749	1 194	1 680	3 826	3 494	2 869	3 546	* 3 040	$millions
% of GNI	0.75	0.80	0.73	0.77	1.23	1.15	0.22	0.22	...	% du RNB
Austria [1]										**Autriche** [1]
$ millions	79	248	620	1 573	1 208	1 324	1 321	1 492	* 1 842	$millions
% of GNI	0.49	0.24	0.41	1.60	1.70	1.25	-0.02	0.45	...	% du RNB
Azerbaijan										**Azerbaïdjan**
$ millions	...	...	...	...	...	13	44	...	* 49	$millions
% of GNI	...	...	...	...	...	...	0.10	...	...	% du RNB
Belgium [1]										**Belgique** [1]
$ millions	378	440	1 034	1 963	3 004	1 904	2 376	2 649	* 2 691	$millions
% of GNI	1.37	1.63	-0.09	0.84	1.68	0.79	0.86	0.92	...	% du RNB
Bulgaria										**Bulgarie**
$ millions	...	...	...	...	40	41	86	91	* 232	$millions
% of GNI	...	...	...	...	...	...	...	0.12	...	% du RNB
Canada [1]										**Canada** [1]
$ millions	880	1 631	2 067	3 756	5 214	4 277	4 871	6 258	* 9 286	$millions
% of GNI	1.25	0.51	1.04	1.20	1.46	0.24	0.17	0.51	...	% du RNB
Croatia										**Croatie**
$ millions	...	...	...	...	...	51	77	88	* 119	$millions
% of GNI	...	...	...	...	...	...	...	0.13	...	% du RNB
Cyprus [2]										**Chypre** [2]
$ millions	...	...	...	15	51	18	15	20	...	$millions
% of GNI	...	...	...	...	...	...	...	0.07	...	% du RNB
Czechia [1]										**Tchéquie** [1]
$ millions	...	...	...	135	228	199	299	366	* 987	$millions
% of GNI	...	...	...	0.11	0.13	0.16	0.18	0.16	...	% du RNB
Denmark [1]										**Danemark** [1]
$ millions	205	440	1 623	2 109	2 871	2 566	2 641	2 914	* 2 850	$millions
% of GNI	0.74	0.82	1.07	0.85	1.52	0.97	0.96	0.94	...	% du RNB
Estonia										**Estonie**
$ millions	...	...	...	10	19	34	50	60	* 203	$millions
% of GNI	...	...	...	...	...	...	...	0.16	...	% du RNB
Finland [1]										**Finlande** [1]
$ millions	48	211	388	902	1 333	1 288	1 278	1 498	* 1 614	$millions
% of GNI	0.32	0.53	0.49	0.84	1.78	-0.02	0.96	1.10	...	% du RNB
France [1]										**France** [1]
$ millions	1 493	3 134	8 443	10 026	12 915	9 039	16 013	16 722	* 17 353	$millions
% of GNI	1.16	1.51	0.81	0.74	1.35	0.05	0.78	0.63	...	% du RNB
Germany [1]										**Allemagne** [1]
$ millions	1 689	2 942	7 524	10 082	12 985	17 940	29 320	32 456	* 35 302	$millions
% of GNI	1.19	0.92	0.87	1.10	1.24	0.60	1.14	1.58	...	% du RNB
Greece [1]										**Grèce** [1]
$ millions	...	...	...	384	508	239	326	341	* 305	$millions
% of GNI	...	...	...	0.32	0.26	-0.04	0.24	0.08	...	% du RNB
Hungary [1]										**Hongrie** [1]
$ millions	29	84	...	100	114	156	418	435	* 396	$millions
% of GNI	...	...	...	0.11	0.09	0.13	2.25	4.09	...	% du RNB
Iceland [1]										**Islande** [1]
$ millions	...	...	...	27	29	40	58	71	* 93	$millions
% of GNI	...	...	...	0.18	0.26	0.24	0.27	0.28	...	% du RNB
Ireland [1]										**Irlande** [1]
$ millions	8	39	153	719	895	718	988	1 155	* 2 452	$millions
% of GNI	0.09	0.61	0.46	3.09	1.57	0.54	0.35	0.30	...	% du RNB
Israel										**Israël**
$ millions	...	...	...	95	145	233	291	409	* 569	$millions
% of GNI	...	...	...	...	...	...	...	0.09	...	% du RNB

33 Net disbursements of official development assistance from donors *(continued)*

Millions of US dollars and as a percentage of gross national income (GNI)

Décaissements nets d'aide publique au développement par des donateurs *(suite)*

Millions de dollares É.-U. et en pourcentage du revenu national brut (RNB)

Country or area	1975	1985	1995	2005	2010	2015	2020	2021	2022	Pays ou zone
Italy [1]										**Italie** [1]
$ millions	182	1 098	1 623	5 091	2 996	4 003	4 396	6 272	* 6 520	$millions
% of GNI	0.85	0.52	0.26	0.23	0.47	0.86	0.34	0.56	...	% du RNB
Japan [1]										**Japon** [1]
$ millions	1 148	3 797	14 489	13 126	11 058	9 203	13 660	15 765	* 16 723	$millions
% of GNI	0.58	0.87	0.79	0.50	0.86	0.83	0.62	0.73	...	% du RNB
Kazakhstan										**Kazakhstan**
$ millions	...	...	...	...	...	43	37	44	...	$millions
% of GNI	...	...	...	...	...	...	...	0.03	...	% du RNB
Kuwait										**Koweït**
$ millions	859[3]	647[3]	384[3]	218[3]	232[3]	304[3]	506[4]	467[4]	* 189[4]	$millions
% of GNI	...	...	...	...	...	...	...	0.30	...	% du RNB
Latvia										**Lettonie**
$ millions	...	...	...	11	16	23	41	48	* 99	$millions
% of GNI	...	...	...	...	...	...	...	0.12	...	% du RNB
Liechtenstein										**Liechtenstein**
$ millions	...	...	...	...	27	24	28	27	* 33	$millions
Lithuania										**Lituanie**
$ millions	...	...	...	16	37	48	72	86	* 197	$millions
% of GNI	...	...	...	...	...	...	...	0.14	...	% du RNB
Luxembourg [1]										**Luxembourg** [1]
$ millions	...	8	65	256	403	363	452	539	* 530	$millions
% of GNI	...	0.17	0.40	0.82	1.07	0.95	1.03	1.02	...	% du RNB
Malta										**Malte**
$ millions	...	...	...	...	14	17	53	52	* 46	$millions
Monaco										**Monaco**
$ millions	...	...	...	...	...	...	...	25	* 24	$millions
Netherlands (Kingdom of the) [1]										**Pays-Bas (Royaume des)** [1]
$ millions	608	1 136	3 226	5 115	6 357	5 726	5 330	5 266	* 6 471	$millions
% of GNI	1.52	2.11	1.71	3.65	1.67	8.91	1.46	-0.82	...	% du RNB
New Zealand [1]										**Nouvelle-Zélande** [1]
$ millions	66	54	123	274	342	442	530	685	* 538	$millions
% of GNI	0.59	0.41	0.31	0.40	0.32	0.37	0.34	0.36	...	% du RNB
Norway [1]										**Norvège** [1]
$ millions	184	574	1 244	2 794	4 372	4 278	4 196	4 673	* 5 161	$millions
% of GNI	0.97	1.05	1.15	1.56	1.41	1.12	1.11	1.22	...	% du RNB
Other non-specified areas										**Autres zones non-spécifiées**
$ millions	...	...	92	483	381	255	504	329	...	$millions
% of GNI	...	...	...	...	...	...	...	0.04	...	% du RNB
Poland [1]										**Pologne** [1]
$ millions	32	19	...	205	378	441	812	971	* 3 363	$millions
% of GNI	...	...	...	0.07	0.08	0.11	0.17	0.15	...	% du RNB
Portugal [1]										**Portugal** [1]
$ millions	...	10	258	377	649	308	421	447	* 422	$millions
% of GNI	...	0.05	0.38	0.62	0.07	0.27	-0.18	-0.10	...	% du RNB
Qatar										**Qatar**
$ millions	272	4	...	...	...	...	591	677	* 820	$millions
% of GNI	...	...	...	...	...	...	...	0.38	...	% du RNB
Republic of Korea [1]										**République de Corée** [1]
$ millions	...	...	116	752	1 174	1 915	2 293	2 998	* 2 883	$millions
% of GNI	...	...	0.38	0.62	1.17	0.89	0.74	0.81	...	% du RNB
Romania										**Roumanie**
$ millions	...	...	...	...	114	158	309	417	* 411	$millions
% of GNI	...	...	...	...	...	...	...	0.15	...	% du RNB
Saudi Arabia										**Arabie saoudite**
$ millions	2 569	2 443	305	1 026	3 480	859	1 957	7 108	* 6 277	$millions
% of GNI	...	...	...	...	...	...	...	0.99	...	% du RNB
Slovakia [1]										**Slovaquie** [1]
$ millions	...	...	...	57	74	85	141	155	* 171	$millions
% of GNI	...	...	...	...	0.09	0.10	0.16	0.15	...	% du RNB
Slovenia [1]										**Slovénie** [1]
$ millions	...	...	...	35	59	63	91	116	* 164	$millions
% of GNI	...	...	...	0.11	0.13	0.37	1.15	0.63	...	% du RNB
Spain [1]										**Espagne** [1]
$ millions	...	169	1 348	3 018	5 949	1 397	2 739	3 358	* 3 978	$millions
% of GNI	...	0.23	0.37	0.61	0.74	1.84	1.08	0.52	...	% du RNB

33 Net disbursements of official development assistance from donors *(continued)*

Millions of US dollars and as a percentage of gross national income (GNI)

Décaissements nets d'aide publique au développement par des donateurs *(suite)*

Millions de dollares É.-U. et en pourcentage du revenu national brut (RNB)

Country or area	1975	1985	1995	2005	2010	2015	2020	2021	2022	Pays ou zone
Sweden [1]										**Suède** [1]
$ millions	566	840	1 704	3 362	4 533	7 089	6 348	5 934	* 5 456	$millions
% of GNI	1.04	1.45	1.00	0.99	1.10	2.05	1.27	1.60	...	% du RNB
Switzerland [1]										**Suisse** [1]
$ millions	104	303	1 084	1 772	2 300	3 529	3 721	3 911	* 4 476	$millions
% of GNI	1.25	2.58	0.34	1.93	4.01	0.94	0.45	0.50	...	% du RNB
Thailand										**Thaïlande**
$ millions	...	...	...	...	4	62	71	85	* 86	$millions
% of GNI	...	...	...	...	...	...	...	0.02	...	% du RNB
Timor-Leste										**Timor-Leste**
$ millions	...	...	...	...	...	4	...	...	...	$millions
Türkiye [5]										**Türkiye** [5]
$ millions	...	...	107	601	967	3 919	8 124	7 711	* 7 184	$millions
% of GNI	...	...	...	0.29	0.23	0.65	...	1.04	...	% du RNB
United Arab Emirates [6]										**Émirats arabes unis** [6]
$ millions	1 998	366	243	510	414	4 381	1 772	1 298	* 1 503	$millions
% of GNI	...	...	...	...	...	...	...	0.36	...	% du RNB
United Kingdom [1]										**Royaume-Uni** [1]
$ millions	904	1 530	3 202	10 772	13 053	18 553	19 253	16 278	* 15 716	$millions
United States of America [1]										**États-Unis d'Amérique** [1]
$ millions	4 161	9 403	7 367	27 935	29 656	30 986	35 396	47 528	* 55 000	$millions
% of GNI	1.13	0.05	0.65	0.92	1.48	0.21	0.02	1.00	...	% du RNB
European Union (EU) [1,7]										**Union européenne (UE)** [1,7]
$ millions	722	1 510	5 398	9 390	12 747	13 670	21 056	20 639	* 27 631	$millions

Source:

Organisation for Economic Co-operation and Development (OECD), Paris, the OECD Development Assistance Committee (DAC) database, last accessed June 2023.

1 Development Assistance Committee member (OECD).
2 Data refer to government controlled areas.
3 Includes Kuwait Fund grants only.
4 Includes Kuwait Fund grants, State of Kuwait grants administered by Kuwait Fund as well as State of Kuwait grants.
5 Türkiye reports support to refugees in Türkiye against type of aid C01 "project-type interventions" instead of H02 "in-donor refugee costs".
6 Data reported at activity level, represent flows from all government agencies.
7 Refers to European Union institutions.

Source:

Organisation de coopération et de développement économiques (OCDE), Paris, base de données du Comité d'aide au développement (CAD) de l'OCDE, dernier accès juin 2023.

1 Le Comité d'aide au développement (l'OCDE).
2 Les données se rapportent aux zones contrôlées par le Gouvernement.
3 Inclut les subventions du Fonds koweïtien seulement.
4 Inclut les subventions du Fonds koweïtien, les subventions de l'État du Koweït administrées par le Kuwait Fund ainsi que les subventions de l'État du Koweït.
5 La Türkiye fait état d'un soutien aux réfugiés en Türkiye contre le type d'aide C01 "interventions de type projet" au lieu de H02 "coûts des réfugiés chez les donateurs".
6 Les données rapportées au niveau d'activité, ces données représentent les flux de tous les organismes gouvernementaux.
7 Se réfèrent aux institutions de l'Union Européenne.

Annex I - Country and area nomenclature, regional and other groupings

The *Statistical Yearbook* lists countries or areas based on the United Nations Standard Country Codes (Series M, No. 49), prepared by the Statistics Division of the United Nations Secretariat and first issued in 1970[1]. The list of countries or areas; the composition of geographical regions and economic, trade and other groupings used within this yearbook (as at 31 July 2023) are presented in this Annex. The names of countries or areas refer to their short form used in day-to-day operations of the United Nations and not necessarily to their official name as used in formal documents[2]. As an aid to statistical data processing, a unique standard three-digit numerical code is assigned to each country or area and to each geographical region and grouping of countries or areas. For reference, these codes, where applicable, are presented to the left of each country or area listed in this Annex. These codes range from 000 to 899, inclusive.

A. Changes in country or area names (since 31 July 2008)

The geographical extent of a country or area, or the composition of a geographical region, may change over time and users should take such changes into account in interpreting the tables in this Yearbook. A change in the name of a country or area while its geographical coverage remains the same is not usually accompanied by a change in its numerical code. Changes in numerical codes and names in the general period covered by the statistics (since 31 July 2008) in the *Yearbook*, are shown below;

Numerical code	Country or area (added or changed)	Date of change	Numerical code	Country or area (Name changes with no change in code)	Date of change
728	South Sudan	2011	528	Netherlands (Kingdom of the), *previously Netherlands*	2023
729	Sudan	2011	792	Türkiye, *previously Turkey*	2022
531	Curaçao	2010	807	North Macedonia, *previously the former Yugoslav Republic of Macedonia*	2019
534	Sint Maarten (Dutch part)	2010			
535	Bonaire, Sint Eustatius and Saba	2010	748	Eswatini, *previously Swaziland*	2018
			203	Czechia, *previously Czech Republic*	2016
			132	Cabo Verde, *previously Cape Verde*	2013
			434	Libya, *previously Libyan Arab Jamahiriya*	2011
			068	Bolivia (Plurinational State of), *previously Bolivia*	2009
			498	Republic of Moldova, *previously Moldova*	2008

B. Regional groupings

The scheme of regional groupings given on the next page is based mainly on 6 continents; these continental regions, except Antarctica, are further subdivided into 22 sub-regions and 2 intermediary regions (Sub-Saharan Africa and Latin America and the Caribbean) that are drawn as to obtain greater homogeneity in sizes of population, demographic circumstances, and accuracy of demographic statistics. This nomenclature is widely used in international statistics and is followed to the greatest extent possible in the present *Yearbook* in order to promote consistency and facilitate comparability and analysis. However, it is by no means universal in international statistical compilation, even at the level of continental regions, and variations in international statistical sources and methods dictate many unavoidable differences in particular fields in the present *Yearbook.* General differences are indicated in the footnotes to the classification presented below. More detailed differences are given in the footnotes and technical notes to individual tables. A note on the use of the terms "developed" and "developing" countries, areas or regions is available on the Statistics Division's website at https://unstats.un.org/unsd/methodology/m49/.

[1] Four revisions of this document were published in 1975, 1982, 1996 and 1999. Further revisions are now published on the United Nations Statistics Division website under the M49 section.

[2] A listing in the 6 official languages of the United Nations is contained in Terminology Bulletin No. 347/Rev.1 or the UNTERM website, prepared by the Department of General Assembly Affairs and Conference Services of the United Nations Secretariat.

001	**World**
002	**Africa**
202	**Sub-Saharan Africa**

014 Eastern Africa

Code	Country or area
086	British Indian Ocean Territory
108	Burundi
174	Comoros
262	Djibouti
232	Eritrea
231	Ethiopia
260	French Southern Territories
404	Kenya
450	Madagascar
454	Malawi
480	Mauritius
175	Mayotte
508	Mozambique
638	Réunion
646	Rwanda
690	Seychelles
706	Somalia
728	South Sudan **note 736**
800	Uganda
834	United Republic of Tanzania **note /a**
894	Zambia
716	Zimbabwe

017 Middle Africa

Code	Country or area
024	Angola
120	Cameroon
140	Central African Republic
148	Chad
178	Congo
180	Democratic Republic of the Congo
226	Equatorial Guinea
266	Gabon
678	Sao Tome and Principe

018 Southern Africa

Code	Country or area
072	Botswana
748	Eswatini
426	Lesotho
516	Namibia
710	South Africa

011 Western Africa

Code	Country or area
204	Benin
854	Burkina Faso
132	Cabo Verde
384	Côte d'Ivoire
270	Gambia
288	Ghana
324	Guinea
624	Guinea-Bissau
430	Liberia
466	Mali
478	Mauritania
562	Niger
566	Nigeria
654	Saint Helena **note /b**
686	Senegal
694	Sierra Leone
768	Togo

015 Northern Africa

Code	Country or area
012	Algeria
818	Egypt
434	Libya
504	Morocco
729	Sudan **note 736**
788	Tunisia
732	Western Sahara

Note	**Tables may list**
736	*Sudan [former]*
/a	Includes
---	*Zanzibar*
/b	Includes
---	*Ascension*
---	*Tristan da Cunha*

019	**Americas**
419	**Latin America and the Caribbean**

029 Caribbean

Code	Country or area
660	Anguilla
028	Antigua and Barbuda
533	Aruba
044	Bahamas
052	Barbados
535	Bonaire, Sint Eustatius and Saba **note 530**
092	British Virgin Islands
136	Cayman Islands
192	Cuba
531	Curaçao **note 530**
212	Dominica
214	Dominican Republic
308	Grenada
312	Guadeloupe
332	Haiti
388	Jamaica
474	Martinique
500	Montserrat
630	Puerto Rico
652	Saint Barthélemy
659	Saint Kitts and Nevis
662	Saint Lucia
663	Saint Martin (French part)
670	Saint Vincent and the Grenadines
534	Sint Maarten (Dutch part) **note 530**
780	Trinidad and Tobago
796	Turks and Caicos Islands
850	United States Virgin Islands

013 Central America

Code	Country or area
084	Belize
188	Costa Rica
222	El Salvador
320	Guatemala
340	Honduras
484	Mexico
558	Nicaragua
591	Panama

005 South America

Code	Country or area
032	Argentina
068	Bolivia (Plurinational State of)
074	Bouvet Island
076	Brazil
152	Chile
170	Colombia
218	Ecuador
238	Falkland Islands (Malvinas)
254	French Guiana
328	Guyana
600	Paraguay
604	Peru
740	Suriname
239	South Georgia and the South Sandwich Islands
858	Uruguay
862	Venezuela (Bolivarian Republic of)

021 Northern America **note 003**

Code	Country or area
060	Bermuda
124	Canada
304	Greenland
666	Saint Pierre and Miquelon
840	United States of America

Note	
003	*The continent of* **North America** *comprises Northern America, Caribbean and Central America.*
	Tables may list
530	*Netherlands Antilles [former]*

010	**Antarctica**

001 World

142 Asia

143 Central Asia

- 398 Kazakhstan
- 417 Kyrgyzstan
- 762 Tajikistan
- 795 Turkmenistan
- 860 Uzbekistan

030 Eastern Asia

- 156 China
- 344 China, Hong Kong Special Administrative Region
- 446 China, Macao Special Administrative Region
- 408 Democratic People's Republic of Korea
- 392 Japan
- 496 Mongolia
- 410 Republic of Korea

035 South-eastern Asia

- 096 Brunei Darussalam
- 116 Cambodia
- 360 Indonesia
- 418 Lao People's Democratic Republic
- 458 Malaysia
- 104 Myanmar
- 608 Philippines
- 702 Singapore
- 764 Thailand
- 626 Timor-Leste
- 704 Viet Nam

034 Southern Asia

- 004 Afghanistan
- 050 Bangladesh
- 064 Bhutan
- 356 India
- 364 Iran (Islamic Republic of)
- 462 Maldives
- 524 Nepal
- 586 Pakistan
- 144 Sri Lanka

145 Western Asia

- 051 Armenia
- 031 Azerbaijan
- 048 Bahrain
- 196 Cyprus
- 268 Georgia
- 368 Iraq
- 376 Israel
- 400 Jordan
- 414 Kuwait
- 422 Lebanon
- 512 Oman
- 634 Qatar
- 682 Saudi Arabia
- 275 State of Palestine
- 760 Syrian Arab Republic
- 792 Türkiye
- 784 United Arab Emirates
- 887 Yemen

150 Europe

151 Eastern Europe

- 112 Belarus
- 100 Bulgaria
- 203 Czechia
- 348 Hungary
- 616 Poland
- 498 Republic of Moldova
- 642 Romania
- 643 Russian Federation
- 703 Slovakia
- 804 Ukraine

154 Northern Europe

- 248 Åland Islands
- 208 Denmark
- 233 Estonia
- 234 Faroe Islands
- 246 Finland
- 831 Guernsey **note 830**
- 352 Iceland
- 372 Ireland
- 833 Isle of Man
- 832 Jersey
- 428 Latvia
- 440 Lithuania
- 578 Norway
- 744 Svalbard and Jan Mayen Islands
- 752 Sweden
- 826 United Kingdom of Great Britain and Northern Ireland

039 Southern Europe

- 008 Albania
- 020 Andorra
- 070 Bosnia and Herzegovina
- 191 Croatia
- 292 Gibraltar
- 300 Greece
- 336 Holy See
- 380 Italy
- 470 Malta
- 499 Montenegro **note 891**
- 807 North Macedonia
- 620 Portugal
- 674 San Marino
- 688 Serbia **note 891 & /c**
- 705 Slovenia
- 724 Spain

155 Western Europe

- 040 Austria
- 056 Belgium
- 250 France
- 276 Germany
- 438 Liechtenstein
- 442 Luxembourg
- 492 Monaco
- 528 Netherlands (Kingdom of the)
- 756 Switzerland

Note **Tables may list**

- *830* *Channel Islands*
- *891* *Serbia and Montenegro [former]*
- */c* *Kosovo*

009 Oceania

053 Australia and New Zealand

- 036 Australia
- 162 Christmas Island
- 166 Cocos (Keeling) Islands
- 334 Heard Island and McDonald Islands
- 554 New Zealand
- 574 Norfolk Island

054 Melanesia

- 242 Fiji
- 540 New Caledonia
- 598 Papua New Guinea
- 090 Solomon Islands
- 548 Vanuatu

057 Micronesia

- 316 Guam
- 296 Kiribati
- 584 Marshall Islands
- 583 Micronesia (Federated States of)
- 520 Nauru
- 580 Northern Mariana Islands
- 585 Palau
- 581 United States minor outlying islands

061 Polynesia

- 016 American Samoa
- 184 Cook Islands
- 258 French Polynesia
- 570 Niue
- 612 Pitcairn
- 882 Samoa
- 772 Tokelau
- 776 Tonga
- 798 Tuvalu
- 876 Wallis and Futuna Islands

Other groupings

Following is a list of other groupings and their compositions presented in the *Yearbook*. These groupings are organized mainly around economic and trade interests in regional associations.

063 Andean Common Market (ANCOM)

068	Bolivia (Plurinational State of)	170	Colombia	218	Ecuador	604	Peru

066 Asia-Pacific Economic Cooperation (APEC)

036	Australia	344	China, Hong Kong Special Administrative Region	554	New Zealand	702	Singapore
096	Brunei Darussalam	360	Indonesia	598	Papua New Guinea	158	Taiwan Province of China
124	Canada	392	Japan	604	Peru	764	Thailand
152	Chile	458	Malaysia	608	Philippines	840	United States of America
156	China	484	Mexico	410	Republic of Korea	704	Viet Nam
				643	Russian Federation		

073 Association of Southeast Asian Nations (ASEAN)

096	Brunei Darussalam	360	Indonesia	458	Malaysia	608	Philippines	764	Thailand
116	Cambodia	418	Lao PDR	104	Myanmar	702	Singapore	704	Viet Nam

130 Caribbean Community and Common Market (CARICOM)

028	Antigua and Barbuda	084	Belize	332	Haiti	662	Saint Lucia
044	Bahamas (member of the Community only)	212	Dominica	388	Jamaica	670	Saint Vincent and the Grenadines
052	Barbados	308	Grenada	500	Montserrat	740	Suriname
		328	Guyana	659	Saint Kitts and Nevis	780	Trinidad and Tobago

395 Central American Common Market (CACM)

188	Costa Rica	222	El Salvador	320	Guatemala	340	Honduras	558	Nicaragua

171 Common Market for Eastern and Southern Africa (COMESA)

108	Burundi	818	Egypt	404	Kenya	480	Mauritius	729	Sudan
174	Comoros	232	Eritrea	434	Libya	646	Rwanda	788	Tunisia
180	Democratic Republic of the Congo	748	Eswatini	450	Madagascar	690	Seychelles	800	Uganda
262	Djibouti	231	Ethiopia	454	Malawi	706	Somalia	894	Zambia
								716	Zimbabwe

172 Commonwealth of Independent States (CIS)[3]

051	Armenia	398	Kazakhstan	643	Russian Federation	804	Ukraine
031	Azerbaijan	417	Kyrgyzstan	762	Tajikistan	860	Uzbekistan
112	Belarus	498	Republic of Moldova	795	Turkmenistan		

692 Central African Economic and Monetary Community (CEMAC)

120	Cameroon	140	Central African Republic	148	Chad	178	Congo	226	Equatorial Guinea	266	Gabon

892 Economic Community of West African States (ECOWAS)

204	Benin	384	Côte d'Ivoire	324	Guinea	466	Mali	686	Senegal
854	Burkina Faso	270	Gambia	624	Guinea-Bissau	562	Niger	694	Sierra Leone
132	Cabo Verde	288	Ghana	430	Liberia	566	Nigeria	768	Togo

098 Euro Area

040	Austria	233	Estonia	300	Greece	440	Lithuania	620	Portugal
056	Belgium	246	Finland	372	Ireland	442	Luxembourg	703	Slovakia
191	Croatia	250	France	380	Italy	470	Malta	705	Slovenia
196	Cyprus	276	Germany	428	Latvia	528	Netherlands	724	Spain

197 European Free Trade Association (EFTA)

352	Iceland	438	Liechtenstein	578	Norway	756	Switzerland

097 European Union (EU)

040	Austria	208	Denmark	348	Hungary	470	Malta	705	Slovenia
056	Belgium	233	Estonia	372	Ireland	528	Netherlands	724	Spain
100	Bulgaria	246	Finland	380	Italy	616	Poland	752	Sweden

[3] Georgia (numerical code 268) can be listed as part of this group; for example, in International Merchandise Trade statistics.

097 European Union (EU) *(Continued)*

191	Croatia	250	France	428	Latvia	620	Portugal
196	Cyprus	276	Germany	440	Lithuania	642	Romania
203	Czechia	300	Greece	442	Luxembourg	703	Slovakia

095 Latin American Integration Association (LAIA)

032	Argentina	170	Colombia	591	Panama	862	Venezuela (Bolivarian Republic of)
068	Bolivia (Plurinational State of)	192	Cuba	600	Paraguay		
076	Brazil	218	Ecuador	604	Peru		
152	Chile	484	Mexico	858	Uruguay		

199 Least developed countries (LDCs)

004	Afghanistan	262	Djibouti	454	Malawi	728	South Sudan
024	Angola	232	Eritrea	466	Mali	729	Sudan
050	Bangladesh	231	Ethiopia	478	Mauritania	626	Timor-Leste
204	Benin	270	Gambia	508	Mozambique	768	Togo
064	Bhutan	324	Guinea	104	Myanmar	798	Tuvalu
854	Burkina Faso	624	Guinea-Bissau	524	Nepal	800	Uganda
108	Burundi	332	Haiti	562	Niger	834	United Republic of Tanzania
116	Cambodia	296	Kiribati	646	Rwanda	887	Yemen
140	Central African Republic	418	Lao People's Democratic Republic	678	Sao Tome and Principe	894	Zambia
148	Chad			686	Senegal		
174	Comoros	426	Lesotho	694	Sierra Leone		
180	Democratic Republic of the Congo	430	Liberia	090	Solomon Islands		
		450	Madagascar	706	Somalia		

432 Land Locked Developing Countries (LLDCs)

4	Afghanistan	140	Central African Republic	454	Malawi	646	Rwanda
51	Armenia	148	Chad	466	Mali	728	South Sudan
31	Azerbaijan	748	Eswatini	496	Mongolia	762	Tajikistan
64	Bhutan	231	Ethiopia	524	Nepal	795	Turkmenistan
68	Bolivia (Plurinational State of)	398	Kazakhstan	562	Niger	800	Uganda
72	Botswana	417	Kyrgyzstan	807	North Macedonia	860	Uzbekistan
854	Burkina Faso	418	Lao People's Democratic Republic	600	Paraguay	894	Zambia
108	Burundi	426	Lesotho	498	Republic of Moldova	716	Zimbabwe

722 Small Island Developing States (SIDS)

016	American Samoa	212	Dominica	583	Micronesia (Federated States of)	690	Seychelles
660	Anguilla	214	Dominican Republic	500	Montserrat	702	Singapore
028	Antigua and Barbuda	242	Fiji	520	Nauru	534	Sint Maarten (Dutch part)
533	Aruba	258	French Polynesia	540	New Caledonia	90	Solomon Islands
044	Bahamas	308	Grenada	570	Niue	740	Suriname
052	Barbados	316	Guam	580	Northern Mariana Islands	626	Timor-Leste
084	Belize	624	Guinea-Bissau	585	Palau	776	Tonga
535	Bonaire, Sint Eustatius and Saba	328	Guyana	598	Papua New Guinea	780	Trinidad and Tobago
092	British Virgin Islands	332	Haiti	630	Puerto Rico	798	Tuvalu
132	Cabo Verde	388	Jamaica	659	Saint Kitts and Nevis	850	United States Virgin Islands
174	Comoros	296	Kiribati	662	Saint Lucia	548	Vanuatu
184	Cook Islands	462	Maldives	670	Saint Vincent and the Grenadines		

192	Cuba	584	Marshall Islands	882	Samoa
531	Curaçao	480	Mauritius	678	Sao Tome and Principe

071 United States-Mexico-Canada Agreement (USMCA)

124	Canada	484	Mexico	840	United States of America

198 Organisation for Economic Co-operation and Development (OECD)

036	Australia	246	Finland	428	Latvia	410	Republic of Korea
040	Austria	250	France	440	Lithuania	703	Slovakia
056	Belgium	276	Germany	442	Luxembourg	705	Slovenia
124	Canada	300	Greece	484	Mexico	724	Spain
152	Chile	348	Hungary	528	Netherlands	752	Sweden
170	Colombia	352	Iceland	554	New Zealand	756	Switzerland
188	Costa Rica	372	Ireland	578	Norway	792	Türkiye
203	Czech Republic	376	Israel	616	Poland	826	United Kingdom of Great Britain and Northern Ireland
208	Denmark	380	Italy	620	Portugal	840	United States of America
233	Estonia	392	Japan				

399 Organization of the Petroleum Exporting Countries (OPEC)

012	Algeria	266	Gabon	434	Libya	862	Venezuela (Bolivarian Republic of)
024	Angola	364	Iran (Islamic Republic of)	566	Nigeria		
178	Congo	368	Iraq	682	Saudi Arabia		
226	Equatorial Guinea	414	Kuwait	784	United Arab Emerates		

711 Southern African Customs Union (SACU)

072	Botswana	748	Eswatini	426	Lesotho	516	Namibia	710	South Africa

069 Southern Common Market (MERCOSUR)

032	Argentina	076	Brazil	858	Uruguay
068	Bolivia (Plurinational State of)	600	Paraguay	862	Venezuela (Bolivarian Republic of)

Annexe I - Nomenclature des pays ou zones, groupements régionaux et autres groupements

L'Annuaire statistique répertorie de pays ou de zones sur la base de l'opuscule United Nations Standard Country Codes (Série M, nº 49) rédigée par la Division de statistique du Secrétariat de l'Organisation des Nations Unies et publiée en 1970[1]. La liste des pays ou zones; la composition des régions géographiques et économiques, commerciales et d'autres groupements utilisés dans cet annuaire (au 31 juillet 2022) sont présentées dans la présente annexe. On a eu recours à la forme brève des noms des pays et des zones usitées au cours des activités courantes des Nations Unies, et pas nécessairement aux désignations officielles utilisées dans les documents officiels[2]. Afin de faciliter le traitement des données statistiques, un code numérique unique et standard à trois chiffres est attribué à chaque pays ou zone et à chaque région géographique et groupement de pays ou de zones. Pour référence, ces codes, le cas échéant, sont présentés à la gauche de chaque pays ou zone visées dans cette annexe. Ces codes s'échelonnent entre 000 et 899.

A. Changements dans le nom des pays ou zones (depuis 31 juillet 2008)

L'étendue géographique d'un pays ou d'une zone ou la composition d'une région géographique peuvent varier au fil du temps et les utilisateurs devront tenir compte de telles modifications lorsqu'ils ont recours aux codes indiques dans la présente publication et qu'ils établissent des rapports entre les données portant sur différentes périodes. La modification du nom d'un pays ou d'une zone alors que son espace géographique demeure le même n'est pas habituellement accompagnée d'un changement de son code numérique. Changements dans les codes numériques et noms dans la période générale couverts par les statistiques (depuis le 31 juillet 2008) dans l'Annuaire, sont présentés ci-dessous;

Code numérique	Pays ou region (nouveaux codes et codes modifies)	Date de la modifica -tion	Code numéri- que	Pays ou region (Changements de nom sans modification du code)	Date de la modifica -tion
728	Soudan du Sud	2011	528	Pays-Bas (Royaume des), *ex- Pays-Bas*	2023
			792	Türkiye, *ex- Turkey*	2022
729	Soudan	2011	807	Macédoine du Nord, *Ancienne république yougoslave de Macédoine*	2019
531	Curaçao	2010	748	Eswatini, *ex-Swaziland*	2018
534	Saint-Martin (partie néerlandaise)	2010	203	Tchéquie, *ex-République tchèque*	2016
535	Bonaire, Saint-Eustache et Saba	2010	132	Cabo Verde, *ex-Cap-Vert*	2013
			434	État de Palestine, *ex-Territoire palestinien occupé*	2013
			275	Libye, *ex-Jamahiriya arabe libyenne*	2011
			068	Bolivie (État plurinational de), *ex-Bolivia*	2009
			498	République de Moldova, *ex-Moldova*	2008

B. Groupements régionaux

Le schéma de regroupements régionaux présenté page suivante s'appuie principalement sur 6 continents ; ces régions continentales, à l'exception de l'Antarctique, sont subdivisées en 22 sous-régions et 2 régions intermédiaires (Afrique subsaharienne et Amérique latine et Caraïbes) qui sont dessinées de manière à obtenir une plus grande homogénéité en termes de taille de population, de circonstances démographiques et de précision des données, statistiques démographiques. Cette nomenclature est largement utilisée dans les statistiques internationales et est suivie dans toute la mesure possible dans le présent Annuaire afin de promouvoir la cohérence et de faciliter la comparabilité et l'analyse. Toutefois, elle n'est en aucun cas universelle dans l'établissement de statistiques internationales, même au niveau des régions continentales, et les variations dans les sources et méthodes statistiques internationales entraînent de nombreuses différences inévitables dans des domaines particuliers dans le présent Annuaire. Les différences générales sont indiquées dans les notes de bas de page de la classification présentée ci-dessous. Des différences plus détaillées sont indiquées dans les notes de bas de page et les notes techniques des tableaux individuels. Une note sur l'utilisation des termes pays, zones ou régions « développés » et « en développement » est disponible sur le site Web de la Division de statistique à l'adresse suivante : https://unstats.un.org/unsd/methodology/m49/.

---

[1] Quatre révisions de ce document ont été publiés en 1975, 1982, 1996 et 1999. D'autres révisions sont maintenant publiés sur le site internet de la Division de statistique des Nations Unies.

[2] Le Bulletin terminologique No 347/Rev.1 ou UNTERM website, intitulé "Noms de pays" établi par le Département des affaires de l'Assemblée générale et des services de conférence du Secrétariat de l'Organisation des Nations Unies, répertorie les noms des États Membres dans les six langues de l'Organisation.

001	**Monde**
002	**Afrique**
202	**Afrique subsaharienne**

014 Afrique orientale

108	Burundi	
174	Comores	
262	Djibouti	
232	Érythrée	
231	Éthiopie	
404	Kenya	
450	Madagascar	
454	Malawi	
480	Maurice	
175	Mayotte	
508	Mozambique	
800	Ouganda	
834	République-Unie de Tanzanie	note /a
638	Réunion	
646	Rwanda	
690	Seychelles	
706	Somalie	
728	Soudan du Sud	note 736
260	Terres australes françaises	
086	Territoire britannique de l'océan Indien	
894	Zambie	
716	Zimbabwe	

017 Afrique centrale

024	Angola
120	Cameroun
178	Congo
266	Gabon
226	Guinée équatoriale
140	République centrafricaine
180	République démocratique du Congo
678	Sao Tomé-et-Principe
148	Tchad

018 Afrique australe

710	Afrique du Sud
072	Botswana
748	Eswatini
426	Lesotho
516	Namibie

011 Afrique occidentale

204	Bénin	
854	Burkina Faso	
132	Cabo Verde	
384	Côte d'Ivoire	
270	Gambie	
288	Ghana	
324	Guinée	
624	Guinée-Bissau	
430	Libéria	
466	Mali	
478	Mauritanie	
562	Niger	
566	Nigéria	
654	Sainte-Hélène	note /b
686	Sénégal	
694	Sierra Leone	
768	Togo	

015 Afrique septentrionale

012	Algérie	
818	Égypte	
434	Libye	
504	Maroc	
732	Sahara occidental	
729	Soudan	note 736
788	Tunisie	

Note **Certains tableaux peuvent**

736	*Soudan [anc.]*
/a	Incluent
---	*Zanzibar*
/b	Incluent
---	*Ascension*
---	*Tristan da Cunha*

019	**Amériques**
419	**Amérique latine et Caraïbes**

029 Caraïbes

660	Anguilla	
028	Antigua-et-Barbuda	
533	Aruba	
044	Bahamas	
052	Barbade	
535	Bonaire, Saint-Eustache et Saba	note 530
192	Cuba	
531	Curaçao	note 530
212	Dominique	
308	Grenade	
312	Guadeloupe	
332	Haïti	
136	Îles Caïmanes	
796	Îles Turques-et-Caïques	
850	Îles Vierges américaines	
092	Îles Vierges britanniques	
388	Jamaïque	
474	Martinique	
500	Montserrat	
630	Porto Rico	
214	République dominicaine	
652	Saint-Barthélemy	
659	Saint-Kitts-et-Nevis	
662	Sainte-Lucie	
663	Saint-Martin (partie française)	
534	Saint-Martin (partie néerlandaise)	note 530
670	Saint-Vincent-et-les Grenadines	
780	Trinité-et-Tobago	

013 Amérique centrale

084	Belize
188	Costa Rica
222	El Salvador
320	Guatemala
340	Honduras
484	Mexique
558	Nicaragua
591	Panama

005 Amérique du Sud

032	Argentine
068	Bolivie (État plurinational de)
076	Brésil
152	Chili
170	Colombie
218	Équateur
239	Géorgie du Sud-et-les Îles Sandwich du Sud
328	Guyana
254	Guyane française
074	Île Bouvet
238	Îles Falkland (Malvinas)
600	Paraguay
604	Pérou
740	Suriname
858	Uruguay
862	Venezuela (République bolivarienne du)

021 Amérique septentrio-nale note 003

060	Bermudes
124	Canada
840	États-Unis d'Amérique
304	Groenland
666	Saint-Pierre-et-Miquelon

Note

003 *Le continent de **l'Amérique du Nord** comprend l'Amérique septentrionale, les Caraïbes et l'Amérique centrale*

Certains tableaux peuvent

530 *Antilles néerlandaises [anc.]*

010	**Antarctique**

001 Monde

142 Asie

143 Asie centrale

398	Kazakhstan
417	Kirghizistan
860	Ouzbékistan
762	Tadjikistan
795	Turkménistan

030 Asie orientale

156	Chine
344	Chine, région administrative spéciale de Hong Kong
446	Chine, région administrative spéciale de Macao
392	Japon
496	Mongolie
410	République de Corée
408	République populaire démocratique de Corée

035 Asie du Sud-Est

096	Brunéi Darussalam
116	Cambodge
360	Indonésie
458	Malaisie
104	Myanmar
608	Philippines
418	République démocratique populaire lao
702	Singapour
764	Thaïlande
626	Timor-Leste
704	Viet Nam

034 Asie méridionale

004	Afghanistan
050	Bangladesh
064	Bhoutan
356	Inde
364	Iran (République islamique d')
462	Maldives
524	Népal
586	Pakistan
144	Sri Lanka

145 Asie occidentale

682	Arabie saoudite
051	Arménie
031	Azerbaïdjan
048	Bahreïn
196	Chypre
784	Émirats arabes unis
275	État de Palestine
268	Géorgie
368	Iraq
376	Israël
400	Jordanie
414	Koweït
422	Liban
512	Oman
634	Qatar
760	République arabe syrienne
792	Türkiye
887	Yémen

150 Europe

151 Europe orientale

112	Bélarus
100	Bulgarie
643	Fédération de Russie
348	Hongrie
616	Pologne
498	République de Moldova
642	Roumanie
703	Slovaquie
203	Tchéquie
804	Ukraine

154 Europe septentrionale

208	Danemark
233	Estonie
246	Finlande
831	Guernesey note 830
833	Île de Man
248	Îles d'Åland
234	Îles Féroé
744	Îles Svalbard-et-Jan Mayen
372	Irlande
352	Islande
832	Jersey 380
428	Lettonie
440	Lituanie
578	Norvège
826	Royaume-Uni de Grande-Bretagne et d'Irlande du Nord
752	Suède

039 Europe méridionale

008	Albanie
020	Andorre
070	Bosnie-Herzégovine
191	Croatie
724	Espagne
292	Gibraltar
300	Grèce
380	Italie
807	Macédoine du Nord
470	Malte
499	Monténégro note 891
620	Portugal
674	Saint-Marin
336	Saint-Siège
688	Serbie note 891 & /c
705	Slovénie

155 Europe occidentale

276	Allemagne
040	Autriche
056	Belgique
250	France
438	Liechtenstein
442	Luxembourg
492	Monaco
528	Pays-Bas
756	Suisse

Note — Certains tableaux peuvent énumérer

830	*Îles Anglo-Normandes*
891	*Serbie-et-Monténégro [anc.]*
/c	*Kosovo*

009 Océanie

053 Australie et Nouvelle-Zélande

036	Australie
162	Île Christmas
334	Île Heard-et-Îles MacDonald
574	Île Norfolk
166	Îles des Cocos (Keeling)
554	Nouvelle-Zélande

054 Mélanésie

242	Fidji
090	Îles Salomon
540	Nouvelle-Calédonie
598	Papouasie-Nouvelle-Guinée
548	Vanuatu

057 Micronésie

316	Guam
580	Îles Mariannes du Nord
584	Îles Marshall
581	Îles mineures éloignées des États-Unis
296	Kiribati
583	Micronésie (États fédérés de)
520	Nauru
585	Palaos

061 Polynésie

184	Îles Cook
876	Îles Wallis-et-Futuna
570	Nioué
612	Pitcairn
258	Polynésie française
882	Samoa
016	Samoa américaines
772	Tokélaou
776	Tonga
798	Tuvalu

C. Autres groupements

On trouvera ci-après une liste des autres groupements et de leur composition, présentée dans l'*Annuaire*. Ces groupements correspondent essentiellement à des intérêts économiques et commerciaux d'après les associations régionales.

071 — Accord de libre-échange nord-américain (ALENA)

124	Canada	840	États-Unis d'Amérique	484	Mexique

073 — Association des nations de l'Asie du Sud-Est (ANASE)

096	Brunéi Darussalam	360	Indonésie	104	Myanmar	418	République démocratique populaire lao	764	Thaïlande
116	Cambodge	458	Malaisie	608	Philippines	702	Singapour	704	Viet Nam

197 — Association européenne de libre-échange (AELE)

352	Islande	438	Liechtenstein	578	Norvège	756	Suisse

095 — Association latino-américaine d'intégration (ALAI)

032	Argentine	170	Colombie	591	Panama	862	Venezuela (République bolivarienne du)
068	Bolivie (État plurinational de)	192	Cuba	600	Paraguay		
076	Brésil	218	Équateur	604	Pérou		
152	Chili	484	Mexique	858	Uruguay		

130 — Communauté des Caraïbes et Marché commun des Caraïbes (CARICOM)

028	Antigua-et-Barbuda	084	Belize	332	Haïti	662	Sainte-Lucie
044	Bahamas (membre de la communauté seulement)	212	Dominique	388	Jamaïque	670	Saint-Vincent-et-les Grenadines
		308	Grenade	500	Montserrat	740	Suriname
052	Barbade	328	Guyana	659	Saint-Kitts-et-Nevis	780	Trinité-et-Tobago

172 — Communauté d'Etats indépendants (CEI)[3]

051	Arménie	643	Fédération de Russie	417	Kirghizistan	762	Tadjikistan
031	Azerbaïdjan	268	Géorgie	860	Ouzbékistan	795	Turkménistan
112	Bélarus	398	Kazakhstan	498	République de Moldova	804	Ukraine

892 — Communauté économique des Etats de l'Afrique de l'Ouest (CEDEAO)

204	Bénin	384	Côte d'Ivoire	324	Guinée	466	Mali	686	Sénégal
854	Burkina Faso	270	Gambie	624	Guinée-Bissau	562	Niger	694	Sierra Leone
132	Cabo Verde	288	Ghana	430	Libéria	566	Nigéria	768	Togo

692 — Communauté économique et monétaire des Etats de l'Afrique Centrale (CEMAC)

120	Cameroun	178	Congo	266	Gabon	226	Guinée équatoriale	140	République centrafricaine	148	Tchad

066 — Coopération économique Asie-Pacifique (CEAP)

036	Australie	840	États-Unis d'Amérique	554	Nouvelle-Zélande	702	Singapour
096	Brunéi Darussalam	643	Fédération de Russie	598	Papouasie-Nouvelle-Guinée	764	Thaïlande
124	Canada	360	Indonésie	604	Pérou	704	Viet Nam
152	Chili	392	Japon	608	Philippines		
156	Chine	458	Malaisie	158	Province chinoise de Taïwan		
344	Chine, région administrative spéciale de Hong Kong	484	Mexique	410	République de Corée		

063 — Marché commun andin (ANCOM)

068	Bolivie (État plurinational de)	170	Colombie	218	Équateur	604	Pérou

395 — Marché commun centraméricain (MCCA)

188	Costa Rica	222	El Salvador	320	Guatemala	340	Honduras	558	Nicaragua

171 — Marché commun de l'Afrique de l'Est et de l'Afrique australe (COMESA)

108	Burundi	748	Eswatini	454	Malawi	646	Rwanda	788	Tunisie
174	Comores	231	Éthiopie	480	Maurice	690	Seychelles	894	Zambie

[3] La Géorgie (code numérique 268) peut figurer dans ce groupe; par exemple, dans le cadre des statistiques du commerce international de marchandises.

262	Djibouti	404	Kenya	800	Ouganda	706	Somalie	716	Zimbabwe
818	Égypte	434	Libye	180	République dém. du Congo	729	Soudan		
232	Érythrée	450	Madagascar						

069 Marché commun du Sud (MERCOSUR)

032	Argentine	076	Brésil	858	Uruguay
068	Bolivie (État plurinational de)	600	Paraguay	862	Venezuela (République bolivarienne du)

198 Organisation de coopération et de développement économiques (OCDE)

276	Allemagne	724	Espagne	352	Islande	620	Portugal
036	Australie	233	Estonie	380	Italie	410	République de Corée
040	Autriche	840	États-Unis d'Amérique	392	Japon	203	République tchèque
056	Belgique	246	Finlande	442	Luxembourg	826	Royaume-Uni de Grande-Bretagne et d'Irlande du Nord
124	Canada	250	France	484	Mexique	703	Slovaquie
152	Chili	300	Grèce	578	Norvège	705	Slovénie
170	Colombia	348	Hongrie	554	Nouvelle-Zélande	752	Suède
188	Costa Rica	372	Irlande	528	Pays-Bas	756	Suisse
208	Danemark	376	Israël	616	Pologne	792	Türkiye

399 Organisation des pays exportateurs de pétrole (OPEP)

012	Algérie	784	Émirats arabes unis	364	Iran (République Islamique d')	414	Koweït
024	Angola	266	Gabon			566	Nigéria
682	Arabie saoudite	226	Guinée équatoriale	368	Iraq	634	Qatar
178	Congo	360	Indonésie	434	Libye	862	Venezuela (République bolivarienne du)

199 Pays les moins avancés (PMA)

004	Afghanistan	270	Gambie	508	Mozambique	694	Sierra Leone
024	Angola	324	Guinée	104	Myanmar	706	Somalie
050	Bangladesh	624	Guinée-Bissau	524	Népal	728	Soudan du Sud
204	Bénin	332	Haïti	562	Niger	729	Soudan
064	Bhoutan	090	Îles Salomon	800	Ouganda	148	Tchad
854	Burkina Faso	296	Kiribati	140	République centrafricaine	626	Timor-Leste
108	Burundi	426	Lesotho	180	République démocratique du Congo	768	Togo
116	Cambodge	430	Libéria	418	République démocratique populaire lao	798	Tuvalu
174	Comores	450	Madagascar	834	République-Unie de Tanzanie	887	Yémen
262	Djibouti	454	Malawi	646	Rwanda	894	Zambie
232	Érythrée	466	Mali	678	Sao Tomé-et-Principe		
231	Éthiopie	478	Mauritanie	686	Sénégal		

432 Pays en développement sans littoral (PDSL)

004	Afghanistan	748	Eswatini	524	Népal	728	Soudan du Sud
051	Arménie	231	Éthiopie	562	Niger	762	Tadjikistan
031	Azerbaïdjan	398	Kazakhstan	807	Macédoine du Nord	148	Tchad
064	Bhoutan	417	Kirghizistan	600	Paraguay	795	Turkménistan
068	Bolivie (État plurinational de)	426	Lesotho	140	République centrafricaine	800	Ouganda
072	Botswana	454	Malawi	498	République de Moldova	860	Ouzbékistan
854	Burkina Faso	466	Mali	418	République démocratique populaire lao	894	Zambie
108	Burundi	496	Mongolie	646	Rwanda	716	Zimbabwe

722 Petits États insulaires en développement (PEID)

660	Anguilla	316	Guam	583	Micronésie (États fédérés de)	882	Samoa
028	Antigua-et- Barbuda	624	Guinea-Bissau	500	Montserrat	016	Samoa américaines
533	Aruba	328	Guyana	520	Nauru	678	Sao Tomé-et-Principe
044	Bahamas	332	Haïti	570	Nioué	690	Seychelles
052	Barbade	184	Îles Cook	540	Nouvelle-Calédonie	702	Singapour

084	Belize	580	Îles Mariannes du Nord	585	Palaos	740	Suriname
535	Bonaire, Saint-Eustache et Saba	584	Îles Marshall	598	Papouasie-Nouvelle-Guinée	626	Timor-Leste
132	Cabo Verde	850	Îles Vierges américaines	258	Polynésie française	780	Trinité-et-Tobago
174	Comores	092	Îles Vierges britanniques	630	Porto Rico	798	Tuvalu
192	Cuba	090	Îles Salomon	214	République dominicaine	776	Tonga
531	Curaçao	388	Jamaïque	659	Saint Kitts and Nevis	548	Vanuatu
212	Dominique	296	Kiribati	662	Sainte-Lucie		
242	Fidji	462	Maldives	534	Saint-Martin (partie néerlandaise)		
308	Grenade	480	Maurice	670	Saint-Vincent-et-les Grenadines		

711 Union douanière d'Afrique australe

710	Afrique du Sud	072	Botswana	748	Eswatini	426	Lesotho	516	Namibie

097 Union européenne (UE)

276	Allemagne	208	Danemark	348	Hongrie	470	Malte	826	Royaume-Uni de Grande-Bretagne et d'Irlande du Nord
040	Autriche	724	Espagne	372	Irlande	528	Pays-Bas		
056	Belgique	233	Estonie	380	Italie	616	Pologne		
100	Bulgarie	246	Finlande	428	Lettonie	620	Portugal	703	Slovaquie
191	Croatie	250	France	440	Lituanie	203	République tchèque	705	Slovénie
196	Chypre	300	Grèce	442	Luxembourg	642	Roumanie	752	Suède

098 Zone euro

276	Allemagne	191	Croatie	250	France	428	Lettonie	528	Pays-Bas
040	Autriche	724	Espagne	300	Grèce	440	Lituania	620	Portugal
056	Belgique	233	Estonie	372	Irlande	442	Luxembourg	703	Slovaquie
196	Chypre	246	Finlande	380	Italie	470	Malte	705	Slovénie

Annex II: Technical Notes

Chapter 1: World Summary

Table 1: World Statistics : selected series

These world aggregates are obtained from other tables in this *Yearbook*, where available, and are compiled from statistical publications and databases of the United Nations and the specialized agencies and other institutions. The technical notes of the relevant table in this *Yearbook* should be consulted for detailed information on definition, source, compilation, and coverage.

Chapter II: Population and migration

Table 2: Population, surface area and density

The total, male and female population, sex ratio, population age distribution and population density are taken from the estimates and projections prepared by the United Nations Population Division, published in World Population Prospects: The 2022 Revision. Surface area are obtained from the 2021 Demographic Yearbook 72nd Issue publication prepared by the United Nations Statistics Division. Through this source only official national data are reported.

Total, male and female population refers to the de facto population in a country, area or region as of 1 July of the year indicated, unless otherwise stated in a footnote. Figures are presented in millions. The total population of a country may comprise either all usual residents of the country (de jure population) or all persons present in the country (de facto population) at the time of the census; for purposes of international comparisons, the de facto definition is used, unless otherwise stated in a footnote.

Population aged 0-14 years / 60 years and over refers to the percentage of the population aged 0-14 years and aged 60 years and older, respectively as of 1 July of the year indicated, unless otherwise stated in a footnote.

Population density refers to the population, as of 1 July of the year indicated, per square kilometre of surface area, unless otherwise stated in a footnote.

Sex ratio is calculated as the ratio of the population of men to that of 100 women as of 1 July of the year indicated, unless otherwise stated in a footnote.

Surface area refers to land area, unless otherwise stated in a footnote.

Table 3: Population growth and indicators of fertility and mortality

The population rate of increase, fertility rate, infant mortality rate and life expectancy at birth are taken from the estimates and projections prepared by the United Nations Population Division, published in World Population Prospects: The 2022 Revision. The data cover 2010, 2015, 2020, and 2022. The data are reported annually. Maternal mortality ratio are estimates developed by the World Health Organization, UNICEF, the United Nations Population Fund, the World Bank and United Nations Population Division and published in Trends in Maternal Mortality: 2000-2020.

Population rate of increase (or growth rate) is the average annual percentage change in total population size.

Fertility rate is the total fertility rate, a widely used summary indicator of fertility. It refers to the number of children that would be born per woman, assuming no female mortality at childbearing ages and the age-specific fertility rates of a specified country and reference period.

Infant mortality rate (per 1 000 live births) is the ratio of infant deaths (the deaths of children under one year of age) in a given year to the total number of live births in the same year.

Maternal mortality ratio is the ratio of the number of maternal deaths during a given time period per 100 000 live births during the same time-period. A maternal death refers to a female death from any cause related to or aggravated by pregnancy or its management (excluding accidental or incidental causes) during pregnancy and childbirth or within 42 days of termination of pregnancy, irrespective of the duration and site of the pregnancy and irrespective of the cause of the death.

Life expectancy at birth is the average number of years of life at birth (age 0) for males and females according to the expected mortality rates by age estimated for the reference year and population.

Table 4: International migrants and refugees

International migrant stock is taken from the estimates and projections prepared by the United Nations Population Division, published in *International migrant stock: The 2020 Revision.* "Refugees and others of concern to UNHCR" are obtained from the United Nations High Commissioner for Refugees, published in the Population Statistics database.

International migrant stock represents the number of persons born in a country other than that in which they live. When information on country of birth was not recorded, data on the number of persons having foreign citizenship was used instead. In the absence of any empirical data, estimates were imputed. Figures for international migrant stock as a percentage of the population are the outcome of dividing the estimated international migrant stock by the estimated total population and multiplying the result by 100.

Refugees include individuals recognised under the 1951 Convention relating to the Status of Refugees; its 1967 Protocol; the 1969 OAU Convention Governing the Specific Aspects of Refugee Problems in Africa; those recognised in accordance with the UNHCR Statute; individuals granted complementary forms of protection; or those enjoying temporary protection. Since 2007, the refugee population also includes people in a refugee-like situation.

Asylum-seekers are individuals who have sought international protection and whose claims for refugee status have not yet been determined, irrespective of when they may have been lodged.

"Other" represents the following 5 categories:

- Internally displaced persons (IDPs) are people or groups of individuals who have been forced to leave their homes or places of habitual residence, in particular as a result of, or in order to avoid the effects of armed conflict, situations of generalised violence, violations of human rights, or natural or man-made disasters, and who have not crossed an international border. For the purposes of UNHCR's statistics, this population only includes conflict-generated IDPs to whom the Office extends protection and/or assistance. Since 2007, the IDP population also includes people in an IDP-like situation. For global IDP estimates, see www.internal-displacement.org.
- Returned refugees are former refugees who have returned to their country of origin spontaneously or in an organised fashion but are yet to be fully integrated. Such return would normally only take place in conditions of safety and dignity.
- Returned IDPs refer to those IDPs who were beneficiaries of UNHCR's protection and assistance activities and who returned to their areas of origin or habitual residence during the year.
- Stateless persons are defined under international law as persons who are not considered as nationals by any State under the operation of its law. In other words, they do not possess the nationality of any State. UNHCR statistics refer to persons who fall under the agency's statelessness mandate because they are stateless according to this international definition, but data from some countries may also include persons with undetermined nationality.
- Others of concern refers to individuals who do not necessarily fall directly into any of the groups above, but to whom UNHCR extends its protection and/or assistance services, based on humanitarian or other special grounds.

Chapter III: Gender

Table 5: Proportion of seats held by women in national parliament

The table shows the percentage of seats held by women members in single or lower chambers of national parliaments as at January/ February each year (see table footnotes for specific details). National parliaments can be bicameral or unicameral. This table covers the single chamber in unicameral parliaments and the lower chamber in bicameral parliaments. It does not cover the upper chamber of bi-cameral parliaments. Seats are usually won by members in general parliamentary elections. Seats may also be filled by nomination, appointment, indirect election, rotation of members and by-election. The proportion of seats held by women in national parliament is derived by dividing the total number of seats occupied by women by the total number of seats in parliament. There is no weighting or normalising of statistics. The source for this table is the Inter-Parliamentary Union (IPU), see www.ipu.org for further information.

Table 6: Ratio of girls to boys in primary, lower secondary and upper secondary education

The ratio of girls to boys (gender parity index) in primary, lower secondary and upper secondary education is the ratio of the number of female students enrolled at primary, lower secondary and upper secondary levels of education to the number of male students in each level. To standardise the effects of the population structure of the appropriate age groups, the Gender Parity Index (GPI) of the Gross Enrolment Ratio (GER) for each level of education is used. The source for this table is the UNESCO Institute for Statistics (UIS), see www.uis.unesco.org for further information.

Chapter IV: Education

Data in Tables 7 and 8 are presented using the 2011 revision of UNESCO's International Standard Classification of Education (ISCED). Data are presented in the tables based on the three main levels of educations defined as follows.

"Primary education" (ISCED level 1) programmes are typically designed to provide students with fundamental skills in reading, writing and mathematics (i.e. literacy and numeracy) and establish a solid foundation for learning and understanding core areas of knowledge, personal and social development, in preparation for lower secondary education. It focuses on learning at a basic level of complexity with little, if any, specialisation.

"Lower secondary education" (ISCED level 2) programmes are typically designed to build on the learning outcomes from primary. Usually, they aim to lay the foundation for lifelong learning and human development upon which education systems may then expand further educational opportunities.

"Upper secondary education" (ISCED level 3) programmes are typically designed to complete secondary education in preparation for tertiary education or provide skills relevant to employment, or both. Programmes at this level offer students more varied, specialised and in-depth instruction than programmes at lower secondary. They are more differentiated, with an increased range of options and streams available. Teachers are often highly qualified in the subjects or fields of specialisation they teach, particularly in the higher grades.

For more information about the International Standard Classification of Education (ISCED) 2011 please refer to:

http://uis.unesco.org/sites/default/files/documents/international-standard-classification-of-education-isced-2011-en.pdf

Table 7: Enrollment in primary, lower secondary and upper secondary education levels

The table shows the number of students enrolled as well as the gross enrolment ratio which is the number of students enrolled, regardless of age, expressed as a percentage of the eligible official school-age population corresponding to the same level of education in a given school year. Enrolment is measured at the beginning of the school or academic year. The gross enrolment ratio at each level will include all pupils whatever their ages, whereas the population is limited to the range of official school ages. Therefore, for countries with almost universal education among the school-age population, the gross enrolment ratio can exceed 100 if the actual age distribution of pupils extends beyond the official school ages.

Table 8: Teaching staff at the primary, lower secondary and upper secondary levels

The table shows the total number of teachers at a given level of education, as well as the proportion of female teachers expressed as a percentage of the total (male and female) at the same level in a given school year. The data sources include school census or surveys and teachers' records. Teachers (or teaching staff) are defined as persons employed full-time or part-time in an official capacity to guide and direct the learning experience of pupils and students, irrespective of their qualifications or the delivery mechanism, i.e. face-to-face and/or at a distance. This definition excludes educational personnel who have no active teaching duties (e.g. headmasters, headmistresses or principals who do not teach) or who work occasionally or in a voluntary capacity in educational institutions.

Table 9: Public expenditure on education and access to computers

Public expenditure on education consists of current and capital expenditures on education by local, regional and national governments, including municipalities. Household contributions are excluded. Current expenditure on education includes expenditure for goods and services consumed within the current year and which would need to be renewed if needed the following year. It includes expenditure on: staff salaries and benefits; contracted or purchased services; other resources including books and teaching materials; welfare services; and other current expenditure such as subsidies to students and households, furniture and equipment, minor repairs, fuel, telecommunications, travel, insurance and rents. Capital expenditure on education includes expenditure for assets that last longer than one year. It includes expenditure for construction, renovation and major repairs of buildings and the purchase of heavy equipment or vehicles.

Access to computers by schools for pedagogical purposes is presented to show the distribution of computers in schools at different education levels.

Chapter V: Health

Table 10: Health personnel

The table shows four main categories of health personnel (out of 9 categories available in the source); 1. Physicians which includes generalist medical practitioners and specialist medical practitioners; 2. Nursing and midwifery personnel which includes nursing professionals, midwifery professionals, nursing associate professionals and midwifery associate professionals (Traditional midwives are not included here); 3. Dentistry personnel which includes dentists, dental assistants, dental technicians and related occupations; and 4. Pharmaceutical personnel which includes pharmacists, pharmaceutical assistants, pharmaceutical technicians and related occupations.

The data are obtained from the World Health Organisation's (WHO) Global Health Workforce Statistics database which are compiled from several sources such as national population censuses, labour force and employment surveys, national statistical products and routine administrative information systems. As a result, considerable variability remains across countries in the coverage, quality and reference year of the original data. In general, the denominator data for health workforce density (i.e. national population estimates) were obtained from the United Nations Population Division's *World Population Prospects* publication. In some cases, the official report provided only workforce density indicators, from which estimates of the stock were then calculated.

The classification of health workers used is based on criteria for vocational education and training, regulation of health professions, and activities and tasks of jobs, i.e. a framework for categorizing key workforce variables according to shared characteristics. The WHO framework largely draws on the latest revisions to the internationally standardized classification systems of the International Labour Organization (International Standard Classification of Occupations), United Nations Educational, Scientific and Cultural Organization (International Standard Classification of Education), and the United Nations Statistics Division (International Standard Industrial Classification of All Economic Activities). Depending on the nature of each country's situation and the means of measurement, data are available for up to 9 categories of health workers in the aggregated set, and up to 18 categories in the disaggregated set. The latter essentially reflects attempts to better distinguish some subgroups of the workforce according to assumed differences in skill level and skill specialization.

Table 11: Expenditure on health

The series "Current expenditure" refers to all health care goods and services used or consumed during a year excluding capital spending, or rather "gross capital formation", which is the purchase of new assets used repeatedly over several years. These estimates are in line with the 2011 System of Health Accounts (SHA). Current expenditure is expressed as a proportion of Gross Domestic Product (GDP). The series Domestic General government expenditures are composed of public and private domestic sources. The Domestic public sources include domestic revenue as internal transfers and grants, transfers, subsidies to voluntary health insurance beneficiaries, Non-profit institutions serving households (NPISH) or enterprise financing schemes as well as compulsory prepayment and social health insurance contributions. All these transfers and subsidies represent public sources for health and indicate the overall governments' contribution to funding healthcare relative to other sources of funding from domestic private and external sources. Domestic General government expenditure is expressed as a proportion of general government expenditures.

Chapter VI: Crime

Table 12: Intentional homicides and other crimes

"Intentional homicides" and "other crimes" are taken from the United Nations Office on Drugs and Crime, published in their statistics database.

"Intentional Homicide" means unlawful death purposefully inflicted on a person by another person. Data on intentional homicide should also include serious assault leading to death and death as a result of a terrorist attack. It should exclude attempted homicide, manslaughter, death due to legal intervention, justifiable homicide in self-defence and death due to armed conflict.

"Assault" means physical attack against the body of another person resulting in serious bodily injury, excluding indecent/sexual assault, threats, and slapping/punching. 'Assault' leading to death should also be excluded.

"Kidnapping" means unlawfully detaining a person or persons against their will (including through the use of force, threat, fraud or enticement) for the purpose of demanding for their liberation an illicit gain or any other economic gain or other material benefit, or in order to oblige someone to do or not to do something. "Kidnapping" excludes disputes over child custody.

"Theft" means unlawfully taking or obtaining of property from a person or organisation without force with the intent to permanently keep it. "Theft" excludes burglary, housebreaking, robbery, and theft of a motor vehicle, which are recorded separately.

Total "Sexual violence" means rape, sexual assault, and other acts of sexual violence, including sexual offences against children.

Chapter VII: National accounts

The National Accounts Main Aggregates Database (available at http://unstats.un.org/unsd/snaama) presents national accounts data for more than 200 countries and areas of the world. It is the basis for the publication of National Account Statistics: Analysis of Main Aggregates (AMA), a publication prepared by the Statistics Division of the Department for Economic and Social Affairs of the United Nations Secretariat with the generous co-operation of national statistical offices. The database is updated in December of each year with newly available national accounts data for all countries and areas.

The National Accounts Main Aggregates Database is based on the data obtained from the United Nations National Accounts Questionnaire (NAQ) introduced in October 1999, which in turn is based on the System of National Accounts 1993 (1993 SNA). The data are supplemented with estimates prepared by the Statistics Division. The updated SNA, called the System of National Accounts 2008 (2008 SNA) was finalised in September 2009 and is available on the Statistics Division's website at: http://unstats.un.org/unsd/nationalaccount/sna2008.asp. Beginning in October 2014, Member States of the European Union adopted the European System of Accounts 2010 (ESA 2010), which is a counterpart of the 2008 SNA. In addition to the European Union Member States, an increasing number of other countries have also adopted the 2008 SNA recommendations. Overall, 207 countries/territories representing 99 per cent of the world's gross national income (GNI), and 98 per cent of the world population have implemented 1993 SNA or 2008 SNA.

Every effort has been made to present the estimates of the various countries or areas in a form designed to facilitate international comparability. To this end, important differences in concept, scope, coverage and classification have been described in the footnotes for individual countries. Such differences should be considered to avoid misleading comparisons. Data contained in the tables relate to the calendar year for which they are shown, except in several cases. These special cases are posted on the National Accounts Main Aggregates Database website (http://unstats.un.org/unsd/snaama/notes.asp). The figures shown are the most recent estimates and revisions available at the time of compilation. In general, figures for the most recent year are to be regarded as provisional. The sums of the components in the tables may not necessarily add up to totals shown because of rounding.

Table 13: Gross domestic product and gross domestic product per capita

This table shows gross domestic product (GDP) and GDP per capita in US dollars at current prices, GDP at constant 2015 prices and the corresponding real rates of growth. The tables are intended to facilitate international comparisons of levels of income generated in production. Official data and estimates of total and per capita GDP at current prices have been converted to US dollars, while total GDP at constant prices are converted to 2015 prices before conversion to US dollars using the 2015 exchange rates. The conversion methodology to US dollars is described in the document on the methodology for the National Accounts Main Aggregates Database(http://unstats.un.org/unsd/snaama/methodology.pdf). For inter-country comparisons over time, it would be more appropriate to use the growth rate in the table based on constant price data, which are more indicative of inter-country and intra-grouping comparisons of trends in total GDP. The growth rate shown in the table is computed as geometric mean of annual growth rates expressed as percentages for the years.

Table 14: Gross value added by kind of economic activity

This table presents the shares of the components of gross value added at current prices by kind of economic activity.

Sector	Comprises of (in terms of ISIC 3):
Agriculture	Agriculture, hunting, forestry and fishing (ISIC A-B)
Industry	Mining and quarrying, Manufacturing, Electricity, gas and water supply (ISIC C-E) Construction (ISIC F)
Services	Wholesale and retail trade; repair of motor vehicles, motorcycles and personal and household goods, Hotels and restaurants (ISIC G-H)

	Transport, storage and communications (ISIC I) Other activities which includes financial intermediation, real estate, renting and business activities, public administration and defense; compulsory social security, education, health and social work, other community, social and personal service activities, private households with employed persons (ISIC J-P).

Chapter VIII: Finance

Detailed information and current figures relating to table 15 are contained in International Financial Statistics, published by the International Monetary Fund (see also http://elibrary-data.imf.org).

Table 15: Balance of payments summary

A balance of payments can be broadly described as the record of an economy's international economic transactions. It shows (a) transactions in goods, services and income between an economy and the rest of the world, (b) changes of ownership and other changes in that economy's monetary gold, special drawing rights (SDRs) and claims on and liabilities to the rest of the world, and (c) unrequited transfers and counterpart entries needed to balance in the accounting sense any entries for the foregoing transactions and changes which are not mutually offsetting. The balance of payments data are presented on the basis of the methodology and presentation of the sixth edition of the Balance of Payments Manual (BPM6), published by the International Monetary Fund in November 2013. The BPM6 incorporates several major changes to take account of developments in international trade and finance over the years, and to better harmonize the Fund's balance of payments methodology with the methodology of the 2008 System of National Accounts (SNA). The detailed definitions concerning the content of the basic categories of the balance of payments are given in the Balance of Payments Manual (sixth edition)

Brief explanatory notes are given below to clarify the scope of the major items.

Current account is a record of all transactions in the balance of payments covering the exports and imports of goods and services, payments of income, and current transfers between residents of a country and non-residents.

Capital account, n.i.e. refers mainly to capital transfers linked to the acquisition of a fixed asset other than transactions relating to debt forgiveness plus the disposal of nonproduced, nonfinancial assets, and to capital transfers linked to the disposal of fixed assets by the donor or to the financing of capital formation by the recipient, plus the acquisition of nonproduced, nonfinancial assets.

Financial account, n.i.e. is the net sum of the balance of direct investment, portfolio investment, and other investment transactions.

Reserves and related items is the sum of transactions in reserve assets, LCFARs, exceptional financing, and use of Fund credit and loans.

Table 16: Exchange rates

Foreign exchange rates are shown in units of national currency per US dollar. The exchange rates are classified into three broad categories, reflecting both the role of the authorities in the determination of the exchange and/or the multiplicity of exchange rates in a country. The market rate is used to describe exchange rates determined largely by market forces; the official rate is an exchange rate determined by the authorities, sometimes in a flexible manner. For countries maintaining multiple exchange arrangements, the rates are labelled principal rate, secondary rate, and tertiary rate. Unless otherwise stated, the table refers to end of period and period averages of market exchange rates or official exchange rates.

Chapter IX: Labour market

A comparable and comprehensive collection of data on labour force and related topics are available from the International Labour Organisation's (ILO) *Key Indicators of the Labour Market (KILM)* publication, which is updated every 2 years. More timely information is contained in the ILO's ILOSTAT data repository (see www.ilo.org/ilostat) which publishes data as it is received from the countries either on an annual, quarterly or monthly basis but does not include all the consistency checks nor include all the sources used by KILM. For various reasons, national definitions of employment and unemployment often differ from the recommended international standard definitions and thereby limit international comparability. Inter-country comparisons are also complicated by a variety of types of data collection systems used to obtain information on employed and unemployed persons. The ILOSTAT website provides a comprehensive description of the methodology underlying the labour series.

Table 17: Labour force participation rate and unemployment rate

Labour force participation rate is calculated by expressing the number of persons in the labour force as a percentage of the working-age population. The labour force is the sum of the number of persons employed and the number of unemployed (see ILO's current International Recommendations on Labour Statistics). The working-age population is the population above a certain age, prescribed for the measurement of economic characteristics. The data refer to the age group of 15 years and over and are based on ILO's modelled estimates, unless otherwise stated in a footnote.

Unemployment" is defined to include persons above a certain age who, during a specified period of time were:

(a) "Without work", i.e. were not in paid employment or self-employment;

(b) "Currently available for work", i.e. were available for paid employment or self-employment during the reference period; and

(c) "Seeking work", i.e. had taken specific steps in a specified period to find paid employment or self-employment

Persons not considered to be unemployed include:

(a) Persons intending to establish their own business or farm, but who had not yet arranged to do so and who were not seeking work for pay or profit;

(b) Former unpaid family workers not at work and not seeking work for pay or profit.

The series generally represent the total number of persons wholly unemployed or temporarily laid-off. Percentage figures, where given, are calculated by comparing the number of unemployed to the total members of that group of the labour force on which the unemployment data are based.

Table 18: Employment by economic activity

The employment table presents the percentage distribution of employed persons by economic activity, according to International Standard Industry Classification (ISIC) version 4.

Chapter X: Price and production indices

Table 19: Consumer price indices

A consumer price index is usually estimated as a series of summary measures of the period-to-period proportional change in the prices of a fixed set of consumer goods and services of constant quantity and characteristics, acquired, used or paid for by the reference population. Each summary measure is constructed as a weighted average of a large number of elementary aggregate indices. Each of the elementary aggregate indices is estimated using a sample of prices for a defined set of goods and services obtained in, or by residents of, a specific region from a given set of outlets or other sources of consumption goods and services. The table presents the general consumer price index for all groups of consumption items combined, and the food index including non-alcoholic beverages only. Where alcoholic beverages and/or tobacco are included, this is indicated in footnotes.

Table 20: Agricultural production indices

"Agriculture" relates to the production of all crops and livestock products. The "Food Index" includes those commodities which are considered edible and contain nutrients. The index numbers of agricultural output and food production are calculated by the Laspeyres formula with the base year period 2014-2016. The latter is provided in order to diminish the impact of annual fluctuations in agricultural output during base years on the indices for the period. Production quantities of each commodity are weighted by 2014-2016 average national producer prices and summed for each year. The index numbers are based on production data for a calendar year. These may differ in some instances from those actually produced and published by the individual countries themselves due to variations in concepts, coverage, weights and methods of calculation. Efforts have been made to estimate these methodological differences to achieve a better international comparability of data. Detailed data on agricultural production are published by FAO in its *Statistical Yearbook.*

Chapter XI: International merchandise trade

The *International Trade Statistics Yearbook* (ITSY) provides an overview of the latest trends of trade in goods and services of most countries and areas in the world, a publication prepared by the Statistics Division of the Department for Economic and Social Affairs of the United Nations Secretariat. The yearbook, see http://comtrade.un.org/pb/, is released in two volumes; Volume I is compiled earlier in the year to present an advanced overview of international merchandise trade from the previous year, Volume II, generally released six months later, contains detailed tables showing international trade for individual commodities and 11 world trade tables covering trade values and indices. Volume II also contains updated versions of world trade tables. The table in this yearbook are also updated monthly in the trade statistics website, see:

http://unstats.un.org/unsd/trade/data/tables.asp#annual.

The statistics in this Yearbook have been compiled by national statistical authorities largely consistent with the United Nations recommended International Merchandise Trade Statistics, Concepts and Definitions 2010 (IMTS 2010). Depending on what parts of the economic territory are included in the statistical territory, the trade data-compilation system adopted by a country (its trade system) may be referred to as general or special.

General trade system	The statistical territory coincides with the economic territory. Consequently, it is recommended that the statistical territory of a country applying the general trade system comprises all applicable territorial elements. In this case, imports include goods entering the free circulation area, premises for inward processing, industrial free zones, premises for customs warehousing or commercial free zones and exports include goods leaving those territorial elements
Special trade system	(strict definition) The statistical territory comprises only a particular part of the economic territory, so that certain flows of goods which are in the scope of IMTS 2010 are not included in either import or export statistics of the compiling country. The strict definition of the special trade system is in use when the statistical territory comprises only the free circulation area, that is, the part within which goods "may be disposed of without customs restriction". Consequently, in such a case, imports include only goods entering the free circulation area of a compiling country and exports include only goods leaving the free circulation area of a compiling country
	(relaxed definition) (a) goods that enter a country for, or leave it after, inward processing, as well as (b) goods that enter or leave an industrial free zone, are also recorded and included in international merchandise trade statistics.

Generally, all countries report their detailed merchandise trade data according to the Harmonized Commodity Description and Coding System (HS) and the data correspond and are then presented by Standard International Trade Classifications (SITC, Rev.3). Data refer to calendar years; however, for those countries which report according to some other reference year, the data are presented in the year which covers the majority of the reference year used by the country.

FOB-type values include the transaction value of the goods and the value of services performed to deliver goods to the border of the exporting country. CIF-type values include the transaction value of the goods, the value of services performed to deliver goods to the border of the exporting country and the value of the services performed to deliver the goods from the border of the exporting country to the border of the importing country. Therefore, data for the statistical value of imported goods are presented as a CIF-type value and the statistical value of exported goods as an FOB-type value.

Conversion of values from national currencies into United States dollars is done by means of currency conversion factors based on official exchange rates. Values in currencies subject to fluctuation are converted into United States dollars using weighted average exchange rates specially calculated for this purpose. The weighted average exchange rate for a given currency for a given year is the component monthly factors, furnished by the International Monetary Fund in its International Financial Statistics publication, weighted by the value of the relevant trade in each month; a monthly factor is the exchange rate (or the simple average rate) in effect during that month. These factors are applied to total imports and exports and to the trade in individual commodities with individual countries.

Table 21: Total imports, exports, and balance of trade

Figures on the total imports and exports of countries (or areas) presented in this table are mainly taken from International Financial Statistics published monthly by the International Monetary Fund (IMF) but also from other sources such as national publications and websites and the United Nations *Monthly Bulletin of Statistics* Questionnaire, see the *International Trade Statistics Yearbook* for further details. Estimates for missing data are made in order to arrive to regional totals but are otherwise not shown. The estimation process is automated using quarterly year-on-year growth rates for the extrapolation of missing quarterly data (unless quarterly data can be estimated using available monthly data within the quarter). The conversion factors applied to data in this table are published quarterly in the United Nations *Monthly Bulletin of Statistics* and are also available on the United Nations trade statistics website: http://unstats.un.org/unsd/trade/data/tables.asp#annual.

Table 22: Major trading partners

Figures on major trading partners show the three largest trade partners (countries of last known destination and origin or consignment) in international merchandise trade transactions. In some cases, a special partner is shown (i.e. Areas nes, bunkers, etc.) instead of a country and refers to one of the following special categories. Areas not elsewhere specified (i.e. Areas nes) is used (a) for low value trade, (b) if the partner designation was unknown to the country or if an error was made in the partner assignment and (c) for reasons of confidentiality. If a specific geographical location can be identified within Areas nes, then they are recorded accordingly (i.e. Asia nes). Bunkers are ship stores and aircraft supplies, which consists mostly of fuels and food. Free zones belong to the geographical and economic territory of a country but not to its customs territory. For the purpose of trade statistics, the transactions between the customs territory and the free zones are recorded, if the reporting country uses the Special Trade System. Free zones can be commercial free zones (duty free shops) or industrial free zones. Data are expressed as percentages of total exports and of total imports of the country, area or special partner.

Data in this table consists of data as reported by UN Comtrade (at three-digit level of SITC Rev. 3 and detailed trading partners breakdown) and estimated data for missing reporters. The data are estimated either through the extrapolation of the data of the two adjacent years, or, if this is not possible, through the use of the data reported by the trading partners (so called mirror data). Mirror statistics is also used in case the partner distribution or confidential data make it necessary to adjust the reported data. In addition, modifications to the received data are made in cases where the provided data are obviously incomplete, in particular in the case of unreported petroleum oils exports in merchandise data.

Chapter XII: Energy

The Energy Statistics Yearbook (available at http://unstats.un.org/unsd/energy/yearbook) is a comprehensive collection of international energy statistics for over 220 countries and areas. The yearbook is prepared by the Statistics Division of the Department for Economic and Social Affairs of the United Nations Secretariat. The yearbook is produced every year with newly available data on energy production, trade, stock changes, bunkers and consumption for all countries and areas, and a historical series back to 1950 are available. The data are compiled primarily from the annual energy questionnaire distributed by the United Nations Statistics Division and supplemented by official national statistical publications, as well as publications from international and regional organizations. Where official data are not available or are inconsistent, estimates are made by the Statistics Division based on governmental, professional or commercial materials.

The period to which the data refer is the calendar year, with the exception of the data of the following countries which refer to the fiscal year: Afghanistan and Iran (Islamic Rep. of) – beginning 21 March of the year stated; Australia, Bangladesh, Bhutan, Egypt (for the latter two, electricity only), Nepal - ending June of the year stated; Pakistan - starting July of the year stated; India, Myanmar and New Zealand – beginning April of the year stated. Data on a per capita basis use population data from the United Nations Population Division as a denominator.

Table 23: Production, trade and supply of energy

Data are presented in petajoules (gigajoules per capita), to which the individual energy commodities are converted in the interests of international uniformity and comparability. To convert from original units to joules, the data in original units (metric tons, metric tons of oil equivalent, kilowatt hours, cubic metres) are multiplied by conversion factors. For a list of the relevant conversion factors and a detailed description of methods, see the Energy Statistics Yearbook.

Included in the production of primary energy for solids are hard coal, lignite, peat and oil shale, primary solid biofuels and wastes; liquids are comprised of crude oil, natural gas liquids, other hydrocarbons, additives and oxygenates, and liquid biofuels; gas comprises natural gas and biogas; and electricity is comprised of primary electricity generation from hydro, wind, tide, wave and solar sources. Heat comprises primary heat from nuclear, geothermal, chemical and solar sources.

Net imports (imports less exports and bunkers) and changes in stocks, refer to all primary and secondary forms of energy (including feedstocks). Within net imports; bunkers refer to bunkers of aviation gasoline, jet fuel and of hard coal, gas diesel oil and residual fuel oil. International trade of energy commodities is based on the "general trade" system, that is, all goods entering and leaving the national boundary of a country are recorded as imports and exports.

Supply is calculated as primary energy production plus import minus exports minus international bunkers (aviation and marine) minus stock changes.

Chapter XIII: Environment

Table 24: Land

The data on land are compiled by the Food and Agriculture Organization of the United Nations (FAO). FAO's definitions of the land categories are as follows:

Land area	Total area excluding area under inland water bodies. The definition of inland water bodies generally includes major rivers and lakes.
Arable land	Land under temporary crops (multiple cropped areas are counted only once); temporary meadows for mowing or pasture; land under market and kitchen gardens; and land temporarily fallow (less than five years). Abandoned land resulting from shifting cultivation is not included in this category. Data for "arable land" are not meant to indicate the amount of land that is potentially cultivable.
Permanent crops	Land cultivated with crops that occupy the land for long periods and need not be replanted after each harvest, such as cocoa, coffee and rubber. This category includes land under flowering shrubs, fruit trees, nut trees and vines, but excludes land under trees grown for wood or timber.
Forest	According to the FAO, the following definition is used for forest: Land spanning more than 0.5 hectares with trees higher than 5 metres and a canopy cover of more than 10 percent, or trees able to reach these thresholds in situ. It does not include land that is predominantly under agricultural or urban land use.
Sites protected for terrestrial biodiversity	Land which contributes significantly to the global persistence of biodiversity measured as a proportion of which is wholly covered by a designated protected area. Data are based on spatial overlap between polygons for Key Biodiversity Areas from the World Database of key Biodiversity Areas and polygons for protected areas from the World Database on Protected Areas. Figures for each region are calculated as the proportion of each Key Biodiversity Area covered by protected areas, averaged (i.e., calculated as the mean) across all Key Biodiversity Areas within the region.

Table 25: Threatened species

Data on the number of threatened species in each group of animals and plants are compiled by the World Conservation Union (IUCN)/ Species Survival Commission (SSC) and published in the IUCN Red List of Threatened Species. The list provides a catalogue of those species that are considered globally threatened. The number of threatened species for any particular country will change between years for a number of reasons, including:

New information being available to refine the assessment (e.g., confirmation that the species occurs or does not occur in a particular country, confirmation that the species is or is not threatened, etc.).

Taxonomic changes (e.g., what was previously recognised as one species is now split into several separate species or has now been merged with another species).

Corrections (e.g., the previous assessment may have missed a particular country out of its country occurrence list or included a specific country by mistake).

Genuine status changes (e.g., a species may have genuinely deteriorated or improved in status and therefore has moved into or out of the threatened categories).

The categories used in the Red List are as follows; extinct, extinct in the wild, critically endangered; endangered, vulnerable, near threatened and data deficient.

Table 26: CO2 emission estimates

Carbon dioxide (CO2) represent total CO2 emissions from fuel combustion. This includes CO2 emissions from fuel combustion in IPCC Source/Sink Category 1 A Fuel Combustion Activities and those which may be reallocated to IPCC Source/Sink Category 2 Industrial Processes and Product Use under the 2006 GLs.

Table 27: Water supply and sanitation services

Population using safely managed drinking water sources is currently being measured by the proportion of population in urban and rural areas, according to national definitions, meeting the criteria for using safely managed drinking water sources (SDG 6.1.1) by using an improved basic drinking water source which is located on premises, available when needed and free of faecal and priority chemical contamination. Improved drinking water sources are those that have the potential to deliver safe water by nature of their design and construction, and include piped water, boreholes or tube wells, protected dug wells, protected springs, rainwater, and packaged or delivered water.

Population using safely managed sanitation facilities is currently being measured by the proportion of the population in urban and rural areas, according to national definitions, meeting the criteria for having a safely managed sanitation service (SDG 6.2.1a) by using a basic sanitation facility which is not shared with other households and where excreta is safely disposed in situ or transported and treated off-site. Improved sanitation facilities are those designed to hygienically separate excreta from human contact and include: flush/pour flush to piped sewer system, septic tanks or pit latrines; ventilated improved pit latrines, composting toilets or pit latrines with slabs.

Chapter XIV: Science and technology

Table 28: Research and development (R&D) expenditure and researchers (full time equivalent)

Research and development as a percentage of Gross Domestic Product (GDP) refers to expenditure on creative work undertaken on a systematic basis in order to increase the stock of knowledge, including knowledge of humanity, culture and society, and the use of this stock of knowledge to devise new applications, expressed as a percentage GDP. It is the total intramural expenditure on Research and Development (R&D) performed on the national territory during a given period. It includes R&D performed within a country and funded from abroad but excludes payments made abroad for R&D.

The researchers (in full-time equivalent - FTE) per million inhabitants is a direct measure of the number of research and experimental development workers per 1 million people.

Researchers are professionals engaged in the conception or creation of new knowledge, conduct research and improve or develop concepts, theories, models, techniques instrumentation, software or operational methods.

The Full-time equivalent (FTE) of R&D personnel is defined as the ratio of working hours actually spent on R&D during a specific reference period (usually a calendar year) divided by the total number of hours conventionally worked in the same period by an individual or by a group.

Table 29: Patents

A patent is granted by a national patent office or by a regional office that does the work for a number of countries, such as the European Patent Office and the African Regional Intellectual Property Organisation. Under such regional systems, an applicant requests protection for the invention in one or more countries, and each country decides as to whether to offer patent protection within its borders. The World Intellectual Property Organisation (WIPO) administered Patent Cooperation Treaty (PCT) provides for the filling of a single international patent application which has the same effect as national applications filed in the designated countries. Data include resident intensity, patents granted and patents in force. Patent intensity is presented as the resident patent fillings per million population, whereas resident Intellectual Property (IP) filling refers to an application filed by an applicant at its national IP office. IP grant (registration) data are based on the same concept. In force refers to a patent or other form of IP protection that is currently valid. Country of origin is used to categorise IP data by resident (domestic) and non-resident (foreign). The residence of the first-named applicant (or inventor) recorded in the IP document (e.g. patent or trademark application) is used to classify IP data by country of origin. The data are compiled and published by the WIPO.

Chapter XV: Communication

Table 30: Internet usage

The table shows percentage of individuals using the internet and replaces the statistics shown in previous yearbooks such as the "Number (thousands) of fixed (wired) internet subscriptions" and "fixed (wired) internet subscriptions per 100 inhabitants". Besides capturing the use of the Internet, this indicator can measure changes in Internet access and use. In countries where many people access the Internet at work, at school, at cybercafés or other public locations, increases in public access serve to increase the number of users despite limited numbers of Internet subscriptions and of households with Internet access. Developing countries especially tend to have many Internet users per Internet subscriptions, reflecting that home access is not the primary location of access.

Chapter XVI: International tourism and transport

The data on international tourism have been supplied by the World Tourism Organization (UNWTO) from detailed tourism information published in either the *Yearbook of Tourism Statistics* or *Compendium of Tourism Statistics*, see www.unwto.org/statistics for further information. For statistical purposes, the term "international visitor" describes "any person who travels to a country other than that in which he/she has his/her usual residence but outside his/her usual environment for a period not exceeding 12 months and whose main purpose of visit is other than the exercise of an activity remunerated from within the country visited". There are four series presented in the UNWTO *yearbook* and *compendium*, but only one series is selected to be presented in this yearbook, generally based on the following priority order to best describe an "international visitor".

Order	Series code	Series name
1	TF	*Arrivals of non-resident tourists at national borders* are visitors who stay at least one night in a collective or private accommodation in the country visited (excludes same-day visitors)
2	VF	*Arrivals of non-resident visitors at national borders* are visitors as defined in series "TF" as well as same-day visitors who do not spend the night in a collective or private accommodation in the country visited
3	TCE	*Arrivals of non-resident tourists in all types of accommodation establishments*
4	THS	*Arrivals of non-resident tourists in hotels and similar establishments*

The figures do not include immigrants, residents in a frontier zone, persons domiciled in one country or area and working in an adjoining country or area, members of the armed forces and diplomats and consular representatives when they travel from their country of origin to the country in which they are stationed and vice-versa. The figures also exclude persons in transit who do not formally enter the country through passport control, such as air transit passengers who remain for a short period in a designated area of the air terminal or ship passengers who are not permitted to disembark. This category includes passengers transferred directly between airports or other terminals. Other passengers in transit through a country are classified as visitors.

Table 31: Tourist/visitor arrivals and tourism expenditure

Data on arrivals of non-resident (or international) visitors may be obtained from different sources. In some cases data are obtained from border statistics derived from administrative records (police, immigration, traffic counts and other types of controls), border surveys and registrations at accommodation establishments. Totals correspond to the total number of arrivals from the regions indicated in the table. When a person visits the same country several times a year, an equal number of arrivals is recorded. Likewise, if a person visits several countries during the course of a single trip, his/her arrival in each country is recorded separately. Consequently, arrivals cannot be assumed to be equal to the number of persons travelling.

Expenditure associated with tourism activity of visitors has been traditionally identified with the travel item of the Balance of Payments (BOP): in the case of inbound tourism, those expenditures in the country of reference associated with non-resident visitors are registered as "credits" in the BOP and refer to "travel receipts". The new conceptual framework approved by the United Nations Statistical Commission in relation to the measurement of tourism macroeconomic activity (the so-called Tourism Satellite Account) considers that "tourism industries and products" includes transport of passengers. Consequently, a better estimate of tourism-related expenditures by resident and non-resident visitors in an international scenario would be, in terms of the BOP, the value of the travel item plus that of the passenger transport item. Nevertheless, users should be aware that BOP estimates include, in addition to expenditures associated with visitors, those related to other types of individuals. The data published should allow international comparability and therefore correspond to those published by the International Monetary Fund and provided by the Central Banks, any exceptions are listed within the *Compendium of Tourism Statistics* and the *Yearbook of Tourism Statistics,* see www.unwto.org/statistics for further information.

Chapter XVII: Development assistance

Table 32: Net disbursements of official development assistance to recipients

The table presents estimates of flows of financial resources to individual recipients either directly (bilaterally) or through multilateral institutions (multilaterally). The multilateral institutions include the World Bank Group, regional banks, financial institutions of the European Union and a number of United Nations institutions, programmes and trust funds. The source of data is the Development Assistance Committee (DAC) of OECD to which member countries reported data on their flow of resources to developing countries and territories, countries and territories in transition, and multilateral institutions. Additional information on definitions, methods and sources can be found in OECD's *Geographical Distribution of Financial Flows to Developing Countries* publication, also see http://stats.oecd.org/ for further information.

Table 33: Net disbursements of official development assistance from donors

The table presents the development assistance expenditures of donor countries. This table includes donors' contributions to multilateral agencies; therefore, the overall totals differ from those in table 32, which include disbursements by multilateral agencies.

Annexe II : Notes techniques

Chapitre I: Aperçu mondial

Tableau 1: Statistiques mondiales : séries principales

Ces séries d'agrégats mondiaux sont obtenues à partir d'autres tableaux figurant dans le présent *Annuaire*, lorsque c'est possible, et sont établies à partir de publications et de bases de données statistiques des Nations Unies et des organismes spécialisés ainsi que d'autres institutions. Pour davantage d'information sur les définitions, les sources, les méthodes de compilation et la couverture des données, il convient de se référer aux notes techniques du tableau correspondant dans le présent *Annuaire*.

Chapitre II: Population et migration

Tableau 2: Population, superficie et densité

Les données concernant la population totale, masculine et féminine, le rapport des sexes, la répartition de la population par âge et la densité de la population proviennent des estimations et des projections préparées par la Division de la population de l'Organisation des Nations Unies, qui sont publiées dans *Perspectives de la population mondiale : Révision de 2022.* Les données concernant la superficie sont extraites de l'*Annuaire démographique*, 2021, 72e numéro, préparée par la Division de statistique des Nations Unies qui ne contient que les données nationales officielles.

La population totale, masculine et féminine correspond à la population de fait dans un pays, un territoire ou une région à compter du 1er juillet de l'année indiquée, sauf indication contraire dans une note en bas de page. Les chiffres sont présentés en millions. La population totale d'un pays peut consister de tous les résidents habituels (population de droit) ou toutes les personnes présentes dans le pays (population de fait) au moment du recensement ; pour permettre les comparaisons internationales, la population de fait est utilisée, sauf indication contraire dans une note en bas de page.

La population âgée de 0 à 14 ans/ 60 ans et plus correspond au pourcentage de la population âgée de 0 à 14 ans et 60 ans et plus, respectivement à compter du 1er juillet de l'année indiquée, sauf indication contraire dans une note en bas de page.

La densité de la population correspond à la population, à compter du 1er juillet de l'année indiquée, par kilomètre carré de superficie, sauf indication contraire dans une note en bas de page.

Le rapport des sexes est calculé en tant que le rapport de la population des hommes à celui de 100 femmes à compter du 1er juillet de l'année indiquée, sauf indication contraire dans une note en bas de page.

La superficie fait référence à la superficie du terrain, sauf indication contraire dans une note de bas de page.

Tableau 3: Croissance démographique et indicateurs de fécondité et de mortalité

L'espérance de vie à la naissance, le taux de fécondité, le taux de mortalité infantile et l'espérance de vie à la naissance proviennent des estimations et projections de la Division de la population de l'ONU, publiées dans Perspectives de la population mondiale : Révision de 2022. Les données couvrent 2010, 2015, 2017 et 2022. Les ratios de mortalité maternelle sont des estimations de l'Organisation mondiale de la santé, de l'UNICEF, du Fonds des Nations Unies pour la Population, de la Banque mondiale et de la Division de la population de l'ONU publiées dans les Tendances du taux de mortalité maternelle: 2000-2017.

Le taux d'accroissement de la population (ou taux de croissance) est Le changement de la croissance annuelle moyenne dans la taille de la population totale.

Le taux de fécondité et le taux de fécondité total, un indicateur synthétique de fécondité largement utilisé. Il correspond au nombre total d'enfants que mettrait au monde une femme, en supposant aucune mortalité féminine en âge de procréation et les taux de fécondité par âge d'un pays désignée et une période de référence.

Le taux de mortalité infantile (pour 1 000 naissances vivantes) est le rapport des morts de nourrissons (les décès des enfants de moins de 1 an) dans une année donnée par le nombre total des naissances vivantes dans la même année.

Le ratio de mortalité maternelle est le ratio du nombre de morts maternelles durant une période donnée pour 100 000 naissances vivantes pendant la même période. Un décès maternel se réfère à une mortalité féminine dus à une cause liée à la grossesse ou aggravée par celle-ci ou dus à sa prise en charge (mais non pour des causes accidentelles ou fortuites) pendant sa grossesse ou son accouchement au maximum 42 jours après l'accouchement, quels que soient la durée et le lieu de la grossesse. L'espérance de vie à la naissance est le nombre moyen d'années de vie à la naissance (âge 0) pour les hommes et les femmes selon les taux de mortalité attendus par âge estimés pour l'année de référence et la population.

Tableau 4: Migrants internationaux et réfugiés

Le stock international de migrants provient d'estimations et de projections préparées par la Division de la population de l'Organisation des Nations Unies, publiées dans le *Stock de migrants internationaux: Révision 2020*. Les données sur les « réfugiés et autres personnes relevant de la compétence du HCR » ont été obtenues auprès du Haut-Commissaire des Nations Unies pour les réfugiés, et sont publiées dans la base de données de statistiques démographiques.

Le stock international de migrants représente le nombre de personnes nées dans un autre pays que celui dans lequel elles vivent. Lorsque les informations concernant le pays d'origine font défaut, on a utilisé les données sur le nombre de personnes de nationalité étrangère. Et à défaut de données empiriques, on a eu recours à des estimations. Les données font référence au milieu de l'année 2015. Le stock international de migrants en pourcentage de la population est obtenu en divisant le stock international de migrants estimé par la population totale estimée et en multipliant le résultat par 100.

Les réfugiés sont les personnes reconnues comme telles au sens de la Convention de 1951 relative au statut des réfugiés, de son protocole de 1967 ou de la Convention de l'OUA de 1969 régissant les aspects propres aux problèmes des réfugiés en Afrique; celles reconnues comme réfugiés conformément au Statut du HCR; les personnes qui bénéficient d'une forme de protection complémentaire ou jouissent d'une protection temporaire. Depuis 2007, la population des réfugiés inclut également les personnes dont la situation est assimilable à celle des réfugiés.

Les demandeurs d'asile sont des personnes qui ont déposé une demande de protection internationale et qui n'ont pas encore obtenu le statut de réfugié, quelle que soit la date à laquelle la demande a été présentée.

Les « autres personnes relevant de la compétence du HCR » se composent des cinq catégories suivantes :

Les personnes déplacées sont des personnes ou groupes de personnes qui ont été forcés ou contraints de fuir ou de quitter leurs foyers ou leur lieu de résidence habituel, notamment en raison d'un conflit armé, de situations de violence généralisée, de violations des droits de l'homme ou de catastrophes naturelles ou provoquées par l'homme, ou pour en éviter les effets, et qui n'ont pas franchi les frontières internationalement reconnues d'un État. Aux fins des statistiques du HCR, cette population ne comprend que les personnes déplacées en raison d'un conflit qui bénéficient de la protection et/ou de l'assistance du HCR. Depuis 2007, la population de personnes déplacées inclut également les personnes dont la situation est assimilable à celle des personnes déplacées. On trouvera des estimations de la population mondiale des personnes déplacées sur le site www.internal-displacement.org.

Les réfugiés de retour sont d'anciens réfugiés rentrés dans leur pays d'origine, soit spontanément, soit de façon organisée, mais qui ne sont pas encore pleinement intégrés. Ces retours ne se font normalement que lorsque leur sécurité et leur dignité peuvent être garanties.

Les déplacés de retour sont des personnes déplacées qui bénéficiaient des activités de protection et d'assistance du HCR et qui sont revenues à leur lieu d'origine ou de résidence habituel au cours de l'année.

Les apatrides sont définis par le droit international comme des personnes qu'aucun État ne considère comme ses ressortissants par application de sa législation. En d'autres termes, les apatrides ne possèdent la nationalité d'aucun État. Les statistiques du HCR incluent les personnes qui relèvent de sa compétence en vertu de cette définition, mais les données de certains pays peuvent aussi inclure des personnes de nationalité indéterminée.

Les autres personnes relevant de la compétence du HCR sont des personnes qui ne relèvent pas directement d'une des catégories ci-dessus, mais auxquelles le HCR assure protection et/ou assistance pour des raisons humanitaires ou d'autre motifs particuliers.

Chapitre III: La situation des femmes

Tableau 5: Proportion de sièges occupés par les femmes au parlement national

Ce tableau indique le pourcentage des sièges des chambres uniques ou basses des parlements nationaux occupés par des femmes, en janvier ou février de chaque année (voir les notes du tableau pour plus de détails). Les parlements nationaux peuvent être bicaméraux ou unicaméraux. Ce tableau porte sur la chambre unique des parlements unicaméraux et sur la chambre basse des parlements bicaméraux. Il ne porte pas sur la chambre haute des parlements bicaméraux. Les sièges sont habituellement attribués aux membres à l'issue d'élections parlementaires générales. Certains sièges peuvent aussi être pourvus à l'issue de nominations, de désignations, d'élections indirectes, de roulement des membres et d'élections partielles. La proportion d'élues est obtenue en divisant le nombre total de sièges occupés par des femmes par le nombre total de sièges que compte le parlement. Les statistiques ne sont ni pondérées ni normalisées. La source de ce tableau est l'Union interparlementaire, voir www.ipu.org pour plus d'informations

Tableau 6: Rapport filles/garçons dans l'enseignement primaire, secondaire inférieur et secondaire supérieur

Ce tableau indique la proportion de filles par rapport aux garçons (indice de parité des sexes) dans l'enseignement primaire, secondaire et secondaire supérieur, à savoir le rapport entre le nombre de filles inscrites dans l'enseignement primaire, secondaire et secondaire supérieur et le nombre de garçons à chaque niveau. Pour normaliser les effets de la pyramide des âges, l'indice de parité des sexes du taux brut de scolarisation pour chaque niveau d'enseignement est utilisé. La source de ce tableau est l'Institut de statistique de l'UNESCO, voir www.uis.unesco.org pour plus d'informations.

Chapitre IV: Éducation

Les données des tableaux 7 et 8 sont présentées conformément à la Classification internationale type de l'éducation de l'UNESCO (CITE, révision de 2011). Les données sont présentées dans les tableaux sur la base des trois principaux niveaux d'éducation, présentés comme suit :

L'enseignement primaire (CITE niveau 1) désigne les programmes éducatifs habituellement conçus pour apporter aux élèves les compétences fondamentales en lecture, écriture et en mathématiques (c'est-à-dire en calcul) afin d'établir une base solide pour la compréhension et l'apprentissage des principaux domaines de la connaissance et favoriser le développement personnel et social dans le but de les préparer à l'entrée dans le premier cycle de l'enseignement secondaire. Il privilégie l'enseignement à un niveau de complexité élémentaire avec peu ou pas de spécialisation.

Les programmes du « secondaire inférieur » (CITE niveau 2) sont généralement conçus pour s'appuyer sur les acquis d'apprentissage du primaire. Habituellement, ils visent à jeter les bases d'un apprentissage tout au long de la vie et d'un développement humain sur lesquels les systèmes éducatifs pourront ensuite élargir les possibilités éducatives.

Les programmes du « secondaire supérieur » (CITE niveau 3) sont généralement conçus pour terminer l'enseignement secondaire en vue de l'enseignement supérieur ou pour acquérir des compétences pertinentes pour l'emploi, ou les deux. Les programmes de ce niveau offrent aux étudiants un enseignement plus varié, plus spécialisé et plus approfondi que les programmes du premier cycle du secondaire. Ils sont plus différenciés, avec une gamme accrue d'options et de flux disponibles. Les enseignants sont souvent hautement qualifiés dans les matières ou domaines de spécialisation qu'ils enseignent, en particulier dans les classes supérieures.

Pour plus d'informations sur la Classification internationale type de l'éducation (CITE) 2011,veuillez-vous référer à : http://www.uis.unesco.org/Education/Documents/isced-2011-fr.pdf

Tableau 7: Inscriptions aux niveaux primaire, secondaire inférieur et secondaire supérieur

Le tableau indique le nombre d'élèves inscrits ainsi que le taux brut de scolarisation qui est le nombre d'élèves inscrits, quel que soit leur âge, exprimé en pourcentage de la population d'âge scolaire officielle éligible correspondant au même niveau d'enseignement dans une école donnée année. L'inscription est mesurée au début de l'année scolaire ou académique. Le taux brut de scolarisation à chaque niveau inclura tous les élèves quel que soit leur âge, alors que la population est limitée à la tranche d'âge scolaire officielle. Par conséquent, pour les pays où l'éducation est presque universelle parmi la population d'âge scolaire, le taux brut de scolarisation peut dépasser 100 si la répartition par âge réelle des élèves s'étend au-delà des âges scolaires officiels.

Tableau 8: Personnel enseignant au niveau primaire, secondaire inférieur et secondaire supérieur

Le tableau montre le nombre total d'enseignants à un niveau d'enseignement donné, ainsi que la proportion d'enseignantes exprimée en pourcentage du total (hommes et femmes) au même niveau au cours d'une année scolaire donnée. Les sources de données comprennent le recensement ou les enquêtes scolaires et les dossiers des enseignants. Les enseignants (ou le personnel enseignant) sont définis comme des personnes employées à temps plein ou à temps partiel à titre officiel pour guider et diriger l'expérience d'apprentissage des élèves et des étudiants, quels que soient leurs qualifications ou le mécanisme d'enseignement, c'est-à-dire /ou à distance. Cette définition exclut le personnel éducatif qui n'exerce pas de fonctions pédagogiques actives (par exemple, les directeurs, les directrices ou les directeurs d'école qui n'enseignent pas) ou qui travaillent occasionnellement ou à titre bénévole dans des établissements d'enseignement.

Tableau 9: Dépenses publiques d'éducation et accès aux ordinateurs

Les dépenses publiques afférentes à l'éducation consistent en dépenses courantes et dépenses en capital engagées par l'administration aux niveaux local, régional et national, y compris les municipalités. Les contributions des ménages sont exclues. Les dépenses d'éducation courantes comprennent les dépenses en biens et en services consommés dans l'année en cours et qui devront être renouvelées au besoin l'année suivante. Elles comprennent les dépenses au titre des salaires et avantages du personnel; des services achetés ou obtenus par contrat; d'autres ressources, notamment de manuels et autres matériels d'enseignement; des services sociaux; et d'autres dépenses courantes telles que les subventions aux étudiants et aux ménages, l'ameublement et le matériel, les petites réparations, le combustible, les télécommunications, les voyages, l'assurance et les loyers. Les dépenses en capital pour l'éducation consistent en achats de biens dont la durée dépasse une année. Elles comprennent les dépenses de construction, de rénovation et de grosses réparations de bâtiments ainsi que l'achat de matériel lourd et de véhicules.

Chapitre V: Santé

Tableau 10: Le personnel de santé

Le tableau présente quatre grandes catégories de personnel de santé (sur les 9 catégories disponibles à la source) : la catégorie des médecins, qui comprend les médecins généralistes et les spécialistes; celle des infirmiers et sages-femmes comprend les infirmiers et sages-femmes qualifiés, les infirmiers auxiliaires professionnels et les sages-femmes auxiliaires professionnelles. Les accoucheuses traditionnelles ne sont pas incluses; le personnel de dentisterie comprend les dentistes, les assistants dentaires, les techniciens dentaires et les professions associées; et le personnel du secteur pharmaceutique comprend les pharmaciens, les pharmaciens assistants, les préparateurs en pharmacie et les professions associées.

Les données sont extraites des statistiques mondiales des personnels de santé de la base de données de l'Organisation mondiale de la Santé (OMS), qui sont établies à partir de plusieurs sources comme les recensements de population nationaux, les enquêtes sur la population active et l'emploi, les productions statistiques nationales et les données régulières des administrations. Il existe de ce fait d'un pays à l'autre une variabilité considérable dans la couverture, la qualité et l'année de référence des données. Généralement, les données du dénominateur pour le calcul de la densité du personnel de santé (c'est-à-dire les estimations de la population nationale) sont extraites des *Perspectives de la population mondiale* publiées par la Division de la population de l'Organisation des Nations Unies. Parfois le rapport officiel ne fournit que les indicateurs de la densité du personnel de santé, à partir desquels le stock est ensuite estimé.

La classification des personnels du secteur de la santé utilisée repose sur les critères de l'enseignement et formation techniques et professionnels, la réglementation des professions de santé et les activités et tâches des postes, c'est-à-dire sur un cadre de catégorisation des principales variables des personnels selon des caractéristiques communes. Le cadre de l'OMS repose en grande partie sur les révisions les plus récentes des systèmes de classification internationaux normalisés de l'Organisation internationale du Travail (Classification internationale type des professions), de l'Organisation des Nations Unies pour l'éducation, la science et la culture (Classification internationale type de l'éducation) et de la Division de statistique de l'ONU (Classification internationale type, par industrie, de toutes les branches d'activité économique). En fonction de la situation propre à chaque pays et des moyens de mesure, les données disponibles dans l'ensemble agrégé décrivent jusqu'à 9 catégories de personnels de santé, et jusqu'à 18 catégories dans l'ensemble désagrégé. Ce dernier reflète essentiellement une tentative de mieux distinguer certains sous-groupes des personnels du secteur de la santé en fonction de différences supposées dans les niveaux de compétence et de spécialisation.

Tableau 11: Dépenses de santé

La série « Dépenses courantes » fait référence aux biens et aux services de santé utilisés ou consommés au cours d'une année, à l'exclusion des dépenses en capital, ou plutôt de la « formation brute de capital », qui correspond à l'achat de nouveaux actifs sur plusieurs années. Ces estimations sont conformes au Système de comptes de la santé (SCS) de 2011. La dépense courante est exprimée en proportion du produit intérieur brut (PIB). Les séries des dépenses des administrations publiques générales sont composées de sources nationales publiques et privées. Les séries des dépenses des administrations publiques générales sont composées de sources nationales publiques et privées. Les sources publiques nationales comprennent les recettes intérieures sous forme de transferts et de subventions internes, les transferts, les subventions aux bénéficiaires de l'assurance maladie volontaire, les institutions sans but lucratif au service des ménages ou les régimes de financement des entreprises ainsi que les cotisations obligatoires. Tous ces transferts et subventions représentent des sources publiques de santé et indiquent la contribution globale des gouvernements au financement des soins de santé par rapport à d'autres sources de financement provenant de sources privées et extérieures nationales. Les dépenses des administrations publiques nationales sont exprimées en proportion des dépenses des administrations publiques. (Voir http://apps.who.int/nha/database/DocumentationCentre/Index/fr).

Chapitre VI: Criminalité

Tableau 12: Homicides intentionnels et autres crimes

Les données des « homicides intentionnels » et des « autres crimes » proviennent des données recueillies dans la base de données statistiques de l'Office des Nations Unies contre la drogue et le crime.

L'homicide intentionnel est défini comme la mort illégale d'une personne causée par une autre ayant l'intention de tuer ou de blesser gravement. Les données de l'homicide intentionnel doivent aussi inclure les violences suivies de mort et la mort résultant d'une attaque terroriste. Elles excluent la tentative d'homicide intentionnel, l'homicide involontaire, la mort causée par une intervention légale, l'homicide justifiable en état de légitime défense et la mort causée par un conflit armé.

L'agression est une atteinte à l'intégrité physique d'une autre personne entraînant des dommages corporels graves, à l'exclusion des actes préjudiciables à caractère sexuel, des menaces et des gifles/coups de poing. Les agressions graves ayant entraîné la mort sont également exclues.

L'enlèvement désigne la détention et soustraction illégales d'une ou de plusieurs personnes contre leur volonté (y compris par le recours à la force, aux menaces, à la fraude ou à l'incitation) aux fins d'exiger pour leur libération un gain illicite ou un autre avantage économique ou matériel, ou pour contraindre une personne à suivre ou à ne pas suivre une ligne de conduite. L'enlèvement exclut les différends relatifs à la garde d'un enfant.

Le vol est l'appropriation ou l'obtention illégale d'un bien dans l'intention d'en priver une personne ou une organisation de manière permanente sans son consentement et sans recours à la force. Le vol exclut le cambriolage, l'entrée avec effraction, le vol qualifié et le vol de véhicule motorisé, qui sont comptabilisés séparément.

La violence sexuelle désigne le viol et l'agression sexuelle, y compris les agressions sexuelles contre les enfants.

Chapitre VII: Comptes nationaux

La base de données des principaux agrégats des comptes nationaux (consultable sur le site http://unstats.un.org/unsd/snaama) présente les données des comptes nationaux de plus de 200 pays et régions du monde. Elle constitue la base de l'analyse des principaux agrégats des statistiques de la comptabilité nationale (*Statistiques de la comptabilité nationale : analyse des principaux agrégats*), une publication préparée par la Division de statistique du Département des affaires économiques et sociales du Secrétariat des Nations Unies avec le généreux concours des offices nationaux de la statistique. La base de données est mise à jour chaque année au mois de décembre avec les données nouvellement disponibles des comptes nationaux de tous les pays et régions.

La base de données des principaux agrégats des comptes nationaux repose sur les données extraites du Questionnaire sur la comptabilité nationale des Nations Unies (NAQ) introduit en octobre 1999, qui lui-même repose sur le Système de comptes nationaux 1993 (SCN 1993). Les données sont complétées par des estimations préparées par la Division de statistique. Le SCN actualisé, appelé Système de comptes nationaux 2008 (SCN 2008) a été finalisé en septembre 2009 et est disponible sur le site Web de la Division de statistique à l'adresse: http://unstats.un.org/unsd/nationalaccount/sna2008.asp. À partir d'octobre 2014, les États membres de l'Union européenne ont adopté le Système européen des comptes 2010 (SEC 2010), qui est le pendant du SCN 2008. Outre les États membres de l'Union européenne, un nombre croissant d'autres pays ont également adopté les recommandations du SCN 2008. Au total, 207 pays/territoires représentant 99 % du revenu national brut (RNB) mondial et 98 % de la population mondiale ont mis en œuvre le SCN 1993 ou le SCN 2008.

Tout est mis en œuvre pour présenter les estimations des divers pays ou régions sous une forme conçue pour faciliter la comparabilité internationale. À cette fin, les différences importantes entre les concepts, la portée, la couverture et la classification sont décrites dans les notes de chaque pays. Ces différences doivent être prises en compte afin d'éviter les comparaisons fallacieuses. Les données contenues dans les tableaux se rapportent à l'année civile pour laquelle elles sont présentées, sauf exceptions. Ces exceptions sont affichées sur le site Web de la base de données des principaux agrégats des comptes nationaux (http://unstats.un.org/unsd/snaama/notes.asp). Les chiffres présentés sont les estimations et révisions les plus récentes disponibles au moment de leur établissement. En général, les chiffres de l'année la plus récente doivent être considérés comme provisoires. Les sommes des composantes des tableaux ne correspondent pas nécessairement aux totaux indiqués en raison des arrondis.

Tableau 13: Produit intérieur brut et produit intérieur brut par habitant

Ce tableau présente le produit intérieur brut (PIB) et le PIB par habitant en dollars des États-Unis aux prix courants, le PIB à prix constants de 2015 et les taux de croissance réels correspondants. Les tableaux sont destinés à faciliter les comparaisons internationales des niveaux de revenu générés par la production. Les données et les estimations officielles du PIB total et du PIB par habitant aux prix courants sont converties en dollars des États-Unis, tandis que celles du PIB total à prix constants sont converties aux prix de 2015 avant conversion en dollars aux taux de change en vigueur en 2015. La méthode de conversion en dollars des États-Unis est décrite dans le document sur la méthodologie de la base de données des principaux agrégats des comptes nationaux (http://unstats.un.org/unsd/snaama/methodology.pdf). Pour les comparaisons entre pays sur la durée, il est plus approprié d'utiliser les taux de croissance à prix constants du tableau, qui représentent mieux les tendances du PIB total dans les comparaisons entre pays et entre groupes de pays. Le taux de croissance indiqué dans le tableau est calculé comme la moyenne géométrique des taux de croissance annuelle exprimés en pourcentages pour les années.

Tableau 14: Valeur ajoutée brute par type d'activité économique

Ce tableau présente les parts des composantes de la valeur ajoutée brute aux prix courants par type d'activité économique.

Secteur	Composé de (selon la nomenclature CITI 3)
Agriculture	Agriculture, chasse, sylviculture et pêches (CITI A-B)
Industrie	Activités extractives, activités de fabrication, production et distribution d'électricité, de gaz et d'eau (CITI C-E) Construction (CITI F)
Services	Commerce de gros et de détail ; réparation de véhicules automobiles, de motocycles et de biens personnels et domestiques, hôtels et restaurants (CITI G-H) Transports, entreposage et communications (CITI I) Autres activités, y compris intermédiation financière, immobilier, location et activités de services aux entreprises, administration publique et défense, sécurité sociale obligatoire, éducation, santé et action sociale, autres activités de services collectifs, sociaux et personnels, ménages privés employant du personnel domestique (CITI J-P).

Chapitre VIII: Finances

Des informations détaillées et les chiffres courants concernant le tableau 14 figurent dans *Statistiques financières internationales*, une publication du Fonds monétaire international (voir aussi http://elibrary-data.imf.org) et dans le *Bulletin mensuel de statistique des Nations Unies*.

Tableau 15: Résumé de la balance des paiements

La balance des paiements peut être décrite d'une façon générale comme l'enregistrement des transactions économiques internationales d'une économie. Elle présente : a) les transactions en biens, services et revenus entre une économie et le reste du monde, b) les changements de propriété et les autres changements des avoirs de cette économie en or monétaire, droits de tirage spéciaux (DTS) et en créances et engagements envers le reste du monde, et c) les transferts sans contrepartie et les écritures de contrepartie nécessaires pour équilibrer au sens comptable les écritures au titre des transactions et changements susmentionnés qui ne s'annulent pas mutuellement. Les données de la balance des paiements sont présentées sur la base de la méthodologie et de la présentation de la sixième édition du *Manuel de la balance des paiements* (MBP6), publiée par le Fonds monétaire international en novembre 2013. Le MBP6 incorpore plusieurs modifications majeures pour tenir compte des évolutions du commerce international et de la finance internationale au fil des années, et de mieux harmoniser la méthodologie de la balance des paiements du Fonds avec celle du Système de comptes nationaux 2008 (SCN 2008). Les définitions détaillées concernant le contenu des catégories fondamentales de la balance des paiements sont données dans le *Manuel de la balance des paiements* (sixième édition).

De brèves notes explicatives sont données ci-dessous pour clarifier la portée des principaux éléments.

Le compte des transactions courantes enregistre toutes les transactions de la balance des paiements couvrant les exportations et les importations de biens et de services, les revenus et les transferts courants entre les résidents d'un pays et des non-résidents.

Le compte de capital, n.i.a. porte principalement sur les transferts de capital liés à l'acquisition d'un actif fixe autres que les transactions relatives à l'annulation de la dette, plus la cession d'actifs non financiers non produits, et les transferts de capital liés à la cession d'actifs fixes par le donateur ou au financement de la formation de capital par le récipiendaire, plus l'acquisition d'actifs non financiers non produits.

Le compte d'opérations financières, n.i.a. représente le solde net de l'investissement direct, de l'investissement de portefeuille et des autres transactions d'investissement.

Les réserves sont la somme des transactions sur actifs de réserve, les engagements constituant des avoirs de réserve pour les autorités étrangères, le financement exceptionnel et l'utilisation des crédits du FMI.

Tableau 16: Cours des changes

Les taux des changes sont exprimés par le nombre d'unités de monnaie nationale pour un dollar des Etats-Unis. Les taux de change sont classés en trois catégories, qui dénotent le rôle des autorités dans l'établissement des taux de change et/ou la multiplicité des taux de change dans un pays. Par taux du marché, on entend les taux de change déterminés essentiellement par les forces du marché; le taux officiel est un taux de change établi par les autorités, parfois selon des dispositions souples. Pour les pays qui continuent à mettre en œuvre des régimes de taux de change multiples, les taux sont désignés par les appellations suivantes: "taux principal", "taux secondaire" et "taux tertiaire". Sauf indication contraire, le tableau indique des taux de fin de période et les moyennes sur la période, des taux de change du marché ou des taux de change officiels.

Chapitre IX: Marché du travail

Une collection complète de données comparables sur la population active et les sujets connexes est disponible sous la forme des *Indicateurs clé du marché du travail* (KILM) publiés par l'Organisation internationale du Travail (OIT), et mis à jour tous les deux ans. Des données plus contemporaines sont accessibles sur ILOSTAT (www.ilo.org/ilostat), le dépôt de données de l'OIT, qui publie des données annuellement, trimestriellement ou mensuellement à mesure de leur communication par les pays mais sans procéder à toutes les vérifications de leur cohérence ni inclure toutes les sources utilisées par les KILM. Pour diverses raisons, les définitions nationales de l'emploi et du chômage diffèrent souvent des définitions internationales normalisées recommandées, ce qui limite la comparabilité internationale. Les comparaisons entre pays se trouvent en outre compliquées par la diversité des systèmes de collecte de données utilisés pour recueillir des informations sur les personnes employées et les chômeurs. Le site Web d'ILOSTAT offre une description complète de la méthodologie employée pour établir les séries sur la main-d'œuvre.

Tableau 17: Taux d'activité et taux de chômage

Le taux de participation à la population active est calculé en exprimant le nombre de personnes de la population active sous forme de pourcentage de la population en âge de travailler. La population active est la somme du nombre de personnes employées et du nombre de personnes sans emploi (voir les Recommandations internationales en vigueur sur les statistiques du travail de l'OIT). La population en âge de travailler est la population d'âge supérieur à un certain seuil, prescrit pour la mesure des caractéristiques économiques. Les données concernent le groupe des personnes de 15 ans et plus et reposent sur les estimations modélisées de l'OIT, sauf indication contraire en note de bas de page.

La définition du chômage inclut les personnes en âge de travailler qui, au cours d'une certaine période, étaient :

a) « Sans emploi », c'est-à-dire sans emploi rémunéré ou indépendant;

b) « Disponibles », c'est-à-dire libres de contracter un emploi rémunéré ou de pratiquer un emploi indépendant au cours de la période de référence; et

c) « À la recherche d'un emploi », c'est-à-dire qui ont pris des mesures déterminées pour trouver un emploi rémunéré ou indépendant au cours de la période spécifiée

Ne sont pas considérées comme sans emploi :

a) Les personnes qui ont l'intention d'établir leur propre activité ou exploitation agricole, mais n'ont pas encore pris les dispositions nécessaires à cet effet et ne recherchent pas un emploi en vue d'une rémunération ou d'un profit;

b) Les anciens travailleurs familiaux non rémunérés qui n'ont pas d'emploi et ne sont pas à la recherche d'un emploi pour rémunération ou profit.

Les séries représentent généralement le nombre total des personnes au chômage complet ou temporairement mises à pied. Les données exprimées en pourcentages, lorsqu'elles figurent dans le tableau, sont calculées en comparant le nombre des chômeurs au total des membres du groupe de la population active sur lequel les données du chômage sont basées.

Tableau 18: Emploi par activité économique

Le tableau de l'emploi présente, exprimée en pourcentages, la répartition des personnes employées par activité économique, conformément à la Classification internationale type, par industrie, de toutes les branches d'activité économique (CITI) version 4.

Chapitre X: Indices des prix et de la production

Tableau 19 : Indices des prix à la consommation

Un indice des prix à la consommation est généralement estimé sous forme d'une série de mesures synthétiques des variations relatives, d'une période à l'autre, des prix d'un ensemble fixe de biens et de services de consommation d'une quantité et de caractéristiques constantes, acquis, utilisés ou payés par la population de référence. Chaque mesure synthétique est construite comme la moyenne pondérée d'un grand nombre d'indices d'agrégats élémentaires. L'indice de chaque agrégat élémentaire est estimé au moyen d'un échantillon de prix pour un ensemble défini de biens et de services obtenus dans une région donnée ou par ses résidents auprès d'un ensemble donné de points de vente ou d'autres sources de biens et de services de consommation. Le tableau présente les indices généraux des prix à la consommation pour tous les groupes d'articles de consommation combinés, et un indice des prix des produits alimentaires ne comprenant que les boissons non alcoolisées. Lorsque les prix des boissons alcoolisées et/ou du tabac sont inclus, cela est indiqué en note.

Tableau 20: Indices de la production agricole

L'agriculture désigne la production de tous les produits de culture et d'élevage. L'indice des produits alimentaires comprend les produits qui sont considérés comme comestibles et qui contiennent des éléments nutritifs. Les indices de la production agricole et de la production alimentaire sont calculés par la formule de Laspeyres avec comme période de base les années 2014-2016. Le choix d'une période de base de plusieurs années permet de réduire l'incidence des fluctuations annuelles de la production agricole sur les indices de cette période. Les quantités de chaque denrée produites sont pondérées par la moyenne nationale des prix à la production pour la période 2014-2016 et sommées pour chaque année. Les indices reposent sur les données de la production d'une année civile. Ceux-ci peuvent différer dans certains cas de ceux effectivement produits et publiés par les pays eux-mêmes en raison de différences dans les concepts, la couverture, les coefficients de pondération et les méthodes de calcul. On s'efforce d'estimer ces différences méthodologiques pour obtenir une meilleure comparabilité internationale des données. Des données détaillées sur la production agricole sont publiées par la FAO dans son *Annuaire statistique*.

Chapitre XI: Commerce international des marchandises

Préparé par la Division de statistique du Département des affaires économiques et sociales du Secrétariat des Nations Unies, l'*Annuaire statistique du commerce international* (ITSY) offre un aperçu des tendances récentes du commerce de biens et de services de la plupart des pays et régions du monde. L'*Annuaire*, voir http://comtrade.un.org/pb/, est publié en deux volumes; le Volume I est établi plus tôt dans l'année pour présenter un aperçu préliminaire du commerce international de marchandises de l'année précédente; le Volume II, publié généralement six mois plus tard, contient des tableaux détaillés qui présentent le commerce international par produit et 11 tableaux du commerce mondial couvrant les valeurs commerciales et les indices. Le Volume II contient également des versions actualisées des tableaux du commerce mondial. Les tableaux de cet *Annuaire* sont également mis à jour mensuellement sur le site des statistiques du commerce, voir http://unstats.un.org/unsd/trade/data/tables.asp#annual.

Les statistiques présentées dans cet *Annuaire* sont établies par les autorités statistiques nationales de façon largement conforme aux concepts et définitions des statistiques du commerce international de marchandises recommandés par les Nations Unies en 2010 (IMTS 2010). En fonction des parties du territoire économique incluses dans le territoire statistique, le système d'établissement des données du commerce adopté par un pays (son système de commerce) sera appelé général ou spécial.

<table>
<tr><td>Système de commerce général</td><td>Le territoire statistique coïncide avec le territoire économique. Il est donc recommandé que le territoire statistique d'un pays qui applique le système de commerce général englobe tous les éléments territoriaux applicables. Dans ce cas, les importations comprennent les biens qui entrent dans la zone de libre circulation, les installations de perfectionnement actif, les zones franches industrielles, les entrepôts sous douane ou les zones franches commerciales, et les exportations comprennent les biens qui quittent ces éléments territoriaux.</td></tr>
<tr><td rowspan="2">Système de commerce spécial</td><td>(Définition stricte) Le territoire statistique ne comprend qu'une partie spécifique du territoire économique, de sorte que certains flux de marchandises auxquels les recommandations IMTS 2010 sont applicables ne sont inclus ni dans les statistiques d'importation ni dans les statistiques d'exportation du pays déclarant. La définition stricte du système de commerce spécial est utilisée lorsque le territoire statistique ne comprend que la zone de libre circulation, c'est-à-dire la partie dans laquelle les marchandises « peuvent être écoulées sans restriction douanière ». Par conséquent, dans ce cas, les importations ne comprennent que les marchandises qui entrent dans la zone de libre circulation du pays déclarant et les exportations ne comprennent que les marchandises qui quittent la zone de libre circulation du pays déclarant.</td></tr>
<tr><td>(Définition assouplie) a) les marchandises qui entrent dans un pays aux fins du perfectionnement actif ou en ressortent après, ainsi que b) les marchandises qui entrent dans une zone franche industrielle ou en sortent, sont aussi enregistrées et incluses dans les statistiques du commerce international de marchandises.</td></tr>
</table>

Tous les pays communiquent en général leurs données détaillées du commerce de marchandises conformément au Système harmonisé de désignation et de codification des marchandises (SH) et les données correspondent à la Classification type pour le commerce international (CTCI, rév. 3), dans laquelle elles sont ensuite présentées. Les données se réfèrent à des années civiles; cependant, pour les pays qui communiquent leurs données selon une autre année de référence, les données sont présentées dans l'année qui couvre la plus grande partie de l'année de référence utilisée par le pays.

Les valeurs FOB comprennent la valeur transactionnelle des marchandises et la valeur des services fournis pour livrer les marchandises à la frontière du pays exportateur. Les valeurs CIF comprennent la valeur transactionnelle des marchandises, la valeur des services fournis pour livrer les marchandises à la frontière du pays exportateur et la valeur des services fournis pour livrer les marchandises depuis la frontière du pays exportateur jusqu'à la frontière du pays importateur. De ce fait, les données de la valeur statistique des marchandises importées sont présentées dans le format CIF et celles de la valeur statistique des marchandises exportées dans le format FOB.

La conversion des valeurs libellées en monnaies nationales en dollars des États-Unis s'effectue au moyen de facteurs de conversion de devises fondés sur les taux de change officiels. Les valeurs libellées en monnaies sujettes à des fluctuations sont converties en dollars des États-Unis au moyen de taux de change moyens pondérés calculés spécialement à cette fin. Le taux de change moyen pondéré d'une monnaie donnée pour une année donnée est donné par les facteurs composants mensuels, fournis par le Fonds monétaire international dans sa publication *Statistiques financières internationales*, pondérés par la valeur du commerce concerné pour chaque mois; les facteurs mensuels sont les taux de change (ou les taux moyens simples) en vigueur au cours de ce mois. Ces facteurs sont appliqués aux importations et aux exportations totales et au commerce de chaque produit avec chaque pays.

Tableau 21: Total des importations, des exportations et balance commerciale

Les données des importations totales et des exportations totales des pays (ou régions) présentées dans ce tableau proviennent principalement des *Statistiques financières internationales* publiées mensuellement par le Fonds monétaire international (FMI) mais aussi d'autres sources comme les publications et les sites web nationaux et le Questionnaire du *Bulletin mensuel de statistique* des Nations Unies, voir l'*Annuaire statistique du commerce international* pour plus de détails. Les données manquantes sont estimées afin de parvenir à des totaux régionaux mais ne sont pas présentées. La procédure d'estimation est automatisée au moyen des taux de croissance en glissement annuel trimestriels pour l'extrapolation des données trimestrielles manquantes (sauf si les données trimestrielles peuvent être estimées au moyen des données mensuelles disponibles au cours du trimestre). Les facteurs de conversion appliqués aux données de ce tableau sont publiés trimestriellement dans le *Bulletin mensuel de statistique* des Nations Unies et sont aussi disponibles sur le site Web des statistiques du commerce de l'ONU : http://unstats.un.org/unsd/trade/data/tables.asp#annual.

Tableau 22 : Principaux partenaires commerciaux

Les chiffres sur les principaux partenaires commerciaux montrent les trois plus grands partenaires commerciaux (les pays de dernière destination et d'origine ou de provenance) dans les transactions du commerce international de marchandises. Dans certains cas un partenaire privilégié est présenté (zones nca, abris fortifiés, etc.). Les zones ni compris ailleurs (zones nca) sont utilisées (a) pour le commerce de faible valeur, (b)si le partenaire choisi est inconnu ou si une erreur a été commise en choisissant le partenaire et (c) pour des raisons de confidentialité. Si un emplacement géographique précis peut être identifie dans zones nca, elles sont alors enregistrées en conséquence (par exemple, Asie nca). Les abris fortifiés sont des magasins de navires et d'aéronefs, qui consistent pour la plupart de combustibles et de denrées alimentaires. Les zones franches appartiennent au territoire économique et géographique d'un pays et non à leurs territoires douaniers. Aux fins des statistiques sur le commerce les opérations entre les territoires douaniers et les zones franches sont enregistrées, si le pays déclarant utilise le Système de Commerce Spécial. Les zones franches peuvent être des zones franches commerciales (boutiques hors taxes) ou des zones franches industrielles. Les données sont exprimées en pourcentage des exportations totales et des importations totales d'un pays, zone ou partenaire privilégié.

Les données dans ce tableau sont des données telles que rapportées par l'UN Comtrade (au niveau à trois chiffres de la CTCI Rév. 3 et une ventilation détaillée des partenaires commerciaux) et des données estimées pour les rapporteurs manquants. Les données sont estimées soit par extrapolation des données des deux années adjacentes, soit, si cela n'est pas possible, par l'utilisation des données déclarées par les partenaires commerciaux (données dites miroir). Les statistiques de miroir sont également utilisées dans le cas où la distribution du partenaire ou des données confidentielles rendent nécessaire l'ajustement des données rapportées. En outre, des modifications sont apportées aux données reçues dans les cas où les données fournies sont manifestement incomplètes, en particulier dans le cas d'exportations d'huiles de pétrole non déclarées dans les données sur les marchandises.

Chapitre XII: Énergie

L'*Annuaire statistique de l'énergie* (consultable sur le site http://unstats.un.org/unsd/energy/yearbook) est une collection complète de statistiques internationales de l'énergie qui couvre plus de 220 pays et régions. L'*Annuaire* est préparé par la Division de statistique du Département des affaires économiques et sociales du Secrétariat des Nations Unies. L'*Annuaire* est produit chaque année avec les nouvelles données disponibles sur la production d'énergie, le commerce, les variations de stocks, les réserves et la consommation de tous les pays et régions, et une série historique remontant à 1950 est disponible. Les données sont établies essentiellement à partir du questionnaire annuel sur l'énergie diffusé par la Division de statistique des Nations Unies et complétées par des publications statistiques officielles nationales, ainsi que des publications des organisations internationales et régionales. Lorsque les données officielles ne sont pas disponibles ou ne sont pas cohérentes, la Division de statistique établit des estimations en s'appuyant sur des éléments d'origine gouvernementale, professionnelle ou commerciale.

Les données se réfèrent à l'année civile, sauf celles des pays suivants qui se rapportent à l'exercice budgétaire : Afghanistan et Iran (République islamique d') – commençant le 21 mars de l'année indiquée; Australie, Bangladesh, Bhoutan, Égypte (électricité seulement pour ces deux derniers pays), Népal – finissant en juin de l'année indiquée; Pakistan – commençant en juillet de l'année indiquée; Inde, Myanmar et Nouvelle-Zélande – commençant en avril de l'année indiquée. Les données exprimées par habitant utilisent comme dénominateur les données démographiques de la Division de la population de l'Organisation des Nations Unies.

Tableau 23: Production, commerce et approvisionnement d'énergie

Les données sont présentées en pétajoules (ou en gigajoules par habitant), unités auxquelles chaque produit énergétique est converti afin d'assurer l'uniformité et la comparabilité internationales des données. Pour convertir en joules les unités originelles, celles-ci (tonnes métriques, tonnes métriques d'équivalent pétrole, kilowattheures, mètres cubes) sont multipliées par des facteurs de conversion. Voir l'*Annuaire statistique de l'énergie* pour une liste des facteurs de conversion et une description détaillée des méthodes utilisées.

Les combustibles solides inclus dans la production commerciale d'énergie primaire sont l'anthracite, la lignite, la tourbe et le schiste bitumineux; les liquides comprennent le pétrole brut, les condensats de gaz naturel, les autres hydrocarbures, additifs et oxygénats, et les biocarburants liquides; les gaz comprennent le gaz naturel et la vapeur/chaleur primaire; et l'électricité comprend la production primaire d'électricité d'origine hydraulique, nucléaire, géothermique, éolienne, marémotrice, houlomotrice et solaire.

Les importations nettes (importations moins exportations et bunkers) et les variations des stocks font référence à toutes les formes d'énergie primaire et secondaire (y compris les produits intermédiaires). Dans les importations nettes, les bunkers font référence aux bunkers d'essence aviation, de carburéacteur et d'anthracite, de gazole/carburant diesel et de fiouls résiduels. Le commerce international de produits énergétiques repose sur le système du « commerce général », c'est-à-dire que toutes les marchandises entrant sur le territoire national d'un pays ou en sortant sont enregistrées comme importations ou exportations.

La consommation d'énergie comprend les formes primaires des combustibles solides, les importations nettes et les variations des stocks des combustibles secondaires; les liquides comprennent les produits pétroliers utilisés à des fins de production d'énergie y compris les produits intermédiaires, le gaz de raffinerie et le pétrole brut utilisé directement; les gaz comprennent la consommation de gaz naturel et de chaleur primaire, les importations nettes et les variations des stocks de gaz manufacturés; et l'électricité comprend la production primaire d'électricité et les importations nettes d'électricité. La consommation de certains produits pétroliers est négative en raison de l'exclusion des calculs des transferts entre produits. La consommation négative d'électricité est due à une production d'électricité primaire négligeable par rapport aux exportations nettes. Plus généralement, une consommation négative peut représenter une différence résiduelle ou statistique entre la production et les exportations lorsqu'un produit donné est principalement exporté.

Chapitre XIII: Environnement

Tableau 24: Terres

Les données relatives aux terres sont compilées par l'Organisation des Nations Unies pour l'alimentation et l'agriculture (FAO). Les définitions de la FAO en ce qui concerne les terres sont les suivantes:

Superficie totale des terres	Superficie totale, à l'exception des eaux intérieures. Les eaux intérieures désignent généralement les principaux fleuves et lacs.
Terres arables	Terres affectées aux cultures temporaires (les terres sur lesquelles est pratiquée la double culture ne sont comptabilisées qu'une fois); prairies temporaires à faucher ou à pâturer, jardins maraîchers ou potagers et terres en jachère temporaire (moins de cinq ans). Cette définition ne comprend pas les terres abandonnées du fait de la culture itinérante. Les données relatives aux terres arables ne peuvent être utilisées pour calculer la superficie des terres aptes à l'agriculture.
Cultures permanentes	Superficie des terres avec des cultures qui occupent la terre pour de longues périodes et qui ne nécessitent pas d'être replantées après chaque récolte, comme le cacao, le café et le caoutchouc. Cette catégorie comprend les terres plantées d'arbustes à fleurs, d'arbres fruitiers, d'arbres à noix et de vignes, mais ne comprend pas les terres plantées d'arbres destinés à la coupe.
Forêt	Selon la FAO, la définition suivante est utilisée pour la forêt: Terres occupant une superficie de plus de 0,5 hectares avec des arbres atteignant une hauteur supérieure à cinq mètres et un couvert arboré de plus de dix pour cent, ou avec des arbres capables d'atteindre ces seuils en situ. Sont exclues les terres à vocation agricole ou urbaine prédominante.
Sites importants pour la biodiversité terrestre dans les aires protégées	Les terres contribuant énormément à la persistance globale de la biodiversité mesurées en proportion entièrement couverte par des zones protégées désignées. Les données sont fondées sur un chevauchement entre les polygones pour les zones clés de la biodiversité provenant de la base des données mondiales sur les zones clés pour la biodiversité et les polygones pour les zones protégées provenant de la base des données mondiales sur les zones protégées. Les chiffres pour chaque région sont calculés comme la proportion de chaque zone clé pour la biodiversité couverte par des zones protégées, moyennés (c'est-à-dire, calculés comme la moyenne) à travers toutes les zones clés de la biodiversité dans la région.

Tableau 25: Espèces menacées

Les données relatives au nombre d'espèces menacées dans chaque groupe d'animaux et de plantes sont établies par l'Union internationale pour la conservation de la nature et de ses ressources (UICN)/ Commission de sauvegarde des espèces (CSE) et publiées dans la liste rouge des espèces menacées de l'UICN. Cette liste fournit le catalogue des espèces considérées comme menacées au niveau mondial. Le nombre d'espèces menacées dans un pays donné change au cours des années pour diverses raisons, entre autres :

- La disponibilité d'informations nouvelles permet de raffiner l'évaluation (de confirmer par exemple que l'espèce est ou n'est pas présente dans un pays donné, que l'espèce est ou n'est pas menacée, etc.);
- L'évolution de la taxonomie (par exemple ce qu'on reconnaissait auparavant comme une certaine espèce est à présent réparti entre plusieurs espèces distinctes, ou fusionné avec une autre espèce);
- Les corrections (par exemple l'évaluation précédente peut avoir omis d'inscrire un pays donné dans la liste appropriée ou avoir inclus un pays donné par erreur);
- Changement de statut réel (par exemple la situation d'une espèce peut s'être réellement détériorée ou améliorée et l'espèce avoir par conséquent été incorporée aux catégories menacées ou en avoir été retirée).

Les catégories utilisées dans la Liste rouge sont les suivantes : espèce éteinte, éteinte à l'état sauvage, gravement menacée d'extinction; menacée d'extinction, vulnérable, quasi menacée et données insuffisantes.

Tableau 26: Estimations des émissions de CO2

Les estimations des émissions de CO2 représentent les émissions totales de CO2 provenant de la combustion de carburant. Cela comprend les émissions de CO2 provenant de la combustion de combustibles dans les activités de combustion de sources / puits de catégorie 1 A du GIEC et celles qui peuvent être réaffectées aux processus industriels et à l'utilisation des produits de la catégorie 2 des sources / puits du GIEC dans le cadre des GL 2006.

Tableau 27: Services d'alimentation en eau potable et d'assainissement

La population utilisant des services d'alimentation en eau potable est actuellement mesurée par la proportion de la population dans les zones urbaines et rurales, selon les définitions nationales, répondant aux critères pour l'utilisation des services d'alimentation en eau potable (SDG 6.1.1) en utilisant une source d'eau potable de base améliorée située sur place, disponible en cas de besoin et exempte de contamination fécale et chimique prioritaire. Les sources d'eau potable améliorées sont celles qui ont le potentiel de fournir de l'eau salubre de par la nature de leur conception et de leur construction, et comprennent : l'eau courante, les forages ou puits tubulaires, les puits creusés protégés, les sources protégées, l'eau de pluie et l'eau conditionnée ou livrée. La Population utilisant des services d'assainissement gérés en toute sécurité est actuellement mesurée par la proportion de la population dans les zones urbaines et rurales, selon les définitions nationales, remplissant les critères pour avoir un service d'assainissement géré en toute sécurité (SDG 6.2.1a) en utilisant une installation d'assainissement de base qui n'est pas partagée avec d'autres ménages et où les excréments sont éliminés en toute sécurité sur place ou transportés et traités hors site. Les installations sanitaires améliorées sont celles conçues pour séparer de manière hygiénique les excréments du contact humain et comprennent : la chasse d'eau / déversement dans le système d'égout, les fosses septiques ou les latrines à fosse ; latrines à fosse ventilées améliorées, toilettes à compost ou latrines à fosse avec dalles.

Chapitre XIV: Science et technologie

La recherche et le développement expérimental (R-D) englobe tous les travaux de création entrepris de façon systématique en vue d'accroître la somme des connaissances, y compris la connaissance de l'homme, de la culture et de la société, ainsi que l'utilisation de cette somme de connaissances pour de nouvelles applications. Pour tout renseignement complémentaire, voir le site Web de l'Institut de statistique de l'UNESCO www.uis.unesco.org.

Tableau 28: Dépenses de recherche et développement (R&D) et chercheurs en équivalent temps plein

La recherche et le développement en pourcentage du produit intérieur brut (PIB) font référence aux dépenses consacrées au travail créatif entrepris de manière systématique afin d'augmenter le stock de connaissances, y compris la connaissance de l'humanité, de la culture et de la société, et à l'utilisation de ce stock de connaissances. pour concevoir de nouvelles applications, exprimées en pourcentage du PIB. Il s'agit du total des dépenses intra-muros de Recherche et Développement (R&D) réalisées sur le territoire national au cours d'une période donnée. Il inclut la R&D réalisée dans un pays et financée depuis l'étranger, mais exclut les paiements effectués à l'étranger pour la R&D.

Le nombre de chercheurs (en équivalent temps plein - ETP) par million d'habitants est une mesure directe du nombre de travailleurs en recherche et développement expérimental pour 1 million d'habitants.

Les chercheurs sont des professionnels engagés dans la conception ou la création de nouvelles connaissances, mènent des recherches et améliorent ou développent des concepts, des théories, des modèles, des techniques d'instrumentation, des logiciels ou des méthodes opérationnelles.

L'équivalent temps plein (ETP) du personnel de R&D est défini comme le rapport des heures de travail réellement consacrées à la R&D au cours d'une période de référence spécifique (généralement une année civile) divisé par le nombre total d'heures conventionnellement travaillées au cours de la même période par un individu. ou par un groupe.

Tableau 29: Brevets

Les brevets sont accordés par un office national des brevets ou un office régional qui accomplit cette tâche pour de nombreux pays, comme l'Office européen des brevets et l'African Regional Intellectual Property Organisation. Dans le cadre de ces systèmes régionaux, le requérant demande que son invention soit protégée dans un ou plusieurs pays, et il appartient à chaque pays d'accorder ou non la protection d'un brevet sur son territoire. Le Traité de coopération en matière de brevets (PCT), administré par l'Organisation mondiale de la propriété intellectuelle (OMPI) prévoit le dépôt d'une demande de brevet international unique dotée de la même validité que des demandes nationales déposées dans les pays désignés. Les données comprennent l'intensité de l'activité des résidents, les brevets délivrés et les brevets en vigueur. L'intensité du dépôt de brevets est présentée comme le nombre de demandes de brevet déposées par des résidents par million d'habitants, tandis que le dépôt d'une demande de propriété intellectuelle (PI) par des résidents fait référence à une demande déposée par un requérant auprès de son office national de la propriété intellectuelle. Les statistiques des droits de propriété intellectuelle (enregistrement) reposent sur le même concept. L'expression « en vigueur » désigne un brevet ou une autre forme de protection de la PI en cours de validité. Le pays d'origine sert à catégoriser les données de PI en PI résidente (intérieure) et non résidente (étrangère). La résidence du premier demandeur cité (ou inventeur) enregistré dans le document de PI (par exemple une demande de brevet ou de dépôt de marque) sert à classer les données de PI par pays d'origine. Les données sont établies et publiées par l'OMPI.

Chapitre XV: Communication

Tableau 30: Utilisation d'Internet

Le tableau indique le pourcentage de personnes qui utilisent Internet et remplace les statistiques présentées dans les annuaires précédents comme le « Nombre (en milliers) d'abonnements à l'Internet fixe (filaire) » et le « Nombre d'abonnements à l'Internet fixe (filaire) pour 100 habitants ». Cet indicateur, outre qu'il saisit l'usage d'Internet, permet de mesurer les évolutions de l'accès à Internet et de son utilisation. Dans les pays où de nombreuses personnes accèdent à Internet au travail, à l'école, dans les cybercafés ou d'autres lieux publics, la multiplication des accès publics accroît le nombre d'utilisateurs malgré le nombre limité des abonnements et des foyers qui ont accès à Internet. Les pays en développement en particulier comptent souvent de nombreux utilisateurs par abonnement à Internet, ce qui traduit le fait que le foyer n'est pas le lieu principal d'accès.

Chapitre XVI: Tourisme et transport internationaux

Les données sur le tourisme international sont fournies par l'Organisation mondiale du tourisme (OMT) qui publie des renseignements détaillés sur le tourisme dans l'*Annuaire des statistiques du tourisme* ou le *Compendium des statistiques du tourisme*, voir www.unwto.org/statistics pour des informations plus complètes. Aux fins de l'établissement des statistiques, l'expression « visiteur international » décrit « toute personne qui se rend dans un pays autre que celui dans lequel il ou elle a son lieu de résidence habituelle, mais différent de son environnement habituel, pour une période de 12 mois au maximum, dans un but principal autre que celui d'y exercer une activité rémunérée ». L'*Annuaire* et le *Compendium* de l'OMT comportent quatre séries distinctes, mais une seule est retenue pour inclusion dans le présent *Annuaire*, en fonction en général de l'ordre de priorité suivant afin de décrire au mieux le « visiteur international »;

Ordre	Code de la série	Nom de la série
1	TF	*Arrivées de touristes non-résidents aux frontières nationales* désigne les visiteurs qui passent au moins une nuit dans un logement collectif ou privé dans le pays visité (exclut les visiteurs d'un jour)
2	VF	*Arrivées de visiteurs non résidents aux frontières nationales* désigne les visiteurs définis dans la série « TF » ainsi que les visiteurs d'un jour qui ne passent pas la nuit dans un logement collectif ou privé dans le pays visité
3	TCE	*Arrivées de touristes non résidents dans tous les types d'établissements d'hébergement*
4	THS	*Arrivées de touristes non résidents dans les hôtels et établissements similaires*

Ces chiffres ne comprennent pas les immigrants, les résidents frontaliers, les personnes domiciliées dans un pays ou une région et qui travaillent dans un pays ou une région limitrophe, les membres des forces armées et les diplomates et les représentants consulaires lorsqu'ils se rendent de leur pays d'origine au pays où ils sont en poste et vice-versa. Ne sont pas inclus non plus les voyageurs en transit qui n'entrent pas formellement dans le pays en faisant viser leur passeport, comme les passagers d'un vol en escale qui demeurent pendant un court laps de temps dans une zone distincte d'une aérogare ou les passagers d'un navire qui ne sont pas autorisés à débarquer. Cette catégorie inclut les passagers transférés directement d'une aérogare à une autre ou à un autre terminal. Les autres passagers en transit dans un pays sont classés comme visiteurs.

Tableau 31: Arrivées de touristes/visiteurs et dépenses touristiques

Les données relatives aux arrivées de visiteurs non résidents (ou internationaux) peuvent être obtenues de différentes sources. Dans certains cas, elles proviennent des statistiques frontalières tirées des registres administratifs (contrôles de police, de l'immigration, comptages du trafic routier et autres types de contrôle), des enquêtes statistiques aux frontières et des enregistrements d'établissements d'hébergement. Les totaux correspondent au nombre total d'arrivées depuis les régions indiquées dans le tableau. Lorsqu'une personne visite le même pays plusieurs fois dans l'année, un même nombre d'arrivées est enregistré. De même, si une personne visite plusieurs pays au cours d'un même voyage, son arrivée dans chaque pays est enregistrée séparément. On ne peut donc pas supposer que le nombre des arrivées soit égal au nombre de personnes qui voyagent.

Les dépenses associées à l'activité touristique des visiteurs sont traditionnellement identifiées au poste « Voyages » de la balance des paiements (BDP): dans le cas du tourisme dans le pays récepteur, les dépenses dans le pays de référence associées aux visiteurs non résidents sont enregistrées comme « crédits » dans la BDP et il s'agit de « recettes au titre des voyages ». Le nouveau cadre conceptuel approuvé par la Commission de statistique des Nations Unies concernant la mesure de l'activité touristique à l'échelle macroéconomique (le compte satellite du tourisme) considère que la notion « industries et produits touristiques » inclut le transport de passagers. Par conséquent, une meilleure estimation des dépenses liées au tourisme par des visiteurs résidents et non résidents dans un scénario international serait, du point de vue de la BDP, la somme des valeurs du poste « Voyages » et du poste « Transport de passagers ». Néanmoins, les utilisateurs doivent être conscients de ce que les estimations de la BDP comprennent, outre les dépenses associées aux visiteurs, celles liées à d'autres types d'individus. Les données publiées doivent permettre la comparabilité internationale et donc correspondre à celles publiées par le Fonds monétaire international et fournies par les banques centrales, les exceptions sont listées dans le *Compendium des statistiques du tourisme* et l'*Annuaire des statistiques du tourisme*, voir www.unwto.org/statistics pour des informations plus complètes.

Chapitre XVII: Aide au développement

Tableau 32: Décaissements nets d'aide publique au développement aux bénéficiaires

Le tableau présente des estimations des flux de ressources financières à destination des pays bénéficiaires soit directement (aide bilatérale) soit par l'intermédiaire d'institutions multilatérales (aide multilatérale). Les institutions multilatérales comprennent le Groupe de la Banque mondiale, des banques régionales, les institutions financières de l'Union européenne et un certain nombre d'institutions, de programmes et de fonds d'affectation spéciale des Nations Unies. Les données ont été obtenues auprès du Comité d'aide au développement (CAD) de l'OCDE, auquel les pays membres communiquent des données sur les flux de ressources qu'ils mettent à la disposition de pays et territoires en développement, de pays et territoires en transition, et des institutions multilatérales. On trouvera davantage d'informations sur les définitions, les méthodes et les sources dans la publication de l'OCDE intitulée *Répartition géographique des ressources financières allouées aux pays en développement*, ainsi que sur le site http://stats.oecd.org/.

Tableau 33: Décaissements nets d'aide publique au développement par des donateurs

Le tableau présente les dépenses d'aide au développement des pays donateurs. Ce tableau inclut les contributions des donateurs aux institutions multilatérales; les totaux diffèrent donc de ceux du tableau 32, qui incluent les décaissements des institutions multilatérales.

Annex III

Conversion coefficients and factors

The metric system of weights and measures is employed in the *Statistical Yearbook*. In this system, the relationship between units of volume and capacity is: 1 litre = 1 cubic decimetre (dm^3) exactly (as decided by the 12th International Conference of Weights and Measures, New Delhi, November 1964).

Section A shows the equivalents of the basic metric, British imperial and United States units of measurements. According to an agreement between the national standards institutions of English-speaking nations, the British and United States units of length, area and volume are now identical, and based on the yard = 0.9144 metre exactly. The weight measures in both systems are based on the pound = 0.45359237 kilogram exactly (Weights and Measures Act 1963 (London), and *Federal Register announcement of 1 July 1959: Refinement of Values for the Yard and Pound* (Washington D.C.)).

Section B shows various derived or conventional conversion coefficients and equivalents.

Section C shows other conversion coefficients or factors which have been utilized in the compilation of certain tables in the *Statistical Yearbook*. Some of these are only of an approximate character and have been employed solely to obtain a reasonable measure of international comparability in the tables.

For a comprehensive survey of international and national systems of weights and measures and of units' weights for a large number of commodities in different countries, see *World Weights and Measures*.

Annexe III

Coefficients et facteurs de conversion

L'*Annuaire statistique* utilise le système métrique pour les poids et mesures. La relation entre unités métriques de volume et de capacité est: 1 litre = 1 décimètre cube (dm^3) exactement (comme fut décidé à la Conférence internationale des poids et mesures, New Delhi, novembre 1964).

La section A fournit les principaux équivalents des systèmes de mesure métrique, britannique et américain. Suivant un accord entre les institutions de normalisation nationales des pays de langue anglaise, les mesures britanniques et américaines de longueur, superficie et volume sont désormais identiques, et sont basées sur le yard = 0.9144 mètre exactement. Les mesures de poids se rapportent, dans les deux systèmes, à la livre (pound) = 0.45359237 kilogramme exactement (*Weights and Measures Act 1963* (Londres), et *Federal Register Announcement of 1 July 1959: Refinement of Values for the Yard and Pound* (Washington, D.C.)).

La section B fournit divers coefficients et facteurs de conversion conventionnels ou dérivés.

La section C fournit d'autres coefficients ou facteurs de conversion utilisés dans l'élaboration de certains tableaux de l'*Annuaire statistique*. Certains coefficients ou facteurs de conversion ne sont que des approximations et ont été utilisés uniquement pour obtenir un degré raisonnable de comparabilité sur le plan international.

Pour une étude d'ensemble des systèmes internationaux et nationaux de poids et mesures, et d'unités de poids pour un grand nombre de produits dans différents pays, voir *World Weights and Measures*.

A. Equivalents of metric, British imperial and United States units of measure

A. Equivalents des unités métriques, britanniques et des Etats-Unis

Metric units Unités métriques	British imperial and US equivalents Equivalents en mesures britanniques et des Etats-Unis		British imperial and US units Unités britanniques et des Etats-Unis	Metric equivalents Equivalents en mesures métriques	
Length — Longueur					
1 centimetre – centimètre (cm)	0.3937008	inch	1 inch	2.540	cm
1 metre – mètre (m)	3.280840	feet	1 foot	30.480	cm
	1.093613	yard	1 yard	0.9144	m
1 kilometre – kilomètre (km)	0.6213712	mile	1 mile	1609.344	m
	0.5399568	international nautical mile	1 international nautical mile	1852.000	m
Area — Superficie					
1 square centimetre – (cm^2)	0.1550003	square inch	1 square inch	6.45160	cm^2
1 square metre – (m^2)	10.763910	square feet	1 square foot	9.290304	dm^2
	1.195990	square yards	1 square yard	0.83612736	m^2
1 hectare – (ha)	2.471054	acres	1 acre	0.4046856	ha
1 square kilometre – (km^2)	0.3861022	square mile	1 square mile	2.589988	km^2
Volume					
1 cubic centimetre – (cm^3)	0.06102374	cubic inch	1 cubic inch	16.38706	cm^3
1 cubic metre – (m^3)	35.31467	cubic feet	1 cubic foot	28.316847	dm^3
	1.307951	cubic yards	1 cubic yard	0.76455486	m^3
Capacity — Capacité					
1 litre (l)	0.8798766	British imperial quart	1 British imperial quart	1.136523	l
	1.056688	U.S. liquid quart	1 U.S. liquid quart	0.9463529	l
	0.908083	U.S. dry quart	1 U.S. dry quart	1.1012208	l
1 hectolitre (hl)	21.99692	British imperial gallons	1 British imperial gallon	4.546092	l
	26.417200	U.S. gallons	1 U.S. gallon	3.785412	l
	2.749614	British imperial bushels	1 imperial bushel	36.368735	l
	2.837760	U.S. bushels	1 U.S. bushel	35.239067	l

Metric units Unités métriques	British imperial and US equivalents Equivalents en mesures britanniques et des Etats-Unis		British imperial and US units Unités britanniques et des Etats-Unis	Metric equivalents Equivalents en mesures métriques	
Weight or mass — Poids					
1 kilogram (kg)	35.27396	av. ounces	1 av. ounce	28.349523	g
	32.15075	troy ounces	1 troy ounce	31.10348	g
	2.204623	av. pounds	1 av. pound	453.59237	g
			1 cental (100 lb.)	45.359237	kg
			1 hundredweight (112 lb.)	50.802345	kg
1 ton – tonne (t)	1.1023113	short tons	1 short ton (2 000 lb.)	0.9071847	t
	0.9842065	long tons	1 long ton (2 240 lb.)	1.0160469	t

B. Various conventional or derived coefficients

Air transport

1 passenger-mile = 1.609344 passenger kilometre
1 short ton-mile = 1.459972 tonne-kilometre
1 long ton-mile = 1.635169 tonne kilometre

Electric energy

1 Kilowatt (kW) = 1.34102 British horsepower (hp)
1.35962 cheval vapeur (cv)

C. Other coefficients or conversion factors employed in *Statistical Yearbook* tables

Energy

1 metric ton peat = .325 metric ton of coal oil equivalent
1 ton oil equivalent = .4186 GJ or 11.63 MWh

B. Divers coefficients conventionnels ou dérivés

Transport aérien

1 voyageur (passager) – kilomètre = 0.621371 passenger-mile
1 tonne-kilomètre = 0.684945 short ton-mile
0.611558 long ton-mile

Energie électrique

1 British horsepower (hp) = 0.7457 kW
1 cheval vapeur (cv) = 0.735499 kW

C. Autres coefficients ou facteurs de conversion utilisés dans les tableaux de l'*Annuaire statistique*

Energie

1 tonne métrique d'équivalent charbon = 3.08 tonnes métrique de tourbe
1 GJ = 2.39 tonne d'équivalent pétrol or 1 MWh = .086 tonne métrique d'équivalent pétrol

Annex IV - Tables added, omitted, and discontinued

A. Tables added

The present issue of the *Statistical Yearbook added the following table:*

- Research and development (R&D) expenditure and researchers (full time equivalent)

B. Tables omitted

The following tables which were presented in previous issues are not presented in the present issue. They will be updated in future issues of the *Yearbook* when new data become available:

- Population in the capital city, urban and rural areas

Annex IV - Tableaux ajoutés, omis et supprimés

A. Tableaux ajoutés

La présente édition de *l'Annuaire statistique* a ajouté de nouveaux tableaux.

- Personnel employé dans la recherche et le développement (R–D)

B. Tableaux omis

Les tableaux suivants qui ont été repris dans les éditions antérieures n'ont pas été repris dans la présente édition. Ils seront actualisés dans les futures livraisons de l'*Annuaire* à mesure que des données nouvelles deviendront disponibles :

- Population de la capitale, des zones urbaines et rurales